心理学译丛·教材系列

行动中的心理学

（第八版）

Psychology In Action 8th Edition

［美］卡伦·霍夫曼 (Karen Huffman) 著

苏彦捷 等译

中国人民大学出版社
·北京·

心理学译丛·教材系列
出版说明

我国心理学事业近年来取得了长足的发展。在我国经济、文化建设及社会活动的各个领域,心理学的服务性能和指导作用愈发重要。社会对心理学人才的需求愈发迫切,对心理学人才的质量和规格要求也越来越高。为了使我国心理学教学更好地与国际接轨,缩小我国在心理学教学上与国际先进水平的差距,培养具有国际竞争力的高水平心理学人才,中国人民大学出版社特别组织引进"心理学译丛·教材系列"。这套教材是中国人民大学出版社邀请国内心理学界的专家队伍,从国外众多的心理学精品教材中,优中选优,精选而出的。它与我国心理学专业所开设的必修课、选修课相配套,对我国心理学的教学和研究将大有裨益。

入选教材均为欧美等国心理学界有影响的知名学者所著,内容涵盖了心理学各个领域,真实反映了国外心理学领域的理论研究和实践探索水平,因而受到了欧美乃至世界各地的心理学专业师生、心理学从业人员的普遍欢迎。其中大部分版本多次再版,影响深远,历久不衰,成为心理学的经典教材。

本套教材以下特点尤为突出:

● 权威性。本套教材的每一本都是从很多相关版本中反复遴选而确定的。最终确定的版本,其作者在该领域的知名度高,影响力大,而且该版本教材的使用范围广,口碑好。对于每一本教材的译者,我们也进行了反复甄选。

● 系统性。本套教材注重突出教材的系统性,便于读者更好地理解各知识层次的关系,深入把握各章节内容。

● 前沿性。本套教材不断地与时俱进,将心理学研究和实践的新成果和新理论不断地补充进来,及时进行版次更新。

● 操作性。本套教材不仅具备逻辑严密、深入浅出的理论表述、论证,还列举了大量案例、图片、图表,对理论的学习和实践的指导非常详尽、具体、可行。其中多数教材还在章后附有关键词、思考题、练习题、相关参考资料等,便于读者的巩固和提高。

希望这套教材的出版,能对我国心理学的教学和研究有极大的参考价值和借鉴意义。

中国人民大学出版社

　　终于完成了这个萦绕在心头两三年的工作，可以暂时松口气了。借用心理学上的蔡戈尼克效应来说，这一项未完成的工作让我的紧张状态持续了两年多。蔡戈尼克效应是 20 世纪 20 年代苏联心理学家 B. B. 蔡戈尼克在一项记忆实验中发现的心理现象。她让被试做 22 件简单的工作，如写下一首自己喜欢的诗，从 55 倒数到 17，把一些颜色和形状不同的珠子按一定的模式用线穿起来等等。完成每件工作所需要的时间大体相等，一般为几分钟。在这些工作中，有一半允许被试做完，另一半在没有做完时就受到阻止。允许做完和不允许做完的工作出现的顺序是随机排列的。做完实验后，在出乎被试意料的情况下，立刻让他回忆做的 22 件工作的内容。结果是未完成的工作平均可回忆 68％，而已完成的工作只能回忆 43％。在上述条件下，未完成的工作比已完成的工作保持得较好，这种现象被称为蔡戈尼克效应。蔡戈尼克认为，这种效应是由完成任务的需要而引起的紧张状态所造成的。当一件工作没有做完就受到阻止时，紧张状态还要持续一段时间（最多持续 24 小时，有时只持续十几分钟），这时被试的思想仍然比较容易指向未完成的工作，从而被回忆起来的可能性就大些。

　　这本书是我在一次中国人民大学出版社的会议上选的，当时看到时很喜欢，内容很吸引人，很想把它介绍过来。工作也是从 2007 年暑假前就开始了，结果赶上办公室搬家，假期里只完成了三章，加上我当时刚接手元培学院的教学管理工作，一直很难有比较完整的时间校对初稿，曾经一度想打退堂鼓，但出版社的龚洪训和陈红艳两位编辑一直督促和鼓励我们，于是利用暑假和十一长假，集中精力终于完成，真真体会了一下还完欠账的感觉。

　　完成这本书的过程如下：每个同学负责翻译一部分初稿，我逐字校对后返回确认。由于中间我的拖拉，到现在参与翻译初稿的同学中已经有九位出国留学了，确认时就请了其他一些同学参与。特别是赵婧、覃婷立和陈雨露承担了随后若干章节的反复修改和确认以及索引的翻译工作。在整个翻译校对过程中，对我来说也是一个学习提高的过程。虽然学习了很多心理学的课程，自己也教了17年心理学了，但由于这类心理学入门教材会涉及广泛的专业知识和术语，每进行一章，就觉得对一些问题的认识更清楚了。记得假期里校对第6章"学习"的时候体会颇深。本来学习原理，如经典条件作用、操作性条件作用，巴甫洛夫、华生、斯金纳这些很多课上都会说到，但对照原文校完这一章，觉得对我们生活中经历的很多事情理解得更清楚了。比如原书222页有一段话："惩罚是必要的，但也是会有问题的（Javo et al.，2004；Reis et al.，2004；Saadeh，Rizzo & Roberts，2002）。惩罚必须紧跟行为而且保持前后一致才会有效。但在真实世界中这很难做到，警察不可能对每一个超速者都立刻制止。"有意思吧？这本教材中这类说明很多，希望大家能够体会并喜欢。

参加本书各章初稿翻译的同学具体分工如下：第1章，俞清怡；第2章，谭竞智、金暕；第3章，覃婷立；第4章，陈卓；第5章，王昳洁、陈雨露；第6章，耿雁；第7章，陈雨露；第8章，修佳明；第9章，赵婧；第10章，王璐、赵婧；第11章，王峤泓、赵婧；第12章，潘星宇、覃婷立；第13章，金暕；第14章，范若谷、覃婷立；第15章，万之菱；第16章，伍珍、潘竞通。李文姝、王秋鸿、张舒等也参与了一些试读和翻译工作，我对全书仔细地进行了审校和表达上的润色。尽管我们努力进行了多次审读和双向确认等，但由于时间和学识所限，一定有一些理解和表达上的错误，敬请读者及时反馈给我们，以便在适当的时候修正。

苏彦捷

2010年10月

前 言 　>>>>>>>

Preface
行动中的心理学

　　舞蹈是最崇高、最动人、最美的艺术，因为它不仅仅是对生活的
演绎或抽象，而是生活本身。

——H. 霭理士（Havelock Ellis），1859—1939

　　心理学是最崇高、最动人、最美的科学，就像舞蹈之于艺术——至少
对本书的作者来说如此！在本书中，我们想通过舞蹈来揭示这本教科书的
主题或本质：舞蹈是教授和学习心理学的灵感和隐喻。

　　霭理士相信"舞蹈就是生活"，心理学也是这样。心理学可以启迪、
愉悦我们的心灵，并且使我们所有人提升到生活的新高度。不幸的是，对
于大多数学生来说，他们所能够正式接触到的心理学仅仅限于唯一的一门
介绍性或概要性的课程。仅凭一本教材或一门课程，就能够覆盖心理学的
所有主要概念和理论吗？就能够体现出心理学那令人激动的实践应用
性吗？

　　作为本书的作者和一名全职的心理学教师，我把这件事看做一个能够
激起人进取心而又充满刺激的挑战。为了迎接这一挑战，我必须做一个
"舞蹈总指导"。我必须指引我的读者和学生一步一步地了解心理学的基本
内容，同时又要为"舞蹈练习"提供时间和空间，以便为一场精心编制的
舞蹈学习体验打好基础。在这本心理学教科书中，我将提供简练、直观的
概念、关键词和理论，其后是一些短小的练习（检查和回顾）、例子（个
案研究或个人故事）以及示范（"你自己试试"、"形象化的小测试"）。从
1987年本书的第1版开始，我就一直强调学生的学习主动性——这就是书
名叫做"行动中的心理学"的原因。在此基础上每一个后续版本都有所继
承和发展。

第八版有什么新内容？

　　《行动中的心理学》的最新版本将主动学习提到了更高的层次。为了帮助学生成功地学习，我将一些新的教育学的元素与先前版本中的教学辅助整合成为三个不同但是重叠的"A"：应用（application）、成就（achievement）以及评估（assessment），如图0－1。

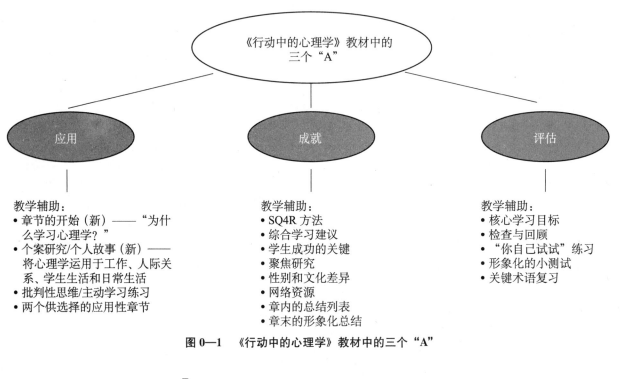

图 0—1　《行动中的心理学》教材中的三个"A"

应用

　　第一个"A"——应用，对于学习来说至关重要。正如大多数教师和学生所知，仅仅记忆考试时需要提取的名词和概念，在考试后迅速地忘掉它们，这距离真正的理解还很远。为了真正地掌握心理学，你必须要质疑、辩论、实验，并将心理学的原则应用到你的日常生活中。

　　图0－1中的左边是说，《行动中的心理学》（第八版）包含了大量旨在说明心理学的实际应用的教学辅助内容。学生们经常问"为什么我需要了解这个内容"，"这些内容在日常生活中怎样帮助我"，这些教学辅助运用每章中具体的名词和概念，清楚地证明了心理学运用与日常生活的密切关系。

　　本书的第一个新特点是每章开头加入介绍性的动机小单元。这些"为什么学习心理学"的单元包括了4～6个重点，提示心理学可以为你提供的帮助，这有助于激发你对下面内容的兴趣和深入了解。

　　本书的第二个新特点是加入个案研究或个人故事，提供了一个与该章心理学话题相关的个人生活或经历。比如，第12章讨论了关于情商的研究，在这一章的个案研究/个人故事当中，就描述了亚伯拉罕·林肯的情商故事。

在这两个新特点之外，我保留并改进了以前版本中的"将心理学应用于工作、人际关系、学生生活和日常生活"这些单元（见表0—1）。这些延伸的应用与每一章的内容联系紧密。比如，第1章包括了一个特殊单元"将心理学应用于工作：职业领域"，这一单元提供了心理学领域内的机会和工作描述。第3章的"将心理学应用于学生生活：为什么你不应该拖延"，给出了与"拖延任务"这个普遍问题相关的研究信息和克服这一习惯的建议。表0—1列出了本书中所有心理学应用的特殊话题，同时还有本书中的其他亮点。

表 0—1	《行动中的心理学》（第八版）的应用亮点举例

心理学的应用（在正文简短讨论和例子之外的补充）

- 将心理学应用于工作：职业领域（7～9页①）
- 将心理学应用于日常生活：成为科学研究更好的消费者（39～40页）
- 将心理学应用于日常生活：神经递质和激素是如何影响我们的？（59～63页）
- 将心理学应用于日常生活：纠正错误的遗传观念（87～88页）
- 将心理学应用于学生生活：为什么你不应该拖延？（106页）
- 将心理学应用于工作：你想成为一名健康的心理学家吗？（112页）
- 将心理学应用于工作：我的工作是否充满了压力？（118～119页）
- 将心理学应用于日常生活：睡眠问题的自助（187～188页）
- 将心理学应用于日常生活：警惕俱乐部药物！（195～196页）
- 将心理学应用于日常生活：经典条件作用——从市场营销到医学治疗（236～238页）
- 将心理学应用于日常生活：操作性条件作用——偏见、生物反馈和迷信（239～240页）

- 将心理学应用于日常生活：认知—社会学习——看到了就会学着做？（241～261页）
- 将心理学应用于学生生活：改善长时记忆（258～261页）
- 将心理学应用于学生生活：解决遗忘问题（265～266页）
- 将心理学应用于日常生活：认识问题解决中的障碍（293～295页）
- 将心理学应用于日常生活：你是否对婚姻抱有不切实际的期望？（373～374页）
- 将心理学应用于日常生活：应对你自身的死亡焦虑（384页）
- 将心理学应用于恋爱关系：让你和其他人远离性传播感染（413～415页）
- 将心理学应用于学生生活：战胜考试焦虑（425页）
- 将心理学应用于学生生活：测测你对异常行为了解多少（530页）
- 将心理学应用于工作：与心理健康相关的职业（561页）
- 将心理学应用于日常生活：电影中关于心理治疗的误区（567页）
- 将心理学应用于人际关系：调情的艺术和科学（585～586页）

心理科学举例（在正文简短讨论和例子之外的补充）

心理科学研究方法
- 基础研究和应用研究（17页）
- 科学方法（17～21页）
- 对人类和非人动物研究的伦理准则（21～23页）
- 实验性、描述性、相关性和生物学研究（78～83页）
- 研究行为遗传学的方法（85～87页）

- 裂脑研究（78～83页）
- 阈下知觉和第六感可以被科学证实吗？（162～163页）
- 科学家如何研究睡眠（176～180页）
- 探究经典条件作用（209～213页）
- 研究人类和非人动物的语言发展（303～305页）
- 智力的科学测量（309～312页）

---

① 本书正文中所涉及的页码均为英文原书页码，即本书边码，以下不再一一注明。——译者注

　　在每章适当的位置，都有一个深入的批判性思维/主动学习（critical thinking/active learning）练习，进一步为我们提供应用知识的机会。这些练习以每章中的特定内容为基础，致力于培养多样性批判性思维的能力。例如，第16章中的"批判性思维/主动学习"询问读者"你会听从米尔格兰姆的指示吗"（Would you have obeyed Milgram's directions），借此帮助发展批判性思维中的独立性思考能力。

成就

　　第二个字母A，指的是成就。为了充分掌握和理解知识，你必须依靠元认知，去了解和评估自己的认知过程。换句话说，你必须思考你的想法和所学。

　　为了建立这种元认知，《行动中的心理学》帮助同学们检查和精炼自己的个人学习风格。例如，这本书就吸纳了最有效的教学法之一的SQ4R方法［概要（survey）、提问（question）、阅读（read）、背诵（recite）、回顾（review）与写作（write）］。

概要和提问

　　每一章的开始都有四个概要和提问部分：学习目标、章节大纲、介绍学习要点的图表和一段介绍本章内容与组织结构的文字。

阅读

每一章都被设计得十分简洁明了，适合学生阅读。

xviii

背诵和回顾

　　为促进背诵和回顾本章内容，本书提供了一个简单的检查回顾单元，其中总结了该章的内容并提供4～5个选择题、填空题和简答题。另外，在每一章节的最后都有一个形象化的总结，这可以帮助我们直观地了解该章中的基础知识的架构和彼此之间的联系。另外，每一章节的最后会回顾本章的关键词。

写作

　　作为SQ4R方法的第四个R，在本书中，写作被设计为一种促进记忆的方法。除了在概要、提问和复习三部分学生要进行写作以外，在页面空白处尽可能清晰地记笔记也是值得鼓励的。

　　除了SQ4R方法之外，本书同样包含一些综合学习小提示，提供给我们一些特殊的学习和复习的方法。例如，第8章的学习提示帮助我们澄清了过度泛化和过度延伸的区别。第14章关于精神分裂症阳性和阴性症状的学习提示，就结合了第6章中正性和负性强化相关内容的应用。

　　为帮助学生们的学习更加有效和成功，本书还有一个特别之处，称做"学习成功的工具"（tools for student success）。在第1章的开始，有一个特殊的篇尾单元，其中包括了一些主动阅读、时间管理和提高分数的策略以及有助于大学成功的重要资源。另外，还有一些用特殊的符号标记的"学习成功的工具"的部分散布在整本书中。例如，在第6章、第7章、第8章、第10章和第13章，都包含了一些改善学习、记忆力、测验成绩和全面成就的策略。

为更进一步促进元认知和成就，第八版还提供了一些特色模块：

- 聚焦研究——促进对科学研究复杂性的理解；
- 性别与文化多样性——鼓励了解男性、女性和不同文化间的相似性与不同；
- 网络资源——提供网址，以便通过网络对热点的心理学话题进行进一步搜索与了解；
- 章内汇总列表——为增加学生的顿悟体验，本书包含了大量的总结列表，有些还包含了一些重要例示说明。比如，第5章中的药物作用和神经递质的列表，第6章中的比较经典条件作用和操作性条件作用的列表以及第7章中的不同记忆理论对照比较的列表，都可以作为重要的教学工具。
- 章末形象化总结——本书每一章的结尾都有一个独特的学习工具，以直观地总结和组织本章的主要内容。这个形象化总结分布在两页，可以在阅读某一章节前对此章节有一个总览，也可以作为阅读后的快速复习。这一模块使得无论是学生、教员还是评论者，都十分兴奋。他们说这一模块"十分有用"、"是目前最好的学习工具"。

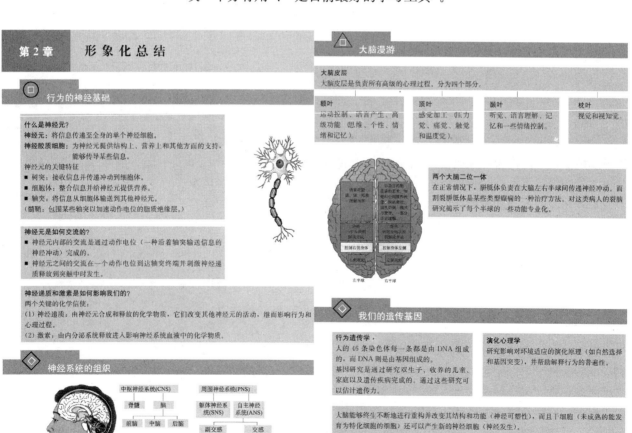

　　第三个字母 A，指的是评估，要求你向自己和他人展示自己所学。为此，每一章的开始都提出 4～6 个核心学习目标，为你在阅读这一章时应该提出并解答的问题做一个示例。在主题讨论部分，这些学习目标会作为提示出现在页边上。

　　除了这些核心学习目标之外，还有很多检查与回顾（check and review）部分分布在每一章的不同地方。设置这个部分的目的在于提供一个机会，简短地复习一下之前所学的材料。接着是一个自我测验，包括 4～5 个多项选择、填空或简答题。另外，本书还设计了两种独特的教学辅助——"你自己试试"和"形象化的小测试"（try this yourself and visual quizzes）。已被广泛转载的"你自己试试"，给你提供了一个主动地运用自己所学的知识，亲自动手去演习或说明一些很有意思却简单易行的实验，或者做做可以自己计分的个人问卷的机会。例如，很多人并不知道，自己的眼睛在视网膜的中心有一个很小的盲点，在这一点不能接收和传递任何视觉信息。在 139 页的"你自己试试"练习中，会告诉你如何自己验证一下。

　　第二个独特的版块就是"形象化的小测试"。很多学生在打开书本的一瞬间，会将注意力集中到图画和卡通上。利用这一自然生发的兴趣设计"形象化的小测试"，可以使学生更好地掌握和了解重要的心理学概念和术语。我的做法是将这些照片和卡通变成一种自我评估的形式。像"你自己试试"的练习一样，"形象化的小测试"同样需要主动参与，并且提供了一种自我测验和评估的途径。作为读者，你会被要求根据卡通图画或者照片回答一个问题，这需要对关键词或概念的掌握。为检验你的理解，正确答案直接写在图片或卡通的下面。

形象化的小测试

家庭马戏团

奶奶，看看我能做什么！

你能说出这个孩子的认知发展处于皮亚杰所说的哪个阶段吗？为什么他会觉得奶奶能够看到他？

答案：处于前运算阶段的儿童会有自我中心的局限，他不能认识到奶奶无法看到他所看到的一切。

图 0—2　"形象化的小测试"示例

xx

为进一步评估你对章节材料的理解，我专门提供了章末关键词回顾。这个回顾并非仅仅将关键词列出，它还提醒你："为了评估你对某章中关键词的理解程度，首先用自己的话解释下面的关键词，然后和课文中给出的定义进行对比。"这是一种非常重要的评估工具，也是一种在测验和考试前很好的复习方法。

附加学习辅助

除以上提及的教学辅助外，《行动中的心理学》（第八版）还加入了其他学习辅助以增加理解和记忆。

关键词
关键词以黑体形式呈现，且在随后的正文中出现定义。

当前词汇表
关键词及其定义，位于它们被首次引入位置的附近。显现和定义关键词并非仅为了增加整体的理解，它还提供了一种有用的复习工具。

其他变化

除增加了对三个 A（应用、成就和评估）的关注，《行动中的心理学》的新版本还包括如下所述的其他一些重要变化。〔请注意如下所列仅包括最重要的新变化和附加材料的一个样本。完整细致的列表，包括从之前版本删除的材料，均可在我们的网页（http：//www.wiley.com/college/huffman）获得〕。请广大师生在对这些变化有问题时直接和我联系。真诚地感谢你们选择《行动中的心理学》（第八版）作为教材，希望这会使你们的教学和学习经历尽可能地顺利和愉快。

新的研究更新

为跟上神经科学、行为遗传学、演化心理学、认知心理学、社会文化研究和积极心理学等快速发展的步伐，这次增加了 900 多篇 2000—2006 年的新的参考文献。还有一些新的"聚焦研究"部分，例如"真的有一见钟情吗？"（第 1 章）、"闻名世界的理论"（第 6 章）、"记忆与刑事司法系统"（第 7 章）和"肥胖——斟酌各方证据"（第 12 章）。

新的批判性思维/主动学习练习

我的朋友和同事、北安普顿社区学院专长于批判性思维的 Thomas

Frangicet 贡献了一些新的练习，包括"将批判性思维应用于心理科学"（第1章）、"批判性思维的生物学"（第2章）、"'人体炸弹'的发展"（第9章）、"道德与学术欺骗"（第10章）和"寻找好的治疗电影"（第15章）。

新的个案研究/个人故事

如果重要的心理学概念附有"个人头像或故事"，学生通常会很喜欢并且似乎可以学到更多的东西。为了适应这种需要，我纳入了几个新的个案研究/个人故事，例如"一生无惧?"（第1章）、"Phineas Gage"（第2章）、"9•11"中的幸存者（第3章）、"海伦•凯勒的成功与劝谏"（第4章）、"John/Joan的悲惨故事"（第11章）和"亚伯拉罕•林肯的情绪智力"（第12章）。

扩展和创新的技术

想要增进或丰富心理学学习技能的学生、教授在线课程或讲授传统课程的教师，可以利用令人兴奋的新的在线资源。这些资源包括练习测验、分级测验、示范、模拟、批判性思维/主动学习练习以及与心理学相关主题、网络活动和其他重要人物和活动的链接。作为《行动中的心理学》的用户，保证你可以进入约翰•威利出版公司学生和教师资源网站 http://www.wiley.com/college/huffman。查查看！

从第七版到第八版新的结构上的变化

● 第1章 为增加材料的流畅性，心理学的历史从章末移至起始位置。前一版中的"心理学研究"部分也分成了两个新的部分——心理学科学和研究方法。

● 第2章 为了增加话题的流畅性，重组了第2章的前半部分，以神经细胞起始，随后延伸至整个神经系统组织。

● 第3章 扩充和重组了前一版中的应对压力部分，现在它的题目为"健康和压力管理"，出现于章末。

● 第6章 前一版在经典条件作用、操作性条件作用和认知—社会学习每一部分的后面都有应用部分，现在作为一个单元出现于章末。此种重新安排是回应审稿人的建议，这样他们就可以更容易地根据计划的课堂规模和活动，要求学生阅读或删节这些组合在一起的应用部分。

● 第7章 已被广泛改进、更新和重组的一章。审稿人赞同在开端简明地呈现全部四种主要的记忆理论，随后将焦点集中于传统的三阶段记忆模型。他们也很欣赏重新设计的"遗忘"、"记忆的生物学基础"和"运用心理学来改善我们的记忆"这些部分。一名审稿人认为，这是他所见过的记忆章节中最为清晰的结构。

● 第 8 章　大幅度重组了"智力"部分，以增加清晰度并包含最新研究的扩展。

● 第 9 章　作为对审稿人的回应，对"认知发展"部分进行了少许修改，并移至"社会—情绪发展"的前面。

● 第 10 章　重组和扩充了前一版中的"发展的其他影响"部分，题目改为"面对成年期的各种挑战"。

● 第 12 章　大幅度改进和重组了先前的四个题目，以增加章节的流畅性和清晰度。

● 第 13 章　应审稿人的建议，"人格测量"部分在这一版中放在章末。

● 第 14 章　新版中的"其他障碍"部分包括与物质使用有关的障碍。

● 第 15 章　对四个先前的题目做了较大的改动，重组为"领悟疗法"、"行为疗法"和"生物医学疗法"，以及作为结束部分的"治疗与批判性思维"。

● 第 16 章　本章现包含了一个结束部分，即"将社会心理学应用于社会问题"。已经获得审稿人非常积极性的评价。

 ## 补充材料

《行动中的心理学》（第八版）附有大量辅助材料以促进对心理学的掌握。订购信息和政策可以通过与你当地的威利销售代表联系获得。

给教师的补充材料

录像

访问我们的教师网站，可以浏览和下载全套加强对课堂讲授内容理解的短的录像，用于课堂上或在线课程中引入新话题、活跃课堂展示、引发学生讨论。为了帮助将录像片段整合以配合你的课程大纲，我们还提供了包括教学资源、学习问题和作业的综合图书馆。

威利还与人文科学影片建立了长期伙伴关系，允许我们提供一些选择的录像，例如有关大脑的 Roger Bingham 系列，以便进一步丰富你所在院系图书馆的录像资源。请和你的威利销售代表联系，以获得特定题目的详细信息。

电脑幻灯片和影像图库

无论你是要找一套完整的与教材内容相关的电脑幻灯片，还是为了改进课堂展示寻找新的图片，我们都有你所需要的。在教师资源网站上，我们为每章提供了一个完整系列的动态华美的 PowerPoint，强调了主要的术语和概念。我们还为课文中的大部分图片和图表创建了在线电子文件，你可以很方便地将它们合并到你的 PowerPoint 中或创建你个人的投影幻灯片和讲义。

威利教师网络

你是不是对那些复杂的说明手册和那些受过计算机训练的技术员不能满足你提出的与心理学有关的特定需要而感到沮丧？威利教师网络可以解除你的后顾之忧。这些受过高度训练的计算机专家也是学院的心理学教师，为《行动中的心理学》的用户提供一对一、点对点的技术建议和教学支持。他们会通过一个广泛的在线课程管理工具和学科专业化软件/学习系统为你的教学提供指导。此外，他们会帮助你应用创新的课堂教学技术，补充专门的软件包工具，并使这些技术经验适应每个个别课堂的需要。与约翰·威利出版公司教师网络联系的网址是 www.wherefacultyconnect.com。

xxiii

教师资源网站

《行动中的心理学》附有包含大量资源的综合网站，可帮助你准备课堂教学，改进你的展示内容和评估你的学生的进步情况。所有这些为测试题库和教师资源指南创建的资源可直接从该网站获得。为课堂展示和学生作业创建的多媒体元素也是可以使用的。

基于网络的学习模块

《行动中的心理学》提供了一组强大的多媒体学习资源，其设计和开发用以丰富课堂展示并吸引习惯于视觉学习的学生。通过网站传送的内容包括如下类别：

● 动画围绕心理学的关键概念和主题开发出来。动画超出了课本所呈现的内容，提供了额外的视觉化例示和描述性的阐述。

● 交互练习使学习者加入到强化对关键概念和主题理解的活动中。通过简单的选择体验，伴随着即时的反馈，这些练习鼓励学习者应用从阅读和观看动画中获得的知识。

● 你能够从科学中心浏览到的新闻展示了 80 个简短的录像片段，它们将心理学概念和主题应用到当今的新闻问题当中。

我们的用户均可通过 eGrade Plus 在线学习课程等获得并使用所有这些资源。

WileyPlus

《行动中的心理学》（*Psychology in Action*）可以在 WileyPlus 上找到，WileyPlus 是一个在使用起来非常简便的网站上向教师和学生提供教学资源集成套件的强大的网络工具。

第一个发明能在水上行驶的汽车的人是……

……也许就坐在您的教室里！每一个学生都拥有创造奇迹的潜能。而他们实现这种潜能就从您的课程开始。

当学生们在您的课上获得了成功——当他们坚持完成任务并取得了突破，将困惑转为信心时，他们就有了资格去认识在他们每一个人身上都存在着的伟大。我们知道您的目标是创造一个环境，在那里，学生们挖掘出自身全部的潜能，并体验到由学术上的成就所带来的一生的喜悦。WileyPLUS 能够帮助您达到目标。

WileyPLUS 是一个包括教材完整内容的在线资源综合站点，它能帮助您的学生：
● 做好去听课的准备
● 在学业任务和测试上获得即时反馈以及与背景相关的帮助
● 记录他们在课程上的进步

我只是想说这个程序在多大程度上帮助了我的学习……我能够切实地看到我的错误并改正它们……我真的认为其他的学生也应该获得使用 WileyPLUS 的机会。
——Ashlee Krisko，奥克兰大学

www. wiley. com/college/wileyplus

调查中有 80% 的学生表明它增进了他们对材料的理解。

对于教师

● 准备和演示。WileyPlus 通过向您提供 Wiley 准备的丰富的资源，如学生互动模拟和吸引人的课程幻灯片，来帮助您准备多样的课堂演示。

● 自定义作业。教师们可以通过使用 Wiley 提供的问题/作业库或自己写，来创建、分配和给作业或测试评分。

● 对于学生进步的自动监控。教师成绩手册使您可以仔细地跟踪和分析个体或全班学生的成绩。

● 灵活的课程管理。WileyPlus 可以方便地和另一种课程管理系统、成绩手册或其他您在课堂上所使用的资源合并，从而灵活地形成您的课程和您的方式。

对于学生

● 反馈和支持。WileyPlus 对学生作业能够提供即时的反馈，并且拥有丰富的支持材料来帮助学生形成他们自己对课程内容的理解，同时提高他们解决问题的能力。

- 学习和联系。此专题直接和教材内容联系，允许学生在学习及完成家庭作业的同时，迅速地复习课本内容。

- 作业定位。此功能使学生可以将所有与他们的心理学课程有关的任务和作业全部存储在一个方便的位置，从而让学生能够轻松地集中精力于学习任务中。

- 学生成绩手册。自动记录成绩，学生可以在任何时间进行查询。

（想要更多的信息，请看在 www. wileyplus. com 上的在线演示，你将会得到有关 WileyPlus 的特征和好处的更多信息，如何要求 Wiley-Plus 提供一个有关《行动中的心理学》的试测，以及如何在班级使用中采纳。）

给学生的补充材料

基于 WileyPlus 网站的模块

学生指南网站

这个网站提供支持和补充课本内容的额外资源。通过使用如下资源，你能够增进对心理学的理解并提高成绩：

- 互动的关键术语抽认卡（interactive key term flash cards）使你在练习中掌握关键术语及其内容。你同样可以通过对这些术语词汇进行自测来监控自己的进度。

- 章节回顾小测验（chapter review quizzes）为是非判断题、多项选择题和简答题提供即时反馈。

- 在线指导（online guide）对有关如何使用网络进行搜索和如何找到你所需要的最佳信息提供有效指导方针。

- 有注释的网络链接（annotated web links）在文章中放入有用的电子资源。

学生学习和复习指导
xxvi

这个由卡伦·霍夫曼（Karen Huffman）和 Richard Hosey 准备的很有价值的资源，能够向身为学生的你提供一种复习课本的简单方法，并且保证你在随堂抽查和考试前了解相关的材料。对于课本的每一章，此学习指导能够提供众多的为节省你的时间而设计的工具，同时帮助你掌握核心知识。这些工具包括章节概述、核心学习目标、关键术语、关键术语纵横字谜、匹配题、填空题、主动学习练习和两套附有参考答案的测试样题（每套 20 题）。学生学习和复习指导的每一章还包括出现在课本每一章最后的形象化总结（visual summaries）的副本。过去学生们会为了在上课时或课本阅读时使用而抄写这些总结，所以我们在这本学习指导中收录了它们，以使学生的学习更加方便。

致谢

这本书的写作是在团队的努力下完成的，包括我的家人、朋友和同事的投入和支持。对他们每一个人我都致以诚挚的谢意。特别感谢 Jay Alperson、Bill Barnard、Dan Bellack、Haydn Davis、Tom Frangicetto、Ann Haney、Herb Harari、Sandy Harvey、Richard Hosey、Terry Humphrey、Teresa Jacob、Kandis Mutter、Bob Miller、Roger Morrissette、Harriett Prentiss、Jeanne Riddell、Sabine Schoen and Katie Townsend-Merino。

对于本书的审阅人、焦点小组和电话会议的参与者，我表示衷心的感谢，因为他们花费时间阅读并给予了具有建设性的批评。我非常感激下面每一个人并且相信他们能从这本教材中发现自己的贡献。

学生的反馈

为了帮助我们确定我们的教材回应了当下大学生的需求，我们要求一些正在修心理学入门课程的学生提供他们对于课本每一章的感想和反馈。他们的反应坚定了我们对于这本书是一种有效的（有的学生甚至用"享受"来形容）工具的信念。我们感谢以下这些花费时间和我们分享他们真实观点的学生：Erin Decker, San Diego State University; Laura Decker, University of California at Davis; Amanda Nichols, Palomar College; Idalia S. Carrillo, University of Texas at San Antonio; Sarah Dedford, Delta College (Michigan); Laural Didham, Cleveland State University; Danyce French, Northampton Community College (Pennsylvania); Stephanie Renae Reid, Purdue University-Calumet; Betsy Schoenbeck, University of Missouri at Columbia; Sabrina Walkup, Trident Technical College (South Carolina)。

教授的反馈

以下这些教授帮助我们检验并改善了本书中的批判性思维和主动学习教学法：Tomas Alley, Clemson University; David R. Barkmeier, Northeastern University; Steven Barnhart, Rutgers University; Dan Bellack, Trident Technical College; JoAnn Barnnok, Fullerton College; Michael Caruso, University of Toledo; Nicole Judice Camobell, University of Oklahoma; Sandy Deabler, North Harris College; Diane K. Feibel, Raymond Walters College; Richard Griggs, University of Florida; Richard Harris, Kansas State University; John Haworth, Florida Community College at Facksonville; Guadalupe King, Milwaukee Area Technical College; Roger Morrissette,

Palomar College; Barbara Nash, Bentley College; Maureen O'Brien, Bentley College; Jan Pascal, DeVry University; John Pennachio, Adirondack Communtiy College; Gary E. Rolikowki, SUNY, Geneseo; Ronnie Rothschild, Brward Community College; Ludo Scheffer, Drexel University; Kathy Sexton-Radek, Elmhurst College; Matthew Sharps, Califoria State University-Fresno; Richard Topolski, Augusta State University; Katie Townsend-Merino, Palomar College; Elizabeth Young, Bentley College。

▌/ 焦点小组及电话会议参与者

Brain Bate, Cuyahoga Community College; Hugh Bateman, Fones Funior College; Ronald Boykin, Salisbury State University; Jack Brenneck, Mount San Antonio College; Ethel Canty, University of Texas-Brownsville; Joseph Ferrari, Cazenovia College; Allan Fingaret, Rhode Island College; Ricjard Fry, Youngstown State University; Roger Harnish, Rochester Institute of Technology; Ricjard Harris, Kanas State University; Tracy B. Henley, Mississippi State University; Roger Hock, New England College; Melvyn King, State University of New York at Cortland; Jack Kirschenbaum, Fullerton College; Cynthia McDaniel, Northern Kentucky University; Deborah McDonald, New Mexico State University; Henry Morlock, State University of New York at Plattsburgh; Kenneth Murdoff, Lane Community College; William Overman, University of North Carolina at Wilmington; Steve Platt, Northern Michigan University; Janet Proctor, Pudue University; Dean Schroeder, Laramie Community College; Michael Schuller, Fresno City College; Alan Schultz, Prince George Community College; Peggy Skinner, South Plains College; Charles Slem, California Polytechnic State University-San Luis Obispo; Eugene Smith, Western Illinois University; David Thomas, Oklahoma State University; Cynthia Viera, Phoenix College; Ang Matthew Westra, Longview Community College。

▌/ 其他校阅者

L. Joseph Achor, Baylor University; M. June Allard, Worcester State College; Joyce Allen, Lakeland College; Worthon Allen, Utah State University; Jeffrey S. Anastasi, Francis Marion University; Susan Anderson, University of South Alabama; Emir Andrews, Memorial University of NewFoundland; Marilyn Andrews, Hartnell College; Richard Anglin, Oklahoma City Community College; Susan Anzivino, University of Maine at Farmington; Peter Bankart, Wabash College; Susan Barnett, Northwestern State University（Louisiana）; Patricia Barker,

Schenectady County Community College; Daniel Bellack, College of Cbarleston; Daniel Bitran, College of Holy Cross; Terry Blumenthal, Wake Forest University; Theodore N. Bosack, Providence College; Linda Bodmajian, Hood College; John Bouseman, Hillsborough Community College; John P. Broida, University of Southern Maine; Lawrence Burns; Grand Valley state University; Bernado J. Carducci, Indiana University Southeast; Charles S. Carver, University of Miami; Marion Cheney, Brevard Community College; Meg Clark, California State Polytechnic University-Pomona; Dennis Cogan, Texas Tech University; David Cohen, California State University, Bakersfield; Anne E. Cook, University of Massachessetts; Kathryn Jennings Cooper, Salt Lake Community College; Steve S. Cooper, Glendale Community College; Amy Cota-McKinley, The University of Tennessee, Knoxville; Mark Covey, University of Idaho; Robert E. Delong, Liberty University; Linda Scott Derosier, Rocky Mountain College; Grace Dyrud, Augsburg College; Thomas Eckle, Modesto Funior College; Tami Eggleston, Mckendree College; James A. Eison, Southeast Missouri State University; A. Jeanette Engles, Southeastern Oklahoma State University; Eric Fiazi, Los Angeles City College; Sandra Fiske, Onondaga Community College; Kathleen A. Flannery, Saint Anselm College; Pamela Flynn, Community College of Philadelphia; William F. Ford, Bucks City Community College; Harris Friedman, Edison Community College; Paul Fuller, Muskegon Community College; Frederick Gault, Western Michigan University; Russell G. Geen, University of Missouri, Columbia; Joseph Giacobbe, Adirondack Community College; Robert Glassman, Lake Forest College; Patricia Marks Greenfield, University of California-Los Angeles; David A. Griese, SUNY Farmingdale; Sam Hagan, Edison County Community College; Sylvia Haith, Forsyth Technical College; Frederick Halper, Essex County Community College; George Hampton, University of Houston-Downtown; Joseph Hardy, Harrisburg Area Community College; Algea Harrison, Oakland University; Mike Hawkins, Louisiana State University; Linda Heath, Loyola University of Chicago; Sidney Hochman, Nassau Community College; Richard D. Honey, Transylvania University; John J. Hummel, Valdosta State University; Nancy Jackson, Fohnson @ Wales University; Kathryn Jennings, College of the Redwoods; Charles Johnston, William Rainey Harper College; Dennis Jowaisis, Oklahoma City Community College; Seth Kalichman, University of South Carolina; Paul Kaplan, Suffolk County Community College; Bruno Kappes, University of Alaska; Kevin Keating, Broward Community College; Guadalupe Vasquez King, Milwaukee Area Technical College; Norman E. Kinney, Southeast Missouri State University; Richard A. Lambe, Providence College; Sherri B. Lantinga, Dordt College; Marsha laswell,

California State Polytechnic University-Pomona; Elise Lindenmuth, York College; Allan A. Lippert, Manatee Community College; Thomas Linton, Coppin State College; Virginia Otis Locke, University of Idaho; Maria Lopez-Trevino, Mount San Facinto College; Tom Marsh, Pitt Community College; Edward McCrary Ⅲ, Elcamino Community College; David G. McDonald, University of Missouri, Columbia; yancy McDougal, University of South Carolina-Spartanburg; Nancy Meck, University of Kansas Medical Center; Juan S. Mercado, McLennan Community College; Michelle Merwin, University of Tennessee, Martin; Mitchell Metzger, Penn State University; David Miller, Daytona Beach Community College; Michael Miller, College of St. Scholastica; Phil Mohan, University of Idaho; Ron Mossler, LA Valley College; Kathleen Navarre, Delta College; John Near, Elgin Community College; Steve Neighbors, Santa Barbara City College; Leslie Neumann, Forsyth Technical Community College; Susan Nolan, Seton Hall University; Sarah O'Dowd, Community College of Rhode Island; Joseph J. Palladino, University of Southern Indiana; Linda Palm, Edison Community College; Richard S. Perroto , Queensborough Community College; Larry Pervin, Rutgers University, New Brunswick; Valerie Pinhas, Nassau Community College; Leslee Pollina, Southeast Missouri State University; Howard R. Pollio, University of Tennessee-Knoxville; Christopher Potter, Harrisburg Community College; Derrick Proctor, Andrews University; Antonio Puete, University of North Catolina-Wilmington; Joan S. Rabin, Towson State University; Lillian Range, University of Southern Mississippi; George A. Raymond, Providence College; Celia Reaves, Monroe Community College; Michael J. Reich, University of Wisconsin-River Falls; Edward Rinalducci, University of Central Florida; Kathleen R. Rogers, Purdue University North Central; Leonard S. Romney, Rockland Community College; Thomas E. Rudy, University of Pittsburgh; Carol D. Ryff, University of Wisconsin-Madison; Neil Salkind, University of Kansas-Lawrence; Richard J. Sanders, University of North Carolina-Wilmington; Harvey Richard Schiffman, Rutgers University; Steve Schneider, Pima College; Michael Scozzaro, State University of New York at Buffalo; Tizrah Schutzengel, Bergen Community College; Lawrence Scott, Bunker Hill Community College; Michael B. Sewall, Mohawk Valley Community College; Fred Shima, California State University-Dominquez Hills; Royce Simpson, Campbellsville University; Art Skibbe, Appalachian State University; Larry Smith, Daytona Beach Funior College; Emily G. Soltano, Worcester State College; Debra Steckler, Mary Washington College; Michael J. Strube, Washington University; Kevin Sumrall, Montgomery College; Ronald Testa, Plymouth State College; Cynthia Viera, Phoenix College; John T. Vogel, Baldwin Wallace College;

Benjamin Wallace，Cleveland State University；Mary Wellman，Rhode Island College；Paul J Wellman，Texas A @ M University；I. Eugene White，Salisbury State College；Delos D. Wickens，Colorado State University-Fort Collins；Fred Whitford，Montana State University；Charles Wiechert，San Antonio College；Jeff Walper，Delaware Technical and Community College；Bonnie S. Wright，St. Olaf College；Brian T. Yates，American University；Todd Zakrajsek，Southern Oregon University；and Mary Lou Zanich，Indiana University of Pennsylvania.

特别感谢

这里尤其要对 John Wiley 和 Sons 杰出的编辑和制作组致以谢意。该项目受益于 Sandra Dumas、Anna Melhorn、Jennifer MacMillan、Mary Ann Price、Karyn Drews、Kevin Murphy、Marisol Persaud 以及其他一些人的智慧和他们深刻的见解。如同任何一个合作进行的项目，写一本书无疑需要庞大的支持，在此我要对这些优秀的工作人员致以深切的谢意。

我还要向执行编辑 Chris Johnson 致谢。Chris 在此修订版制作期间工作迅速，高效并适当地进行反馈，提供了极其宝贵的建议。我非常感谢他的指导和支持。

另外我还要向市场执行经理 Jeffrey Rucker、宣传编辑 Lynn Pearlman、外联编辑 Jessica Bartelt、市场助理 Bria Duane 以及其他所有致力于该书初期制作和后续工作的人们表示我最诚挚的谢意。没有他们，就不可能有本书及其各种附属项目的问世。

接下来我要向 Hermitage 出版服务和 Radiant 插画和设计表示由衷的感谢。他们认真严谨且专业的工作是本书制作成功的关键。特别感谢为制作"完美的书"而深思熟虑并努力奉献的 Larry Meyer。

我还要谢谢我的学生们。他们让我知道了学生们想知道什么并给了我写本书的诸多启发。特别值得一提的有 John Bryant、Sandy Harvey、Michelle Hernandez、Jordan Hertzog-Merino、Richard Hosey、Christine McLean 以及 Kandis Mutter。他们进行了细心的编辑文本和图书文献搜索工作，并对什么样的内容应该、什么样的内容不应该写入心理学教科书提供了独到的见解。我非常感激他们的贡献。如果您有什么建议或意见，请随时与我联系，我的邮箱地址是：Karen Huffman（khuffman @ palomar. edu）。

最后，我要把本书献给我那贡献出无数小时进行细心的编辑、提供宝贵的意见并在本书所有八个版本的制作中都坚定不移地支持我的亲爱的丈夫 Bill Barnard。

批判性思维/主动学习 >>>>>

与Thomas Frangicetto以及他在北安普顿社区学院的学生共同著作

"批判性思维"（critical thinking）一词拥有许多含义，一些书籍甚至用整个章节来定义这个名词。"critical"这个词是来自希腊单词"kriti-kos"，意为提出疑问，弄清意义，并且能够分析。思维是指理解我们周围世界的认知能力。因此，批判性思维可以被定义为"思考以及评估思想、感觉、行为以至于我们能够阐明和提高它们"（Chaffee，1988，p.29）。

这篇文章对于主动学习的关注自然而然地促进了批判性思维的发展。我认为一个主动的学习者实际上就是一个批判性思维者。同时，批判性思维也是一个过程。作为一个过程——你所做的事情——你可以做得更好。你可以提高你的批判性思维技巧。《行动中的心理学》中的每一章（以及在学生学习、复习指导和教师资源指南中的相应章节）都含有一些旨在提高一个或者多个批判性思维成分的特定批判性思维/主动学习练习。为了学习这些成分，你需要先学习以下三个成分，它们分别是批判性思维的情感的（情绪）、认知的（思维）和行动的（行为）成分。你将会发现你已经使用了这些技巧中的一些。但是你也会发现你可以通过练习提高的一些方面。

情感的成分

情绪基础既能促进批判性思维，又能限制批判性思维。

（1）超越自身利益来评价真理。批判性思维者无论对于支持自己、与自己一致的还是反对自己的都持有相同的理性标准。这是常规使用的最为困难的成分之一。我们都倾向于迎合我们自身的需求（见"自利偏差"，p.567）而忽略与我们自身愿望冲突的信息。但是批判性思维者知道，即使"事实"以另一种方式出现，它仍然存在于我们的自身利益

xxx

之中。

> 人们以为巫师 John Edward 可以使他们与死去的亲人进行交流，为此他挣了很多钱……他的"客户"应该超越自身利益评价真理。这意味着即使这些事实并不是他们想要相信的也要接受事实。从文章中我们知道，人们相信像 Edward 这样的巫师的一个原因就是他们"想要"——他们愿意暂缓怀疑并且把他们自身的利益置于事实之上。
>
> ——Lisa Shank

（2）接受改变。批判性思维者在他们整个一生都保持着对调整以及适应的开明态度。拒绝改变是人类共有的一个最普遍的特点。批判性思维者信任那些理由充分的质问过程，他们愿意使用这些技巧去检查哪怕是那些植根于他们心底的价值观和信念，在证据和经验与信念不同的时候修改自己的信念。

> 人们第一次成为父母的时候，就必须面对这一事实，即接受改变是很重要的。一个年轻的父（母）亲不能再扔下所有事情去做类似于泡吧、去俱乐部进行社交哪怕是出门吃个晚饭这样的自己喜欢的事情。现在他们拥有更多的责任和与之前不同的需要优先考虑的事情。
>
> ——James Cavanaugh

（3）移情。批判性思维者体会并且尝试理解他人的思维、感觉以及行为。非批判性思维者则以与自己相关的观点来看待所有的人和事，这就是"自我中心主义"。从他人角度思考问题的能力——移情——是最为有效和有益的矫正自我中心思维的方法。

> 我认为当人们失去一个挚爱的人时应该做的事情就是移情。移情在别人需要帮助的时候是最好的方式。很多时候失去挚爱的人仅仅需要聊天，抒发自己的感情。能够倾听并且理解他人所经历的痛苦，才能使得你对他们做出更有效和更有帮助的回应。
>
> ——Christopher Fegley

（4）欢迎不同的观点。批判性思维者能够从不同的角度来看待问题并且知道探究、理解和他们不一致的立场是尤为重要的。这种品质对于决策过程中的团体特别有价值。欢迎不同的观点能够使决策过程脱离"团体思维"——"当一个高度团结的团体努力寻求一致而避免不一致信息的时候就会发生不完美的决策"。

> 大部分美国人甚至从来没有尝试去理解那些影响"人体炸弹"的社会文化因素。但是这个问题已经使得我开始欢迎不同的观点并且尝试理解不同文化背景下的人拥有不同的信念。大部分美国人认为殉教者是疯狂的，而巴基斯坦人相信殉教是被崇拜的。我相信殉教是一种

自我表达方式的选择，可能和大部分美国人的看法不一致，但是我生在一个我有权利去相信我想要相信的事物的国家。

——Sophia Blanchet

（5）忍受模糊。尽管正统教育经常训练我们寻找一个单一的"正确"答案（"会聚思维"），但是批判性思维者明白许多问题都是复杂而微妙的，复杂的问题可能拥有不止一个"正确"答案。他们承认并重视类似"可能"、"高度可能"以及"不是很可能"等修饰词。特别是创造性艺术家，他们必须能够处理不确定性并且考虑多种可能的解决途径（"发散思维"）。

（6）识别个人偏见。这包括使用你最高的心智技能去发现个人偏见和自我欺骗的推理，你才能设计一个自我修正的现实计划。成为一个批判性思维者并不意味着所有偏见都不存在，而是愿意承认、识别并且纠正偏差。

因为美国是一个如此大的移民国家，许多人（包括作为一个外国人、从日本而来的我）对于歧视和偏见都非常敏感。我曾经有过一些非常困难的时期。我的一个美国朋友曾经因为亚洲人长得像狐狸而把亚洲人描绘为"狐狸"。她是在开玩笑，但是我没有笑。我觉得很难受，因为她甚至没有发现我觉得不被尊重。如果她想拥有不同文化的朋友的话，她绝对有必要开始认识个人偏差。

——Saemi Suzuki

◢ 认知的成分

思考过程确实包含在批判性思维中。

（7）独立的思考。批判性思维是独立思考。批判性思维者并不被动地接受他人的信念，也不会轻易地被操纵。他们保持着适当的怀疑，尤其对于那些不寻常的主张和报道。他们也能够把怀疑与顽固和固执区分开来。例如，他们会"欢迎不同的观点"并且权衡这些观点的内容，同时当他人的观点被证实正确的时候会调整自身的思维（"接受改变"）。

（8）确切地定义问题。在可能的范围内，批判性思维者以清楚而具体的语言来确定问题，以阻止混淆产生，并为收集相关信息打下基础。乍一看，这个成分似乎与"忍受模糊"相悖，但是事实并非如此。批判性思维者忍受模糊的限度是能够"确切地定义问题"。

xxxii

（9）为价值和内容分析数据。通过仔细地评估证据的本质和资源的可信度，批判性思维者可以识别那些不合逻辑的对情绪倾向的迎合、不被支持的假设和有缺陷的逻辑。这使得他们不信任这类信息资源：缺少诚信记录，在关键问题上自相矛盾，或者对于所兜售的产品、思想以及只有部分正确的观点（"半正确"）有既定利益。

尽管大多数黑人的智力测验分数低于白人可能是真的，但更为重要的是要问：为什么？为了得到答案，绝对有必要为价值和内容分析数据。要做到这些，你必须仔细识别信息来源的可信度并且从各个角度评估所有信息。例如，我们必须考虑我们社会上反对偏见的日常斗争以及少数学生怎样感觉到被大多数白人学生孤立起来……所以环境中存在许多因素会使得人们的自信降低从而导致低的得分。

——Aranzazu Garcia

（10）在问题解决时使用多种思维过程。这些思维过程是：第一，归纳逻辑——从特殊到一般的推理；第二，演绎推理——从一般到特殊的推理；第三，问答式逻辑——包括各种不同观点或者参考框架之间的广泛的言语转换思维；第四，辩证思维——考察对立观点的优势和劣势的思维。

（11）综合。批判性思维者知道了解和理解是通过把多种元素结合为有意义的模式得到的。把批判性思维的情感、认知和行为成分混合成对世界更深的理解需要综合。例如，感到沮丧是因为"没有人喜欢你"，这会导致向他人要求反馈（欢迎不同的观点），他们的观点会帮助你认识到你的确拥有使得人们喜欢的好品质，并非如你所想的那么糟（抵抗泛化），这会启发你尝试新的行为（把知识应用到新的情境中）。

（12）抵抗泛化。泛化是很有诱惑力的，人们习惯把事实或经验应用到仅仅表面相似的情境中。例如，把从特定人种中的一个人身上得到的恶劣体验所形成的负性判断，应用到该人种团体中所有成员身上。无法抵抗泛化通常就是"偏见"的核心。

（13）使用元认知。元认知，也叫反思性或者递归性思维，包括回顾和分析你自身的心理过程——思考你自己的思维。批判性思维者回溯或者追寻他们自身信念的起源，详细审查他们的思维，会经常听到类似"我在想什么"或者"我不知道为什么我相信这些，我必须要想一想"这种话。

▷ 行为的成分

行动对于批判性思维是必要的。

（14）直到有充分的数据才做出判断是可行的。一个批判性思维者不会突然做出判断。冲动是良好的批判性思维的最大障碍之一。对于他人的鲁莽的判断，对一辆新车或是新房子的冲动性购买，在不了解政治候选人的情况下进行选择或是一见钟情，这些都可能是让我们后悔许多年的损失重大的错误。

当讨论到伊拉克战争的时候，人们通常是被误导的。作为美国预备役部队的一员，我认为我有义务告诉他们真实情况。最初我并不赞成这场战争，但是作为一名士兵我必须按照要求去做。我之前和负责阿布扎比监狱丑闻的一些人一起工作，我也有在伊拉克失去生命的朋友，他们中的一些人支持伊拉克战争，另一些不支持……但是一些人在他们没有完全了解信息的情况下就对形势做出判断，这就是我力劝他们要在得到足够的数据后再做出判断的原因。

——LongSu Cheng

（15）采用精确的措辞。精确的措辞帮助批判性思维者清晰而具体地确定问题，使他们能够客观地定义并且进行实证检验。在日常现实生活中，当两个人争论一个问题时，他们常常没有意识到彼此对这个问题有不同的定义。例如，一个亲密关系中的两个人对一些词如"爱"和"承诺"会有不同的定义。探索和确认这些词精确含义的公开交流对成功的关系是非常关键的。

（16）收集数据。收集关于一个问题所有方面的最新的、相关的数据是决策的前提。很多时候非批判性思维者仅仅收集能够支持他们观点的信息。例如，研究者有时会无心地仅搜集支持一个结论的证据，从而使研究的方向偏向他想要的结果。

（17）区分事实和观点。事实是可以被证实的论断，而观点是一个人表达自己对于一个问题的看法或者认为是真实的论断。对于任何主题都很容易有不了解情况的观点，但是批判性思维者在形成他们的观点之前会寻找出事实。

　　这本书教我们区分观点和事实，例如，"辨认能够被证实的论断"和"仅仅符合我们对于事情感觉的论断"，我很喜欢这一点。我们必须能够区分出真理和我们从父母那里及社会中学到的普遍的观点之间的差异。

——Wendy Moren

（18）鼓励批判性对话。批判性思维者是挑战既存事实和观点的积极的质疑者，他们也欢迎别人提出问题。苏格拉底式的质疑是一种重要的批判性对话的类型，批判性思维者可以在其中探究一个主张、观点的含义、理由或逻辑强度，或者推理的思路。在日常交流中，人们常常更易于回避这类有助于解决问题和加强关系的对话，但是它的确是过一种健康的情感生活的必要组成部分。

　　我妈妈过去一年中经常给我打电话，我知道她这样跟我谈话是因为她快要去世了。和她变得亲密花了我很长一段时间，因为过去……我现在终于开始很乐意地和她进行批判性对话了……这么多年后我们才开始互相表达自己的感情。这些谈话是很让人满意的，因为我们现在开始学着成为朋友并且享受相互的陪伴。我希望最后我们意识到，尽管我们有不足和错误，我们其实爱着彼此。

——Tim Walker

（19）积极聆听。当聆听他人谈话时，批判性思维者会全面地使用他们的思维技巧。这听起来像是最简单或是最明显的，但是它却是最难的事情之一。当你下次和别人谈话时你可以自己检验一下。你们交谈过一会儿后让另一个人总结一下你谈话的内容，或者当另一个人在说话时监控自己的倾听能力。你多久会开始走神？批判性思维者会通过"鼓励批判性的对话"的方式积极地参与谈话。他们提出问题，证实他们所听到的，要求解释说明或者详细阐述等。

（20）根据新的信息更正判断。如果后来的证据或者经验和之前的判断相冲突，批判性思维者愿意放弃或者改变自己的判断。非批判性思维者则顽固地坚持自己的信念，并且常常更看重自己的兴趣而不是真实情况。

> 高中的大部分时间，我在每一项任务上都拖延。改变的过程是非常缓慢的……然而现在在大学我拖延相对少了。除了为我的工作设置优先顺序和更快地完成更重要的任务外……我根据新的信息更正自己的判断。我知道现在这些任务是为了自己的利益并且一定水平的自我动机是取得成功所必需的。我也意识到我正在为我的教育付出代价，我不妨尽我所能获得更多。
>
> ——Tom Shimer

（21）将知识应用于新情境。当批判性思维者掌握一项新的技能或者体验到一种顿悟后，他们能把这些信息应用到新的背景中。非批判性思维者经常会给出正确的答案，重复地定义和进行计算，然而却不能将他们的知识应用于新的情境中，因为他们缺乏一种基本的理解或者不能综合看起来不相关的内容。

> 许多人认为他们在思考，而实际上他们仅仅是重新组合他们的偏见。
>
> ——William James

亲爱的读者和学习心理学的同学们：

　　欢迎阅读第八版的《行动中的心理学》，我相信学习心理学能够改变你的生活。我一直以来都很热爱心理学——早在我知道有一门完全研究它的科学之前就是这样。当我修了我大学期间第一门心理学课程后，我真的入迷了。我发现了一种看待那些我过去从未真正理解过的行为的科学的方式。我发现心理学是那么独特：有魅力且令人激动，因为它研究的是你和我，因为它是充分理解我们个人生活和社会生活的关键。

　　作为一个大学老师以及本书的作者，我的目标就是向你介绍我们这个领域中信息的难以置信的价值，并且向你展示这些信息怎样能够有效地运用到你的个人生活和周围的世界中。请把本书当做我写给你的一封长信。我将引导你穿越一个引人入胜的世界，它可以改变你和他人以及自己的关系。

　　但是我一个人却无法做到这一点。我尽我所能想到的一切来使本书变得引人注目并值得一读。为了真正了解和欣赏心理学（或者任何其他一门学科），你必须成为一个主动的参与者。作为一个对主动学习的终身提倡者，我坚信这是掌握任何一门重要课程的最好的方法，或者对于保持一项重要的关系也是如此。为了鼓励你主动阅读和学习，我在本书中设计了多种多样的主动学习的工具，包括学习成功的工具，综合学习建议，形象化的小测试，章节总结列表，图片测验，检查和回顾，你自己试试，批判性思维/主动学习练习，将心理学应用于工作、关系、日常生活，个案研究/个人故事，以及一些其他的技术。

　　正如你将看到的，本书或许能够成为一次激动人心的智慧探险的一部分。如果你使用这些工具，成为一个主动学习的参与者，那么对心理学的学习能带给你一种全新的看待周围世界的方式。祝愿你在大学和以后的生活中一切顺利。最真诚地希望《行动中的心理学》能够对你毕生的成功有所贡献。

致以最诚挚的问候

Karen Huffman

卡伦·霍夫曼

目 录

第1章

导言与研究方法

🌐 **学习目标**

在阅读第1章的过程中，关注以下问题并用自己的话来回答：

▶ 什么是心理学？心理学的目标和主要的职业有哪些？

▶ 对心理学有重要贡献的人物都有谁？引领现代心理学的七种主要观点是什么？

▶ 什么是科学的方法？心理学研究中的主要伦理问题有哪些？

▶ 心理学研究的四个主要方法是什么？

▶ 如何运用心理学去学习心理学？

- 批判性思维/主动学习
  将批判性思维应用于心理科学
  描述性研究
- 个案研究/个人故事
  一生无惧?
  相关性研究
  生物学研究
- 将心理学应用于日常生活
  成为科学研究更好的消费者
- 性别与文化多样性
  文化具有普遍性吗?

成功学习的工具

主动阅读
时间管理
提高分数的策略
附加资源
结语

学习提示
学习目标
这些问题是SQ4R方法中的重要部分。SQ4R在前言中进行了说明,你应当尝试在阅读此章时去回答这些问题。作为强化,每一次讨论时,这些问题都会重复出现。

学习提示
章节大纲
每个章节以所有的主题和次级主题的大纲开头。
每个章节内也会重复此模式。大纲与条目会给你提供阅读时组织与掌握信息的"脚手架"。

应用

为什么要学习心理学?

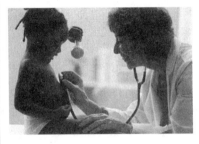

第1章(以及所有其他的章节)将会

▶ 使你更加了解你自己以及其他人。从前希腊哲学家苏格拉底曾说过:"认识你自己。"心理学就是关于认识你、我以及所有人的学科。学习心理学将会帮助你深入认识(和欣赏)你自己和他人。

▶ 改善你的社交关系。经过长期的科学研究和应用,心理学已经发展出大量的指导方法和技巧来改善你与你的朋友、家人和同事的关系。

▶ 促进你的职业发展。无论你是否决定从事这一领域的工作,心理学都可以丰富你的职业生涯。因

为所有的职业都需要与人合作,所以提高你的"待人技巧"可以直接为你的职业带来"收益"。

▶ 拓宽你的通识教育。为什么要上大学?接受更多教育是不是你的目标?心理学是当今政治、社会、经济世界中必不可少的部分,懂得心理学的定律和概念会使你得到更全面的信息。

▶ 改善你的批判性思维。你希望成为一个善于独立思考、明智决策和解决问题的人吗?通过学习心理学,你可以学到更多的批判性思维的技巧。

欢迎来到《行动中的心理学》的精彩世界。正如本书的名字所述的，心理学是一个充满生机和活力的领域并影响着我们生活的每个角落——家庭、学校、工作中的人际关系，以及政治、电视、电影、报纸、广播和网络。在开始这门导论课时，我并没有意识到心理学对于个人的普遍应用价值。我曾认为所有的心理学家都是心理咨询师，并且希望了解到极度异常的行为。如今，作为一名大学教授，我发现我的大多数学生仍旧持有我当初的期望和误解。心理学家确实研究和治疗异常行为，但也研究睡眠、梦、压力、健康、吸毒、人格、性、动机、情感、学习、记忆、童年、衰老、死亡、爱、同一性、智力、创造力等。

为了帮助你理解心理学巨大的多样性，本章将提供一个对于心理学内所有领域广泛而全面的介绍。第一部分"心理学简介"将以正式的心理学定义开篇，并将探索心理学的四个主要目标。"心理学的源起"将帮助你了解此领域的发展与现状。"科学心理学"与"研究方法"探索了心理学的科学本质以及收集作为心理学基础的数据的多种方法。本章还包括一个特殊的专题，即"成功学习的工具"，这个部分会提供大量的建议和技巧来帮助你提高本课程的学习成绩，同时对你所学习的其他课程也有所帮助，请认真阅读。

 ## 心理学简介

5

什么是心理学？科学与伪心理学

"心理学"这个术语来自词根"psyche"（意为"心智"），以及词根"logos"（意为"理性"）。早期心理学家专注于研究思维与人的精神生活。直至 20 世纪 20 年代，许多心理学家仍坚信思维不适于科学研究。他们曾发起运动反对心理学的行为观察法。现在，我们已认识到这两个领域都很重要。因此，如今的**心理学**（psychology）被定义为对于行为和精神过程的科学研究。行为指的是所有我们所做的——说话、睡觉、眨眼或阅读，而精神过程则是指我们所有个人的、内在的体验——思考、感知、情感、记忆和梦。

对于许多心理学家来说，定义心理学最重要的是突出"科学"这个词。心理学注重经验性的证据，或者使用系统的科学方法直接观察或测量得到的信息。心理学家一方面注重于科学，另一方面又注重于**批判性思维**（critical thinking），即客观评价、比较、分析和综合信息的过程。学习心理学可以极大地提高你的批判性思维能力。本书将分几个专门设计的专题来建立和拓展你的这项能力，例如，每章都包括大量的"形象化的小测试"和"你自己试试"项目。如果你希望锻炼批判性思维能力，测试已经学到了多少心理学知识，你可以做一做"你自己试试"中的练习。

 🌐 **学习目标**

什么是心理学？什么是心理学的研究目标和主要的职业特色？

心理学　对于行为和精神过程的科学研究。

💡 **学习提示**

关键术语和流动术语表

所有的关键术语和概念在书中第一次出现时都会用黑体字标注。它们也同时会在空白处的流动术语表中再次呈现和定义。使用黑体字与流动术语表是考试前复习重要概念的有效方法。如果你想了解其他章节的术语，可以参考本书最后的"索引"部分。

批判性思维　客观评价、比较、分析和综合信息的过程。

学习提示
你自己试试

在每个章节中，你都会发现有许多机会应用你所学到的东西。这些带有"你自己试试"标题的部分很容易发现，这些练习做起来简单而有趣。研究显示，这些练习可以增强对学习内容的理解和掌握。

6

学习提示
网站

网站站点地址为 http://www.wiley.com/college/huffman，包括了网上所有的小测试、实践测验、主动学习练习、心理学相关专题的链接、附加的"检查与回顾"问题，以及其他有价值的专题，它们都会定期更新。经常访问这个网站可以帮助你更好地学好本门课程。

"摩羯座：根据报纸上某人无根据的推断，今日是决定你人生重要抉择的好日子。"

测测你的心理学知识

用对或错回答以下问题：

___ 1. 一般而言，我们只使用了我们大脑能力的 1/10。

___ 2. 大脑活动大部分在睡眠时停止。

___ 3. 警方经常使用心理学来帮助破案。

___ 4. 惩罚是最有效的永久改变行为的方法。

___ 5. 目击证人的陈述经常是不可信的。

___ 6. 多导仪（测谎仪）测试可以准确并可靠地呈现出一个人是否在说谎。

___ 7. 总是威胁说要自杀的人通常不会采取行动。

___ 8. 精神分裂症患者有两个或多个不同的人格。

___ 9. 相似性是维持长期关系的最佳预测指标。

___ 10. 旁观者越多，当事人得到帮助的可能性就越少。

答案：1. 错（第2章）；2. 错（第5章）；3. 错（第4章）；4. 错（第6章）；5. 对（第7章）；6. 错（第12章）；7. 错（第14章）；8. 错（第14章）；9. 对（第16章）；10. 对（第16章）

你完成得怎样？我的学生经常会答错一些问题，因为这是他们的第一节心理学课程。如果我们不能批判性地检查"通俗心理学"的一些观念，比如"人通常只用脑力的1/10"，我们也会犯错。（试想，谁会相信如果一个人失去了90%的脑力还安然无恙？）

有趣的是，多数大学生会错误地认为心理学家深信于通灵术、手相术、占星术以及其他的非自然现象。这或许是由于学生们（或者大众）总是将科学心理学与伪心理学相混淆。伪心理学表象背后的本质是谬误，它包括以下几方面：

● 通灵——一些个体会敏感于一些非自然的或是超自然的力量。

● 灵媒——一些个体可以成为物质世界和精神世界互相沟通的纽带。

● 手相术——从人的手掌的纹路中可以读出他们的未来或个性。

● 占物术——通过手中的物体来决定真相。

● 意念力——通过纯意念来移动物体。

● 占星术——认为恒星与行星的位置会影响到人的人格和事业。

对某些人来说，伪心理学仅仅是用来娱乐的。但是全球的调查显示，公众对于超自然想象的信念广泛存在（Peltzer，2003；Rice，2003；Spinelli，Reid & Norvilitis，2001—2002）。更有甚者，正如我们当中很多人都知道的，人们会花费成百上千的金钱和大量的时间去拨打心理热线和阅读占星读物。

心理学的目标：描述、解释、预测和改变

和伪心理学相反的是，心理学依赖于证据和见解，科学心理学的研究基础是系统的研究方法和批判性的思考。心理学有四个基本的目标：描

述、解释、预测与改变行为和精神过程。

评 估

形象化的小测试

你知道为什么这位魔术师受到广泛尊敬吗？

答案：詹姆斯·兰迪（James Randi）（"神奇的兰迪"）是一位著名的魔术师，他倾尽一生之力来教育大众识别具有欺骗性的伪心理学。同享有声望的麦克阿瑟基金会一起，兰迪提供了 100 万美金的悬赏给"任何能证明在合适的观察条件下存在真正的灵性力量的人"（About James Randi, 2002；Randi, 1997）。虽然一些人尝试了，但是这笔钱始终未被领取。这笔悬赏至今还在！如果你想知道关于詹姆斯·兰迪的更多信息（以及他的百万美金悬赏），可以访问网站 http：//www. randi. org。

（1）描述。描述告诉我们发生了"什么"。在一些研究中，心理学家们试图通过仔细的科学观察去描述，或命名和分类一些特定的行为。描述通常是理解行为的第一步。例如，如果某人说"男孩子比女孩子更有攻击性"，这意味着什么呢？说话者对于攻击性的定义也许与你不同。科学需要的是具体明确。

（2）解释。通过解释，我们可以知道一种行为或精神过程"为什么"会发生。换言之，解释一种行为或精神过程依赖于发现和理解它的成因。一个长期以来就存在的科学争论是**先天—后天争论**（nature—nurture controversy）（Gardiner & Kosmitski, 2005；McCrae, 2004）。我们是受控于生物和遗传的因素（先天部分），还是环境和学习（后天部分）？正如你会在这本教材中所看到的，心理学（和所有科学一样）通常回避"非此即彼"的立场，并关注于它们之间的**交互作用**（interactions）。如今，大多数科学家赞同先天与后天的交互作用造就了大多数的心理特质和几乎所有的身体特征。例如，对于攻击性的研究显示出大量交互的成因，包括文化、学习、基因、脑损伤和高水平的雄性激素等（Anderson, 2004；Burns & Katovich, 2003；Trainor, Bird & Marler, 2004；Uhlmann & Swanson, 2004）。

（3）预测。心理学通常开始于描述和解释（回答"什么"和"为什么"），然后转向更高层次的预测目标，即确定将来行为和心理过程可能发生的条件。比如，我们知道酒精会使攻击性增加（Buddie & Parks, 2003），可以预测在体育比赛中出售酒类比不出售会增加斗殴行为爆发的可能性。

先天—后天的争论 长期以来对先天（遗传）和后天（环境）相对贡献的争论。

交互作用 多个因素彼此相互影响导致一定结果的过程，如遗传与环境的交互作用。

（4）改变。对一些人来说，心理学中"改变"的目标可能会让一个邪恶的政客或者邪教领袖对不知情受害者"洗脑"。然而，对心理学家来说，改变意味着运用心理学的知识去预防一些不希望的事情发生或带给人们期望的结果。在大多数情况下，心理学的改变总是积极的。心理学帮助人们改善他们的工作环境，阻止成瘾行为，让人更快乐，改善家庭关系等，甚至还可以去改变意愿，尽管根据我们的个人经验，这是很困难的（但不是不可能）。（玩笑问题：你知道换一个灯泡要多少个心理学家吗？答案：一个也不用。那个灯泡必须要改变自己！）

应 用　将心理学应用于工作

职业领域

知道了什么是心理学，了解了心理学的四个主要目标后，你会考虑此领域的职业吗？许多学生认为心理学家就是心理医生。然而，其实有很多心理学家从事研究、教学、学术咨询、商业、制造以及政府组织等工作（见表1—1）。很多心理学家也从事综合组织的工作。你的大学心理学指导老师也许同时是心理学教师、研究工作者，并为政府或企业进行咨询服务。同样地，一名临床心理学家可以同时是一名全职的心理医生和大学教师。

精神病学家与临床和咨询心理学家有什么区别呢？一种调侃的答案可能是"每小时大约100美元"。而严肃的回答则是精神病学家是医生，他们在精神病学上拥有医学博士学位并且有处方权。相比较，大多的咨询和临床心理学家拥有人类行为或心理治疗的学位（如哲学博士、心理学博士或教育博士）。很多临床和咨询心理学家也与精神病学家一起作为一个团队工作。

> **💡学习提示**
>
> 应 用
>
> 从书中你可以发现很多方法可以应用你日益增长的心理学知识。一些"应用"部分与工作有关，另一些则与关系和日常生活有关。

8　**表 1—1**　　　　　　　　　　　　　　　　　　　心理学专业举例

生物心理学/神经科学　神经科学家坎迪斯·佩特（Candace Pert）（以及其他人）发现人体的自然止痛剂：内啡肽（第2章）。

生物心理学/神经科学	研究生物学、行为和心理过程的关系，包括影响大脑和神经系统结构与机能的物理和化学过程。
临床心理学	致力于评估、诊断与治疗精神和行为异常。
认知心理学	研究"高级"的心理过程，包括思维、记忆、智力、创造力和语言等。
咨询心理学	与临床心理学有交叉，但是咨询心理学家倾向于面对不太严重的心理失常个体，并主要进行职业评估。

续前表

临床和咨询心理学　对很多人来说，这个角色通常是与心理学相联系的——这就是临床和咨询心理学家。

实验心理学　路易斯·赫尔曼（Louis Herman）博士对于海豚的研究提供了理解人类与非人类行为与心理过程的重要视角。

心理学家经常身兼多职　贝拉克（Dan Bellack）是三叉戟技术学院的全职教师、系主任，同时又致力于系内的教学改革工作。

发展心理学	研究人类从生到死整个的成长和发展过程。
教育和学校心理学	研究教育的过程并且致力于促进儿童的智力、社会、情绪在学校环境中的发展。
实验心理学	研究人类和其他动物的学习、条件作用、动机、情绪、感觉、知觉等过程（实验心理学的这个术语会带来一定的误解，因为几乎所有领域的心理学家也都进行实验研究）。
司法心理学	在法律系统中运用心理学原理，包括陪审员选择、心理剖绘等。
性别和/或文化心理学	研究男性、女性或不同的文化如何产生差异和相似之处。
健康心理学	研究生物的、心理的和社会的因素如何影响健康和疾病。
工业/组织管理心理学	在工作领域中运用心理学原理，包括挑选和评估员工、领导、工作满意度、求职动机和组织内的团体过程。
社会心理学	研究社会力量的作用和人际行为，包括攻击、偏见、爱、帮助、从众、态度等。

你可以从图 1—1 中了解到在心理学的不同领域中心理学家的数量情况。如果你希望从事心理学，本书也会向你展示大量你可能感兴趣的职业选择。比如在第 2 章中会让你看到神经科学的世界，在学习之后，你或许会决定要做个神经科学家或生物心理学家之类。第 3 章探索了健康心理学和健康心理学家的工作。第 14 章和第 15 章解释了一些心理健康的问题以及临床学家如何去治疗它们。如果你发现自己对其中某个领域感兴趣，可以请教你的导师和学校的职业咨询师来获得进一步的职业指导。同时，去访问美国心理学会（APA）的主页（http：//www. apa. org/）和美国社会心理学会的网站（http：//www. psychologicalscience. org）也是不错的主意。心理学总是在找寻一些好人。

> 💡**学习提示**
>
> **插　图**
>
> 　不要忽略了照片、图片和表格。它们用形象的方式强调了重要的概念并且经常包含也许会在考试中出现的重要材料。

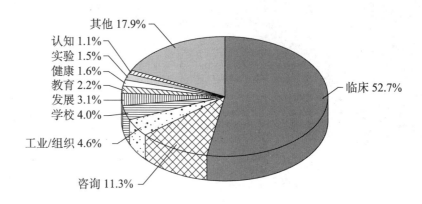

学习提示

检查与回顾

作为评定的一种形式，每个重要的主题会包括一个过渡性的总结和4～6个自我测试问题。这样一来你可以停下来并检查自己对刚刚讨论的重要概念的理解程度。这些问题还可以用来复习考试。问题的答案在书后的附录B中。

图1—1　**心理学内各领域学位获得的比例。**注意这是心理学众多专业领域的一个小样本。其中的数据来自于最大的专业心理学组织——美国心理学会提供的数据。另一个主要的心理学组织是美国心理协会（APS）。

资料来源：美国心理学会，2004。

评　估

检查与回顾

心理学简介

心理学是用科学的方法来研究行为和心理过程的学科。它强调实验方法，注重批判性思维。心理学不同于常识、"通俗心理学"或伪心理学。心理学的目标是描述、解释、预测和改变人们的行为和心理过程。

从事心理学有很多途径，其中包括生物心理学或神经科学，或实验心理学、认知心理学、发展心理学、临床心理学、咨询心理学、工业/组织管理心理学、教育心理学和学校心理学。

问题

1. 心理学是 ＿＿＿ 和 ＿＿＿ 的 ＿＿＿ 的研究。

2. 什么是批判性思维？

3. 列出并描述心理学的四个目标。

4. 说出以下研究内容所属的心理学分支领域的名称：

（a）大脑和神经系统

（b）从生到死的成长和发展

（c）思维、记忆和智力

（d）对心理和行为异常的评估、诊断和治疗

（e）在工作场所应用心理学原理

答案请参考附录B。

更多的评估资源：

www. wiley. com/college/huffman

心理学的源起

10

学习目标

对心理学有重要贡献的人物是哪些？引领现代心理学的七种主要观点是什么？

人们对于人类的本性总是很有兴趣的。历史上很多伟大的学者，从苏格拉底、亚里士多德到培根、笛卡儿，不断提出在今天看来是心理学的问题。是什么激发着人们的动机？我们是如何思考和解决问题的？我们的情感和推理究竟栖于何处？我们是控制着情感还是被情感所控制？几千年来，哲学家、神学家和作家一直对这些问题感兴趣。19世纪末，心理学作为一门独立的科学学科开始出现。

正如我们所看到的，心理学是一门相对年轻的科学，所以我们对于其

历史的讨论会相对简短。纵观其简短的历史，心理学家在心理学研究"适宜"的主题和"合适"的研究方法上采用了几种观点。作为一名学生，你也许会发现多种（有时是矛盾的）途径并存，令人沮丧和混乱。然而，多样性和争论一直是心理学和科学过程的活力之源。

早期心理科学：简短的历史

一般来说，心理学的诞生归功于威廉·冯特（Wihelm Wundt，又作 Vell-helm Voont），他被称做"心理学之父"。冯特于 1879 年在德国莱比锡创立了世界上第一个心理学实验室，并培养出了第一代科学心理学家。同时他还撰写了《生理心理学原理》，这本著作被看做心理学历史上最重要的一本书。

冯特和他的跟随者主要对意识经验有着浓厚兴趣——即那些关于我们是如何形成感知、图像和情感的过程。他们的主要方法被称为"内省"，即监控和报告意识的内容（Goodwin，2005）。如果你是冯特内省法的被试，那么会给你呈现一个节拍器，你会被告知应集中注意在节拍器响时立刻汇报你当下的反应，即你基本的感觉和感受。

结构主义

爱德华·铁钦纳（Edward Titchener）将冯特的思想带到了美国并在康奈尔大学建立了心理学实验室。铁钦纳是一位心理化学家，致力于研究心理中的基础构成部件，即结构。冯特和铁钦纳的观点被后人称为结构主义，即研究精神生活的结构。就好像氢和氧是构成水的元素一样，冯特坚信意识过程的"元素"构成了心理这个"化合物"。结构主义者们热衷于通过内省法去发现思维中的元素，然后去确认这些元素是如何结合构成整个体验的。

不幸的是，结构主义是注定要失败的，这一点很快就变成现实。不同的内省观察者可能会报告不同的体验，却并没有科学的方法去解决这些争论。更何况，内省法不能用于非人类动物、儿童或一些复杂的论题，比如精神异常或人格。虽然结构主义在几十年后销声匿迹，但它的长久贡献在于建立一个模型来科学地研究心理过程。

机能主义

结构主义的衰落导致了一种新的心理学流派机能主义学派的发展。这些早期的心理学家们研究了人类和动物的心理机能如何使他们适应于环境。早期的结构主义者们或许会让被试内省并报告他们的个人体验来研究"生气"。相比较而言，机能主义者们应当会问："为什么我们会有生气这种情绪？它的作用是什么？它如何来帮助我们适应我们的环境？"正如你所看到的，机能主义在很大程度上受到了达尔文的演化论和他强调的自然选择的影响（Segerstrale，2000）。

11

你自己试试

你会怎么描述这个物体？

如果你是铁钦纳实验室的被试，你不会描述这是什么东西，而会描述你的主观体验——颜色的亮度和透明度、质地、形状和气味。结构主义者们将这种研究方法称为内省法。事实上你描述的体验可能会与他人不同，并且铁钦纳对你的报告的准确度也无从考证，这就给结构主义者们带来了明显的问题。

威廉·詹姆斯（1842—1910）。詹姆斯是心理学机能主义学派的领军人物，他强调了人类行为的适应性和实用功能。

美国学者威廉·詹姆斯（William James）是机能主义学派的领军人物。他还将心理学拓宽为包括非人类动物行为、多种生理过程以及行为的学科。更重要的是，他的《心理学原理》（1890）成为心理学著作的典范，尽管它超过了1 400页！

如同结构主义，机能主义最后也衰败了。但是它对心理学的发展具有很大的影响。它扩大了心理学的范畴，使其包括了对情感和可观察行为的研究，发起了心理学测量运动，改变了现代教育的课程，拓宽了心理学在各种工业领域的影响。

精神分析/心理动力学的观点
关注于无意识过程和过去未解决的冲突。

精神分析/心理动力学的观点

19世纪末20世纪初，正当机能主义在美国盛行时，**精神分析/心理动力学的观点**（Psychoanalytic/Psychodynamic Perspective）在欧洲逐渐形成（Gay，2000）。它的奠基者西格蒙德·弗洛伊德（Sigmund Freud），一名奥地利医生，着迷于精神对行为和身体的影响。在遇到几个看似没有生理问题却一直报怨有身体疾病的患者之后，弗洛伊德设想他们的疾痛来自心理因素。对这些病人的进一步研究使弗洛伊德相信这些问题来自于人们对可接受的行为和不可接受的动机之间的冲突。他相信这些冲突主要来自于性和攻击的天性。

西格蒙德·弗洛伊德（1856—1939）。弗洛伊德创立了精神分析学说——一种有影响的人格理论以及一类称做精神分析的治疗。

这些冲突和动机是行为背后的动力。但是，它们深藏于无意识之中，是在我们意识之外的一部分精神活动（Goodwin，2005）。换言之，我们会表现出身体的疾痛或者说做一些事却没有认识到真正潜在的动机。弗洛伊德同时相信，儿童早期经历会帮助形成成人之后的人格和行为——"孩子是成人之父"。为了处理这些无意识的冲突和儿时早期的影响，弗洛伊德发展了心理治疗的一种形式，即"谈话治疗"，又称为精神分析。

为什么对于弗洛伊德有这么多的批评？原因是弗洛伊德的非科学观点及其对于性与攻击冲动的强调引起长期以来的大量争论。就连一些弗洛伊德的最热衷的追随者，比如卡尔·荣格（Carl Jung）、阿尔弗雷德·阿德勒（Alfred Adler）、卡伦·霍妮（Karen Horney）和瑞克·埃里克森

(Erik Erikson)，也在之后叛离了他们的导师。他们这么做主要是因为他们想减少对于性和攻击的强调并提高对社会动机和关系的重视。他们中的一些人还在他们的著作和理论中反对男性主义的偏见。这些早期的追随者和他们的理论后称为新弗洛伊德学派。

如今，严格的弗洛伊德式的精神分析师几乎已经不存在了，但是他的理论的主要特征还可以在当代心理动力学派中找到。虽然心理动力学家们越来越多地使用实验方法，但是他们的主要方法仍是对于个案的研究分析，他们的主要目标是解释人们行为背后所假定的复杂含义。

行为主义的观点

20 世纪早期，另一个主要的思想流派出现了，它戏剧性地决定了心理学的发展进程。如果说结构主义、机能主义和心理分析学派关注不可观察的精神力量，那么**行为主义的观点**（behavior perspective）则强调客观的、可观察的环境对外显行为的影响。

约翰·华生（John B. Watson）（1913），公认的行为主义创始者，强烈反对内省、对于心理过程的研究以及采用无意识力量的影响来解释心理。他相信这些实践和主题都是非科学的，并且太模糊以至于不能够进行实证研究。华生接受了俄国心理学家伊凡·巴甫洛夫（Ivan Pavlov）关于条件作用的概念来解释行为怎样来自于（环境中）可观察的刺激和（行为活动）可观察的反应。在巴甫洛夫著名的实验中，他教会一只狗在听到铃声后大量分泌唾液，铃声是刺激而分泌唾液则是反应。

因为非人类动物是对客观的、外显行为研究的理想对象，早期行为研究大部分被试都是动物或者与通过非人研究所发展的技术有关。约翰·华生这些行为学家们在 20 世纪早期使用狗、大鼠、鸽子和其他的非人类动物，更近些年来，B. F. 斯金纳（B. F. Skinner）主要关注于学习和行为获得的过程。他们阐明了很多关于学习的基本原理，第 6 章会解释这些内容。

听上去行为主义者们似乎只对非人类的动物感兴趣。他们对人类没有兴趣吗？不，行为学家们对人类也有兴趣。一位著名的行为学家斯金纳认为，我们可以用行为理论来实际"塑造"人类的行为。塑造可能改变人类的负性进程（就像他所感知到的）。他写了大量的著作并发表演讲来使人相信他的观点。行为学家们的最成功之处在于治愈了人们的一些外显（可观察的、行为的）问题，例如恐怖症（无理由的害怕）和酗酒（第 14 章和第 15 章）。

人本主义的观点

精神分析和行为主义的观点很长一段时间里在美国心理学家们的思想中占据主导地位。但是，20 世纪 50 年代一个新的理论诞生了，这就是**人本主义的观点**（humanist perspective），它强调自由意志、自我实现以及人天生积极的本性和对成长的追求。

人本主义者们反对精神分析师对无意识力量的强调以及行为主义者对刺激、反应和环境的关注，他们强调人们具有独特的能力做出对自己

行为主义的观点　强调客观的、可观察的环境对外显行为的影响。

12

约翰·华生（1878—1958）。华生创立了行为主义学派，主张心理学关注的焦点应当是可观察的刺激和反应而不是精神过程。

伊凡·巴甫洛夫（1849—1936）。巴甫洛夫因对消化的研究 1904 年为俄国争得了第一个诺贝尔奖。但是他对于心理学不朽的贡献却在于他无意中发现的经典条件反射。

B. F. 斯金纳（1904—1990）。斯金纳是行为主义学派的杰出代表人物，也是 20 世纪最有影响的心理学家之一。

人本主义的观点　强调自由意志、自我实现和人类天生积极和不断寻求发展的本性。

两位人本主义学派的主要人物。卡尔·罗杰斯（1902—1987，左图）和亚伯拉罕·马斯洛（1908—1970，右图）在心理学的发展中都起到了重要的作用。

13

认知的观点　关注于思维、知觉和信息加工。

神经科学/生物心理学的观点强调遗传和其他在脑以及神经系统其余部分发生的生物学过程。

演化的观点　关注自然选择、适应以及行为和心理过程的演化。

的行为和人生的自主选择。这与行为主义以及精神分析者们形成极大的反差，他们认为人类行为是可塑造的或是被超越个人控制的外部原因所决定的。

根据卡尔·罗杰斯（Carl Rogers）和亚伯拉罕·马斯洛（Abraham Maslow）这两位人本主义发展中的核心人物的观点，所有的个体都有着天生对成长与发展的追求，并渴望着自我实现（一种个人实现了其最大潜能的自我满足状态）。如同精神分析一样，人本主义心理学同时发展了有影响的人格理论和一套心理治疗疗法，这些将在接下来的章节中作进一步阐释。

认知的观点

一些早期为心理学做出贡献的心理学家对意识和思维的成分很感兴趣。具有讽刺意味的是，一些最有影响力的当代观点，如**认知的观点**（cognitive perspective），重新回到了对思维、知觉以及信息加工的重视。

当代的认知心理学家们研究人们如何使用各种各样的心理过程从环境中收集、编码和储存信息。这些过程包括知觉、记忆、想象、概念形成、问题解决、推理、决策和语言。如果你正在听你的一个朋友描述一次激流泛舟之旅，认知心理学家感兴趣的是你如何对他的话进行破译，如何在脑中形成汹涌激流的图像，如何将你的印象与他的体验整合到你先前对木筏漂流的概念和体验中等等。

很多认知心理学家在他们的研究中使用信息加工理论（Goodwin，2005）。根据这个理论，人们会从环境中收集信息然后进行一系列的加工。如同计算机一样，人们首先输入信息，然后处理，最后输出。认知心理学在现代心理学中扮演着主导的角色。

神经科学/生物心理学的观点

在过去的几十年里，科学家们在心理学的几乎所有领域都发现了遗传和其他生物学因素的作用，这其中包括感觉、知觉、学习、记忆、语言、性以及异常行为。这些探索导致心理学出现了一个越来越重要的潮流，也就是所谓的**神经科学/生物心理学的观点**（neuroscience/biopsychology perspective）。

就像你将要在本章看到的心理学研究的讨论，神经科学家/生物心理学家们发展出了精细的"工具"和技术来进行他们的研究。他们用这些"工具"去研究单个神经细胞的结构和功能、大脑不同部位所扮演的角色以及遗传和其他生物过程是如何对我们的行为和精神过程产生作用的。我们将会在第2章和其他的章节再次回到神经科学/生物心理学的观点。

演化的观点

演化的观点（evolutionary perspective）来自于对自然选择、适应以及行为与精神过程演化的关注（Buss，2005；Rossano，2003）。它的拥护者们认为，自然偏爱那些促进机体繁殖成功的行为。也就是说，人类和非人类动物所表现出来的对其生存做出贡献的行为会通过基因传递下去。

让我们来看看攻击性行为。行为学家们会认为我们在早年学会了攻击。"通过打其他的孩子来阻止他或她抢你的玩具。"认知心理学家会强调思维对于攻击的作用。"他想要伤害我，所以，我应当回击！"神经科学/生物心理学家们也许会说攻击性行为主要源于神经递质、激素和大脑的结构。相比而言，持演化论观点的心理学家们会认为，人类和非人类动物之所以会表现出攻击性是因为它传递了生存或繁衍的优势。他们相信攻击性之所以会通过基因代代相传是因为它成功地解决了我们祖先所面临的适应压力。

社会文化的观点　强调社会的交互作用以及文化的决定性对于行为和心理过程的影响。

社会文化的观点

社会文化的观点（sociocultural perspective）强调社会的交互作用以及文化的决定性对于行为和精神过程的影响。社会文化心理学家们已经揭示了一些因素如种族、宗教、职业和社会经济地位是如何产生巨大的心理影响的。

除非一些人指出，否则我们几乎不会意识到这些因素的重要性。正如 Segall 和他的同事们（1990）所阐释的，一旦你进入学校，你也学会在每天同一时间进入教室，坐在同一张椅子上，听导师说话或者参加老师设计和指导的活动。这是因为它是你所处的社会文化下的学校系统。在其他的社会或文化中，比如遥远的东非，你和你的朋友们可能不拘礼节地围聚在一个受尊敬的长者身边，你们有些人坐着，有些人站着，所有人听着这位长者讲述这个部落的历史故事。

全球经济下的心理学。 先进的技术使得不久之前被诸多因素隔离的人们得以远距离交流。你认为这些变化会如何影响巴布亚新几内亚 Enaotai 岛上的人们？ 14

这就好像鱼从来不知道自己在水里一样，我们中的大多数人从未意识到社会和文化的力量在塑造着我们的生活。这就是我们在书中花这么大的篇幅来讲社会文化心理学的原因。

女性和少数民族

在结束心理学的简短历史之前，我们想介绍女性和少数民族所做出的巨大贡献。19 世纪末 20 世纪初，大多数的学院和大学给女性和少数民族提供的求学和任教机会很少。尽管有这些早期的限制，女性和少数民族还是为心理学做出了巨大的贡献。

玛丽·卡尔金斯（Mary Calkins）是在此领域要提及的第一位女性先驱。她对记忆做出了卓越的研究并于 1905 年成为第一位美国心理学会（APA）的女主席。卡尔金斯的成就十分引人注目，尤其是在那个对女性充满偏见的时代。即使她已经满足了哈佛大学对博士学位所有的要求，并被威廉·詹姆斯称做他最聪慧的学生，大学还是拒绝授予她学位。第一个获得心理学博士学位的女性是沃什博思（Margaret Floy Washburn）（1894

玛丽·卡尔金斯（1863—1930）。卡尔金斯是美国心理学会的第一个女性主席。她还在卫斯利女子学院建立心理学实验室并对记忆做出了重要的研究。

年），她写下了不少很有影响的书籍并成为美国心理学会的第二位女主席。

弗朗西斯·塞西尔·萨姆纳（Francis Cecil Sumner）没有受过正规高中教育，但他在 1920 年成为第一个获得克拉克大学心理学博士学位的非洲裔美国人。他还翻译了德语、法语、西班牙语等 3 000 多篇文章并创建了国家首屈一指的心理学系。萨姆纳在克拉克大学的学生克拉克·肯尼思（Kenneth B. Clark）是成为美国心理学会主席（1971 年）的第一个非洲裔美国人。他和夫人梅蜜一起证明了偏见的危害（参见第 6 章和第 16 章）。他们的研究直接影响了最高法院的最终裁决，即反对学校中的种族隔离。

萨姆纳和肯尼思、卡尔金斯和沃什博思，同其他重要的少数民族和女性研究者一起，为心理科学的发展做出了重大和持久的贡献。近年来，有色人种和女性被积极鼓励攻读心理学的学位。但是正如你可以从图 1—2 中所看到的，心理学博士学位获得者中的主要部分仍然是白人（非西班牙裔）。

克拉克·肯尼思（1914—2005）。肯尼思是美国心理学会的第一个非洲裔美国人主席。他和他的夫人梅蜜一起证明了偏见的影响并于 1964 年被美国最高法院采纳。

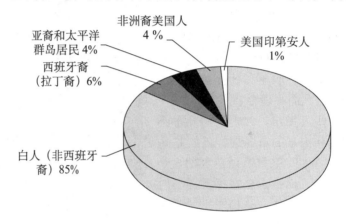

图 1—2　心理学博士学位获得者的民族构成

现代心理学观点：七种途径和一个统一主题

早期的流派比如结构主义和机能主义几乎完全消失或是融入了更新更广泛的观点中。正如你可以从表 1—2 中看到的，当代心理学有着七个主要的观点：精神分析/心理动力学、行为、人本主义、认知、神经科学/生物心理学、演化和社会文化。

表 1—2		心理学的现在——七种主要观点	
观点	代表人物	主要强调	
精神分析/心理动力学（1895 至今）	弗洛伊德 荣格 阿德勒 霍妮	无意识过程和未解决的过去的冲突；"意识"好比是冰山可见的部分，"无意识"部分则隐藏在表面之下。	
行为（1906 至今）	巴甫洛夫 桑代克 约翰·华生 斯金纳	客观的、可观察的环境对外显行为的影响；"意识"如同一个"黑箱"，是不可观察和测量的。	环境

续前表

观点	代表人物	主要强调	
人本主义（20 世纪 50 年代至今）	罗杰斯 马斯洛	自由意志、自我实现和人类天生积极和寻求成长的本性。	
认知（20 世纪 50 年代至今）	皮亚杰 罗伯特·埃利斯 罗伯特·班杜拉 罗伯特·斯腾伯格 霍华德·加德纳 克拉克·赫尔	思维、知觉和信息加工。	
神经科学/生物心理学（20 世纪 50 年代至今）	缪勒 莱士利 大卫·休伯尔 詹姆斯·奥 斯伯里尔兹 坎迪斯·佩特 威塞尔	遗传以及脑和神经系统的其他部分的生物学过程。	
演化（20 世纪 80 年代至今）	查尔斯·达尔文 康拉德·洛伦兹 威尔逊 巴斯 马果·威尔逊	自然选择、适应以及行为和心理过程的演化。	
社会文化（20 世纪 80 年代至今）	约翰·贝理 葛林菲德 理查德·波利斯林	社会交互作用和文化对行为和心理过程的决定性作用。	

　　在讨论这七个当代心理学观点时，我将它们分别列出并对其哲学和实践进行了区分。大多数心理学家认识到每个取向都有其重要价值，但是也清楚没有一种观点可以解释所有的问题。复杂的行为和心理过程需要复杂的解释。因此，大多数心理学家都认识到了采用多种学派观点的价值。

你自己试试

为什么我们需要多元的竞争性的观点？

　　在右边的图画中你看到了什么？你看到的是两张侧面对着的脸还是一个白色的瓶子？你能够同时看到两种图像，就好比是心理学家从许多不同的视角研究行为和心理过程。

生物心理社会模型 现代心理学综合考虑生物的、心理的和社会过程的统一主题。

最为广泛接受的、现代心理学的整合主题之一是**生物心理社会模型**。这一途径将生物过程（如遗传、脑功能、神经递质和演化）、心理学因素（如学习、思维、情绪、人格和动机）以及社会力量（如家庭、文化、种族、社会阶层和政治）看做相互影响的。

这个新兴的综合模型提倡三种力量互相影响且被影响，它们是不可分割的。例如，感觉到抑郁常常会受到遗传和神经递质的影响（生物），也会受到我们习得的反应和思维模式的影响（心理学）以及我们的社会经济地位和文化情感观念（社会）的影响。在接下来的章节中，我会不断地提到表1—2所示的七个主要流派的观点。然而，在本书中最为普遍的现代心理学主题还是综合的生物心理社会模型（见图1—3）。

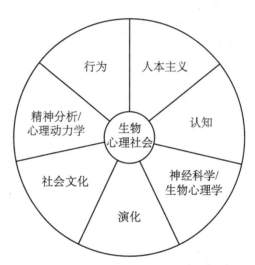

图1—3 生物心理社会模型对七种主要观点的结合及其互动

形象化的小测试

研究显示，许多非人类动物如新出生的小鸭或小鹅，总是会跟随并依恋于（或印随）它看到或听到的第一个会动的物体。康拉德·洛伦兹，一位在早期心理学中有影响的人物，在孵育器里孵育出了一些小鹅。因为他是它们生下后第一个能看到的大的会动的物体，所以无论走到哪里它们都跟随着他——就好像他是它们的妈妈一样。当洛伦兹在地板上睡着了且张着嘴的时候，一只小鹅甚至会试图喂他吃活的蚯蚓。

运用表1—2中的信息，你能说出是心理学的哪种观点最可能来研究和解释这些行为吗？

答案：演化。

检查与回顾

心理学的源起

在早期的心理学贡献者中，结构主义者们致力于确认意识的成分以及这些成分如何形成心理的结构，他们主要依赖于内省的方法。机能主义者们研究精神活动是如何帮助一个个体适应环境的。有七个主要观点引领了现代心理学的发展，它们分别是精神分析/心理动力的、行为的、人本主义、认知的、神经科学/生物心理学的、演化的和社会文化的观点。如今，生物心理社会模型结合了所有七大学派的主要观点。这些现代观点和生物心理社会模型渗透在心理学的每个领域并且将在本书接下来的部分进一步讨论。

问题

1. 心理学的_____流派源于使用内省的方法来考察思维和感受。

2. _____从环境适应的角度研究了心理过程的机制。

3. 为什么弗洛伊德的理论有如此多的争议？

4. 下列哪个术语的匹配是错误的？
(a) 结构主义，行为观察
(b) 行为主义，刺激—反应
(c) 精神分析，无意识冲突
(d) 人本主义，自由意志
答案请参考附录 B。
更多的评估资源：
www.wiley.com/college/huffman

科学心理学

正如在本章的开头所提及的，心理学就在我们的周围，它的研究发现被电视、广播和报纸广泛报道。如果我们简短地讨论一下心理学家们是如何收集、解释和评估数据的话，那么我们会更好地理解这些研究（以及本书所引用的研究）。

首先，你应当了解这些研究策略一般分为基础的和应用的。**基础研究**（basic research）是对于探索新的理论和知识有着浓厚兴趣的研究员们在大学或实验室进行的研究——这些研究只是为了知识本身而不是为了真实世界中的某种用途。基础研究要实现心理学的前三个目标（描述、解释和预测）。与此相对，**应用研究**（applied research）大量在实验室以外进行。它们要实现心理学的第四个目标——去解决现实生活中的问题。有关睾丸激素、基因、学习和其他因素对攻击性影响的发现主要来自基础研究。相反，应用研究设计方案来解决冲突以及为暴力行为的实施者和受害者进行心理咨询。它也会为汽车、飞机甚至是炉灶火眼的安排带来安全性和设计的进步（见图 1—4）。

基础研究和应用研究也常常是互相作用的——它们互相引领或支持对方。例如，在基础研究发现酒精消费和增加攻击的重要关系后，应用研究则让体育俱乐部的负责人限制橄榄球总决赛和垒球最后两局中酒的供应。

现在你明白基础研究和应用研究的区别了，我们可以由此引出心理学研究的另两个重要的方面：科学方法和伦理准则。

学习目标

什么是科学的方法？什么是心理学研究的主要伦理问题？

基础研究　为推动科学知识发展进行的研究。

应用研究　为解决实际问题进行的研究。

(1) 空间的一致性

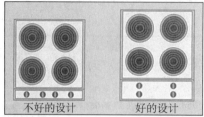

不好的设计　　　好的设计

(2) 可视性

不好的设计　　　好的设计

(3) 形状显示功能

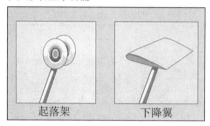

起落架　　　下降翼

(4)

图1—4　人的因素和真实的世界。 请注意心理学研究是如何帮助设计更安全和实用的设备、机械以及仪器控制的。例如：（1）对炉灶的控制应和炉火的位置安排相匹配；（2）汽车对燃料、机油和速度的量器应当可以很容易被司机看到；（3）如果飞机的控制器和操控杆的形状和它们的功能相匹配的话，使用起来会更加容易和安全；（4）飞机的控制面板应当被合理安排，使得飞行员可以在任何紧急情况下更安全和快速地操作。

科学方法：发现之路

如同生物、化学或者其他科学领域的科学家们一样，心理学家遵循着严格、标准的科学研究过程，这样一来非专业人员和科学家们都可以理解、解释、重复或测试他们的发现。大多数科学研究都包括六个基本的步骤（见图1—5）。

步骤1：定义感兴趣的问题并综述文献

心理学的研究常常来自于非正式的问题。学生们会询问应付考试的最好的学习方法。情侣们会想知道什么是幸福婚姻的重要因素。父母也许想要得到对于老想跟他们一起睡的小孩子的建议。

你对于刚才的问题怎么看呢？父母应允许孩子同他们一起睡吗？对西方工业化社会的大多数家长而言，他们认为，"孩子们应当自己睡。否则的话，他们会过于依恋父母并永远不会离开父母的床了"。抛开简单地接受这个普遍的观点，让我们想象自己是心理学家，我们应如何科学地测试这个观点呢？

使用科学方法，我们正式的第一步应当是去综述文献。通过寻找和阅

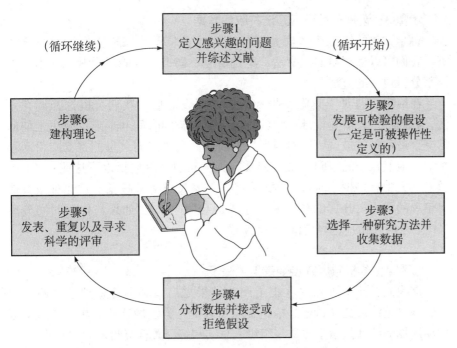

图 1—5　**科学方法的六个步骤。**科学是一个新的观点被不断检测和修正的动态领域。大多数的研究包括六个仔细安排的步骤，首先是一个对于感兴趣问题的定义和对当下文献的综述。这些步骤以回归到理论的建构为止。请注意这些步骤成为一个环形，这代表了科学循环和累积的本质。一个科学研究通常会带来额外的、精确的假设，更深层次的研究、明晰的结果以及改善总体科学知识的根基，也就是理论。

读发表在心理科学或跨文化心理学杂志等科学专业期刊上的文章（请记住这些期刊不是报纸和非正式网络报告的大众媒体），我们应该仔细回顾其他专业人员对于睡眠安排的说法。

如果你的确作了儿童睡眠安排的综述，你会看到许多有趣的发现。例如，跨文化研究通常会报告一家子都一起睡——"全家床"，是世界很多地方的通常安排方式。在这些文化中，大多数人会认为共享一张床对儿童的社会和情感发展意义重大（参见 Abel et al.，2001；Javo, Ronning & Heyerdahl，2004；Rothrauff, Middlemiss & Jacobsen，2004）。

步骤 2：发展可检验的假设

当文献综述完成之后，我们的下一步是去发展一个可检验的**假设**（hypothesis）：关于一个变量和其他变量关系的特定预测（变量就是可以变化或改变的因素）。一个假设可能对也可能错。它仅仅提供了对可进行科学研究的行为或心理过程的一种可能性解释。为了探索我们之前对于睡眠安排的问题，我们可以假设"全家床的睡眠安排方式会造成儿童的过度依恋"（在这个假设中，睡眠安排是一个变量而依恋是另一个变量）。

为了充分检验，一个假设必须是精确阐述的（也就是不能含糊或宽泛），并且研究的变量必须是**操作性定义**（operationally defined）的，或者是用可观察可测量的术语陈述的，我们应如何给出睡眠安排的操作性定义呢？什么是我们可以测量的？

假设　关于一个变量怎样与另一变量相关的特定预测。

操作性定义　关于一个研究中的变量是如何被观察和测量的精确表述（例如，药物滥用的操作性定义可以是"由于超额使用成瘾物质而导致旷工的天数"）。

元分析 将从许多研究中得来的数据结合起来分析的统计程序。

20

21

步骤3：选择一种研究方法并收集数据

科学方法的第三个步骤是选择最好的实验设计来检验假设并收集数据。我们可以选择自然观察法、案例研究、调查、实验以及其他在本章以下部分所讨论的方法。

在给出我们对于睡眠安排和依恋的假设之后，我们可以选择调查方法。我们接下来需要设计这个调查，决定实施的时间和地点以及决定如何得到合适数量的被试，即参与者。我们或许会决定向父母们寄500份问卷来调查他们孩子的睡眠习惯和依恋行为。问题可以包括以下这些："你的孩子一天中有多少小时自己睡或者和一个家长或父母睡觉？""当你或其他可信赖的成人离开你的孩子时，他或她会哭吗？""如果与你短时间分离（30分钟），你的孩子会有什么反应？"

步骤4：分析数据并接受或拒绝假设

在我们设计了研究并收集了调查结果之后，必须分析那些"原始数据"以决定结果是支持还是拒绝了原初假设。为了做这些分析，心理学家们使用称为统计的数学方法来组织、总结和解释数据资料。

步骤5：发表、重复以及寻求科学的评审

要推进任何一门科学学科的发展，研究者们必须与他人和大众分享他们的成果。因此，科学方法的第五步始自一位研究者撰写他的研究报告并提交给由同行评审的科学期刊来发表（同行评审期刊会请其他的心理学家来评估所提交文章的所有材料）。在这些同行评审的基础上，主编也许会接受或拒绝这一研究报告。当研究论文被接受并发表时，其他的科学家们就会重复，即复制这些研究。如果结果是同样的，重复会增加科学的可信度。如果没有得到重复，研究者们会寻求解释并进行更深入的研究。作为负责任的科学家，心理学家们几乎从不接受只基于单一研究的理论，他们会等待重复。

如果重复发现矛盾的结果怎么办？在这种情况下，学术期刊的文章会对原始的和之后的研究广泛质疑和批判。当不同的研究报告了矛盾的结果时，研究者也可以平均或者结合所有研究的结果并总结出全面权衡的证据，这种平均的方法叫做**元分析**（meta-analysis）。例如，Daniel Voyer、Susan Voyer 和 M. P. Bryden（1995）对50年来不同性别的空间能力差异的研究作了元分析。他们发现男性在一些空间能力测验上表现确实要比女性好，但不是全部。元分析还发现这些年来差异在缩小，这可能是教育实践上的变化所导致的。就像你所看到的，随着时间的推移，科学评审的过程逐渐揭示出一些研究的缺陷还会修正一些研究结果并帮助去除错误的结果。

步骤6：建构理论——然后循环继续

从步骤1到步骤5包括了综述文献、阐明假设、实施研究、分析数据然后发表结果，以确保它们可以被重复和回顾。现在，有趣的事情开始了。在对一个问题做了一个或更多研究之后，研究者们会提出理论来解释

关于一切的理论

他们的结果。请注意，心理学家通常将**理论**（theory）定义为可以解释数据主体的一系列互相关联的概念。在通常的用法中，"理论"这个术语表示个人观点和未被证明的假设，与此相反，心理学理论是从仔细的研究、实验性的观察以及对现有科学文献的广泛回顾中发展而来的。

　　你能发现心理学研究为什么并如何连续地变化吗？从图 1—5 中可以看到，科学方法是循环和累积的。科学的进步来自于不断的挑战，修正已有的理论，并建立新的理论。

伦理准则：保护他人的权利

　　美国心理协会（APS）和美国心理学会（APA）是两个最大的心理学家专业组织，它们都十分重视在研究、心理治疗以及所有其他心理学专业领域中保持较高的伦理标准。在美国心理学会发表的《心理学家伦理准则和实施办法（1992）》的导言中，美国心理学会呼吁心理学家们在发挥才能时应保持客观性。它还要求心理学家们维护他们的来访者、同事、学生、研究被试以及整个社会的尊严和最大利益。在这个部分，我们会探索伦理所关注的三个重要方面：人类被试、非人类动物的权利以及治疗中的来访者。

尊重人类被试的权利

　　美国心理学会发展了对以人类为被试研究进行调控的严格指南，其中包括：

　　（1）知情同意。研究的首要规则之一就是在开始一个实验之前应得到所有被试的**知情同意**（informed consent）。被试应当明了研究的本质和可能影响他们参与意愿的重要因素。这些因素包括所有的人身风险、不适或

理论　可以解释数据主体的一系列互相关联的概念。

💡**学习提示**

　　理论建构的这种持续的和循环的本质常常使学生们灰心。在大多数的章节中你会遇到大量的有时候甚至是相互冲突的假设和理论。你可能会问："哪个理论才是正确的？"但是请记住，理论永远都不是绝对的。正如先前所提及的关于先天—后天对立的讨论，"正确"的答案常常是交互的。在大多数情况下，多重理论会带来对于复杂概念的全面理解。

知情同意　被试在实验前被告之将要发生的情况后同意参与研究。

者不愉快的情绪体验。

（2）自愿参与。应告知被试他们可以自由选择放弃参与或者在研究的任何时间中途退出。

解释说明　在实验后告知被试研究的目的、预期结果的本质以及任何先前使用的欺骗。

（3）欺骗的限制使用与解释说明。如果被试知道了某些实验的真正意图的话，他们常会做出非自然的反应。因此，美国心理学会明白在一些特定研究领域中欺骗的必要性。但是当使用欺骗时，应采用重要的指导和限制，包括在实验最后对被试进行解释说明。**解释说明**（debriefing）包括解释研究操作的原因并消除被试的任何误解和担忧。

（4）保密性。所有研究中关于参与者的信息必须保持私密，并且如果不能保证个人隐私就不得发表其内容。

（5）可选择的活动。如果参与研究成为一门课程的要求或者是作为大学生获得额外学分的机会时，必须给予所有学生其他同等价值活动的选择。

尊重非人类动物的权利

心理学研究常常涉及人类被试。只有大约 7%～8% 的研究是基于动物实验，其中 90% 的实验使用大鼠（美国心理学会，1984）。

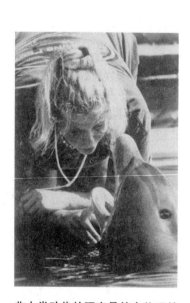

非人类动物的研究是符合伦理的吗？ 对这个问题，有着观点鲜明对立的两方，但是当研究仔细遵从伦理规范时，那么这些研究可以为人类和非人类动物都带来巨大的好处。

在心理学研究中使用非人类动物是有着重要理由的。例如，在比较心理学领域中研究的是不同物种生物的行为。在其他的情况下，使用非人类动物是因为研究者必须连续几个月或几年来研究同一被试（比人类愿意当被试的时间长得多）。偶尔地他们会控制一些人类不会愿意让试验者控制的生活方面，这会产生一些非伦理的控制（例如人为交配安排或者严重禁食的影响）。相对简单的非人类动物神经系统也有其研究上的重要优势。

大多数心理学家们看到了实验动物为科学做出的巨大贡献——并且它们仍然在贡献着。如果医学研究没有了非人类动物，我们拿什么来测试新药、新外科手术方法或者新的镇痛方法呢？心理学研究中的非人类动物最终带来了所有心理学领域的进展，其中包括脑和神经系统、健康和压力、感觉和知觉、睡眠、学习、记忆、应激和情绪等等。

非人类动物的研究也为动物自己带来巨大的利益。例如，为宠物和圈养的野生动物创建有效的训练技术和自然环境，以及为濒危物种发展成功的繁育技术。

虽然有这些优点，在心理学实验中使用非人类动物仍旧是一个不断争议的伦理问题（Guidelines for the Treatment，2005）。反对者们认为，动物同人类不一样，他们没有被给予知情同意。他们也质疑所谓的非人类动物研究的收益，尤其是考虑到动物们所受的折磨和失去的自由。而支持者们则认为多数非人类动物研究包括自然观察和使用奖励而非惩罚的学习实验。更重要的是，大多数研究不涉及疼痛、折磨或者剥夺（Burgdorf, Knutson & Panksepp, 2000；Neuringer, Deiss & Olson, 2000；Shapiro, 1997）。就像在大多数的争论中一样，大量的问题仍未被解决——没有简单的答案。我们如何来平衡损失和收益呢？要到怎样的程度才能认为非人类动物的损失可以抵得上收益呢？是否人类的生命原本就比其他生命更有价值呢？

当争论仍在继续时，心理学家们正小心翼翼地对待这些研究中的非人类动物，他们也在积极寻求更新更好的方法来保护它们（Atkins，Panicker & Cunningham，2005；Guidelines for the Treatment，2005；Sherwin et al.，2003）。所有使用非人类动物的机构都建立了动物管理委员会以保证对研究动物的适宜处理、评审研究计划，并根据美国心理学会的标准来设定保护和处理研究动物（和人类）的条例。

尊重心理治疗来访者的权利

心理治疗中的伦理同研究中的一样重要。成功的心理治疗要求来访者在治疗过程中展现他们内心深处的思想和感受。因此，这就意味着来访者必须信任他们的治疗者。

在此，心理治疗者们担负着维护最高伦理标准并维持信任的责任。治疗者们应当表现出他们的道德和职业操守。他们应当在充分深入来访者问题的同时保持客观，并了解帮助他们的最好办法。他们也应当鼓励他们的来访者充分进入和实施他们互相认可的治疗计划。此外，治疗者应当评估他们来访者的进步并且将此报告给他们。

正如研究中的保密性宗旨一样，所有的个人信息和咨询记录都必须被保密保存。只有在经过批准并征得来访者同意的情况下，才可以查看记录。当来访者可能影响或伤害他人时，这样的保密可能成为一个伦理问题。举例来说，如果你是一个治疗者的话，当你的来访者表示要计划谋杀时，你会怎么做？你是应当通知警方还是对你的来访者讲信用呢？

如果来访者对他人构成严重威胁，公共安全的权利就重于来访者的隐私权。事实上，如果来访者对于自身或他人威胁实施暴力的话，比如涉及有嫌疑或的确虐待儿童或老人，以及其他受限制的情境，治疗者可以合法地公布其秘密。然而，一般来说，咨询师的主要职责还是保护来访者的隐私（Corey，2005）。

对伦理问题的最后建议

在研究伦理的讨论之后，你也许会有不必要的担心。请记住，伦理准则的存在是用来保护人类、非人类动物以及咨询来访者的权利的。极其重要的是，一个人类被试委员会或检查机构部门应当首先认可大学或其他著名机构所有使用人类被试的研究。这些组织确保每一个研究计划提供知情同意、被试保密性和安全的实验操作。也有类似的委员会来监督和保护非人类动物被试的权利。

美国心理学会也许会正式谴责或开除任何无视这些准则的成员。除此之外，研究者和临床工作者都对自己的行为负有专业和法律的责任，而临床工作者可能永久失去执业许可证。

那么初学心理学的学生会遇到哪些伦理问题呢？当朋友和熟人知道你在学习心理学的课程时，他们或许会让你解释他们的梦，帮助他们管教他们的孩子，或者甚至在他们是否应当结束恋情时询问你的意见。虽然你即将在本书和课程中学到很多心理学理论，但是仍要小心，不能够高估你的专业知识。请记住，心理科学的理论和结果是循环和累积的——并且将不断被修正。

David L. Cole（1982）是美国心理学会心理学杰出教育奖的获得者，他告诉我们："大学学习心理学可以，并且我相信应当可以让学生们不再无知，但是认为我们对自己和他人的了解比我们实际了解得更多就有点自大了。"

与此同时，通过仔细的研究和学习后，改进的心理学的发现和思想可以为我们的生活做出巨大的贡献。正如爱因斯坦曾经说的："有一件事是我历经一生所学到的：那就是所有我们的科学、测量的事实是粗糙并幼稚的，但是，这是我们所拥有的最珍贵的事情。"

评　估

检查与回顾

科学心理学

基础研究研究理论问题。

应用研究寻求对特定问题的解决。

科学方法包括六个仔细计划的步骤：（1）确立感兴趣的问题，并回顾文献；（2）形成一个可检验的假设；（3）选择一种研究方法并收集数据；（4）分析数据并接受或者拒绝假设；（5）通过重复和科学评审发表研究报告；（6）进一步建构理论。

心理学家在与人类和非人类动物被试以及治疗中的来访者的关系中必须保持高的伦理标准。美国心理学会发表了关于这些伦理标准中特定准则的细节。

问题

1．你在进行饮酒对大脑影响的研究，这可以被称为_____研究。

（a）非伦理　　（b）实验

（c）基础　　　（d）应用

2．科学_____的一个重要规则是必须对所观察的行为作出可检验的预测。

（a）假设　　　（b）理论

（c）元分析　　（d）实验

3．关于在一个研究中的变量将如何被观察和测量的精确定义是_____。

（a）元分析　　（b）理论

（c）独立观察　（d）操作性定义

4．被试被告知实验目的并同意参加研究被称为_____。

（a）被试偏差　（b）安慰剂效应

（c）知情同意　（d）任务报告

5．请简要阐述知情同意、欺骗和在科学研究中事后进行解释和说明的重要性。

答案请参考附录 B。

更多的评估资源：

www.wiley.com/college/huffman

研究方法

学习目标

什么是心理学研究的四种主要方法？

什么是研究，不过是带着知识的初次约会罢了。

——威廉·亨利（William Henry）

现在对于科学方法你已经有了很好的基本理解，我们可以考察心理学研究中的四个主要类型了，它们是实验研究、描述研究、相关研究和生物学研究（见图 1—6）。所有四种类型的研究都有各自的优点和缺点，我们将分别探讨每一种类型。但是请记住，大多数心理学家在研究一个问题时会同时使用几种方法。事实上，当使用多种方法并且结果相互支持时，科学家们可以在坚实强大的基础上得出结论：一个变量确实以特定的方式影响另一个变量。

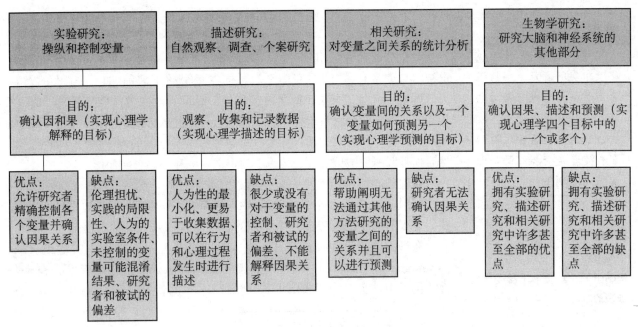

图 1—6　心理学研究的四种主要方法

25

实验研究：寻求因果关系

让我们以这个最有力的研究方法开始讨论心理学研究的类型，它就是——**实验**（experiment）研究，在这其中研究者操纵并控制选择的变量来决定因和果。只有通过实验研究，研究者才能够孤立出一个单独的因素，并考察这个因素对特定行为的单独影响（Ray，2003）。例如，在一个即将来临的考试中，你或许会使用几种方法——阅读讲义的笔记、重新阅读书本中划出的重点部分以及使用定义来复习关键术语。然而，使用这些多重的方法无法让你得出哪一种学习方法是最有效或是无效的。对发现什么方法是最有效的唯一途径是通过实验来区分它们。事实上，一些实验已经区分了学习最有效的方法和技巧（Son & Metcalfe，2000）。如果你对于这些研究的结果感兴趣或者希望发展更好的学习习惯，你可以跳过此部分，直接阅读此章末尾的"学习成功的工具"。在整本教材中，还有一些额外的"学习提示"部分。

实验　仔细控制的科学程序，涉及操纵变量以决定因果关系。

实验的关键特征

一个实验由几个关键部分组成：自变量、因变量以及实验组和控制组。

自变量和因变量　如果研究者选择使用实验方法来检验一个假设的话，他们必须决定操纵哪些变量并且检查哪些可能的变化（变量就是可以变的事物）。实验中的变量是自变量或者因变量。**自变量**（independent variable，IV）是实验者选择要操纵的因素；相反，**因变量**（dependent variable，DV）则是实验中被试显现出的可以测量的行为（或者外在表现）。因为自变量可以任意选择并且由实验者来改变，因此被称为自变（独立）的。而因变量之所以被称为因变是因为其会（至少部分）依赖于自变量的操纵。请记住，

自变量（IV）　受操纵的实验因素以决定其对因变量的因果效应。

因变量（DV）　被测量的实验因素，其受到（或依赖于）自变量的影响。

实验组　在实验中接受实验处理的组。

控制组　在实验中不接受实验处理的组。

26

控制组　　　非控制组

任何一个实验的目标都是了解因变量是如何受到（依赖）自变量影响的。

　　想象你正在设计一个实验来考察看暴力电视是否导致观众的攻击性。你从随机分配儿童的组别开始，让三组观看暴力电视，另三组观看非暴力电视（自变量）。在观看完毕之后，你在每个孩子面前拿出一个大的塑料充气娃娃，并且记录一小时之内孩子打、踢玩具的次数（因变量）。如果你想知道一个新的药物对于社交恐怖症（过分的使人虚弱的害羞）是否和现在使用的药物一样有效的话，你可以对两种药给予不同的水平区分（自变量）。然后你可以测量被试在社交情境下的焦虑程度和心率（因变量）。

　　实验组和控制组　除去自变量和因变量之外，每一个实验都必须有一个控制组和一个或多个的实验条件，或者说是对参与者或被试的处理方式。至少有两个组可以使一个组别的表现得以和另一组做比较。

　　在最简单的实验设计中，研究人员随机分配一组被试作**实验组**（experimental group），另一组作**控制组**（control gruop）。在电视暴力和攻击性的例子中，实验组是给予自变量的组——也就是观看暴力电视节目的组。控制组的被试得到和实验组被试完全相同的处理，只是他们会被安排一个零或者说是控制的条件。这意味着他们不会接受自变量的条件，而是会在相同时间内观看非暴力的电视节目（图1—7）。

　　我们也可以设计一个具有多个自变量（IV）的实验。在观看电视的例子中，我们可以使用观看电视的不同水平（或数量）作为自变量。如果一个组看六个小时的暴力电视，另一个组观看两个小时的暴力电视。这两个组可以和不看暴力电视的控制组做比较。然后我们可以测量和比较所有三个组的攻击性。我们会将攻击性行为（因变量）上的任何显著性差异归因于观看暴力电视的量（自变量）。

　　对控制组和比较组

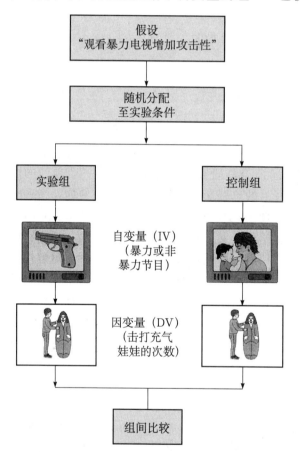

图1—7　电视是否增加了攻击性？ 如果实验者想要检验"观看暴力电视增加了攻击性"这个假设，他们应从随机将被试分配入两个组开始：实验组被试观看事先安排好的暴力电视，控制组被试观看同样数量的非暴力电视。然后他们可以观察和测量接下来的攻击性水平。请注意操纵的变量（自变量）是暴力电视或非暴力电视。测量的变量（因变量）是儿童击打塑料玩具的次数。

来说，实验者必须保证所有的额外变量（那些没有被直接控制或测量的变量）保持恒定（相同）。比如，对儿童呈现塑料充气娃娃的时间量，一天中的时间、温度以及亮度必须对所有的被试都保持恒定以免影响被试的表现。

实验保障

每一个实验的设计都是为了回答一个相同的问题：自变量是因变量可预测变化的原因吗？为了回答这个问题，实验者必须建立一些实验保障。除了先前提及的对于实验本身的控制（比如，操作性定义、使用控制组以及保持额外变量的恒定）以外，一个好的科学实验也应防范源自实验者和被试的潜在误差。在我们讨论这些潜在问题（及其可能的解决方法）时，你可以参考图1—8中的总结。

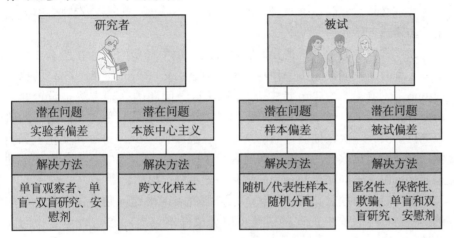

图1—8　潜在研究问题和解决方法。

实验者的问题及其解决　　实验者必须保证解决两个特别的问题——实验者偏差和本族中心主义。

（1）实验者偏差。实验者和所有人一样，拥有他们自己的个人信念和期望。然而，研究中的危险在于，如果实验者根据自己的期望对被试给予精细的线索或对待的话，就可能产生错误的结果。

让我们来看一下"聪明的汉斯（Hans）"——著名的数学"神奇之马"（Rosenthal，1965）这个例子。当被问及6乘以8减去42是多少时，汉斯会用蹄子轻击6下。或者被问及48除以12再加6再减6时，它会击4下。甚至当汉斯的主人不在屋内而由别人提问时，它仍然可以正确回答。它是如何做到的呢？研究人员最后发现，所有的提问者在他们问题的最后，都自然而然地低头去看汉斯的蹄子。而且，汉斯已经学习到，这就是开始用蹄子击地的信号；当快接近正确答案时，提问者也自然而然地向上看，这反过来也成为汉斯停止的信号。

进行研究时，实验者的这种按期望的方向影响结果的倾向，就叫做**实验者偏差**（experimenter bias）。就像向汉斯提问题的人以低头或抬头的方式无意地提供了正确答案的信号一样，研究者可能在被试给出了支持研究假设的反应时，长出了一口气。

马可以做加减乘除运算吗？聪明的汉斯和他的主人 Von Osten 先生使很多人相信它的确具有这个能力。你能看到这就是实验者偏差的一个早期的例子吗？请从文中寻找解释。

实验者偏差　当研究者的期望影响实验结果时发生。

双盲研究　研究操作中实验者和被试都不知道（盲）谁是实验组，谁是控制组。

安慰剂　作为一种控制技术，使用无效的物质或者假的治疗，通常是在药物研究中，或者由医生开给患者使用。

28

本族中心主义　相信一种文化是所有文化中的典型代表；同样，视自己的民族（或文化）为中心和"正确"的标准并据此作出判断。

样本偏差　在研究参与者不能代表更大总体的时候发生。

你可以看到，实验者偏差如何可能破坏了参与者反应的有效性。但是，我们怎么避免它呢？有一个技术是建立收集和记录数据的客观方法，比如使用录音带呈现刺激，使用计算机记录反应。另一种选择是，使用不了解研究者预期的"不知情的观察者"（非研究者的中立个体）来收集和记录数据。此外，研究者可以进行**双盲研究**（double-blind study），即观察者和参与者都不知道是哪组被试接受了实验处理。

在一种典型的测试新药的双盲实验中，给予药物的实验者和接受药物的参与者没有意识到（或"不知情"）谁接受了安慰剂（假药片或假注射针剂）或谁接受了药物。研究者使用**安慰剂**（placebos）是因为他们已经发现，仅仅吃药片或接受针剂的行为本身，就可以改变参与者的状态（安慰剂placebo这一术语源自拉丁语动词placebos，意为"取悦"）。因此，为了确保参与者的效应归因于受测的药物而不是安慰剂，控制组的参与者受到的处理必须与实验组参与者受到的处理严格一致，即使这意味着要假装给予药物或者治疗。

（2）本族中心主义。当我们假设我们文化中典型的行为在所有文化中依然典型时，我们就犯了一种叫做**本族中心主义**（ethnocentrism）的错误（ethno 指种族，centrism 指中心）。避免这一问题的一种方法是设置两名研究者，一名来自于一种文化，而另外一名来自于另一种文化，同样的研究进行两次，一次在他们自己的文化中，另一次至少在另一种文化中。当使用这种跨文化取样的研究方法时，由于研究者的本族中心主义而产生的差异就可以从不同文化间行为的实际差异中分离出来。

参与者的问题及其解决　除了来自研究者的潜在问题，还有几种可能的误差与参与者有关。这些误差可以分成样本偏差和参与者偏差这两大范畴。

（1）样本偏差。一个样本就是被选择的以代表一个更大的群体或总体的组。做研究时，我们显然不能测量整个总体，因此我们选择并测验一个有限的样本。然而，使用这样的小群体要求样本大体上与总体的构成结构是相似的。如果存在**样本偏差**（sample bias），即待研究群体具有系统性差异，那么实验结果就有可能不能真实反映自变量的影响。

举例来说，针对汽车内配有气囊可提高安全性的现象，已有许多研究。然而，遗憾的是，这些研究几乎是只用男性参与者实施的。汽车制造商应用这些研究的结果时，没有考虑到样本偏差的问题，只制造大小适合于男性的气囊。不幸的是，这些大小适合男性的气囊可能会导致小身材成年人（大多数女性）和孩子严重损伤（甚至死亡）。因为实验的目的是将研究结果应用或推广于一个大的总体，所以样本对一般性总体的代表性就显得极为重要。

为了避免样本偏差的问题，心理学研究者一般使用随机/代表性取样和随机分配的方法。

● 随机/代表性取样　显而易见，心理学家希望他们的研究可以推广到更多的人群，而不仅限于参加他们研究的被试。例如，批评家指出，许多心理学文献都有偏差，因为它们主要使用白人参与者（参见 Robert Guthrie2004 年的著作《甚至连大鼠都是白色的》）。有一种方法可以保证较少的偏差和更好的相关性，那就是选择可以代表研究者所感兴趣的整个总体的参与者。适当的随机取样有助于产生具有代表性而无偏差的样本。

● 随机分配　为了保证结果的有效性，也必须使用一种几率或随机系统把参与者分配到各个实验组，比如投硬币或从帽子里拿出不同的号码。这种**随机分配**（random assignment）的程序可以保证每个参与者被分配到任一个组的几率都相等，还能保证不同参与者之间的差异在所有的实验条件之间平摊。

（2）参与者偏差。除了与样本偏差有关的问题，当实验条件影响参与者的行为或心理过程时，**参与者偏差**（participant bias）就发生了。举例来说，参与者可能试图以好形象展示自己（社会赞许性反应，the social desirability response）或者试图有意误导研究者。在被问到尴尬问题或将他们置于糟糕的实验条件下时，他们也可能表现得不那么诚实。

研究者试图通过保证参与者匿名和其他保证隐私和秘密的方式，来控制这种类型的参与者偏差。就像前面提到的那样，单盲和双盲研究以及使用安慰剂也提供了额外的保障。如果参与者不知道他们接受的是真实的药物还是"假"药物，他们就不会过于取悦或有意误导研究者了。

随机分配　使用几率的方法分配参与者到实验组或控制组，使产生偏差的可能性和先前存在的组内差异最小化。

参与者偏差　在实验条件影响参与者的行为或心理过程的时候出现。

你愿意做一次心理学研究的参与者吗？

美国心理协会（APS）提供了一个链接的网站，上面有正在进行的需要参与者的研究信息。最近刊登在这个网站上的需要参与者的研究有：

怎样应对儿童虐待？

对"9·11"恐怖袭击的反应

领导风格和情绪智力

贝姆性别角色量表

互联网使用、人格与行为

成人注意缺陷多动障碍（Adult Attention Deficit Hyperactivity Disorder，ADHD/ADD）

感觉与知觉实验室

孤独网络

性行为与酒精消费

婚姻问卷

你是一个逻辑的思考者吗？

网络实验心理学实验室

如果你愿意参与，可以登录网站 http：//psych. hanover. edu/research/exponnet. html.

你自己试试

最后，防止参与者偏差最有效但也最受争议的一种方法便是欺骗。就像热门电视节目中毫无戒心的研究对象，像旧的偷拍节目或更新的 Jamie Kennedy 的实验或侦探电视等一样，如果研究参与者不知道他们是研究项目的一部分时，他们会表现得更为自然。然而，如同前文讨论过的，许多研究者都认为，欺骗是不符合伦理的。

聚焦研究

真的有一见钟情吗？

假设你正在与一位颇具吸引力的约会对象一起看一部恐怖电影。你注意到你的心在怦怦直跳，手心出汗，而且有些喘不过气来。这是爱的表现吗？或者是恐惧吗？就像你将会在第12章发现的，非常多的不同种类的情绪都伴有相同的生理状态。因为这种相似性，我们经常会识别错了我们的情绪。我们怎样用实验证明这一点呢？

为了回答这个问题，Donald Dutton 和 Arthur Aron（1974）要求一位具有吸引力的女性或男性实验者（实验同谋）在能唤醒或不能唤醒恐惧的桥上，接近85位男性路人。所有的参与者都要求填问卷，然后留给他们一个电话号码。如果他们需要了解更多信息的话可以打这个电话。

想想你自己就是这个实验的一位参与者。你来到不列颠哥伦比亚省北温哥华市的卡布兰诺峡谷的吊桥。这是一个约1.5米宽，137米长的木制桥，有缆绳牵拉，横跨卡布兰诺峡谷。当你走过这个桥时，它很容易倾斜、晃动、摇摆，而且你必须要俯下身抓住低矮的扶手。如果你碰巧向下看去，你看到的将是下面70米深处湍急的河流和裸露的岩石。

站在这个摇晃着的桥中间，研究者走过来要求你填一个问卷。你会被这样一个人所吸引吗？如果是在离下面的小溪只有3米高、坚固的木桥上，情况又会怎么样呢？通过与不能唤起恐惧的低矮的桥上的情况相比较，研究者发现，在能唤起恐惧的桥上，非常大比例的男性参与者，不仅给女性研究者打了电话，而且在问卷中显示了较高水平的性幻想。

粗略地看一下，这可能听起来很奇怪。为什么处在恐惧状态的男性比放松的男性更受女性的吸引呢？根据现在被称做**唤醒的错误归因**的说法，这些男性错误地把他们的唤起解释为受到女性实验者的吸引。

虽然这个实验是在1974年做的，但其后的几十个研究都已经基本肯定了他们先前的研究发现。例如，Cindy Meston 和 Penny Frohlich（2003）进行了一个相似的实验。这个实验的参与者是游乐园里等待过山车开始或刚从过山车上下来的个体。首先给参与者呈现了一幅中等吸引程度异性的照片，然后要求他们评价照片上这个人的吸引力和约会意愿程度（dating desirability）。与先前的研究结果相一致，刚刚玩完过山车的参与者与还在等待的参与者相比，他们给的评价更高。有趣的是，只有参与者的同伴不浪漫时，才有以上的结果。当浪漫的情侣一起玩过山车时，对吸引力和约会意愿程度的评价并没有显著差异。

你能看出 Cindy Meston 和 Penny Frohlich 的研究说明了科学方法中的第5步和第6步吗？如同在前面提到的那样，实验者经常重复或者扩展先前研究者的工作。并且，在这个案例中，浪漫伙伴和非浪漫伙伴之间的差别结果有助于调整原始的理论，这反过来又引导了新的和更好的未来的理论。以上两个实验也说明，有时候基础研究是如何应用于我们的日常生活的。在这个案例中，要记住的是：小心"一吓钟情"！

唤醒的错误归因　生理唤醒的个体错误地推断了引起唤醒的原因。

批判性思维

将批判性思维应用于心理科学
（由 Thomas Frangicetto 提供）

所有领域的科学家都必须是优秀的批判思维者，而心理学的研究者（和学生）也不例外。此处的第一次批判性思维练习可以在许多方面帮助你，包括：

● 对批判性思维和心理科学之间联系的洞察力

主动学习

● 练习应用多种批判性思维的成分

● 复习你的任课教授可能在考试中涉及的重要内容

第一部分：在每个"课文中的关

键概念"旁边的空白处，写下合适的"建议的批判性思维成分"的数字。每个成分的扩展讨论可以在这本教材的前言中找到。尽管你可以找到几个可能的搭配，但是只列出你的第一个或头两个选择即可。例如，对于第一个选项"文献综述"，如果你决定"收集数据"是最好的批判性思维的成分，就在空白处写下数字"16"。

第二部分：在另一张白纸上，使用课本中特定用词和对批判性思维的描述来充分解释你的选择。还是使用上面那个例子，你可能会说，"研究者为了写一篇成功的文献综述，他们必须'仔细检查主要的专业或科学期刊上已发表的内容'，而且，他们会利用 16 号批判性思维成分，即收集数据。"

这意味着在进行研究之前，他们要"收集到目前为止的与研究问题相关的各个方面的信息"。

课文中的关键概念（Text Key Concepts）	建议的批判性思维成分
科学方法	评价真理时超越自我兴趣（#1）
_____ 文献综述	欢迎多样化的观点（#4）
_____ 发展一个可检验的假设	忍受不确定性（#6）
_____ 选择一种研究方法并收集数据	共情（#7）
_____ 分析数据、接受或拒绝假设	独立思考（#7）
_____ 发表、重复并寻求科学评审	正确定义问题（#8）
_____ 建立一个理论	分析数据的价值和内容（#9）
研究问题	综合（#11）
_____ 实验者偏差	避免过度概括（#12）
_____ 本族中心主义	数据足够多时再作判断（#14）
_____ 样本偏差	使用准确的术语（#15）
_____ 参与者偏差	收集数据（#16）
	区分观点和事实（#17）
	根据新信息修正判断（#20）
	应用知识到新的情境（#21）

31

检查与回顾

实验研究

实验是唯一一种可以识别因果关系的研究方法。自变量是实验者操纵的因素，而因变量是参与者的可测量的行为。实验控制包括一个控制组、一个或更多的实验组，并且保持额外变量恒定。

为了避免实验者偏差这样的研究者问题，研究者使用盲观察者（blind observers），即单盲或者双盲研究和安慰剂。为了控制本族中心主义，他们使用跨文化抽样。除此之外，为了解决样本偏差带来的参与者问题，研究者使用随机/代表性抽样和随机分配。为了控制参与者偏差，他们依靠与防止实验者偏差中许多相同的控制方法，如双盲研究。他们也试图保证匿名性与保密性，有时使用欺骗。

问题

1. 为什么实验是唯一一种我们可以确定行为原因的方法？

2. 在实验中，研究者测量_____。

(a) 自变量　　(b) 特征变量

(c) 额外变量　(d) 因变量

3. 如果研究者给参与者不同剂量的一种新的"记忆"药物，然后要求他们读一篇故事并且测量他们在一个测验上的分数，那么，_____是自变量，而_____是因变量。

(a) 对药物的反应，药的剂量

(b) 实验组，控制组

(c) 药的剂量，测验分数

(d) 研究者变量，额外变量

4. 研究者和实验者的问题的两个主要来源是什么？如何解决？

答案请参考附录 B。

更多的评估资源：

http：//www.wiley.com/college/huffman

描述性研究：自然观察、调查和个案研究

研究的第二个主要的类型是**描述性研究**（descriptive research），即观察并描述行为，但并不操纵变量。几乎所有人都观察并描述他人的行为以试图理解他们。但是，心理学家以系统和科学的方式来做这件事。在这一小节中，我们会考察描述性研究的三种重要的类型：自然观察、调查和个案研究。当你探索每一种方法时，要记住在实验方法一节中讨论过的大部分问题和避免措施通常可以适用于非实验研究。

描述性研究　观察并记录行为，但不产生因果解释的研究方法。

自然观察

使用**自然观察**（naturalistic observation）时，研究者系统地测量并记录参与者在现实世界中的可观察的行为，而不以任何方式干扰。大多数自然观察的目的是收集描述性信息。由于某些研究者很有名，如在丛林中研究黑猩猩的珍妮·古道尔（Jane Goodall），大多数人都以为自然研究要在野外、偏远的地区进行。其实，超市、图书馆、地铁、机场、博物馆、教室、产品装配线以及其他地方也可以进行自然观察。

自然观察　对处于自然状态或栖息地的参与者进行观察，并记录行为。

考虑一下一个流行的有争议的观点："是不是班级越小，学生的成就越大？如果是，针对的是什么类型的学生呢？"一位想要解决这一问题的研究者可能不倾向于使用一种控制的实验性实验室条件。他或她可能去几个教室，在自然状态下观察孩子和老师是如何表现的。在这种类型的自然观察研究中，研究者并没有操纵或控制情境中的任何因素。观察者力争尽可能地不显眼，成为俗语说的"就像墙上的一只苍蝇"。研究者可能甚至在背景中隐藏他或她自己，站在一面单向玻璃后。他们也可能从远处观察，而参与者并不知道他们正受到观察（希望如此）。

研究者为什么要试图隐藏？如果参与者知道有人正观察他们，他们的行为就可能变得不自然。你是不是有过这样的经历呢？你正在街上开着车，同时跟着收音机里的旋律哼着曲子，这时发现旁边车里有人正看着你，你马上就不再唱了。当科学研究的参与者意识到他们正被观察的时候，他们也会有相似的反应。

自然观察的主要优势是研究者可以得到真正自然的行为数据，而不是实验室中可能造作的行为数据。如珍妮·古道尔这样的研究已经告诉我们，森林中的黑猩猩和大猩猩是怎样使自己的行为适应于不同的动物园栖息环境行为的。他们也改进了动物园的栖息环境更有利于黑猩猩和大猩猩表现出"自然"行为。

自然观察不足的方面是，它实施困难，并且耗时。而且，研究者无法

32

教学评估团——9点钟

"罗宾逊小姐，就假装我们不在这里吧……"

SIPRESS

Drawling by David Sipress/
The Cartoon Bank，Inc.

实施控制，使得人们很难对发生频率低的行为进行自然观察。

调查

我们中的大多数人都熟悉盖洛普（Gallup）和哈里斯（Harris）民意测验，它们在重要的州选举或全国选举前，对投票倾向进行抽样分析。心理学家使用相似的测验［或**调查**（surveys）］来测量各种各样的心理行为和态度（心理学调查技术也包括测验、问卷和访谈）。

举例来说，在一项对 11 种文化的调查中，Levine 和他的同事们（1995）发现，心理学家 Scott Plous 和他的同事们使用调查的方法测量了动物权利活跃分子们的态度和信念。Plous 及其同事接近了参加华盛顿特区动物权利集会的数百人，并请他们完成一个详细问卷（Plous，1991）。Plous 在以后六年内的相同时间还对这些活跃分子进行了跟踪调查。有趣的是，他发现在这个相对短的时间段内有几个值得注意的态度改变，尤其在参与者认为应该是动物权利运动的最重要的几个方面。

调查 一种研究技术，要求一个大样本的人们回答问题，以评估他们的行为和态度。

你自己试试

你想试试非正式的重复 Plous 的研究吗？

在校园中、宿舍里或者其他地方的一个容易注意到的地点，问随机经过的路人是否认为他们自己是动物权利活跃分子。如果他们是，就给他们读表 1—3 内的问题，并记录他们的反应。如何比较你的和 Plous 研究的结果呢？

就像你在表 1—3 里看到的，在 1990 年时，大多数活跃分子认为动物研究是最重要的问题。到 1996 年时，活跃分子则认为食品中使用动物是最重要的问题了。在 1996 年的调查中也发现了对强行闯入实验室的支持程度有一个中等程度的下降。大多数人也支持旨在减少活跃分子和研究者之间紧张关系的提议。Plous 认为，这些反应有助于鼓励对话和动物权利持续争论中的"停火"的可能（Plous，1998）。你怎么认为呢？

表 1—3	动物权利运动最应关注的是什么？	
	问题	
调查年份	1990 ($N=346$)	1996 ($N=327$)
研究中使用动物	54	38
食品中使用动物	24	48
服装或时尚中使用动物	12	5
野外的动物	5	3
体育或娱乐中使用动物	4	5
教育中使用动物	1	2

注：数字的意义是给出每个答案的回答者的百分比。

调查的一个基本优点是他们可以收集一个较大样本的数据，而如果使用其他研究方法，则是不可能的。遗憾的是，大多数调查都依赖自我报告的数据，而且并不是所有的参与者都完全诚实。此外，调查当然不能用来解释行为的原因。

调查的重要优势是它在预测行为中的作用。例如，Plous 并没有给出活跃分子信念的原因。但是，这项调查的结果可能被用来预测某些美国动物权利活跃分子的态度和目标（作为一个批判性思维者，你能看到为什么他的结果是有局限的吗？因为他的参与者来自一个动物权利集会，他没有使用随机/代表性样本）。

个案研究

如果一个研究者要研究恐光症，他应该怎么做呢？因为大多数人并不害怕光，所以很难找到足够多的参与者进行实验研究、调查或自然观察。在这种罕见障碍的案例中，研究者试图找到某个有这种问题的人，并且透彻地研究他或她。这样一种针对一个参与者的深度研究就叫做**个案研究**（case study）。

个案研究　对单一研究参与者的深入研究。

在本书中，我们会在大多数章节都提供一篇扩展的"个案研究/个人故事"，给研究和核心概念加上一些"人情味"。在第 1 章中，以下这个例子也可以帮助说明作为一种研究方法的个案研究。然而，要记住的是，个案研究有其自身的局限性，包括缺乏一般性和参与者的不准确或有偏差的回忆。

应用　个案研究/个人故事

一生无惧？

为了亲身体验个案研究的方法，想象你自己就是 Antonio Damasio 博士，一位杰出教授，并且是艾奥瓦州立大学医学院神经学系的主任。别人给你介绍了一位亭亭玉立而且极为惹人喜欢的年轻女性病人 S。测验显示，她的感知觉、语言能力和智力都健康正常。刚刚见面后，S 就反复地拥抱并触摸你。你发现，这种相同的令人感到愉快的碰触行为占据了她生活的各个方面。她很容易交到朋友并进入浪漫关系，而且渴望和几乎每一个人互动。所有的报告都说明，S 生活在一个由正性情绪主导的极端愉快的世界中。

那么，S 出了什么"问题"呢？你能诊断她吗？Damasio 和他的同事们开始对这位病人的生理和心理健康、智力和人格进行全面评估。结果显示，S 的健康良好，感知觉正常，语言能力和智力都没有问题。她还有出众的艺术和绘图技能。她的一个问题是不能识别害怕的面部表情。她可以轻易识别其他情绪，而且可以模仿出这些情绪的面部肌肉动作。而且，有趣的是，她可以精细地画出所有情绪的面孔细节，除了害怕。

在进行了广泛的神经学检查和大量的访谈后，Damasio 和他的同事们发现，S 的大脑中的某一个非常小的区域，即杏仁核受到了损伤，导致了她不能识别他人面孔中的恐惧表情。结果，"她不能了解指示可能的危险和可能的不愉快的迹象，尤其当它们出现在另一个人的面孔上时"（Damasio，1999，p. 66）。

他们还发现，S 不能以和他人相同的方式体验恐惧。她知道"恐惧应该是什么，什么导致了恐惧，甚至在恐惧情境下应该怎样做。但是这些知识对她在现实生活中几乎或根本没有用"（Damasio，1999，p. 66 页）。她不能识别自己和他人的恐惧，导致她过于信任陌生人和浪漫伙伴。你明白这种可能是如何在社交互动中造成严重问题吗？

现今，对于 S 和其他有相似损伤的患者，还没有什么"圆满"的结果。但是，这样的个案研究最终可以提供导向成功治疗的有价值的线索。

相关性研究：寻找关系

当非实验的研究者要决定两个变量间关系的程度即相关时，他们使用**相关性研究**（correlational research）。顾名思义，当任何两个变量具有相关性时，他们就是"相互关联的"。一个变量发生变化，另一个变量也随之改变。

使用相关方法，研究者从他们感兴趣的话题开始，如怀孕期的酒精消费。然后，他们选择一个待研究的群体：在这个案例中，就是怀孕妇女。选择了群体之后，接下来研究者可能会调查或访谈被选择的妇女群体，了解她们在孕期的酒精消费的量和时间。

数据收集完成后，研究者使用统计公式分析他们的结果，得出一个相关系数，即一个表明两个变量间关系的程度和方向的数值〔注意，相关研究和作为一种数学程序的相关是有重要区别的。相关研究是研究方法的一种，研究者使用这种方法来确定两个变量间的关系。相反的是，**相关系数**（correlation coefficients）是在相关研究中的统计测量值，在调查和其他研究设计中也会使用〕。

相关性研究 一种科学研究，研究者观察或测量（不直接操纵）两个或更多变量，以找到它们之间的关系。

相关系数 表明两个变量之间关系的程度和方向的一个数值。

相关系数由一个公式（见附录 A）算出，得到一个—1.00～+1.00 间变化的数值。符号（+/−）表示相关的方向正（+）或负（−）。数值（0 到 +1.00 或 0 到 −1.00）表示关系的强度。注意，+1.00 和 −1.00 都是最强的可能关系。数值逐渐减少，并逼近 0.00，关系就逐渐减弱。

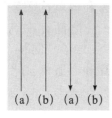
(a) (b) (a) (b)

正相关是指两个变量按相同的方向运动（或变化）：两个因素同时增大或减少。就像你知道的，大多数学生的学习时间和考试分数之间是正相关。学习时间多了，考试的分数也提高了。或者我们可以用另一种方式来说，当学习时间减少了，考试分数也会下降。你可以理解为什么两个例子都是正相关了吗？因素朝着相同的方向变化——提高或者下降。

反之，负相关则是指两个因素朝着相反的方向变化。当一个因素提高时，另一个因素则下降。你是否注意到你在校外工作（或参加派对）的时间越长，你的考试分数就越低？这就是一个负相关的例子——工作和派对都和考试分数朝相反的方向变化。

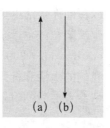
(a) (b)

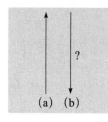

在某些情况下，研究者们会发现在两个变量之间不存在关系——即零相关。很显然，在你生日和期末考试之间不存在关系（零相关）。同样，除去普遍的观念，对星相反复的科学研究发现，人格和星相之间不存在关系（零相关）。图1—9对于正相关、负相关和零相关提供了一个形象化的描述和额外的例子。

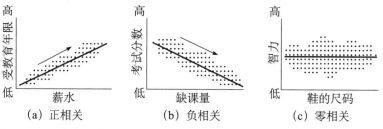

| | (a) 正相关 | (b) 负相关 | (c) 零相关 |

图1—9　三种类型的相关。 从这些图（称做散点图）中可以看出两种变量之间相关的强弱和方向，其中每个点代表了两个变量中一个个体的分数。在正相关（a）中，每个点代表了一个个体的薪水和受教育年限。由于薪水和教育是正向的高度相关，这些点会紧密排列在直线的周围并指出上升的方向。散点图（b）和（c）显示了负相关和零相关。

现在你已经理解了相关的方向，那么你现在可以思考数字本身了（0至＋1.00或者0至－1.00）。它代表了关系之间的强弱。当数字越接近1.00，无论是正相关还是负相关，两个变量之间的关系就越强。因此，如果你得到一个＋0.92或者－0.92的相关，那么你就得到了一个高（强）相关。与此同时，一个＋0.15或者－0.15的相关代表了一个低（弱）相关。

相关不是因果。 研究显示，在美国冰淇淋的消费和溺水有着高度的相关。那是否意味着吃冰淇淋会导致人们溺水呢？当然不是！一个第三因素，例如一年中的时间，同时影响着冰淇淋的消费和游泳或划船。所有这些都会导致溺水率的提高。

相关的价值

相关性研究对心理学家来说是一种重要的研究方法。它也在我们的个人和日常生活中扮演了重要的角色。正如你将在接下来的章节中看到的，很多问题所问的就是关于两件事情的关系。压力和寒冷易感性之间的关系是什么？吸食大麻是否会降低动机？智力和成就的关系是什么？当你读到"在……和……之间存在高相关"时，你现在会理解它的意义了。同样，当你读到最近的研究显示燕麦片和心脏病或者手机和脑肿瘤之间的高（或低）相关时，你也可以理解了。

除了为心理学数据和新的报告提供更多的知识外，对相关的理解也可以帮助你生活得更加安全和富有成效。例如，相关研究已经重复发现，出生缺陷和怀孕母亲的饮酒有着高相关（Bearer et al.，2004—2005；Gunzerath et al.，2004）。这个信息可以让我们有根据地预测相关的风险，并对我们的生活和行为采取明智的决策。如果你想得到关于相关的更多信息，请参考书后的附录A。

相关的潜在问题

在我们离开这个话题之前，还有很重要的一点是我们需要注意，相关不意味着因果。在相关的研究中这种逻辑问题会时常发生。虽然一个高的相关可以让我们去预测一个变量和另一个变量之间的关系，但是这并不意味着两个变量之间存在因果关系。如果我说儿童的脚的尺寸和他或她的阅读速度之间存在高度相关那会怎样呢？这是否意味着小的脚就会导致儿童的低阅读速度？显然不是！同样，阅读速度提高也不会使得脚的尺寸变大。反之，这两个因素都来自第三个变量——那就是儿童年龄的增长。虽然我们可以有把握地预测当儿童的脚变大时，他或她的阅读速度会提高，但这个相关并不意味着因果关系。

我使用这个极端的例子来提出这个十分重要且常在公众对研究结果普遍的反应中出现的问题。当人们在媒体上阅读了压力和癌症或者家庭动力和同性恋之间的关系后，他们就会跳过中间环节直接得到"压力导致癌症"或是"过度保护的父母导致同性恋儿子"这样的结论。事实上，他们没有认识到一个第三变量，或许是遗传因素对于癌症和同性恋的发生概率产生了更大的影响。

再一次地说明，如图 1—10 所示，两个变量之间的相关并不意味着一个变量是另一个变量的原因。相关研究的确在有的时候可以得出可能的因果，如饮酒和出生缺陷之间的相关。但是，只有在使用实验方法控制条件下操纵自变量，才可以让我们得出因果的结论。如果你将心理学研究比作刑事调查，相关的结果就像一个人在犯罪现场，而实验的结果就好比是找到了"冒烟的枪"。

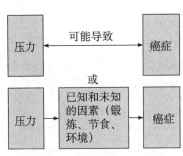

图 1—10 相关和因果。研究发现了压力和癌症之间有高度的相关（第 3 章）。但是，这种相关不能告诉我们是不是压力导致了癌症，癌症导致了压力，或者其他已知和未知的因素，例如不合理饮食、饮酒和吸烟，也会造成压力和癌症。你可以想出一个方法来研究压力和癌症之间不是相关的效应吗？

✔ 生物学研究：探索神经系统的工具

在之前的部分中，我们探索了心理学中传统的研究方法——实验法、描述法和相关法。但是我们如何研究人类活动的大脑和神经系统的其他部分呢？这就是**生物学研究**（biological research）的核心，其发展并运用了自身出色的科学工具和研究方法（见表 1—4）。

生物学研究　对大脑和神经系统其他部分的科学研究。

表 1—4	生物学研究的工具	
方法	**描述**	**样本结果**
脑解剖 **脑解剖**　可以通过解剖为科学研究捐献的遗体来研究大脑的结构。	仔细切割和研究大脑标本揭示结构的细节。	对阿尔兹海默症病人的脑解剖显示大脑不同部分的显著改变（第 7 章）。

续前表

方法	描述	样本结果
切除/损伤	手术除去大脑的部分（切除），或者破坏大脑的特定区域（损伤），然后观察相应的行为或心理变化。	对大鼠下丘脑特定部位的损伤可以显著影响其摄食行为（第10章）。
临床观察/个案研究	观察并记录与脑疾病或损伤相联系的人格、行为或感觉能力的变化。	对大脑一侧的损伤常造成身体对侧的麻木或麻痹。
电记录 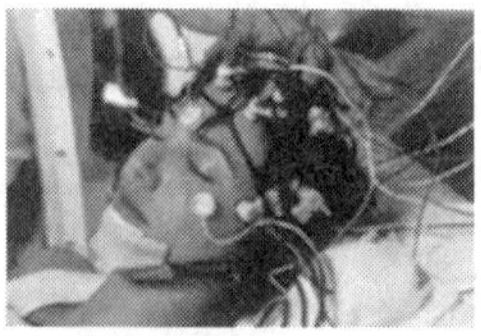 **脑电图（EEG）** 在病人头皮上贴上电极，大脑的电活动就可以在电脑屏幕或图纸上呈现。	使用贴在人或动物皮肤或头皮的电极，可以记录大脑的活动并做出脑电图。	显示出在特定任务或心理状态改变时大脑活动最强的区域，例如睡眠和沉思（第5章）；还可以追踪到大脑机能异常时的异常脑波，例如癫痫和肿瘤。
大脑的电刺激（ESB）	使用电极，以微弱的电流刺激大脑的特定区域或结构。	Penfield（1958）图示出大脑的表面并发现了不同的区域有不同的功能。
CT（计算机断层）扫描 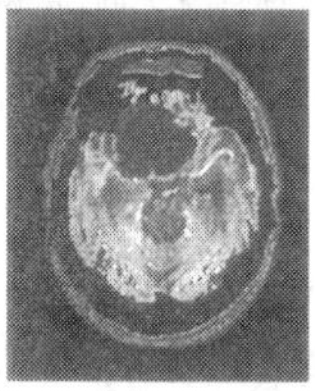 **CT扫描** CT扫描使用X射线来定位脑肿瘤。这个肿瘤就是左上方的深色区域。	计算机创建的断面X射线的大脑，是研究中广泛使用的最经济的成像方法。	显示出中风、损伤、肿瘤和其他的脑部异常。
PET（正电子发射断层）扫描 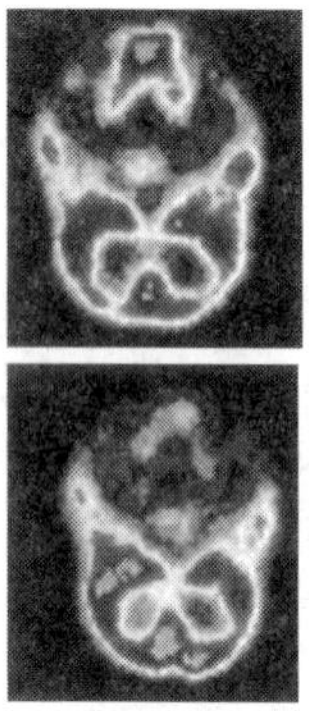 **PET扫描和脑功能** 上图显示出当睁眼时大脑的活动，下图则显示闭眼时的脑活动。注意图片上方的部分，能用颜色显示睁眼时活动的增加。	血管中注射放射性的葡萄糖；扫描记录在大脑特异活动区域的葡萄糖消耗量并形成大脑的电脑建构图。	最初用来探测异常，也用来确认正常活动（阅读、唱歌等）脑区的激活。

续前表

方法	描述	样本结果
MRI（磁共振成像）扫描 **磁共振成像（MRI）** 注意大脑的沟裂和内部结构。图中的黑暗区域是喉咙、鼻腔和大脑周围的液体。	使用电磁让一个高频率的磁场经过大脑。	形成高清晰的三维大脑图片，用以辨认脑部异常，对大脑结构和功能进行成像。
fMRI（功能磁共振成像）扫描	一种更新更快的 MRI，探测血液中给活跃脑细胞氧消耗的磁信号。	显示在日常活动或反应中（如阅读和说话）激活的或者未激活的脑区，也用以显示脑部异常时的变化。

39

　　在很长的历史中，只有在人死后才能对大脑进行检查。早期的探索者们解剖死人的大脑并对非人类动物使用脑损伤技术的研究方法（脑损伤研究包括系统地损伤脑组织以研究其对行为和心理过程的影响）。19 世纪中叶，这些早期的研究带来了神经系统的基本图示，其中包括大脑的一些区域。早期的研究还依赖于临床观察和活体的个案研究。悲剧事故和疾病或者其他的脑部障碍提供了了解脑功能的额外机会。

　　现代的研究者们仍然在使用解剖、损伤、临床观察和个案研究。然而，他们也使用其他的技术，例如对大脑活动的电记录。为了进行电记录，科学家们将电极（微小的电导体或电线）贴到皮肤，或头颅上。这些电极收集来自大脑的电能（脑波），并且它们所连接的仪器会在移动的图纸上用线条描述脑活动。对于这些脑波的记录叫做脑电图（electroenceph-alogram）（EEG）（electro 意指"电的"，encephalon 意指"脑"，gram 意指"记录"）。仪器本身叫做脑电仪（electroencephalograph），它是研究睡眠和做梦脑波变化的主要研究工具。

　　除了电记录以外，研究者也使用脑部电刺激（ESB）。在这种情况下，电极会直接插入脑部用微弱的电流来刺激特定脑区。

　　其他进入大脑的窗口还包括脑成像扫描。这些方法的绝大多数都是无创的。也就是说，这些方法的过程无须破坏皮肤或进入身体。可以用这些方法来进行临床定位用以监测脑损伤或疾病。它们也可以在实验室中用以研究在日常行为（如饮水、进食、阅读、说话等）期间大脑的功能（Benazzi，2004；Haller et al.，2005）。

　　计算机断层扫描（一种计算机驱动的大脑 X 光扫描）和磁共振成像扫

💡**学习提示**

　　一种记住这四种扫描区别的方法是记住 CT 和 MRI 扫描可以产生大脑的静止视觉图片（如照片一样），而 PET 和 fMRI 可以产生活动的影像（如录像一样）。

描用以对有心理疾病的患者寻找脑部结构的异常。正电子发射断层扫描（PET）和功能磁共振成像（fMRI）扫描定位了脑的实际活动。这些扫描可以确认处理不同活动（如阅读、聆听、唱歌、握拳、心算）的大脑区域，甚至负责不同情绪的脑区（Eslinger & Tranel，2005；Fristion，2005；Reuter et al.，2004）。

每种生物学方法都有其特定的优势和弱势。但是每种方法都能提供重要的信息。我们会在接下来的章节中继续讨论用这些研究工具对睡眠和梦（第5章）、记忆（第7章）、思维和智力（第8章）以及异常行为及其治疗（第14章和第16章）的发现。

应　用　将心理学应用于日常生活

成为科学研究更好的消费者

新闻媒体、广告商、政治家、教师、亲密朋友和其他个体常常使用研究结果去试图改变你的态度和行为。你如何分辨他们的信息是否准确和有价值呢？

接下来的练习会提高你评判信息来源的能力。使用之前心理学研究技术讨论过的概念，阅读每一个"研究"并分辨出主要问题或研究的局限。使用下面说法中的一种来评定这个报告。

CC＝报告是误导的，使用相关数据来说明因果关系。

CG＝报告是不确定的，由于其中没有控制组。

EB＝研究的结果受到了实验者偏差的影响。

SB＝研究的结果是有疑问的，由于样本的偏差。

_____ 1. 一位临床心理学家坚定地相信接触是成功治疗的重要环节。在两个月内，他接触了一半他的患者（A组）并且回避接触另一半（B组）。他报告发现了A组具有显著的进步。

_____ 2. 一份报纸报道了暴力犯罪和月相有关。报道者下结论说月球的重力会控制人类的行为。

_____ 3. 一位研究者由于对女性婚前性行为的态度感兴趣，于是向《时尚》和《大都会》杂志的订户们发出了一个大规模的调查。

_____ 4. 一位研究者对酒精影响驾驶能力感兴趣。在实验性驾驶课程考试之前，让A组喝下2盎司的酒，B组喝下4盎司的酒，C组喝下6盎司的酒。在驾驶考试之后，研究者报告说喝酒会影响驾驶能力。

_____ 5. 在阅读了一篇科学杂志中报道的夫妻婚前同居离婚率更高的结果后，一位大学生决定搬出和她同居的男友的公寓。

_____ 6. 一位剧院老板报告在电影中快速闪过"喝可口可乐"这样的信息会使得饮料销量上升。

答案：1. EB；2. CC；3. SB；4. CG；5. CC；6. CG 和 EB

检查与回顾

描述性、相关性和生物学研究

和实验不同，描述性研究不能决定行为的原因。但是它可以描述细节。自然观察用以研究和描述没有变样的自然行为。调查用以对被试样本访谈或发问卷来获得信息。个案研究是对一个被试的深度研究。

相关研究考察两个变量间有多大的关系（0 到 +1.00 或 0 到 −1.00）。它还可以分辨这种关系是正向的、负向的或者是没有（零）关系。相关研究和相关系数提供了重要的研究结果和有价值的预测。但是，很重要的一点是要注意相关并不意味着因果。

生物学研究通过脑组织解剖、损伤技术和直接观察或个案研究来研究大脑和神经系统的其他部分。电记录技术包括了在皮肤或头皮上贴电极来研究大脑的电活动。计算机断层扫描、正电子断层扫描、磁共振成像和功能磁共振成像扫描是无创的技术，用以提供生动完整的大脑活动成像。

问题

1. 研究通过不产生因果解释观察和记录行为。

(a) 实验法　　(b) 调查
(c) 描述性　　(d) 相关

2. Maria 在考虑竞选学生会主席。她在思考是否她的竞选应当强调校园安全、改善停车系统或是提高健康服务。以下哪一个科学研究的方法是你推荐的呢？

(a) 个案研究　　(b) 自然观察
(c) 做一个实验　(d) 调查

3. 以下哪一个相关系数表示最强的相关？

(a) +0.43　　(b) −0.64
(c) −0.72　　(d) 0.00

4. 大脑扫描的四个主要技术分别是：_____、_____、_____和_____。

答案请参考附录 B。

更多的评估资源：
www. wiley. com/college/huffman

 性别与文化多样性

文化具有普遍性吗？

心理学的领域非常广泛，有很多分支学科和专业。直到最近，大多数心理学家都在欧洲和北美工作并进行研究。考虑到由此导致的研究"片面性"，心理学的研究结果可能并不能同样适用于其他国家的人们或者欧洲和北美的少数民族和女性（Matsumoto & Juang，2004；Shiraev & Levy，2004）。然而，现代心理学，尤其是文化心理学，正致力于纠正这种不平衡的现象。本书不仅整合了跨文化和多民族研究中的关键研究，每章还包括了一小节"性别与文化多样性"。

在第一个"性别与文化多样性"的讨论中，我们探索文化心理学中的一个核心问题：文化具有普遍性吗？换句话说，人类行为和心理过程的各个方面对于所有文化的人们都是一样的和泛文化的或普遍的吗？

对许多普遍论者来说，情绪和情绪的面孔识别提供了文化普遍的可能

> **学习提示**
>
> 性别与文化多样性
>
> 这些部分用一个分开的标题和特殊的图标嵌入叙述中，就像在这里看到的。为了在今天的世界上成功，意识到其他的文化和重要的性别观点都是重要的。

41

性最清晰的例子。多年来，大量对不同文化的人们进行的研究表明，每个人都能很容易地识别至少六种情绪的面部表情：愉快、惊奇、愤怒、悲伤、恐惧和厌恶。大家认为所有人都有这种能力，不论呈现给他们的面孔是儿童还是成人的，西方人的还是非西方人的（Ekman，1993；Ekman & Friesen，1971；Hejmadi，Davidson & Rozin，2000；Matsumoto & Juang，2004）。此外，非人灵长类动物和先天失明的婴儿也表现出相似的可识别的面孔信号。换句话说，在不同文化（和某些物种）中，皱眉头被识别为不高兴；笑则是高兴的表现（见图 1—11）。

图 1—11　你能认出这些情绪吗？基本面孔表情的识别和表现可能是真正的"文化普遍性"。

对于文化普遍性观点的批评者强调这些研究的某些问题。例如，对于日本人描述的一种情绪 hagaii（一种带有挫折的、无助的、痛苦的情感），如何给它一个合适的名称并研究它？如果西方心理学家并没有关于 hagaii 的体验，也没有与其对等的英文单词，他们如何对这种情绪进行研究呢？其他一些批评者主张，如果存在普遍性的文化，那么就是因这些文化是生物性的和天生的，而且，应该使用这样的标签。然而，将生物性与普遍性等同也有问题。具有普遍性的行为和心理过程也许是因为文化一致性的学习，而非生物学命运（Matsumoto & Juang，2004）。例如，如果我们发现某一性别角色在所有文化中都得到了相同的表达，这可能反映了从出生开始人们便分享同样的文化训练，而不是"解剖学决定命运"的观点。正如先前讨论过的那样，科学家避免将行为做非此即彼的划分倾向。如同先天—后天的争论，这里的答案再一次是交互作用。情绪及其识别可能在生物学和文化两方面都有普遍性。作为一名刚学习心理学的学生，你将会遇到非常多的有冲突的领域，冲突的各方都有备受尊敬的论点和对手，你的工作就是以开放的心态批判性地思考这些争论。

除了逐步提供批判性思维的技能外，听取冲突双方的论点也有助于发展对于多样性的理解，智力和文化方面都是如此。这甚至可能增进你个人与企业的互动。Richard Brislin（1993）讲述了一个日本执行官在纽约《财富》杂志 500 强企业论坛上发表演讲的故事。他知道美国人开始演讲时一般会先讲一个有趣的故事或几个笑话。然而，日本人开始演讲时一般会先对他们所讲的内容"准备不足"表示歉意。"这位精明的执行官是这样开始的：'我意识到美国人经常开始的时候讲一个笑话。在日本，我们经常开始时不讲笑话。我将折中一下，首先为不讲笑话道个歉。'"理解了文化多样性，就像这位日本执行官一样，我们可以学着在其他文化中更成功地与人交往。

成功学习的工具

祝贺你！就在这个时刻，你正显示了批判性思维者和成功的大学生最重要的特质之一：对改进的建议接受的意愿。许多学生认为，他们已经知道怎样做一名学生，学习成功技巧只是为那些"书呆子"和"问题学生"准备的。但是，这些个体也许会认为不掌握这些工具，他们也可以成为顶尖的音乐家、运动员或水管工吗？试图以最简单的或平均水平的学习技能在大学环境里竞争就好像试图在高速公路上骑自行车。所有的学生（甚至那些不费力气就可以拿 A 的学生）都可以改进他们的"学生工具"。

在这一节中，你会找到几种重要的工具，具体说就是一些有用的学习提示和技巧。这些工具可以保证你成为一个更有效率和更成功的大学生（见图 1—12）。掌握这些工具可能要求一些额外的时间，但它们却可以为未来节省数百小时。研究清楚地表明，好学生倾向于工作得更聪明，而不是时间更长或更卖力（Dickinson, O'Connell & Dunn, 1996）。

 学习目标

我怎样使用心理学来研究和学习心理学？

 学习提示

成功学习的工具

本章的这部分内容包括对整个大学阶段的成功和对这门课程成功的提示。此外，学习提示的图标还会涉及其他相关章节的内容，包括解决考试焦虑的策略，提高记忆能力、成绩和总体成就等的策略。

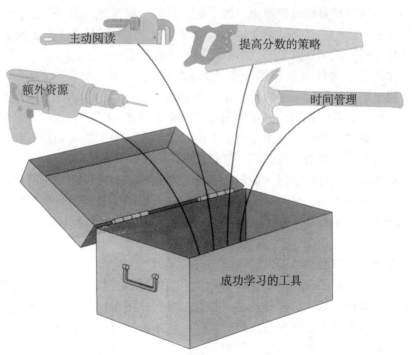

图 1—12　成功学习的工具。

43

形象化的小测试

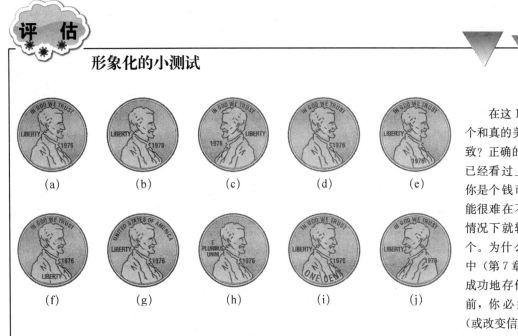

(a)　　　(b)　　　(c)　　　(d)　　　(e)

(f)　　　(g)　　　(h)　　　(i)　　　(j)

在这 10 个 10 分硬币中，哪个和真的美国 10 分硬币完全一致？正确的答案是 (a)。虽然你已经看过上千次了，但是除非你是个钱币收藏者，否则你可能很难在不与真的硬币比较的情况下就轻易选择出正确的一个。为什么？就像你将在本书中（第 7 章）发现的，在将信息成功地存储到长时记忆系统以前，你必须以某种方式编码（或改变信息）。

 主动阅读：怎样学习（并掌握）这本书

你是否曾经有过这种经历：读了好几页书，但发现一点细节也记不起来？或者，已经读过那些章节（可能很多遍了），但还是考不好？你想知道为什么吗？试试这页上的"形象化的小测试"吧。

你能看出为什么我在这一节开始前添加了这个"形象化的小测试"吗？我想说明即使是一个简单的硬币也要求主动阅读。大多数美国人都不能区分硬币的真假，即使已经使用它们买东西许多年了。相似的是，学生可以反复读书，却仍然认不出测验中的正确答案。为了学习和记住，你必须进行有意识的努力，你必须"有意去学"。

必须承认，有些学习（如记住一首最喜欢的歌曲的歌词）是有些自动和不需特别努力的。然而，大多数复杂信息（如阅读教科书）都要求努力和有意注意。下面是一些主动阅读、识记和掌握大学课本的方法。

第一步：熟悉课本的大致情况

对任何课程来说，你的教科书都是成功的重要工具。大多数老师都依靠教科书来呈现基本课程材料，节省课堂时间，把时间留给澄清和讲解重要话题。你怎样才能成为更成功的学生（和测验行家）并且充分利用本书中的所有特别板块呢？考虑一下如下建议。

（1）前言。如果你还没有读前言，现在就去读。它是后面课文的路线图。

（2）目录。扫描目录，总览一下你将在本课程中学到的内容。读一读每章标题和每章的重点话题。

（3）各章。《行动中的心理学》这本书的每一章都有许多有助于你掌握课程的材料，包括章节大纲、学习目标、词汇表、检查与回顾（总结与自测问题）、"形象化的小测试"等。在每章这些帮助材料会突出显示，并给出解释。

（4）附录。附录 A（统计）和附录 B（检查与回顾中问题和活动的答案）呈现了重要信息。统计附录进一步讨论了第一章介绍的一些概念，还解释了怎样读懂和理解本书中的图和表。附录 B 包括"检查与回顾"中的问题、"你自己试试"中的活动和其他练习的答案。

（5）词汇表。本书提供了两个词汇表：便捷词汇表出现在每一章，还有关键术语和概念；累计词汇表收集了每一章中的所有关键术语，置于本书最后，使用这个书后词汇表可以回顾其他章的术语。

（6）参考文献。在你读每一章时，你会看到括号内的引用文献（并不是常见于其他学科的在脚注内引用文献的习惯）。例如，（Ventner et al.，2001）指的是 Craig Ventner 和他的同事所撰写并发表于 2001 年第一次成功地绘制了人类全部基因图谱的文献。

（7）索引。如果你对某一个主题（如厌食症或应激）感兴趣，可以在主题索引内查找在本书中的出处。

第二步：怎样阅读一章

一旦你对本书已经形成了一个整体的感觉，下一步就是提高总体的阅读技能。大学成功的最重要的工具是阅读和掌握所安排的课程资料的能力。许多大学都提供有关提高阅读效率的课程。我非常推荐你参加这样的课程。所有学生都可以读得更快并更有效率。本节只提供了整个课程的重要部分。

主动阅读的最好方式之一就是使用由 Francis Robinson（1970）提出的 SQ4R 方法。这四个字母代表了有效阅读的六个步骤：浏览、提问、阅读、背诵、回顾和写作。Robinson 提出的技术可以帮助你更好地理解和记住你阅读过的内容。就像你已经猜到的，这本书就是以这六个步骤设计的。

（1）浏览。本书每一章的开头都有一个大纲和一个问题形式的核心学习目标。他们共同提供了此章的概括或浏览。想象一下试图把散落的七巧板拼成一个整体，但是却不顾图片整体上应该是怎样的。与之相似的是，知道从这一章里可以期望得到什么，可以帮助你在阅读时组织重点。

（2）提问。为了你在阅读的时候保持注意力并增进理解，把每小节的标题都转化成一个可以提问的问题。每章开头会有"学习目标"的列表，而且还会在主要小节重复。这些都以问题的形式出现。你要试着把它们当做模型，并把二级和三级标题都转化成问题，而且，要试着预测教授在考试中可能考到的问题。

（3）阅读。SQ4R 中的第一个 R 是阅读。要仔细阅读。在读某一章的过程中，要试着回答你在前一步形成的问题。简言之，这是全神贯注的阶段。

44

💡学习提示

大多数教师很少希望你能背下这些括号里引用的文献。他们出现在这里是因为，如果你想知道更多的信息，可以查出某一个研究的出处。同时要记住，某一个研究的作者是谁，是哪位著名的心理学家，知道这些很重要。因此在本书的讨论中，他们的名字都被强调了。

（4）背诵。在读完一小节后，停下来，开始背诵（总结刚刚所读过的内容——默想或记笔记都可以）。而且，想一想与重要概念有关的自己的例子，怎样可以把某个概念应用于真实生活情境。这会极大地增加你对材料的记忆。

45

（5）回顾。为了完成SQ4R方法中的第三个R（回顾），要仔细研习包含每个重要部分的"检查与回顾"。当你完成整章后，要回顾课堂讲授的内容、阅读笔记，并仔细研习每章之后的"形象化的总结"。在每次课堂测验或考试以前，重复这些回顾过程，你的成绩就会大幅提高。

（6）写作。除了在以上步骤中你所做的写作之外，要在课文的边白处或用另一张纸写下简短的笔记。这有助于你阅读时集中注意力。

SQ4R方法似乎很耗时，难以实行。然而请记住，一旦你掌握了这项技巧，它实际上会为你节省时间。更重要的是，也会极大地提高你的阅读理解力，还有考试分数。

 ## 时间管理：如何在大学中学业成功并仍然有丰富的生活

时间管理不仅是令人愉快的，而且是大学成功的基本要素。如果你对下面的每一个陈述的回答都是肯定的，那么，恭喜你，你可以直接跳到下一部分。

（1）在工作、学业和社会活动之间，我做了很好的平衡。

（2）我设定具体的目标和实现目标的期限，并写下来。

（3）我能及时完成作业和论文，很少推到最后一刻或在考试前一夜熬夜。

（4）基本上，我都能准时上课、赴约和工作。

（5）我能够很好地估计完成一项任务需要的时间。

（6）我承认，在一天的某些时候（如午饭后），我的效率比较低，并据此计划活动。

（7）我擅长识别并从日程安排中去除无关紧要的任务，并且可以根据需要分配工作。

（8）我将我的各种责任按优先级排列，并且相应地分配时间。

（9）对不必要和不合理的要求，我可以说不。

（10）我安排我的生活，以避免不必要的打扰（学习时间的访客、会议和电话等）。

如果你对每一个陈述都不能回答是，并且需要时间管理方面的帮助，请读一读下面的四条基本策略。

（1）建立一个基线。要打破任何坏习惯（糟糕的时间管理、过度看电视、过度饮食），你必须首先建立一个基线——以测量某行为的变化表征的特征水平。尝试任何改变之前，简单地记下一两周内（见图1—13中的样例）你每天的活动。就像大多数节食者会震惊于自己每天的饮食习惯一样，大多数学生在认识到自己管理时间的能力是多么不足时，都会感到不愉快和惊讶。

	星期日	星期一	星期二	星期三	星期四	星期五	星期六
7：00		早饭		早饭		早饭	
8：00		历史	早饭	历史	早饭	历史	
9：00		心理学	统计	心理学	统计	心理学	
10：00		复习心理学和统计	校园工作	复习心理学和统计	统计实验室	复习心理学和统计	
11：00		生物学		生物学		生物学	
12：00		午饭/学习		锻炼	午饭	锻炼	
13：00		生物实验室	午饭	午饭	学习	午饭	
14：00			学习	学习			

图 1—13　每日活动记录的样例。为了帮助你管理时间，画一个与上图相似的网格图，并在适当的格子内记录你的日常活动。然后，填入其他必须的事项，如"额外的学习时间"和"停顿时间"。

（2）制定一个现实的活动日程。一旦知道了你一般是如何使用自己一天的时间的，你就可以开始管理它了。首先做一个每日和每周的"待做事"清单。这份清单一定要包括所有必须的活动（要上的课、学习时间和工作等等），还要包括基本的日常任务，如洗衣、做饭、打扫卫生和吃饭等。使用这个清单，再做一张日程表，要包含分配给每一个必须的活动和日常任务的时间。一定要分配一定合理量的"停顿时间"给运动、电影、电视和与朋友及家人的社会活动。

尽量现实一点。有些学生试图将原来用来看电视和访友等"浪费"的时间全部都分配给学习。显然，这种做法无疑会失败。要永久改变已有的时间管理，你必须塑造你的行为（见第 6 章）。也就是说，从小的改变开始逐渐积累。例如，起初的几天，给学习多分配 15 分钟，然后增加到 30 分钟、60 分钟等。

（3）对自己好的行为给予奖励。保持好行为的最有效的方法就是奖励——越及时越好（第 6 章）。遗憾的是，大学的奖励（学位和/或优厚的工作机会）往往要好几年以后。为了解决这个问题，提高时间管理能力，要对坚持每日既定日程的行为给予及时的、看得见摸得着的奖励。例如，允许自己没有内疚地给朋友打电话，或完成规定时段的学习后允许自己看最喜欢的电视节目。

（4）将时间最大化。时间管理专家如 Alan Lakein（1998），建议你应该"努力工作，但并不是长时间工作"。许多学生报告他们一直在学习。讽刺的是，他们可能把"烦恼时间"（担心和抱怨）和准备时间（晃晃荡荡准备开始学习）与真正集中精力的学习时间混淆了。

时间专家还指出，人们一般都忽略掉许多重要的"时间机会"。例如，如果你乘公车去上课，你可以利用这段时间回顾笔记或阅读课本。如果你自己开车而且要在找停车位上浪费时间，就早一点到，用额外的时间在车里或教室学习。在等待医生、牙科治疗，或等待放学后接孩子时，可以拿出书学习 10～20 分钟。要把这些隐藏起来的时间都利用上！

提高分数的策略：记笔记、学习习惯和对参加测验的一般提示

（1）记笔记。笔记记得是否有效决定于主动听讲。在教室的前面找个座位坐下并且在老师讲话时，直接看着他。用问自己"主要意思是什么"的方式，把注意力集中在讲述的内容上。写下关键的观点和支持的细节与例子，包括重要的人名、日期和新的术语。不要试图逐字写下老师讲的所有内容。那是一种被动的、死记硬背的方法，不是主动听讲。而且，如果教授说"这是一个关键概念"或如果他或她在黑板上写下东西，那么一定要额外记笔记，把这些记下来。最后，要准时到教室，也不要早退，否则你会错过重要的通知和安排。

（2）分配学习时间。提高分数最关键的一个因素可能就是如何分配学习时间了。虽然小测验或考试前的高强度复习会起作用，但是如果这是你的主要学习方法，你不可能在大学学习中很出色。心理学最清晰的研究之一是分散学习比集中学习有效得多（第7章）。就像你不能等到篮球比赛的前一夜才练习罚球，你也不能等到考试的前一夜才开始学习一样。

（3）过度学习。许多学生仅仅可以指出刚刚学过的信息在哪儿。为了得到最好的结果，你必须能够把关键术语和概念应用于实例，而不仅仅理解课文中的例子。你还应该反复回顾材料（使用形象性和排演），直到牢固掌握。在忍受考试焦虑时，这一点尤其重要。如果要得到关于考试焦虑和提高记忆力方面的其他帮助，请参见第7章。

（4）理解你的教授。紧密注意讲解各种话题的课堂时间。这一般表明了教授所认为的重要内容（和可能出现在考试中的内容），而且要试着理解教授看待问题的角度（和他的人格）。要记住，大多数教授从事教育是因为他们热爱学术生活。他们曾经很可能是模范学生，按规定上课，按时交作业，极少缺考。要记住，教授见过许多学生，也听到过许多缺课和缺考的借口。最后一点，大多数教授在大学时期都喜欢上课，而且是在这种体系中受到训练。绝对不要讲："上周我缺课了。我有没有错过什么重要内容呢？"这保证可以惹怒大多数脾气平和的老师。

（5）参加一般测验。以下是提高你在多项选择考试中表现的几个策略。

1）花些时间。仔细阅读每道题和每个待选答案。不要选择第一个看上去正确的答案。后面可能还有更好的答案。

2）聪明地做题。如果你对某一个选项拿不定主意，就做合理的猜测。首先，去除所有你认为不正确的答案。如果两个答案看上去都合理，就试着回忆课文或教授上课所讲的具体内容。如果你知道至少有两个选项是正确的，就一定要选择"以上所有选项"。相似地，如果你肯定至少有一个选项是不正确的，就一定不要选"以上所有选项"。

3）复查答案。完成测试后，要回头复查答案。要保证你已经做了所有的题，并且正确地记录了所有的答案。而且要记住，与一道题有关的信息往往会出现在另一道题中。如果没有得到更多信息，就不要急于改变答案，就算你仅仅是对正确答案有了一点知觉。尽管许多学生（和老师）相

信"第一直觉往往是对的",但是研究表明,这可能是个坏建议(Benjamin, Cavell & Shallenberger, 1984;Johnston, 1978)。改变答案更可能提高分数(见图 1—14)这种流行的不改变答案的做法的原因可能是:相对于成功,我们更倾向于关注失败。大多数学生仅仅注意他们做错的题,却不注意由于改变了答案而把题做对的情况。

4)练习考试。完成贯穿每一章的检查与回顾部分,并在附录 B 中检查答案。记录整理课堂和教材笔记中的问题。同时,做一做我们网站上的交互性小测验(http://www.wiley.com/college/huffman)。如果你回答错了,你会得到及时反馈和进一步的解释,这有助于你掌握材料。

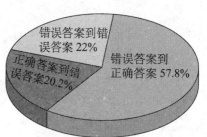

图 1—14 你要改变答案吗?
是的!相关研究发现,把错误的答案改为正确的答案的比例(57.8%)显著多于把正确答案改错的比例(20.2%)。

资料来源:Benjamin, L. T., Cavell, T. A., & Shallenberger, W. R. (1984)."客观性考试中不改变最初选择的答案:这是神话吗?"见《教学心理学》,第 11 版,133~141 页。

附加资源:经常被忽略的帮助资源

除了大学咨询者和财务助理官员,学生经常忽略有助于成功的一些资源。

(1)教师。要了解你的教师。他们可以提供有助于在他们的课程中成功的提示。然而,要你自己去发现他们什么时候在办公室和办公室的位置。如果他们的办公时间与你的日程安排冲突,你可以要求另外约定时间。你还可以在课前或刚刚下课时与他们交流,或使用电子邮件。

(2)大学课程。大学教师经常会要求每门课读一两本书,还有许多需要录入的论文。通过修额外的大学课程,所有的学生都可以提高他们的阅读和理解速度以及文字处理或录入技巧。

(3)朋友与家人。让你的朋友或家人做你的"良心"或教练,帮助你提高时间管理和学习技能。制定完成每日活动日程后,再安排每周(或每两周)与你的朋友或家人见一次面,请他们作为你的"良心"见证你计划的执行情况。你可能会认为对"良心"或教练说谎是很容易的。但是,大多数人都觉得对别人说谎比对自己说谎要难得多(对卡路里、学习时间、看电视等问题)。鼓励你的"良心"或教练对你的真实学习时间和烦恼与准备时间提出尖锐的问题。

(4)室友、同学和学习小组。虽然大学室友和班级好友有时会分散你的精力,但是他们也可以成为你的"良心"、教练或学习伙伴。而且,要学习你的同班同学及室友上课或阅读课本时保持注意和兴趣的窍门与技巧。

如果你想了解关于学生成功技能的更多信息,可以访问本书的配套网站 http://www.wiley.com/college/huffman。这个网站除了有前面提到的交互式教程和测验,还提供关于学生成功的互联网链接和时间管理,以及其他讨论话题的推荐书籍和文章。

结语:你的态度

想象一下,你家浴室里的马桶正向外涌水,又恶心又难闻,你应该奖励谁呢?是快速而有效地解决这个问题的水管工人,还是"非常努力"的工人呢?

有的学生可能相信，只要上上课做做作业，他们就可以通过大学课程。如果在高中，这种方法对学某些课程的某些学生可能是起作用的。但是，在大学，这种方法很可能不奏效。大多数大学教授很少留家庭作业，而且你缺课了他们可能也不知道。他们假设学生都是独立的、自我驱动的成年学习者。

教授们一般还认为，大学是进入真实世界前的最后一站。他们相信，分数反映了知识和表现，而不是努力程度。某些课程的出勤率、参与程度和努力程度可能也算分数。然而，最重要的方面通常还都是考试、论文和研究项目。你有没有"修好马桶"呢？

49

学习目标

每章最后的关键词表有助于你掌握最重要的概念。试着大声背诵，或为每个词写下简短的定义。然后，回到这一章的相关部分，检查你的理解。

评估 关键词

为了评估你对第 1 章中关键词的理解程度，首先用自己的话解释下面的关键词，然后和书中给出的定义进行对比。

心理学简介
批判性思维
交互作用
先天—后天争议
心理学

心理学的源起
行为主义的观点
生物心理社会模型
认知的观点
演化的观点
人本主义的观点
神经科学/生物心理学的观点
精神分析/心理动力学观点
社会文化的观点

科学心理学
应用研究
基础研究
解释说明
假设
知情同意
元分析
操作性定义
理论

研究方法
生物学研究
个案研究
控制组
相关系数
相关性研究
因变量（DV）
描述性研究
双盲研究
本族中心主义
实验

实验组
实验者偏差
自变量（IV）
唤醒的错误归因
自然观察
参与者偏差
安慰剂
随机分配
样本偏差
调查

目标 网络资源

Huffman 教材的配套网址
http://www.wiley.com/college/huffman
　　这个网址提供免费的交互式自我测验、网络练习、关键词的术语表和抽认卡、网络链接、英语非母语阅读者的手册，还有其他用来帮助你掌握本章知识的活动和材料。

美国心理学会（APA）

http：//www. apa. org/

层次丰富的美国心理学会主页，包括关于互联网资源、服务、心理学中的职业、会员信息等的链接。

美国心理协会（APS）

http：//www. psychologicalscience. org/

美国心理协会的官方网站是搜集心理学相关网站的非常好的地方。

网络心理链接

http：//cctr. umkc. edu/~dmartin/ _ psych2. html

一个心理学站点的索引，包括心理学家的表单服务器、电子期刊、自助、新闻组和软件。

心理学历史上的今天

http：//www. cwu. edu/~warren/today. html

你可以在心理学史的日历上选择一个日期（任意一天），看看那天发生了什么。

想做一次研究的参与者？

http://psych. hanover. edu/research/exponnet. html 和 http://www. oklahoma. net/~jnichols/research. html

在线提供大量做心理学研究参与者的机会。

想做一次实验者？

http：//www. uwm. edu/~johnchay/index. htm

两套程序，使你可以探索心理学的经典实验。

心理网

http：//www. psychwww. com

为心理学专业学生提供心理学经典著作、学术资源、心理学期刊和职业信息。

心理学家的伦理原则

http：//www. apa. org/ethics/code. html

提供专业心理学家伦理指南的全文。

> 💡**学习提示**
>
> **网络资源**
>
> 每章的最后有一个简短的列表，其中推荐的是有助于进一步提高你心理学成就的网络链接，包括本课程中你的分数和这一领域中你的个人兴趣。

50

| 第 1 章 | 形 象 化 总 结 |

心理学简介

什么是心理学?
对行为和心理过程的科学研究，看重实验证据和批判性思维。

心理学的目标
描述、解释、预测和改变行为和心理过程。

职业领域
职业的例子包括实验心理学、生物心理学、认知心理学、发展心理学、临床心理学以及咨询心理学。

心理学的源起

- 结构主义：使用内省法关注意识和心理结构。
- 机能主义：强调心理过程在适应环境中的功能以及心理学的实际应用。

现代观点：

1. 精神分析/心理动力学：强调无意识过程和没有解决的过去冲突。
2. 行为主义：研究客观的可观察的环境对外显行为的影响。
3. 人本主义：关注自由意志、自我实现以及人类积极和成长追求的本性。
4. 认知的：强调思维、知觉和信息加工。
5. 神经科学/生物心理学：研究遗传以及脑和神经系统的其他部分中的生物学过程。
6. 演化的：研究行为和心理过程的自然选择、适应和演化。
7. 社会文化的：关注社会相互作用和文化对行为和心理过程的决定作用。
- 女性和少数民族：萨姆纳、克拉克、卡尔金斯和沃什博思所做出的重要贡献。

科学心理学

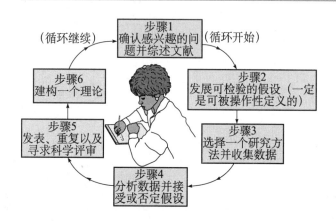

伦理准则

　人类研究参与者的权利包括：知情同意、自愿参与、欺骗的有限和谨慎使用、解释说明和保密性。心理学家应当在与人类和非人类动物研究参与者以及治疗中的来访者的关系中保持较高的伦理标准。美国心理学会出版的指南对这些伦理标准有详细说明。

研究方法

学习提示和形象化总结
在每章的最后，整个章节的内容以形象化的形式将所有主要的概念和关键术语总结在单独的两页纸上。这也为阅读本章之前的学习和完成本章之后的简要回顾提供了快速"路线图"。

四种主要的研究方法

1. 实验研究
突出特征：建立因果关系。
成分：
■ 自变量(实验者操纵的)。
■ 因变量(实验者测量的)。
■ 实验控制(包括控制组、实验组、额外变量)。

实验的保障

研究者的问题
实验者偏差可以通过盲观察者、单盲和双盲研究以及安慰剂加以避免。跨文化取样防止本族中心主义。

参与者的问题
样本偏差可以通过随机的代表性样本和随机安排加以避免。而通过匿名、保密、单盲和双盲方法、安慰剂和欺骗避免参与者偏差。

2. 描述性研究
突出特征：不像实验研究，不能决定行为的原因，但可以描述细节。
描述性研究的类型：
■ 自然观察。描述处于自然状态或栖息地的没有改变的行为。
■ 调查。对参与者样本采用访谈和问卷。
■ 个案研究。是深入调查。

3. 相关性研究
突出特征：通过考察两个变量的关联强度以及关系是正的、负的还是根本没有相关来提供重要的研究结果和预测。

4. 生物学研究
方法包括脑解剖、损伤、直接观察、个案研究、电记录(EEG)和脑成像(如 CT、PET、MRI、fMRI)。

学习成功的工具

1. 主动阅读学习课本
■ 熟悉课文整体情况。
■ 使用 SQ4R 阅读各章：例览/提问/阅读/背诵/回顾/写作。

2. 使用时间管理以成功应对大学生活
■ 建立基线，制订现实的活动计划，奖励自己好的行为，使时间最大化。

3. 提高分数的策略
■ 注意记笔记、分配学习时间、理解授课老师以及一般的考试技能。

4. 附加资源
■ 授课老师、快速阅读和写作课程、朋友和家人、室友、同学和学习小组。

第2章

神经科学与生物基础

53

学习目标

在阅读第 2 章的过程中，关注以下问题，并用自己的话来回答：

▶ 什么是神经元？全身的神经元如何交流信息？

▶ 神经系统是怎样组织的？

▶ 什么是大脑较低层次的结构？它们在行为和心理过程中扮演的角色是什么？

▶ 大脑皮层是怎样控制心理和行为过程的？

▶ 遗传与演化是怎样和人类行为联系起来的？

◆ 我们的遗传基因

行为遗传学
● 将心理学应用于日常生活
  纠正错误的遗传观念
演化心理学
● 性别与文化多样性
  性别差异的演化
● 聚焦研究
  神经科学带来更好的生活

54

应 用

为什么学习心理学？

第 2 章将会帮助解释这些引人入胜的事实：

▶ 17 世纪法国哲学家和数学家笛卡儿（René Descartes）认为你大脑内的液体是有压力的。如果你决定要做出一个行为，这种液体就会流入一系列合适的神经和肌肉，从而使运动发生。

▶ 某种婴儿期反射在成年时期重新出现标志着严重的脑损伤。

▶ 即使是分开抚养，对于 IQ 得分、许多人格特征甚至发生第一次性行为的年龄，同卵双生子之间都较异卵双生子之间更为接近。

▶ 如果你的大脑停止了运作，医生可以宣布你法律上已经死亡，即使你的心脏和肺依然在工作。

▶ 强烈的情绪体验，例如恐惧和愤怒，可以停止消化过程和性唤醒。

▶ 大脑里的细胞在我们一生中不断死去和再生。在物理性质上，它们也会通过学习和从我们在环境中获得的经验得以塑形和改变。

▶ 科学家已经通过克隆创造出人类的胚胎。从这些胚胎中提取出来的干细胞将会用于针对如癌症、帕金森氏症、糖尿病等疾病的研究与可能的治疗中。

(Abbott, 2004；Bouchard, 2004；Plomin, 1999)

你现在正在干什么呢？显然，你的眼睛正忙于将字母中弯弯曲曲的黑色小符号翻译成为有意义的称为"单词"的模式。但是，究竟是你身体的哪一部分在进行翻译呢？如果你放下这本书，走开去拿点零食或者和一个朋友聊天，是什么使你的脚移动并使你开口说话呢？你应该听过这样的话："我思故我在。"如果你不再能思考或感觉，那又会怎样呢？"你"仍然会存在吗？

包括埃及、印度和中国在内的古老文明都相信心脏是所有思维和情感的中心，但是我们现在知道，大脑和其他神经系统才是我们心理生活和许多物理存在背后的力量。这一章将把**神经科学**（neuroscience）与生物心理学（对于行为和心理过程生物学的科学研究）这两个重要而又令人兴奋的

神经科学　研究生物过程是如何与行为、心理过程相关联的交叉学科。

领域介绍给你。它同时也提供了一个帮助我们理解几种令人着迷的发现与事实和贯穿本书的重要生物过程的基础。

　　本章的第一部分"行为的神经基础"探索了神经元（即神经细胞）和不同神经元之间相互交流的方式。"神经系统组织"为神经系统的两个主要部分——中枢与外周，提供了一个简要的概况。"大脑漫游"探索了大脑主要部分的复杂结构和功能。最后一部分"我们的遗传基因"提供了一个简短的讨论，这个讨论是关于演化与遗传在我们现代心理生活中的作用，以及神经科学研究是如何应用到日常生活中的。

55

行为的神经基础

什么是神经元？心理学的微观层次

　　你的大脑和其他神经系统基本上是由**神经元**（neurons）组成的，神经元是一种神经系统的细胞，它沟通整个大脑和身体其他部位的神经系统。每一个神经元都是一个微小的信息处理系统，它与其他神经元之间有成千上万的节点，可以用来接受和发送信号。尽管没有人能够说出确切的数字，但相关知识表明，每个人体内估计有一万亿个神经元。

　　神经胶质细胞（glial cells，来自希腊语"胶水"）的作用是给这些神经元定位和支撑。胶质细胞包围着神经元，负责清理废物，并使神经元间绝缘从而避免神经信息之间的混乱。研究同样表明胶质细胞在神经系统通信上扮演着直接的角色（Rose & Konnerth, 2002; Wieseler-Frank, Maier, & Watkins, 2005）。然而，通信演出之中的"明星"地位，仍然属于神经元。

神经元　神经系统中负责接受和传导电化学信息的细胞。

神经胶质细胞　对神经元提供结构性、营养性和其他方面支持的细胞，同时也为神经系统中的通信提供支持。又叫神经胶质。

树突　分支的神经结构，负责接受来自其他神经元的神经冲动，并传导冲动到细胞体。

细胞体　神经元中容纳细胞核及其他帮助神经元行使功能的结构部分。又叫本体。

轴突　一个长的管状结构，从细胞体传导冲动到另一个神经元，到肌肉或者腺体。

神经元的基本组成

　　正如没有两个人完全相同一样，没有两个神经元是一模一样的。然而，大多数神经元的确有一些共同的基本特征：树突、细胞体、轴突（见图2—1）。**树突**（dendrites）看上去像一棵光秃秃的树的枝节。实际上，"树突"这个词在希腊语中就有"小树"的意思。树突的作用就像天线，从其他神经元接受电化学信号并传递到细胞体。每个神经元会具有成百上千的树突和分支。信息从许多树突流向**细胞体**（cell body），或者叫本体（希腊语"身体"），细胞的这一部分接受传入的信息。如果细胞体接受到来自树突的足够刺激，它会将信息传递到**轴突**（axon，来自希腊语"轮轴"）。轴突与一根微型光纤相似，是一根长长的管状结构，它接下来就传导信息离开细胞体。

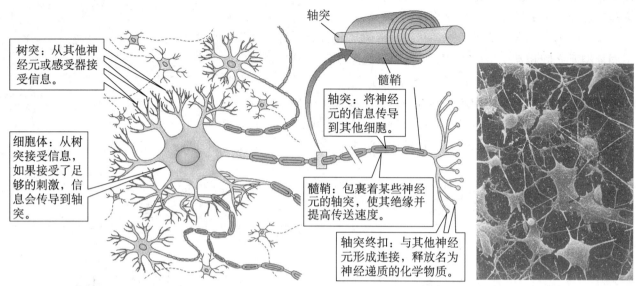

树突：从其他神经元或感受器接受信息。

细胞体：从树突接受信息，如果接受了足够的刺激，信息会传导到轴突。

轴突

轴突：将神经元的信息传导到其他细胞。

髓鞘

髓鞘：包裹着某些神经元的轴突，使其绝缘并提高传送速度。

轴突终扣：与其他神经元形成连接，释放名为神经递质的化学物质。

图 2—1　神经元的结构。信息从树突进入神经元，在细胞体中整合，并通过轴突传送到其他神经元。

56　**髓鞘**　脂质绝缘层包裹着某些神经元的轴突。它们能增加神经冲动在轴突中的传导速度。

💡学习提示

　　要记住信息是怎样在神经元中传递的，记住三个部分的首字母恰好是字母表的相反顺序：树突（dendrite）→ 细胞体（cell body）→ 轴突（axon）

57

　　髓鞘（myelin sheath）是一个白色的酯类外套包裹着某些神经元的轴突。通常不认为它是神经元的三个关键特征之一。但是它是十分重要的，因为它能使神经元绝缘并提高传送速度（见图 2—2）。它的重要性在一些疾病中愈显突出，例如多发性硬化病，在硬化部位髓鞘越来越退化。失去了轴突周围的绝缘性使得大脑与肌肉之间的信息流中断，患者逐渐失去肌肉之间的协调。这种病症通常能够缓解，但其机制却尚不明了。然而，如果多发性硬化发生在控制基本生命过程的神经元上，例如呼吸和心跳，它就是致命的。

　　在每个轴突的末尾附近，轴突出现分支，在每个分支的末端是释放化学物质（称为神经递质）的终扣。这些化学物质运送信息从轴突的末端到达下一个神经元的树突或者细胞体，信息因此而得到延续。下一部分会深入地介绍神经递质。

神经元是如何交流的？一种电学与化学的语言

　　神经元的基本功能是将信息传递遍及神经系统。神经元之间或者神经元与腺体之间通过一种电和化学的语言"说话"。我们先看看神经元是怎样在体内交流的，然后再探索一下在神经元之间出现的交流情况。

动作电位　沿着神经元轴突运输信息的神经冲动。动作电位是正离子通过轴突膜通道进出而产生的。

　　当树突和细胞体接受电信号时，神经交流过程在神经元内部就开始了。这些信息以一种神经冲动或者叫**动作电位**（action potential）的方式沿着轴突传递（见图 2—3）。沿着轴突传递的是化学性神经冲动，因此轴突并不是以一种电线传递电流的方式来传递神经冲动。沿着轴突的传递实际上是细胞膜通透性改变的结果。将轴突想象为一个充满了化学物质的管子。这个管子漂浮在一个有更多化学物质的大海里面。管内外的化学物质就是离子，是带有正或负电荷的颗粒。

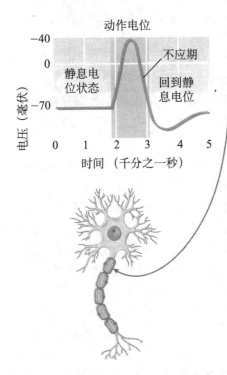

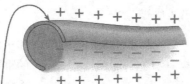

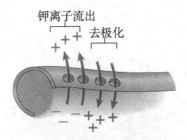

步骤1：当神经元是有活性的或者说是静息的时候，它处于极化的状态。轴突外的液体比轴突内有更多的正离子，从而在轴突内产生了静负电荷。这和一个玩具车或手电筒的电池相似。电池拥有同样是极化了的正负两极。而且，正如电池也在两极之间具有电位差一样（一个手电电池1.5伏特），轴突膜两边的电位差大约是−70毫伏（膜内的电位比外面更显负性，为70/1000伏特）。

步骤2：当神经元的细胞体通过树突从其他相邻神经元接受到足够刺激之后，接近细胞体的那部分轴突膜电位发生改变，当这个电位改变达到一定程度时，特殊的电压控制通道就会打开，允许正电钠离子流迅速进入。这样就将膜内之前的负电性改变为正电性，从而使膜去极化。

步骤3：这个去极化过程使得轴突膜的相邻部分产生了离子之间的不平衡。旁边区域的小孔打开，使得更多的正电钠离子涌入。同时，在之前去极化的区域中钾通道打开。一旦这些钾通道打开，正电的钾离子流出膜外以平衡电荷。因此，静息电位得以恢复。

总结：通过连续的去极化过程以及紧跟着的复极化，动作电位持续地沿着轴突移动。这就好比一行多米诺骨牌倒塌，一个压倒另外一个。或者像森林的大火一样，神经冲动沿着轴突传递，点燃了一棵"树"，而那棵树又点燃了下一棵，以此类推。因此，神经信息被称为"动作电位"。

图 2—2　神经元内的通信——动作电位。

　　请记住，一旦动作电位产生了，它就会持续下去。没有一个类似于"部分"动作电位的东西。类似于从枪里发射一颗子弹，动作电位要么全部激活，要么一点也没有。也就是说，这服从"全或无规律"（all-or-none law）。一个神经元激活之后，它马上进入一个短暂的不应期，这期间它不能再次被激活。在不应期时，神经元发生复极化。通过负离子的进入和正离子的流出，静息电位得到恢复。此时，神经元准备好了再次激活。

　　神经冲动的传导有多快？实际上，神经冲动移动缓慢，比电流在电线中的移动慢得多。因为电的移动是一个纯粹的物理过程，它可以以97%的光速，大约每秒3亿米的速度穿过电线。而神经冲动通过一个裸露的轴突的速度大约是每秒10米。

　　然而，有些轴突是被髓鞘这个脂质绝缘层包裹的。这样就极大地提高了动作电位的传播速度。髓鞘覆盖着轴突，但在节点上髓鞘特别薄甚至缺失（见图 2—1）。在一个髓鞘化的轴突中，神经冲动传导的速度增加了，因为动作电位从一个节点跳跃到另外一个节点而不是一点点地沿着整根轴

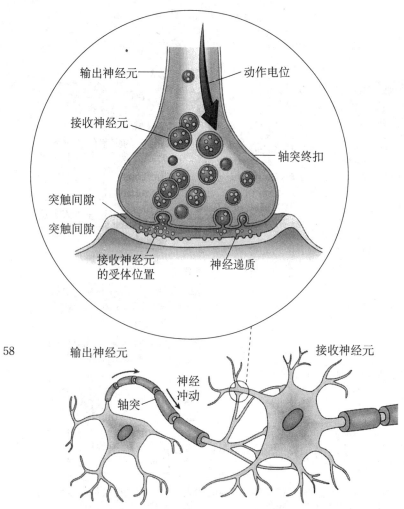

58　　输出神经元

图 2—3　神经递质——神经元之间怎样"说话"的。在这个突触的示意图中，神经递质储存在轴突终端的小泡中。当动作电位到达轴突终点时，它们就刺激神经递质分子释放到突触间隙。神经递质化合物接着穿过突触间隙，与接收神经元的树突或细胞体上的受体位点结合。没有结合到受体的神经递质会在突触间隙中降解或者由释放该递质的神经元回收。

突触　位于发出神经元轴突的尖端以及接受神经元的树突或细胞体之间的连接处。在动作电位期间，释放一种称为神经递质的化合物，漂过突触间隙。
神经递质　神经元释放的作用于其他神经元的化合物。

突前进。动作电位在髓鞘化的轴突上移动的速度大约是在裸露的轴突上的 10 倍，即超过每秒 100 米。正如我们在之前看到的那样，当髓鞘在某些疾病（例如多发性硬化病）中被破坏的时候，它的重要性就凸显出来了。大幅降低的动作电位传导速度影响了人的运动和协调。

神经元之间的交流——在突触中的神经递质行为

神经元之间的交流和神经元内的交流是不一样的。正如我们之前所见的一样，信息在神经元内是以电的方式从一处传递到另外一处。现在，我们看看同样的信息是怎样通过化学的方式从一个神经元传递到另外一个。

一旦动作电位到达了轴突的一端，它继续移动到轴突末端的分支，直到它到达轴突的终扣。从一个神经元到另一个神经元之间的信息传递发生在它们之间的连接处，即**突触**（synapse）。这个突触结合点包括了轴突终端分支的顶尖处（终扣）、神经元之间的细微空间（突触间隙）以及接收神经元的树突分支的终端或者细胞体（见图 2—3）。

通过动作电位传递的电能量引起了在轴突末端的球柄状终扣的打开，释放出数千个化学分子，即**神经递质**（neurotransmitters）。然后，这些化合物（或神经递质）穿过突触间隙，带着信息从发出神经元到达接收神经元。

当一个神经递质分子穿过突触中微小的空间，附着在接收神经元的细胞膜后，它就传递了一个激活或抑制的信息。然而需要注意的是，大多数接收神经元从其他临近的神经元既接收激活的信息，也接收抑制的信息（见图 2—4）。由于这些多重的和竞争的信息，当来自不同神经元的总激活信息量大于总抑制信息量时，接收神经元仅产生一个动作电位。

你能否发现这个过程跟日常生活中的决策过程有些相似吗？在决定要搬到一个新的公寓或房子之前，我们通常都会考虑和比较搬与不搬之间相对的成本和利益。如果我们有更多的理由（"激活信息"）去搬，我们就搬；如果没有，我们就留下（"抑制信息"）。

尽管在激活和抑制信息之间进行区分会使你本章的学习更加复杂，但竞争性信息的存在对于你的生存来说是必要的。就好比开车需要一个油门和一个刹车，你同样需要"开"和"关"的神经开关。你的神经系统负责在会导致痉挛的过度兴奋与会导致休克与死亡的兴奋不足之间取得平衡这一奇妙的工作。有趣的是，有些毒药例如马钱子碱正是通过令抑制信息失效而起作用的。抑制信息的失效通常会导致失控并过度兴奋，即可能致死的强烈痉挛。

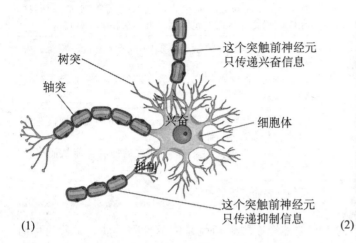
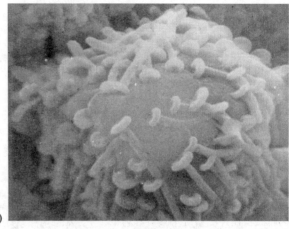

图 2—4　多重信息。（1）在中枢神经系统，细胞体和树突从许多突触接收信息输入，有的是兴奋的，有的是抑制的。如果接收到足够的兴奋信息，神经元就会激活。（2）注意这张特写照片中，成千的其他神经元的轴突是如何彻底地覆盖住了接收神经元的细胞体（在本照片中，树突是不可见的）。

59

应用　将心理学应用于日常生活

神经递质和激素是如何影响我们的？

我们已经看过了神经元内的沟通是如何始于它膜上的电荷变化，我们也看过了神经元间的沟通是如何在突触中产生，可以激活或抑制接收神经元的动作电位。但是，你知道负责沟通的主要化学信使是怎样影响你的日常生活吗？如果不知道，让我们简单地讨论一下神经递质和激素所起的重要作用。

神经递质

每一个神经元以血液中的物质为材料生产其神经递质，这些物质的最初来源是食物。研究者发现了数以百计的被认为或推测具有神经递质功能的物质。有些神经递质有调控腺体或肌肉的功能，有些促进睡眠或刺激精神和物理的警觉，有的影响学习和记忆，还有一些影响动机、情绪和心理疾病，包括精神分裂和抑郁。表 2—1 列出了一些我们了解较多的神经递质和它们已知或推测的效用。

表 2—1	神经递质是如何作用于我们的？
神经递质	已知或推测的效用
5-羟色胺	情绪、睡眠、食欲、感知觉、体温调节、痛觉压抑、冲动性。 低水平伴随着抑郁（第 14 章）。
乙酰胆碱（Ach）	肌肉运动、认知功能、记忆、快速眼动睡眠、情绪。 推测在阿尔兹海默症中有作用。

续前表

神经递质	已知或推测的效用
多巴胺（DA）	运动、注意、记忆、学习、情绪。过量 DA 与精神分裂症有关，DA 缺乏与帕金森氏病有关（第 14 章），同样在成瘾和奖赏系统中起作用（第 5 章和第 6 章）。
去甲肾上腺素（NE）	学习、记忆、梦、情绪、睡眠中醒来、进食、警觉、失眠、应激反应。 低水平 NE 伴随着抑郁，高水平 NE 伴随着激动、躁狂状态（第 14 章）。
肾上腺素（GABA）	情绪唤起、记忆储存、能量释放所必需的葡萄糖代谢中枢神经系统的神经抑制。 镇静类药物如安定会增加 GABA 的抑制功能从而降低焦虑。
内啡肽	情绪、疼痛、记忆和学习。

内啡肽 在神经系统中具有和鸦片相似的结构和反应，涉及痛觉控制、快感和记忆的化学物质。

60

为什么研究神经递质？ 演员 Michael J. Fox 被诊断患有帕金森氏症，这种病涉及产生多巴胺的细胞数量的减少。在这幅照片里，他在向美国国会的一个附属委员会作证，以求增加对帕金森氏症和其他疾病的研究经费。如果想了解更多的关于他的帕金森氏症研究基金会，请登录 www.michaeljfox. org。

内啡肽 最广为人知的神经递质恐怕就是内源性阿片肽，常称为**内啡肽**（endorphins）。这些化学物质产生的效果与那些鸦片类药物例如吗啡的效果类似，它们能够减轻疼痛并产生更多的快感。

内啡肽发现于 20 世纪 70 年代早期，坎迪斯·佩特（Candace Pert）和施奈德（Solomon Snyder）（1973）的研究发现，源于罂粟的鸦片衍生物吗啡能减轻疼痛和提高兴奋，并且吗啡能与情绪及痛觉相关脑区的特异性受体结合。

但为什么大脑里会有对吗啡这种强力成瘾药物的特异受体呢？佩特和施奈德推理认为，大脑必然具有它自身内部产生或者叫做内源的类吗啡化合物。稍后他们确定了这样的化合物的确存在并命名为内啡肽（内源和吗啡两个词的组合）。大脑确实合成它自己自然产生的化学信使，用来使心情变好，使疼痛减轻，并作用于记忆、学习、血压、食欲和性活动（第 3、第 4、第 11 章）。内啡肽同样可以用以解释为什么战士与运动员即使严重受伤也会继续战斗和比赛。

神经递质和疾病 研究大脑及其神经递质的好处之一是可以不断深入理解自己和他人的医学问题及其治疗。例如，你还能记起来为什么著名演员 Michael J. Fox 会从他大受欢迎的连续剧《旋转城市》（*Spin City*）中退出吗？这与一个我们还不太了解的帕金森氏症（PD）相关的肌肉颤动和运动障碍有关。正如表 2—1 所示，神经递质多巴胺是帕金森氏症一个可能的因素，帕金森氏症的症状能被左旋多巴这种增加大脑多巴胺水平的药物减轻（Negrotti, Secchi & Gentilucci, 2005；Obseo et al., 2004）。

有趣的是，当有些帕金森病人适应了左旋多巴和高水平的多巴胺时，他们可能会有类似于精神分裂症的症状，如瓦解的思维过程、错觉幻觉等严重的心理障碍。正如你将会在第 14 章看到的那样，过度高水平的多巴胺是一个导致某种精神分裂的可能原因。当精神分裂症病人服用抑制多巴胺的抗精神病药物时，他们的精神病症状通常就会减弱甚至消除（Ikemoto, 2004；Paquet et al., 2004）。然而，这些药物则会同时产生类似帕金森氏症的症状。你能解释这是为什么吗？答案在于多巴胺在大脑中释放的水平：低浓度的多巴胺与帕金森氏症相关，而高浓度的则与某些精神分裂症相关。

　　另一种神经递质 5-羟色胺（见表 2—1）也可能牵涉到抑郁这种经常伴随着帕金森氏症的症状中。尽管有些研究者相信帕金森病人是由于运动上的障碍而导致抑郁，其他人则认为抑郁和 5-羟色胺的低水平直接相关。正如在第 14 章中会讨论的，抗抑郁药物如百忧解（Prozac）和左洛复（Zoloft）都是通过提高 5-羟色胺水平而起作用的（Delgado，2004；Wada et al.，2004）。

　　神经递质、毒药和改变精神状态的药物　对神经递质的理解不仅能解释某些疾病和它们的药理学治疗方法，还能解释毒药如蛇毒和改变精神状态的药物如尼古丁、酒精、咖啡因和可卡因是如何作用于我们的（见第 5 章）。

　　多数毒药和毒品都是作用于突触部位，通过替代、降低或者增加神经递质的数量来起作用的。由于神经元之间的信息传递是化学的，神经传导受到这么多来自饮食、药物和其他途径的化学物质影响也就不奇怪了。它们能够这样是因为它们的分子具有和不同神经递质相似的形态。

　　神经递质和其他神经元的交流通过和受体位点连接实现，这很像一根钥匙嵌入一把锁。就好像不同的钥匙有不同的三维结构，不同的化学分子，包括神经递质在内，也有截然不同的三维特征。如果一个神经递质或者一个药物分子有合适的形状，它就会结合到受体位点 [见图 2—5（a）和图 2—5（b）]。这种结合就会接着影响到接受细胞的激活。

　　有些药物如激动剂（agonists）（来自希腊语 "agon"，意为 "竞赛、奋斗"）可以模仿或增强神经递质的作用 [见图 2—5（c）]。例如，黑寡妇蜘蛛的毒素和香烟的尼古丁都包含一个分子，其外形和神经递质乙酰胆碱（ACh）非常相似，它们可以模仿乙酰胆碱的功效，包括心跳加速。安非他明通过模仿神经递质去甲肾上腺素而产生相似的兴奋作用。

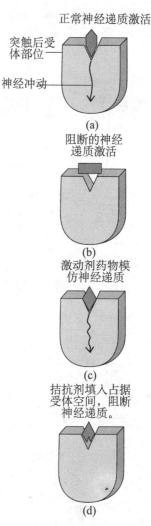

图 2—5　**受体位点。**（a）位于树突的受体位点通过递质的三维结构来识别它们。（b）没有正确形态的分子不会与受体位点匹配，因此不会刺激树突。（c）一些兴奋剂（如尼古丁）与某种神经递质（在这里是乙酰胆碱）的结构非常相似，因此它们能模拟它接受神经元的效果。（d）一些拮抗剂如箭毒通过和受体匹配，不让神经递质刺激受体，因而阻断了神经递质的功能（同样在这里是乙酰胆碱）。

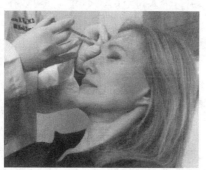

神经递质、毒药和毒品。大多数毒药和精神刺激药物通过取代、减少或增加某些神经递质的数量来起作用。神经递质乙酰胆碱影响肌肉收缩，包括负责呼吸的肌肉。箭毒阻断了乙酰胆碱的作用。这就是为什么南美猎人将其涂于吹标和箭的尖端以使它们的猎物瘫痪。类似地，肉毒杆菌毒素（botox）同样阻断乙酰胆碱，它被美容业用于麻痹面部肌肉。相反，香烟中的尼古丁增加了乙酰胆碱的作用，进而增加了吸烟者的心跳和呼吸。

　　相反，拮抗剂（来自希腊语含义为 "对手" 的单词）通过对抗或阻断神经递质来起作用 [见图 2—5（d）]。多数的蛇毒和一些毒药，如南美猎人用的箭毒，就作为乙酰胆碱的拮抗剂起作用。由于乙酰胆碱对肌肉运动极为重要，阻断它会使肌肉麻痹，包括那些涉及呼吸功能的肌肉，从而可能致死。

内分泌系统 遍布全身的腺体组织，产生与分泌激素并进入血液中。

激素 由内分泌腺制造在血液中循环的化学物质，产生身体的改变或者维持身体的正常功能。

激素

你知道人体实际上是有两套通信系统的吗？我们刚才只是看到了神经系统是怎样利用神经元和神经递质在体内传递信息的。但是第二套通信系统也存在，它由腺体的网络组成，称为**内分泌系统**（endocrine system）（见图2—6）。不同于神经递质，内分泌系统利用**激素**（hormones，来自希腊语"horman"，意为"刺激"或"兴奋"）来传递信息。

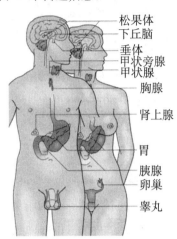

松果体
下丘脑
垂体
甲状旁腺
甲状腺
胸腺
肾上腺
胃
胰腺
卵巢
睾丸

图2—6　内分泌系统。 内分泌系统释放的激素能够调节我们的身体机能，它与神经递质一样重要。激素和递质都只是在执行一种简单的功能，即在细胞间运输信息。

为什么我们需要两套通信系统？想象一下你正在策划一个聚会并打算发出邀请。如果你希望的是一个小型的聚会，只有某些朋友，那么你可以给每个人打电话。在突触上的神经递质就类似于这些私人的电话。信息是传送到邻近的特定接受者。但如果你想要的是一个上千人参加的大型派对呢？你明显不可能给每个人打电话。不过，你可以在全世界范围内发送一封电子邮件给你所有的朋友，让他们去邀请他们所有的朋友。如果那些朋友接着邀请了他们的所有朋友，你就可以很快地举办一个非常庞大的（而且昂贵的）派对。

激素就好比这种全球性电子邮件系统。它们被直接释放进血液里面，周游全身地运载着信息到任何愿意"聆听"的细胞。激素的另一功能也与全球电邮系统类似，它可以将你的信息发送给其他友人的朋友。大脑的一个小部分——下丘脑释放激素通知垂体（大脑另外一个小的结构），垂体依次刺激或抑制其他激素的释放（我们会在下一个部分详细讨论这些大脑结构）。

内分泌系统究竟与你及你的日常生活有什么关系呢？没有下丘脑和垂体，男性的睾丸不会产生睾酮，女性的卵巢也不会分泌雌激素。也许你已经知道，这些激素对性行为和繁殖后代十分重要。此外，垂体自身也产生控制身体生长的激素。这些激素太多就会导致巨人症，太少则会使人的体形远远小于平均水平，成为一个垂体机能低下的侏儒。

其他内分泌系统产生的激素在维持身体正常功能上也扮演着重要角色。例如，肾脏分泌的激素调节血压，胰腺激素（胰岛素）使得细胞可以利用血液中的糖分，胃肠激素帮助控制消化和排泄。

内分泌系统的另外一个功能是控制我们身体对紧急状况的反应。在危急时刻，下丘脑以两条途径发送信息——神经系统和内分泌系统（主要是垂体）。

垂体释放激素信号到肾上腺（位于肾脏上方）。肾上腺然后释放皮质醇（一种"压力激素"，能够促进能量释放和血糖水平提高）、肾上腺髓质激素（常称为肾上腺素）以及去甲肾上腺素（记住，这些化学物质同样也是神经元释放的神经递质）。

　　总的来说，包括垂体、甲状腺、肾上腺和胰岛在内的内分泌系统的主要功能是协助调节长期的机体过程（例如生长和性征），维持进行中的身体运作过程以及帮助调整面对危机的应激反应。这个简要的讨论只是涉及了内分泌腺体的一些最重要的功能。但是，即使是这些有限的内容也为理解大脑、遗传和进化提供了一个基础——这也是整章的主题。

检查与回顾

行为的神经基础

　　神经元是将信息传递至全身的细胞。它们具有三部分：树突从其他神经元接收信息；细胞体提供营养以及"决定"轴突是否激活；轴突则发送神经信息。胶质细胞对中枢神经系统的神经元提供营养并起支持作用。

　　轴突是专门用于传导称为动作电位的神经冲动的。当没有动作电位在轴突上移动的时候，轴突处于静息状态。当正离子通过轴突膜的通道流进流出时，神经元被激活，动作电位产生。动作电位的传导速度在髓鞘包裹的轴突上更快捷，因为髓鞘起了绝缘层的作用。

　　在突触上通过称为神经递质的化学物质信息从一个神经元传导到另一个。神经递质连接到接合位点就好像一把钥匙插入一把锁中。它们的效果可以是激活的也可以是抑制的。绝大多数影响神经系统的精神活性药物是通过直接影响特定神经递质的接合位点或者增减突触间神经递质的数量来起作用的。

　　激素由内分泌系统的腺体释放，直接进入血液。它们远距离地作用于其他腺体、肌肉和大脑。

问题

　　1. 画出并标明神经元的三个主要部分以及髓鞘。

　　2. 一个冲动是以下列顺序通过神经元的结构：

　　(a) 细胞体，轴突，树突
　　(b) 细胞体，树突，轴突
　　(c) 树突，细胞体，轴突
　　(d) 轴突，细胞体，树突

　　3. 由轴突释放并刺激树突的化学信使称为_____。

　　(a) 化学信使　　(b) 神经递质
　　(c) 突触递质　　(d) 神经信使

　　4. 简要陈述神经递质和激素是如何在身体内传递信息的。

　　答案请参考附录 B。

　　更多的评估资源：

　　www.wiley.com/college/huffman

神经系统组织

　　你听说过"信息就是力量"这句话吗？这句话用于形容人体是最正确不过了。没有信息，我们没法存活。我们神经系统内的神经元必须从眼睛、耳朵和其他感觉器官接收由外界进入的感觉信息，然后决定怎样对其做出反应。就好像循环系统运用血液运载化学物质和氧气，我们的神经系统利用化学和电的过程来传递信息。

　　为了更全面地了解神经系统的复杂结构，从一个概括性的整体描绘出发会比较有益（见图 2—7）。注意神经系统整体上的组织以及怎样将它分

学习目标

　　神经系统是如何组织的？

中枢神经系统（CNS） 脑和脊髓。

周围神经系统（PNS） 连接中枢神经系统和身体其他部位的所有神经及神经元。

成一层又一层的分支。现在，看着在图2—7中间的身体的图案，把它想象成你自己的。形象化你的整个神经系统为两个单独但互相联系的部分——**中枢神经系统**（central nervous system，CNS）和**周围神经系统**（peripheral nervous system，PNS）。第一部分是中枢神经系统，它由你的大脑和在你的脊柱里延伸的神经束等成分（你的脊髓）组成。因为它位于你身体的中心（在你头骨和脊椎内部），所以称它为中枢神经系统。你的中枢神经系统主要负责加工和组织信息。

现在，想象在你头骨和脊椎之外的许多神经，这是你的神经系统的第二个主要部分——周围神经系统。因为它在中枢神经系统和外周的身体之间运输信息（动作电位），所以它被称为周围神经系统。

在完成了我们对整个神经系统的快速概览之后，我们就可以进入这两个系统开始仔细考察其细节部分。我们先从中枢神经系统开始。

中枢神经系统：脑和脊髓

尽管我们很少想过这个事实，但使我们如此独特和特殊的正是我们的中枢神经系统。其他大多数动物的嗅、跑、看、听远比我们要好。不过多亏了中枢神经系统，我们能以一种独特的方式处理信息和适应环境，而任何其他动物都不具备这种能力。不幸的是，我们的中枢神经系统极度地脆弱。不像周围神经系统中那些能再生的、不需要太多保护的神经元，对中枢神经系统神经元的损伤通常是严重的、永久的，有时甚至是致命的。

另一方面，大脑并非如我们曾经所想的那样"死板"。正如你会在下一个部分中看到的那样，大脑能够重新组织它的功能，甚至长出新的脑细胞（Kim，2005；Neumann et al.，2005；Song，Stevens & Gage，2002；Taub，2002，2004）。在后面的章节中，你也会发现我们的大脑会在经过新的学习与经验之后发生改变和重塑。由于它对心理与行为的极端重要性，大脑是本章的主角。我们会在下一部分详细讨论。

脊髓也很重要。它是信息进出大脑的主要高速公路。但它绝不是一组只会传播信息的简单的光纤。脊髓自身就能够产生一些自动的行为。这些非随意的、自动的行为被称为**反射**（reflexes）或反射弧，对即时刺激的反应被自动地"反射"回去。

回忆一下你最近的一次体检。医生拿过一个特制的锤子敲膝盖来测你的反射吗？你的小腿是否在被敲之后自动地踢出？这是膝跳反射，它和你把手从火中缩回的反应一样，无须大脑任何帮助，是在脊髓内部发生的（见图2—8）。你的大脑在膝盖被敲之后不到一秒就"知道"什么发生了，因为神经信息同样会发送到大脑。然而，这种来自脊髓的立即、自动的反应却使我们的反应更快。

学习目标

当你尝试去学习和记住一大组新的术语和概念（正如本章中这样）时，把它们组织起来是掌握这些材料和让它们"永久地"存放在你的长时记忆（第7章）的最好办法。展现知识全貌的一个简要的概述会帮助你组织和整理特定的细节。就好像你给一个国家定位需要看看一个指示了所有大洲的地球仪，你需要一张关于整个神经系统的"地图"来有效地学习各个部分。注意神经系统在本图中是如何根据不同的功能被划分为不同的子系统。在学习接下来的部分时，这会对你有所帮助。

反射 对一个刺激先天而自动的反应，例如膝跳反射。

65

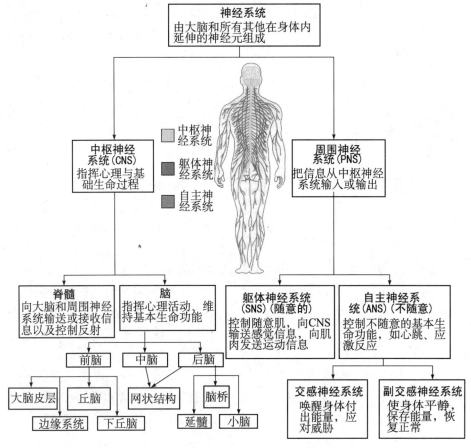

图 2—7　神经系统在组织上和功能上的划分。

评　估

形象化的小测试

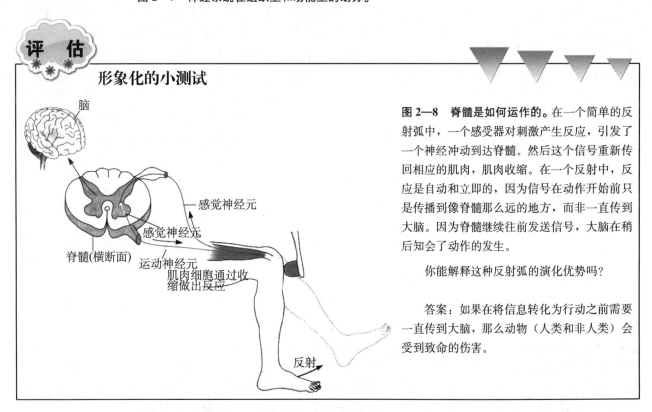

图 2—8　脊髓是如何运作的。 在一个简单的反射弧中，一个感受器对刺激产生反应，引发了一个神经冲动到达脊髓。然后这个信号重新传回相应的肌肉，肌肉收缩。在一个反射中，反应是自动和立即的，因为信号在动作开始前只是传播到像脊髓那么远的地方，而非一直传到大脑。因为脊髓继续往前发送信号，大脑在稍后知会了动作的发生。

你能解释这种反射弧的演化优势吗？

答案：如果在将信息转化为行动之前需要一直传到大脑，那么动物（人类和非人类）会受到致命的伤害。

你自己试试

测试反射

吮吸反射
(a)

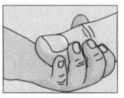

抓握发射
(b)

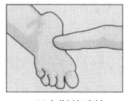

巴宾斯基反射
(c)

图2—9 婴儿的反射。

如果你家里有一个刚出生的或年幼的婴儿，你可以轻易（并安全）地测试这些简单的反射（见图2—9）（注意：婴儿大多数的反射会在第一年内消失。如果在之后重新出现，这通常意味着中枢神经系统的损伤）。

（a）吮吸反射：轻微地抚摸婴儿的面颊或嘴边，接着就可以看见他/她是如何自动地（反射性地）向着刺激源转过他/她的头并尝试去吸吮。

（b）抓握反射：将你的手指放在婴儿的手掌上，注意婴儿的手指会自动地收拢，包围着你的手指。

（c）巴宾斯基反射：当你轻轻地抚摸婴儿的脚掌底部时，脚趾就会呈扇形散开，腿会向内弯曲。

我们出生时就具有大量反射，其中很多都会随着时间而慢慢消失。但到了成年，我们仍然会因为一股吹进眼中的气流而眨眼，因为喉咙的后部受刺激而呕吐，因为膀胱和直肠受到压力而排尿和排便。即使是我们的性反应在某种程度上也受反射的控制，正如喷一股气流会导致自动的闭眼一样，某些刺激例如抚摸生殖器会引起男性和女性的唤醒和反射性的带有极度快感的肌肉收缩。然而，为了拥有我们通常与性联系在一起的激情、思维和情感，抚摸和高潮的感觉信息必须要传递到大脑。

周围神经系统：连接中枢神经系统和身体的其他部位

周围神经系统就像名字里所说的那样——包括了在大脑和脊髓外周的（或之外）的神经。周围神经系统的主要功能是运载信息进出中枢神经系统，将大脑和脊髓与身体的感受器、肌肉和腺体连接起来。

周围神经系统可以再划分为躯体神经系统和自主神经系统。**躯体神经系统**（somatic nervous system，SNS）（又称为骨骼神经系统）是由所有连接骨骼肌和感觉器官的神经组成的。它的名字来源于"soma"这个词，意思是"肉体"。躯体神经系统在整个身体内的通信中扮演着关键的角色。躯体神经系统以某种"双行道"的方式运作，首先将感觉信息输送到中枢神经系统，然后将来自中枢神经系统的信息输送到骨骼肌。

66

躯体神经系统（SNS） 周围神经系统中负责连接感受器和控制骨骼肌的子系统。

由于在神经系统内的信息（动作电位）只可以单向地穿过突触，一组躯体神经系统的神经元负责将信息从感觉器官运送到中枢神经系统，这些神经元称为**感觉神经元**（sensory neurons）。而从中枢神经系统输出的信息则被另外一组神经元所运载，它们被称为**运动神经元**（motor neurons）［一旦进入了中枢神经系统，另一组中间神经元就会在彼此之间以及感觉输入和运动输出之间传递信息。大脑中绝大多数的神经元都是**中间神经元**（interneurons）］。

当你听见老师提出了一个问题并想举手回答时，你的躯体神经系统就会向你的大脑报告你的骨骼肌的当前状态。接着就会带着指令回到骨骼肌中，允许你举起胳膊和手。但如果一条危险的蛇滑行进了你的教室，躯体神经系统不能令你的瞳孔扩大或者心跳加速。对于这些，你需要周围神经系统的另外一个子系统——**自主神经系统**（autonomic nervous system, ANS）。自主神经系统负责的是非随意任务，例如心跳、消化、瞳孔扩张和呼吸。就像一个自动的领航员，自主神经系统有时候可以被意识所阻碍。但是正如它的名字所意味的那样，自主神经系统正常来说都是独立运作的（英文名 autonomic 意为"自治"）。

自主神经系统自身可以进一步分为两个部分**交感神经系统**（sympathetic nervous system）和**副交感神经系统**（parasympathetic nervous system）来调节目标器官如心脏、肠道和肺部的功能（见图 2—10）。这两个子系统倾向于以相反的方式运作。一个简便但可能有点过分简化的区分可以是这样的：自主神经系统的交感部分唤醒身体并动员它产生运动——"战斗或逃跑"反应；与此相反，副交感部分则使身体平静并且保存能量——放松反应。请记住这两个系统不是一个"开/关"或"二选一"的排列，就像两个孩子在操场上玩跷跷板，一个上升的同时另外一个会下降。但他们基本上是互相平衡的。在日常情景中，交感和副交感神经系统十分愉快地一起工作，维持了一个稳定、平衡的内部状态。

回到我们之前关于危险毒蛇的例子，你看到这两个自主神经系统的分支是如何让你去对危险或应激情境做出反应吗？如果你注意到了一条蛇盘绕着并准备发动袭击，你的交感神经系统会使你的心跳加快、呼吸增强和血压上升，它会自动地关闭你的消化和排泄过程，同时引起激素例如皮质醇向血液里释放。交感激活的最终效果是使得更多的富氧血和能量进入骨骼肌，由此能够使我们"战斗或逃跑"。

对比唤起身体的交感神经系统，副交感神经系统使你的身体平静下来，将它带回到正常的运行当中。它会减缓你的心跳，降低你的血压，增强你的消化和排泄过程。现在，我们明白了为什么吃饭期间进行争论经常会导致胃痛。强烈的情绪例如愤怒、恐惧甚至只是快乐，都会使交感神经系统占据主导而削弱了消化和排泄功能。

强烈情绪和交感优势同样可以解释许多性的问题。为了达到高潮，身体必须经历几个唤起阶段（第 11 章）。而在性唤起阶段，身体必须由副交感系统来主导，达到足够的放松从而让血液能够流入生殖器。如果某人过分地关注自己的表现、意外怀孕或者性传播疾病，他/她会转为交

感觉神经元　从感觉器官传导信息到中枢神经系统的神经元。也称为传入神经元。

运动神经元　将信息从中枢神经系统输送到器官、肌肉和腺体的神经元。也称为传出神经元。

中间神经元　在中枢神经系统里进行内部的沟通并介于感觉和运动神经元之间。

自主神经系统（ANS）　周围神经系统中控制非随意功能例如心跳、消化等的子系统。它进一步划分为负责唤起的交感神经系统和负责平息的副交感神经系统。

交感神经系统　自主神经系统的子系统，负责在应激的时候唤起躯体以及调动能量。也称为"战斗或逃跑"系统。

副交感神经系统　自主神经系统的子系统，负责使躯体恢复平静和保存能量。

运转中的交感神经系统　交感神经系统的"战斗或逃跑反应"调动了身体，使其在感觉到的危险面前做好了行动的准备。

感系统主导——从而阻止了进一步的唤起和高潮。一个害怕、紧张的身体自动地将更多的血液输送到大块的肌肉以准备"战斗或逃跑"而非性活动。

　　然而需要记住的是，交感神经系统的确有其适应性和演化上的优势。在人类演化伊始，当我们面对一只危险的熊或一个有攻击性的人类入侵者时，我们有两个相应的反应——战斗或者逃跑。这种对身体资源的自动化调动在现代生活中仍然具有重要的生存价值。但今天我们的交感系统经常由不太威胁生命的事件所激活，而是不同于熊或者入侵者的慢性应激源，例如全日制高校的课程再加上兼职或全职的工作、双职工家庭、日常交通堵塞以及在高速公路上粗野的司机，还不包括恐怖袭击和全球污染。不幸的是，我们的身体会以彻底的交感唤醒的方式来应对这些压力的来源。而且，正如你会在第3章所见，长期的唤醒对我们的身体是非常有害的。

67

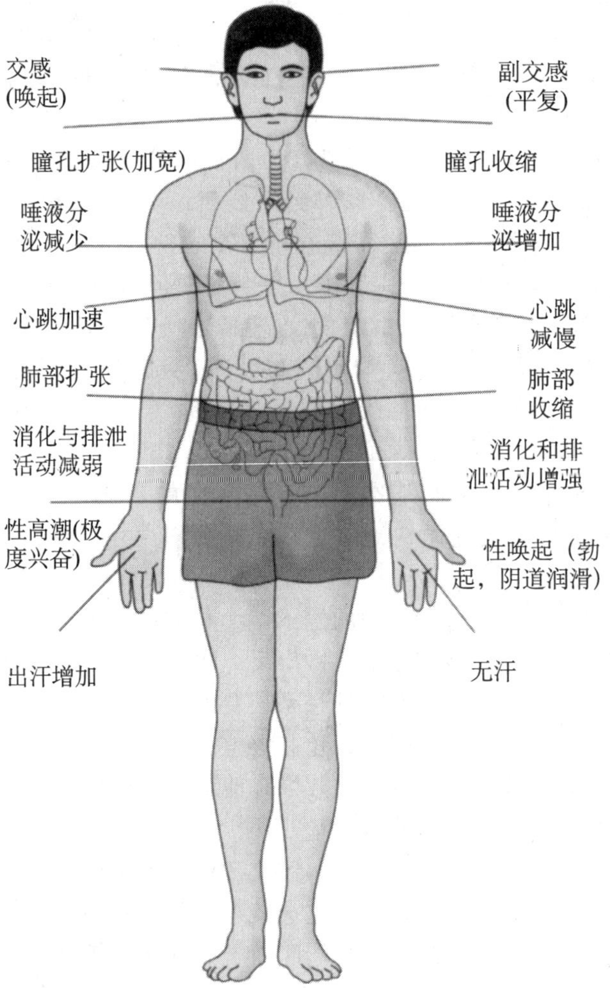

💡学习提示

　　区分自主神经系统两部分的一个办法是想象从飞机上跳伞。当你一开始跳出的时候，你的交感神经系统"同情"你的紧张状态，它做出调整，使你准备应付紧急的动作。一旦你的降落伞打开了，你的副交感神经系统则取代了交感神经系统的位置，使你在安全地飘落到地面的过程中慢慢放松。

图2—10　自主神经系统的作用。 自主神经系统负责一系列独立（自主的）活动，例如分泌唾液和消化。它通过它的两个子系统，即交感神经系统和副交感神经系统来行使这种控制功能。

评　估

检查与回顾

神经系统的组织

中枢神经系统由脑和脊髓组成。脊髓沟通了大脑和身体的其他部分，并包括了身体内所有随意的和反射性的反应。周围神经系统包括了所有连接感受器、肌肉、腺体和大脑、脊髓的神经。它的两个主要的子系统为躯体神经系统和自主神经系统。

躯体神经系统包括所有运载从感觉器官输入的感觉信息和向骨骼肌输出的运动信息的神经。自主神经系统包括脑和脊髓之外的用于维持腺体、心肌、血管平滑肌和内部器官正常功能的神经。

自主神经系统进一步划分为两个

会起拮抗作用的分支：副交感和交感。副交感神经系统通常在一个人放松的时候起主要作用。交感神经系统则在一个人处于身体或精神压力之下时占优势地位。它调动身体，通过加快心跳、增加血压和减缓消化来使之准备战斗或逃跑。

问题

1. 神经系统被划分为两个主要部分：有脑和脊髓组成的_____神经系统，和由所有进出脑和脊髓的神经组成的_____神经系统。

2. 自主神经系统进一步划分为两

个分支，称为_____和_____系统。

（a）自动，半自动　（b）躯体，外周　（c）传入，传出　（d）交感，副交感

3. 如果你被一次爆炸的巨响吓倒了，_____神经系统会变得占优势。

（a）外周　　　（b）躯体
（c）副交感　　（d）交感

4. 什么是交感和副交感神经系统的主要区别？

答案请参考附录 B。

更多的评估资源：
www.wiley.com/college/huffman

大脑漫游

下面我们探索我们的大脑，从脊髓和大脑基部相接的地方开始，接着我们一直向上探索到前额。你会发现随着我们从脑的底部向顶部移动，大脑结构部件的功能逐渐从"低级"的基础过程如呼吸过渡到"高级"的更复杂的过程如思考。

正如你会在图 2—11 中看见的一样，脑可以划分为三个主要部位：后脑、中脑、前脑。也请注意被标注为**脑干**（brainstem）的那一大部分，那里包括的结构涉及所有这三个部分，帮助调节对生存十分重要的反射活动（如心跳、呼吸）。脑干独特的外表给我们提供了一个方便的空间界标来帮助我们确定方位。

较低层次的大脑结构：后脑、中脑和部分前脑

大脑的体积和复杂性在物种之间变化很大。与较高等的物种（如猫、狗）相比，较低等动物（如鱼类和爬行类）拥有较小、不那么复杂的大脑。最复杂的大脑属于鲸类、海豚以及高等灵长类如黑猩猩、大猩猩和人类。组成人类大脑的数以十亿计的神经元控制我们所思、所感和所为的绝大部分。在我们整个的漫游过程中，请记住某些脑结构专门完成某些任务，这个过程称为**功能定位**（localization of function）。但请注意，人和非人类大脑的大多数部分都不是十分特化的，它们具有整合而重叠的功能。

学习目标

什么是大脑的较低级结构？它们在心理和行为过程中所扮演的角色是什么？

脑干　覆盖的脑区域包括部分后脑、中脑和前脑，帮助调节对生存十分重要的反射活动（如心跳和呼吸）。

功能定位　不同的脑区负责不同的特定功能。

后脑 大脑结构如延髓、脑桥和小脑的组合。

延髓 负责呼吸心跳这样自主身体功能的后脑结构。

脑桥 涉及呼吸、运动、觉醒、睡眠和做梦的后脑结构。

69

后脑

你体验过很快地站起来，感到头昏眼花并几乎晕倒吗？或者你是否曾经思考过是什么使你自动地呼吸和心脏自动跳动，即使在你彻底睡着的时候也依然如此？像这些自主的行为和生存的反应实际上要么受到你**后脑**（hindbrain）部分区域的控制，要么受其影响。这些通常和后脑联系在一起的三个结构是延髓、脑桥和小脑。

延髓（medulla）是后脑中接近大脑基部的一个部位。它构成了脑干的髓质或核心。medulla是拉丁语"髓"的意思，而脑干则是连接脊髓到大脑更高部位的"杆"或茎。

由于后脑和延髓本质上是脊髓的延伸，许多穿过这个区域的神经纤维运载着进出大脑的信息。延髓同样包括了许多控制呼吸和心跳等自主身体功能的神经纤维，因此，延髓的损伤会威胁到生命。正如1968年当参议员罗伯特·肯尼迪（Robert Kennedy）遭到枪击伤及这个脑区时，我们不幸地发现，一旦延髓被损毁，无论是人还是任何动物都不能生存下去。

脑桥（pons）位于延髓的上方，涉及呼吸、运动、睡眠、觉醒以及做梦。它同样包括许多从一侧大脑跨越到另一侧的轴突。因此，它被称为pons，拉丁语中"桥"的意思。

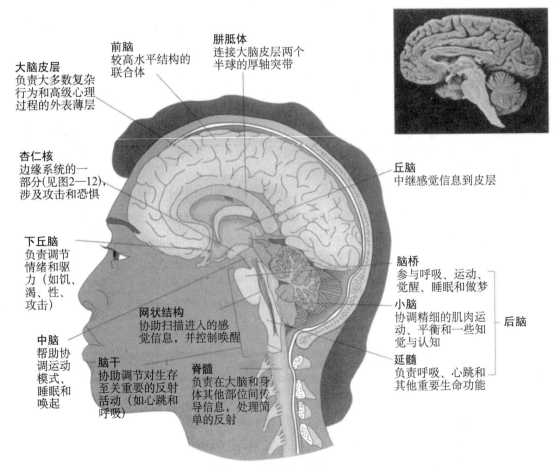

大脑皮层
负责大多数复杂行为和高级心理过程的外表薄层

前脑
较高水平结构的联合体

胼胝体
连接大脑皮层两个半球的厚轴突带

杏仁核
边缘系统的一部分(见图2—12)，涉及攻击和恐惧

下丘脑
负责调节情绪和驱力（如饥、渴、性、攻击）

中脑
帮助协调运动模式、睡眠和唤起

脑干
协助调节对生存至关重要的反射活动（如心跳和呼吸）

网状结构
协助扫描进入的感觉信息，并控制唤醒

脊髓
负责在大脑和身体其他部位间传导信息，处理简单的反射

丘脑
中继感觉信息到皮层

脑桥
参与呼吸、运动、觉醒、睡眠和做梦

小脑
协调精细的肌肉运动、平衡和一些知觉与认知

延髓
负责呼吸、心跳和其他重要生命功能

后脑

图2—11 人脑。将一个人脑从中间剖开，分裂成左右两半时，右半边看起来就好像上图一样。上边的图画突出了右半边大脑的关键结构和功能。在你看到每一个结构时，记住这幅画面，需要时请重新查阅相关描述。

形象化的小测试

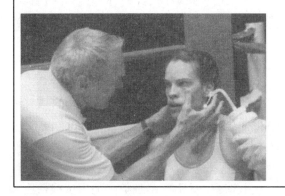

你能解释为什么职业拳击会导致协调障碍、偏瘫或全身瘫痪甚至死亡吗？

答案：当拳击手的头不断地被击打并迅速恢复时，小脑会受到损伤，可能导致运动协调能力的缺失、走路蹒跚、肌肉张力丧失。如果损伤得非常严重或者涉及脑干或脊髓，瘫痪和死亡就会发生。

　　小脑（cerebellum，拉丁语"小小的大脑"）位于延髓和脑桥之后的大脑基部（有人说它看起来像花椰菜）。用演化的术语来说，它是一个非常古老的结构，负责协调肌肉的精细运动和平衡。虽然实际的运动命令来自大脑皮层中的较高级中枢，但是小脑负责协调肌肉从而使得运动顺畅而精确。小脑对于我们的平衡感或身体平衡感也是非常重要的。你曾经留意过那些醉酒的人是怎样步履蹒跚、口齿不清吗？因为小脑是首先被酒精抑制的脑区之一，针对醉酒驾驶的路边测试本质上是对小脑功能的一种测量。

　　研究表明，小脑的作用不仅限于协调运动和维持身体平衡。利用功能性磁共振成像，研究者记录到部分的小脑对基本的记忆、感觉、知觉、认知和语言任务同样十分重要（Paquier & Mariën，2005；Rönnberg et al.，2004；Thompson，2005；Wild et al.，2004）。

小脑　负责协调精细肌肉运动、平衡和某些知觉、认知的后脑结构。

中脑
　　中脑（midbrain）的神经中枢能帮助我们根据视觉和听觉刺激来给我们的眼睛和身体运动定向，也能和脑桥一起帮助控制睡眠和觉醒水平。它还包括一个涉及神经递质多巴胺的结构，这个结构在帕金森氏症中是受损的。

　　网状结构（reticular formation，RF）穿越了后脑、中脑和脑干的核心部位。这个弥散的、手指状的神经网络过滤了进入的感觉信息，并当有值得注意的事情发生时唤醒大脑其他区域。网状结构的异常与多动症、创伤后应激障碍以及其他唤醒障碍相关。如果没有网状结构，你不会警觉甚至不会有意识。实际上，如果切断网状结构和脑其他部分的联系，你会陷入永久的昏迷中。

中脑　在大脑中部的负责协调运动模式、睡眠和唤醒的大脑结构集合。

网状结构（RF）　过滤进入的信息和控制唤醒的一组弥散的神经元。

前脑
　　前脑（forebrain）是人脑中最大和最显著的部分。它包括了丘脑、下丘脑、边缘系统和大脑皮层等结构。前三个结构位于脑干的顶部附近。从

前脑　包括丘脑、下丘脑、边缘系统和大脑皮层在内的较高水平脑结构的集合。

上方和周围把它们包裹住的是大脑皮层。在这里，我们只讨论前三个结构。因为大脑皮层在所有复杂精神活动中扮演极为重要的角色，我们会在这之后进行专门的讨论。

丘脑（thalamus）好像两个小足球并排地连在一起。它是大脑主要的感觉中继中枢。好像航空交通指挥中心接收来自所有飞机的信息并指引它们到恰当的着陆和起飞地点一样，丘脑接收几乎所有来自感觉系统的输入，并指引这些信息进入适当的皮层区域。例如，当你正在阅读这一页书的时候，你的丘脑将视觉信号发送到视觉皮层区域；当你的耳朵接收声音的时候，信息被传递到听觉皮层区域。

丘脑在整合来自各种感官的信息的过程中也起着重要作用，而且还可能参与到学习与记忆的过程中（Bailey & Mair，2005；Ridley et al.，2005）。丘脑的损伤可能导致失聪、失明或者任何其他感觉的丧失（除了嗅觉）。这意味着对一些感觉信息的分析可能发生在这里。因为丘脑是到大脑皮层的主要感觉中继区域，损伤或异常同样会引起皮层对重要感觉信息的误读或遗失。例如，用脑成像技术进行的研究将丘脑异常与精神分裂症联系起来（Clinton & Meador-Woodruff，2004；Preuss et al.，2005）。精神分裂症是一种以感觉过滤与知觉问题为特征的严重心理障碍（第 14 章）。你能理解丘脑受损是如何导致精神分裂症的症状（例如幻觉和错觉）吗？

下丘脑 在丘脑下方有下丘脑（hypothalamus，"hypo-"是"在……之下"的意思）。尽管体积并不比一颗菜豆大，但它被称为"主控中心"，控制着情绪和许多基本的驱力，如饥饿、渴、性和攻击（Hinton et al.，2004；Wi-lliams et al.，2004）。其一般功能是调控身体的内环境，包括通过调控内分泌系统而实现的体温控制。悬在下丘脑下方的垂体腺通常被认为是内分泌主腺，因为它释放激活其他内分泌腺的激素。下丘脑与垂体间有直接的神经连接，可以释放自身激素到垂体的供血中，并以这种方式对垂体产生影响。

尽管它的体积很小，但下丘脑影响着行为的许多重要方面。它可以通过自身直接引发某些行为，也可以间接地控制自主神经系统的一部分和内分泌系统来影响行为。其中直接作用的一个例子是当动物下丘脑的相关区域受到影响时，它们会表现出进食和饮水行为模式的增加或减少（第 12 章）；而间接的影响则可以在应激和自主神经系统的相互作用中看到（第 3 章）。

边缘系统（Limbic system）是一组彼此相互联系的结构，大概位于大脑皮层和较低级脑结构的连接之处（因此，英文名 limbic 意为"边缘"）。边缘系统包括穹隆、海马、杏仁核、下丘脑和隔区（见图 2—12）。研究者对丘脑和大脑皮层这些结构是否该纳入边缘系统存在着分歧。

一般来说，边缘系统控制情绪、驱力和记忆。然而对边缘系统特别是杏仁核的研究主要关注其产生并调节攻击和恐惧（Blair，2004；Pontius，2005；Rumpel et al.，2005）。

边缘系统另一个广为人知的功能是它在快感和奖赏中的作用。詹姆斯·欧兹（James Olds）和彼得·米尔纳（Peter Milner）（1954）第一个报告电刺激边缘系统的某些区域会导致大鼠产生"快

71

丘脑 在脑干上方中继感觉信息到大脑皮层的前脑结构。

下丘脑 丘脑下方负责情绪和驱力（饥饿、渴、性和攻击）并调控身体内在环境的一个小的脑结构。

边缘系统 彼此相互联系的一组前脑结构，参与情绪、驱力和记忆过程。

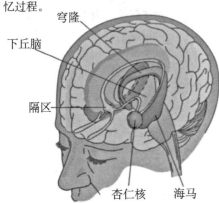

穹隆
下丘脑
隔区
杏仁核　海马

图 2—12　通常认为属于边缘系统的主要脑结构。

乐"的反应。这种感觉是如此有吸引力以至于大鼠会穿过电栅，游过它们平常躲开的水池，并将杠杆按上数以千次直到它们因为筋疲力尽而虚脱——一切为的只是让大脑的这个部位受到刺激。后续的研究发现了在其他动物甚至人类志愿者中也存在着相似的反应（例如，Dackis & O'Brien，2001）。现代研究表明，刺激大脑可能激活了神经递质而非离散的"快乐中枢"。

评　估

72

形象化的小测试

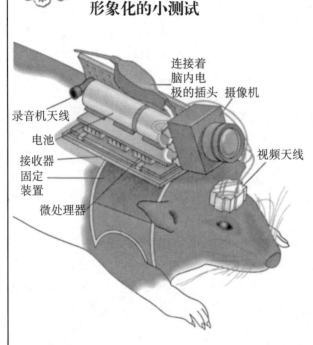

连接着脑内电极的插头　摄像机
录音机天线
电池
接收器
固定装置
微处理器
视频天线

行动中的机械大鼠

2002 年 5 月，布鲁克林的一个研究小组（Talwar et al.，2002）宣布了一个创造性的技术突破——"机械大鼠"。这些活生生的动物在复杂的地形上行走，而它们是以 500 码远的电脑控制者的意愿而行动的（Dorfman，2002）。这些"机械大鼠"十分重要，因为研究者相信它们可能在未来的某一天被放进倒塌的建筑物中去寻找生还者或者用于探测地雷。这个研究本身也可能引出绕过瘫痪病人受损神经的人工刺激大脑区域的方法。

为什么这些大鼠可以对远距离的控制产生反应呢？正如你在图中所见的那样，研究者在大鼠的脑部植入了电极，这些电极和无线电收发器、微型电视摄像头相连。研究者发送电信号到大鼠的脑以驱使它们向左、右转或者前进。当大鼠正确地反应时，它们得到了刺激它们快乐中枢的奖励。你能指出是大脑的哪些区域包含快乐中枢吗？

答案：边缘系统。

请记住，虽然边缘系统和神经递质可以作用于情绪行为，但是人类的情绪同样受到大脑皮层更高级中枢的调节。连接杏仁核以及边缘系统其他部分的皮层前部受到损伤可以永久性地损害社会与情绪行为。这又进一步证明了脑是一个不可分割、互相联系的整体。

评　估

检查与回顾

较低层次的大脑结构

大脑通常分为三个主要部分：后脑、中脑和前脑。脑桥和延髓作为后脑的一部分参与了睡眠、觉醒、做梦和控制身体自主功能；小脑作为另一部分，协调精细的肌肉运动、平衡以及一些知觉和认知。

中脑帮助协调运动的模式、睡眠和唤醒。网状结构穿过中脑、后脑和脑干，负责唤醒并且过滤进入的信息。

前脑包括丘脑、下丘脑、边缘系统和大脑皮层这几个结构。丘脑将感觉信息中继到大脑皮层。下丘脑关系到情绪和与生存相关的内在驱力（如饥渴、性和攻击）。边缘系统是关系到情绪、驱力和记忆的一组前脑结构（包括杏仁核）。大脑皮层控制了大部分复杂的精神活动，将在下一部分独立讨论。

答案请参考附录 B。
更多的评估资源：
www.wiley.com/college/huffman

问题

1. 什么是后脑的三个主要结构？
2. 针对醉酒驾驶的路边测试本质上是测试_____的反应。
3. 什么是大脑的主要感觉中继区域？

(1) 下丘脑；(2) 丘脑；(3) 皮层；(4) 后脑。

4. 为什么杏仁核是研究者关注的焦点？

73

大脑皮层："较高级"的加工中枢

大脑皮层 大脑半球的表层，调控大多数的复杂行为，包括感觉、运动控制和较高级的心理过程。

学习目标

大脑皮层是怎样控制行为和心理过程的？

你曾经在电视或电影里看过脑手术吗？打开头骨之后，你看到的第一个东西是一团皱褶的浅灰色的组织，恰当地说应该叫灰质（浅灰色来源于数以十亿计的神经细胞体及其树突和一些支撑组织）。其正下方就是所谓的白质，因为白色的髓鞘化轴突而得名，这些髓鞘化轴突连接着大脑外端皮层和下面的部位。

外部布满皱褶的一层称为**大脑皮层**（cerebral cortex），它负责我们最复杂的行为和高级精神活动。你的大脑皮层使你可以阅读这一页书，并深入思考其中的信息。它也使你能够决定是否同意所呈现给你的信息并和他人对此进行讨论。大脑皮层是脑至高无上的荣耀。它在人类的生命中起着非常重要的作用，许多人将它看做生命的本质。如果皮层丧失其功能，我们可能完全无法意识到我们自己和我们的周围世界。如果这种情况持续了一个月而没有任何迹象显示会有改善，这就是所谓的持续植物状态（PVS）。正如我们看到的 2005 年 Terri Schiavo 的案例，PVS 的诊断和法律后果是极富争议的（见图 2—13）。

尽管大脑皮层只有区区 1/8 英寸（约 0.32 厘米）的厚度，它却是由大约 300 亿个神经元和 9 倍于此数的胶质细胞组成的。当将它展开时，大脑皮层几乎覆盖一张标准报纸所占的面积。你的皮层和所有你的其他大脑结构是如何装进你的头骨里面的呢？想象一下把一张报纸弄皱卷起来放进一个球里，你会保留相同的表面积但占据了一个小得多的空间。大脑皮层包含了无数的"皱褶"（称为脑回），这使得上百亿的神经元可以容纳在狭小的头骨内。

 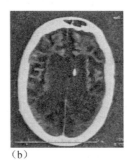 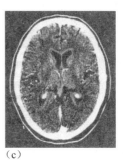

(a)　　　　　　　(b)　　　　　　　(c)

图 2—13　Terri Schiavo 和大脑皮层的重要性。(a) 2005 年关于 Terri Schiavo 的争论很大程度上在于是否应该准许她的丈夫移走她的摄食管道，因为她仍然可以自主运动和呼吸并表现出一些反射性反应。Terri 的父母和其他人相信这些较低层次的大脑功能足以证明生命的存在。另一方的支持者则觉得一旦大脑皮层停止运作，这个"人"就是死的而且没有任何伦理学的理由使那具身体存活下去。你是怎么想的？(b) 这是 2002 对 Terri 的 CT 扫描图，图上表明在她的大脑组织有一个显著的收缩（或萎缩），那里已经被黑色的脑脊液和一些连接组织所代替了。(c) 这是正常脑部的一张 CT 图。

整个大脑皮层和在它之下的两个半球像极了一个特大的胡桃。它们在中心之下甚至有非常相似的分界线。这条"分界线"（或称为"沟"）标记了占据大脑重量达 80％ 的左右半球。除了将要在后面部分讨论到的特定功能之外，右半球负责控制左边的身体，而左半球则控制右半边身体（见图 2—14）。

两个大脑半球被分为八个不同的区域，或称为叶（四个在左，四个在右）——两个额叶（在你的前额之后）、两个顶叶（从你头骨的顶部到后方）、两个颞叶（在你的耳朵附近的"太阳穴"区域）和两个枕叶（在你头的后面）。划分这些叶是通过视觉可辨的突出皱褶实现的，它们给我们提供了方便的地理界标（见图 2—15）。就像之前讨论过的较低层次的大脑部位一样，每一叶都专长于一定程度上不同的任务——又一个功能定位的例子。同时，一些功能在不同的叶之间有重叠。在我们详述每一脑叶及其功能的过程中，你可能需要参考图 2—15。

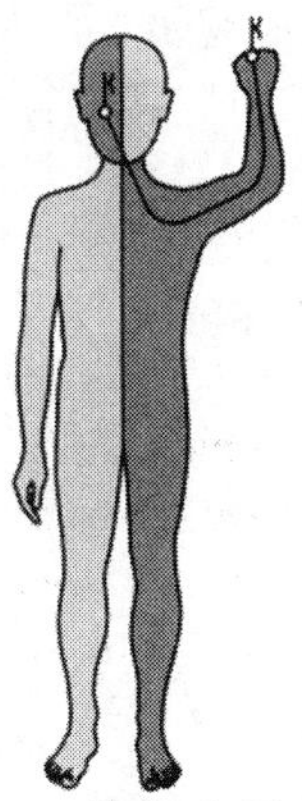

图 2—14　信息交叉。 从你左半边身体来的信息交叉到你的右脑半球。

额叶

额叶（frontal lobes）显然是皮层上最大的叶，它们位于两个半球顶部的前方部分——正好在你的前额后面。额叶接收和协调来自皮层其他六个叶的信息。额叶也负责至少其他三个主要功能。

（1）运动控制。在额叶的后部有运动皮层，那里发送信息到体内的不同肌肉和腺体。所有启动随意运动的神经信号都来源于这里。当你伸出手去一台自动售货机上选择一根糖果棒时，额叶的运动控制区域就会指挥你的手去按合适的控制杆。

额叶 大脑前方的两叶，掌管运动控制、语言产生和高级功能如思维、个性、情绪和记忆。

74

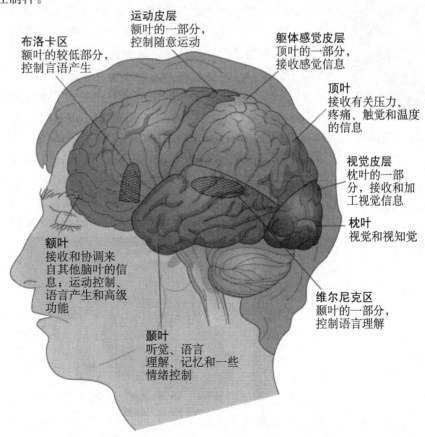

运动皮层
额叶的一部分，
控制随意运动

躯体感觉皮层
顶叶的一部分，
接收感觉信息

布洛卡区
额叶的较低部分，
控制言语产生

顶叶
接收有关压力、
疼痛、触觉和温度
的信息

视觉皮层
枕叶的一部分，接收和加工视觉信息

枕叶
视觉和视知觉

额叶
接收和协调来
自其他脑叶的信
息；运动控制、
语言产生和高级
功能

维尔尼克区
颞叶的一部分，
控制语言理解

颞叶
听觉、语言
理解、记忆和一些
情绪控制

图 2—15　脑的各叶。 图示左脑半球和它的四个叶（额、顶、颞、枕）以及它们的主要功能。

75

（2）语言产生。左侧额叶靠近运动皮层底部的皮层表面是布洛卡区，它在语言产生中起着重要作用。1865年，法国医生布洛卡（Paul Broca）首先发现了该区域损伤的病人说话十分困难但却能理解书面或口头语言。这种失语症（或语言能力损伤）被人们称为布洛卡失语症。

（3）高级功能。大多数使人类与其他动物区分开来的能力如思维、个性、情绪和记忆主要都受到额叶的控制。在精神分裂症病人中常能观察到额叶的畸形（第14章）。额叶的损伤影响动机、内驱力、创造性、自我觉知、自主性、推理和情绪行为。

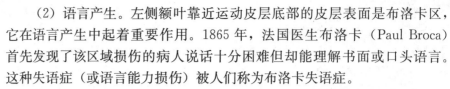

应 用　个案研究/个人故事

菲尼亚斯·盖奇（Phineas Gage）

1848年，25岁的包工头菲尼亚斯·盖奇（Phineas Gage）被一根炸飞的金属棒（重约5.9公斤、直径约7厘米、长约39.4厘米）穿透了脸和脑袋的前面部分（见图2—16）。令人惊异的是，这一击没有致命，只是把Gage击晕了，他的四肢痉挛般地战抖。但几分钟之后，他又能够和他的手下说话，甚至在几乎不用人搀扶的情况下走上了楼梯，1.5小时之后才得到了治疗。

尽管盖奇的身体的确活下来了，但他的心理却不再正常了。因为这个事故，他的人格发生了剧烈的转变。在爆炸之前，盖奇是"最有效率最能干的工头"、"一个精明的商人"，精力非常充沛并且坚持不懈地执行他所有的计划。在事故之后，盖奇"经常改变他打算做的事情，而且在其他事情上变幻不定、反复无常，对待建议没有耐心，变得固执和不再尊重他的手下"（Macmillan，2000，p.13）。用他的朋友和熟人的话来说，"盖奇不再是盖奇了"（Harlow，1868）。经过数月的恢复，盖奇尝试回到工作岗位，但他已不能胜任过去的工作。大脑的损伤使他改变了太多。

根据他的医生保留的历史记录，盖奇没有再找到过一份能和工头相比的工作。他通过打零工维持他的生活并周游了新英格兰州，他向人们展示他自己和那根填料的铁棒。他在Barnum博物馆也一度做过同样的事情。在糟糕的健康状况逼迫他回到美国之前，他甚至在智利生活了7年。在生命的最后一段时间里，盖奇经受了无数次愈发严重和频繁的癫痫发作。尽管那根捣料的铁棒给他的额叶带来了极大的伤害，他还是又活了11年半，最终死于癫痫。

盖奇如何能够存活呢？是什么导致了他人格的剧烈变化？如果那根填料的铁棒从一个稍微不同的角度穿过他的大脑，盖奇可能当场就毙命了。但就像你从上面的照片看到的那样，那根铁棒插入和穿出大脑的前部这个对身体存活并不必需的区域。盖奇的人格改变源于他额叶的损伤。正如这个案例和其他研究所表明的，额叶是与动机、情绪和许多认知活动密切相关的（Evans，2003；Hill，2004；Neubauer et al.，2004）。

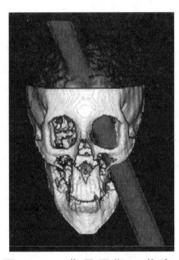

图2—16　菲尼亚斯·盖奇（Phineas Gage）的受伤。一次意外的爆炸使一根久约5.9公斤的填料铁棒穿透了年轻铁路监工菲尼亚斯·盖奇的大脑。之后，对事故记录保存良好，并且对他的行为也有深入的报道，这为额叶受损的短期和长期效应提供了珍贵的信息。

76

顶叶

顶叶（parietal lobes）位于大脑的顶部，就在额叶的后面。它们负责解码身体的感觉，包括压力、疼痛、触摸、温度和身体各部分的位置。当你踩上了一颗尖利的钉子时，你迅速（反射性）地缩回你的腿，因为有信息直接往来于你的脊髓。但是，在神经信息抵达大脑的顶叶前你都没有体验到"疼痛"。

让我们简要地讲讲两个特别的部位——运动皮层和躯体感觉皮层。回忆一下，运动皮层位于额叶的后部，控制随意运动。顶叶前部有一条类似的组织，名为躯体感觉皮层，接收关于身体不同部位的触觉信息。正如你在图 2—17 中所见，身体的每一个部分都在运动皮层和躯体感觉皮层上有对应的部分。然而，身体越重要的部分，它专用的皮层面积就越大。值得注意的是，面部和手对应着最大的皮层组织。这些区域比身体的其他部位更加敏感，同时也需要更精确的控制。也要注意的是，运动皮层的面积越大，运动控制也就越精确。

顶叶　位于大脑顶部的两叶，负责解码身体感觉。

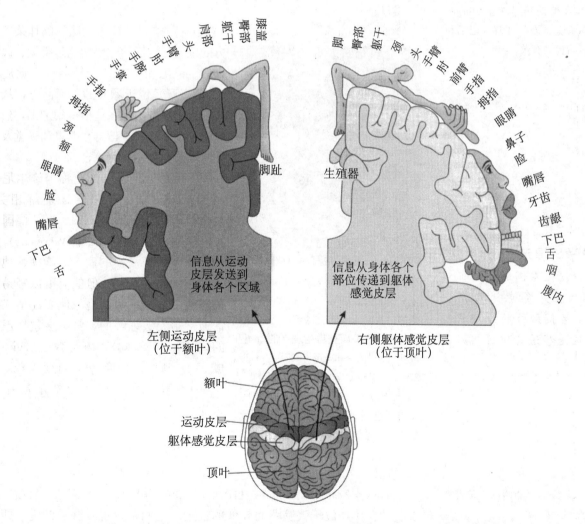

图 2—17　运动皮层和躯体感觉皮层上对应的身体部位。这幅图示代表了一个左脑半球运动皮层和躯体感觉皮层的垂直截面。如果身体区域真的和运动与躯体感觉皮层上对应的组织数量成比例的话，我们的身体看起来就像画在皮层外缘的形状奇怪的人类图像一样。

你自己试试

你想不想用快捷的方法来理解运动皮层和躯体感觉皮层？

（1）运动皮层。试试同时摆动你的每一个手指。现在试试摆动你的每一个脚趾。注意图 2—17 中你手指代表的运动皮层面积如何远大于你的脚趾，因此这就能解释你对自己的手指拥有更大的敏感性和更精确的控制。

（2）躯体感觉皮层。让一个朋友闭上他/她的眼睛。随机地用几根手指（1～4 根），按在你朋友背部的皮肤上 1～2 秒，然后问："我用了几根手指？"

在他/她的手掌或手心上重复相同的过程。你会发现当你按着手时回答的精确性远高于当你按着背时。再次注意图 2—17，看看手部的躯体感觉皮层面积是如何远大于背部的，这样就解释了为什么我们的手比背更加敏感。

颞叶   大脑两边耳朵上方的两叶，与听觉、语言理解、记忆和一些情绪控制有关。

颞叶

颞叶（temporal Lobes，拉丁文"属于太阳穴"）位于大脑两侧耳朵正上方的位置。它们的主要功能是听觉、语言理解、记忆和一些情绪控制。听觉皮层（加工声音）位于颞叶的顶部前方，从双耳进入的感觉信息在这里得到加工，然后传递到顶叶，听觉信息在那里和视觉及其他身体感觉信息进行综合。

音乐和脑。你可曾想过一个伟大的音乐家的大脑是否异于常人呢？答案是是的！我们的大脑会随着学习和从环境得来的经验而获得生理上的重塑和改变（例如，Schmidt - Hieber et al.，2004；Shabin et al. 2003）。这个名为 Carlos Santana 的音乐家，大脑的听皮层受到过训练（和塑造），即使是最微小的声音梯度也可以辨别。

左侧颞叶的一个部位称为维尔尼克（Wernicke）区，它和语言理解相关。在布洛卡的发现之后约 10 年，德国的神经学家维尔尼克（Carl Wernicke）记录了这个区域受损的病人不能理解他们读到和听到的东西。但他们可以轻易而快速地说话。不幸的是，他们说出来的话通常是无法理解的，其中会包括虚构的词（如 chipecke），声音替换（girl 变成 curl）和词语替换（bread 变成 cake）。这些综合征现在被称为维尔尼克失语症。

学习提示

记住左侧额叶的布洛卡区是负责语言产生，左侧颞叶的维尔尼克区是和语言理解相关的。

枕叶   大脑后面的两叶，负责视觉和视知觉。

78

枕叶

正如名字所表示的那样，**枕叶**（occipital lobes，拉丁语"在后面"和"头"的合体）位于大脑背面较低的位置。它们负责视觉和视知觉。即使眼睛和它们通往大脑的神经连接是完好无损的，只要枕叶受到了损伤也会导致失明。此外，枕叶也与形状、颜色和运动知觉有关系。

联合区域

到目前为止，我们主要关注的是相对较小的八个脑叶，它们每一个都有特定的功能。如果一个外科医生用电刺激你的顶叶，你很有可能报告出物理感觉，例如对触摸、压力等的感觉。另一方面，如果外科医生刺激的是你的枕叶，你可能会看见闪现的光或颜色。

但令人惊讶的是，皮层的大部分区域在受到刺激时并不会出现什么反应。然而，这些所谓的安静区域并不是沉寂的，它们积极地参与到大脑的工作中，对其他部位所加工的信息进行解释、整合和判断。因此，对"沉默区域"更适当的称呼应为**联合区域**（association areas），因为它们联系着大脑不同区域和不同功能。例如，位于额叶的联合区域协助决策与计划的过程。类似地，位于运动皮层正前方的联合区域参与了计划随意运动的过程。

正如你在第 1 章中所学到的，心理学中最流行的神话就是我们只使用了脑的 10％。这一神话也许可以从早期对大脑联合区的研究谈起。我们已经知道大约 3/4 的皮层是"未分化"的（就是说在电刺激脑的这一区域时，没有精细、特定的功能反应），研究者可能会误以为这些区域是没有功能的。

联合区域　大脑皮层所谓的沉默区域，参与解释、整合并作用于其他脑区加工的信息。

◢ 两个大脑半球实际上是一体？一所分隔的房子

我们先前提到过大脑的左右半球控制着身体的对侧。每一个半球同样具有特化的分离的区域［这又是一个功能定位的例子，不过这里更专业一点说应称为**单侧化**（lateralization）］。

单侧化　大脑左右半球对特定功能的专化。

评估

形象化的小测试

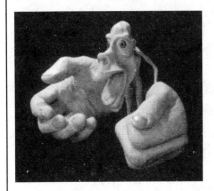

你能解释为什么这张图画里手和脸会如此大呢？为什么相应的比例在非人类的动物身上可能会有不同呢？

答案：较大的手和脸反映了对精确运动控制的较大的皮层区域和人类需要在手和脸上的更强的敏感度（也见图 2—17）。其他非人类动物有不同的需要，因此比例也会不一样。例如，蜘蛛猴的尾巴有大的运动和躯体感觉皮层区域，因为那就像它们的胳膊和手掌一样。

到了 19 世纪中叶，早期的研究者们已经发现了左右半球负责完成不同的任务。除了给大脑和神经系统绘制图样，他们也记录了大脑一侧受损会导致对侧肢体的瘫痪或感觉的丧失。几乎是在同一时间，与盖奇类似的

案例研究记录了发生在左半球的意外伤害、中风和肿瘤通常会导致语言、阅读、书写、谈话、数学推理和其他高级心理过程的问题。因此"沉默的"右半球逐渐被看做"次要的"或"非优势的"半球，没有什么特定的功能和能力。

裂脑研究

20 世纪 60 年代，由于对**裂脑**（split-brain）病人里程碑式的研究，关于左右脑主次之分的描述开始转变。

通常来说，两个大脑半球在几个地方是有联系的。但是左右两半之间最主要的联系是位于皮层之下的一束厚厚的带状神经纤维，名为**胼胝体**（corpus callosum）［见图 2—18（a）］。

在某些严重癫痫的病例中，外科医生切断胼胝体以阻止大脑一侧的癫痫发作蔓延到另外一侧。由于脑外科手术会造成极端永久改变的程序，通常最后才使用这样的手段，只有在任何其他治疗手段都对病人的病情无效时才会实行。幸运的是，总体上讲结果是成功的——癫痫发作减少，有时甚至完全消失。

裂脑病人无意中也为科学研究带来了附带的好处。这个手术切断了两个半球间仅有的直接联系，因此它揭示了每一侧半球在彻底与另一侧分离的时候能做些什么。虽然 1961 年以来进行的裂脑手术已经相当少了，但是所进行的研究却深刻地推进了我们对两侧大脑半球是如何起作用的理解。1981 年，罗杰·史贝利（Roger Sperry）因为他的裂脑研究获得了诺贝尔生理学/医学奖。

在裂脑手术之后，这些病人是怎样活动的呢？手术的确产生了一些不寻常的反应。例如，一个裂脑病人报告说，当他穿衣服时，他有时候用左手拉下自己的短裤但却用右手拉起来（Gazzaniga，2000）。不过一般来说，大多数病人除了更少的癫痫发作之外，很少表现出外在的行为变化。实际上，著名心理学家 Karl Lashley 曾经打趣说胼胝体的唯一功能就是防止两个半球下陷（Gazzaniga，1995）。

裂脑病人身上隐约的变化通常只会在专门的测试中才会表现出来。当要求一个裂脑病人向前直视，而一张青蛙图在他的左视野闪现时，他不能够对它命名。但他可以用他的左手指出一张青蛙的照片。你能解释这是为什么吗？

要回答这个问题，你需要理解关于大脑的两个主要特点。首先，如你所知，左半球从右侧身体接收并向右侧身体发送信息，反之依然。然而，视觉是不同的。你的眼睛与你的大脑连接方式是这样的：当你向前看时，视野的左半边同时通过两只眼睛发送一个影像到你的右半球。相似地，你视野的右半边信息也仅仅传递到你的左脑［见图 2—18（b）、图 2—18（c）］。

假设你并没有裂脑，如果信息只提供给你的右半球，它会很快地发送到你的左半球，位于左半球的言语中枢将其命名。当胼胝体被割裂开，图像仅被呈现在左视野时，信息就不能够从右半球传递到左半球。因此，病人不能说出他看见的是什么，但是他能够用左手指出具有相同物体的照片［见图 2—18（d）、图 2—18（e）、图 2—18（f）］。

裂脑 通过外科手术来实现的大脑两个半球的分离。医学上用于治疗严重癫痫。裂脑病人提供关于大脑两个半球功能的数据。

胼胝体 连接大脑左右半球的神经纤维束。

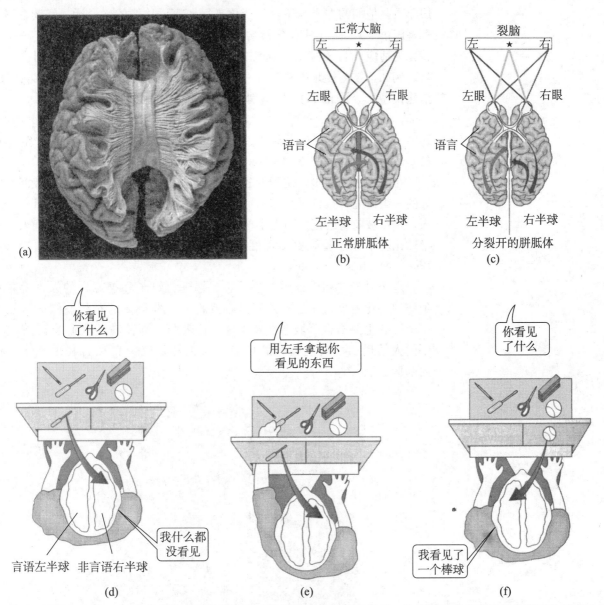

图 2—18　裂脑研究。（a）这张真实人脑的照片中，移除了大脑顶部组织后，连接着两个半球的纤维胼胝体暴露出来。（b）想象这是你大脑的一张示意图，你被要求向前直视。注意在你双眼左侧的视野是如何只与你右侧大脑相连的。来自每只眼右侧视野的映像连接着左半球，每边半球所接收的信息通过胼胝体传递到另外一边。（c）然而，当胼胝体被切断，裂脑病人不能接收那些正常来说由两个半球分享的信息（注意：因为视神经不是胼胝体的一部分，所以当胼胝体被切断时视神经不受影响）。（d）当一个裂脑病人注视前方，而一幅螺丝刀的图画只在左视野闪现时，信息只被限制在非语言的右半球。因此，病人不能说出他看见了什么。（e）当被要求"拿起你所看见的东西"时，病人的左手可以接触到藏在屏幕后面的物品并轻松地识别出螺丝刀。这表明右半球接收到了螺丝刀的图片映像。但病人不能命名它是因为信息不能跨过切断了的胼胝体到达通常负责加工语言的左半球。（f）注意棒球的影像呈现在左半球时，病人轻易地命名了它。你能理解为什么裂脑病人研究对那些致力于研究两个半球不同功能的脑研究者是如此的重要吗？

半球功能专化

许多对裂脑病人的研究以及最近对大脑正常个体的研究证明了两个大

脑半球之间的一些不同（归纳在图 2—19 中）。一般来说，有大约 95％的成年人，他们的左半球不仅是特化来行使言语功能的（说话、阅读、书写和理解语言），而且具有分析功能，如数学计算。对比之下，右半球主要特化为适应非言语能力。这包括艺术和音乐技能以及知觉、空间操纵技巧，例如，技巧性地穿过一个空间、绘画或建造几何的设计、智力拼图、搭建模型车、画油画以及识别面孔和面部表情（例如，Bjornaes et al.，2005；Gazzaniga，1970，1995，2000；Lambert et al.，2004；Sabbagh，2004）。研究也表明右半球对复杂的词语和语言理解也可能起一定作用（Coulson & Wu，2005；Deason & Marsolek，2005）。

在另一个研究中，位于麻省麦克连医院由 Fredric Schiffer（1998）领导的一组研究者报告了个性的不同方面出现在不同的大脑半球。有一个病人，童年被欺侮的记忆对右半球的干扰大于左半球。而对另一个病人，右半球比左半球体验到更多负性的情绪，如孤独和悲伤（Schiffer，Zaidel，Bogen & Chasan-Taber，1998）。

是否对于左利手（用左手写字、握锤打钉子和扔球）的人来说左右半球的特化就反过来了？这不是必然的。大约 68％的左利手和 97％右利手个体的主要语言区域会在左半球。这表明，即使右边大脑支配着左利手的人的运动，其他类型的技能通常也都是定位在和右利手个体一样的脑区。

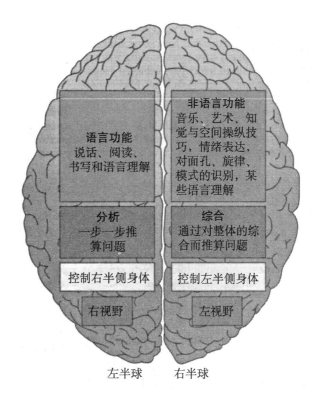

图 2—19 左右半球的功能。左半球专擅语言和分析功能。右半球则专注于非语言能力，例如空间操纵技巧、艺术与音乐能力和视觉识别任务。需要记住的是，当我们执行任何任务或者对任何刺激反应时，两个半球几乎都会激活。

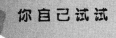

你想看看你自己两个半球功能特化的演示吗？

某个研究指出，眼睛在一个需要左半球参与的心理任务中倾向于右偏转，而在那些需要右半球的任务中向左偏转（Kinsbourne，1972）。向一个朋友读出下列的问题，并记录在他/她思考问题的时候，眼睛向左还是向右偏转。尝试以尽可能自然的方式来监控你朋友的眼睛。

（1）定义"遗传"这个词。

（2）标点符号的功能是什么？

（3）自由女神像的哪只胳膊是举起来的？

（4）"回车键"在键盘的什么位置？

前两个问题涉及语言技能和左半球。回答它们应该会产生更多向右的眼动。问题 3 和问题 4 需要空间推理和右半球，因而会引发更多向左的眼动。

尝试再测试至少四个朋友和家庭成员。你会发现两个要点：（1）大脑单侧化是一个程度上的问题——不是全或无的；（2）个体差异的确存在，尤其是在左利手的人中。

尽管左利手的人生活在一个右利手的世界里会面临一些困难，但左利手的个体可能实际上会有一些优势。例如，历史表明，在艺术、音乐、运动和建筑领域取得伟大成就的个体，左利手的人数与其在人群中所占比例相比要多，这其中包括达·芬奇、米开朗基罗、毕加索和埃舍尔（M. C. Escher）。因为右半球在想象和形象化三维物体上更有优势，这可能对用左手绘图、画画和制图有帮助（Springer & Deutsch，1998）。而且，左利手的人会从中风导致的大脑语言区域的损伤中恢复得更好，这可能是因为左利手的人的非语言半球能够更好地补偿（Geschwind，1979）。

"被忽略的右半球"之谜

指导"右脑思维"和"右脑绘画"的课程和书籍通常会承诺通过唤醒你所忽略的和未被充分利用的右脑来增加你的直觉、创造性和艺术能力（例如，Bragdon & Gamon，1999；Edwards，1999）。而事实上是，两个半球以一种协调、整合的方式共同工作，双方都有重要的贡献。如果你是一个已经结婚并育有小孩的学生，你会很容易理解这个原理。就好像你和你的伴侣经常"限定"在不同的工作（一个替孩子洗澡，另一个刷碗筷）中一样，两个半球也分摊它们的工作量。然而，父母双方和半球双方通常都意识到另外"一半"在做什么。

在神经系统的游历中，功能定位和专化原理是普遍存在的——树突接收信息、枕叶专擅视觉等。然而请记住，脑和神经系统所有部分的作用都是重叠和同步的。

83

 应 用

批判性思维

批判性思维的生物学（由 Thomas Frangicetto 提供）

许多学生觉得这一章难是由于大量不熟悉的术语和概念，这个练习会帮助你：

● 复习在考试中可能出现的生物学关键术语。
● 用这些术语进行批判性思维练习。
● 用附录 B 核对你的答案。

第 1 部分：匹配以下来自第 2 章的每个术语和相应的简要描述。

1. ＿＿＿＿杏仁核　　　　a. 唤醒
2. ＿＿＿＿胼胝体　　　　b. 语言/分析
3. ＿＿＿＿多巴胺　　　　c. 情绪、冲动、抑郁
4. ＿＿＿＿额叶　　　　　d. 视觉/视知觉
5. ＿＿＿＿下丘脑　　　　e. 听觉/语言
6. ＿＿＿＿左半球　　　　f. 协调
7. ＿＿＿＿小脑　　　　　g. 内环境
8. ＿＿＿＿枕叶　　　　　h. 平复
9. ＿＿＿＿副交感神经系统　i. 连接两个半球
10. ＿＿＿＿顶叶　　　　　j. 身体感觉
11. ＿＿＿＿右半球　　　　k. 情绪
12. ＿＿＿＿5-羟色胺　　　l. 运动、言语和高级功能
13. ＿＿＿＿交感神经系统　m. 非语言能力
14. ＿＿＿＿颞叶　　　　　n. 运动、注意、精神分裂症

主动学习

第 2 部分：正如前面所提到的那样，你的大脑和神经系统控制了你所做、感觉、看或想的一切事情，它们同样控制了你的批判性思维。对于下面的每一个情况，首先从序言中确定描述的是哪一个批判性思维成分。然后确定在第 1 部分中列出的大脑或神经系统的哪个区域最可能参与这个批判性思维的应用中（提示：如果你需要帮助，请复习每个术语相关的课文内容，而非只看之前的简要描述）。

1. Tamara 写了几本儿童故事书并尝试自己画插图。经过多次失败的努力，她承认自己能力有限并雇用了一个专业的艺术家。

批判性思维：＿＿＿＿　生物学区域：＿＿＿＿＿

2. 在学校的课程中，Samantha 成绩落后了。这主要是因为上课时她没有集中注意力。她决定要仔细聆听和做详细的笔记，然后她的成绩明显地提高了。

批判性思维：＿＿＿＿　生物学区域：＿＿＿＿＿

3. 开始了新工作两周之后，Alex 感到很大的压力并被压垮了，他打算辞职，但他的老板劝说他留下。Alex 一旦接受了他老板说的使他恢复信心的话（不确定性和错误是适应新工作中正常的一部分），他的压力导致的症状（呼吸急促和血压升高）很快就消失了。

批判性思维：＿＿＿＿　生物学区域：＿＿＿＿＿

 评 估

检查与回顾

两个大脑半球实际上是一体？

大脑皮层是大脑两个半球表面的薄层，调节着大多数复杂的行为和高级的心理过程。左右半球占了脑的大部分重量，每个半球分成四叶。额叶控制运动、言语和高级功能。顶叶是接收感觉信息的区域。颞叶则参与听觉、语言、记忆和一些情绪控制。枕叶则致力于视觉和视觉信息加工。

两个半球由胼胝体连接起来，通过胼胝体，两个半球可以互相沟通和

协调。裂脑研究表明，在某种程度上，每个半球执行的功能是分离的。对大多数人，左半球在语言技能上占优势，例如说话和书写以及分析任务。右半球则看似是在非语言任务，例如空间操纵技能、艺术与音乐，以及视觉识别上占优势。

问题

1. 组成大脑外表面的凹凸不平、充满皱褶的区域是＿＿＿＿。

2. 假如你正在演讲，说出参与下列行为的脑叶：

（a）看着观众的脸
（b）聆听观众的问题
（c）在你准备回家的时候，回忆你的车停在哪里
（d）注意到你的新鞋太紧了，脚被弄疼了

3. ＿＿＿＿叶调控我们的人格，并在很大程度上负责那些使我们成为独

特人类的特性。　　　　　　　的，它们通常都有密切的沟通联系，　　答案请参考附录 B。
　　（a）额　（b）颞　　　　这是由于有了_____。　　　　　　更多的评估资源：
　　（c）顶　（d）枕　　　　　　　（a）交互环路　（b）丘脑　　www.wiley.com/college/huffman
　　4.尽管左右两个大脑半球是专化　　（c）胼胝体　（d）小脑

我们的遗传基因

84

我们之所以成为今天这个样子，是源于数千年以前发挥作用的演化动力，那时你我甚至还未出现在地球上。在那个时候，我们的祖先到处寻食，为生存战斗，并将那些代代相传的特征流传下来。这些传递下来的特征在今天是如何影响我们的呢？我们现代的暴力犯罪、凶杀和国际冲突是否继承自古代祖先流传下来的攻击性基因呢？或者这是我们受当前环境影响的结果？如果你像你的父母一样友善而外向，这是遗传的还是习得的？要回答这些问题，心理学家通常会借助于**行为遗传学**（behavioral genetics），这是一门研究遗传与环境对行为和心理过程相对作用的学科。答案同样可以在**演化心理学**（evolutionary psychology）里找到。演化心理学是用自然选择和适应解释行为和心理过程的研究。

> **学习目标**
> 遗传和演化是如何与人类行为联系在一起的？

行为遗传学　研究遗传和环境对行为和心理过程相对作用的学科。

演化心理学　心理学的分支，用自然选择和适应解释行为和心理过程的研究。

行为遗传学：先天还是后天？

有了好的遗传，自然给了你一手好牌；有了好的环境，你就能学会打好你手上的牌。

——Walter C. Alvarez

早期人们认为遗传特征是通过血液传递下来的——回想那句谚语，"他的身上流着他家族的坏血"。我们现在知道实际上比这要复杂得多。让我们从你生命的开始讲起。在你受精的那一刻，你的母亲提供一套 23 条的**染色体**（chromosomes），你的父亲提供另一套同样数目的染色体。每一条这样的染色体都是一个复杂的化学分子，称为 DNA（脱氧核糖核酸的简称）。DNA 包含在母亲的卵细胞和父亲的精子里。DNA 分子是一个长长的链状结构，由成千的基本遗传单位——**基因**（genes）组成（见图 2—20）。一对这样的基因（一个来自你的母亲，一个来自父亲）会决定你的一些性状特征，例如血型。但你几乎所有的其他特征，包括攻击性、社交性甚至身高都是由许多基因的组合共同决定的。

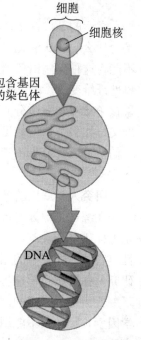

染色体　携带遗传信息的线状 DNA（脱氧核糖核酸）分子。

基因　占据染色体特定部位并携带遗传密码的 DNA（脱氧核糖核酸）片段。

图 2—20　DNA、基因、染色体、细胞。我们体内每个细胞的细胞核都含有基因，它们携带着遗传密码。我们的基因沿着染色体排列，它们是彼此缠绕的配对 DNA（脱氧核糖核酸）的条带。

85

显性和隐性性状

正如我们刚才看到的那样，你从父母身上分别遗传了 23 条染色体。而对于很多特征，你得到了对应于你每一个性状的一对对基因。来自你父亲或母亲的特定基因在你体内是否表现取决于这个基因是隐性的还是显性的。一个显性的基因只要存在就会表现；相反，一个隐性的基因只有基因对里的另一个基因也是隐性的时候才会表现。

人们曾经设想过像眼睛颜色、发色或身高这样的性状是由一个显性基因或一对隐性基因决定的。但现代遗传学认为这些性状都是多基因的，即它们受多个基因的控制。除此之外，许多如身高或智力这样的多基因性状也是多因素的。这意味着除了受一些基因的影响，它们也受环境和社会因素的影响。例如，营养不良的孩子可能会达不到他们遗传潜力中的最大身高或最高智力。正如图 2—21 描述的那样，舌头卷曲是只取决于显性基因的性状之一。

你自己试试

你能纵向地卷曲你的舌头？

卷舌头是那些只基于显性基因的性状之一。如果你能卷曲你的舌头，那么你亲生父母中至少有一个人也能卷他/她的舌头。然而，如果你的双亲都是"不能卷曲者"，他们都一定具有卷曲的隐性基因。

图 2—21　显性基因的实例。

幸运的是，许多严重的遗传疾病不是由显性基因遗传的。你能理解这是为什么吗？从演化的观点看，患病严重的后代通常存活的时间不够长，不能将这种疾病遗传给他们自己的后代。然而，某些隐性基因的疾病，如囊性纤维变性、Tay-Sachs 病（家庭黑蒙性白痴）或镰状细胞性贫血，如果孩子从双亲那里分别接受了同样的隐性基因，就可能遗传到孩子身上。准父母如果害怕他们可能带有遗传疾病，可以接受遗传咨询，这可以帮助他们估算后代继承了某种遗传疾病的风险。

研究人类遗传的方法

在综述了行为遗传学的一些基本术语和概念之后，让我们谈谈科学家是怎样研究人类遗传的。如果你想测定遗传或环境对复杂的性状如攻击性、智力或社交性的相对影响，你该怎么做呢？对于非常简单的植物遗传研究，你可以简单地将一种植物与另一种杂交，然后看看你期望的性状在下一代会是怎么样的。但你该怎么进行人的研究呢？由于显而易见的伦理学因素，科学家不能用选择性杂交的实验。他们通常依靠四种不太直接的方法。

　　(1) 双生子研究。心理学家对研究双胞胎特别感兴趣，因为他们是仅有的拥有高比例相同基因的人。同卵双生子之间共享了 100％ 的基因，异卵双生子则平均来说分享了 50％。50％ 和 100％ 的区别可以用这两种双胞胎产生的方式来解释。你可以在图 2—22 中看到，同卵双生子是由母亲的一个受精卵分裂成两个（但完全一样）细胞而产生的。这些细胞接着产生了两个带有完全相同（100％）遗传信息的完整个体。而只有 50％ 相同基因的异卵双生子是由父亲的不同精子分别与母亲的两个独立卵细胞受精而产生的。这些双生子在受精时间、子宫环境和出生时间上的经历都类似，他们之间在遗传上与在不同时间出生的兄弟姐妹之间相似程度大体一致。异卵双生子只不过是九个月的"子宫伙伴"。

86

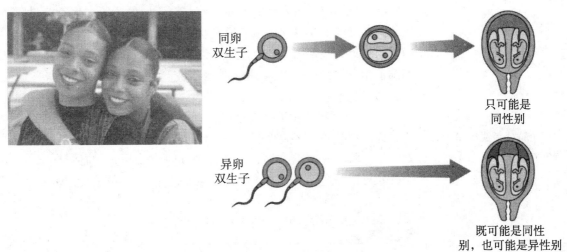

图 2—22　同卵和异卵双生子。 同卵双生子是一个受精卵分裂为两个独立（但完全一致）的细胞，并进一步形成两个拥有完全相同（100％）遗传物质的个体。异卵双生子则是两个独立的卵细胞与不同的精子受精，并进一步发育为两个共享平均 50％ 同样基因的独立个体。

　　同卵和异卵双生子有不同比例的共同基因，然而他们仍然有共同的生父生母和总体来说相对一样的养育环境。你能理解双生子研究是如何为我们提供了一种珍贵的"自然实验"吗？研究者同时收集两种双生子的数据。如果他们发现异卵与同卵双生子之间有显著的差异，这些差异就可能来源于他们各自遗传方式的不同。换句话来说，如果一个性状或行为在某种程度上是受遗传影响的，同卵双生子就会比异卵双生子相互之间更相似。

　　双生子研究为遗传对行为的相对作用提供了许多信息。例如，智力的研究表明同卵双生子具有几乎完全一样的 IQ 得分，而异卵双生子 IQ 得分的相似性则只是稍微高于非双生的兄弟姐妹之间的相似性（Bouchard, 2004；Plomin, 1999）。这个差异揭示了遗传对智力的影响。

　　(2) 家庭研究。为什么一个心理学家会对研究家庭的行为遗传学感兴趣呢？如果一个特定的性状是遗传的话，那么较高的性状相似性会在生物上有血缘关系的亲戚中体现出来。那些共享了更多基因的亲戚如兄弟姐妹或者双生子就会体现出比表亲更多的相似性。通过利用血亲（兄弟姐妹、父母、姑姨、叔伯、表亲等）的遗传史，家庭研究揭示了许多性状和精神疾病，如智力、社交性和抑郁，的确在家族中流传——正如我们将要在下面的章节中看到的那样。

（3）收养研究。另一种"自然实验"——收养关系同样为理解遗传或环境对行为的相对作用提供了重要的信息。你能理解为什么吗？即使他们不是在生父母的家庭中长大的，但如果收养的孩子与他们的生父母在人格、精神障碍或其他性状上更类似，那么遗传因素也可能会有更大的影响。相反，如果没有相似基因的共享，收养的孩子与收养他们的家庭更相似，那么环境的因素就更占优势了。

（4）遗传异常。行为遗传学研究同样关注基因功能异常导致的失常和疾病。例如，一条额外的 21 号染色体片段通常会导致一种名为唐氏综合征的疾病。患有唐氏综合征的人通常有与众不同的圆脸，伴有跨过眼睛内部边缘的细微的皮肤皱褶，他们通常也有心理运动和身体发育的缺陷，并且智力迟滞。一些基因和染色体的异常也被认为是阿尔兹海默症（包括严重的脑退化、记忆丢失和精神分裂症这种严重的与现实失去联系的心理失常）的可能致病因素。

通过这四种方法的研究结果，行为遗传学家可以估计不同性状的遗传力，即个体差异在多大程度上是遗传因素而非环境差异的结果。如果基因对一个性状没有贡献，那么对**遗传力**（heritability）的估量就为。如果一个性状可以完全归因于遗传，我们会说它有 100% 的遗传力。

遗传力 一个特征与遗传先天因素相关程度的测量。

87

应用　将心理学应用于日常生活

纠正错误的遗传观念

行为遗传学和遗传力是大众媒体和现代心理学的热点话题。每天我们都被关于基因和假定的关于智力、性取向和运动能力遗传力的新发现所包围着，但新闻报道经常是误导的并会引起误解。如果你听到关于遗传力的估量，请记住以下的忠告。

（1）遗传性状不是固定不可改变的。在听到最新研究后，有些人变得不合情理地气馁了。他们害怕由于特定的生物学遗传，他们注定要有心脏病、乳腺癌、抑郁、酗酒和其他问题。请记住基因对疾病和行为影响可能很强，但这些遗传学研究并没有反映环境干预可能会怎样改变结果。如果你遗传了一个与某个不好的性状可能有关的遗传倾向，通过学习所有关于这个性状的信息，你能极大地影响你最终得到这个性状的可能性。此外，改变生活方式可以防止某些遗传问题的发展，或者使之影响降到最低（而且，记住生命中没有东西是 100% 遗传的——除了性别。但如果你的父母都没有，你就 100% 不会）。

（2）遗传力的估量不适用于个体。当你听到媒体报道说智力或运动天分有 30%～50% 是遗传的，你会觉得这适用你这个个体吗？你相信如果智力有 50% 是遗传的，那么 50% 就来源于父母，50% 来源于环境吗？这是一个常见的误区。遗传力的统计分析是一种数学上的计算，表示一组人的遗传变异解释一个性状全部变异的比例，而不是针对个体的。例如，身高具有最高的遗传力估计——大约 90%（Plomin，1990），然而，你自己的个人身高可能会与你的父母或其他血亲非常不同，我们每个人遗传了一套独一无二的基因组合（除非我们是同卵双生子）。因此，你的个人身高是不可能从遗传力估量中被预测得到的。你只能对一个群体的整体进行估计。

（3）基因和环境是密不可分的。正如在第 1 章（和贯穿于后续章节）中讨论到的那样，生物学、心理学和社会的力量都会互相影响并密不可分——生物心理社会模型。想象你的遗传基因就像水、糖、盐、面粉、鸡蛋、发酵粉和油一样，当你混合这些成分并将它们倒进热的浅锅里时（一个环境），你得到薄烤饼；加更多的油（一个不同的基因组合）和一个蛋奶烘饼烤模，你会得到华夫饼干；有了另一套成分和环境（不同平底锅和一个烤箱），你可以得到薄煎饼、松饼或者蛋糕。你又怎么能够将这些成分和烹饪方法分离开来呢？

▎演化心理学：达尔文解释行为和心理过程

正如我们所见到的那样，行为遗传学研究帮助解释我们个体行为中遗传（先天）和环境（后天）的作用。为了增加我们对遗传倾向的理解，我们同样需要看看从我们的演化历史传递下来的普遍存在的行为。

演化心理学认为许多普遍的行为（从进食到与敌人战斗）在人类种群中出现和保留下来是由于它们帮助我们的祖先（和我们自己）生存下来。这个观点是基于查尔斯·达尔文（Charles Darwin）（1859）的著作，他认为自然的力量选择了那些能与有机体生存相适应的性状。当一个特定遗传性状给予了一个人优于其他人的繁殖优势时，**自然选择**（natural selection）的过程就会出现。有些人误以为自然选择意味着"最合适者生存"，但事实上真正有关系的是繁殖——基因组的生存。因为自然选择，最快的或者最合适的有机体会比那些不太适应的存活更长时间而进行交配，从而将它们的基因传递到下一代。

想象你一个人在一个遥远的地方露营，此时你看见一只巨大的灰熊正在接近你。根据自然选择原理，你生存的机会在于你对威胁的反应有多快和多机智。如果是你和你的孩子，以及一群陌生人和他们的孩子在同一地点露营呢？你会保护谁？

绝大多数父母会"自然而然地"选择去帮助他们自己的孩子。为什么？为什么这些感觉如此"自然"和自动？根据演化心理学家所说，自然选择青睐那些对亲属的爱护程度与其生物上相关程度成正比的动物。因此，大多数人将更多的资源、保护、爱以及关注给自己的近亲。这种帮助确保他们的"基因生存"。

除了自然选择之外，基因突变也有助于解释行为。假定我们每个人遗传了成千的基因，那么每个人携带了至少一个突变了的（或者说与原来不同的）基因的可能性是很高的。绝大多数的突变基因对行为是没有任何影响的。但是，一个突变了的基因偶尔改变了一个个体的行为，它可能导致一个人变得更加热衷社会交往，更加愿意冒险或者更加小心翼翼。如果那个基因给予了那个人繁殖优势，他或她会更有可能传递基因

自然选择 演化的驱动机制，它 88 使得具有某种基因的个体产生某种性状，并且适应特定环境得以生存并繁殖后代。

到未来的后代。然而值得注意的是，这个突变并不保证长期的生存。一个基因突变有时候可能产生一个对当前环境适应得完美无缺的种群，但当环境改变时，这个种群可能会很快消亡。

 目 标 性别与文化多样性

性别差异的演化

根据演化理论，现代的男性和女性具有的一些性别差异帮助了我们的祖先适应他们的环境并因此而生存和繁衍。正如你在图 2—23 中所看到的，某个研究揭示了一个大脑功能单侧化在男女之间的差异。图 2—24 同样显示了男性倾向于在数学推理和空间方位的测试中获得较高分数，而女性则在涉及数学计算和需要知觉速度的测试中得分较高；男性也倾向于在目标指向的运动技能中表现得更加精确，而女性则在精细运动协调的技能中表现得更有效率。是什么导致了这些差异呢？

89

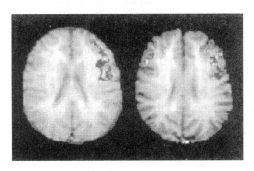

图 2—23 大脑半球功能侧化的性别差异。这是在一个涉及韵律的词汇任务中对男性（左）和女性（右）大脑的 MRI 扫描。注意男性大脑的激活大部分局限于单一半球，而在女性中则同时出现于两个半球。

对于演化心理学家来说，一个可能的答案是古代的社会通常让男性从事"打猎"的工作，而让女性从事"采集"的工作。例如，男性在许多空间任务和目标指向运动技能中的优秀表现可能是从捕猎的适应性需要而演化得来的。类似地，诸如采集、照顾孩子以及家庭工具制造和操作等活动则促进了女性较优的语言能力（Farber，2000；Joseph，2000；Silverman & Phillips，1998）。然而，一些批评则指出演化推进得太慢，并不足以导致这种行为的适应。而且对性别差异的演化解释有高度臆想性并且显然难以科学地测试（Denmark，Rabinowitz & Sechzer，2005；Eagly & Wood，1999）。

演化心理学研究强调在认知行为中决定性别差异的遗传与早期的生物过程。然而请记住，几乎所有的性别差异都是相关的，而涉及人类特定行为的实际原因的机制仍有待确定。此外，需要特别记住的是，所有已知的性别之间的变异是大大小于每个性别内部差异的。最后，再次重复贯穿于整章的一个主体思想，要想分离生物、心理和社会因素各自的效应是极端困难的——即生物心理社会模型。

有利于女性的问题解决任务	有利于男性的问题解决任务

知觉速度：
尽快地辨别匹配项目。

移除的物体：
看完中间的这幅图后，说出与右图相比，哪个物件是缺失的。

语言流畅性：
列出以相同字母开头的单词（女性也倾向于在概念流畅性任务中表现得较好，如列出具有相同颜色的物体）。

B---	Bat,big,bike,bang,bark, bank,bring,brand, broom,bright,brook, bug,buddy,bunk

手部精确性测试：
将钉子尽快地放入洞中。

数学计算：
算出答案。

72	$6(18+4)-78+\dfrac{36}{2}$

空间任务：
心里旋转一个三维物体以判断是否匹配。

空间任务：
在心中默想这张折叠的纸，说出纸上的洞在纸打开之后落在哪里。

目标指向运动技能：
击中靶心。

分辨测试：
在更加复杂的图形中找出简单的形状。

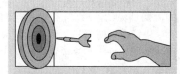

数学推理：
答案是什么？

$5\dfrac{1}{2}$	如果每天骑24英里，132英里要骑几天？

图 2—24 偏向于男性和女性的问题解决任务。

90

检查与回顾

我们的基因遗传

神经科学研究生物过程与行为和心理过程之间的关系。基因承载了某些从父母传递给子女的性状编码，这些编码可以是显性也可以是隐性的。

基因是称为染色体的 DNA 分子的片段，染色体存在于我们体内的每个细胞中。行为遗传学用双生子研究、家庭研究、收养研究和遗传异常来探索

基因对行为的贡献并估计遗传力。演化心理学是关注与行为相关的演化改变的心理学分支。几个不同的过程，包括自然选择、突变和社会文化因素

可以影响演化。

问题

1. 线状的携带遗传信息的 DNA 是_____。

　(a) 干细胞　　(b) 基因

　(c) 神经元　　(d) 染色体

2. 用于研究行为遗传学的四个主要方法是什么？

3. 演化心理学是关注于_____的心理学分支。

　(a) 化石证据是如何影响行为的

　(b) 基因和环境的关系

　(c) 演化改变和行为的关系

　(d) 文化改变对行为的效应

4. 根据演化理论，为什么相对于陌生人，人们更愿意去帮助他们的家庭成员？

答案请参考附录 B。

更多的评估资源：

www. wiley. com/college/huffman

应　用

聚焦研究

神经科学带来更好的生活

　　想象你变得彻底瘫痪并且不能说话。每年，数千人遭受着严重的脑和脊髓损伤。直到最近，这些损伤都被认为是永久的，超越了医学治疗的范围。长期以来，科学家们相信在生命的前两三年之后，人和大多数非人类动物缺乏修复和更替在大脑和脊髓中受损神经元的能力。位于周围神经系统的神经元有时候自我修复和再生，但在中枢神经系统这被认为是不可能的。

成人的大脑能长出新的神经元吗？ 神经科学家曾经相信我们每个人一出生就带有了我们终生所具有的全部大脑细胞。但弗雷德·圭格（Fred Gage）和其他人揭示了神经元是终生都在更新的。

　　但由于最近的研究，我们现在知道人的大脑至少部分是有能力终生保持神经可塑性和神经发生的。让我们从**神经可塑性**（neuroplasticity）谈

起。与一个僵硬固定的器官不同，我们的大脑是灵活"可塑的"。在我们的一生中，由于使用和经验，我们大脑内的神经元重组并改变它们的结构与功能（Abbott，2004；Neumann et al.，2005）。最基本的大脑结构组织（小脑、皮层等）是在出生前已经不可逆地建立起来的，但细节则是源于修饰。正如你在学习一种新的运动或一门外语，你的大脑自身在改变和"重新搭线"。新的突触形成而其他消失了。有些树突长得更长并延伸出新的分支。其他则被"修剪"掉了。这就是导致我们的大脑具有如此奇迹般适应性的原因。

　　引人注目的是，这种重新搭线甚至能帮助大脑在中风之后自我"重塑"。例如，心理学家 Edward Taub 和他的同事（2002，2004）在对中风病人的制约诱导（CI）运动疗法中取得成功。他们通过固定病人没受中风影响的（"好的"）手臂（或脚），恢复了一些病人（中风长达 21 年之后）的功能。Taub 没有过分保护受影响的手臂，相反他要求严酷而重复的练习。他相信这些重复能导致没有受损的脑区接管因中风受损的区域。Taub 有效地"调动"完好的大脑细胞。这种治疗可能和一个电工搭建电线绕过电路受损的部分相似。

　　显然，神经可塑性是有限的。即

使是最好的"重新搭线"，我们大多数人都无法成为另一个泰格·伍兹（Tiger Woods）或阿尔伯特·爱因斯坦（Albert Einstein）。然而，我们的大脑终生不断地自我重组这个事实是很有意义的。

　　近来最引人注目的发现可能是**神经发生**（neurogenesis）——神经细胞的生成。直到最近，人们仍然相信，我们出生时就具有我们所拥有的全部神经细胞，而生命就是一个缓慢的神经元凋亡和大脑组织丧失的过程。

　　然而今天，我们知道 80 岁的老人具有和 20 岁的年轻人一样多的神经元。我们的确每天失去了数百的细胞，但我们的大脑自身用源自大脑深处并迁移成为大脑回路一部分的新细胞来进行补充。这些新产生细胞的来源就是神经**干细胞**（stem cells）。这些稀少的前体（"不成熟"）细胞能生长并发育成为任何类型的细胞，这依赖于它们生长过程中接受到的化学信号（Abbott，2004；Kim，2005）。

　　到目前为止，医生已将干细胞用于骨髓移植，同时其他临床应用也已经开始。例如，一些临床试验使用干细胞来重新植入或代替因受伤或疾病受损的细胞，这些试验已经帮助了遭受中风、阿尔兹海默症、帕金森症、癫痫、应激、白血病和抑郁的病人（Chang et al.，2005；Gruber et al.，

91

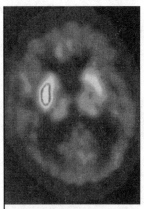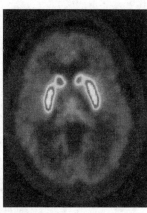

干细胞研究和帕金森症。 10 年前移植到一个帕金森症病人脑部的胚胎移植仍产生可观水平的多巴胺。然而要注意的是，大脑这个区域的活动水平仍然低于正常的大脑（上图）。

2004；Kim et al.，2002；Wickelgren，2002）。

　　这是否意味着脊髓受伤而瘫痪的病人可以重新行走呢？到目前为止，在大脑和脊髓中的神经发生是很少的。但是一个潜在的途径或许是移植胚胎干细胞到脊髓中受伤的区域。在大鼠的研究中，研究人员实现了将

鼠胚胎干细胞移植到大鼠受伤的脊髓中的实验（Jones，Anderson & Galvin，2003；McDonald et al.，1999）。数周之后察看受损的脊髓，发现植入的细胞成功存活下来并在脊髓的整个受损区域扩散。更重要的是，被移植的大鼠在它们瘫痪了的部位也表现出一些运动。医学研究者已经开始在人类中尝试采用神经嫁接来修复受损脊髓（Lopez，2002；Saltus，2000）。

　　尽管持有不现实的希望是不明智的，但我们在神经科学领域正创造着令人瞩目的成就。我们在这一部分刚刚提到的重新搭线、修复和移植知识只是最近 10 年中内发现的一小部

分。你能想象下一阶段（或下一个 10 年）会给我们带来什么吗？

奥斯卡影后哈莉·贝瑞（Halle Berry） 患有糖尿病。她积极地参与促进干细胞研究的活动，因其可为治愈糖尿病提供可能有效的方法。

神经可塑性　大脑终生重构和改变自身结构与功能的能力。

神经发生　非神经细胞的分工与分化以产生神经元。

干细胞　产生新的特化细胞的前体（未成熟）细胞。一个干细胞拥有需要发育成为身体任何部位（骨、血、大脑）的信息，并能自身复制以维持一定数量的干细胞储备。

92

评　估　关键词

　　为了评估你对第 2 章中关键词的理解程度，首先用自己的话解释下面的关键词，然后和课文中给出的定义进行对比。

神经科学

行为的神经基础
动作电位
轴突
细胞体
树突
内分泌系统
内啡肽
神经胶质细胞

激素
髓鞘
神经元
神经递质
突触

神经系统组织
自主神经系统
中枢神经系统
中间神经元

运动神经元
副交感神经系统
周围神经系统
反射
感觉神经元
躯体神经系统
交感神经系统

大脑漫游
联合区域

脑干	功能定位	**我们的基因遗传**
小脑	延髓	行为遗传学
大脑皮层	中脑	染色体
胼胝体	枕叶	演化心理学
前脑	顶叶	基因
额叶	脑桥	遗传力
后脑	网状结构	自然选择
下丘脑	裂脑	神经发生
单侧化	颞叶	神经可塑性
边缘系统	丘脑	干细胞

93 **目 标** **网络资源**

Huffman 教材的配套网址

http：//www. wiley. com/college/huffman

　　这个网址提供免费的交互式自我测验、网络练习、关键词的术语表和抽认卡、网络链接、英语非母语阅读者的手册，还有其他用来帮助你掌握本章知识的活动和材料。

人脑和脊髓的切面

http：//www. vh. org/Providers/Textbooks/ BrainAnatomy/BrainAnatomy. html

　　通过详细的照片和图片，您可以对大脑和脊髓内部结构、外观和组织进行深入观察。

大脑疾病

http：//www. mic. ki. se/Diseases/c10. 228. html

　　包含大量与脑疾病相关的信息，如阿尔兹海默症、帕金森症、中风甚至偏头痛。

神经科学

http：//faculty. washington. edu/chudler/neurok. html

　　一个为所有年龄段用户设计的动态网站，旨在促进对大脑和神经系统的探索。

94

第 2 章　　形象化总结

行为的神经基础

什么是神经元？

神经元：将信息传递至全身的单个神经细胞。

神经胶质细胞：为神经元提供结构上、营养上和其他方面的支持，能够传导某些信息。

神经元的关键特征

- 树突：接收信息并传递冲动到细胞体。
- 细胞体：整合信息并给神经元提供营养。
- 轴突：将信息从细胞体输送到其他神经元。

（髓鞘：包围某些轴突以加速动作电位的脂质绝缘层。）

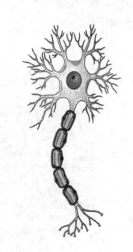

神经元是如何交流的？

- 神经元内部的交流是通过动作电位（一种沿着轴突输送信息的神经冲动）完成的。
- 神经元之间的交流在一个动作电位到达轴突终端并刺激神经递质释放到突触中时发生。

神经递质和激素是如何影响我们的？

两个关键的化学信使：

（1）神经递质：由神经元合成和释放的化学物质，它们改变其他神经元的活动，继而影响行为和心理过程。

（2）激素：由内分泌系统释放进入影响神经系统血液中的化学物质。

神经系统的组织

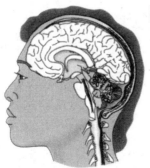

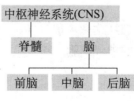

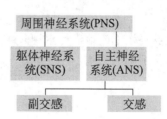

 **大脑漫游**

大脑皮层
大脑皮层是负责所有高级的心理过程，分为四个部分。

额叶
运动控制、语言产生、高级功能（思维、个性、情绪和记忆）。

顶叶
感觉加工（压力觉、痛觉、触觉和温度觉）。

颞叶
听觉、语言理解、记忆和一些情绪控制。

枕叶
视觉和视知觉。

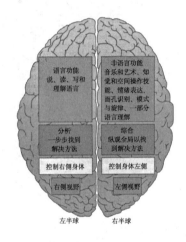

两个大脑二位一体
在正常情况下，胼胝体负责在大脑左右半球间传递神经冲动。而割裂胼胝体是某些类型癫痫的一种治疗方法。对这类病人的裂脑研究揭示了每个半球的一些功能专业化。

 我们的遗传基因

行为遗传学
人的46条染色体每一条都是由DNA组成的，而DNA则是由基因组成的。
基因研究是通过研究双生子、收养的儿童、家庭以及遗传疾病完成的。通过这些研究可以估计遗传力。

演化心理学
研究影响对环境适应的演化原理（如自然选择和基因突变），并帮助解释行为的普遍性。

大脑能够终生不断地进行重构并改变其结构和功能（神经可塑性），而且干细胞（未成熟的能发育为特化细胞的细胞）还可以产生新的神经细胞（神经发生）。

第3章

压力和健康心理学

理解压力

压力的来源
压力的影响
● 将心理学应用于学生生活
　为什么你不应该拖延？

压力和疾病

癌症
心血管疾病
创伤后应激障碍
● 个案研究/个人故事
　"9·11"中的幸存者
● 聚焦研究
　压力会引起胃溃疡吗？

健康心理学实践

● 将心理学应用于工作
　你想成为一名健康心理学家吗？

学习目标

在阅读第 3 章的过程中，请关注以下问题，并用自己的话来回答：

▶ 什么是压力，它的主要来源和影响是什么？

▶ 压力是怎样与严重的疾病相联系的？

▶ 如何应用健康心理学参与解决吸烟、饮酒和慢性疼痛等问题？

▶ 可采用什么方法和资源来帮助人们保持健康以及应对压力？

吸烟

饮酒

- 性别与文化多样性

  全世界范围的酗酒

慢性疼痛

- 将心理学应用于工作

  我的工作是否充满了压力？

健康和压力管理

情绪指向和问题指向的应对

健康生活的资源

- 批判性思维/主动学习

  通过批判性思维而减少压力

为什么要学习心理学？

第 3 章将探讨一些有趣的问题，比如说，你知道……吗？

- 大学毕业和结婚是主要的压力源。
- 拖延家庭作业不仅对你的健康有害而且也会影响你的学业成绩。
- 朋友是你最重要的健康资源之一。
- 流水线工作是个主要的压力源。
- 日常生活中的小烦恼能够损害免疫系统功能。
- 警察、护士、医生、社工和老师特别容易体验到"工作枯竭"。

- 较少的选择或控制感对健康有害。
- A 型人格中的高愤怒和高敌意与高发心脏病有关。
- 长期的压力能够导致死亡。
- 坚韧的人格特征能够帮助我们更好地对抗压力。

你还记得 2001 年 9 月 11 日的恐怖袭击吗？或者 2005 年夏末席卷了南美大部分地区的"卡特里娜"飓风呢？你当时的感受如何？你曾是抢劫、强奸或战伤的受害者吗？当我们想到压力时，这些可能是浮现在我们脑海中最显而易见的事情。其实，压力无所不在。它是我们生理和心理健康中必不可少的一部分。纵观历史，人们早就认为情绪和思想会影响我们的生理健康。但在 19 世纪末期，诸如伤寒和梅毒等生物致病因素的发现，曾一度让科学家们忽视了心理因素的影响。今天，主要的死亡原因从传染性疾病（比如说肺炎、流行性感冒、肺结核和麻疹）转变为非传染性疾病（比如说癌症、心血管疾病、慢性肺疾病），并且心理行为和生活方式再次成为关注的焦点（National Center for Health Statistics，2004）。

在这一章，我们将探讨生物、心理和社会的因素（生物心理社会模型）对疾病和健康的影响。首先，"理解压力"，即压力的起因及其影响。接下来，"压力和疾病"将探讨压力在严重的疾病中所扮演的角色，如癌症和心脏病。"健康心理学实践"将着手处理如何将健康心理学应用到与吸烟、饮酒以及慢性疼痛有关的问题中。本章的最后一部分会介绍"健康和压力管理"，为应对压力和拥有更健康的生活提供一些建议。

理解压力

汉斯·塞里（Hans Selye）自 20 世纪 30 年代就开始了关于压力的研究和写作，是因此而享有盛誉的一名心理学家。他认为**压力**（stress）是身体对任何需要的非特异性反应，那些引起压力反应的刺激被称为应激源。在燥热的天气中连续进行两局网球比赛，你的身体将会做出如下的反应：心跳加速、呼吸加快以及大量出汗。突然记起你刚刚开始写的期末论文的期限是今天而不是下个星期五，你的身体将会产生和其他不同应激源带来的相同生理反应。不仅外部的、环境的刺激可以带来应激反应，内部的、认知的因素同样也可以（Sanderson，2004；Sarafino，2005）。

我们的身体几乎总是处于某种压力状态，或高兴或悲伤，或轻微或剧烈。需要身体的任何事情都可产生压力。压力全无的状态也意味着没有任何刺激，最终将会导致死亡。有益的压力被称为**正面压力**（eustress），比如适当的锻炼；令人不快的压力被称为**负面压力**（distress），比如慢性疾病（Selye，1974）。因为健康心理学主要关注压力的负面影响，所以在本章"压力"一词指那些带来危害或令人不愉快的压力，和传统用法保持一致。

压力　是身体对任何需要的非特异性反应，由我们所知觉到的具有威胁性或挑战性的情境或者事件所唤起，这种唤起既包括生理的也包括心理的。

99

🌐 学习目标

什么是压力？主要的压力来源有哪些？它们的影响是什么？

正面压力　令人愉悦的、称心合意的压力。

负面压力　令人不愉快的、讨厌的压力。

压力的来源：七大主要应激源

虽然压力渗透在我们的生活中，但是有些事情总能够引起更大的压力。七大主要的应激源包括灾难性事件、慢性应激源、生活事件、日常挫折、工作枯竭、挫折和冲突（见图 3—1）。

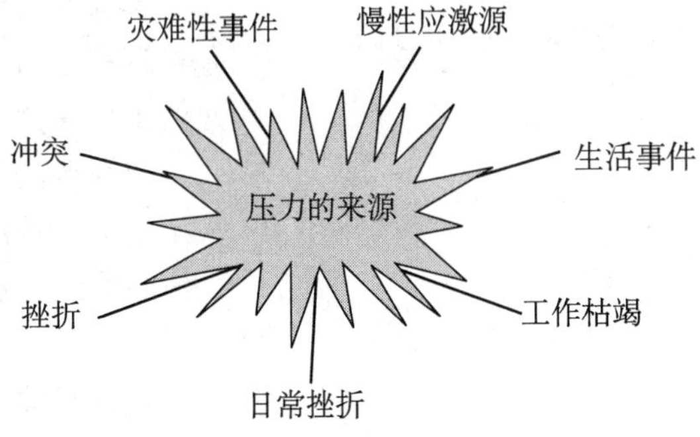

灾难性事件

美国的"9·11 事件"、2004 年 12 月 26 日发生在印度洋地震之后的海啸、2005 年 8 月的"卡特里娜"飓风被称为灾难性事件。灾难性事件往往突然发生，同时影响大量的人群。政府官员和公众均认为这些事件会不可避免地导致大量的幸存者出现严重抑郁和永久性创伤。救济机构通常会派出大量的咨询人员帮助这些个体处理心理上的不适。具有讽刺意味的是，这些事件并没有我们所想象的那样具有压力。研究者发现，因为许多人共同经历了某一事件，彼此之间可以提供大量的社会支持，从而帮助人们应对压力（Collocan，Tuma & Fleischman，2004；Gorman，2005）。但从另一个角度看，这些灾难性事件无疑破坏了受害者生活的方方面面，部分受害者长期处于严重的应激状态，并出现创

灾难性事件　　慢性应激源

冲突　　　　　　　　　　生活事件

压力的来源

挫折　　　　　　　　　　工作枯竭

日常挫折

图 3—1　七大主要的压力来源。

100

伤后应激障碍（posttraumatic stress disorder，PTSD），这在本章后面我们将继续讨论。

压力和灾难性事件。2005 年的"卡特里娜"飓风和 2004 年东南亚的海啸，是大多数人所认同的近来极具压力的事件，但它们可能并没有你所想象的那样具有压力（下文将对此进行解释）。

生活改变带来的压力

慢性应激源

并非所有的压力情境都是独立的事件，如恐怖袭击、死亡或出生。不愉快的婚姻、不良的工作条件以及不宽松的政治环境都可以成为慢性应激源，即便是低频的噪音都会导致荷尔蒙和心率上可测量的改变（Waye et al.，2002）。我们的社会生活也可能成为慢性的应激源，因为友谊的建立和保持需要大量的精力和脑力（Sias et al.，2004）。

最主要的慢性应激源可能来自工作。人们经常在维持工作、改变工作或者在工作绩效中体验到压力（Moore，Grunberg & Greenberg，2004）。尤其是那些需要高绩效和高密度而且创新和发展机会较少的工作，被认为是最具有压力的工作（Angenendt，2003；Lewig & Dollard，2003），而流水线工作在这类工作中高居榜首。

研究者证明工作上的压力也能够引起严重的家庭压力。当然在我们的私人生活中，离异、孩子和配偶的虐待、酗酒以及经济上的困难也将会给所有的家庭成员带来严重的压力（DiLauro，2004；Luecken & Lemery，2004）。

生活事件

早期的研究者托马斯·霍尔姆斯（Thomas Holmes）和理查德·雷赫（Richard Rahe）（1967）认为，任何需要调整行为和生活方式的改变都会引起压力，并且短期内面对大量的压力事件会对健康产生直接的有害影响。

为了调查压力和生活事件的关系，霍尔姆斯和雷赫编制了社会再适应量表（SRRS），要求人们核查过去一年中经历的所有生活事件（见表 3—1），每个事件对应一个生活变化单位（life change units）数值。将过去一年中经历的所有生活事件的分数相加，得到总值，并将总值和以下标准相比较：0～149 分＝没有重大问题；150～199 分＝轻度的健康风险（1/3 的可能性患病）；200～299 分＝中度的健康风险（1/2 的可能性患病）；300 分及以上＝严重的健康风险（80％的可能性患病）。

表 3—1		生活事件的测量	
		社会再适应量表	
生活事件	生活变化单位（分）	生活事件	生活变化单位（分）
丧失配偶	100	子女的离家	29
离婚	73	法律上的纠纷	29
分居	65	显著的个人成就	28
服刑	63	配偶开始或停止工作	26
亲密家庭成员的死亡	63	开始或结束学业	26
个人的受伤或疾病	53	生活条件的改变	25
结婚	50	个人习惯的改变	24
解雇	47	和老板之间的争论	23
婚姻冲突	45	工作时间或条件的改变	20
退休	45	乔迁	20
家庭成员健康上的变故	44	更换学校	20
怀孕	40	娱乐活动的改变	19
性问题	39	教堂活动的改变	19
新家庭成员的出生	39	社会活动的改变	18
事业调整	39	次要消费品的贷款	17
经济状态的改变	38	睡眠习惯的改变	16
亲密朋友的丧失	37	家庭聚会次数的改变	15
改换工作流程	36	饮食习惯的改变	13
和配偶争吵次数的改变	35	休假	12
主要消费品的贷款	31	轻微的法律冲突	11
回赎权的丧失	30		
工作责任的改变	29		

资料来源：经 Elsevier 允许，引自 *Journal of Psychosomatic Research*，Vol III；Holmes and Rahe："The social Readjustment Rating Scale"，213 - 218，1967。

　　社会再适应量表是简单而普遍的压力测量工具，并且跨文化的研究表明绝大多数人在对重大的压力事件评价上表现一致（De Coteau, Hope & Anderson，2003；Scully Tosi & Banning，2000）。但是社会再适应量表不是万能的，首先它仅表明压力和疾病之间存在相关关系，正如在第 1 章所提到的，相关并非因果。疾病可能由压力产生，也可能由其他（未知）因素产生。

　　另外，压力存在着个体差异。任何一件事件都可以被知觉为富有压力的考验或中性事件，甚至是令人兴奋的机遇，这取决于个人的解释和评估（Holt & Dunn，2004）。你可能认为搬到另外一个州是可怕的牺牲和极大的应激源。你的朋友则将相同的搬迁看做一个令人羡慕的机会，几乎体验不到任何压力。有些人有更好的应对技巧、健康的身体和健康的生活方式，甚至更好的基因帮助他们应对压力。

日常挫折 日常生活中的小问题能够逐渐积累，有时候将成为主要的压力来源。

工作枯竭 长期处于较高水平的压力和较少的个人控制感状态而产生的生理和心理的耗竭状态。

102

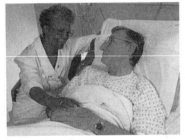

为什么护士是具有压力的职业？ 当面对着与日俱增的压力和情感上的混乱时，那些认为他们的职业需要巨大付出的人将会失去对职业的理想主义。随着时间的增长，他们可能会经历心理和生理上的耗竭，即工作枯竭。

挫折 因目标受阻引起的令人不快的紧张、焦虑和增强的交感神经系统的活动。

冲突 在两个或两个以上的选择中被迫做出选择。

日常挫折

日常挫折（hassles）也能让我们体验到大量的压力。虽然这些日常生活中的小问题本身并不起眼，但有时候它们能够积少成多，成为较大的应激源。有些日常挫折几乎所有的人都经历过：时间压力（工作和上学要准时、寻找停车的场所、遇到交通堵塞），与家庭成员以及同事之间的争论（工作的公平、日程的冲突、流言飞语）和经济问题（物价上涨、有限的资金难以同时满足所有的需求）。但是我们对日常挫折的反应可能不同，比如在面对日常挫折时，相对于女性而言，男性的心律会加快，免疫系统也会受到更多的损害（Delahanty et al.，2000）。

一些权威人士认为，日常挫折会比重大生活事件产生更严重的压力（kraaij, Arensman & Spinhoven, 2002；Lazarus, 1999）。比如，离婚是极具压力的事件，但对于大多数家庭而言，最大的应激源却是不断增长的日常挫折——经济条件的改变、孩子的教养、更长的工作时间等。

工作枯竭

长期处于高水平的压力和较少的个人控制感状态，将会导致心理和生理的耗竭，即**工作枯竭**（burnout）（Sarafino, 2005）。这个词成了一个被过度使用的专业术语，但健康心理学家仅用它来描述通常发生在理想主义人群中的特殊症状，这些个体长期处于压力和情感消耗中（Hätinen et al.，2004；Linzer et al.，2002）。他们通常认为职业满足了他们的内在需求，带着很高的动机和责任感进入行业。但随着时间的流逝，一部分人情感耗竭、理想破灭并丧失了个人成就感，他们"筋疲力尽"。工作枯竭会增加离职的可能性，导致工作效率的下降以及较高的健康风险。

警察、护士、医生、社工和教师最可能经历工作枯竭。此外，还有哪些个体也会经历压力而达到枯竭的状态呢？在 amazon.com 中输入"工作枯竭"的英文词，500 多本以此为题目的书籍将会被列出，在 Google 中将会搜索到超过 200 万条的链接。无疑，工作枯竭不再仅仅是一个专业术语（Skoglund, 2001）。

挫折

挫折（frustration）是与目标受阻联系在一起的负性情感状态，如没有被第一志愿录取。如果动机越高，那么当我们的目标受阻时，所经历的挫折就越大。因堵车而错过了一场很重要的约会，我们将会感到无比的沮丧；而如果这次堵车只是让我们在感到痛苦的预约治疗中迟到了五分钟，我们可能丝毫不会感到挫折。

冲突

压力的另外一个来源是冲突，当一个人必须在至少两个不相容的选项中做出选择时，就面临着**冲突**（conflict）。冲突产生的压力大小取决于冲突本身的复杂程度和解决它的难度。冲突有三种基本的形式：双趋冲突、双避冲突、趋避冲突。

你主要的日常挫折是什么？

写下 10 种你最常经历的日常挫折，然后将你的答案和下面的项目进行比较：

大学生中常见的 10 大日常挫折

	被考虑的百分比
1. 对未来的担忧	76.6
2. 睡眠不足	72.5
3. 浪费时间	71.1
4. 不考虑别人的吸烟者	70.7
5. 外表	69.9
6. 要完成的事情太多	69.2
7. 遗忘或丢失东西	67.0
8. 没有足够的时间去完成必须完成的事情	66.3
9. 希望达到更高的标准	64.0
10. 孤独	60.8

资料来源：Kanner, A. D. , Coyne, J. C. , Schaefer, C. , & Lazrus, R. S. (1981). Comparison of two modes of stress measurement：Daily hassles and uplifts versus major life events. *Journal of Behavior Medicine*, 4, 1 - 39.

　　在**双趋冲突**（approach-approach conflict）中，一个人必须在两个或者两个以上的具有吸引力的目标中做出选择。无论做出何种选择，结果都是令人满意的。这种冲突最开始被认为应该不会带来压力。假想在两个不错的暑期实习中做出选择，一份工作在度假胜地，你可以见到很多有趣的人，并度过一段愉快的时光；另外一份工作将为你提供很有价值的工作经验，会在你的简历上写上精彩的一笔。无论你选择哪份工作，都会在某种程度上获益。事实上，你想同时接受这两份工作，但这是不可能的，被迫选择是压力的来源。

　　双避冲突（avoidance-avoidance conflict）意味着在两个或两个以上令人不悦的选项中做出抉择，然而无论哪种选择都会带来消极的后果。在《索菲的选择》（*Sophie's Choice*）这本书（和电影）中，索菲和她的两个孩子被送到了德国集中营。一个士兵要求她要么放弃女儿，要么放弃儿子。如果她不做任何选择，两个孩子都将被杀死。显然，没有一个选项是能让人接受的。虽然这个例子比较极端，但是双避冲突确实可以导致强烈的压力感。

　　当必须在既吸引又排斥的目标中做出选择时，个体面临着**趋避冲突**（apporach-avoidance conflict）。在 2005 年的"卡特里娜"飓风降临之前的撤离中，居民们被告知他们不能将宠物带到避难所。对于大多数人来说，

双趋冲突　在两个或者两个以上具有吸引力的目标中被迫做出选择。

双避冲突　在两个或两个以上令人不悦的目标中被迫做出选择。

趋避冲突　在两个或两个以上既吸引又排斥的目标中被迫做出选择。

103

你能够解释这位男士的趋避冲突吗?

检查与回顾

压力的来源

压力是对知觉到的具有威胁与挑战性的情境和事件的生理和心理的唤起。这些情境和事件既可以是愉快的,也可以是令人不悦的。这些引起压力的情境或事件被称为压力源(应激源)。

主要的压力源有灾难性的事件、慢性应激源、生活事件、日常挫折、工作枯竭、挫折和冲突。灾难性事件是指那些突然发生同时影响大量人群的应激源。慢性应激源是指长期存在的事件,比如不良的工作条件。日常挫折是日常生活中的小问题,积少成多而产生大量的压力。持续不断的日常挫折以及对工作内在需求的丧失最终将导致生理的、心理和情感上的枯竭,而经历工作枯竭。挫折源自目标的受阻。冲突由两个或者更多的竞争性的目标引起,通常分为三类:双趋冲突、双避冲突和趋避冲突。

问题

1. John 打算要 Susan 嫁给他。当 John 看见 Susan 在聚会上吻另外一个男人时,他非常地尴尬。John 看见 Susan 吻另外 个男人是_____,这件事说明了_____。

(a) 应激源,负面压力
(b) 正面压力,应激源
(c) 负面压力,应激源
(d) 应激源,正面压力

2. 由霍尔姆斯和雷赫编制的社会再适应量表根据_____来测量个人生活中的压力情景。

(a) 生活事件
(b) 压力容忍度
(c) 日常挫折
(d) 正面压力和负面压力的平衡

3. 挫折是和_____相关的负性情绪状态,而_____是因为在两个或多个不相容的目标中进行选择时存在困难引起的负性情绪状态。

4. 分别举例说明三种不同类型的冲突:双趋冲突、双避冲突和趋避冲突。

答案请参考附录 B。
更多的评估资源:
www.wiley.com/college/huffman

这就是一个趋避冲突,他们希望躲避飓风的袭击,但是同时又不希望留下他们深爱的宠物,这个冲突将会产生极大的矛盾心理。在趋避冲突中,无论选择哪种方案,都会同时经历到好和坏的结果。

总而言之,双趋冲突是最容易解决的,产生的压力也最小。双避冲突通常是最困难的,而且所有的选择都会导致不愉快的后果。趋避冲突产生的压力要小于双避冲突,也比较容易解决。需要记住的是,在必须做出选择的压力下,冲突存在的时间越长,决定越重要,个人体验到的压力就越大。

压力的影响:躯体如何反应

HPA 轴 压力所激活的下丘脑、垂体和肾上腺皮质

无论是体验生理还是心理压力,你的躯体都会或多或少产生生理改变。交感神经系统和下丘脑—垂体—肾上腺轴(**HPA 轴**)控制着大多数这类躯体的改变(见图 3—2)。

压力和交感神经系统

回忆第 2 章,在低压力条件下,自主神经的副交感神经系统活跃,心

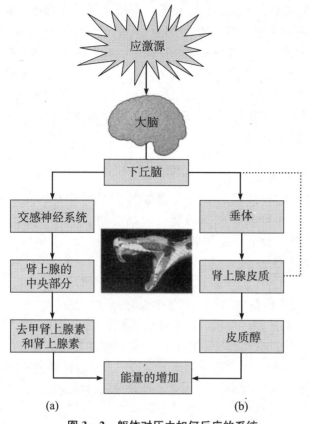

图 3—2　躯体对压力如何反应的系统。

率和血压降低，同时消化道和胃部肌肉运动增加；躯体保存能量，吸收营养，维持正常的功能。在有压力的条件下，自主神经系统中的交感神经占主导地位，心率增加、血压升高、呼吸加速、肌肉紧张，与此同时，胃部肌肉运动下降，血管收缩等。

　　压力展示出有趣的多米诺骨牌效应。一张多米诺骨牌倒下，将会推倒下一张。如图 3—2 左侧所示，压力先激活下丘脑，下丘脑将信号传送到交感神经系统，后者又激活肾上腺的中央部分（肾上腺髓质）释放大量的去甲肾上腺素和肾上腺素。这个网络可以增加能量，帮助我们对威胁做出"战斗或逃跑"的反应。

压力和下丘脑—垂体—肾上腺轴

　　显然交感神经系统是为我们即刻的行为作准备。我们看见鲨鱼会立刻游到岸边，一旦安全，副交感神经系统将会让我们平静，恢复正常的功能。当我们面对慢性的应激源，比如说糟糕的工作、不满意的婚姻时，我们的躯体将会如何反应？

　　对于慢性应激源，我们有另外一个压力反应系统——下丘脑—垂体—肾上腺轴，它反应更加地缓慢并且持续不断。让我们关注图 3—2 的右侧，来自下丘脑的刺激首先激活了垂体，后者激活了肾上腺皮质，而肾上腺释放大量的皮质醇。循环往复，净效应是增加了能量。

　　理解下丘脑—垂体—肾上腺轴很重要，因为皮质醇在压力的长期作用中起着重要作用。研究者称皮质醇是"压力激素"，循环的皮质醇水平是

104

压力的重要生理指标。在最初的转换期，皮质醇增加血糖和新陈代谢的速率，帮助我们应对压力。但长期处于应激源下，下丘脑—垂体—肾上腺轴保持激活，皮质醇也停留在血液循环系统中。长时间较高水平的皮质醇与高水平的抑郁、创伤后应激障碍、记忆问题、失业、药物和酒精的滥用有关，甚至和新生儿出生体重低相关（Bremner et al.，2004；Cowen，2002；Sinha et al.，2003；Wüst et al.，2005）。也许更重要的是，皮质醇水平升高会直接损害免疫系统功能。

压力和免疫系统

研究压力和免疫系统的关系有着极其重要的意义。免疫系统是我们对付衰老和许多疾病，包括滑囊炎、结肠炎、老年痴呆、风湿性关节炎、牙周病以及普通感冒等的武器（Cohen et al.，2002；Hawkley & Cacioppo，2004；Segerstrom & Miller，2004；Theoharides & Cochrane，2004）。

心理神经免疫学　研究心理因素对免疫系统影响的交叉学科。

压力和免疫系统的关系在心理学中也有着重要的意义。心理因素对传染病有着不可忽略的控制作用，这个观念颠覆了长期以来的生物学和医学假设，即认为传染病仅局限于躯体。由于在临床和理论上存在重要应用价值，所以兴起了生物学和心理学的交叉学科——**心理神经免疫学**（psychoneuroimmunology），以研究心理因素、神经与内分泌系统和免疫系统三者的交互作用。

压力的视觉效果。 你想成为美国总统吗？总统的压力使布什的容颜不再，就像对其他的总统一样。

105

一般适应综合征（GAS）

毫无疑问压力可以引起生理上的变化，并对健康起着决定性作用。塞里（1936）早在"压力"被定义之前就提出了一般适应综合征，用来描述严重的应激源引起的全身反应，图3—3阐明了该反应的三个阶段。在最初的"警报反应"阶段，躯体通过激活交感神经系统对应激源进行反应（心率加速、血压升高、激素分泌增加等）。躯体处于警觉状态，有足够的能量，准备应对应激源。

如果应激源在第一阶段并没有消失，躯体就进入了"抵御阶段"。在该阶段生理唤起水平有所下降，但仍高于正常水平，此时躯体试图适应应激源。根据塞里的观点，部分人在这一阶段将会患上"适应性疾病"，包括哮喘、溃疡以及高血压。这个适应和抵御阶段是非常消耗精力的，如果抵御不成功而长期面对应激源最终会走向"枯竭阶段"。在这个最后的阶段，所有的精力都耗竭了并且对疾病的易感性增高。严重时，长期面对应激源会威胁我们的生命，因为这种状态会使人更容易患上诸如心脏病、中风和癌症等严重的疾病。

远古时代的压力。 正如古老洞穴中的绘画所展示的那样，对于人类早期的生存来说，自动的"战斗或逃跑"反应是必需的，并具有适应性。但在现代生活中，对于我们无法选择战斗或逃跑的情境，该反应也会发生，并且这种反复的唤起可能对我们的健康有害。

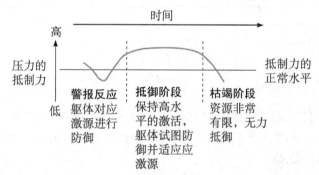

图3—3　**一般适应综合征（GAS）。** 根据塞里的观点，当我们的躯体处于严重且长期的压力下时，将从最初的警报反应阶段进入水平增加的抵御阶段。如果压力继续延长，比如从事某些高风险职业的工作人员，最终将会走向枯竭，甚至是死亡。

应用　将心理学应用于学生生活

为什么你不应该拖延？

如果这门课的教授布置了一篇论文，你是已经开始了，还是推到最后一分钟？你是否曾经认为从布置时就开始并一直写到提交时比推到最后一分钟更具有压力？

为了回答这个问题，华盛顿天主教大学的 Dianne Tice 和 Roy Baumeister（1997）在学期初的健康心理学课堂上布置了一篇论文。整个学期他们仔细地记录了 44 名学生的压力、健康和拖沓的水平，发现相对于不拖沓的学生，拖沓的学生体验到了更多的压力，而且有更多的健康问题。同时，拖沓者提交论文更迟，并且往往获得较低的分数。

第 1 章 "学习成功的工具" 里的研究表明分散学习比考前临时抱佛脚能够带来更高的分数，现在又有研究表明分散学习不仅能够获得更高的分数，而且会体验到较少的压力。底线就是：不要拖沓。拖沓不仅对你的健康无益，而且会影响你的成绩（Burka & Yuen，2004）。

检查与回顾

压力的影响

当压力存在时，躯体将会经历一些生理上的改变。自主神经系统的交感神经系统将会被激活，心率加快，血压升高。应激源也会激活下丘脑—垂体—肾上腺轴，压力激素皮质醇的水平将会上升，从而会影响免疫系统功能，躯体将会容易感染大量的疾病。

塞里描述了整个躯体对严重疾病的生理反应，即一般适应综合征。它包括三个阶段：警报反应、抵御阶段和枯竭阶段。

问题

1. 在压力反应中交感神经和副交感神经有什么不同？

2. 下丘脑—垂体—肾上腺轴如何对压力进行反应？

3. 一般适应综合征包括的三个阶段分别是什么？

4. 当 Michael 看到老师发下试卷时，他突然意识到这是第一次主修课考试，而他没有准备。他最可能经历了一般适应综合征的哪个阶段？

(a) 抵御阶段

(b) 警报阶段

(c) 枯竭阶段

答案请参考附录 B。

更多的评估资源：

www.wiley.com/college/huff-man

压力和疾病

正如我们所见，压力对我们的躯体有着重要的影响。在这个部分，我们将探讨压力和四种严重疾病——癌症、冠心病、创伤后应激障碍和胃溃疡——之间的关系。

学习目标

压力是如何与严重的疾病相联系的？

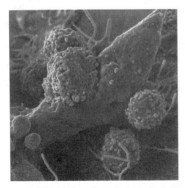

行动中的免疫系统。 在中心左边的圆形组织是显微镜下 T 淋巴细胞的照片，T 淋巴细胞是由免疫系统产生的一种白细胞。在图中它刚刚杀死呈甘薯形结构的癌细胞。

癌症：多种致病因素，包括压力

每个人都有足够的理由对"癌症"这个词充满恐惧。在美国，癌症是成年人的主要死亡原因。癌症是躯体中某类细胞不断地分裂，形成一个肿瘤，并入侵健康的组织。除非摧毁或切除肿瘤，否则它最终会破坏机体器官并导致个体死亡。到目前为止，确认的癌症类型超过了 100 多种，环境因素、先天遗传倾向的共同作用可能是导致癌症的原因。

了解环境因素对癌症的作用，可以帮助我们了解正常情况下癌细胞的变化，比如何时癌细胞开始分裂，免疫系统通过攻击异常细胞来抑制这种失控的生长（见左图）。在健康的机体中，异常细胞的生长将会受到免疫系统持续不断的抑制。

当躯体面临压力时，事情则有些不同。正如你在前面看到的，压力反应会使机体释放抑制免疫系统功能的肾上腺激素，打了折扣的免疫系统将无法很好地抵制感染和癌症的发展。动物实验表明，压力会抑制免疫系统防御癌症，因此会促进癌症的增长（Wu et al.，2000）。来自人类的研究也表明压力抑制了淋巴细胞，而淋巴细胞是控制癌症的主要免疫系统细胞（Goebel & Mills，2000；Shi et al，2003）。

好消息是我们可以通过降低压力水平来增强免疫系统功能，从而降低

107

遭遇癌症的风险。例如，当研究者打断了 23 名男性被试的睡眠，然后测量他们的自然杀伤细胞水平（一种免疫细胞）时，发现杀伤细胞的数目低于正常水平的 28%（Irwin et al.，1994）。现在你明白了吗？为了考试（或聚会）而熬夜会降低你免疫系统的有效性。幸运的是，这些研究者也发现在睡眠剥夺之后，正常的睡眠可以帮助我们将杀伤细胞恢复到正常水平。

心血管疾病：美国人主要的死亡原因

在美国，有超过一半的死亡是由心血管疾病引起的（American Heart Association，2004），而压力是导致这些疾病的主要原因，因此健康心理学对压力的关注也就无可厚非了。心脏病是指那些最终会影响心脏肌肉和心脏功能的疾病。冠心病通常是由动脉硬化引起的疾病，后者是一种动脉血管壁变厚、减缓或阻碍了血液循环的慢性疾病。动脉硬化会引起心绞痛（心脏的供血不足引起的胸口疼痛）或心脏病（心脏肌肉组织的死亡）。对心脏病有影响的可控因素包括压力、吸烟、一些人格特质、肥胖、高脂食谱以及缺乏锻炼（Brummett et al.，2004；David et al.，2004；Hirao-Try，2003）。

压力是如何影响心脏病的？还记得自主神经系统最主要的"战斗或逃跑"反应吗？该反应会释放大量的肾上腺素和皮质醇进入血液。这些激素将会增加心率，并释放躯体中储藏的脂肪和葡萄糖，给肌肉提供快速可利用的能量。

如果并没有采取身体上的行动（在现代生活中往往如此），释放到血液中的脂肪就不会当做燃料燃烧，而会沉积在血管壁上（见图 3—4）。这些沉积物将会阻碍血液循环而成为心脏病的主要原因。

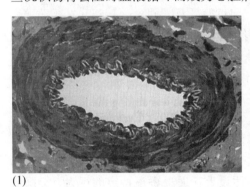 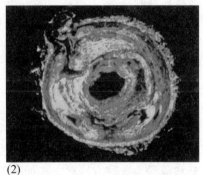
(1)　　　　　　　　　　　(2)

图 3—4　血管中沉淀的脂肪。 向心脏输送血液血管的阻力是导致心脏病的主要原因。左边的血管为正常的，右边的血管几乎完全被堵塞。减少压力、锻炼、吃低脂的食物能够帮助预防血管中沉淀脂肪。

人格类型
如果一个人具有苛刻、好竞争、雄心壮志、缺乏耐心和敌意等人格特征，那么压力对心脏病的影响效应将会放大。具有 A 型人格特征的人有时间紧迫感和过分的责任感，与 **A 型人格特征**（type A personality）相对应的是 **B 型人格特征**（type B personality），后者往往以平静、放松和懒散的态度对待生活。

A 型人格特征　行为特征包括高度的竞争性和雄心、过分的时间紧迫感以及愤怒和敌意。

B 型人格特征　行为以平静、忍耐和放松的态度为特征。

108

两位心脏病学家，弗里德曼（Friedman）和罗森曼（Rosenman）（1959）最早确定和描述了 A 型人格。这个故事可以追溯到 20 世纪 50 年代中期，一个家具商到弗里德曼的办公室里修椅子，发现了一个奇怪的现象。他对弗里德曼提到，除了椅子的前面边缘坏了，其他的部位看起来和新的一样，就好像所有的病人都只坐在椅子的边缘上。这种现象起初并没有引起弗里德曼的注意，后来他逐渐认识到，正如"坐在椅子的边缘上"所表述的，这种长期的时间紧迫感可能对心脏病有影响，并可以作为 A 型人格的典型标志。

早期对 A 型行为的研究支持了弗里德曼和罗森曼的观点。但是随后研究者们重新审视了 A 型行为方式和心脏病之间的关系，发现了最佳预测心脏病的核心成分是敌意，而不是 A 型人格特征（Krantz & McCeney，2002；Mittag & Maurischat，2004）。

的确，A 型人格中愤怒的敌意是影响心脏病的主要原因。愤怒的人总是预期麻烦的到来，并且持续不断地处于警觉与时间紧迫的状态，试图预见从而避免麻烦。这种态度导致了长期的压力状态，并表现在生理指标上，如血压升高、心率加快以及产生与压力有关的激素。敌意、怀疑、好争论和竞争的风格让他们更可能发生人际冲突，而冲突会使他们失去社会支持并提高自主神经的激活水平，后者会增加罹患心血管疾病的风险（Boyle et al.，1004；Bruck & Allen，2003；Vanderwerker & Prigerson，2004）。

A 型人格特征的人可以改变他们的行为吗？健康心理学发展了两种行为矫正的方法来帮助 A 型人格的人——霰弹法和目标行为法。霰弹法旨在改变所有和 A 型人格有关的行为。弗里德曼及其同事（1986）在预防冠心病复发项目中就采用了霰弹法。该项目提供了个体咨询、食谱建议、锻炼、药物以及小组治疗来评估和矫正 A 型行为，尤其是鼓励 A 型人格的人放慢自己的脚步，完成一些和他们的人格特征不相容的任务，如让他们尝试聆听他人而不打断别人的谈话，或者让他们在超市交款时故意选择最长的队伍。对于霰弹法的主要批评是，它虽然降低了 A 型人格特征中愤怒和敌意等不合意的特征，但同时也降低了诸如雄心壮志等积极特征。

目标行为法，仅仅帮助人们改变和心脏病有关的 A 型行为，也就是愤怒和敌意。这种方法建立在如下的假设上：通过矫正特定的行为，会降低他或她患心脏病的危险。

坚韧

除了 A 型人格特征和 B 型人格特征之外，其他的人格特征也会影响我们应对压力吗？你曾经考虑过吗？在巨大的悲剧和压力面前，一些人是如何幸存下来的？科巴萨（Kobasa）是最早开始研究这些问题的学者之一（Kobasa，1979；Maddi，2004；Turnipseed，2003）。通过研究处于高压力水平的男性执行官，她发现他们相对于其他人能够更好地抵制压力，是因为他们具备"坚韧"（hardiness）的人格特征，这一乐观的抵御力源自三个突出的心态。

（1）责任感。无论是工作还是私人生活，坚韧的人都有更强的责任

坚韧　一种富于弹性的人格特质，包括对个人目标强烈的责任感、对生活的控制以及将变化视为挑战而非威胁。

109

感。他们通常会对有目的的行为和问题解决有意地给予承诺。

（2）控制。坚韧的人希望他们可以掌控自己的生活，而不是成为环境的牺牲品。

（3）挑战。坚韧的人会将变化看成成长和进步的机会，而不是威胁。他们乐于挑战。

这个研究中更值得一提的是，坚韧是习得的行为，而不是来自遗传或幸运。如果你还没有坚韧的心灵，你可以发展这种品质。下次当你面临一个糟糕的应激源时，比如说下个星期你将面临四门考试，可以尝试一下上面提到的三种心态："我对自己的大学教育负有全部的责任"；"通过比规定日程提前参加一两门考试，我能控制考试的科数，或者我可以重新安排工作日程"；"我乐于接受这个挑战，并把它作为最终动机，促使我完成一直计划的阅读提升和大学教育项目"。

在我们继续之前，值得注意的是：缺乏坚韧与 A 型人格并不是所有和心脏病有关的可控风险因素，吸烟、肥胖、食谱以及缺乏锻炼都是不可忽略的因素。吸烟会限制血液循环，肥胖会增加心脏的压力，因为心脏需要对多余的组织输送血液。高脂食谱，特别是含有较高的胆固醇，会导致脂肪沉淀在血管壁。缺乏锻炼会影响体重的上升，同时也阻止躯体从锻炼中获得其他好处比如说心肌的加强、心脏效率的促进，以及缓解压力、促进健康的神经递质如 5-羟色胺的释放。

✓ 创伤后应激障碍：现代社会的疾病

或许说明压力严重性的最强有力的证据就是**创伤后应激障碍**（posttraumatic stress disorder，PTSD）。无论是儿童还是成年人都可能会经历创伤后应激障碍。创伤后应激障碍的症状包括在创伤和闪回时所体验到的恐惧和无助感，梦魇、注意力下降和事后的情感麻木，在事件发生之后症状仍可以持续数月或数年。为了缓解压力，有些创伤后应激障碍的受害者求助于酒精和其他的药物，反而使问题变得更加严重（Schnurr & Green，2004）。

对创伤后应激障碍的诊断，我们有一段有趣的历史。在工业革命时期，在经历了可怕的铁路事故后，幸存者出现了和创伤后应激障碍相似的症状，但被称为"铁道脊椎"（铁路症候群），因为他们认为这些问题是由脊椎的扭曲或震荡引起的。随后，创伤后应激障碍与战争相关，医生称之为"弹震症"（炮弹休克），因为他们认为这是枪炮操作引起身体震动而导致的反应。今天我们已经知道，承受任何非常强烈的压力都会引起创伤后应激障碍。

创伤后应激障碍的基本特征是"严重的焦虑"（反复或持续的警觉和恐惧状态）。焦虑通常发生在经历了灾难性事件（如强奸、自然灾害和战争）、得知家庭成员因暴力引起意外死亡，或者亲眼目睹了暴力事件等之后（American Psychiatric Association，2002）。

根据健康网站（http://www.factsforhealth.org）报道，大约有 10% 的人在他们生命的某一时刻已经或者将要经历创伤后应激障碍。创伤后应激障碍的主要症状在表 3—2 中进行了总结，同时也提供了应对灾难性事件的五条重要措施。

创伤后应激障碍（PTSD）　暴露于威胁生命或其他非常强烈的事件而引起的极端恐惧、无望，通常伴有闪回性记忆、梦魇和功能受损的焦虑症状。

110

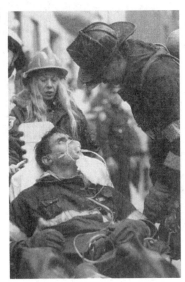

表 3—2	创伤后应激障碍的特征和应对措施

创伤后应激障碍

(1) 通过闪回或生动的记忆反复地经历创伤性事件；
(2) 感到"情感的麻木"；
(3) 感到无法承受曾经认为是正常的日常生活情景；
(4) 对于正常的或曾经感兴趣的事件丧失了兴趣；
(5) 无法抑制的哭泣；
(6) 将自己孤立于朋友和家人之外，并回避社交情景；
(7) 日益依赖于酒精或药物度日；
(8) 感到极端忧郁、易怒、生气、怀疑或害怕；
(9) 无法入睡或者嗜睡，并经历梦魇；
(10) 作为事件的幸存者对无法解决问题、改变事件或阻止灾难感到内疚；
(11) 感到害怕并有宿命感。

五条应对危机的措施

(1) 意识到你对事件的感受，并向他人倾诉你的害怕，并且告诉自己这些感受是对不寻常事件的正常反应；
(2) 愿意倾听受到影响的朋友和家人的诉说，如果有必要应该鼓励他们寻求咨询；
(3) 对他人要耐心，在危机之后人的脾气会有些暴躁，其他人也会体验到和你一样多的压力；
(4) 正确地认识正常的危机反应，比如说睡眠障碍、梦魇、退缩、退行到儿童行为、无法集中精力学习和工作；
(5) 花一些时间和你的孩子、配偶、生活伴侣、朋友和同事待在一起，并做一些你感兴趣的事情。

资料来源：美国咨询协会，改编自 Pomponio，2001。

应 用　个案研究/个人故事

"9·11"中的幸存者

2001 年 9 月 11 日早晨，图片中的这位女士 Marcy 正站在世贸中心第一栋楼 81 层的复印机前。她对新工作满怀憧憬："我在这里，纽约，正在为我的生命增添色彩。"然而，就在接下来的一刻，所有的事情都改变了。恐怖分子的飞机撞向了大楼，大楼开始像要坍塌似的剧烈摇晃。Marcy 飞快地跑下 81 层楼梯，冲进了一个悲痛而嘈杂的世界。

外面救援工作者向她喊道："快跑！不要看后面！快跑！"但是 Marcy 不能挪动半步。浓烟涌向大街，人们悬在窗口并绝望地跳向死亡。浓烟变得如此浓厚以至于她无法看见周围的一切，Marcy 孤独地站在黑暗中，声嘶力竭地喊道："救救我，我不想死。"

恐怖袭击四个月以后，Marcy 仍然有适应上的问题。她是如此抑郁和恐惧以至于几乎无法独处。关于袭击的记忆和恐惧萦绕在脑海中，她无法正常工作。红十字会和其他组织的人们试图帮助她，但是看来她很难走出来："我不想远离失去亲人的人们。"

每到晚上，Marcy 独自一个人喝酒，试图入睡。不幸的是，即便是她可以入睡，也会经历头上有导弹飞行或她的母亲为她安排葬礼的梦魇。"似乎我拥有的一切东西都远离我而去，我的母亲对我是如此失望，她认为我应该恢复过来，那是因为她没有像我那样身临其境。"

聚焦研究

压力会引起胃溃疡吗？

你曾经患过胃溃疡吗？或者你认识的人得过吗？如果是的话，那你应该了解胃内部表面的损伤是非常疼痛的。严重时，胃溃疡甚至会威胁到生命。你曾经被告知过胃溃疡是因为细菌感染而并非是压力引起的吗？这是以往的观念，那么你愿意相信当代科学的结论吗？

20 世纪 50 年代初，心理学家就以充分的证据表明压力可以导致溃疡，相关的研究发现，生活在压力情境中，人们患溃疡的可能性更高。大量的实验室动物研究也揭示，处于应激状态的动物会患上溃疡，如电击或在狭窄的空间中囚禁数小时（Andrade & Graeff, 2001; Bhattacharya & Muruganandam, 2003; Gabry et al., 2002; Landeira-Fernandez, 2004）。

直到报告一种细菌可能会引起溃疡之前，压力和溃疡之间的关系似乎完全地建立起来了。因为大多数人倾向于接受医学上的解释，比如说细菌或病毒，而不是心理上的原因，所以压力是导致溃疡的原因被大多数人所遗弃。

如此推论有道理吗？让我们进一步地考察这个研究。首先，大多数溃疡病人的胃都感染了幽门螺旋杆菌，无疑它损害了胃壁。另外，抗生素治疗帮助了大量的病人。但是在正常的对照组中也有接近 75% 的被试里有这种细菌，这表明细菌可能会导致溃疡，但仅发生在有压力的状态下。使用抗生素的同时，行为矫正和心理疗法可以帮助较轻的溃疡患者。最后，研究发现杏仁核在溃疡的形成中起着重要的作用（Henke, 1992; Tanaka, Yoshida, Yokoo, Tomita & Tanaka, 1998）。

显然压力情境和杏仁核的直接刺激会导致压力激素和盐酸的增加，同时会降低胃部血液的流量，这些反应使胃更容易受到幽门螺旋杆菌的侵害。

总之，幽门螺旋杆菌、盐酸和压力激素水平的上升以及血流量的下降，共同导致了胃溃疡。我们再一次看到了生物、心理和社会因素的相互作用（生物心理社会模型），而且现在对溃疡的心身解释已经成为主流（Overmier & Murison, 2000）。

 学习提示

心身疾病与臆想地、病态地过分担心自己的健康不同。它通常是指由心理因素，尤其是压力（Lipowski, 1986）引起或加重的疾病。大部分研究者和健康实践者认为，几乎所有的疾病都在某种程度上属于心身疾病。

检查与回顾

压力和疾病

癌症是遗传、环境污染（如吸烟）和免疫系统的缺陷共同引起的。压力是免疫能力下降的重要原因，处于压力时期，由于免疫系统受到压抑，躯体也许不太能够抑制癌细胞的增殖。

美国的主要死亡原因是心脏病，风险因素包括吸烟、压力、肥胖、高脂食谱、缺乏运动以及 A 型人格特征（如果它包括愤怒和敌意）。两种主要的用来校正 A 型行为的方式是霰弹法和目标行为法。

有着坚韧品质的人更能抵御压力，主要因为其有三大人格特征——责任感、控制和挑战。

承受非常强烈的应激情境（如强奸和战争），将会引起创伤后应激障碍。当前的观点认为，胃溃疡由幽门螺旋杆菌引起，但是心理学研究表明，压力也起着重要作用。

问题

1. 压力通过释放 ＿＿＿＿ 和 ＿＿＿＿ 激素增加血液中的含脂量从而影响心脏病的发生。

2. 下面这些特征中哪些和 A 型人格障碍无关？

(a) 时间紧迫感

(b) 耐心

(c) 好竞争

(d) 敌意

3. 解释一下坚韧的三个特征以及它们是如何降低压力的。

4. 创伤后应激障碍的基本特征是什么？

答案请参考附录 B。

更多的评估资源：

www.wiley.com/college/huffman

112 健康心理学实践

健康心理学（health psychology）是心理学中一个正在发展的领域，主要研究生物、心理和社会因素对健康和疾病的影响。在这部分，我们将考虑心理成分中两个主要的健康风险因素——吸烟和饮酒，同时我们也将探讨心理学因素对慢性疼痛的加重和改善作用。但是首先我们必须了解健康心理学为了促进健康行为而进行的研究和所做的工作。

学习目标
面对吸烟、饮酒和慢性疼痛等问题，如何应用健康心理学？

健康心理学 研究生物、心理和社会因素如何影响健康和疾病。

应 用 将心理学应用于工作

你想成为一名健康心理学家吗?

健康心理学家研究生活方式、活动、情绪反应、对事件的解释和人格特征如何影响人们的身体健康和幸福。他们主要进行研究，或者直接与医生、其他健康专家一起应用研究结果。

作为研究者，健康心理学家对压力和免疫系统之间的关系特别感兴趣。正如我们在前面所涉及的，正常的免疫系统功能可以帮助我们侦查和抵御疾病，而被抑制的免疫系统将会把我们的躯体置于感染大量疾病的风险之中。

作为实践者，健康心理学家作为独立的临床工作者或咨询者与内科医生、物理治疗和职业治疗专家以及其他健康护理工作者共同工作，他们的目标是降低心理压力和减少不健康行为。他们也帮助病人和家庭做出关键决策，并为手术或其他治疗做好心理准备。健康心理学家在健康和疾病中的高度参与，以至于医疗中心成为他们的主要雇主（Careers in Health Psychology，2004）。

除了作为研究者和实践者，健康心理学家还教育大众如何保持健康。他们提供有关吸烟、饮酒、缺乏锻炼以及其他与健康相关主题的信息。另外，健康心理学家还帮助人们应对慢性问题，如疼痛、糖尿病和高血压，以及不健康的行为，如愤怒和不自持。由于篇幅所限，对健康心理学家的工作活动和兴趣的简短回顾到此为止。如果你真的对这个领域感兴趣并希望将它作为你的职业，你可以去学校的职业中心或咨询机构确认一下，你也可以登录本章末介绍的网站。

吸烟：对你健康的威胁

一种眼睛所厌恶的、鼻子所憎恨的、对大脑有害的、对肺有危险的习惯。从此陷入黑色、恶臭烟雾的无止境的陷阱中，接近可怕的地狱之烟。

——詹姆斯一世（King James I）（1604）

这是在罗利·沃尔特爵士（Sir Walter Raleigh）将烟草从美洲大陆引到英国不久之后的 1604 年，詹姆斯一世对吸烟的描写。在 400 年后的今天，很多人也会赞同詹姆斯一世的抨击。根据美国公共卫生署最近的报告，吸烟是最普遍的死亡与疾病原因中可以唯一预防和避免的，同时也是全世界第二大死亡原因（World Health Organization，2004）。吸烟也是导致冠心病和肺癌的主要风险因素，还会导致口腔癌、咽喉癌、食道癌、膀胱癌和胰腺癌（Centers for Disease Control，2003，2004）。另外，吸烟还会导致慢性支气管炎、肺气肿和溃疡。更重要的是，无论是吸烟者还是被动吸烟者，都会缩短寿命（见图 3—5）。

"我一定得到外面吸烟吗？"

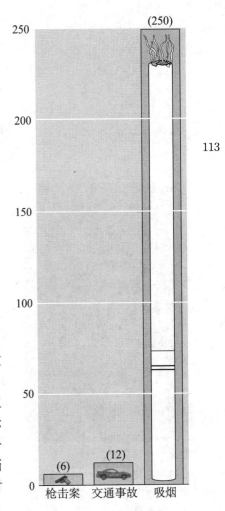

图 3—5　吸烟缩短你的寿命。根据世界卫生组织的报告，在经常吸烟的 20 多岁的美国年轻人中，70 岁之前死于枪击案的风险是 6‰，死于车祸的风险是 12‰，而死于吸烟的风险则高达 25%。

　　新的禁烟法律如何？有效吗？颇具讽刺意味的是，20 世纪 90 年代通过的禁烟法律使禁烟在某种程度上变得更加困难。为什么？无论是炎炎夏日还是严寒的冬季，吸烟者必须离开无烟区，群聚到户外，这种被迫的孤立使得原本分离的吸烟者组成了强有力的社会联结；而且烟草公司通过展示吸烟者高高地坐在办公楼的边缘上和飞机的机翼上，尽一切力量地吸上一支烟，以表达这个群体的忠诚（以及个人的"独立"和"坚定不移"）。当人们不能在办公室、飞机、餐馆和其他的公共场合吸烟时，尼古丁中断时间的增加加重了脱瘾症状（Palfai, Monti, Ostafin & Hutchinson，2000）。

预防吸烟

　　吸第一口烟很少是愉快的体验，大多数人也都知道吸烟不利于健康，而且吸得越多患病的风险就越大。但是人们为什么要吸烟呢？答案是复杂的。

　　首先，人们通常是在年轻时开始吸烟。欧洲学生饮酒和药物成瘾调查项目（ESPAD）（2001）报告说，在青少年中期吸烟的习惯就已经建立，并且从 1995 年开始的 ESPAD 调查到目前为止很少有迹象显示出下降趋势。类似的调查还发现，6～8 年级的美国中学生中，每八个学生就有一个吸香烟、雪茄或嚼烟等（Kaufman，2000）。有许多原因导致人们在如此年轻时就开始吸烟，但同伴压力和角色模仿是最重要的原因，年轻的吸烟者希望自己看起来成熟并被他们的同伴所接受。

　　其次，不管一个人何时开始吸烟，一旦开始，生理上就需要持续不断地进行。证据表明，尼古丁成瘾和海洛因、可卡因、酒精成瘾非常相似（Brody et al.，2004）。吸进的尼古丁仅仅需要几秒钟就能进入我们的大脑。进入大脑之后，尼古丁就会促进乙酰胆碱和去甲肾上腺素递质的释放，提高警觉性、注意力、记忆和愉悦感。尼古丁还会刺激多巴胺的释放，而多巴胺是与大脑中奖赏中枢关系最密切的神经递质（Brody et al.，2004；Noble，2000）。

114

最后，社会压力和生理成瘾的结合带来了额外的收益（Brandon et al.，2004）。吸烟通常和愉快的事情相联系，比如说可口的食物、朋友、性和尼古丁快感。相反，如果吸烟者被剥夺了烟则会经历极其痛苦的生理戒断症状。不幸的是，当他们再次吸烟时，症状会得到迅速地缓解，吸烟受到了强化而不吸烟却受到了惩罚。现在你能够明白了吧，为什么许多健康心理学家和其他的科学家认为减少吸烟者数量的最佳办法是阻止人们吸第一口烟。

如果大多数人都是在青少年期开始吸烟的，是否应该将预防措施聚焦于这一人群呢？针对青少年的预防项目面临着严峻挑战。对于青少年来说，导致心脏病和癌症的长期健康损害似乎和吸烟无关，相反，吸烟能带来即刻的同伴奖赏和尼古丁上瘾的强化奖赏。因此许多吸烟预防项目关注吸烟的短期问题，如呼吸障碍和运动表现不良。

通过影视和小组讨论，青少年认识到同伴压力和媒体对吸烟的影响。另外，青少年有机会从多角色扮演中学习拒绝的技巧，教给他们在作决策时所需要的基本的社会和个人技巧，以及应对日常生活和青春期压力的策略。不幸的是，有研究表明这些预防措施收效甚微（Tait & Hulse，2003；Unger et al.，2004），甚至为了获得一个中等程度的收效，这些项目也必须较早开始并且持续多年。

为了降低大学生的健康危险并帮助他们抵制同伴压力，现在很多大学开始在学校大楼中禁烟，并提供更多的无烟宿舍。另外一个阻止大学生吸烟的原因可能是与日俱增的香烟价格。烟草公司将增加的征税抛向了消费者，在美国大部分州，加上州税和地方税之后每盒香烟的价格超过了4美元，如果一个学生每天吸一盒烟，一年的花销接近1 500美元，是一学年书本费的2倍。

健康心理学实践。作为加利福尼亚禁烟运动的一部分，这张宣传牌也许会减少你开始吸烟的欲望。

资料来源：California Department of Health Service.

戒烟

停止吸烟是我们所做过的事情中最容易的；我应该了解，因为我曾经做过1 000多次。

——马克·吐温（Mark Twain）

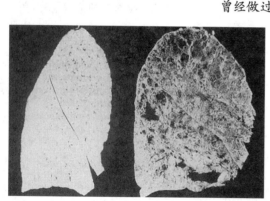

吸烟所付出的代价。如果人们能够看见吸烟对肺带来的影响，人们还会选择继续吸烟吗？比较左边不吸烟者健康的肺和右边吸烟者熏黑的、不健康的肺。

遗憾的是，马克·吐温从未彻底地戒烟。很多以前的吸烟者也承认戒烟是他们所做的最艰难的一件事情。虽然有些人认为，对于他们来说，最简单的应对尼古丁生理戒断症状的办法是迅速而完全地停止吸烟，但是这种"突然完全戒烟"的成功率极低，即使在药物（如口香糖、药膏或药丸等）辅助下也很困难。

任何用来帮助病人打破习惯的计划都必须同时考虑尼古丁的生理成瘾和吸烟所带来的社会奖赏（Koop，Richmond & Steinfeld，2004）。有时最好的方法是将认知行为疗法和尼古丁替代疗法结合。

从认知的角度，吸烟者可以学会认识引起他们吸烟念头的刺激或情景，这样就可以改变或回避它们（Brandon，Collins，Juliano & Lazev，

2000)。同时他们也可以将注意力集中在除了吸烟以外的其他事情上，并时刻提醒自己不吸烟的好处（Taylor，Harris，Singleton，Moolchan，& Heishman，2000）。从行为的角度，吸烟者可以通过嚼口香糖、锻炼、甚至在饭后嚼一根牙签而不是点上一根香烟，从而遏制吸烟的冲动。任何计划离开个人的强烈动机都只不过是纸上谈兵。无论如何，更加健康的生活和更加可观的寿命还是值得我们一试的。

115

饮酒：个人和社会共同的健康问题

在美国如大麻和可卡因等非法药物的滥用吸引了极大的关注，但你是否知道美国医学会认为酒精是所有药物中最危险且对身体危害最大呢？（American Medical Association，2003）在美国和欧洲的大多数国家，饮酒是继吸烟之后的最普遍的死亡原因（Cohen et al.，2004；Grilly，2006；Joh & Hanke，2003）。

另外，饮酒可能对你的大脑产生严重损害（Crews et al.，2004）。饮酒导致的攻击性行为可以帮助解释它是谋杀、自杀、对配偶实行暴力、虐待儿童和交通事故的主要原因（Pappas et al.，2004；Sebre et al.，2004；Sher，Grekin & Williams，2005）。

感谢大量的广告，现在多数人意识到了饮酒对开车的巨大风险——沉重的罚单、吊销驾照、重伤、拘留甚至死亡。但你知道吗，单是喝酒本身就足以致命？因为酒会抑制神经系统的活动，如果血液中的酒精达到某个水平，大脑的呼吸中枢将会停止发挥作用，从而导致死亡。

这就是为什么没有节制的饮酒异常危险。酗酒（binge drinking）是指在两周内至少三次饮酒超过四瓶（女性）或五瓶（男性）。你还记得麻省理工学院的两名新生在大学生联谊会因饮酒过量而死亡的新闻报道吗？其中一位学生血液中的酒精含量达到了 0.588 8%。这相当于在一个小时之内喝了 20 瓶啤酒，是多数州法定驾车限制水平的 7 倍。1993—2001 年的一项全国大学生调查发现，大约 44% 的大学生酒后驾车（Wechsler et al.，2002）。与其他民族相比，白人学生酒后驾车的现象更加严重，高达 50.2%，而西班牙裔为 34.4%，美国本土的印第安裔为 33.6%，亚裔和太平洋岛裔为 26.2%，黑人或非洲裔美国人为 21.7%。

酗酒 在两周内至少三次饮酒超过四瓶（女性）或五瓶（男性）。

酗酒可能是致命的。 在许多大学校园中，21 岁生日时喝与年龄数相当的酒成为一种传统。密歇根的一位大学三年级学生在 21 岁生日时喝了 21 杯酒，并多喝了 3 杯来打破他的朋友所创下的纪录，结果在 21 岁生日早晨就因酒精中毒而死亡。如果你想了解更多的信息，请链接 www.Brad21.org。

饮酒是大学生一个严重的健康问题。研究表明每年因饮酒导致：

● 1 400 名大学生因与饮酒相关的原因而死亡；

● 500 000 名学生经历了非死亡性事故；

● 1.2%～1.5% 的学生因为酗酒或其他的药物使用而试图自杀；

● 400 000 名学生进行没有任何防护措施的性行为，并有超过100 000 名学生因喝醉而不清楚他们是否有性行为（Task Force of the National Advisory，2002）。

饮酒对于禁酒者和有节制的饮酒者也同样存在影响。比如对那些住在校内参加女生联谊会和学生联谊会的人来说：

● 60% 的人学习和睡眠受到了酒精使用者的影响；

● 47.6% 的人不得不照顾喝醉者；

- 19.5％回答问卷的女性声称她们经历了非预期的性行为；
- 8.7％的人受到了惩罚、攻击和辱骂（Wechsler et al.，2002）。

可惜大多数大学生认为饮酒过度是无害的娱乐，是"大学生活"的一部分。但是大学管理者逐渐地意识到了酗酒和其他酒精滥用带来的影响。在传统教育项目上，他们发展和实施了一系列新的政策和项目，囊括了身体、社会、法律和大学生校园经济环境以及周围社区等方面的因素（Kapner，2004）。

你自己试试

116

是大学中的娱乐还是严重问题？
酗酒在年轻人中是一个不断增长的问题，许多青少年、大学女生饮用与男性一样多的酒。

你有和酒精有关的问题吗？

在我们的社会中，饮酒通常被认为是调节情绪或行为的恰当途径。在工作之余喝点啤酒，进餐时点葡萄酒实在是平常不过的事情。但正如我们所见，许多人滥用酒精。如果你想迅速地检查一下自己的饮酒行为，你可以在下面描述饮酒行为的症状上进行标记（注意：在改善我们的健康之前，我们首先应该完全地了解自己的行为模式。请在自我评估时诚实作答）。

七大酒精依赖症状的信号

____ 1. 饮酒不断增加，有时候几乎成了持续的日常消费。

____ 2. 尽管饮酒有很多负性结果，但相对于其他活动，饮酒处于优先地位。

____ 3. 需要喝更多的酒才能改变自己的行为、情感和代谢；对酒精的容忍度越来越大了。

____ 4. 即使只是短期不饮酒，也会带来戒断症状，如发汗、战栗和恶心等。

____ 5. 饮酒可以缓解戒断症状，尤其是在早上饮酒。

____ 6. 主观上意识到应该小心饮酒，但却很难控制饮酒的数量和频率。

____ 7. 在戒断一段时间之后，很快就回到了以前的酒量和行为模式。

资料来源：世界卫生组织，2004。

目标 性别与文化多样性

全世界范围的酗酒

也许在读了前面关于酗酒的内容之后，你会认为它仅仅是美国大学生所面临的问题。事实上，酗酒是一个世界性的问题。

- 欧洲的学生调查项目（2001）发现，自1995年起整体的酗酒水平有所上升，尤其是在英国、丹麦、爱尔兰和波兰。这些国家超过30％的在校少年报告说他们上个月至少有三次酗酒行为。
- 在墨西哥某个社区的16个宗教节日和13个非宗教节日上关于饮酒行为的调查表明，在每个节日几乎所有男性都可以被认为是在酗酒。更重要的是在节日期间几起重大的暴力事件都和酗酒有关（Perez，2000）。
- 在西班牙和南美的一项研究表明，报告有酗酒行为的年轻男性相对于其他人更多地向家庭成员以外的人进行攻击（Orpinas，1999）。

● 科学家比较了丹麦 56 970 名男性和女性的饮酒行为，在偏好啤酒、葡萄酒和酒精饮料的饮酒者中，喝啤酒导致酗酒的可能性最小，而喝葡萄酒最容易成为酗酒者（Gronbaek，Tjonneland，Johansen，Stripp & Overvad，2000）。

● 俄国关于酒精消费的调查显示，44%的男性都是酗酒者（Bobak，Mckee，Rose & Marmot，1999）。

117

慢性疼痛：对健康的持续威胁

想象一下移走你所有的痛觉感受器，你就可以在赛车、高山滑雪以及去看牙科医生时不用担心疼痛这回事了。这听起来是不是有点振奋人心？仔细想想，疼痛之于人和其他动物的生存与健康是必需的。遇到威胁和不利情况时，它给我们警告；受到伤害时，它迫使我们休息而得以恢复（Watkins & Maier，2000）。然而，**慢性疼痛**（Chronic Pain）——由慢性疾病或愈合的伤口引起的长期疼痛就不那么有用了。

为了对付慢性疼痛，健康心理学家通常采用心理指向的治疗，如行为矫正、生物反馈和放松疗法。虽然心理因素可能并不是慢性疼痛的原因，但是这些因素通常会加重慢性疼痛并引起相关疼痛和不适应（Currie & Wang，2004；Eriksen et al.，2003；Keefe，Abernathy & Campbell，2005）。

> **慢性疼痛**　六个月及以上持续不断或者反复发生的疼痛。

行为矫正

慢性疼痛是一个没有简单解决途径的严重问题，正如我们所知，运动增加内啡肽的含量，产生和大脑的神经细胞可以结合的化学物质，阻断疼痛的知觉（第 2 章）。但慢性疼痛的病人倾向于减少它们的活动和锻炼。另外，善意的家人通常会询问慢性疼痛患者："感觉怎么样？""今天疼痛好点儿吗？"遗憾的是，关于疼痛的谈论会将注意力集中到它上面，并会增加疼痛的程度（Sansone，Levengood & Sellbom，2004）。更重要的是，疼痛的增加会导致焦虑的增加，焦虑本身又会导致疼痛的加剧，然后又增加了焦虑，进一步地增加了疼痛！

为了平衡这些隐藏的个人和家庭问题以及恶性循环，健康心理学家针对慢性疾病患者和他们的家庭开展了行为矫正项目。早在 20 世纪 70 年代末期，这些项目的有效性就得到了验证（Cairns & Pasino，1977）。研究者建立了个人疼痛管理项目并监测每个病人坚持疼痛治疗项目的情况（日常锻炼、放松疗法的使用等）；和控制组相比，使用了这些技术的病人疼痛逐渐减少。如今很多疼痛管理项目综合类似的技术塑造"健康行为"。

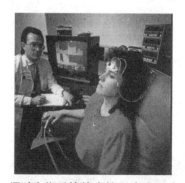

通过生物反馈技术控制疼痛。 采用肌电图，可以记录个体的肌肉紧张度，并且教病人采用特殊的放松技术缓解肌肉紧张从而缓解慢性疼痛。

生物反馈技术

在生物反馈技术中，监测如心律或血压等生理方面的信号反馈给个体，以帮助他们学会控制这些功能。这些反馈可以帮助缓解某些慢性疼痛。慢性疼痛患者主要采用的生物反馈技术是由肌电图（EMG）实现的，通过记录皮肤的电活动来测量肌肉的紧张度。当疼痛涉及极度的肌肉紧张时最有效，如紧张性头痛和背部疼痛。将电极放在疼痛的位置，然后指导患者放松。当达到足够放松时，仪器将会产生一个声音或指示灯信号，这个信号作为生物反馈信号帮助患者学会放松。

研究表明生物反馈技术是有帮助的，并且有时和那些费时的昂贵治疗一样有效（Engel，Jensen & Schwartz，2004；Hammond，2005；Hawkins & Hart，2003）。显然，生物反馈技术的成功源于它帮助患者了解影响生理反应的情绪唤起和冲突的模式。反过来，来自生物反馈技术的自我意识帮助他们学会了自我管理技巧，并帮助他们控制自己的疼痛。

118

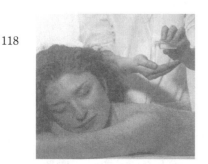

放松技术。按摩是一种健康的方式，可以减少压力以及与紧张有关的疼痛。

放松疗法

因为疼痛似乎无时不在，所以当慢性疼痛者没有完全沉浸在活动中时，总是倾向于谈论他们的疼痛。而看看电视或电影、参加聚会，或者进入任何可以分散注意力的活动似乎都可以减少不舒适感，像一些分娩课堂上的放松疗法一样要求转移注意力。这些技术帮助分娩时的母亲注意呼吸并放松肌肉，将注意力从分娩的疼痛和恐惧中转移出来。类似的放松疗法对慢性疼痛患者也有帮助（Astin，2004）。但是这些技术并不能消除疼痛，仅仅是帮助患者暂时忽略掉疼痛。

应用　将心理学应用于工作

我的工作是否充满了压力？

健康心理学家（以及工业和组织心理学家）研究了大量和工作压力有关的因素。他们的研究表明，在进行职业决策之前收集大量的信息可以预防这些压力。

如果你想把上述结论应用到自己的职业规划中，首先你要确定你喜欢什么以及你是否喜欢你现在的（和以前的）职业。有了这些信息之后，你就为寻找与你的兴趣、需要和能力相匹配的职业做好了准备，而且可以避免因无法满足这些标准而带来的压力。下面这些问题可以帮助你进行分析：

（1）你的工作地点是否可以为你带来足够的快乐和社会交往？

（2）你的老板是否注意到以及欣赏你的工作？

（3）你的老板善解人意吗？友好吗？

（4）你工作地点的物理环境是否让你感到不安？

（5）在你的工作场合工作你是否感到安全和舒适？

（6）你喜欢你工作的地点吗？

（7）如果你中奖了并且一生衣食无忧，但你必须辞退你现在的工作，你是否真的感到很难受？

（8）你是否经常地看表、做白日梦、花很长时间吃午饭，并尽可能快地离开工作？

（9）你是否经常感到压力以及工作的要求超过你的承受能力？

（10）与和你有相同资格的人比起来，你是否薪有所值？

(11) 你所工作的地方，晋职是否公平合理？

(12) 根据你的工作量，回报是否公平？

现在来计分，如果你的答案和下面的相符就记 1 分：(1) 否；(2) 否；(3) 否；(4) 是；(5) 否；(6) 否；(7) 否；(8) 是；(9) 是；(10) 否；(11) 否；(12) 否。

你刚刚所回答的问题是根据研究确定的可以提高工作满意度、降低压力的四个因素：支持性的同事，支持性的工作环境，挑战心理的工作和公平的回报（Robbins，1996）。你的总分显示了整体的不满意水平。对特殊问题的回顾可以帮助你确认四个因素中哪个因素对你的工作满意最重要，也是你目前工作最缺乏的。

支持性的同事（1、2、3）：对于大多数人来说，工作满足了重要的社会需要，因此有友好和支持性的同事与老板可以提高满意度。

支持性的工作环境（4、5、6）：不足为怪的是几乎所有的受雇者都喜欢安全、干净和设施相对比较现代化的工作，喜欢离家较近的工作。

挑战心理的工作（7、8、9）：缺乏挑战性的工作会让人感到乏味，而挑战太多的工作又会带来挫败感。

公平的回报（10、11、12）：受雇者希望根据工作的需要、个人的能力水平和所在团体的薪水标准来获得回报和晋升。

119

检查与回顾

健康心理学实践

健康心理学研究生物、心理和社会的因素对健康和疾病的影响。由于吸烟是美国死亡原因中最可以避免的，因此对健康实践者来说预防和禁止吸烟有着重要的意义。

预防吸烟的项目包括教育公众吸烟的短期和长期后果，试图让吸烟成为社会不赞许的行为以及帮助不吸烟者抵制吸烟的社会压力。帮助人们戒烟的多数方法包括认知和行为上的技术，以及采用尼古丁替代疗法帮助吸烟者对付戒断症状。

饮酒也是我们面临的最严重的健康问题之一。饮酒不仅给个人健康带来风险，而且在一些社会问题上也有着重要作用，如谋杀、自杀、虐待配偶和交通事故死亡等。酗酒也是一个严重的问题，通常在两周以内至少有三次饮酒、男性一次饮酒超过五瓶、女性超过四瓶就可以被认为是酗酒。

慢性疼痛是指超过六个月持续反复的疼痛。虽然它很少是由心理因素引起的，但是这些因素能够加强慢性疼痛。多参加活动、锻炼和有规律的进食可以帮助减少慢性疼痛。健康心理学家也采用行为矫正、生物反馈技术和放松疗法来治疗慢性疼痛。

问题

1. 知道吸烟不利于健康，然而为什么对于大多数人来说戒烟却很困难呢？

2. 如果策划一项活动旨在阻止年轻人吸烟，那么你强调_____可能会获得最佳的效果。

(a) 烟草使用的长期的严重的不健康后果

(b) 成年人死于吸烟的数目

(c) 健康的退休生活的价值

(d) 烟草使用带来的短期危害

3. 美国医学会认为，在所有的药物使用中，_____危害最大而且对身体的损害最严重。

4. 多参加活动和锻炼身体对慢性疼痛患者有利，因为锻炼可以增加_____的释放。

(a) 内啡肽　(b) 胰岛素

(c) 乙酰胆碱　(d) 去甲肾上腺素

答案请参考附录 B。

更多的评估资源：

www.wiley.com/college/huffman

健康和压力管理

学习目标

采用什么方法和资源来帮助人们保持健康并应对压力？

120

工作与学业、银行冗长的队伍和人际关系问题等都会让我们体验到压力。因为我们无法逃避压力，所以我们需要学会有效地应对压力。拉扎勒斯（Lazarus）和弗克曼（Folkman）将应对定义为"为了对付来自外部和内部的那些消耗或超过个人资源的需求，而持续地改变认知和行为上的努力"。简而言之，应对就是试图采用有效的途径对付压力。它不是单一的行动，而是我们对付各种各样的应激源的一系列过程。在这部分，我们将首先讨论情绪指向的应对形式对处理问题的解释，然后讨论和我们的行为直接有关的问题指向应对策略，最后进一步探讨决定我们的工作是否充满压力的标准以及回顾一下应对压力的有用资源。

情绪指向和问题指向的应对：两种不同的方法

情绪指向的应对 通过改变我们对压力情境的看法来应对压力的策略。

正如图 3—6 所示，压力水平通常取决于我们对应激源的预期和反应（Gaab, Rohleder, Nater & Ehlert, 2005；Lazarus, 1999）。**情绪指向的应对**（emotion-focused forms of coping）是指那些改变我们对压力情境看法的情感或认知策略。假设你被一份值得做的工作或中意的人拒绝，你也许会认为你没有真正的资格获得这份工作，对这段关系你还没有完全地准备好。其实你可以重新评估这个情境，也许这份工作本来就不适合你，那个人本来就和你不相配。

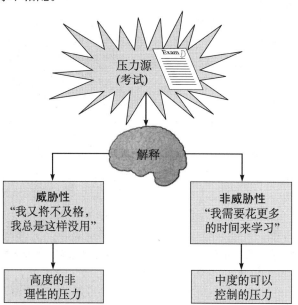

图 3—6　压力存在于旁观者眼中吗？ 拉扎勒斯（1999）认为，我们对压力的情绪反应在很大程度上取决于我们对它的解释。因此，我们可以采用认知、情绪和行为上的策略应对压力，而非感觉受到了威胁。

除了这些有意识的情绪指向的应对方式外，我们常常会使用**防御机制**（defense mechanisms）。采用无意识的防御机制可以减少焦虑，经常帮助我们应对不可避免的压力。比如说，幻想你从大学毕业后或暑假打算做什么，可以帮助你从紧张的期末考试中放松一下。有时候防御机制也是不利的。你也许会认为你之所以没有得到那份工作是因为缺乏"关系"，没有得到所爱之人的青睐是因为没有"完美的身材"，这就是为达到特定目标受挫而编织借口时，所采用的合理化的防御机制。不清楚和不合理地看待这些情境，可能会阻碍你发展那些在未来可以帮助你获得满意职业和恋人的技巧与品质。

防御机制　用来扭曲事实、释放焦虑和内疚的无意识策略。

在某些情境下，如果情绪指向的应对方式是对压力的重新评估而不是对事实的扭曲，可以帮助我们缓解压力（Giacobbi, Foore & Weinberg, 2004；Patterson et al., 2004）。但在多数时候，**问题指向的应对方式**（problem-focused forms of coping）是必需的，也更加有效。该方法是对应激源和情境直接进行处理，最终减少或消除它们（Bond & Bunce, 2000）。问题指向的应对包括确定压力问题、产生可能的解决方案、选择恰当的解决方法并将该方法实施，最后消除压力。

问题指向的应对方式　直接通过解决问题的策略来降低或消除引起压力的来源来应对压力。

为了阐明情绪指向和问题指向应对方法的不同，现在假想你将飞往丹佛去参加你最好朋友的婚礼。在 10 点之前你有一场很重要的考试，去往丹佛的飞机中午起飞。虽然婚礼下午 4 点就开始了，但你认为你是可以成功抵达的。不幸的是，在去机场的路上，出租车的轮胎爆了。你可能会这样认知情境，告诉自己因为他是你最好的朋友，他会理解你：你为了参加他的婚礼，尽了一切可能的努力，出租车轮胎漏气不是你的错（情绪指向的应对）；或者你可能会要求司机马上叫另外一辆出租车将你送到机场（问题指向的应对）。

我们可以同时使用这两种应对策略吗？

是的，大多数压力情境是复杂的，我们通常将这两种应对策略结合起来使用。还有，从你个人生活的经验也可以得知，压力情境是不断变化的。我们使用的策略类型不仅取决于应激源，同时也取决于应激源不断变化的属性。在一些情境中，我们可能首先需要使用情绪指向的策略，让我们从压得透不过气的问题中后退一步。然后当我们在情感上变得更加坚强时，就可以重新评估这个情景，采用问题指向的应对方式解决问题。

我们也可以使用一种应对策略为另一种应对策略的使用做准备。想象一下，你正在焦虑地等待一门很难的课程的第一次考试。为了平静下来，你可以使用情绪指向的应对方法，告诉自己："放松，深呼吸，不会像你想象的那样糟糕。"在焦虑减少之后，你可以使用问题指向的应对方法，将注意力完全集中在考试上。

121

健康生活的资源：从良好的健康到金钱

个人有效应对压力的能力取决于压力源本身——其复杂性、强度和持续的时间，及应对策略类型——情绪指向和问题指向，同时也取决于可利用资源。研究者确认了七种对健康生活和压力应对有重要作用的资源。

（1）健康和锻炼。所有的压力源都会带来生理变化，因此个人健康显著地影响了他/她的应对能力。重新回到关于一般适应综合征的图 3—3；抵御阶段就是应对阶段。越强壮越健康，对压力的应对就越好。同时，如果你通过锻炼而保持了健康的身体，你将体验到更少的焦虑和抑郁。有趣的是，研究者发现，那些参加剧烈运动的人相对于参加温和锻炼项目的人，焦虑减少得更多（Broman-Fulks et al.，2004；Hong，2000）。

锻炼可以从多方面减少压力。首先，它可以减少分泌到血液中的压力激素，从而帮助我们的免疫系统更快地恢复到正常水平。其次，锻炼可以降低肌肉紧张度。再次，锻炼可以增加我们应对未来压力的精力、灵活性和意志力。最后，更重要的是，锻炼可以增加心血管系统的功效。为了达到这些目的，最好的锻炼是有氧呼吸，包括快走、慢跑、骑自行车、游泳和跳舞。

（2）乐观的信念。积极的自我形象和态度也是应对压力的有意义资源。研究表明，即使自尊短暂的提升也会减少压力事件所引起的焦虑（Greenberg et al.，1993）。同时，希望能够支撑一个人去面对特殊的事件，这一点在关于人们成功地度过一些不可思议的难关的新闻报道中经常得到证实。根据拉扎勒斯和弗克曼（1984）的观点，希望来自于个人的信念，并帮助我们设计应对的策略；希望也来自于他人的信念，如医生可能会为我们带来积极的影响；希望还可以来自于更高层次的精神力量。

（3）社会技巧。如会面、小组讨论、约会和聚会等社会情境通常是快乐的源泉，但是它们也可以成为压力的来源。对于部分人来说，仅仅是和不熟悉的人见面或者寻找一些谈论的话题就可能是很有压力的。因此那些有社交技能的人（知道在特定的场合恰当地表现、成功地发起谈话、很好地表达自己）体验到更少的焦虑。事实上，缺乏社交技巧的人患病的风险更大（Cohen & Williamson，1991）。

社交技巧不仅能促进我们和他人的交往，还能够帮助我们更好地表达自己的想法和愿望。另外，社交技巧有助于我们获得帮助，缓解紧张气氛中的敌意。如果你的社交技巧不尽如人意，那么观察一下其他人，从有着良好社交能力的人那里询问一下意见。在将新技巧应用到现实生活之前，你可以通过角色扮演进行练习。

（4）社会支持。从他人那里获得社会支持可以帮助我们应对离婚、丧偶、慢性疾病、怀孕、身体虐待、失业和工作过重带来的压力（Greeff & Van Der Merwe，2004；Shen，McCreacy & Myers，2004；Southwick，Vythilingam & Charney，2005）。当我们遇到压力情境时，朋友和家人往往会留意我们的健康，倾听我们并握住我们的手，让我们感到自己很重要，为我们动荡不安的生活提供稳定性。诸如针对酗酒者及其家庭成员的职业支持小组，会从两个方面帮助人们应对压力：一方面，他们提供了可以依靠的群体；另一方面，人们可以从他们那里学会应对类似问题的技巧和方法（见第 15 章）。

122

人需要支撑。 应对压力的重要资源来自朋友、家庭成员和支持小组的社会支持。

（5）物质资源。我们经常耳闻这样的格言："金钱不是万能的。"但是当我们应对压力时，金钱及其能够买来的东西是非常重要的资源。金钱可以带来更多的可能选择，以消除应激源或减少压力影响。当我们面临日常生活中的挫折、慢性应激源和灾难性事件时，有钱人（以及善于理财的人）通常生活得更好，也体验到更少的压力（Chi & Chou，1999；Ennis，Hobfoll & Schroeder，2000）。

（6）控制。你认为发生在你身上的一切是运气的结果还是源于你的行动呢？**外控**（external locus of control）的人更倾向于认为是糟糕的运气或命运。他们感到无力改变自己的境遇，也很少做出积极的改变，完成治疗项目或者积极地应对。

相反，**内控**（internal locus of control）的人相信他们可以决定自己的命运，同时也倾向于采取积极的应对措施。

如内控的人会认为他们的心脏病起因于不健康的选择，如吸烟或选择压力太大的工作，因此他们更可能改变自己不健康的行为并很快地恢复（Ewart & Fitzgerald，1994）。来自中国内地、台湾和香港地区的研究表明，内控的人比外控的人体验到更少的心理压力（Hamid & Chan 1998；Lu，Kao，Cooper & Spector，2000）。

（7）放松。一个减少压力最有效的方法是在压力情境下采取有意识的放松。有大量的放松技术可用来减少压力，正如我们在前面提到的：生物反馈技术常用来治疗慢性疼痛，也同样可以帮助我们放松和应对压力（Hammond，2005）。除了生物反馈技术外，渐进式放松法也有助于减少或释放通常和压力有关的肌肉紧张（Khandai，2004；Vocks et al.，2004）。该疗法先拉紧后放松特定区域的肌肉，如颈部、肩部和胳膊等处。渐进式放松疗法帮助人们认识到肌肉拉紧和放松之间的不同。

外控　认为机会或超过自己控制的外部力量决定了自己的命运。

内控　相信自己可以决定自己的命运。

应对压力。 锻炼和朋友是减少压力的有效资源，正如一首英文歌中写的："来自朋友的帮助，让我渡过难关。"（John Lennon and Paul McCartney，Sgt. Pepper's Lonely Hearts Club Band，1967）

123

你自己试试

渐进式放松疗法

无论何时何地，当你感到了压力时，都可以采用渐进式放松疗法，如在考试之前或考试过程中。可以这样进行：

（1）坐在舒适的位置，将头部撑起来。

（2）慢而深地呼吸。

（3）将整个身体放松，释放所有的紧张，尝试着想象伴随着每一次呼吸，身体逐渐放松。

（4）系统地拉紧和放松身体的每一部分。从脚趾开始，缩紧并数到 10，然后放松。注意绷紧和放松之间的差别。下一步绷紧脚并数到 10，然后放松并感受不同。然后依次放松小腿、大腿、臀部、腹部、背部、肩膀、上臂、前臂、手和手指、颈部、下颚、面部肌肉和前额。

每天花 15 分钟采用渐进式的放松疗法放松两次，你将会为你如此之快地学会放松——甚至在极具压力的情景下——而感到惊讶。

批判性思维

通过批判性思维而减少压力（由 Thomas Frangicetto 提供）

根据认知治疗师阿尔伯特·艾利斯（Albert Euis）的观点，"如果人们审视一下他们的所思所想，不合理的信念和自我妨碍的态度……然后他们就可以体验到针对健康的压力反应"（Palmer & Ellis，1995）。在这一章讨论的所有应对资源中，批判性思维无疑是最重要的资源之一。下面的练习会对你有所帮助。

● 理解认知上所解释的应激源和事实上亲身经历的压力总量与类型之间有怎样的联系（Lazarus，1999）。

● 复习有可能考到的重要内容。

● 练习使用大量的批判性思维。

第一部分：从下面选项中选择和 10 种压力情境最符合的选项。

(a) 趋避冲突

(b) 双避冲突

(c) 酗酒

(d) 工作枯竭

(e) 防御机制

(f) 外控

(g) 挫折

(h) 创伤后应激障碍

(i) 拖沓

(j) A 型人格

压力情景

_____ 1. Wendy 被迫在枯燥的学科和较低的成绩之间做出选择。

_____ 2. John 为他的失败编织借口，保护自我远离责任可能带来的焦虑和内疚感。

_____ 3. Marci 是"9·11"事件的幸存者，但是自从生命受到威胁的那天起，闪回、噩梦、无法承受的焦虑、无助感和情感上的麻木就损害了她的身体机能。

_____ 4. Jason 是大学新生，正在参加学生联谊会，"他们不断地让我喝酒，直到我吐了为止，旁边随时准备着啤酒，在一小时之内我大约喝了 10 听，他们说这是象牙塔生活的一部分。但是我真的不想那样。"

_____ 5. Rodney 是一位有着很高权力的执行官，他的雄心和竞争性似乎得到了回报。但是他的妻子对他的时间紧迫感、长期的愤怒与敌

主动学习

意深感抱怨。

_____ 6. Juanita 在去参加一个重要考试的路上遇到了堵车，因为无法实现她的目标，她感到十分焦虑。

_____ 7. Jennifer 的工作需要大量的情感投入，她感到了生理、情感和心理的耗竭。

_____ 8. Derek 将三个月之前就布置的任务一直拖到现在，只有一个月时间了，他体验到了巨大的压力并时常发冷。

_____ 9. Selena 认为所有的不幸都是命运造成的，她感到无力改变自己的处境。

_____ 10. James 是一个成绩不错的大学生，但是最近他遇到了心仪的女孩。他感到不得不在约会和好成绩之间做出选择。

第二部分：拿出一张纸来，从上面的情境中选择五个。根据本书的序言，确定一种批判性思维，然后描述它如何帮助个体有效地应对压力。对于不同的情境采用不同的批判性思维。

检查与回顾

健康和压力管理

应对压力的两种形式分别是情绪指向和问题指向。情绪指向的应对策略改变我们对压力情境的看法，是使用的防御机制中最常见的形式之一。问题指向的应对是直接降低或消除引起压力的情境或因素。对压力源的应对能力通常取决于个人可以获得的资源，包括健康和锻炼、乐观的信念、社交技巧、社会支持、物质资源、控制和放松。

问题

1. 假如你忘记了最好的朋友的生日，现在确定在下面的反应中你所采用的应对方式。

(a) "我不可能记起所有人的生日。"

(b) "我最好将 Cindy 的生日写在我的日历上，这样的事就不会再发生了。"

2. 防御机制的代价是什么？为什么人们应该避免这些代价？

3. _____（外控/内控）的人能够更好地应对压力。

4. 对健康生活和压力应对有帮

助的七大主要的资源是什么？哪些
对你来说最有帮助？哪些对你的帮
助最小？
　　答案请参考附录 B。

更多的评估资源：
www. wiley. com/college/huffman

评　估　关键词

　　为了评估你对第 3 章中关键词的理解程度，首先用自己的话解释下面的关键词，然后和课文中给出的定义进行对比。

理解压力

双趋冲突

趋避冲突

双避冲突

工作枯竭

冲突

正面压力

负面压力

挫折

一般适应综合征

日常挫折

下丘脑—垂体—肾上腺轴

心理神经免疫学

压力

压力和疾病

坚韧

创伤后应激障碍

A 型人格

B 型人格

健康心理学实践

酗酒

慢性疼痛

健康心理学

健康和压力管理

防御机制

情绪指向的应对方式

外控

内控

问题指向的应对方式

学习目标　网络资源

Huffman 教材的配套网址

http：//www. wiley. com/college/huffman

　　这个网址提供免费的交互式自我测验、网络练习、关键词的术语表和抽认卡、网络链接、母语非英语阅读者手册，还有其他用来帮助你掌握本章知识的活动和材料。

斯坦福大学健康信息图书馆

http：//healthlibarary. Standford. edu/

　　建立在医学信息基础上的大众信息，帮助你对健康和健康护理做出明智的决策。

压力及其管理

http：//stress. about. com/? once＝true&

　　一个有助于你应对压力的不错的网站，比如时间管理、经济问题和夜间烦恼等。

免费的健康风险评估

http：//www. youfirst. com/

　　为个人健康进行免费评估，确定最影响你健康的风险因素以及提供相关信息的链接。

聚焦压力

http：//helping. apa. org. /work/index. html

　　提供一系列和压力相关的有趣文章。

工作枯竭的测验

http：//www. prohealth. com/articles/burn-out. htm

　　提供和工作枯竭相关的简短自我测验。

对健康心理学职业感兴趣吗？

http：//www. healthpsych. com/

　　这个网站主要提供和健康心理学职业有关的文章与实践信息的链接，被列在 "APA Website of the Month"。

第 3 章　　形 象 化 总 结

理解压力

压力的来源

- 生活事件:由霍尔姆斯和雷赫提出,测量重要生活事件所引起的压力。
- 慢性应激源:和政治环境、家庭、工作等相关的、长期持续的压力。
- 日常挫折:积累起来的日常生活中的小问题。
- 工作枯竭:来自情绪需求高的情境中的耗竭。
- 挫折:无法实现目标而引起的负性情绪状态。
- 冲突:来自两个或多个不相容目标的负性情绪状态。冲突的形式有三种:

双趋冲突:	双避冲突:	趋避冲突:
必须在两个或者两个以上具有吸引力的目标中做出选择。	必须在两个或两个以上令人不悦的选择中做出抉择。	必须在既吸引又排斥的几个目标中做出选择。

压力的影响

- 自主神经系统的激活会增加心律、血压、呼吸和肌肉的紧张性,并释放压力激素。
- 下丘脑—垂体—肾上腺轴增加皮质醇的释放,从而影响免疫系统功能。
- 对免疫系统的抑制会让机体容易感染疾病。

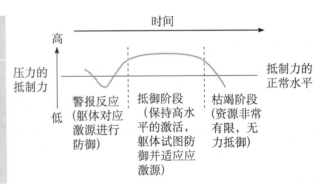

压力和疾病

癌症

由遗传倾向和环境因素共同引起躯体的化学水平、免疫系统的改变。

心血管疾病

影响因素有:

- 吸烟、肥胖和缺乏锻炼;
- 压力激素;
- A 型人格;
- 缺乏坚韧的品格。

创伤后应激障碍和胃溃疡

暴露于非常强烈的压力可能会导致创伤后应激障碍,慢性压力也会增加对幽门螺旋杆菌的易感性从而导致胃溃疡。

健康心理学实践

吸烟

- 人们为什么会吸烟？
  同伴压力：对榜样的
  模仿，上瘾（尼古丁
  会增加和提高警觉
  性、记忆与幸福感有
  关的神经递质的释
  放，并减少焦虑、紧
  张和疼痛），正性结
  果的联结学习。
- 预防：对吸烟的短
  期和长期后果进行
  教育，降低吸烟的
  社会赞许性，并帮
  助不吸烟者抵制社
  会压力。
- 戒烟：采用认知和
  行为技术，并辅助
  尼古丁替代疗法。

饮酒

饮酒是四大严重的健
康问题之一。
酗酒：在两周以内至
少有三次饮酒，男性
一次喝酒超过五瓶，
女性超过四瓶。

慢性疼痛

慢性疼痛：持续疼痛
超过了六个月。
如何降低？

- 增加活动和锻炼。
- 采用行为矫正的
  技术强化改变。
- 采用 EMG 的生物
  反馈技术帮助降
  低肌肉的紧张度；
- 使用放松疗法。

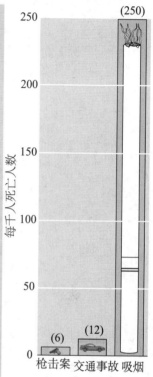

健康和压力管理

情绪指向的应对：

改变我们对压力情境的看法。
防御机制是无意识的自我保护
机制，并通过扭曲现实而减少
焦虑。

问题指向的应对：

直接降低或消除引起压力的情
境或因素。

对健康生活有帮助的资源：

- 健康和锻炼
- 乐观的信念
- 社交技巧
- 社会支持
- 物质资源
- 控制
- 放松

第4章

感觉与知觉

理解感觉

加工
阈限
适应

我们如何看和听

视觉
听觉

我们其他的感觉

嗅觉和味觉
躯体觉

理解知觉

筛选
组织
● 性别与文化多样性
格式塔律是普适的吗?

🌐 **学习目标**

在阅读第 4 章的过程中,关注以下问题,并用自己的话来回答。

▶我们的感觉器官是如何收集感觉信息,并将它们转换成大脑可以理解的信号的?

▶我们的眼睛和耳朵是如何使我们看见和听见的?

▶我们的其他感觉是如何让我们经验这个世界的?

▶我们如何分配对环境的注意?

▶我们怎样组织刺激,并以此来知觉形状、恒常性、深度和颜色?

▶是什么因素影响了我们对感觉的解释?

129

解释

● 个案研究/个人故事
　海伦·凯勒的成功与劝谏
● 聚焦研究
　阈下知觉和第六感可以被科学证实吗?
● 批判性思维/主动学习
　迷信第六感会带来的问题

为什么要学习心理学?

第 4 章将解释:

▶ 人们会在已经被截去的肢体上感到钻心的疼痛。

▶ 你能在一个晴朗黑暗的夜晚,看见 50 公里外的烛光;在安静环境中听见 6 米外手表秒针的走动声;在 7.5 升水中尝出 1 茶匙糖的甜味;闻到六居室中洒一滴香水的气味。

▶ 在每只眼的后方有一个盲点,它

不会向你的大脑传递任何视觉信息。

▶ 喧闹的音乐或其他高声的噪音会导致永久性耳聋。

▶ 有些人会经历"联觉"——感觉经验的混合,他们会"看见"冷或者热的颜色,"听见"橙色或者紫色的声音,"品尝"不同形状的食物。

通过触摸,我"看到"朋友们的脸,见识直线与曲线的繁复花样、各式各样的平面、土壤的繁茂、花朵的精致、大树的高贵姿态,还有大风的强劲……我发现,脚步声是随着年龄、性别和走路的方式精巧地改变着的……通过嗅觉,我知道自己进的是一幢什么样的房子。我能够辨认一幢旧式的乡村别墅,因为一代代的家庭、植被、花香和布料为它积淀了多层的味道。

——凯勒(Helen Keller)(1962,43~44、46、68~69 页)

　　以上文字的作者海伦·凯勒,一位著名的作家和演说家,在她 19 个月大的时候失去了听觉和视觉。海伦·凯勒是一个活生生的例子,鼓舞那些在某一两个感觉领域的残疾人,通过充分发展其他感觉来弥补自己的缺陷;她以文字向完全不同的感知世界的方式投去惊鸿一瞥。想象一下通过触摸你朋友的脸来辨认他,或通过一所房子前主人的气味来了解它。我们之前总是想当然地看待感觉和知觉,但是我认为,通过这一章的学习,你的看法将会改变。现在停下来花点时间品味一下"为什么要学心理学?"中的信息,然后在"你自己试试"中做这个活动。

　　既然我已经勾起了你们对这一章的兴趣,那么就让我们从定义几个重要的概念开始,理解它们对于把握整章材料的重要性。这一章主要关注两个独立但不可分的话题——感觉与知觉。如同咀嚼和吞咽,这两个过程是相似的，却又有那么点不同；它们的界限不甚明晰，且多有重叠。

　　感觉（sensation）是接收、转换、传递内外环境中的原始感觉信息到大脑的过程。**知觉**（perception）指对这些感觉信息的筛选、组织和解释。如图 4—1 所示，感觉在感觉器官中发生（眼、耳、鼻、皮肤、舌），而知觉在大脑中发生。

感觉　接收、转换、传递内外环境中的原始感觉信息到大脑的过程。

知觉　对感觉信息筛选、组织和解释的过程。

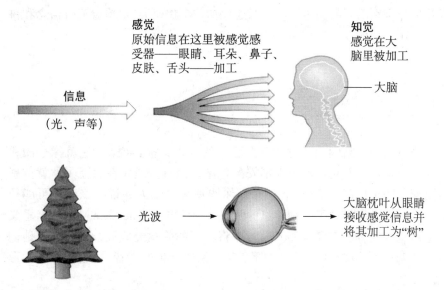

图 4—1　感觉和知觉。感觉是对来自感觉感受器的原始信息的加工，但要使这些感觉有意义，我们还需要知觉。

感觉还是知觉？

　　（a）当你盯着这幅图看的时候〔这幅图被称做"尼可尔立方体"（Necker cube）〕，你能分清哪个面在前，哪个面在后吗？（b）再看一下这个女人的画像，你看到的是一个向后转头的年轻女子，还是一个下巴深埋进夹克的老妇人？

　　在感觉过程中，视觉系统负责接收来自这两个图片的不同类型的光波，之后转换感觉信息并将其传入大脑；相对地，在知觉过程中，你的大脑主动地将感觉信息解释为线条和图形，并最终组成一个叫做正方体的几何形状。有趣的是，如果你盯着这两幅图足够久，你的知觉或者说解释会不可避免地发生改变。尽管基本的感觉输入相同，你的大脑却对两可的刺激时而做出这种反应，时而又转到其他反应，创造出知觉舞蹈（Gaetz, Rzempoluck, & Jantzen, 1998）。

你自己试试

131

(a)　　　　　　(b)

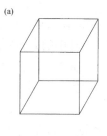　

第一节"理解感觉"介绍了感觉的基本运作方式。"我们如何看和听"和"我们其他的感觉"探寻了我们通常意义上的五种基本感觉——视、听、味、嗅、触。这些章节同时也涉及了将体内数据提供给大脑的其他感觉：平衡觉和运动觉。"理解知觉"探寻了我们如何选择、组织和解释来自感觉的信息，在这一节中，你将了解我们怎样分配注意、如何知觉距离以及怎样辨别不同的颜色。第 4 章还包括"聚焦研究"，检验流行信念和科学研究在两个话题上的冲突——阈下知觉与第六感。

理解感觉

132

学习目标

我们的感觉器官是如何收集感觉信息并将其转化为大脑可以理解的信号的？

联觉 感觉经验的混合（例如，在听到声音的时候"看见"颜色）。

当听见一段高频声音时，一个著名的音乐家报告说："它就像一团粉红色的火焰，有着粗糙和令人不安的色条；而且味道实在太差了，就像咸得要死的腌黄瓜。"（Luria，1968）你能理解这个人在说什么吗？可能很难。这个音乐家展现了一种罕见的情况——**联觉**（synesthesia），顾名思义就是感觉的混合。有联觉的人通常会将不同的感觉经验混杂在一起，他们可能"看见"热或冷的颜色，"听见"橙色或紫色的声音，"尝到"不同形状的食物。

要体会这个音乐家的经验，我们首先要了解最基本、正常和没有混合过的感觉过程。比如说，我们如何将环境中的光波、声波转换成我们大脑可以理解的东西？要做到这一点，我们首先要找到一个办法从内外环境接收感觉信号，然后需要将检测到的刺激转换成大脑可以理解的语言。现在让我们近距离地观看我们的感觉器官是如何做到这两步的。

加工：由外向内的过程

我们的眼睛、耳朵、皮肤以及其他的感觉器官都含有特异性细胞，接收和加工来自环境的感觉信息，这些细胞叫做感受器（receptors）。对于每一种感觉来说，这些细胞对某种特别的刺激做出反应，如光波、声波或者化学分子。

换能作用 将感受器的刺激转换为神经冲动。

通过**换能作用**（transduction），感受器将刺激转化为神经冲动，之后输送入脑。以听觉为例，内耳中的微小感受器细胞将来自声波的机械震动转换为电信号，这些信号之后被神经元转运到大脑中的特定区域做深加工。有趣的是，在换能作用中，我们会利用某种结构有意识地简化接收到的刺激量。

为什么我们会简化感觉信息？

你能想象对刺激不做过滤的景象吗？这样一来，血液在血管里喷涌的声音、衣服在皮肤上摩擦的感觉都将不断地骚扰你。所以某种程度的过滤是很重要的，以免你的大脑被不必要的信息挤爆，它需要有足够的自由对那些关乎生存的刺激做出反应。因此，我们的每种感觉被默认地设计为仅对某一系列潜在的感觉信息做反应。

所有物种都为生存而进化出压制或放大信息的有选择性的感受器。比如，鹰隼发展出敏锐的视觉，但嗅觉却很差。同样地，我们人类对很多刺激都没有感觉，像紫外线、微波、狗吠的超声波以及温血动物的红外辐射（响尾蛇能够做到）。然而，我们可以在一个晴朗黑暗的夜晚看到 50 公里外的烛光，在安静环境中听见 6 米外手表秒针的走动声，闻到六居室中洒一滴香水的气味，尝出在 7.5 升水中加入的 1 茶匙糖的甜味。

在**感觉简化**（sensory reduction）的过程中，我们不仅过滤进入的感觉，而且在神经冲动传入大脑皮层前对其进行分析。举例而言，突如其来的巨大噪声通常会唤醒睡着的动物（人类或非人类），这是因为网状结构（第 2 章）中的细胞将信息传至皮层的过程中要经过丘脑。然而，这些网状结构细胞能够学会屏蔽某些信息，同时允许另一些信息传导至高级中枢。这就解释了为什么新生儿的父母能够在刺耳的警报和咆哮的音响中安眠，却因孩子的一声呢喃翻身而起。

大脑是如何分辨不同感觉，比如声音和气味的？

它取决于被激活的感觉细胞的数量和类型、具体的兴奋细胞和最终使神经兴奋的具体脑区。通过一种叫做**编码**（coding）的过程，声音和气味被解释为不同的感觉。这不是因为激活它们的环境刺激不同，而是因为它们各自的神经冲动沿着不同的路径传导，并到达不同的脑区。图 4—2 说明了涉及感觉接受的脑区。

感觉简化 在将神经信号传递到大脑之前，对进入的感觉进行过滤和分析。

133

编码 将个别的感觉输入转换为特定感觉的过程。

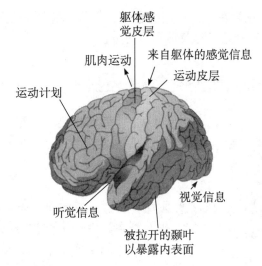

图 4—2 大脑中的感觉区域。神经冲动由感觉感受器传导到不同的脑区。

阈限：检验我们的敏感性

我们是如何知道人可以听见 6 米外手表的滴答声或闻到六居室中一滴香水的味道的？**心理物理学**（psychophysics）能够提供给我们答案。心理物理学是心理学中的一个领域，旨在考察物理刺激与个体心理反应之间的关系。结合物理学和心理学的知识，心理物理学研究一个刺激的浓度和强度如何影响观察者。

假设你有一个上小学的女儿，她刚刚发了一场高烧。在她康复期间，你发现她的听力好像减退了，于是你带她去看医生。

心理物理学 对物理世界性质与相应的心理经验之间关系的研究。

绝对阈限　主体能够检测到的最小刺激量。

差别阈限　主体注意到刺激变化所需要的最小改变量。也称做最小可觉差。

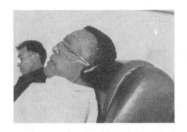

控制感觉。 戴上睡眠眼罩和特殊的降噪耳机，这个旅行者在恼人的感觉之外找到了渴望的舒适。这种耳机通过制造相反的声波以抵消环境中的噪声。

在听力丧失测试中，专家用发音器制造不同音高和强度的声音。你的女儿透过耳机听这些声音，并要在刚刚能听到声音的时候报告。这时的声音强度就是她的**绝对阈限**（absolute threshold），或者称为她能检测到的最小刺激量（见表4—1）。要测量你女儿的**差别阈限**（difference threshold），或者最小可觉差（just noticeable difference，JND），检查者可以轻微调节音量大小，然后要她在听出差别的时候报告。通过记录绝对阈限以及差别阈限并将它们与正常人的听力阈限相比较，专家就能知道你的女儿是否有听力丧失；如果有，丧失的程度是多少。

表4—1	不同感觉的绝对阈限	
感觉	刺激	绝对阈限
视觉	光能	在一个晴朗黑暗的夜晚，50公里外的烛光
听觉	声波	安静环境中6米外手表秒针的走动声
味觉	舌头接触到的化学物质	在7.5升水中加入的1茶匙糖的甜味
嗅觉	进入鼻腔的化学物质	六居室中洒一滴香水的气味
触觉	皮肤的运动或压力	蜜蜂的一片翅膀从1.5厘米高的地方落到面颊上的感觉

感觉阈限不仅存在于听觉，也遍布于视觉、味觉、嗅觉和皮肤觉。感觉领域的大量研究都始于对各种阈限的考察。

适应：减弱我们的敏感性

他如何做到的？ 这个男人能够通过意志来忍受这种非人的疼痛，说明痛觉是一种心理和生物因素的复杂混合作用。

感觉适应　重复的或持续的刺激会减少输入到大脑的感觉信息量，也就导致了感觉的减少。

你的朋友邀请你去他们家看望他们的新生宝宝。当他们在门厅和你打招呼的时候，你差点没被屋里尿布的臭味熏倒，而且这个小家伙的气味也不怎么样！究竟怎么了，为什么他们对这么大的气味无动于衷？**感觉适应**（sensory adaptation）会告诉我们答案。当一个刺激持续呈现一段时间之后，感觉就会减退或消失。在感觉系统中处于优势的感受器会"疲劳"，也就更不容易激活（你可以在自己身上试一下，拿一根铅笔夹在耳朵上，你是否注意到皮肤触觉感受器上的变化？这种不断加强的敏感性只持续很短时间，之后就疲惫地不再向大脑输送信号了，除非铅笔掉下来）。

感觉适应从进化论的角度是说得通的。为了生存，我们不可能将太多的时间和注意浪费在一成不变而且通常是无关紧要的刺激上。"把重复刺激的音量关小"帮助大脑应对海量的感觉刺激，同时，感觉适应也为大脑留下更多的时间和空间注意变化的东西。正是这种感受性降低机制帮助你的朋友适应孩子的气味；而且如果你在宝宝房间待的时间长一点，你的感觉同样会适应。但不幸的是，感觉适应有时是很危险的，许多人就是因为适应了微弱的瓦斯气味而死于非命。

某些感觉，像嗅觉、触觉适应得很快，但我们从来不会对视觉刺激完全适应。因为我们的眼睛一直在动，它们颤动地刚刚好以保证视觉信息的长新。否则，如果我们看一个东西足够久，它就会从我们的视野里消失！我们对于十分强烈的刺激也不会完全适应，如沙漠太阳的酷热或被切到手的疼痛。站在进化论的角度，这些感觉适应的局限同样是出于生存的考虑：它们可以帮助我们避免被酷热灼伤，并处理手上的伤口。

如果我们不能适应疼痛，那么运动员是如何在伤病中继续比赛的？

在某些情况下，我们的身体会分泌一种天然的止痛剂，叫做内啡肽（endorphins）（参见第 2 章）。内啡肽是一种与吗啡同理的神经递质，它通过抑制对疼痛的知觉来缓解疼痛。像"运动快感"（runner's high）这种愉悦的刺激，以及像受伤这种不愉快的刺激，都会刺激内啡肽的分泌。中国传统医术针灸将细针埋入皮下止疼，运用的也是这个原理（Molsberger et al, 2002；Ternov et al.，2001）。

除了内啡肽的释放，对痛觉的另一种可信的解释是**门控理论**（gate-control theory）。由罗纳德·梅尔扎克（Ronald Melzack）和帕特里克·瓦尔（Patrick Wall）在 1965 年最早提出的这个理论，暗示了能否经验到疼痛取决于神经信息能否通过脊髓中的"守门人"（gatekeeper）。这个"守门人"或者阻碍疼痛信号，或者允许它传递入脑。通常，这个"门"是被由脑下行的冲动所关闭的，而携带触觉和压力觉进入脊髓的大直径神经纤维中的信号也会把"门"关闭。然而，当有身体组织损坏的时候，从较小的疼痛纤维传来的冲动却会开启这扇"门"。

你是否注意到轻抚受伤的肘部可以止痛？门控理论解释了为什么触觉和压力觉能够止痛。大纤维携带相反的压力信息阻止了痛觉的传导；来自大脑自身的信息也控制了"疼痛门"的关闭。这就是运动员和士兵能够不顾疼痛坚持作战的原理所在。正如第 3 章所讲到的，当我们被竞争或恐惧所吸引的时候，我们就会忽略强烈的疼痛信息。

相反地，当我们焦虑或过多地谈及疼痛时，它会得到强化（Sansone，Levengood & Sellbom，2004；Sullivan，Tripp & Santor，1998）。具有讽刺意味的是，朋友好心的问候却会无意间强化了慢性痛患者的病痛（Jolliffe & Nicholas，2004）。

研究也揭示了"疼痛门"会被化学物质调控。一种叫做质素 P（substance P）的神经递质可以开启"疼痛门"，而内啡肽会关闭它（Cesaro & Ollat，1997；Liu，Mantyh & Basbaum，1997）。其他的研究发现，大脑不仅对感觉神经传入的信号做出反应，同时也可以自行产生痛觉及其他感觉（Melzack，1999；Vertosick，2000）。你是否听说过耳鸣（tinnitus），——一种伴随有听力丧失的耳中持续轰鸣？在缺乏正常感觉输入的时候，神经细胞会向大脑传递冲突信息（静态的），一来二去，大脑就将"静态"解释为轰鸣。这个道理同样适用于幻肢痛（phantom pain）——这是一种奇怪的现象，在截肢后很久，病人仍感觉被截去的肢体很痛。其原因在于，信息来自于脊髓负责疼痛信号的部位，于是大脑将无肢体的静态解释为疼痛。有趣的是，当截肢者装上假肢并开始使用它们以后，幻肢痛就自行消

门控理论 发生在脊髓中的痛觉加工和改变的机制。

135

失了（Gracely, Farrell & Grant, 2002）。

迄今为止，我们讨论过的每一种感觉原则——换能、简化、编码、阈限以及适应——都适用于所有的感觉。然而每种感觉的加工方式却各有千秋，我们将会在剩下的章节里讨论它们。

 评 估

检查与回顾

理解感觉

感觉是指接收、转换、传递外界信息的过程。知觉是对原始感觉数据进行筛选、组织并将其解释为对这个世界有用的心理表征的过程。

感觉加工过程包括换能、简化和编码。换能作用将刺激转换为传递入脑的神经冲动，通过感觉简化过程，我们得以应对海量的感觉刺激。每种感觉系统都有其特殊的刺激编码方式，由此刺激被编码为大脑可以解释为光、声、触的一系列特别的神经冲动。

绝对阈限是我们能感受到的最小刺激量。差别阈限是我们能探测到的最小刺激改变。感觉适应降低了我们对持续不变刺激的敏感程度。

问题

1. 感觉和知觉的主要功能是_____。

(a) 刺激和换能
(b) 传导和编码
(c) 简化和换能
(d) 觉察和解释
(e) 解释和传导

2. 如果某研究者想要测量一个人能知觉到的最暗灯光，这个研究者应当测量_____。

3. 为什么在几分钟之后你就闻不到自己的香水或须后水的味道？

4. 痛觉的_____理论解释了为什么按摩受伤的手指会止痛。

(a) 感觉适应　　(b) 门控
(c) 最小可觉差　(d) 拉马兹
答案请参考附录 B。

更多的评估资源：
www.wiley.com/college/huffman

我们如何看和听

 学习目标
我们的眼睛和耳朵是如何使我们看见和听见的？

在一次长途旅行中，姊姊为六岁的海伦·凯勒用毛巾即兴做了一个娃娃，它没有鼻子，没有嘴巴，没有耳朵，也没有眼睛——没有任何面部特征，小海伦迷惑了。然而最令她困扰的是这个娃娃缺少眼睛，她被惹火了，直到姊姊用一些珠子做上眼睛才令她转怒为喜。即使不知道眼睛的无数妙用，小海伦仍然记得有眼睛的重要性。

 视觉：眼睛的功能

你知道大联盟的击球手可以在 0.4 秒的瞬间击打到 150 公里/小时的高速球吗？人类的眼睛怎样如此快地接收和加工信息？想要充分领略视觉的奇妙，我们需要首先探寻光波的性质，接着考察眼睛的结构和功能，最后了解视觉输入的加工方式。

光波

波长　光波或声波的波峰（或波谷）之间的距离。波长越短，频率越大。

视觉（听觉同样）是建立在波现象的基础之上的。我们以海洋中的波浪来做类比。如果你站在防波堤上，你会发现浪与浪之间有一定的距离，称做**波长**（wavelength），而且它们间歇性地从你身旁涌过。你可以数一下一定时间内经过的浪的数量（比如说，60 秒 5 朵浪），你数到的就是**频率**（frequency）。在这个例子中，就是 5 朵浪除以 60 秒，即每秒 1/12 朵浪。因为浪经过的速度是差不多恒定的（海啸不算，它太快了），它们的频率就与波长成反比。大波长意味着小频率；反之亦然。波浪还有高度的特性，技术术语称做**振幅**（amplitude）——有高有低，有的具有简单统一的形状，很适合冲浪；而有的则由不同波长和高度的浪组合而成，对于冲浪板来说就太不规则了。

视觉以光波为基础，尽管光波很小而且移动很快，但它同海浪具有同样的性质。用专业术语来说，光是具有一定长度的电磁能波。图 4—3 展示了不同种类的电磁波，它们一起组成了电磁波谱。记住，大多数的波长人眼是看不到的，只有光谱上被称做可见光的很小一部分才是可以被视觉感受器探测到的。

现在让我们讨论一下波的性质。波长决定了我们看到的颜色（我们也可以说频率决定颜色，因为它和波长呈负相关。但是习惯上，当我们讨论光波的时候，我们用波长说话）。光波的振幅决定了我们看见的光的亮度，光波的混合程度决定了我们看到的是纯色光还是不同颜色的混合光。

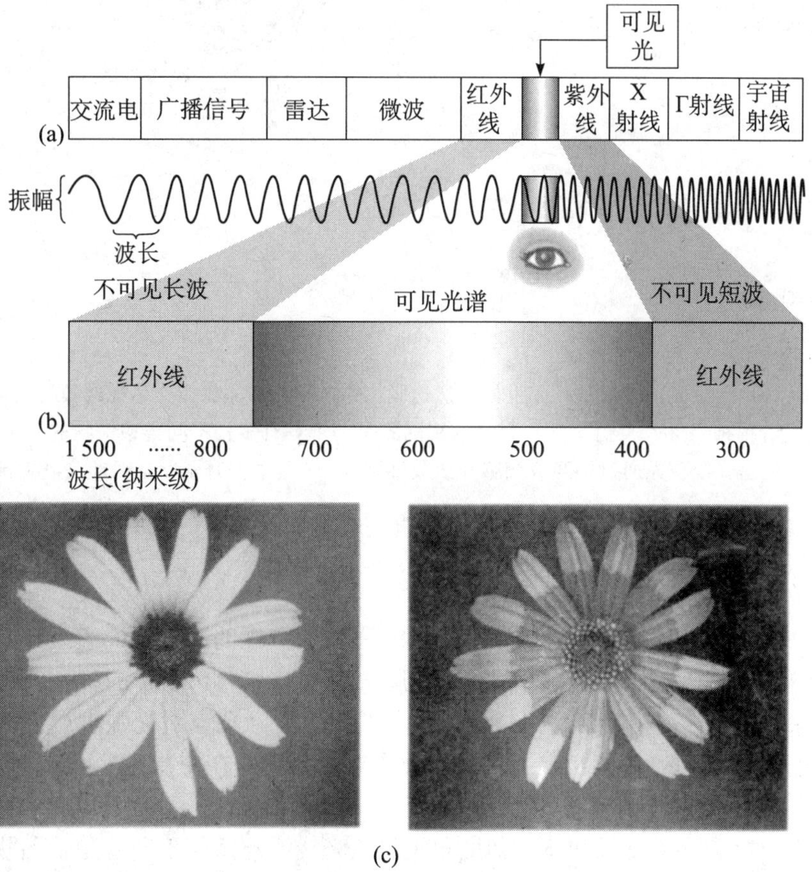

频率　光波或声波的一个循环周期（在一个给定的时间内，经过某一点的波长的数量）。

振幅　光波或声波的高度——如果是光波，就与其亮度有关；如果是声波，就与其响度有关。

图 4—3　电磁光谱。（a）一个完整的电磁波谱包括位于一端波长非常长的交流电和雷达波，以及位于另一端波长相对较短的宇宙射线。（b）可见光谱只包括我们能看见的光波，处于电磁波谱中间。最长的可见光波显红色，最短的显蓝色，其他的在其中一字排开。（c）左边的那朵花对人眼来说是比较正常的，右边的那朵是紫外线下的摄影。因为像蝴蝶这样的昆虫有紫外感受器，所以在蝴蝶眼中花可能就是这样的。

眼睛解剖和功能

眼睛被专门设计来捕捉光线并将其聚焦在眼球后方的感受器上，光感受器在此将光能转换成大脑能理解的神经信号。视觉过程涉及眼睛的许多结构——角膜、虹膜、瞳孔、晶状体和视网膜（见图4—4），让我们循着光的路径进入这些结构吧。

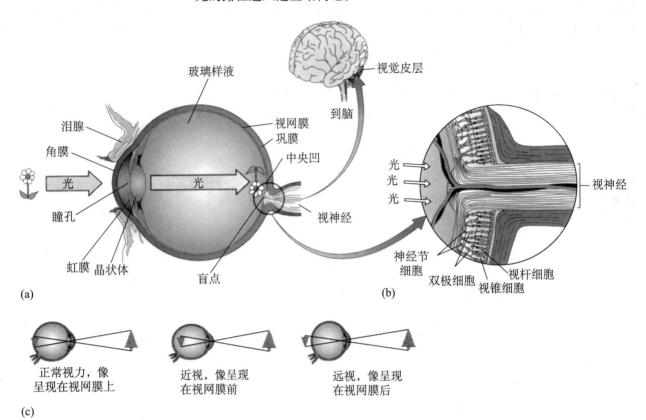

(c)

图4—4　光通路和眼睛的解剖学原理。（a）注意光是怎样从外部世界到达角膜，穿过瞳孔和晶状体直达视网膜的。在视网膜上，光线被转化为神经冲动，之后沿着视神经进入大脑。（b）眼睛的视网膜是一个具有多种不同类型细胞的复杂结构，其中最重要的是视杆细胞和视锥细胞，但是光线首先通过神经节细胞和双极细胞。（c）注意眼球形状的微小变化对于近视和远视的解释。

角膜、虹膜、瞳孔和晶状体

137

光线首先通过角膜入眼。角膜是一块保护性的、透明的组织，其外凸的特性使其可以聚焦入射光线。角膜的后方是虹膜，眼睛的颜色（通常是棕色或蓝色）就是由此而来。虹膜上的肌肉使瞳孔应对光强度或情绪的变化而扩张或收缩（回忆在第2章里谈到的，瞳孔在交感神经兴奋时扩张，在副交感神经兴奋时收缩）。

虹膜之后是晶状体，辅助角膜聚焦光线。与角膜不同的是，晶状体可以自行调节。其上的小肌肉改变形状以帮助我们聚焦眼前或原处的物体，这个聚焦过程叫做**调节**（accommodation）。当你看远处的物体时，晶状体调节为薄而平；当你看近处物体时，它调节为厚而曲。

如图4—4所示，眼中的一点小异常就会影响调节。如果你的视力正常，晶状体将物像恰好投射在眼球后方的视网膜上。如果你**近视**（near-

138　　**调节**　当肌肉改变晶状体形状以将不同距离的物体聚焦在视网膜上时发生的眼睛自动调整。

sightedness），你的眼球相对于正常的晶状体来说就更深，角膜需要弯曲的幅度就越大，于是光线投射在视网膜之前的点，而在视网膜上的像就不清楚。相反地，如果你**远视**（farsightedness），你的眼球就比正常的要短，光就投射到视网膜之后，使你无法聚焦近处的物体。近视和远视可以发生在任何年龄，然而，到 40 岁左右的时候，大多数人会觉得他们需要眼镜帮助阅读，这是因为晶状体在这时开始丧失弹性和调节近处视力的能力，形成老花眼（presbyopia）。应用恰当的透镜，近视和远视很容易被矫正；而激光手术的发展也使通过改变角膜形状以矫正视敏度问题成为可能。

视网膜

光波通过角膜进入眼睛，之后穿过瞳孔和晶状体，最终终止在视网膜上。**视网膜**（retina）是一个位于眼睛后方、遍布血管及神经网络的区域，它负责将神经信息传递到大脑枕叶。在视网膜上存有特殊的光感受细胞——**视杆细胞**（rods）和**视锥细胞**（cones），它们的名字来自其独特的形状（再看看图 4—4）。大约 600 万视锥细胞和 1.2 亿的视杆细胞聚集在视网膜上（Carlson，2005）。

视杆细胞不仅在数量上占优势，而且对光的感受性也好过视锥细胞，我们能在暗光下看东西，都得益于它们。然而，这种强大的感受性是建立在对细节和颜色感觉的牺牲上，而视锥细胞恰恰负责这些。

视锥细胞在亮光中有尚佳的表现，但光线越暗，功能越差。它帮助我们看清物体的每个细节及其颜色。所有视锥细胞都可以感受不同的波长，但是每个都只对一种颜色最敏感——红色、绿色或蓝色。你可能注意到在接近黑暗的条件下看清一朵花的颜色和细节是很困难的，因为这时只有视杆细胞在工作。

视杆细胞和视锥细胞在眼中的分布也有区别。在视网膜的中心地带有个叫做**中央凹**（fovea）的部位，专门负责敏锐的视觉，视锥细胞多分布于此。有趣的是，在中央凹附近有一块没有视觉感受器也没有视觉的区域，它被生动地称做"盲点"，血管和神经从这里进出眼球。因为眼睛总是在动，我们通常是注意不到盲点存在的，我们会用周围或另一只眼的信息来填补盲点所形成的空白。

当亮度突然改变时，视杆细胞是如何代替视锥细胞的？

回想一下上次你在一个晴朗下午走进黑暗影院的情景，是不是一下子什么都看不见了？这是因为视杆细胞里的色素在亮光里被漂白，而失去了作用。从非常亮的地方进入非常暗的地方要求视锥细胞向视杆细胞的迅速转换。在这个转换过程中，你要等视杆细胞几秒才可以再次看见，视杆细胞需要继续调节 20～30 分钟才能恢复到最大光敏度，这个过程被称做暗适应。当你离开影院回到太阳光下，视觉调节又会开始，这被称做明适应，需要视锥细胞 7～10 分钟的工作。这个适应过程对于那些驾车从光亮的车库进入黑夜的司机来说具有重要意义。随着年龄的增长，适应过程会加长。

近视　由于角膜和晶状体将物象聚焦于视网膜之前所引起的视敏度问题。

远视　由于角膜和晶状体将物象聚焦于视网膜之后所引起的视敏度问题。

139

视网膜　眼睛后方的感光内表层，含有视觉感受器细胞（视杆细胞和视锥细胞）。

视杆细胞　位于视网膜上检测灰色度的感受器细胞，负责周边视觉，在暗光中最敏感。

视锥细胞　主要集中于视网膜中心的感受器细胞，负责颜色和细节视觉，在亮光中最敏感。

中央凹　视网膜中心处一个充满视锥细胞的小凹陷。

你有盲点吗?

　　每个人都有,现在让我们来找找你的。将本书举在你眼前 30 厘米处,闭上右眼,用你的左眼盯住 ×。将书慢慢地移近,你就会发现虫子消失,苹果重归完整。

140

听觉:对声音的感觉

　　海伦·凯勒说她"觉得耳聋是比目盲更大的残疾……因为看不见将人与物隔绝,而听不见却将人与人隔绝"。听觉为什么如此重要?我们在讨论视觉的时候,首先讲到光波,之后是眼睛的结构,最后是视觉的障碍。我们将遵循同样的方式来讨论**听觉**(audition),对声音的感觉。

听觉 对声音的感觉。

声波

　　你是否听过这样一个哲学问题:"森林里一棵树倒下,如果没有人听见,它是否发出声音?"这个问题的答案取决于你是将声音定义为一种感觉(需要有耳朵这样的感受器),还是一种物理刺激。作为一种物理现象,声音是以空气中的压力波为基础的。这些不同的压力来自挤压,如树砸到地上;或来自震动的物体,像吉他的琴弦。声波同光波一样有波长(或频率)、振幅(高度)和复合(混合)的特性。

　　当我们讨论声波的时候,我们常用频率而不是波长说话。声波的频率决定了我们听到的音高,高频波产生高音,低频波产生低音。振幅决定了我们听到的响度(见图 4—5),复合决定了我们叫做音色(timbre)的东西。声音可能是只有单一频率的纯音(除了在听力测试中,我们很少听到纯音),也可以是多种频率和振幅的混合。在后一种情况下,音色使我们分辨一个 C 调是由钢琴演奏的还是由鼓演奏的。音色也同样使我们分辨不同的人声。

耳朵的解剖和功能

　　耳朵有三个主要的部分。外耳收集并将声波传递至中耳,中耳放大并聚集声音,内耳中的感受器细胞将声音的机械能最终转换为神经冲动。图 4—6 有助于你理解声波的传导路径。

　　声波被耳廓收集会聚到外耳,耳廓是位于外部的可见器官,是我们对耳朵的最普遍印象。耳廓将声波导入一个被称做耳道的管状结构,在耳道的末端是一层薄薄的、被细微拉伸的膜,叫做耳鼓或鼓膜。当声波触到耳鼓时,它就震动。震动的耳鼓使三块细小的骨头——锤骨、砧骨、镫骨(这三块骨头合称为听小骨)——震动。镫骨挤压卵圆窗,使其震动。

耳蜗 内耳中蜗牛状、三室的结构,包含有听觉感受器。

　　卵圆窗的震动又会引发**耳蜗**(cochlea)中液体的波动。耳蜗是一个蜗

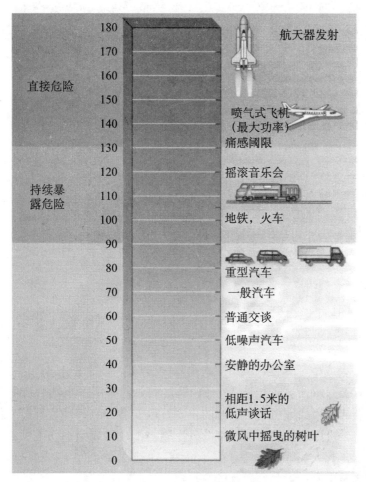

图 4—5　响度。声音的响度以分贝为单位。一分贝定义为一个正常人能够听到的最微弱的声音。图中列举了常见的声音和它们的分贝水平。普通的谈话是 60 分贝，持续的噪音大约 90 分贝，会对耳朵产生永久性的神经损伤。

牛状的结构，其中的基底膜上附着有毛发状的听觉感受器，称做毛细胞。当波传入耳蜗液时，毛细胞就相应摇摆，在这里机械能被转换为电磁冲动，由听觉神经传递入脑。

　　在频率和音强的基础上，我们结合一系列的机制来分辨不同音高及响度。根据**定位理论**（place theory），对高音的听觉对应于基底膜上被激活的不同区域。当我们听一个高音时，它会首先震动鼓膜、听小骨、卵圆窗，这个震动随后产生了一列行波进入耳蜗液，引起基底膜上毛细胞弯曲。对应于不同的音高，有一个点上的毛细胞弯曲程度最大。

　　那么我们怎样听见低音？**频率理论**（frequency theory）认为，低音使毛细胞摆动并激活相同频率的神经冲动（动作电位）。比如说，频率为 90 赫兹的声音将在听神经内产生每秒 90 次的动作电位。

　　为什么某些声音比其他的更响？这取决于声波的强度，有高峰和低谷的波制造出更大的响声，而相对小的波的声音往往温柔。

　　吵闹的音乐会损害听力吗？

　　会。有两种基本类型的耳聋：第一种叫做**传导性耳聋**（conduction

141

定位理论　解释了我们如何听高音；不同的高音使耳蜗中不同位置的基底膜毛细胞弯曲。

频率理论　解释了我们如何听低音；基底膜毛细胞弯曲并激活与声波相同频率的动作电位。

传导性耳聋　由声波向内耳传播障碍所引起的中耳耳聋。

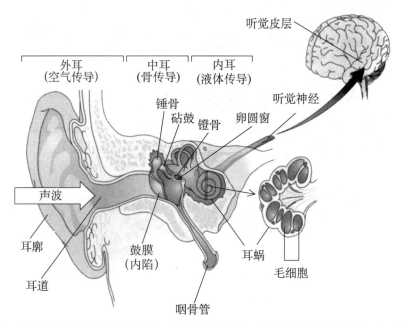

图 4—6　声波通路和耳朵生理结构。声波进入外耳，在中耳被会聚和放大，在内耳换能，最后通过听觉神经传递入脑。

神经性耳聋　由耳蜗、毛细胞或听觉神经损坏而引起的内耳耳聋。

deafness），或中耳耳聋，由声波向内耳的传导系统损坏引起；第二种称为**神经性耳聋**（nerve deafness），或内耳耳聋，由耳蜗、毛细胞和听觉神经的损伤引起。疾病或由衰老引起的生物性改变会导致神经性耳聋，但最常见的、也是可以避免的原因是持续处于强声下，如此会损伤毛细胞并造成听力的永久丧失。即使短暂暴露于巨响，如最大声的音响或耳机、手钻、喷气式飞机引擎，也会导致神经性耳聋。

　　由于神经和感受器细胞的损伤通常是不可恢复的，所以对神经性耳聋现有的治疗方式只能是耳蜗植入（cochlear implant）——将一个小的电装置埋入耳蜗。在听神经完整的情况下，这个装置可以绕过毛细胞直接刺激听神经。目前，人工耳蜗能做到的仅仅是提供一个粗略的听觉。所以，你最好去主动保护听力，避免任何不必要的强声（摇滚演唱会、电钻、开到最大声的耳机）；在无法避免的时候戴上耳塞。你还要注意一些身体预警，这些预警包括听觉阈限的改变以及耳鸣，它们往往是听力丧失的先兆。尽管在听完一个喧闹的演唱会后，听力会慢慢恢复，但你要知道，永久性的损伤往往是积累而成的。

142

噪音与神经性耳聋。音乐组合绿日的成员和他们的观众是噪音致聋的潜在受害者，这种神经性耳聋是不可恢复的。

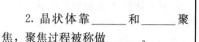

检查与回顾

我们如何看见和听见

光是电磁波谱上一种能量的形式，波长决定了其色调或颜色，光波的振幅或高度决定了其强度和亮度，光波的范围决定了复合度或纯度。眼睛的功能是采集光线并将其聚焦在视网膜后方的视觉感受器上，在那里光能被转换为神经冲动。视网膜上的细胞包括专司暗视觉的视杆细胞和专司颜色和细节视觉的视锥细胞。

听觉是对声音的感觉，由震动物体引起的空气压力的快速改变而产生

的声波，是我们听见声音的基础。声波的波长被感觉为音高，振幅被感觉为响度，声波的范围被感觉为音色——声音的纯度和复合度。外耳将声波传入中耳，震动再由此传入内耳。位于内耳的毛细胞被耳蜗液中的行波弯曲，转换为神经冲动。神经信息随后沿听神经传递入脑。

问题

1. 描述光信息传入眼睛并入脑的路径。

2. 晶状体靠 _____ 和 _____ 聚焦，聚焦过程被称做 _____。

3. 描绘声信息传入耳朵并入脑的路径。

4. 描述定位理论与频率理论的不同之处。

答案请参考附录 B。

更多的评估资源：
www.wiley.com/college/huffman

我们其他的感觉

视觉和听觉可能是我们最主要的感觉，然而味觉、嗅觉和躯体觉对我们从环境中收集信息同样重要。夏日午后的闲适不仅来自看见或听见这个世界的美丽，还包括田园中番茄的新鲜泥土气息、杜鹃花的馥郁芬芳，以及微风拂面的温柔。

> **学习目标**
> 我们其他的感觉是如何使我们体验这个世界的？

嗅觉和味觉：感受化学物质

嗅觉和味觉常被称做化学感觉，因为它们运用对某种化学分子敏感的化学感受器，而不是对电磁或机械运动敏感的感受器。你有没有注意到当你由于伤风而鼻子不通的时候，食物是何等索然无味？嗅觉和味觉感受器挨得如此之近，以至于我们很难将它们区分开。

嗅觉

我们对于气味的感觉，即**嗅觉**（olfaction），是十分有用和敏感的。我们可以检测到超过一万种不同的味道（花香、麝香、腐烂的味道），而且我们能在最灵敏的家用探测仪启动之前闻到烟味。有趣的是，盲人们能够通过不同的气味辨识人，而正常人只要经过训练，也可以练就出灵敏的嗅觉。

我们的嗅觉源于鼻子中感受器细胞的激活（见图 4—7），这些感受器嵌在一种叫做嗅上皮的黏膜里。嗅觉感受器是一些特化的神经元，分叉的树突由上皮中突出。当空气中的化学分子经过鼻腔与树突接触时，就会引发神经冲动。冲动沿着轴突直接传导到位于额叶下方的嗅球，大多数的嗅

嗅觉　对气味的感觉。

143

觉信息先在这里加工，再传至脑的其他部位。

对不同气味的辨别机制是很复杂的，我们有超过一千种的感受器以探测一万种不同的气味。最近的理论指出，每种气味的化学分子激发了特定量的嗅球，大脑根据兴奋的区域对气味进行检测和编码（Dalton，2002）。

气味会影响性吸引力吗？

在许多非人物种中发现了一种以空气为媒介的化学物质，称做**外激素**（pheromones）。外激素被用来标记食物路线、确定领地，以及增强性唤起和交配行为。然而，尽管有些研究支持外激素增加了人类的性行为（Jacob，McClintock，Zelano & Ober，2002；Pierce，Cohen & Ulrich，2004；Thornhill et al.，2003），另有研究却质疑了这些结果（Hays，2003）。

外激素　能够影响包括家庭成员辨认、攻击、确定领地和求偶等行为的风媒化学物质。

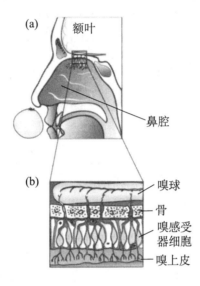

图4—7　嗅觉系统解剖图。（a）鼻腔中含有嗅感受器。（b）对同一种气味敏感的嗅觉感受器将它们的轴突传到嗅球的同一个区域。

味觉

在当代，**味觉**（gustation）可能是所有感觉中最无所谓的一种，然而在过去，它却在我们的生存中扮演着至关重要的角色。味觉的主要作用是提供那些进入消化管道的物质的信息，以帮助我们剔除有害的物质，其他感觉——嗅觉、温度觉和触觉共同参与这一过程。人类有五大味觉——甜、酸、咸、苦、鲜。对于前四种我们都很熟悉，然而"鲜"（意味着美味的）却是最近才被加进来（Damak et al.，2003；Nelson et al.，2002）。鲜是一种独立的味觉，它对谷氨酸（蛋白质的味道）敏感。谷氨酸多存在于肉类、肉汤和味精（谷氨酸单钠，MSG）中，是肉类、鱼类以及奶酪的天然调味剂。

像嗅觉感受器一样，味觉感受器对不同的食物和液体分子区别对待。主要的味觉感受器味蕾（taste buds）散布在舌表面的乳状穿突起上（papillae）（见图4—8）。于上颚和口腔后方也有少数味蕾分布，因此，即使没有舌头的人也会有些味觉。

味觉　品尝的感觉。

孩子为什么挑食？

人年轻的时候，味蕾每10天就更新一次。随着年龄的增长，味蕾更新速度变得很慢，因此味觉就减弱了。所以，拥有丰富味蕾的孩子通常不喜

舌的表面（放大50倍）

乳头横断面

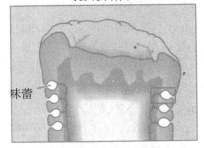

味蕾

一个味蕾

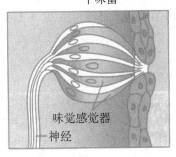

味觉感觉器

神经

图4—8　味觉。 当液体进入口腔或食物被咀嚼分解的时候，流质流过乳头体进入味蕾的孔隙中，那里含有许多味觉感受器。

欢具有强烈和特殊味道的食品（动物肝脏或菠菜）。但是当他们长大并失去一些味蕾以后，他们就吃什么都香了。

　　某些挑食是习得的，许多食物和味道的偏好是童年经验和文化影响的结果。日本孩子将生鱼而中国孩子将凤爪作为饮食的一部分，这些食物在美国孩子的眼中是很恶心的。相反地，美国孩子喜欢吃的奶酪，在其他文化下的孩子口中却难以下咽。

　　挑食可以帮助人类分辨安全的和有毒的食物。因为许多尝上去苦的植物是有毒的，所以如果动物可以避免吃苦味的植物，它们生存的几率就大些（Cooper et al.，2002；Guinard et al.，1996）。另一方面，人类和非人类动物有一种对甜食的偏好，因为甜通常意味着无毒和好的能量来源。不幸的是，这种进化而来的偏好在高热量食物易得的富裕国家成为肥胖的罪魁祸首。

躯体觉：不仅仅是触觉

　　把你自己想象成参加奥运会的短道速滑手，发令枪一响，你便向一生一次的奥运金牌发起冲刺。这时候你需要什么感觉来控制奥运水平的滑雪运动所要求的细微平衡？你怎样使滑雪板走出一条最简洁、最短、最快的线直通终点？是什么使你的手、脚、躯干协调一致帮助你赢得金牌？使你做成这些并能做更多的是躯体觉（body senses）。它们告诉大脑身体如何定向、向哪里移动、碰到什么物体等。这些感觉包括皮肤觉（skin senses）、平衡觉（vestibular sense）和运动觉（kinesthesia）。

皮肤觉的力量。 婴儿对触摸高度敏感，主要是因为他们皮肤中分布有密集的感受器。

皮肤觉

皮肤觉至关重要。皮肤不仅保护内部器官，而且向大脑提供基本的生存信息。借助皮肤不同层面的神经终端，皮肤觉告诉我们水壶是否热得危险，天气是否冷得刺骨，我们是否受到了严重的伤害。研究人员应用遍布全身的探针绘制了皮肤地图，地图显示了三种基本的皮肤觉：触觉（或压力觉）、温度觉、痛觉。这些感觉的感受器在皮肤的不同区域聚集。比如，触压觉感受器在脸部和手指分布最多，而在后背和腿部最少。当你的手指滑过物体表面时，压力感受器记录下皮肤的凹陷，使你知觉到物体的质地。对于那些盲人来说，这是他们阅读凸起的盲文的基础。

感觉感受器的类型与不同感觉之间的关系不是很明确。人们曾认为每种感受器只对应于一种刺激，但我们现在知道某些感受器可以对应多个。比如，声波是一种空气压力，我们皮肤上的压力感受器就会觉察到一些声音；而刺、痒和震动的感觉也会由压力和痛觉感受器对光刺激的反应引起。

人们在研究温度传导时发现，平均每平方厘米的皮肤有六个只能感受冷的冷觉点，有一至两个只能感受温暖的温觉点。有趣的是，我们好像没有单独的"热"感受器，相反地，我们的冷感受器不仅可以探测到凉爽，而且也可以探测到极端温度——包括冷和热（Craig & Bushnell, 1994）（见图4—9）。

平衡觉

平衡觉是身体根据重力和三维空间定向和定位的感觉。换句话说，就是维持身体平衡的感觉。即使像骑车、走路甚至直立这样最常规的动作都需要平衡觉的参与（Lackner & Di Zio, 2005）。前庭器官位于内耳，由前厅囊和半规管组成，半规管为大脑提供平衡信息，特别是有关头部旋转的。当头部移动时，半规管内的液体相应流动使毛细胞感受器弯曲。在半规管的后方是前庭囊，里面含有对头部特殊角度——上仰、下俯、倾斜——敏感的毛细胞。从半规管和前庭囊来的信息被转换成神经冲动，传递到相应的脑区。

是什么导致了晕动（motion sickness）？

眼睛的肌肉利用前庭感觉信息维持视觉定位，身体利用它做定向。如果前庭感觉过载或被车、船、飞机的运动扰乱，人就会产生困倦或恶心的感觉。随机的运动比期望的运动更有可能造成眩晕。所以，汽车驾驶员比乘客更加了解将来的颠簸，因此也就较少晕车（Rolnick & Lubow, 1991）。晕动与年龄也有关系，婴儿通常不会晕，而2～12岁的孩子是最易感的群体，在成人中比例又会下降。

145

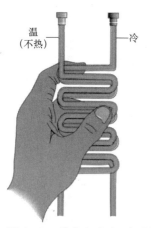

温
（不热）   冷

图4—9 我们如何经验"热"。 研究人员使用一种叫做"热烤架"（heat grill）的东西——两根交错的管子，一边温水，一边冷水。如果你同时抓住两根管子，你会感到非常地烫，因为温觉和冷觉感受器被同时激发了。我们没有单独的"热"感受器。

运动觉

运动觉是有关躯体姿势、定向以及运动的感觉。不像视觉、听觉、嗅觉、味觉、平衡觉感受器那样只聚集在某个器官或区域，运动觉感受器遍布全身的肌肉、关节和肌腱。在我们站立、行走、弯腰、伸展、转身时，运动觉感受器就会向大脑发送信息。它告诉我们哪块肌肉收缩、哪块肌肉放松、我们的体重如何分配以及四肢相对躯干的位置。没有这些感觉，原则上我们就需要看着自己的每一步才可以移动。

我们时刻离不开运动觉，但我们很少感觉到它，因为在日常生活中它基本不会被打乱。在一个研究中，实验者用震动的方式人为地打乱了被试腕关节的运动觉。有趣的是，被试报告说感觉到有多个前臂，而且不知道把胳膊放在哪里（Craske，1977）。然而，我们不需要通过实验的步骤来领略我们的运动觉，只要观察一下孩子是怎样学习新技巧或回忆一下我们自己第一次学骑车或踢球的情景就足够了。在学习的初期，我们有意识地移动身体的某部分就会让我们感受到运动觉。技巧一旦被学会，我们就不再意识到这些运动，我们的运动觉就进入"无人驾驶"的状态了。

运动觉　关于躯体姿势和定向的感觉系统。

146

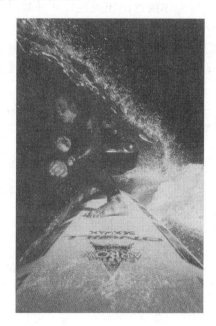

他是如何做到的？ 这个冲浪者精巧地调节着平衡觉与运动觉，使他可以抵消不断改变的浪花形状，在水面上平稳地滑行。

评　估

检查与回顾

我们其他的感觉

对于气味的感觉（嗅觉）和对于味道的感觉（味觉）被称做化学感觉，而且它们直接紧密相连。嗅觉感

受器位于鼻腔的上部，味觉感受器主要分布于舌面，对五种基本的味道敏感——甜、酸、咸、苦、鲜。

躯体感觉包括皮肤觉、平衡觉和运动觉。皮肤觉检测压力、温度和痛。它保护内部器官以及提供基本的

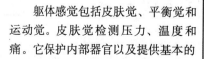

生存信息。前庭器官位于内耳，提供平衡信息。运动觉向大脑提供关于躯体姿势、定向和运动的感觉。运动感受器遍布全身的肌肉、关节和肌腱。

问题

1. 人和非人类动物会受到一种天然体味散发出的化学气味的影响，

这种物质叫做_____。

2. 宇航员的失重感对_____感觉有巨大影响。

(a) 内脏　(b) 网状

(c) 躯体　(d) 平衡

3. 位于肌肉、关节和肌腱的感受器提供_____信息维持躯体姿势、

方向和运动。

4. 皮肤觉包括_____。

(a) 压力觉　(b) 痛觉

(c) 冷热觉　(d) 以上都是

答案请参考附录 B。

更多的评估资源：

www. wiley. com/college/huffman

理解知觉

在这里，我们准备由感觉转向知觉。但是记住，它们两者之间的界限是很模糊的。请看图 4—10 (a)，你看见了什么？大多数人看到的是亮块和暗块，但没有看到真正的图形。如果你注视得足够久，你的大脑会试图将其组织为可辨认的物体，就像你躺在门廊中看天上的云彩一样。现在你看出照片中的图像了吗？如果还没有，请看图 4—10 (b)。在你知觉到母牛之前，你只感觉到亮块和暗块。只有当你挑选出相关色块并将其组织成有意义的图案之后，你才能将其解释为一张牛脸。

错觉 错误的或误导性的知觉。

147

我们的知觉通常与感觉一致，但有时它们也发生冲突，这就造成了**错觉**（illusion）。错觉是由实际的物理扭曲，如沙漠中的海市蜃楼，或知觉过程中的错误（见图 4—11 和图 4—12）而导致的错误或误导性的知觉。错觉很有趣，也为心理学家提供了一个研究正常知觉的方法（例如，Nicholls，Searle & Bradshaw，2004；Vroomen & de Gelder，2004）。

学习提示

注意不要混淆错觉、幻觉（hallucination）与妄想（delusion）（第 5 章和第 14 章）。幻觉是在缺乏外部刺激时想象出来的感知觉，如精神分裂发作时听见不存在的声音或在服用麦角二乙胺（LSD）或其他致幻剂之后看见的"搏动的花"。妄想指那些错误的信念，通常是受迫害或夸大，同时也伴有药物或精神病经验。

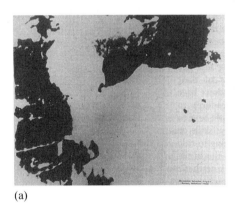

(a)

图 4—10 (a) 这是什么？

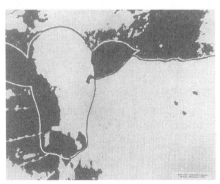

(b)

图 4—10 (b) 一头牛！现在再看看图 4—10 (a)，你很容易就看出这头牛。

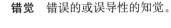

筛选：提取重要信息

知觉的第一步是筛选——选择注意什么。对某些刺激注意而对另一些不注意的活动包括三个要素：选择性注意、特征觉察器以及习惯化。

选择性注意

几乎在每一种情境下，都会有过量的信息，但是大脑可以挑选出重要的并抛弃不重要的（Folk & Remington, 1998；Kramer, Hahn, Irwin & Theeuwes, 2000）。当你坐在这儿读这一章的时候，你可能觉察不到其他房间的声音和椅子的不舒服；你在一群人中间被各种谈话声包围时，但你仍可以挑选并注意你感兴趣的对话。这个过程就叫做**选择性注意**（selective attention）。

特征觉察器

筛选的第二个主要特征是大脑中只对某些感觉信息做出反应的**特征觉察器**（feature detectors）的存在。1959年，研究者在青蛙的视神经中发现了特化神经元，他们将其称做"昆虫探测器"（bug detectors），因为这些感受器只能觉察运动的昆虫（Lettvin, Maturana, McCulloch & Pitts, 1959）。之后，又有研究人员在猫身上发现了只对特定线条和角度做出反应的特征觉察器（Hubel & Wiesel, 1965, 1979）。

在人身上的许多相似研究发现，在颞叶和枕叶中存在主要对人脸做出反应的特征觉察器。这些区域的损伤会导致"面孔不识症"（prosopagnosia）（Barton, Press, Keenan & O'Connor, 2002；Galaburda & Duchaine, 2003）。有趣的是，不能辨认面孔的人却知道他们看的是人脸，只是说不出这到底是谁的脸，即使是他的亲戚朋友，甚至是他自己的。

学习目标

我们如何分配对环境的注意？

选择性注意　只对重要的感觉信息过滤和注意。

特征觉察器　只对特定的感觉信息做出反应的特化神经元。

148

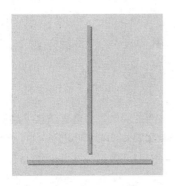

图 4—11　水平—垂直错觉。水平和垂直的两条线，哪条长？生活在经常看到长直线（如公路和铁轨）区域的人，由于环境经验会将水平线知觉为更短。

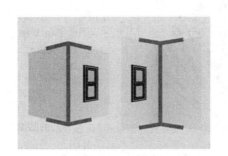

图 4—12　缪勒—莱尔错觉（Müller-Lyer illusion）。哪条垂直线更长？实际上两条一样长。但生活在城市的人们通常认为右边的要长些，因为他们习惯了以建筑物和街道构成的直角和水平垂直线为知觉线索做尺寸和距离判断。他们将右图认作一个远处的街角，所以就将其判断为更长以补偿距离的效应。

知觉筛选的某些基本机能在脑中天生存在，然而，特征觉察细胞的正常发展还需要与环境的一定互动（Crair, Gillespie & Stryker, 1998）。一个著名的研究说明了养在墙上只有横竖条纹的圆柱体内的小猫会发展出严重的行为及神经损伤（Blakemore & Cooper, 1970）（见图 4—13）。当"水平猫"——那些生活在只有横条纹环境中的猫——被放出圆柱并允许四处走时，它们很轻易地就跳上水平表面，但是对于竖直的线却不能理解，比如椅子腿。"垂直猫"的情况也是一样，它们能够轻易避开桌脚或凳脚，但永远不能跳上水平台面。通过对其视皮层的检查发现，它们没能发展出对于竖条或横条的特征觉察器。

习惯化

习惯化 大脑忽略环境中不变因素的倾向。

关于筛选的另一个重要生理因素是**习惯化**（habituation）。大脑似乎先天地就对环境中的变化赋予更多的注意，而忽略那些恒常的东西。我们很快就习惯（或较少反应）可预测的或不变的刺激。比如说，你买了一盘新CD，开始的时候你认认真真从头听到尾。过了一段时间，你的注意减退了，当播放CD的时候，你根本注意不到它。CD倒没关系，听厌了就换一盘；但习惯化的现象同样发生在你的友谊和爱情中，而人可不能说换就换了。你是否注意到，来自陌生人的注意和恭维要比来自老朋友和老婆的更令人欢喜和更有价值？很不幸，人们曲解并夸大了这个注意，有些人甚至为此放弃一段很好的关系，可他们并不知道他们很快又会"习惯"新人（了解习惯化的危险是学习心理学的另一个好处）。

评 估

149

形象化的小测试

答案：缺少适当的刺激，对垂直或水平线敏感的脑细胞会在视觉发展的关键时期退化。

图4—13 先天与教养。 研究者发现，在垂直环境中长大的猫不能发展出识别水平线和水平物体的能力。另一方面，被水平线包围的小猫同样不能识别垂直线。

你能解释其中的原因吗？

习惯化与感觉适应的不同之处在哪里？

习惯化是大脑中发生的知觉过程，而感觉适应指感觉感受器（皮肤、眼睛、耳朵等）减少传入脑的感觉信息。当你早晨第一次穿鞋的时候，感觉适应发生了。你脚上的压力触觉感受器开始向你的大脑输送各种信息。但是随着时间的流逝，它们"适应"了，输送的信息越来越少。同时你也"习惯"了，因为你的大脑选择忽略你正穿着鞋的事实。只有在发生变化的时候你才注意——鞋带开了，或脚在新鞋里磨了个茧子。

当有多种刺激可供选择的时候，我们会自动挑选那些强烈的、新颖的、动情的、强对比的以及重复的刺激。父母和老师通常运用这个原则赢得注意，而广告人和政治家更是不惜血本用精雕细琢的手法宣传自己。下次你看电视的时候，注意一下商业和政治广告。它们是否比普通的节目声音更大、颜色更亮（强度）？它们是否用了些会说话的奶牛来推销加州的乳品（新颖）？被宣传的商品或候选人是否要比其对手更加惹人喜爱？至于重复毋庸赘言，这是所有商业政治广告的基础。令人惊讶的是，使人厌恶的广告并不会打消你买这个商品的念头，问题的关键在于噱头，而不在于你是否喜欢这个广告。只要它引起注意，就足够了。

检查与回顾

筛选

筛选过程允许我们从数以亿计的感觉信息中选出我们最终要加工的那一个。选择性注意指导我们注意环境中最重要的方面。特征觉察器是大脑中分辨不同的感觉输入的特化细胞。筛选过程对环境中的改变十分敏感。我们会习惯不变的刺激，而对那些在强度、新颖程度、位置等方面改变的刺激加以注意。

问题

1. 描述错觉与幻觉和妄想的不同之处。

2. 脑中叫做_____的特化细胞只对特定种类的感觉信息做出反应。

3. 解释为什么"水平猫"只能跳上水平面。

4. 你将一个约会的提醒单贴在墙上天天看，一个月之后，由于你的大脑忽略恒常刺激的趋势，你就忘了约会。这被称做_____。

(a) 感觉适应　(b) 选择性知觉
(c) 习惯化　(d) 选择性注意
答案请参考附录 B。
更多的评估资源：
www. wiley. com/college/huffman

组织：形状、恒常性、深度和颜色

通过对进入信息的筛选，我们必须将它们组织成可以帮助我们理解世界的模式和原则。原始感觉信息就像手表的零件，它们必须以一种合理的方式装配才能有用。我们用形状、恒常性、深度和颜色来组织感觉数据。

形状知觉

看一下图 4—14 中的第一幅画，你看到了什么？你能在纸上画出相似的物体吗？这是被称做"不可能的画"。图 4—14 中的第二幅画展示了荷兰画家埃舍尔（M. C. Escher）的作品，她擅长创造惊人的知觉扭曲作品。尽管模仿了三维的物体或情景，但画中各个部分还是不能被组合成一个有逻辑的整体。如同之前学过的错觉，"不可能的画"和扭曲的图案帮助我们了解知觉原则——在这个例子里，是形状组织的原则。

格式塔心理学家最先研究大脑组织感觉印象的方式。德语"格式塔"（gestalt）的意思是完形或模式。格式塔派强调通过组织和模式化以知觉到整体的刺激，而不是将分离的部分知觉成独立实体。针对人们对形状的知觉，格式塔派提出了一系列组织原则，最基本的格式塔原则，或称组织律，是分辨图形和背景的倾向。比如说，当你阅读这个资料的时候，你眼睛收到的是白纸黑字的感觉，但你的大脑却将这种感觉组织成写在白色纸上的黑色文字。文字构成图形，页面构成背景。图形和背景的区别有时如

 学习目标

我们如何组织刺激以知觉到形状、恒常性、深度和颜色？

此模糊以至于我们难以分辨，这种就叫做可逆图形（见图 4—15）。图 4—16 总结了图形—背景律以及其他的格式塔律。尽管所用的是视觉的例子，但这些原则同样适用于其他的知觉，如听觉。

150

形象化的小测试

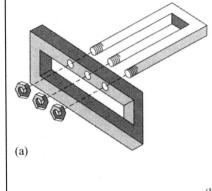

(a)

(b)

图 4—14 你能解释这些"不可能的画"吗？

答案：当你第一次看见图（a）和埃舍尔的名画图（b）的时候，你觉察到了一些特征刺激并将其判断为合理的图像。但是当你试图将这些不同的元素进行归类、整理为一个稳定、有序的整体时，你发现根本行不通——它们不合逻辑，完全不可能！这个例子的关键在于说明，在你的感觉输入和最终知觉之间不构成一一对应。同一个刺激，换个角度看，就是完全不同的知觉。

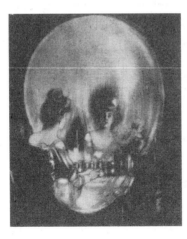

图 4—15 图形和背景。这个所谓的可逆图形展示了可转换的图形—背景关系。它可以是一个照镜子的女人，也可以是一个骷髅头，全在你怎么看图形和背景。

目 标   性别与文化多样性

格式塔律是普适的吗？

格式塔心理学家研究的被试多选用欧洲城市文化下受过正式教育的人。鲁利亚（A. R. Luria）（1976）质疑格式塔律是否适用于所有的教育和文化背景。鲁利亚在苏联地区挑选了一个大范围的被试群体，包括来自遥远乡村的依西克力（Ichkeri）妇女（无正式教育）、集体农场的激进主义分子（半文盲）和师范学院的女学生（受过多年正式教育）。

鲁利亚发现，当呈现图 4—17 的刺激时，只有受过正式教育的女学生可以通过"圆"这个范畴认出前三个形状。无论那些圆是由实线、不完整线还是色块构成，她们都叫它圆。然而，没有受过正式教育的人用他们认为相似的物体来命名这些形状，他们将圆称做手表、盘子或月亮，将方块称做镜子、屋子或杏干。当被问起 12 号和 13 号物体是否相同时，一个女人这样回答："不，不同。这个不像手表，那个有些点，所以更像手表。"

很显然，知觉组织的格式塔律只对那些受过几何概念训练的人有效。但是对于鲁利亚的发现还有另外一种解释，那就是，包括鲁利亚在内的一些关于视知觉和眼睛错觉的研究用的都是二维的呈现，或者画在纸上，或者投影在屏幕上。对图画或照片的经验（而不是几何概念）在将二维图形解释为三维物体的过程中可能起着更重要的作用。将二维画解释为三维物体需要多年的练习，而且对画在纸上物体的大小和形状的判断是一项长期的文化习俗学习过程，而西方人往往没有意识到这一点（Matsumoto & Juang，2004；Price & Crapo，2002）。

151

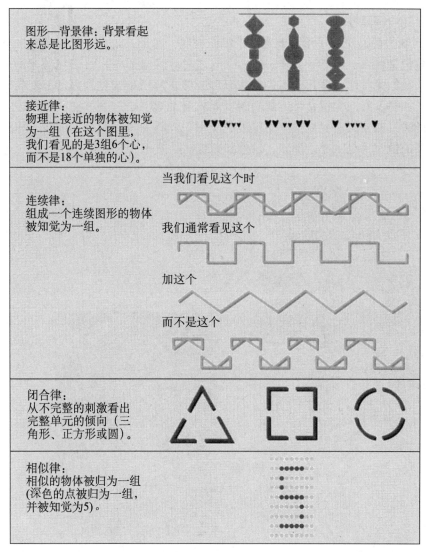

图 4—16 基本格式塔组织原则。这里展示的是图形—背景律、接近律、连续律、闭合律和相似律。格式塔的连续律不能被展示，因为它牵涉的是时间上的近，而非空间上的。

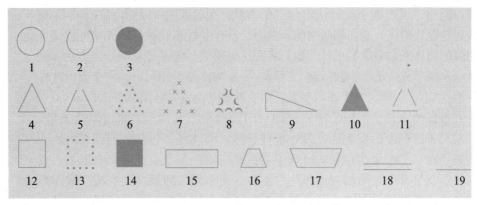

图 4—17 鲁利亚刺激（Luria's stimuli）。当你看这些图形时，你自然地将它们认作圆形、三角和其他几何形状。根据跨文化研究，这是你所受过的正规教育使然。如果你来自一个无正规教育的文化圈，你可能将它们认作你环境中熟悉的物体——"那个环像是月亮"。

152

知觉恒常性　即使感觉输入发生变化，仍将环境知觉为恒定的倾向。

知觉恒常性

我们已经见识了形状知觉对于组织的巨大作用，现在我们要考察一下**知觉恒常性**（perceptual constancies）。之前对感觉适应和习惯化的讨论表明，我们尤其注意变化。但是，我们也能够在环境中知觉到大量不变的东西。如果没有知觉恒常性，我们的世界就会乱成一团。物体在我们接近它们的时候就变大，我们换个角度看就变形，光线一改颜色就不同了。四种主要的恒常性是大小、形状、颜色和亮度（见图 4—18）。

图 4—18 四种知觉恒常性。（a）尽管远处的水牛看起来要小，但由于树作为大小恒常性的参照，我们将其知觉为和前面的水牛一样大。（b）钱币旋转改变了形状，但是由于形状恒常性，我们还是认为它们是同一个。（c）尽管在阳光和阴影下这只猫的毛色有所不同，但由于颜色和亮度恒常性，我们仍认为其一样。

1. 大小恒常性

大多数知觉恒常性来自先前的经验以及学习。比如，学前儿童在看到楼下停的车是如此小的时候会十分惊讶（用手指比划出来只有 5 厘米的样子）。这种对于尺寸判断的错误是由于他们还没有积累足够有关大小恒常性的经验。根据这个原理，即使物体在我们视网膜上成像的大小改变了，我们对其尺寸的知觉仍然守恒［见图 4—18（a）］。

人类学家科林·特恩布尔（Colin Turnbull）（1961）给出了一个成人缺乏大小恒常性的经典例子。在对生活在非洲刚果河谷密集雨林中的特瓦人（Twa）的研究中，特恩布尔驾着吉普将一个名叫 Kenge 的土著带到了平原上。Kenge 终生都生活在树叶茂密的地区，从没有见过超过 100 米的距离，现在一下子看见了 100 公里。

对如此开阔完全没有经验的 Kenge 来说，判断大小成了很困难的事情。当他第一次看见远处的一群水牛时，他还以为那是些虫子。特恩布尔执意解释那些水牛在很远的地方，这激怒了 Kenge，他说："你当我是傻子?"令 Kenge 吃惊的是，当他们驶近那些"虫子"的时候，它们真的"长"成了水牛，于是 Kenge 认为他被巫术骗了。在特恩布尔带他看了一个望不到对岸的大湖之后，Kenge 央求着要回到森林去。

2. 形状恒常性

当我们从椅子的前方或后方看它的时候，它是长方形的；而从边上看，它是 h 形。但你仍然将椅子知觉为一种形状，因为你的大脑通过过去的经验知道在你移动的时候物体只是看上去变了形，实际上没变。这就叫做形状恒常性［见图 4—18（b）］。

一位名叫阿德尔贝特·艾姆斯（Adelbert Ames）的眼科专家通过艾姆斯屋（Ames room）演示了大小和形状恒常性的威力。仅看图 4—19（a），你可能觉得左边的男孩是个小不点，而右边的女孩是个巨人。而实际上，他们俩一样大。这个错觉产生于这间房子不寻常的构造。通过图 4—19（c）我们发现，视角把戏欺骗了我们，使我们误将梯形认作方形。这个错觉是如此厉害，以至于当人从左边走到右边时，竟然看上去"长大"了。

我们知道这个不可能，但错觉为什么仍然发生?

我们的大脑一生都在与正常结构的房间打交道，而且我们按照习惯知觉房间的愿望是如此强烈，以至于忽略了规则。这不是知觉的崩溃，而只是试图将标准大小与形状恒常性的知觉过程应用到一个非正常的情境。

3. 颜色恒常性和亮度恒常性

颜色恒常性和亮度恒常性是使我们的世界稳定的其他两种知觉恒常性［见图 4—18（c）］。即使在光亮有所改变的情况下，我们也可以借助这些恒常性保持颜色和亮度的稳定。比如说，你把一张灰色的纸放在阳光下，把一张白色的纸放在暗处，你仍然可以看出白纸比灰纸更亮一些。如果你通过先前的经验知道了一个物体，你就会期望它无论在亮光下还是暗光下都能保持相同的颜色。也就是说，你把它想成"正确"的颜色。

颜色与亮度恒常性同大小与形状恒常性一样，是由经验和熟悉物体学习而来。如果你对一个物体很生疏，那么我们就结合背景和其实际的反射光的波长来决定其颜色和亮度。

153

154

(a) (b)

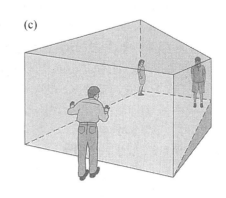

(c)

图4—19 艾姆斯小屋（the Ames room）错觉。 在图（a）中，右边的女孩看上去要比左边的男孩大，而在图（b）中，右边的男孩却要大些。我们如何解释原因？（c）从猫眼窥视的角度，这个房间看起来完全正常，但实际上这是一个特别构建的房间，梯形的房形和倾斜的天花板与地面误导了深度知觉。因为大脑认为这两个人在同样远的地方，于是它就缩小了左边的人以补偿视网膜知觉到的差异。

评 估

检查与回顾

组织——形状与恒常性

格式塔心理学家提出了一些规律来解释人们如何知觉形状。最基本的原则是对背景和图形的区分，其他的原则包括接近、连续、闭合和相似。借助大小、形状、颜色和亮度的知觉恒常性，即使在感觉信息不断变动的情况下，我们仍然能够知觉到一个稳定的环境，这些恒常性基于我们先前的经验和学习。

问题

1. 命名以下的格式塔律：

（a）你看见两个大人和两个小孩坐在海滩的同一条毯子上，就认为他们是一家人。

（b）你看见三个长头发的人，就认为她们是女性。

（c）即使某部分曲线被擦掉了，我们还是能看出这是个圆。

2. 当你兄弟远离你时，你并没有觉得他变小，这是由于_____律在起作用。

3. 白房子无论在阳光下还是阴影里看上去都是白的，是因为_____律。

4. 一群加拿大天鹅以V字形飞过天空，这时，天鹅被看做_____，天空被看做_____。

（a）连续，闭合（b）感觉，知觉（c）图形，背景（d）背景，图形
答案请参考附录B。
更多的评估资源：
www.wiley.com/college/huffman

深度知觉

深度知觉 知觉三维空间和精确判断距离的能力。

经验和学习在组织知觉中扮演的角色同样适用于深度知觉。**深度知觉**（depth perception）使我们可以精确地估计物体的距离，从而将世界知觉为三维。你可以运用所有的感觉来判断距离：假想一个人进入黑暗的房间，并向你走来，他或她的话音和脚步声越来越大，体味越来越重，你甚

至可以觉察到随着他或她的接近空气的轻微颤动。然而，在大多数情况下，我们主要依靠视觉来知觉距离。结合对距离以及高度和宽度的知觉，我们就可以知觉三维的世界。但无论你用什么感觉来知觉世界，深度知觉都是最基本的。

以病人 S. B. 为例，他在 10 个月大的时候失明，然后在 52 岁的时候复明。在将两眼的白内障移除之后，S. B. 却很难运用他新习得的距离和深度知觉。有一次，他甚至试图从医院的窗户跳出去，他以为用手把住窗台脚就可以着地，但实际上他在四楼。

难道 S. B. 就没有天生的距离和深度知觉吗？

答案不是很明确。回忆一下第 1 章所讲的，心理学中的一个基本问题就是"先天与教养"之争。在这个例子中，先天论者认为深度知觉是出生就有的，而教养论者坚持认为它是习得的。如今，大多数科学家认为两种说法都有些道理。

先天论的证据来自一系列有趣的**"视崖实验"**（visual cliff）（见图 4—20）。这个装置由一块架空的台板组成，在板的一端是红白格的台布，另一端是透明玻璃，玻璃下 1 米处的地方是同样的红白格台布，营造出陡峭悬崖的感觉。

被放在台板上的婴儿很乐意地在妈妈的呼唤下爬到"浅"的一端，而犹豫或拒绝爬到"深"的一端（Gibson & Walk，1960）。这种反应被援引为先天深度知觉的证据——婴儿的犹豫是因为对悬崖的恐惧。

Universal Press Syndicate

155

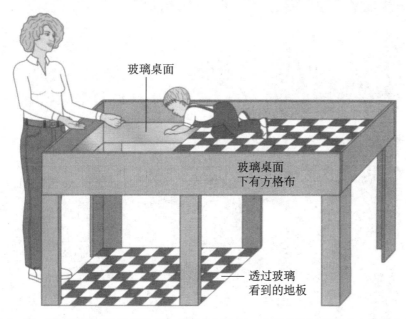

图 4—20　视崖实验。即使有母亲在对面怂恿他们，会爬的孩子通常也会拒绝爬过看上去底下是"深渊"的玻璃面。这就暗示了他们能够知觉到深度。

有些研究者争论到，婴儿到了可以被测试的年龄时，他们之前已经能爬并且"习得"了深度知觉。然而，对两个月大的婴儿的研究发现，被放在"悬崖"一侧的婴儿在心率上出现了变化，而"浅"侧的没有（Banks & Salapatek，1983）。对小鸡、小山羊、小绵羊（它们是一生下就能走的动物）的相似实验支持了深度知觉是天生的假说，这些动物也是不愿走到更陡峭的一端。先天与教养的争论还在继续。

我们都承认，在三维世界里能够知觉深度与距离是很重要的。但我们如何利用一个二维的感受系统知觉三维的世界？一种机制是两眼的配合成就的**双眼线索**（binocular cue），另外一种机制称做**单眼线索**（monocular cue），是眼睛的单独工作。记住双眼线索对于深度知觉更有帮助，但是用一只眼我们也可以得到相似的结果，大联盟里足球和棒球队里的"独眼侠"就是很好的证据。

1. 双眼线索

深度知觉的一个重要线索是**网膜像差**（retinal disparity）（见图 4—21）。因为我们的眼睛之间有 7 厘米的间距，两个视网膜之间的成像会有小小的差别。你可以自己演示一下这个差别。伸直你的胳膊，伸出大拇指，先用左眼看，再用右眼看。你会发现拇指会随着你换眼而从一边跳到另一边。这种"跳"就是网膜像差的结果。大脑将来自两眼的不同视像融合成一个整体的视像，这种立体视觉（stereoscopic vision）提供了重要的深度线索。

双眼线索　负责深度和距离知觉的双眼视觉输入。

单眼线索　负责深度和距离知觉的单眼视觉输入。

网膜像差　由两眼生理距离导致的视网膜上成像的区别而形成的双眼距离线索。

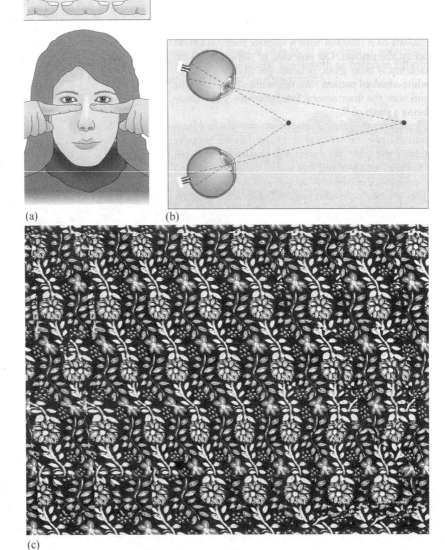

(a)　　　　　(b)

(c)

图 4—21　网膜像差。（a）将你的食指尖对尖相隔一厘米摆在你眼前几厘米处，你看见"浮动的手指"了吗？将它们移远，手指就会变小；移近，就会变大。（b）由于网膜像差，不同距离的物体（如浮动的手指）将它们的像投在视网膜的不同位置。远处的物体投像靠近鼻子，而近处的投在耳朵一端。（c）"魔术眼"就是利用了网膜像差的原理。看这个三维画，盯着它看几分钟，将你的眼睛聚焦在它的后方。

当我们离一个物体越来越近时，另一个双眼（或神经肌肉）线索帮助我们判断深度，这被称做**辐合**（convergence）。物体越近，你的眼睛越向鼻侧靠拢（见图 4—22）。伸出你的食指，将其从胳膊的远端拉近，直到鼻前。由于辐合而产生的眼肌肉的紧张度，被你的大脑用作解释距离的线索。

理解辐合的原理可以帮助你提高在运动场上的表现。Allen Souchek（1986）发现直视物体时的深度知觉要好于利用眼角的余光。因此，如果你将头或身子转过来，正对着网球对手或投球手，你可以更精确地知觉到球的距离，也就更可能在正确的时间挥拍。

2. 单眼线索

在超过足球场长度以上时，网膜像差与辐合就不足以帮助判断距离了。根据格雷戈里（R. L. Gregory）（1969）的理论，"在超过 100 米以后，我们用一只眼会更有效地知觉距离"。幸运的是，我们每只眼都有许多单眼线索可用。艺术家们利用这些单眼线索在平面的画布上制造深度错觉，在二维平面创造三维世界。图 4—23 展示了 6 种不同的单眼线索。

另外两种单眼线索——艺术家不能使用的——是晶状体的调节和运动视差（motion parallax）。之前我们提到过，调节是指眼睛根据看到的物体距离对晶状体形状的改变。看近物，晶状体会外鼓；看远物，它会变平。移动晶状体的肌肉信息以神经冲动的方式传递入脑，大脑之后对信号进行解释，并知觉到物体的距离。

辐合 一种双眼深度线索，物体越近，眼睛会聚程度越强，越向内转。

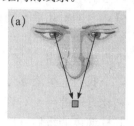
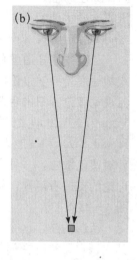

图 4—22 辐合。（a）你的眼睛向内转看近物。（b）向外转看远物。

156

157

图 4—23 单眼深度线索。 在这张印度泰姬陵的照片上我们可以看到几种单眼深度线索。（a）当平行线辐合在远方的时候，我们实际上产生了线条透视（linear perspective）。注意人行道辐合在照片顶部。（b）插入（interposition）发生在近物使远物模糊的时候，左前方的树看起来更近，因为它使人行道和后方的树变得模糊。（c）近物比远物在视网膜上投射出更大的像，这导致相对大小感的产生。画面左前方的园丁看起来和妇女很近，因为他们相对都比较大。（d）结构梯度（texture gradient）指能看到细节的清晰度随着距离的增加而减少。在园丁和妇女这边的道路的纹理比泰姬陵那边的要丰富得多。（e）空气透视（aerial perspective）是指在空气中粉尘或大气中烟雾的干扰下，远处的物体比近处的看起来要更模糊。（f）光影深度线索是指亮的物体看起来近，暗的物体看起来远。

运动视差（也称做相对运动）是指当观察者运动时，不同距离的物体也会以不同的速度在视野中移动。近物一闪而过，远物慢慢划开，更远处的好似纹丝不动。你在坐火车或汽车时很容易观察到这个效应，路边或铁轨边的电线杆与篱笆飞速地移走，而中间距离的房子与树就相对移动地较慢，而远山几乎不动。

颜色知觉

我们人类能够分辨 700 万种不同的颜色。这种颜色知觉是天生的和跨文化普适的吗？对许多不同语言文化体的研究暗示了我们基本上看到的是同样颜色的世界（Davies，1998）。而且，对能够移动和眼睛聚焦的婴儿的研究也显示他们与成人看到的几乎是同样的颜色（Knoblauch，Vital-Durand & Barbur，2000；Werner & Wooten，1979）。

尽管我们知道颜色是由不同的波长构成的，但我们实际知觉颜色的方式却始终是科学争论的话题。传统上有三原色理论和拮抗过程理论两种颜色视觉理论。**三原色理论**（trichromatic theory）由托马斯·杨（Thomas Young）于 19 世纪早期首先提出，之后被赫尔姆霍兹（Hermann von Helmholtz）和其他人完善。按照此派的说法，我们有三种颜色系统，一种对蓝色敏感，一种对绿色敏感，一种对红色敏感（Young，1802）。这个理论的支持者声称，将这三种颜色混合能够产生我们看到的全部光谱（见图 4—24）。

遗憾的是，这个理论有两个弊端。其一，它不能解释颜色视觉缺陷；其二，它无法解释颜色后像（color aftereffects）。在"你自己试试"里面，你会体验颜色后像。

埃瓦尔德·赫林（Ewald Hering）在 19 世纪后期提出**拮抗过程理论**（opponent-process theory），也认为有三种颜色系统。但他暗示每种系统对两种相反的颜色敏感——蓝和黄、红和绿、黑和白。换句话说，在黑白系统下，对应于不同的亮度级别，每种颜色感受器或者对红或绿中的一种有反应，或者对蓝或黄中的一种有反应。这个理论很有道理，因为在不同颜色的光混合之后，人们是看不到发红的绿色或发蓝的黄色的。实际上，等量的红光与绿光或者蓝光与黄光混合，我们看到的是白色。拮抗过程理论解释了颜色缺陷，因为大部分色弱的人要不看不见红绿色，要不看不见黄蓝色。

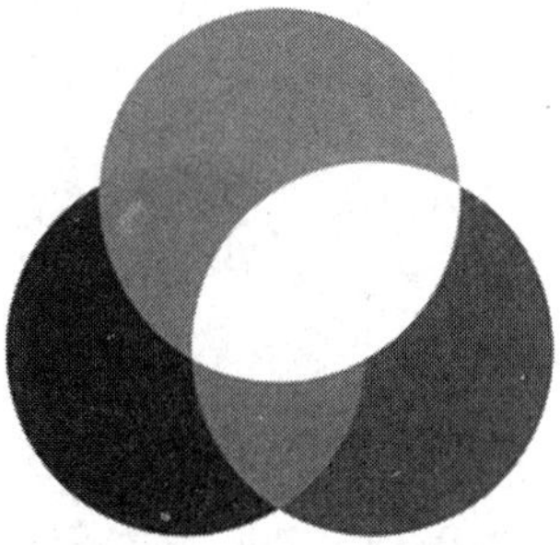

图 4—24 基本色。托马斯·杨展现了三种基本色（红、绿和蓝），通过其亮度的改变，可以结合形成所有的颜色。比如说，红色和绿色结合形成黄色。

你是色盲吗？图 4—25 是一个红—绿色缺陷测验。实际上，大多数的视觉缺陷是一种色弱——颜色混淆（color confusion）而不是色盲。许多色盲的人根本意识不到他们有色盲。

158

三原色理论　杨提出的颜色知觉建立在三种不同颜色系统的混合——红、绿、蓝——上的理论。

拮抗过程理论　赫林提出的颜色知觉是建立在三对相反颜色系统——蓝-黄、红-绿、黑-白——上的理论。

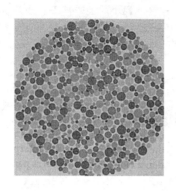

图 4—25　颜色视觉缺陷。红绿色盲的人很难看到这幅画中的数字。

两种正确的理论

从我们所讨论的来看，拮抗过程理论似乎正确一些。然而实际上，两种理论都不错。1964 年乔治·沃尔德（George Wald）演示了视网膜中存在有三种视锥细胞，每种都有其独有的感光色素。一种对蓝光敏感，一种对绿光敏感，一种对红光敏感。

在沃尔德做此项工作的同时，德瓦洛泽（R. L. DeValois）（1965）对视神经细胞和视通路进行电生理记录。他在丘脑中发现，细胞是以一种相抗衡的方式对颜色做出反应。因此，这两种理论都有一定道理。在视网膜阶段（在视锥细胞里），颜色是以三原色的方式加工；而在神经细胞和丘脑阶段（在大脑里），颜色是以拮抗方式加工的。

解释：说明我们的知觉

学习目标
影响我们解释感觉的因素有哪些？

在有选择性地对感觉信息进行分类和将其组织为模式之后，大脑利用这些信息对外部世界做出判断和解释。知觉的最后阶段——**解释**（interpretation）——受多重因素影响，包括知觉适应、知觉定式、参照系和自下而上或自上而下的加工。

1. 知觉适应

如果你的视野上下左右颠倒过来会怎么样？你可能很难一下子适应，本来在右边的东西跑到左边，本来在头顶的跑到脚底。适应这个扭曲世界的一天会来吗？

为回答这个问题，心理学家乔治·斯特拉顿（George Stratton）（1897）带了一个特殊的眼镜八天。在最初的两天里，斯特拉顿经历了一段极为困难的摸索和处理日常事务的阶段。但到了第三天，情况发生了改变，他如此说："穿越家具的狭窄空隙已经没那么难了，我也能看着我的手写字了，于是也不再迟疑和窘迫。"到了第五天，他基本完全适应了这个奇怪的知觉环境，对世界应当样子的预期也已经改变了。这个实验显示，我们的大脑可以创造一个新的连贯和熟悉的世界以帮助我们知觉适应。

2. 知觉定式（或预期）

我们先前的经验、假设和预期会影响我们解释和知觉世界的方式。相信天外来客的人会将气象气球或一个古怪形状的云彩认做一艘宇宙飞船。这些心理预期或**知觉定式**（perceptual set）以某种方式极大地影响了我们

知觉定式　以一种基于预期的特定方式知觉的意愿。

159

的知觉。换句话说，我们看到的基本是我们想看的。

比如说，当用131页的可逆图形"少女/老妇"来测试那些有少女或老妇预期的被试的时候，他们通常看到了自己预期中的形象（Leeper，1935）。另外一个研究是从一个犹太人团体中招募被试，然后在屏幕上简短地闪现图片（Erdelyi & Applebaum，1973）。当中心的符号是纳粹图案十字记号时，犹太人就不太会注意到其周围的符号了（见图4—26）。你能看到犹太人的生活经验是如何使他们形成对纳粹图案的思维定式的吗？你也能看到以下的表达方式——"吝啬的犹太人"、"懒惰的墨西哥人"、"疯狂的精神分裂症"、"肮脏的同性恋"甚至"蠢货"——都会对别人造成伤害，并导致危险的偏见与歧视定式（第12、第14、第16章）。

3．参照系

我们对于人、物或情景的知觉同样受到参照系或情境的影响。大象站在老鼠的边上比站在长颈鹿的边上显得更大。

4．自下而上和自上而下的加工

这一章开始的时候我们讨论了如何接收感觉信息，并通向上一级的知觉加工过程，心理学家将这种加工方式称做**自下而上的加工**（bottom-up processing），意为通过眼、耳、鼻、舌等感受器接收感觉信息，再将其向上输送到大脑处理。相反地，**自上而下的加工**（top-down processing）开始于较高级别，加工过程牵涉到思维、先前经验、期望、语言和文化背景，之后下行到感觉层面。当我们第一次学习阅读的时候，我们使用自下而上的加工。我们开始学习那些勾勾画画代表一个个特定字母，慢慢我们意识到字母的结合形成单词。然而，在多年的经验和语言训练之后，我们不用看字母就能看懂句子中的单词——自上而下的加工。尽管自上而下的加工在阅读中比较高级，但这两种加工过程对于知觉来说都很重要。

自下而上的加工　由底部的原始感觉信息开始，再上升到大脑的加工过程。

自上而下的加工　由顶部的思维、期望和知识开始，再下行的加工过程。

图4—26　知觉定式和生活经验。当中间的符号是纳粹图案时，犹太人就会很少注意（或记住）其他的刺激。你知道原因吗？

形象化的小测试

知觉定式

你注意到这个图中的异常之处了吗？你把它倒过来看一下。尽管如此扭曲，但大多数人第一次看的时候都认为很正常。你能解释原因吗？

答案：由于知觉定式，我们期望两幅图一样。

结语

除了知觉的三个阶段——筛选、组织和解释，我们已经知道还有大量的内外因素会影响感觉。在接下来的章节里，通过考察在不同类型的记忆中感觉信息是如何被加工和提取的（第 7 章）、知觉在婴儿中　161
的发展（第 9 章）以及我们如何觉知自己和他人（第 16 章），我们将继续知觉之旅。

为什么这两个学生不能相互握手？ 右边的学生戴了一个使世界上下颠倒的眼镜——天空在上，地在下；左边的学生带了一个使物体向左旋转 40 度的眼镜。有趣的是，人类的大脑可以相对很快地适应这种类型的扭曲。用不了几天，上下颠倒的和重置的世界将恢复正常。戴着这些眼睛，这两个学生可以轻松地握手、骑车甚至读书。

应　用　个案研究/个人故事

海伦·凯勒的成功与劝谏

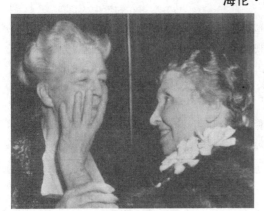

海伦·凯勒知道感觉和知觉对我们的生活是多么重要。她利用触觉学会了"看"和"听"，并通过拜访者的气味和脚步声来辨认他们。海伦·凯勒并不是天生的聋盲，在 19 个月大的时候，一场高烧夺去了她的视力和听力，她从此与世隔绝。凯勒的父母意识到他们应该帮助一下自己的女儿。经过勤勉的搜寻，他们找到了安妮·沙利文（Anne Sullivan），这位年轻老师可以利用凯勒的触觉打破她与这个世界的坚冰。一天，沙利文将凯勒带到水泵房，沙利文（1902）的记录是这样的：

我让凯勒在我压泵的时候捧着一个水罐站在喷头下，当冷水涌出，充满水罐的时候，我在海伦的手上拼出了水字（w-a-t-e-r）。这个单词紧随而来，冷水使她打了个激灵。她扔掉水罐，呆住了，我看见她的脸上闪过一道光芒。

那一刻，由手上冷水带来的强大感觉开启了她一生的学习之门，她要学习利用余下的感觉理解、品味这个世界。1904 年，海伦·凯勒从拉得克里夫学院（Radcliffe College）光荣毕业，之后成为著名作家和演说家，鼓舞了全世界的生理残疾者。

尽管取得了难以置信的成就，但凯勒仍未放弃做一天正常人的渴望。她如此劝告那些正常人：

我，作为一个盲人，对那些能够看见的人有一个提示：珍惜你的视力，就好像明天它就会被夺去；同理可应用到其他感觉。去欣赏音乐的旋律，聆听鸟儿的婉转，陶醉在交响乐的雄壮中吧，因为明天你就什么都听不到了；尽情地抚摸所有的物体吧，因为明天你什么都摸不到了；去贪婪地嗅花香，品尝每一口的美食，因为明天你就闻不到也尝不到了。调动起你的所有感觉吧，善待造物主恩赐的手段，来品味世界的每一处快乐与美好。

评　估

检查与回顾

组织——深度与颜色——和解释

深度知觉使我们可以精确知觉物体的距离，从而将世界知觉为三维。但我们怎样用二维的眼睛感受器知觉到三维的世界？有两种主要的线索类型：需要调动两眼的双眼线索与只需一眼的单眼线索。网膜像差与辐合是两种双眼线索。单眼线索包括线条透视、插入、相对大小、结构梯度、空气透视、光影效应、调节和运动视差。

颜色知觉由两种理论解释。三原色理论提出三种颜色机制，它们分别对蓝、绿、红色最敏感。拮抗过程理论也提出了三种颜色系统，但认为它们分别对两种相反的颜色敏感——蓝黄、红绿、黑白——并以开一关的方

式作用。三原色系统在视网膜层面发生作用，而拮抗过程理论发生在脑内。

解释是知觉的最后阶段，它会受到知觉适应、知觉定式、参照系以及自上而下与自下而上加工过程的影响。

问题

1. 视崖是被设计来研究小孩与年幼动物的_____。

(a) 颜色分辨　　(b) 形状恒常性

(c) 深度知觉　　(d) 单眼视觉

2. 海盗 Jolly Roger 自从在战斗中失去一只眼后，就不能应用_____作为深度和距离知觉的线索。

(a) 调节　　　(b) 网膜像差

(c) 运动视差　(d) 空气透视

3. 在盯住红色三角形看了一阵之后，_____现象发生了，意味着如果你再看一个白色的背景，会看到_____。

4. 解释颜色知觉的三原色理论与拮抗过程理论的区别。

5. 乔治·斯特拉顿的研究很重要，因为它说明了_____。

(a) 学习在知觉中的角色

(b) 人类知觉的先天因素

(c) 感觉和知觉的差别

(d) 视网膜颠倒成像的能力

答案请参考附录 B。

更多的评估资源：

www.wiley.com/college/huffman

应　用

聚焦研究

阈下知觉和第六感可以被科学证实吗？

许多年前，人们相信电影院通过呈现阈下信息，如"吃爆米花"、"喝可口可乐"，来操纵提高观众的消费量；而唱片公司也被怀疑将一些暴力和色情内容以阈下的形式加进摇滚唱片。荧屏上的字以及音乐中的信息呈现得如此之快，以至于观众无法意识到。大多数人既惊又怒，政治家急迫地通过法律打击"无形的促销"和对年轻人的"道德腐化"。他们需要这么紧张吗？真有阈下信息这回事吗？

第六感呢，你认为它存在吗？相信它有害吗？我们将在此回答这些问题。

阈下知觉

围绕**阈下知觉**（subliminal perception）有两个主要问题：第一，人是否可以在无意识的情况下知觉到信息？答案是肯定的。对阈下刺激的研究说明了即使我们无意识，也会发生信息加工（Luecken, Tartaro & Appelhans, 2004；Nuñez & de Vicente, 2004；Todorov & Bargh, 2002）。

实验中经常使用一种叫做速示器的装置来快速闪现图片，快到意识不到，但又慢到可以记录。比如说，在一个实验中，主试在一张中性脸的刺激之后，又呈现了两张阈下图片（高兴或生气的脸）。他们发现这个阈下的呈现唤起了被试脸部肌肉相应的无意识表情（Dimberg, Thunberg & Elmehed, 2000）。在第 12 章里你将会学到，被试对阈下刺激的无意识以及他们相应的面部反应也引出了关于

我们自己情绪状态的问题。在一群快乐、和善的人之间，我们是否会不自觉地更快乐些？而在一群怒气冲冲的人中间，我们自己是否也会焦虑不安？

尽管这个研究展示了阈下知觉确实会发生，但是第二个问题——可能更重要——这是否就导致阈下说服（subliminal persuasion）？这个问题的答案就不那么清晰了。阈下刺激本质上是很微弱的刺激，它们对消费者的行为至多有一点影响。而且研究也没有在听摇滚乐的年轻人或市民的投票行为上发现任何影响（Begg, Needham & Bookbinder, 1993；Trappey, 1996）。如果你妄图通过购买阈下录音带来帮助你减肥，我劝你还是省省吧，空白的安慰剂录音带与阈下带一样"有效果"。

第六感

有视觉、听觉、触觉之外的第六感（extrasensory perception）存在吗？是否有人可以运用超感觉知觉（extrasensory perception）来知觉到通过常规途径不能知觉到的东西？那些宣称有第六感的人说自己可以知道别人内心的想法（传心术，telepathy），知觉到普通感觉无法到达的物体或事件（千里眼，clairvoyance），预测未来（预知术，precognition）以及自己不动就能移动或影响物体（意念力，psychokinesis）。流行的小报充斥着通灵者能够寻找走失儿童、与死人对话甚至预言股票市场的奇谈怪论（Jaroff, 2001；McDonald, 2001）。

对第六感的科学研究始于 19 世纪初约瑟夫·莱恩（Joseph B.

单轮廓。而且，由于主试知道哪张牌是对的，他们就会不自觉地通过细微的面部表情被试提供线索。

而对第六感的实验和一般声称最有力的批评是它们不稳定，而且不可以重复，而后者是科学要求的核心精神。第六感领域的发现是出了名的"脆弱"（Hyman, 1996）。一项对 30 项研究的元分析运用了科学控制，例如双盲步骤及保持记录的最大精确性，结果发现第六感完全不存在（Milton & Wiseman, 1999, 2001）。就像一个批评家所指出的，第六感的阳性结果通常意味着"某一处错了"（Marks, 1990）。

第六感这么不可靠，为什么还有人信？

科学的飞速进步、技术的迅猛发

总的来说，确有证据证明阈下知觉发生，但其是否具有说服作用还有待商榷。如果要进行商业及自助录音

你说自己不知道我们今天要做一个流行的测验是什么意思？

带的宣传，广告者还是最好运用阈上信息——用大声的、清晰的、最能吸引注意力的刺激方式。而你最好省下时间与金钱，用原始的方法减肥——控制饮食和做运动。

Rhine）的研究。很多早期的实验都用了一种叫做齐纳纸牌（Zener cards）的工具，这套有 25 张的牌包括 5 种不同的符号——加号、方块、星、圆圈以及波浪线。当要研究传心术的时候，实验者就要求"发送信号者"将精神集中于一张卡片上。然后他们让一个"接收者"去阅读发送者的意识。在完全猜的条件下，接受者能够猜对 25 张牌中的 5 张。得分能够持续高过随机分的被试，就可以被证明有第六感。

用齐纳纸牌，莱恩明显地发现有些人的得分要好过纯粹的猜测。但他所用的方法却受到很多批评，特别是其对实验的控制。在许多早期的实验中，齐纳纸牌的印刷质量很差，以至于从牌的背后可以看到符号的一个简

展使人们认为这个世界上没有什么不可能，而大家又误将"可能"认作"存在"。因为第六感本质上是纯主观和超常的，所以人们就倾向于将它作为对超常经验的解释。而且，正如前面所提到的，动机和兴趣也影响我们的知觉。由于研究的主试和被试都有很强的动机相信第六感，于是他们就选择性地注意那些他们想要看到或听到的东西。

由于"媒体"、孩子的童话故事、漫画书以及流行电影的存在，为数不少的人仍乐意相信第六感。从自然规律下解放出来似乎是很正常，也是对人类幻想的满足。但谈到第六感的时候，人们往往"宁可信其有，不可信其无"。我们往往不愿接受自己的有限，而对通灵现象的信仰就增加了我们无限感的可能性。

阈下知觉　呈现于意识阈限之下的刺激。

第六感　据称能够超越已知感觉的一种知觉或通灵能力。

应用

批判性思维

迷信第六感会带来的问题

第六感的主体通常不仅有巨大的兴趣，而且有强烈的情绪反应。当个体对某件事情着魔的时候，他们就很难承认自己信仰下的逻辑错误。对第六感的信仰特别地与非逻辑、无批判性的思维相连。这个练习给你提供了一个锻炼批判性思维技巧的机会，学习以下几种找错误的方法。

1. 正例谬误

人们通常会注意和记住那些与自己信念及期望相一致的事件（"击中"），而忽略不支持的证据（"漏报"）。记住看手相的说过你会在午夜接到电话（"击中"），但忽略了她也说过你有三个孩子（"漏报"）。

2. 不计数（数学盲）

由于缺乏统计训练，认识不到小概率事件的发生。非正常的事件通常被误解为统计上不可能（比如预测总统疾病），于是超常的解释如第六感，就被当做合理的替代。

3. 宁可信其有，不可信其无

出于个人权力和控制的需要，人们拒绝运用自己正常的批判性思维。尽管很少有人认为第六感可以窃取到国外机密情报，但同样的一群人会乐意相信通灵术可以帮他们找到丢失的孩子。

4. "生动性"问题

人们偏爱并更容易记住生动的信息。人类的信息加工和记忆存储与提取通常基于信息最初的生动性。真诚的个人宣言、戏剧性的表演以及生动的逸事都很容易吸引我们的注意力，而且比理性的、科学性的数据更容易让人记忆。这是大多数"天外来客"故事的核心。

运用这四种错误推理类型，对下面的描述分类。有的可能有多种选择，但只填最适合的一个。与你的同学朋友讨论你的答案，会提高你的批判性思维能力。

——John 已经很久没有想他的

主动学习

高中女友 Paula 了，然而一天早晨他的脑海中却突然出现了她。他正猜想着她现在怎么样了以及结婚了没有，电话就打进来。不知为什么，他很确定这是 Paula 打过来，结果真是这样。于是 John 认为这是他的第六感在起作用。

——一个通灵者走进心理学课堂，他预言班中 23 个学生里面一定有两个人的生日在同一天。结果真是这样。于是很多学生不上课了，去跟随这个通灵者。

——大联盟中的一个棒球队员梦到击出一个全垒打。两个月之后的总决赛上，他真的打出了全垒打并帮助球队赢得了比赛。他向媒体透露他之前做的梦，并将其归结为第六感。

——坐在办公室的母亲眼前忽然出现了家中着火的情景。她马上打电话给保姆，保姆发现烟从门下冒出，赶紧把火扑灭。媒体于是将这位母亲的视觉图像归因为第六感。

评估

检查与回顾

阈下知觉和第六感

阈下信息是在主体没有意识到的情况下知觉到信息。但是没有或只有很少证据证明阈下说服的存在。超感觉知觉（第六感）被假定为是对普通感觉无法触及的事物的知觉能力。第六感的研究结果往往比较"脆弱"，批评者认为它们缺乏实验控制和可重复性。

问题

1. 阈下刺激是指那些_____的刺激。

(a) 在人们不知道的情况下控制它们

(b) 在意识阈限之下

(c) 利用知觉定式和期望

(d) 以上都不是

2. 阈下知觉的实验_____。

(a) 支持了此现象的存在，但它对说服只有很少或没有影响

(b) 展示了阈下知觉只在孩子和某些成人身上发生

(c) 阈下信息只影响那些高易感性的人

(d) 不能证明此现象存在

3. 人们称那些所谓的能够透视他人心理的能力为_____，称知觉到普通感觉无法到达的物体或事件的能力为_____，称预测未来的能力为_____，称自己不动就能移动或影响物体的能力为_____。

4. 对于第六感存在的一个主要批评是_____。

答案请参考附录 B。

更多的评估资源：

www.wiley.com/college/huffman

评 估 关键词

为了评估你对第 4 章中关键词的理解程度，首先用自己的话解释下面的关键词，然后和课文中给出的定义进行对比。

感觉
知觉

理解感觉
绝对阈限
编码
差别阈限
门控理论
心理物理学
感觉适应
感觉简化
换能作用
联觉

我们如何看和听
调节
振幅
听力
耳蜗

传导性耳聋
视锥细胞
远视
中央凹
频率
频率理论
近视
神经性耳聋
定位理论
视网膜
视杆细胞
波长

我们其他的感觉
味觉
运动觉
嗅觉
外激素

理解知觉
双眼线索
自下而上的加工
辐合
深度知觉
第六感
特征觉察器
习惯化
错觉
单眼线索
拮抗过程理论
知觉恒常性
知觉定式
选择性注意
阈下知觉
三原色理论

学习目标 网络资源

Huffman 教材的配套网址

http：//www. wiley. com/college/huffman

这个网址提供免费的交互式自我测验、网络练习、关键词的术语表和抽认卡、网络链接、英语非母语阅读者的手册，还有其他用来帮助你掌握本章知识的活动和材料。

有趣的错觉

http：//www. grand-illusion. com/

收集了很多有趣的视觉错觉的资料、科学玩具、视觉效果图片，还有一些小魔术。

我们如何看见？

http：//webvision. med. utah. edu/

提供了大量有关视网膜以及视觉系统的组织、颜色视觉等相关领域的资料。

互动指导

http：//psych. hanover. edu/Krantz/tutor. html

提供大量演示和活动的网站，娱乐学习两相宜。

第4章　　形象化总结

 理解感觉

加工
- 感受器：对刺激能量进行检测和做出反应的体细胞。
- 换能作用：将感受器能转换为大脑可理解的神经冲动的过程。
- 感觉简化：在信息传入大脑前，对感觉的过滤和分析。
- 编码：将感觉输入转换成特定感觉的包括三部分的过程。

阈限
绝对阈限：我们能检测到的最小刺激量。
差别阈限：我们能检测到的最小刺激改变。

适应
感觉适应：对持续刺激感觉反应的减弱。

 我们如何看和听

视觉
光是一种能量的形式，也是电磁波谱的一部分。光波有以下特征：
(1) 长度：光的波长决定了其频率，创造出色调或颜色。
(2) 高度：振幅决定了光的强度或亮度。
(3) 范围：不同波长和振幅的混合决定了光的复合度和纯度。

眼睛的生理结构和功能
- 角膜：眼睛前部透明和突起的部分，是光线进入的地方。
- 瞳孔：光线入眼的孔隙。
- 虹膜：瞳孔周围的有色肌肉。
- 视网膜：含有视感觉细胞，包括负责夜视的视杆细胞和负责颜色及细节视觉的视锥细胞。
- 中央凹：负责精细视觉的视网膜上的小凹陷。

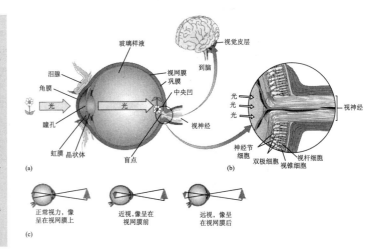

听觉

听觉是借震动物体产生的空气压力制造出的声波产生的。

声波有以下特征：

（1）长度：声波的长度决定了其频率，对应于音高。

（2）高度：声音的振幅决定了其响度。

（3）范围：声波中频率和振幅的混合决定了音色。

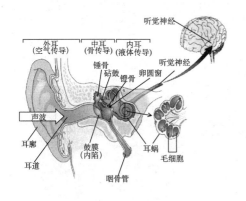

耳朵的生理结构和功能

外耳将声波传到鼓膜，使中耳的三块听小骨震动，随后将声音震动传到卵圆窗。卵圆窗的运动激起耳蜗液的波动，耳蜗中的毛细胞将声音能转换为神经冲动传入大脑。

 我们其他的感觉

嗅觉和味觉

嗅觉感受器位于鼻腔的上部。

人有五种味觉：咸、甜、酸、苦、鲜。

躯体觉

皮肤感觉检测压力、温度和痛觉。

前庭觉（或平衡觉）感受器位于内耳。

运动觉感受器分布于肌肉、关节和肌腱，负责身体姿势、方向和运动。

理解知觉

筛选

有三种影响因素：

(1) 选择性注意：大脑只注意和对最重要的感觉信息进行筛选。

(2) 特征觉察器：只对特定感觉信息做出反应的大脑中的特化细胞。

(3) 习惯化：大脑忽略环境中不变因素的倾向。

组织

四种一般特性：

(1) 形状：图形和背景、接近律、连续律、闭合律、相似律。

(2) 恒常性：大小恒常性、形状恒常性、颜色恒常性、亮度恒常性。

(3) 深度：双眼线索牵涉到网膜像差和辐合；单眼线索包括线条透视、插入等。

(4) 颜色：有两种理论解释颜色知觉：三原色理论和拮抗过程理论。

解释

四种因素：

(1) 知觉适应：大脑对变化的环境产生适应。

(2) 知觉定式：基于期望的知觉。

(3) 参照系：基于情境。

(4) 自下而上和自上而下的加工：影响解释的信息加工风格。

阈下知觉和第六感

阈下刺激发生在我们的意识阈限之下。

第六感是未被证明的利用某些未知感觉知觉事物的能力。

第5章

意识状态

四种主要的精神活性药物
● 将心理学应用于日常生活
　警惕俱乐部药物！
解释药物的用途
● 聚焦研究
　大脑的"邪恶导师"——成瘾药物

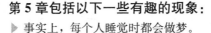 改变意识状态的健康途径

进入冥想状态
催眠的奥秘

170

 应　用

为什么要学习心理学?

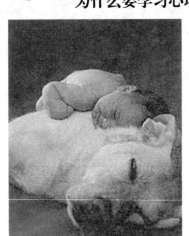

第 5 章包括以下一些有趣的现象：

▷ 事实上，每个人睡觉时都会做梦。

▷ 在美国，大约有 2/3 的成年人受到睡眠问题的困扰。

▷ 睡眠剥夺和倒班是工业和交通事故的主要原因。

▷ 嗜睡症患者可能在走路、谈话或开车的时候突然进入睡眠状态。

▷ 人们只有在自愿的条件下才能被催眠。

▷ 美国医学协会认为，在所有精神活性药物中，酒精是最危险、对身体伤害最大的物质。

▷ 即使是少量的可卡因也可能是致命的，因为它们会干扰心脏的电信号。

▷ 仅仅是和一片阿司匹林相同剂量的 LSD，就可以让超过 3 000 人变得兴奋起来。

▷ 一项研究调查了世界上 488 个团体，发现 90% 的人参加了有机构认可的改变意识状态的活动。

　　我们平时所说的清醒的意识只是一种特殊的意识，拨开这一层薄薄的表面，是完全不同的意识状态。

——威廉·詹姆斯

　　你可能记得第 1 章中提到的，威廉·詹姆斯（1842—1910）是最著名的心理学先驱之一。他所说的"清醒的意识"和"完全不同的意识状态"是什么意思？我们经常使用"意识"这一术语，但是它准确的含义是什么呢？它仅仅是"知道"的意思吗？"不知道"的状态是怎样呢？如果我们只能通过意识这一途径来研究意识本身，该怎样发现意识的内容呢？意识怎样研究它自己呢？意识是心理学领域的一个基本概念，但是意识的定义并不简单（Damasio，1990）。

　　要回答这些问题，我们的第一部分"理解意识"，首先概括地介绍意识的定义和描述。"睡眠和梦"研究了意识是怎样因为昼夜节律、睡眠和梦改变的。"精神活性药物"关注精神活性药物以及它们对意识的影响。

最后一个部分"改变意识状态的健康途径"则研究了其他改变意识状态的方法，例如冥想和催眠。

 ## 理解意识

我们怎样定义意识？作为探究者的参与者

对于**意识**（consciousness），我们给出一个简单而又比较普遍的定义：有机体对于自我和周围事物的觉知。19 世纪末，当心理学第一次作为一门科学学科和哲学分开的时候，它的定义是"对人类意识状态的研究"。但是这一模糊的定义最终导致了该领域的极大分歧。由约翰·华生领导的一批行为主义者认为，心理学研究的中心应该是行为，而不是意识。事实上，华生宣称："心理学现在应该抛弃那些关于意识的研究了；心理学不需要再欺骗自己，让自己认为心理状态应该是观察的对象"（1913，p. 164）。

近年来，由于认知和文化心理学的研究，最初对于意识的兴趣重新兴起。另外，科技的发展，例如脑电图（EEG）、正电子发射断层扫描技术以及功能磁共振成像技术，使科学家可以研究**不同的意识状态**（alternative states of consciousness，ASCs）下大脑的活动。不同的意识状态包括睡眠和梦、由精神活性药物引起的化学变化、白日梦、幻想、催眠、禁食、冥想，甚至是所谓的跑步者的愉悦感。许多神经学家相信，日常的意识和不同的意识状态最终会由不同的大脑神经活动形式联系起来。但这些意识状态的精确位置和功能还没有被发现。

意识　有机体对于自我和周围事物的觉知（Damaslo，1999）。

171

不同的意识状态（ASCs）　不同于通常的清醒意识的心理状态，可在睡眠、梦、精神活性药物的使用、催眠时发生。

我们怎样描述意识？不同深度的意识流

比起下定义，我们更容易描述意识。美国第一位心理学家威廉·詹姆斯将意识比作一条经常改变但仍然相同的河流。它蜿蜒而流，有的时候受到人们的控制，有的时候则不是。然而，利用选择性注意加工（第 4 章），我们可以通过有意地集中注意来控制意识。例如，现在你很清醒（我希望如此）并且集中注意在这一页上。但是有时候，你的控制可能会弱一些，意识的河流可能会流到你想要买的电脑、你的工作，或者一个很有吸引力的同学身上。

除了蜿蜒而流，"意识的河流"的深度有时也不一样。意识不是一个全或无的现象——有意识或没有意识，相反地，它是一个连续体。正如表5—1 中可以看到的，这一连续体的一端是高度的注意、极端的警惕，中间是白日梦之类的意识，另一端是没有意识甚至是昏迷。

控制加工与自动加工

意识除了沿一个连续体存在，它还涉及控制加工和自动加工。当你在

控制加工 这种心理活动需要集中的注意力，并且通常会打断其他正在进行的活动。

自动加工 这种心理活动只需要很少的注意，并且不影响其他正在进行的活动。

进行一项困难的工作或者学习新东西（如学习开车）时，意识处于连续体最高的一端。**控制加工**（controlled processes）需要集中的注意力，并且通常会打断其他正在进行的活动。你是否有过这样的经历，在考试中是如此集中注意力，以至于忘记了周围环境，直到老师宣布"时间到了"，并且收走你的试卷？这种集中的注意力是控制加工的特点。

相反，**自动加工**（automatic processes）只需要很少的注意，并且不影响其他正在进行的活动。回想一下童年时代，最初你会对父母的驾驶技术感到惊讶。现在你可以在驾驶过程中听广播、考虑你的课程并且和其他乘客交谈，你是否还会对此感到惊奇呢？学习新的任务需要完全地集中注意和意识的控制加工。一旦你掌握了这一任务，你就可以放松下来，靠自动加工来完成了（Geary，2005）。

自动加工一般来说总是很有用的。然而，有的时候我们并不想要这一过程发生，但它还是发生了。看看以下小说家柯林·威尔逊（Colin Wilson）的问题（1967）：

172

表5—1	意识的水平
高水平觉知	控制加工（高度觉知、需要集中的注意力）
中等水平觉知	自动加工（觉知，但只需很少的注意） 白日梦（低程度的觉知和意识努力，在活跃的意识和睡眠做梦的程度之间）
低度觉知或无觉知	无意识心理（弗洛伊德的概念，在第11章中会看到，包括过于痛苦或焦虑的不被意识接受的思想、感情和记忆） 无意识（觉知的最低水平，由脑部受伤、疾病、手术中的麻醉或昏迷造成）

学习打字是一个相当痛苦的过程，这很折磨人。但是在某一个特殊的阶段，奇迹就发生了，这一复杂的操作被我潜意识中的机器人学会了。现在我只需要考虑想要说什么；我的机器人秘书来完成打字。他真的非常有用。他总是为我开车，说法语（虽然不太流利），并且偶尔在大学中演讲。但是当我疲惫的时候，他又变得很惹人厌，因为他总是不经过我的允许就运行。我甚至发现他和我的妻子做爱（p. 98）。

评　估

检查与回顾

理解意识

我们生命中的大部分时间都处于正常清醒的意识中，它是指有机体对于自我和周围事物的觉知。然而，我们还可能处于不同的意识状态中，例如睡眠和梦境、白日梦、服用精神活性药物时、催眠和冥想。

意识总是难以定义和研究。威廉·詹姆斯将它形容为"一条流动的河"。现代研究者认为意识是一个连续体。控制加工需要集中的注意力，在连续体最高的一端。自动加工只需

很少的注意力，在连续体的中间。无意识和昏迷则在最低的一端。

问题

1. ＿＿＿＿用我们对周围环境的觉知来形容最贴切。
(a) 不同的意识状态
(b) 意识
(c) 意识状态
(d) 选择性注意

2. 早期心理学家为什么不愿意研究意识？

3. 控制加工需要＿＿＿＿的注意，自动加工需要＿＿＿＿的注意。

4. 在读这篇文章时，你应该＿＿＿＿。
(a) 处于不同的意识状态
(b) 使用自动加工
(c) 不约束你的意识
(d) 使用控制加工
答案请参见附录 B。
更多的评估资源：
www. wiley. com/college/huffman

173

 睡眠和梦

探讨了日常所说的意识的定义和描述后，我们现在来看看两个最普遍的不同意识状态——睡眠和梦。这两种状态不仅使科学家着迷，就连普通人也对其有浓厚的兴趣。为什么我们会有这样的先天机制，让我们花费生命中大约三分之一的时间来睡觉和做梦呢？这类不同的意识状态，减少了对周围环境的意识和反应，这种状态对健康有好处吗？睡眠和梦的机制和功能是什么呢？

 学习目标

我们睡觉和做梦时意识发生了什么？

174

昼夜节律的力量：睡眠和 24 小时周期

要理解睡眠，我们首先要明白，睡眠和一些日常生理节律是一个整体。每一天，我们的星球绕着地球旋转，白天黑夜交替。大多数人类和非人类动物都已经适应了这种变化，生命活动以 24 小时为一个周期，或者叫做**昼夜节律**（circadian rhythms）。

昼夜节律　个体 24 小时循环周期中发生的生理变化。

你自己试试

睡眠和梦的普遍误区

在你向下读之前，先来测试一下你对睡眠和梦的常识知道多少吧。

● 误区：每个人每天晚上必须睡 8 个小时，这样才能保持身心健康。虽然大部分人每晚平均睡 7.6 小时，但一些人只要 15～30 分钟就足够了，还有一些人则需要 11 个小时（Doghramji，2000；Maas，1999）。

● 误区：睡觉的时候学复杂的东西（例如外语）比较简单。虽然在睡眠的初级阶段（1～2 阶段）可以学一些东西，但对材料的加工和保持都是极微弱的（Aarons，1976；Ogilvie，Wilkinson & Allison，1989）。清醒时学习更加有效，效果也更好。

● 误区：一些人从来都不做梦。只有很少一部分大脑受损的人才不做梦（Solms，1997）。其实所有的人都会做梦。有一些成年人确信自己从不做梦，但在一个夜晚的研究中，他们被重复地叫醒，也会有做梦的报告。儿童也会做梦。例如，3～8 岁儿童睡眠的 20%～28% 的时间都在做梦（Foulkes，1982，1993）。很明显，每个人都做梦，只是有的人记不起来而已。

● 误区：梦境只持续几秒钟。研究表明，一些梦境好像在随着"真实的时间"进行。例如，一个好像持续了 20 分钟的梦境很有可能真的持续了 20 分钟（Dement & Wolpert，1958）。

● 误区：如果在梦中性唤起，说明人们在做与性有关的梦。如果在人们性唤起时将其叫醒，他们报告与性有关的梦的概率并不比其他时候高。

● 误区：梦到死亡是致命的。这是一个训练批判性思维的好机会。这种错误的说法是从哪里来的呢？会有人亲自报告一个已经让他死去的梦境吗？我们怎样科学地证明或推翻这一信念？

你是否已经注意到，一天中你的能量、情绪和效率是不同的？研究表明，警觉性、情绪、学习效率以及血压、皮质醇、新陈代谢和脉搏都根据昼夜节律而变换（Ariznavarreta et al.，2002；Ice et al.，2004；Kunz & Hermann，2000；Lauc et al.，2004）。对于大多数人来说，这些指标在白天达到顶峰，在夜间下降到最低点。这一现象符合我们白天清醒、晚上睡觉的规律。

什么控制昼夜节律？研究表明，调节这些 24 小时周期的时钟位于下丘脑，叫做视交叉上核（suprachiasmatic nucleus，SCN）。对这一脑区的破坏会导致人类和非人类动物睡眠和清醒时间的混乱（Dawson，2004；Ruby et al.，2002；Vitaterna，Takahashi & Turek，2001）。人类的昼夜节律还受脑中内分泌腺松果体的影响。松果体在夜间分泌大量调节睡眠和唤醒的褪黑激素，在白天只分泌很少或不分泌。

现在许多人简单地认为褪黑激素的作用和安眠药相同。一些研究也证实它的确会提高睡眠质量（例如，Ivanenko et al.，2003；Smits et al.，2003）。但是，另外一些研究并没有发现这种作用（Montes et al.，2003）。

在你使用褪黑激素前应该考虑一下，褪黑激素是一种天然有效的激素，但作为食物补充剂的合成版本并没有得到美国药品及事务管理局（FDA）认证。而且，关于其长期作用的研究非常有限，它如何与其他药物相互作用甚至是它的安全性都是未知数。

打乱的昼夜节律

即使有以上的警告，还是有越来越多的人开始使用褪黑激素对付时差，在熬夜工作或者作息混乱之后靠褪黑激素来重新调整睡眠周期。这种调整生物钟的愿望可以理解。但研究表明，打乱的昼夜节律会导致精力下降、注意力无法集中、睡眠失调以及其他的健康问题（Bovbjerg，2003；Garbarino et al.，2002；Valdez，Ramirez & Garcia，2003；Yesavage et al.，2004）。作为一个学生，在得知熬夜学习、夜间的兼职或全职工作会如何导致你的精力下降以及其他麻烦后，你可能会感到一些安慰。但令人不安的是，在美国，20％的员工（主要来自健康护理、数据处理、交通运输等行业）因为倒班工作的时间安排而出现很多同样的问题（Maas，1999）。而大部分内科医生、护士、警察和其他工作者在日复一日这样的工作安排下仍然能够保持健康。但是，研究的确发现倒班和睡眠剥夺会导致注意力和创造力下降以及事故率增高（Connor et al.，2002；Dement & Vaughan，1999；Garbarino et al.，2002）。

例如，回顾日本的火车相撞事故，82％发生在午夜和清晨（Charland，1992）。同样，最近一些巨大的灾难也是发生在夜班时间，其中包括印度博帕尔发生的化学品爆炸、切尔诺贝利核泄漏以及阿拉斯加石油泄漏事件。飞机坠毁事故的官方调查中也指出，飞行员倒班和睡眠剥夺是事故的可能原因之一。

灾难性事件也可以归因于简单但是不寻常的巧合。然而，我们必须认识到，倒班的工作者需要和他们的昼夜节律做斗争，其结果往往是危险的。怎样才能解决这一问题呢？一些研究发现，人们更容易适应从白天到晚上再到夜里的工作调整（8 点～4 点，4 点～12 点，12 点～8 点）。这可能是因为晚睡觉比早睡觉更容易些。同样，如果工作调整是每三周换一次，而不是每周变化，生产力就会增加，事故也会减少。最后，一些研究认为，倒班工作者（或任何人）在工作间隙简短地休息可以提高工作表现和学习潜力（Purnell，Feyer & Herbison，2002；Tietzel & Lack，2001）。

除了倒班，坐飞机飞过几个时区同样会打乱昼夜节律。你是否有过飞行很久后感到疲惫、行动迟缓、容易暴躁的经历？如果是，你就在经历飞行时差反应。和倒班一样，飞行时差反应也会使警觉度降低、灵活性减弱、精神问题加剧、工作效率低下（Dawson，2004；Iyer，2001；Katz，Knobler，Laibel，Strauss & Durst，2002）。飞行时差反应在你向东飞行时更加严重。这是因为我们的身体更容易适应晚睡觉，而不是早睡觉。

睡眠剥夺

倒班和飞行时差导致的昼夜节律紊乱会造成严重的后果。长时间的睡眠剥夺又会怎样呢？历史告诉我们，在罗马帝国时代和中世纪，睡眠剥夺

175

是一种酷刑。现在，美国和其他国家的军队有时也会使用响亮轰鸣的音乐和噪声扰乱敌人的睡眠。

严重剥夺睡眠及其影响的科学研究受到了伦理以及可行性的限制。例如，在72小时没有睡觉的情况下，被试常常不愿意每次只睡短短的几秒钟。还有，睡眠剥夺会增加压力，使睡眠剥夺和压力产生的影响混合在一起，无法辨别。

尽管有这些问题，研究者还是证明了睡眠剥夺的一些危险后果，很多与前面提及的昼夜节律紊乱的后果相同。情绪变化，包括自尊降低、注意力和动机下降、易怒、运动技巧变差以及皮质醇水平升高（压力的信号），都和睡眠剥夺有关（Bourgeois-Bougrine et al.，2003；Carskadon & Dement，2002；Cho，2001；Graw et al.，2004）。大鼠中严重的睡眠剥夺结果更加严重，有时会引发致命的副作用（Rechtschaffen et al.，2002；Rechtschaffen & Bergmann，1995）。另外，飞行员、内科医生、卡车司机和其他工作者出现注意力分散会导致严重的事故，威胁上千人的生命安全（McCartt，Rohrbaugh，Hammer & Fuller，2000；Oeztuerk，Tufan & Gueler，2002；Paice et al.，2002）。

你自己试试

睡眠剥夺。睡眠不充足会影响你的学业、身体健康、运动技能和情绪。

你被睡眠剥夺了吗？

做下面两个部分的测试。

第1部分：这是睡眠剥夺研究中的一个典型任务。用自己的非优势手画一个五角星，你只能看到镜子中自己的手。坐在一面镜子前，看看你能不能完成这一困难的任务，睡眠剥夺者会感到特别困难。

第2部分：现在回答下面的问题，每回答一次是，就记一分。

你是否会在以下时间睡觉？

看电视的时候。

在温暖的房间或听无聊的讲座和会议时。

大吃了一顿或喝了点酒。

饭后休息时。

上床后五分钟内。

清晨，你是不是经常会……

需要一个闹钟叫你起床？

挣扎着爬起来？

按掉闹钟好几次，这样能多睡一会儿？

白天，你会不会……

感到疲倦、易怒、压力很大？

很难集中注意力和记忆？

需要思考、解决问题、发挥创造性时，总觉得思维缓慢？

开车时总是瞌睡？

需要小睡一会才能度过全天？

有黑眼圈？

根据康奈尔大学心理学家James Maas（1999）的研究，如果你回答了三个以上的是，你就很有可能正处于睡眠剥夺的状态了。

资料来源：Maas修订，1999，得到许可。

有趣的是，许多生理功能并不会因为睡眠剥夺而被破坏（Walsh & Lindblom, 1997）。事实上，在 1965 年，一个叫做 Randy Gardner 的 17 岁学生曾经连续 264 个小时没有睡觉，打破了吉尼斯世界纪录。他的确变得易怒、活动性降低，但是仍然说话连贯，精神状态正常（Coren, 1996; Spinweber, 1993）。在马拉松式的睡眠剥夺后，他仅仅睡了 14 个小时，就又回到原来 8 小时的睡眠周期了（Dement，1992）。

睡眠阶段：科学家如何研究睡眠

睡眠是昼夜节律的重要组成部分。每天晚上，我们会经历 4~5 个不同的阶段。每一阶段有各自的节律、对应的脑活动和行为。我们是怎么知道这一点的呢？科学家是怎样研究睡眠这样个人化的心理事件呢？

调查和访谈可以提供一些关于睡眠本质的信息，但对于睡眠研究者来说，最有用的工具也许就是脑电图（EEG）了。脑电图是一种探测并记录脑电波的仪器。当我们从清醒状态进入睡眠后，我们的脑电活动会发生一系列复杂但可预测的变化。将小圆盘一样的电极放在头皮上，脑电图就可以记录下这些变化。这些电极可以探测到大脑皮层神经元的电活动，电活动再被放大并记录在记录纸或者显示器上。这些记录或者是脑电图可以让研究者观察正在睡眠中的个体的脑电活动。睡眠研究者也会使用一些其他的记录设备，如图 5—1 所示。

睡眠各阶段的循环

也许了解睡眠研究方法和结果的最佳途径是作为一名睡眠研究的被试参与其中。到达睡眠实验室后，你会被安排到其中的一个"卧室"中。研究人员将你和各种生理学记录设备

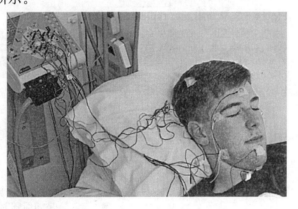

图 5—1　睡眠是怎样被研究的。睡眠实验室的研究者使用精密的仪器记录睡眠时发生的生理变化。脑电图的电极放在被试的头部测量脑电波活动。肌电图的电极在下巴和颚上测量肌肉活动。眼电图的电极在眼睛附近记录眼部运动。其他设备并没有显示在图中，它们用来记录心率、呼吸和生殖器勃起。

177

连接在一起。脑电图测量脑电波，肌电图（EMG）测量肌肉活动，眼电图（EOG）测量眼部活动。如果你和其他被试一样，那么你可能要花一到两个晚上适应仪器，然后才能正常睡眠。

睡眠的早期阶段

适应之后，研究者就可以开始监控你的正常睡眠了。当你闭上眼开始放松时，隔壁房间的研究者们会看到你的脑电图的变化，由日常清醒时的电波形式 β 波变为较慢的 α 波。这表示你开始昏昏欲睡了（见图 5—2）。在这个放松的前睡眠阶段，你可能会进入入睡状态。在这一阶段你可能会觉得轻飘飘的，好像看到闪过的光和颜色的视觉图像，或者快速的运动，相对应地你会有滑倒和下坠的感觉。入睡状态下的体验有时被合并入破碎的梦境中，当你早晨醒来时仍然能记得。这一现象还能解释被外星人绑架

的体验，它常常发生于人们正要睡觉的时候。许多有相关经历的人都报告了"奇怪的闪光"以及"从床上飘起来"的体验。

当你继续放松时，脑电活动会更加缓慢，接着便进入了睡眠的第一阶段。在这一阶段，你的呼吸更加有规律、心跳变慢、血压下降，但仍然能够被叫醒。如果没有人打断，你就会更深地放松，轻柔地进入下一阶段的睡眠。在脑电图上，这一阶段的标志是出现一种特殊的纺锤波，即不时地出现快速高幅的短脉冲。在第二阶段，你渐渐地放松，对外界环境的反应不再灵敏。第二阶段后还有更深水平的睡眠，即第三、第四阶段（见图5—2）。这两个阶段的标志是δ波，频率较低，振幅较大。在第三、第四阶段，即使对你大喊大叫或摇晃，也很难叫醒你。孩子最有可能在第四阶段尿床或梦游（你知道为什么在深度睡眠的时候听磁带学外语不管用了吧Wyatt & Bootzin，1994）。

大约一个小时以后，你已历经所有睡眠的这四个阶段。然后顺序开始逆转（见图5—3）。记住，我们并不一定会以这样固定的顺序经过所有这四个阶段。然而，一个晚上，人们通常有4~5个这样的周期，睡眠由浅入深，如此循环，每个周期大约持续90分钟。

178

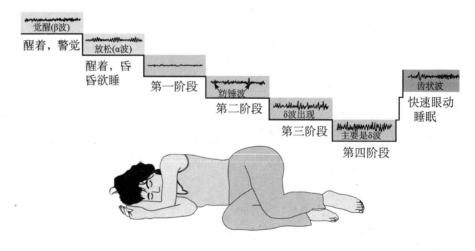

图5—2　睡眠时的脑电波模式。注意你从清醒到深睡眠过程中脑电波频率（每秒的周期数）的下降和振幅（高度）的提高。同时注意快速眼动睡眠的脑电波和清醒时（β波）最像。大脑在快速眼动睡眠时唤醒程度最高，在非快速眼动睡眠中的第一阶段最低。

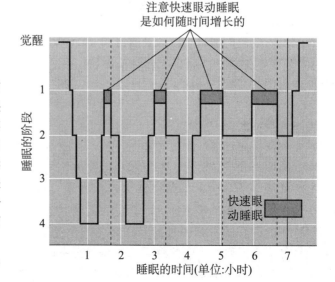

图5—3　睡眠的阶段。正常的一夜睡眠要经历不同的阶段。从清醒开始，睡眠者逐渐向非快速眼动睡眠的第一阶段过渡，然后是第二、第三和第四阶段。然后睡眠周期反向继续。在回到峰值后，睡眠者进入快速眼动睡眠阶段，然后又回到第一阶段。在整晚过程中，睡眠者经历4~5次这样的循环（虚线表示每个阶段的分界）。注意第四阶段和第三阶段会逐渐减少，而快速眼动睡眠的时间会增加。

资料来源：改编自Julien，2001，得到许可。

快速眼动睡眠

在图 5—3 中，第一周期结束后还有一个有趣的现象。你从第四阶段回到第三阶段，然后又到第二阶段。但你不会继续回到安静放松的第一阶段，而是一个完全不同的状态。突然地，记录上会出现一种振幅较小的快波活动。这种波和你清醒警觉时的脑电波非常相似。你的呼吸和心率变得很快并且没有规律，你的生殖器可能会出现唤起时的特征（勃起或者阴道润滑）。

有趣的是，虽然你的大脑和身体表现出了许多觉醒的信号，你的肌肉组织仍然非常放松，没有反应性。在某种程度上，睡眠者是在经历最深的睡眠阶段；在另一种程度上，又是最浅的。因为这些相互矛盾的特征，这一阶段有的时候被称为"矛盾睡眠"（作为一个有思辨能力的学生，你能看出矛盾睡眠时发生的肌肉"麻痹"具有怎样的适应性功能吗？想想如果我们可以走来走去并将我们的梦付诸行动，可能会发生的问题和危险吧）。

在这个"矛盾睡眠"阶段，你的眼球快速运动，但眼睑是合上的。研究者发现，这种眼动是你正在做梦的清楚的生物信号，于是将这一阶段称为**快速眼动**（rapid-eye-movement，REM）睡眠。虽然有的人认为他们并没有做梦，但当大多数人在快速眼动睡眠中被叫醒时都会报告梦境。由于做梦的重要性，以及快速眼动睡眠与其他阶段如此鲜明的区别，研究者又称第一至第四阶段为**非快速眼动**（non-rapid-eye-movement，NREM）**睡眠**。在非快速眼动睡眠阶段人们有时也会做梦，但并不经常。非快速眼动梦境常常只有一些简单的体验，如"我梦见了一座房子"（Hobson，2002；Squier & Domhoff，1998）。

快速眼动（REM）睡眠　以快速的眼部运动、高频率的脑电波、大肌肉麻痹和做梦为特征的睡眠阶段。

非快速眼动（NREM）睡眠　第一阶段到第四阶段的睡眠，其中第一阶段睡眠程度最浅，第四阶段最深。

179

评　估

形象化的小测试

猫的睡眠周期

在非快速眼动睡眠中，猫总是直立着。在快速眼动睡眠中，猫则躺着。你能解释一下原因吗？

答案：在快速眼动睡眠中，大肌肉是暂时麻痹的，因此猫不能控制肌肉，就躺了下来。

快速眼动睡眠和非快速眼动睡眠的目的是什么？除了下一部分要讲的做梦的需要，科学家认为快速眼动睡眠可能对大脑功能如学习、巩固新记忆等非常重要（Kavanau，2000；Maquet et al.，2003；Squier & Domhoff，1998）。例如，在压力和繁重的学习下，快速眼动睡眠的时间会增加。胎儿、婴儿和儿童的睡眠中很大一部分是快速眼动睡眠（见图5—4）。除此之外，只有高等哺乳动物才有快速眼动睡眠，爬行动物等非哺乳动物则没有（Rechtschaffen & Siegel，2000）。

180

　　研究者普遍认为快速眼动睡眠满足一种重要的生物学需要。当研究人员有选择性地剥夺了被试的快速眼动睡眠（每当他们进入这一阶段时就叫醒他们）时，大部分人都有快速眼动睡眠反弹的体验，也就是说，快速眼动睡眠的时间会增加，就像是补上缺失的那一段时间一样。

　　快速眼动睡眠对我们的生理功能非常重要。但非快速眼动的需求似乎更大一些。如果人们被剥夺了所有的睡眠，而不仅仅是快速眼动睡眠，然后允许他们尽情地补觉，他们第一个不被打扰的晚上会花更多时间在非快速眼动睡眠上。除此之外，正如图5—3所示，当你刚开始睡觉时，第一至第四阶段睡眠非快速眼动的时间会比较长。当这一需求被满足后，后半夜会有更多快速眼动睡眠的时间。

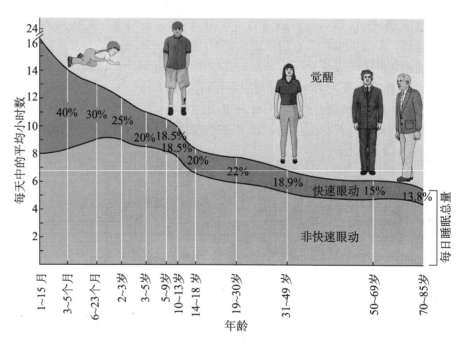

图5—4　一生中睡眠和梦的变化。注意，当你逐渐长大时，总的睡眠量和快速眼动睡眠量都在减少。最显著的变化发生在人生最初的2～3年间。作为一个婴儿，你每天大约有8个小时处于快速眼动睡眠中。70岁时，则不到1小时。

检查与回顾

昼夜节律和睡眠阶段

　　昼夜节律影响我们的睡眠和觉醒周期。由于倒班和时差造成的昼夜节律扰乱会产生严重的问题。睡眠包括

4～5个阶段，每个循环大约90分钟。睡眠循环由第一阶段开始，然后进入第二、第三和第四阶段，进

入睡眠的最深阶段后，循环到达快速眼动睡眠阶段，人们在这一阶段会做梦。

问题

1. 以每天为基础的生物节律叫做＿＿＿节律。

(a) 循环
(b) 时间生物学
(c) 日历的
(d) 昼夜

2. 飞行时差反应是＿＿＿造成的。

(a) 睡眠剥夺
(b) 昼夜节律的扰乱
(c) 光线对松果体的作用
(d) 在高海拔发生的脑电波模式紊乱

3. 测量脑中产生的电压（或脑电波）的仪器是＿＿＿。

4. 睡觉之前，由于睡意的放松使脑电波从＿＿＿波变为＿＿＿波。

(a) β, α
(b) θ, δ
(c) α, β
(d) δ, φ

答案请参考附录 B。
更多的评估资源：
www.wiley.com/college/huffman

我们为什么会睡觉和做梦？ 主要理论和最新发现

随着我们对睡眠和梦的了解越来越多，科学家发展了一些重要的理论。在这一部分，我们会讨论这些问题。

睡眠的两个重要理论

我们为什么要睡觉？没有人准确地知道睡眠的全部作用。但心理学家仍然发展出了两个著名的理论。**休整/恢复理论**（repair/restoration theory）认为睡眠帮助我们从白天消耗体力的活动中恢复过来。在睡眠中，我们大脑和身体的基础部分都有了明显的休整或补充。我们不仅恢复体力，还恢复脑力和情绪（Maas，1999）。

相比之下，**演化/生理节律理论**（evolutionary/circadian theory）则强调睡眠和昼夜节律的关系。根据这一观点，睡眠可以帮助人类和动物在不需要寻找食物和配偶时保存能量。睡眠还能帮助它们在猎食者活跃时保持静止（Hirshkowitz, Moore & Minhoto, 1997）。该理论帮助解释了不同种类动物的不同睡眠形式（见图 5—5）。负鼠每天睡很久，因为它们在环境中相对比较安全，并且容易找到食物和住处。相比之下，羊和马只睡很短的时间，因为它们的饮食习惯需要它们不停地寻找食物。除此之外，它们对抗天敌的唯一方法就是保持警惕和逃跑。

哪一个理论正确？两种理论都有优点。很明显，经过繁忙的一天，我们需要休整恢复能量。但是熊冬眠并不仅仅是为了从一个繁忙的夏天中恢复。和人以及其他动物一样，它们需要在恶劣的环境中保存能量。睡眠最初的作用可能是保存能量，逐渐才演化形成了休整和恢复的功能。

休整/恢复理论 睡眠有恢复功能，帮助有机体修复或补充重要的东西。

演化/生理节律理论 睡眠是昼夜节律的一部分，演化而来是为保存能量和免遭捕食。

181

梦的三个主要理论

梦境有特殊的含义和信息吗？我们为什么会做梦？又为什么会做噩梦？这些问题很长时间以来令作家、诗人以及心理学家着迷。

精神分析/心理动力学观点　最古老、争议最大的解释是弗洛伊德的心理动力学观点。在他的早期著作——《梦的解析》（1900）中，弗洛伊

梦和蝴蝶。人们一直对梦境充满好奇。中国道家创始人庄周（公元前 3 世纪）在梦到自己变成蝴蝶后，谈到梦与现实时说道："俄然觉，则蘧蘧然周也。不知周之梦为蝴蝶与？蝴蝶之梦为周与？"

182

德提出梦境是"通往无意识的捷径"。根据他的理论，梦境是一种特殊的状态，通常情况下被压抑、不被接受的愿望上升到意识层面。按照推测，梦是满足欲望的主要手段。因此，病人梦境的报告提供了了解其无意识的一个途径。当一个孤独的人梦到浪漫的爱情或是一个生气的孩子梦到报复班级中的恶霸时，他们都可能在表达欲望的满足。

评估

形象化的小测试

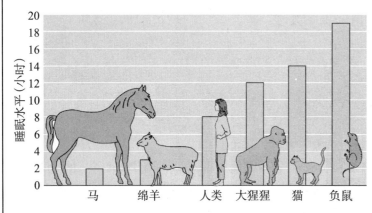

图5—5　不同哺乳动物的平均睡眠时间。为什么负鼠每天睡将近20个小时，而马只睡2个小时？

答案：根据睡眠的演化/生理节律理论，睡眠时间最长的动物受到环境的威胁最小，并且容易找到食物和住处。负鼠和猫睡眠时间比马和羊多，按照该理论，是由其天敌和食物的不同而导致的。

显性内容　根据弗洛伊德的理论，它是梦境的表面内容，包含了扭曲和伪装梦境真实意义的象征符号。

潜性内容　根据弗洛伊德的理论，它是梦境真正的无意识的意义。

梦中的画面。你是否做过这样的梦？根据梦的三个理论，你怎样解释这个梦？

但更经常的是，由于梦的内容太具有威胁性或者会引起焦虑，因此有时候必须隐藏在象征符号之下。旅行被认为是死亡的象征，骑马和跳舞是性交的象征，枪支可能代表了阴茎。弗洛伊德认为这些符号（旅行、骑马，或者枪支）是**显性内容**（manifest content）（或者是故事的本身）。隐藏的真正意义（死亡、性交、阴茎）是**潜性内容**（latent content）。根据弗洛伊德的观点，对这种不被接受的欲望的象征符号的讨论，可以使做梦者避免焦虑，安心睡眠。

弗洛伊德的梦的理论有何科学依据？弗洛伊德认为梦是被压抑的欲望的满足，显性内容是梦境真实含义的伪装象征。但大多数现代研究并未找到支持这一观点的科学证据（Domhoff, 2003; Fisher & Greenberg, 1996）。批评者认为他的观点过于主观。象征可以依据分析者的个人观点和接受的训练而不同。即使是弗洛伊德自己，在面对挚爱的香烟所包含的象征意义时也不得不承认，"有时候雪茄仅仅是雪茄而已"。

生物学观点　与弗洛伊德的观点相比，**激活—综合假说**（activation-synthesis hypothesis）认为梦境是快速眼动睡眠中脑细胞随机刺激的副产物（Hobson, 1988, 2005）。通过研究猫在快速眼动睡眠中的脑活动，Alan Hobson 和 Robert McCarley（1977）提出，在快速眼动睡眠阶段，脑干中的特定神经元会自发激活，大脑皮层会试着整合或者赋予随机刺激以意义；从而表现为梦境。

你是否梦见过想要从可怕的情境中逃跑，却发现自己不能动弹？激活—综合假说的支持者认为，这和杏仁核的随机刺激有关。在第 2 章我们曾经讲过，杏仁核是一个和强烈情绪特别是恐惧相关的脑区。如果你的杏仁核受到随机刺激，你就会产生害怕的感觉，试着逃跑。但是你不能移动，因为你的主要肌肉在快速眼动睡眠期间是暂时麻痹的。为了使这种冲突有意义，你可能就会产生深陷在沙中或者被人抓住四肢的梦境了。

但这并不是说 Hobson 认为梦境是毫无意义的。他认为即使脑部出现的活动是随机的，你对这种活动的解释并不是任意的（Hobson，1988，2005）。梦境会依据你的人格、动机、记忆和生活经历的不同而构建。

认知观点　根据认知观点，梦境是日常生活的延续——睡眠时的一种思考。梦境是一种信息处理的方式，而不是无意识的神秘信息或者大脑随机刺激的产物。梦境帮助我们对日常的经历和想法进行过滤和分类。大脑在一段时间内关闭感觉输入，从而处理、同化、更新信息。认知观点认为梦是一种类似于计算机磁盘清理的脑部清洁活动。

高强度的学习后快速眼动睡眠时间会增加，这一事实支持了认知观点对梦境的看法。另外，其他研究也发现了梦境内容和清醒时的思维、恐惧、关心等的相似之处（Domhoff，1999，2005；Erlacher & Schredl，2004）。例如，大学生经常报告"考试焦虑"的梦境。在梦里你找不到考试教室，来不及答题，笔坏了，或者干脆忘记了准备考试，只能裸考（Van de Castle，1995）。（是不是很熟悉？）

总结　精神分析/心理动力学观点、生物学观点和认知观点提供了理解梦的三种不同途径，但仍然有很多的问题尚未解决。精神分析/心理动力学观点怎样解释胎儿的快速眼动睡眠？胎儿在子宫中怎样表达压抑的欲望和焦虑呢？另一方面，激活—综合假说怎样解释复杂的故事般的梦境以及重复发生的梦境呢？胎儿又如何合成随机的脑活动从而形成梦境呢？最后，根据信息处理观点，胎儿又如何筛选、分类"清醒"时的经历呢？为什么同样的梦可以用多种理论解释？

激活—综合假说　根据 Hobson 的理论，梦境是脑细胞随机刺激的副产物；大脑试图将这种自然的活动联合成（或合成）连贯的形式，就成为梦境。

183

目标　性别与文化多样性

梦的异同

男人和女人梦到的东西一样吗？梦境是否有文化差异？从性别差异角度来说，研究表明不同性别个体的梦的主题有许多相似之处。但女人更倾向于梦到孩子、家庭和熟悉的人，家里的东西和室内事件。男人则经常梦到陌生人、暴力、武器、性行为、成就以及户外事件（Domhoff，2003；Murray，1995；Schredl et al.，2004）。有趣的是，最近的研究发现，随着性别差异和刻板印象的减少，梦境的性别差异也变小了（Domhoff，Nishikawa & Brubaker，2004；Hobson，2002）。

相似地，研究者也发现了不同文化下梦境的异同。关于人类基本需求和恐惧（如性、攻击和死亡）的梦似乎存在于所有文化中。全世界的小孩都梦到巨大可怕的动物。各种文化、各种年龄的人都会梦到下坠、被追逐、不能做一些他们需要做的事情。除此之外，世界上的梦大多包括更多的不幸而不是幸运，做梦者大多数时候是受害者，而不是事情的起因（Domhoff，1996，2003；Hall & Van de Castle，1996）。

但梦仍然有文化差异。Yir Yoront 是一个澳大利亚的狩猎群居部落，那里的习俗是男人和他的表妹结婚（Schneider & Sharp，1969）。因此，部落的单身年轻男子经常会梦到来自他们舅舅（未来的岳父）的攻击行为（Price & Crapo，2002）。同样地，美国人经常梦到自己在公众场合尴尬地一丝不挂。这种梦在那些不太穿衣服的部落是很少见的。

人们释梦的方式以及对梦境的重视程度也有文化差异（Matsumoto，2000；Price & Crapo，2002；Wax，2004）。北美的 Iroquois 人相信一个人的精神依靠梦境使意识和无意识沟通（Wallace，1958）。他们经常与宗教领袖分享他们的梦境，由领袖来释梦，并帮助他们应对精神需求，防止疾病甚至是死亡。另一方面，中美洲的玛雅人在全体集会上互相分享梦境和自己的解释，以此作为学习部落文化智慧的方式（作为一个批判性的思考者，你是否已经注意到弗洛伊德和 Iroquois 人对梦的理解的相似性？一些史学家认为弗洛伊德借用了 Iroquois 人对梦的概念，却没有承认这一点）。

应用

批判性思维	主动学习

释梦

电视、电影和其他主流媒体经常将梦境描绘成充满信息并且容易解释的。然而，关于梦境的意义及其重要性，科学家持有两种观点。这些科学观点的不同为你提供了很好的机会，锻炼你的批判性思维技能，即对模糊事物的容忍性。

为了提高你对模糊事物的宽容度（并且再了解一些你自己的梦），先拿一张纸记下一个你最近记忆深刻的梦境。记录必须至少有 3～4

段。然后用下面的方法解释你的梦境：

1. 根据精神分析/心理动力学观点，什么是你梦境中不被允许的、无意识中害怕的驱力或愿望？你能说出显性内容和潜性内容吗？

2. 怎样用生物学观点（激活—综合假说）解释你的梦境？你可以说出一个可能引起这个梦境的原因吗？

3. 认知心理学家认为梦境提供了重要的信息，帮助我们做出必要的改变，甚至提出现实生活中问题

的解决方法。你同意吗？你的梦境是否提供了任何关于自我理解的东西？

用各个理论解释你的梦境后，你能发现找到一个正确答案有多困难了吗？具有更高水平批判性思维的读者发现，不同的理论解释好似盲人摸象，都只是梦境的不同方面。听完各个理论的解释，批判性思维者可以将所有信息合成，对梦境有更深的理解。但是没有任何一个理论或一个部分可以解释全部的内容。

评估

检查与回顾

睡眠和梦的理论

我们并不知道睡眠的确切作用。但是根据休整/恢复理论，睡眠对生理和心理的休整是必需的。根据演

化/生理节律理论，睡眠具有适应性意义。

解释我们为什么做梦的理论主要

有三种。根据精神分析/心理动力学观点，睡眠是压抑的焦虑和愿望的伪装象征，生物学观点（激活—综合假

说）认为梦境是脑细胞随机刺激的副产物。认知观点认为梦境是日常生活中信息处理的一种重要方式。

问题

1. 休整/恢复理论和演化/生理节律理论有什么不同？

2. 弗洛伊德认为梦境是"通往_____的捷径"。

（a）治疗同盟

（b）精神

（c）潜性内容

（d）无意识

3. _____理论认为梦境是脑细胞随机刺激的副产物。与之相对比，_____理论认为梦境作为一种信息处理的方式帮助我们对日常的经历和想法进行过滤和分类。

（a）生物，学习

（b）认知，愿望满足

（c）激活—综合，认知

（d）心理动力学，信息动力学

4. 测量脑中产生的电压（或脑电波）的仪器是_____。

答案请参考附录 B。

更多的评估资源：

www.wiley.com/college/huffman

185

睡眠障碍：当睡觉成为一个问题

你是不是这种幸运儿？即到点睡觉，想睡就能睡着。如果是，你可能会很惊讶地发现下面的事实（Dement & Vaughan，1999；Doghramji，2000；Hobson，2005；National Sleep Foundation，2004）：

● 估计美国大约有 2/3 的成年人有睡眠问题，大约 25％的五岁以下儿童有睡眠紊乱。

● 1/5 的成年人白天昏昏欲睡，以至于影响了日常活动。每年美国人在柜台所售安眠药上的花费超过 98 000 000 美元，又在帮助保持清醒的咖啡因片剂上花费 50 000 000 美元。

● 20％的司机曾经在驾驶时睡着几秒钟。

睡眠障碍的代价不论是对个人还是对社会来说都是巨大的。心理学家和其他心理健康专家将睡眠障碍主要分为两种临床类型：（1）睡眠异常，涉及睡眠质、量、入睡时间的问题；（2）类睡症，包括睡眠时发生的不正常的干扰。

睡眠异常

至少有三种突出的睡眠异常。

（1）失眠症（insomnia）。失眠症的字面意思是"缺少睡眠"。患有失眠症的人持续性地难以入睡或者保持睡眠的状态，或者起得太早。许多人由于第二天某件令人兴奋的事情不能入睡，就认为自己得了失眠症，实际上这只是正常反应。还有一个常见的误区是每个人都必须睡 8 个小时。有的时候，人们明明在睡觉，却认为自己根本没有睡着。

然而，相当一部分人（大约 10％）真的患有失眠症，几乎每个人都有过偶尔失眠的经历（Doghramji，2000；Riemann & Volderholzer，2003）。失眠的迹象是第二天觉得前一天没有休息好。大部分失眠症患者还有其他精神或生理疾病，如酒精或其他药物滥用、焦虑、抑郁等（Riemann & Volderholzer，2003；Taylor，Lichstein & Durrence，2003）。

不幸的是，失眠症最普遍的治疗方法就是服药——或者是非处方药如苯海拉明（Sominex），或者是处方药镇静剂或巴比妥酸盐。非处方药的缺点是它们一般不起作用，处方药则的确能够帮助睡眠。处方药如安必恩（Ambien）、Lunestra、三唑安定（Xanax）和 Halcion 经常对由焦虑和压力情境（如失恋）引起的失眠有效。但长期服用可能会产生生理或心理上的药物依赖

失眠症　持续性地难以入睡或者保持睡眠的状态，或者起得太早。

睡眠窒息 睡眠中不断地呼吸间歇，这是上呼吸道阻塞或者大脑停止向横膈膜输送呼吸信号造成的。

186

嗜眠症 白天突如其来、不可遏制的睡意。

(Leonard，2003；McKim，2002)。总的来说，安眠药可能会对偶尔的、短期的（2～3个晚上）失眠有效，但服用结果很可能是弊大于利。

（2）**睡眠窒息**（sleep apnea）。睡眠窒息是睡眠异常的第二大疾病，和失眠症联系紧密。窒息的字面意思是"没有呼吸"。许多人在睡觉时呼吸不均匀，甚至有10秒或短一些的时间停止呼吸。然而睡眠窒息患者会停止呼吸1分钟甚至更长的时间，然后喘气惊醒。当他们真正在睡觉中呼吸时，会打鼾。重复地醒来会导致失眠，使患者白天觉得疲劳、嗜睡。不幸的是，他们往往无法意识到这种不断的惊醒，也就无法找到白天疲劳的真正原因。

睡眠窒息是由于上呼吸道阻塞或者大脑停止向横膈膜输送呼吸信号造成的，如果你打鼾很响或者总是喘气惊醒，你可能已经患有睡眠窒息，需要向医生咨询了。最近的研究表明睡眠窒息可能会杀死对学习和记忆非常重要的脑细胞，还可能导致高血压、中风和心脏病（Miller，2004；National Sleep Foundation，2004；Young，Skatrud & Peppard，2004）。

睡眠窒息的治疗视其严重程度而定。如果你只是平躺时会发生这种问题，在你的睡衣背面放上一些网球，可能会帮助提醒你侧卧。呼吸道阻塞还和肥胖、嗜酒有关（Christensen，2000），所以减肥和控制酒精摄入量也有利于治疗。对另外一些人，矫正舌头位置的牙科用具和手术或者通风设备也许比较有用。

许多年以来，研究者都认为打鼾（没有伴随睡眠窒息）是一个小问题——除了对打鼾者的伴侣来说。但最近的发现提示，即使是这"小小"的打鼾，也会导致心脏病甚至死亡（Peppard，Young，Palta & Skatrud，2000）。虽然偶尔打鼾是正常的，但长期的打鼾很可能是"人们需要寻求帮助的警示"（Christensen，2000，p. 172）。

（3）**嗜眠症**（narcolepsy）。嗜眠症是一种和失眠症相对应的严重睡眠障碍——白天突如其来、不可遏制的睡意。嗜眠症的发病率为1/2 000，通常有家族史（Kryger，Walld & Manfreda，2002；Siegel，2000）。发病时，类似于快速眼动睡眠突然进入清醒的意识。患者会体验到突然的肌肉无力或瘫痪（也叫猝倒症）。可能在走路、说话或者驾驶等任何时候发病。发作时非常戏剧化，使人失去任何能力。你能想象在高速公路上或者校园中突然睡着会怎样吗？

白天午休时多睡一会儿，服用兴奋剂或者抗抑制剂药物，可以帮助减少发病次数。但是嗜眠症的病因和治愈方法仍然是未知数。斯坦福睡眠障碍研究中心是最早饲养嗜眠症狗的机构之一，这可能会帮助我们更好地理解嗜眠症的遗传学原理。关于这种狗的研究发现了特定脑区的神经元退化（Siegel，2000）。人类嗜眠症是否也源于相似的退化，仍有待研究。

嗜眠症。 威廉·德门特（William Dement）和他的同事在斯坦福睡眠障碍研究中心有一些患嗜眠症的狗。注意左边的狗突然从清醒状态进入了右图那样的睡眠状态。

类睡症

睡眠障碍的第二类是类睡症，包括异

常的睡眠干扰如噩梦、夜惊等。**噩梦**（nightmares）发生在睡眠周期的末期——快速眼动睡眠时。**夜惊**（night terrors）比较少见，但更加可怕。它发生在早些阶段——快速眼动睡眠的第三或第四阶段。睡眠者体验到恐惧，出现幻觉，直直地坐起来，害怕地惊叫，走来走去，不连贯地说话，但仍然最难叫醒。

梦游常常伴随夜惊发生，也在非快速眼动睡眠阶段（所以走动是可能的）。说梦话发生在快速眼动和非快速眼动睡眠阶段的几率是相等的。它可以是简单含糊的单词，也可以是长而清楚的句子，甚至可能发生几个说梦话的人之间有限的交谈。

噩梦、夜惊、梦游和说梦话在小孩中比较常见，但也可能发生在成年人身上，特别是面对压力或重要生活事件时（Hobson & Silvestri，1999；Muris，Merckelbach，Gadet & Moulaert，2000）。无论对儿童还是成年人，耐心和抚慰是唯一的治疗方法。

噩梦　引起焦虑的梦境，通常发生在睡眠周期的最后，快速眼动睡眠中。

夜惊　突然从非快速眼动睡眠中醒来，伴随着强烈的生理唤醒和惊恐感。

187

评　估

形象化的小测试

噩梦还是夜惊？
你能解释两者的差别吗？

答案：从床上直直地坐起、惊叫、惊恐都是夜惊的特征。

应　用　**将心理学应用于日常生活**

睡眠问题的自助

你是否想知道，除了药物，治疗睡眠障碍还有什么方法？最近一个大型的研究表明，行为治疗有好的效果（Smith et al.，2003）。你可以在生活中使用这些技巧。例如，当你很难入睡时，不要总是看表或者担心不能睡够，把电视、音响、书统统从卧室中移开，让卧室只能睡觉（还有性）。如果你需要别的帮助，试一试马里兰州 Burtonsville 的一个非营利机构 Better Sleep Council 建议的放松技巧。

白天

运动。日间体育运动帮助消除紧张。但是不要在下午高强度运动，不然你会容易发怒。定一个特定的时间。不规律的运动会打乱生物钟。每天起床的时间相同。

188

避免兴奋剂如咖啡、茶、软饮料、巧克力和一些含咖啡因的物质。尼古丁更容易影响睡眠。

不要太晚吃饭和过度饮酒。过度放纵会影响你的正常睡眠模式。

不要焦虑。在白天定一个早些的时候专注你的问题。

睡前仪式。每天晚上做相同的事情：听音乐，写日记，冥想。

在床上

逐渐放松肌肉。选择性地放松肌肉。

练瑜伽。这种轻柔的运动帮助你放松。

幻想。想象你在一个安静的环境中。感觉到自己放松。

深呼吸。深呼吸，告诉自己"我要睡着了"。

热水澡。这会产生睡意，因为洗热水澡可以将血液从大脑输送到皮肤表面。

如果你还想得到更多的信息，请登录以下网站：

● www. sleepfoundation. org

● www. stanford. edu/~dement

检查与回顾

睡眠障碍

睡眠障碍分为两种类型——睡眠异常（包括失眠症、睡眠窒息和嗜眠症）和类睡症（如噩梦和夜惊）。

失眠症是指持续性的无法入睡或保持睡眠状态，或者太早醒来。睡眠窒息的患者在睡觉时暂时停止呼吸、打鼾或睡眠质量差。嗜眠症是以白天突然入睡为特征的过多睡意。噩梦是在快速眼动睡眠时发生的不好的梦境。夜惊发生在非快速眼动睡眠时，指由于惊恐而突然醒来。

问题

以下四个是关于睡眠障碍的描述，请指出它们各自描述的是哪种睡眠障碍。

1. George 每天晚上醒来很多次，第二天总觉得没有休息好、非常疲惫。

2. Joan 睡觉时总是打鼾很响，并且经常暂时停止呼吸。

3. Tyler 是一个小孩，他总是惊醒，却说不出发生了什么，这种情况发生在快速眼动睡眠中。

4. Xavier 对他的医生说，在白天正常工作时，他会突然产生不可遏制的睡意。

答案请参考附录 B。

更多的评估资源：

www. wiley. com/college/huffman

精神活性药物

精神活性药物 可以改变意识、觉知、情绪或知觉的化学物质。

189

从文明开始的时候，各民族的人就开始使用——并滥用——精神活性药物（Grilly，2006；Kuhn, Swartzwelder & Wilson，2003）。**精神活性药物**（psychoactive drugs）一般指可以改变觉知或感觉的药物。你（或者你认识的人）是否使用（咖啡、茶、巧克力或可乐中的）咖啡因或（烟中的）尼古丁来提神？是否摄入（啤酒、葡萄酒和鸡尾酒中的）酒精来放松呢？咖啡因、尼古丁和酒精这三种药物都是精神活性药物。使用与滥用有何不同？改变意识状态的化学物质怎样对个体生理、心理产生影响都是心理学中的重要主题。在这一部分中，我们首先区分一下相关术语，然后关注四种主要的精神活性药物以及二氧亚甲基苯丙胺（MDMA，也就是摇头丸）之类的"俱乐部药物"。

学习目标

精神活性药物怎样影响意识？

✔ 理解精神活性药物：重要的术语

你是否已经注意到，对药物的讨论很难保持逻辑性和中立性。在我们的社会中，最受欢迎的药物是咖啡因、烟草和酒精。人们常常不愿意看到这些物质和大麻、可卡因等违法药品划为一类。同样，当大麻和海洛因等易成瘾的烈性毒品分为一类时，大麻的吸食者也会感到很烦恼。大多数科学家认为，所有药物的使用都是各有利弊的。为了使我们的讨论和理解更加清晰，我们需要先辨别一些容易混淆的概念和术语。

 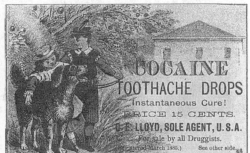

纽约历史协会

精神活性药物的历史。在食品药物管理委员会（FDA）管制海洛因、鸦片和可卡因等药物的销售前，它们是可以直接从柜台购买的非处方药。

错误概念和容易混淆的术语

药物滥用和药物成瘾一样吗？**药物滥用**（drug abuse）一般指药物的使用造成了对个人或他人情感或身体的伤害。药物的摄入总是难以拒绝、频率较高、剂量较大。**成瘾**（addiction）是一个广泛的术语，是指一个人感到不得不使用某种物质。近来，"成瘾"这个词已经被广泛地应用在我们的生活中，来形容所有难以抗拒的活动（Coombs，2004）。人们常常说对电视、工作、体育运动，甚至是网络"成瘾"。

由于与成瘾和药物滥用这两个术语有关的问题，现在许多心理学家开始使用**心理依赖**（psychological dependence）指要对获得药物所产生效果的心理欲望和渴求。**生理依赖**（physical dependence）则指身体过程发生改变、使药物成为最低限度保证日常功能所必需的物质。生理依赖在药物撤除时最明显，使用者会经历痛苦

早期药物滥用。威廉·荷加斯（William Hogarth）对 18 世纪由"杜松子酒流行热"引起的社会混乱的刻画。婴儿死亡率非常高。只有 1/4 的小孩能活到 5 岁。在伦敦某地区，1/5 的房子是杜松子商店（引自 Levinthal，2002，p. 188）。

药物滥用　药物的使用造成了对个人或他人情感或身体的伤害。

成瘾　泛指使用某种药物或从事某种活动的一种强迫作用。

心理依赖　对要获得药物所产生效果的心理欲望和渴求。

生理依赖　重复使用药物使身体过程发生改变，需要持续使用以防止戒断症状。

190　戒断　由于停止使用成瘾药物而经历的不适和痛苦，包括身体疼痛和强烈的渴求。

耐受性　由于连续使用某种药物造成的敏感性降低。

的**戒断**（withdrawal）反应，包括身体的疼痛和强烈的渴求。

　　重复使用药物后，许多生理过程可以适应越来越高的药物剂量，导致敏感性的减低，这叫做**耐受性**（tolerance）。耐受性使得许多人增大药物的摄入量，并尝试使用其他药物，试图找回最初改变精神状态的愉悦感。有的时候，一种药物的使用会增加个体对另一种药物的耐受性，这叫做交叉耐受性。虽然耐受性和交叉耐受性的名称听上去很温和，但要记住这种情况可能会对大脑、心脏和其他器官造成严重伤害。

文化和大麻。图中的小女孩是拉斯塔法里教会的成员。该教会认为大麻是"智慧的野草"。你能看出文化是怎样影响人们对药物滥用和成瘾的态度吗？

你自己试试

你对酒精或其他药物有生理或心理依赖吗？

　　在我们继续研究下面的问题前，你也许想做一下下面的测试。

　　1. 你是否因为饮酒或使用其他药物而遇到经济问题？

　　2. 你是否因为饮酒或使用其他药物而失业？

　　3. 你是否因为饮酒或使用其他药物而遇到工作学习效率和雄心下降的问题？

　　4. 你是否因为饮酒或使用其他药物而影响你的学业？

　　5. 你是否因为饮酒或使用其他药物而遇到睡眠问题？

　　6. 你是否曾经在饮酒或使用其他药物后懊悔自责？

　　7. 你是否会在每天固定的时间渴望饮酒或使用其他药物，或者第二天早上你想吗？

　　8. 你是否因为饮酒或使用其他药物而完全或部分失去记忆？

　　9. 你是否因为饮酒或使用其他药物而住院？

　　如果你对这些问题回答"是"，就比那些回答"否"的人更可能是药物滥用者。

　　资料来源：Bennett et al.，"Identifying Young Adult Substance Abusers：The Rutgers Collegiate Substance Abuse Screening Test."*Journal of Studies on Alcohol* 54：522–527。版权 1993 Alcohol Research Documentation, Inc., Piscataway, NJ。获准转载。RCSAST 只可被用于完整评估测验的一部分，因为需要用这个工具进行更多的研究。

四种主要的精神活性药物：抑制剂、兴奋剂、阿片类和致幻剂

为了方便起见，心理学家将精神活性药物分为四类：抑制剂、兴奋剂、阿片类以及致幻剂（见表 5—2）。在这一部分，我们还会讨论当代社会关注的"俱乐部药物"，例如摇头丸。

191

表 5—2		主要精神药物的作用	
		类别	效果
		抑制剂（镇静剂） 酒精、巴比妥盐、抗焦虑药物（安定）、氟硝安定（迷奸药）、氯胺酮（Special K）、CoHB	缓解紧张情绪，产生愉悦感，解除抑制、瞌睡、肌肉放松
		兴奋剂 可卡因、安非他明、甲基苯丙胺（甲安非他明晶体）、MDMA（摇头丸）。	高兴、愉悦感、精神、体力充沛、食欲减少、力量感、社交性
		咖啡因	提高警觉
		尼古丁	放松、提高警觉、社交性
		阿片类（麻醉剂） 吗啡、海洛因、可待因	欣快感、愉悦感、镇痛、防止戒断的不适
		致幻剂（迷幻剂） LSD（麦角酸二乙基酰胺）	对美的高度敏感、愉悦感、轻微幻觉、扭曲的感知觉
		大麻	放松、轻微的愉悦感、提高食欲

抑制剂 作用于中枢神经系统，抑制或减缓生理机能、降低反应性的精神活性药物。

醉酒驾车。就像得克萨斯州奥斯汀的这起严重交通事故，美国所有高速公路交通事故死亡人数的一半几乎都是醉酒驾车的结果。

抑制剂

抑制剂（depressants）（有时叫做镇静剂）抑制中枢神经系统，引起放松、镇静、昏迷，甚至是死亡。这类药物包括酒精、巴比妥盐（如速可眠）和抗焦虑药物（如安定）。因为这些药物可以非常迅速地引起耐受性和依赖（生理和心理的），所以很有可能造成滥用。

最广泛使用（且滥用）的抑制剂之一是酒精。为什么？虽然它是一种抑制剂，但少量摄入却有兴奋作用，因此又被称为"聚会药物"。最初的摄入会使人放松，忘记约束，因此变得活跃。但随着摄入量的增多，喝醉的迹象就会出现了：反应迟钝，说话含糊，技能变差（见表 5—3）。喝得最多时，抑制剂的作用会使人"失去控制"，不能自主运动。如果血中酒精含量超过 0.5%，会导致昏迷，甚至是呼吸抑制引起的死亡（Kuhn, Swartzwelder & Wilson, 2003）。例如，一个大学兄弟会成员，在连续 7 个小时狂饮 24 杯之后死亡。他的血液酒精含量是 0.58%，是法定驾驶限度的 6～7 倍（Cohen, 1997）。

需要牢记的是，酒精的作用依据达到脑部的量而定。一个人分解酒精的速率大约是每小时 1 盎司，因此喝酒的数量和人体消耗的速度都非常重要。有趣的是，男性分解酒精的速率比女性高一些。即使排除了体型和肌肉脂肪比例的差异，在摄入酒精量相同的情况下，相同时间间隔后测量，女性体内酒精含量仍然比男性高。

表 5—3		酒精对身体和行为的影响
两小时内喝酒的杯数[a]	血液酒精含量（%）[b]	效果
2 🍺🍺	0.05	放松、社会性提高
3 🍺🍺🍺	0.08	减轻压力
4 🍺🍺🍺🍺	0.1	行动或说话迟缓
7 🍺🍺🍺🍺🍺🍺🍺	0.2	非常醉，说话声音大但是很难理解，情绪不稳定
12 🍺🍺🍺🍺🍺🍺🍺🍺🍺🍺🍺🍺	0.4	难以睡醒，不能自主行动
15 🍺🍺🍺🍺🍺🍺🍺🍺🍺🍺🍺🍺🍺🍺🍺	0.5	昏迷或死亡

a 一杯指 12 盎司的啤酒，或者 4 盎司的葡萄酒，或者 1.25 盎司的烈酒。
b 在美国，法定"酒后驾车"最高血液酒精含量在 0.05～0.12 之间。

为什么酒精和巴比妥盐混合摄入是危险的？酒精不能和其他任何药物混用，特别是巴比妥盐。它们都是抑制剂，混合使用尤其危险。一旦混合，它们会使横膈膜放松，从而使人窒息死亡。女演员 Judy Garland 就是许许多多因此身亡的不幸者之一。

兴奋剂 可以作用于脑和神经系统，增加其总体活动性和反应性的药物。

兴奋剂

抑制剂是镇静剂，兴奋剂却使人兴奋。**兴奋剂**（stimulants）可以提高中枢神经系统的活动性和反应性。兴奋剂（如咖啡因、尼古丁、安非他明和可卡因）可以提高警觉性、兴奋性，使心情愉快、消除疲劳，有时可以提高运动性，但同样会导致严重的问题。我们来仔细看看尼古丁和可卡因。

尼古丁 和咖啡因一样，尼古丁是一种广泛使用的合法兴奋剂。但与之不同的是，它会使服用者死亡。一个令人悲伤、也具有讽刺意味的尼古丁成瘾案例是，万宝路香烟广告中身体健壮的男人 Wayne Mclaren 51 岁就死于肺癌。他仅仅是美国每年 400 000 死于吸烟相关疾病的病人之一。死于烟草的人数比艾滋病、合法药物、违法药物、交通事故、谋杀和自杀所有被害者数目还要多（CDC，2004）。

即使不致命，吸烟也会导致慢性支气管炎、肺气肿和心脏病（CDC，2004）。还有不计其数的人受到二手烟、吸烟引起的火灾以及出生前尼古丁接触的危害（见第 3 章和第 9 章）。美国公众健康服务机构将吸烟定为最可能阻止的死因和病因（Baniff，2004）。

随着关于吸烟危害的科学证据越来越多，来自不吸烟群体的社会压力越来越大，许多吸烟者开始尝试戒烟。虽然有一部分人真的成功了，但还有一部分人发现戒烟太困难实在难以戒断。研究者发现，尼古丁和可卡因激活的脑区（伏隔核）是相同的，而可卡因的成瘾性之大是尽人皆知的事实（Grilly，2006；Pich et al.，1997）。吸烟者的愉悦感（放松、警觉性提高、疼痛感减少、食欲减少）如此之强烈，以至于许多人在切除了一个癌变的肺后仍然恶习不改。

可卡因 可卡因从古柯属植物的叶中提取，是一种强效的中枢神经系统兴奋剂。它可以做成白色粉末嗅食，或通过静脉注射，或以碎片的形式吸食。它会提高警觉，使人欣快，幸福感、力量、能量和愉悦感增加。

虽然可卡因曾一度被认为是相对无害的"娱乐药物"，不过现在已经发现它具有危害身体健康、产生严重心理依赖的极大可能性（Bonson et al.，2002；Franklin et al.，2002；Parrott et al.，2004）。弗洛伊德常常被引证作为可卡因使用的支持者，但很少有人知道，在他的晚期著作中称可卡因是仅次于酒精和海洛因的人类"第三灾难"。即使是很少量的可卡因也可能是致命的，因为它会干扰心脏电系统，导致心律不齐或心脏衰竭，它还会暂时阻塞血管，造成心脏病和中风（Kuhn，Swartzwelder & Wilson，2003；Zagnoni & Albano，2002）。最危险的可卡因是可抽吸的形式，浓缩的高纯度可卡因称为快客或洛克，它的低价位令人可以承受，吸引了一大批人，但更容易使人成瘾，也更危险。

阿片类

阿片类（opiates）（或麻醉剂）包括吗啡和海洛因，这类药物可以麻木感觉，因此医学上常用作镇痛剂（Kuhn，Swartzwelder & Wilson，2003）。因为它们是从罂粟中提取的（或者与从中提取的物质相似），所以叫这类药物为阿片类（opiates）。它们使人产生放松和愉悦的感觉，因此对那些寻求改变精神状态的人非常有吸引力。这种药物和内啡肽的作用非常类似。内啡肽是大脑中控制疼痛、提高情绪的化学物质（在第 2 章中我们讲过，内啡肽这个词的字面意思是"内部的吗啡"）。

阿片类的这种效果使得人们非常容易成瘾。重复地受到人造阿片剂的

没有开枪，我们只是让你继续吸烟。

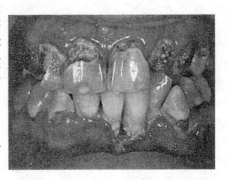

甲基苯丙胺的另一个问题？ 甲基苯丙胺中的主要成分是烧掉并刺激嘴中敏感的皮肤。长期吸食者的牙齿经常因为药物的腐蚀作用而露出牙根。即使用鼻吸也会造成类似的损害，因为鼻和咽相连，因此牙齿和牙床也会被破坏。

阿片类 由罂粟加工而成，有止痛镇痛的作用（"阿片"来自于希腊单词"果汁"）。

194

鸦片种植园。 这名阿富汗的农民正从罂粟中采集鸦片。他先在种皮上割一个浅浅的小口，让液体流出。液体与氧气接触后氧化变硬成为果汁。每一株罂粟都是这样采集。

致幻剂 产生感知觉的扭曲和幻觉的药物。

刺激，大脑最终会减少甚至停止自身阿片类的产生。如果服用者停止摄入阿片类药物，大脑中阿片类的含量会低于正常水平。因此，停止服用变得异常痛苦。

愉悦感、减轻的痛苦以及戒断的艰难使得阿片剂和海洛因一样容易成瘾。有趣的是，当医学上使用阿片剂镇痛时，它们很少让人上瘾。但是，如果是以娱乐的目的服用，就会瘾性极大（Coombs，2004；Levinthal，2006）。

致幻剂

致幻剂（hallucinogens）所带来的精神状态的改变是最吸引人的。这类药物会产生感知觉（包括视觉、听觉以及肌肉运动知觉）的扭曲和幻觉。根据相关的报告，服用致幻剂后会感到颜色鲜艳明亮，形状扭曲旋转，感觉融合——颜色可以"听到"，声音可以"品尝"。

在一些文化中，人们使用致幻剂来达到宗教目的，作为体验"其他现实"或和超自然交流的一种方式。在西方社会，人们大多数使用它以达到所谓的"心灵扩展"的目的。例如，一些艺术家服用致幻剂来增加创造力。但服药后的体验并不总是正性的。有的时候，体验会是一趟充满恐惧的"糟糕的旅行"。同样，在服用致幻剂后很长一段时间内，都可能突然出现当时可怕体验的闪回。压力、疲劳、大麻的使用、疾病、深陷黑暗以及刻意的回忆都有可能造成这种闪回（Grilly，2006）。

致幻剂还被称为迷幻剂（其英文 psychedelics 在希腊语中是"展现心灵"的意思），包括麦司卡林（mescaline，由仙人掌加工而成）、裸盖菇素（psilocybin，由蘑菇加工而成）、天使粉（phencyclidine，化学衍生物）和 LSD（麦角酸二乙基酰胺，由一种黑麦——麦角加工而成）。大麻（英语中的称呼还有 pot、grass 或 hashish）有时也被归为致幻剂。如果剂量足够，大麻也会产生和强效致幻剂相似的效果。下面我们来讨论一下使用最广泛的两种致幻剂——LSD 和大麻。

麦角酸二乙基酰胺（LSD） LSD 是一种可以使感知觉产生戏剧性变化的合成药物。这种无臭、无味、无色的物质也是药性最强的物质之一。10 毫克的 LSD 就可以对个人精神状态产生相当大的影响，一片阿司匹林大小的剂量就可以影响 3 000 人。1943 年，第一个在实验室中合成 LSD 的瑞典化学家亚伯特·霍夫曼（Albert Hofman），不小心舔到了手指上的一些药物。他的记录中是这样写的：

> 上星期五，1943 年 4 月 16 日，下午我必须中止实验回家，因为我总觉得有些头昏，并感到不安。回到家，我躺了下来，自己像是喝醉了一样，想象力异常活跃，这感觉很不好。我闭上眼睛，觉得眼花缭乱（好像有很不舒服的光照着我）。我好像看到了连续不断的流动的画面，柔软而生动。这种感觉在两个小时以后才逐渐消失（Hofman，1968，pp. 184 - 185）。

服用 LSD 后的视觉？

可能正是因为 LSD 的体验如此强烈，以至于很少有人真正经常服用。

因此，报告滥用的比率也比较低。然而，高中生和大学生中服用 LSD 的人数却在增加（Connolly，2000；Hedges & Burchfield，2006；Yacoubian，Green & Peters，2003）。LSD 可能是一种非常危险的药物，可怕的 LSD 体验会导致事故、死亡或自杀。

大麻　虽然大麻一般被归为致幻剂，但它还有一些抑制剂的特点（包括瞌睡和沮丧）以及镇静剂的特点（作为一种弱镇痛剂）。剂量较低时，它还会产生温和的愉悦感。中等的剂量会导致强烈的感觉体验，并产生时间变慢的幻觉。大剂量时，大麻会产生幻觉、错觉以及体象的扭曲（Hedges & Burchfield，2006）。不管如何分类，在所有非法意识改变药物中，大麻都是西方社会最流行的精神活性药物之一（Compton et al.，2004）。

大麻中的活性成分是 THC，即四氢大麻酚，它可以和大脑中丰富的受体结合。受体的存在说明大脑自己会分泌一些类似 THC 的药物。事实上，研究者已经发现了一种物质（叫做大麻素，anandamide）可以和 THC 的受体结合。1977 年，另一种类似 THC 的化学物质 2-AG 也被发现了（Stella，Schweitzer & Piomelli，1997）。但没有人知道这两种物质的功能以及大脑为什么会有大麻的受体。

政治和药物使用。很久以来，抗议者一直在呼吁大麻合法化。这是一个好主意吗？为什么？

除了禁酒令期间的酒精这个例外，没有任何一种药物受到的争议像大麻那么大。积极的一面是，一些研究者发现，大麻可以治疗青光眼（一种眼疾），可以减轻化疗引起的恶心和呕吐，增加食欲，治疗哮喘、痉挛、癫痫和焦虑（Darmani & Crim，2005；Iversen，2003；Zagnoni & Albano，2002）。

但是还有一些使用者认为，大麻对记忆力、注意力和学习效果都有损害——特别是最初几次服用时。另外，长期服用大麻会导致咽喉和呼吸道疾病，损害肺功能，削弱免疫反应，降低睾丸激素水平，减少精子数量，扰乱月经和排卵（Hedges & Burchfield，2006；Iversen，2003；Nahas et al.，2002；Roth et al.，2004）。一些研究者还认为，大麻对脑部的损害与海洛因、可卡因、酒精以及尼古丁等药物类似（Blum et al.，2000；Tanda & Goldberg，2004）。然而，其他研究并未发现其任何或长期的对健康的负性影响（例如，Eisen et al.，2002）。

大麻也会上瘾，但服用者中很少有人会产生像对可卡因或阿片剂那样的强烈渴求。戒断症状比较轻，因为药物溶解在脂肪中，消失得缓慢。也正因为如此，大麻服用者在服用后几天甚至几个星期后仍然可以被检测出来。

应 用　将心理学应用于日常生活

警惕俱乐部药物！

你可能会从电视或报纸上知道，迷奸药（约会强奸药）和 MDMA（摇头丸）之类的精神活性药物正在迅速成为美国滥用最广泛、最流行的药物——特别是在通宵舞会上。其他"俱乐部药物"如 GHB（羟基丁酸盐）、氯胺酮（一种高效麻醉剂）、甲基苯丙胺（甲安非他明晶体）和 LSD，也越来越流行（Agar & Reisinger，2004；Martins，Mazzotti & Chilcoat，2005；Yacoubian，Green & Peters，2003）。虽然这些药物会产生

为 X 一代开发的俱乐部药物。

令人愉悦的效果（如摇头丸会让你与其他人产生共情以及相互联系的感觉），但所有的精神活性药物都会对健康产生影响，甚至导致死亡（National Institute on Drug Abuse，2005）。

196

例如，大剂量的 MDMA 会导致危险的体温和血压升高，可能引起痉挛、心脏病和中风（Albadalejo et al.，2003；Landry，2002）。除此之外，研究发现长期服用 MDMA 会影响释放神经递质——5-羟色胺（血清素）的神经元（National Institute on Drug Abuse，2005；Roiser et al.，2005）。回想一下第 2 章，5-羟色胺对于情绪控制、学习、记忆和其他认知功能都有重要意义。

由于没有有效的法律保护，购买者避免受到不择手段者的侵害，俱乐部药物和其他违法药物一样十分危险。卖方经常会使用一些便宜的、也许更加危险的药物代替声称卖出的药物。而且，俱乐部药物（和其他精神活性药物一样），会损害运动协调性、感知功能以及反应速度，而这些功能是安全驾驶所必需的。

药物对决策力的损害也是一个严重的问题。和"饮酒危害驾驶安全"一样，俱乐部药物会增加冒险的性行为和患艾滋病以及其他性传播疾病的可能性。而且，迷奸药之类的药物是无臭、无味、无色的，很容易被一些企图让你醉倒或任由摆布的人加入你的饮料中。所以俱乐部药物使用的危险远远大于药物本身（Fernandez et al.，2005；National Institute on Drug Abuse，2005）。如果你想知道更多的细节，可以登录网站 http：//www.drugabuse.gov/clubalert/clubdrugalert.html。

解释药物的用途：精神活性药物和不同的意识状态

在研究了四种主要精神活性药物以及俱乐部药物的危害后，我们还要解决一个基本问题：精神活性药物是怎样改变意识状态的呢？

药物怎样工作

精神活性药物影响神经系统的方式各种各样。例如，酒精会对整个神经系统神经元的细胞膜有弥散性的效应。然而，大多数精神活性药物的工作方式都更加具体，并且发生在神经传递四个步骤中的一个（见图 5—6）。

步骤 1：产生或合成。精神活性药物和治疗药物通常都会改变神经递质的产生和合成。例如，帕金森病人产生多巴胺的细胞活性较低。通常使用左旋多巴胺，在脑部转化为多巴胺，帮助分泌大脑无法产生的物质。左旋多巴胺会减轻抖动、僵硬、运动困难的症状。左旋多巴胺可以使病人正常地生活，但随着时间的推移，病情还会发展，药效减小。对于出现类似症状的年轻人，例如演员 Michael J. Fox，可以帮助我们研究老年人的这种退化疾病。如果我们可以更早地确诊帕金森病人，就可以干预并防止病情的发展。

步骤 2：存储和释放。药物还可以改变神经元存储、释放神经递质的量。例如，黑寡妇蜘蛛释放的毒液可以增加神经递质乙酰胆碱的释放。神经元接受的乙酰胆碱增加可以提高兴奋性：极端的唤起、焦虑，血压升高，心率加快。

　　步骤 3：接受。药物还会改变作用在受体神经元接受位点上神经递质的效果。回想一下第 2 章那些被称为受体激动剂的药物，它们和体内的神经递质分子结构非常相似。尼古丁和乙酰胆碱很相似，因此当尼古丁和乙酰胆碱受体结合时，也会产生相似的效果（增加兴奋）。

　　其他药物足以相似就像神经递质一样占据相同的位点，但如果不相似，就不能引起接受神经元的反应。它们被称为受体拮抗剂。问题是，一旦这些药物和受体结合，它们就会阻止"真正的"神经递质和受体结合，阻断信息的传递。你会在第 14 章中看到，许多研究者认为，过多的多巴胺会导致精神分裂症。所以，人们经常使用抗精神病药物作为多巴胺受体拮抗剂。这些药物和受体结合阻断了多余的多巴胺的结合。对许多病人来说，抗精神病药物帮助他们减轻了精神分裂症的主要症状。

　　步骤 4：失活。当神经递质将信息由突触传递后，释放的神经元通常会使多余或剩余的递质失活。递质的失活有两种途径：重吸收（即再摄取）和酶促分解。如果多余的递质不能被转移或分解，接受冲动的神经元就会继续反应，好像在接受新的信息一样。尼古丁和可卡因都会阻断多巴胺或其他递质的失活，因此这些神经递质正常促进情绪的效应这时就会增加。

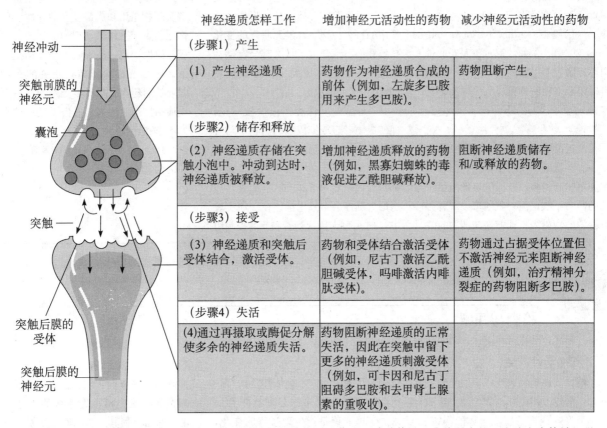

神经递质怎样工作		增加神经元活动性的药物	减少神经元活动性的药物
（步骤1）产生			
（1）产生神经递质		药物作为神经递质合成的前体（例如，左旋多巴胺用来产生多巴胺）。	药物阻断产生。
（步骤2）储存和释放			
（2）神经递质存储在突触小泡中。冲动到达时，神经递质被释放。		增加神经递质释放的药物（例如，黑寡妇蜘蛛的毒液促进乙酰胆碱释放）。	阻断神经递质储存和/或释放的药物。
（步骤3）接受			
（3）神经递质和突触后受体结合，激活受体。		药物和受体结合激活受体（例如，尼古丁激活乙酰胆碱受体，吗啡激活内啡肽受体）。	药物通过占据受体位置但不激活神经元来阻断神经递质（例如，治疗精神分裂症的药物阻断多巴胺）。
（步骤4）失活			
（4）通过再摄取或酶促分解使多余的神经递质失活。		药物阻断神经递质的正常失活，因此在突触中留下更多的神经递质刺激受体（例如，可卡因和尼古丁阻碍多巴胺和去甲肾上腺素的重吸收）。	

神经冲动
突触前膜的神经元
囊泡
突触
突触后膜的受体
突触后膜的神经元

197

图 5—6　精神活性药物和神经递质。大部分精神活性药物通过作用于冲动传导 4 个步骤中的 1 个改变身体神经递质的供应来发挥作用。它们可以改变神经递质的产生或合成（步骤 1），存储和释放（步骤 2），接受（步骤 3），或者多余神经递质的失活（步骤 4）。在步骤 4 中，因为多余的神经递质存留在突触中，附近的神经元会继续反应，可以增加兴奋性。

198

聚焦研究

大脑的"邪恶导师"——成瘾药物

为什么人们明知酒精和其他成瘾药物有害健康却仍然使用它们呢？一个解释是大脑"学会"了成瘾。科学家很早就知道各种各样的神经递质是正常学习的关键。现在有证据表明成瘾药物（作用于特定的神经递质）教会大脑需要越来越多的神经递质替代物——那些对身体有破坏性的药物——无论付出多少代价。因此成瘾药物成了大脑的"邪恶导师"（Wickelgren, 1998, p. 2045）。

为什么会出现这样的现象呢？神经递质多巴胺是药物滥用研究关注的焦点，因为它作用于大脑的奖赏系统——伏隔核（Adinoff, 2005; Balfour, 2004）。例如，尼古丁和安非他明可以激发多巴胺的释放，可卡因则可以阻断多巴胺的重吸收。增加多巴胺活动性的物质最可能产生生理依赖。

最近的研究指出另一种神经递质——谷氨酸——的重要性。尽管药物使用引起的多巴胺激增好像激活了脑的奖赏系统，但谷氨酸可以解释强迫性的药物摄入。即使最初药物的效果消失了，谷氨酸引起的学习也会使个体渴望越来越多的药物并指挥身体去获得。谷氨酸可以通过改变神经元之间"对话"的性质，从而形成药物使用的持久记忆，神经元联系的变化导致我们不论学习了什么都会存储在记忆中。在这种情况下，谷氨酸就"教会"了大脑成瘾。

谷氨酸的"课程"很少被忘记，即使成瘾者想戒掉成瘾的药物，与谷氨酸相关的改变仍然会将使用药物的记忆牢牢"嵌"在大脑中。除了大家都知道的强烈渴求和戒断的痛苦，成瘾的大脑还会触景生情。在一项实验中，13 名可卡因成瘾者和 5 名控制组

被试被呈现中性客体以及与使用药物相关的客体（如玻璃管和刀片）时，成瘾者报告了显著的对药物的渴求。同时，使用正电子发射断层扫描技术扫描成瘾者脑部，发现释放谷氨酸的脑区有明显的神经活动（Grant et al., 1996）。显然，激活谷氨酸系统——在药物使用的过程中或与其相关的客体提醒下——使个体产生了强烈的渴求，这就帮助解释了普遍的成瘾复发的现象。

作为一个批判性思考者，你是否会提出疑问，这一新的研究怎么帮助解决药物滥用和成瘾复发的问题？回忆之前关于受体激动剂和拮抗剂的内容，研发使用一种谷氨酸受体拮抗剂怎么样？当看到和药物相关的东西时，长期药物成瘾者接受一种谷氨酸受体拮抗剂的注入，报告了显著减少的渴求和寻找药物的行为（Herman & O'Brien, 1997）。干扰谷氨酸盐传递的药物也正在研发之中（Wickelgren, 1998）。

检查与回顾

精神活性药物

精神活性药物改变意识的觉知或感知。药物滥用是指药物的使用造成了对个人或他人情感或身体的伤害。成瘾是一个广泛的术语，是指一个人感到不得不使用某种药物或做某种活动。

精神活性药物的使用会导致心理

依赖和生理依赖。心理依赖是指对获得药物所产生效果的心理欲望和渴求。生理依赖是指生理过程的变化，是由于持续药物使用而当药物撤除时出现戒断症状引起的。耐受性是指由于连续使用药物而对其敏感性下降。

精神活性药物主要分为四类——

抑制剂、兴奋剂、阿片类和致幻剂。抑制剂减慢中枢神经系统的工作速度，兴奋剂使其兴奋，阿片类使感觉麻木，减轻疼痛，致幻剂使感知觉扭曲。

药物主要通过改变脑中神经递质的作用产生效应。就像受体激动剂起

作用的药物和神经递质的作用类似，受体拮抗剂则相反或阻断正常神经递质的功能。

问题

1. 改变有意识的觉知或知觉的药物叫做_____。

（a）成瘾的　　（b）致幻的

（c）精神活性的　　（d）改变心理的

2. 药物使用造成了对个人或他人情感或身体的伤害，这种现象叫做_____。

（a）成瘾　　（b）生理依赖

（c）心理依赖　　（d）药物滥用

3. 生理依赖和心理依赖有什么不同？

4. 描述精神活性药物作用于神经递质的四种方式。

答案请参考附录 B。

更多的评估资源：

www. wiley. com/college/huffman

改变意识状态的健康途径

正如我们刚才看到的，不同的意识状态可以通过每天的活动如睡觉、做梦或使用精神活性药物达到。还有一些不常见但更为健康的方式来达到这一目的。在这一部分中，我们将探究冥想和催眠的奇妙世界。

 学习目标

　意识的其他状态如冥想或催眠怎样影响意识？

进入冥想状态：改变意识状态的积极途径？

> 突然，伴随着瀑布声一样的巨响，我感到光线由脊髓流入大脑。那光线越来越强，声音越来越大。我有一种摇晃的感觉，好像飞出了自己的身体，被光环笼罩。我感到自己的意识由一个点逐渐变宽，被光线包围（Khrishna，1999，pp. 4-5）。

这是精神领袖 Gopi Khrishna 描述冥想的体验。听上去是不是很有吸引力？大多数的初学者会报告一种简单的柔和的放松，还有轻微的欣快感。经过长时间的练习，资深的冥想者可以体验到深度的喜悦，或者强烈的幻觉（Aftanas & Golosheikim，2003；Castillo，2003；Harrison，2005）。

什么是**冥想**（meditation）？冥想常指用于集中注意力、忽略干扰、改变意识状态的一系列方法。冥想成功的关键在于控制思维随意流动的自然倾向。

一些冥想的技术包括身体的移动和姿势，这与东方古老的太极和瑜伽相同。在其他的冥想技术中，冥想者是静止的，将注意力集中于一点——盯住一个刺激物（如蜡烛火焰），注意呼吸或默念咒语（意守或精神崇拜中使用的一种专门的声音、单词和词组）。

几个世纪以来，冥想在世界上一些地区非常普遍。但在美国，冥想是最近才被接受并流行的。人们喜爱它，主要是因为其放松或减压的效果。一些参与者认为，冥想可以带来更兴奋、更喜悦的精神状态，超过所有其他的意识水平。他们还认为冥想可以使自己更好地控制机体过程（Kim et al.，2005；Surawy，Roberts & Silver，2005）。利用精密的电子仪器，研究者证实冥想可以给基本的生理过程如脑电波、心率、耗氧量和汗腺活动带来显著的

冥想　用于集中注意力、忽略干扰、改变意识状态的一系列方法。

变化。美国 1/4 的人口患有高血压，冥想也可以帮助他们减少压力、降低血压 (Kim et al., 2005；Harrison，2005；Labiano & Brusasca，2002)。

你自己试试

冥想有什么好处？

试试用以下赫伯特·班森 (Herbert Benson) (1977) 发明的冥想技术：

1. 找一个能让你安静、对你的个人价值系统非常重要的单词或短语 (如爱、安静、一个人、您好)。

2. 找一个舒服的坐姿，闭上眼，放松肌肉。

3. 将注意放在呼吸上，用鼻子呼吸，默念你的单词或短语，这样做 10~20 分钟。你可以睁开眼看时间，但是不要用闹钟。完成后，静坐几分钟，一开始闭眼，最后再睁开眼。

4. 对这一运动保持积极的态度——随意地放松。如果有分心的事物，忽略它们，继续你的呼吸。

5. 每天练习 1~2 次，但饭后两小时不要——消化系统会干扰你的放松。

催眠的奥秘：娱乐和治疗用途

放松……你的身体很疲劳……你的眼皮很沉……你的肌肉越来越放松……你的呼吸越来越深……放松……你的眼睛闭上了，身体像灌了铅一样……放松……放松。

这是大多数催眠师开始催眠的台词。一旦被催眠，一些人就会认为自己在海边，听着海浪声，海上的雾气扑面而来。催眠师把一个洋葱给他们，并声称那是一个苹果，被催眠的人会接受催眠师的好意，将"苹果"吃掉。如果告诉他们正在看一部喜剧或悲剧，他们就会由他们自编的电影大笑或哭泣。

什么是催眠？科学研究揭开了许多催眠 (hypnosis) 的奥秘。它被定义

催眠 一种恍惚状态，有极高的受暗示性、深深的放松和强烈的专注。

舞台催眠。 许多人错误地认为，人们即使不愿意也会被催眠。舞台催眠师一般使用迫切希望被催眠并且愿意合作的自愿者。

为一种恍惚的状态，有极高的受暗示性、深深的放松和强烈的专注。它有以下的一点或几点特征：（1）有限的集中的注意力（参与者能够忽略感觉刺激）；（2）想象和幻觉的增加（一个人产生视觉幻觉时，可能会看到并不存在的物体，或者看不到存在的物体）；（3）被动地接受他人的观点；（4）对疼痛的感受性降低；（5）高度的暗示性（愿意接受和改变知觉——"这个洋葱是一个苹果"）（Barber，2000；David & Brown，2002；Gay, Philoppot & Luminet，2002；Hilgard，1986，1992；Spiegel，1999）。

201

治疗用途

从 18 世纪开始，催眠就被表演者或庸医所使用（甚至滥用）了。同时，它也是一种临床工具，被内科医生、牙医和临床医学家所使用。这种奇怪的双重存在由弗兰兹·安东·梅默（Franz Anton Mesmer）（1734—1815）开始。梅默认为所有生物都充满了神奇的能量，他宣称能够使用这一"知识"治病。他使病人平静地进入深深的放松状态，让病人深信他拥有神奇的力量。他拿着磁铁，在病人身上绕一圈，然后告诉他们病魔已经离开。这种方法对一些人的确有效——因此也有了术语"被催眠的"（mesmerized）。

梅默的方法最终没有被接受。但一个苏格兰内科医师詹姆斯·布雷德（James Braid），在手术中同样使病人进入了恍惚状态。然而大约在同一时期，人们发现了强效稳定的麻醉剂，因此对布雷德的技术逐渐失去了兴趣。1843 年，布雷德第一次使用了"催眠"这一术语，其英文为 hypnosis，希腊语中意为"睡眠"。

现在，虽然有现成的麻醉剂，有时在手术中医生仍然使用催眠治疗慢性疼痛和严重烧伤（Harandi，Esfandani & Shakibaei，2004；Montgomery，Weltz，Seltz & Bovbjerg，2002）。然而，在医学领域，催眠最佳的用途是治疗那些高焦虑、高恐惧以及有误导信息的人，在牙科治疗和分娩时也经常使用。因为疼痛受紧张和焦虑的影响非常大，帮助放松的技术对病人很有用。

在心理治疗中，催眠可以使病人放松，回忆痛苦的经历，减少焦虑。它成功地应用于治疗恐惧症、减肥、戒烟、改善学习习惯等方面（Ahijevych，Yerardi & Nedilsky，2000；Dobbin et al.，2004；Gemignani et al.，2000）。

许多运动员使用自我催眠技术（想象和集中注意力）来提高成绩。例如，长跑运动员斯蒂夫·奥提兹（Steve Ortiz）总是在大赛前回忆他所有表现优异的比赛经历。他说，当比赛真正开始时，"我几乎处于自我催眠的状态，我只需跟着感觉走就好"（Kiester，1984，p. 23）。

五个常见误区和争论

虽然人们研究了很多关于催眠的问题，这一技术仍然存在一些误区和争议。

（1）强行催眠。一个常见错误看法是，即使人们不愿意，仍然会被催眠。催眠需要参与者自愿放弃意识的控制权，将其交给他人。因此，只要

催眠还是小把戏? 你自己就可以做那些舞台催眠师经常用来显示被催眠者超能力的招数。像图中那样准备两个椅子。你可以看到，催眠并不是必须的——你需要的只是一个愿望非常强烈的志愿者，他愿意让自己的身体变得僵硬。

202

人们不愿意，是无法被催眠的。事实上，有8%～9%的人即使自愿也无法被催眠。人们可以在催眠中被洗脑，并变成一个毫无思想的机器人，这一看法也是错误的。最优潜质的被试是那些可以集中注意、对新体验开放、并可以想象或幻想的人（Barber，2000；Liggett，2000）。

（2）违反伦理的行为。一个与催眠相关的误区是，被催眠者会做出违反道德或其自身意愿的事。一般来说，即使被催眠，人们也不会做出与他们强烈愿望或基本价值观相违背的事。在催眠中，参与者仍然能控制他们的行为。他们可以察觉周围环境，并拒绝服从催眠师的要求（Kirsch & Braffman，2001；Kirsch & Lynn，1995）。

（3）非凡记忆。另一个误区是人们可以在催眠时回忆起清醒时无法记起的经历。一些研究者发现，催眠有时对回忆有帮助，因为参与者可以放松并高度集中注意。但错误的回忆也在增加；而且，当他们被要求回忆细节时，被催眠者很难将事实和想象分开，并且更倾向于猜测（Perry，Orne，London & Orne，1996；Stafford & Lynn，2002）。正如你将在第7章中看到的，回忆是一种重组而不是再生。因为记忆中总是充满捏造和扭曲，因此，催眠往往会提高出错的可能性。所以，越来越多的法官和律师协会拒绝使用催眠得到的证词以及被催眠的证人（Brown，Scheflin & Hammond，1997；McConkey，1995）。

（4）超人力量。还有一个错误概念是，人们在催眠中表现出特殊的、超人的力量。事实上，当未被催眠者使出全身最大力气时，他们通常可以做到任何被催眠者所能做的事（Druckman & Bjork，1994）。

（5）伪造。被催眠者是不是在假装，或者根本是和催眠师串通好的？还是他们的确处于一种特殊的状态，正常的感知觉都发生了变化？虽然大部分被催眠者都不是有意假装，仍有一些研究者认为催眠的效果是被催眠者顺应、放松、服从、暗示和角色扮演等混合的心理状态造成的（Baker，1996，1998；Lynn，Vanderhoff，Shindler & Stafford，2002；Stafford & Lynn，2002）。根据这种放松/角色扮演理论，催眠只是一种较放松的正常状态，暗示人们允许催眠师引导其想象和行为。

相比之下，状态改变理论认为，催眠效果是因为意识状态的改变而引起的（Bowers & Woody，1996；Hilgard，1978，1992）。他们认为放松/角色扮演理论和暗示不能解释被催眠的病人在没有麻醉剂的情况下仍然能完成复杂的手术这一事实。作为心理学中又一个充满争议的领域，催眠还有一组"统一的"理论，这些理论认为催眠是放松/角色扮演和独特的意识状态的结合。

评估

检查与回顾

改变意识的健康方法

冥想常指用于集中注意力、忽略干扰、改变意识状态的一系列方法。

冥想可以产生显著的生理变化，包括心率和呼吸。

催眠是一种有极高的受暗示性的状态，以深深的放松和强烈的专注为特点。催眠被用来减轻疼痛，提高注意力，作为心理治疗的一种辅助。

问题

1. _____ 常指用于集中注意力、忽略干扰、改变意识状态的一系列方法。

(a) 催眠　　(b) 信仰疗法
(c) 超心理学　(d) 冥想

2. 列出催眠的五个主要特点。

3. 为什么对一个不愿意的人进行催眠是不可能的？

4. 比较放松/角色扮演理论和状态改变理论。

答案请参考附录 B。

更多的评估资源：
www.wiley.com/college/huffman

评　估 关键词

为了评估你对第 5 章中关键词的理解程度，首先用自己的话解释下面的关键词，然后和课文中给出的定义进行对比。　203

理解意识

不同的意识状态（ASCs）
自动加工
意识
控制加工

睡眠和梦

激活－综合假说
昼夜节律
演化/生理节律理论
失眠症
潜性内容
显性内容

嗜眠症
夜惊
噩梦
非快速眼动（NREM）睡眠
快速眼动（REM）睡眠
休整/恢复理论
睡眠窒息

精神活性药物

成瘾
抑制剂
药物滥用

致幻剂
阿片类
生理依赖
精神活性药物
心理依赖
兴奋剂
耐受性
戒断

改变意识的健康途径

催眠
冥想

学习目标 网络资源

Huffman 教材的配套网址

http：//www.wiley.com/college/huffman

　　这个网址提供免费的交互式自我测验、网络练习、关键词的术语表和抽认卡、网络链接、英语非母语阅读者的手册，还有其他用来帮助你掌握本章知识的活动和材料。

国际意识科学研究会网址

http：//www.assc.caltech.edu/

　　包括关于意识的各种会议记录、期刊文献、参考书目，以及最新的意识研究和历史资料的链接。

昼夜节律

http：//stanford.edu/~dement/circadian.html

提供了丰富的关于昼夜节律的生理学知识。

担心你的睡眠？

http：//www.sleepfoundation.org/

　　提供了睡眠障碍的自测、找到睡眠器材的链接、相关领域的最新消息，以及其他重要信息。

你想知道但懒得去看的关于睡眠的一切！

http：//www.sleepnet.com/

　　提高睡眠健康的教育非营利性网站。包括睡眠测试、睡眠问题的论坛和许多其他睡眠实验室以及睡眠障碍的链接。

担心药物使用问题？

http：//www.ca.org/http：//www.alcoholics-anonymous. org/

http：//www. marijuana-anonymous. org/

提供了对付药物滥用和使用的基本信息和建议。如果你想要得到更多信息，登录美国国家药物滥用协会的网站 http：//www. nida. nih. gov/，包括完整的、最新的信息，以及药物使用的美国全国数据和相关链接。

想知道更多关于摇头丸的信息？

http：//www. dancesafe. org

倡导舞会中的健康和安全。点击链接 Your Brain on Ecastasy，你会看到关于摇头丸是怎样对大脑产生影响的详细解释。同样，点击 http：//faculty. washington. edu/chudler/mdma. html，这个网页

提供了摇头丸的其他信息，以及 GHB、Rohypnol 和其他流行的精神活性药物的信息。

对催眠感兴趣？

http：//www. hypnosis. org

提供催眠的更多信息和服务，包括免费电子书和文献。

美国临床催眠组织（ASCH）

http：//www. asch. net/

美国最大的使用临床催眠的健康和心理健康护理的专家组织，为大众以及组织成员提供信息和链接，同时也是寻找专业设备的最佳站点。

第 5 章　形象化总结

204

理解意识

意识：对周围和自我的觉知。
不同的意识状态：除了清醒状态的意识状态。
控制加工：需要集中注意。
自动加工：只需最少的注意。

睡眠和梦

■ 作为一种生物节律的睡眠：24 小时的周期（昼夜节律）影响我们的睡眠和觉醒周期。倒班、时差和睡眠剥夺带来的昼夜节律紊乱会产生严重的问题。

■ 睡眠的阶段：睡眠包含 90 分钟的循环。非快速眼动睡眠周期从第一阶段开始，然后进入第二、第三和第四阶段。到达最深的睡眠阶段后，返回循环直到进入快速眼动睡眠状态。

非快速眼动睡眠（阶段 1～4）
功能：基本生理功能所必需的。

快速眼动睡眠（矛盾睡眠）
功能：对记忆、学习和基本生理功能都非常重要。快速的眼部运动常常是正在做梦的信号。

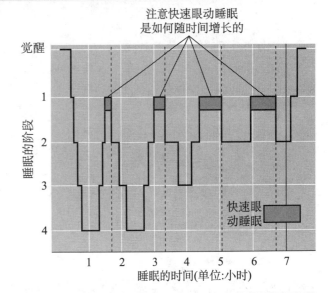

睡眠的理论
1. 休整/恢复理论：帮助我们恢复体力、脑力和情绪。
2. 演化/昼夜节律理论：睡眠是昼夜节律的一部分，由演化产生了保存能量和保护不受天敌威胁的功能。

梦的理论
1. 精神分析/心理动力学观点：梦是被压抑的愿望和焦虑的伪装象征（显性内容与潜性内容）。
2. 生物学观点：脑细胞的随意刺激（激活—综合假说）。
3. 认知观点：梦帮助我们对日常的经历进行过滤和分类（信息处理理论）。

205 **睡眠和梦**

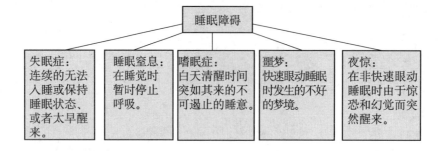

| 睡眠障碍 |
| 失眠症：连续的无法入睡或保持睡眠状态、或者太早醒来。 | 睡眠窒息：在睡觉时暂时停止呼吸。 | 嗜眠症：白天清醒时间突如其来的不可遏止的睡意。 | 噩梦：快速眼动睡眠时发生的不好的梦境。 | 夜惊：在非快速眼动睡眠时由于惊恐和幻觉而突然醒来。 |

 精神活性药物

重要的术语

药物滥用：药物使用危害到了他人或自己的身体或情绪健康。

成瘾：泛指冲动的感觉。

心理依赖：对获得药物所产生效果的欲望和渴求。

生理依赖：由于持续使用药物导致的身体过程的变化，药物撤除时产生戒断症状。

耐受性：由于持续使用药物而产生的对药物的敏感性下降。

戒断：停止使用成瘾药物后的不适和痛苦。

四种主要的精神活性药物

1. **抑制剂 或者"镇静剂"**：（酒精和巴比妥盐）减慢中枢神经系统的速度。
2. **兴奋剂**：（咖啡因、尼古丁和可卡因）激活中枢神经系统。
3. **阿片剂**：（海洛因或吗啡）使感觉麻痹，减轻疼痛。
4. **致幻剂或迷幻剂**：（LSD 或大麻）产生感知觉的扭曲。

 改变意识状态的健康途径

冥想：使注意力集中、忽略干扰的一系列技术。

催眠：以高度的受暗示性、深深的放松和高度的注意力集中为特征的恍惚状态。

第6章

学习

207

🌐 学习目标

在阅读第 6 章的过程中，关注以下问题，并用自己的话来回答：

▶ 什么是经典条件作用，我们如何把它应用于日常生活？

▶ 什么是操作性条件作用，我们如何把它应用于日常生活？

▶ 根据认知—社会观点，我们是如何学习的？怎样将之应用于日常生活？

▶ 在学习过程中和学习之后有何神经层面的改变？学习的演化优势是什么？

▶ 条件作用原理有何实际应用？

▣ 学习的生物学

　　神经科学与学习
　　演化与学习

▣ 运用条件作用和学习原理

● 将心理学应用于日常生活
　经典条件作用——从市场营销到医学治疗
● 将心理学应用于日常生活
　操作性条件作用——偏见、生物反馈和迷信
● 将心理学应用于日常生活
　认知—社会学习——看到了就会学着做？

为什么要学习心理学？

学习第 6 章可以：

▶ 扩展你对行为的理解和控制。一项基础研究表明当人们（以及非人类动物）的行为没有得到强化时就不会持续。由此，我们可以去除破坏性的或令人不快的行为的强化物，也可以认识到坏习惯是由于强化物一直存在。行为的出现不是随机的，我们所做的一切都是有原因的。

▶ 更好地预测你的生活。这项研究的另一个重要发现是：虽然人们能够改变，所有学会了的行为也可以忘掉，但过去的行为是用来预测未来行为的最好指标。统计表明旧有的行为模式有很大几率在未来得以保持。如果你想知道正在约会的这个家伙是不是一个很好的婚姻对象，看一下他/她的过去。

▶ 增加你生活的乐趣。有许多不幸的人们（他们都没学过心理学导论）想要改变或者"挽救"配偶，或者为了"多挣钱"忍受自己厌恶的工作。如果你仔细学习本章的内容并主动应用，你就能避免这些情况的发生，从而使生活很充实。

▶ 帮你改变世界。强化同样可以促进贪婪的商业行为、不道德的政策和破坏环境的决定、偏见和战争。了解了这些，如果我们共同努力消除这些不恰当的强化，就确实能够改变世界。诚然，这听起来有些夸大且太简单。但我真的相信教育的力量以及本章中内容的用处。只要应用一些"简单的"学习原理，就能大大改善你的生活和你周围的世界。

　　1998 年 6 月 7 日，周日的早上，得克萨斯州碧玉城的马丁路得金大道上，残疾的非洲裔美国人 James Byrd 正走在回家的路上，三名年轻的白人拦住了他要捎他一程。但他们没打算把他送回家，而是把 Byrd 的脚拴在他们锈迹斑斑的 1982 年产皮卡车的后面，拖着他沿着城镇外面一条废弃的伐木运输道路行驶，直到他的头和右臂从躯体上被扯下来。

这种谋杀的原因是什么？Byrd 是个黑人，而三名凶手是白人至上主义者，想让美国成为一个只有白人的国度。虽然白人至上主义者在美国人口中只占很小一部分，但仇恨犯罪是在全球范围正在增长的严峻问题。人们因为他们的种族、性取向、性别或宗教而被奚落、被攻击甚至被谋杀。为什么呢？这些仇恨从何而来？偏见是习得的吗？

日常生活中，学习通常指的是教室里的活动，比如算术和阅读，或者运动技能，像骑自行车或弹钢琴。但对于心理学家来说，**学习**（learning）是一个更为宽泛的概念，正式的定义是由于练习或经验而产生的行为或心理加工过程相对永久性的改变。这种相对永久的学习表现在从用勺子到写长篇小说这样的各种习得的行为和心理加工过程中。一旦学会怎么用勺子（或筷子）吃东西，那么你接下来的一生中都保持这种技能。

许多心理学分支都强调学习。比如，发展心理学家考察儿童如何学习语言，如何学到认知和运动技能；临床咨询和治疗领域探索以前的学习和经验如何帮助解释现在的问题；社会心理学家研究态度、社会行为和偏见（就像前面提到的三个杀害 Byrd 的凶手表现出来的那样）是如何通过经验习得的。

像 James Byrd 谋杀案这样的悲剧向我们展示了人类学习中阴暗的一面。但是，正是由于种族主义和仇恨是习得的，这也让我们看到了希望。习得的东西可以消退（或者至少被抑制）。在这一章中，我们将了解仇恨、种族歧视、恐怖症和迷信，以及爱和慷慨是如何习得的。这一章的大部分内容将关注学习的基本形式：**条件作用**（conditioning），一种环境刺激和行为反应之间的联结过程。我们由两种最基本的条件作用即经典条件作用和操作性条件作用开始，接着介绍认知—社会学习和学习中的生物因素，最后是如何将学习理论和概念应用于改善日常生活。

学习　由于练习或经验而产生的行为或心理加工过程上相对永久性的改变。

209

经典条件作用

你是否曾经注意过，当你饥饿时见到一大块巧克力或一块多汁的牛排，你的嘴里就会流出口水？当你把食物放进嘴里后流口水是很自然的，但为什么刚一看到食物就会开始分泌唾液呢？

 巴甫洛夫和华生的贡献：经典条件作用的开端

上述问题的答案是由俄国生理学家伊万·巴甫洛夫（1849—1936）在彼得格勒的实验室偶然发现的。他以对消化过程中唾液分泌作用的研究获得了诺贝尔奖。他的其中一个实验涉及狗的唾液分泌反应。他将玻璃漏斗与实验狗的唾液腺相连以收集唾液并测量分泌量（见图 6—1）。巴甫洛夫想考察：是否干燥的食物比潮湿的食物需要更多的唾液，以及是否非食物物体根据吐出它们的难易程度不同而各自需要不同量的唾液。

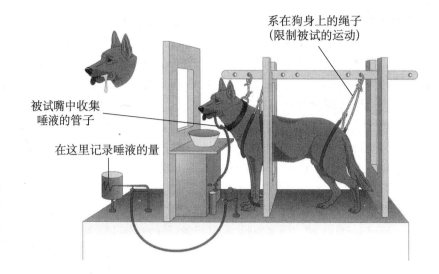

系在狗身上的绳子
（限制被试的运动）

被试嘴中收集
唾液的管子

在这里记录唾液的量

图6—1 巴甫洛夫原始经典条件作用设备。 在他最初的实验中，将一根管子与狗的唾液腺相连，以收集唾液并测量不同实验条件下的分泌量。

210

经典条件作用 当中性刺激和无条件刺激联合配对后，引发条件反应的学习过程。

无条件刺激（UCS） 不需要之前的条件作用就可以引发无条件反应的刺激。

无条件反应（UCR）不经过条件作用，对无条件刺激产生的反应。

中性刺激（NS） 在形成条件作用之前，不会引发所关注的反应的刺激。

巴甫洛夫的（意外）发现

在巴甫洛夫的研究过程中，他的一个学生注意到许多狗在只看到食物或者装食物的盘子、闻到食物的味道甚至只看到送食物的人时就开始分泌唾液。这种分泌在食物进嘴之前很早就发生了（这就是发现中重要的意外部分，如果不是有收集管的存在是不会被注意到的）。虽然这种"不按进度的"分泌令人恼火地打乱了巴甫洛夫的研究计划，但也让人很感兴趣。唾液分泌是一种反射性的反应，在很大程度上是不受意志控制的一种对外界刺激的自动化反应。为什么他的狗在食物出现之前就反射性地分泌唾液呢？为什么它们对非食物的无关刺激分泌唾液呢？

巴甫洛夫受到的科学训练使他能够觉察出开始看起来很恼人的现象中的重要含义。发生在适宜刺激（食物）之前的反应（唾液分泌）显然不是天生的。它应该是通过经验——也就是通过学习——获得的。受到这一意外发现的激励，巴甫洛夫和他的学生进行了一系列的实验。其基本方法是在给狗喂食前用音叉产生一个声音。在几次声响和食物的配对之后，狗就会在仅仅听到声响的时候分泌唾液。采用这一程序，巴甫洛夫和后来的研究者继续采用其他种类的事物跟食物配对来充当条件刺激：节拍器产生的滴答声、铃声、电子信号蜂鸣器、灯光，甚至视觉上呈现的圆圈或者卡片上的三角形。

巴甫洛夫发现的这种学习后来被称为**经典条件作用**（classical conditioning）（开始时叫做经典学习条件化）。其正式定义为：当中性刺激和无条件刺激（联合）配对后，引发条件反应的这种学习过程。

要理解这个定义，就需要理解经典条件作用过程中的五个关键术语所描述的成分，分别为无条件刺激、无条件反应、中性刺激、条件刺激、条件反应。

在巴甫洛夫的狗学会对某些外在的刺激（比如说看到实验者）就分泌唾液之前，原始的唾液分泌是与生俱来的和生物性的反射。它包括了**无条件刺激**（unconditioned stimulus，UCS）——食物和**无条件反应**（unconditioned response，UCR）——唾液分泌。

巴甫洛夫的意外发现（但这是对心理学的重大贡献）是学习也可以发生在一个**中性刺激**（neutral stimulus，NS）（不会唤起或引发反应的刺激）

与一个无条件刺激有规律地匹配起来的时候。这时，中性刺激就成为**条件刺激**（conditioned stimulus，CS），它会引发或产生一个**条件反应**（conditioned response，CR）。（学习提示：如果对这些概念搞不清楚，可以简单地将条件作用理解为学习。当你看到无条件刺激和无条件反应的时候，可以在心里把它们替换为"非习得刺激"和"非习得反应"。就像新生婴儿那样通过学习得来的经验还很少或没有。现在设想有一个刺激会导致他做出反应。经过条件作用，这些非习得的刺激和反应就会成为条件刺激和条件反应。图 6—2 的框图直观地列举了巴甫洛夫研究的例子。）

条件刺激（CS）　之前的中性刺激，经过与无条件刺激重复的匹配，现在就可以引起条件反应了。

条件反应（CR）　当条件刺激和无条件刺激反复匹配后习得的反应。

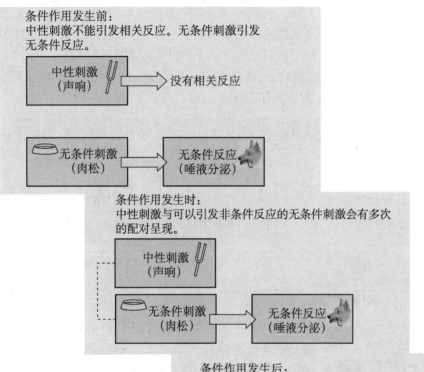

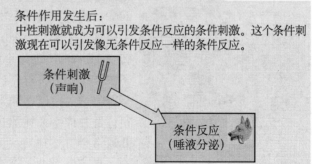

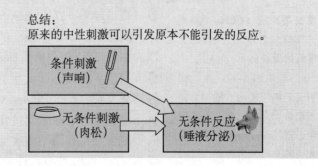

图 6—2　巴甫洛夫的经典条件 211
作用。在条件作用发生以前，中性刺激不能引发较为一致的反应。在条件作用过程中，中性刺激与无条件刺激会有多次的配对呈现。后来中性刺激就成为可以引发条件反应的条件刺激。

中性刺激是否总是先出现？研究者考察了四种不同的匹配刺激的方式（见表6—1），发现时间间隔和中性刺激出现的先后次序都很重要（Chang, Stout & Miller, 2004；Delamater, LoLordo & Sousa, 2003）。比如说，延时条件作用，中性刺激在无条件刺激之前出现并持续到无条件反应出现，通常学习得最快。另一方面，反向条件作用，中性刺激在无条件刺激之后出现，学习得最慢。

华生对经典条件作用的贡献

　　在这里，你可能想知道狗对特定声音流口水和你的生活有什么关系——除了解释你为什么会在看到美食时垂涎三尺。对于所有动物，包括人类来说，在学习最新反应、情绪和态度时，经典条件作用已被证实是最基本、最基础的方法。你对父母（或其他重要人物）的爱戴、导致James Byrd遭受谋杀的仇恨和种族歧视，你在看到巧克力时垂涎三尺的反应在很大程度上都是经典条件作用的结果。

212

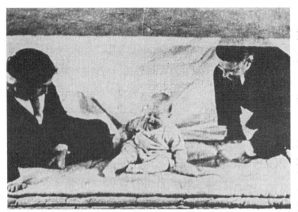

表6—1	条件作用序列	
延时条件作用（高效）	NS在UCS之前呈现并一直持续到UCR开始	呈现食物之前敲音叉
同时条件作用	NS和UCS同时呈现	声响和食物同时呈现
回溯条件作用	NS呈现然后消失，或者在UCS呈现之前结束	先有声响，但声音结束后才会呈现食物
反向条件作用（最无效）	NS在UCS之后呈现	先呈现食物，再呈现声响

NS：中性刺激；UCR：无条件刺激；UCS：无条件反应。

在一项著名（也富有争议）的心理学研究中，约翰·华生和罗莎莉·雷纳（Rosalie Rayner）（1920, 2000）通过实验演示出恐惧情绪是如何在条件反应作用中建立起来的。一个11个月大的健康的正常婴儿阿尔伯特（Albert），在约翰·霍普金斯大学（见图6—3）接受了测试。研究者首先让他与一只实验大白鼠玩耍来看他是否害怕大白鼠。和大多数婴儿一样，小阿尔伯特感到很好奇并伸手去抓那只大白鼠，并无丝毫害怕。利用婴儿通常会自然地对大噪声（UCS）产生恐惧感（UCR）这一事实，并再一次把大白鼠（NS）放在阿尔伯特附近，当他伸手去抓大白鼠的时候，华生用一个铁锤用力地敲了下铁棒。正如你所想象的，这一强烈的噪声吓到了阿尔伯特并使他大哭起来。经过数次大白鼠（NS）和突然而来的强噪音（UCS）的匹配，阿尔伯特开始在看到大白鼠后就哭（即使没有噪音呈现）。阿尔伯特的这种恐惧被称为**条件性情绪反应**（conditioned emotional response，CER）。由此，华生和雷纳关于恐惧也属于经典条件作用的假设得到了验证。

　　因为华生和雷纳的实验违背了一些科学研究的基本伦理准则（见第1章），在今天已经不允许再做了。另外，华生和雷纳在明知这种情绪性条

条件性情绪反应（CER）对先前中性刺激（NS）的一种经典条件性情绪反应。

图6—3 华生和雷纳。 这张图片说明的是如何使用大的噪音使小阿尔伯特恐惧大白鼠。照片中是华生、雷纳和由于听到大的噪音而大哭的小阿尔伯特。

件反应可以持续很久的情况下，没有对阿尔伯特的恐惧做任何的消退，就结束了实验。这种不顾阿尔伯特健康的行为遭到了严厉的批评，同时，他们的研究方法也遭到了质疑。华生和雷纳只是主观地评估阿尔伯特的恐惧，而不是客观地测量，这使得对恐惧的条件作用程度的评定还存在疑问（Paul & Blumenthal，1989）。

除了这些批评以外，华生的研究对心理学有重大而影响深远的贡献。当他进行这项研究时，早期的心理学奠基者们正在将心理学定义为一门研究心理的科学（第1章）。华生不同意这种关注内部心理活动的观点，坚持认为它们是无法被客观观察到的。华生严格地强调可观测的行为。华生值得被纪念的另一个贡献是开创了行为主义这一新的研究路径，将行为解释成可观测的刺激（来自环境）和可观测的反应（行为表现）产生的结果。另外，华生对小阿尔伯特的实验告诉我们，喜爱、厌恶、偏见和恐惧等都是条件性情绪反应。在第15章中，你将会看到华生在使小阿尔伯特产生恐惧方面的研究为使严重、不合理的恐惧（恐怖症）能够消退提供了多么强大的临床工具。

［历史注解：在小阿尔伯特研究之后不久，华生就被从学术职位上开除了。虽然他有世界知名的科学贡献和国际声望，但其他大学也都不聘用他。他被开除，是因为跟他的硕士研究生罗莎莉·雷纳私情曝光以及之后的离婚使他声誉受损。后来华生和雷纳结婚并成为一名有影响力的广告经理。他运用经典条件作用创造出了许多成功的广告案例，包括强生婴儿爽身粉、麦氏速溶咖啡和好彩香烟（Lucky Strike cigarettes）的广告（Goodwin，2005；Hunt，1993）。］

213

检查与回顾

巴甫洛夫和华生的贡献

在经典条件作用中，巴甫洛夫和华生考察的学习，是指原先的中性刺激（NS）和无条件刺激（UCS）配对后导致的无条件反应（UCR）。经过这样的几次配对后，中性刺激就成为条件刺激（CS），能够单独引发同先前的反射性反应相似的条件反应（CR）或条件性情绪反应（CER）。

有四种条件反应的序列：延时条件作用、同时条件作用、回溯条件作用和反向条件作用。延时条件作用效果最好，反向条件作用效果最差。

在巴甫洛夫工作的基础上，后来华生坚持心理学是一门客观的科学，只研究外显行为而不考虑内部心理活动。华生把这种立场称做行为主义。他广受争议的"小阿尔伯特"实验表明，情绪反应也可由经典条件作用产生。

问题

1. Eli 的奶奶每次来他家里都给他带糖吃。当 Eli 看见奶奶来时，嘴里开始流口水。在这个例子中，条件刺激是_____。

(a) 拥抱　(b) 奶奶
(c) 糖果　(d) 满嘴口水

2. 在条件作用形成后，_____引发了_____。

3. 在华生进行的小阿尔伯特经典条件作用的实验中，无条件刺激是_____。

(a) 恐惧的表现
(b) 大白鼠
(c) 浴巾
(d) 强噪音

4. 一名伊拉克老兵对轰隆隆的打雷声会体验到特别剧烈的情绪反应。他的情绪反应是一个_____的例子。

(a) CS　　(b) UCS
(c) CER　　(d) UCR

答案请参考附录 B。

更多的评估资源：
www.wiley.com/college/huffman

基本原理：经典条件作用的调节

现在你了解了经典条件作用的主要概念，以及在此基础上它们如何解释条件性情绪反应。在这一节内容中，我们将要讨论关于经典条件作用的五个重要原理：刺激泛化、刺激分化、消退、自发恢复以及高阶条件作用。

泛化和分化

巴甫洛夫早期的一个实验是让狗听到低音响声分泌唾液，后来他和他的学生发现狗听到高音也同样分泌唾液。虽然开始的条件作用是针对一个特定的高音或低音的，但后来狗很快就对其他跟条件刺激音高相似的声音也产生反应了。

刺激泛化 对与原初条件刺激相似刺激的习得反应。

当跟先前条件刺激相似的事件触发了同样的条件反应（唾液分泌）时，这叫做**刺激泛化**（stimulus generalization）。刺激越像条件刺激，条件反应就越强（Hovland，1937）。当你开车的时候看见后面有辆车跟着你，那车顶行李架上有一排灯，你会不会觉得害怕？如果是这样，那就说明你对警车（通常顶上有灯）的恐惧泛化到了所有车顶有灯的车辆上。刺激泛化在华生的小阿尔伯特的实验中同样存在。在形成条件作用后，小阿尔伯特不仅对大白鼠感到恐惧，对其他跟大白鼠有共同特征的物体，例如兔子、狗、圣诞老人面具等，都感到害怕。

评 估

形象化的小测试

爱情条件作用

"我不在意它只是一个透明胶带架子，我爱她。"

你能说出这幅卡通里包含的条件作用原理吗？

答案：刺激泛化。

当小阿尔伯特长大后，还会对圣诞老人面具感到害怕吗？很可能不会。作为一个美国儿童，他无疑有很多机会接触到圣诞老人面具，同时也将学会区分大白鼠和其他刺激的不同之处。这种学会只对某一特定刺激反应，而不对其他相似刺激反应的过程叫做**刺激分化**（stimulus discrimination）。

刺激分化 学会只对某一特定刺激反应，而不对其他相似刺激反应。

虽然刺激分化看起来跟重新形成新的经典条件作用类似，其实机体只需要学会辨别（或者说区分）开始的条件刺激和相似刺激（在对两者都积

累了足够的经验以后）。就像你学会把自己的手机铃声跟别人的铃声区
开，巴甫洛夫每次都在高音后给狗食物而低音不给，狗就会逐渐学会辨别
这两种声音。这样，小阿尔伯特和巴甫洛夫的狗都学会只对特定刺激反
应——刺激分化。

消退和自发恢复

经典条件作用像所有的学习过程一样，其结果都只是相对永久的。许
多通过经典条件作用习得的反应可以通过**消退**（extinction）被削弱或抑
制。消退发生在无论条件刺激是否发生，无条件刺激总是不再给予的情况
下，因此两者之间的联结就被弱化了。例如，巴甫洛夫不给食物而不断地
响铃，狗的唾液分泌就会逐渐减少。同样，如果你通过经典条件作用形成
了对牙钻声音的恐惧，之后当你做牙医助手的工作后，你的恐惧就会逐渐
减少。你能看到这其中的实用性可以帮助你克服失恋的悲伤吗？与其想
"我会一直爱着这个人"，不如提醒自己只要时间够长，通过多次接触会发
现情况都不那么浪漫了，你的感觉就会慢慢消失（见图6—4）。

消退会导致我们忘掉经典条件反应吗？不会，消退不是忘却（Bou-
ton，1994）。行为消退意味着反应频率减少，人或者动物不再对刺激做出
反应。但这不意味着人或动物把先前学过的联结从头脑中"擦除"了。其
实，当刺激被重新引入后，第二次形成条件作用要快很多。此外，巴甫洛
夫发现，如果消退程序之后再过几个小时，再次呈现铃声，唾液分泌又会
再次自发出现。这种消退过后再次出现的条件反应叫做**自发恢复**（sponta-
neous recovery）（见图6—5）。

知道这些你就明白为什么你一见到高中时候的旧情人就会突然觉得
很兴奋，即使已经过去了好几年（消退已经发生了）。有些人（没看过这
本书或者不知道这种现象的人）可能会把这种重新出现兴奋错觉成"持
久的爱"，而你就知道，这只是简单的自发恢复。这种现象同样可以解释
为何那些刚刚分手的人有时候会误解或高估那种像偶然擦出来的火花一
样的感觉。他们即使知道这种关系很痛苦也有害，但还是可能会再次
和好。

高阶条件作用

儿童不是生来就会对麦当劳的黄色 M 标志流口水的。那为何他们只在
路过标牌看到黄色 M 标志时就想停下来吃东西呢？因为**高阶条件作用**
（higher-order conditioning），这种条件作用表现为中性刺激（NS）通过某
种先前已经存在的条件刺激（而不是通过无条件刺激。——译者注）而变
成条件刺激。

就以巴甫洛夫的狗来举例。先要让狗形成对声音分泌唾液的条件反
应，然后将闪光和铃声配对呈现。最终，只呈现闪光时，狗也会分泌唾液
[见图6—6（a）图6—6（b）]。由于同样的方式，儿童先把麦当劳餐厅和
食物联系起来，然后学会两个金黄色的拱形组成的就是代表麦当劳的 M 标
志 [见图6—6（c）图6—6（d）]。无论是唾液分泌还是想去吃麦当劳都是
高阶条件作用的例子（也是成功的广告营销）。

消退 先前形成的条件反应逐步
减弱或抑制。

自发恢复 先前消退的条件反应
再次出现。

高阶条件作用 一个中性刺激通
过与一个先前条件化了的刺激重
复配对后成为一个条件刺激。

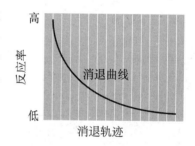

图6—4 消退过程。这是典型
的消退实验的理论假设图形。
注意反应率是如何随时间减少
而减少和如何随其他消退轨迹
而变化的。

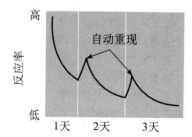

图6—5 自发恢复。在这个标
准消退实验的理论假设图中，
注意消退了的反应怎样"自动
重现"。

215

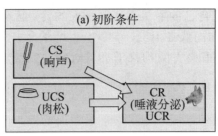
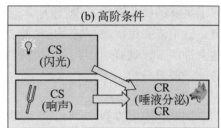

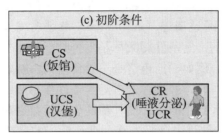
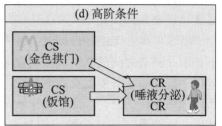

图6—6　儿童怎样学会对麦当劳的标志流口水。在上面的两幅图（a）和（b）中，高阶条件作用是一个两阶段的过程。第一阶段，中性刺激（敲音叉的响声）跟无条件刺激（肉松）配对呈现。之后中性刺激就成为条件刺激，能引发条件反应（唾液分泌）；在第二阶段（高阶条件作用）中，另一个中性刺激（闪光）跟音叉声响不断地配对呈现，直到后来这个中性刺激也成为条件刺激。现在来看看下面这两幅图（c）和（d）。你能说出同样的两步高阶条件作用过程，来解释为何儿童看见黄色M标志就那么兴奋而流口水吗？

评　估

检查与回顾

经典条件作用的基本原理

在经典条件作用中，刺激泛化在跟原始条件刺激相似的刺激引发了条件反应时发生。刺激分化发生于特定条件刺激引发条件反应的时候。消退是当条件刺激和无条件刺激之间的联结由于无条件刺激总是不出现而被削弱了。自发恢复是指消退的条件反应突然再次出现。在高阶条件作用中，是中性刺激跟已经形成条件作用的条件刺激（而不是非条件刺激）配对。

问题

1. 像多数大学生一样，当听到火警铃声响起时，你的心率和血压会很快升高。如果火警系统被设定为每半个小时响一次的话，在一天结束的时候，你的心率和血压将不会再升高了。运用经典条件作用的概念来解释这个现象。

2. 一个被狗咬过的婴儿会害怕所有的小动物。这是一个_____的例子。

　（a）刺激分化　　（b）消退

　（c）强化　　　　（d）刺激泛化

3. 当一个条件刺激用于强化另一个条件刺激的习得时，我们就说发生了_____过程。

4. 如果你想用高阶条件作用让小阿尔伯特形成对芭比娃娃的恐惧，那你应该将芭比娃娃跟_____一起呈现。

　（a）强噪音

　（b）原来的无条件反应

　（c）大白鼠

　（d）原来的条件反应

答案请参考附录B。

更多的评估资源：

www. wiley. cow/college/huffman

216
操作性条件作用

　　结果是**操作性条件作用**（operant conditioning）的核心。在经典条件作用中，事件的结果是无关的——无论巴甫洛夫的狗是否分泌唾液，它都会得到肉松。但在操作性条件作用中，机体会表现出能影响环境的行为（某种操作）。这些奖励或者惩罚的效果会影响到将来这种反应是否还会出现。**强化**（reinforcement）会使反应出现得更多，**惩罚**（punishment）会使反应出现得更少。当你讲笑话时，如果你的朋友们笑了，你将来就会更多地讲笑话。但如果他们不欣赏、抱怨或者嘲笑你，你将来就不怎么讲笑话了。

这两种条件作用之间，除了对结果强调程度不同以外，还有另一个重要的差别。在经典条件作用中，机体的反应是被动和不随意的。中性刺激之后跟着无条件刺激的时候，机体的反应就这样"发生"了。在操作性条件作用中，机体的反应是主动的，学习者"操纵"环境并产生影响。这些效果（或者说结果）将影响到这些行为是否还会重复出现。

值得注意的是，经典条件作用和操作性条件作用之间的区别通常是这样，但不总是对的。从技术上来说，经典条件作用有时候会影响随意行为，操作性条件作用有时候也会影响非随意的反射性行为。此外，两种形式的条件作用常常交互以产生和保持行为。但在大多数情况下，这种区别还是存在的：经典条件作用反映了非随意的反应，操作性条件作用指随意反应。

在下面的几节中，我们将讨论桑代克和斯金纳的历史贡献，以及操作性条件作用的基本原理。这一章的最后部分讨论操作性条件作用在日常生活中的一些有趣应用。

桑代克和斯金纳的贡献：操作性条件作用的开端

爱德华·桑代克（Edward Thorndike）（1874—1949）是操作性条件作用的先驱，是最早研究随意行为如何受到它们结果影响的人之一。在他的一个著名实验中，他把一只猫放进一个特别建造的迷笼（见图 6—7）中。只有当猫拉绳子或者踩踏板后才能打开笼子的门出来。不断地尝试错误，猫最后终于（偶然地）会拉绳子或者踩踏板打开笼门。随着每次成功出来，猫的行为变得越来越有目的性，很快它就学会一被放进笼子里立刻就能出来。

按照桑代克的**效果率**（law of effect），如果之后伴随的是一个愉悦的结果，那么行为再次出现的可能性就增大了。总之，受到奖励的行为就会更可能再次出现（Thorndike，1911）。桑代克的效果率是研究随意行为如何受到它们结果调节的第一步。

B. F. 斯金纳（B. F. Skinner）（1904—1990）将桑代克的效果率扩展到了更复杂的行为上。作为一个严格的行为主义者，斯金纳拒绝像愉悦、愿望或随意这样的概念，因为它们是关于机体感受和愿望的推断。这些概念同时还意味着行为是由意识选择或者意图而来的。斯金纳相信如果要理解行为，我们必须只考察那些可观测的、外显的或者在环境中的刺激和反应。我们必须看学习者外部的，而不是内部的表现。

为了科学地验证他的理论，斯金纳进行了系统性的研究。典型的斯金纳实验用动物，通常是鸽子或者大白鼠作为被试，还有一种后来被称为斯金纳箱（见图 6—8）的实验装置。斯金纳训练动物学会按压杠杆以得到食物颗粒。动物每次按压杠杆都得到一个食物颗粒，可以据此记录大白鼠反应的次数。斯金纳用这个基本的实验设计解释了许多操作性条件作用的原理。

操作性条件作用　受到结果控制的随意反应的学习（也称为工具性或斯金纳条件作用）。

强化　加强一种反应并使它更可能再次发生。

惩罚　减弱一种反应并使它更不可能再次发生。

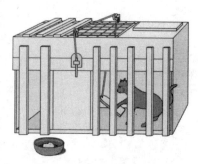

图 6—7　桑代克箱。桑代克将这样一种箱子用于其所做的猫的"尝试错误"的实验。当猫踩到箱内的一个踏板上，门就会被打开，猫可以跑出来吃到食物（Thorndike，1898）。

217

效果率　桑代克提出，当一个行为之后是一个愉悦的或者满意的结果，就会加强这一行为重复的概率。

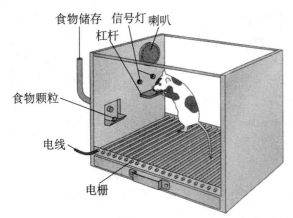

食物储存 信号灯 喇叭
杠杆
食物颗粒
电线
电栅

图6—8 典型的斯金纳箱。注意食物颗粒如何落入食槽。信号灯、喇叭和电栅可以在操控学习的环境中使用。

跟他强调的外部、可观测的行为一致，斯金纳强调强化（增加反应出现的可能性）和惩罚（降低反应出现的可能性）总是根据已发生的事实来确定的。这强调了只有行为过后的奖励或惩罚才是重要的。假设你要借家里的车周五晚上开出去，而你父母说你必须先把车给洗了。如果他们允许你把洗车拖到周末才做，那你还有多大可能性会去洗呢？根据他们自己的"尝试错误"经验，大部分父母都学会了要洗完车之后才给你回报，而不是之前就给。

除了告诫我们强化和惩罚都要在反应之后才给，斯金纳同样提醒我们注意要以反应行为增多或减少为标准。这是因为有时候我们以为我们是在强化或者惩罚，而其实却正相反。例如，对于一名教授来说，她可能认为每次发言都叫那些害羞的学生来回答可以鼓励他们发言，但如果害羞的学生实在受不了这种众人的注目呢？这样，他们在班里发言的次数就会减少。同样，在女士接受了第一次约会以后，男人们就开始给她们买糖果和鲜花，因为众所周知女人们喜欢这些。但是，如果有些女士讨厌糖果（设想一下！）或者对鲜花过敏，在这个例子中，本想强化的男士实际上却在惩罚。斯金纳认为我们要考察观察对象的实际反应——而不是我们认为他人应该是这样想或这样做。

▍基本原理：理解操作性条件作用

如果你需要额外的帮助以顺利应用操作性条件作用改善日常生活的话，你就需要理解几个重要的原理。让我们由强化一个反应中涉及的几个因素（初级和二级强化、正强化和负强化、强化的程序、塑造）开始。最后，我们会介绍正惩罚和负惩罚，以及总结经典条件作用和操作性条件作用之间概念上的共同之处。

强化——加强某个反应

之前我们提到过斯金纳是一个严格的行为主义者，坚持科学观测只限于那些可观测的行为。因此，斯金纳用强化物和强化来作为"加强某个反应"的概念，而不是用像奖赏（关注于感受）这样的词。正如表6—2中所示的那样，强化物被区分为两类：初级和二级。这些强化物既可能用作正强化，也可能用作负强化。

表6—2	强化如何增加行为	
	正强化 施加（＋）并巩固行为	负强化 撤销（－）并巩固行为
初级强化物	你帮了朋友一个忙，她请你吃饭作为回报。 你帮朋友洗车，她拥抱你。	你洗了碗，室友停止抱怨。 你吃了片阿司匹林，头不疼了。
二级强化物	你的利润增加了，得到200美元作为奖励。 你努力学习，在心理学考试中得到了一个好成绩。	你销售业绩很好，老板说以后你周末就不用工作了。 因为单元测验成绩很好，教授说你期末不必参加考试了。

（1）初级和二级强化物。强化某个反应的主要手段之一就是采用初级强化物和二级强化物。像食物、水、性这些不需要通过学习得来的基本生理需求叫做**初级强化物**（primary reinforcers）。相反，像金钱、表扬、关注和物质财富等没有固有内在价值的叫做**二级强化物**（secondary reinforcers）。它们强化行为的作用只能通过学习得来。例如一个婴儿会觉得牛奶要比 100 美元的支票是更有用的强化。不用说，当这个婴儿长到青少年的时候，就会选择要钱。在西方人中金钱是被广泛使用的二级强化物，大家都明白金钱可以用来购买想要的商品。

初级强化物　由于满足生物学需要而增加了反应概率的刺激，如食物、水和性等。

二级强化物　由于习得的价值而增加了反应概率的刺激，如金钱和物质财富等。

（2）正强化和负强化。施加或者撤销特定的刺激同样可以巩固行为。比如你逗你的小孩，他会对你笑，他的笑就会增加（或者巩固）你将来再次逗他这种行为发生的可能性。这笑本身对你来说就是正性强化物。这个过程叫做**正强化**（positive reinforcement）。另一方面，比如你的孩子很难过、在哭泣，你拥抱了他而他止住了哭泣。这次哭泣被移除就是负性强化物。这个过程叫做**负强化**（negative reinforcement），用拥抱来"移除"哭泣会增加你将来在他再次哭泣的时候拥抱他的概率。这两种反应都会强化（或增加）你的笑和拥抱行为。

正强化　施加（或呈现）一个刺激，加强了一个反应使其更可能再次发生。

负强化　撤销（或移除）一个刺激，加强了一个反应使其更可能再次发生。

（作为一个批判性思维者，你会想到在这个例子中对婴儿来说是什么情况。作为父母，受到了正强化和负强化；而在同一个例子里，婴儿只受到正强化。他学到了只要他笑就会使你更多地逗他，而他的哭会让你拥抱他。但是你不必担心用拥抱来强化哭泣会产生更大的问题，你的孩子很快就会学会说话，会用"更好"的方式交流。）

为什么负强化不是惩罚

许多人听到"负强化"这个概念的时候都会想到惩罚。但请注意，这是两个不同的概念，并且两者是完全相反的过程。强化（无论正性还是负性的）会促进某种行为，而正如我们在下一节中将看到的那样，惩罚会削弱某种行为。

我的学生们发现，如果采用数学的角度（就像表 6—2 中表示的那样）来看待正性和负性强化，而不是用个人价值的看法认为正性就是"好的"或负性就是"坏的"，这样理解起来就比较容易。我们可以把正强化看做施加（＋）某种措施或事物使得行为发生的可能性增大。相反，负强化是撤销（－）某种措施或事物使得行为发生的可能性增加。例如，当你漂亮地完成了工作，老板称赞你时，这种给你的称赞（＋）就是你行为所引出来的结果，因此，你将来也会更加努力工作。同样，如果老板说由于你工作出色将来你就不需要再去做那些枯燥的部分工作了，这种撤销（－）枯燥工作就是负强化，同时你也会更加努力工作。

行动中的强化。父亲的关注是初级强化物还是二级强化物？

当我学习一阵子以后才去看电影是不是就是负强化了？不是，这其实是一种正强化。因为只有在你学习之后，你才施加了"去看电影"，这会增加（正强化）你的学习行为。

在这个例子里，用到了**普雷马克原理**（Premack principle）。心理学家大卫·普雷马克（David Premack）认为所有自然发生的、高频率的反应都可以被用来提高低频反应出现的几率。当你意识到自己很喜欢去看电影时，就直觉地把不那么想要的低频活动（学习）跟高频或者是很渴望的活

普雷马克原理　利用自然发生的高频反应强化并增加低频反应。

动（去看电影）联系到一起了。在大学生活中的其他方面，也可以用到普雷马克原理，比如在你约朋友出来或者去吃东西之前先让自己写 4 页期末论文或者阅读 20 页文章。

那么我是在每次去看电影前都要用普雷马克原理，还是只偶尔用一下？回答起来很复杂，根据你最想要的结果而有所不同。要做出决定，首先要了解各种不同的强化分类，这个分类包括一些可以决定某种反应什么时候受到奖励、什么时候不会的规则（Terry，2003）。

强化的程序

强化的程序指的是反应被强化的比率或时间间隔。虽然有很多种不同的强化程序，最重要的区分还是持续强化和部分强化。在斯金纳训练动物的时候，他发现如果每次反应出现时都给予强化——**持续强化**（continuous reinforcement）程序，这时动物学习最快。然而，真实生活中很少会有持续的强化。你不可能每次写作文都得 A，也不是每次约会对方都答应。但你的这些行为还会坚持下去，因为你的努力在有些时候会得到回报。大部分日常生活中的行为都是像这样**部分（或间歇）强化** [partial（intermittent）reinforcement] 的，即只对某些反应而不是全部反应进行强化（Sangha et al.，2002）。

为了有效地将这些原理应用于生活中，需要记住的是持续强化比部分强化导致的学习速度更快。例如，如果一个儿童（或成人）在一个视频游戏中每次击毁一艘异族的飞船都得到奖励（持续强化），相对于打上三四次才会有一次奖励（部分强化），他们就会学得更快。另一方面，设想一下你要为你的孩子每天早上起床、刷牙、整理床铺、穿衣服等等而奖励他，但你不可能保持这种每次做了该做的事就给奖励的规律。虽然持续强化会加快开始阶段的学习，但它却不是一个长期保持某种行为的有效系统。

因此，当某种任务已经学会了以后，就需要采取部分强化的策略了。为什么呢？因为在部分强化作用下，行为是最不容易消退的。不知你是否注意到，那些把大量时间花费在赌博机上，一直在那里压按钮拉摇杆以期得到不断累计的奖注的情形？这种即使明知会输但行为还是保持很高频率和强迫性的继续赌博就是部分强化下行为很难消退的证据。这种部分间歇性的强化同样可以帮助父母们维持孩子刷牙、叠被子这类事情。在儿童通过持续强化学会这些行为以后，就需要换成偶尔的部分强化。

部分（或间歇）强化的四种方式

部分强化一共可以分为四种方式：**固定比率**（fixed ratio schedule，FR）、**可变比率**（variable ratio schedule，VR）、**固定间隔**（fixed interval schedule，FI）、**可变间隔**（variable interval schedule，VI）。表 6—3 中给出了这些概念的定义和一些实例。

怎样决定选择哪种方式呢？选择哪种部分强化的方式要根据所研究的行为和想要达到的学习速度来决定的（Neuringer，Deiss & Olson，2000）。例如，你想要教会你的狗学会坐下。开始时，每次你的狗一坐下你就给它一块小甜饼作为强化（持续强化）。为了节约饼干，同时也为了让训练的

持续强化 强化每个正确反应。

部分（间歇）强化 强化一些但不是所有的正确反应。

⊙ **学习提示**

　间隔是基于时间的，比率是基于反应的。

固定比率方式 强化发生于预定好的一系列反应完成后；比率（数量上）是固定的。

可变比率方式 强化不是预定好的；其比率（数量上）可变。

220 **固定间隔方式** 强化发生于预定好的一段时间之后；（时间）间隔是固定的。

可变间隔方式 强化不是预定好的；（时间）间隔是可变的。

效果能更加持久，你可能最后要转变为采用部分强化。如果用固定比率方式，当狗完成坐下这个动作一定次数后你就给它饼干（狗在得到饼干奖励之前必须完成固定数量的反应）。就像图 6—9 中那样，固定比率可产生最高的总体反应率。但这四类部分强化的方式都各有利弊。

塑造

部分强化的四种方式对于保持行为来说都很重要。但如果你想教会一个像弹钢琴或说外语这样新的复杂行为时，怎么办？**塑造**（shaping）通过分步骤不断强化想要的反应以达到最终的结果。它对于学习那种一般自然条件下不会发生的新异行为特别有效。斯金纳认为塑造可以解释生活中从用叉子吃饭、弹奏乐器到开手动挡汽车等很多方面技能的习得过程。

也许，运动员教练、老师和驯兽师都会用到塑造这个技能。比如说，你想用行为塑造方法来让一个小孩学会整理床铺，就可以先对平整床单、摆好枕头（即使只是马马虎虎做的）强化；然后，对这样水平的行为就不再强化了，而是要在他把被单还有枕头塞好才给强化；最后，要盖上床罩、塞好枕头，拉平大部分的皱褶才给予强化。塑造过程中的每一步都要稍微超出之前习得的行为一点点，这样就可以让人把新习得的和之前习得的行为连贯起来了。

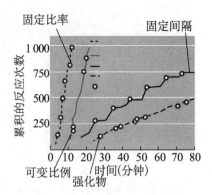

图 6—9 哪种方式更好？ 每种不同的方式都会产生各自不同的反应模式。最好的方式要根据特定任务来决定（见表 6—3）（线上的星星表示给予强化）（改编自 Skinner，1961）。

塑造 强化是以不断接近最终想要结果的方式逐步施加的。

221

表 6—3		强化的四种方式		
		定义	反应发生率	实例
比率方式（基于反应）	固定比率（FR）	强化发生于预定好的一系列反应完成后；比率（数量上）是固定的。	产生很高的反应发生率，强化后，反应发生率有一个暂时的下降。	洗车工每次刷 3 辆车就可以得到 10 美元；大白鼠每按杠杆 7 次就可以得到一粒食物。
	可变比率（VR）	强化不是预定好的；其比率（数量上）可变。	高反应发生率，强化后没有停顿，对消退的抵抗性很好。	赌博机被设计为有一个返还的平均概率（可能是 10 次返 1 次），但对于一台机器来说，可能是第一次返还，然后第 7 次，然后是第 20 次才返还。
间隔方式（基于时间）	固定间隔（FI）	强化发生于预定好的一段时间之后；（时间）间隔是固定的。	反应发生率在强化来临之前升高，但强化发生过后以及在间隔期间反应率就会下降。	领取月薪；当（如果）大白鼠按压杠杆 20 秒之后得到一粒食物。
	可变间隔（VI）	强化不是预定好的；（时间）间隔是可变的。	反应发生率相对较低，但由于人或动物不能预期下次强化什么时候回来，因此其反应还是稳定的。	大白鼠的行为会得到一种时间间隔可变、不可预期的食物强化，在一个常常搞测试的班级里，你的学习会缓慢而稳固，因为你无法预期下次测验会是什么时候。

惩罚—削弱反应

现在你知道了如何增强某种反应，接下来我们要讨论如何削弱不想要的反应。像强化一样，惩罚也会影响行为，但却是相反的作用。惩罚会减少反应的强度——也就是说，使行为再次发生的概率减小。就像强化一样，惩罚也分为两种：正惩罚和负惩罚（Gordon，1989；Skinner，1953）。同样，跟强化类似，可以借用数学上的施加和撤销的概念来代替好的或坏的（见表6—4）。

正惩罚（positive punishment）是施加（＋）某种刺激而使得反应再次出现的概率减少（或削弱）。如果每次孩子晚回家父母都会让他做更多的家务，这就是一种正惩罚。**负惩罚**（negative punishment）是撤销（一）某种刺激而使得反应再次出现的概率减少（或削弱）。如果有个孩子没按时回家父母就没收他的车钥匙，这就是负惩罚的例子。要注意的是正惩罚和负惩罚都是惩罚，都会削弱行为出现的倾向。

正惩罚 施加（或呈现）一个刺激削弱某种反应使其更少可能再次发生。

负惩罚 撤销（或移除）一个刺激削弱某种反应使其更少可能再次发生。

表6—4	惩罚如何削弱和减少行为
正惩罚 施加某种刺激（＋）而削弱行为	负惩罚 撤销某种刺激（一）而削弱行为
你体育课迟到，就必须多跑4圈。	体育课迟到，就不得入列。
孩子成绩单很难看，父母就让他多做家务。	孩子的成绩单很难看，父母就不许他再用手机。
工作太差劲，老板就会发脾气。	工作表现太差，老板就会削减你的业务费用额度。

 评 估

222

形象化的小测试

见诸行动的操作性条件作用

Momoko是一只在日本很有名的5岁大的母猴，她会冲浪、潜水和其他一些令人惊叹的技能。你能否想象出她的训练者是如何利用塑造来教会她这些行为的吗？

答案：训练者开始时会对Momoko站在滑水板上就给予强化（少许食物）。然后，当她每次拉住摩托艇的拉杆时就给予强化。之后，他们

会缓

缓拉着滑水板在地面上滑行，如果她一直站在板上并且不放开拉杆就给予强化。然后他们会带Momoko去风平浪静的浅水区，如果滑板在水中移动的时候她一直站在上面不松手就给予强化。最后带她去深水区，她要是站住了并能成功地滑水才给予强化。

惩罚是很微妙的

当我们说起"惩罚"这个词的时候，大部分人都会想起父母、老师还

有其他一些权威人物所采用的整顿纪律的过程。但其实惩罚的含义远比父母训孩子、老师纠正缺点要多。任何能导致行为减少的施加或撤销某物的过程都是惩罚。根据这个定义，如果父母只去留意追问孩子成绩单上的 B 和 C，而根本不管那些得 A 的，他们的惩罚就在无意间削弱了将来得 A 的概率。如果狗的主人叫狗过来，叫了几次不来，最后终于过来了，如果主人吼它或者打它其实是在惩罚想要的一叫就来这种行为。同样，如果学院的管理者因为系里到年终还有结余款没有用掉而要求上缴，是在惩罚省钱这种行为。（嗯，我加上最后一个例子，就是要给我们院的管理者一个信息！）

如你所见，惩罚是微妙的。但是学习心理学的一个好处是现在你了解了正惩罚和负惩罚（正强化和负强化）是如何操作的。知道了这些，你就可以成为一个更好的父母、老师、权威人士，也可以成为更好的朋友和爱人。在扮演这些角色时，可以参考以下的一些讨论和特别建议。

首先，要认识到惩罚在我们的社会生活中起到了显著而不可或缺的作用。在斯金纳的书《瓦尔登二世》（*Walden Two*）（1948）里，描绘了一个强化完全替代了惩罚的乌托邦（理想）世界。但不幸的是，我们的真实世界中，只有强化是不够的：必须制止社会上危险的犯罪；父母必须阻止孩子跑到大街上；青少年们不得酒后驾车；老师们也必须制止扰乱课堂的学生以及操场上的恶霸。

惩罚是必要的，但也是会有问题的（Javo et al.，2004；Reis et al.，2004；Saadeh, Rizzo & Roberts，2002）。惩罚必须紧跟行为而且保持前后一致性才会有效。但在真实世界中这很难做到，警察不可能对每一个超速者都立刻制止。

更糟糕的是，如果惩罚不是即时的，在延迟期间，不想要的行为常常会被强化，无意间成为部分强化，会使得这种不想要的行为更难消退。想一下赌博的问题，对几乎所有人来说，那都是一个惩罚的情况——大部分时候输的都比赢的多。但是，偶尔赢的那几次就会"紧紧地把你拴在那里"。

也许，更重要的是，如果惩罚在不当行为之后即时施行，接受者可能会学到什么是不该做的，但还是学不到什么是该去做的。设想一下，要教一个儿童"狗"这个单词，每当他说得不对的时候一味地只是说"不对"，那这个孩子（还有你自己也是）很快就会感到很挫败。如果在教别人的时候能给出一个正确行为的明确样例就会更加有效，比如给孩子看狗的照片并且说"狗"这个词。惩罚还有另外一些严重的副作用（见表6—5）。

表 6—5	惩罚的副作用

（1）增加攻击行为。因为惩罚总是会让不想要的行为减少。至少在当时，惩罚者会收到采用了惩罚措施的强化。因此，惩罚者和接受者都会被不适宜行为强化，形成恶性循环——对惩罚者来说施行惩罚是强化，对接受者来说害怕和顺从是强化。这样的副作用在一定程度上解释了家庭虐待中暴力不断增加的原因（Javo et al.，2004；Larzelere & Johnson，1999）。除了害怕和顺从以外，接受者还可能会变得抑郁并且/或者采取他自己的攻击形式。

续前表	惩罚的副作用

（2）被动攻击。对于接受者来说，惩罚通常会引发挫败感、愤怒甚至攻击。但我们大部分人都会从经验习得对惩罚者（尤其是那些更大块头、更强壮的）报复性的攻击常常会招致更多惩罚。这样我们就会控制直接攻击的冲动而求诸更为迂回的策略，比如晚点来或者忘记帮他寄信之类。这些就是被动攻击（Gilbert, 2003；Stormshak, Bierman, McMahon & Lengua, 2000）。

（3）回避行为。没人喜欢被惩罚，因此我们会躲着惩罚者。如果每次你一回家父母或者爱人就冲你吼，你就会很晚才回家或者夜不归宿了。

（4）榜样。你是否注意到，有些父母为了让他们的孩子不要去打别的孩子，而自己却恰恰用的就是打骂。这些惩罚孩子的父母无意间做出了自己想要制止的行为的"榜样"。

（5）暂时抑制。比如司机，见到警车立刻就会减速慢行，而一旦脱离了警察的视线范围就立刻恢复原先的车速。惩罚通常只会使行为在惩罚者在场或惩罚情境中暂时压抑。

（6）习得无助。为什么人们会留在虐待家庭或婚姻中？研究表明，如果个体控制自身周围环境的努力不断地失败，就会产生一种无力感或者习得无助，然后就不再试图逃离了（Alloy & Clements, 1998；Seligman, 1975；Shors, 2004；Zhukov & Vinogradova, 2002）。

评 估

形象化的小测试

考考你自己

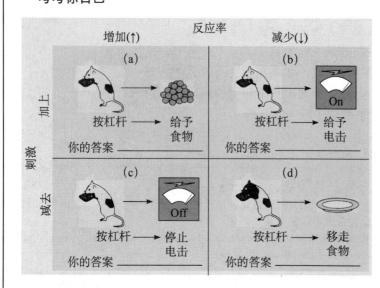

正强化、负强化、正惩罚、负惩罚。浏览一下这些图，把答案填到空白中。

答案：（a）正强化；（b）正惩罚；
（c）负强化；（d）负惩罚。

提示：强化和惩罚

在学完了基本的学习原理后，你是否能在自己的生活中有效运用？最好的方法是联合运用一些主要原理强化适宜行为，使不适宜行为消退，对于极端情况（比如 2 岁孩子跑上马路）使用惩罚。这里有一些更进一步的提示。

（1）反馈。无论在强化还是惩罚时，对于想要改变行为的人或动物都要保证提供及时而清楚的反馈。尤其是在惩罚时，要清楚地表明什么是想要的行为，因为惩罚仅仅表明了什么是不想要的反应。换句话说，就是要给接受者一个不会受惩罚的反应选择。

（2）时机的选择。强化和惩罚都需要尽可能地在反应之后立刻实施。有很多理由说明老话常说的"等你爸回来收拾你"很显然是不合适的。在那样的情况下，延迟的惩罚已经不再和不适宜反应联结在一起了，对于强化也同样如此。如果想要减肥，不要等到减了 30 磅才给自己买全套衣服，而是每减掉几磅就给自己一件小礼物（比如新衬衫或短袖）犒劳一下。

（3）前后一致。无论强化还是惩罚都要前后一致才会有效。大家都看过超市里小孩闹着要糖吃吧？父母开始时通常会说"不"。但随着孩子叫得越来越大声并且开始发脾气的时候，父母常常会放弃并且给他买糖。虽然孩子停止哭闹让

父母暂时轻松了（负强化），但是，你有没有看到背后埋下了更大的问题呢？

首先，孩子因为尖叫和发脾气而得到正强化，这些行为将会增加。更糟糕的是，父母的不一致（开始说"不"然后又偶尔放弃）使得索要糖果受到了部分强化，使得发脾气这种行为很难消退。就像输得叮当响的赌徒还要继续玩一样，小孩也会继续索要、尖叫、发脾气以期得到偶尔的回报。

因为有效的惩罚需要持续的监督和前后一致的反应，因此几乎不太可能做一个"好的惩罚者"。最好的（也是最简单的）方法就是对好的行为用一致的强化、把坏的行为消退掉。当孩子在超市里很乖很听话时要给予表扬，对于发脾气要一致地拒绝他的要求并且不理会哭闹。

（4）呈现的顺序。作为一个青少年，你有没有跟父母多要一些零花钱做补贴？之后又"忘记"了自己承诺周六修剪草坪？作为父母，你有没有曾经要求你的孩子放学赶紧回家，因为"十几岁的孩子在半夜总会惹麻烦"。你知道为什么额外的零花钱必须要在除草以后才给，为什么没闯祸之前就给惩罚会产生挫败感和怨恨吗？强化和惩罚都要在行为发生之后才给，而不能是之前就给。

经典条件作用和操作性条件作用的总结和比较

你是不是觉得快要湮没在经典和操作性条件作用的这一大堆重要的术语和概念中了（许多看上去还是重叠的）？现在就让我们停下来仔细地回顾一下，表 6—6 中总结并比较了两种主要类型条件作用中所有的关键

术语。

表 6—6	经典和操作性条件作用的比较	
	经典条件作用	操作性条件作用
开创者	巴甫洛夫 华生	桑代克 斯金纳
主要概念	中性刺激（NS） 无条件刺激（UCS） 条件刺激（CS） 无条件反应（UCR） 条件反应（CR） 条件性情绪反应（CER）	强化物（初级和二级） 强化（正性和负性） 惩罚（正性和负性） 塑造 强化的程序（持续和部分）
实例	害怕听到牙医钻的声音	婴儿哭了，你抱起了她
共享的概念	泛化 分化 消退 自发恢复	泛化 分化 消退 自发恢复
主要区别	学习基于配对联结 非随意（个体是被动的）	学习基于结果 随意的（个体是主动的，"操纵"周围的环境）
效应顺序	中性刺激要在无条件刺激之前呈现	强化和惩罚要在行为之后实施

226

　　正如表 6—6 中所表现的那样，经典和操作性条件作用之间有一些相似之处。例如，在我们先前讨论经典条件作用的原理时，你需要知道什么是刺激泛化、刺激分化、消退和自发恢复。这些概念在操作性条件作用中同样存在。正如 11 个月大的阿尔伯特把他对大白鼠的恐惧泛化到兔子和圣诞老人面具上，操作性条件作用的反应同样会泛化。学会了"爸爸"这个词（通过操作性条件作用中的塑造）以后，小孩通常会把所有的成年男性都叫爸爸，这就是刺激泛化的一种形式（会让父母很烦恼）。在父母解释其中的区别之后，孩子就学会了区分（刺激分化），只管一个男人叫爸爸。

　　在经典和操作性条件作用中，消退都发生在原先的学习来源被移除后。在经典条件作用中，条件反应（阿尔伯特对大白鼠的恐惧）会在条件刺激（大白鼠）不断重复出现而一直没有非条件刺激（强噪音）出现时消退。在操作性条件作用中，如果强化（大白鼠的食物）不再出现，反应（按压杠杆）就会逐渐下降。在经典或操作性条件作用消退之后，都可能会有自发恢复。在经典条件作用中对大白鼠的恐惧有可能自发地回来，在操作性条件作用中按压杠杆也可能再次出现。

　　最后一个对比是，在经典条件作用中，我们讨论过高阶条件作用。它发生在中性刺激跟一个已经形成的条件刺激配对呈现时，这个条件刺激已经可以产生一个习得的反应了。我们说如果你想解释巴甫洛夫狗的高阶条件作用，首先要让狗形成对声音分泌唾液的条件作用，然后把闪光和声音配对呈现，最后，只呈现闪光时狗就会分泌唾液。

　　在操作性条件作用中也存在类似过程，只是名称不同。如果大白鼠学

日常生活中的区分刺激。

会只在有闪光的时候按压杠杆才会有食物，它很快就会学会在只有闪光的时候才做出反应。这个闪光成为**区分刺激**（discriminative stimulus），是表示反应是否会有回报的信号。在日常生活中，我们很多时候都要依靠区分刺激：我们只在铃声响起时才接电话，进卫生间时会看男女标识，孩子们很快就学会了去跟祖父母要玩具。

区分刺激　一个标志线索，说明特定的反应会导致期待的强化。

形象化的小测试

生活中的条件作用

"我想妈妈在用罐头起子了。"

你能解释为什么这个情节既是经典又是操作性条件作用吗？

答案：开始时，狗不自主地把罐头起子的声音和食物配对联系起来（经典条件作用）。之后，狗一听开罐头的声音就跑过去，得到了食物的正强化（操作性条件作用）。

批判性思维

主动学习　227

在大学中如何运用学习原理获得成功

心理学理论和研究教给我们主动的学习可以得到好成绩。主动学习的意思是使用在"学生成功的工具"中提到的 SQ4R（调查、提问、阅读、背诵、复习、写作）学习策略（第 43～49 页）。一个主动学习者也会在保有旧知识和简单行为模式的同时把新的知识用到日常情境中去。当你把课堂学到的概念用到你自己的生活中时，你的领悟能力就提高了。

现在你已经学完了学习的原理，以下这些方法可以帮你运用新的知识达成教学目标并拥有一个愉快的大学经历。

（1）对于学习、完成作业、课堂出勤等，要想出三种途径来进行自我正强化。

（2）跟朋友们讨论参加俱乐部或校园活动如何能强化你对教育的承诺。

（3）比较一下在你喜欢的课程和不喜欢的课程上，花在复习考试上的时间和精力有何不同。能不能运用普雷马克原理来改善一下呢？

（4）考试的时候你紧张吗？怎样用经典条件作用来解释？看能不能用消退的原理来削弱这种反应。

评 估

检查与回顾

操作性条件作用

在操作性条件作用中，人和非人类动物通过他们反应的结果来学习。行为受到强化还是惩罚（结果）会影响反应是否还会出现。桑代克和斯金纳是操作性条件作用的两位主要奠基人。桑代克的效果率认为受到奖赏的行为会更可能再次发生。斯金纳把桑代克的工作扩展到更复杂的行为中，但强调只限于外部可观测的行为。

操作性条件作用包括几个重要的概念和原理。强化是可以巩固或增加行为的程序。惩罚是削弱或减少行为的程序。为了加强一个反应，我们可以使用初级强化物，满足那些非习得的生理需要（例如饥、渴），也可以使用二级强化物，具有习得的价值（比如金钱）。正强化（施加某些东西）和负强化（撤销某些东西）可以

增加行为再次出现的可能性。按照普雷马克原理，经常发生的行为可以用来强化那些不太常发生的行为。持续强化对每次正确反应都给奖励，部分（或间歇）强化只对某些指定的反应（而不是全部）进行强化。有四种部分强化的方式：可变比率、可变间隔、固定比率和固定间隔。复杂的行为可以通过塑造来训练，即系列的强化逐渐接近想要的行为。

正惩罚（施加某些东西）和负惩罚（撤销某些东西）可以减少行为再次出现的可能性。虽然有些惩罚是必要的，但惩罚还是有严重的副作用的。

问题

1. 定义一下什么是操作性条件作用，比较它跟经典条件作用的区别。

2. 负惩罚＿＿＿＿反应继续出现的概率，负强化＿＿＿＿反应继续出现的概率。

（a）减少、减少
（b）升高、减少
（c）减少、升高
（d）升高、升高

3. 部分强化使得反应更加＿＿＿＿消退。

4. Marshall总在班里捣乱，他的老师用了很多种惩罚，想让他减少这种错误行为。列举出这种观点的五种潜在问题。

答案请参考附录B。
更多的评估资源：
www.wiley.com/college/huffman

228

认知—社会学习

学习目标
我们什么时候、怎样按照认知—社会理论来学习，以及在日常生活中如何应用？

认知—社会理论 强调思考和社会学习在行为中的作用。

目前，我们已经讨论了涉及刺激和观察到的行为之间联系的学习过程。一些行为主义者认为几乎所有的学习都可以解释为刺激—反应联结。其他一些心理学家认为学习不仅仅可以被解释为经典条件作用和操作性条件作用。**认知—社会理论**（cognitive-social theory，也称做认知社会学习或认知行为理论）合并了条件作用的一般概念。但与其说是S-R（刺激和反应）的简单联结，还不如说这个理论强调了个体的思考和解释作用——S-O-R（刺激—个体—反应）。按照这种观点，人类（包括老鼠、鸽子和其他动物）有态度、信念、预期、动机和情绪，尤其是人和动物都是能够通过观察和模仿其他人而进行新的行为学习的社会生物。我们先来看看认知—社会理论的认知部分，然后是学习的社会方面。

顿悟和潜在学习：强化在哪里？

就像你在本教材中发现的，认知因素在人的行为和心理活动中起了很重要的作用。因为这些因素在一些其他的章节中有所覆盖（比如记忆和思

维/语言/智力），我们这里的讨论只局限于沃尔夫冈·柯勒（Wolfgang Köhler）和爱德华·托尔曼（Edward Tolman）关于顿悟和潜在学习的经典研究。

柯勒的顿悟研究

早期的行为主义者把心理比做"黑箱"，不能直接观察到它的工作过程。德国心理学家沃尔夫冈·柯勒想看到黑箱子里的内容。他认为比起"试误"中对刺激的反应，有更多的东西要学习，特别是解决复杂的问题。在第一次世界大战期间进行的几个实验中，柯勒给黑猩猩和大猿设置了不同类型的问题，想看看它们怎样学习解决这些问题。在一个实验中，他在笼子里的黑猩猩够不到的地方放了一个香蕉。为了得到香蕉，黑猩猩需要借助笼子近旁的一根棍子才行。采用桑代克的"试误"或斯金纳的"老鼠和鸽子"的方式，黑猩猩无法解决这些问题。柯勒注意到，它坐下并思考了片刻，然后**顿悟**（insight）出现了，黑猩猩捡起棍子去把香蕉弄到自己可以够到的地方（Köhler, 1925）。

柯勒的另一个叫做 Sultan 的黑猩猩被放在类似的情境中。但是这次放了两个棍子，而且香蕉被放得更远，只有一个棍子很难碰到。Sultan 看起来对香蕉失去了兴趣，而是继续玩棍子。当它发现两个棍子可以接在一起的时候，它立刻用接长了的棍子去够到了香蕉。柯勒称这种学习为顿悟学习。我们只能把香蕉的出现和用棍子够到之间发生的一些心理事件称为"顿悟"。

托尔曼研究的潜在学习

前人的研究认为大白鼠通过"试误"和奖励来学习迷宫。爱德华·托尔曼（1898—1956）认为他们低估了大白鼠的认知加工和认知学习。他注意到迷宫中的大白鼠看起来在某些交叉路口暂停，好像在考虑走哪条路。当允许它们在迷宫中无目的地漫游，最后都没有食物奖励的时候，大白鼠似乎也形成了迷宫的**认知地图**（cognitive map）或心理表征。

为了检验这种认知学习的想法，托尔曼让一组大白鼠在迷宫里漫无目的地探索，没有任何强化。另一组大白鼠只要走到迷宫的出口，就会获得食物奖励。第三组大白鼠一开始没有得到奖励（在前 10 天的实验中）。但是从第 11 天开始，它们发现了迷宫终点的食物。按照简单的操作性条件作用的预期，第一组和第三组大白鼠应该很慢才能学会迷宫，而第二组因为曾经有过强化，应该稳步提高，很快学会迷宫。但是，当第三组在第 11 天开始受到强化后，它们很快就学会了走迷宫，表现得不比曾经受到过奖励的组差（Tolman & Honzik, 1930）。对于托尔曼来说，这很有意义。这证明了没有受到强化的大白鼠无目的探索的时候也在思考并构建认知地图，它们隐藏的**潜在学习**（latent learning）只会在有理由显示（食物奖赏）的时候才会表现出来。

认知学习不只局限在大白鼠身上。如果往一只金花鼠的领地里放一段木头，它会去探索一番，但若没找到食物很快就会离开。然而，当天敌出现在这块领地的时候，金花鼠会直接跑向木头藏在下面。同样，你小时候可能骑着车在周围到处转转，并没有特别的原因或者目的，只有当后来你

这是顿悟吗？ 沃尔夫冈·柯勒的一只名叫 Grande 的黑猩猩刚刚解决了如何才能够到香蕉的问题。这是顿悟还是试误？（另外，在地上的黑猩猩正在进行着观察学习——我们的下一个话题。）

顿悟 对情境中问题的突然理解。

229

认知地图 有机体对已穿行的三维空间的心理表象。

潜在学习 没有行为迹象而存在的隐藏学习。

班杜拉的经典 Bobo 娃娃研究。 这个孩子看到了成年人揍 Bobo 娃娃，然后就会模仿这种行为。

观察学习 通过观察他人学习新的行为或信息（也称做社会学习或榜样示范）。

爸爸要找一个邮箱的时候你才会清楚地表现出这些隐藏的知识。托尔曼的未受强化的大白鼠很快就成为受过强化的，金花鼠知道圆木底下可以藏身，你知道邮箱的位置以及最近的实验证据（Burgdorf, Knutson & Panksepp, 2000）都是潜在学习的清晰证据，它们清楚地表明了内部认知地图是存在的。

观察学习：见到的，我们就会学着做

在第一次看过总统选举辩论之后，我朋友5岁的女儿问："我们喜欢他吗？"这是一种什么学习形式？除了经典和操作性条件作用以及认知加工（比如顿悟和潜伏学习）过程，这个小孩的问题表明，我们也通过观察和模仿其他人学习到很多东西——因此命名为**观察学习**（observational learning）（或社会学习，或榜样示范）。从出生到死亡，观察学习对我们的生理、心理和社会生存（生理心理模型）都是非常重要的。观察其他人能帮助我们避免环境中的危险刺激，教我们怎样思考和感觉，告诉我们怎样在社会情境中行动和互动。

一些观察学习的重要事例来自罗伯特·班杜拉（Albert Bandura）和他的同事的实验（Bandura, 2003；Bandura, Ross & Ross, 1961；Bandura & Walters, 1963）。想知道小孩是否通过观察其他有攻击性的人而变得有攻击性，班杜拉和他的同事做了几个实验。他们让孩子观看一段现场或电视的表演：成年人踢打一个叫 Bobo 的充气玩具，并同时对他吼叫。然后，让小孩在房间里和同样的玩具玩。像班杜拉假设的那样，比起那些没有看到表演的孩子，看过攻击性表演的孩子对 Bobo 有更大的攻击性。也就是说，"猴子看到啥，猴子就做啥"。

但是，我们并不是复制和模仿我们看到的每件事。按照班杜拉的观点，观察学习至少要四个过程。

（1）注意。观察学习需要注意。这就是老师一直不断地让学生看他们的演示的原因。

（2）保持。为了学会复杂的舞步，我们要仔细观察并记住指导者的方向和演示。

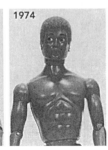

观察学习和榜样示范。 注意到兵人 G. I. Joe 的胸围尺寸从1964年开始翻了一倍。你知道这种榜样示范作用可以怎样解释现在的男人们为什么越来越注重胸肌的大小了吧？或者为什么他们会服用类固醇来促进肌肉生长？（资料来源：《像 G. I. Joe 那样强壮，关心那些98磅的瘦弱者》，载《纽约时报》，D2，1999 - 05 - 30。）

（3）动作重现。如果缺少被模仿者必要的动作技巧，观察学习就不会发生。我和我丈夫进行的最坏的争吵就是在他尝试教我滑雪的时候。虽然我注意并记住了他的教导，但是我甚至在最基本的技巧上都重复失败——比如站着。因为他是滑雪很多年的老手，他忘记了在初学时的一些很重要的步骤。我最初的动作技巧并没有达到基本掌握的水平。我们的争论被一个专业的滑雪教练制止了（也挽救了我们的婚姻）。（注意到我强调了那是个"专业"的教练了吗?）

（4）强化。我们决定是否重复被模仿者的行为建立在是否被强化的基础上。如果我们看到很多人在股票市场赚了钱，我们可能会模仿他们的行为，而股票崩盘时我们可能不会这样做。

聚焦研究

闻名世界的理论（由 Thomas Frangicetto 提供）

班杜拉的"Bobo 娃娃"研究被认为是社会心理学的经典。它证明了儿童会模仿他们在电视上观察到的榜样示范。为什么这个结果很重要呢？也许，教育学者、政治家们长久以来一直在抱怨孩子们从电视上学到的负面的东西。那正面的效果？世界范围内，数以百万计的人花了一生中很大一部分时间看电视。这些花在观察学习上的时间能不能起到好的作用呢？

答案是肯定的。按照最近的一篇文章，研究者和电视制片人生产出了长期娱乐性的系列剧，其特征是明星来示范一些正面行为并得到好的结果（用电视力量来做好事，2005）。幸运的是，那些"肥皂剧"对于文盲、艾滋病毒、人口过剩和性别歧视这些社会问题有一些戏剧性的效果。比如以下这些：

● 1975 年，墨西哥执行制片人 Sabido 做了一档娱乐肥皂剧《跟我来》鼓吹成年人识字班。该剧的成功令人难以置信，当年参加成人识字班的人数是之前的九倍。

● 20 世纪 90 年代早期，在非洲国家坦桑尼亚，致命的巫术和谣言很多。按照这个报告的说法，坦桑尼亚人相信艾滋病毒"是通过蚊子叮咬传播的，在性行为中使用避孕套会产生这种病毒"（Smith，2002）。1993 年坦桑尼亚开播了一档斯瓦希里语的广播节目《跟时代一起前进》，每周两次，结果同样也是异常成功的。

有趣的是，班杜拉的认知—社会理论起到了关键性的作用——不止在墨西哥和坦桑尼亚，在中国和加勒比海沿岸也是如此（Smith，2002）。按照 Smith 的说法，班杜拉的理论"是那些改变了数百万人生活的电视和广播节目的基础"。我们怎么知道呢？

"Sabido 联系了班杜拉，"Smith 写道，"解释说他运用了班杜拉的榜样示范和社会学习理论来拍摄《跟我来》，然后给他看了剧集。"班杜拉深受感动："我认为这是一个有纪念意义的把理论应用于实践的创造活动。"他对史密斯说："我很佩服这么精巧的构思。"Sabido 没有受过正式心理学训练，但他却能"把班杜拉的理论用到真实世界中"（Smith，2002）。

但我们怎么确定墨西哥和坦桑尼亚报告的结果就真的是因果关系而不是相关关系呢？比如说，我们怎么知道坦桑尼亚人越来越多地知道无保护的性行为会导致艾滋病毒感染，减少性伴侣数目、增加避孕套使用，就是直接由观察学习和《跟时代一起前进》所导致的呢？有没有可能其他因素牵涉其中？如果没有肥皂剧的话这些变化是否还能发生？

按照雷沃恩（2004）的说法，"挑战在于分出其中有多少改变是由节目导致的（因果），有多少改变是由这个国家同时发生的其他事件所导致的（相关）"。作为国际人口交流组织（Population Communication International，PCI。该组织在全球范围内制作教育性的肥皂剧）的主席，雷沃恩承认在这种大众媒体研究中使用控制组作为对照很困难。但是，"在坦桑尼亚，我们确实做到了"。国际人口交流组织将坦桑尼亚地图分成两部分，其中一组可以听到《跟时代一起前进》的广播，而另一组听不到。就正性行为和态度改变的增加程度来说，听到广播的组要远远高于听不到的组。对这些结果的详细解释可以参见国际人口交流组织的网页：http：//www. population. org/entsummit/transcript07 _ vaughan. shtm.

在这个网页上，国际人口交流组织也解释了这个"方法"是基于"斯坦福大学教授班杜拉所发展出的社会学习理论"。在班杜拉理论精神的指导下，国际人口交流组织的创作团队按照这样的思路——"好人得到奖赏，坏人倒霉，中间过渡的角色所遇到的难以抉择的处境正是我们日常生活的具体体现。"而关键的"艺术和观众"的联系必须足够重视，因为"观众人数决定了过渡角色们是否会做出更多的正性行为，是否懂得在艾滋病毒面前自我保护，是否会继续接受教育或供养孩子接受教育"（PCI，2005）。这是真正的"行动中的心理学"，是足够值得班杜拉骄傲的遗产。

主动学习问题

（1）观察学习在你的生活中扮演了什么样的角色？你能想出一个特别的例子是学习了榜样的行为吗？他们是谁、有何值得学习的品质？你有没有学过坏的榜样？观察学习是否和良好的批判性思维相抵触？例如，是否观察学习别人的行为会干扰成为一个独立的思考者？

（2）考虑一下雷沃恩所描述的国际人口交流组织的研究，区分以下概念：假设、实验组、控制组、自变量、因变量。你觉得国际人口交流组织得到的结论可靠吗？对于国际人口交流组织自己研究所制作节目的影响力你有何疑问吗？解释一下。

（3）最近，美国心理学会的一个出版物关注于如何在美国减少危害自身健康的行为，例如"吸烟、酒精滥用和长期伏案工作"（Winerman，2005）。按照心理学家James Prochaska的说法，一个主要问题是"美国的医疗健康系统需要把充分整合行为纳入到治疗体系中来"。他鼓励"心理学家们来改变这一现状"。现在我们知道了故事可以满足人们的情绪性需求（Giles，2004），你认为美国版本的《跟我来》或者《跟时代一起前进》是否会有效？解释一下。

目 标　性别与文化多样性

不同文化下的教学技术："脚手架"

现实世界中的学习通常是经典条件作用、操作性条件作用和认知—社会学习的结合。这一点在个体从熟练掌握技术的老师指导中获得新的技能这种非正式情境中尤为明显。这些情境中老师所使用的理想程序就称为"脚手架"（Wood，Bruner & Ross，1976）。如同建筑工人所站的临时平台，认知"脚手架"为学习者习得新知识提供了一个暂时的辅助。在这种认知"脚手架"中，更有经验的人调节了指导的程度以适应学生当前的水平。在多数情况下，"脚手架"将塑造和榜样结合起来。老师选择性地强化了学生的成功，再给学生示范任务中更难的部分。

Patricia Marks Greenfield（1984，2004）描述了在墨西哥的 Zinacantan "脚手架"怎样帮助年轻女孩学习编织。编织对于墨西哥南部高地的 Zinacantan 是文化中的一个重要部分。Greenfield 给 14 个不同熟练程度的学习编织的女孩录像，让每个女孩都轻松随意地完成自己所能做的。一名编织老手通过强化正确的编织并示范更难的技术创造了"脚手架"。有趣的是，老手们常常忘了她们的教学方法或者干脆忘了她们正在教别人东西。多数 Zinacantan 的女人认为女孩们是自己学会编织的。类似地，在我们西方文化中，很多人认为小孩是自己学会说话的，而忽略了小孩常常受到的别人给予的强化（或"脚手架"）。

检查与回顾

认知—社会学习

认知—社会理论合并了条件作用的概念，但是强调思维加工过程或认知和社会学习。按照这个观点，人们是通过顿悟、潜在学习、观察和榜样示范来学习的。

研究黑猩猩的柯勒把学习解释为突然闪现的顿悟。托尔曼认为潜在学习在没有奖赏的时候也能发生并且一直隐藏着，直到将来必要的时候才表现出来。认知地图是人或非人类动物所探索区域的心理表象。

按照班杜拉的观点，观察学习是观察他人如何完成某事的，然后自己将来表现出同样的行为。想要模仿他人的行为，我们必须注意、保持并再现行为，且要有某种强化作为动机。

问题

1. _____影响了早期的认知学习研究。

（a）威廉·詹姆斯与伊凡·巴甫洛夫

（b）B. F. 斯金纳与爱德华·桑代克

（c）沃尔夫冈·柯勒与爱德华·托尔曼

（d）罗伯特·班杜拉与 R. H. 沃尔特斯

2. 没有奖赏的时候也能发生并且一直隐藏着，直到将来必要的时候才表现出来的那种学习叫做_____。

3. 个体所探索区域的心理表象称为_____。

4. 班杜拉的观察学习研究关注于_____。

（a）大白鼠通过探索习得了认知地图

（b）儿童通过观察榜样习得了攻击行为

（c）猫通过尝试错误学会了解决问题

（d）黑猩猩通过推理学会解决问题

答案请参考附录 B。

更多的评估资源：

www. wiley. com/college/huffman

学习的生物学

回想一下，学习被定义为一种由练习和经验导致的行为和心理过程上相对永久的改变。对这种行为改变的保持来说，必定在机体内部有持久的生物改变发生。在这一节，我们将讨论发生在学习中和学习后的神经学改变。我们也将探讨学习的演化优势。

神经科学与学习：适应的大脑

每一次当我们学习一些东西的时候，无论有意还是无意，这些经验就会改变我们的大脑。我们创造了脑结构网络中新的突触连接和变化，包括皮层、小脑、下丘脑、丘脑和杏仁核（Debaere et al.，2004；Fanselow & Poulos，2005；Pelletier & Paré，2004；Thompson，2005）。

我们的脑结构因为经验而改变的证据一开始出现在 20 世纪 60 年代有关丰富和贫乏环境的研究中。研究者在大笼子里养了一组大鼠，笼子里还有另外的大鼠和很多可以探索的物体。这种大鼠"迪士尼乐园"被装饰成彩色的，每个笼子都有梯子、平台和舒适的地方。相反，另一组大鼠在无刺激、被感觉剥夺的环境中。它们被分开单独饲养，除了食物和水的分配以外没有其他东西可以探索。在这两种环境中几个星期后，两组大鼠的大

> **学习目标**
>
> 发生在学习中和学习后的神经学改变有哪些？什么是学习的演化优势？

233

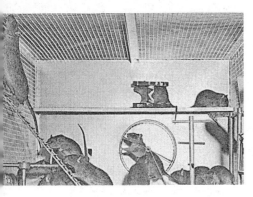

丰富的环境。 大鼠或小鼠生活在有很多客体可以探索的环境中，它们的脑会发展出更厚的大脑皮层和更有效的突触。

味觉厌恶　对已经与恶心或其他疾病联系的特定味道的经典条件化负性反应。

生物准备性　内置的（先天的）对形成某些刺激和反应之间联系的准备状态。

234

味觉厌恶。 土狼发现羊是一种很容易获取的食物资源。但如果它们发展出条件性的对羊的味觉厌恶，就会避免再吃羊转而寻找其他食物。

脑有了明显的不同：在丰富环境中的大鼠的皮层更厚，神经生长因子（nerve growth factor，NGF）更多，有更多发展成熟的突触，并且在很多学习的测验中表现更好（Guilarte et al.，2003；Pham，Winblad，Granholm & Mohammed，2002；Rosenzweig & Bennett，1996）。

诚然，从大鼠到人还是有一大段距离。因为研究者认为人脑也会对环境条件做出反应。例如，在有丰富刺激的环境中的老年人比在有限环境中的老年人在智力和知觉任务中表现更好（Schaie，1994）。

演化与学习：生物准备性和本能漂移

目前，我们强调了行为的学习方面。但是人和其他非人类动物有一些先天的生物学倾向去保证其生存。当你的指头碰到热的物体时，你会立刻拿开你的手。当一个外来的物体接近你的眼睛时，你会自动眨眼。这些简单的反射是对特定刺激做出的专门的自动化反应。除了反射之外，很多物种也发展出了第二套适应性反应，称为本能，或物种特异行为。例如，织巢鸟会用某些草打出特定的结来固定巢穴。即使几代一直被孤立养育，它们仍然会打同样的结。

虽然这些与生俱来的先天的能力对进化来说很重要，但是它们不能应对一些不断发生的环境变化。反射性地从热的物体上缩回手指是对你有好处的，但是如果你知道这个滚烫的物体是一个能让你从着火的大楼中逃脱的门把手呢？环境中很多重要的刺激都要求有灵活的处理方法。只有通过学习我们才能对听到的词汇、写出的符号和其他重要的环境刺激做出反应。从演化的观点来看，学习是一个适应过程，能够使个体在不断改变的环境中生存和繁殖。在这一节，我们将探讨我们的生物遗传怎样在某些情况下有助于更容易地建立一些联结（生物准备性），而在另一些情况下限制我们的学习（生物限制性）。

经典条件作用和味觉厌恶

很多年前，Rebecca（我心理学课上的学生）一边剥开一个糖果一边走进教室。她本来想品尝她喜爱的甜甜的巧克力糖果，却突然尝到又苦又湿的黏黏的味道。她的疑惑马上转为恐怖——她的糖果里充满了蠕动的小蛆！

看到这些你是否感到难受？你可以想象 Rebecca 的感受吗？你可能不会对多年后她看到那种糖果依然感到恶心而感到吃惊。但你可以解释为什么当她看到买糖果给他的男朋友时不会同样恶心吗？

我用 Rebecca 这个生动而真实的故事描述了一个重要的进化过程。当食物或饮品与恶心或呕吐联系到一起后，那个特定的食物或饮品就会成为一个条件刺激，引发条件性的**味觉厌恶**（taste aversion）。如同其他经典条件作用一样，味觉厌恶也是自发的。

你知道为什么这种自动的反应是适应性的吗？如果你的祖先在吃了某种植物之后生病，如果他立刻对那种植物产生厌恶就会增加他生存的可能性——但是对相似的其他植物并不产生作用。类似地，相对于枪、刀和电插板，人们倾向于发展出对蛇、黑暗、蜘蛛和高度的恐惧。我们明显继承了一种先天的对特定刺激和反应形成联结的预备状态，称做**生物准备性**（biological preparedness）。

实验室实验对这种生物准备性和味觉厌恶提供了证据。例如，加西亚（Garcia）和同事（1966）用有甜味的水（NS）和产生胃肠不适（UCR）的药物（UCS）配合呈现。在条件作用形成并且从病中恢复过来之后，大鼠拒绝再喝有甜味的水（CS），因为形成了味觉厌恶的条件作用。但是，值得注意的是，加西亚发现不是所有的中性刺激都可以产生效果。比如，把噪音（NS）或电击（NS）和引起恶心的药物（UCS）匹配就不会形成味觉厌恶。加西亚认为，当我们感到胃不舒服的时候，会自然而然地归因于食物或水，这也是符合进化趋势的。形成将食物或水与恶心快速建立起联系的生物准备状态，是适应性的，能帮我们避免将来吃同样或类似的食物或水（Cooper et al.，2002；Domjan，2005；Garcia，2003）。

本研究质疑了早期的学习理论，即认为可以将任何刺激和反应形成条件作用——只要有机体有执行该行为的能力。但是，在研究中，加西亚发现，味觉—恶心的联结是难以阻止的，而另一些其他联结（噪音—恶心和电击—恶心）却难以形成。

加西亚对味觉厌恶的研究结果很重要，有两个原因。第一，区分出经典条件作用所不能解释的一些例外，可以更好地理解生物准备性。第二，他和他的同事用他们的基础研究帮助解决了西部农场主的经济问题。土狼杀了羊，农场主想杀土狼。但是这种"解决办法"会导致严重的生态问题，因为土狼吃兔子和小啮齿动物。

评 估

形象化的小测试

你能解释这个现象吗？

浣熊可以很容易就学会玩篮球，但它们很难学会把硬币放到存钱罐里。

答案：因为本能倾向，浣熊会本能似的像洗食物那样把硬币放到一起摩擦，而不是把它们放入存钱罐。

在应用的角度，加西亚和他的同事用经典条件反射来教土狼不要吃羊（Gustavson & Garcia，1974）。研究者对刚死的新鲜羊注入能导致土狼恶心和呕吐的化学物质。这个条件作用做得很成功，土狼仅仅见到或者闻到羊就会自己跑开。味觉厌恶研究从此在野外和实验室环境中被广泛检验和应用开来（Aubert & Dantzer，2005；Cooper et al.，2002；Domjan，2005；Nakajima & Masaki，2004）。

操作性条件作用和本能漂移

如我们刚才看到的，行为会受到机体进化历史的影响。这种历史会形成约束，或者叫生物限制性。就像加西亚不能形成噪音—恶心联结一样，其他研究者也发现有些动物的自然行为模式可以干扰操作性条件作用。比如，Brelands（1961）尝试教一只鸡玩棒球。通过塑造和强化，鸡首先学到推一个开启棒球摇来摇去的线圈，后来学会真的击球。但接下来它不是跑向一垒，而是把球当做食物来追逐。虽然追球没有受到强化，鸡自然的行为优先起作用了。一个动物的条件作用反应开始转向（即漂移向）先天的反应模式，这种生物限制性叫做**本能漂移**（instinctive drift）。

人类和非人类动物都可以通过条件作用形成各种新的行为（比如跳过铁圈、转圆圈，甚至滑水）。但是，仅仅有强化不能决定生物的行为。有一种生物学倾向偏爱自然先天的行为。另外，学习领域的理论家们开始时认为条件作用的基本规律可以应用到所有物种和所有行为。但是，后来的研究者发现有些限制（比如生物准备性和本能漂移）限制了条件作用原理的普适性。如第1章中所写的，科学真理的探寻就是一个持续改变和发展的过程。

本能漂移　条件反应转向（漂移）本能反应模式。

235

检查与回顾

学习的生物学

学习和条件作用可以产生相对永久的生物学改变，并且也可以改变大脑的许多部分。但不是所有的行为都是习得的。至少某些行为是先天的、与生俱来的，以反射或本能的形式存在。显然，动物有一套程序去进行某些进化上有益生存的先天行为。

通过生物准备性，个体先天倾向于形成某些特定刺激和反应之间的联结。味觉厌恶是食物和病痛之间迅速习得（常常通过单独一次配对就可以形成）的经典条件联结。这种厌恶给物种提供了一种保护性的生存机制。本能漂移的结果表明操作性条件作用会受到某些生物学上的限制。

问题

1. 根据_____的观点，学习是使得个体生存和繁殖的适应性过程。

2. 加西亚是如何使土狼形成味觉厌恶的？

3. 什么是生物准备性？

4. 当一个生物习得的反应向着先天的反应模式转变时，_____发生了。

答案请参考附录B。

更多的评估资源：

www.wiley.com/college/huffman

运用条件作用和学习原理

 学习目标

什么是条件作用原理的实践应用？

还记得我在本章开始时的"为什么学习心理学"中"许诺"过什么吗？我说学习本章可以扩展你对行为的理解和控制，更好地预测你的生活，增加你生活的乐趣，帮你改变世界。我真的对这些很有信心。不幸的是，许多心理学概论性课程的学生都只忙着研究各种概念和定义，他们

"只见树木，不见森林"，我不想你也是这样。为了帮助理解并领会这些内容所带来的巨大（且实用）的好处，我们先来看一些经典条件作用、操作性条件作用和认知—社会学习的应用。

应 用　将心理学应用于日常生活

经典条件作用——从市场营销到医学治疗

你是否知道广告商、政治家、电影制片人、音乐家和其他人经常故意使用经典条件作用来卖出他们的产品并操纵我们的购买行为、投票、情绪和动机？经典条件作用同样能帮助我们解释偏见和恐怖症如何（以及为何）习得以及某些医疗程序。

经典条件作用的运用。你是否想过为什么政治家们会亲吻婴儿？或者为什么常常利用美女们来促销产品？

市场营销

随着华生在 20 世纪 20 年代被学术领域拒之门外并开创了广告事业，市场营销人员应用大量经典条件作用的原理来促销他们的产品。比如，电视广告、杂志广告和商业促销常常把他们的产品和商标（中性刺激）与令人愉快的形象比如有吸引力的模特和名人（条件刺激）联系起来。通过高阶条件作用，这些有吸引力的模特引发了想要的反应（条件反应）。广告商们知道，经过不断重复播放，之前的中性刺激（他们的产品或商标）就会引发想要的反应（条件反应）——购买他们的产品。心理学家警告说，这些广告同样会产生那种诱使人抽烟、暴食和喝酒等的刺激而形成条件反应（Dols，Willems，van den Hout ＆ Bittoun，2000；Martin et al.，2002；Tirodkar ＆ Jain，2003；Wakfield et al.，2003）。

偏见

儿童是不是生来就带有偏见？还是他们只是经典条件作用的受害者？在 20 世纪 30 年代的一个经典研究中，Kenneth Clark 和 Mamie P. Clark（1939）研究了儿童对黑色娃娃和白色娃娃的反应。他们发现，无论黑人儿童还是白人儿童都更愿意和白色娃娃玩。当被问到哪个娃娃好、哪个娃娃坏时，两组儿童都回答说白色娃娃很不错，黑色娃娃则被认为坏、脏而且丑。Clark 夫妇认为，就像其他很多美国人一样，儿童也通过学习把不好的品质和深色的皮肤联系起来，把好的品质和浅色皮肤联系起来。Clark 研究列举了一个经典条件作用的负面例子。另外，他们的结果还在著名的托皮卡（美国堪萨斯州首府）教育案的判决中起到了关键作用，该判决宣布公共设施的种族隔离是违反宪法的（有趣的是，这是社会科学的研究成果第一次正式在美国最高法院案例的法庭辩论中被引用）。

如果你认为这个 1930 年的研究不再适用了，那之后在 20 世纪 80 年代末期的研究发现，65％的非洲裔美国儿童和 74％的白人儿童仍然偏爱白色娃娃（Powell-Hopson & Hopson，1988）。

Clark 的研究为人们了解偏见的负面作用受害者——非洲裔美国儿童提供了重要依据。但对于那些同样十分偏好白色娃娃的白人儿童呢？他们的偏好是否也是由经典条件作用形成的？杀害 James Byrd 的凶手是否也受到了同样的经典条件作用呢？我们不能确定夺取 James Byrd 生命的仇恨和种族主义是何时开始的。但是，像图 6—10 显示的那样，许多种类的偏见（种族主义、年龄歧视、性别歧视、对同性恋的憎恶和狭隘宗教主义）都可以通过经典条件作用形成。

医学治疗

经典条件作用的例子在医疗领域中也可以找到。例如，在加利福尼亚的几家医院正在进行的给酒精成瘾患者服用催吐剂（引起恶心的药物）项目。在恶心感觉开始之前，先让患者用他们最喜欢的酒精饮料漱口，以尽最大可能把酒类的气味线索和恶心感觉匹配起来。跟一般经典条件作用一样，各种酒精饮料的气味（中性刺激）和催吐剂（非条件刺激）联系起来，然后药物使患者呕吐或感到难受（无条件反应）。之后，病人只要闻到或者尝到酒精的味道（条件刺激）就会觉得难受（条件反应）。有些患者觉得这样的治疗很管用，但不是所有人都有这种感觉（第 15 章）。

对于治疗酒精成瘾我们是故意造成恶心。但不幸的是，恶心是许多癌症治疗中的副作用。由化疗造成的恶心和呕吐让患者不舒服，并常常泛化到其他环境线索，例如医院房间的颜色或气味上（Stockhorst et al.，2000）。治疗者可以采用他们有关经典条件作用的知识来改变联结，帮助癌症病人控制他们恶心和呕吐的反应。

恐怖症

知道有些人一看到蟑螂就"抓狂"吗？很可能是在以前的生活中，这个人习得了中性刺激（蟑螂）和无条件刺激（可能是在看到蟑螂的时候听到了家人的尖叫）联结起来，形成了条件反应（看到蟑螂就害怕）。研究者发现，我们日常生活中的大多数恐惧都是情绪性经典条件作用的反应。你将会在第 15 章看到，经典条件作用同样可以产生大部分的恐怖症，即对于某种特定事物或情境的夸张而不理智的恐惧（Rauhut, Thomas & Ayres, 2001；Ressler & Davis, 2003）。不过好消息是，对于蟑螂、皮下注射器枕头、蜘蛛、密室甚至蛇的极度恐怖都可以有效地被行为矫正所治疗（第 15 章）。

238

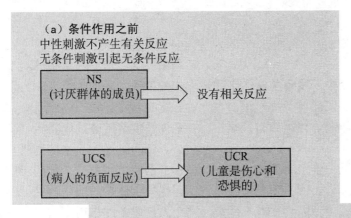

（a）条件作用之前
中性刺激不产生有关反应
无条件刺激引起无条件反应

NS
(讨厌群体的成员) ⟶ 没有相关反应

UCS
(病人的负面反应) ⟶ UCR
(儿童是伤心和恐惧的)

（b）形成条件作用
中性刺激多次与产生无条件反应的无条件刺激重复配对出现

NS
(讨厌群体的成员)

UCS
(病人的负面反应) ⟶ UCR
(儿童是伤心和恐惧的)

（c）条件作用之后
中性刺激成为条件刺激
这种条件刺激现在可以产生和无条件反应相似的条件反应

CS
(讨厌群体的成员) ⟶ CR
(儿童是伤心和恐惧的)

（d）总结
原先的中性刺激现在可以引发原来所不能引发的反应。
要注意的是，虽然我们把父母的负性反应叫做对儿童
来说的无条件刺激，其实那种反应本身对父母来说也
是习得的条件反应。

CS
(讨厌群体的成员)

UCS
(病人的负面反应) ⟶ CR
(儿童是伤心和恐惧的)
UCR

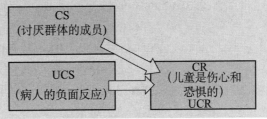

图6—10　偏见是如何通过经典条件作用得到的。 像在本章开头提到的，James Byrd 是因为他的肤色被谋杀。这种偏见是怎样产生的？（a）在儿童形成偏见的条件作用之前，他们对另一群体中的成员没有反应；（b）因为看到父母难过的时候，儿童也自然会难过和恐惧。如果父母看到所讨厌群体的成员（中性刺激）时产生的负性反应（无条件刺激）被儿童看到，儿童就习得了难过和恐惧（无条件反应）；（c）多次把来自这个群体的人跟父母的负性反应配对后，看到那些人就会成为条件刺激，而产生难过和恐惧就成为条件反应；（d）原本没有偏见的儿童就习得了偏见。

在自己的生活中发现经典条件作用

想要意识到经典条件作用对你自己生活的影响，你可以自己试试以下几条。

（1）浏览一本流行杂志，看那上面的几个广告。哪些形象被用作无条件刺激，哪些被用作条件刺激？注意一下你自己对这些形象有何反应。

（2）在看电视的时候，留意区分一下哪些声音和图像是用作条件刺激的。（提示：在幸福的故事、悲伤的事件、恐怖的情境中各自都会有特定种类的音乐来配合。）你的条件性情绪反应是什么？

（3）阅读下面这些词语，注意你自己的情绪反应。你的反应——正性的、负性的或中性的——是你个人经典条件作用史的结果。你能回想起这些刺激词当时的无条件刺激是什么吗？

父亲　期末考试　菠菜　圣诞老人　啤酒　母亲

239

应用　将心理学应用于日常生活

操作性条件作用——偏见、生物反馈和迷信

操作性条件作用在日常生活中有很多重要的应用。这里我们讨论偏见、生物反馈和迷信行为。

偏见

再考虑一下 James Byrd 谋杀案。是什么强化了这种行为？是注意、恶名还是别的什么？之前说过，人们可以通过经典条件作用学到偏见。我们同样也能通过操作性条件作用学到偏见。贬低他人会吸引人们的注意，有时候甚至受到别人的称赞，也会提高自己的自尊（以受害人为代价）（Fein & Spencer，1997；Hayes et al.，2002）。也有可能是人们有过被某个群体中一个特定成员的一次惩罚经历，然后泛化到这个群体的所有成员中（Vidmar，1997）。能看出来这是刺激泛化的另一个例子吗？

但是杀害 James Byrd 的人被判死罪或者终身监禁。为什么人们明知会有死亡惩罚还要干这样的事呢？惩罚确实能削弱和抑制行为。但是，像先前提到的那样，要一致和即时才有效，而不幸的是，这很难做到。更糟的是，当惩罚不一致的时候，当罪犯从一次或几次犯罪中逃脱惩罚的时候，这种犯罪行为就受到了部分（或间歇）强化，这就使得犯罪更可能重复发生，也更难消退。

生物反馈

静静地坐一会儿，你自己试试改变你自己的血压，它会升高还是降低？它跟几分钟前不同了吗？你自己也说不出来，对吧？对大多数人来说，是不可能学会有意识地控制血压的。但如果给你连接上一个监视器，可以用波形或者声音表示出你的血压，你就能学会去控制它（见图6—11）。在这种**生物反馈**（biofeedback）（生物学反馈的缩写，有时也称为神经反馈）中，

生物反馈　记录一些非自主的躯体过程（如血压和心率）的信息，通过某种信号传播给个体，用于帮助提高对躯体功能的自主性控制。

一些像心率这样的生物学功能的信息通过某种信号传递给个体。

　　研究者们成功地运用生物反馈降低血压和肌肉张力来治疗高血压和焦虑症状。生物反馈同样通过改变脑波状态运用在治疗癫痫症方面，通过改善盆腔肌肉控制缓解小便失禁，通过使血流方向改变来改善执行功能、慢性疼痛和头痛（Hammond，2005；Moss，2004；Penzien，Rains & Andrasik，2002；Stetter & Kupper，2002；Tatrow，Blanchard & Silverman，2003）。

　　生物反馈含有一些操作性条件作用的原理。被施加的东西（反馈）增加了行为重复的概率——正强化。因为可以让人学到减轻疼痛或其他让人厌恶的刺激（初级强化物），生物反馈本身就是二级强化物。最后，生物反馈还涉及塑造，个体看着监视器（或者别的仪器）屏幕，那上面显示了他的血压（或其他躯体状态）的图形或数字指标。就像镜子一样，生物反馈反映出了被试采用的各种策略进行控制的结果。通过试误，被试逐步降低了心率（或达成了其他想要的改变）。但是，生物反馈技术是有局限的。最好是跟像行为矫正（第 15 章）这样其他的技术联合起来应用。

240

意外强化和迷信行为

　　斯金纳做了一个很吸引人的实验，显示了意外强化如何导致迷信行为。他把一个装有 8 只鸽子的笼子里的喂食装置设置成每 15 秒投食一次。不管鸽子们干了什么，都是 15 秒间隔给一次强化。有趣的是，6 只鸽子学到了重复一

图 6—11　生物反馈。在生物反馈训练中，电子设备记录内部躯体过程（血压或肌肉紧张状态等），然后将这些信息放大，通过耳机、灯光信号或其他方式返回报告给病人。这些信息帮助人们学会控制通常不能随意控制的身体过程。

次次出现的行为，即使这些行为并不是得到食物的必要条件。例如，一只鸽子总是在顺时针转圈，另一只在一直做点头动作。

　　为什么鸽子会去重复这些没有必要的行为呢？回忆一下，强化可以增加刚才出现的反应重复出现的概率。斯金纳不是要用这些食物来强化某一特定行为，但是，鸽子会把随机掉进笼子的食物跟当时它们的行为联系起来。因此，如果当时正在顺时针转的话，那它就会更多地重复这个行为来获得更多的食物。

　　就像斯金纳的鸽子一样，人们也会相信从偶然的强化得来的迷信行为。除了表 6—7 中列出的那些迷信之外，专业的奥林匹克级别的运动员有时候会带着幸运护身符或者在比赛之前进行特定的仪式。Phil Esposito 是在波士顿熊队和纽约漫步者队效力 18 年的曲棍球运动员，他总是穿同样一件圆领套头衫并且每次都从同一侧进场。在更衣室里，他每次都按照同样的顺序穿衣服，每场比赛也按照同样的顺序拿出装备。他这么做是因为多年前有一次他这样做的那场比赛，他是全队最高得分手。唉，意外强化的力量啊！

表 6—7	西方常见的迷信
行为	**迷信**

婚礼计划：为什么新娘要穿些旧的和借来的衣服？

这些旧衣服常常是些年龄更大的、婚姻生活幸福的女性的，因此新娘就可以沾上些好运气。借来的通常是亲戚的首饰，应该是金的，因为金子代表太阳，代表生命之源。

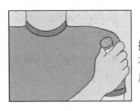

撒盐：为什么有些人往左边肩膀上撒盐？

很多年前，人们相信好的精灵待在人的右边肩膀上，坏的在左边。当人们认为自己的守护精灵警告他们附近有邪恶之物时，就会拿出盐来。那时候盐很少、很珍贵。人们用盐向要伤害他们的妖精们行贿，往左边肩膀撒盐。

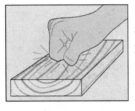

夸耀、预言或好运气：为什么有些人敲木头？

在很久以前，人们相信神灵都居住在树木里，如果接触方式合适的话，神灵们是很善良慷慨的。人们会通过触摸树皮让神来帮忙，当任务达成后，要敲敲树表示感谢。

应 用 将心理学应用于日常生活

认知—社会学习——看到了就会学着做？

在我们的日常生活中有很多地方都用到社会学习，其中有两个比较常见并总被忽视的例子——偏见和媒体影响。就像图 6—12 中那样，James Bynd 谋杀案的一个凶手，Bill King 的身上有很多骄傲地宣称自己偏见的文身。King 和他的两个同伙是不是通过观察和榜样学到了仇恨和偏见？King 的家人和朋友说他之前一直很讨人喜欢也很安静，直到有一次因入室行窃被判入狱 8 年，那他在坐牢期间学到了什么偏见？他叔叔几年前因杀了一个同性恋旅行推销员而轰动一时，他是不是学了叔叔的样子？还是他的几年 3K 党经历让他学到了偏见？

有些偏见是通过媒体得来并保持的。实验和相关研究都显示，当我们看电视、看电影、阅读书籍杂志中描写少数民族、妇女还有其他群体受到歧视的刻板印象的时候，我们就学会预期这些行为，并把这当做"自然而然"的来接受，总看这些就会导致我们学到偏见（Blaine & McElroy，2002；Neto & Furnham，2005）。

媒体还会告诉我们该吃什么食品、买什么玩具，什么样的房子和衣服是最时尚的以及什么才是"好的生活"。当电视上播出一款麦片的广告时，孩子边吃边朝妈妈投来感谢的笑（妈妈也以笑回应），看电视的孩子和父

241

图 6—12 John William Bill King。 他因杀害 James Bynd 被判死刑。注意到他胳膊上的文身了吗？包括圣女玛丽抱着长着角的耶稣这样邪恶的图像、纳粹、种族主义囚犯团体勋章、3K 党标志，还有一个被绞死的黑人图形（Galloway，1999）。

母都会通过这个观察学习。他们会知道自己如果买了这个牌子的商品也会受到奖赏（孩子高兴），而买竞争对手牌子的商品会受到惩罚（孩子不高兴、拒绝吃）。

不幸的是，观察学习也能教会破坏性的行为。超过 50 项研究的相关证据表明，观看暴力行为跟之后的麻木和攻击行为增加有关（Anderson，2004；Coyne，2004；Kronenberger et al.，2005）。

那么电子游戏呢，它们会影响行为吗？研究者正开始考察这个问题。例如，有研究发现，那些玩暴力游戏多的高中生和大学生表现出更多的攻击行为（Anderson & Bushman，2001；Bartholow & Anderson，2002；Carnagey & Anderson，2004）。Craig Anderson 和 Karen Dill（2002）也做了实验，把 210 名学生分配到两组，开始时一组玩暴力游戏，另一组玩非暴力游戏，然后让他们分别用很大的声响来惩罚对手。跟玩非暴力游戏组的被试相比，玩暴力游戏组的被试给予的声响在持续时间和强度上都要高。研究者假设电子游戏更像是通过榜样示范攻击行为，因为不像电视等其他媒体，电子游戏是交互性的、需要全神贯注的，还需要区分出攻击者。虚拟现实的游戏最受关注（Unsworth & Ward，2001）。

结语

这一章的开始我讲了 James Bynd 的事，因为偏见是在"学习"一章中很值得研究的（但不是常见的）话题。他的故事值得再讲一遍。James Bynd 的死警醒了很多美国人，让他们开始面对国家中仍然存在的可怕仇恨和种族主义。令人难过的是，（像其他人一样）他的死很快就被遗忘了。不过好消息是偏见（如果有一部分的话）较少由生物遗传因素决定，而是习得的。采用生物心理社会学模型，就能发现偏见的心理成分（想法、价值观、信念）和社会文化驱力（榜样、电视还有其他媒体）是由于经验和暴露（学习）的结果。幸运的是，我们学到的还可以通过反向训练、咨询和自我反省来去掉。

电子游戏和攻击。根据研究，玩暴力电子游戏会增加攻击性。这些年轻男孩们会认同攻击者，更可能模仿攻击者的行为（Bartholow & Anderson，2002）。你觉得呢？你觉得电子游戏是否影响了你或者你朋友的行为？

不会忘记这件事的人。Ross Byrd（左）和 Renee Mullins 是谋杀受害者 James Bynd 的孩子，John Bill King 被宣判为主犯后，他们在离开碧玉城（Jasper County）法院的途中。

242

评 估

检查与回顾

运用条件作用和学习原理

经典条件作用在日常生活中有许多应用。它能解释人们如何营销产品、学到对某一群体的负性态度（偏见）以及对某些治疗过程中遇到的障碍和恐怖症。

操作性条件作用也有相似的应用。它能解释我们如何通过正强化和刺激泛化习得偏见。另一个应用是生物反馈，人们可以利用像心率和血压这样的生物学信息来控制这些原本自动化的功能。操作性条件作用还可以解释很多迷信，包括那些受到过意外强化的行为，他们持续重复是因为据信可以导致想要的效果。

认知—社会理论可以更进一步解释偏见和媒体影响。人们总是通过所看到的朋友、家人和媒体的榜样而学到偏见。媒体会影响我们的购买行为和攻击倾向。电子游戏尤其明显。

问题

1. 政治家们常常把竞争对手描述成不道德和不负责任的，这是因为他们知道这样可以让人们对他们的对手产生＿＿＿＿的印象。

（a）经典条件作用的恐怖症　　　　（c）二级强化物　　　　　　　　（d）加倍强化

（b）负性社会学习线索　　　　　　（d）生物标记　　　　　　　　　4. 解释为何电子游戏会增加攻击倾向。

（c）条件性厌恶反应　　　　　　　3. 你每次考试都穿一件红色毛衣，因为你相信这会帮你得到高分。　　　答案请参考附录 B。

（d）负性条件性情绪反应　　　　　这是一个_____的例子。　　　更多的评估资源：

2. 生物反馈强化了想要的有益的生理学改变，这使得它成为____。　　　（a）经典条件作用　　　　　　http：//www. wiley. com/huffman

（a）操作性作用条件　　　　　　（b）二级强化物

（b）初级强化物　　　　　　　　（c）迷信

评估　关键词

为了评估你对第 6 章中关键词的理解程度，首先用自己的话解释下面的关键词，然后和课文中给出的定义进行对比。

条件作用
学习

经典条件作用
经典条件作用
条件性情绪反应（CER）
条件反应（CR）
条件刺激（CS）
消退
高阶条件作用
中性刺激（NS）
自发恢复
刺激分化
刺激泛化
无条件反应（UCR）
无条件刺激（UCS）

操作性条件作用
持续强化
区分刺激
固定间隔（FI）方式
固定比率（FR）方式
效果律
负惩罚
负强化
操作性条件作用
部分（或间歇）强化
正惩罚
正强化
普雷马克原理
初级强化物
惩罚
强化
二级强化物

塑造
可变间隔（VI）方式
可变比率（VR）方式

认知—社会学习
认知地图
认知—社会理论
顿悟
潜在学习
观察学习

学习生物学
生物准备性
本能漂移
味觉厌恶

运用条件作用和学习原理
生物反馈

学习目标　网络资源

Huffman 教材的配套网址

http：//www. wiley. com/college/huffman

这个网址提供免费的交互式自我测验、网络练习、关键词的术语表和抽认卡、网络链接、英语非母语阅读者的手册，还有其他用来帮助你掌握本章知识的活动和材料。

想更多地学习经典条件作用

http：//www. brembs. net/classical/classical. html

介绍经典条件作用原理并可链接其他应用学习技术的重要站点。

对巴甫洛夫感兴趣?

http：//www. almaz. com/nobel/medicine/1904a.

html

　　一个诺贝尔奖网络档案，提供了有关巴甫洛夫生平和成就的广泛链接及背景信息。

想更多地了解操作性条件作用

http：//chrion. valdosta. edu/whuitt/col/behsys/_operant. html

　　提供操作性条件作用概览，包括简短的历史、一般原理、强化程序、示例和应用。

对生物反馈感兴趣？

http：//www. questia. com/Index. jsp？ CRID＝behavior__modification&OFFID＝se1

　　除了与生物反馈应用有关的背景信息和相关链接以外，还提供其他补充治疗的信息和链接。

海洋世界的动物训练

http：//www. seaworld. org/infobooks/training/home. html

　　可以看到如何运用操作性条件作用，包括正强化和观察学习训练海洋动物。

想更多地了解认知—社会学习或观察学习？

http：//chrion. valdosta. edu/whuitt/col/soccog/soclrn. html

　　提供这个领域的概览，包括班杜拉工作、研究发现和一些一般原理的简要总结。

对应用味觉厌恶和野生动物管理感兴趣？

http：//www. conditionedtasteaversion. net/

　　提供与在野生动物中应用条件性味觉厌恶有关的引人入胜的信息和链接。

第6章　　形象化总结

　经典条件作用

巴甫洛夫和华生的贡献

过程：非随意的

(1) 在条件作用之前，原本的中性刺激（NS）不产生相关反应，而无条件刺激（UCS）产生无条件反应（UCR）。

(2) 在条件作用形成时，NS 和 UCS 配对出现引起 UCR。

(3) 条件作用形成后，原先的 NS 就成为条件刺激（CS），现在可以导致条件反应（CR）或条件性情绪反应（CER）出现。

经典条件作用原理

- 刺激泛化：跟原始 CS 相似的刺激引发 CR。
- 刺激分化：只有 CS 可以引发 CR。
- 消退：如果 CS 出现总是没有 UCS 伴随的话，习得的行为会逐渐被抑制。
- 自发恢复：先前消退的 CR 突然再次出现。
- 高阶条件作用：NS 跟机体已经形成条件作用的 CS 匹配起来。

　操作性条件作用

桑代克和斯金纳的贡献

过程：随意的

机体通过其行为的结果来学习。当反应被强化时，就会被加强并更可能再次出现；如果被惩罚时，就会被削弱并可能减少。

操作性条件作用原理

强化反应的出现可以通过：

(1) 初级和二级强化物：初级强化物像食物，满足生理需求。二级强化物（例如金钱）的价值是习得的。

(2) 正性和负性强化：正强化施加某些东西使反应的概率增加。负强化撤销某些东西使反应概率增加。

其他概念：

在持续强化中，每次正确反应都受到强化。在部分（或间歇）强化中，只有部分反应被强化。部分强化程序包括固定比率、可变比率、固定间隔、可变间隔四种方式。

塑造是指对想要反应的连续接近给予强化。

削弱反应的出现可以通过：

(1) 正惩罚——施加某些东西减少反应概率。

(2) 负惩罚——撤销某些东西减少反应概率。

245

 认知—社会学习

顿悟和潜在学习
- 柯勒：学习可以通过突然闪现的理解而发生（顿悟）。
- 托尔曼：即使没有强化，学习也可发生并一直隐藏直到需要的时候（潜在学习）。人和非人类动物在探索其环境之后，可以形成认知地图。

观察学习
- 班杜拉：学习在观察模仿他人后发生。

 学习生物学

学习和条件作用使得神经连接和大脑的许多部分产生相对永久的改变。演化论理论家相信有些行为不是习得的（例如反射和本能），学习和条件作用是机体为了在不断变化的世界中生存和繁殖所进行的适应。

 运用条件作用原理

将经典条件作用应用于日常生活
- 市场营销：产品（NS）和愉悦形象（UCS）反复配对呈现就会成为 CS。
- 偏见：从经典条件作用得到的负性知觉。
- 医疗：采用催吐剂，酗酒者把酒精（CS）和恶心（CR）匹配起来。
- 恐怖症：通过可怕的事物和 UCS 联结而产生的非理性的恐惧。

将操作性条件作用应用于日常生活
- 偏见：从操作性条件作用得到的负性知觉。
- 生物反馈：把生物信息（心率或血压）"反馈"给个体，使之能够控制躯体自动化的功能。
- 迷信行为：由偶然受到奖赏的特殊行为发展而来。

将认知—社会理论应用于日常生活
- 偏见：由模仿他人和学习偏见行为的榜样而来。
- 媒体影响：商品消费、攻击以及其他行为部分是从媒体榜样处习得的。

第7章

记忆

🌐 学习目标

在阅读第 7 章的过程中,关注以下问题,并用自己的话来回答:

▶ 记忆的四个主要模型是什么?

▶ 我们为什么会遗忘?怎样才能阻止遗忘?

▶ 我们的记忆是怎样形成的?我们在哪里储存记忆?

▶ 记忆如何与司法系统相关?

▶ 如何改善我们的记忆?

记忆定位在哪里？

生物学和记忆遗失

● 聚焦研究
   记忆与刑事司法系统

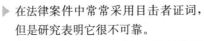
运用心理学来改善我们的记忆

理解记忆的失真

改善记忆的技巧

● 批判性思维/主动学习
   记忆和元认知

248

应 用

为什么学习心理学？

第 7 章将探索以下有趣的事实，比如……

▶ 在法律案件中常常采用目击者证词，但是研究表明它很不可靠。

▶ 如果没有长时记忆，你就不能认识新的朋友、医生、电影明星或政治人物，尽管你已经见过他们很多次或者和他们交谈过。

▶ 那些像闪光灯一样带有强烈情绪冲击且持续存在的记忆，如美国"9·11"事件，可能会受到"逃跑或战斗"激

素的影响。

▶ 人们可能会"创造"出一些错误的记忆，并且还认为这些记忆是正确的。

▶ 长时记忆就像一张神奇的信用卡，可以无限次刷卡，到期时间未知。

▶ 记忆的窍门和技术（称为记忆术）有助于改善你的记忆。

在 Elizabeth Loftus14 岁的时候，她的母亲在她家后院溺水身亡。Elizabeth 在日记中写到：

> 今天是 1959 年 7 月 10 日，是我生命中最悲剧性的一天。我亲爱的母亲，我刚习惯与她亲近，她却去世了。今天早上我们醒来的时候她就失踪了，一个小时过后我们在游泳池中发现了她。只有上帝知道究竟发生了什么。但是我知道，生活还将继续，而且我们都得勇敢面对。
>
> ——Loftus，2002，p.70

在 Elizabeth 成长的过程中，记忆里有关她母亲去世的细节逐渐变得模糊了。然而，在 30 年后的一次家庭聚会中，一位亲戚告诉 Elizabeth 说当时是她发现她母亲的尸体的，刚听到这个消息后，Elizabeth 感到很震惊，不相信这是真的，但是几天过后，有关当时在场的记忆逐渐浮出水面：

> 我仿佛看见当时瘦小、黑发的我看着忽隐忽现的蓝色水池。我的母亲穿着睡衣，面朝下漂在水面上。我开始尖叫。我记得闪着车灯的

警车，记得担架上一条干净而雪白的毯子盖在母亲的尸体上。这段记忆始终徘徊在脑海里，但是我却抓不住它。

　　　　　　　　　　　　　　　　　——Loftus & Ketcham，1994，p. 45

　　这是一个真实的故事，故事的主人公 Elizabeth Loftus 现在已经成为著名的研究记忆的实验心理学家。接下来，我们将 Elizabeth 的故事和 H. M. 的记忆问题比较一下。

　　在 H. M. 27 岁的时候，由于药物已经无法控制其因癫痫引起的痉挛，手术摘除了他的一部分大脑颞叶和边缘系统。虽然手术成功地控制了他发病的程度和次数，但是他的长时记忆却出了问题。在接受手术两年后，他仍然认为自己只有 27 岁。当他的叔叔去世时，他和其他亲人一样很是悲痛，但是没多久他开始问起为什么叔叔再也不来看望他了。必须反复地向他提示他的叔叔已经去世了，每一次提醒又会开始一段新的哀悼。现在，手术已经过去 50 多年了，H. M. 仍然不认识那些每天护理他的人，不认识那些跟踪研究他几十年的科学家，甚至连自己居住的房间他也记不清。他在永远都陌生的护理病房内度过他的余生。他经常重复地读同一本书和杂志，一遍又一遍。一个笑话不管听多少次他都会笑，每次都像第一次听到一样。到现在 H. M. 还是认为自己只有 27 岁（Corkin，2002）。

　　你能想象出发生在 Elizabeth 和 H. M. 身上的事情吗？一个小孩是怎样忘掉发现母亲尸体的情景的？像 H. M. 那样永远停留在"现在"而不能学习新东西，也不能形成新记忆是怎样一种情况？我们是怎么记住我们的第一个电话号码，怎么记住我们二年级老师的名字的？又是怎样忘记一个重要的电话号码或者一个五分钟前才认识的人的名字？

　　在这一章中，你将找到以上这些问题的答案，同时也能找到其他一些你感兴趣的记忆问题的答案。我们将首先简单介绍四个最流行的记忆理论和模型，以说明什么是"记忆"；接着，我们会检测几个可能的模型并回答"为什么会遗忘"；之后，我们会探索一下"记忆的生物学基础"；而在"聚焦研究"部分，我们将讨论记忆与刑事司法系统相关的一些问题；最后，我们还会总结一些有助于改善记忆的方法。

记忆的本质

　　　　记忆的魅力在于它的挑剔、善变、喜怒无常。

　　　　　　　　——Elizabeth Bowen（爱尔兰小说家，1899—1973）

　　心理学家们通常定义**记忆**（memory）是"对于先前事件或经历的内部记录或表征"（Purdy，Markham，Schwartz & Gordon，2001，p. 9）。没有记忆，我们就没有过去和未来，就不能自己穿衣吃饭，不能交流，甚至连镜子里的自己也认不出来。记忆让我们从经验中学到新的东西，记忆让我

记忆　对于先前事件或经历的内部记录或表征。

们适应各种变化的环境。

然而，记忆也常会犯错误，就像本章开头部分提到的 Elizabeth 和 H. M. 的故事一样。有人认为人的记忆是一个巨大的图书馆，或者是一盘自动录像带。但是我们的记忆并不是一个可靠的储存室，也不是一卷精确记录事件的磁带。记忆是一个 **建构过程**（constructive process）——我们在编码、存储、提取等一系列过程中组织和形成信息。这个过程中也会出现一些错误和偏差，我们将在这一章中讨论这些问题。

 建构过程 在记忆的编码、存储、提取过程中组织和形成信息。

✓ 记忆的四种模型

要明白记忆（以及它结构的本质），你首先需要有一个关于记忆工作原理的模型。心理学家已经创建了很多关于记忆的模型。在这一部分，我们会概述四个主要的模型理论（见表 7—1），然后还会更深入地探究其中最流行的一个模型。

🌐 学习目标

记忆的四个主要模型是什么？

💡 学习提示

当你要学习和记忆大量信息的时候，你需要把它们组织成有意义的模式或分类。你能看出这张表是如何帮助你组织（和掌握）我们即将讨论的四个记忆模型吗？这样一张汇总表就像一本旅行用的地图册一样，能够提供一个路标或图像，标注你在哪里、你的目的地是哪里以及接下来将到哪里。

表 7—1	记忆的四个常见模型
信息加工模型	记忆是包括编码、存储、提取三个基本过程的信息加工，就像计算机处理数据一样。
平行分布加工模型 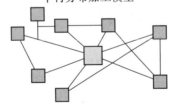	记忆分布在相互联系的神经元网络上。当记忆被激活时，这些网络同时工作（以一种平行的方式），处理信息。
加工水平模型	记忆的效果取决于最初对信息心理加工的程度和深度。浅加工只会保留很少记忆，加工越深、处理越细，记忆越好。
传统三阶段记忆模型 	记忆需要三个不同的阶段或存储"盒子"，每个阶段或"盒子"对信息的保留时间不一样。感觉记忆持续时间非常短，短时记忆（STM）保留信息约 30 秒或更短，长时记忆（LTM）提供相对永久的信息存储。

信息加工理论

记忆有可能出错，是脆弱的。但记忆在功能和生物学上很好地适应于日常生活。每时每刻我们通过信息屏障去过滤和选择信息，然后存储、提取那些对我们生存有意义的信息，这就是信息加工模型（information-processing model)，该理论认为我们一共有三种处理信息的操作方式——**编码**（encoding）、**存储**（storage）和**提取**（retrieval）。这与计算机处理数据相似（见图 7—1）。

编码　把信息转化成神经代码（语言）的过程。
存储　长时间以神经代码的形式保存信息。
提取　从记忆的存储阶段中恢复信息。

251

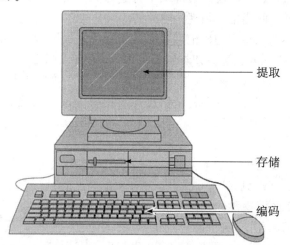

提取

存储

编码

图 7—1　作为一台计算机的记忆。记忆系统的三个基本功能——编码、存储、提取，可以比做计算机的输入、存储、输出。信息首先被编码（在键盘上打字并转化成计算机语言）；然后被存储在光盘或硬盘上；最后在输出时，数据被提取出来，并显示在屏幕上，这样就能使用了。

要把数据输入计算机，你必须在键盘上敲打字母和数字，然后，计算机把这些字母和数字转换成计算机自己的机器语言。与之类似，你的大脑编码感觉信息（声音、视觉图像以及其他感觉）成为大脑能够理解和使用的神经代码（语言）。计算机或人类的信息一旦被编码后，就需要存储起来，计算机的信息存储在光盘或硬盘上，而人类的记忆则存储在大脑里。提取信息时，不论是从计算机还是人脑里提取，你都需要搜索并准确定位所需的"文件"，然后把这些信息带到计算机屏幕上，或者你的短时记忆或工作记忆中，并拿来使用。

但这并不是说心理学家们认为计算机和人类记忆的工作原理完全一样。像其他类比一样，记忆的信息加工模型（把记忆比做一台计算机）也有它的局限性。相比存储在计算机光盘或硬盘里的数据，人大脑里存储的记忆更为失真，更容易丢失。除此之外，计算机处理信息是连续的，计算机信息以一种有序且有逻辑的方式一字节一字节地处理，然而，人类的记忆在处理信息时却是同时进行的，通过记忆里的各种"网络连接"同步完成。

平行分布加工模型

注意到计算机和人脑之间存在差异以后，一些认知科学家更倾向于记忆的**平行分布加工模型**（parallel distrbuted processing，PDP）（McClel-land，1995；Rogers et al.，2004）。顾名思义，该模型认为我们的大脑和记忆是同时处理信息，同时进行一系列平行的操作，而不是一个字节一个字节地连续处理信息流。除此之外，记忆是分布的、展开的，各个处理信息的部件相互连接形成网络。例如，如果你在大海中游泳，突然一个很大的鳍出现在你附近，为了找到这张鳍是什么鱼的鳍，你的大脑会从记忆里一

平行分布加工模型（PDP）　记忆是通过网络状的相互关联的信息处理单元来实现同时处理信息的。

一搜索所有有鳍的鱼类；与此同时，大脑也会催促你赶紧游上岸去。此刻你就正在进行平行搜索，你同时注意到鱼的颜色、鱼的鳍以及这条大鱼潜在的危险。因为这些心理过程都是平行进行的，所以你能很快处理完所有的信息，也就因此避免了被鲨鱼吃掉的危险。

平行分布加工模型的理论看上去和大脑活动的神经学信息相一致（见第 2 章），该理论也能解释知觉（第 4 章）、语言（第 8 章）和决策（第 8 章）。平行分布加工模型让反应变得更快，这与环境要求我们对信息进行瞬间处理相应。但是，在解释新信息加工和单个事件的记忆上，之前的信息加工模型会显得更合适。

加工水平模型

费格斯·克雷克（Fegus Craik）和罗伯特·洛克哈特（Robert Lockhart）的**加工水平模型**（levels of processing）与之前两个记忆的模型不同，不是把记忆与计算机进行类比，而是认为记忆主要由我们加工信息的深度决定。在进行浅水平的加工时，我们只能意识到进入大脑的基本感觉信息，因此，很少甚至没有记忆会在头脑中形成。然而，当我们加工信息的程度更深入一些，比如加入词义、进行归纳和联想，或者在之前我们就知道的事物里找一个与新事物相关的进行捆绑等，深入加工了的这些信息，在记忆中就能存储得更长久，甚至一生。

试想一下你是如何记住你心理学班级中同学们的名字的。如果你只是照着点名册一个一个简单重复人名"James、Gloria、Enrique、Angelica……"此时，你只是对信息做了浅层的、表面水平的加工，最后你只能记住很少的名字。如果你多默想几遍每个人的名字，并且根据他们的姓来分组归类，此时，你处理信息的水平程度更深入了一些，最后的记忆效果也会好一些。如果你慢慢地、仔细认真地并且深深地默想每个名字，并对每个人进行联想，甚至找出每个人外形和性格方面的特质（例如，"James 很开朗，Gloria 头发染成了金黄色，Enrique 体格健壮，Angelica 就像个天使……"）。你能发现这种方法在多大程度上改善了你对名字的记忆吗？

另外，记忆的加工水平模型在你的大学生活中会有许多的实际应用。例如，你无意间读到了这段文字，而且并没对这段话进行过多的思考（浅加工），那么你保持这段文字（记忆）的时间就会很短（考试的时候你会几乎什么都想不起来了）。但是，如果你停下来仔细思考每句话的意思，并和实际生活中的经验进行比较，那么你的记忆和学习效果就会有大幅度的提高。同样，死记硬背本章中的关键术语只是一种浅水平的加工，如果你想长期保留学习和记忆的成果，你就得对每个关键术语进行深层次的加工。

传统三阶段记忆模型

从 20 世纪 60 年代末开始，传统三阶段记忆模型（traditional three-stage memory model）或"三盒"模型（three-box model）就成为记忆研究中采用最广泛的理论之一（Atkinson & Shiffrin，1968；Healy & McNamara，1996）。该模型认为，记忆需要三个不同的存储"盒子"或阶段，每个"盒子"或阶段保持和加工记忆信息的时间是不一样的。第一个阶段对

加工水平模型 最初对信息的加工水平和程度将决定之后对信息的记忆效果。

252

于信息的保留只是很短的瞬间，第二阶段对于信息的保留时间有 30 秒左右或者更短（除非有恢复），第三阶段对信息的保留是相对永久的。由于信息必须通过前一个记忆阶段才能进入下一个阶段，所以人们用三个盒子表示记忆的三个阶段，并用箭头直接表示信息流动的方向（见图 7—2）。各个阶段的记忆——感觉（sensory）记忆、短时（short-term）记忆和长时（long-term）记忆——都有不同的用途、保持期和容量。

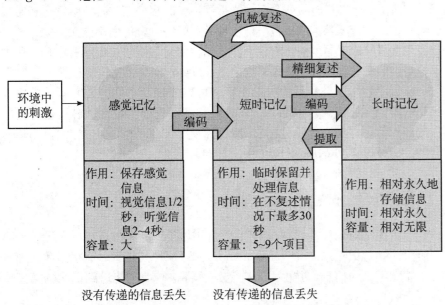

图 7—2 传统三阶段记忆模型。 每个"盒子"代表一个在用途、保持期、容量上不同的独立的记忆系统。如果需要记忆的信息没有从感觉记忆阶段或短时记忆阶段传递到长时记忆阶段，信息就会丢失。存储在长时记忆里的信息可以被提取出来并传递回短时记忆供使用。

传统三阶段记忆模型能够很好地解释并适用于最新的研究成果，现在它已经成为记忆理论中占主导地位的模型。现在，我们已经简短地介绍了四个主要的记忆模型，我们可以利用这些基本的知识进一步去探索传统三阶段记忆模型中的每个阶段——感觉记忆、短时记忆和长时记忆。

253

感觉记忆：记忆中短暂的第一阶段

我们每天看见、听见、触摸、尝到和闻到的信息，首先进入我们的**感觉记忆**（sensory memory）。感觉记忆的功能是短暂保留各种感觉经验的相关信息，然后把这些信息传递到下一个记忆阶段。感觉记忆的保持时间会根据具体的感觉而变化。研究人员已经证实，我们的感觉记忆会短暂地存储我们的五大感觉系统（视、听、嗅、味、触）接受到的感觉信息，但是目前只有视觉和听觉被深入研究过。感觉记忆中存储视觉信息的部分叫映像记忆（iconic memory），能够持续半秒钟左右。感觉记忆对听觉信息的存储持续时间跟视觉信息一样，大概是 1/4 到 1/2 秒。但是，较微弱的"回声"，也叫回声记忆（echoic memory），能够持续到 4 秒钟（Lu, Williamson & Kaufman, 1992；Neisser, 1967）。

实验室里是怎样测量到感觉记忆容量的呢？这方面最早的研究者之一

感觉记忆 记忆的第一阶段，存储感觉信息，存储容量相对较大，持续时间只有几秒钟。

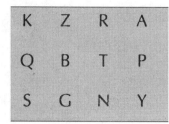

图7—3 感觉记忆的实验。 当乔治·斯波林在 1/20 秒的时间里给被试快速呈现一组字母后,大多数被试只能回想起其中的 4～5 个(共 12 个)。但是,让被试按照提示音的高、中、低去报告第一排、第二排或第三排时,他们几乎总是全对。显然,被试短暂地瞥视后,12 个字母都进入了感觉记忆。但是只有那些迅速被注意到的字母才能被大脑进一步加工和处理。

短时记忆(STM) 记忆的第二阶段,在较短的时间里存储来自感觉记忆的信息,并决定是否将信息继续传递到长时记忆中;容量是 5～9 个项目,持续时间约 30 秒。

乔治·斯波林(George Sperling)(1960)设计了一个巧妙的实验,他给被试呈现 12 个字母(见图 7—3)。斯波林在屏幕上快速地给被试呈现一组 3×4 的字母矩阵,呈现完后,让被试立刻回忆刚才看到的字母。被试们一般只能回忆出 4～5 个字母,但是他们却坚持说在记忆消失前自己看到的不止这么多。为了验证被试们这些话的正确性,斯波林发明了部分报告法(partial report)。在部分报告法测验中,只要求被试回忆并报告其中一横排的 4 个字母:当听见一个高音时报告第一排,听见中音时报告第二排,听见低音时报告第三排。不管要求被试报告横排还是纵列的字母,他们都能无差错地回忆出每个字母,也就是说被试能在千分之几秒内记住矩阵中的所有字母。这说明视野内的所有客体都能进入感觉记忆,只要它们被快速地留意了。

从以上这个研究和其他成果中我们可以发现,早期的研究者认为感觉记忆的容量是无限的,但是,后来的研究者发现感觉记忆的容量也有它的极限。而且,存储在感觉记忆里的视觉信息比人们想象的还要模糊(Best,1999;Grondin,Ouellet & Roussel,2004)。

短时记忆(STM):记忆的第二阶段

感觉记忆对信息的保存时间只够大脑决定是否将信息进一步传递到第二阶段。**短时记忆**(short-term memory,STM)只是暂时地存储和处理来自于感觉记忆的信息,并由大脑决定是否将这些信息传递到记忆的第三阶段(长时记忆)。

短时记忆的功能与感觉记忆的功能类似。但是,短时记忆并非精确地复制感觉记忆里的内容,而是加入了一些知觉性的分析。例如,当你的感觉记忆"登记"(register)了你教授的声音时,它便会在短暂的几秒时间里存储这条真实的听觉信息。如果这条信息需要进一步加工和处理,就进入短时记忆。信息从感觉记忆传递到短时记忆的过程中,你教授的声音被转换成为一段容量更大、包含内容更多的信息,其中包括了你对声音的理解和分析。如果这段信息很重要,短时记忆就会把它传递到长时记忆里,进行相对永久的存储。

254

你自己试试

测试映像和回声记忆

你可以通过在黑暗的屋子里快速摆动手电筒来测试映像记忆的持续时间。手电筒的光(或者叫视觉映像)会滞留一秒钟左右,你会看见手电筒的光像连续的电流一样没有间断。你也可以采用类似的方法测验声音信息在感觉记忆中的停留时间,也就是回声记忆。当你认真做某项很有趣的工作时,突然有人说话打断了你。你可能立刻会问:

"你刚才说什么?"但是,不等对方重复刚才的话,你便能即刻回忆起他说了什么。

现在你知道了,如果我们把注意力迅速而及时地从吸引你的工作中转移回来,你就能"再次听到"别人刚才说的话。

短时记忆的容量和持续时间都很有限。虽然有的研究者报告说他们测得的短时记忆可以达到几分钟之久，但是大多数研究显示，短时记忆能持续大约 30 秒的时间。短时记忆的容量一般是 5～9 个项目（Best，1999；Kareev，2000）。从感觉记忆里来的短时记忆需要被继续传递到长时记忆才能保存下来，否则记忆就会衰退，最后完全丢失。

如何增加短时记忆的容量和持续时间呢？回看一下图 7—2，注意顶部的环形箭头"机械复述"。如果你有意识地、连续地一遍一遍复述信息，你短时记忆的保持时间就可能延长，这就是**机械复述**（maintenance rehearsal）。当你查找一个电话号码，然后在你拨打这个号码前不断口头重复，此时你就使用了机械复述的方法。

机械复述　一遍一遍地复述信息以使信息保留在短时记忆里。

但是，这种机械复述需要持续地集中注意力，所以，当你停止复述时，电话号码就可能被忘记。就像那些玩杂耍抛三四个盘子的人，只有不停地抛起盘子、接住盘子，盘子才能不停地循环飞舞起来，一旦停下来，盘子就会落在地上摔碎。

你可以利用**组块**（chunking）的方法——把信息分组成一个一个小单元（或者叫块 chunk）——来扩充短时记忆的容量（Boucher & Dienes，2003；Miller，1956）。你是否注意到信用卡、身份证、电话号码上的数字被空格或连字符分割成几个单元？这是因为人们发现把数字分成几"块"能更容易记忆。例如，电话号码（760）744-1129 比单纯的一串数字7607441129 好记。类似地，快速阅读课上会教学生把字组块成词语或短语，这样眼睛的移动就会变少，同时大脑就能一个词组一个词组地处理文字，而不是一个字一个字地加工。

组块　把信息分组成单元（或"块"）。

既然我的短时记忆具有存储 5～9 个单位信息（或块）的容量，为什么在人们相互介绍时，组块技巧并不能帮助我记住 3～4 个人的名字呢？短时记忆有限的容量和短暂的存储时间都限制了你在这种情景下记得更好。自我介绍时，你会把短时记忆都集中在你自己表现得怎样、你该怎样适当地说话等方面上，从而忽略了对方的名字。有时你还可能担心你记不住对方的名字，这也会占用你短时记忆的资源。

那些善于记住别人名字的人会反复念出或默念对方的名字，以保证名字能存储在短时记忆里（机械复述）。然而，只有当你不停地保持复述时，机械复述才能帮你把名字留在短时记忆里，如果你想真正记住对方的名字并且长久不忘记，你得把名字传递到长时记忆中保持。

255

组块和国际象棋。像卡斯帕罗夫（Garry Kasparov）一样的国际象棋大师也会利用组块的方法将棋子信息组织成一个个有意义的单元（Amidzic et al，2001；Huffman，Matthews & Gagne，2001）。当标准棋盘上摆放着典型的棋局时，新手级棋手一般只能记住其中少数棋子的位置，而大师级棋手则能记住所有棋子的位置。你能够把一个个字母组织成有意义的单词，以此记住长句子的意思，同样地，国际象棋大师能够把棋子的布局情况组织成多个有意义的图形（或块），这样就能很容易记忆了。

短时记忆与"工作记忆"

短时记忆听起来像是一个被动的、临时保存信息的地方。现在许多心理学家（Baddeley，1992，2000；Bleckley et al.，2003；DeStefano & LeFevre，2004）都强调短时记忆中也有主动加工信息的过程。我们的短时记忆不仅只是从感觉记忆里接受信息然后传递给长时记忆或从长时记忆里提取信息，事实上，我们所有有意识的思维工作（推理、计算、感知）都发生在短时记忆里。因此，现在我们也习惯把短时记忆视做"工作记忆"（见图 7—4）。

（1）视空画板（visuospatial sketchpad）。工作记忆的第一个组成部分

256

图7—4 作为中央执行系统的工作记忆。根据相关理论，工作记忆不只提供中央执行系统的服务功能，还起着协调视空画板和语音环路的作用。

长时记忆（LTM） 记忆的第三阶段，长时间地存储信息；容量几乎无限，存储时间也相对长久。

如何解决短时记忆存在的问题？ 当在一个聚会上介绍人名时，如果你多次复述就更有可能记住别人的名字。同时，这样还能帮助你把注意力集中在对方身上而不是其他一些干扰信息。

是视空画板。顾名思义，视空画板保持和处理视觉和空间信息（Best，1999；Kemps et al.，2004）。想象一下，如果你是餐厅服务员，你的顾客正在点餐，视空画板允许你在头脑中描绘出顾客点的菜应该如何摆放在餐桌上。

（2）语音环路（phonological rehearsal loop）。工作记忆的第二个组成部分是语音环路，它负责保持和处理语音信息（Best；1999；Jiang et al.，2000；Noël et al.，2001）。还是想象你自己是一名餐厅服务员，你的顾客点餐了："我想要两个煎鸡蛋、一杯橙汁和一杯咖啡。""给我来一份火腿，要很熟的，还要一盘煎饼，喝的不要。""我要一碗不加葡萄干的燕麦，还要烤面包、咖啡和柚子汁。"之前用抛盘子的例子类比机械复述，这里，你反复默念顾客的话也能使你在头脑中保持记忆，在你把订单交给厨师前，你得不断复述顾客点餐的话，否则你可能就忘记了。这就是把工作记忆的这个组成部分叫做语音环路的原因。

（3）中央执行系统（central executive）。工作记忆的第三个组成部分是中央执行系统，它的功能是监控和协调视空画板和语音环路，同时也能从长时记忆里提取信息。当你把头脑中顾客点餐的话（语音环路）和这些菜在餐桌上的摆放位置（视空画板）联系起来时，就需要中央执行系统。

长时记忆（LTM）：记忆的第三阶段

让我们回到本章开篇提到的 H. M. 的故事。假如你正和他第一次见面，你可能觉得他没什么问题。但是一旦你离开一会儿，即使只有10分钟，当你回来再见到他时，他就会想不起来曾经见过你。虽然他的手术成功地制止了癫痫病的发作，但是同时也损毁了他将短时记忆的信息传递到长时记忆的心理功能。

没有长时记忆，你就永远只能生活在"此刻"，你是否能够想象这样的生活？**长时记忆**（long-term memory，LTM）的作用是对记忆信息进行长时期的存储。信息一旦从短时记忆传递过来，它就会和其他已经存在长时记忆中的信息一起被组织和综合，并存储在这里。当我们需要重新使用时，这些存储在长时记忆里的信息就会被提取出来，并传递回短时记忆供我们使用。

与感觉记忆和短时记忆相比，长时记忆拥有相对无限的存储容量和持续时间（Klatzky，1984）。它就像一张神奇的信用卡，你可以没有金额和时间限制地刷卡消费。事实上，你学和记的东西越多（你用的"钱"越多)，记忆就会越好。

　　但是，为什么我感觉我学的和记的东西越多，越难从记忆里找到东西？信息在从短时记忆转换到长时记忆的过程中，会被"标记"并且放进合适的"文件夹"里。如果信息存储的位置不合适，提取记忆时就会出现延迟或不能提取到信息等问题。我们在编码时对信息标记和组织得越好，信息就会存储得越合适越准确，提取时就会越快越容易。

长时记忆的分类

　　如果长时记忆容量无限、存储时间永久，那么我们一生之中就能记住海量的信息。我们是怎样存储这些信息的呢？就像你在图 7—5 中看到的一样，长时记忆存在不少分类。在图的顶部，你可以看见长时记忆被划分为主要的两大类——外显（陈述性）记忆和内隐（非陈述性）记忆。

　　（1）**外显（陈述性）记忆** [explicit (declarative) memory]。外显记忆针对的是有意图的学习和有意识的知识。它是一种有意识的记忆。如果让你回忆你的身份证号码、你的初吻、你小学一年级老师的名字、你现在的心理学老师的名字，你也许能够直接地（外显地）大声回答出来。这种记忆也叫做陈述性记忆，因为你能陈述出你记忆里的信息（或者说能用语言描述出你记忆的内容）。人们常说的记忆，也是指的这种类型的外显（陈述性）记忆（Best，1999；Hayne，Boniface & Barr，2000）。

　　外显（陈述性）记忆又能进一步划分成语义记忆和情景记忆两类。**语义记忆**（semantic memory）是指对事实和一般知识的记忆（例如，某个物体的名字，一个星期有几天等等）。它就像一本我们内部的心理字典或百科全书。当你读到一些像语义、情景、外显（陈述性）、内隐（非陈述性）记忆时你还能记起这些词语，正是因为你把它们存储进你的语义记忆里了。

　　相反，**情景记忆**（episodic memory）是对你经历的事件的外显记忆，是你内部心理的私人日记。它记录那些发生在我们身上或周围的主要事件。有的情景记忆的存储时间较短（今天早餐你吃了什么），有的情景记忆则会保留一生（你恋爱的第一个吻、你高中毕业时的情景、你第一个孩子出生时发生的事情）。

　　你是否惊讶，为什么那些刚会走路的婴儿能清楚地记住几个月前发生的事情，而大多数成年人却对 3 岁前的事情一点都记不清了？为什么我们现在记不起我们出生时的情景和两岁生日时的情景，也记不起小时候全家搬到一个新城市时的情景？虽然这些都是我们生命中重要的事件。研究者认为，"自我"概念的形成、语言的发展、大脑前额叶的完善等对于编码和提取事件是必不可少的，而小的时候，我们的这些功能和结构还未发展完全（Simcock & Hayne，2002；Sluzenski，Newcombe & Offinger，2004；Suzuki & Amaral，2004；Uehara，2000）。

　　（2）**内隐（非陈述性）记忆** [implicit (nondeclarative) memory]。内隐记忆不像外显记忆，而是指无意的学习和无意识的知识，是一种无意识的记忆。你能在没有演示的情况下叙述你是怎样打领带的吗？由于你的这种记忆的技巧是没有经过意识层面的，所以比较难用语言描述出来，因

外显（陈述性）记忆 长时记忆的子系统之一，有意识地存储事实、信息以及个人生活经历。

语义记忆 外显（陈述性）记忆的一部分，存储常识信息；一部心理的百科全书或字典。

情景记忆 外显（陈述性）记忆的一部分，存储个人经历和事件；一本个人生活心理日记。

257

内隐（非陈述性）记忆 长时记忆的子系统之一，由无意识的程序记忆、简单的经典条件反应和启动组成。

启动 先前呈现的刺激增强或抑制了对新信息的加工和反应，即使没有意识到刺激曾经出现过。

此，内隐记忆又叫非陈述性记忆。

内隐（非陈述性）记忆的其中一部分是程序记忆（procedural memory），也就是你穿鞋子、骑自行车、刷牙等动作技巧的记忆。内隐（非陈述性）记忆还包括简单的经典条件反应，比如害怕、味觉厌恶。回忆一下第6章，我那位吃糖吃到蛆的学生就存在一种情绪上的条件反射（或者内隐记忆），这种记忆使她看到或想到这种糖果就会立刻作呕。

除了程序记忆和经典条件反应外，内隐记忆还包括**启动**（priming）。当先前呈现的刺激增强或抑制了对新信息的加工时，启动便发生了（Burton et al.，2004；McCarley et al.，2004；Tulving，2000）。即使我们并没有意识到启动刺激曾经出现过，但这种启动效应仍然会出现。回想一下，当你读了斯蒂芬·金的小说后，你的恐惧是否更强烈了？当你看完一部浪漫电影后你的浪漫感是否增加了？这些都是因为你先前类似的经历启动了你，让你更容易注意和回想起相似的情景。（当然，这也给你提供了一条提高你爱情生活质量的实用性建议——去看浪漫电影吧！）

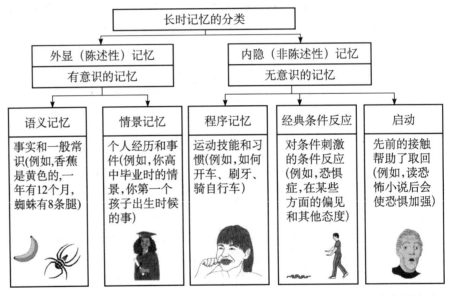

图7—5　长时记忆的类型。注意长时记忆是怎样划分为不同类型的。仔细研究和想象一下各个分类及其子成分，这样能帮助你理解和掌握课本这部分所讲述的内容，因为这涉及更深层次的加工水平。

应用 **将心理学应用于学生生活**

改善长时记忆

阅读完所有关于长时记忆的术语和概念后，你可能会问："我为什么需要知道这些？"理解长时记忆可以给你的日常生活带来直接的帮助——特别是对你大学生活的成功很有益处。要获得这些益处，你需要关注以下三个关键策略——组织、精细复述和提取线索。

（1）组织（organization）。前面已经提到过，组织是记忆过程的基本原则之一。为了扩大短时记忆的容量，我们之前已经讨论过如何把信息组织成"块"。将信息编码并成功地保存到长时记忆，我们需要把信息组织成不同的层级（hierarchy），这涉及把一定数量的相关项目组织归类进一些大的范畴中，进而再进一步细分。

例如，你能回忆起第 2 章是如何把庞大的人体神经系统一层一层组织分类成越来越小的"块"或单元吗？请看图 7—6，看看神经系统的层级图与本章对知识的分类层级有什么相似的地方。你现在能明白为什么把信息进行组织分层能够帮助我们更好地理解和记忆了吗？这也是我会在书的最开始部分做出一个目录，给每章知识都列一个提纲的原因。

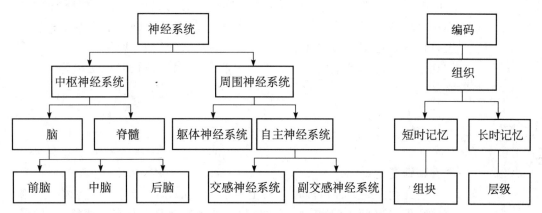

图 7—6　层级是长时记忆的一部分。第 2 章中的神经系统图示能够帮助我们组织和记忆复杂的信息，与此类似，现在这一小节的信息也可以组织成图。使用层级的方法可以提高长时记忆的编码、存储、提取，这也是本书有很多图、表以及章节末的"形象化总结"的原因。

如果你想提高你在本门课程或者其他课程上的成绩，那就仔细研究这些层级吧。为了考试，你试着形成你自己的层级来学习知识就更好了。这也许听起来有些困难，但是记住了你已经加工过的所有基础知识。回想一下你第一天步入大学在校园里游览参观时，你可能感觉到自己被如此多的楼房、小径、花园给转晕了，因此，你那时必须得使用地图才能找到你上课的教室。但在大学里生活了一段时间后，你就可以把地图抛开了，因为你已经把所有信息"自然地"组织成对个人来说有意义的组块（理科楼、图书馆、咖啡厅等），然后你又把这些组块进一步组织分层，变成一套你自己的层级系统。现在，你能否明白如何利用这种技能去安排和分类大学考试所需的事实和概念呢？

不可否认，"组织"需要花费一定的精力和时间，但是你会欣然发现某些组织和分层工作能够在你睡觉的时候自动进行（Maquet et al.，2003；Smith & Smith，2003；Wagner et al.，2003）。其他一些研究也证实睡眠本身能够改善记忆（Koulack，1997；Wixted，2004）。

有的广告说在睡觉的时候听录音可以帮助提高外语之类的学习效果，这是真的吗？在早期的研究中，有人记录了人听录音睡觉时的脑电波。之后，他们被要求回答与录音有关的问题，结果在半昏睡状态时听录音的被试能够回答对 50% 的问题，在半昏睡和轻度睡眠的过渡期间听录音的被试只能回答对 5% 的问题，那些在沉睡的时候听录音的被试则什么都记不起来（Simon & Emmons，1956）。

（2）精细复述（elaborative rehearsal）。像组织分层一样，复述也能增强短时记忆和长时记忆编码的效果。之前我们已经学习过，如果想让短时记忆延长到30秒以上，你需要做一项叫做"机械复述"的工作，简单地一遍一遍地复述信息，这类浅水平地加工用于那些不需要进入长时记忆的信息。

精细复述 将新信息和先前已存储的信息联系在一起（这也是一种更深水平的加工过程）。

260

信息存储在长时记忆里需要更深水平的加工，即**精细复述**（elaborative rehearsal）（参见图7—2）。当进行精细的复述时，我们会深入地思考新信息，同时把新信息和先前已存储过的信息联系在一起。将记忆信息加工的编码、存储、提取与计算机的工作原理进行类比就是一种精细复述：你仔细思考记忆的信息加工模式，并和先前你知道的关于计算机的知识进行比较，这就能帮助你学习和记住这种记忆模型。精细复述的直接目的在于理解而不是记住，因为理解是将信息编码进长时记忆最好的途径之一。

你自己试试

改善精细复述

前面我们提到过，长时记忆在容量和保存时间上是相对无限的，因此，它像一张对刷卡金额和次数没有限制的信用卡。利用精细复述，你可以在每次尽情花费时使用无限的资源。怎样才能真的实现这一点？想想你在大学课堂上认识的同学，你是否注意到年龄越大的学生常常成绩也越好？这是因为他们生活的时间更长，因此长时记忆里存储的信息越多。年龄较大的学生能够提取大量存储着的信息。如果你是一个年龄较小的学生（或者一个重新回到大学的年龄较大的学生），你可以通过以下的方法对信息进行深水平的加工并获得好的精细复述技巧。

（1）扩展（或详细说明）信息。你越是精细化或努力理解信息，你就越可能记住它。例如，要记住"长时记忆"这个专业词汇，你可以想象一下如果只有短时记忆、只能进行30秒钟的信息存储的样子，或者在头脑中想象一下H. M.（在本章开始介绍过）。

如果你不能将信息和你已经知道的东西联系起来，那就创造一个新的连接或者"标签"吧。例如，为了编码和存储"回声记忆"，那就找找自己或他人的相关经历。当你找到了一个这样的例子时，就在心里做一下标注，然后把它和"回声记忆"这个词结合起来。

（2）主动探索和询问新的信息。再以"映像记忆"为例问你自己"他们为什么会用这个词"，然后在字典里翻翻"映像"的意思，你会学习到原来"图像（icon）"来自希腊语"影像（image）"和"画像（likeness）"。

（3）努力找到其中的意义。当你在一个聚会上认识了一些朋友时，不要只是机械地复述他们的名字，你可以再问一问他们喜欢的电视剧、职业生涯规划、政治信念以及其他需要深入分析的信息。这样的话，你就更容易记住他们的名字。

（3）提取线索。提取线索是指那些能够启动一次长时记忆提取过程的刺激。有两类基本的提取线索——特殊线索和一般线索。使用特殊线索进行提取的过程叫做**再认**（recognition），此时你只需要判断（或再认）出正确答案，如多项选择题。使用一般线索进行提取的过程叫做**回忆**（recall），此时你必须提取（或回忆）先前学习过的东西，如简答题。

当你在警察局被要求从一排人脸中挑选出一张特殊的脸时，就是再认，此时，你核实那些特殊的线索（人脸）是否符合你长时记忆中的内容（见图7—7）。如果符合，你需要用这个人的描述和长相作为线索，努力回想起他的名字，此时，你就是在回忆。回忆比再认更加困难。回忆的时候，你用一般线索"制造"出许多与该线索相关的素材，然后你从长时记忆中找到与该线索相匹配的信息（Best，1999）。一般线索通常不能确定出那个唯一符合的"正确答案"，因为与这个线索相匹配的信息实在太多。而特殊线索越多，你才能越容易地从你的记忆中提取出正确的信息。

学习提示

　　考试的时候别犹豫是否该问老师问题。大多数老师都会给予你一定的回答，而且这些回答都可能是关于考试的有价值的提取线索。

提取线索　帮助你从长时记忆里提取或回忆信息的提示或线索。

再认　使用特殊线索提取记忆。

回忆　使用一般线索提取记忆。

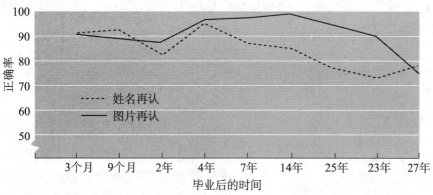

图7—7　再认记忆。 在这个关于再认的研究中，要求被试辨认出他/她的高中同学。由图可以看出，图片的再认情况要好于名字的再认情况，这是因为名字的再认需要更多的回忆。

关于回忆的测试

　　闭上你的眼睛，努力回忆圣诞老人的九只驯鹿的名字。大部分人只能回忆出 4～5 个名字。

关于再认的测试

　　刚才你已经完成了上面关于回忆的测试，你能从以下名字中再认出其中正确的名字吗？

Rudolph　Dancer　Cupid
Lancer　Comet　Blitzen　Crasher
Donder　Prancer　Dasher　Vixen

　　答案在附录B。你现在明白为什么再认任务通常比回忆任务简单了吗？

你自己试试

在考试的时候使用提取策略

就像我们刚才看到的，记忆的提取线索，不管是特殊线索还是一般线索，通常都能在大家的考试中得到应用。但是有一个与提取线索有关的策略可能知道的人较少，这就是创造出和学习环境一样的提取环境。提取的难度取决于信息编码和提取方式的匹配程度，这就是**编码特异性原则**（encoding specificity principle）（Tulving & Thompson，1973）。三个关于编码特异性原则的重要研究和发现也许能够帮助你提高考试分数。

（1）背景（context）和提取。你是否发现，当在你之前学习和复习功课的座位上考试时，你的考试成绩会好一些？这是因为考试的地点也是你提取先前所学知识的线索之一。Godden 和 Baddeley（1975）研究了学习的环境（背景）是如何影响学习和记忆的。他们让专业潜水员在陆上或水中学习 40 个单词，结果发现潜水员在水中学习单词（编码）时回忆测验的成绩较好，但这个结果的前提是他们回忆测验（提取）也是在水中进行。相反，在陆上学习单词时，陆上测验的成绩较好。现在，你可以解释为什么你在家里复习得好好的，但回到学校却全忘了的情形了。

（2）心境一致性（mood congruence）。当你悲伤或生气的时候，你是否更容易想起那些伤心或愤怒的往事？特定的心境能够激发相似心境的记忆，这叫做心境一致性。

编码特异性原则 当信息的提取环境和编码环境相似时，记忆的提取会更容易。

"我想知道你是否介意给我指一下方向，我从来没有搞清楚小镇的这个位置的情况。"

研究表明，当学习知识时的心境和提取知识时的心境一致时，记忆效果会变得更好（Kenealy，1997）。当你受到考试焦虑的不良影响时，你可以在学习时创造一个轻松的环境，而考试时，你可以深呼吸、给自己打打气；除此之外，你也可以在学习时制造紧张的气氛，比如仔细考虑考试成绩的重要性和你的长远生涯规划。在降低你考试时的焦虑和提升你学习时的紧张之间找到平衡，能够帮助你更好地提取记忆。

（3）状态依赖的提取（state-dependent retrieval）。心理学研究发现，如果在服用药物（例如咖啡因）的情况下学习，你会在服用同样药物的情况下回忆得更好（Baddeley，1998）。不少学生也发现在学习时和考试前喝一杯咖啡可以提高他们的考试成绩。

评 估

262

检查与回顾

记忆的本质

记忆的信息加工模型把人类的记忆类比成计算机对信息的处理。编码是把外界信息转化成大脑能够读懂的神经编码，这就像我们在键盘上打字输入一样；存储是长时间保留神经编码的过程，就和计算机用硬盘存储数

第 7 章　记忆
271

据一样；提取是指从长时记忆里获得信息并传递到短时记忆中以供我们使用，这就像计算机从硬盘里读取信息并显示在屏幕上。

依照平行分布加工（PDP）模型，即联结主义模型，我们的记忆内容存在于许多分布在巨大网络上相互联系的单元中，每个单元都可以同时平行工作。而加工水平模型则认为，最初加工信息时的程度和深度将决定我们的记忆。

传统的三阶段记忆模型认为，信息必须依次经过记忆的三个阶段——感觉记忆、短时记忆和长时记忆——才能最后得以存储。感觉记忆复制感觉信息并短暂保留，它的容量大，但持续时间大概只有 1~4 秒，最后那些被筛选出来的有用信息被传送到短时记忆里。短时记忆有时也叫做工作记忆，是涉及当前思维活动的记忆。短时记忆容量约 5~9 个项目，保留时间约 30 秒，不过通过机械复述能够延长记忆的时间，通过组块技巧可以扩充存储容量。长时记忆容量无限，存储时间相对而言也是无限的。

长时记忆又可分为外显（陈述性）记忆和内隐（非陈述性）记忆两大类。外显记忆还可以进一步分为语义记忆和情景记忆，内隐记忆也可再细分为程序记忆、经典条件反应记忆、启动等。组织、精细复述、提取线索（再认和回忆）等方法可以帮助我们改善长时记忆。

问题：

1. 在_____的时候，大脑将外界信息转换成大脑能够读懂的神经语言；在_____的时候，这些在神经系统里成功编码的内容被长时间保留。

2.（平行分布加工模型）PDP 和加工水平模型分别是怎样解释记忆的？

3. 根据三阶段记忆模型，信息需要先进入_____，再被传递到_____，最后存储到_____进行长时间保存。

4. 语义记忆和情景记忆有什么不同？

5. 多项选择题需要_____，而简答题需要_____。

答案请参考附录 B。
更多的评估资源：
www. wiley. com/college/huffman

遗忘

记忆就是让你想想你到底忘了什么。

——无名氏

如果没有了遗忘生活会变成什么样子？你的长时记忆会被各种毫无意义的数据填充着，例如你每天早上都吃了些什么等这类无聊的信息。如果你不能遗忘，就无法摆脱那些痛苦和伤心的往事。没有了遗忘，生活无法想象。可见，遗忘也是记忆的重要功能之一。但同时，我们也不能否认某些遗忘可能会给生活带来麻烦，甚至是危险。

> **学习目标**
> 为什么我们会遗忘？怎样才能防止遗忘？

遗忘有多快？相关的研究结果

艾宾浩斯（Hermann Ebbinghaus），这个曾自己给自己做被试的心理学家，是记忆研究领域的先驱。为了研究人类记忆的特点，他让自己学习许多无意义的音节。这些无意义的音节由三个字母组成，例如 SIB、RAL，由于这些"单词"没有意义，所以记忆起来比较困难。但是无意义音节也有它的好处，因为它与其他单词没有意思上的联系，所以避免了先前经验的干扰。

在实验中，艾宾浩斯先学习一组无意义音节，直到他把这组中的所有"单词"都记住了，接着，每隔一段时间测验一下自己的学习成果。他在测验中发现：在学会无意义音节一小时后，他只记住了 44%；一天后，能记住 35%；一个星期后能记住的只剩 21%。图 7—8 显示了他著名的"遗忘曲线"。

我们对所有事件的遗忘都这么快吗？如果我们对于课本和讲义上的知识也遗忘得如此快，那我们只能在学习完后立刻进行考试才能保证考试过关，如果学习一个小时后你才去考场你就会考试不及格，因为那时你连一半的内容都记不住。不过你得记住，图 7—8 中的遗忘曲线只对无意义音节有效，而那些有意义的信息则不会这么容易被忘记。事实上，只要你认真复习了考试的内容（利用精细复述等技巧），知识就会长时间保存在你的大脑中。但是，不管你记忆的东西是否有意义，你总是会忘记其中一部分的，只是忘记的多少取决于你记忆材料的性质。

艾宾浩斯还测量了自己在忘掉无意义音节后再次学习需要花费的时间。他发现重新记忆学习过的无意义音节比第一次记忆时会节约不少时间，这叫做**再次学习**（relearning）或**节省法**（savings method）。他的这个研究结果说明了，尽管我们以为自己完全忘掉了以前所学的东西，但实际上仍然保留了部分记忆。这也许对你学习外语很有启发：几年前你学会了某门外语，但很久没有使用和复习，你已经把单词忘记得一干二净了，但如果你想再次捡起这门外语，重学这些内容的速度比上次会快些了。

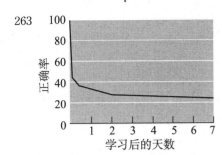

263

图 7—8　艾宾浩斯遗忘曲线。 看看无意义音节的遗忘速度有多快，特别是最初的几个小时。

再次学习　第二次学习知识或材料，通常会比第一次学少花很多时间（又叫作节省法）。

为什么会遗忘？五个重要理论

有五个主要的理论能够解释为什么会出现遗忘，它们是衰退（decay）、干扰（interference）、主动遗忘（motivated forgetting）、编码失败（encoding failure）和提取失败（retrieval failure）。每个理论都对应着记忆的不同阶段或特定类型的信息加工问题。

衰退理论

衰退理论基于所有生命过程都会衰退的常识性假设，认为记忆也会随时间逐渐衰退。该理论认为，记忆也是一种物理性质的存储——例如，存储在神经元形成的网络中——神经元之间的联系随着时间推移也会逐渐减弱。现在已经证实技能和记忆如果长时间不使用也会退化（Rosenzweig, Barnes & McNaughton, 2002；Villarreal, Do, Haddad & Derrick, 2002）。换句话说就是"用进废退"。但是现有的实验研究还很难证实该理论假设。就像我们在第 4 章中对超感觉（ESP）的讨论中所看到的，证明超感觉（或一个先前存储的记忆）不存在是不可能的。

干扰理论

干扰理论认为遗忘是由于记忆之间的相互竞争造成的——新的记忆会和先前的记忆相互竞争，并试图取代先前的记忆，最终导致了先前记忆内容的遗忘（Anderson, Bjork & Bjork, 1994；Conway & Pleydell-Pearce, 2000；Wixted,

> **学习提示**
>
> 如果你想要记住这五个理论，想想遗忘怎样涉及逐渐变得模糊的记忆。注意，每个理论的第一个字母拼在一起几乎和"变得模糊"d-i-m-e-r 这个词一样。

2004)。那些相似的事件或有着相似提取线索的记忆最容易受到干扰。

至少存在两种类型的干扰：倒摄干扰和前摄干扰（见图 7—9）。新的信息导致你忘记旧的记忆，叫做**倒摄干扰**（retroactive interference）（时间上是后面的事件影响了前面的事件，故叫做倒摄）。例如，记忆新的电话号码通常会导致你忘了以前的号码。相反，旧的记忆也会影响你忘记新的信息，这叫做**前摄干扰**（proactive interference）（时间上是前面的事件影响了后面的事件）。例如，你之前学习了西班牙语，这可能会干扰你之后学习法语。

倒摄干扰 新的信息影响旧的信息的记忆；反向的干扰。 264

前摄干扰 旧的信息影响新的信息的记忆；前向的干扰。

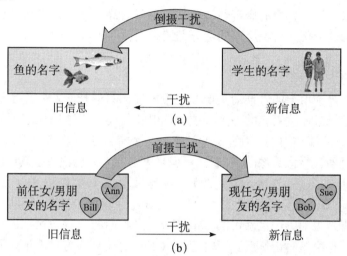

图 7—9 两类干扰。(a) 倒摄（反向）干扰是指新信息阻碍旧信息进入记忆。这里有个漫不经心的鱼类学教授的例子，他总是不去记学生的名字，问他为什么，他回答说："我每记住一个学生的名字，就会忘记一种鱼的名字！"(b) 前摄（前向）干扰指的是旧知识阻碍新知识进入记忆。你是否有过把新欢的名字错念成旧爱的名字的经历？现在你可以有个开脱的借口了——前摄干扰。

除了倒摄干扰和前摄干扰外，最近的研究发现我们的遗忘可能来自巩固失败（Wixted, 2005）。在第 6 章中，我们知道了学习新知识时大脑中的神经元和突触会发生一定的变化，它们需要一定的时间改变形状和结构以形成牢固而稳定的记忆，这个过程叫做**巩固**（consolidation）。当新近形成的记忆痕迹并没有完全建立时，许多因素都可能在这个时候阻碍记忆的巩固。这就像水泥一样，如果你在湿的水泥上印上你的手掌，需要花一段时间等待水泥变硬、掌印成形，而在等待水泥变干成形的过程中，很多事件都可能擦掉你的手掌印。

巩固 学习记忆过程中相应神经结构变得牢固和稳定的过程。

与先前内容相似的信息干扰记忆的形成，这是倒摄干扰和前摄干扰都涉及的内容。相反，巩固失败理论则表明了之后的事件能够影响之前信息的记忆。例如，当你学习完功课后立刻看电视或聊天，这将影响你之前所学知识的巩固过程，因此，最好的办法就是学习完就去睡觉，这样能减少你的遗忘。

主动遗忘理论

主动遗忘理论将焦点转移到无意识地忘记一些不愉快的事情上。根据主动遗忘理论（motivated forgetting theory），我们的遗忘是有原因的。我们会"主动"抑制某些信息的提取，比如忘掉某次考试老师给你打了低

💡**学习提示**

另一种区分前摄干扰和倒摄干扰的方法是看干扰在哪里发生。发生倒摄干扰时，旧的信息被遗忘；发生前摄干扰时，新的信息被遗忘了。

分，忘掉某次痛苦的拔牙经历，忘掉初二的某次糟糕得让你尴尬的演讲等，这些都是主动遗忘的例子。

很明显，人们总是想尽量抵制那些令人扫兴或焦虑的回忆。根据弗洛伊德的理论（参见第13章），人们有意识地告诉自己不要去担心即将到来的考试，这就叫做抑制（suppression）；如果这是在无意识的情况下发生的，就叫做压抑（repression）。弗洛伊德认为人们压抑痛苦的记忆是为了避免焦虑。如果这种假设是真的，那么合适的治疗就是帮助病人克服压抑机制，使他们尽快恢复被压抑的记忆。而那些儿童时被侵犯、被性骚扰、战争创伤、亲友亡故的痛苦经历则是人们具有高主动遗忘动机的记忆。关于被压抑的记忆还将在后面的部分继续讨论。

编码失败理论

一美分硬币上印着谁的头像？硬币的顶部写着什么？虽然生活中已经无数次地见过一枚真实的一美分硬币，但我们还是无法回忆起上面的细节（见图7—10）。这小小的硬币其实藏有8个有区别的特征（林肯的头像、铸造的日期、林肯头像的朝向等），但是大多数人只能记清楚其中的3个特征（Nickerson & Adams，1979）。以上就是一个很好的关于编码失败（encoding failure）的例子。因为我们不是硬币收藏专家，所以不会主动地、认真地去编码记忆硬币的每个细节。当我们的感觉记忆把硬币的信息完整地传递给短时记忆后，短时记忆（工作记忆）认为只需记住硬币的大小颜色就能辨认出硬币，因此不需要记住那些诸如头像朝向的精确细节，于是就没把这些细节信息传递给长时记忆。

265

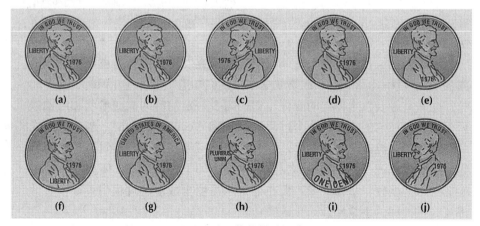

图7—10 编码失败。你能够认出真的一分硬币吗？

提取失败理论

如果你在某次考试中或者在某次谈话中出现"大脑空白"，但之后你又能重新记起了之前"遗忘"的信息，在这种情况下，你正亲身经历着提取失败理论（retrieval failure theory）给你带来的遗忘。我们也可以把提取失败理论叫做线索依赖理论（cue-dependent theory）。该理论认为，存储在长时记忆里的信息并没有被遗忘，只是由于干扰、错误提示、特定情绪等因素影响了记忆的提取，于是表现出遗忘的"症状"。

提取失败的最好例子之一是**舌尖现象**（tip-of-the-tongue phenomenon）。你是否经历过这种想说某个词语或某件事，但是要说的话最后停在舌尖上，却怎么也想不起来（Abrams, White & Eitel, 2003；Brown & McNeill, 1966；Gollan & Acenas, 2004）的情形？虽然你那时想不起那个词，但你却能说出它有多少个音节、开始和结束的字母、重音等特征。

也许你会觉得提取失败和编码失败的区别不是很大，事实上，许多记忆提取失败的原因正是当初糟糕的编码而非提取的失败（Howe & O'Sullivan, 1997）。

应　用　将心理学应用于学生生活

解决遗忘问题

心理学家在艾宾浩斯研究结果的基础上继续探索，发现了许多与遗忘相关的因素。其中与学生相关的有四个：系列位置效应（serial position effect）、来源遗忘（source amnesia）、睡眠效应（sleeper effect）和练习的分隔（spacing of practice）。

（1）系列位置效应。要求被试先有序地记忆一组单词，随后尽量多地自由回忆（可以不按照顺序回忆），结果发现被试对最初的几个单词（首因效应，primacy effect）和最后的几个单词（近因效应，recency effect）的记忆情况要好于中间的单词（Burns et al., 2004；Golob & Starr, 2004；Suhr, 2002）（见图 7—11），这就是**系列位置效应**（包括首因效应和近因效应）。导致出现记忆系列位置效应的原因比较复杂。

有了系列位置效应，我们就能很好地解释为什么每章中前面和后面几节的内容会比中间的要学得好一些，也能解释为什么聚会上我们会对最先和最后见面的人印象深刻一些。面试的时候，你也可以要求第一个面试或排到最后再和面试官交谈，这样能在面试官心中留下更多的记忆。

（2）来源遗忘。你是否曾经在考试的时候选错了答案却认为这个答案是老师告诉你的——但实际上却是你的同学告诉你的？每天我们都会接受许多的信息，因此你可能有时候会记不清每个信息都是谁在什么情景下告诉你的。忘记记忆的出处的现象叫做**来源遗忘**（Drummey & Newcombe, 2002；Leichtman & Ceci, 1995；Oakes & Hyman, 2001）。知道了来源遗忘，你就明白为什么电视购物栏目能通过反复不停地在电视上介绍产品来获得好处，因为观众可能刚看完一则新闻报道就切换到电视购物节目，就会对产品产生错误的信任。现在你知道和理解了来源遗忘现象，能利用新学到的知识避免一些遗忘的问题吗？

（3）睡眠效应。除了来源遗忘现象，我们也可能把一些可靠的信息和不可靠的信息相互混淆。关于**睡眠效应**的研究发现，当从一个不可靠的信息源获取了某个信息后，我们就倾向于不理会这些信息，而认同其他来自可靠信息源的信息。然而，随着时间的流逝，信息的来源被遗忘（来源遗忘），我们就可能不再忽视那些不可靠的信息（睡眠效应）（Kumkale & Albarracin, 2004；Underwood & Pezdek, 1998）。特别是当可靠的信息和不可靠信息混合在一起的时候，睡眠效应会比较明显。这回你可以明白

舌尖现象　感觉到信息是存储在长时记忆中的，但是暂时无法成功提取出来。

系列位置效应　一组信息的开头和结尾部分的记忆要好于中间部分。

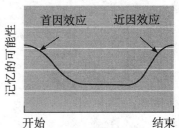

图 7—11　**系列位置效应。**如果让你记忆一组相似的项目，最开始和最后面的几个项目的记忆要好一些。

来源遗忘　遗忘了记忆的真实来源（也叫做来源混淆或来源归因错误）。

睡眠效应　从不可靠的信息源获取的信息最初会被忽视，但之后随着记忆来源被遗忘，该信息也被认为可信了。

266

了，也许最初听到一个电影明星谈论减肥食谱你不大相信，但后来怎么就信了，原来是忘了这一不可靠的来源。

（4）练习的分隔。尽管学生们学习知识的时候希望自己学得很好，但是他们的方法经常会导致其更快地遗忘掉所学的东西。你是否曾在一个声音嘈杂、干扰很大、注意力不容易集中的地方学习过？你是否曾在考试前熬夜复习试图记住大量信息？本书的第 1 章的"学生成功的关键"部分曾提到过分散学习（distributed study），而现在我们将了解分散练习。**分散练习**（distributed practice）是指把学习的时间分割几段进行，段与段之间有休息的间隔。那种熬夜背诵则是**集中练习**（massed practice），因为你将所有的知识都集中在一段很长的而没有间隔的时间里记忆。John Donovan 和 David Radosevich（1999）比较了 63 个学生的学习，发现分散练习的记忆效果好于集中练习。但是研究者也发现，大多数学生（他们都没有心理学知识，也没有学习过本章内容）都是考试前一天晚上临时抱佛脚的（Taraban，Maki & Rynearson，1999）。

分散练习 练习（或学习）被分割成数个小段进行，段与段之间是休息时间。

集中练习 学习被集中在一段长而且没有间隔的时间里进行。

267

目 标　性别与文化多样性

记忆和遗忘的文化多样性

你是怎样记住大学里每门考试的日期的？每次去超市你怎样记住那么多要买的商品？工业化社会的人们利用购物清单、日历、书籍、记事本、电脑等工具帮助记忆，防止遗忘。但是如果没有以上这些工具，你能想象出我们的生活会变得怎样吗？你能想象全靠你的记忆来记东西的情形吗？你能因为没有纸和笔记录信息而提高自己的记忆吗？那些生活在没有文字的部落里的人们，口头传递信息能力比我们这些文明地区的人发展得要好吗？

罗斯（Ross）和米尔森（Millson）（1970）进行了一项跨文化研究来探讨以上这些问题。他们比较了美国和加纳的大学生记忆故事的能力。两地的学生先听故事，并要求不能用纸笔记录，也不被告知接下来的测验，两个星期后，要求所有学生尽量多地回忆并写下之前听到的故事。结果可能和大多数人预期的一样，加纳大学生的回忆情况比美国大学生好，这是因为加纳有着悠久而良好的口述传统，他们在长期的口述实践中提高了编码口语信息的能力（Matsumoto，2000）。

这是否说明那些生活在拥有良好口述传统文化中的人的记忆能力会更好一些呢？回忆一下第 1 章的内容，科学研究的基本要求之一是重复并进行相关假设和研究。在这个例子中，如果给那些没有受过教育的非洲被试口述一组词语，而不是故事，这些人的成绩也不比美国被试好（Cole，Gray，Glick & Sharp，1971）。但是，当让接受过教育的非洲被试和没有接受过教育的非洲被试都记忆词语时，前者的表现会好一些（Scribner，1979）。这些实验说明了学校教育能够改进人们记忆词语的策略，而那些没有接受过教育的被试将这些词语看做没有什么联系或没有意义的内容。

瓦格纳（Wagner）（1982）对摩洛哥和墨西哥的城市和农村儿童进行了一项研究，证实了学校教育的重要性。他给被试们一次呈现一张卡片，呈现完后卡片面朝下，一共呈现七张。然后再呈现一张卡片并要求他们在七张卡片中指出和这张卡片相同的那一张。结果发现，不管被试是否接受过学校教育都能回忆出最后呈现的那张卡片（近因效应），但是，接受教育的年限将显著地影响被试回忆的总成绩以及对最初几张卡片回忆的成绩（首因效应）。

瓦格纳认为首因效应是因为被试的复述——默念以记住卡片内容，而这种策略跟学校教育非常相关。小学生们在教室里上课，会被要求去记忆各种字母、数字以及其他各种东西。这种典型的学校教育为学生们提供了长达数年的记忆练习环境，并通过考试检验记忆成果。瓦格纳认为记忆拥有两个部分，"硬件"部分并不会因为文化的不同而存在差异，而"软件"部分则会因为学习和发展了不同的策略和技能而有所不同。

总的来说，研究显示记忆的"软件"部分是受到文化因素影响的。某些文化交流主要依赖于口述的传统，生活在该文化下的人记忆口头故事的策略会得到很大发展；另一些文化下学校教育普及全国，生活在该文化下的人们能够学会很多有助于记忆项目清单的策略和技巧。从这些研究中我们可以得到这样的结论：人们会用他们习惯的策略来记忆信息，并发展相应的记忆技巧以适应环境。

268

文化与记忆。 在很多社会，部落首领通过口语故事传递重要信息。由于有着这种口述的传统，这些文化中的儿童对于与故事相关信息的记忆好于其他儿童。

检查与回顾

遗忘

艾宾浩斯是第一个全面研究遗忘的心理学家，他发现的"遗忘曲线"显示了学习后快速遗忘的过程。他同样也发现了再次学习能够比第一次学习节省很多时间。

记忆的衰退理论认为记忆像其他生理过程一样也是会随时间衰退的。记忆的干扰理论认为遗忘是倒摄干扰和前摄干扰引起的。倒摄干扰是指新的信息阻碍了旧的信息的记忆和保存；前摄干扰则是指旧的信息阻碍了新的信息的学习和记忆。记忆的主动遗忘理论描述了人们主动忘记痛苦、恐惧、尴尬事件的过程。编码失败理论指出遗忘是由于短时记忆没能编码进入长时记忆造成的。提取失败理论则把遗忘归结于未能成功提取信息，但事实上长时记忆里并没有遗忘掉该内容。

为了尽量避免遗忘带来严重的问题，你应该注意以下四个重要因素：系列位置效应（对最初和最后部分内容的记忆要好于中间部分），来源遗忘（忘记了记忆的来源），睡眠效应（最初忽视了来自不可靠信息源的内容，但之后忘记了信息来源，便开始相信该内容）以及练习的分隔（分散练习比集中练习效果好）。

问题

1. 下面每个例子分别描述了遗忘的什么理论？

（a）在某次聚会上，你需要介绍全部到场的人，你非常紧张，最后竟然忘记了一个好朋友的名字

（b）你遇见了一个和你25年都没见面的朋友，你想不起他的名字

（c）小的时候你被绑架过，但是关于那次绑架你几乎什么都记不清楚了

2. 每次考试的时候，对第一章和最后一章的问题，答题情况要好一些。这表明了_____。

（a）分散学习的优越性

（b）来源遗忘

（c）状态依赖效应

（d）系列位置效应

3. 准备一次考试你会使用分散练习还是集中练习？

4. 简单描述一个你经历的来源遗忘和睡眠效应的例子。

答案请参考附录B。

更多的评估资源：

www.wiley.com/college/huffman

记忆的生物学基础

前面部分强调了记忆和遗忘的理论和模型，本小节则会重点介绍有关记忆的生物学方面的知识。我们先探究记忆是怎样形成的并位于大脑的哪些部位，然后我们将讨论一些与生物学因素相关的问题。

记忆是如何形成的？生物学理论

当我们学习新东西的时候，我们的大脑和神经系统一定会发生一些变化（我们之后怎样能回忆并使用这种信息）。

🗣 学习目标

我们如何形成记忆，在哪里储存？

长时程增强 长时而持续的神经兴奋性的增加，这也许是学习和记忆的生物学机制。

记忆中神经元和突触的变化

回忆一下第2章和第6章的内容，学习将改变脑的神经网络。随着一个反应的习得，特定的神经通路和连接就会建立起来，而且变得越来越敏感和易兴奋。当你学习打网球的时候，反复的练习就会在你的神经网络里建立一条通路，这条通路使你击球过网变得越来越容易。这种神经放电的持续增强叫做**长时程增强**（long-term potentiation，LTP），它至少以两种方式发生变化：

（1）反复刺激突触能够刺激树突棘的生长，使突触联系得到增强（Barinaga，1999）。对突触反复刺激的次数越多，突触接受刺激的感受点就越多，敏感性也越强。第6章曾证实了这种结构性的变化，与在贫乏环境中生长的大鼠相比，在丰富环境中生活的大鼠长出了更多的树突棘（Rosenzweig，Benet & Diamond，1972）。

（2）特定神经元释放递质的能力可以被增强或减弱。该结论在海兔（aplysia）的研究中得到证实。当向这种叫海兔的海洋软体小动物喷射水柱

时，它们会出现条件性的缩腮反射。当条件反射建立以后，海兔相应突触上会释放更多的递质，此时突触的信号传递也变得更有效（见第 6 章）。普林斯顿大学的研究者们找到了进一步的证据，他们通过基因技术培养出一种具有更多 NMDA（一种神经递质）受体的小鼠，这些遗传变异的"聪明鼠"在记忆任务上的成绩要明显地好于一般小鼠（Tang, Wang, Feng, Kyin & Tsien, 2001; Tsien, 2000）。当然，这些关于海兔和小鼠的研究结

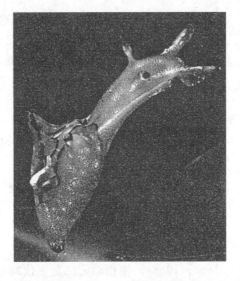

海兔是如何学习和记忆的？当向海兔施以水柱刺激时，它会产生经典条件性的缩腮反射，反复刺激后，它们的缩腮反射会越来越迅速，因为它们在相应的突触上释放的递质会越来越多，而这些递质能够使通信的环路变得更加高效。类似的结构性变化也会在人学习和记忆新信息后出现。

论还不能进行推广，但是，已经有很多研究证明了人类的长时程增强（Kikusui, Aoyagi & Kaneko, 2000; Wixted, 2004）。

激素的变化与记忆

激素也对记忆有明显的影响。当紧张或兴奋的时候，我们的身体会分泌一系列"战斗或逃跑"激素，例如肾上腺素、皮质醇（见第 3 章）。这些激素会轮流地影响杏仁核（一个与情绪有关的皮层下边缘系统的结构），接着，杏仁核刺激海马和大脑皮层（大脑的另外一部分，对记忆的存储很重要）。关于人类和非人类动物的研究显示，直接注射肾上腺素或皮质醇，或者电刺激杏仁核能够促进对新信息的编码和存储（Akirav & Richter-Levin, 1999; Buchanan & Lovallo, 2001; McGaugh & Roozendaal, 2002）。但是，持续或极端的应激（和增加皮质醇水平）却会阻碍记忆（Al'absi, Hugdahl & Lovallo, 2002; Heffelfinger & Newcomer, 2001; McAllister-Williams & Rugg, 2002）。

通过基因工程改善记忆。科学家们已经通过加入基因的方法培养出了记忆力比普通小鼠更好的小鼠。这些基因得到改进的小鼠被取名为"Doogie"，因为 M. D. Doogie Hower 是一个在电视节目上很出名的天才男孩。图中的"Doogie"鼠正站在一个用来测验它们学习和记忆的装置上。

你明白为什么增强（但并不过分地）唤起能够提高记忆吗？为了生活，人类和其他动物必须很好地记住他们是怎么陷入危险环境的，又是怎样顺利逃脱的。当我们遇到应激情况时身体分泌大量激素，这是在警告我们的大脑"注意并记住"！

在闪光灯记忆中，我们能够看到激素对记忆的强烈作用。闪光灯记忆（flashbulb memory）是指与意外或强烈的情绪事件联系在一起的生动影像（Brown & Kulik, 1977; Edery-Halpern & Nachson, 2004）。你还记得"9·11"恐怖分子袭击世贸中心和五角大楼时的情景吗？你的记忆是否像有闪光灯照射一样清晰，让你觉得整个事件历历在目？震惊的政治事件、重要的个人经历（毕业、疾病、得子）以及血腥的恐怖袭击都能在记忆中保留很长的时间。当我们听到或经历这些"大事件"时，身体会由于情绪反应分泌"战斗或逃跑"激素，接着，我们还会在头脑中不停地回想这些事件，这又加强了我们的记忆。

尽管人们的闪光灯记忆很深刻，但它并不像你想象的那样准确（Squire, Schmolck & Buffalo, 2001）。例如，布什被问到他是在哪里听到

2001 年 9 月 11 日。对世贸中心的恐怖袭击对大多数美国人来说是一种闪光灯式的记忆。

关于"9·11"恐怖袭击的新闻时，这位总统给出的很多回答却自相矛盾（Greenberg，2004）。闪光灯记忆不仅会发生变化，而且还有可能出现更严重的问题。例如，在考试或演讲中你是否有过紧张得脑袋一片空白的情况？如果有过，那么你就能理解为什么过于强烈的唤起和激素也能够阻碍记忆的形成和提取了。

记忆定位在哪里？追踪记忆的痕迹

到目前为止，我们对记忆的生物学基础的讨论主要集中在神经结构变化或激素所影响的记忆形成过程。但是记忆储存在哪里？大脑的哪个部分涉及记忆呢？

最早研究这些问题的科学家之一是卡尔·拉什利（Karl Lashley）（1890—1958）。他相信记忆是定位或存储在大脑特定部位的，于是开始做大鼠的标准迷津学习实验。在实验中，一旦大鼠学会后，就手术摘除大鼠脑的某个区域，然后重测大鼠在迷津任务中的表现。但是经过 30 年令人沮丧的研究，拉什利发现即使摘除了大鼠的某部分皮层，它们仍然能够顺利地完成迷津任务（Lashley，1929，1950）。拉什利开玩笑道："有时，我回顾那些有关记忆痕迹定位的证据，我感觉这必然的结论就是：学习是不可能的。"（1950，p. 477）

由于没有成功地找到记忆在大脑中的特定区域，拉什利最终做出结论，认为记忆是没有定位的，而是分散在整个大脑皮层上的。后来的研究表明拉什利既正确又错误：记忆并不只定位在一个简单的脑区，而是在许多个具体的位置上，而且不仅仅是在皮层上。

从拉什利开始，关于长时记忆大脑结构的研究就不断进行着。现在，研究技术发展迅速，我们已经能够通过实验方法引起和测量与记忆相关的大脑皮层的变化——甚至是即时的变化。例如，詹姆斯·布鲁尔（James Brewer）和他的同事们（1998）用功能磁共振成像技术找到了人们编码图片记忆时对应的脑区。他们给被试呈现 96 张室内和室外场景的图片，同时扫描他们的大脑，然后测试他们对图片的回忆。布鲁尔和他的同事们发现，当大脑编码图片的时候右侧前额叶皮层和海马旁回皮层是最活跃的区域。从图 7—12 可以发现，这只是与记忆存储相关脑区中的两个。也许对于一名学习心理学的学生而言，记忆这些复杂的存储区域可能会使你感到很沮丧，但是，你必须记住的是，这种复杂性正是使我们的人类大脑能够出色地适应越来越复杂的外部环境的原因。

生物学和记忆遗失：损伤和疾病

当人们因为遗忘症突然忘掉过去所有的记忆或因为阿尔兹海默症渐渐忘记事情时，大脑发生着怎样的变化呢？如果失去了过去的记忆同时不能产生新的记忆，我们就无法使用过去学会的技能，也不能学习新的知识，彼此之间相互不认识，甚至连自己是谁都不知道了——我们的基本生存都成了问题。

　　有些记忆的问题是由于大脑受损或出现疾病（器官病理学性质的）而导致的。当人们遭遇严重意外事故、中风发作或其他一些导致脑外伤的事件时，就会发生记忆遗失或退化。疾病也能导致大脑或神经系统发生生理上的变化，最终影响到记忆过程。这一部分将主要讨论两种引起记忆障碍的常见原因：脑损伤和阿尔兹海默症。

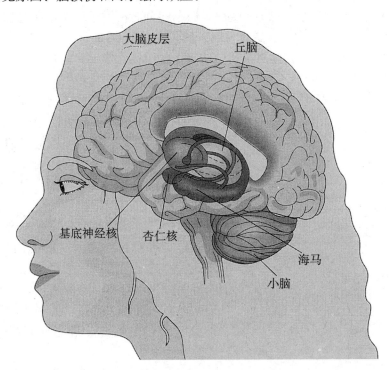

脑区	已知或猜想的与记忆的关系
杏仁核	情绪记忆（Blair et al.，2005；McGaugh & Roozendaal，2002）。
基底神经核和小脑	基本记忆痕迹和内隐记忆的产生和存储（例如技能、习惯、简单的条件反应）（Christian & Thompson，2005；Frank，2005；Thompson，2005）。
海马结构（海马及其周围结构）	记忆的再认；内隐、外显、空间、情景记忆；陈述性长时记忆；事件的序列（Bachevalier & Varga-Khadem，2005；Thompson，2005）。
丘脑	新记忆的形成和空间记忆、工作记忆（Mendrek et al.，2005；Ridley et al.，2005；Sarnthein et al.，2005）。
皮层	外显（陈述性的）记忆的编码；情景记忆和语义记忆的存储；技能学习；启动；工作记忆（Pasternak & Greenlee，2005；Reed et al.，2005；Thompson，2005）。

图 7—12　脑和记忆的形成。任何这些区域的损伤都能影响记忆的编码、存储和提取。

脑损伤

　　你是否曾经对于父母和从事医疗和健康工作的人员在做大多数体育运动时会坚持戴头盔感到疑惑不解？当头骨和其他物品相撞时会发生脑外伤（traumatic brain injury）。颅骨里的大脑被冲撞、挤压、扭曲，会引起严重的、有时甚至是永久性的大脑损伤。额叶和颞叶通常是受伤最严重的，因为它们直接跟颅骨内侧挤压碰撞。脑外伤是15～25岁的美国人患神经疾病的第一元凶，而这些伤害主要是由于交通事故、暴力事件、枪击惨案等造成的。

严重的脑损伤会对我们的记忆造成怎样的影响呢？因脑损伤导致记忆丢失的病症叫做遗忘症（amnesia）。遗忘症分为两种——逆行性遗忘和顺行性遗忘（见图7—13）。**逆行性遗忘症**（retrograde amnesia）病人丢失的是脑损伤前的记忆，但是对损伤后的事情的记忆无影响，忘掉的只是时间上逆行回过去的事情，就像它名字所表述的一样。

逆行性遗忘症　丢失脑损伤前的记忆；逆向的遗忘。

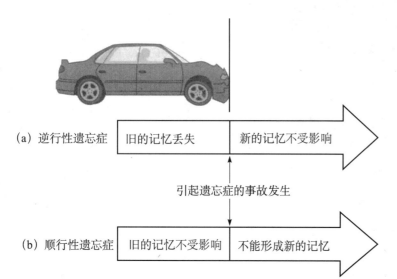

(a) 逆行性遗忘症　旧的记忆丢失　新的记忆不受影响

引起遗忘症的事故发生

(b) 顺行性遗忘症　旧的记忆不受影响　不能形成新的记忆

图7—13　两种遗忘症。 (a) 得了逆行性遗忘症的病人将会丢失部分或全部受伤前的记忆。这在电视剧里经常出现，主人公因为此病忘掉了他/她以前的工作、家庭甚至自己的名字。(b) 得了顺行性遗忘症的病人不能对脑损伤后发生的事件形成新的记忆。

顺行性遗忘症　脑损伤后不能形成新的记忆；顺向性的遗忘。

273

阿尔兹海默症　以严重的记忆遗失为特征的渐行性智力衰退。

是什么导致了逆行性遗忘症呢？那些患逆行性遗忘症的病人忘记大脑受伤前的事情，主要是因为那段记忆的巩固失败导致的。我们在之前提到过记忆的巩固：在长时程增强过程中，我们的神经元会发生改变以适应新的学习，在这个过程中，神经性的变化需要一定的时间来定型和稳定，这就是所说的巩固。之前我们把记忆的巩固形象地比做水泥的凝固过程，而在完全凝固前，一旦出现脑损伤，就会"擦掉"那些还没有变得稳定的记忆痕迹，最终导致逆行性遗忘。

除了逆行性遗忘外，有的有记忆障碍的病人会遗忘脑损伤后的事情，叫做**顺行性遗忘**（anterograde amnesia）。这种类型的遗忘症主要是因为手术损伤或疾病（例如慢性酒精中毒）造成的。继续用水泥凝固的比喻来说明：顺行性遗忘病人的记忆就像是已经全部凝固的水泥，无法再印任何新的图形在上面，因为它已经全部定型了。

你是否仍然分不清两种遗忘症？那么回忆一下本章开头提到的H. M.的例子，在H. M.身上两种遗忘症都存在。他对于手术前一两年的记忆有轻度的遗忘（逆行性遗忘）。同时，由于手术破坏了他短时记忆传递到长时记忆的通路，因此他不能对手术后发生的事件形成新的记忆（顺行性遗忘）（Corkin，2002）。在大多数临床案例中，逆行性遗忘都是暂时的，病人在一段时间后能够逐渐恢复记忆；但是，顺行性遗忘通常是永久的，不过他们的内隐记忆却并没有丧失。

阿尔兹海默症

阿尔兹海默症（Alzheimer's disease，AD）通常被通俗地叫做老年痴呆症，是一种在生命晚期经常发生的渐行性智力退化（见图7—14）。该病早期最显著的症状是记忆出现一定的障碍，经常会遗忘掉一些日常生活中的典型事件。最初的症状并不明显，因为生活中人人都有忘记各种事情的时候。但是，患阿尔兹海默症的病人会在以后的时间里渐渐地忘掉更多的记忆，在后来最严重的阶段时，连自己所爱的人也认不出来了，需要24小时完全护理，最终导致死亡。

但并不是所有类型的记忆都会丢失。研究发现，阿尔兹海默症和一般遗忘的最大区别之一是阿尔兹海默症病人只是严重地丧失外显（陈述性）记忆（Balles-teros & Manuel Reales，2004；Mitchell et al.，2002）。阿尔兹海默症病人虽然不能回忆事实、信息、个人生活经历，但是他们仍然保留着内隐（非陈述性）记忆，例如条件反射和程序记忆（如系鞋带等）。

是什么引起了这种疾病呢？对患有阿尔兹海默症病人的尸体进行解剖发现了大脑中异常的缠

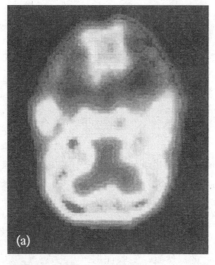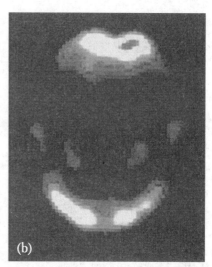

图7—14　阿尔兹海默症对大脑的影响。注意这张大脑的正电子断层扫描（PET），左边的是正常的大脑，右边是阿尔兹海默症病人的大脑，其大脑活动减弱，特别是颞叶和顶叶部分，而这正是对存储记忆非常重要的脑区。

结（tangle）（由病变的胞体形成的结构）和斑块（plaque）（由病变的轴突和树突形成）。遗传性的阿尔兹海默症通常在同一家族里发病，发病年龄一般在45～55岁。有的专家认为该病是由基因决定的，但有的专家则认为，基因只是使某些人更容易发病而已（Bernhardt，Seidler & Froelich，2002；Khachaturian et al.，2004；Vickers et al.，2000）。

评　估

检查与回顾

记忆的生物学基础

记忆的生物学观点主要关注神经元的变化（通过长时程增强）、激素对记忆的影响、记忆在大脑中的定位等。记忆定位于整个大脑——不仅仅只是大脑皮层。

一些记忆的问题是由于受伤或疾病（器官病理学性质的）造成的。由于严重的脑损伤造成的记忆问题叫做遗忘症。逆行性遗忘病人会忘记事故前的记忆，而顺行性遗忘病人对于事故后发生的事情不能形成记忆。阿尔兹海默症是一种渐行性的精神障碍疾病，会导致严重的记忆丢失，通常发

生在生命晚期。

问题

1. 简述一下长时程增强（LTP）的两个过程。

2. 你清楚地记得当听到"9·11"事件时你正在做的事情，这是关于_____的例子。

（a）编码特异性原则
（b）长时程增强
（c）潜在学习
（d）闪光灯记忆

3. 因为脑损伤引起的遗忘叫做_____。

4. Ralph有一次不小心从他搭在树上的房子里掉了下来，从此不能记住在这之前发生的事情，他得了_____遗忘症。

（a）倒摄　　（b）前摄
（c）顺行性　（d）逆行性
答案请参考附录B。

更多的评估资源：
www.wiley.com/college/huffman

应 用

聚焦研究

记忆与刑事司法系统

正如你将在下文所发现的一样，我们对世界的知觉常常是有偏差或被扭曲的，例如我们经常看到我们想要看的（参看第 4 章关于知觉的部分），而且也坚持看到了那些我们想看到的事物（见第 8 章的"确认偏差和功能固着"，或第 16 章的"偏见"）。

我们的记忆总是犯一些类似的错误，当这些错误发生在刑事司法系统中时，它们将可能导致对有罪或无辜，甚至对于生与死的错误判断。下文我们将讨论最广为人知的两个有关问题——目击者证词和压抑的记忆。

目击者证词

记错你新朋友的名字或忘记了你的车钥匙在哪里或许是相对无害的记忆问题，但是如果由于你错误的目击证词而使警察错误地逮捕并给一个无辜的人定了罪，这个问题又将如何呢？（见图 7—15）常言道："眼见为实"，但是我们真的能够相信我们所看到的，或者说我们以为自己看到的事物吗？过去对于律师来说，目击证人是最有利的法庭证据形式："我当时在场，我亲眼所见。"而不幸的是，大量的调查研究已经揭示了目击人证词的多种问题（Lindsay et al., 2004；Loftus, 2000, 2001；Yarmey, 2004）。

在一项有关目击证人的研究中，研究者给被试播放一辆轿车驶过乡村的电影。一组被试需要估计当轿车经过谷仓时它的行驶速度；另一组被试在观看相同的电影时也被要求去估计轿车的速度，但是却没有提到谷仓。所有的被试在事后都将被问起是否在电影中看见了谷仓。在被提供了关于谷仓的错误信息的被试中，报告看到谷仓的被试数是其他组被试的六倍，

即使谷仓根本没有在电影里出现过（Loftus, 1982）。

想要确定目击证人在回忆事件时犯错误的频率是不可能的。然而，实验证据显示其错误的频率可能相当高。例如，在美国内布拉斯加大学举行的一项实验中，被试首先观看人们表演的犯罪过程。一个小时之后，他们被要求从嫌疑犯照片中指出真正的疑犯，而一周后，再从一份名单中挑出疑犯。事实上在照片和名单中都没有真正的嫌疑犯出现，然而 20% 的被试在照片中指认了无辜者，还有 8% 的人在名单中挑出了"罪犯"（Brown, Deffenbacher & Sturgill, 1977）。

研究中的被试为什么会犯如此的错误呢？记忆的很多属性可能都参与了在名单辨认中的错误。首先，我们知道看到疑犯的照片后可能会产生熟悉感，这种熟悉感也许会导致后来在名单辨认中的错误认知。其次，记忆具有可塑性，被试可能由于照片的干扰记忆而重建了关于犯罪情形的不准确记忆。

这些问题的存在及其重要性使得法官现在应该接受这样的事实，即专家证词也存在不可靠性。他们也同样在引导陪审团成员方面存在这些局限（Durham & Dane, 1999；Ramirez, Zemba & Geiselman, 1996）。如果你是陪审团的成员或者在新闻中听到了

图 7—15　目击者证词的危险。 7 名目击者指证照片左边的"绅士强盗"（Father Pagano）犯了数起武装抢劫案，然而最后是照片右边的人（Robert Clouser）认罪并被证实犯罪。

关于犯罪的描述，应该提醒自己还存在着这些问题。而且要记住，那些在研究中作为目击证人的被试在报告他们不准确的记忆内容时都是充满了自信并强烈确信的（Migueles & Garcia-Bajos, 1999）。在现实生活中的目击证人一样可能以相同的方式和强烈的自信指认一个无辜的人。

错误和压抑的记忆

我真希望把这件事情忘掉。

——蒙田（Michel de Montaigne, 1533—1592）

记忆是最伟大的艺术家，它抹去了你心灵中那些不必要的。

——莫里斯·巴林（Maurice Baring, 1874—1945）

哪一个是正确的？忘掉痛苦的记忆是不可能的吗？还是说我们有能力抹去不必要的记忆？有关错误和压抑记忆的话题是记忆研究中最热烈的争

Elizabeth loftus。

论之一。你能够回忆起本章开始关于 Elizabeth 的故事吗？她突然回忆起自己童年时发现她母亲被淹死的情景。Elizabeth 对童年这种可怕记忆的恢复虽然很痛苦，但最终带来了很大的解脱。"我开始能够很好地处理生活中的一切，也许这就是我为什么如此热爱工作的原因吧。"这也在一定程度上解释了为什么她一直热衷于记忆的主题，并且在这方面的研究上花费了如此多的时间。

然而在宽慰和解脱之后，她的哥哥却声称其中有个误会！那个告诉 Elizabeth 说她是发现自己母亲尸体的人的亲戚稍后回忆起那个人其实是 Pearl 姨妈而不是 Elizabeth Loftus。正像那些错误地回想起自己看到了谷仓的目击者一样，Loftus 作为一个研究记忆扭曲的专家，也无意识地制造了一个属于她自己的错误记忆的例证。

正如我们在本章中所见，我们的记忆是常常犯错的，而研究者也已经阐明想要制造错误记忆是相对比较容易的（Dodd & MacLeod，2004；Greenberg，2004；Loftus，1993，1997，2001）。

那么，关于被压抑的记忆呢？人们能恢复童年时真正的记忆吗？曾作为主动遗忘的一部分被提及的压抑，被认为是一种无意识的应对机制，通过这种机制使那些能引发焦虑的想法排除在意识之外。因此，使人极端恐惧的记忆或想法，如童年性侵犯的记忆等，也许就会被压制。据研究结果显示，这些记忆通常是主动和有意识地被"遗忘"，以避免追溯它们时产生的痛苦（Anderson et al.，2004）。而其他观点则认为一些记忆是由于其太过于痛苦而仅仅能存在于大脑中无意识的部分中，使它们无法伤及个人（Bertram & Widener，1999）。在这些个案中，治疗时打开这些封存暗藏的记忆是必需的（Davies，1996）。

正如你可能想象的一样，在心理学中这是一个复杂而充满争议的话题。没有人质疑一些被遗忘的记忆能够在后来恢复。当被一个标志或经历提醒时，很多人能回忆起被忘记很久的事件——去迪士尼乐园的一次童年旅行、一次搬家，或者是一次痛苦经历的细节。而被质疑的问题则是关于痛苦经历（例如童年性侵犯）被压抑的概念以及它们在无意识中的存储（Goodman et al.，2003；Kihl-strom，2004；Loftus & Polage，1999）。批评家们认为大多数目击或经历了一场暴力犯罪的人，以及童年曾遭受过性侵犯而存活下来的成人，都有着强烈和持久的记忆。他们的问题是无法忘记，而不是回忆。

一些批评家也同样担心，在治疗中治疗师们究竟是唤起了病人真实的记忆还是不小心为他们制造了虚假的记忆。在第 1 章中，你已知道了一个研究者的实验者偏差（experimenter bias）可能无意地影响了被试的反应。那些热切地相信病人在童年遭受过性侵犯的治疗师就有可能同样无意地影响病人对信息的回忆。另外，如果治疗师提及可能存在的侵犯时，病人自己的构建过程也可能导致他/她制造一个虚假的记忆。

还记得 Loftus 是怎样利用她亲戚关于她是发现她母亲尸体的暗示而构造了她自己的具有具体细节的错误记忆吗？如果你是一个具有批判性精神的思考者，你能够猜想出病人们是怎样利用其治疗师的暗示而做出相似回应的吗？即使治疗师仅仅是暗示了侵犯的可能性，但是病人们也许会想到描绘他人经历的电影和书籍，然后将这些信息吸收到自己的记忆中去。不幸的是，他们还倾向于忘记最初的来源（来源遗忘）。一段时间后，病人可能又会忘记这些原始不可靠的来源并且将他们视为可靠的（睡眠效应）。

因此，"恢复的记忆究竟是真是假"这个问题可能始终不会有答案。正如我们前面所提到的，各种研究已经清楚地表明：所有记忆在编码过程中都不是被完美构建的，它们在恢复时同样不是被完美重构的。企图将某些记忆贴上"真"或"假"的标签也许是一种误导或过度的简单化。

然而，所谓的被压抑记忆的争论却愈演愈烈，而且争论双方的研究结果也是针锋相对。这不仅是一场"学术辩论"，而且具有更为严重的问题，因为民事诉讼和刑事诉讼有时要以唤起童年性侵犯记忆作为基础。有时候错误的指责会给家庭造成难以弥补的伤害。

在第 14 章中，我们将重新回到这个关于被压抑记忆的激烈争论上来。同时，回忆起童年的性侵犯的重要性是毋庸置疑的。我们必须注意不要嘲笑和指责那些恢复了真实记忆的受侵犯者。本着同样的精神，我们还必须保护那些由错误记忆而招致错误指责的无辜者。我们期望有一天可以公平地去权衡受害者和被指控者的利益。

（想获得关于这个持续争论的更多信息，可致电或致信华盛顿的美国心理学会，或在名为《有关儿童虐待记忆的问题与答案》的小册子中寻求相关信息，或登录 the Psychology in Action 的网站。）

275

276 **评 估**

检查与回顾

记忆与刑事司法系统

记忆并不是对事实进行精准的复制，我们通过编码、存储以及提取等过程主动地形成和巩固信息。有两个主要的记忆问题很可能严重影响着刑事司法系统——目击者证词和被压抑的记忆。目击者在法庭上被很严重地诱导着说出了他们的证词，但是这些证词中却可能存在很多错误。对于重新获得的记忆是正确回忆还是错误信息的问题，心理学家们存在争议。出于对目击者证词的可信度和错误记忆的构建的关注，越来越多的专家开始谨慎对待该问题。

问题

1. 根据研究，目击者通常报告声称对其错误回忆信息的准确性_____。

(a) 没有自信

(b) 有一点自信

(c) 有中等程度的自信

(d) 非常自信

2. _____记忆通常与那些被遏制于意识层面下的焦虑—愤怒想法或事件相关。

(a) 被抑制的

(b) 回闪的

(c) 有动机的

(d) 被压抑的

3. 研究者发现，人们会相对_____地产生错误记忆。

4. 区分错误记忆和被压抑的记忆。

答案请参考附录 B。

更多的评估资源：

www.wiley.com/college/huffman

 运用心理学来改善我们的记忆

 学习目标

怎样改善我们的记忆？

我所能追溯的最早的记忆之一，如果我们没有弄错的话，应该来自我两岁那年。直到 15 岁，我才开始怀疑下面这个我曾能清楚回忆并相信其存在的情景：正当我坐在童车里，被保姆推着进入了香榭丽舍大街的时候，一个男人试图要绑架我。我被身上的带子绑紧了，而保姆则英勇地站在我和歹徒之间试图阻止他。她受了伤，而我仍然能够依稀回想起那些在她脸上的伤口。之后人群围了上来，一个穿着短斗篷、握着警棍的警察也赶了过来，歹徒终于投降了。当时的场面在我的脑海中挥之不去，甚至我还能指出事件发生在地铁站附近。在我 15 岁那年，我的父母从保姆那里收到一封信，在信中保姆说她已经转到基督教的救世军。她要坦白自己的过错，尤其是要归还她因上述事件而被赠与的那块手表。那是她凭空捏造的故事，连伤口都是假的。在还是个孩子的时候，我一定听说了这个故事的经过，我父母相信它，而它也在我的记忆中形成了视觉的画面，这是一段关于记忆的记忆，但却是一段虚假的记忆（Piaget，1962，pp. 187-188）。

这是一位杰出且世界闻名的认知和发展心理学家皮亚杰（第 9 章）自己陈述的一段童年记忆。为什么皮亚杰会创造一段如此奇怪、细节完整但却是关于一件从未发生的事件的记忆呢？

理解记忆的失真：对逻辑性、一致性和有效性的需要

像皮亚杰一样，每个人都有塑造、改造或扭曲自己记忆的倾向。其中最为普遍的原因是我们对逻辑性和一致性的需要。当我们开始形成新的记忆或者整理旧的记忆的时候，会为了"正确性"而填入某些遗失的片段，并且还会重新安排信息以使记忆能够在我们先前经历的基础上满足符合逻辑性和一致性的条件。

除了我们对逻辑性和一致性的需要外，也因为有效性而塑造和构建我们的记忆。试着从你的长时记忆中提取并回忆一位心理学老师在最近一次重要的课程中的内容。很明显，你不可能一字不差地把课程内容回忆出来，你所做的是总结、扩充并把新知识与长时记忆中已经存在的东西联系起来。同样地，当你需要从长时记忆中提取这个存储的课程内容时，你只能记得课堂上被提及的一些事实和课程的大概主题而已。

在讨论完记忆中所有的问题和偏见后，我们有必要强调一下：在大多数情况下，我们记忆的功能还是十分有效而且完善的。我们的记忆在进化中已经能够编码、储存并提取对我们的生存至关重要的信息。在保护我们食物和住所的工作中，我们一直以来都在搜索和监控可能潜藏危险的环境，甚至当我们睡觉的时候，重要的记忆也在进行加工和存储。然而，当面临着回忆大学课文中精确的细节、客户的面孔和姓名或者把房门钥匙放在了哪里等任务时，我们的大脑却难以完全做到。

记忆测试　你自己试试 277

仔细阅读下列单词

Bed	Awake	Tired	Dream	Wake
Snooze	Snore	Rest	Blanket	Doze
Slumber	Nap	Peace	Yawn	Drowsy
Nurse	Sick	Lawyer	Medicine	Health
Hospital	Detist	Physician	Patient	Stethocope
Curse	Clinic	Surgeon		

现在合上书本，写下所有你能记住的单词。

正确回忆的单词数：

21～28＝优异的记忆

16～20＝比大多数人好

12～15＝平均水平

8～11＝低于平均水平

7 或更少＝你得小憩一下了

你做得怎样？你是否具有优异或出色的记忆？你回忆出 sleep 和 doctor 这两个单词了吗？回头看一看单词表，它们并不在里面。然而，超过 65％的学生都报告说看到了这两个单词，你能解释为什么吗？

✓ 改善记忆的技巧：八种一定能成功的方法

人类大脑的完美在于它知道我们记忆的有限性和存在的问题，然后发展出合适的改善机制。我们的祖先驯化牛马来帮助自己干活，以克服人类生理上的局限，同样，我们也能通过类似的方法改进我们的记忆能力。

心理学已经为我们记忆的提升提供了很多有效的方法。每个人都能提升自己的记忆，你在这方面越努力，你的记忆就会变得越好。在这一小节，我们总结出了一些关键点，以帮助你练习并提升记忆（也许你会发现其中某些点已经在第 1 章的"学生成功的关键"部分中出现过）。

278

（1）集中注意，减少干扰。如果你想学得进、记得牢，你就得专心地去记忆。上课时，你需要集中注意力，全身心地听老师讲课，不要坐在那些可能会转移你注意力的人的旁边。当你学习的时候，选择那些干扰最小的地方。

（2）使用复述技巧。短时记忆的持续时间只有 30 秒左右。使用机械复述技巧，可以延长短时记忆的时间。使用精细复述技巧，可以将短时记忆有效地编码进长时记忆。你也许注意到，在课文中、空白处以及每章最后的术语表中都给出了每个术语的正规定义，同时还对其进行了适当阐释，并用一两个例子进行详细说明。学习本书的时候，你就可以利用这些"工具"帮助你进行精细复述。当然，你也可以使用你自己的例子来帮助复述。总之，你编码信息时越是精细，记忆的效果就会越好。

（3）改善组织信息的方法。这是获取一个好记忆的最为关键的地方。虽然短时记忆的容量大约只是 5~9 个项目，但是你通过将信息组织成许多组块的方法来扩展其容量。而对于长时记忆，你可以通过创建层级，也就是把信息组织成有意义、有层次的几个部分，来帮助你改善长时记忆。每章最后的表格以及"形象化总结"就是层级的很好的例子，它们可以帮助你更好地归纳组织信息和材料。请一定要仔细学习那些部分的内容，如果可能，你也可以自己把信息组织成有条理的、适合你自己记忆的层级。

（4）克服系列位置效应。因为存在系列位置效应，也就是我们记忆一系列信息的最开始部分和最后部分的效果要好于中间部分，所以我们得花额外的时间去记忆中间部分的信息。当学习或复习时，每次从不同的章节开始——有时从全书的二分之一的部分开始，有时从全书的四分之一部分开始阅读。

（5）管理你的时间。学习要有一定的规律，切忌填鸭式的方法。分散学习比集中学习效果明显要好。换句话说，利用五个分散的半小时比利用一个连续的两个半小时，编码信息和存储信息的效果会更好。当你学习新知识的时候，可以不着急地、一个一个地将新知识和旧的知识联系在一起，这样你就能很好地组织起编码过程；当你提取时，也会更加容易。同时，我们也应该保证充足的睡眠，原因有二：第一，当昏昏欲睡时，我们不能像清醒时一样能够很好地记住东西；第二，在快速眼动睡眠阶段，我们的大脑也会处理和存储一些白天我们获取的新信息。

（6）应用编码特异性原则。当形成新记忆时，我们会把编码时采用的方式等信息与记忆内容本身结合在一起,这样的话,提取时的线索与最初编码时的线索就越相近,提取效果也越好。你一般都是在课堂上编码大量信息,因此要尽量避免提前考试或补考,因为它们一般都被安排在其他教室,提取时的背景就和编码时不一样,提取就比较困难。类似地,当你参加一个考试时,应尽量保持平静并恢复到你学习这些知识时的心理和生理状态。根据心境一致性原则,如果你考试时的情绪和你学习时相匹配,你就能回忆更多的内容。同样,根据状态依赖提取原则,如果你平时学习时习惯喝一杯咖啡,那么在考试前最好也喝一杯咖啡。

(7)利用自我监控和过度学习。当学习知识的时候,你需要定期停下来检查一下对你所学知识的理解。这也是为什么每小节内容后面都会有那么多的"检查与回顾"。停下来,看一看小结,再做一做练习,这能帮助你反馈对该节内容的掌握程度。即使只是在学习一个简单的句子,你也需要检查一下自己的理解情况。一个不会看书的人在看简单的和难的内容时速度一样,而一个会看书的人则能够知道他读到哪里时出现了困难,此时他会减慢速度或者反复推敲那些难懂的话。

当你学习完本章内容后,要额外花几分钟检查一下自己的理解和掌握情况。如果只在读第一遍书的同时评估自己的学习情况,你可能会高估了你对知识的掌握(因为那时的信息可能仍然停留在短时记忆里)。然而,如果你过十几分钟后再检查一次,那么这次评估就比较准确了(Weaver & Kelemen,1997)。确保你能完全掌握所学知识(并能成功完成考试)的最好方法是过度学习(overlearning)——在你认为自己已经掌握知识后再次学习这部分知识。不要在你以为自己掌握了知识时就停止学习,得努力学习直到你知道自己已掌握了知识为止。

(8)使用记忆术。**记忆术或助记手段**(mnemonic devices)(源自记忆的希腊语)是基于一种特殊编码方式的记忆辅助方法(或窍门)。一些记忆专家利用各种各样的记忆术来展示超凡的记忆能力。简单的记忆术能帮助我们记忆购物清单或学业知识。但是,很多人花费了过多的时间去探索和学习记忆术,以致浪费的时间比记忆术为我们节约的时间还多。而我的学生们则能很好地利用本章中提到的相关记忆原则来发展记忆术。

这里有四种最流行的记忆术技巧。

第一,地点法(method of loci)。地点法最早被古希腊和古罗马的演说者们用来记忆他们的长篇演讲稿(Loci 是拉丁文,意为"物理空间地点")。演说者们会将演讲稿的每个部分和现场建筑或广场的各个地方捆绑连接在一起。例如,演说的其中一个主题是关于"公正"的,演说者可能会想象眼前的花园的第一个角落是一个审判室,以此来提醒。当他的思维走遍整个花园,他也在各个角落重拾自己的演说主题,最终完成了这篇事先准备好的精彩讲演。

第二,字钩法(peg-word method)。字钩法也是一种非常实用的记忆术。使用这种方法,你得首先记住 10 个单词作为字钩(或记号)来"钩挂"住记忆内容的主题。最简单的字钩系统是把 10 个单词和与其押韵的10 个数字"钩挂"在一起[例如,1 是小圆面包(one in a bun),2 在鞋上(two in a shoe),3 在树上(three in a tree)……]。当你能熟练掌握以上字

记忆术或助记手段[Mnemonic (nih-MON-ik)] 基于一种特殊编码方式提升记忆的技术。

279

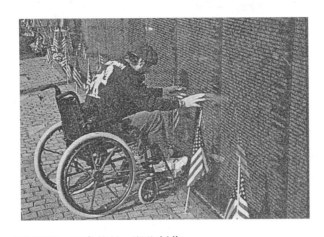

"仅仅只需将每个数字和一个单词联系在一起，例如，'TABLE'（桌子）和3467009。"

钩后，你就能利用它去记忆其他信息。例如，你去超市购买以下物品：牛奶、鸡蛋、面包、剃须刀。这个时候，把要买的第一件商品（牛奶）和小面包（bun）联系在一起，第二件商品（鸡蛋）和鞋（shoe）联系在一起……想象一个湿漉漉的小面包浸泡在一碗牛奶里，一支巨大的鞋踩在一箱鸡蛋上，一片面包挂在树上……

第三，替字法（substitute word）。替字法能够在你学习复杂的学术性专有名词时发挥很好的助记效果。当要记忆关于大脑的一些术语时，你可以把复杂的单词拆成一些熟悉的或者发音类似的单词，并且在头脑中把这些单词形象生动地组合在一起。例如，occipital（枕叶），先把它拆成 ox、sip it、all，然后把每个单词形象地联系在一幅图画里〔你可以想象一头牛（ox），站在支柱（stilts）上，用一根吸管（straw）在啜饮（sip）着某种东西〕。现在，利用类似的技巧记忆一下顶叶〔parietal（pear，eye，it all）〕。

第四，联词法（method of word associations）。联词法是一种通过将记忆项目创建言语联系的记忆手段。例如，当你在物理课上需要记忆光谱的七种颜色时，想到下面这个人名：Roy G. Biv（Red，Orange，Yellow，Green，Blue，Indigo，Violet）。再如，要记住地理课上北美五大连湖的名字时，把它们的首字母连在一起成为 HOMES（Huron，Ontario，Michigan，Erie，Superior）。

结语

通过本章的学习，你会发现我们的记忆是多么出色——但也比较变化无常。了解了这些记忆的特点能使你成为一个更出色的法庭陪审员，当你读到关于目击者证词或被压抑的记忆的新闻时，你能更好地理解和分析其中的道理。同样，知晓了记忆存在的缺点，能够帮助我们提升做老师、学生或朋友的技巧。

然而，有的时候，记忆会比我期望中的要好，这也可能给我们带来很多麻烦。那些创伤性或带有强烈负性情绪的记忆会一直挥之不去，即使我们很想遗忘掉。虽然这些记忆会带给我们情感上的痛苦，但是有的时候它也能让我们拥有某些重要的洞察力，就像 Elizabeth Loftus 在一封关于已故母亲的信里说到的一样：

记忆问题。不幸的是，那些创伤性的记忆或强烈负性情绪的记忆会一直存储下来，并使人们感到难过和痛苦。

当时（14 岁），我认为我最终能忘记关于母亲去世的那段记忆，然而直到今天，我仍然没能忘记。我已经决定好了去接受这个事实。如果我不能摆脱那段梦魇又有什么关系？有谁告诉我必须忘记吗？David 和 Robert 一直嘲笑我："不要提到'M'，否则 Beth 会哭的。"如果"mother"这个单词对我刺激如此之大，那生活会变成怎样？谁说了我必须得和它牢牢联系在一起？而且，我也太忙了（Loftus，2002，p.70）。

批判性思维　　　　　　　　　　　　主动学习

记忆和元认知

元认知（metacognition）是检查和分析你自己的心理过程的能力，即"思考你的思考"的能力。元认知能帮助你客观地审查你的思维内容和认知策略，以评价和衡量其是否适当和准确，因此它是批判性思维中的重要成分。在学习完这一章后，你就可以利用元认知去检测和使用前面我们提到过的关于改善记忆的技巧。

请看下面所提到的八种改善记忆的方法，如果某种技巧或策略你正在使用，就在其前面画"＋"，如果你没有使用或者使用后发现给你带来了更多的问题，则在其前面画"－"。画完后，检查和仔细思考一下。你没有使用这些记忆技巧的原因是什么？原因合理吗？生活中哪些地方能够利用这些记忆技巧？现在，回到你所做的记号上来，看看哪些技巧你还能继续利用和发展，

并以此作为你记忆提升计划的开始。

_____集中注意、减少干扰

_____使用复述技巧

_____改善组织信息的方法

_____克服系列位置效应

_____管理你的时间

_____应用编码特异性原则

_____利用自我监控和过度学习

_____使用记忆术

检查与回顾

运用心理学来改善我们的记忆

这一部分里，我们为你提供了八种具体的提升记忆的策略。这些策略是：集中注意，减少干扰；使用复述技巧；改善组织信息的方法；克服系列位置效应；管理你的时间；应用编码特异性原则；利用自我监控和过度学习；使用记忆术。

问题

1. 机械复述和精细复述是怎样提高你的记忆的？

2. 说明一下你是怎样克服系列位置效应的？

3. 确保你记住全部内容（并且通过考试）的最佳方法是_____。

4. 以下每项分别描述的是哪种记忆术？

(a) 你记忆一系列项目并在会议上通过想象将它们和一系列学过的东西——联系在一起

(b) 你记忆一篇口语课的讲演稿，并将稿件的各个部分和教室的不同角落联系在一起

(c) 你有很多差事要做，因此，你反复背诵如下段子——"首先去商店，然后去书店，打完电话去加气，最后去洗车"

(d) 你的一个新朋友的名叫 Paul Barrington，你将这名字和"pall-bearing down"联系在一起记忆

答案请参考附录 B。

更多的评估资源：
www. wiley. com/college/huffman

281

评估　关键词

为了评估你对第 7 章中关键词的理解程度，首先用自己的话解释下面的关键词，然后和课文中给出的定义进行对比。

记忆的本质　　　　　　建构过程　　　　　　编码

组块　　　　　　　　　精细复述　　　　　　编码特异性原则

情景记忆
外显（陈述性）记忆
内隐（非陈述性）记忆
加工水平模型
长时记忆
机械复述
记忆
平行分布加工模型
启动
回忆
再认
提取
提取线索

语义记忆
感觉记忆
短时记忆
存储

遗忘
巩固
分散练习
集中练习
前摄干扰
再次学习
倒摄干扰

系列位置效应
睡眠效应
来源遗忘
舌尖现象

记忆的生物学基础
阿尔兹海默症
顺行性遗忘
长时程增强
逆行性遗忘

运用心理学改善我们的记忆
记忆术或助记手段

目标　网络资源

Huffman 教材的配套网址

http：//www. wiley. com/college/huffman

　　这个网址提供免费的交互式自我测验、网络练习、关键词的术语表和抽认卡、网络链接、英语非母语阅读者的手册，还有其他用来帮助你掌握本章知识的活动和材料。

你想测试你的记忆吗？

http：//www. exploratiorium. edu/memory/index. html

　　包括很多文章、论文、自测题、在线呈现和一个羊脑的剖面图，这些能够帮助你探索和理解记忆的过程。探索记忆展示（exploratory memory Exhibit）摘自美国加利福尼亚州旧金山市的探索科学博物馆。

想要改善你的记忆吗？

http：//www. mindtools. com/memory. html

　　这个网址提供创造了一套与学习、记忆、加工的知识和技巧相关的记忆提高方法。

你的记忆需要进一步的帮助吗？

http：//www. premiumhealth. com/memory/

　　提供了人量的指南、活动、小技巧来提高你的记忆。

你的学习习惯需要帮助吗？

http：//www. mtsu. edu/～studskl/mem. html

　　提供了不少学习和记忆的原则；同样也对这些原则进行解释。一定要点击"organization"和"distributed practice"的链接哟。

第7章	形 象 化 总 结

记忆的本质

记忆的四种模型

- 信息加工（information processing）：记忆是一个与计算机的数据处理相似的过程（编码、存储、提取）。
- 平行分布加工：记忆是分布在同时工作（以平行的方式）的神经元网络上的。
- 加工水平：最初对信息的加工水平和程度将决定之后的记忆效果。
- 传统的三阶段模型：记忆需要三个不同存储的"盒子"或阶段来保持和加工信息。感觉记忆存储信息几秒钟，短时记忆（STM）保持信息约 30 秒或更少，长时记忆（LTM）相对永久性地存储信息。

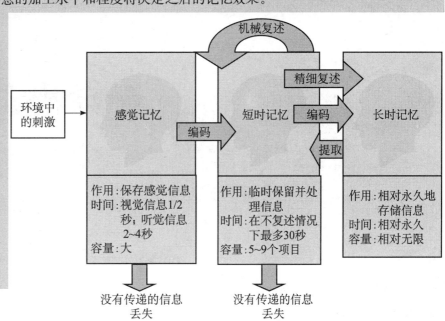

遗忘

我们为什么会遗忘？

- 衰退：记忆会随着时间逐渐衰退。
- 干扰：记忆的遗忘是因为倒摄干扰（新的信息影响旧的信息的记忆）和前摄干扰（旧的信息影响新的信息的记忆）。
- 主动遗忘：痛苦的、恐惧的、尴尬的记忆会被主动遗忘。
- 编码失败：材料从短时记忆到长时记忆的编码过程失败。
- 提取失败：信息没有被遗忘，只是暂时没有提取出来。

遗忘的问题
- 系列位置效应：一组信息的开头和结尾部分的记忆要好于中间部分。
- 来源遗忘：遗忘了记忆的来源。
- 睡眠效应：从不可靠的信息源获取的信息最初会被忽视，但之后随着记忆来源被遗忘，该信息也被认为可信了。
- 练习的分隔：分散练习比集中练习效果更好。

283 **记忆的生物学基础**

记忆的形成和定位
记忆的生物学理论将关注点放在神经元的变化（通过长时程增强 LTP）、激素以及记忆在大脑中的定位等方面。记忆是定位在整个大脑中的，而不仅仅是大脑皮层。

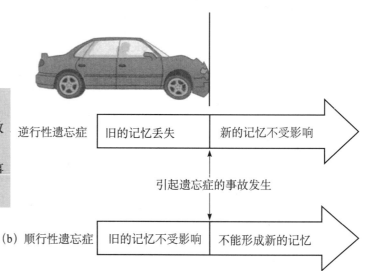

生物学和记忆遗失
- 脑损伤：逆行性遗忘症，丢失事故发生前事件的记忆。
- 顺行性遗忘症：对事故后发生的事件的记忆。

○ **运用心理学来改善我们的记忆**

- 集中注意、减少干扰。
- 使用复述技巧（短时记忆的机械复述、长时记忆的精细复述）。
- 改善组织信息的方法（短时记忆的组块、长时记忆的层级编码）。
- 克服系列位置效应。
- 管理你的时间（分散练习和集中练习）。
- 应用编码特异性原则（包括背景、心境一致性和状态依赖提取）。
- 利用自我监控和过度学习。
- 使用记忆术（例如，地点法、字钩法、替字法、联词法等）。

第8章

思维、语言和智力

285

⬤ 有关智力的争论

智力的极端现象
● 聚焦研究
　解释 IQ 的差异
● 性别与文化多样性
　IQ 测验有文化偏差吗？

286

为什么学习心理学？

第 8 章将会探索以下令人感兴趣的事实，比如……

▶ 托马斯·爱迪生（Thomas Edison）有 1 000 多项专利发明，但是仍有人认为他对科学知识的贡献微乎其微。

▶ "9·11" 世贸中心恐怖袭击事件不久后，有调查发现，大多数美国人相信他们在一年内被一名恐怖分子袭击的可能性有 20.5%。

▶ 全世界的孩子在语言发展过程中都会在相同的年龄经历相似的阶段，而且

他们的咿呀学语也表现得非常一致。

▶ 黑猩猩和海豚可以利用非声音的语言来构造简单的句子并且和人类训练者交流。

▶ 很多文化中都不存在能够与我们智力定义描述等价的语言。

▶ 20 多个国家的 IQ 测验的总体分数在过去 20 年里有显著提高。

你听说过大猩猩 Koko 吗？根据研究者的报告，她可以说超过 1 000 个美国手势语（American Sign Language，ASL）中的单词。据她的老师 Penny Patterson 所述，Koko 已经在用 ASL 与他人交流、和自己说话、押韵、开玩笑甚至撒谎（Linden，1993；Patterson，2002）。而 Koko 同时也能够用其他符号或手势来表达自己的喜好，比如她对猫咪的热爱。你认为 Koko 是在使用真正的语言吗？你认为她聪明吗？

下面再让我们来看一下 "野孩" Genie 的著名案例。Genie 从 20 个月开始就一直被监禁在一间没有窗子的小房间里独自生活，直到 13 岁时才被救出。白天，她赤裸裸地被绑在椅子上，无事可做，也没有人跟她说话；夜里，她被放在一种紧身衣里，并被关在有围栏的童床中。Genie 的父亲虐待女儿成性，在因禁她的 13 年里不准任何人和她说话，并且拒绝在家里安置收音机或电视。如果 Genie 发出了一点儿噪声，她的父亲就会殴打她，并像狗一样乱叫。在她 13 岁那年被发现并解救以后，语言学家和心理学家在许多年内针对她展开了密集的工作。但是令人悲哀的是，Genie 从来没能说出过比 "Genie go" 更复杂更完整的句子（Curtiss，1977；La Pointe，2005；Rymer，1993）。Genie 的语言能力如此之差，你认为她聪明吗？

那个著名的发明家、发明了灯泡的托马斯·爱迪生又如何呢？虽然爱

迪生只上了三个月的学并且终身都被自己的渐进性耳聋所折磨，但是他却完成了 1 000 个以上的专利发明——比历史上的任何一个人都要多。他被称为"美国历史上最伟大的发明家"（Israel，1998）。然而，同时也有人认为他"更像是一个技术人员，而不是一位科学家；他对科学知识的发展几乎没有贡献"（Baldwin，2001）。基于上述事实，你认为爱迪生聪明吗？

　　作为"美国历史上最伟大的发明家"，显然需要大量的思考过程和思维技巧，但是 Genie 能够存活下来以及 Koko 对手势语的运用同样需要其他形式的智力。要想表现得聪明，你必须有能力思考和学习；而为了表现这种思维和智力，你又需要语言。本章的三个题目——"思维"、"语言"和"智力"——常常在**认知**（cognition）这个大的范畴内被放在一起进行研究；而认知，就是指获得、存储、提取和使用知识的心理活动。从真正的意义上讲，我们这本书通篇都是在讨论认知（比如关于感觉和知觉、意识、学习以及记忆的章节），而心理学也正是"对行为和心理过程的科学研究"。

认知　包含在获得、存储、提取　287
和使用知识过程中的心理活动。

思维

　　什么是思维？每当你通过形成想法、推理、解决问题、得出结论、表达思想或者理解他人的想法来利用信息并在此之上进行心理活动的时候，你就是在进行思维。在本节的开始，我们将首先探索大脑是如何表现这种基本的（但是看上去却是神奇的）活动的；之后，我们会对构成思维的组块——表象和概念——进行考察；然后，我们将对问题解决和创造力中包含的心理过程进行讨论。

学习目标

　什么是思维？什么是它的构建组块？我们如何解决问题？什么是创造力？

认知构建组块：思维的基础

　　你还记得第 2 章中菲尼亚斯·盖奇的故事吗？他曾经是个铁路上的监管员，在一次事故中额叶被铁棒刺穿，之后他在控制自己的思维和情绪上就产生了困难。思维过程分布在全脑的神经元网络之中，然而盖奇的案例却告诉我们，额叶在类似于提前计划或者分析和评价信息等高级功能中承担着更为基本和主要的责任。

　　额叶与其他重要的脑区也保持着联系，边缘系统就是其中一例（Heyder，Suchan & Daum，2004；Saab & Willis，2003）。因为边缘系统主要负责情绪的产生，所以盖奇以及其他有类似损伤的病人在控制他们的情绪以及将情绪和思维联系在一起的能力方面就会受到损害（Damasio，1999）。类似的问题在大量饮酒的情况下也会发生。对于为什么喝醉的人更容易打架，或不顾他人的警告和严重的危险而开车，你是否也产生过疑问？那正是因为酒精会扰乱具有思维与决策制定能力的额叶和负责基本情绪的边缘系统之间的联系。

　　既然现在我们已经知道了思维的定义和大概的脑区定位，接下来我们需要学习的便是它的三个基本成分——心理表象、概念和语言了。当你思念爱人的时候，你的头脑中会产生他或她的心理表象。你会按照一定的概念或者范畴（如女人、男人、强壮、快乐等）在思考他或她，而且你也可能在心中关于他或她进行语言化的陈述，比如"我多么希望我现在是和他或她在一起，而不是在阅读这篇课文"。

在本小节，我们将主要考虑表象和概念在思维中的作用，而语言则会在本章更后面的部分讨论。

心理表象

现在，请想象一下你自己正在一个温暖、多沙的海滩上。你能够看到高大的棕榈树随风轻摆吗？你能够闻到海水咸咸的腥味、听到孩子们在海浪中嬉戏的笑声吗？所有你刚刚用你心灵中的眼睛所创造的形象都是我们所说的**心理表象**（mental image），即一种对先前存储的感觉经验——包括视觉、听觉、嗅觉、触觉、动觉以及味觉等——的心理表征（McKellar，1972）。

心理表象的脑区定位是怎样的呢？根据研究结果，我们每个人都有一个心理空间，很像电脑显示器的屏幕，就是在这个空间中我们利用心理能力视觉化并操控我们的感觉表象（Brewer & Pani，1996；Hamm, Johnson & Corballis，2004）。我们最有创造性的瞬间常常来自于我们形成并操控心理表象的时候。阿尔伯特·爱因斯坦说过，他最初能够想到相对论，就是受到了表象的启发——当时他假想了一束光，并想象自己用与光同样的速度在追赶它。

心理表象 对于先前存储的感觉经验的心理表征，包括视觉、听觉、嗅觉、触觉、动觉或者味觉的形象（比如构造一辆火车的视觉形象或者想象它长鸣的声音）。

288

心理表象。你能够想象在这个跑步的人的"心理眼"中正在看着什么吗？对于心理表象的持续运用，对于她的成功至关重要。

概念 一组或一类具有相似特征的心理表征（例如，尼罗河、亚马逊河、密西西比河的共同特征是流入海洋或湖泊的大的水流，构成河流的概念）。

概念

除了心理表象以外，我们的思维还涉及**概念**（concept），即对一个分组或一个范畴的心理表征。我们通过将共享一些相同特征的客体、事件、动作或想法组合到一起来形成概念（Smith，1995）。我们对小汽车的心理概念就代表了一大组共享相似特点的客体（四个轮子、至少可以提供一个人的座位并且一般有可推测形状的交通工具）。我们同样也会对抽象的想法形成概念，比如诚实、智力或者色情等。然而，这些抽象的想法常常是我们个人的建构，它们未必会被别人分享或认同。因此，通常我们对有关诚实的交流要比有关小汽车的交流困难得多。

　　概念是思维和交流必不可少的部分，因为它们可以简化和组织信息。想象一下你自己就是本章开头提到的那个"野孩"Genie，如果你一生都被囚禁在狭小无窗的房间里，那么要是不利用概念，你如何才能对身边的世界进行加工？通常说来，当你看见一个新的客体或者遇到一种新的情况时，你会把它和你已经存在的概念系统联系起来，然后将它归类到合适的位置。如果你看到一个播放着动态画面和声音的四边形盒子，而人们又都盯着它看，你可以毫无风险地认定它是一台电视机。虽然你从来没有看见过这个牌子的电视机，但是你理解电视机的概念。然而，如果你是 Genie，以前从没看到过电视机、电话甚至浴室，也无法拿你正在看到的客体与其他的类似客体相比，那么你怎样才能识别出一台电视机、一部电话或者一间浴室呢？

你自己试试

操控心理表象

　　看右边的四个几何图形。你能够看出为什么（a）中的两个形状是一样的但是（b）中的两个形状是不同的吗？解决这个问题要求对这些形状的心理操控（熟悉电脑游戏 Tetris 的人会发现这个任务格外简单。其他人则可以到附录 B 寻找答案）。

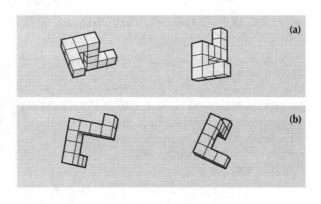

(a)

(b)

　　我们如何学习概念？概念是在主动创造以及运用三种主要策略的基础上产生发展出来的，这三种策略分别是人工概念、自然概念/原型和等级结构。

　　（1）人工概念。我们可以从逻辑规则或定义中创造出概念。让我们来看一下三角形的定义："一种有三个边和三个角的几何图形。"用这个定义，我们可以把所有三边的几何形状组合在一起并归类为三角形。如果一个客体缺少任何一种三角形的定义特征，我们都不能将它包含在三角形这个概念里。像三角形这样的概念被称为人工的（或者正式的），因为有关某个东西是否属于这个概念的规则是被严格定义的。正如你在本文或者其他大学的课文中所见，人工概念常常是科学和其他学术领域的核心部分。

　　（2）自然概念/原型。在每天的日常生活中，我们很少会用精确的人工概念。当我们看见在天空飞翔的鸟儿们时，我们不会想到"能飞、有翅膀且生蛋的温血动物"，这是鸟的人工概念。相反，我们会用一些被称为**原型**（prototype）的自然概念。原型是基于一种个人化的"最好样例"或

原型　一种对某个范畴的"最好的"或最典型的样本的表征（例如，棒球是运动概念的一种原型）。

这是你对于运动的一种原型吗？ 大多数美国人都乐意将棒球作为运动的一种原型。然而，如果你来自板球风靡的百慕大群岛，你对运动的原型可能就会完全不一样了。

者某个概念的典型表征（Rosch，1973）。当我们看见飞翔的动物时，我们能够迅速地将它们识别为鸟，所利用的就是我们对鸟先前形成的原型或自然概念。我们中的大多数人都有一个模型鸟或原型——可以是知更鸟，也可以是麻雀。这些原型帮助我们抓住了"鸟"的精髓。

原型可以提供一种有效的心理捷径，但是当我们遇见一种新的东西时该怎么办呢？比如，我们总不能拿知更鸟作为原型来为企鹅分类吧。在这种情况下，我们倾向于将更多的时间花在人工概念（鸟的定义）的运用上：虽然企鹅生蛋而且是温血动物，但是因为它不会飞，所以对企鹅进行分类就要花更多的时间。而为知更鸟进行分类就要简单得多了，因为我们作为原型的知更鸟比起企鹅来是一种"更像鸟"的鸟。

（3）等级结构。一些概念还会在我们制定等级结构的时候发展出来，在这些等级结构之中，特定的概念会被组合成更广泛概念之下的次级概念。请注意看图 8—1 中描绘的等级结构：动物的上层（高级）范畴是很广的，而且包含了大量的成员；中间水平的范畴（鸟或狗）更加细化，但是仍然有普遍性；而最下层（低级）的范畴，如长尾鹦鹉或鬈毛小狗，则是最特别的分类。

有趣的是，研究显示当我们学习某种事物时，我们常常会用中间等级的概念，于是将这个水平的概念称为基本水平的概念（Rosch，1978）。例如，儿童倾向于先学鸟或狗，然后才开始学动物这样更高级的概念和长尾鹦鹉或鬈毛小狗这样的低级概念。即使作为成年人，当看到一张长尾鹦鹉的画时，我们也是首先将它认定为鸟，而不会首先想到动物这样的高级概念或者长尾鹦鹉这样的低级概念。

💡**学习提示**

回忆一下第 7 章中所讲的组织和等级对于长时记忆（LTM）的有效编码和存储的关键作用。再想象一下对于动物、鸟和长尾鹦鹉没有心理等级的情况。你会怎样描述它们各自的相似性和不同呢？同样的问题在你为了准备考试而试图记忆本书中所有的关键术语时也会不断地困扰你，但是当大量的术语被组织成一个等级结构以后，学习和记忆起来就容易多了。这也是我在本书的课文中，贯穿全篇地包含了很多表格和图形，并在每章结尾都设置了"形象化总结"部分的原因。像这样构建起来的等级结构将会帮助你顺利地掌握材料。然而，如果你能够总结出自己的等级结构，效果甚至会更好。

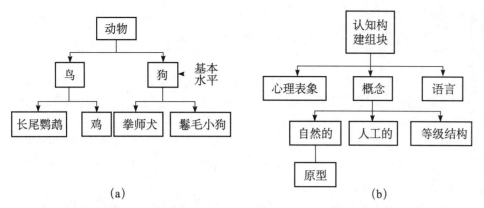

(a)   (b)

图 8—1 等级结构能够促进思维和提高考试分数吗?(a)当我们思考的时候,我们自然地将概念组织成高层和低层的等级。我们将动物或鸟这些概念组织起来,将最广泛的概念置于顶端,将最特别的概念置于底部。研究还表明,我们会首先运用中间层次的基本水平对客体进行分类,之后再加上更高或更低的水平。虽然它们看起来有点复杂,但是等级结构会显著地减少我们学习所需要的时间和努力。例如,当你已经知道所有动物在它们的细胞中都有线粒体,那么当你遇到新的动物时便不用每次都重新学习一遍它们的细胞中也有线粒体。(b)几乎任何一系列互相之间有关系的事实都可以产生等级结构,并带来相似的时间和努力上的节约。例如,如果你放弃集中注意和努力来记忆概念、心理表象和原型这些关键术语,而去构建一个有关这些术语之间是如何相互联系的等级结构,当你掌握这个"大的图景"时,不仅你对这些材料的掌握会变快,而且你的考试分数也会相应地得到提高。

检查与回顾

认知构建组块

认知,或者思维,被定义为包含在获得、存储、提取和使用知识过程中的心理活动。思维过程在脑的神经网络之中有广泛的分布,然而,在问题解决和决策制定过程中,我们的思维则定位于额叶之内。

额叶与其他脑区相联系。他们最重要的一个联系点是边缘系统的情绪中心区。如果缺少了思维和情感的联系,问题解决和决策制定都会变得困难。

认知的三个基本构建组块是心理表象、概念和语言。心理表象是对于先前存储的感觉经验的心理表征,包括视觉、听觉、嗅觉、触觉、动觉或者味觉的形象。概念是将共享一些相同特征的客体、事件、动作或想法组合到一起的心理范畴(语言将在后文讨论)。

我们用三种方式学习概念:(1)由逻辑性的、特别的规则或特点组成的人工概念。(2)由日常生活经验形成的自然概念。当我们遇到一个新的目标时,我们将它和一个概念的原型(最典型的样本)进行比较。(3)概念常常被组织成等级结构。在第一次学习材料时,我们最常用中间层次的基本水平概念。

问题

1. 选项中除了_____以外都是概念的例子。

(a)树 (b)工具

(c)蓝 (d)雨伞

2. 我们怎样学习概念?

3. 当被问及苹果的形状和颜色时,你最可能会依赖_____。

4. 对大多数心理学家来说,意识是一个_____概念,而对于门外汉来说则属于_____概念。

(a)自动的,健康的

(b)人工的,自然的

(c)心理表象,自然的

(d)高级的,基本水平的

答案请参考附录 B。

更多的评估资源:

www. wiley. com/college/huffman

291

成功地解决问题？ 为什么这种装了马达的小型摩托车无法成为代步的流行工具？

问题解决：通向目标的三个步骤

几年前的洛杉矶，有一辆桅杆高 12 英尺的半拖车想要从一座 11.5 英尺高的桥下穿过，结果这辆货车不出所料地卡在了桥下，进退两难，从而导致了一场严重的交通堵塞事故。经过了几个小时的拖拉推搡，警察和运输工人们还是无计可施。就在这个时候，一个小男孩儿正好路过事故现场，他问道："你们为什么不把轮胎里的气放出来呀？"就是这个简单的、有创造性的提示帮上了大忙。

我们每天的日常生活都充满了各式各样的问题，其中的一些要比另一些简单。例如，想出一个不用过滤器做咖啡的方法要比拯救被困在巴伦支海底部潜水艇内的 118 名俄国海军的海员要简单得多了。然而，无论是面临困难还是简单的情况，问题解决都包括了由给定状态（问题）到目标状态（解决）的过程，这个过程通常包括三个步骤（Bourne，Dominowski & Loftus，1979）。

步骤 1：准备

为了帮助你更好地领会问题解决的三个步骤，让我们从一个平常的问题入手。你，或者你认识的某个人，是不是正在寻找一种能够长时间维系的恋爱关系？为了对这个问题进行成功的准备，至少要完成三个不同的部分：

● 确认给定的事实。为了寻找到永恒的爱情，确认你最基本的、不容商量的底线和愿望是至关重要的。例如，你想不想要孩子？你是否愿意为了寻找爱情或者和所爱的人生活在一起而迁徙到另一个城市？你的伴侣一定要信仰你的宗教吗？

● 将有关的事实从无关的事实中分离出来。什么是你可以商量的？什么是你认为可以轻易妥协或者根本无关的条件？你是否会考虑和一个比自己大 10 岁的人建立关系？比自己小 10 岁的呢？你是否希望另一半是大学毕业？这一点可以通融吗？

● 定义最终目标。准备阶段的这一部分似乎比较简单，但是你需要重新考虑一下。你是否对一段以婚姻和孩子为最终目标的长时间关系感兴趣？如果是的话，那么那些想要一生旅行或者不想要孩子的人可能就不是你的明智选择。同样地，如果你最主要的爱好是露营和室外运动，那么你也许不会想要和一个大城市的博物馆爱好者约会。

到完全错误的地方寻找爱情。 单身酒吧是寻找长久爱情关系的好地方吗？为什么？

步骤 2：产生

在产生阶段，问题解决者提出一些可能的解决方案，叫做假设。两种产生假设的主要途径是算法和启发法。

● **算法**（algorithm）是一种一步接一步的程序。如果能够正确地按照这种程序进行推演，就总是会产生出解决问题的方案。用数学问题来诠释算法的含义是再理想不过了。解决问题 10×2 的一种算法就是 2＋2＋2＋2＋2＋2＋2＋2＋2＋2。利用算法，最终都会得到正确的答案，但是它们

算法 一套步骤，如果按此正确执行，就会最终正确地解决问题。

也许会花费很长的时间——尤其对于复杂的问题来说，更是如此。

几乎没人会喜欢年复一年跟不同人约会的压力和不确定性。因此，当你寻找长久爱情的时候就很可能不会运用算法。但是如果你想要平衡收支或者计算 GPA 的话，算法则是非常有用的。计算机尤其适合算法，因为它们可以迅速地处理数以百万计的计算和逻辑操作来系统地搜索一个问题的解决方案。

● **启发法**（heuristic）是一种简单的规则或策略，它能够为问题的解决提供捷径，但是却不能保证完全正确。在大多数情况下，启发法是有效的，但并不能保证每次都有效。如果你就约会问题向朋友或家庭成员征求意见，他们也许会提供这样的建议（或者启发）："去做你喜欢做的事（跳舞、滑冰或看电影），然后你就会找到和你兴趣相同的人了。"除了这种可能的"约会启发法"外，表 8—1 还阐述了启发法在大学课程和职业生涯规划中是如何得到有效应用的。

启发法 问题的解决和决策制定中运用的策略或简单的规则，能够提供捷径，但是不能保证最终的解决。

表 8—1	问题解决的启发法	292

问题解决的启发法	描述	举例
倒序工作	一种从问题的解决方式出发的解决途径。从一个已知的情况开始，从后向前考察问题。一旦搜索发现了需要进行的步骤，问题就被解决了。	当你决定了自己想要成为一名实验心理学家之后，你需要你的心理学教授和职业咨询师向你推荐课程、本科和研究生学校和学院、关注的领域等。然后你给那些被推荐的学校或学院写信询问有关录取政策和标准的信息，之后据此安排你现在的大学课程并且努力工作来达到或超过录取的标准。
手段—目的分析	问题解决者决定一种可以减少给定状态和目标之间差距的工具。一旦达到目标的手段确定了，问题就被解决了。	当你知道为了进入一个好的研究生学校来学习实验心理学需要好成绩之后，你想要在你的心理课上拿到 A。你向教授咨询建议，采访一些得 A 的学生来对比和比较他们的学习习惯，评估你自己的学习习惯，最后确定满足你最终拿到 A 这个目标的特定方法（学习的时间和技巧等）。
制定子目标	把大的、复杂的问题分割成一系列小的子目标。作为一系列的踏脚石，你可以每次只完成这些子目标中的一个，然后逐渐地向最初那个大的目标迈进。	为了在大学课程中拿到好成绩或者甚至只是及格，很多时候学生都会被要求写一篇成功的学期论文。为了做这件事，你要选择一个题目，到图书馆和互联网上来寻找、组织与题目有关的信息，列好提纲，写文章，回顾文献，多次改写文章，然后在截止日期之前或当天提交最后的论文。

你是一个好的问题解决者吗？

如果你想亲自体验一下问题解决的过程，试试这个经典的思维问题吧（Bartlett，1958）。你的任务是确定下面字母所代表的数字。这些字母每个都代表 1～9 之间一个不同的数字。在开始之前，已经知道 D＝5。

```
  D O N A L D
+ G E R A L D
-----------
  R O B E R T
```

鉴于这些字母和数字的组合可

你自己试试

能性有 362 880 种，显然不能用算法来解决。以 1 分钟尝试 1 种组合、一天 8 小时、一周 5 天、一年 52 周的速度来算的话，要花上将近 3 年的时间才能够试遍所有的可能组合。

如果你成功地解决了这个问题，那么你可能是运用了表 8—1 中的"制定子目标"的启发法。你利用先前的算术知识来设定分目标，比如先确定 T 代表什么数字（如果 D＝5，那么 D＋D＝10，所以 T＝0，并且要向十位进 1）。这个问题的答案在下一个"检查与回顾"的末尾。

293

行动中的问题解决。 从大学毕业需要很多技巧，包括对一些问题解决启发法的成功运用。

> 💡**学习提示**
>
> 　　一些启发法在大学格外地有用，包括（1）倒序工作、（2）手段—目的分析和（3）制定子目标（见表 8—1）。成功的大学学生似乎都特别擅长将一个问题的解决拆分成几个子目标。当你面对一张布满了考试和论文的日程表时，试着制定一些子目标来将眼前的问题变得更加容易管理，同时增加你达到最终目标——拿到大学学位——的可能性。

> 💡**学习提示**
>
> 　　心理定式也会对一些大学生使用 SQ4R 方法或其他在第 1 章末尾"学生成功的工具"中介绍的学习技巧产生妨碍。他们对于过去学习习惯的依赖会阻碍他们考虑使用新鲜的更有效的策略。如果我们努力让自己的思维更有弹性，我们可以消除依赖心理定式的自然倾向。

步骤 3：评价

一旦产生了假设（可能的解决方案），就必须通过评价来看它们是否能够满足步骤 1 中定义的标准。如果一种或更多的假设都能够达标，那么问题就被解决了——你知道了你想从你的伴侣那里得到什么，也知道了到哪里可以找到他或她。否则，你就必须返回产生阶段来思考另外的解决方案。然而，时刻需要谨记的是，"解决方案必须要有行动的支持"。那个小男孩解决了"被困的卡车"问题之后，必须要有人真正地将轮胎中的气放出来；同样，一旦你认定了通向目标的途径，你就必须贯彻执行必需的解决方案使其生效。

应 用　将心理学应用于日常生活 ✓

认识问题解决中的障碍

你是否发现有些在你看来很简单的问题，别人解决起来却似乎遇到了思维上的阻滞？并不是只有你才有这种经历。每个人都会频繁地遭遇妨碍有效地解决问题的障碍，这些障碍中最常见的有心理定式、功能固着、确认偏差、可用性启发法和代表性启发法。

（1）心理定式。当警察和运输工人试图将那辆困在桥下的卡车又拖又拉时，他们受困于过去工作的经验；与此类似，你是否也曾经执著于用以往相同或类似的方案来解决眼前的问题呢？这种坚持就是著名的**心理定式**（mental set）。虽然拖或拉也许在某些情况下会成功，但是在这个例子中老的解决方案为产生新的、可能是更有效的解决方案（比如给轮胎放

心理定式　坚持用过去用过的而不是新颖的解决问题的策略的倾向。

气）制造了障碍。同样，在解决算术问题时从右到左计算的习惯（即心理定式）也是大多数人无法解决 DONALD＋GERALD 问题的原因。鉴于此，只依靠去单身酒吧来寻找爱情可能反而不利于觅得一个好的约会。如果想练习一下如何摆脱心理定式，可以尝试一下图 8—2 中的九点问题，根据图 8—3 中的解决方案来检查你的答案。

（2）功能固着。**功能固着**（functional fixedness）指一种用普遍的和习惯化的方式来知觉客体功能的倾向。假想一下当你要在自动咖啡机中煮咖啡时，过滤器却没有了，你是否能想到用一个纸巾来代替，而不是去翻遍废物堆来寻找一个又旧又脏的旧过滤器？再考虑下面这个问题：如果要你用图 8—4 中所给定物体来将蜡烛固定在墙上，使得蜡烛可以以正常的方式燃烧而不会有翻倒的危险，你会怎么做呢？（Duncker，1945）先想一想再往下读。

上述问题的解决方案是首先清空火柴盒，用大头钉将它固定在墙上，再点上蜡烛，滴一些蜡油在火柴盒上，最后把蜡烛固定在火柴盒的蜡油上（见图 8—5）。在对这个问题的测试中，参与测验的被试当看到盒子里装满了火柴时很难解决问题，而当火柴盒与火柴在呈现时是分开时则要容易得多。因为在前一种情况下，被试只将火柴盒看做一个装火柴的容器而忽视了它本身也可能是一件有用的物品。反之，当一个孩子用沙发垫搭建一个堡垒，或者你用一把餐刀代替螺丝刀来拧紧螺丝时，你们都成功地避免了功能固着。同样，那个发现了可以用饭店废弃的油作为燃料用

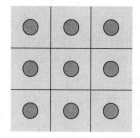

图 8—2　九点问题。不把铅笔抬起来，只画四条以内的直线将所有的九个点连起来（答案见图 8—3）。

294

功能固着　只考虑到一个客体最普遍和习惯化功能的倾向。

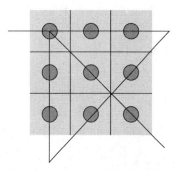

图 8—3　九点问题的解决方案。这个问题难在人们习惯将这些点组织为方形排列。这种心理定式限制了可能的解决方案，因为人们"自然地"假设直线不能越过正方形的边界。

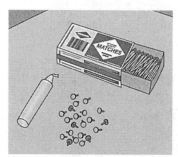

图 8—4　克服功能固着。你能用这些工具将蜡烛以正常的方式固定在墙上，并使它不会翻倒吗？

在改进的柴油机中的人也克服了功能固着，并且同时他也成为一个很富有的人［遗憾的是，我找不到一个功能固着在恋爱关系中的例子。如果你有任何好的想法，请发电子邮件给我（khuffman@palomar.edu）］。

（3）确认偏差。我们常常抱怨政治家们总是乐于接受支持他们政治观点的民众意见，而忽视那些与他们的观点冲突的民意。但是你有没有在你自己的思考过程中发现同样的偏差呢？你是不是也会对于那些支持你个人偏好的俗语更加注意（如"异性相吸"）而忽略那些与你的偏好违背的发现（如"相似性是长久关系最好的预示"）呢？这种对于确认我们已经存在的观点或信念的信息的偏爱和对于矛盾证据的忽视或低估就是**确认偏差**（confirmation bias）（Nickerson，1998；Reich，2004）。

英国研究者彼得・沃森（Peter Wason）（1968）是第一个阐述这种现象的人。他从这样一个问题开始思考，即：

图 8—5　图 8—4 中蜡烛问题的解决方案。用大头钉将火柴盒固定在墙上作为托盘，将蜡烛点燃，用融化的蜡将蜡烛固定在火柴盒上。

确认偏差　偏爱能够确认先前存在的观点或信念的信息而忽略或低估矛盾的证据。

你能猜到这其中的规律吗？	2	4	6

除了要找到这三个数字的规律外，沃森的被试还被要求根据他们假设

295

的规律给出另外一组数列。回答者们提供了如 4、6、8 或 1、3、5 之类的数列。这些数列反映了他们共同分享的（但是没有说出的）猜想，即规律是"数列中的数字逐个加 2"。（这与你给出的规律是一样的吗？）

每次当被试给出了他们的数列后，沃森都会确认说他们的那组数字符合规律。然而，当沃森稍后告诉他们"数列中的数字逐个加 2"的规律是不正确的时候，他们都感觉非常沮丧和挫败。真正的规律是"数字按大小递增"。（你猜到这正确的规律了吗？）解决这个问题中存在的障碍就是，被试仅仅搜索到了能够确认他们假设的信息，而没有注意那些有可能推翻他们假设的证据。如果他们能够提出像 1，3，4 这样的数列，他们就会发现本来的假设是不正确的，而要发现正确的规律是非常简单的。

（4）可用性启发法。在本章的前面部分，我们曾讨论过作为问题解决和决策制定中的一种简单规则的启发法，虽然可以提供一种捷径，但是并不能保证成功的解决。认知心理学家阿莫斯·特沃斯基（Amos Tversky）和丹尼尔·卡内曼（Daniel Kahneman）发现，这些解决问题的思维捷径通常对我们是有帮助的，但是同时它们也会导致我们忽视其他相关的信息（Kahneman，2003；Tversky & Kahneman，1974，1993）。

可用性启发法 基于记忆中某个事件案例的可利用的程度来判断该事件发生的可能性。

可用性启发法（availability heuristic）可以解释为什么即使是最聪明的人也有可能做出愚蠢的决策。因为他们决定一个事件发生的可能性时所依据的是这种事件的其他案例在他们的记忆中是否容易提取或者可用性更高。如果先前的案例很容易被回忆起来，我们就会假设：它们是普遍和经典的，因此它们在未来就更有可能再次发生（McKelvie & Drumheller，2001；Oppenheimer，2004）。

快餐和代表性启发法。麦当劳、肯德基以及其他一些快餐连锁店的人已经发现，在不同地区用同样的原料和方法能够帮助他们增加销售量。但是他们知道这是为什么吗？这主要是因为这种重复为他们每一个店铺创造了一种代表性启发法。例如，当在不同的地区吃了不同的麦当劳之后，你会形成一种原型来帮助预测你多久会拿到食品以及其味道如何。当你在外旅行并想找一个地方快速吃点儿什么的时候，你的"麦当劳的代表性启发法"将令你在餐厅的选择上更加容易。

回忆的容易性常常与实际的数据相关，但也并不总是这样。例如，一项在"9·11"世贸中心恐怖袭击之后紧接着进行的全国调查研究中显示，美国人认为他们平均有 20.5％ 的概率会在下一年在恐怖袭击中受到伤害（Lerner，Gonzalez，Small & Fischoff，2003）。你能看出铺天盖地的对于这次恐怖袭击的生动报道是如何制造了这么巨大的可用性启发法和如此不可理喻的对风险的高度知觉吗？与此类似，当有人赢得了投币机累积赌注的游戏时，赌场会用很响的铃声和明亮的闪灯来吸引人们的注意。虽然赌场老板也许对于特沃斯基和卡内曼在可用性启发法方面的研究并不熟悉，但是他们的营业经验告诉他们，将人们的注意力吸引到赢钱人的身上会创造一种生动的印象，这样做的结果就是，附近的赌徒会过高地估计他们自己赢钱的可能性（而加大他们的赌注）。

代表性启发法 基于某事物与先前所建原型的符合（或代表）程度来估计其概率。

（5）代表性启发法。特沃斯基和卡内曼确认了另一种有时会导致错误决策和无效的问题解决方案的启发法。当用这种**代表性启发法**（representativeness heuristic）时，我们对于一些事物的估计是建立在这些时间、人物或者客体在多大程度上能够与我们先前的原型相匹配（即代表先前的原型）的基础上的（记住：原型是你心中最普遍和最具有代表性的样例）。比如，当你浏览一份问卷的时候，注意到约翰有 1.96 米高并且书写十分潦草，那么你会猜想他是一个银行经理还是一个 NBA 的篮球运动员呢？因为这些描述符合（或代表了）大多数人心中篮球运动员的原型（Beyth-Marom，Shlomith，Gombo & Shaked，1985），你也许会过高地估计打篮球作为约翰职业的可能性。虽然代表性启发法通常是合适的和有益的，但是在这种情况下它忽视了基本概率信息，即一种角色在一般大众中所占的比例。在美国，银行经理与 NBA 球员的比例大概是 50：1，因此，约翰更有可能是一名银行经理。

296

批判性思维

大学生活中的问题解决

批判性思维要求可适应的、灵活地进行思考和解决问题的方式。下面的练习将提供实践机会，进行批判性思维和从新的角度理解与大学相关的普遍问题，并快速复习在本节中所讨论的术语和概念。

要确定用我们讨论过的问题解决的主要方式——算法（能够保证问题解决的逐步的程序）和启发法（基于先前知识和经验的提供可能解决方案的捷径）。在表 8—1 中可以看到三种特定的启发法：倒序工作、手段—目的分析和制定子目标。

问题 1　到了学期末，你有一篇周五要交的期末论文。在星期四的晚上你想把事先准备好的论文打印出来，但是你发现在电脑上找不到那个文件了。

问题 2　除非你能够证明上一年的收入和开销，否则助学金办公室将拒绝你的学生贷款。你需要找齐

主动学习

所有的支付票根和收据。

对于每个问题，回答下列提问：

1. 你解决这个问题的第一步要做什么？

2. 你选择哪种问题解决策略？为什么？

3. 在你的问题解决过程中，你是否经历了心理定式、功能固着、确认偏差、可用性启发法和代表性启发法？

检查与回顾

问题解决

问题解决包括三个步骤：准备、产生和评价。在准备阶段，我们确认给定的事实、区别相关和无关的信息并且定义最终目标。

在产生阶段，我们产生可能的解决方案，称之为假设。我们通常用算法和启发法来产生假设。算法作为问

题解决的策略，能够保证最终成功的解决，但是在很多情况下是不实用的。启发法，或基于经验的简单规则，更加迅速但是不能够保证成功的解决。三种常见的启发法是倒序工作、手段—目的分析和制定子目标。问题解决的评价阶段包括判断在产生

阶段产生的假设是否符合在准备阶段建立的标准。

五种对于成功的问题解决的障碍分别是心理定式、功能固着、确认偏差、可用性启发法和代表性启发法。

问题

1. 列出并描述问题解决的三个

阶段。

2. Rosa 在一家新的超市购物并且想要寻找一种特定种类的芥菜。哪种问题解决的策略将会是最有效的？

(a) 算法　　(b) 启发法

(c) 直觉　　(d) 心理定式

3. 在一种新产品被推上柜台之前，生产商要首先经过几个步骤，包括设计、构建、检验样品和建立生产线。这种方式叫做_____。

(a) 倒序工作

(b) 手段—目的分析

(c) 多样性思维

(d) 制定子目标

4. 列出问题解决中五种主要的障碍。

答案请参考附录 B。

更多的评估资源：
www.wiley.com/college/huffman

DONALD＋GERALD＝ROBERT 问题的答案：

```
    5 2 6 4 8 5
+ 1 9 7 4 8 5
    7 2 3 9 7 0
```

297

创造力：找到独特的解决方案

你是一个有创造力的人吗？像很多学生一样，你可能认为只有画家、舞蹈家和作曲家是有创造力的，而没有认识到你自己表现出创造力的例子。即使是在完成一些像在课堂上记笔记一样很普通的任务的时候，你也正在进行着某种程度上的创造——除非你是在照着黑板一字不差地抄写。同样，如果你曾经用一枚硬币拧紧螺丝或者用杂志作为夹板固定受伤的胳膊，你也正是在创造着解决问题的新方案。我们所有的人都在生活的某一方面或多或少地展现着自己的创造力。一种解决问题的方案或者一种表现是否被认为具有创造性，通常取决于当时的需要和它是否能派上用场。创造力的定义在不同心理学家和不同文化下都有所不同，但是在一般情况下，**创造力**（creativity）被认为是一种以新的方式产生有价值的结果的能力（Bink & Marsh, 2000；Boden, 2000）。

创造力　以新的方式产生有价值的结果的能力。

测量创造力

创造性思维具有三种专门的特征，包括原创性、流畅性和灵活性。正如你在表8—2中可见，托马斯·爱迪生对于灯泡的发明为我们提供了这三种特征的最好的样例。创造力同样还包括**发散性思维**（divergent thinking），借此我们可以从一个起点引发出各种各样的可能性（Baer, 1994）。与发散性思维相反的就是**会聚性思维**（convergent thinking），或常规性思维。在这种思维中，多条思维线索会聚成一个正确的答案。利用会聚性思维，可以找到 DONALD＋GERALD 问题中每个字母代表的数字。

发散性思维是创造力测验所考察的焦点。在"不寻常用途测验"（Unusual Uses Test）中，你会被要求尽量多地想出一个客体可能的用途。（比如，"你能用一块砖做多少事？"）在"变位词测验"（Anagrams Test）中，你则需要将一个词中原来的字母顺序打乱来组成尽量多的单词。试一下重新安排下面这些词中的字母顺序来组成新词，然后再想一想它们有没有什么共同点（答案在299页的"检查与回顾"中）。

发散性思维　产生多种可能或想法的思维；创造力的主要元素（比如，为回形针寻找尽可能多的用途）。

会聚性思维　将一系列可能性的范围缩小并会聚成一个单一的正确答案（比如，标准化学测验通常要求会聚性思维）。

1. grevenidt _____

2. neleecitlgni _____

3. ytliibxlef _____

4. ptoyroper _____

5. yvitcearti _____

	解释	爱迪生的例子
原创性	看到一个问题独特或不同的解决方案。	在注意到电流穿过导体时会发出红或白的热光后，爱迪生想到将这种光实用化。
流畅性	产生很多可能的解决方案。	据记载，爱迪生在尝试过上百种不同的材料后，才找到一种可以热至发最白的光并且不会燃烧的材料。
灵活性	容易从一种问题解决的策略转移到另一种。	当他无法找到一种可以长时间维持的材料时，爱迪生尝试在真空中加热，因而发明了第一个灯泡。

表 8—2　　　　　创造性思维的三个元素

创造力的运用。托马斯·爱迪生和他最著名的发明——灯泡。

你自己试试 298

你想测验一下你的创造力吗?

找 10 枚硬币，将它们按图中所示的布局排列。然后只移动两枚硬币，使它们变成两行，并且每行包含 6 个硬币（在图 8—6 中寻找解决方案）。

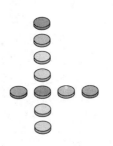

创造力研究

一些研究者将创造力看做一种特别的天赋或能力，因此，他们在认定为有创造性的人群中寻找其共同的特质（Guilford，1967；Jausovec & Jausovec，2000）。其他一些研究者用认知加工过程来解释有创造性和无创造性人们之间的差异。也就是说，有创造性和无创造性的人的差别在于他们如何不同地编码、储存信息以及产生什么样的信息来解决问题（Bink & Marsh，2000；Cooper，2000；Jacoby，Levy & Steinbach，1992）。

根据斯腾伯格（Sternberg）和卢巴特（Lubart）的投资理论（1992，1996），有创造性的人在思想领域也愿意"低价买入，高价卖出"。"低价买入"是指他们会捍卫那些他们感觉有潜力但是大多数人认为是没有价值或价值很小的想法。一旦他们的创造性想法得到了支持并且具有高价值，他们就"高价卖出"，然后继续寻找另一个不受欢迎但却有前途的想法。

投资理论同时也假设创造力要求同时具备六种不同但是相关的资源：智力能力、知识、思维风格、人格、动机和环境（Kaufman，2002；Sternberg & Lubart，1996）。在表 8—3 中我们对这些资源进行了总结，提高你个人创造力的一个途径就是学习这个清单并且加强你认为自己需要提高的那些方面。

表 8—3		创造力的资源			
智力能力	知识	思维风格	人格	动机	环境
能满足用一种新的眼光看待问题的足够的智力。	足以有效评价可能的解决方案的基础知识。	新鲜想法并区分其有无价值的能力。	发展、变化、冒险以及通过工作来克服困难的意愿。	完成任务的足够动机，尤其是内部动机。	支持创造力的环境。

294

评　估

检查与回顾

创造力

创造力是用新的方式产出有价值结果的能力。创造性思维包含原创性、流畅性和灵活性。发散性思维——生成尽可能多的解决方案——是创造性思维中的一个特别类型。相反，会聚性思维或常规性思维，指向一个单一的正确答案。

有创造性的人可能具有特别的天赋或者在认知过程上有不同之处。投资理论认为，有创造性的人通过追求不受欢迎但有希望的想法"低价买入"，然后当这些想法被广泛接受时再"高价卖出"。这个理论同时提出创造力依赖于六种特别的资源：智力能力、知识、思维风格、人格、动机和环境。

问题

1. 下面哪个项目最有可能出现在测量创造力的测验中？

（a）俄亥俄河有多长

（b）基本色有哪些

（c）列出陶罐的所有用途

（d）谁是纽约市第一个市长

2. 对应下列三个例子指出各自的思维类型。

（a）为不学习找各种借口

（b）在测验中，你必须为每个问题选择一个正确答案

（c）列出省钱途径的清单

3. 根据投资理论，哪六种资源是创造力必不可少的？

答案请参考附录 B。

变位词测验的答案

1. divergent

2. intelligence

3. flexibility

4. protoype

5. creativity

（注意这些答案同时也是本章的关键词）

移动这枚硬币到另一排。　　将这枚硬币放在中间硬币上，这样行列都可以算上它。

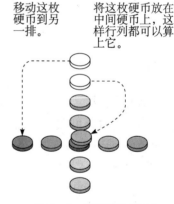

图 8—6　硬币问题答案

语言

学习目标

什么是语言？语言与思维有什么样的关系？

任何有关人类思维过程的讨论都必须包括对语言的讨论。正如前面所提到过的一样，语言（与心理表象和概念一样）是思维的三个构建组块之一。语言使我们可以在心理上操纵符号，进而扩展我们的思维。更重要的是，不论是口语、书面语还是手势语，语言都可以允许我们交流思想、想法和感觉。

✓ 语言的特征：结构和产生

什么是语言？敲打尾巴的海狸、鸣叫唱歌的鸟儿和处处留痕的蚂蚁是在使用语言吗？当然这不是根据严格的科学定义来问的。像我们早先讨论过的一样，科学家为特定的人工概念发展了精确的定义和限制。心理学家、语言学家和其他的科学家将**语言**（language）定义为使用依据特定规则组合起来的声音和符号的一种交流形式。

语言 使用依据特定规则组合起来的声音和符号的一种交流形式。

语言的构建组块

为了产生语言，我们首先要用音素和词素来构建词汇。然后我们利用语法规则（句法和语义规则）将词汇组合成句子（见表 8—4）。

300

表 8—4	语言的构建组块	
组块	描述	例子
音素	构成任何语言的声音的最小单位。	在 pansy 中的 p，在 sting 中的 ng。
词素	承载意义的最小单元；它们由音素组合而成（功能性词素包括前缀和后缀；内容性词素指词根。）	Unthinkable＝un・think・able（前缀＝un，词根＝think，后缀＝able）。
语法	用来产生可接受语言的一系列规则（句法和语义规则），它使得这种语言可以让我们交流和互相理解。	They were in my psychology class. Versus They was in my psychology class.
句法	一种将词汇按顺序排列的规则系统。	I am happy. Versus Happy I am.
语义	一种用词汇来表达意义的规则系统。	I went out on a limb for you. Versus Humans have several limbs.

（1）音素。言语或发声的最小基本单位叫做**音素**（phoneme）。这些基本的言语声音构成了每一种语言。英语中包括大约 40 种音素，每一种都有其独有的特征。这些特征包括发音上的变化（像字母 a 在 am 和 ape 中有不同的发音）以及发声的轻重（当我们读 s 时，只是发出"嘶嘶"的音；而当我们读 z 时，发同样的声音但是却加上了气流的振动）。

音素 言语或发声的最小单位。

（2）词素。音素组合起来就构成了语言的第二种组块——词素。**词素**（morpheme）是语言的最小意义单位。词素被划分为两种类型：（a）内容词素，它包含着一个词的意义，如 cat；（b）功能性词素，即前缀和后缀，如 un-、dis-、-able和-ing。功能性词素为词汇添加额外的含义。

词素 语言的最小意义单位，由音素组成。

（3）语法。音素、词素、词汇和短语是由语言的第三个组块——**语法**（grammar）规则联系到一起的。语法规则决定了我们如何将音素组合成词素和词汇，同时它们还控制着我们如何使用不同的词性（名词、动词等）和词尾变化（名词复数、动词过去式等），以及如何选择和排列词汇以组合成有意义的句子。语法由两种成分构成：句法和语义规则。

语法 规定音素、词素、词汇和短语如何组合以表达思想的规则。

句法 规定词汇和短语如何排列以组成可表达意义的句子的特定语法规则。

301

"产生想法，更好地交谈，构词、造句。"

语义 由词汇和词汇组合衍生而来的意义或对意义的研究。

1）句法。规定在句子中如何安排词序的语法规则称为**句法**（syntax）。在我们能够自由阅读以后，我们的句法感觉将会高度地发展，以至于只要符合句法规则，即使是一个完全由无意义单词组成的句子看起来也像是表达着某些意思。让我们来读一下刘易斯·卡罗尔（Lewis Carroll）著名的诗《无意义的话》（*Jabberwocky*）：

　　Twas brillig, and the slithy toves
　　Did gyre and gimble in the wabe

你能从这首诗中感受到吗？当词汇排列如此符合英语句法时，我们感觉上像是能够领会到卡罗尔在诗中说了些什么。

不同的语言有不同的句法。例如，在英语中，动词常常是句子中的第二个元素（"He has driven to New York"），但是在德语中，主要的动词经常在句子末尾出现（按德语顺序排列："He has to New York driven"）。说英语的人总是把形容词放在名词的前面（my precious love），但是说意大利语时或者把形容词放在前面，或者放在后面，这取决于想要表达的意思："Una carrisima amore" 的意思是 "一场宝贵、珍贵的爱情"；"Un'amore carrisima" 的意思则是 "一场昂贵的恋爱"，即为了维持这份亲密关系需要花费很多。

2）语义规则。根据我们想表达的意义而对词汇的选择就是**语义**（semantics）。当我们将-ed加在动词walk后面时，它代表了一种过去的动作。如果我们想要说一只小羊时，我们用lamb这个词，而不是limb，因为它表达的是完全不同的意义。事实上，limb有很多意思，所以我们必须依赖语境才能获知说话者在说到这个词的时候究竟是指一条胳膊、一条大腿还是一棵树的枝干。另外，还有这样一种表达 "to go out on a limb"，它并不能从字面上理解为 "某个人在爬树"，而要理解为 "某人正在冒风险"。意义取决于很多因素，包括词汇选择、语境以及说话者的意图是文字性的还是比喻性的等。

语言与思维：复杂的交互作用

我们的认知过程和语言之间的联系是错综复杂的。说英语和说西班牙语的人，或者说中文和说斯瓦西里语的人，是否在推理、思维和对世界的知觉上有差异？根据语言学家本杰明·沃尔夫（Benjamin Whorf）（1956）的假设，一个人所说的语言在很大程度上可以决定那个人的思想。为了证明他的语言相关论假设，沃尔夫提供了这样一个经典的例子：爱斯基摩人（因纽特人）有很多词汇来描述不同种类的雪（apikak指"第一场雪"，pukak指"用来喝的雪"等），因此，他们这种较其他语种的人更丰富的词汇量使他们可以用不同于说英语者的方式来知觉和思考有关雪的问题，因为在英语中，描述雪的词只有一个——snow。根据他报告的结果，说不同语言的人对他身边的世界持有不同的概念。

沃尔夫的假设当然是很吸引人的，但是大多数的研究并不支持这种假设。一方面，他明显地夸大了因纽特人描述雪的词汇量（Pullum，1991），同时还忽略了英语中也有很多描述雪的词汇，如slush、sleet、hard pack、 powder 等。更重要的是，埃莉诺·罗施（Eleanor Rosch）（1973）在新几内亚岛的 Dani 部落中实验性地检验沃尔夫的观点时，发现了与其假设完全矛盾的证据。Dani 语中只包含两种颜色的名字———一个指冷、暗的颜色，另一个指明亮的暖色。和沃尔夫的假设矛盾的是，罗施发现 Dani 部落的人可以像说其他语言（这些语言中都有很多的颜色名称）的人一样好地区分各种颜色的色调。换一种说法就是，虽然相对于另一种语言，在一种特定语言中表达某一特别的想法可能更容易，但是语言并不一定能决定我们思维的方式和内容。

虽然沃尔夫很明显地是在他的理论中走了极端，因为他认为语言决定思维，但是毫无疑问的一点是，语言的确在影响着思维（Lillard, 1998）。例如，当一个人能说两种或两种以上的语言时，会发生什么样的情况呢？研究发现双语者会根据他正在使用的语言报告出不同的自我感觉（Matsu-moto, 2000）。在一个人正在使用中文时，他更倾向于以符合中国文化规范的方式行为；而当他说英语时，则更倾向采用西方的规范。

语言对思维的影响在我们对词汇的选择中很容易体现。当公司想要改变员工的知觉时，他们并不解雇（hire）雇员，而是采取"帮助谋取新职"（outplace）、"解除聘用"（dehire）或"不续约"（nonrenew）等说法。与此类似，军队也使用自己的术语，他们用"优先袭击"（preemptive strike）来掩盖他们首先攻击的事实，用"战术重署"（tactical redeployment）来指军队的撤退。

我们对词汇的选择同样也给北美的商业带来过一些窘迫的财政后果。当百事可乐在日本用"Come alive with Pepsi"（和百事一起活跃）口号时，他们发现这句话被日本人翻译成"Pepsi brings your dead ancestors back from the grave"（百事将你们死去的祖先从坟墓中带了回来）。与之类似，雪佛兰（Chevrolet Motor）公司的销售人员在墨西哥销售小型"新星"（Nova）车时遇到了很大的困难，因为他们不知道"No va"在西班牙语中的意思是"不走"。词汇可以唤起不同的表象和价值判断，因此我们选择的词汇不仅影响我们的思维，同时也会影响那些听到这些词汇的人。

302

先天的还是后天的？ 孩子在生命的头几个月就开始学习如何交流。这对语言获得的生物学基础有何启发？

语言发展：从啼哭到讲话

从出生开始，一个孩子就已经具有多种多样的交流方式。利用像面部表情、眼神交流以及身体姿态等非言语的交流工具，仅仅几个小时大的婴儿就可以开始"教"他们的父母和看护者什么时候他们想要抱抱、吃东西或者玩耍。早在 19 世纪晚期，查尔斯·达尔文就提出，大多数的情绪表情，如微笑、皱眉和恶心的表情等，都是普遍的和先天的（见图 8—7）。支持达尔文论点的证据来自于天生又聋又盲的儿童，因为这些儿童可以表现出与视力和听力完好的儿童一模一样的面部表情。

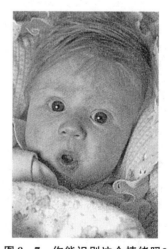

图 8—7 你能识别这个情绪吗？ 2.5 个月大的儿童可以非言语地表达如高兴、惊奇和愤怒之类的情绪。

语言发展的阶段

除了非言语的交流，儿童同样也进行出声的交流。前语言阶段从新生儿反射性啼哭开始。在很短的一段时间过后，哭就变得更有目的性了。到目前为止，人们已经至少分辨出了哭的三种不同形式：饥饿、愤怒和疼痛（Wolff，1969）。一些家长和育儿教科书认为，上述每种哭啼都可以被主要的照顾者很容易地识别出来并进行反应，然而，大多数父母发现他们必须经过一段试误的学习过程后才能够知道每种啼哭意味着什么，以及他们采取什么样的行动才能让孩子满意。

婴儿发声　婴儿在 2~3 个月开始发出的类似元音的声音。

在大约 2~3 个月的时候，婴儿开始**发声**（cooing），产生类似元音的声音（"ooooh"和"aaaah"）。到了 4~6 个月左右，他们就开始了**咿呀学语**（babbling），在元音中加入了辅音（"bahbahbah"和"dahdahdah"）。一些父母将咿呀学语作为语言开始的标志并将他们的孩子的某些发音看做了"词语"。他们这样做所没有注意到的事实是，在这个阶段，孩子通常还不能将他们口中所说的"词语"与某一具体的客体或人物联系到一起，而且，所有孩子的咿呀学语都是类似的。

咿呀学语　婴儿从 4~6 个月左右开始产生的元音和辅音的组合。

真正的语言阶段直到 1 岁左右才开始。孩子的咿呀学语听起来更像孩子所处环境的语言了，并且看上去他们已经能够理解这些声音是和某些意义联系在一起的。在语言阶段的初期，儿童通常都只会说一些单一发音的词汇，如"妈妈"、"去"、"果汁"或"上"。儿童会努力从这些单一的言辞中得到想要的好处。"妈妈"可以用来表达"我想要你来抱我"、"我受伤了"或者"我不喜欢这个陌生人"等。然而，一旦他们开始学会将词汇组合到一起构成短语，如"Go bye-bye"、"Daddy，milk"和"No night-night"，他们的表达能力就不会停留在仅仅能将两个词组合在一起的层次上。

过分延伸　对一个词的过分使用，将不符合词义的客体包含入一个词的外延中（如叫所有的男人"爸爸"）。

在这个年龄段，儿童有时会过分扩大他们所用的词汇的含义。**过分延伸**（overextension）指用词汇指示它所含意义之外的客体。例如，学会了单词"小狗"后，一个孩子可能将这个词延伸到所有的毛茸茸的小动物（如小猫、小兔子等）身上。

在两岁左右，大多数孩子都可以通过将几个词连在一起来产生简单但是可理解的句子了。然而，他们会省略一些不关键的连接词汇："Me want cookie"；"Grandma go bye-bye?"这种形式的语言叫做**电报语**（telegraphic speech）。就像我们曾经所用的电报一样，一个两岁的儿童所说的话只包括和意义直接相关的关键词汇，其余的一律省略。

电报语　儿童产生的两个或三个词的句子，只包含最必需的词汇。

303

儿童在这么早的时候会以一种匪夷所思的速率扩大自己的词汇量。他们同时也要习得一套广泛、变化多端的语法规则，比如加-ed 表示过去时态、加-s 表示复数等。然而，他们有的时候也会犯错，因为他们会**过度泛化**（overgeneralize）或过分使用语法规则。这种泛化会导致类似以下的新的结构："I goed to the zoo"，"Two mans"。

过度泛化　将语法的基本规则使用到所有的情况中去，即使是特例也不例外（比如，将 man 的复数说成 mans 而不是 men）。

到了 5 岁的时候，大多数的孩子已经掌握了语法的基本规则而且通常可以使用 2 000 左右的词汇（很多外语教师认为这种掌握水平已经足够在任何文化下勉强过活了）。过了这个时间点后，我们的词汇量和语法的获得还会继续发展，贯穿一生。

语言发展的理论

什么样的动机推动了儿童语言的发展？一些理论家相信语言能力是天生的，另外一些则称语言是通过模仿和强化而习得的（再次回到了先天—后天的争论）。虽然这两种观点都有其坚定的支持者，但是大多数的心理学家却发现这两种极端的观点都无法令人满意。大多数人相信语言习得是一个同时包含了天生能力和后天培养的组合过程，这被称为交互主义观点（Casti, 2000；Van Hulle, Goldsmith & Lemery, 2004）。

根据先天论，语言习得主要是一种自然成长和发展的过程。这个观点最著名的推广者就是乔姆斯基（Noam Chomsky）（1968, 1980），他认为儿童生来就被"预置"了学习语言的能力，他们具有一种神经学上的能力，叫做**语言获得机制**（language acquisition device，LAD），它仅仅需要少量的与成人言语的接触就可以被激发蕴涵其中的潜能。语言获得机制使儿童有能力分析语言并提取出语法的基本规则。

为了支持他的观点，乔姆斯基指出，全世界的儿童在相似的年龄下都经历语言发展中相似的阶段，而且他们这种发展的模式与运动发展的模式是平行进行的。他同时还引用了另外一些事实来证明自己的观点，如咿呀学语在所有的语言中表现相同，以及聋童在咿呀学语时的表现与听力正常的儿童也没有差异。

虽然先天论的观点得到了很多的支持，但是它却无法对个体差异给予合理的解释。比如说，为什么一个孩子可以学英语的规则而另一个则要学西班牙语的规则呢？"后天主义者"可以解释个体差异以及语言的不同。从他们的观点出发，儿童要通过一个包括奖励、惩罚和模仿的复杂系统来学习语言。学习英语的婴儿的任何发音尝试（"mah"或"dah"）都会立刻得到诸如微笑一类的鼓励和奖励。而之后，当婴儿咿呀学会了"妈妈"或"爸爸"时，骄傲的父母甚至会反应得更加激烈和热情（作为一个批判性的思考者，你能不能看出这些家长是如何在不知不觉中运用了一种类型的塑造？这是一个我们在第 6 章讨论过的概念）。

动物与语言：人类能和动物交流吗？

除了关于人类语言发展的先天—后天的争论外，在非人类动物能否使用语言或能否被教授语言的问题上也存在着争议。毋庸置疑，非人类动物们也在交流。大多数的动物物种都可以发送警报信号、示意性的兴趣、分享食源的地点等。但是非人类动物们能掌握人类语言这样丰富的复杂性吗？

最早尝试回答这个问题的是心理学家温思罗普（Winthrop）和吕拉·凯洛格（Luella Kellogg）（1933）。他们将一只婴儿黑猩猩和自己一个差不多大的孩子放在一起养育了几年。虽然黑猩猩学会了一些基本的交流手势，但是她从来没有发出过类似语言的声音。早期的动物语言研究者总结到，凯洛格夫妇实验的失败可能是因为大猿不具备能够像人类一样发声的解剖结构。因此，接下来的研究集中于教授大猿非发声的语言。

比阿特丽（Beatrice）和艾伦·加德纳（Aleen Gardner）（1969）进行了一项成功的非发声语言学习的研究。在认识到了黑猩猩手的灵活性以及

💡**学习提示**

你在区分过分延伸（overextension）和过度泛化（overgeneralization）上有困难吗？记住 overgeneralize 中的 g 可以作为一个线索提醒你，它是与语法（grammar）有关的问题。

语言获得机制（LAD）　根据乔姆斯基的说法，这是一种内在的先天机制，可以使儿童有能力分析语言并提取语法的基本规则。

电脑辅助的交流。利用电脑屏幕上的符号，黑猩猩能够学会按特定的按钮来获得食物、水或者饲养员的搔痒。这可以算做真正的语言吗？为什么？

304

通过艺术交流? 海豚已经学会了对来自驯养员的复杂手势和声音信号进行反应。他们甚至还学会了通过艺术"表达自己"。但是这究竟是简单的交流、操作性条件反射还是真正的语言呢?

它们模仿姿势的能力后,加德纳夫妇用美国手势语(ASL)来教一只名叫Washoe的黑猩猩。他们的成功可以用事实来说明:Washoe到了4岁的时候,已经学会了132个手势,而且她还能够将它们组合成简单的句子,如"快,给我牙刷"和"请挠痒"。

在加德纳夫妇对Washoe进行的实验成功以后,另外一些以大猿为被试的研究项目接踵而至(Itakura,1992;Savage-Rumbaugh,1990)。大卫·普雷马克(David Premack)(1976)利用一块磁板上的可以反复排列的塑料符号教一只叫Sarah的黑猩猩学习"读"和"写"。Sarah不仅学会了使用塑料符号,还学会了依据特定的语法规则来和她的驯养员聊天。

另一个出名的研究来自一名叫做Lana的黑猩猩被试。她学会了推动计算机上的符号来得到她想要的东西,包括食物、饮料、从驯养员处得到的挠痒以及拉开她的窗帘等(Rumbaugh et al.,1974)。当然,此外还有一只著名的大猩猩,也就是在本章开始时我们提到的Koko。Penny Patterson(2002)报告说她教会了Koko超过1 000个(手势语中的)手势。

此外,一些语言研究者还采用海豚作为被试,他们用手势信号或听觉命令来训练海豚。命令可以是训练者下达,也可以是由电脑发出再通过水下的发声装置传给海豚。在一项经典的研究中,海豚得到的命令是由2~5个词组成的句子,比如"Big ball - square - return"。这一系列信号告诉海豚要去捡起一个大球,把它放进漂浮的正方形中,然后再回到训练员身边(Herman,Richards & Woltz,1984)。

这个实验有趣的部分是,命令在句法和内容上都可以变化,而且无论哪种变化都可以改变命令的含义。例如,下一个命令也许会是"Square - big ball - return"。这一套新的信号的意思是让海豚先游到正方形那儿,然后拿到大球,再带着球返回训练员处。或者,命令也可以指向水中漂浮的另一个物体,"Triangle - little ball - square"要求海豚在区分了各种形状和各种大小的球的基础上才能完成指令。这个研究表明,海豚能够完成一系列变化多端的命令,并且可以理解这些命令在内容或句法上的改变。

评价动物语言研究

这些大猿和海豚的语言研究令人印象深刻。绝大多数科学家都同意非人类动物可以交流,但是他们质疑这种交流能否算得上是真正的语言。和人类相比,非人类动物所能表达的想法是极度有限的。另外,人类所能产生和理解的句子的平均长度要远远大于在其他动物身上最多可行的2~5个词的长度。此外,批评者还认为大猿和海豚并没有能力学习那些人们可以用来表达细微意义差别的语法或句法规则。而且他们还指出这些动物不能表达时间的概念(明天、上周)、询问信息(鸟儿为什么可以飞?)、评论他人的感觉(Penny很悲伤)、表达相似性(那朵云像一棵大树)或者提出可能(那只猫可能坐在我的大腿上)(Jackendoff,2003)。

虽然人类用他们的嘴发声,而且时不时地会互相看,但是现在还没有实在的证据证明图中的它们的确可以互相交流。

其他一些批评者提出了操作性条件反射的问题（第 6 章）。他们认为，非人类动物没有对复杂信号和语言符号进行理解的概念。那些参与到简单的人类语言会话中的动物仅仅是在模仿符号以求获得奖励。简而言之，非人类动物实际上并不是想要跟人类进行交流，它们只是简单地表现操作性条件反射的反应行为（Savage-Rumbaugh，1990；Terrace，1979）。最后，还有一些批评者认为，大多数有关动物语言的数据都是逸事性的，并没有被很好地记录和整理。例如，最惊人的 Koko 的语言能力的报道还没有在学术性的期或杂志上发表（Lieberman，1998；Willingham，2001）。

动物语言的支持者们则可以很快地指出，黑猩猩和大猩猩可以创造性地运用语言，并且已经可以创造一些它们自己的新词。例如，Washoe 将电冰箱叫做 "open eat drink"，而称呼天鹅为 "water bird"（Gardner & Gardner，1971）。根据报告，Koko 可以比画出 "finger bracelet" 来描述戒指，以及 "eye hat" 来描述面罩（Patterson & Linden，1981）。支持者们同时还辩称，正如在海豚研究中所见，非人类动物可以被教会去理解一些基本的句子构成的规则。

305

然而，事实上人类所讲和所理解的语言与其他动物所产生和理解的语言之间还是存在着相当大的鸿沟。目前的证据暗示，非人类动物也许能够学习和使用很多基本的语言形式。但是它们的语言相比于人类语言则明

检查与回顾

语言

人类语言是使用依据一系列特定规则而组合成的声音和符号的一种交流形式。音素是言语声音的基本单位。它们组合形成词素。词素是语言的最小意义单位。音素、词素、词汇和短语根据语法规则（句法和语义规则）组合到一起。句法指在句子中安排词序的语法规则，语义指语言中的意义。

根据本杰明·沃尔夫的语言相关性假设，语言塑造思维。一般而言，沃尔夫的假设是难以得到支持的，但是对于词汇的选择确实能够影响我们的心理表象和社会知觉。

儿童在他们的语言习得中经历两个阶段：前语言阶段（啼哭、发声和咿呀学语）和语言阶段（单一词汇的表达、电报语和语法规则的习得）。

先天论者相信语言是一种天生的能力而且随着成熟的过程自然发展。乔姆斯基认为，人类大脑具有一种语言获得机制（LAD），只需要很少量的外部环境输入。后天论者强调环境的作用，他们认为，语言发展来自于奖励、惩罚和对榜样的模仿。

最成功的非人类动物语言研究是运用美国手势语和书写符号进行的大猿的研究。海豚同样也被教会理解在句法和语义上都可能发生变化的句子。一些心理学家相信非人类动物可以真正地学会语言，另一些则认为它们只不过是在对奖励进行反应而已。

问题

1. 基本的语音 ch 和 v 被称为_____。语言的最小意义单位，如 book、pre-和-ing 被称为_____。

2. 一个孩子说 "I hurt my foots"，这是_____的一个例子。

3. 乔姆斯基相信，我们拥有一种天生的学习语言的能力，叫做_____。

(a) 电报理解装置（TUD）

(b) 语言获得机制（LAD）

(c) 语言和语法翻译器（LGT）

(d) 泛化神经网络（ONN）

4. 人类语言与非人类动物交流系统的差别在于_____。

(a) 在表达思想和观点时更有创造性

(b) 一种先天内在的能力的表现

(c) 对于思维来说是必需的

(d) 由声音组成

答案请参考附录 B。

更多的评估资源：

www.wiley.com/college/huffman

显表现出复杂程度不够，缺乏创造性，并且为规则所累。（作为一个批判性的思考者，你有没有想到与这类语言研究相反的取向？为什么人类不去学动物的语言呢？人类有可能学会理解和使用黑猩猩、鲸鱼或者大象的交流系统吗？）

智力

学习目标

什么是智力？如何测量智力？

306

智力 一种理性思考、有目的的行为和有效地应对环境的综合能力。

Koko，Genie 和爱迪生聪明吗？智力到底是什么？很多人将智力等同于"书本智慧"，但是这又跟那些关于"心不在焉的教授"和缺少日常或实际经验的天才的日常笑话与刻板印象所不符。对另一些人来说，一个人是否聪明，要根据他所处的社会群体或文化的特征以及技能的价值而定（Sternberg，2005；Sternberg & Hedlund，2002；Suzuki & Aronson，2005）。例如，你知不知道在很多语言中，并没有能和我们西方所定义的"智力"等同的词汇？在中国的普通话中，和这个概念最相近的一个汉字的意思是"脑筋好并且有天赋"（Matsumoto，2000）。有趣的是，这个词通常与诸如模仿、努力和社会责任感相联系（Keats，1982）。

即使是在西方心理学家中，关于智力的定义也存在着不小的分歧。在我们的讨论中，我倾向于使用由心理学家大卫·韦克斯勒（David Wechsler）（WEX-ler）（1944，1977）所提出的正式定义。韦克斯勒将**智力**（intelligence）定义为一种理性思考、有目的的行为和有效地应对环境的综合能力。换句话说，智力是你能够有效利用你的思维过程来应对世界的能力。这个定义的一个优点是它包含了最现代的观点以及文化和社会的影响因素。

在我们继续之前，我想要强调一下，智力并不是一个物品。它没有物质性，不占据任何空间，没有哪个特定的脑区内的特定位置是智力的所在处。当人们谈论有关智力的问题时，总是把它当做一个具体的、可触摸的客体一样，这就犯了一个推理上的错误，叫做实体化。如同意识、学习、记忆和人格的概念一样，智力只是一个假设的、抽象的建构。

什么是智力？我们只有一种智力还是有多种智力？

由于在识别和定义智力上存在困难，这至今仍是一个复杂而有争议的问题。对于很多西方心理学家而言，争论的一个主要领域在于：智力的性质有哪些？它是一个单一的、一般的能力，还是几种不同种类的心理能力？在这一小节，我们将就几个试图回答这些问题的理论进行讨论。让我们首先从查尔斯·斯皮尔曼（Charles Spearman）早期的一般性智力（g）理论开始。

智力被看做一种单一的能力

在智力测验的早期，心理学家将智力做天生的、包括所有认知功能在内的一种广泛的心理能力。然而，查尔斯·斯皮尔曼（1923）却提出，智力是一个单一的因素，他将这种因素命名为一般性智力（g）。他的理论的基础是他所观察到的在不同心理能力测验中得到的高分之间彼此的相关性，比如空间和推理能力之间就存在着相互之间的相关。因此，斯皮尔曼相信一般性智力（g）可以解释所有的智力行为，包括推理、问题解决以及在所有认知方面的优良表现。在斯皮尔曼工作的基础上，标准化测验被广泛应用于军队、学校以及商业之中，用来测量这种一般性的智力（Deary et al. ，2004；Johnson et al. ，2004；Lubinski & Dawis，1992）。

智力被看做多重的能力

大约 10 多年以后，瑟斯顿（L. L. Thurstone）（1938）提出了七种基本的心理能力：言语理解、词汇流畅性、数字流畅性、空间视觉化、联合记忆、知觉速度和推理。他认为斯皮尔曼所提出的一般性智力（g）的概念几乎没有价值。自然，在当时，瑟斯顿的观点是相当激进的。很多年以后，吉尔福特（J. P. Guilford）（1967）将智力结构中涉及的因素个数扩大到了 120 个。

智力又一次被看做单一的能力

在吉尔福特工作的同时，雷蒙德·卡特尔（Raymod Cattell）（1963，1971）重新分析了瑟斯顿的数据进而提出反对多重智力的观点。他同意斯皮尔曼的观点，认为一种一般性的智力（g）是确实存在的，但是卡特尔认为除此之外还有两个智力的分类型。

（1）**流体智力**（fluid intelligence，gf）指推理能力、记忆力和信息加工的能力。如果你要解决类比问题或者要记一长串的数字，就需要依赖于你的流体智力。相对来说流体智力与教育和经验关系不大，它主要反映一种内在的能力倾向。同时，像其他的生理能力一样，流体智力随着年龄增长会消减（Burns，Nettelbeck & Cooper，2000；Li et al. ，2004；Rozencwajg et al. ，2005）。

流体智力　相对而言与经验和教育关系不大的天生的智力方面，包括推理能力、记忆力和信息加工的能力。

307

（2）**晶体智力**（crystallized intelligence，gc）指从以往经验和教育中获得的知识和技能（Facon & Facon-Bollengier，1999）。如果你要解释篮球比赛的规则或者区分"熊市"和"牛市"的话，就要利用到你的晶体智力了。晶体智力倾向于随着年龄增长而增长，这就能解释为什么内科医生、老师、音乐家、警察以及从事很多其他职业的人们通常随着年龄变大在工作上更加成功并且可以持续良好的工作状态直到老年。

晶体智力　从以往经验和教育中获得的知识和技能，随着年龄的增长而增长。

最近的研究发现，在完成很复杂的任务时，额叶的活动会增强，这有助于支持一般性智力的观点（Duncan，2005）。但是回忆一下第 1 章的内容：相关并不能表示因果。另外，还有其他一些研究表明，更聪明的人在完成任务时很可能表现出更少的额叶激活。这也许是因为对于他们来说，任务并不足以对他们产生和相对不太聪明的人相等程度的挑战（Haier et al. ，1995；Sternberg，1999，2005）。

再回到多重智力

如今，作为测量学术智力的工具，一般性智力（g）的概念已经获得

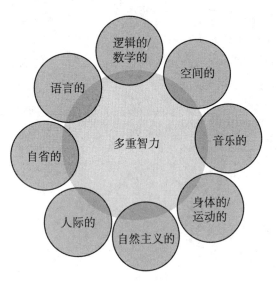

了相当广泛的支持。但是我们都知道，有一些数学或科学天才在言语能力上却表现很差。很多当代的认知理论家相信智力并不是一个单一的一般化的因素，而是一个包括很多不同的特定能力的集合。

（1）加德纳的多重智力理论。在这些理论家中，霍华德·加德纳（Howard Gardner）相信人们有很多种不同的智力。脑损伤的病人通常丧失了一些方面的智力能力还能保留另外一些能力的事实提示，不同的智力定位在不同的脑区。加德纳（1983，1998，1999）发展了一套多重智力理论（见图8—8），定义了八种（或者可能是九种）不同的智力（见表8—5）。根据加德纳的观点，人们拥有不同的智力特征，是因为他们在某些方面要比另外一些方面强。他们同时还利用不同的智力来学习新的材料、完成任

308 **图8—8 加德纳的多重智力理论。** 霍华德·加德纳认为智力有很多种，而且这些智力的价值会随着文化的不同而变化。加德纳还提出了一种可能的第九种智力——精神的/存在的，如表8—5所示。

务和解决问题。例如，脱口秀主持人奥普拉·温弗莉（Oprah Winfrey）在自省和人际智力上无疑会得到高分，爱因斯坦则会在逻辑/数学智力上拿到顶尖的分数。

加德纳的理论对于智力测验和教育有着广泛的启示意义。他认为智力测验应该用来评价一个人的实力和长处，而不是简简单单给出一个"IQ分数"。他挑战了我们的教育系统，认为不应该仅仅教授传统的语言和逻辑/数学方面的知识，而要为学生提供多样化的学习模式。他还建议我们应该发展出一套多种方式的测量工具以取代原来传统的纸笔测验。

表8—5	加德纳的多重智力理论以及可能的职业
多重智力理论	职业
语言的： 语言，如说话、读书、写故事	小说家、记者、教师
空间的： 心理地图，比如计划如何将很多礼物装入盒子或怎样画概要图	工程师，建筑师，飞行员
身体的/运动的： 身体运动，比如跳舞、体操或者滑冰	运动员，舞蹈家，滑雪教练
自省的： 理解自己，比如制定目标或认可挫败情绪	在几乎所有职业中都能增加成功可能性
逻辑的/数学的： 问题解决或科学分析，比如逻辑证明或者解决数学问题	数学家，科学家，工程师
音乐的： 音乐技巧，比如唱歌或演奏乐器	歌手，音乐家，作曲家
人际的： 社会技巧，比如管理多样化的小组	销售人员，管理者，治疗师，教师
自然主义的： 与自然相协调，比如注意季节的模式或者用环境保护产品	生物学家，自然主义者
（可能）精神的/存在的： 据生命和死亡意义或者其他的生命情况做精细调整	哲学家，神学家

资料来源：改编自加德纳，1983，1999。

（2）斯腾伯格关于成功智力的三元（三成分）理论。就像有关脑损伤病

人的研究引导霍华德·加德纳提出了他的多重智力理论一样，对信息加工的研究也促使罗伯特·斯腾伯格提出了他的成功智力三元理论（见图8—9）。斯腾伯格（1985，1999）认为，我们用来回答智力测验问题所经过的思维过程甚至比测验中的正确答案本身还要重要。他提出了智力的三个方面——分析性、创造性和实践性（Grigorenko，Jarvin & Sternberg，2002；Sternberg，1999）。表8—6对每个方面进行了简要的描述。

斯腾伯格的智力理论的价值在于，它强调了潜在的思考过程而不仅仅是最终产出。他还强调将心理能力运用到实际中去而不是与现实隔离地来进行测量（Sternberg，2005；Sternberg & Hedlund，2002）。斯腾伯格（1998）引入了成功智力的概念来描述用以适应、塑造和选择环境，以完成个人和社会目标的能力。加德纳和斯腾伯格的理论有不同之处，但是他们都认为智力包含着多重的能力。

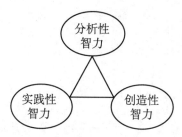

图8—9 斯腾伯格的成功智力三元理论。根据罗伯特·斯腾伯格的模型，智力有三个不同的方面，每个方面都需要通过学习而不是遗传的结果。因此，每一方面都能够提高和加强。

表8—6	斯腾伯格的成功智力三元理论		
	分析性智力	创造性智力	实用性智力
样本技能	擅长分析、评价、判断和比较的技能。	擅长发明、处理新情况和想象的技能。	擅长应用、实施、执行和使用的技能。
评估方法	这些技能可以在智力或学术能力测验中得到评估。问题包括基于语境的词义以及如何解决数列问题。	这些技能可以用多种方式评估，包括开放性任务、写短故事、画一幅作品或解决需要灵感的科学问题。	虽然这些技能评估起来比较困难，但是它们可以通过对有关实践和个人问题的提问来得到测量。

检查与回顾

什么是智力？

今天，智力通常被定义为一种理性思考、有目的的行为和有效的应对环境的综合能力。一些理论家关于智力是一种还是多种能力的问题展开了激烈的争论。斯皮尔曼将智力看做一个单一的因素，称之为一般性智力，简称为g。瑟斯顿则将智力看成七种不同能力的集合。吉尔福特将智力分成了多达120余种的不同能力，而卡特尔则认为智力是两种类型的一般性能力（g），分别是流体智力和晶体智力。

除了这些理论之外，加德纳的多重智力理论定义了八种（可能是九种）智力，他认为教育和评估应该考虑人们的学习风格和认知优势。斯腾伯格的成功智力三元（分析性、创造性和实践性）理论则强调思考过程，而不是最终产出（测验答案）。

问题

1. g因素最先由斯皮尔曼提出，对于它最好的定义是＿＿＿＿＿。

(a) 用语言作为思考工具的技能

(b) 一般性智力

(c) 适应环境的能力

(d) 我们称之为常识的智力类型

2. 流体智力和晶体智力之间有什么差别？

3. ＿＿＿＿＿认为人们在"智力的特征"上有所不同而且每个人都表现出一种独特的长处和短处构成的模式。

(a) 斯皮尔曼

(b) 比内

(c) 韦克斯勒

(d) 加德纳

4. 解释斯腾伯格的成功智力三元理论。

答案请参考附录 B。

更多的评估资源：

www.wiley.com/college/huffman

309

我们如何测量智力？IQ测验和科学标准

正如你看到的一样，智力是很难定义的，而且科学界对于它是单一还是多重的能力这一问题仍然存在分歧。然而，尽管存在这种不确定性，多数大学的招生办公室和奖学金委员会以及很多招聘者，通常还是会将智力测验的分数作为他们进行选择所用标准的重要部分。这些测验到底怎么样呢？他们能够很好地预测学生或雇员今后的成功吗？

IQ 测验存在很多不同的种类，每一种都从一种稍微不同的角度来测量智力。然而，大多数的测验都是指向那些可以允许测验成绩成为今后学术成绩预测指标的能力。换句话说，大多数 IQ 测验都被设计用来预测在校的成绩。那么就让我们来检查一下最常用的一些 IQ 测验，看看它们预测的结果究竟如何。

个人 IQ 测验

在 20 世纪初，阿列佛·比内 [Alfred Binet（bih-NAY）] 在法国创建了第一套广泛应用的 IQ 测验。在美国，路易斯·特曼（Lewis Terman）（1916）制订了斯坦福—比内（Standford-Binet）量表（简称比内量表）（在斯坦福大学），他在比内量表的基础上添加了一些项目并且修改了计分程序。这份测验定期进行重新修订，最新的一版（第五版）包括 10 个分测验。测验项目是个别实施的（一个施测者对应一个测验者）。测验内容包括诸如拷贝几何图形设计、确认相似物体以及重复数字系列等任务。

在比内量表最原始的版本中，结果用心理年龄的方式给出。例如，如果一个 7 岁的儿童得到了相当于 8 岁儿童的平均分数，那么这个儿童就会被认为具有 8 岁的心理年龄。为了最后确定这个儿童的智商（IQ），要用心理年龄除以他的实际年龄再乘以 100，如下所示：

$$IQ = \frac{MA}{CA} \times 100 = \frac{8}{7} \times 100 = 1.14 \times 100 = 114$$

这样，一个具有 8 岁心理年龄的 7 岁儿童的 IQ 就是 114。一个"正常"的儿童应该具有和他或她的生理年龄相匹配的心理年龄（这里所说的"正常"指标准化测验的常模或统计）。

今天，大多数的智力测验，包括斯坦福—比内测验，已经不再计算 IQ 了。测验分数用个人与全国范围内其年龄相同样本分数的比较来表示。这些 IQ 的距离差是基于一个人的分数距离全国的平均值有多远。就像你在图 8—10 中所看到的那样，在一个标准化的 IQ 测验中，大多数人的分数都在 1 倍标准差之内（15分），全国的平均值是 100 分。

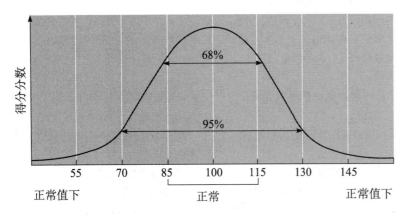

图 8—10　IQ 分数的常模分布。注意，参加测验的人中有超过三分之二的人（68%）拥有正常范围内的 IQ。

图 8—10 同时也显示了 IQ 分数是钟形曲线分布的。大多数参加测验的个体（68%）都在正常范围内——85～115 分。即使真正的 IQ 已经不再计算了，IQ 仍然是表达智力测验分数的缩写术语。

韦氏测验

大卫·韦克斯勒制订了流传最广的智力测验——韦氏成人智力量表（WAIS），现在已经修订到了第三版（WAIS Ⅲ）（现在已经修订到了第四版，即将发行。——译者注）。他同时还为学校的学生制订了一套类似的测验，即韦氏儿童智力量表（WISC-Ⅲ；见表 8—7），为学前儿童制订了一份韦氏学前儿童智力量表（WPPSI），现在修订后的版本为 WPPSI-R。

像斯坦福—比内量表一样，韦氏测验给出一个最后的智力分数。但是它们还有分别的言语（词汇、理解、一般信息的知识）和操作（按顺序排列图片讲述一个故事、安排组块以匹配给定形状）的分数。韦氏量表有三种优势：（1）WAIS、WISC 和 WPPSI 是为不同年龄群体量身定做的；（2）不同的能力既可以分别评估，也可以放到一起来评价；（3）不能说话或者不懂英语的人也能够接受测验，测验的言语部分并不一定要进行测验，因为每个分测验之间是独立计分的。

311

表 8—7	WISC-Ⅲ 的分测验
	例子*
言语分测验	
信息	每个州有多少参议员？
相似性	电脑和书有多相像？
算术	如果一张篮球卡值三分钱，五张值多少钱？
词汇	定义台灯（lamp）。
理解	如果不小心打坏了朋友的玩具你应该怎么做？
操作分测验	
图片补全： 这辆消防车缺少什么？	
编码： 在每个符号上面填上合适的数字	
排列图片： 将这些图片按时间先后顺序排列	
模块设计： 用模块复制这个设计	
客体组合： 将这个小拼图拼好	

*这些例子和真实测验中的题目是相似的。

心理测验的科学标准

什么样的测验才是一个好测验？由比内和韦克斯勒发展的测验究竟比娱乐杂志和电视节目编制的测验好在哪里？为了使科学界认同，所有的心理测验都必须满足三个基本的要求：标准化、信度和效度。

（1）标准化。为了付诸使用，智力测验（同人格、能力以及其他大多数测验一样）必须首先进行标准化。**标准化**（standardization）这个术语在应用到测验中时包含两层含义（Hogan，2003）。第一，每个测验都必须有常模，或平均分数。为了取得常模，一个测验要对一个代表性样本进行施测。所谓代表性样本，就是指一个包含了多样化人群的大样本，这个样本中的人可以代表这个测验想要施测的人群的特点。常模决定了一个个体的个别分数相对于代表性样本是高、低还是平均值。第二，测验程序必须被标准化。施测、受测和给分过程中的每个方面都必须严格按照统一标准进行。例如，所有的受测者都要给予相同的指导语、问题和时间限制。另外，所有的测验施测者都要按照客观统一的标准给分。

（2）信度。想象一下这种情况：你有一块手表或者烤箱温度计，但每次你用它去测量的时候都会读到不同的内容。很显然，每个测量的工具（包括测验）都必须具有一致性，也就是说，重复的测量应该产生在合理范围内的相似结果。这种测验的稳定性，或者**信度**（reliability），常常要通过重复测量对比前后的结果看差异是否过大来决定（Hogan，2003）。重测可以通过测验—重测方法，将被试前后分别的两次测验的结果进行比较来实现。也可以运用分半方法，将一个测验拆分成两个等价的部分，然后比较这两个部分之间的相似程度（比如，奇数和偶数序号的题目上的得分情况是否一致）。

（3）效度。构建测验的第三个重要原则是保证**效度**（validity），即一个测验能够测量它想要测量的内容的能力。效度分为几种，最重要的一种叫做效标关联效度，或者说是测验分数可以用来预测另一种感兴趣的变量（即效标）的准确性。效标关联效度用测验和标准之间的相关来表示（回忆第1章中的内容：相关是对两个变量关系程度的测量）。高相关能够显示两个变量之间的紧密联系性，低相关或零相关则说明二者之间没有任何关系。如果两个变量是高度相关的，那么一个变量就可以用来预测另一个变量。这样，如果一个测验是有效的，它的分数就可以用来预测人们在其他一些特定情境下的行为，比如用智力测验分数来预测在大学的成绩。

你能发现为什么一个标准化、高信度的测验如果没有好的效度就是没有价值的吗？假设你正在给某人做一个皮肤敏感性的测验。这样的测验也许很容易标准化（指导语可以规定身体上的某一特定部分接受检查），而且它也可能是可信的（同样的结果可以在重测中不断重复），但是它显然无法有效地预测在大学里的成绩。

标准化　常模及施测和给分统一程序的建立。

信度　当对测验进行再次施测时，对于测验分数的一致性和稳定性的测量指标。

效度　一个测验测量它想要测量的内容的能力。

312

检查与回顾

我们怎样测量智力？

虽然智力测验有很多，但是斯坦福—比内和韦氏测验是最为广泛应用的。两种测验都会通过将个人的测验分数与其年龄段的常模比较而计算出一个智商（IQ）的值。

任何想要应用的测验，都必须标准化、可信和有效。标准化指（a）将测验给大量的人施测以得到常模和（b）在执行测验时采用统一的程序以使每个受测者都在完全相同的测验条件下受测。信度指测验分数跨时间的稳定性，效度指一个测验能多好地测量它想要测量的内容。

问题

1. 斯坦福—比内测验和韦氏量表之间最主要的差别是什么？

2. 如果一个 10 岁的孩子在斯坦福—比内测验中的分数与 9 岁孩子的平均分相同，那么他的 IQ 是____。

3. 判断下面的陈述分别对应哪种测验原则——标准化、信度还是效度：

（1）____保证如果一个人在两周后再次进行同样的测验，测验结果不会有显著改变。

（2）____保证一个测验或者其他的测量工具能够真正地测量其想要测量的内容。

（3）____保证将测验向大量的人群施测以得到常模。

答案请参考附录 B
更多的评估资源：
www.wiley.com/college/huffman

 ## 有关智力的争论

如前所述，智力是一个极难定义的概念。心理学家就智力是单一的因素（g）还是多重的能力这个问题也是争论不休。因此，发展的智力测验到底能在多大程度上有效地测量智力呢？此外，智力是遗传的，还是环境塑造的结果呢？IQ 测验是不是文化性地对特定民族有所偏见呢？总之，智力测验一直以来都是人们感兴趣和争论的焦点。在本小节，我们将首先探索如何用智力测验测量极端的智力（心理迟滞和天才）。然后我们将考察对于智力差异的三种可能解释（脑、基因和环境）。最后，我们还会对智力中的民族差异问题进行思考。

学习目标

我们如何测量极端的智力？生理、基因、环境和民族在智力中各自发挥着怎样的作用？

智力的极端现象：心理迟滞和天才

如果你想要评价任何测验（学业的、智力的或者人格的），一种最好的方法就是比较那些得了极端分数的人。在一个专业考试中拿到 A 的学生显然应该比不及格的学生懂得要多。正如你即将看到的一样，IQ 测验的效度在某种程度上的确得到了这方面证据的支持：事实上，在 IQ 测验中得到最低水平分数的个体的确与那些得到最高水平分数的个体在智力能力上有显著的差别。智力测验为诊断心理迟滞和天才提供了一种主要的判断标准。

心理迟滞
根据临床标准，心理迟滞被定义为一般的智力功能明显低于平均值（IQ

313

小于 70）并且在适应功能（比如和他人交流、独立生活、社会和职业功能以及保持健康和安全等）上有明显缺陷（American Psychiatric Association，2000）。心理迟滞（如同人类行为的大多数方面一样）是一个从轻度迟滞到重度迟滞的连续体。你将在表 8—8 中看到，一般人群中被诊断为心理迟滞的人少于 1%～3%，而在这组人群中，又有 85% 的人只是轻度迟滞。

什么导致心理迟滞？一些形式的迟滞源自基因的作用。这样的例子包括唐氏综合征，这种病人的体细胞中多了一条染色体，脆性—X 综合征，病发自由一个有缺陷的基因导致的 X 染色体异常，以及苯丙酮尿症（PKU），一种由遗传的酶的缺陷导致的新陈代谢的障碍。在美国，新生儿将被例行检查是否患有苯丙酮尿症，如果诊断及时，可以通过控制儿童的饮食来治疗该病症。

另外一些导致迟滞的因素是环境性的因素，包括怀孕期间酒精和其他的药物滥用，生命早期的极端剥夺和忽视以及出生后的意外伤害导致的脑部受损等。然而，在很多情况下，导致迟滞的原因还是不明朗的。

314

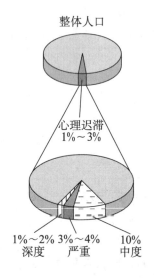

一种不寻常的智力形式。 在电影《雨人》中，达斯汀·霍夫曼扮演的专才有着超乎常人的数学能力。

专才综合征 心理迟滞的人在某领域中表现出非凡的技巧和天赋的现象。

表 8—8		心理迟滞的程度	
迟滞的水平	IQ 分数	在心理迟滞人群中的比例（%）	特征
轻度	50～70	85	通常可以自给自足；可以结婚、成家并且在不需要技术的行业找到一份全职的工作。
中度	35～49	10	能够完成没有技术要求的简单任务；在某种程度上可以自己做些事情。
严重	20～34	3～4	能够遵守日常惯例，但是需要看护；在训练后可能学会基本的交流技巧。
深度	20 以下	1～2	能够表现出最基本的行为，如走路、吃东西，并且可以说一些短语。

我们需要记住的很重要一点就是，诊断为轻度迟滞的儿童通常不容易从他们的同学中区分出来，直到他们已经上了几年学才能看出差异。另外，一旦他们离开了学术领域，他们的心理局限就不那么明显了，很多人都能成为社区中自力更生、融合其中的成员。就是那些中度迟滞的人也可以学习某些职业技能以使自己在有人监管的条件下正常生活。此外，在一些智力的测量中得到低分的人仍旧有可能在其他领域得到平均分甚至是该领域的天才。最引人注目的例子就是患有**专才综合征**（savant syndrome）的人群。虽然这些人在 IQ 测验上的得分很低（通常在 40～70 之间），但是他们在特定的领域却能表现出杰出的技巧和天赋，比如快速计算、艺术、记忆或者音乐能力（Bonnel et al.，2003；McMahon，2002；Pring & Hermelin，2002）。在电影《雨人》中，达斯汀·霍夫曼（Dustin Hoffman）扮演的专才就有着超人的数学能力。

天才

在智力谱的另一端，我们可以找到有着极高 IQ 的人群（通常定义为最高端的 1%～2%）。你曾经想象过在这些极端聪明的人身上会发生些什么吗？

　　1921 年，路易斯·特曼利用教师推荐和 IQ 测验确认了 1 500 个天才儿童，他们的智商都在 140 以上。然后他追踪了他们整个成人阶段的发展。他对这些天才儿童——被热情地昵称为"Termites"——的研究摧毁了关于天才人群很多的神秘感和刻板印象。作为儿童，Termites 不仅能够得到很出色的成绩，而且都表现出很强的社会适应能力。同时，他们也比同龄人更高更强壮。到了 40 岁的时候，这些人中成为科学研究者、工程师、医生、律师或大学教师的数量要比随机选择的一组人群中的数量多上几倍（Leslie，2000；Terman，1954）。

　　从另一个方面来讲，并不是所有的 Termites 都是成功的，失败的例子也很引人注目。最成功的一些成员倾向于具有非凡的动机并且在家庭和学校里都接受着格外的鼓励（Goleman，1980）。然而，这群天才中的很多人和与他们同岁但是智商只在平均水平的人没有表现出什么不同。他们也可能成了酒鬼，也经历了离婚，而且自杀的概率与全国的平均水平接近（Leslie，2000）。因此，一个高的 IQ 并不能作为成功的保障，它只是提供了一个拥有更高智力的机会而已。

聚焦研究

解释 IQ 的差异

　　有些人是天才，有些人心理迟滞，而大多数人处于二者之间。为了解释这些差异，我们需要从人脑、基因和环境三个方面来看。

脑对智力的影响

　　神经科学的一个基本信条就是所有的心理活动（包括智力在内）都是脑神经活动的结果。三个主要问题引导着神经科学对智力的研究。

　　(1) 脑越大，智力就越高吗？从逻辑上看这是有意义的。毕竟，人类拥有相对较大的脑。同时，作为一个物种，我们比脑较小的狗要聪明许多。一些像鲸鱼和海豚之类的非人类动物虽然有比人大的脑，但是人类的脑与身体的比例是更大的。自从 19 世纪早期开始，研究者就在讨论是否"越大就越好"的问题，而现代研究利用核磁共振成像技术（MRI）已经发现了脑的大小（根据身体大小矫正过后）与智力之间存在显著的相关（Ivanovic et al.，2004；Posthuma et al.，2002；Stelmack，Knott & Beauchamp，2003）。

　　另一方面，对爱因斯坦的脑解剖研究发现，它并不比一般人的脑更大或更重（Witelson，Kigar & Harvey，1999），而且有些区域，事实上，还要比平均值小。然而，他的负责加工数学和空间信息的脑区（顶叶底部）要比平均值大 15%。当然，我们无法知道爱因斯坦是生来就拥有这样特征的脑，还是他的脑由于对科学的追求而变成了后来的样子。因此，与其关注脑的大小，近期大多数的研究宁可更关注脑的功能。

　　(2) 是更快的脑就更聪明吗？在公众的眼中看起来似乎是这样的，而神经科学家也发现脑更快的反应时也确实与更高的智力相关（Bowling & Mackenzie，1996；Deary & Stough，1996，1997；Posthuma，deGeus & Boomsma，2001）。在一个标准的实验中，简单的图像如同图 8—11 中所示一样闪动，而被试则被要求迅速地侦察到它们并进行准确的判断。虽然这个任务看起来很简单，但是那些反应最快的被试同时也倾向于在智力测验中能够得到最高的分数。

　　(3) 越聪明的脑工作得越努力吗？在第 1 章中我们曾经介绍过，PET 扫描技术可以通过记录脑不同部位葡萄糖的含量来测量脑的活动水平（激活程度越高的脑区需要越多的葡萄糖）。令人吃惊的是，如图 8—12 所示，研究者发现，智力高的人相比于智力低的人而言在处理相同的问题解决任务时，其参与问题解决的脑区的激活程度却要更低一些（Haier et al.，1995；Neubauer et al.，2004；

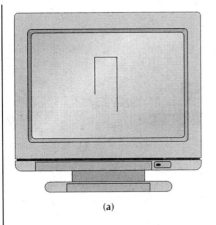 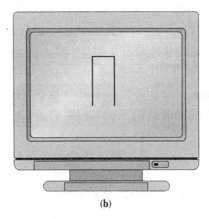

图 8—11　一个对智力的测验？（a）中的哪条腿更长？是左边的还是右边的？虽然答案看起来很简单，但是研究者发现当像这样的图像以微秒量级的时间闪现在电脑屏幕上时，人们做出正确判断所需的时间长短似乎与他们的智力高低有关。第二幅图（b）在图（a）出现后立即呈现，用以阻断，或"掩蔽"残余的后像。

图 8—12　越聪明的脑工作得越努力吗？左边一行的 PET 扫描图来自一个在智力测验中得到低 IQ 分数的被试，右边的则来自于高 IQ 的被试。注意，在解决问题时，左边的脑是更加活跃的。与大众的观点相反，这个研究显示，低 IQ 的脑实际上工作得更努力，但是相对于高 IQ 的脑来说在效率上却更低。

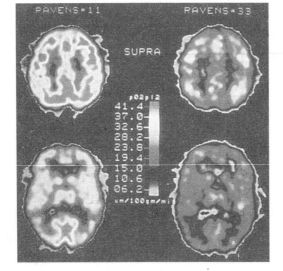

Posthuma, Neale, Boomsma & deGeus, 2001）。很明显，聪明的脑工作起来要比不聪明的脑更轻松、更有效率。

基因和环境对智力的影响

　　神经科学的核心信条是：所有的心理活动都与脑或其他神经系统的某些部位相关联。本章课文中也有一个类似的不断重复的主题（和大多数心理学研究领域一样），那就是先天和后天因素交互作用，不可分割。这个原则应用到智力上，就是说家庭成员之间的任何相似性都同时来源于遗传（家庭成员共享一定的基因）和环境因素（家庭成员共享一定的生存环境）。

　　对于遗传感兴趣的研究者通常将注意力集中在双生子研究中。回忆一下第 2 章的内容，研究基因和环境相对作用的最受欢迎的方式就是利用同卵双生子进行研究。这类研究发现，遗传对于智力（见图 8—13）、人格和精神疾病都有着显著的影响（Bouchard et al., 1998；Davalos et al., 2004；Kaye et al., 2004；Jensen, Nyborg & Nyborg, 2003；Lynn, 2002；Rushton, 2001）。

　　在所有的双生子研究中，最重要、范围最广的一个应该算是明尼苏达双生子研究了。这项研究开始于 1979 年，明尼苏达大学的研究者研究了在不同家庭中成长的同卵双生子，跟踪观察持续了 20 多年（Bouchard, 1994，1999；Bouchard, McGue, Hur & Horn, 1998；Markon et al., 2002）。这些"分开抚养的"同卵双生子从小就与其兄弟姐妹分开并各自被不同的家庭收养。直到他们长大成人后才会团聚。因为这些双生子有完全相同的遗传物质却成长于不同的家庭环境中，所以研究者可以在这种独特的自然条件下将基因的效应与环境的作用区分开来而进行考察。当 IQ 分数收集完毕并经过计算后，研究者发现，遗传因素似乎在这些被分开抚养的同卵双生子的 IQ 分数上起着极其重要的作用。

　　这些发现有什么可批评之处呢？首先，领养机构在挑选双生子的收养家庭时倾向于使用相似的标准。因此，这些分养的双生子所处的家庭环境有可能极其相似。另外，这些双生子所共享的出生前的九个月的环境，也有可能影响到他们的智力和脑的发展（White, Andreasen & Nopoulos, 2002）。

　　那么对于著名的重逢的"吉姆（Jim）双胞胎"的案例又该如何解释呢？这两个双生子不仅有完全相同的名字，而且有几乎一模一样的人格。这是整个明尼苏达研究中最广为传播的一对双生子。这两个孩子在他们出生后 37 天就被分开进行抚养，并且在 38 年后两人重逢之前，他们的生活之间没有任何交集。尽管经历了如此长久的分离，James Lewis 和 James Springer 却都离过婚，并且他们离婚后再娶的妻子都叫做 Betty，他们都接受了警员培训，都喜欢木匠活，每个夏天都在同一个沙滩上工作，并且分别为他们的第一个孩子命名为 James Allan 和 James Alan（Holden, 1980）。

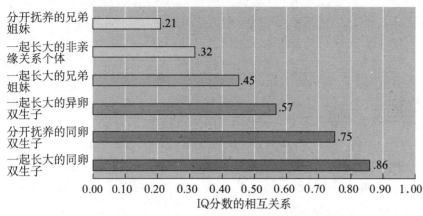

图 8—13　遗传和环境的影响。注意，同卵双生子 IQ 测验分数的相关要比任何其他组对的相关都高。这说明基因在决定智力上起着重要的作用［基于 Bouchard & McGue (1981)、Bouchard et al. (1998) 和 McGue et al. (1993) 的研究结果］。

而以上这些也只不过是他们那些不可思议的相似之处中的一小部分而已。

毫无疑问，遗传在这里扮演了一

分开抚养的同卵双生子。Jerry Levy 和 Mark Newman，出生后即分离，成年后在消防员年度会议上首次相聚。

个重要的角色。但是你能不能想到一些另外的解释呢？一项对于非亲缘关系但是同龄同性的两名学生进行的研究同样也能发现大量的相似点（Wright et al.，1984）。同样年龄的人显然会共享一段相同的历史阶段，这会对他们一些大的方面的人格产生影响。另外，你能回忆起我们早些时候讨论过的确认偏差（寻找和注意能够确认我们已有观点和信念的信息、忽视矛盾信息的趋势）吗？假想一下你自己突

然之间找到了失散多年的双胞胎兄弟或姐妹，你难道不会沉浸于对于你们之间所有的共同点的激动和兴奋之中，而忘了去注意你们之间的差异吗？

正如你所见的，这个研究的结果不是决定性的。虽然遗传因素给了我们天生的智力能力，环境因素同样显著地影响着我们是否能充分发掘我们的潜能（Dickens & Flynn，2001；Sangwan，2001）。例如，早期的营养不良可能导致脑发育的迟滞，从而影响儿童对于环境的好奇和反应以及学习的动机——而这些正是使儿童 IQ 降低的重要原因。最后，我们再次重申并希望你能铭记在心：先天和后天是不可分割的。

目标　性别与文化多样性

317

IQ 测验有文化偏差吗？

对于下面这些问题，你会给出怎样的答案？

1. 交响乐对于作曲家相当于书对于_____。

（a）音乐家　　（b）编辑

（c）小说　　　（d）作家

2. 如果你掷骰子在上面得到了 7 点，那么在下面会是什么？

（a）蛇眼　　　（b）车厢

（c）小 Jose　　（d）11

你能看出这些问题的内容和答案是怎样反映出文化偏差的吗？在某些

背景下的人也许会发现第一个问题更简单，另一群人也许会觉得第二个问题更容易。你认为这两个问题哪一个更有可能出现在 IQ 测试中呢？

心理学中一个讨论最激烈、争议最多的问题就是智力测验的准确性以及不同人群测验分数之间的差别所代表的意义。1969 年，亚瑟·詹森（Arthur Jensen）提出智力在很大程度上是来源于基因的，由此而引发了激烈的争论。因此，遗传因素开始被"强烈地暗示"为智力的民族差异的原因。1994 年，理查德·赫恩斯坦（Richard J. Herrnstein）和查尔斯·默瑞（Charles Murray）合著的一本名为《钟形曲线：智力和美国的阶层结构》(*The Bell Curve：Intelligence and Class Structure in American Life*)的书重新引发这种辩论，这两名作者称非洲裔美国人在 IQ 测验上的得分低于平均水平是"基因的遗产"。

心理学家对于这些说法给予了以下几点回应。

(1) 一些民族群体确实在 IQ 测验上得分有差异（Blanton, 2000；Herrnstein & Murray, 1994；Jensen, Nyborg & Nyborg, 2003；Rushton & Jensen, 2005；Templer et al. , 2003）。在美国，非洲裔美国儿童的 IQ 得分要比欧裔美国儿童的平均得分略低，而欧裔美国儿童要比非洲裔、拉丁裔或美国原住民儿童的得分都要高（Brody, 1992；Lynn, 1995；Williams & Ceci, 1997）。

(2) 缺乏与 IQ 测验要求知道的概念的接触是导致 IQ 分数低的原因之一。因此，这些测验也许并不能准确地测量真正的能力，也就是说，它们也许有文化偏见（Ginsberg, 2003；Manly et al. , 2004；Naglieri & Ronning, 2000）。

(3) 相比于与民族差异的相关性，IQ 测验的群体间差异也许与社会经济上的差异关系更密切（McLoyd, 1998；Reifman, 2000）。非洲裔美国人以及大多数其他少数民族都比白人更可能生活在贫困之中。贫穷环境的影响，如不充分的产前照顾、低劣的学校环境以及教科书和其他资源的匮乏等，很明显会影响到智力的发展（Solan & Mozlin, 2001）。

(4) IQ 确实包含基因成分。人种和民族差异也许能够反映遗传上的差异（Jensen, Nyborg & Nyborg, 2003；Plomin, 1999；Plomin & DeFries, 1998；Rushton & Jensen, 2005）。然而需要注意的是，人种和民族与智力本身一样，都是几乎不可能定义的。比如，当你使用不同的定义系统时，种族的数量会在 3～300 个之间变化，而且没有任何一个种族的划分是纯粹根据生理标准的（Beutler et al. , 1996；Yee, Fairchild, Weizmann & Wyatt, 1993）。

(5) 智力并不是一个固定的特征。近年来进行的跨时间的智力分数比较发现，下一代的 IQ 分数总是要比上一代的 IQ 分数高。而且这种增长的趋势在 20 个不同的国家中都有发现（Flynn, 1987, 2000, 2003；Neisser, 1998；Resing & Nijland, 2002）。流体智力分数，尤其是用问题解决任务测量得到的分数，每一代要增长 15 分；通常使用词汇量和数学技巧来测量的晶体智力分数也在每代之间增加了 9 分。有趣的是，在言语能力分数这一项上，非洲裔美国人的分数随着年代稳定上升，而美国白人的分数反而有轻微的下降（Huang & Hauser, 1998）。

詹姆斯·弗林（James Flynn）（2000，2003）认为，这种增长可能反映了这样一种事实：智力测验事实上并不是在测量智力，而更像是在测量与智力

318

你不会盖茅屋，你不知道如何找到可食用的根，而且你也完全不懂怎样预测天气。也就是说，你在我们的 IQ 测验中表现得非常糟糕。

存在较弱联系的一些其他内容。这种解释并不是十分清楚，但是至少有三种事实可能作为这种所谓弗林效应的论据：（1）公共教育水平在逐年提高；（2）人们越来越擅长做这些测验；（3）智力随着更好的营养状况而增长。

且不看可能导致这些增长的原因，近年来整体 IQ 分数增长的简单事实就说明了环境对于智力在民族和其他方面存在的差异所起到的重要作用。作为一个批判性思考者，你还能想到其他对于弗林效应的可能解释吗？

（6）IQ 分数的不同反映了动机和语言因素。在一些民族群体中，一个在学校表现优异的孩子会因为试图表现出与其同学不同而受到嘲笑。另外，孩子们都会在成长中学会说他们所处文化下的语言和他们所处街坊的方言。如果这种语言或方言与他们参与的教育系统或 IQ 测验所用的语言不符，那么他们明显处于不利地位（Tanner-Halverson, Burden & Sabers, 1993）。

（7）每个民族群体中成员的 IQ 得分都分布在所有可能的水平上。所有群体的钟形曲线都显示出相当的重叠，而且 IQ 分数和智力的相关在个体层面上最高，而不是在群体层面上（Garcia & Stafford, 2000; Myerson, Rank, Raines & Schnitzler, 1998; Reifman, 2000）。例如，很多非洲裔美国人在 IQ 测验上的得分都要比很多美国白人个体要高。更重要的是，即使一种特质主要是由基因决定的（但好像智力并不是这样），群体间的差异仍然能够完全归咎于环境的作用（见图 8—14）。

（8）正如我们先前所看到的一样，智力是多重的，而传统的 IQ 测验没有把它们都测量出来（Gardner, 1999; Sternberg & Hedlund, 2002）。

（9）最后，刻板印象的威胁能够显著地减少被刻板印象化群体中个体的测验得分（Gonzales, Blanton & Williams, 2002; Josephs, Newman, Brown & Beer, 2003; Steele, 2003）。**刻板印象威胁**（stereotype threat）的核心论题是个体在 IQ 测验上的表现部分地取决于个体对于其完成测验结果的预期。这些预期由文化刻板印象塑造而成，其中的刻板印象通常是关于特定年龄、民族、性别或者社会经济阶层人们能力的。如果一种主导的文化刻板印象认为"你不能教老家伙学会新的花样"或者"女性不擅长数学"，那么你可以自己想象一下这将如何对很多老年个体和女性在 IQ 测验中的表现造成影响。

克劳德·斯蒂勒（Claude Steele）和乔舒亚·阿伦森（Joshua Aronson）（1995）首先在斯坦福大学的一项实验中揭示了刻板印象的存在。他们召集非洲裔美国学生和白人美国学生来参加一个成就测验，并告诉他们要检查他们各自的智力能力。参与者在考试前进行了能力水平的匹配，而考试则是由类似于 GRE 考试的题目组成的。结果显示非洲裔美国学生没有白人学生表现得好。研究者然后重复了同样的程序，然而告诉学生，这是一个实验室任务，而不是成就测验。这次非洲裔美国学生和白人学生则表现得一样好。

什么能够解释这两次结果的不同呢？斯蒂勒和其他人后续的研究表明，刻板印象威胁之所以发生，是因为被刻板印象化的群体中的成员对自己的能力持有怀疑。仅仅是意识到了自己不应该做得好就会因此而降低自己的分数——这样就是所谓非目的性地完成了负性的"自我实现预言"。这些成员害怕自己会通过刻板印象受到评价，这种担心会转化为焦虑，而这种焦虑又会转而降低他们对问题进行回答的速度和准确率。另一方面，

群体间的差异完全归咎于遗传因素（种子）

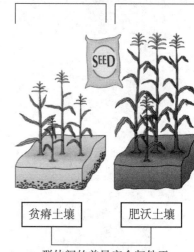

群体间的差异完全归咎于环境的作用（土壤）

图 8—14　如果植物能说话！ 注意，即使在开始的时候你种下的是完全相同的种子（基因遗传），在肥沃土壤中成长的谷物也会比在贫瘠土壤中成长的谷物长势更盛（环境影响）。对于智力来说也是一样。因此，关于基因对于群体间智力差异的可能贡献还无法下定论。

刻板印象威胁　对于少数群体的负性刻板印象导致群体中的一些成员怀疑自己的能力。

319

一些个体采用"不认同"作为应对的方式，他们会对自己说："这个测验的分数不会影响我对自己的感觉！"（Major, Spencer, Schmader, Wolfe & Crocker, 1998）遗憾的是，这种态度同样也会因为动机的降低而使得表现水平下降。

研究表明刻板印象威胁对于很多群体的测验表现都会产生影响，包括非洲裔美国人、女性、美国原住民、拉丁裔、低收入人群、老年人以及男性白人运动员（例如，Ford et al., 2004；Gonzales, Blanton & Williams, 2002；Major & O'Brien, 2005；Steele, 2003；Steele, James & Barnett, 2002）。这项研究可以对智力和成就的群体差异提供一些解释。但是遗憾的是，雇主、教育者以及门诊医师们为了某些目的通常还是会使用这些测验，虽然这些测验所测量的东西远不能包含智力（以及成就）的所有内容。仅仅依赖于这些测验而做出影响一个人一生的关键决定既是不正当的，甚至也可能是不人道的。

结论

回想我们在关于智力讨论的开始时所问的问题：Koko，Genie 和爱迪生是不是很聪明呢？现在你会如何回答这些问题呢？希望你现在已经能够理解，本章所讨论的所有三个认知过程（思维、语言和智力）都是复杂的心理现象，受到大量的交互作用因素的影响。让我们引用 Genie 故事的更新版本以做例证。Genie 的一生，你大概能猜得到，并没有以好莱坞式的皆大欢喜结局结尾。关于她的传说是一段令人心碎的故事，包含了悲惨童年时期留下的难以磨灭的伤痕。在她 13 岁获救时，Genie 的智力表现只相当于 1 岁正常儿童的水平。几年中，她接受了几千个小时的特别训练和恢复，到 19 岁时才学会使用公共交通工具，并且逐渐适应了收养她的家庭和在学校特殊班级的生活。

然而，Genie 仍然与正常人有很大的差距。她的智力分数仍然接近心理迟滞的临界线，而且，如前所述，她的语言技巧与 2~3 岁的儿童在相似的水平上。更糟糕的是，她被一系列收养她的家庭所排斥，其中一个是虐待性的。根据现存的最后报道，Genie 生活在一个由心理迟滞成人构成的家庭中（Rymer, 1993）。

评　估

检查与回顾

有关智力的争论

智力测验很久以来都是被激烈争论的话题。为了决定这些测验是否真的有效，你可以检查处于智力极端的人群。IQ 等于或小于 70 的人（被认为是心理迟滞）与那些 IQ 在 135 以上的人确实在他们各自的智力能力上存在显著差异。

关于脑对智力作用的研究主要关心三个问题：（1）脑越大，智力就越高吗？（答案：不一定。）（2）更快的脑更聪明吗？（答案：被证明是。）（3）聪明的脑工作更努力吗？（答案：不，更聪明的脑工作更有效率。）

争论的另一个话题是关于智力的遗传性和环境决定性的。根据明尼苏达大学对于分开抚养双生子的研究结果（1979 年至今），遗传和环境在智力的发展中是重要的、密不可分的因素。遗传给予我们天生的能力，环境则显著地影响一个人是否会发挥他所有的潜能。

也许关于 IQ 测验讨论最激烈的话题就是 IQ 的民族差异是不是由基因决定的。虽然一些民族群体确实在 IQ 测验中得分不同，但是文化背景、社会经济上的差别、动机、语言和刻板印象威胁都可能是造成得分差异的因素。

问题

1. ____的人常被划分为心理迟滞，但是他们同样在特定领域具有非凡的能力，如在音乐记忆或数学计算中。

(a) IQ 分数在 70 以下

(b) 苯丙酮尿症（PKU）

(c) 脆性- X 综合征

(d) 专才综合征

2. 一项对于"Termites"的纵向研究发现高的智力与____相关。

(a) 更高的学术成功

(b) 更好的体育能力

(c) 更高的职业成就

(d) 以上所有选项

3. 更有效率的脑利用更少的____来解决问题。

(a) 脑区

(b) 神经递质

(c) 突触

(d) 能量资源

4. 哪一个因素在决定智力上更重要，是遗传还是环境？

答案请参考附录 B。

更多的评估资源：

www. wiley. com/college/huffman

320

评　估　关键词

为了评估你对第 8 章中关键词的理解程度，首先用自己的话解释下面的关键词，然后和课文中给出的定义进行对比。

认知

思维

算法

可用性启发法

概念

确认偏差

会聚性思维

创造力

发散性思维

功能固着

启发法

心理表象

心理定式

原型

代表性启发法

语言

咿呀学语

婴儿发声

语法

语言

语言获得机制（LAD）

词素

过分延伸

过度泛化

音素

语义

句法

电报语

智力

晶体智力

流体智力

信度

标准化

效度

有关智力的争论

专才综合征

刻板印象威胁

目　标　网络资源

Huffman 教材的配套网址

http：//www. wiley. com/college/huffman

这个网址提供免费的交互式自我测验、网络练习、关键词的术语表和抽认卡、网络链接、英语非母语阅读者的手册，还有其他用来帮助你掌握本章知识的活动和材料。

对关于问题解决的更多信息感兴趣吗？

http：//www. big6. com/showarticle. php？ id＝415

这是 Big6 信息读写模型的主页，由 Mike

Eisenberg和Bob Berkowitz共同开发。上千所 K-12学校、学院、大学、公司以及成人训练项目都将此模型成功地运用在其人格、社会和整体问题的解决上。

想要参加网络问题解决比赛（IPSC）吗？

http：//ipsc. ksp. sk/

这个网址提供了一个年度的在线竞赛，参与者以最多三人的组队形式参赛，每个人都需要有能够上网的电脑。注册表格、指导、技术信息以及练习阶段一应俱全，并配有清晰的讲解。

想要提高你在工作中的创造力吗？

http：//ilearn. senecac. on. ca/careers/goals/crea-tivity. html

提供了在工作中帮助发展个人创造力和组织创新性的大量资源。

黑猩猩讲话的辩论

http：//www. santafe. edu/～johnson/articles. chimp. html

一篇详细而且吸引人的探索支持和反对动物拥有语言的文章。

需要更多关于语言的信息吗？

http：//www-csli. stanford. edu/

这是语言和信息学习中心的主页，是斯坦福大学的研究者创立的一个独立研究中心，这里为人们提供了有关当前和过去研究及文献的信息。

想要了解更多关于 IQ 测验发展的信息吗？

http：//www. indiana. edu/～intell/map. html

这个网址呈现了一幅智力理论和测验交互作用的图示，提供了影响智力测验和理论发展历史的细节。

想要测验你的 IQ 吗？

http：//www. brain. com/

提供了大量的对于智力、心理表现、记忆、情绪状态和更多内容的限时测验。

| 第8章 | 形 象 化 总 结 |

 思维

认知构建组块

(1) 心理表象：对于先前存储的感觉经验的心理表征。

(2) 概念：根据相似特征将客体组织到一起的心理范畴。概念由逻辑规则和定义（人工概念）而来。我们同时也创造自然类别或概念（原型），然后将它们组织成连续的阶层（等级结构）。

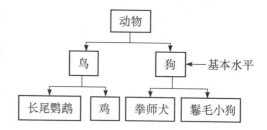

问题解决

步骤一：准备
■ 确认给定的事实。
■ 将有关的事实从无关的事实中分离出来。
■ 定义最终目标。

步骤二：产生
利用算法和启发法创造。

步骤三：评价
利用步骤一中产生的标准判断步骤二中产生的假设。

问题解决的障碍：心理定式、功能固着、确认偏差、可用性启发法和代表性启发法。

创造力

■ 创造力的元素：原创性、流畅性、灵活性。
■ 测量创造力：发散性思维与会聚性思维。
■ 创造力调查：投资理论认为创造力要求同时具备六种不同但是相关的资源：智力能力、知识、思维风格、人格、动机和环境。

 语言

语言的特征

语言产生于利用音素（基本言语声音）和词素（语言的最小意义单位）组成的词汇。词汇根据语法规则连接在一起组成句子，而语法又包括句法（安排词序的语法规则）和语义（语言的意义）。

语言发展

阶段
■ 前语言：啼哭——发声（元音）——咿呀学语（元音/辅音组合）。
■ 语言：单一词汇的言语——电报语（省略不必要的、连接性的词汇）——语法正确的言语。
■ 问题：过分延伸（如将"bunnies"称做"dogs"）和过度泛化（如"foots"，"goed"）。

理论
■ 先天论：语言是个体成熟的结果。乔姆斯基的先天语言获得机制（LAD）。
■ 后天论：环境以及奖励、惩罚是解释语言的原因。

智力

什么是智力？

争议中的理论和定义：

■ 斯皮尔曼——智力是一个单一的一般性智力（g）。

■ 瑟斯顿——智力包括七种不同的心理能力。

■ 吉尔福特——智力由 120 种甚至更多分别的能力组成。

■ 卡特尔——智力是两种类型的一般性智力（流体智力和晶体智力）。

■ 加德纳——智力有八或九种类型。

■ 斯腾伯格——智力的三元理论（分析性、创造性和实践性）。

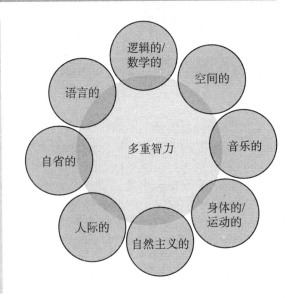

我们如何测量智力？

智商（IQ）测验在我们的文化中广为流行。

■ 斯坦福—比内测验测量 3～16 岁儿童的认知能力。

■ 韦氏量表测量三种不同年龄段人群的认知和非言语能力。

有效测验的元素：

(1) 标准化：利用对代表性样本的施测得到测验的常模并且使用统一化的执行程序。

(2) 信度：分数具有跨时间的稳定性。

(3) 效度：测验能够测量它想要测量的特质。

有关智力的争论

智力的极端现象和 IQ 的差异

■ IQ 低于 70 的个体被定义为心理迟滞，IQ 在 135 以上的个体被认为是天才。

■ 神经科学家的问题是：(1) 脑越大，智力就越高吗？不一定。(2) 更快的脑更聪明吗？被证明是。(3) 聪明的脑工作更努力吗？不，更聪明的脑工作更有效率。

■ 明尼苏达大学对于分开抚养双生子的研究结果发现，遗传和环境在智力的发展中是重要的、密不可分的因素。

第9章

毕生发展 I

🌐 **学习目标**

在阅读第9章的过程中，关注以下问题，并用自己的话来回答：

▶ 发展心理学的研究与其他心理学领域的研究有何区别？

▶ 在我们的一生中，身体发展主要是指哪些？

▶ 在我们的一生中，我们是怎样认知或者思考世界的？

▶ 依恋和父母教养方式怎样影响个体的发展？

326

应 用

为什么学习心理学?

第 9 章将探索这样一些问题,例如,你知道……吗?

▶ 在刚受精的时候,你比一个句子末尾的句号还要小。

▶ 在怀孕的最后几个月,你能够听到母亲子宫外面的声音。

▶ 在刚出生的时候,你头的大小几乎是整个身体大小的 1/4,然而它只是成人头大小的 1/8。

▶ 在生命开始的几天,母乳喂养的新生

儿就可以识别并且喜欢自己母亲乳汁的气味和味道。

▶ 一些文化下的儿童在父母身边睡好几年,而不是睡在一个单独的床上或房间里。

▶ 皮亚杰提出,青少年认为他们的想法和感觉是孤立和奇特的,他们认为"没有人曾感受过这种感觉"。

想象一下你乘坐魔法地毯回到了自己是受精卵之前的那一刻,那时你父亲的精子遇到了你母亲的卵子。如果你可以改变谁是你的父亲或者母亲,你会这样做吗?如果你有一个不同的父亲或者母亲,你还是你自己吗?如果你可以跳回到你的童年,改变你的家乡,改变你的学校,增加或者减少你的兄弟姐妹,你会改变其中的什么呢?你做出的改变会对你现在的生活造成多大的影响呢?

正如你从这个简单的想象中看到的那样,"你"是自己过去和将来的产物。你的现在是过去成千上万影响因素的反映,而你的将来仍然是一片空白。生命不会停止,你的一生都在不断地变化和发展。你和我(还有这个星球上的其他所有人类)都将经历毕生发展过程——从婴儿、童年、青少年、成年到老年。

你想知道关于自己各个阶段更多的信息吗?有一个知识领域叫做**发展心理学**(developmental psychology),它是对个体在从受精到死亡的整个过程中,随着年龄变化的行为和心理过程的研究(见表 9—1)。在本章中,我们将学习发展心理学家们如何进行研究以及我们的身体在一生中如何变化,然后我们将探索我们的认知过程和社会—情绪发展中的毕生变化。

为了强调发展是一个不断的、持续终生的过程,本章也采用主题方式(而不是采用按年代顺序排列的方式武断地划分为儿童青少年期和成人期两个阶段)。因此,在这个章节中我们将沿着从怀孕到死亡的过程分别追踪身体、认知和社会—情绪的发展。

发展心理学 对从受精到死亡整个过程中,随着年龄变化的行为和心理过程的研究。

327

阶段	大概的年龄
出生前阶段	怀孕到出生
婴儿	出生到 18 个月
儿童早期	18 个月到 6 岁
儿童中期	6～12 岁
青少年期	12～20 岁
成年早期	20～45 岁
成年中期	45～60 岁
成年晚期	60 岁到死亡

表 9—1　　毕生发展

男人的四个阶段

婴儿期　　童年期　　青年期　　成年期

 学习发展

在所有的心理学研究领域，理论观点都指导着研究的基本方向。首先，我们看一看人类发展中的这些理论观点，然后考察发展心理学家们如何进行他们的研究。

理论观点：目前的争论

三个人类发展过程中最重要的争论或者问题是：先天还是教养，连续还是阶段，静止还是变化。

（1）先天或教养。先天还是教养的问题自从心理学出现以来一直伴随着我们，甚至早在古希腊时期就存在着同样的争论——柏拉图（Plato）认为知识和能力是天生的，而亚里士多德（Aristotle）认为它们是通过五官的学习而获得的。

先天论的观点认为人类的行为和发展是自动化的、基因预定信号的**成熟**（maturation）过程。正如一朵花会按照其基因蓝图而开放一样，我们人类在会走之前先会爬，在会跑之前先会走。此外，在我们出生后不久有一个最理想的时期，也就是我们生命中的几个**关键期**（critical period）之一，在这个时期生物体会对为将来的发展塑造能力的经历特别敏感。

教养论则是争论的另一个方面。早期的哲学家提出，在出生的时候我们的心理是一块白板，环境决定什么信息会写到这块白板上。那些极端的教养论者认为发展产生于个人经验和观察他人的学习过程。

（2）连续或阶段。连续论支持者认为发展是一个连续过程，新的能力、技能和知识按照一个相对统一的步骤逐渐增加。连续模型认为成人的思维和智力与儿童存在量的差别，我们只是比儿童具有更多的数学或词汇能力。而阶段理论相反，它认为发展过程有不同的速率，在很小变化和快速突然的改变之间不断交替。在本章和下一章中，我们将讨论几个阶段理论：皮亚杰的认知发展理论、埃里克森（Erikson）人格发展的社会心理理

 学习目标

发展心理学领域的研究与其他心理学领域的研究存在怎样的区别？

成熟　自动化的、基因预定信号的发展过程。

关键期　一个对特定类型的学习特别敏感的阶段，这种特定类型的学习会为将来的发展塑造能力。

论及柯尔伯格（Kohlberg）的道德发展理论。

（3）稳定或变化。你从婴儿到成人过程中是基本保持了自己的人格特质，还是你现在的人格与婴儿时期表现出的人格几乎没有相似之处？强调发展中稳定性的心理学家认为儿童期测量的人格对成人后的人格有重要的预测作用。当然，强调变化的心理学家不同意这一点。

哪一种观点更正确呢？很多心理学家并没有明确地划分界限，他们倾向于交互影响的观点。例如在先天还是教养的争论中，心理学家逐渐认为发展产生于每个个体独特的基因易感性，也产生于环境中个体的经历（Gottesman & Hanson，2005；McCrae，2004；Olson，2004；Sullivan，Kendler & Neale，2003）。最近，交互影响观点已经被扩展为本书中提到的生物心理社会模型。在这个模型中，生物因素（基因、大脑功能、生物化学和演化）、心理因素（学习、思维、情绪、人格和动机）还有社会因素（家庭、学校、文化、伦理、社会等级和政治）等都发挥作用并且相互影响。

研究方法：两种基本方法

横断研究 在同一时间测量不同年龄的个体并且报告不同年龄间差异的信息。

纵向研究 在一段延伸的时间内测量单个个体或者一个组并且报告随年龄变化的信息。

为了研究发展，心理学家采用横断研究或者纵向研究的方法。**横断研究**（cross-sectional method）在同一个时间测量不同年龄组的个体（例如 20 岁、40 岁、60 岁和 80 岁），并且报告不同年龄间差异的信息。**纵向研究**（longitudinal method）是在一段延伸的时间内测量单个个体或者一个组（例如选择一组 20 岁的个体开始研究），并且报告随年龄变化的信息（见图 9—1）。

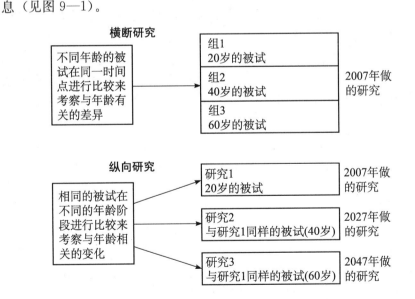

图 9—1 横断研究与纵向研究比较。 横断研究采用不同被试并且关注与年龄有关的差异，而纵向研究采用相同被试来发现与年龄相关的变化。

想象一下你是一个对研究成人智力感兴趣的发展心理学家，你会选择哪种研究方法，横断还是纵向设计？在你做出决定之前，首先看一看图 9—2 中所示的不同研究结果。

评　估

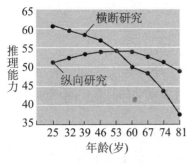

形象化的小测试

为什么两种研究方法得出如此不同的结果?

答案: 横断研究表明推理和智力在成年早期达到峰值然后下降, 但是这个结果可能反映出的是研究方法的问题, 可能研究选取的不同年龄被试的教育水平不同, 而不是真正的年龄效应。纵向研究发现推理和智力直到 60 岁时才会出现显著下降 (Schaie, 1994), 然而这些纵向研究也受到质疑, 因为研究选取了较小的样本量, 并且随着时间的发展不断有人退出了实验, 因此最终的结果可能只可以应用到一个小范围的个体之中 (选自 Schaie, 1994)。

图 9—2　横断和纵向设计来研究推理能力

　　研究者指出不同的研究结果可能反映出了横断研究的一个核心问题: 常常混淆了真正的年龄差异和同辈效应 (cohort effect)。同辈效应指结果的不同是由于研究的不同年龄组之间特殊的历史原因造成的 (Elder, 1998)。正如图 9—2 中所示, 在横断研究中, 81 岁的老人的能力显著低于 25 岁的个体, 这个差异可能是因为年龄的增大, 也可能是因为广泛的环境差异, 例如较少的正式教育或者较差的营养。因为不同的年龄组生活在不同的历史时期, 所以结果可能不可以应用到其他年代生长的人群中。可见在横断研究中, 年龄效应和同辈效应是无可救药地纠缠在一起的。

　　纵向研究同样也有其缺陷。这些研究花费很长的时间和金钱, 研究的结果也存在推广的局限。因为被试常常在延伸的测验阶段退出实验, 实验者可能最终以一个自我选择的样本结束实验, 而这个样本可能与一般人口统计上存在重要的区别。正如表 9—2 所示, 每一种研究方法都有其优点和缺点,

　　当你阅读发展研究结果的时候要将这些区别记在心中。

330

表 9—2	横断和纵向研究的优缺点	
	横断研究	纵向研究
优点	给出不同年龄的差异 迅速 较便宜 更大的样本量	给出不同年龄的变化 信度增加 每个被试更加深入的研究
缺点	同辈效应很难分离 推广受到限制 (只在一个时间点进行了行为测量)	较昂贵 推广受到限制 (较小的样本和随时间的被试遗失) 花费时间

　　在离开"研究"这个话题之前, 让我们看看文化心理学家对发展心理学领域做出的特殊贡献。

目标 性别与文化多样性

文化心理学对发展研究的指导

你将如何回答这个问题："如果你想预测世界任何地方的儿童将如何成长以及其成人后的行为将是怎样，然而你只能知道这个儿童的一个实际情况，你会选择知道他的哪个情况？"

例如，一个文化心理学家 Patricia Greenfield（1994，2004）认为这个问题的答案应该是"文化"。传统的发展心理学研究人类（儿童、青少年和成人）时很少注意社会文化的影响，然而近期的心理学家开始更多地关注以下几点。

（1）文化可能是发展最重要的决定因素。如果儿童在个体主义文化（例如北美和大多数的西欧国家）中成长，我们可以预期这个儿童成人后可能将会有竞争性并且质疑权威。如果这个儿童在集体主义文化（例如非洲、亚洲和拉丁美洲）中成长，它更可能成长为一个合作而尊重长者的人（Delgado-Gaitan，1994；Berry et al.，2002）。

（2）人类发展和其他心理学研究领域一样，不能在它所处的社会文化背景之外进行研究。在韩国，大多数青少年将严格的权威型教养方式看做爱和关心的特征（Kim & Choi，1995），然而韩裔美国和韩裔加拿大的青少年将同样的教养方式看做拒绝的信号。不仅限于本章中将要讨论的"权威型教养方式"这种特殊行为的研究，儿童发展的研究者指出，所有儿童必须在其发展环境（developmental niche）中进行研究。一个发展环境具有三个部分：儿童生活的生理和社会环境、文化决定的抚养和教育方式及父母的心理特征（Bugental & Johnston，2000）。

（3）每种文化的特有观念是行为重要的决定因素。在每个文化中，人们都有主流的观点和信念来试图解释周围世界（文化特有观念）（Amorim & Rossetti-Ferreira，2004；Keller，Yovsi & Voelker，2002）。例如，在儿童发展领域，文化中包含着应该如何训练儿童的特有观念。作为一个批判性思维者，你会预期不同的特有观念可能导致不同文化间的问题，甚至"批判性思维"的观点本身也是北美对待教育的特有观念的一部分，也可能会产生文化冲突。

Concha Delgado-Gaitan（1994）发现，要教儿童学会质疑权威和自己思考，农村背景的墨西哥移民在北美学校中要经历一段很困难的适应时期。在他们原来的文化中，儿童被训练为尊重长者、做一个很好的倾听者，并且只有在要求发表意见的时候才会参与谈话，那些与成人争执的儿童被认为是淘气和不尊重人的。

（4）文化对其成员有广泛的无形影响。文化包含着在一个群体中广泛分享并且指导特殊行为的思想、价值观和假设（Brislin，2000）。因为这些思想和价值观是广泛分享的，所以它们很少被讨论和直接检验。正如"鱼不知道自己在水中"一样，我们将自己的文化视为理所当然，虽然几乎没有意识到它的存在，但它却在起着作用。

文化对发展的影响。这两个群体可能在身体、社会—情绪、认知和人格发展过程中存在怎样的差异？

文化的无形影响

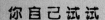

如果你想要亲自证实文化的无形影响，可以尝试这个简单的实验：下次进入电梯后不要转身，保持面对着电梯后壁。观察他人对你不转身的行为，或者紧贴他们而不是走到电梯另一侧的反应。北美文化对乘坐电梯的"合适"方法有一定的规则，当这些规则被违反时，人们将感到很不舒服。

检查与回顾

学习发展

发展心理学关心的是描述、解释、预期和修正整个生命过程中与年龄相关的行为。其中三个重要的理论观点涉及先天或教养，连续或阶段，稳定或改变。

发展心理学的研究者通常采用横断研究或者纵向研究，每种研究有其各自的优缺点。

文化心理学家认为，发展研究者应该遵循以下几点：

● 文化是发展最重要的决定因素。

● 人类发展的研究不能在他所处的社会文化背景之外进行。

● 每种文化的民族理论是其行为的重要决定因素。

● 文化对其成员有广泛的无形影响。

问题

1. 简单界定发展心理学。

2. 发展心理学研究中的三个主要问题是什么？

3. 不同年龄组之间的差异反映出一个特定年龄组的独特因素，这被称为_____效应。

(a) 时代　　(b) 社会环境

(c) 操作　　(d) 同辈

4. _____研究是最具有时间效率的研究方法，而_____研究对每个被试提供了最深入的信息。

(a) 相关，实验　　(b) 快速追踪，探究到底

(c) 横断，纵向　　(d) 同辈连续，同辈密集

答案请参考附录 B。

更多的评估资源：

www.wiley.com/college/huffman

身体发展

看我在图 9—3 中的照片，或者看你自己从小到大的照片，你可能会高兴并惊讶地发现身体外貌的显著改变。然而你曾经停下来欣赏过自己从出生到成年难以置信的转变过程吗？在这个部分，我们将探索身体发展的奇妙世界，从出生前阶段和儿童早期阶段开始，一直探索到青少年期和成年阶段。

学习目标

毕生发展过程中最主要的生理变化是什么？

332

出生前阶段和儿童早期阶段：快速变化阶段

你还记得自己是一个小孩子并且感觉"自己永远也不会长大"吗？与儿童无限和不变的感觉相反，早几年的发展的特点是快速和空前的改变。事实上，如果你一直按照生命前两年的速度发展，当你成人的时候将会有

图 9—3　身体发展的改变。 这些是本书作者 1 岁、4 岁、10 岁、30 岁和 55 岁的照片，尽管身体改变是随着年龄和发展最显著的变化，但我们的认知、社会、道德和人格特质也都是毕生发展的。

好几吨重和 3.66 米高！幸运的是身体的变化逐渐变缓，然而值得注意的是变化会一直持续到死亡。让我们一起看看在整个生命过程中的一些主要的身体变化。

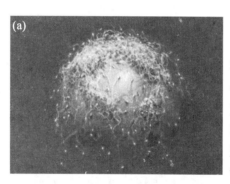

图 9—4　怀孕的瞬间。（a）在卵子周围存在数量庞大的精子。（b）在突破卵子外部覆盖层时需要"连接努力"，只有一个精子可以使一个卵子受精。

出生前阶段的身体发展

你出生前的发展开始于受精（conception），也就是你母亲的卵子和父亲的精子结合的时候（见图 9—4）。在那个瞬间，你只是一个直径为 0.015 厘米的单细胞，比这句话的句号还要小。这个新的细胞叫做受精卵（zygote），随后它开始一个快速的细胞分裂过程，并在九个月后成为一个有数百万个细胞的婴儿（你）。

整个九月怀胎的快速变化过程通常分为三个阶段（见图 9—5）。**胚芽阶段**（germinal period）开始于受精，结束于快速分裂的受精卵在子宫内壁上着床。受精卵的外部形成了部分的胎盘和脐带，而内部开始发育成为胚胎。在**胚胎阶段**（embryonic period），也就是第二阶段，开始于着床并持续到第 8 周，在这个阶段，婴儿的主要器官系统开始

胚芽阶段　出生前发展的第一个阶段，开始于怀孕，结束于受精卵在子宫着床（前两周）。

胚胎阶段　出生前发展的第二个阶段，开始于子宫着床并且持续到第 8 周。

胎儿阶段　出生前发展的第三个阶段，也是最后一个阶段，以胎儿快速的体重增加和身体器官系统的精细发展为特点。

发展。最后阶段是**胎儿阶段**（fetal period），从第二阶段末一直持续到出生。在这个阶段，胎儿持续生长，器官开始功能化。出生前的生长和出生后前几年的生长一样，是一个从近到远的发展过程（proximodistal），身体最中心部分的发展要先于外周部分，因此胎儿手臂的发展要早于手和指头。发展也呈现从头到脚的过程（cephalocaudally），因此胎儿头部会不成比例地大于身体的其他部位。

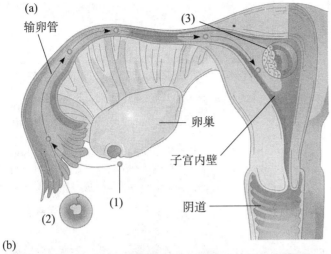

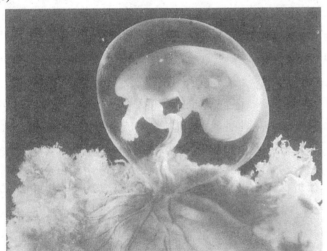

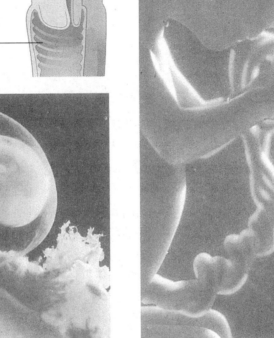

图 9—5　出生前阶段。(a) 从排卵到着床：从左侧或右侧的卵巢分离后，卵子移动到开口的输卵管中，授精通常发生在输卵管的前 1/3 处，被授精的卵子也就是受精卵。当受精卵到达子宫后将着床于子宫壁中。(b) 胚胎阶段：这个阶段指从着床到第 8 周，在第 8 周时，已经可以很好地分辨出主要的器官系统，这个阶段中，头部以一生中最快的速度发展。(c) 胎儿阶段：这个阶段是从怀孕 2 个月末到出生，在 4 个月时，所有的身体部分和器官都已形成。胎儿阶段主要是一个继续生长和细化的阶段。

出生前发展的危险

在怀孕阶段，胎盘提供食物来源并且排出废物，它也可以屏蔽一些有害物质，但不能屏蔽全部。环境危险，例如 X 光或者有毒废物、药物以及像风疹这样的疾病等可以通过胎盘的屏障（见表 9—3）。这些因素主要在怀孕的前三个月有着毁灭性的影响，因此怀孕的前三个月是发展过程中的一个关键期。

怀孕的母亲显然在胎儿发展过程中发挥着主要作用，因为她的营养和健康直接影响着她怀着的胎儿，并且几乎所有她摄取的物质都可能通过胎盘屏障。然而父亲除了授精外也发挥着作用：在环境方面，父亲吸烟可能会污染母亲吸入的空气并且他还可能会传递可遗传的疾病。此外，研究表明，酒精、鸦片、可卡因、各种毒气、铅、杀虫剂以及工业化学物质都可能损害父亲的精子（Bandstra et al.，2002；Grilly，2006；Richardson et al.，2002）。

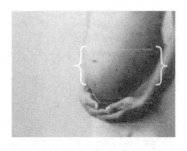

表 9—3	出生前发展的危险	
母亲的因素	对胚胎、胎儿、新生儿或 早期儿童可能的影响	
营养不良	低出生体重、畸形、大脑发育不良、对疾病的 易感性	
暴露于压力	低出生体重、活动过度、易怒、喂养困难	
暴露于 X 光	畸形、癌症	胎儿酒精综合 征。除了面孔 畸形和生长障 碍，患胎儿酒 精综合征的儿 童的大脑也比 正常儿童小并 且发展迟缓。
合法或非法的 药物	骨头生长抑制、听觉丧失、低出生体重、胎儿 酒精综合征、精神迟滞、儿童注意缺陷、死亡	
疾病（风疹、疱 疹、AIDS 或弓 形体病）	失明、失聪、精神迟滞、心脏或其他器官畸形、 大脑感染、自然流产、早产、低出生体重、 死亡	

致畸剂 在出生前发展阶段导致胎儿损伤的环境因素。Tuh-RAT-uh-jen 这个单词来自希腊文，意思是难看或者畸形。

对发展的胎儿最重要的而且一般可以避免的可能危险来自药物，包括合法和不合法的药物。尼古丁和酒精是最重要的两种**致畸剂**（teratogen），而环境作为中介引起对胎儿出生前发展的损害。吸烟母亲的自然流产、早产、生产出低出生体重婴儿和胎儿死亡的比率显著要高（American Cancer Society, 2004；Bull, 2003；Oliver, 2002）。在怀孕期吸烟妇女的孩子也会表现出增多的行为异常和认知障碍（Roy, Seidler & Slotkin, 2002；Thapar et al., 2003）。

胎儿酒精综合征 由于母亲酒精滥用而导致的一系列出生障碍，包括器官畸形，心理、运动和生长迟滞。

酒精也容易穿过胎盘来影响胎儿的发展，并且可能导致**胎儿酒精综合征**（fetal alcohol syndrome，FAS）。出生前接触酒精可能导致面部异常和生长迟滞，但是胎儿酒精综合征最重要的特征是神经行为问题，其范围包括儿童活动过度和学习障碍、儿童精神迟滞、心情沮丧和精神变态（Korkman, Kettunen & Autti-Ramo, 2003；Lee, Mattson & Riley, 2004；Sokol, Delaney-Black & Nordstrom, 2003）。

儿童早期身体发展

虽然莎士比亚将新生儿表述成只有"在护士臂弯里抽泣和呕吐"能力的个体，实际上它们有着更多的能力。让我们一起探索早期儿童的三个关键的变化领域：大脑、运动和感知觉发展。

（1）脑的发展。请你回忆第 2 章，人类大脑分为三个主要部分——延脑、中脑和前脑。观察图 9—6 中出生前的大脑如何由充满液体的神经管快速发育。在出生前阶段和出生后的前两年，儿童的大脑和其他神经系统的生长要快于其他任何身体部位。在出生的时候，健康新生儿的大脑是成人脑大小的 1/4，到 2 岁的时候儿童大脑将增长为成人脑重量和体积的 75%，5 岁时，儿童的脑重是成人的 9/10（见图 9—7）。

　　婴儿期和儿童早期快速的大脑生长在儿童晚期开始逐渐缓慢下来，进一步的大脑发展和学习主要是由于神经元大小的增加和神经元轴突与树突的数量增加，以及神经元之间联系的增加造成的（DiPietro，2000）。在儿童学习和发展过程中，兴奋神经元之间的突触联系加强，树突联系更加精密（见图9—8），突触修剪（synaptic pruning）帮助这个过程进行。髓鞘形成（myelination），也就是神经细胞轴突包被的脂肪组织的积累过程一直会持续到成年早期。髓鞘可以增加神经传导速度和信息加工速度（见第 2 章），此外额叶和其他脑区的突触连接毕生都会不断生长和变化（见第 2 章和第 6 章）。

　　（2）运动发展。与大脑发展中隐藏在内部的变化相比，较晚出现的积极运动能力，也就是运动发展（motor development）可以更容易地观察和测量。新生儿的第一个运动机能是反射（reflexes）——对刺激的自然而然的反应。例如当一个东西接触婴儿的脸颊时，会出现定向反射：婴儿将自动转头并张开嘴来寻找奶头。

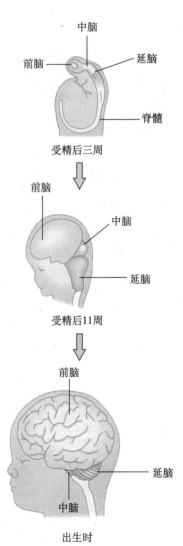

成熟对运动发展的影响。一些印第安婴儿在生命第一年的大多数时候被放在"摇篮板"里，而不是自由地在地上爬或者走路，然而到了 1 岁的时候，它们的运动能力和那些没有被这种形式限制过的儿童的运动能力很相似（Dennis & Dennis，1940）。

中脑
前脑
延脑
脊髓

受精后三周

前脑
中脑
延脑

受精后11周

前脑
延脑
中脑

出生时

图 9—6　出生前大脑发展

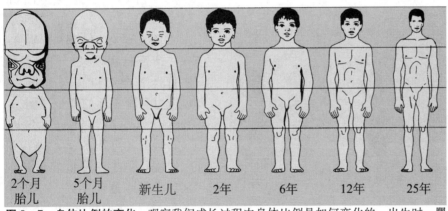

2个月胎儿　5个月胎儿　新生儿　2年　6年　12年　25年

图 9—7　身体比例的变化。 观察我们成长过程中身体比例是如何变化的。出生时，婴儿的头部占身体全长的 1/4，而成年人的头部占身体全长的 1/8。

　　在简单反射的基础上，儿童很快学会对身体不同部位运动的自主控制。正如图 9—9 所示，一个无助的新生儿甚至不能将头抬起来，然而不久就变成一个活泼的蹒跚学步的儿童，具有爬行、走路和攀登的能力。我们要记住运动发展主要是基于自然成熟的过程，然而也会受到环境因素，例如疾病和忽视的影响。

　　（3）感觉和知觉发展。在出生时，新生儿可以闻出大部分的气味并且可以区分甜、咸和苦的味道。母乳喂养的新生儿能够识别并且表现出对自己母亲乳汁味道和气味的偏好（DiPietro，2000）。此外，新生儿的触觉和痛觉也高度发展，包皮环切术和脚后跟抽血检验时儿童的反应可以证明（Williamson，1997）。

336

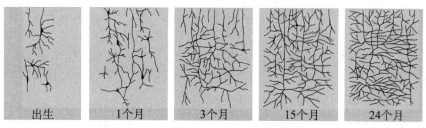

图9—8　前两年的大脑生长。当儿童学习和获得新的能力时，大脑中神经元之间的连接增多。

然而婴儿的视觉能力很差，出生时的新生儿估计只有20/600到20/200的视力（Haith & Benson，1998）。如果你具有正常的20/20的视力，你可以想象一下婴儿视觉世界的样子。一个婴儿可以看到的20英尺距离的细节和你所看到的200或600英尺的情况相同。在出生后刚开始的几个月中，视力会快速地发展，6个月时的视力是20/100或者更好，到2岁时，视力准确性已经接近成人20/20的水平（Courage & Adams，1990）。

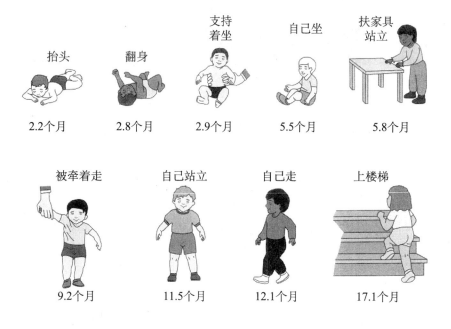

图9—9　运动发展的里程碑。在经典的运动发展过程中，"抬头"这个动作大概在2.2个月的时候出现，然而没有任何两个儿童的发展是完全一样的，所有儿童的身体发展都沿着各自独立的时间表进行（经允许改编自 Frankenburg et al.，1992）。

婴儿感知觉研究中一个最有趣的发现是关于听觉的。不仅新生儿的听力相当好（Matlin & Foley，1997），而且胎儿在子宫中的最后几个月已经可以听到母亲体外的一些声音了（Vaughan，1996）。这个发现引发了胎儿学习可能性的研究，一些研究已经发现，给胎儿提供特殊刺激可以促进其智力、创造力和警觉性的增长（例如，Van de Carr & Lehrer，1997）。

对胎儿可能的学习进行研究发现，新生儿可以容易地识别自己母亲的而不是一个陌生者的声音（Kisilevsky et al.，2003）。他们也喜欢听在子宫中的时候读给他们的儿童故事（例如《帽子中的小猫》，或者《国王、老鼠和奶酪的故事》）（DeCasper & Fifer，1980；Karmiloff & Karmiloff-Smith，2002）。另一方面，一些专家指出，出生前太多或者错误的刺激可能会导致母亲和胎儿的压力，他们建议除了给胎儿他们所需要的刺激外，不要实施特殊的刺激。

科学家怎样测量小婴儿的感觉能力和偏好呢？新生儿显然不能说话也不能听从指导，因此研究者必须发明独创性的实验来研究他们的感觉能力。早期的一个研究者罗伯特·范兹（Robert Fantz）（1956，1963）发明了"观察室"——婴儿平躺在其中观看视觉刺激（见图 9—10）。

337

研究者也利用新生儿的心律和先天能力，例如吸吮反射，来研究他们如何学习和发展知觉能力。为了研究嗅觉，研究者测量了呈现不同气味时新生儿心律的改变。研究假设，如果他们可以闻出一种气味而不能闻出另一种，那么他们的心律将在呈现第一种气味时发生改变，而呈现第二种时不发生改变。通过这种研究方法，我们知道感觉的发展发生在生命非常早期的阶段。

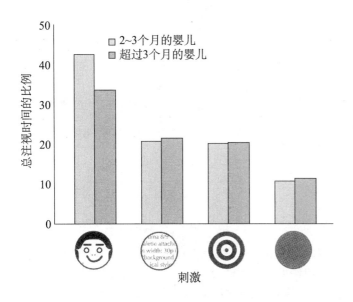

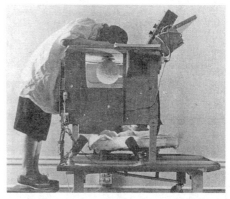

图 9—10　范兹的"观察室"。通过这个特别设计的测验装置，范兹和他的同事们测量了婴儿观察不同刺激的持续时间，从而发现了婴儿偏好复杂的刺激和面孔刺激。

青少年期和成年期：戏剧性并且逐渐改变的阶段

青少年期的特点是外貌和身体能力的显著变化，而中年和老年的特点是身体的逐渐变化。让我们从青少年期开始说起。

青少年期

想想自己十几岁的一段时光。当时你关心自己身体的变化吗？你担心自己和同学之间存在差异吗？身高和体重的变化，女孩的胸部发育和月经出现，男孩的变声和胡须生长都是青少年期发展的里程碑。**青春期**（puberty），也就是青少年时期个体开始具有生殖能力的阶段，是每个人身体发展的主要里程碑。它显然是儿童期结束的生物信号。

虽然通常和青春期相关，青少年期是儿童到成人之间发展中定义较宽泛的一个心理阶段。在美国，这个阶段基本上是从 13 岁到 19 岁。必须强调的是，青少年期并不是一个普遍的概念，一些非工业化国家不需要这样一个缓慢的转变过程，儿童只是被简单地要求越快越好地承担成人的责任。

青春期最清晰和显著的生理变化是生长爆发，以身高、体重和骨骼生长的快速增加以及生殖结构和性特征的显著改变为特征（见图 9—11）。成熟和激素分泌导致青少年期女性的卵巢、子宫和阴道的快速发展，以及月经初潮的出现。而青少年期男性的睾丸、阴囊和阴茎发育，并且出现第一

青春期　青少年时期发展出成人身体形态以及性成熟的生理改变。

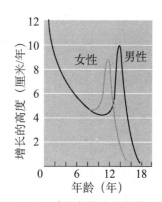

图 9—11　青少年的生长爆发。图中曲线关注的是青春期身高增长的性别差异，大多数女孩的生长爆发年龄要比男孩早两年左右，因此在 10～14 岁这个阶段，大多数女孩的身高要高于大多数男孩。

次遗精。卵巢和睾丸分泌激素导致第二性征的出现，例如阴毛生长、声音变粗、面部毛发生长、乳房发育等（见图9—12）。

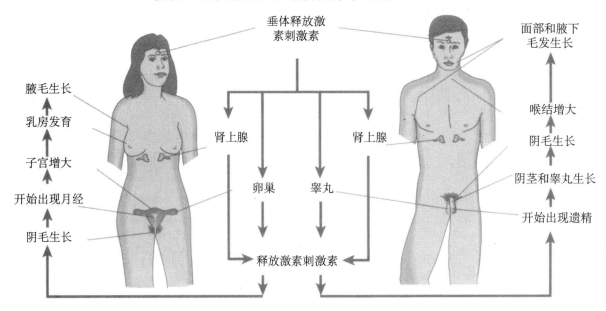

图9—12　第二性征。主要由于卵巢和睾丸、大脑垂体和肾上腺分泌的激素的作用而导致青春期个体身体发生了复杂的变化。

中年期

女性的绝经期，也就是发生在45～55岁之间月经周期的停止，是生命中身体发展的第二个重要的里程碑。雌激素分泌的减少导致了特定的身体变化，然而流行观点认为的绝经期会引起严重的心理情绪不稳定，丧失性趣并且会导致抑郁的看法，并没有得到现有研究的支持（Hvas，2001；Matlin，2003；Morrison & Tweedy，2000）。一个大规模的对绝经期后美国妇女的研究发现，大约2/3的个体对她们的月经周期停止感到轻松，超过50%的个体没有经历潮热（Brim，1999）。当心理问题存在时，它反映的是年龄较大女性的社会地位下降，而不是绝经过程本身的生理变化。在西方国家中女性的年轻和漂亮是很重要的，因此你就可以理解为什么这样一个年龄的生理标志会对一些女性造成困扰，或者为什么一些文化中的女性在绝经期会经历更多的焦虑和抑郁（Mingo，Herman & Jasperse，2000；Sampselle，Harris，Harlow & Sowers，2002；Winterich，2003）。

男性的年轻与否相对而言不太重要，因此中年期的身体变化也不太明显。从成年中期开始，男性产生的精子和雄激素逐渐减少，然而他们在80岁或者90岁的时候仍然具有生殖能力。身体的变化，例如出乎意料的体重增加，性反应的下降，肌肉强度减少，还有头发的变白和脱落，都可能导致一些男性感到情绪低落并且质疑他们的生命进程。他们将这些转变看做年龄增长和死亡的生物信号。这些男性生理和心理的变化也就是我们所认为的男性更年期（male climacteric）。

老年期

中年以后，心脏、动脉和感受器等逐渐发生很多生理上的改变，例如心脏输出量减少，然而由于动脉血管壁增厚和硬化导致血压上升。视敏度和深度知觉下降，听敏度尤其是对高频声音的敏感度下降，嗅觉和味觉的敏感性也下降（Atchley & Kramer，2000；Kiessling et al.，2003；Wahl et al，2004）。

　　这些听上去都让人很沮丧。我们可以对此做些什么吗？电视、杂志、电影和广告一般都将衰老描绘为秃顶或者头发灰白、松弛的皮肤、视力衰退、听力消失、没有性生活等，这些负面的描绘造成了我们社会中广泛存在**对老年人的歧视**（ageism）。然而广告公司为了追求数目巨大的老年人的收益，开始将老年期描述为一个有着精力、兴趣和生产力的时期（见图9—13）。最近的研究表明，老年人的认知能力可以在有氧训练的过程中显著提高（Benloucif et al.，2004；Lytle et al.，2004）。

　　老年人的记忆问题以及遗传基因导致的痴呆和其他疾病的情况如何？这里也有一个很好的消息。公众和大多数研究者长期认为年龄增大会伴随着大脑神经元的广泛死亡。虽然这种衰退确实在患有例如阿尔兹海默症等退行性疾病的个体中发生，然而这些不被认为是正常衰老过程的一部分（见第 2 章）。还有一个重点需要记住的是，与年龄相关的记忆问题和阿尔兹海默症不是一个连续体（Wilson et al.，2000）。也就是说，正常的遗忘并不能反映个体具有严重痴呆的易感性。

使用还是丧失？ 研究表明运动是一生中最重要的保持心理和运动能力的因素。

对老年人的歧视 基于生理年龄而遭到的偏见和歧视。

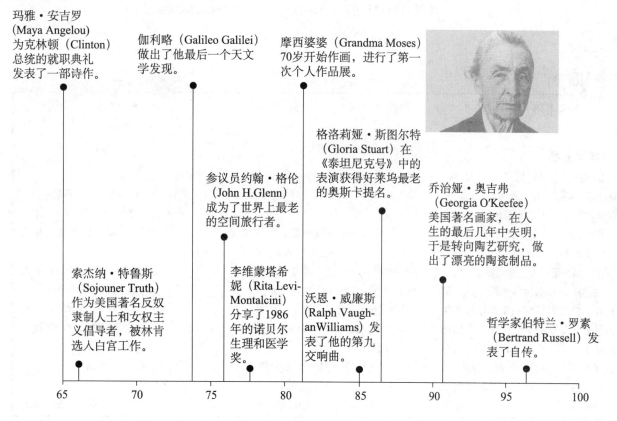

图 9—13　**晚年的成就。**观察一些世界著名人物晚年高水平的产出。当美国著名画家乔治娅·奥吉弗失明后，她转向陶艺研究，做出了漂亮的陶瓷制品（Leveton，2002）。

　　衰老看上去的确会影响信息加工的速度，然而回忆第 7 章的内容，信息加工速度的减慢反映的是编码（将信息放入长时存储）和提出（从存储中拿出）的问题。如果记忆是一个整理存档系统，老年人可能有更多的存档橱柜，并且需要更长的时间来进行最初的整理和之后的信息提取。虽然

"当我越来越老，我发现我越来越依赖这些标签来提醒自己。"

心理加工速度随着年龄增大而下降，然而一般的信息加工和大多数的记忆能力并没有受到年龄很大程度的影响（Lachman，2004；Whitbourne，2005）。

什么导致我们生长和死亡？如果我们不考虑由于疾病、虐待或者忽视导致的衰老和死亡，只能考虑初级衰老（primary aging，与年龄相关的逐渐而不可逆转的生理和心理过程的改变）的作用。有两种理论——系统理论和损伤理论来解释初级衰老和死亡（Cristofalo，1996；Medina，1996；Wallace，1997）。

系统理论认为衰老是基因控制的，一旦卵子受精后，衰老和死亡系统就建立并且开始运行。研究者里奥纳德·海弗利克（Leonard Hayflick）（1997，1996）发现人类细胞具有生命限度，实验室控制的细胞在大约复制 50 次后将停止分裂——到达了海弗利克极限。对初级衰老的另一种解释是损伤理论，这种理论提出成年累月的细胞和器官损伤的积累最终导致了死亡。

衰老到底是基因控制还是多年损伤积累的结果？科学家逐渐同意人类最大的生命跨度是 110～120 年。虽然我们可以尝试控制次级衰老来到达那个极限，但到目前为止还没有办法可以推迟初级衰老。

评估

检查与回顾

身体发展

出生前的发展包括三个主要阶段：胚芽阶段、胚胎阶段和胎儿阶段。发展的任何阶段都可能受到环境的影响，合法或非法的药物是潜在的致畸剂。医生建议怀孕的妇女应该避免所有不必要的药物，尤其是尼古丁和酒精。

在出生前和出生前后两年，大脑和神经系统的发育要快于身体的其他任何部分。早期的运动发展是个体成熟的结果。除了视觉外，新生儿的感觉和知觉能力也得到很好的发展。

在青春期，个体具有了生殖的能力，并且经历了身高、体重和骨骼快速增长的阶段，被称为青春期生长爆发。所有人在中年阶段都要经历身体的改变。

尽管很多与生理年龄有关的改变主要是年龄增长造成的结果，疾病、虐待和忽视也是身体改变的原因。生理年龄可能在怀孕的时候已经确定了（系统理论），或者可能是身体没有能力修复损伤的结果（损伤理论）。

问题

1. 出生前发展的三个阶段是什么？
2. 致畸剂是一种可以导致生育障碍的_____。
   - (a) DNA 片段　(b) 坏境因素
   - (c) 隐性基因　(d) 显性基因
3. 个体刚能够进行生殖的生命阶段是_____。
   - (a) 受精阶段　(b) 青少年阶段
   - (d) 青春期　(d) 绝经期
4. 身体和精神上逐渐的、不可逆转的、与时间相关的变化被称为_____。

答案请参考附录 B。
更多的评估资源：
www.wiley.com/college/huffman

认知发展

下面的这封信是写给一个儿童电视节目的表演者 Shari Lewis（1963）

的，信的内容是关于表演者的木偶 Lamb Chop。

> 亲爱的 Shari：
>
> 　　我所有的朋友都认为 Lamb Chop 不是一个真正的小女孩，她只是一个用袜子做成的木偶。我并不在乎她是不是真的，我只是喜欢 Lamb Chop 说话的方式。如果我寄给你一只袜子的话，你可以教她说话，并且把她寄回来吗？
>
> 　　　　　　　　　　　　　　　　　　　　　　　　　　Randi

早期实验法。 皮亚杰认为儿童是先天的实验者，生物本能驱动其对所处的环境进行探索。

Randi 对幻想和现实的理解与成人之间显然存在显著的差异。正如儿童的身体和生理能力的改变一样，儿童对世界认识和感知的方式也在发展和变化。这直观上看是很显然的，然而早期心理学家几乎都关注的是身体、情绪、语言和人格的发展，只有皮亚杰是一个例外（Zhan Pee-ah-ZHAY）。

皮亚杰认为儿童的智力在根本上是与成人不同的，他指出，婴儿的认知能力开始于一个原始水平，并且智力发展由先天需要的激发而经历几个不同的阶段。皮亚杰的理论在 19 世纪 20 年代和 30 年代不断发展，并且已经被证明是既全面又具有深刻洞察力的，因此它在现代发展心理学的认知领域仍然处于主流地位。

为了评价皮亚杰的贡献，我们需要理解三个主要概念：图式、同化和顺应。**图式**（schemas）是智力最基本的单元，其作为一种模式来将我们与外界环境的联系进行组织，就像建筑师的图纸或者建筑者的蓝图一样。

在生命的前几周，婴儿基于先天的吮吸和抓握反射等已经具有一些图式。这些图式主要是运动技能，并且可能只是一个刺激—反应的机制——乳头出现时婴儿吮吸。然而不久后，其他的图式出现，婴儿发展出更精细的图式来吃固体食物，并且对父亲和母亲建立了不同的图式等。很重要而必须知道的是，图式是我们了解世界的工具，它在我们整个的生命过程中都在扩大和改变。例如，音乐爱好者之前习惯于 LP（密纹唱片）记录的音乐，然后对磁带、CD 和 MP3 发展出了不同的图式。

同化和顺应是图式不断产生和变化的两个主要过程。**同化**（assimilation）是将新信息吸收入已有图式的过程。例如，婴儿不仅运用吸吮图式来吮吸奶头，也会吮吸毯子和手指。与此类似，如果你没有准备地去参加约会，然而高兴地惊讶于这个约会对象的吸引力，这是因为你很容易将新的约会对象的表现同化入你已有的具有吸引力的图式中。

顺应（accommodation）在新信息或者刺激不能被同化的时候产生。新的图式必须建立，或者旧的图式必须改变来更好地适应新信息。婴儿第一次尝试用勺子吃固体食物就是顺应的一个很好的例子。当勺子第一次进入婴儿口中，它首先尝试运用先前成功的吮吸图式——将嘴唇和舌头像环绕乳头一样环绕在勺子周围，重复几次之后，它开始调整嘴唇和舌头的方式来使得勺子中的食物进入口中。与此类似，如果你在网络聊天时遇到一些人，然而在之后面对面的交谈中感到有些震惊，这是由于你建立了不能验证的图式。你感觉到的笨拙和不舒服，部分是由于你在进行调节先前的图式来与新的现实匹配的工作。

图式　由有组织的观念构成的认知结构或认知模式，这些有组织的观念很多是从经验中生成并且区别于经验的。

同化　在皮亚杰的理论中，吸收新的信息进入已有的图式中。

顺应　在皮亚杰的理论中，调整旧图式或发展新图式来更好地适应新信息。

你自己试试

"不可能图案"的研究

拿出一张空白纸，试着不用临摹的方式而是自己画一个与右面大象一样的图案，经过美术训练的学生发现很容易重复画出，而其他人发现是不可能画出的。这是因为我们没有美术图式，不能够同化我们看到的东西。在训练和练习之后，我们可以顺应新信息并且很容易画出这个图案。

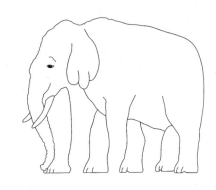

认知发展阶段：从出生到青少年期

皮亚杰认为，不论是在何种文化下，所有的儿童认知发展几乎都要经历四个相同的阶段（见表 9—4），并且每个阶段都不可以跳过，因为早期阶段获得的能力在较晚阶段掌握新能力的过程中很重要。让我们一起仔细考察这四个阶段：感觉运动阶段、前运算阶段、具体运算阶段和形式运算阶段。

感觉运动阶段　皮亚杰理论的第一个阶段（从出生到大约两岁），在这个阶段通过感觉和运动的刺激来发展图式。

客体永存　皮亚杰指出，婴儿不知道，即使不能被直接看到、听到或接触到时，物体或人也是存在的。

你知道为什么这个阶段叫做"感觉运动阶段"吗？

感觉运动阶段

感觉运动阶段（sensorimotor stage），也就是从出生到"显著的"的语言获得阶段（大约在两岁），儿童主要通过感觉和运动的刺激来探索世界和发展图式。

在这个阶段获得的一个重要的概念是**客体永存**（object permanence）。出生后的 3 或 4 个月中，儿童没有客体永存的能力，它们似乎没有对看不见、听不到和不能接触的物体形成图式——物体离开了视野也就离开了思维（见图 9—14）。

评估

形象化的小测试

图 9—14　发展的感觉运动阶段。两幅照片中的儿童似乎相信当物体被遮挡后就不再存在了，你能解释这是为什么吗？

答案：皮亚杰认为小的婴儿缺乏客体永存的能力——他们不知道，即使物体不能被看到、听到或接触到，它们也是存在的。

表 9—4	皮亚杰认知发展的四个阶段
出生到 2 岁	**感觉运动阶段** 能力：运用感觉和运动能力来探索和发展认知能力。 缺陷：在这个阶段的开始，缺乏客体永存的能力。
2～7 岁	**前运算阶段** 能力：具有显著的语言能力；可以象征性思维。 缺陷：不能够进行"运算"；自我中心的思考方式；万物有灵的思想。
7～11 岁	**具体运算阶段** 能力：可以对具体事物进行"运算"；可以理解守恒的概念。 缺陷：不能进行抽象和假设的思考。
11 岁以上 	**形式运算阶段** 能力：可以进行抽象和假设的思考。 缺陷：在这个阶段的开始，青少年的自我中心；具有个人神化和想象听众的问题。

前运算阶段

前运算阶段（preoperational stage），大约从 2 岁到 7 岁，语言能力显著提高，并且儿童开始进行符号思维——运用符号例如单词，来表示概念。这个阶段还有另外三个特点。

（1）没有操作概念的能力。皮亚杰给这个阶段设定的标签是"前运算"，因为儿童缺乏运算能力，没有可逆思维的能力。例如，问一个处于前运算阶段有一个兄弟的男孩："你有一个兄弟吗？"他将很容易地回答："是的。"然而当问他："你的兄弟有一个兄弟吗？"他将回答"没有！"在理解他兄弟也有一个兄弟的过程中，他必须能够倒转"有一个兄弟"的概念。

（2）自我中心的思维。这个阶段的儿童很难理解除了自己的观点以外还存在别的观点。**自我中心**（egocentrism）是指前运算阶段的儿童缺乏区别自己和他人观点的能力，自我中心和"自私"的含义并不相同。那些站在你前面来更好地观看电视或者在你打电话的时候不停地重复问问题的学龄前儿童并不是自私的，只是他们的思维过程是自我中心的。他们天真地假设其他人看到、听到、感觉到和想到的东西和自己是一样的。思考一下下面一个 3 岁儿童在家里和她正在工作的妈妈之间的电话交谈：

妈妈：Emma，是你吗？

Emma：（安静地点头）

妈妈：Emma，爸爸在吗？我可以和他说话吗？

前运算阶段 皮亚杰理论的第二个阶段（大约从 2 岁到 7 岁），以显著的语言运用能力和符号思维为特征，但是这个阶段的儿童缺乏运算能力（可逆心理过程），而且他们的想法是自我中心和万物有灵的。

自我中心 不能够考虑他人的观点被皮亚杰认为是前运算阶段的特点。

Emma：（再次安静地点头）

自我中心的前运算阶段儿童不能理解打电话者看不到他们点头，而且这些儿童的自我中心有时也使得他们认为是由于自己的"坏想法"而导致他们的兄弟姐妹或者父母生病，或者由于他们的错误行为导致了父母的婚姻问题。他们认为世界的中心是自己，所以常常不能将真实世界与自己头脑中的想法分离开来。

（3）万物有灵的思想。前运算阶段的儿童认为太阳、树木、云和肥皂等物体都是有动机、感觉和意图的（例如，"黑色的云正在生气"或者"肥皂沉入池底是因为它累了"）。万物有灵是指儿童相信所有的东西都是有生命的，我们之前举出的 Randi 要求 Shari Lewis 教他的袜子像 Lamb Chop 一样说话的信也是儿童万物有灵思想的一个例子。

可以教会前运算阶段的儿童如何运算并且避免自我中心和万物有灵的思想吗？虽然一些研究者已经报告成功地加速了前运算阶段的发展，皮亚杰认为不应该推动儿童超越其本身的发展时间表。他认为应该让儿童按照自身的速度进行发展，而尽量减少成人干预（Elkind, 1981, 2000）。皮亚杰认为美国人尤其应该为逼迫儿童发展而自责，并将美国儿童称为"伟大美国的年轻一族"。

形象化的小测试

"奶奶，你看我能干什么？"

你能够识别这个小孩处于皮亚杰理论的哪个认知阶段吗？为什么他认为他奶奶可以看到他？

答案：这个小孩处于前运算阶段，他的自我中心的思想妨碍他认识到他奶奶不能够看到他所看到的所有东西。

具体运算阶段 皮亚杰理论的第三个阶段（7～11岁），儿童可以对具体事物进行心理运算，并且可以理解可逆和守恒，然而这个阶段的儿童还不具备抽象思维能力。

守恒 可以理解即使一些物体的外观发生变化时，它们的一些物理性质（例如体积）仍然保持不变。

345

具体运算阶段

在 7 到 11 岁之间，儿童处于**具体运算阶段**（concrete operational stage），在这个阶段，儿童很多思维能力都开始出现。不像前运算阶段，具体运算阶段的儿童能够对具体事物进行运算。因为他们能够理解可逆的概念，他们知道当一些物体的外观转变时，它们的一些物理性质（例如体积）仍然保持不变，这个过程被称为**守恒**（conservation）（见图 9—15）。

如果你认识一些处于前运算阶段或具体运算阶段的儿童，你可以尝试选用表 9—5 中列出的一些实验来测验他们是否掌握了守恒概念。这些仪器很好获得，而且你将发现儿童的反应使人着迷。记住，这些实验应该像做游戏一样进行，不要让儿童感觉到他们在实验中失败了或者犯了错误。

图 9—15 守恒测验。(a) 在经典的液体守恒测验中，首先呈现给儿童两个装有相同高度液体的完全相同的玻璃杯；(b) 将液体由一个低、宽的玻璃杯倒入另一个高、窄的玻璃杯中；(c) 当询问儿童两个玻璃杯中的液体是否等量时，前运算阶段的儿童认为高、窄的玻璃杯中液体较多，而具体运算阶段的儿童知道两个杯中的液体是等量的。

表 9—5	皮亚杰测验举例	
守恒测验的类型（获得概念的平均年龄）	实验者的任务	问儿童的问题
长度（6～7岁）	步骤1：将两个等长木块放到正中位置，儿童同意它们是一样长的。 步骤2：移动一个木块。	步骤3："这两个木块一样长吗?" 前运算阶段的儿童认为其中之一较长，而具体运算阶段的儿童认为两个一样长。
物质的数量（6～7岁）	步骤1：将两个相等的黏土球放到正中位置，儿童认为二者有同样多的黏土。 步骤2：将一个黏土球压扁。	步骤3："二者的黏土一样多吗?" 前运算阶段的儿童认为扁的有较多的黏土，而具体运算阶段的儿童知道二者的黏土一样多。
面积（8～10岁）	步骤1：将两个相同的板放到正中位置，并在上面的相同位置摆放同样多的木块，儿童认为两个板上空白的面积是相同的。 步骤2：分散摆开一个板上的木块。	步骤3："两个板上空白面积是相同的吗?" 前运算阶段的儿童认为散放板上的空白面积较小，而具体运算阶段的儿童知道两个板上的剩余面积是相同的。

形式运算阶段 皮亚杰理论的第四个阶段（大约开始于 11 岁），以抽象和假设思维为特征。

346

形式运算阶段

皮亚杰理论的最后阶段是**形式运算阶段**（formal operational stage），大约开始于 11 岁。在这个阶段，除了进行具体事物的运算外，儿童开始对抽象概念进行运算。在这个阶段，儿童发现掌握几何和代数的抽象思维变得简单，例如，$(a+b)^2 = a^2 + 2ab + b^2$；它们也开始具有假设思维的能力（"如果……"），使得儿童可以系统地对概念进行运算和检验。

例如，勤工助学的青少年在他们填写申请书之前可能会考虑工作和学校、朋友之间可能的冲突，他们想要工作多长时间，以及哪种工作适合他们。形式运算思维使得青少年可以利用假设概念和逻辑过程而建立很好的推理论点。看看下面的论点：

（1）如果你用羽毛击打玻璃杯，玻璃杯将被打碎。

（2）你用羽毛击打玻璃杯。

逻辑的结论是什么？正确的答案"玻璃杯将被打碎"与事实和直接经验是矛盾的。因此，处于具体运算阶段的儿童回答这个问题会有很大的困难，而形式运算的思维者可以抽象地理解这个问题，不需要和实际世界联系起来。

早期形式运算思维的问题

这个阶段的认知类型有着很多优点，然而也伴随着一些问题。处于形式运算阶段早期的青少年表现出的自我中心与前运算阶段的儿童不同，虽然青少年知道他人拥有独立的想法和观点，然而他们常常不能区分自己和他人的想法。青少年自我中心有两个影响社会交往和问题解决的特征。

（1）个人神化。由于青少年特殊的自我中心，他们可能认为自己具有独特的见识和困难以至于其他人无法理解或者产生共鸣。大卫·埃尔金德（David Elkind）（1967，2000，2001）将这种情况称做个人神化（personal fable），是指对自己想法和感觉的强烈关注，以及认为这些想法是特异的。我班上的一个学生记得她在上高中的时候，她妈妈试图安慰她，以使她从失去一段重要关系的悲伤中走出来，那个学生说："我感觉她不可能知道我的感觉，没有人可以知道，我不能相信其他任何人曾经经历过这样的事情，这件事情也不可能变好。"

行动的个人神化？ 你可以看出这种危险行为如何反映了个人神化吗？青少年倾向于相信他们是独立和特殊的，以至于危险不会发生在他们身上。

几种形式的危险行为，例如性交时不采取避孕措施、危险驾驶，还有使用药物，都可能是基于个人神化的（Coley & Chase-Lansdale，1998；Flavell，Miller & Miller，2002；Greene et al.，2000）。虽然青少年知道这些活动的危险性，但他们并不感觉到自己是危险的，因为他们感觉自己是不会受到伤害的和不朽的。

（2）想象听众。在青少年早期，个体倾向于相信他们是别人思考和关注的中心，而不是认为每个人都在同样地只关注自己的想法和计划。换句话说，青少年认为所有的眼睛都在注视他的行为。埃尔金德将这种情况称为想象听众（imaginary audience）。这种自我中心可以解释对自我思想和外表特征的极端关注（"每个人都知道我不知道答案"，或者"他们在注意我有多胖和我的发型有多丑"）。

如果想象听众是不能区分自己和他人的结果，那么个人神化就是对自已和他人区分过多的产物。幸运的是，这两种形式的青少年自我中心在形式运算阶段的后期都逐渐减少了。

347

评价皮亚杰的理论：批评和贡献

正如皮亚杰的理论对认知发展的巨大影响一样，这个理论也受到了很多批评。让我们简要地看一下批评者关注的两个方面：低估了能力和低估了基因与环境的影响。

低估了能力

研究表明皮亚杰可能低估了儿童的认知发展，例如，一些研究者发现，很小的婴儿就形成了对运动物体的概念，并且知道物体从视野中被遮挡后仍然存在，而且他们可以识别讲话者的声音（Baillargeon，2000；Streri et al.，2004）。

对婴儿模仿面部表情的研究也对皮亚杰关于早期儿童能力的评估提出了质疑。在一系列著名的实验中，梅尔哲夫（Meltzoff）和莫尔（Moore）（1977，1985，1994）发现新生儿可以模仿一些面部运动，例如伸出舌头、张开嘴和撅嘴（见图 9—16）。在 9 个月的时候，当婴儿看到面部运动后会整天进行模仿（Heimann & Meltzoff，1996）。

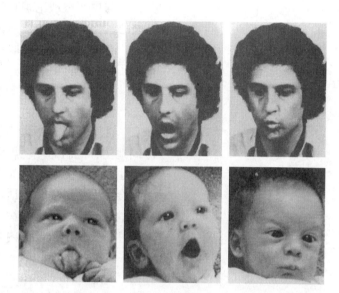

图 9—16　婴儿的模仿？ 当成人做出一个面部表情时，即使很小的婴儿也会做出一个相似的表情来回应。这是一种真正的模仿还是一个简单的刺激—反应反射？

去自我中心化也出现在生命最早的几天中。例如，新生婴儿倾向于用哭泣来对另一个婴儿的哭泣做出反应（Dondi，Simion & Caltran，1999）。学龄前儿童在和两岁儿童进行谈话时将调整他们的语速，采用更短和简洁的表达，而他们与成人谈话时并不做出这样的改变。

低估了基因和环境的影响

皮亚杰的理论和其他阶段理论一样被批评为没有有效地考虑基因和文化的差异（Flavell，Miller & Miller，2002；Matusov & Hayes，2000；Maynard & Greenfield，2003）。在皮亚杰的时代，基因对认知能力的影响还很少被了解，然而正如你从前几章中知道的以及本书中讨论的那样，这个领域在近几年中才出现了快速的信息膨胀。此外，正式的教育和特殊的文化经历也会显著地影响认知发展。考虑一下下面这个研究者试图测验利比里亚农民的形式运算能力的例子（Scribner，1977）。

前运算阶段的儿童总是自我中心的吗？与皮亚杰的观点相反，这个年龄段的儿童常常可以采纳他人的观点。

　　研究者：所有的格贝列人（Kpelle）都是种水稻的农民，Smith 先生不是种水稻的农民，他是格贝列人吗？

　　格贝列农民：我不知道那个人，我从来没有亲眼见过那个人。

与皮亚杰的形式运算阶段的逻辑推理不同，格贝列的农民根据他特殊的文化和教育训练而采用强调个人知识的方式来进行推理。格贝列人认为，如果不认识 Smith 先生，那么对这个人做出评价是不合适的。因此，皮亚杰的理论可能低估了文化对个体认知功能的影响。

除了批评外，皮亚杰对心理学的贡献是巨大的。正如一个学者所说："评价皮亚杰对发展心理学的重要性正如评价莎士比亚对英国文学的重要性或者亚里士多德对哲学的重要意义一样。"（引自 Beilin，1992，p. 191）

✓ 信息加工理论：认知的计算机模型

与皮亚杰理论相对应的一种认知发展理论是信息加工理论，这个理论将心理比做运行的计算机，并且研究信息怎样被不同年龄的个体获得、编码、存储、组织、提取和使用。这个模型在两大领域——注意和记忆中提出了重要的见解。

注意
注意是指对一个狭窄范围的刺激进行有意识的关注。婴儿只能很短时间地注意他们的环境，即使蹒跚学步期的儿童也可以注意较长的时间，他们也很容易分心。例如当两岁的儿童观看电视时，与四岁的儿童相比，他们会跟别人讲更多的话，更多地玩玩具，并且更多地环顾四周。在儿童长大的过程中，他们的注意广度增加，并且逐渐学会在任何时候都可以区别关注重要和不重要的内容（Bjorklund，1995）。

记忆
当儿童接触信息并且将其带入信息加工系统后，他们必须记住这些信息。注意决定了什么信息进入"计算机"，而记忆决定什么信息被保存。

和注意一样，记忆能力也是从儿童到青少年期逐渐提高的（Hayne，Boniface & Barr，2000；Richards，1997）。两岁儿童可以在听到 2 个数字后马上重复，而 10 岁儿童可以重复 6 个数字。记忆能力的提高是由于儿童在学校中获得了存储和提取信息的策略。例如，他们多次学习听写和复述信息，采用记忆术，并且将信息组织为容易提取的形式（见第 7 章）。

当个体长大时，他们对信息加工策略的使用和整体记忆能力在不断改变。回忆第 8 章中的内容：流体智力（要求速度和快速学习）倾向于随着年龄的增长而减退，而晶体智力（毕生获得的知识和信息）会持续增长直到成年晚期。

除了关注"跟上 18 岁的脚步"外，应该注意到大学中年龄较大的学生和他们年轻的对手常常做得一样好，甚至要好于年轻人。这些较大学生的出色表现部分是由于他们普遍有较高的学习动机，然而也反映出先前知识的重要作用。认知心理学家指出，个体知道得越多，他们形成新的记忆就越容易（Leahy & Harris，1997；Matlin，2005）。例如，年龄较大的学生与年轻者相比普遍认为"发展"这一章更容易掌握。他们与儿童的交往以及对生命更多的知识创造出一个框架来容纳新的信息。

总之，你知道得越多，学习的就越多。因此，有一个大学学位和挑战性的职业可能帮助你在将来的岁月里思想更加敏锐（Mayr & Kliegl，

348

2000；Whitbourne，2005）。

没有研究表明老年人的记忆能力出现衰退吗？正如本章开头所提到的那样，这个可能反映的是横断研究和纵向研究之间的问题。此外，早期研究常常要求被试记忆简单的单词串或者进行匹配连接的任务，这些任务常常被老年人认为是没有意义和不感兴趣的。当信息有意义时，老年人已有的广泛信息网可以帮助他们来记忆（Graf，1990）。

与流行的老年人虚弱和健忘的刻板印象相反，大多数人变老将比预期好很多。

 评　估

检查与回顾

349

认知发展

皮亚杰认为认知发展经历四个不变的阶段：感觉运动阶段（出生到 2 岁）、前运算阶段（2～7 岁）、具体运算阶段（7～11 岁）和形式运算阶段（11 岁以上）。

在感觉运动阶段，儿童知道了客体永存；在前运算阶段，儿童可以较好地使用符号表征，但是他们的语言和思维能力受到了缺乏运算能力、自我中心和万物有灵思想的制约；在具体运算阶段，儿童学会进行运算（在不用具体事物的情况下可以思考这些具体事物），他们理解了守恒和可逆的原则；在形式运算阶段，青少年可以进行抽象思维并且处理假设情况下的问题，然而他们倾向于一种青少年的自我中心化。

虽然皮亚杰已经被批评为低估了儿童的能力以及基因和环境的影响，他仍然是现代最受尊敬的心理学家之一。

一些运用信息加工模型来解释认知发展的心理学家们发现，这个信息加工模型在解释毕生注意和记忆发展的过程中十分有用。与早期悲观结果相反，最近的研究更加证实了信息加工过程中确实存在与年龄相关的变化。

问题

1. _____ 是第一个证实儿童的认知过程根本上与成人不同的心理学家。

(a) 鲍姆瑞德　　(b) 贝克
(c) 皮亚杰　　　(d) 埃尔金德

2. 将下列各个关键特征与皮亚杰提出的不同阶段进行正确匹配。

____ (1) 自我中心、万物有灵的思想
____ (2) 客体永存
____ (3) 抽象和假设思维
____ (4) 守恒、可逆
____ (5) 个人神化、想象听众

(a) 感觉运动阶段
(b) 前运算阶段
(c) 具体运算阶段
(d) 形式运算阶段

3. 简要介绍皮亚杰的主要贡献和对其理论的批评。

答案请参考附录 B。

更多的评估资源：
www.wiley.com/college/huffman

 ## 社会—情绪发展

诗人约翰·邓恩（John Donne）曾经写道："没有人是独立存在的。"除了身体和认知发展以外，发展心理学家对社会—情绪的发展也很感兴趣。他们研究了我们的社会关系和情绪如何毕生发展和变化。在社会—情绪发展中的两个最重要的话题是依恋和教养方式。

 学习目标

社会性、道德和人格发展的核心主题和理论是什么？

依恋：联结的重要性

依恋 对特殊的其他个体形成的持续很长时间的强烈情绪联结。

印记 在一段关键期内的一种先天的学习方式，其中包含了对第一个看到的较大运动物体的依恋。

儿童来到世界上时伴随着很多行为来使其与最初照料者之间形成强烈了依恋联结。**依恋**（attachment）可以被定义为对特殊的其他个体形成的持续很长时间的强烈情绪联结。很多研究关注了母婴之间的依恋，但婴儿也会形成与父亲、祖父母以及其他照顾者之间的依恋。

在研究依恋行为时，研究者常常按照先天或后天争论的界限来分成两派。那些支持先天或者生物作用的研究者会引用约翰·波尔比（John Bowlby）的著作（1969，1989，2000）。他提出了新生儿运用生物学上语言和非语言的行为（例如哭、附着和笑）以及"进一步"的行为（例如爬行或者步行跟随照顾者）来引起照顾者本能的抚养反应。生物行为对依恋的作用也得到了康拉德·劳伦兹（Konrad Lorenz）对**印记**（imprinting）早期研究的支持。劳伦兹的研究描述了幼鹅在发展的一段关键时期内如何依恋和跟随它们看到的第一个较大的运动物体。

350

评 估

形象化的小测试

为什么这些鹅如此紧密地跟随着科学家康拉德·劳伦兹？

答案：因为它们本能地形成了对第一个看到的较大运动物体的依恋和铭记，它通常情况下是指向母鹅的，但在这个特例中，这种依恋和铭记指向了劳伦兹。

接触是一种生物学上的安慰吗？ 当待在母鸡旁边或者被人像图中所示那样握着时，小鸡将马上放松下来并且合上了它的眼睛。

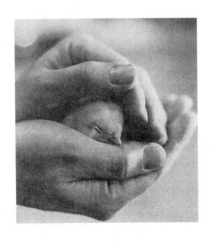

喂养还是接触安慰？

弗洛伊德认为儿童会对提供口唇愉悦的照顾者形成依恋（见第13章），然而存在科学的证据支持弗洛伊德的观点吗？在一个经典的实验中，哈利·哈洛（Harry Harlow）和罗伯特·齐默尔曼（Robert Zimmerman）（1959）运用实验控制的方法研究了影响依恋的因素。他们首先创造出两种猴子的"代理"母亲：一个用柔软的布料覆盖，另一个是裸露的金属框架。幼年猴子被布料"母亲"或者金属"母亲"喂养，并且可以接触两个母亲（见图 9—17）。

哈洛和齐默尔曼发现，被布料"母亲"喂养的猴子绝大多数时间都趴在"母亲"柔软的材料上，并且它们与金属"母亲"喂养的猴子相比发展出了更好的情绪安全感和好奇心。当猴子可以自由选择"母亲"时，它们也表现出对布料"母亲"的强烈依恋的行为，即使当金属"母亲"提供全部食物的情况下也是如此。

哈洛和他之后进行的研究是接触安慰重要性的进一步证据。在这些研究中幼年猴子被不同形式地拒绝，一些"母亲"有金属钉，可能从布料衣服中刺出而使得猴子远离，另一些"母亲"布料下装有喷气装置可能将猴子吹走。然而，幼年猴子等待拒绝结束后会再次爬到布料"母亲"身上。

基于这些以及相关的发现，哈洛总结认为他命名的接触安慰（contact comfort），也就是柔软和舒适的"父母"提供的令人愉悦的触觉，是形成依恋过程中的一个很重要的因素，而其他的生理满足，例如食物，是远远不够的。

接触安慰在人类的母亲和婴儿中也是同样重要的吗？一些研究表明可能是这样的。例如，接触和抚摸婴儿可以产生明显的生理和情绪利益（Dieter et al.，2003；Field & Hernandez -Reif，2001；Gitau et al.，2002）。接触可以引发几乎所有儿童的积极情绪和注意，世界上所有的母亲都倾向于亲吻、用鼻子爱抚、喂养、安慰、清洁婴儿，并对婴儿做出反应。

例如，日本母亲和她们的孩子在生命开始的几个月中很少分离。母亲会接触婴儿来进行交流和母乳喂养，并且会背着婴儿到处走和给他们洗澡。日本婴儿不会睡在一个单独的床上（Matsumoto，2000）。在很多文化中，儿童会在母亲身边睡好几年。如果一个新的婴儿出生，那么年龄较大的儿童将移到同一个房间的另一张床上，或者和另一个家庭成员分享一张床（Javo, Ronning & Heyerdahl, 2004；Morelli, Oppenheim, Rogoff & Goldsmith, 1992；Rothrauff, Middlemiss & Jacobsen, 2004）。

如你所见，依恋至少有部分是由于婴儿从母亲那里自然获得的拥抱和关心而产生的。这里用了"母亲"这个词是因为几乎这个领域的所有研究都在关注母亲和她的婴儿。然而，研究也发现同样的结果可以应用于父亲或者其他照顾者（Dietner et al.，2002；Grossmann et al.，2002；van Ijzendoorn & De Wolff，1997）。

如果一个儿童不能够形成依恋将会怎样？研究者已经采用了两种方法来调查这个问题：研究者观察那些早年生活在公共机构中，而没有从一个常规的照顾者那里得到刺激和爱的儿童和成人，或者他们观察那些早年虽然生活在家中，然而在虐待环境中成长的孤独的儿童和成人。

这些在没有人情味或者虐待环境中成长的婴儿会遇到很多的问题，他们很少哭泣或咿呀学语，当他们被抱起时会变得身体僵硬，并且他们有很少的语言能力。而在社会—情绪发展方面，他们倾向于形成浅显和焦虑的关系，一些个体表现出被遗弃感、退缩并且对照料者不感兴趣，还有一些个体的情感需要没有得到满足（Zeanah，2000）。他们也倾向于表现出智力、生理和感觉迟滞，并且疾病易感性、神经性不安和孤立行为都增多，

接触安慰。父母和孩子在拥抱的过程中都会获益。

351

还有一些个体可能会由于缺乏依恋而死亡 (Belsky & Cassidy, 1994；Bowlby, 1973, 1982, 2000；Spitz & Wolf, 1946)。

评 估

形象化的小测试

图 9—17 依恋。为什么这只小猴子依附在左边衣料包裹的模型上，而不依附在右边提供牛奶的模型上呢?

答案：哈洛和齐默尔曼发现，小猴子在衣料覆盖的"母亲"身上会待更长的时间，甚至当金属"母亲"提供食物的时候也是这样。他们总结认为是接触安慰而不是喂养，是猴子对照顾者形成依恋的最重要的决定因素。

依恋的水平

虽然大多数的儿童没有在极端的公共机构中生活过，然而发展心理学家玛丽·安斯沃斯（Mary Ainsworth）和她的学生们（1967, 1978）发现了婴儿和母亲之间的依恋水平存在显著的区别。此外，依恋水平还会影响长期的行为。运用一种被称为陌生情境程序（strange situation procedure）的方法，也就是研究者观察婴儿在他的母亲和一个陌生人存在或者离开时的反应，安斯沃斯发现婴儿可以被分为三种类型：安全型、回避型和焦虑/矛盾型。

（1）安全型依恋（65%）。当有陌生人出现时，婴儿靠近并且接触母亲，将母亲当做向外探索的安全基础，在分离时出现中等程度的悲伤，而在母亲回来时变得高兴。

（2）回避型依恋（25%）。婴儿并不靠近和接触母亲，他们对待母亲和陌生人一样，当母亲离开房间时很少哭泣。

（3）焦虑/矛盾型依恋（10%）。当母亲离开房间时开始非常难过，当母亲回来后，婴儿靠近和接触母亲，然后生气地离开。

安斯沃斯发现安全型依恋婴儿的照顾者很敏感，可以对婴儿悲伤、高兴和疲劳的信号做出反应 (Ainsworth et al., 1967, 1978；van Ijzendoorn & DeWolff, 1997)。换句话说，回避型婴儿的照顾者冷淡并且远离，而焦虑/矛盾型婴儿的照顾者很不一致，会在强烈的情感和忽视之间来回变化。

你知道为什么安全型依恋的婴儿逐渐发展出情绪安全感并且相信他人吗？为什么回避型婴儿学会回避他人并且压抑他们的依恋需要？为什么焦虑/矛盾型婴儿倾向于喜怒无常并且焦虑地认为他们的感情将不会得到反馈？后续的研究发现安全型依恋的儿童是最社会化、情绪敏感、乐观、合作、有毅力、有好奇心并且有能力的。这个发现一点都不令人感到惊讶。

聚集研究

浪漫的爱与依恋

如果你被一群孩子包围，你将观察到他们多么频繁地和父母分享玩具和发现，以及当他们的父母在身边时他们会多么高兴。你也可以想象当父母和婴儿嘤嘤细语或者分享婴儿语的时候是多么可爱和甜蜜。但是，你是否发现这些相同的行为也经常发生在你和你的浪漫伴侣之间呢？

由这些相同的发现出发，一些研究者已经研究了婴儿对父母的依恋与成人对浪漫伴侣依恋之间的关系（Bachman & Zakahi, 2000; Diamond, 2004; Myers & Vetere, 2002）。在一个研究中，辛迪·哈赞（Cindy Hazan）和菲利普·谢弗（Phillip Shaver）（1987, 1994）发现，那些在婴儿期是回避型的成年人对成人的亲密关系会感到不舒服，他们很难相信别人，很难进行自我揭露，很少报告发现了"真爱"（Cooper, Shaver & Collins, 1998; Fraley & Shaver, 1997）。婴儿期是焦虑/矛盾型的成年人在亲密关系中也存在困难，但与回避型不同，他们倾向于对浪漫伴侣着迷，并且害怕他们强烈的爱不能得到回应。婴儿期是安全型依恋的成年人很容易和他人亲近，期望亲密关系持久，并且认为其他人一般都是值得信任的。

为什么回避型和焦虑/矛盾型依恋的婴儿在将来的浪漫关系中会存在麻烦呢？研究表明，回避型爱人可能由于情感冷淡和远离而阻止亲密，而焦虑/矛盾型恋人可能由于占有欲和强烈的情感需要而使亲密窒息。正如你期望的那样，安全依恋型爱人有着可以持续很长时间的亲密关系，并且不论成年人自己的依恋类型如何，他们最期望的伴侣类型都是安全型的（Klohnen & Bera, 1998; Pietromonaco & Carnelley, 1994）。对成人依恋的研究是有意义的，因为它表明我们早期的联结体验可能有着持续的影响。波尔比（1979）认为依恋行为是人类从摇篮到坟墓的特征。

评价依恋理论

虽然哈赞和谢弗的研究以及相似的研究都与婴儿依恋理论一致，然而这些结果都是相关而不是因果的。正如你从第 1 章中知道的一样，从相关

依恋的重要性。 研究发现，个体婴儿时期形成的依恋程度和质量与成人后形成的浪漫关系之间存在显著的相关。

推出因果通常是很危险的。因此，浪漫关系类型和早期婴儿依恋之间的关系主观上可能有几个其他的因果解释。在我们完全了解婴儿依恋和成人亲密关系前还需要进一步的实验研究。

需要知道的是早期依恋经历可能预期将来，但不能决定将来。除了婴儿早期与父母显著的依恋联结外，我们可以学习新的社会能力并且形成不同的态度来对待将来和同龄人、亲密朋友、爱人以及伴侣的不同关系。与钻石不同，依恋类型并不是一成不变的。

你自己试试

友谊与依恋。这些50岁的中年妇女从儿童时期开始的友谊一直保持到现在，在繁重的行程安排之外，他们每年都至少会为了她们的"友谊团圆"而聚会一次。

你的浪漫依恋类型是哪一种?

想想你现在和过去的浪漫关系，对下列的描述进行核查，然后描述一下自己的感觉。

（1）我发现和他人亲近很容易，并且在依赖他人或被他人依赖时感到很舒服。我很少担心被遗弃或者被一些人过分亲近。

（2）在和他人亲近时我不太舒服，我发现很难完全相信自己的伴侣或者让自己依靠他们。当别人靠近时我会感到紧张，而且我的爱人常常想要比我认为舒服的关系更加亲密。

（3）我发现别人不愿意和我想要的那样与我亲近，我常常担心我的伴侣不是真正爱我或者将离开我。我想和另一个人的生活完全融合，并且这个愿望有时会把别人吓跑。

研究发现 50％ 的成人同意（1）（安全型依恋）的描述，25％ 的成人选择（2）（回避型依恋），还有 20％ 选择（3）（焦虑/矛盾型依恋）（Fraley & Shaver，1997；Hazan & Shaver，1987）。注意，这些成人依恋类型的比例与婴儿和父母之间依恋类型的比例几乎是相等的。

教养方式：其对发展的影响

我们的人格特质中有多大的成分来自成长过程中父母对待我们的方式呢? 研究者从 1920 年开始研究不同的抚养方式对儿童的行为、发展和心理健康产生的不同影响。戴安娜·鲍姆林德（Diana Baumrind）（1980，1995）的研究发现，教养方式能够稳定地分为三种类型：放任型（permissive）、专制型（authoritarian）和权威型（authoritative）。

（1）放任型。放任型父母可以分为两种类型：（a）放任—忽视型（permissive-indifferent），这种类型的父母很少对儿童进行限制，也提供很少的注意、关心和情感支持。（b）放任—溺爱型（permissive-indulgent），这种类型的父母高度投入，但是很少对儿童进行要求和限制。放任—忽视型教养方式下的儿童自我控制能力很差（变得过分要求和不服从），并且社会能力也很差。放任—溺爱型教养方式下的儿童常常不能学会尊重他人并且倾向于冲动、不成熟和不能控制。

（2）专制型。这种父母是强硬和具有惩罚性的，他们要求儿童不容置疑的服从和成熟的反应，并且和儿童保持冷淡和分离。一个专制型的家长可能会说："不要问问题，只要按照我的要求做就可以了。"专制型教养方式下的儿童容易心烦、喜怒无常和具有进攻性，并且通常具有很差的交往能力。

（3）权威型。这种父母温柔体贴，并且对儿童很细心敏感，但他们也会对儿童设定限制并且执行，鼓励儿童增加责任感。正如你所想象的那样，权威型教养方式下的儿童成长得最好，他们变得自恃、自我控制并且高度成功。他们也表现出更加满意、目标指向、友好并且具有社会化能力来处理和他人的关系（Baumrind，1995；Gonzalez, Holbein & Quilter,

学习提示

专制型（authoritarian）和权威型（authoritative）这两个英文单词很像，一个简单的记忆方法是注意单词 Authorita-R-ian 中的字母 R，并想象一个强硬的统治者（rigid ruler）；注意单词 Authorita-T-ive 中的字母 T，并且描绘出一幅温柔老师（tender teacher）的形象。

2002；Parke & Buriel，1998）。

评价鲍姆林德的研究

354

在你得出权威型教养方式是唯一成功方式的结论之前，你应该了解很多其他教养方式下的儿童也变成了体贴合作的成人。对鲍姆林德研究的批评主要有三个方面：儿童气质、儿童期望和父母温暖。

（1）儿童气质（child temperament）。研究表明，本质上是儿童特殊的气质和反应，而不是教养方式，影响了父母照顾儿童的结果（Clarke-Stewart，Fitzpatrick，Allhusen & Goldberg，2000；McCrae et al.，2000）。也就是说，成熟并且有能力的儿童的父母发展出了权威型教养方式，这是儿童行为的结果，而不是相反的情况。

（2）儿童期望（child expectations）。文化研究表明，儿童对父母应该如何行为的期望在父母教养方式中有着重要的作用（Brislin，2000；Valsiner，2000）。正如我们在本章开头发现的一样，韩国青少年期望较强的父母控制，并且将其解释为爱和关注的信号，然而北美的青少年将同样的行为认为是父母敌意和拒绝的信号。

（3）父母温暖（parental warmth）。跨文化的研究发现，在父母教养方式和儿童发展中最重要的因素可能是父母对孩子温暖或者拒绝的程度。对100多个社会的研究表明，在所有文化中父母的拒绝都会对儿童产生负性的影响（Rohner，1986；Rohner & Britner，2002）。拒绝型父母的忽视和漠不关心与儿童的敌对和攻击性以及儿童在一段时间内很难建立和维持亲密关系之间存在相关性，这些儿童也更容易发展出需要专业干预的心理问题。

父亲重要吗？虽然父亲的作用在过去一直被忽视，然而父亲在儿童发展中的作用现在是一个很活跃的研究领域。

父亲的教养方式与母亲不同吗？直到现在，父亲在训练和照顾儿童中的作用被很大程度地忽视。然而随着越来越多的父亲开始在儿童抚养过程中发挥积极的作用，研究也随之增多。从这些已有研究中可以看出父亲会被新生儿吸引，并且感到兴奋并做出反应；儿童形成依恋的过程在父母之间几乎没有差异（Diener，Mengelsdorf，McHale & Frosch，2002；Lopez & Hsu，2002；Rohner & Veneziano，2001）。在婴儿期之后，父亲开始增加对儿童的投入，然而与母亲相比，他们仍然投入较少的时间来直接照顾儿童（Demo，1992；Hewlett，1992）。但是当父亲承担照看儿童的责任时，他们和母亲一样具有责任感和抚养能力。

批判性思维　　　　　　　　**主动学习**

"人体炸弹"的发展（由 Thomas Frangicetto 提供）

伊拉克战争、自杀爆发、"9·11"世界贸易中心被恐怖袭击，

这些不同程度的恐怖事件都来自于文化冲突、误解、不信任和错误信念。它们也反映出了致命的仇恨。最近一个60分钟的广播节目"自杀

者的心理"通过对巴勒斯坦心理治疗师 Eyad Sarraj 博士的采访，考察了两个自杀失败者的心理。这些个体是明显的暴力杀手，对吗？Sarraj 回

答说："不，正好相反，他们通常是非常胆小的人，很内向，他们通常的问题在于交流情感方面，所以他们一点都不暴力。"但是，正如大多数美国人认为的那样，这些人是精神病性的，或者脱离了现实，对吗？Ariel Merari 博士回答说："我不知道他们中是否有一些个案是精神病性的，然而他们是完全缺乏恐惧的⋯⋯"

Sarraj 和 Merari 认为，个体决定成为一个自杀者是很多社会文化强化的结果，这些结果加强了其在这一群体内部的感染力。那么，什么是自杀者的社会文化强化呢？

（1）他们在宗教牺牲中获得了高的地位。

（2）他们的家庭会得到经济上的回报，他们也会在自己的文化中获得尊贵的地位。

（3）他们被认为是英雄和值得效仿的偶像。

（4）他们被许诺会得到"伊甸园的门票"，在那里将马上会和 72 个漂亮的处女结婚。

批判性思维的应用

运用前面提到的文化心理学对发展研究的指导和其他第 9 章的信息来回答下列问题：

（1）自杀爆发更可能出现在个体主义还是集体主义文化下？为什么？

（2）已知文化对其成员有着广泛的无形影响，那么促使美国年轻人自愿去参加战争而不是成为自杀者的美国文化理想和价值观是什么？

（3）皮亚杰四个认知发展阶段中的哪个阶段可以最好地解释自杀者的认知过程？为什么？

（4）你认为依恋理论可以有助于解释自杀者吗？请给出理由。

（5）鲍姆林德的三种教养方式中的哪一种最可能产生自杀者，而哪一种最不可能？

答案请参考附录 B。

更多的评估资源：

www.wiley.com/college/huffman

评 估

检查与回顾

社会—情绪发展

先天论者认为依恋是天生的，而教养论者认为依恋是习得的。哈洛和齐默尔曼用布料和金属"母亲"抚养的猴子进行实验发现，接触安慰可能是依恋中最重要的因素。

没有形成依恋的婴儿可能会受到严重的影响，依恋形成时会有不同的水平和程度。研究区分了安全型依恋、回避性依恋和焦虑/矛盾型依恋的儿童，并且发现不同依恋类型儿童的行为差异可能会持续到成年后的浪漫关系中。

教养方式主要有三种类型：放任型、专制型和权威型。批评者指出儿童的特殊气质、父母的期望以及父母温暖或者拒绝的程度可能是教养方式中三个最重要的变量。

问题

1. 根据哈洛和齐默尔曼对布料和金属"母亲"抚养猴子进行的研究，＿＿＿＿＿是依恋最重要的变量。

（a）提供食物　　（b）接触安慰

（c）照顾者和婴儿的联结

（d）印记

2. 列出安斯沃斯提出的三种依恋类型。

3. 运用哈赞和谢弗对成人依恋类型的研究，匹配下列成人和他们可能的婴儿依恋类型：

＿＿＿＿＿＿（1）Mary 在周围存在有吸引力的伴侣时感到紧张，并且抱怨其爱人常常想要比她觉得舒服的关系更加亲密。

＿＿＿＿＿＿（2）Bob 抱怨他的爱人常常不愿意他保持他想要的紧密关系。

＿＿＿＿＿＿（3）Rashelle 发现与他人接近很容易并且很少担心自己被遗弃。

（a）回避型　　（b）安全型

（c）焦虑/矛盾型

4. 简要解释鲍姆林德的三种教养方式。

答案请参考附录 B。

更多的评估资源：

www.wiley.com/college/huffman

356　**评 估**　**关键词**

为了评估你对第 9 章关键词的理解程度，首先用自己的话解释下面的关键词，然后和课文中给出的定义进行对比。

发展心理学	胎儿阶段	自我中心
学习发展	胚芽阶段	形式运算阶段
关键期	青春期	客体永存
横断研究	致畸剂	前运算阶段
纵向研究		图式
成熟	**认知发展**	感觉运动阶段
	顺应	
身体发展	同化	**社会—情绪发展**
对老年人的歧视	具体运算阶段	依恋
胚胎阶段	守恒	印记
胎儿酒精综合征		

目　标　网络资源

357

Huffman 教材的配套网址

http：//www. wiley. com/college/huffman

　　这个网址提供免费的交互式自我测验、网络练习、关键词的术语表和抽认卡、网络链接、英语非母语阅读者的手册，还有其他用来帮助你掌握本章知识的活动和材料。

想知道更多有关基因的知识吗？

http：//www. exploratorium. edu/genepool/genepool _ home. html

　　洛杉矶加利福尼亚的探测科学实验室发展的一个网址，包括丰富的信息，例如"DNA，你的基因蓝图"，"从我们的亲属那里学习"，"解码DNA 的工具"。

你想要深入观察出生前的发展吗？

http：//www. parentsplace. com/first9months/main. html

　　包含从受精到出生这 9 个月中，婴儿不可思议的发展过程中的很多细节和交互式视角。

想知道皮亚杰以及他的发展理论更多的信息吗？

http：//chiron. valdosta. edu/whuitt/col/cogsys/piaget. html

　　这个网址提供皮亚杰以及维果斯基（Vygostsky）、埃里克森、布鲁纳等认知发展研究领域其他著名人物的自传和相关信息。这个网址也提供了皮亚杰认知发展四个阶段的简要总结，以及怎样应用皮亚杰的理论来教与学。

想要知道儿童发展和做父母的技能方面的信息吗？

http：//www. childdevelopmentinfo. com/index. htm

　　被美国心理学会（APA）推荐，这个网址提供了儿童发展、父母教养、学习、健康与安全，还有训练建议来帮助父母照顾从蹒跚学步一直到青春期结束的儿童。这个网址也提供了有关儿童障碍的信息，例如注意缺陷、阅读困难和孤独症。

想知道成人依恋理论更多的信息吗？

http：//www. psych. uiuc. edu/～rcfraley/attachment. htm

　　由伊利诺伊大学的 R. Chris Fraley 创立，这个网址提供了对成人依恋很多研究的简要总结，由波尔比最初的依恋理论开始，弗拉利继续解释了婴儿依恋的个体差异，并且总结了成人的浪漫关系。

第 9 章　　形 象 化 总 结

 学习发展

发展心理学
从受精到死亡整个过程中，随着年龄变化的行为和心理过程的研究。

理论观点
主要观点：
先天或教养
连续或阶段
稳定或改变

研究方法
横断研究：不同被试、不同年龄、一个时间点测验。主要的问题：同辈效应（对于特定的一代人可能会经历的特殊文化和历史事件的影响）。

纵向研究：相同被试、扩展的时间阶段。主要的问题：时间和金钱花费较大。

 身体发展

出生前和儿童早期
出生前的三个阶段：胚芽阶段、胚胎阶段和胎儿阶段。
致畸剂：导致出生障碍的环境因素。
新生儿的感知觉能力已经发展得很好。
运动能力的发展主要是成熟（maturation）的结果。

青少年期和成年期
青少年期：儿童和成人期之间的心理发展阶段。
青春期：性器官能够生殖的阶段。
绝经期：月经停止的时期。
男性更年期：中年生理和心理的改变。
初级衰老：随年龄增大必然的生物变化。
初级衰老的解释：系统理论（基因决定论）和损伤理论（机体对损伤的无能为力）。

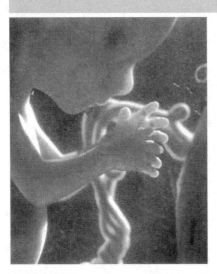

359

359

 认知发展

皮亚杰的主要概念：

图式：组织思维的认知结构。

同化：吸收新的信息进入已有的图式中。

顺应：调整旧图式或发展新图式来更好地适应新信息。

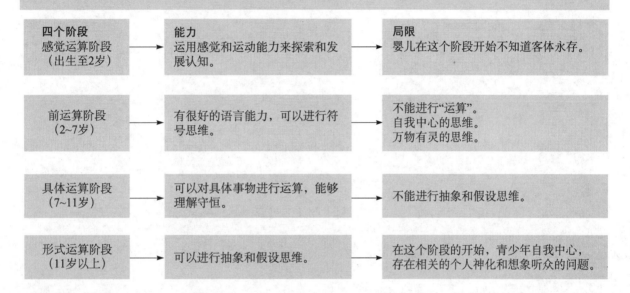

四个阶段	能力	局限
感觉运算阶段 （出生至2岁）	运用感觉和运动能力来探索和发展认知。	婴儿在这个阶段开始不知道客体永存。
前运算阶段 （2~7岁）	有很好的语言能力，可以进行符号思维。	不能进行"运算"。 自我中心的思维。 万物有灵的思维。
具体运算阶段 （7~11岁）	可以对具体事物进行运算，能够理解守恒。	不能进行抽象和假设思维。
形式运算阶段 （11岁以上）	可以进行抽象和假设思维。	在这个阶段的开始，青少年自我中心，存在相关的个人神化和想象听众的问题。

社会—情绪发展

依恋：

● 婴儿依恋：印记是对第一个看到的运动物体的跟随。哈洛的实验发现接触安慰在依恋中有重要作用。没有形成依恋的儿童可能受到严重和持续的影响。

● 成人依恋：婴儿依恋的类型（安全型、回避型和焦虑/矛盾型）可能会一直持续到成人的浪漫关系之中。

教养方式：

主要有三种形式的教养方式（放任型、专制型和权威型），然而批评者提出，儿童的独特气质、父母的期望以及父母的温暖或者拒绝程度是决定教养方式的最重要的因素。

第 10 章
毕生发展 Ⅱ

学习目标

在阅读第 10 章的过程中,关注以下问题,并用自己的话来回答:

▶ 在毕生发展过程中,道德是如何发展变化的?

▶ 从婴儿到老年,人格是如何发展变化的?

▶ 我们如何才能拥有成功的成年生活?

▶ 应对痛苦和死亡,存在一个可预期的阶段性过程吗?

工作和退休
- 性别与文化多样性
  歧视老年人现象的文化差异

悲痛与死亡

痛苦
面对死亡和临终的态度
经历死亡
- 将心理学应用于日常生活
  应对你自身的死亡焦虑

362

为什么学习心理学?

Left Lane Productions/CorbisImages

第 10 章将会探索一些很吸引人的事实,比如:

▶ 5 岁的小孩通常会认为不小心摔碎 15 个杯子比故意摔碎 1 个杯子更糟糕、更应该受到惩罚。

▶ 幼年黑猩猩会安慰一个受到惊吓或伤害的同伴。成年母黑猩猩会"收养"没有妈妈的黑猩猩婴儿。

▶ 在早期的人格发展中,最重要的一个影响因素是儿童的天性和他所处社会环境的匹配程度。

▶ 埃里克森认为,未能解决"同一

性危机"的青少年很可能在将来难以维持亲密的个人关系,也更倾向于出现行为不良。

▶ 父母往往在小孩出生前以及他们离家后体验到最高水平的婚姻满意度。

▶ 库伯勒·罗斯(Kubler-Ross)认为,绝大多数的人在面对死亡时都会经历五个可预期的心理发展阶段。

在欧洲,一个妇女因为一种特殊的癌症正濒临死亡。医生认为有一种药也许能够救她。这种药是当地的一位药剂师新近发现的一种镭物质。制作这种药的成本非常高,但是这个药剂师用 10 倍于他制作成本的价格出售该药。他花费 200 美元获得这种镭,同时以 2000 美元每一小剂量的价格出售它。

这个女人的丈夫 Heinz 找到了他认识的每一个人去借钱,然而最后他只借到了大约 1 000 美元,也就是说只够药价的一半。他告诉药剂师他的妻子正在垂死的边缘,请求药剂师能够将药便宜一点卖给他,或者先给他药,以后再把剩余的钱补齐。但是,药剂师说:"不行,我发现了这种药,我就要靠它来赚钱。"因此,绝望之下,Heinz 闯进了药剂师的商店,并为他的妻子偷走了这种药。

(Kohlberg,1964,pp. 18-19)

Heinz 偷走药物的这种行为对吗?在这种情形下你会怎么做呢?道德

是否只是在旁观者的眼中，而每个人只是简单地谋求自身的利益？或者是否存在一些普遍的真理和原则呢？对于 Heinz 的两难问题，无论你的答案是什么，你的思维、推理和反应都显示了你另一种很重要的心理能力的发展——道德发展。

正如我们在第 9 章所讨论的，发展心理学致力于研究从怀孕到死亡的过程中，人们的行为和心理随年龄发生的变化。第 9 章探讨了生理、认知和社会—情绪的毕生变化。在本章中，我们将继续探讨道德发展、人格发展、成年期的各种挑战以及痛苦和死亡的研究。

学习目标

毕生的道德过程是怎样的？

道德发展

在第 9 章中，我们知道了新生儿听到其他小孩哭泣时自己也会哭。但你是否知道，大多数两岁的儿童就能够用好坏之类的词汇来评价那些具有侵犯性或者会危及自己和他人幸福的行为？（Kochanska, Casey & Fuku-moto，1995）此外，幼年黑猩猩会安慰一个受到惊吓或伤害的同伴，成年母黑猩猩会"收养"没有妈妈的黑猩猩婴儿（Goodall，1990）。我们如何来解释这些早期出现的、跨物种的道德现象（即采纳他人的观点、与他人共情，以及区分正确与错误）？

一些研究者从生物学的角度提出道德可能是有演化基础的（比如，Green et al.，2001；Haidt，2001；Rossano，2003）。像婴儿共情式的哭泣以及收养黑猩猩孤儿的行为都是有助于物种延续的。因此，进化为我们提供了道德行为的生物基础前提。不过，和大多数的人类行为一样，生物性只是生物心理社会模型的一个方面。在这个部分，我们将关注一些心理和社会的因素是如何来解释道德思维、道德情感以及行为的毕生变化的。

柯尔伯格的研究：什么是对的？

在道德发展领域最有影响的研究者之一是劳伦斯·柯尔伯格（Law-rence Kohlberg）（1927—1987）。他向各个年龄段的人讲述像 Heinz 两难情境这类被他称为"道德故事"的东西。基于自己的发现，他创立了一个在道德发展领域影响很大的模型（1964，1984）。

Heinz 两难情境的正确答案是什么呢？柯尔伯格对被试的正误判断并不感兴趣。他唯一关注的是被试对他们的判断所给出的理由。基于被试的回答，柯尔伯格提出了道德推理的三个大致的演变水平，而每一个水平又包括两个独立的阶段（见表 10—1）。处于每个阶段和水平的个体都可能支持或反对 Heinz 偷药的决定，但是会出于不同的理由。

就像皮亚杰的认知发展阶段一样，柯尔伯格认为他提出的道德发展的阶段也是普遍和不变的。也就是说，在不同文化下，不同的个体都存在这个发展过程。每个人都会以可预期的方式经历各个发展阶段。这里提到的年龄趋势是非常宽泛的。

363

前习俗水平 柯尔伯格提出的道德发展的第一个水平，这一水平的道德观是以奖励、惩罚和利益交换为基础的。

习俗水平 柯尔伯格提出的道德发展的第二个水平，该水平的道德推理服从于社会规则和社会价值观。

后习俗水平 柯尔伯格提出的道德发展的最高水平，该水平的个体发展出了个人的是非标准，并且根据抽象的原则和适用于所有情景和社会的价值观来定义道德。

（1）**前习俗水平**（preconventional level）（第一阶段和第二阶段——出生到青春期）。这一水平的个体以自我中心的形式进行道德推理。正确的事情是指那些自己能够顺利过关或者能够使自己得到满足的事情。个体对道德的理解是基于奖励、惩罚和互惠的。这一水平之所以被称为前习俗水平，是因为这个阶段儿童还没有接受社会的（习俗的）规则制定的过程。

第一阶段（以惩罚和服从命令为导向）。这一阶段的儿童关注自身的利益——服从权威，同时避免惩罚。他们在考虑他人的观点时还存在困难。因此，在对他人进行道德推理时，他们往往会忽略对方的动机。比如，一个5岁的小孩会说不小心摔碎15个杯子比故意摔碎1个杯子更糟，应该受到更多的惩罚。

第二阶段（以工具性的交换为导向）。这一阶段的儿童开始了解他人的观点。但是他们的道德是基于互惠的，也就是利益的平等互换。"我会和你分享我的午餐，因为如果我忘了带，你也会和我分享你的。""以牙还牙"是这一时期儿童道德的指导哲学。

（2）**习俗水平**（conventional level）（第三阶段和第四阶段——青春期到成年早期）。道德推理从自我中心发展到他人中心。个体接受了习俗的社会规则，因为这些规则有助于确保社会秩序。同时，这个阶段的个体会根据是否服从社会规则和社会价值来进行道德推理。

第三阶段（好孩子导向）。这一阶段的道德观主要考虑的是友好和获得支持。人们在判断时会同时考虑他人的动机和企图——"他的出发点和想法是好的"。

第四阶段（以法律和秩序为导向）。这一阶段的个体会从一个更大的视角来考虑问题，即社会法律。他们明白如果每个人都违背法律，哪怕是出于好意，也会造成混乱。因此，履行自己的责任、遵从法律和规定是至关重要的。根据柯尔伯格的观点，第四阶段是多数青少年和成年人所能达到的最高水平。

（3）**后习俗水平**（postconventional level）（第五阶段和第六阶段——成年期）。这个阶段的个体发展出了判断是非的个人标准，他们也会以抽象的规则和普适于所有情景和社会的价值观来定义道德。比如，如果一个20岁的人认为那些发现并在北美大陆定居的欧洲人是不道德的，而他判断的理由是这些人从土著居民的手里盗走土地，那么这个20岁的人正是用后习俗水平的观点在思考问题。

第五阶段（以社会契约为导向）。这一阶段的个体看重法律所服务的潜在目的。当法律与大多数人的利益一致时，这个阶段的个体会基于"社会契约"而遵从这些法律；但如果法律并不能代表大多数人的意愿或者增加社会福利，违背这种法律就是道德的。例如，一个人认为Heinz应该去偷药，因为他的妻子生存的权利远比那个药剂师的财产权重要得多，此时这个人的道德推理就属于第五阶段的范畴。

第六阶段（以普适的道德伦理为导向）。在这个阶段，所谓的"正确"是由那些普适的、被所有宗教或道德权威认为有说服力和公平的道德伦理原则所决定的。这些普适的原则包括非暴力主义、人类的尊严、自由和公正等。位于第六阶段的个体会依据这些原则进行道德推理，无论这些原则是否遵照了现存的法律。因此，甘地、马丁·路德·金，还有曼德拉，虽

然有意违反了那些有悖于普适原则（比如人的尊严）的法律，但他们的行
为仍被视为是道德的。

阶段名称	道德推理	对 Heinz 两难情境的回答	
		支持	反对
前习俗水平			
第一阶段：惩罚和服从命令导向	自己能够顺利过关、逃脱惩罚。	如果因为你的原因你妻子去世了，你就会陷入麻烦中。由于没有花钱来拯救你的妻子，你将会受到谴责。同时还会有因你妻子死亡而对你和那个药剂师的调查。	你不应该去偷药，因为你将被抓起来送到监狱中。即使你逃脱了，你的良心也会使你时时担心警察什么时候会发现你。
第二阶段：工具性的交换导向	遵守规则以得到奖励和利益。	如果你真的因为偷药而被抓了，你到时把药交还出来就好。这样你就不会被判重刑。而且，如果你的妻子能活下来，坐一段时间的牢也没太大关系。	也许你不会因为偷药而太长时间地坐牢，但是在你出狱前你的妻子可能已经不在了，这样的结果对你没有任何好处。更何况即使你的妻子去世了，你也不必自责，因为她患癌症并不是你的过错。
习俗水平			
第三阶段：好孩子导向	遵守规则以得到支持。	你偷了药，没有人会认为你很坏；但是，如果你没偷药，你的家人将会把你视为一个没有人性的丈夫。而且，如果因为你没偷药导致你的妻子去世，你将再也没脸正视别人。	不仅是这个药剂师，所有人都会把你看成一个罪犯。如果你偷了药，你将会因为让自己和自己的家庭蒙羞而感到难过，而且你将再也没脸面对其他人。
第四阶段：法律—秩序导向	遵守法律，因为法律维持着社会秩序。	如果你还有廉耻心，就不应该让你的妻子死于你的怯懦——不敢去做这件唯一能够救她的事。如果你没有履行对她的义务和责任，你将会一直为她的去世而感到内疚。	你十分绝望，因此你在偷药的时候可能并不认为自己做错了事情。但是当你被送到监狱后你就会明白自己做错了。你将永远为自己违背了法律而感到内疚。
后习俗水平			
第五阶段：社会契约导向	对民众所接受的法律的信仰。	如果你没去偷药，你将会失去他人的尊重。如果你的妻子因为你的原因而去世，这种结果并不是出于你的理智，而是出于你的畏惧。因此，你将会失去自尊，甚至是他人对你的尊重。	你将会违背法律，失去你在社区的地位和名誉。你将会因为被一时的情绪左右、忘记长远的打算而失去自己的尊严。
第六阶段：普适的道德导向	个人良知。	如果你没有偷药而导致自己的妻子去世了，你将一直因此而谴责自己。你遵循了外部法律的约束、不会受到责备，但你却违背了自己的良知。	如果你偷了药，其他人并不会责备你；但你却会因为违背了自己的良知和诚实的准则而感到自责。

资料来源：Kohlberg, L. "Stage and Sequence: The Cognitive Developmental Approach to Socialization." in D. A. Aoslin, *The Handbook of Socialization Theory and Research*. Chicago: Rand McNally, 1969. p. 376（Table 6—2）.

事实上，只有极少数的人达到了第六个阶段的水平（全球接受测验的人中大概只有 1% 或 2% 的个体）。而且柯尔伯格发现，区分第五阶段和第六阶段是非常困难的。因此，不久后，他便将这两个阶段合并为一了（Kohlberg, 1981）。

💡学习提示

现在很适合于停下来回顾一下你对柯尔伯格理论的理解，你可以通过仔细阅读表 10—1 的总结达到这个目的。

评价柯尔伯格的理论：三个主要的批评意见

柯尔伯格被誉为极具洞察力和贡献卓越，但他的理论仍受到了三个方面的批评。

（1）只是道德推理，不涉及行为。根据柯尔伯格的分类，那些达到更高阶段的人真的比其他人更有道德吗？还是说他们只是"说得好听"，而实际并不会这么做？一些研究发现，道德推理水平和道德行为存在正相关（Borba，2001；Rest，Narvaez，Bebeau & Thoma，1999）。而其他研究则发现，一些情景的因素能更好地预测道德行为（Bandura，1986，1991；Bruggeman & Hart，1996；Nayda，2002）。比如，当钱属于一家大的公司而不是个人的时候，研究中的被试更可能选择偷窃（Greenberg，2002）。男女两性处于临时关系与在亲密关系中相比，会说更多有关性的谎言（Williams，2001）。

（2）文化差异。第9章中也提到，发展的研究中存在两个基本问题，即"先天还是后天"以及"连续还是阶段"。道德发展的跨文化研究证实，不同文化下儿童的道德发展大致符合柯尔伯格的模型。他们基本也是从柯尔伯格提出的第一水平（前习俗水平）顺序地发展到第二水平（习俗水平）（Rest，Narvaez，Bebeau & Thoma，1999；Snarey，1985，1995）。因此，跨文化的研究似乎支持了道德发展的先天性和阶段性特点。

不过，一些文化差异表明后天的或者文化的因素也会影响道德的发展。例如，对Heinz道德两难问题的回答进行跨文化的比较发现，欧洲人和美国人倾向于考虑他们自己是否喜欢或者认同受害者被争议的道德观；而印度人则将社会责任和个人看法视为两种分离的观点（Miller & Bersoff，1998）。研究者认为这种差异反映了印度人更为泛化的社会责任感。

在印度、巴布亚新几内亚、中国以及以色列基布兹，人们并不是从个人利益和社会利益（柯尔伯格模型中的最高水平所要求的）之间进行二选一的判断，相反，大多数人会寻求一个妥协的解决办法以满足双方的利益（Killen & Hart，1999；Miller & Bersoff，1998）。因此，柯尔伯格用于判断最高水平道德观的标准（后习俗水平），也许更适用于个体主义的文化，而不是集体主义或关注人际关系的文化。

（3）可能的性别偏差。研究者卡罗尔·吉利根（Carol Gilligan）也提出了对柯尔伯格模型的一点批判，即根据柯尔伯格的判断标准，与男性相比，女性的道德推理通常被归类到较低的水平。吉利根认为，这种差异是因为柯尔伯格的理论更强调男性的价值观，比如理智和独立。柯尔伯格可能忽略了女性通常的价值观，比如关心他人（Gilligan，1977，1990，1993；Hoffman，2000）。然而，大多数基于吉利根理论的后续研究，几乎都没有发现在道德推理的水平或类型上存在任何性别差异（Hoffman，2000；Jaffee & Hyde，2000；Pratt，Skoe & Arnold，2004）。

吉利根对柯尔伯格。根据卡罗尔·吉利根的观点，女性在劳伦斯·柯尔伯格道德发展阶段上的得分之所以比较低，是因为她们社会化的结果是承担更多关心他人的责任。

批判性思维

道德与学术欺骗（由 Thomas Frangicetto 提供）

近期由美国学术诚信中心所做的关于美国高中生欺骗行为的研究表明：（1）欺骗行为非常普遍；（2）学生们很容易将欺骗行为合理化；（3）网络带来了新的考虑；（4）学生们作弊的原因多种多样。你认为学术欺骗道德吗？请看下面这个道德两难情境：

你的心理学课程临近期末考试了，而你位于级别 C 或级别 B 的边缘。你去了教授的办公室，希望弄清楚能做些什么以确保得到级别 B。不过，教授的办公室门开着，上面贴着一张字条："我马上回来，请稍等。"你注意到一堆试卷正是你们期末考试的考卷，而你可以轻易地拿走一份并且不会被人发现。

请叙述在这种情景中你会做什么，并简述你这么做的原因。

_____

_____

_____

回顾一下柯尔伯格道德发展的六个阶段（如表 10—1 的总结），你能将自己对这个道德两难情境的回答进行归类吗？阶段＃_____

为了进一步发展你的批判性思维（同时也帮助你准备有关这一内容的考试），阅读下面这些对这一道德两难情境的回答，并对它们进行归类。

学生 A："我不会拿走考卷，因为这是错误的。如果每个人一有机会就作弊，那会有怎样的后果呢？成绩的可信程度又会变成什么样呢？这会导致教育的贬值，同时整个体系也会变得毫无价值。"阶段＃_____

学生 B："我会拿走考卷，因为我真的很需要在这门课程中拿到 B。心理学并不是我的专业，而我需要保住我的奖学金。否则，我将不能继续待在学校，而我的孩子们也会遭受痛苦。"阶段＃_____

学生 C："我不会拿走考卷，因为我非常害怕被捉住。不幸的话，老师会提前赶回来，并当场把我捉到。"阶段＃_____

学生 D："我不会拿走考卷，因为我无法容忍自己这么做。我认为作弊和偷窃一样，都是一种犯罪。我自认为是一个诚实正直的人，如果作弊，我对自己的看法将会遭到永久性的破坏。"阶段＃_____

学生 E："我不会拿走考卷，因为一旦我被抓住，我的父母发现了此事，他们将对我非常失望。我非

主动学习

367

常在意他们对我的看法，因此我不会冒这个风险。"阶段＃_____

学生 F："我不会拿走考卷，因为这对其他参加考试的同学是不公平的。教育体系设计的宗旨是人人平等，而作弊无疑亵渎了这一宗旨。"阶段＃_____

批判性思维的应用

回顾一下前言中提到的那 21 个批判性思维的成分（CTCs）（pp. xxx-xxxiv）。下面是摘自美国学术诚信中心报告的一些学生评论。对下面每一个观点，应用至少一条 CTC 评论之。

"我认为作弊已经变得如此普遍，以至于在一些情况中开始变成一种'常态'。"CTC_____

"没有任何办法可以阻止作弊。只有学生自己有这种能力。问题不在于限制和约束，而在于学生的道德。"CTC_____

"只要家长们强调的是分数，而不是学习本身，作弊就会一直存在下去。家长与学生的关系加剧了美国的世风日下。"CTC_____

"除非有人使教师们真正关注作弊问题，这一现象就不会停止。教师们不重视作弊问题是不公平的，因为这样最诚实的学生反而会得到很坏的结果。"CTC_____

检查与回顾

道德发展

根据柯尔伯格的观点，道德发展会经历三个水平，每个水平都包括两个阶段。在前习俗水平时，道德是自我中心的，正确的事情是指那些自己能够顺利过关（第一阶段）或能自我满足的事（第二阶段）。在习俗水平时，道德是基于得到他人支持的需求（第三阶段）或遵从维持社会秩序的法律（第四阶段）。在后习俗水平时，

道德源于坚持社会契约（第五阶段）以及坚持自己的个人准则和普适的价值观（第六阶段）。柯尔伯格的理论因其政治性、文化特异性以及性别偏差而受到批评。

问题

1. 根据柯尔伯格的道德发展理论，追求个人利益以及避免惩罚属于_____水平，个人判断标准和普适的原则属于_____水平，获取支持或遵从规则属于_____水平。

2. Calvin 想要穿松垂、有洞的牛仔裤并戴鼻环，但他认为其他人不会赞同他这么做。Calvin 处于柯尔伯格道德发展的_____水平。

(a) 服从　(b) 寻求支持
(c) 习俗　(d) 前习俗

3. 5 岁的 Tyler 认为"不好的事情是指那些会使你受到惩罚的事情。"Tyler 属于柯尔伯格道德发展的_____水平。

(a) 具体　(b) 前习俗
(c) 后习俗　(d) 以惩罚为导向

4. 解释一下柯尔伯格理论中可能存在的文化差异和性别偏差。

答案请参考附录 B。

更多的评估资源：
www.wiley.com/college/huffman

人格发展

托马斯和切斯的气质理论：生物和人格发展

学习目标

从婴儿期到老年，人格怎样发展变化？

气质 个体天生的行为风格和特征性的情绪反应。

当你还是婴儿的时候，你会安静地躺着，好像没有在意周围的噪声，还是又踢又闹，对每一个声响都会立即做出反应？你对人反应温和，还是大惊小怪，使人烦躁和退缩？对这些问题的回答有助于确定你的**气质**（temperament）。发展心理学家将气质定义为个体天生的生物性行为风格以及特征性的情绪反应。

关于气质的最早也是最具影响力的理论之一源于心理学家亚历山大·托马斯（Alexander Thomas）和史黛拉·切斯（Stella Chess）的工作（Thomas & Chess, 1977, 1987, 1991）。托马斯和切斯发现，在他们观察的婴儿中，大约有 65% 都可以被稳定可信地划分到三个类别中。

（1）随和型儿童。这种婴儿在大多数时候都是开心的，他们很放松、很讨人喜欢，并且能很容易地适应新环境（大约 40% 的婴儿属于这类）。

（2）困难型儿童。这种婴儿喜怒无常、很容易受挫、紧张，并且对大多数环境都会反应过度（大约 10% 的婴儿属于这类）。

（3）慢热型儿童。这类婴儿表现出温和的反应，有点害羞和退缩，需要一定的时间来适应新的环境和人（大约 15% 的婴儿属于这类）。

后续的研究发现，气质类型的某些方面在整个童年期甚至是青年期都十分稳定和持续（Caspi, 2000; Kagan, 1998; McCrae, 2004; Stams, Juffer & van Ijzendoorn, 2002）。这并不意味着每一个害羞、谨慎的婴儿都会最终成为一个害羞的成年人。从婴儿到成年期会发生很多事件塑造个体的发展过程。

早期人格发展中最重要的影响因素之一是儿童的天性、父母的行为以及儿童所生长的社会环境背景的匹配程度（Eccles et al., 1999; Lindahl & Obstbaum, 2004; Realmuto, August & Egan, 2004）。比如，面对一个新的环境，只要时间允许，一个慢热型儿童也能做到最好。类似地，在一个稳定的、相互理解而不是不一致、不宽容的家庭中，一个困难型儿童也能够茁壮成长。气质研究的先锋亚历山大·托马斯认为，家长应该顺应儿童的气质而不是试图去改变他们。不知你是否注意到，匹配程度这种观点也是先天和后天相互作用的一个例证。

✔ 埃里克森的心理社会性发展理论：生命的八个阶段

和柯尔伯格一样，爱利克·埃里克森（Erik Erikson）（1902—1994）也提出了一个关于发展的阶段性理论。柯尔伯格描绘了道德发展的三个水平，埃里克森则确定了社会性发展的八个**心理社会阶段**（psychosocial stages）。埃里克森的每个阶段都以一个"心理社会性"的危机或冲突为标志，并且每个冲突都与一个特定的发展任务相关。

每一个心理社会阶段的命名都反映着该阶段会遇到的特定危机，以及两种可能的结果。比如，大多数成年早期个体会遇到的危机或任务是亲密对孤独（intimacy versus isolation）（见表 10—2）。这意味着这个年龄段的个体所面临的发展任务是与他人发展深入而亲密的关系。未能满足这一发展挑战的人会有社会孤立的风险。埃里克森认为，在克服每个心理社会冲突上越成功，我们就越有机会以一个健康的方式来发展（Erikson，1950）。

阶段一

在埃里克森的第一个阶段（从出生到大约 12 个月），主要的危机是信任对不信任（trust versus mistrust）。婴儿的需求在何时、以怎样的方式得到满足，决定了婴儿是将这个世界视为一个好的令人满意的生存环境，还是一个痛苦、沮丧和不确定的源泉。

阶段二至阶段四

根据埃里克森的划分，第二阶段自主对羞耻与怀疑（autonomy versus shame and doubt，1～3 岁），是发展出自我意识和独立性的阶段。在"可怕的两岁"，蹒跚学步的儿童不断地声称自己的意愿——"不，不"和"我，我"。以耐心和好脾气的鼓励来对待这些尝试独立性萌芽的家长，将帮助他们的孩子发展出自主自治的观念；相反，如果家长是讥笑、缺乏耐心或者强制性的，那么他们的孩子则会发展出羞耻与怀疑的感受。

第三阶段是主动对内疚（initiative versus guilt，3～6 岁），主要的冲突来自于儿童想要主动做某些事情的愿望和预期之外的后果导致的内疚。"当我儿子 5 岁的时候，他打算用烤面包器为自己做一个烤奶酪三明治。和很多家长一样，我在对待自己的小孩时犯过很多错误。但在这个情形下，我意识到他只是在'主动做事情'，尽管他制造了一个遍布整个厨房和客厅的大混乱，但我没有批评他。"根据埃里克森的观点，如果照看者对自主性行为给予支持和鼓励性的反馈（至少在绝大多数时候如此），儿童就会发展出力量感和自信，而不是内疚和怀疑。

埃里克森的第四个阶段是勤奋对自卑（industry versus inferiority，6～12 岁），当儿童开始练习在他们的工作中会使用到的一些技能时，他们会发展出勤奋的观念，或叫胜任感。工业化国家的大多数儿童在这一阶段都会学习阅读、写作和算术。外部世界对儿童的成败如何反应决定了他们

心理社会阶段　埃里克森提出的个体会经历的八个发展阶段的理论，每个阶段都有一个需要成功解决的危机。

369

发展出胜任感和勤奋，还是不安全感和自卑。

表 10—2	埃里克森的八个阶段	
	心理社会危机 （大致的年龄）	描述
埃里克森的第一阶段	信任对不信任 （0～1 岁）	婴儿学会去相信外部世界，尤其是他们的母亲能够满足他们的愿望和需求；否则将会产生不信任感。
	自主对羞愧与怀疑 （1～3 岁）	蹒跚学步的儿童学会去实践自己的意愿、进行选择和自我控制；否则他们将对自己能够独立完成事情变得不确定和疑虑。
埃里克森的第二阶段	主动对内疚 （3～6 岁）	学龄前儿童学会去主动从事某种行为并享受他们的成就；否则他们会因为这些独立性的尝试而感到内疚。
	勤奋对自卑 （6～12 岁）	学龄儿童会发展出一种勤奋的观念或胜任感，他们学习文化所要求的重要技能；否则他们会感到自卑。
	自我同一性对角色混乱 （12～20 岁）	青少年会发展出一致的自我概念和自己在社会中的角色；否则他们将面对身份和角色的混乱。
埃里克森的第六阶段	亲密对孤独 （20～30 岁）	成年早期的个体会与他人发展出亲密的关系；否则他们将体验到孤立和孤独。
	繁殖对停滞 （30～65 岁）	中年人会开始关心如何安顿、指导和影响下一代；否则他们将面临发展的停滞（一种毫无生气的感觉）。
埃里克森的第八阶段	自我完善对绝望 （65 岁以上）	老年人会进入一个反省和回顾自己一生的时期。他们或许会因自己的一生而体验到一种整合感，并接受死亡的来临；或许会因自己的生命无法重新来过而感到绝望。

资料来源：Papalia, Olds, & Feldman (2001)，*Human Development* (8 ed.)，New York，McGraw-Hill.

阶段五和阶段六

埃里克森的第五阶段是自我同一性对角色混乱（identity versus role confusion，12～20 岁）。埃里克森认为，个体的自我同一性都是从一个严肃质疑和强烈深思反省的阶段发展起来的。在**同一性危机**（identity crisis）中，青少年试图去发现他们自己是谁，他们有什么技能，他们在之后的生活中最适合扮演怎样的角色。未能解决同一性危机可能与一些不良的后果相关，比如，缺乏稳定的自我同一性，行为不良，在将来的生活中难以维

同一性危机 埃里克森提出的用于表示青少年找寻自我的术语，同一性危机要求认真的自我反省和质疑。

持亲密的人际关系。

埃里克森认为，一旦建立起了稳定的自我同一感，个体（从成年早期到 20～30 岁）就能面对发展的第六阶段，即亲密对孤独（intimacy versus isolation）的挑战了。如果形成了亲密的纽带，就会产生同他人之间基本的亲密感。否则，个体就可能回避人际承诺，并体验到孤独感。埃里克森模型中的第五阶段和第六阶段表明，如果我们想要同他人建立亲密和爱的关系，必须首先弄清楚我们是谁，以及如何成为独立的个体。

阶段七和阶段八

第七阶段是繁殖对停滞（generativity versus stagnation，从中年到30～65岁），个体将他们的爱和关切拓展到直接的家庭成员之外而包含整个社会。这个年龄段的一个主要驱动力是协助和引导年青的一代。如果没有这种拓展和努力，个体的发展就会停滞，变得只关心物质的占有和个人的福利。

在生命的最后几年，成年人会进入发展的第八个阶段，自我完善对绝望（ego integrity versus despair）的时期。成功地解决了先前各个心理社会冲突的个体，会怀着成就感和满足感来回顾自己的一生；而以消极的方式处理先前危机或者生活毫无成就、只关心自己的人，则可能因为丧失了机会，以及意识到为时已晚、无法重新来过产生的沮丧而感到追悔莫及。正如丹麦哲学家索伦·克尔凯郭尔（Soren Kierkegaard）所说："生活总是向前发展的，但我们总是事后才明白。"

评价埃里克森的理论

很多心理学家都认同埃里克森的主要观点，即基于人际和环境的交互作用而产生的心理社会危机的确对人格的发展存在作用（Brendgen, Vitaro & Bukowski, 2000；Bugental & Goodnow, 1998；Marcia, 2002），但他的观点还是受到了一些批评。首先，与弗洛伊德的理论一样，埃里克森的心理社会阶段也难以用科学的方法进行验证。其次，埃里克森用以描述八个阶段的名称并不对所有文化都完全适用。比如，在个体主义文化中，自主比羞愧和内疚受到更多的认可，但在集体主义文化中，人们可能更推崇依赖或融合的关系（Matsumoto, 2000）。此外，我们很难将毕生发展都挤压到一个综合性的理论中。

尽管存在这些局限性，埃里克森的阶段性观点还是对北美和欧洲的心理社会性发展研究做出了巨大贡献。而且，埃里克森还是第一批强调在青年期之后发展仍在继续的理论家。他的理论还有待进一步的研究。

371

▍发展中的误区：纠正一些流行的误解

我们已经对两个主要的有关人格毕生发展的理论进行了简要回顾，在继续下面的内容之前，有必要先澄清一些常见的误解。例如，大多数的心理学家直到近期仍将青春期描述为一个暴怒而充满压力的时期——巨大的情感波动和心理的过度紧张。而最近 20 年的研究却表明，所谓的暴怒和充满压力在很大程度上是一种假象。基于 186 个社会进行的观察研究表明，青春期并不比其他的生命过渡期更为冲动（Schlegel & Barry，1991）。此外，埃里克森预期青少年为了建立自我认同会有心理上与父母分离的需求，然而事实与之相反，大多数的青年人，无论何种性别，都与他们的父母保持着亲密的关系，并且崇拜他们的父母（Diener & Diener，1996；Lerner & Galambos，1998；Van Wel，Linssen & Abma，2000）。

　　关于与年龄相关的危机，其他一些流行的观点也没有得到研究的支持。中年危机（midlife crisis）这一流行的观点，基本上开始于盖尔·希伊（Gail Sheehy）的一本畅销书《人生变迁》（*Passages*，1976）。希伊糅合了丹尼尔·莱文逊（Daniel Levinson）（1977，1996）和心理学家罗杰·古尔德（Roger Gould）（1975）的理论以及她自己的访谈，从而提出并普及了以下观点：几乎每一个人都会经历一个"可以预见的危机"，对女性大概是35岁，对男性大概是40岁。中年时期通常是重新确立自己价值观和人生目标的时期。然而，希伊的书却使很多人不由自主地预期会发生一个中年危机，在这个危机中他们的人格和行为都会发生戏剧性的变化。事实上，研究表明这种剧烈的反应或危机十分少见，而且并不能代表大多数人在中年期的经历（Horton，2002；Lachman，2004）。

　　还有一些人认为，当家里最后一个孩子离家后，大多数的父母都会体验到一种空巢综合征（empty nest syndrome）——父亲、母亲或双方会体验到一种痛苦的分离和一段时间的抑郁。然而研究表明，空巢综合征很可能只是夸大了一部分个体所体验到的痛苦，并且忽视了子女离家所带来的积极的反应（White & Rogers，1997；Whyte，1992）。比如，空巢的一大好处是会增加婚姻满意度（见图10—1）。而且，子女离家后亲子关系仍然在持续。正如一位母亲所说："电话线围绕着空巢。"（Troll，Miller & Atchley，1979）

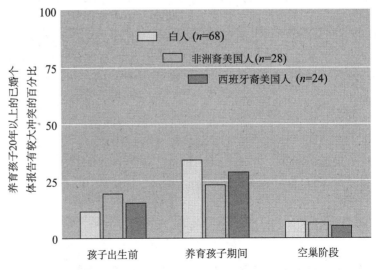

图10—1　毕生的婚姻满意度。你相信子女会使一段婚姻更为坚固吗？你认为子女长大离家后，大多数的父母都会经历一令人沮丧的空巢综合征吗？如果你这样认为，那你将会吃惊地发现，最高水平的婚姻满意度和最低水平的婚姻冲突正是出现在孩子出生前和他们离家之后（Mackey & O'Brien，1998，p. 132）。

检查与回顾

人格发展

托马斯和切斯强调某些特性是由基因决定的（比如社会性），同时婴儿在出生后不久就会在气质方面表现出差异。

埃里克森提出了一个跨越整个一生的心理社会发展的八个阶段理论。童年期发生的四个阶段分别是，信任对不信任，自主对羞愧和怀疑，主动对内疚，勤奋对自卑。青春期主要的心理社会危机是同一性危机，即寻求自我同一性对角色混乱。成年早期个体的任务是克服孤独和孤立而建立起亲密关系。到了中年期，人们需要解决的问题是繁殖对停滞。到了生命的尾声，老年人必须完成自我的整合，否则就会因为意识到曾经丧失的机会而面临无法抵挡的绝望。

研究表明，青春期的冲动和应激、中年危机以及空巢综合征可能只是夸大了部分个体的体验，并不能代表大多数人。

问题

1. 一个婴儿天生的倾向被称为_____。

（a）人格　　（b）反射
（c）气质　　（d）特性

2. 简述托马斯和切斯的气质理论。

3. 埃里克森认为，成年时遇到的问题通常与没有处理好八个阶段中某个阶段的危机相关。针对下面的每一个个体，识别出他们最有可能出现问题的那个阶段。

（1）Marcos 难以维持友谊和工作，因为他总是反复要求别人对他的价值进行保证和肯定。

（2）在过去的 10 年，Ann 进入了很多所大学却没有选择任何一个专业，参加了多个职业培训计划，还尝试了不计其数的工作。

（3）尽管同事们都鼓励她，Teresa 还是迟疑是否应该提出晋升的申请。她担心自己会抢了别人的工作，并怀疑自己的价值。

（4）Geonge 一直被自己人生的价值所困扰。他后悔曾经因为到另一个国家工作而离开了自己的妻子和儿女，并从此失去了联系。

4. 讨论一下文章中提到的关于发展的三种常见的误解。

答案请参考附录 B。
更多的评估资源：
www.wiley.com/college/huffman

面对成年期的各种挑战

在我们快速地浏览了一遍解释道德和人格毕生发展的理论和概念后，你也许想知道，这些信息到底对你现在的成年生活有怎样的帮助。这一部分我们将探讨，作为一个成年人，我们都会面临的最重要的三个发展任务：建立一个好的婚姻关系、应对家庭生活的挑战以及找到一个有价值的工作和退休。

学习目标
我们怎样才能拥有成功的成年生活？

婚姻：克服不切实际的期望

多年以来我都在对别人的个人问题提出各种建议，这使我对自己竟会离婚感到震惊。我多么希望也能有这么一个人，我能写信给他来咨询意见和建议。

——Ann Landers

尽管自 20 世纪 70 年代以来离婚率有一定程度的降低，但在美国仍然有 1/2 的婚姻以离婚告终。毫无疑问，这种婚姻的破裂对成人和儿童的发展都存在严重影响（Abbey & Dallos，2004；Lengua，Wolchik，Sandler & West，2000；Riggio，2004）。对于成人，双方都会经历情感上和实际生活中的双重困难，同时，他们还很有可能患上抑郁和其他身体健康的问题。然而，很多可能导致离婚的问题在婚姻破裂之前就已经出现了。事实上，对于某些人而言，离婚反而能促进他们的生活。在一个"健康的"离婚中，曾经的伴侣们必须完成三个任务：顺其自然、发展新的社会关系以及涉及子女时重新定义自己作为父母的角色（Everett，Everett，1994）。

对正经历离婚的夫妇还需进一步强调的是，很多研究都表明，离婚会使子女遭受到短期和长期的双重影响。与始终在完整的双亲家庭中长大的儿童相比，离异家庭中成长的儿童通常会表现出更多的行为问题、较差的

373

自我概念、更多的心理问题、较低的学术成就以及更多的社交和关系上的困难（Ham，2004；Hetherington & Stanley-Hagan，2002；Pedro-Carroll，2005；van Schaick & Stolberg，2001）。然而其他一些研究发现，儿童的心理发展并不会受到父母分离本身的影响，相反，与依恋水平、儿童自身独特的人格特点有关，同时还会受到母亲的收入、教育水平、种族、育儿信念、抑郁症状及行为方面的影响（Clarke-Stewart et al.，2000；Ruschena et al.，2005；Torrance，2004）。还有一些研究者认为，离开一个完整但

两种不同类型的家庭。《考斯比一家》和《黑道家族》。

并不幸福的家庭中持续存在的紧张感和争执，儿童可能发展得更好（Emery，1999）。

在离婚过程中，儿童究竟会成为一个"赢家"还是"输家"取决于（1）儿童个人的特征，（2）监护人家庭的质量，（3）作为非监护一方的父母之后的参与程度，（4）儿童和家长可以获得的资源和支持体系（Brauer et al.，2005；Carbone，2000；Gottman，1998；Grych，2005；Torrance，2004）。如果你或你的父母正在考虑或正在经历离婚，那么在进行任何与子女有关的法律或其他决定时，或许应该记住并考虑这四个方面的因素。

应 用 将心理学应用于日常生活

你是否对婚姻抱有不切实际的期望？

我如何才能拥有一个好的婚姻而避免离婚？你可以做的第一步是检查一下自己关于婚姻的梦想和期望。它们是如何产生的？它们与实际情况相符吗？当考虑婚姻以及丈夫和妻子的角色时，你想到了什么？你是否想到了那些电视里的家庭的形象，比如《考斯比一家》（*The Cosby Show*），《人人都爱雷蒙德》（*Everybody Loves Raymond*），甚至《黑道家族》（*The Sopranos*）？研究表明，在观看了电视情景喜剧后，女性比男性更多地报告说她们试图去模仿电视里的家庭生活，她们甚至还希望自己的另一半也能够像电视里的男人那样（Morrison & Westman，2001）。

当考虑男性的期望时，研究发现他们更可能相信关于婚姻的虚构说

法，比如"男人来自火星而女人来自金星"，或者"风流韵事是离婚的主要原因"。你能看出这些期望和虚构的说法是如何导致婚姻问题的吗？无论是对男人还是女人，婚姻专家和研究者都一致认为，符合实际的预期是成功婚姻中的关键成分（Gottman & Levenson，2002；Waller & McLanahan，2005）。

　　你自己的预期合乎实际吗？现实的预期包括两个重要的成分，即认识到个体的偏差和视真理高于个体利益。下面列出了一些基于长期的幸福婚姻研究所得到的特征和因素（Gottman & Levenson，2002；Gottman & Notarius，2000；Greeff & Malherbe，2001；Harker & Keltner，2001；Heaton，2002；Rosen-Grandon，Myers & Hattie，2004），试着运用这两种批判性思维的技巧，把自己对婚姻的预期与这些特征和因素进行比较。

　　（1）明确的"爱情地图"。在一个幸福的婚姻中，双方都愿意分享自己的个人情感和生活目标。这种分享造就了关于双方内部情感世界详尽的"爱情地图"，并使婚姻关系中产生了分享的意义。你的婚姻中也是如此吗？或者你还抱有一些不切实际的预期，比如，亲密感会自然而然地产生，"真正的另一半"自动就会明白你心底的想法和感受？

　　（2）分享权利，相互支持。你是否愿意完全地分享权利，并且即使在自己不同意的时候你也会尊重自己伴侣的观点？还是你已经无意识地认可和接受了电视连续剧里那种不平等的权利分配？你看，在《考斯比一家》、《人人都爱雷蒙德》和《黑道家族》中，丈夫通常都被描述成"一家之主"，但真正的权利却都掌握在"小女人"手中。不知你是否看到了，这些惯常的描述可能会造成女人不切实际的预期以及男人对婚姻的回避。

　　（3）冲突控制。成功的夫妇会努力去解决他们能够解决的冲突，接受不能解决的矛盾，并且明白两者之间的差异。当你们有冲突的时候，你是否预期你的另一半会自动地改变？解决冲突并不是指让别人改变，它包括协商和妥协。你是否理想化地预期你能够解决所面临的绝大多数或者所有的问题？婚姻咨询师发现，绝大多数的婚姻冲突都是长期存在的——它们不会消失。幸福的夫妻能够识别出这些方面，并且能够通过对话、耐心和接纳来避免婚姻中的"瘫痪"。

　　（4）相似性。你相信"反向相吸"吗？我们都认识一些非常不同却仍然生活很幸福的夫妻。但是研究表明，相似性（在价值观、信仰、宗教等方面的相似性）是对长期关系最好的预测指标之一（第 16 章）。

　　（5）支持性的社会环境。你是否认为"爱能战胜一切"？不幸的是，研究发现，很多环境因素会压倒或者慢慢地腐蚀哪怕是最坚固的爱情。这些因素包括年龄（年轻夫妻的离婚率较高）、金钱和工作（穷人和失业的人离婚率较高）、父母的婚姻状况（父母离婚的子女也更可能离婚）、求爱时间的长短（越长越好），以及婚前怀孕（婚前没有怀孕较好，此外，婚后等待一段时间再选择怀孕也会更好）。

　　（6）强调积极的方面。你是否认为在婚姻当中你可以放任自己的坏脾气并且公开指责对方？再次认真思考一下。肯定的解释（你如何看待另一

374

半的行为）、正面的情感（愉快的情绪，好脾气）、积极的表达和沟通，以及对婚姻冲突给予积极反馈，这些因素对于持久而幸福的婚姻是至关重要的。

你自己试试

下面是一个简单的关于"强调积极的方面"在所有关系中重要性的测试，你愿意试试吗？

选出两到三个你最讨厌的朋友、家庭成员或同事，然后在允许自己表达哪怕一丁点儿的负性情绪之前，试着给他们四个积极的评价，你会发现他们的态度和行为会如何迅速地改变。更重要的是，当运用强调积极方面的策略时，你会注意到自己对这个讨厌的人的感受和反应也会相应地改变。你看到了这种积极性是如何戏剧性地提升婚姻满意度了吧？

家庭：它们对发展的影响

家庭与人格。这张照片是否让你想到了自己的家庭呢？你的父亲、母亲和兄弟姐妹们对你的人格发展产生了怎样的影响？

375

正如我们在上一章中对依恋和父母教养方式的讨论所提到的一样，家庭对我们的发展产生巨大的作用。但是，这种影响并不总是好的。家庭暴力、青少年怀孕以及未成年父母都会对发展造成显著的影响。

家庭暴力

家庭可以是温暖而充满关爱的，同时也可能是残酷而充斥辱骂和虐待的。粗暴和虐待与过去相比更广泛地为人们所认识。但是家庭暴力却很难衡量，因为它往往发生得很隐蔽，而受害者也因为胆怯、软弱或害怕遭到报复而不愿将其报告出来。然而，每年报到警察局或者社会服务机构的家庭暴力、虐待儿童和虐待老年人的案件仍然数以百万计（Cicchetti & Toth, 2005；Levinthal, 2006；Safarik, Jarvis & Nussbaum, 2002）。

什么原因导致了家庭暴力？暴力更多发生在那些经历着婚姻冲突、物质滥用、精神失常以及经济压力的家庭中（Field, Caetano & Nelson, 2004；Holtzworth-Munroe et al., 2003；Levinthal, 2006）。重要的一点是，虐待和暴力在所有社会经济水平的家庭中都有可能发生，但在因失业或其他经济压力而破裂的家庭中的确更常发生。

除了经济问题，一些施虐的父母还是社交上受到孤立、缺乏良好的沟通和养育技巧的个体。他们的焦虑和沮丧很可能会爆发为对配偶、子女和老人的虐待。事实上，对潜在的虐待最清晰的识别指标之一便是冲动性。那些虐待自己的子女、配偶或年迈父母的人似乎都缺乏对冲动的控制，尤其是在面临压力时更是如此。他们还会以更剧烈的情绪和更高的唤起水平来对压力做出反应（Begic & Jokic-Begic, 2002；Cicchetti & Toth, 2005；Cohen et al., 2003）。这种冲动性不仅与一些心理因素，比如经济压力和社会孤立（无法得到任何人的帮助或反馈）有关，还可能受到了一些生理因素的影响。

　　从生物的角度来看，与攻击性的表达和控制密切相关的有三个脑区：杏仁核、前额叶皮层以及下丘脑（复习这些脑区，请参见第 2 章）。有意思的是，脑损伤、中风、痴呆、精神分裂症、酒精中毒以及兴奋性药物滥用都与这三个区域存在联系，也都与攻击性行为的突发有关。同时，研究还表明，低水平的神经递质、血清素（serotonin）和 GABA（gamma-ami-nobutyric acid，γ 氨基丁酸）也与易激惹性、对刺激的过分敏感性及冲动性的狂怒有关（Goveas，Csernansky & Coccaro，2004；Halperin et al.，2003；Levinthal，2006）。

　　有什么办法能够降低这类攻击性吗？抗焦虑的治疗和血清素增强药物比如百忧解（Prozac），也许能够降低一些冲动性暴力的风险。但是，考虑到对配偶、子女、兄弟姐妹和老年人的虐待之间的相关关系，以及暴力也会对除受害者和施暴者之外的其他家庭成员产生影响，治疗往往会包括整个家庭（Becvar & Becvar，2006；Emery & Laumann-Billings，1998）。

　　大多数专家学者都提倡使用两种综合的方法来对待家庭暴力。初级计划（primary programs）试图确认出那些"脆弱"的家庭，并且通过教给他们抚养后代和婚姻的技巧、压力管理以及冲动控制来避免虐待的发生。这类计划同时还会宣传虐待的一些表现，并且鼓励人们报告出那些可疑的案例。次级计划（secondary programs）试图在虐待发生后使这些家庭能够复原。它致力于改善社会服务，建立自主组织，比如家长匿名协会和 AMAC（adults molested as children），并为受害者和施暴者提供个体和群体的心理治疗。

青少年怀孕和未成年父母

　　另外一个可能会对发展造成影响的因素是过早地成为父母和组建家庭。你是否听说过，在所有主要的工业化国家中，美国青少年的怀孕率是最高的（Alan Guttmacher Institute，2004；Boonstra，2002）？遗憾的是，这的确是一个不幸的事实。但是讽刺的是，现在的比率已经比 20 世纪的大多数时候都要低很多了。

　　既然这个比率已经降低了，为什么每个人都仍如此担心未成年怀孕这一问题？总体的未成年怀孕比率虽已显著减少，未婚妈妈的比例却在增加（Boonstra，2002；Hyde & DeLamater，2006）。这个增高的未婚率十分重要，因为由女性支撑的单亲家庭极有可能遭受贫困。此外，青春期怀孕通常还会对母亲和婴儿都带来相当大的健康风险（第 9 章），他们婚姻成功的可能性也会减少，而且还会导致更低的受教育水平（Barnet，Duggan & Devoe，2003；Endersbe，2000；Philliber et al.，2003）。事实上，怀孕是高中生辍学最常见的原因。考虑到这些事实，未成年母亲还是具有最高抑郁水平的人群之一就不足为怪了（见图 10—2）。

　　为减少青少年怀孕的人数，我们应该做些什么？综合性的教育和以健康为导向的服务似乎是用以减少高危青少年群体怀孕比率最有前途的方法（Coley & Chase-Lansdale，1998；Hyde & DeLamater，2006）。例如，约翰·霍普金斯防止怀孕计划（Johns Hopkins Pregnancy Prevention Pro-

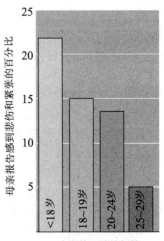

生育第一胎的年龄

图 10—2　成为母亲的年龄和满意度。注意，成为母亲的年龄与报告感到悲伤和紧张的比例存在直接联系。

gram）便提供了完善的医疗、避孕服务、社会性服务（比如咨询）以及如何当家长的教育。这个方法推迟了性行为发生的年龄，增加了避孕用品的使用，降低了性行为的频率，并且还使实验组的实际怀孕率减少了30%。而同一时期，用于对照的另一所学校的实际怀孕率增加了58%（Hardy & Zabin, 1991）。

通过有组织的志愿者社区服务以及关于生活决策、事业和关系的课堂讨论，还有很多其他的延伸计划也在致力于促进青少年的社会性发展。研究发现，很多青少年怀孕都是源于贫困以及由贫困而产生的认为生活选择十分有限的知觉（Stewart, 2003；Young et al., 2004）。

大多数研究和社会计划（如这里提到的两个）都把焦点集中于经济问题上：金钱（或者缺乏金钱）对青少年怀孕有怎样的影响。但研究者Rebekah Coley 和 Lindsay Chase-Lansdale（1998）却认为我们还应该探讨过早地成为父母所造成的心理影响。如果说青春期是巩固自我同一性、脱离父母而建立起自主自治的时期，那么这些未成年父母会怎样？如果自己还和母亲住在一起却已成为未成年妈妈，这对这个青少年会产生怎样的影响？而过早成为祖父母又会对这些人的毕生发展带来怎样的后果？那未成年父亲呢？这么早便成为父亲会如何影响他的发展过程？此外，由未成年妈妈、未成年爸爸或祖父母抚养的儿童又会如何？他或她的发展会受到怎样的影响？这些问题都有待下一代的研究者来回答（也许正是你们这些正在读这一课本的人）。

弹性　面对威胁仍能有效适应的能力。

应　用

聚焦研究

困境中幸存的儿童

每天都充满了玩乐和发现，每晚都能得到休息和安全，拥有奉献和充满爱的父母随时在周围，成长在这种环境中的儿童是非常幸运的。但那些成长在暴力、穷困或者负性环境中的儿童呢？正如我们在对家庭暴力、未成年怀孕和未成年父母、离婚这些问题的讨论中所提到的，一个混乱的童年会带来更多严重的生理、情感和行为上的问题。当然，也有例外。一些优秀、充满爱的父母的子女也会有严重问题，而一些成长在重压下的儿童也能够适应得非常好。

是什么帮助了那些生活在苛刻环境中的儿童，尽管遭遇了极大的困难，仍然能够幸存并且成功？这个问题的解答对于父母们乃至整个社会都非常有益。这种弹性儿童能教会我们以更好的方式来降低风险、提升胜任力、将发展转向更积极的方面（Masten, 2001）。**弹性**（resiliency）是指面对威胁仍能够有效适应的能力。

关于弹性的研究遍布整个世界和各种各样的情境，包括贫穷、自然灾害、战争以及家庭暴力（例如，Cole & Brown, 2002；Horning & Rouse, 2002；Martindale & Palmes, 2005）。两位研究者（明尼苏达大学的 Ann Masten 和迈阿密大学的 Douglas Coatsworth）确认了弹性儿童的特质以及能够说明弹性儿童成功的一些环境因素。

大多数非常出色的儿童都具有（1）很好的智力功能，（2）与照看他们的大人保持良好的关系，（3）长大之后，很好地调节其注意力、情感和行为的能力。很显然，这些特质相互之间是存在重叠的。例如，好的智力功能也许有助于弹性儿童解决所遇到的问题，或者保护自己不受不利条件的伤害。同时，他们的聪明才智也能够吸引老师的兴趣。而出众的智力也能帮助弹性儿童从自己的经历以及照顾他们的成年人那里学习，从而使他们在将来的生活中具有比他人更好的自我调节能力。

在这个越来越关注无家可归、贫困、虐待、未成年怀孕、暴力和离婚的时代，对成功儿童的研究是非常重要的。从另一方面来讲，没有任何一个儿童是不受任何伤害的。Masten 和 Coatworth（1998）提醒我们："如果我们允许已知的发展过程中的危险因素越来越普遍，儿童的资源减少，我们可以预期儿童个体的能力，以及国家所能承受的人力资本"。（第 216 页）

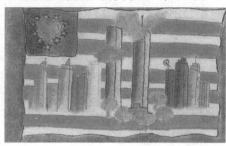

弹性和 "9·11"。 在 2001 年 9 月 11 日的恐怖袭击后，许多纽约的儿童和青少年都制作了动画和书信来表达自己的情感。注意看这幅画左上角的那颗心。这是由 Queens 高中的一个学生 Angelina 所画的。这是否就是一个弹性个体的标志？

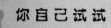
你自己试试

你具有弹性吗？

你是在一个"高风险"的环境中长大的吗？那你是一个弹性儿童吗？一项关于弹性的长达 30 年的长期研究，确认了许多与高风险儿童有关的环境因素。请在每一项符合你童年的风险因素前打钩：

_____ 出生后经历了长期的贫困。

_____ 充满压力的胎儿或出生条件（比如出生前风险，低出生体重）。

_____ 家庭环境中存在长期的不和谐。

_____ 父母离异。

_____ 父母中一方或双方具有精神疾病。

在两岁之前经历了四项或更多这些因素的高危儿童，在后来的生活中，有 2/3 都出现了严重的适应问题。但仍有 1/3 的儿童，虽然也经历了四项或更多这些风险因素，却是具有弹性的，他们发展成了有能力、自信和充满关爱的成年人。

工作和退休：它们是如何影响我们的

在我们成年生活的绝大部分时间中，工作都以最基本的方式限定了我们。它影响我们的健康、友谊、居住地，甚至我们的休闲活动。但在通常情况下，职业选择都是基于高收入的梦想。高等教育研究机构（Higher Education Research Institute）调查的大学新生中，有将近 74％ 的人都说"非常好的经济条件"是"十分重要"或"至关重要"的，而 71％ 的人认为养活一个家庭也是"十分重要"或"至关重要"的（"今年的新生们"，1995）。这些年轻人明确地希望能将家庭和工作的角色结合起来，并且"过好的生活"。但是，一些人将发现他们的工作很痛苦、令人不满、没有出路，他们不得不工作很长的时间，却只得到了刚刚能跟得上通货膨胀率的报酬。

我如何才能找到一份报酬丰厚、同时又适合我人格特点和兴趣的工作呢？选择一个职业是我们生活中最重要的决策之一。不幸的是，由于日益增加的专业化和工作的波动导致职业选择的飞速改变，这项工作正变得越来越困难和复杂。政府刊物、《职衔字典》（*Dictionary of Occupational Titles*）目前已列出了 20 多万种的职业类别。想要了解更多的关于这些职业类别和其他潜在职业的信息，可以访问你们大学的职业中心。这些中心通常会提供大量的书籍和手册，以及一些有趣并且有帮助的职业兴趣测验（你也可以尝试一些职业兴趣测验的在线版——http：//www. keirsey. com/cgi-bin/newkts. cgi）。

除了拜访职业咨询师以及做职业兴趣测验，你也许还有兴趣了解一下心理学家约翰·霍兰德（John Holland）的观点。根据他的人格—职业匹配理论（personality-job fit theory），个体的人格与其职业选择之间的匹配（或"拟合"）是决定工作满意度的主要因素（Holland，1985，1994）。霍兰德发展出了职业兴趣测验（Self-Directed Search），该问卷在六种人格类型上评定个体的得分，然后将个体的兴趣和能力与各种职业的工作要求进行匹配。研究表明，人格和职业之间"拟合"确实有助于增加工作成就以及工作满意度——人们通常会喜欢那些他们擅长的事情（Brkich，Jeffs & Carless，2002；Kieffer，Schinka & Curtiss，2004；Spokane，Meir & Catalano，2000；Tett & Murphy，2002）。

你自己试试

你的工作适合你吗？

根据表 10—3 左边一列所描述的人格特征，选出最接近你的一项。在中间和右边两栏里，列出了你的"霍兰德人格类型"以及给你建议的"匹配/一致的职业"。

表 10—3	你的工作适合你吗？	
人格特征	霍兰德人格类型	匹配/一致的职业
害羞、真诚、执著、坚定、顺从、注重实际	1. 现实型：喜欢要求技术、力量和协调性的体力活动。	机械工，钻床操作者，装配线工人，务农人员
思辨、创新、有好奇心、独立	2. 研究型：喜欢涉及思考、组织和理解的活动。	生物学家，经济学家，数学家，新闻记者
社会化、友好、合作、善解人意	3. 社会型：喜欢帮助和发展他人的活动。	社会工作者，咨询师，教师，临床心理学家
顺从、有效率、讲求实际、缺乏想象力和灵活性	4. 常规型：喜欢有规则、有秩序、不模糊的活动。	会计师，银行出纳，文书，公司经理
想象力丰富、不遵守常规、理想主义、情绪化、不求实际	5. 艺术型：喜欢能容纳创新性的表达、模糊、非系统化的活动	画家，音乐家，作家，室内设计师
自信、有雄心、精力充沛、高傲	6. 企业型：喜欢有机会影响他人，可以获得权利、发号施令的活动	律师，房地产代理，公共关系专家，小型商业经理人

资料来源：引用得到了出版者心理学测评资源有限公司（Psychological Assessment Resources，Inc.）的特别许可（16204 North Florida Avenue，Lutz，Florida 33549）。引自该公司 1985 年出版的由约翰·霍兰德博士所著的职业兴趣测验。除非得到 PAR 有限公司的许可，禁止进一步引用。

分离与活动。 老年化的分离理论认为，老年人应该自然而然地从生活中分离和撤离出去。然而，从这幅照片中的人物来看，活动理论也许是关于老年化的一个更好的理论，因为它认为整个一生中人们都应该保持对生活的积极参与态度。

活动理论　成功的晚年是由完全积极地参与生活来支撑的。

分离理论　成功的晚年是以老年人与社会的双向分离为标志的。

社会情绪选择理论　由于老年人对他们的时间更具选择性，他们的社会关系会自然地减少。

享受退休生活

工作和职业是成年生活和自我认同的一个重要部分。但是，大部分美国人，无论男女都会在 60 几岁时选择退休。正如中年危机和空巢综合征一样，通常假设的那些伴随退休而发生的丧失自尊和抑郁可能在很大程度上也是一种虚构。退休以后的生活满意度似乎更多与健康的身体、对自己生活的控制感、社会支持、参加社区服务以及社会活动有关（Warr，Butcher & Robertson，2004；Yeh & Lo，2004）。根据**活动理论**（activity theory），这种积极的参与是充实晚年的关键。相反，其他一些理论家则认为，成功的晚年在于自然而优雅地从生活中撤离出来，即他们提出的**分离理论**（disengagement theory）（Achenbaum & Bengtson，1994；Cummings & Henry，1961；McKee & Barber，2001；Neugarten，Havighurst & Tobin，1968；Rook，2000）。

分离理论由于很显然的原因受到了严厉的质疑，并且几乎已经被弃用了。成功的晚年并不需要从社会中撤离出去。我之所以还提到这个理论，是因为它与这个主题相关，同时也是因为它与当前一个很有影响力的观点——**社会情绪选择理论**（socioemotional selectivity theory）之间存在联系。这一最新的模型能够帮助我们解释一种可预期的现象，即几乎每个人步入晚年的时候，都会经历社会接触的减少（Carstensen，Fung & Charles，2003；Lang & Carstensen，2002）。根据社会情绪选择理论，我们在年老之后并不是自然而然地撤离出了社会——我们只是对自己的时间变得更有选择性了。我们故意选择去减少社会接触的总数，以便能和熟悉的人进行具有情感意义的交流。

正如图 10—3 所示，在生命的初期，我们对情感联系的需求是非常重要的。在童年、青春期和成年早期，这种需求会降低，但到了晚年这种需要又会再一次增加。与这种变化模式刚好相反的是我们对信息和知识的需求。你能够欣赏到这个理论极具洞察力的地方吗？情感支持对于婴儿的生存至关重要，而信息收集对童年期和早期成年的个体则相当关键，老年人更重要的则是情感上的满足——因此，我们倾向于投入时间在那些需要时间的、并且可以信赖的人身上。

形象化的小测试

（图表：纵轴"社会动机的显著性"，从"低"到"高"；横轴"婴儿"、"青少年"、"中年"、"老年"；两条曲线分别标注"情感需要"和"知识需求"）

图 10—3　社会情绪的选择性。 注意在婴儿期和晚年的时候，人们的情感需求是多么高。你能解释这是为什么吗？

答案：婴儿的生存取决于他们同照料者之间亲密的依恋关系。老年人意识到自己已为时不多，因此与他们年轻时所追求的那些东西相比，他们更重视亲密的关系。

目 标 性别与文化多样性

歧视老年人现象的文化差异

380 正如我们在这一章和前面的章节中所学到的，尽管比大多数人认为的要少得多，但许多丧失和压力仍然伴随着年老的过程而产生。至少在美国，老年人最大的挑战可能是他们所遭遇的老年人歧视。与将老年人看做心智迟钝且对社会无用相比，在那些将老年人看做智者或对珍贵传统的维护者的社会中，他们经受的压力要小得多。在像美国这种高度强调年轻、速度和进步的文化中，在这些素质方面有任何缺乏都会被视为可怕而被加以否认（Powell，1998）。

对老年人的尊重。土著美国人通常都非常敬重和尊敬他们部落的老年人。年长是一种荣誉并且得到祝福，或者是一种令人畏惧的诅咒，这两种情况下的老年人会有怎样的不同？

难道没有尊重老年人的文化存在吗？并非如此。在日本、中国、非洲裔美国人以及绝大多数土著美国人的部落中，老年人都是受到尊敬的。年长的父母通常都因为智慧和经验而得到尊重。在家庭事务中人们通常都会听从于父母，并且父母一般都和自己的子女住在一起直到去世（Gattuso & Shadbolt，2002；Klass，2000；Miller et al.，2006）。然而，随着这些文化变得越来越城市化和西方化，对老年人的尊敬也发生了相应的降低。例如，在日本，1957年时超过80%的老年人都和他们已经成年的子女居住在一起；1994年，这一比例减少到只有55%了。最近，日本将照顾老年亲属规定为一项法律责任（Hashizume，2000；Oshima et al.，1996）。

美国的老年人歧视、性别以及种族特点

老年人中也存在不同的亚群体，这些亚群体在地位和待遇上也存在相当大的差异。例如，在美国，研究表明老年男性比老年女性具有更高的社会地位、更多的收入以及性伴侣。而老年女性则拥有更多朋友，并且更多参与到家庭关系中，但她们的社会地位和经济收入较低。与“有钱的老女人”这种很流行的刻板印象相反，北美老年女性是拥有最低收入水平的代表群体之一（Chrisler，2003；美国人口普查局，2001）。

在美国，种族特点也对老年人具有一定的影响。少数民族的老年人，尤其是非洲裔和拉美裔，面对老年人歧视以及种族歧视双方面的问题，他们更有可能生病却不大可能接受到治疗。而且，他们代表了绝大多数生活在贫困线以下的贫穷老年人（Contrada et al.，2000；Miller et al.，2006）。

但是，其他一些研究却报道非洲裔美国人比美国白人更有可能尊重他们的老年人（Mui，1992）。而且，由于有共有的特质和遭受偏见的经历，其他种族的群体通常比白人具有更强烈的团体感，并可能拥有更强的依恋纽带。因此，种族特点本身可能提供了一些益处，“除了保护他们不受多数派态度的伤害外，还为该种族的老年人提供了受人尊敬的资源”（Fry，1985，p. 233）。

检查与回顾

面对成年期的各种挑战

好的婚姻是成年生活中最重要同时又是最困难的任务之一。研究者发现了幸福婚姻中六个主要的特征和因素：明确的"爱情地图"、分享权利和相互支持、冲突管理、相似性、支持性的社会环境以及强调积极的方面。

家庭暴力、未成年怀孕以及离婚都会对发展造成明显影响。然而，弹性儿童却能从虐待和充满压力的童年中幸存，他们通常具有良好的智力功能、与成年看护者之间的良好关系，以及调节自己注意、情感和行为的能力。

我们所从事的工作和职业选择在我们的生活中扮演着至关重要的角色。成功老年化的理论之一活动理论认为，整个一生当中人们都应该保持对生活的积极参与态度。另一个主要理论分离理论则认为，老年人应该自然而优雅地从生活中撤离出去，因为他们不再能胜任曾经的角色。尽管分离理论已经不再得到支持，社会情绪选择理论确实发现老年人对自己的时间更有选择性，他们会倾向于减少自己社会联系的总量。

问题

1. 用于识别并预防家庭暴力的努力称做＿＿＿＿＿＿计划。

(a) 指导性　　(b) 再指导

(c) 初级　　　(d) 次级

2. 老年化的＿＿＿＿＿＿理论认为你应该保持对生活的积极参与态度直到死亡，而＿＿＿＿＿＿理论则认为你应该自然而优雅地从生活中撤离出去。

3. ＿＿＿＿＿＿是指基于人们的年龄而产生的偏见。

(a) 种族中心主义　　(b) 老年虐待

(c) 老年歧视　　(d) 分离

4. 请解释种族特点是如何帮助老年人克服一些老年化问题的。

答案请参考附录 B。

更多的评估资源：

www. wiley. com/college/huffman

381

悲痛与死亡

生命的终结是生命中不可避免的一部分。我们如何才能了解并使自己可以有准备地面对自己或所爱的人生命的消逝呢？在这一部分，我们将了解面对痛苦的四个阶段。然后我们将学习对死亡的态度存在的文化差异以及随年龄而发生的改变。我们将死亡本身视为最后的一个发展危机。

痛苦：生存课程

现在，你已经走了，我该做些什么呢？当没有任何其他事情时，这种情况经常发生，我就坐在一个角落里哭，直到自己麻木没有感觉，瘫痪地静坐在那里，什么都不想。然后，我意识到我是多么想你。这样一来，我便感觉到恐惧、痛苦、孤独和凄凉。然后我又开始哭，直到自己麻木没有感觉。很有意思的消遣吧。

——Peter McWilliams：《怎样面对丧失爱人》（*How to Survive the Loss of a Love*），p. 18

你曾经有过这样的感觉吗？如果是这样的话，你并不孤单。失去和痛苦是我们每个人生命中都不可避免的一部分。感到凄凉、孤单、痛心，并且伴随着痛苦的记忆，这些都是面对失去、灾难和不幸表现出的常见反

382

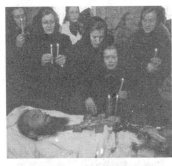

哀悼。不同的个体对丧失的情绪反应是不同的。哀悼的方式没有对错之分。

应。很有讽刺意味的是，这些痛苦情绪却可能存在非常有用的功能。演化心理学家认为，无论对于人类还是非人类动物，丧失亲人的痛苦和悲伤可能都是适应性机制。这种痛苦会促使父母、儿童或者配偶相互找寻。痛苦的明显迹象可能也具有适应性，因为它会促使群体去帮助丧失亲人的个体。

如果一个人在经历了重大伤亡事件后表现得很冷漠又说明什么呢？哀悼是一个复杂而个人化的过程。正如死亡没有正确的方法一样，哀悼也是没有正确途径的。那些抑制自己悲伤的人，可能只是在遵循盛行于他们文化中的情感表达原则。而且，即使强烈情感的外化表达是表现悲伤最为明显的方式，这也只是"正常的"哀悼过程的四个阶段之一（Koppel，2000；Parkes，1972，1991）。

痛苦的最初阶段是麻木（numbness），失去亲人的个体通常看上去会很茫然；并且除了麻木或空洞之外，几乎体验不到任何情感。他们也可能会否认死亡，坚持认为一定是个误会。

痛苦的第二个阶段，个体进入想念（yearning）阶段，对爱的人的强烈的想念，还有内疚的折磨、愤怒以及怨恨。这些丧失亲人的人们还可能体验到幻觉。他们"看见"了去世的人坐在他或她最喜欢的椅子上，或者将陌生人认成去世的人；他们还会有栩栩如生的梦境，死去的人在梦中还活着；或者他们会感受到死去的人"出现"在身边。他们还会经历强烈的内疚感（"要是我更及时地把她送到医院就好了"，"我本应该表现出更多的爱"）以及愤怒与怨恨（"他为什么不小心一点呢？""凭什么我是活着的人，这一点都不公平"）。

资料来源：《凯文和跳跳虎》（*Calvin and Hobbes*，1987）。环球新闻集团（Universal Press Syndicate）授权转载。版权所有。

强烈的思念感消退以后，个体会进入第三个阶段，瓦解/绝望（organization/despair）。生活好像失去了它的意义。哀悼者会感到无精打采，冷漠而顺从。随着时间流逝，幸存者逐渐从理智上（死亡是真实存在的）和情感上（记忆是令人愉悦又让人痛苦的）都开始接受死亡这一事实。这种接受，加上建立起一种新的自我认同（"我是一个单身母亲"，"我们不再是夫妻"）标志着痛苦进入第四个也是最后一个阶段——解决和重组（resolution or reorganization）阶段。

痛苦对所有的人而言显然不是完全相同的。在表达哀悼的方式、所经历痛苦的阶段以及"恢复"所需的时间长短方面，人们都会表现出差异（Bonanno et al.，2005；Satterfield，Folkman & Acree，2002；Stroebe，

🌐 **学习目标**

悲伤和死亡有可以预期的阶段吗？

Schut & Stroebe，2005）。接受这些个体差异，并且认识到不存在完美的反应，你便能帮助那些正经历痛苦的人们。简单地说一句"我很抱歉"，然后，如果他们愿意，让他们说出感受。你安静地倾听和关心是最好的一种支持。

如果要处理你自己的失去和痛苦，心理学家提供了许多技巧，你也许会觉得它们很有用（Ingram，Jones & Smith，2001；Kranz & Daniluk，2002；Napolitane，1997；Wartik，1996）。

（1）接受失去的现实，并且允许自己表达悲伤。尽管感受到强烈的孤独，请记住失去亲人是每个人生活中都会经历的一个部分，并且接受他人的安慰。避免不必要的压力，保证充足的休息，并准许自己在任何可能的时候享受生活，从而照顾好你自己。

（2）建立一个日常活动的计划表。解决痛苦所带来的无精打采和抑郁的最好办法就是强迫自己用有意义的活动来填充自己的时间（学习、洗车、整理衣柜等）。

（3）寻求帮助。拥有爱你的朋友和家人的帮助有助于你摆脱痛苦所带来的孤独和压力。不过，请记住，如果出现极端或持续的麻木、愤怒、内疚或抑郁，就有必要进行专业的咨询（你将会在第 14 和第 15 章了解到更多关于抑郁及其治疗办法的内容）。

面临死亡和临终的态度：文化和年龄差异

世界上不同文化对死亡的解释和反应是非常不同的："葬礼是用来回避别人或举行聚会的场合，可以用来斗争或进行涉及性行为的秘密祭神仪式，还可以用来哀悼、哭泣或大笑，或者这些形式的各种组合。"（Metcalf & Huntington，1991，p. 62）。

与此类似，美国的亚文化对死亡也具有不同的反应。爱尔兰裔美国人倾向于认为，死去的人理应得到一个好的送行——一个有食物、酒和笑话的守灵夜。而非洲裔美国人通常会将葬礼视为表达严肃庄重的悲痛时间，他们会在一些聚会中恸哭并唱圣歌（Barley，1997；Wartik，1996）。相反，大多数日本裔美国人会试图压抑自己的悲痛而面带微笑，以此来避免将自己的悲痛压在其他人身上；而且他们还希望可以避免因情绪失控而导致的羞愧（Cook & Dworkin，1992）。

此外，面临死亡和临终的态度还会随年龄发生改变。作为成年人，我们会根据三个基本概念来理解死亡：（1）永久性（permanence）：一旦生命死去了，就不可能复生；（2）普遍性（universality）：所有的生物最终都会死去；（3）无机能性（nonfunctionality）：所有生命的机能，包括思维、运动和维持生命的标志，都会随死亡而终结。

研究表明，永久性即不能死后复生的概念，最先也最容易被理解。学龄前儿童似乎就明白了死去的人不可能再站起来。他们可能从在户外玩时遇到的死蝴蝶和甲虫的经历中学会这一点（Furman，1990）。

对普遍性的理解要稍迟一点。大约到 7 岁，大多数儿童便掌握了无机能性的概念，并对死亡有了一种类似成人的理解。大人们可能会担心和儿

383

童或青少年讨论死亡会使他们过于焦虑。但是，那些公开、真诚地讨论死亡的人会更容易接受它（Christ，Siegel & Christ，2002；Kastenbaum，1999；Pfeffer et al.，2002）。

经历死亡：我们最后的一项发展任务

你曾经想到过自己的死亡吗？你愿意孤身一人突然死去吗？或者，你更愿意提前知道死亡的时间，这样你便可以计划自己的葬礼，并且有时间向自己的家人和朋友道别吗？如果你觉得思考这些问题会让人感到不舒服，可能是因为在西方社会中的大多数人都否认死亡。不幸的是，避免想到或讨论死亡，并把变老和死亡联系在一起会导致对老年人的歧视（Atchley，1997）。而且，对死亡越了解，越以明智的方式接近它，当它真的来临时，我们才能生活得越从容。

在中世纪（大致从 5 世纪延续到 16 世纪），人们通常希望可以意识到死亡的临近，这样他们便能够向其他人道别并且在所爱的人的簇拥中有尊严地死去（Aries，1981）。近年来，西方世界将死亡从家里搬到了医院或丧葬的店堂里。我们不再自己去照顾临终的家人或朋友，而是将责任转交给了"专家们"——医生或者丧礼承办者。这样，我们便使死亡成为一种医疗上的失误而不是生命周期的一个自然部分。

但是这种对死亡和临终的回避可能正在发生改变。自从 20 世纪 90 年代后期以来，对死亡的权利和有尊严死亡的提倡使死亡的话题公开化。同时，关注心理健康的专家们认为，了解面对死亡和临终的心理过程，可能对我们良好地适应死亡和临终具有至关重要的作用。

对抗自己的死亡是我们生命中所要面对的最后一个重大危机。它是怎样的？是否存在面对死亡最好的准备方式？是否存在所谓的"好死"？经过数百小时对不治之症的临床研究，伊丽莎白·库伯勒·罗斯（Elisabeth Kübler-Ross）提出了她关于死亡心理过程的阶段理论（1983，1997，1999）。

基于与病人进行的全面访谈，库伯勒·罗斯提出了面对死亡时绝大多数人都会经历的五个序列阶段：对临终的否认（"这不可能是真的，一定是一个误会"）、愤怒（"为什么是我？这不公平"）、讨价还价（"上帝啊，如果能让我活下去，我会把我的一生都奉献给你"）、抑郁（"我正在失去我所爱的所有人和所有东西"），最后，接受（"我知道死亡是不可避免的，而我的时间已经临近了"）。

评价库伯勒·罗斯的理论

对临终阶段性理论的批评所强调的一点是，每个人的死亡都是独一无二的经历。其中的情绪和反应依赖于个体人格、生活环境、年龄等很多因素（Dunn，2000；Wright，2003）。其他一些人则担心将这种阶段性的理论普及化会导致对临终的进一步回避和刻板印象（"他现在只是出于愤怒的阶段罢了"）。作为回应，库伯勒·罗斯（1983，1997，1999）承认，并不是所有人都会以完全相同的方式经历完全相同的阶段，同时她对有人将她的理论作为"好死"的模板感到很遗憾。临终，就像生活一样，是独一无二的个人化经历。

　　尽管有潜在的滥用可能，库伯勒·罗斯的理论仍然为我们提供了一个很有价值的观点，并且引发了对一个长期被忽略主题的研究。**死亡学**（thanatology），即对死亡和临终的研究，已经成为人类发展中的一个重要课题。从一定程度上来说，多亏了死亡学的研究，如今临终个体能够在收容机构的帮助下有尊严地死去。这种组织培训了员工和志愿者，在特殊的机构、医院或病患自己的家中，为那些不治之症的患者和他们的家人提供充满关爱的帮助（McGrath，2002；Parker-Oliver，2002）。

　　库伯勒·罗斯（1975）做出的最大贡献之一，可能是她提出的一个建议：

　　　　对死亡的否认在一定程度上造成了人们空虚而没有目标的生活，因为当你把生命看做永无止境去生活时，把一些你知道必须要做的事情拖延到以后做就变得再简单不过了。相反，当你真正地意识到每一天你醒来可能都是你的最后一次时，你会用这一天的时间去成长，去成为更接近真实的自己，向他人伸出援助之手（p.164）。

死亡学（than-un-TALL-un-gee）
对死亡和临终的研究；这一术语源于 thanatos，是希腊神话中死神的名字，后来被弗洛伊德用于表示死亡本能。

384

应　用　将心理学应用于日常生活

应对你自身的死亡焦虑

伍迪·艾伦（Woody Allen）曾经说过："我并不是害怕死亡，我只是不希望当死亡发生时我恰好在那里。"尽管有一些年迈而且健康状况很差的人可能会欢迎死亡的来临，绝大多数人还是很难面对它。批判性思维中最重要的成分之一便是自我知识，这包括评判性地评价我们自己最深层和最隐私的恐惧的能力。

死亡焦虑问卷

根据下面的等级来回答问题，测验你自己死亡焦虑的水平。

0	1	2
根本不	有一点	非常

　　____ 1. 你担心死亡吗？

　　____ 2. 你可能会在没有做完自己想做的所有事情之前便会死去，这件事会使你烦恼吗？

　　____ 3. 你担心自己在死之前会长期病重吗？

　　____ 4. 想到其他人可能会看到你死之前遭受痛苦的模样会让你感到沮丧吗？

　　____ 5. 你担心死亡的过程可能会非常痛苦吗？

　　____ 6. 你担心当你临终时自己最亲密的人可能不在你身边吗？

　　____ 7. 你担心当你临终时可能是孤身一人吗？

　　____ 8. 在死之前你可能会失去对自我意识的控制，这种想法会让你感到烦恼吗？

　　____ 9. 你担心与你的去世相关的花费会成为他人的负担呢？

_____ 10. 你是否担心自己对财产的遗嘱或说明在死后可能不被执行呢？

_____ 11. 你是否担心自己有可能会在没有真正死亡前被埋葬呢？

_____ 12. 当自己死亡时会把所爱的人留在身后，这种想法会让你感到烦恼呢？

_____ 13. 你是否担心那些你关心的人在你死后便不再记得你了呢？

_____ 14. 随着死亡，你将永远消失，这种想法是否会让你感到担忧呢？

_____ 15. 你是否担心在死之后会毫无所盼呢？

资料来源：H. R. Conte, M. B. Weiner, & R. Plutchik (1982). Measuring death anxiety: Conceptual, psychometric, and factor-analytic aspects. *Journal of Personality and Social Psychology*, 43, 775 - 785. 获准转载。

与全国的平均分 8.5 分相比，你的总分处于何种水平？让疗养院中的居住者、年龄较大的市民和大学生来做这份测试时，尽管受测者的年龄跨度从 30 岁到 80 岁，研究者仍没有发现任何显著的差异。

385

检查与回顾

悲痛与死亡

面临死亡和临终的态度在不同文化和不同年龄组之间存在很大差异。尽管成年人能够理解死亡的永久性、普遍性和无机能性，儿童到了 7 岁才开始明白这些概念。

悲痛是对死亡表现出的自然而痛苦的反应。对大多数人来说，悲痛由四个主要阶段组成——麻木、想念、瓦解/绝望和解决。

库伯勒·罗斯关于面对死亡所要经历的五个心理过程（否认、愤怒、讨价还价、抑郁和接受）的理论，为我们生命中所要面对的最后一个重要危机提供了重要观点。关于死亡和临终的研究，即死亡学，已经成为人类发展的一个重要课题。

问题

1. 请解释一下成年人对死亡的理解与学龄前儿童的理解有哪些不同。

2. 表达悲痛的人通常会在开始时经历_____阶段，而在_____阶段中终止。

(a) 麻木，讨价还价

(b) 悲痛，愤怒

(c) 想念，接受

(d) 麻木，解决

3. 将下面的陈述与库伯勒·罗斯关于死亡和临终的五阶段理论对应起来。

_____ (a) "我知道我就要去世了，但要是我能再多活一点点时间……"

_____ (b) "我不愿意相信医生的话。我希望知道别的看法。"

_____ (c) "我知道我的时日不多了。我最好为我的配偶和孩子计划一下。"

_____ (d) "为什么是我？我一直都是一个好人。我不应该得到这样的结果。"

_____ (e) "我失去了一切。我再也看不到我的孩子了。生活真是太艰辛了。"

4. 关于死亡和临终的研究被称作_____。

(a) 老年学   (b) 老年歧视

(c) 死亡   (d) 死亡学

答案请参考附录 B。

更多的评估资源：
www.wiley.com/college/huffman

评 估 关键词

为了评估你对第 10 章中关键词的理解程度，首先用自己的话解释下面的关键词，然后和课文中给出的定义进行对比。

道德发展
习俗水平
后习俗水平
前习俗水平

人格发展
同一性危机

心理社会阶段
气质

面对成年期的各种挑战
活动理论
分离理论
弹性

社会情绪选择理论

悲痛与死亡
死亡学

 目 标 网络资源

Huffman 教材的配套网址:
http：//www. wiley. com/college/huffman

　　这个网址提供免费的交互式自我测验、网络练习、关键词的术语表和抽认卡、网络链接、英语非母语阅读者的手册，还有其他用来帮助你掌握本章知识的活动和材料。

想要了解关于道德发展和道德教育的更多信息吗?
http：//tigger. uic. edu/～lnucci/MoralEd

　　位于芝加哥的伊利诺伊大学教育学院开发了这个综合性的网站。它宣称的使命是"作为一个链接，为对分享他们的工作或对道德发展和教育领域的研究、实践和活动的了解感兴趣的教育工作者、学者和市民提供服务"。

386

第 10 章   形 象 化 总 结

□ 道德发展

柯尔伯格的三水平和六阶段

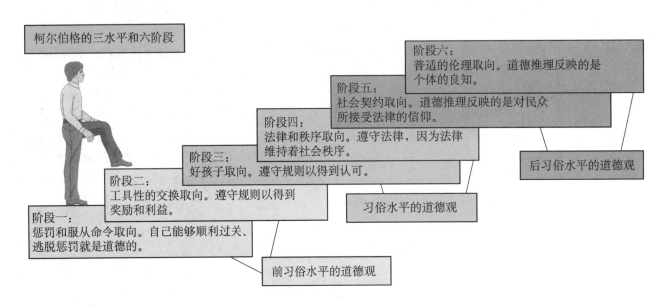

阶段六：
普适的伦理取向。道德推理反映的是
个体的良知。

阶段五：
社会契约取向。道德推理反映的是对民众
所接受法律的信仰。

阶段四：
法律和秩序取向。遵守法律，因为法律
维持着社会秩序。

阶段三：
好孩子取向。遵守规则以得到认可。

阶段二：
工具性的交换取向。遵守规则以得到
奖励和利益。

阶段一：
惩罚和服从命令取向。自己能够顺利过关、
逃脱惩罚就是道德的。

后习俗水平的道德观

习俗水平的道德观

前习俗水平的道德观

◇ 人格发展

托马斯和切斯的气质理论
气质：基本的、天生的倾向。
三种气质类型：随和型、困难型和慢热型。
气质类型似乎是稳定而持久的。

埃里克森心理社会性发展的八个阶段
- 童年期：信任对不信任，自主对羞愧和怀疑，主动对内疚，勤奋对自卑
- 青春期：自我同一性对角色混乱
- 成年早期：亲密对孤独
- 中年期：繁殖对停滞
- 老年期：自我完善对绝望

▢ 面对成年期的各种挑战

387

家庭
- 家庭暴力、未成年怀孕以及离婚会对人格发展造成损害。
- 弹性可以帮助儿童从虐待和充满压力的童年中幸存。

职业选择
职业选择至关重要，因为绝大多数人都是从他们的工作中来获取成就需要的。

老年化
关于老年化的三个主要理论。

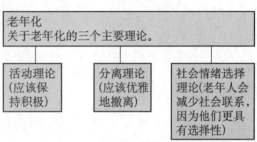

| 活动理论（应该保持积极） | 分离理论（应该优雅地撤离） | 社会情绪选择理论(老年人会减少社会联系，因为他们更具有选择性) |

◯ 悲痛与死亡

悲痛
悲痛：对失去做出的自然而痛苦的反应，由四个主要阶段组成：

(1) 麻木 → (2) 想念 → (3) 瓦解和绝望 → (4) 解决

态度
不同文化以及不同年龄段的人对待死亡和临终的态度具有非常大的差异。大约 7 岁的儿童才能真正理解死亡的永久性、普遍性和无机能性。

经历死亡
- 库伯勒·罗斯提出了面对死亡所要经历的五阶段心理过程（否认、愤怒、讨价还价、抑郁以及接受）。
- 死亡学：对死亡和临终的研究。

第11章

性别和人类的性

学习目标

在阅读第11章的过程中,关注以下问题,并用自己的话来回答:

▶ 性和性别是如何定义的?我们如何发展自己的性别角色?男人和女人在性和性别上的主要差异分别是什么?

▶ 科学家们如何研究类似于性这样的敏感话题?

▶ 在性唤起和性反应中,男性和女性有什么异同?

▶ 关于性取向的最新研究是什么?

▶ 性功能障碍和性传播感染的影响因素有哪些?

性的问题

性功能障碍
● 聚焦研究
  网络性爱有害吗？
性传播感染
● 将心理学应用于恋爱关系
  让你和其他人远离性传播感染
● 批判性思维/主动学习
  对强暴的误解以及防止强暴犯罪

390 **应用**

为什么学习心理学？

PhotoDisc, Inc. /GettyImages

第11章会探索许多有趣的事实和广泛流传的误解

在我们开始以前，先用这些判断题测验一下你自己（答案在底部，进一步解释可以在这一章中找到）。

▷ 1. 家乐氏玉米片谷物早餐最初是为了防止自慰而开发的。

▷ 2. 遗精和自慰是性调节异常的信号。

▷ 3. 美国儿科学会（AAP）不再推荐男婴做例行包皮环切手术。

▷ 4. 美国精神病学协会和美国心理学会（APA）认为同性恋是一种心理疾病。

▷ 5. 男性和女性的性反应有更多的

相似而非不同。

▷ 6. 性技巧和性满足是可以通过教育和训练习得的行为。

▷ 7. 如果你是 HIV 阳性（感染了人类免疫缺陷病毒），你不会传染给其他人。只有患上 AIDS（获得性免疫缺陷综合征）才可能传播疾病。

▷ 8. 女性不可能被违背意志强暴。

答案：1. 是；2. 否；3. 是；4. 否；5. 是；6. 是；7. 否；8. 否。

《自然造就了他：被当做女孩养育的男孩》，John Colapinto 著。经 HarperCollins 出版公司允许而使用。

这是一次不寻常的割礼。一对同卵双胞胎兄弟 Bruce 和 Brain，被父母带去医生那里进行包皮环切手术，那时他们已经 8 个月大。在美国，许多年来，绝大多数男性婴儿都会在出生第一周被割掉阴茎前段的包皮。这是出于宗教以及推测的卫生方面的理由，并且新出生的婴儿被认为会在手术中经历较少的痛苦。最常见的步骤是将包皮组织割去。但这一次，医生使用了一种电烧灼的设备，而这种设备一般是用来烧掉痣或者多余皮肤的。第一例手术中使用的电流太大，于是意外地，整个阴茎被烧毁了（孩子的父母取消了双胞胎中另一人的手术）。

父母承受着事故导致的强烈悲痛，寻求医学专家的意见。经过约翰·霍普金斯大学的 John Money 以及其他专家的讨论，父母和医生做出一个不寻常的决定——他们要把阴茎被毁坏的婴儿变成一个女孩（那个时候，恢复孩子阴茎的整形手术还非常不发达）。

矫正过程的第一步在孩子 17 个月大的时候进行，孩子的名字也改了——Bruce 变成了"Brenda"（Colapinto，2000）。Brenda 穿粉红的裤子和有褶的女士衬衣，并且"她"留长了头发。22 个月的时候进行了手术，婴儿的睾丸被移除，医生制造了女性的外阴和内部的"初步"阴道。完全造就阴道的手术计划于青春期开始时进行，那时孩子的身体发育基本接近完成。这时候"她"同样要开始接受注射女性激素以完成一个"男孩到女孩"的转变。

391

Corbis Images

关于父母和专家对这个可怕事故的解决方案，你有什么想法？我们对于自己是男性还是女性的感觉，主要是由我们的父母或其他人对待我们的方式决定的吗？或者生物因素才是最好的预测依据？在本章的第一部分，你将学习到有关"Brenda"和你自己的性别发展以及性的更多信息。之后我们会讨论在性研究和性行为态度文化差异方面四位最早的研究者。第三部分我们讨论性唤起、性反应和性取向。最后，本章涵盖了性功能障碍和性传播感染，包括 AIDS（获得性免疫缺陷综合征）。

性与性别

为什么大多数人在孩子诞生后的第一个问题总是"男孩还是女孩"？如果不存在男女的差异，生活会变成什么样子？你的职业规划和友情模式会不一样吗？这些问题反映了性和性别在我们生活中的重要性。这一部分将以性和性别的多种定义开始，之后是性别角色发展和性与性别差异的内容。

> **🌐 学习目标**
>
> 性和性别是如何定义的？我们又是如何发展自己的性别角色的？男人和女人主要的性和性别的差异是什么？

✓ 什么是"男性"和"女性"？定义性和性别

当人们问一个新生儿是男孩还是女孩时，他们一般是指图 11—1 中的

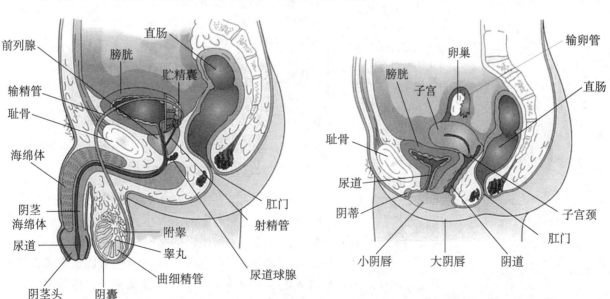

图 11—1　男性和女性的内部以及外部性器官。

标准生物学差异。但当他们给孩子们买礼物时，经常表现出他们对"女性化"（"她会喜欢这个漂亮的洋娃娃"）或者"男性化"（"这个消防车太适合他了"）的期待。在上面兄弟双胞胎中其中一个被变为女孩子的例子中，你是否仍然认为"她"本质上是男性？那么一个穿成女人样子的男人呢？关于什么是"男性"和"女性"的问题很容易让人混淆。

392　**性**　生物学上的男性和女性，包括染色体性，以及与性行为有关的活动，例如自慰和性交。

最近几年，研究者开始使用**"性"**（sex）这个词指代生物学因素（例如有阴茎或阴道）或者身体活动（例如自慰和性交）。另一方面，**"性别"**（gender）涵盖了附加在生物学之上的心理和社会文化因素（例如"男人应该努力上进"和"女人应该温柔顾家"）。性至少有七个维度或元素，性别则是两个（见表11—1）。

性别　加在生物学男性或女性上的心理和社会文化内涵。

如果你将表11—1中关于性和性别的维度应用在那个做了手术的双胞胎之一的孩子身上，你可以明白为什么这在人类性的领域是一个经典案例。尽管生为一个染色体意义上的男性，孩子的性器官意义上的性别被改变了，首先是意外损坏他阴茎的医生，其次是移除睾丸和创造"初步"阴道的手术。问题在于手术、雌性激素以及父母"恰当"的性别期待是否能够创立一个稳定的女性**性别同一性**（gender identity）。孩子会接受性别改造手术，认为自己是一个女孩吗？

性别同一性　对自己是男性或女性的自我认同。

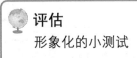

评估
形象化的小测试

这种"打扮"是性别中哪个维度的例子？

表11—1	性和性别的维度	
	男性	女性
性的维度		
1. 染色体	XY	XX
2. 性腺	睾丸	卵巢
3. 激素	雄性激素为主	雌性激素为主
4. 外生殖器	阴茎、阴囊	大阴唇、小阴唇、阴蒂、阴道开口
5. 内部附属器官	前列腺、贮精囊、输精管、射精管、尿道球腺	阴道、子宫、输卵管、子宫颈
6. 第二性征	胡须、低嗓音、宽肩膀、遗精	胸部、宽臀、月经
7. 性取向	异性恋、男同性恋、双性恋	异性恋、女同性恋、双性恋
性别维度		
8. 性别认同（自我定义）	知觉自己是男性	知觉自己是女性
9. 性别角色（社会期望）	男性特点（男孩喜欢卡车和运动）	女性特点（女孩喜欢布娃娃和衣服）

在这个案例的后续研究中你可以发现，Bruce 最后拒绝了他被改造的女性性别，尽管他面临着来自家庭和医生的巨大压力。这说明性别认同最重要的决定因素也许是生物性的。一项最近的纵向研究也提供了生物学因素关联的证据。霍普金斯医院的研究者追踪了16个其他方面正常但患有泄殖腔外翻（cloacal exstrophy）的男婴，这种罕见疾病会导致男孩出生时没有阴茎。其中14个男孩被移除了睾丸并且当做女孩抚养。尽管有了这种根除性的治疗，研究者仍然观察到了许多男性化的行为，例如许多"典型"的

追逐打闹游戏。14 个孩子中的 8 个，年龄分布从 5 岁到 16 岁，后来拒绝了他们的女性转变手术，声称自己是男孩（Reiner & Gearhart，2004）。

除了 David 和天生没有阴茎的男孩这些案例中在性别上遇到的困难，那些觉得自己被困在错误性别身体里的人也会产生性别认同问题。这被称为易性癖（transsexualism）（具有与生物性别相反的性别认同）。尽管有些人认为 Brenda/Bruce/Devid 的例子是一种易性癖，"真正的"易性者在染色体上和解剖学上是同一种性别的，但他们对自己的身体性别有持久和严重的不适。

他们报告说自己好像是"出生缺陷"的受害者，而且他们时常寻求变性手术（Bower，2001）。同时，寻求变性手术的男性要远多于女性。但是近几年这个比率在逐渐变小（Landen，Walinder & Lundstrom，1998）。

易性癖和异装癖一样吗？不一样。异装癖（transvestism）是指一些个体（几乎全部是男性）喜欢穿异性的服装，以及模仿典型的异性行为。一些同性恋的男人或女人打扮得像异性一样，一些娱乐明星也会穿异性的衣服，这是他们职业的一部分。但是对真正的异装癖而言，穿异性的服装最主要的是为了寻求情感和性的满足（Miracle，Miracle & Baumeister，2006）。相反，易性癖个体觉得他们真正是异性群体中的一员，只是被困在错误的身体里。他们的性别认同与其性腺、生殖器和内部器官不一致。易性癖个体也可能穿异性的服装，但其动机是为了看上去像"正确"的性别，而不是为了获得性唤起。异装癖也应当与模仿艺人（他们穿异性的衣服以娱乐）以及偶尔穿异性衣服的男同性恋者区分开来。

易性癖和异装癖也是同性恋吗？当一个人被形容为同性恋时，依据的理由是指向同性的**性取向**（sexual orientation）[现在更常用的词汇是男同性恋（gay）和女同性恋（lesbian）而不是同性恋（homosexual）]。异装癖者一般都是异性恋（Bullough & Bullough，1997）。另一方面，易性癖者与性取向无关，只与性别认同有关。事实上，一个易性癖者可以是异性恋、男同性恋、女同性恋或者双性恋（bisexual）（同时被男性和女性性吸引）。

性别角色发展：两种主要理论

性取向和性别同一性同样不应该与**性别角色**（gender role）混淆——性别角色是对正常适当的男性和女性行为的社会期望。性别角色从出生起就影响着我们的生活（当我们被蓝色或粉红的毯子包起来时），直到死亡（是穿着套裙还是黑色套装入土）。两岁的时候，孩子已经很清楚地认识到性别角色。他们知道男孩应当强壮、独立、有进取心、支配、追求成就；相反，女孩应当温柔、依赖、被动、情绪化、"天生地"喜欢小孩（Kimmel，2000；Renzetti et al.，2006）。童年习得的性别角色期望明显地影响我们终生。

我们如何发展性别角色？许多文化下存在类似的性别角色暗示可能演化和生物学因素发挥作用。但是大部分研究都强调性别角色发展的两种理

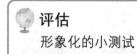

评估
形象化的小测试

为什么有些男人穿异性服装？

答案：异装癖男性打扮得像女性，有助于放松性紧张，享受异性性别角色。和常识信念不同，同性恋男性很少着异性服装。

性取向　主要的性吸引对象或是同性别的成员（同性恋、男同性恋或女同性恋），两种性别（双性恋）或是异性（异性恋）的个体。

性别角色　对于常态和适当的男性以及女性行为的社会期望。

论：社会学习和认知发展。

社会学习理论

社会学习理论的学者强调性别角色发展中即时环境和可见行为的影响。他们认为有以下两种主要途径让女孩学会女性化而男孩学会男性化：（1）由于特定的性别角色行为而受到奖励或惩罚，（2）观察并模仿他人的态度和行为——尤其是双亲中同性别的一位（Bandura，1989，2000；Fredrick & Eccles，2005；Kulik，2005）。一个男孩戴上他父亲的领带或者棒球帽会得到一个父母由衷宠爱的微笑。但是你能想象如果他穿上母亲的女式睡衣或者抹上口红会有什么后果吗？父母、教师和朋友一般都会按照传统的男孩/女孩性别角色期望来给予奖励或惩罚。于是，一个孩子"从社会中习得"做一个男人或女人意味着什么。

394 **早期性别角色条件化。** 你能预测对男孩、女孩这种性别角色训练的长期效果吗？这些效应总体来讲好还是不好？

认知发展理论

认知发展理论声称社会学习是性别发展的一部分。但是社会学习模型将性别发展看做被动过程。认知发展理论家指出儿童主动地观察、解释和判断他们周围的世界（Bem，1981，1993；Cherney，2005；Giles & Heyman，2005）。当儿童加工这些信息时，他们创建用于规范正确的男孩或女孩行为的内在标准。使用这些标准，他们形成关于自己应该如何行为的性别图式（心理意象）（回顾第9章关于皮亚杰的讨论，图式是指导知觉的一种认知结构和一个联系的网络）。

所以，一个小男孩玩消防车和搭积木是因为父母过去曾经对他赞许地微笑。同样也是因为他看见过更多的男孩玩这些玩具（社会学习理论）。但他内在的思考过程（认知发展理论）同样对他选择"男孩的"玩具有贡献。这个孩子意识到他是一个男孩，并且他习得男孩应当偏爱消防车而不是餐具和玩偶。

Corbis Images

应 用 **个案研究/个人经历**

"John/Joan"的悲惨故事

你认为那个接受了失败的环切手术并且被"矫正"为女孩抚养的男婴身上发生了什么呢？依据John Money（Money & Ehrhardt，1972）的记录，Bruce/Brenda 很轻松地转换到了"她"新的身份。三岁的时候，Brenda 经常穿女式睡衣和裙子，而且喜欢手镯和扎头发的绸带。据报告"她"也更喜欢玩"女孩子类型"的玩具，并且在圣诞节的时候要玩偶和马车做礼物。但是"她"兄弟 Brian 却要一个带汽车的加油站、加油泵和工具。六岁的时候，Brian 觉得有人欺负他姐妹的时候习惯了保护"她"。女儿学习妈妈整理和清洁厨房，但是男孩不这样。母亲承认女儿帮忙做家务的时候她给予鼓励，而认为男孩应当对这些不感兴趣。

童年期间，Brenda/Bruce 和"她"兄弟 Brian 每年被带去约翰·霍普金斯医院做身体和心理检查。这个案例被提前认为完全成功了。在如何处理出生带有不明确生殖器的婴儿方面，它也成为一个样板。关于"John/Joan"的故事（这个名字是约翰·霍普金斯使用的）也被认为是证实性别是造就的而非天生的一例证据。

但是这个一开始被认为是成功的事情，实际上是一个令人气馁的失败。后续研究报告 Brenda 从未真正适应"她"的矫正性别（Colapinto，2004），尽管从婴儿期起被作为女孩抚养，"她"仍不觉得自己像一个女孩，也避免绝大多数女性的活动和兴趣。进入青春期，"她"的外表和男性化的走路方式使得同学嘲笑"她"，称"她"为"女野人"。"她"在这个年龄也表达了想成为机械师的想法，"她"的幻想也反映了"她"对自己女性角色的不适感。"她"甚至尝试站着小便，坚持自己想要像一个男孩那样生活（Diamond & Sigmundson，1997）。

14 岁的时候，"她"痛苦到计划自杀。"她"的父亲含着眼泪告诉"她"之前发生的事，对 Brenda 来说，"突然之间我恍然大悟，第一次，一切事情有了意义，而且我明白了我是谁，是怎样的人"（Thompson，1997，p.83）。

真相大白之后，"Brenda"恢复了男性身份，把自己的名字改为 David。在切除乳房和建立人工阴茎之后，他娶了一个女人，并且收养了她的小孩。David，他的父母，以及双胞胎兄弟 Brian，都极大地承受了悲剧事故带来的痛苦，以及同样痛苦的事后解决方案。他说，"我不责怪我的父母。"但是父母仍然为介入矫正手术而感到极深的愧疚。家庭成员后来达成和解，但 David 仍然对"打乱天性"和破坏了他童年的医生感到愤怒。

令人难过的是，悲剧还在继续。2004 年 5 月 4 日，38 岁的 David 自杀了。为什么？没有人知道他决定终止自己的生命时脑海中想些什么，但他那时刚刚失去工作，一大笔投资失败，和妻子分居，之前不久他的双胞胎兄弟刚刚自杀（Walker，2004）。"专家说，大多数自杀都有多重动机，最后这些一起变成一场可怕的风暴。"（Colapinto，2004）

性和性别差异：先天与后天

我们已经看到了性和性别差异的不同维度，以及考察了性别角色的发展，现在把注意力转向男性和女性的性以及性别差异上。

性的差异

身体解剖学的区别是男人和女人最明显的生物学差异（见图 11—2）。平均来讲，男性比女性更高、更重、更强壮，也更容易秃顶和色盲。另外，男性和女性在第二性征（面部毛发、胸部以及其他）、生殖能力标志（女孩的月经、男孩的射精），以及在中年或生殖期结束时的身体反应（女性的停经和男性的更年期）上都有差异。

男性和女性的大脑功能结构上也存在一些差异。这些区别至少部分是由于出生前性激素对胎儿大脑发育的影响。区别最明显的是下丘脑、胼胝体和大脑半球（Chipman，Hampson & Kimura，2002；Lewald，2004；McCarthy，Auger & Perrot-Sinal，2002；Swaab et al.，2003）。比如说，青春期女性的下丘脑控制垂体以周期的方式释放激素（月经周期）。相反，男性下丘脑控制垂体保持相对稳定的性激素分泌水平。胼胝体，连接两个大脑半球的神经纤维束，在成年女性中更大，其形状女性也不同于男性。研究表明，这一区别可以解释为什么男性在执行任务时倾向于依靠一边大脑半球，而女性一般同时使用两个半球。研究者同样报告了两性大脑半球的差异，这一差异可能是言语和空间技能性别差异的原因，这个问题在接下来的部分会加以讨论（Lewald，2004；Phillips et al.，2001；Skrandies，Reik & Kunzie，1999）。

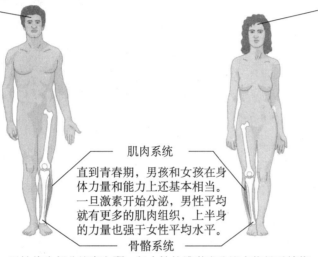

身体尺寸和形态
男性平均比女性重35磅（15.88公斤），有更少的身体脂肪，比女性平均身高高5英寸。男性更可能有宽阔的肩膀，较窄的臀部，相对身体比例略微更长的腿。

脑
胼胝体，连接大脑两半球的桥梁，女性更大；于是她们能够更好地整合两半球的信息，更容易同时执行多个任务。

下丘脑的某个部分让男性有相对稳定的性激素水平；但是女性有周期性的性激素分泌和月经周期。

大脑半球的区别有助于解释一些研究所报告的语言和空间技能性别差异。

肌肉系统
直到青春期，男孩和女孩在身体力量和能力上还基本相当。一旦激素开始分泌，男性平均就有更多的肌肉组织，上半身的力量也强于女性平均水平。

骨骼系统
男性终生都分泌睾丸酮，但女性的雌激素分泌在停经后就停止了。由于雌激素有利于骨骼更新，女性更容易有脆弱的骨骼。女性膝盖也更容易受伤，因为女性更宽大的臀部对连接大腿和膝盖的韧带造成的负担更重。

图 11—2　两性主要的身体差异。

资料来源：Miracle，Tina S.，Miracle，Andrew，W.，and Baumeister，R. F.，*Study Guide*：*Human sexuality*：*Meeting your your besic needs*，2nd edition. © 2006. Reprinted by Permission of Pearson Education Inc.，Upper Saddle River，NJ.

性别差异

你是否认为男性和女性在心理方面天生就存在差异？你是否相信女性更情绪化，更注重审美？或者男人天生更有攻击性和竞争性？科学家已经指出了一些性别差异，总结在表 11—2 中。在这一部分，我们将关注研究最多的两个差别——认知能力和攻击性。

表 11—2	研究支持的性和性别差异	
行为类型	男性表现更多	女性表现更多
性	较早开始自慰，频率更高。	较晚开始自慰，频率更低。
	更早开始性生活，第一次性高潮来自自慰。	较晚开始性生活，第一次性高潮来源于性伴侣的刺激。
	更容易意识到自己的性唤起。	较不易意识到自己的性唤起。
	在性关系中体验较一致的性高潮。	在性关系中体验的性高潮比较不一致。
触摸	被父母较少地触摸、亲吻和拥抱。	被父母更多地触摸、亲吻和拥抱。
	和其他的男性有较少的身体接触，被触摸时反应较负面。	和其他女性有较多身体接触，被触摸时有正面反应。
	更可能发起和性伴侣随意、亲密的触摸。	更不可能发起和性伴侣随意、亲密的触摸。
友谊	有更多数目的朋友，通过一起参与活动表达友情。	有较少数目的朋友，通过分享关于自我的交流来表达友情。
人格	很小就更有攻击性。	从小时候攻击性就较少。
	对未来的成功更自信。	对未来的成功不那么自信。
	将成功归于内部因素，失败则为外部因素。	将成功归于外部因素，失败则为内部因素。
	成就是任务导向的，动机是控制和竞争。	成就是社会导向的，强调自我进步，有更高的工作动机。
	更加自我肯定。	更倾向通过他人肯定自我。
	有较高自尊。	有较低自尊。
认知能力	数学和视觉空间技能方面略有优势。	语法、拼写和相关的言语技能略有优势。

资料来源：Crooks & Baur, 2005；Masters & Johnson, 1961, 1966, 1970；Miracle & Baumeister, 2006.

397

（1）认知能力。许多年来，研究者指出女性倾向于在语言能力测试上得到更高分数。相反，男性在数学和视觉空间测试上得分更高（Gallagher et al.，2000；Quaiser-Pohl & Lehmann, 2002）。和早先提过的一样，一些研究者提出这些区别也许反映了生物学的差异——也就是说，大脑半球的结构化差异、激素差异，或者半球功能专门化程度上的差异。

对这种生物学模型的一种反对意见是，两性在语言能力和数学得分上的差异近年来缩小了（Brown & Josephs, 1999；Halpern, 1997, 2000；Lizarraga & Ganuza, 2003）。但在 IQ 分数很高的区间里，差异并没有减小。在这一群体中，男性 SAT 的数学分数仍然高于女性。

（2）攻击性。性别研究中一个最清晰也最稳定的发现是男性的更高程度的身体攻击。从很小开始，男孩子就更可能参加假装的争斗和追逐打闹游戏。在青春期和成年，男性更可能参与暴力犯罪（Camodeca et al.，2002；Henning & Feder, 2004；Moffitt, Caspi, Harrington & Milne，2002；Ostrov & Keating, 2004）。相对其他类型的攻击而言，在身体攻击（比如击打）上的性别差异更加明显。早期研究也提出女性更可能参与间接攻击和关系攻击，比如传播流言，或者忽视和排斥一个人（Bjorkqvist，1994；Ostrov & Keating, 2004）。但另外一些研究没有发现这样明显的差异（Cillessen & Mayeux, 2004；Feiring et al.，2002；Salmivalli & Kaukiainen, 2004）。

什么导致了这些攻击性上的性别差异？认同先天观点的学者一般会引证生物学因素。例如，一些研究发现了性腺分泌的睾丸酮和攻击行为之间的关系（Book, Starzyk & Qunisey, 2002；Ramirez, 2003；Trainor, Bird & Marler, 2004）。其他一些研究发现攻击性强的男性 5-羟色胺水平紊乱，而 5-羟色胺是一种与攻击性有反向关联的神经递质（Berman, Tracy &

Coccaro，1997；Holtzworth-Munroe，2000；Nelson & Chiavegatto，2001)。另外，对同卵双胞胎的研究也发现遗传因素可以说明攻击行为中大约 50% 的变异（Cadoret，Leve & Devor，1997；Segal & Bouchard，2000)。

认同后天作用的学者提出这些性别差异可能来源于环境经历，即社会主流观念和压力鼓励"性别适宜"的行为和技能（Rowe et al.，2004)。例如，儿童书籍、电子游戏、电视节目以及广告经常将男性和女性描绘为刻板性别角色——男性是飞行员和医生，女性是空姐和护士。

双性化

双性化 将传统上认为是男性典型的特征（坚持主见、强壮）和女性的特征（服从、关怀）组合在一起。来自于希腊语，an-dro 的意思是"男性"，gyn 意为"女性"。

如果我们不喜欢性别角色的负面部分该怎么办？我们能做些什么？克服僵化或打破性别角色刻板印象的一种方法是鼓励**双性化**（androgyny)，即在一个个体的身上同时表现"男性化"和"女性化"特质。并非将一个人限制在僵硬的性别适宜行为中，双性化的男性和女性在需要的时候既可以表现得很有主见和有攻击性，也可以表现出温柔和顾家的一面。

一些人认为"双性化"是对无明确性别或改变性别个体所用的新名词。实际上双性化的概念有很长的历史，它指性别角色的积极组合，例如传统中国文化中的"阴"和"阳"。卡尔·荣格（1946，1959)，一位早期心理分析学家，形容女人身上天生的男性特质和冲动为她的"阿尼玛斯"（animus)，而男人的女性化特质和冲动是他的"阿妮玛"（anima)。荣格相信为了成为功能完整的成年个体，我们需要发展我们的男性化和女性化本质，缺一不可。

389

现在的研究者使用人格测验和其他类似的测量手段，发现男性化和双性化个体一般有更高的自尊、学业成绩和创造力，他们也有更强的社会能力、更高的成就动机和总体更高的心理健康水平（Choi，2004；Hittner & Daniels，2002；Venkatesh et al.，2004)。看来双性化和男性化，而不是女性化，对两性都更具适应性。

如何解释这种现象？似乎传统男性化特征（善于分析、独立）比传统女性化特征（慈爱、令人愉快的）更被看重。例如，在商业领域，仍然认为男性化特质突出的个体会是一个好的管理者（Powell，Butterfield & Parent，2002)。并且，当 14 个不同国家的大学生描述他们的"当前自我"和"理想自我"时，不论是男性还是女性，在对理想自我的描述中男性特质都比女性特质更多（Williams & Best，1990)。

这种对男性特质共有的偏好有助于解释为什么大量对学校游戏场所儿童的观察都发现参与女性化活动的男孩（例如跳绳或者抓子游戏）会失去地位，而对女孩相反的情况并不成立（Leaper，2000)。尽管作为成年人，男人也更难表达所谓的女性特质，例如关怀和敏感，而女人发展传统男性特质，例如坚持己见和独立，则较为容易。总的来讲，大多数社会都更偏爱"假小子"而不是"娘娘腔"。

最近的研究表明我们的社会中性别角色变得越来越不僵化了（Kimmel，2000；Loo & Thorpe，1998)。亚裔美国人和墨西哥裔美国人群体存在朝向双性化的最大改变，而非洲裔美国人仍然是所有种族群体中最双性化的（Denmark & Rabinowitz，2005；Harris，1996；Huang & Ying，1989；Renzetti et al.，2006)。

你是双性化吗？

社会心理学家桑德拉·贝姆 (Sandra Bem)（1974，1993）发展了一项人格测验，在研究中广泛使用。你可以使用贝姆测验的这个版本，在下面每个项目上给自己打分。分数在 1（绝不或几乎从不是这样）到 7（总是或几乎总是这样）之间：

1. _____ 分析的
2. _____ 感情丰富
3. _____ 竞争的
4. _____ 有同情心
5. _____ 有攻击性
6. _____ 令人愉快的
7. _____ 独立
8. _____ 温柔
9. _____ 强壮
10. _____ 敏感

现在将所有奇数题目的分数相加；然后将所有偶数题目的分数相加。如果在奇数题目上你的得分更高，你就是"男性化"的。如果在偶数题目上得分更高，你就是"女性化"的。如果得分基本相等，你可能是双性化的。

行动中的双性化。 将两性的特质组合有助于许多配偶满足现代生活的需要。

批判性思维　　　　　　　　　**主动学习**

性别差异和批判性思维（由 Thomas Frangicetto 提供）

完成以下各项：

● 用这一章，包括表 11—2 中的术语和概念填空。这有助于你复习可能出现在考试中的重要内容。

● 回答相关的批判性思维问题。它们有助于你恋爱技能的提高和对性别话题的进一步了解。

1. 根据研究，"克服僵化或打破_____的一个方法是鼓励双性化，在一个个体身上同时表现'男性化'和'女性化'特质"。你是否同意？你是否认为应该培养儿童成为双性化的个体？序中 21 条批判性思维成分（CTCs）中哪些你认为是成为一个双性化个体所必需的？哪些批判性思维成分女性比男性表现更多？反之呢？

2. "男性在恋爱关系中想对性有所了解是受到鼓励的。相反，女性应当阻止男性的性企图，直到婚后才可以有性的活动。"这样的观念仍然在现代西方社会中存在。这样的习惯信念如何影响你的个人恋爱关系或者性活动？你能指出至少两条批判性思维成分，有助于克服这一信念导致的可能问题或负面影响吗？

3. 根据表 11—2 引用的研究，男人有_____数目的朋友并且通过_____表达友谊。女人有_____数目的朋友并且通过_____表达友谊。你是否同意？这样的研究是否有助于你理解男女之间的差异？这样的差异可能对朋友较少的夫妇带来怎样的问题？

4. 表 11—2 引用的研究也发现男人"有_____自尊"，女人"有_____自尊"。你能否辨别表中其他有助于解释这一差异的内容？例如，"自我肯定"在自尊形成中的作用？对成功或失败的归因有何性别差异？选择你认为有助于平衡自尊中性别差异的一至—三项批判性思维成分。

检查与回顾

性和性别

"性"这个术语可以在七个维度上做出区分：染色体性、性腺性、激素性、外生殖器、内部附属器官、第二性征和性取向。另一方面，性别依据性别认同和性别角色来区分。易性癖是性别认同的问题。异装癖是为了情感和性的满足而换装。性取向（男同性恋、女同性恋、双性恋或异性恋）和易性癖或异装癖都没有关联。

性别角色发展有两种主要理论。社会学习理论关注奖励、惩罚和模仿，认知发展理论强调个体的主动思考过程。

对男女性差异的研究发现了一些明显的身体差异，例如身高、身体结构和生殖器官。脑的功能和结构也存在男性和女性的差异。研究发现了一些性别差异（例如攻击性和语言技能）。但这些差异产生的原因（无论先天或后天）仍然存在争论。

问题

1. 匹配下列性别的维度与对应的内容。

____染色体性　　(a) 卵巢和睾丸
____性别认同　　(b) XX 和 XY
____性腺性　　　(c) 雌性激素和雄性激素
____性别角色　　(d) 对自己是男性或女性的自我知觉
____激素性　　　(e) 胸部、胡须、月经周期
____第二性征　　(f) 子宫、阴道、前列腺、输精管
____外生殖器　　(g) 大阴唇、阴蒂、阴茎、阴囊
____性取向　　　(h) 同性恋、双性恋、异性恋
____内部附属器官 (i) 对适宜男性和女性行为不同的社会期待

2. 具有某一性别生殖器和第二性征的个体感觉到自己属于另一性别，我们称其为____。
(a) 异装癖　(b) 异性恋
(c) 同性恋　(d) 易性癖

3. 简要概括关于性别角色发展的两种主要理论。

4. 男性和女性人格特质的组合称为____。
(a) 异性恋　(b) 同性恋
(c) 易性癖　(d) 双性化
答案请参考附录B。

更多的评估资源：
www.wiley.com/college/huffman

人类的性研究

学习目标
科学家如何研究诸如"性"这样的敏感话题？

"性"这个词用在很多方面甚至被滥用了。它是文学、电影和音乐的重要主题之一，也是满足性需求的一种方式。我们也使用甚至滥用性来获得配偶和同伴的爱和接纳，表达恋爱关系中的爱或者承诺，通过与他人的绯闻终止一段关系，掌控或伤害他人，以及也许最明显的——为了销售产品。

人们对了解性似乎总有兴趣，但文化压力往往压抑和控制了这样的兴趣。例如在19世纪，有教养的社会避免提及被衣物覆盖的任何身体部分。鸡胸脯被称为"白肉"，男医生在完全黑暗的房间里检查女病人，一些人甚至为了礼节将钢琴腿包裹起来（Allen，2000；Gay，1983；Money，1985a）。

同样在维多利亚时代，医学专家警告说自慰会引发失明、阳痿、粉刺和精神失常（Allen，2000；Michael, Gagnon, Laumann & Kolata，1994）。因为相信清淡饮食可以抑制性欲，约翰·哈维·凯洛格（John Harvey Kellogg）和席维斯特·葛拉翰（Sylvester Graham）两位医生发明了最初的家乐氏玉米片和葛拉翰薄脆饼，并且将它们作为抑制自慰的食品来营销

（Money, Prakasam & Joshi, 1991）。许多医生最重要的关注点之一是夜间遗精（梦遗），因为他们相信这会引发脑损伤和死亡。市场上甚至有特殊仪器售卖，男性在晚上佩戴可以防止性勃起（见图11—3）。

依据现代的知识，我们已经很难理解这些奇怪的维多利亚式行为及对自慰和梦遗的粗暴误解。第一个考察和质疑这些信念的医生是霭理士（1858—1939）。当第一次听闻梦遗的危险时，霭理士被吓坏了——他已经有过这方面的个人经历。他的恐惧让他急忙开始查阅医学文献。然而他不但没有找到治愈方法，还发现了对可怕的疾病和最终的死亡的预言。他非常沮丧，考虑自杀。

最后霭理士决定记录一份关于自己病情恶化的详细日记，从而给自己的生命赋予价值。他计划死后将这本书献给科学。但是，几个月仔细观察之后，他意识到书中的观点是错误的。他没有慢慢死去，他甚至没有生病。他因为受了"专家"的如此误导而感到愤怒，于是把一生余下的时间都用来发现关于性的可靠和精确资料。现在，霭理士被认为是早期性学研究领域最重要的先驱之一。

性学研究另外一部分主要贡献来源于阿尔弗雷德·金赛（Alfred Kinsey）和他的同事（1948，1953）。金赛和他的同事亲自访谈了超过18 000名被试，询问关于他们性行为和偏好的详细问题。他们的结果震惊了整个国家。例如，他们报告说37%的男性和13%的女性曾经有过成年人之间同性性行为并且达到性高潮。但是，金赛的数据遭到批评，因为大多数被试都是年轻、单身、城市居民、白人和中产阶级。尽管存在批评，金赛的工作仍然受到广泛尊敬，他的数据也经常被作为现代研究的基线。近年来，数百个类似的性学调查和访谈关注避孕、堕胎、婚前性行为和强奸等话题（Dodge et al., 2005；Laumann, Gagnon, Michael & Michaels, 1994；Leskin & Sheikh, 2002）。通过金赛的数据和后续调查的对比，我们可以看到这些年与性有关的行为和习惯发生了怎样的变化。

在调查、访谈和个案研究之外，一些研究者也采用了直接的实验室实验和观察方法。为了实验上记录性唤起和反应的生理学变化，威廉·马斯特斯（William Masters）、弗吉尼亚·约翰逊（Virginia Johnson）（1961，1966，1970）和他们的同事招募了数百名男性和女性志愿者。使用复杂的生理学测量仪器，研究者仔细观测了被试自慰或性交时的身体变化。马斯特斯和约翰逊的研究结果为我们了解性生理学做出了重要贡献。后面部分会讨论他们的一些研究结果。

目　标　性别与文化多样性

性行为的跨文化考察

对人类性行为的一致和差异都感兴趣的性学研究者进行了性行为、技巧和态度的跨文化研究（Beach, 1977；Bhugra, 2000；Brislin, 1993, 2000；Ho & Tsang, 2002；Mackay, 2001）。他们在不同社会中对性的研究将性放在了更广阔的视角之下。

对性的跨文化研究也有助于克服种族中心主义，即一种将自己的文化

最早的性学家之一。 霭理士是最早的性研究者之一，他颂扬性冲动，并且完全承认女性的性。

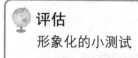

评估
形象化的小测试

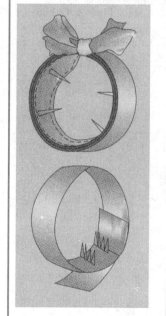

图 11—3　维多利亚式性的习惯。 在 19 世纪，男人被鼓励晚上在阴茎上佩戴有钉子的圆环。你能解释为什么吗？

答案：维多利亚时代人们相信夜间勃起和射精（梦遗）是危险的。如果男人勃起，钉子会导致痛楚，把他叫醒。

401

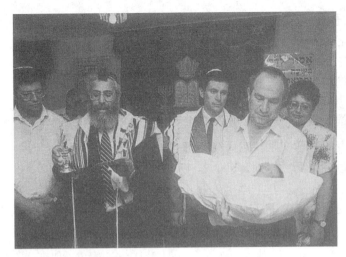

包皮环切手术和宗教。尽管在某些宗教里包皮环切手术是重要的一部分，但在世界的大多数地方并不多见。

M. Milner/Corbis Sygma

习惯当做"正常"，并且比其他群体更可取的倾向。例如，你是否知道在日本不时兴亲吻，而且在一些非洲和南美国家对此也很陌生？你是否觉得奇怪，巴西的 Apinaye 妇女经常咬下伴侣的眉毛作为性前戏自然的一部分？你是否觉得惊讶，澳大利亚北部海岸的 Tiwi 社会中，人们认为少女如果不经历性交胸部就不会发育也不会月经来潮？你是否知道亚马逊流域的雅诺马马人习惯什么都不穿，只在腰间围绕一条细绳子？有趣的是，如果你要求一位雅诺马马妇女解下绳子，她们的反应和你要求一位美国女性脱下上衣几乎一样（Hyde & DeLamater, 2006; Frayser, 1985; Gregerson, 1996; Goldstein, 1976; Miracle, Miracle & Baumeister, 2006）。另外，新几内亚的赞比亚人相信男孩必须吞下精液才能成为男人（Herdt, 1981）。在南太平洋的一个小岛塔希提岛，青少年男性要经历分裂阴茎术——一种痛苦的入会仪式，也就是将阴茎前段的皮肤切开然后折回去（Marshall, 1971）。图 11—4 是一些令人惊讶的性文化差异的例子。

塔希提岛 （波利尼西亚岛屿）	雍古 （澳大利亚附近岛屿）	伊内兹·比格 （爱尔兰岛屿）
童年期的性： 儿童很容易接触到性。青少年会在取悦性伴侣技巧方面得到直接的指导，男孩和女孩都被鼓励有许多性伴侣。	童年期的性： 对童年期的性行为持允许态度。父母通过抚摸性器官来安抚婴儿。从婴儿到老年，裸体都是可以接受的。	童年期的性： 强烈反对性的表达。儿童习得对裸体的恐惧，没有任何性知识的给予。少女通常因为初潮感到震惊。
成年人的性： 在结婚后，每夜三次性高潮对男人并非少见，他们也被鼓励"给予"他们的每一个女性伴侣三次性高潮。成年人进行非常广泛的性行为。	成年人的性： 男人有许多妻子，一般对性生活感到满意。女性在婚姻对象上没有选择权，在家也几乎没有权利。女性对性态度冷漠，很少有高潮，基本不快乐。	成年人的性： 性交前几乎没有前戏。女性的高潮不为人所知，甚至被认为是变态。对性有许多误解（例如，性交会让人虚弱，更年期导致精神失常）。

图 11—4 性行为的跨文化差异。
注："伊内兹·比格"是假名，用以保护该爱尔兰岛屿居民的隐私。
资料来源：Crooks & Baur, 2005; Ford & Beach, 1951; Hyde & DeLamater, 1971; Miracle, Miracle & Baumeister, 2006; Money et al., 1991.

尽管其他文化下的习惯我们看起来不自然和奇怪，我们忘记了我们自己的性习惯在他人看来也许同样奇怪。如果对塔希提岛的分裂阴茎的内容使你困扰，你对我们自己文化里对男婴的常规包皮环切术又有什么感觉呢？在你提出美国婴儿的包皮环切"完全不同"并且"在医学上安全而且必要"之前，你也许想考虑一下美国儿科医学会（AAP）现在的立场。1999 年，他们提出先前报告的包皮环切术带来的医学好处太小了，不应当作为常规施行这个手术。但是，美国儿科医学会的确认为，父母考虑到文化、宗教、种族传统，从而决定给儿子进行包皮环切手术也是合理的。

如果关于男婴包皮环切术的争论让你感到惊讶，那么对女性生殖器的切除可能也是同样。在历史上，甚至今天，在非洲、中东、印度尼西亚和马来西亚的某些地方，年轻的女孩会经历若干种女性生殖器切除（female genital mutilation，FGM）。女性生殖器切除包括环切（移除阴核包皮）、阴蒂切除术（移除阴蒂）和锁阴（移除阴蒂和阴唇，缝合剩下的组织，只留下容许尿液和经血通过的开口）（Dandash，Refaat & Eyada，2001；El-Gibaly et al.，2002；Whitehorn，Ayonrinde & Maingay，2002）。在大多数国家，手术在女孩 4～10 岁时进行，并且通常没有麻醉或消毒条件（Abusharaf，1998；McCormack，2001）。少女因为这些习惯遭受许多健康问题——导致最严重结果的是锁阴。危险包括极度的痛苦、流血、慢性感染以及月经的困难。作为成年人，这些女性经常面临严重的性方面的问题以及危险的分娩并发症或者不育。

这些措施的目的是什么？主要的目标是保证婚前贞操（Oruboloye，Caldwell & Caldwell，1997）。没有经历这些措施的女孩被认为不能结婚而且没有地位。如同你想象的那样，这些习惯造成了严重的文化冲突。例如，西方社会的医生被移民父母要求为其女儿施行这样的手术，医生应该怎么做？应当禁止这样的习俗吗？或者这是另一个种族中心主义的例子？

你可以看到，这是个复杂的问题。加拿大是第一个承认女性生殖器切除为难民身份基础的国家（Crooks & Baur，2005）。联合国也开始质疑其有关不介入国家文化实践的常规政策。世界卫生组织（WHO）和联合国儿童基金会（UNICEF）也都签署声明反对女性生殖器切除。它们也开发了一些项目反对这些以及其他影响妇女儿童健康的有害习俗。

评估

检查与回顾

对人类性的研究

尽管性总是人类兴趣、动机和行为的重要部分，但在 20 世纪前它受到的关注仍然很少。霭理士是最早开始研究人类性的科学家之一，尽管他身处 19 世纪的维多利亚时代，当时的社会对这个问题持有保守和压抑的态度。

20 世纪 40—50 年代，在美国，阿尔弗雷德·金赛和他的同事开展了第一个性习惯和偏好的大规模系统访谈研究。马斯特斯和约翰逊的研究团队第一个采用了实际的实验室测量和观察，考察性活动中的生理反应。文化研究是人类性科学信息的重要来源。

问题

1. 早期，人们相信____导致失明、阳痿、粉刺和精神失常，而____导致脑损伤和死亡。

（a）女性性高潮，男性性高潮

（b）自慰，夜间勃起

（c）月经，停经

（d）口交，鸡奸

2. 用研究者的名字填空，匹配他们对性研究的贡献。

（1）____基于他的个人日记开展了对人类性的最初研究。

（2）____广泛使用了调查方法进行性研究。

（3）____第一个使用了直接观察和生理学测量考察性活动中的身体反应。

3. 性研究中文化研究的好处是什么？

4. 认为一个人自己的种族群体（或者文化）是中心和"正确的"从而依此标准判断世界的其他部分被称为

（a）标准化 （b）刻板化

（c）歧视 （d）种族中心主义

答案请参考附录 B。

更多的评估资源：

www.wiley.com/college/huffman

学习目标

男人和女人在性唤起与反应上有怎样的不同和相似？关于性取向的最新研究是什么？

男人和女人的性反应本质上相同吗？还是根本就是不同的？什么导致了同性恋性取向？什么是性偏见？在本部分我们考察这些问题。

性唤起与反应：性别差异和相似性

在性唤起和反应上男人和女人有显而易见的差异和相似性。但研究者如何科学地考察个体或两个人在性活动中的身体变化呢？你可以想象，这是个高度争议的研究问题。马斯特斯和约翰逊（1966）第一个进行了实验室研究。在 694 名男性和女性志愿者的帮助下，他们在志愿者身上装上测量仪器，并且监控或者摄录了他们从非唤起到高潮再到非唤起过程的生理反应。他们将这个事件系列中的身体变化命名为一个**性反应周期**（sexual response cycle），包括四个阶段：性兴奋期、平台期、性高潮期和消退期（见图 11—5）。我们进一步考察每个阶段。

性反应周期 马斯特斯和约翰逊对性唤起的四阶段身体反应的描述，包括性兴奋期、平台期、性高潮期和消退期。

404

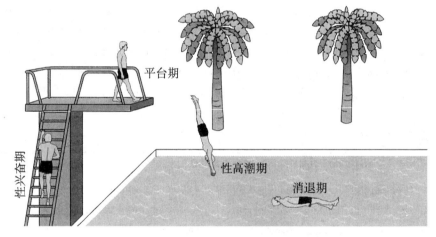

平台期

性兴奋期

性高潮期

消退期

图 11—5 **马斯特斯和约翰逊的性反应周期。**将性反应周期四阶段视觉化（和记忆）的一种方法是和高台跳水作比较。在性兴奋阶段（爬上梯子），男人和女人都变得越来越唤起和兴奋，阴茎和阴蒂勃起，女性阴道开始分泌润滑液体。在平台期阶段（走过跳板），性唤起和生理唤起维持在很高的水平。性高潮阶段（跳下跳板）包括男女的节律性肌肉收缩以及男人的射精。在最后的消退阶段（休息和游回岸上），生理反应回到正常水平。注意，这只是简化的描述，没有包括个体差异，不应该用来判断什么是"正常"。

性兴奋期 性反应循环的第一阶段，以上升的唤起水平和生殖器充血的增加为特征。

平台期 性反应循环的第二阶段，以高水平的唤起状态为特征。

阶段一：在**性兴奋期**（excitement phase），持续从几分钟到几小时不等，唤起的引发通过身体因素，例如抚摸和被抚摸，或者通过心理因素，例如幻想或挑逗刺激。在这个阶段，心率、呼吸和阴道润滑增加。骨盆区域的血流量也增加，导致阴茎和阴蒂的充血。男性和女性的乳头都勃起，两性都可能经历性潮红，或者躯体上部和面部泛红。

阶段二：如果刺激持续，**平台期**（plateau phase）就开始，心跳、呼吸速率和血压都维持在高水平。男性的阴茎充血更多并且勃起，睾丸收缩并且向身体靠近。在女性中，阴蒂从阴蒂包皮中凸起，阴道入口收缩，并且子宫略有上升。子宫的运动导致阴道的上 2/3 部分膨胀或扩张。当唤起达到顶峰时，两性都感觉到高潮即将来临并且不可避免。

阶段三：在**性高潮**（orgasm phase）阶段，个体经历高度的紧张和愉悦的放松。女性阴道周围的肌肉挤压阴道壁，子宫收缩。男性阴茎底部的肌肉收缩，导致射精，排出精子和精液。

阶段四：男性和女性的身体在**消退期**（resolution phase）都逐渐回到兴奋前的状态。一次高潮之后，大多数男性会进入**不应期**（refractory period），这段时间内进一步的兴奋至高潮一般认为不可能。许多女性（以及一些男性）则可以在相当快的时间内达到多次高潮。

性高潮期　性反应循环的第三阶段，快感达到顶点，出现高潮。

消退期　性反应循环的最后阶段，身体回到非唤起状态。

不应期　高潮之后的阶段，这段时间男性的再次高潮被认为生理上不可能。

405

目　标　性别与文化多样性

一妻多夫有演化优势吗？

男性和女性在性反应的许多方面都类似。但我们关注最多的仍是区别。例如，你是否听说过男人比女人有更多的性驱力、兴趣和性活动？科学家们如何研究这些普遍信念？主要存在两个观点——演化和社会角色。

强调行为适应价值的演化观点，提出两性的不同（例如男人有更多性伴侣）从远古的交配模式演变而来，有助于物种存活（Buss，1989，2003，2005；Chuang，2002；Mathes，King，Miller & Reed，2002；Rossano，2003）。依照这种性策略理论（SST），男性对性有更大的兴趣，有多个伴侣。男性同样在性方面有更强的嫉妒和控制欲，因为这些行为可以最大化他们的繁殖机会。另一方面，女性寻找一个优秀的保护者和供养者以提高自身以及后代的存活可能。两性的这些性策略有助于传递基因和保证物种存活。

你能看出来演化观点的这种解释说明只有男性拥有多个性伴侣才有生物学优势吗？记住，世界上至少有 18 个国家是一妻多夫（女性拥有多个性伴侣）的，而这对女性和儿童的生存具有意义（Beckerman et al.，1999）。这些文化中的人相信可分的父权（partible paternity）（一个孩子有多于一个生物学父亲），并且怀孕的女性公开宣称她们的婚外情人为"次级父亲"。

有关多个男性在最初受精阶段以及随后"建构儿童"上都有贡献，这种信念对怀孕的女性和她的孩子都是有好处的。在委内瑞拉的巴里和哥伦比亚，Beckerman 和他的同事发现有恋人的怀孕女子较不容易流产，可能是因为求爱礼物保证了营养。另外，80％有"额外"父亲的儿童活到了 15岁，对于只有一个父亲的孩子，这个比率只有 64％。

社会角色观点提供了演化观点及其对生物学强调的另外一种可能解释。这个观点认为性行为的性别差异可能是由于男性和女性在社会中内化了不同的角色（Eagly，1997；Megarry，2001）。例如，在传统文化的分工中，女性抚养儿童，操持家务；男性供养家庭，抵御外敌。但当女性有了越来越多的生育自由和教育机会后，她们同样通过结婚之外的方法得到更多个人机会和地位。

对 Buss 从 37 个文化中收集的原始数据的重新分析直接支持了这个假说（Buss et al.，1990）。凯瑟（Kasser）和夏玛（Sharma）（1999）发现女性的确偏爱拥有更多资源的男性。但这只存在于女性有很少的生育自由和平等教育机会的文化里。因此，凯瑟和夏玛提出，演化和社会角色理论的冲突也许可以通过考察限制了女性选择的父权制文化系统来解决。

如果在更新世时期就存在强的父权社会，心理机制就可能有足够的时间对这些环境产生反应。如果父权制仅仅在过去的 10 000 年随着农业发展才产生（Miller & Fishkin，1997），那么演化的变化时间跨度就太短，而社会角色理论可能是最好的解释。

406

▎性取向：矛盾的理论和误解

什么导致了同性恋？什么导致了异性恋？许多人会问第一个问题，但是很少有人问第二个。因此，我们对性取向的根源了解很少。但是研究者已经澄清了关于同性恋的几个广泛误解（Drescher，2003；Fone，2000；Lamberg，1998；LeVay，2003；Mitchell，2002）。要记住，以下这几个广为流传的"理论"都是错误的。

（1）引诱理论。男女同性恋者在儿童时期被同性的成人所引诱。

（2）"默认"误解。男女同性恋者不能吸引异性的伴侣，或者经历过不愉快的异性恋关系。

（3）错误抚养理论。儿子变成同性恋是因为强势的母亲和弱势的父亲。女儿变成同性恋是因为弱势或者缺席的母亲，从而只有父亲作为早期角色榜样。

（4）榜样理论。被同性恋双亲抚养的儿童最后会获得双亲的性取向。

性取向的真正原因仍然不明。但是，大多数科学家相信基因或者生物学因素有主要影响（Bailey，Dunne & Martin，2000；Cantor，Blanchard，Paterson & Bogaert，2002；Hamer & Copeland，1999；Rahman & Wilson，2003）。例如，基因决定同性恋的观点被同卵双胞胎、异卵双胞胎和收养的兄弟姐妹相关研究所支持（Kirk，Bailey，Dunne & Martin，2000；Lynch，2003）。这些研究发现，如果同卵双胞胎兄弟中有一个是同性恋，那么另一个个体有 48%～65% 的可能性也是同性恋（注意，如果基因是唯一的原因，那么这个比率应该是 100%）。普通兄弟的这个比率是 26%～30%，而收养的兄弟姐妹则是 6%～11%。普通人口中同性恋的比率估计在 2%～10% 之间。

一些研究者也假定出生前激素水平影响到胎儿的大脑发育以及性取向。动物实验发现，控制出生前的雄性激素水平导致绵羊和大鼠雌性后代出现通常为雄性个体发出的爬背行为（Bagermihl，1999）。显然，对人类胎儿做这种实验违反伦理，因此，我们不能得到任何有关激素对胎儿发展影响效果的有意义结论。进一步来说，还没有任何严格控制的研究表明异性恋和同性恋成年人激素水平存在差异（Banks & Gartrell，1995；LeVay，

性偏见和针对性犯罪。 1998 年对 Matthew Shepard 的残酷殴打和谋杀是性偏见代价的一个悲剧性警示。

2003)。

性取向的起源仍然是个谜。但是我们的确知道同性恋往往成为社会偏见的受害者。研究表明，很多同性恋者遭受言语和肢体的攻击、混乱的家庭和同伴关系，以及更高的焦虑抑郁和自杀比率（Jellison，McConnell & Gabriel，2004；Meyer，2003；Mills et al.，2004；Rosenberg，2003）。

其中一些偏见来源于对自身或他人同性恋倾向的非理性恐惧，20世纪60年代末马丁·温伯格（Martin Weinberg）将其命名为同性恐惧（homophobia）。现在，一些研究者认为这个名称过于狭隘并且在科学上不可接受，因为它暗示对同性恋的反对仅仅是个人的非理性和病态。因此心理学家格雷戈里·贺瑞克（Gregory Herek）（2000）倾向使用"性偏见"（sexual prejudice）这个词，它强调了原因的多样，并且允许科学家引用关于偏见的大量研究。

1973年，美国精神病学会和美国心理学会都从官方角度声称同性恋不是心理疾病。但是在美国现在这仍是一个制造不和谐的社会问题。将性偏见看做受社会强化的一种现象，而非个体层面上的病理学，加上同性恋的政治行动，也许有助于对抗歧视和仇恨带来的犯罪。

反对性偏见。这些抗议者努力提高公众对不同性取向的关注和接纳。

性偏见 因为性取向而对某个体持有的负性态度。

检查与回顾

性行为

威廉·马斯特斯和弗克尼亚·约翰逊发现了性活动中四阶段的性反应循环——性兴奋期、平台期、性高潮期和消退期。两性之间有许多的相似和差异，但大多数研究关注的是差异。依据演化观点，男性参与更多的性活动，有更多性伴侣，因为这有助于物种的存活。社会角色理论提出这种差异是由于传统文化的分工导致的。

尽管研究者澄清了关于同性恋原因的若干误解，同性恋的起源仍然是个谜。在最近的研究中，基因和生物学因素引起最多关注。尽管我们对这个问题的了解在进步，性取向在美国仍然是引起争端的话题。

问题

1. 简要描述马斯特斯和约翰逊的性反应循环。

2. 演化和社会角色观点如何解释性行为的性别差异？

3. 性取向中基因的影响因素被以下研究所支持_____。

（a）同卵双胞胎之间，如果一个兄弟是同性恋，另一个有52%的可能性也是同性恋

（b）男同性恋比男异性恋的染色体更少，而女同性恋的下丘脑比女异性恋大

（c）在收养的兄弟中，如果一个是同性恋，另一个是同性恋的可能性增加

（d）父母的抚养方式影响男性成年后的性取向，而对女性没有影响

4. 同性性取向似乎是_____导致的。

（a）童年或青少年期年长同性恋者的引诱

（b）母亲强势和父亲被动的家庭背景

（c）激素失衡

（d）未知的因素

答案请参考附录B。

更多的评估资源：

www.wiley.com/college/huffman

性的问题

 学习目标

什么因素影响了性功能障碍和性传播感染？

当我们的性功能正常时，我们可能忽略生活中的这一部分。但是如果事情不顺利时会怎么样呢？为什么正常性功能在有些人的身上停止了，而在另一些人身上根本没有出现过？性行为传播的主要疾病是哪些？我们将在下面的部分讨论这些问题。

性功能障碍：生物心理社会模型

性功能障碍 正常性唤起与性高潮生理过程的损伤。

性功能障碍（sexual dys function），或者说性功能中的困难有许多种。它们的原因也很复杂（见图11—6）。在本部分，我们将讨论生物学、心理学和社会因素（生物心理社会模型）对性功能紊乱产生怎样的影响。

男性♂		女性♀		男女都有♂♀	
异常	原因	异常	原因	异常	原因
勃起障碍（阳痿） 不能勃起（或维持勃起）到足以性交的程度。初级勃起障碍：终生的勃起问题。次级勃起障碍：至少25%的情况下发生勃起障碍。	**身体**——糖尿病、循环系统问题、心脏病、药物、极端疲劳、饮酒、激素问题。 **心理**——表现焦虑、愧疚、对伴侣表现欲望的困难、严重的反性抚养环境。	**高潮障碍** （性感缺失，性冷淡）不能到达高潮，或者到达高潮，存在困难。初级高潮障碍：终生没有高潮。次级高潮障碍：曾经有正常高潮，但现在没有。情景高潮障碍：仅在特定环境下有高潮。	**身体**——慢性疾病、糖尿病、极度疲劳、药物、饮酒、激素问题、骨盆疾病、缺乏适当或足够的刺激。 **心理**——害怕被评价、不好的身体意象、恋爱问题、愧疚、焦虑、严重的反性抚养环境、对伴侣表现欲望的困难、性的创伤经历、童年性虐待。	**性交疼痛** 性交时产生疼痛。 **抑制的性欲** （性冷淡）由于不感兴趣而回避性关系。 **性厌恶** 因为严重的恐惧或焦虑而回避性。	**主要是身体** ——疼痛、感染、内部或外部生殖器的疾病。 **身体**——激素问题、酗酒、药物使用、慢性疾病。 **心理**——抑郁、先前性创伤事件、恋爱问题、焦虑。 **心理**——父母对性的严厉态度、先前性创伤事件、伴侣的压力、性别认同混淆。
早泄 不能控制地迅速射精；性伴侣至少在50%的性交过程中没有高潮。	**几乎总是心理上的原因**——因为愧疚、自慰时害怕被发现，以及在车辆或汽车旅馆中的仓促经历，男性习得了尽快射精。	**阴道痉挛** 阴道不自主地痉挛，阴茎插入不可能或者困难并且疼痛。	**主要是心理** ——对痛苦或恐惧与性交联系的习得、先前性创伤事件、严重的反性抚养环境、愧疚或缺乏润滑。		

图11—6 男性和女性主要的性功能障碍。 尽管性治疗师一般将性功能障碍划分为"男性"、"女性"或"两者"，但不应该认为问题是"他的"或者"她的"，而应鼓励夫妇一起寻找解决方案。更多的信息，访问 www.goaskalice. columbia. edu/Cat6. html。资料来源：Crooks & Baur, 2005; Masters et al., 1995; Miracle, Miracle & Baumeister, 2006。

生物学因素

尽管许多人认为这很煞风景，但性唤起和行为在很大程度上仍然是生物学过程（Coolen et al.，2004；Hiller，2004；Hyde & DeLamater，2006）。勃起障碍（没有能力获得或保持足以性交的勃起状态）和性高潮障碍（不能对性刺激有足够的反应到达高潮）经常反映了生活方式的因素，例如吸烟。医学因素也有可能产生影响，例如糖尿病、酗酒、激素障碍、循环系统问题，以及处方药和非处方药的副作用。另外，激素（尤其是睾丸酮）对两性的性需求有明显的影响。但是激素在人类性活动中的具体作用仍然不清楚。

在医学和激素因素导致的问题之外，性反应也受到脊髓和交感神经系统的影响（Coolen et al.，2004）。人脑当然参与到性反应周期的每个部分中，但是，一些关键的性行为并不需要完整的大脑皮层才能完成。事实上，一些昏迷状态的病人仍然能体验性高潮（Halaris，2003）。

这怎么可能呢？回忆第 2 章，一些人类行为是反射性的，它们无须习得，自动化，不需要有意识的努力或动机即可发生。男性和女性的性唤起部分都是反射性的，有些像吹气眨眼的简单反射。例如，吹气可以导致眼睛自动闭合，相似地，特定的刺激例如抚摸性器官，可以导致男性和女性的自动唤起。无论是男性还是女性，源自感受器的神经冲动传递到脊髓，脊髓再将信息传递到目标器官或腺体。一般情况下，通过动脉流入器官或组织的血液与通过静脉流出的血液达到平衡。在性唤起的情况下，动脉扩张，流入的血液不能完全由静脉流出，这就导致了男性阴茎的勃起和女性阴蒂及周围组织的充血。

如果这是自动化过程，为什么有些人性唤起有困难呢？和眨眼那样的简单反射不同，负面想法或者高度情绪化状态都可能阻止性唤起。第2 章曾经提到，自主神经系统（ANS）在情感（以及性）反应中有复杂的作用。自主神经系统又由两个子系统组成：交感神经系统，负责身体的搏斗或防御；副交感神经系统，维持身体的稳定平衡状态。性兴奋的初期，交感神经系统起主导作用，但是持续的唤起（平台期）则要求副交感神经系统为主导，而交感神经系统在射精和性高潮阶段又起主导作用。

你知道为什么在唤起阶段副交感神经必须控制身体吗？因为身体需要足够的放松让血流入生殖器区域。这有助于解释为什么我们文化里的年轻女性经常在性唤起和高潮上有困难。早期性经历的秘密和禁忌情况导致了强烈的焦虑和被发现、失去尊严以及意外怀孕的恐惧。许多女性后来发现她们需要上锁的门、有承诺的恋爱关系以及可靠的生育控制，才能享受性关系。

男人呢？大多数男人也喜欢保密、承诺以及良好的避孕方案。但是如同你在表 11—3 中看到的，恋爱关系情况对男性性高潮的影响远小于女性。很明显，女性在这些情况下越放松，越能让她们处于更长的副交感神经主导唤起阶段，这样高潮才会出现。

表 11—3		性和恋爱关系
男性♂	女性♀	总是或经常达到高潮
94%	62%	约会
95%	68%	同居
95%	75%	结婚

资料来源：Laumann, Gagnon, Michael & Michaels, 1994.

大多数夫妇也意识到，如果饮酒过度或者有压力、生病、过度疲劳时，性唤起会有困难。但不常为人所知的一个性唤起阻碍因素是**表现焦虑**（performance anxiety），害怕在性活动中被评判。男性往往经历勃起问题（尤其在饮酒之后）而且怀疑他们的"表现"能否满足伴侣。同时，女性常常担心她们的吸引力和高潮。你能看出这些表现忧虑如何导致性的问题吗？同样，增长的焦虑导致交感神经系统的主宰，从而阻碍通往性器官的血流。

表现焦虑　害怕在性活动中被评判。

双重标准　潜在地鼓励男性性行为而不鼓励女性性行为的信念、价值观和规范。

心理和社会影响

我们的身体可能在生理上准备好了接收性刺激，但心理和社会因素也有作用（Mah & Binik, 2005）。如同我们刚才看到的，对评价的惧怕或者对性活动后果的惧怕，是习得的心理因素，对两性的性功能障碍有影响。性别角色训练、双重标准、性脚本等是重要的社会影响。

性别角色训练从出生就开始，持续影响我们生活的各个方面，如同这一章开始"Brenda/David"的故事所示。你能想象传统男性性别角色——主宰、侵略性、独立——和传统女性性别角色——顺从、被动、依赖——如何导致了不同的性想法和行为吗？你能想象这种性别角色训练如何导致了**双重标准**（double standard）吗？男性被鼓励探索他们的性，并且在恋爱中具有一定的性知识，而女性被期待拒绝男性的要求，直到婚后才有性行为。

尽管外显的双重标准在现代已经不那么明显，但这种信念的隐藏痕迹仍然存在。再看看图 11—7 的性别差异，你应该能看出男性希望女性"更多地发起性行为"或者女性希望男性"更多地谈情说爱"是这种双重标准的残余。

约会对象

男性希望对方：
更愿意尝试新事物
更多发起性行为
尝试更多口交
给出更多指示
更热情投入

女性希望对方：
更多谈情说爱
更吸引人
更热情投入
给出更多指示
更会恭维

婚姻配偶

男性希望对方：
更吸引人
更多发起性行为
更愿意尝试新事物
更狂野性感
给出更多指示

女性希望对方：
更多谈情说爱
更诱人
更会恭维
给出更多指示
更热情投入

图 11—7　男人和女人想要什么？当问到他们希望在性关系中得到更多的什么时，男性倾向强调活动，而女性关注情感和关系。

资料来源：基于 Hatfield & Rapson, 1996, 142 页。

除性别角色训练和相关的双重标准之外，我们也习得外显的**性脚本**（sexual scripts），它教会我们"做什么，何时，在哪里，如何做以及和谁"（Gagnon，1990）。在 20 世纪 50 年代，社会信息说"最好的"性是在晚上，黑暗的房间，男上女下。现在，信息更加大胆和多样，部分是由于媒体的描绘，例如，比较图 11—8 中描绘的性脚本。

性脚本　对于性互动的"适宜"行为的社会描述。

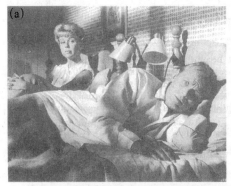

图 11—8　变化的性脚本。（a）20 世纪五六十年代的电视和电影只允许结了婚的配偶出现在卧室情景里（并且一定有长睡衣和单独的双人大小卧床）。（b）现代社会与此相反，非常年轻、未婚的伴侣经常被描述为躺在一张床上，似乎赤裸，进行性交的各个阶段。（c），（d）同样，注意这些从 20 世纪 60 年代到今天海滩场景的身体姿态和衣着。

性脚本、性别角色和双重标准现在都不那么明显了，但困难仍然存在。许多人和许多种性行为都不符合社会脚本和预期。更进一步地，我们经常"不自觉地"内化社会信息。但我们很少意识到它们如何影响我们的价值观和行为。例如，现代的男人和女人往往声称需要平等，但两性觉得更舒服的情况都是女性是处女而男性有过许多性伴侣。性疗法鼓励伴侣考察以及修正不适宜的性脚本、性别角色以及双重标准信念。

治疗师如何治疗性的问题？医师通常从访谈和检查开始，以判断问题是器质性的、心理的，或者两者的综合（Black，2005；McCarthy，2002）。性功能障碍的器质性问题包括医学问题（糖尿病、心脏病）、药剂（抗抑郁药）和成瘾物质（例如酒精或烟草——参考表 11—4）。勃起障碍最有可能存在器质性因素。在 1998 年，一种治疗勃起障碍的药物伟哥（Viagra），很快成为美国历史上销售最快的处方药。其他一些针对男性和女性的药物也在测验中——但这不是所有性问题的解决方案。

几年前，对性功能障碍的主要心理疗法是长期的心理分析。这种治疗基于如下假定：性问题是童年期产生的深层冲突的结果。20 世纪五六十年代，行为疗法开始引进。它基于性功能障碍是习得的预定（参考第 14 章对心理分析和行为疗法更详细的描述）。直到 20 世纪 70 年代早期马斯特斯和约翰逊的《人类的性功能障碍》发表，性治疗才获得了全国性的认同。由

性的实验？马斯特斯和约翰逊是使用直接实验室实验和观察研究人类性的第一批研究者。

于马斯特斯和约翰逊创建的模型现在仍然受到欢迎，被许多性治疗师应用，我们将其作为我们的例子来说明如何实施性的治疗。

马斯特斯和约翰逊的性治疗项目

马斯特斯和约翰逊的方法基于四个主要原则。

（1）对关系的关注。不同于那些关注个人的疗法，马斯特斯和约翰逊的性治疗方法关注两人之间的关系。为了防止责备的倾向，任何一方都被认为全面参与并且受到性问题的影响，并教会双方积极沟通和解决问题的技巧。

（2）生理和心理因素的整合。药物和许多身体紊乱会导致或加剧性功能障碍。因此，马斯特斯和约翰逊强调了用药史和检查的重要性。他们同样考察心理社会学因素，例如夫妇第一次知道性是什么情况，以及他们现在的态度、性别角色训练以及性脚本。

表 11—4	合法以及非法药物对性的影响
药物	**影响**
酒精	中到高剂量会抑制唤起。长期滥用损害睾丸、卵巢以及循环和神经系统。
烟草	降低流向生殖器的血流，从而减少勃起、阴道润滑的频率和持续时间。
可卡因和安非他明	中到高剂量以及长期使用导致对高潮的抑制以及减少勃起和润滑。
巴比妥	导致欲望减少、勃起障碍以及高潮延迟。

资料来源：Grilly，2006；Miracle & Baumeister，2006；Tengs & Osgood，2001.

你自己试试

412

如果你希望改善自己的或孩子们现有或未来的性功能，性治疗师会推荐：

● 尽早开始性教育。应当给予儿童对自己身体的积极感觉，以及在开放、诚实的氛围下讨论性话题的机会。

● 避免目标或表现导向的方法。治疗师会经常提醒来访者，事实上没有"正确"的性行为方式。当夫妇或者个人尝试判断或评价他们的性生活，或者试图达到他人的标准时，他们有可能将性作为任务而不是愉悦。

● 与你的配偶坦诚交流。读心术只在舞台上存在，而不是在卧室。伴侣需要告诉对方怎样感觉好而怎样不好，应当坦诚地讨论性问题，不应责备、愤怒或者冒犯。如果问题的确没有在相当长的时间内得到改善，可以考虑寻求专业帮助。

（3）对认知因素的强调。认识到许多问题来源于对表现的恐惧和观众效应（在心理上观看和评价性活动中的反应），配偶不应设定目标以及用成功或失败判断性活动。

（4）对特定行为技术的强调。配偶参加为期两周的密集咨询项目。他们探索自己的性价值观和误解，以及进行特定的行为练习。"家庭作业"一般从感觉关注练习开始，伴侣轮流轻柔抚摸对方然后交流怎样令人愉悦。没有目标或者要求。后续的练习和作业依照夫妇的具体性问题而定。

应用

聚焦研究

网络性爱有害吗？

Lisa，一位 42 岁的学生说："我们给儿子买了一台新的功能强大的电脑，然后他告诉我如何上网并且进入聊天室。我开始仅仅为了访问网站和聊天而上网。但很快我发现了一些聊天室，那里的主要目的是讨论性幻想。这实在很撩人。我开始和各种男人进行这种亲密对话。我们聊自己的性生活，以及喜欢在床上做什么。之后变得私人化——我们喜欢对对方做什么。我从没想过和这些人见面。但我开始觉得我仿佛在和他们做爱。"

"当我丈夫看到一张互联网账单并且感到惊讶的时候，一切到头了。那个月的账单超过 500 美元。我不得不向他解释整件事情。他觉得我就像背叛了他，并且考虑分居。我花了好几周时间重获他的信任，让他相信我仍然爱他。我把电脑移到儿子的房间，并且我们开始向家庭治疗师咨询。"（《个人交流》，引用自 Blonna & Levitan, 2000, p. 584）。

网络是伟大的技术革新。在学校、工作场所和家庭，电脑帮助我们在线工作或学习，收集有用信息，甚至娱乐性地"浏览网页"。但是，对一些人而言，网络同样可以变得有害（Bowker & Gray, 2004；McGrath &

Casey, 2002；Roller, 2004）。一项研究考察了 18~64 岁自我声明为网络性爱的参与者，发现了和他们在线性行为有关的几个问题（Schneider, 2000）。例如，两位之前没有对性虐待产生过兴趣的女性在网上发现了这种行为并且开始喜欢。参加调查的其他人报告了更多的抑郁、社会孤立、失业或工作业绩下降、财政上的问题以及在一些情况下法律上的问题。

就像 Lisa，一些网络使用者同样使用网络聊天室和电子邮件作为和亲密他人的秘密交流手段，或者是不愿对伴侣表露或交流的性欲望的释放手段。尽管这些秘密的私通可能很刺激，性治疗师发现这些行为常常导致参与者与配偶关系的恶化，以及对恋爱或婚姻的严重破坏。"网络背叛"就如同传统的不忠或欺骗，破坏信任和与配偶的关系。持续的秘密、谎言和幻想也会增强对"虚拟"关系的吸引。

你怎么想？性需要肢体接触才"算回事"吗？如果你仅仅和网上的某个人交换性幻想，你是否算不忠？访问色情网站有害吗？当我在大学课堂里提这个问题的时候，一些学生认为这非常有害，并且急切地谈起其导致的恋爱问题。相反，其他人认为这并不比成人电影更严重。他们似乎惊讶于竟然有人认为这是"欺骗"。我鼓励他们（还有你）和伴侣坦诚地讨论，什么是彼此认为在关系中不可接受的——包括网络和日常生活中。

在继续之前，我也希望说明许多人通过网络建立了健康、稳定的关系。他们报告这些恋爱关系和面对面的一样亲密（甚至更亲密）。其他的人提出网络交流可以是对"现实"事物很好的预演。甚至一些性治疗师也发现了互联网的积极用途。他们发现匿名允许对性开诚布公地进行讨论，而这是成功治疗的关键部分。如同你在第 15 章会读到的，网络性疗法是处于发展中的心理健康疗法的一部分，称为远程医疗。

413

性传播感染：AIDS 的特殊问题

早期性教育和伴侣间坦诚的交流对完美的性功能非常重要。这些也是防止和控制性传播感染（STIs）的关键。性传播感染曾经被叫做性传播疾病（STDs）、性病（VD）或者社会疾病。性传播感染是用来形容通过性活动传播的、由超过 25 种感染性微生物导致的疾病。

每一年，北美有数百万人感染一种或多种性传播疾病，他们大都小于 35 岁（Hopkins, Tanner & Raymond, 2004；Ross, 2002；Weinstock et al., 2004）。同样，如同图 11—9 所示，女性感染的多数性传播疾病的危险比男性更大。对性活跃的人群而言，对任何疑似症状进行医学诊断和治疗，以及通知他们的伴侣，是极端重要的。如果放任不管，许多性传播感染可能导致严重的问题，包括不育、宫外孕、癌症甚至死亡。

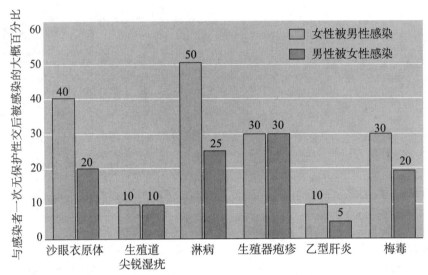

图 11—9   性传播感染（STIs）易感性的性别差异。这些百分比代表男性或女性和一个感染者进行一次性交后感染的概率。注意女性在图中 6 种 STIs 中的 4 种都比男性有更大危险。部分原因是因为女性生殖器官更偏内部。

好消息在于大多数 STIs 在早期都是可以治愈的。图 11—10 是大多数常见 STIs 的征兆和症状。看这张表格时，要记住许多感染者是没有明显症状的。你可以有一种或两种疾病，但完全不知情。而且通常不可能辨别某个性伙伴是不是感染者。

STIs 例如尖锐湿疣和沙眼衣原体已经达到了流行病的发病率。但是，AIDS（acquired immunodeficiency syndrome，获得性免疫缺陷综合征）受到了最广泛的公众注意。AIDS 来源于人类免疫缺陷病毒（HIV）的感染。标准的血检验可以判断一个人是否 **HIV 阳性**（HIV positive），阳性意味着他感染了一种或多种 HIV 病毒。被 HIV 病毒感染和有 AIDS 不一样。AIDS 是 HIV 感染的最终阶段。

在感染的最初阶段，HIV 病毒迅速繁殖。重要的是要知道一个新感染者比在疾病其余阶段的感染者感染性强 100～1 000 倍（Royce, Sena, Cates & Cohen, 1997）。这是很大的问题，因为大部分感染者会几个月或几年都不出现症状。不幸的是，在这段时间，他们可以将疾病传播给他人——主要经由性接触。

当最初的 HIV 感染进一步发展成 AIDS 时，病毒逐步破坏身体对疾病

AIDS（获得性免疫缺陷综合征） 人类免疫缺陷病毒（HIVs）破坏了免疫系统抵御疾病的能力，使身体对一系列感染和癌症易感。

414

和感染的自然防护系统。患者的身体变得越来越脆弱，可能感染免疫系统在正常情况下不会发生的感染和癌症。病毒同样可能攻击脑和脊髓，导致严重的神经和认知损伤。官方对完全发展的 AIDS 界定是指 HIV 感染者每立方毫米血液中 CD4 细胞数小于 200（HIV 病毒破坏 CD4 淋巴细胞，也叫 T 细胞，它负责调控免疫系统对疾病的抵御）。

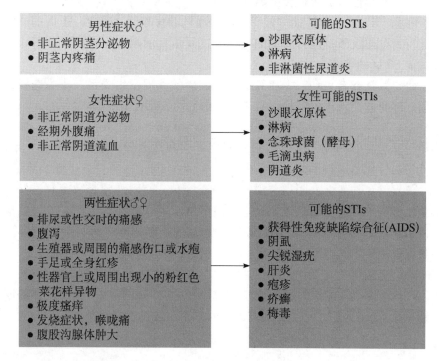

图 11—10　常见的性传播感染（STIs）。注意，你可能有 STI 但没有任何危险讯号，仍可能感染并发症。如果你怀疑和任何感染者有过接触，去看医生！遵从所有医生的建议。这可能包括再诊检验以确保痊愈。只服用医生开出的处方药物，并且按照指示服用。不要和别人分享这些药物。如果需要更多信息，访问 www. niaid. nih. gov/fact-sheets/stdinfo. htm。关于对 STIs 的防护的信息，访问 www. safesex. org。

资料来源：Crooks& Baur，2005；Miracle，Miracle & Baumeister，2006.

　　AIDS 被认为是我们的时代最为灾难性的疾病。据估计全世界有 3 400 万人感染了 HIV（CDC，2005）。对 AIDS 治疗的最新进展已经可以延长患者的存活时间，但几乎对所有人，AIDS 都是最终致死的疾病。并且一些研究者质疑 100% 有效的预防疫苗是否可能存在。疾病是严重的，但公众似乎盲目乐观，错误地相信药物可以治愈 AIDS，因此对预防和教育的注重程度下降了。

　　对 AIDS 的误解广泛存在，这反映了性教育的逆作用。例如，许多人仍然相信 AIDS 可以通过日常接触传染，例如打喷嚏、握手、共用饮水杯或毛巾、礼节性亲吻、汗水或眼泪。一些人也认为捐血是危险的。不幸的是，另外一些人对男同性恋有偏执的看法，因为男同性恋者是最初的最明显的受害者。上述都是错误的信念。

　　HIV 感染仅通过直接体液接触传播——主要是血液、精液和阴道分泌物。捐血者绝对不会有危险。另外，AIDS 也不是仅仅发生在同性恋群体

415

HIV 阳性　被人类免疫缺陷病毒（HIV）感染。

中。事实上，AIDS 传播最快的群体是异性恋者、女性、非洲裔美国人、西班牙裔和儿童（CDC，2005）。

应 用 　将心理学应用于恋爱关系

让你和其他人远离性传播感染

阻止 HIV/AIDS 传播的最好途径是通过教育和行为改变。下面的"安全性行为"建议不是出自道德的理由——只是为了减少你感染 HIV/AIDS 和其他 STIs 的可能。

（1）禁欲或者只和一个相互信任、健康的伴侣发生关系。小心选择性伴侣，将身体接触推迟到检验结果证明你们两人都没有 STIs 之后。

（2）不要使用静脉注射非法药物，也不要和这样的人发生关系。如果你使用静脉注射药物，不要和别人共用针头和注射器。如果一定要共用，对针头和注射器进行消毒。

（3）避免与血液、阴道分泌物和精液接触。使用乳胶避孕套是最好的避免接触的方法［直到最近，科学家们还相信避孕套和壬苯聚醇-9 杀精剂可以防止 STIs 的传播。但是，最近研究发现壬苯聚醇-9 可能增加风险，并且世界卫生组织已经不再推荐使用它（WHO，2002）］。

（4）避免肛交，无论是否用避孕套。这是所有性行为中风险最高的。

（5）在你或你的伴侣醉酒或使用成瘾药物时不要有性行为。对你的朋友同样成立。"好朋友不会让朋友醉酒时开车（或进行性行为）。"

批判性思维		主动学习
对强暴的误解以及防止强暴犯罪	（1）女性不可能被违背意志强暴。	Deusen, 2004；Finch & Munro, 2005；Lee et al.，2005；Peterson & Muehlenhard, 2004）。使用你自己的批判性思维技巧，你能够解释以下每个因素对强暴的误解有怎样的影响吗？
性可以成为活力的来源和温柔的承诺。但是也可能带来创伤，如果它成为违背一方意愿的强迫行为。强暴可以被定义为对不情愿、不到年龄或者无知觉受害者的口腔、肛门或阴道的强行进入。这个定义看上去清晰，但很多人对什么是强暴还存在误解。为了考察你的知识，判断下列陈述的真假。	（2）男人不可能被女人强暴。 （3）如果被强暴，可能也会放松并且享受。 （4）所有的女性都秘密地希望被强暴。 （5）男性的性在生物上过于强大，自己不能控制。 像你可能预料的一样，这些陈述都是错的。不幸的是，许多人仍然相信关于强暴的误解（Carr & Van	● 性别角色条件化 ● 双重标准 ● 媒体形象 ● 缺乏信息 如果你希望比较你的和我们的答案，或者需要关于预防强暴的特殊信息，参考附录 B。

评 估

检查与回顾

性问题

许多人曾经历性功能障碍。他们经常不能认识到性唤起和反应中的生物学作用。射精和性高潮都是部分反射性的。副交感神经系统在性唤起中必须占主导地位。交感神经系统在高潮到来时必须占主导。性唤起和反应的几个方面也是习得的。早期性别角色训练、双重标准、性脚本教会我们什么是"最好的"性。

性治疗对许多性问题有帮助。马斯特斯和约翰逊强调配偶关系，生物和心理社会学因素，认知以及特殊行为技术。专业性治疗师提供针对每个人的重要指导：性教育应当尽早，并

且积极，应当避免目标或表现导向，沟通要坦诚。

最受公众注意的性传播感染（STI）是 AIDS（获得性免疫缺陷综合征）。尽管 AIDS 仅通过性接触或者接触感染者的体液而传播，许多人对感染仍抱有非理性的恐惧。同时，北美 HIV 阳性个体的数目在增加。他们都是 HIV 病毒的携带者。

问题

1. 简要解释交感神经系统和副交感神经系统在性反应中的作用。

2. 包括"做什么、什么时间、在哪里、如何做、和谁"的性学习被

称为____。

(a) 合适的性行为

(b) 性规范

(c) 性脚本

(d) 性的性别角色

3. 马斯特斯和约翰逊的性治疗项目四原则是什么？

4. 什么是减少 AIDS 和其他 STIs 机会的五条"安全性行为"守则？

答案请参考附录 B。

更多的评估资源：

www. wiley. com/college/huffman

417

测 验 关键词

为了评估你对第 11 章中关键词的理解程度，首先用自己的话解释下面的关键词，然后和课文中给出的定义进行对比。

性和性别	性行为	性问题
双性化	性兴奋期	AIDS（获得性免疫缺陷综合征）
性别	性高潮期	双重标准
性别同一性	平台期	HIV 阳性
性	不应期	表现焦虑
性取向	消退期	性功能障碍
	性偏见	性脚本
	性反应周期	

目 标 网络资源

Huffman 教材的配套网址：

http：//www. wiley. com/college/huffman

这个网址提供免费的交互式自我测验、网络练习、关键词的术语表和抽认卡、网络链接、英语非母语阅读者的手册，还有其他用来帮助你掌握本章知识的活动和材料。

需要在人类性领域的更多基本信息？

http：//www. sexscience. org/

科学性研究协会是为了推进性知识的国际组织。

另外，http：//www. indiana. edu/％7Ekinsey/，

金赛研究所致力于性、性别和繁殖领域，致力于推进跨学科研究，以及性和性别相关话题的辅助。另外一个出色的网站，http：//www.siecus.org/，由美国性信息和教育机构（SIECUS）维护，是一个全国性非营利组织，致力于推进广泛的性教育，并支持个人做出负责任的性选择的权利。

还有关于性的具体问题，这一章尚未解答？

http：//www.goaskalice.columbia.edu/

"去问 Alice！"是哥伦比亚大学健康服务机构提供的健康问题问答网络服务。"Alice"回答关于恋爱关系、性、性健康、营养、饮酒和一般健康的问题。这个网站声称的使命是"通过提供实际、有深度、直接和非评判性的信息推广健康知识以帮助读者作出关于身体、性、情感和精神健康的决定"。

需要关于 STIs 的具体信息？

http：//www.cdc.gov/std

这个网站提供直接、精确的细节以及可操作的信息来预防和治疗 STIs。

是否需要关于性别角色和双性化的更多信息？

http：//www.utdallas.edu/~waligore/digital/garvey.html

基本基于本章讨论过的贝姆性别角色量表，这个网站提供有趣的网络项目，叫做"性别扭曲"，提供自我评定量表，测量男性化和女性化程度。

第11章　形象化总结

性与性别

定义
性：男性或女性的生物学维度，以及身体活动（例如性交）。
性别：男性和女性的心理和社会文化意义。

性别角色发展
性别角色：对适宜男性和女性行为的社会期望。
两个主要理论：

社会学习（奖励、惩罚以及模仿）。

认知发展（主动思考过程）。

性和性别差异
性差异：身体差异（例如身高）和脑差异（功能和结构）。
性别差异：女性倾向于在语言技能上得分更高。男性在数学上得分较高，同时身体攻击性更强。
双性化：男性化和女性化人格特质的组合。

人类的性研究

霭理士：
他的研究基于个人日记。

金赛和同事：
大规模使用调查和访谈。

马斯特斯和约翰逊：
使用直接观察和测验考察人的性反应。

文化研究：
提供跨文化性行为的一致性和差异性。

性行为

平台期

性高潮期

性兴奋期

消退期

性唤起和反应
马斯特斯和约翰逊的性反应周期：性兴奋期，平台期期，
性高潮期和消退期。两性在这个周期中有许多相似点，但
不同点是研究关注的对象。依照演化观点，男性参与更多
的性行为，有更多性伴侣，因为这有助于物种存活，社会
角色理论提出这样的差异来源于传统文化分工。

性取向
                        两种主要理论

错误理论：引诱、"默   受到支持的理论：基因/生
认"、错误抚养及榜样。   物学因素（基因决定、出
                            生前大脑的差异以及激素
                            的不同）。

性的问题

性功能障碍
可能的原因

生物的：焦虑阻止唤起。副交感神经   心理的：
系统必须占主导才能引起性唤起，而   ● 负面性别角色训练。
交感神经系统占主导才能有性高潮。   ● 不实际的性脚本。
                                          ● 双重标准：鼓励男性的性而不鼓励女性的。
治疗：马斯特斯和约翰逊强调伴侣   ● 由于害怕不能满足配偶性期望导致的表现
的关系，生理学和心理社会学因素   焦虑。
，以及认知和特定的行为技术。

性传播感染（STIs）
最受公众关注的STIs是AIDS。AIDS仅通过性接触或者接触感染者的体液来传播。据估计
美国有100万人是HIV阳性，即病毒携带者。

第 12 章

动机和情绪

学习目标

在阅读第 12 章的过程中，关注以下问题，并用自己的话来回答：

▶ 为了理解动机，我需要了解哪些主要的概念和理论？

▶ 是什么引起了饥饿感？是什么激发我们去获得成功？

▶ 为了理解情绪，我需要了解哪些主要的概念和理论？

▶ 在动机和情绪中，我们如何应用批判性思维？

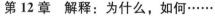

对动机和情绪的批判性思考

内部动机与外部动机
将多导记录仪作为测谎仪
情绪智力（EI）
- 个案研究/个人故事
  亚伯拉罕·林肯的情绪智力
- 性别与文化多样性
  文化、演化与情绪

422

为什么要学习心理学？

Alan Schein Photography/CorbisImages

第 12 章　解释：为什么，如何……

▶ 过于紧张和太放松都会干扰考试的发挥。

▶ 对爱好给予报酬可能会降低你的创造力以及从中得到的快乐。

▶ 在美国，肥胖的发病率已达到流行病的程度。

▶ 微笑可以让人觉得快乐，皱眉则可能造成负性情绪。

▶ 咬舌头可以骗过测谎仪。

▶ 情绪智力较高的人通常比智商高的人更加成功。

动机　引起行为、指示行为方向、保持行为，通常指向某种目标的一系列因素。

情绪　指一种主观感受，包括生理唤醒（如心跳）、认知（思想、价值观和期望）以及行为表达（如微笑、皱眉、逃跑等）。

你为什么来到大学？你的目标是什么？为了实现你一生的理想，你将付出怎样的努力？考试结束后看到自己的成绩，你觉得高兴、伤心、恼火或是挫败吗？为什么？关于动机和情绪的研究试图回答"是什么"和"为什么"的问题，并且对快乐、悲伤等情绪状态做出解释。**动机**（motivation）指引起行为、指示行为方向、保持行为，通常指向某种目标的一系列因素。**情绪**（emotion）则指的是一种主观感受，包括生理唤醒（如心跳）、认知（思想、价值观和期望）以及行为表达（如微笑、皱眉、逃跑等）。换而言之，动机激发和指导行为，而情绪则是一种"感受"反应（动机和情绪都来源于同一个拉丁语词汇"movere"，意为"移动"）。

为什么我们要在一章中同时讨论这两个话题？这是因为动机和情绪密不可分。比方说，如果你看见你的爱人在别人的怀抱里，你会体验到一系列丰富的情绪（忌妒、害怕、悲伤、气愤）。而不同的动机又将决定你在这样的情境中如何反应：如果你希望报复，你可能会去找一位新的伴侣；而你对爱和归属感的需要可能会促使你为对方的行为寻找原因并试图保护你们的关系。

本章的第一部分，"动机的理论与概念"将讨论动机的相关概念及其主要理论。"动机与行为"则将探讨动机研究怎样帮助我们解释饥饿、饮食、成就和性等行为。"情绪的理论与概念"介绍了该领域的基本理论以及和情绪相关的概念。最后一部分，"对动机和情绪的批判性思考"则探讨了内在动机与外在动机、测谎仪以及情绪智力。

动机的理论与概念

动机的主要理论一共有六个，而这六个理论又可以归为三个范畴，分别是：生物学的、心理社会学的和生物心理社会学的（见表 12—1）。在我们讨论每个理论的时候，你可以看看哪个理论能最好地解释你选择进入大学的原因。

学习目标

为了理解动机，我需要了解哪些主要的概念和理论？　　423

表 12—1	动机的六大主要理论
理论	观点
生物学理论	
1. 本能	动机由行为产生：这些行为无须学习，在表达上具有一致性，广泛存在于各个物种。
2. 驱力减少	动机产生于一种生理的需求（一种缺乏的状态），引发了那些满足最初需求的行为。
3. 唤醒	有机体将被激发去获得并维持最佳的唤醒水平。
心理社会学理论	
4. 刺激诱发	环境刺激引起动机，并将有机体"拉向"特定的方向。
5. 认知	动机会受到归因的影响，即我们对自己和他人行为的解释会影响我们的动机。
生物心理社会学理论	
6. 马斯洛的需要层次理论	只有在低层次的动机（如生理需要和安全需要）满足之后，高层次的动机（如归属感和自尊）才能起作用。

是什么激发了这样的行为？ 在表 12—1 所总结的六个理论中，选择最合适的一个来解释兰斯·阿姆斯特朗（Lance Armstrong）不可思议的耐力和在运动场上追求卓越的决心。

生物学理论：寻找行为的内部"原因"

许多动机的理论都建立在生物学基础上。这些理论关注那些控制和指导行为的先天的、遗传决定的过程。这些以生物学为基础的理论主要包括本能理论、驱力减少理论以及唤醒理论。

本能理论

在心理学的早期发展中，威廉·麦独孤（William McDougall）（1908）等研究者假设：人有很多种"本能"，如憎恶、好奇、自我肯定等。之后，其他研究者又不断将他们所热衷的特质加入到"本能"的行列中。到 20 世纪 20 年代，被列为本能的项目如此之多，以至于"本能"的概念几乎没有了任何意义。早期的一位研究者曾列出了关于 10 000 多项人类本能的清单（Bernard, 1924）。

最近，生物学的一个分支——社会生物学给**本能**（instincts）的概念重新带来了生机。本能被定义为在某一物种中几乎所有的成员里都可见

Martin Harvey/Peter Arnold, Inc.

实际运作的本能理论？ 抚育幼仔是许多物种的本能行为。

本能 在某一物种中几乎所有的成员里都可见的、无须学习的固定反应模式。

的、无须学习的固定反应模式。本能行为在许多非人类动物中显而易见，如鸟类的筑巢，大马哈鱼洄游产卵。但是，爱德华·威尔逊（Edward O. Wilson）（1975，1978）等社会生物学家认为，人类也具有本能行为，如竞争、攻击行为。而这些本能同样可以一代一代地遗传下去。

驱力减少理论

在20世纪30年代，驱力和驱力减少的概念逐渐取代了本能理论的地位。**驱力减少理论**（drive-reduction theory）认为（Hull，1952），所有的生物体都有某些生物需求（如食物、水、氧气），为了生存，这些需求必须得到满足。当这些生物需求没有得到满足时，就会产生紧张状态（即驱力），而有机体将被激发去减少驱力。例如，当我们缺乏食物时，我们的生物需求（饥饿驱力）将引起紧张状态，这种状态将会推动我们去寻找食物。

驱力减少理论的建立在很大程度上依赖于生物学中**稳态**（homeostasis）的概念。稳态是指有机体内环境的一种稳定和平衡的状态（稳态的字面意思即"保持静止"）。在正常状态下，体温、血糖、血氧水平、水平衡等都保持在一个相对稳定的水平（见第2章）。一旦这个平衡被打破，需求就产生了（即产生了驱力），于是我们就被激励去恢复稳态。图12—1中给出了驱力减少理论与稳态的总结。

驱力减少理论 动机产生于一种生理的需求（匮乏或不足），会引发那些满足最初需求的行为。一旦需求得到满足，便恢复到平衡状态（稳态），动机减小。

稳态 躯体保持相对稳定状态的倾向，如恒定的体温。

424

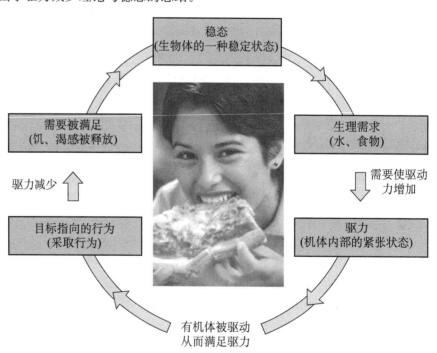

图12—1　驱力减少理论。稳态，即有机体维持体内平衡的自然倾向，是驱力减少理论的基础。当你饥饿、口渴时，平衡被破坏，继而产生了驱力促使你去寻找食物和水。当恢复平衡时，动机（寻找食物和水）也降低了。

唤醒理论——对刺激的需求

除了这些对食物和水的显而易见的生物需求外，人和其他动物生来就好奇，他们需要从环境中获得一定量的新奇感和复杂性。这种对唤醒和感觉刺激的寻求需要在出生后很快就具有了，并将终身持续下去。相对于简单的视觉刺激，婴儿对复杂刺激表现出明显的偏好，而成人通常更关注那些复杂并不断变化的刺激。类似地，为了获得粗略地看一眼实验室这一简单"回报"，猴子会完成许多任务；同样地，为了获得满足好奇心的快感，它们会努力地去完成像开锁这样的任务（见图 12—2）（Butler，1954；Harlow，Harlow & Meyer，1950）。

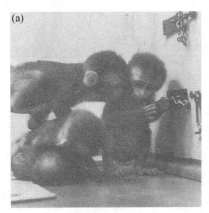

图 12—2　寻求唤醒的行为。（a）仅仅为了获得满足好奇心的快感，猴子会努力去完成像开锁这样的复杂工作。（b）人类婴儿与生俱来的好奇心和探索行为体现出与动物相似的唤醒动机。

对唤醒的需求有限制吗？过度的刺激会导致什么结果？根据**唤醒理论**（Arousal theory），有机体会被激发去获得并保持合适的唤醒水平，从而实现它们表现的最优化。仔细研究一下图 12—3 中的倒 U 形曲线，它因为看上去像一个倒置的 U 而得名。注意，当唤醒水平太低或太高时，表现是如何下降的；同样需要注意的是，在中等强度的唤醒水平下，我们的表现最好，这就是"最适"水平。

唤醒理论　有机体被激发去获得并保持最适的唤醒水平。

在考试期间，你是否注意过"最适唤醒水平"的作用？当唤醒不足时，你可能会走神，你可能会犯下粗心大意的错误，比如在多项选择题中想着选 B 却圈了 A。相反地，当唤醒过度时，你会变得如此紧张，以至于像是被"冻住"了一样，想不起你学过的东西。这种遗忘部分是由焦虑和过度唤醒所引起的，会干扰你从长时记忆中提取信息（见第 7 章）。

425

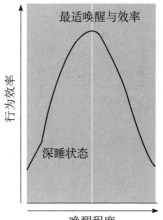

图 12—3　最适唤醒水平。我们对刺激的需求（唤醒动机）提示，以深度睡眠为基线，行为的效率随着唤醒水平的增加而升高；然而在唤醒水平超过了最大行为效率所对应的点后，我们的表现随之下降。

应　用　将心理学应用于学生生活

战胜考试焦虑

如果在考试那天你确实过度唤起了，你可能想了解一些学习技巧或者和考试焦虑相关的知识。你可以尝试以下基本学习技巧。

步骤 1：预先准备。战胜考试焦虑唯一最有效的办法是预先准备和努力学习。如果进行了充分准备，你将会更冷静、更有控制感。

● 使用 SQ4R 法阅读课本（纵览、提问、阅读、背诵、复习、写作）；

● 练习管理好你的时间，安排好学习时间，不要在考试前熬夜；

● 在课堂上主动地听，并对细节和纲要做笔记；

● 采用第 1 章"学习成功的工具"中所讲述的考试应对策略，以及第

7 章所提供的改善记忆的策略。

步骤 2：学会应对焦虑。在中等强度的唤醒水平下表现最佳，因此在考试前以及考试过程中有些紧张是很正常的，也是所期望的。然而，过度紧张可能会分散注意力、影响你的表现。以下方法可以帮助你达到最适唤醒水平：

- 用放松的情绪代替焦虑。练习深呼吸（深呼吸可以激活副交感神经系统）以及第 3 章给出的其他放松方法。
- 让自己对考试情境去敏感化（第 5 章）。
- 有规律地进行锻炼。锻炼是非常好的减压方法，同时，它也可以让你拥有更深、效果更好的睡眠。

▍心理社会学理论：诱因与认知

本能和驱力减少理论解释了一些但并非全部的动机。比如，我们为什么会在生理需求得到完全满足之后还继续进食呢？为什么有些人，在他们的薪水足以满足他的基本生理需要后，仍然超负荷地工作？心理社会学理论用诱因和认知的观点更好地回答了这些问题。

诱因理论——环境的"拉力"

诱因理论 外在环境刺激引发动机，并将有机体"拉"向特定的方向。

驱力减少理论认为，内部因素在特定的方向上给人以推力。相反地，**诱因理论**（incentive theory）认为，外在刺激提供了一种拉力，促使人们趋向目标，以及避免那些不希望得到的结果。人们吃东西是因为饥饿感"推"动了他们（驱力减少理论），但是看到苹果派或冰淇淋则"拉"动他们继续吃下去（诱因理论）。

426 **你自己试试**

感觉寻求的自评

每个人都需要一定程度的唤醒，但是，我们如何解释那些貌似极度追求刺激的人呢？是什么促使他们在深谷之间悬挂滑翔或是在危险的河道中漂流？研究结果表明，"高度追求感官刺激个体"的这些行为可能具有一定的生物学基础，他们可能"生来"就对刺激水平具有更高的需求（Zuckerman，1979，1994，2004）。

你对感官刺激的需求水平是高，低，还是一般？为了评定这一点，请在下面的每一题中，在 A、B 两个选项里选择更加符合你情况的那一个。

（1）A 我喜欢那些经常需要出差的工作。

B 我喜欢那些只待在一个地方的工作。

（2）A 在凛冽的天气里，我也生机勃勃。

B 在寒冷的天气里，我迫不及待地想去室内。

（3）A 总是看到同样的人让我觉得厌倦。

B 我喜欢老朋友给我带来舒适的熟悉感。

（4）A 我喜欢生活在一个所有人都感到安全、稳定和快乐的理想社会里。

B 我喜欢生活在历史上动荡不安的年代。

（5）A 我有时喜欢做些有点儿吓人的事。

B 一个敏感的人应该避开那些危险的事情。

（6）A 我不喜欢被催眠。

B 我希望拥有被催眠的经历。

（7）A 生命中最重要的目标在于让生活充实，并拥有尽可能多的经历。

B 生命中最重要的目标在于找到安宁和快乐。

（8）A 我愿意尝试跳伞。

B 我永远都不想尝试从飞机里跳出去，无论有没有降落伞。

（9）A 我会慢慢地进入冷水区，给自己足够的时间去适应。

B 我喜欢直接跳进海里或者冷水里。

（10）A 度假时，我喜欢舒适的房间和床。

B 度假时，我喜欢露营。

（11）A 我喜欢那些常常表达他们情绪的人，即使他们并不太稳定。

B 我喜欢那些冷静、脾气温和的人。

（12）A 一幅好画应该让人震惊，或者有撼动感官的效果。

B 一幅好画应该显示出平静和安全的感觉。

（13）A 喜欢骑摩托车的人一定有些无意识的自我伤害需要。

B 我喜欢开车或者骑摩托车。

问卷记分

你每选择了下面各项中的一

项，就记 1 分：

（1）A，（2）A，（3）A，（4）B，（5）A，（6）B，（7）A，（8）A，（9）B，（10）B，（11）A，（12）A，（13）B。

将得分加总，与下面的常模进行比较：0～3 分，感官刺激的需求水平极低；4～5 分，低；6～9 分，一般；10～11 分，高；12～13 分，极高。（资料来源：Zuckerman, M. ［1978, February）. The search for high sensation, Psychology Today, pp. 38-46. 获得了美国心理学会授权。］

根据此量表的更长一些的版本，研究发现，感官刺激的寻求包括了四个不同的因素（Diehm & Armatas, 2004；Johnson & Cropsey, 2000；Zuckerman, 2004）：（1）刺激和冒险的寻求（跳伞、高速驾驶、试图敲打火车）；（2）开放性的经历（旅行、不同寻常的朋友、尝试毒品）；（3）不抑制（放松）；（4）容易烦躁（对重复、相同的事物忍耐力低）。

根据 Zuckerman 的观点，如果你的得分极高或极低，你与得分位于另一个极端的人在相处的过程中可能会发生问题。不仅在伴侣间是这样，在父母与子女间，治疗师与患者间，雇主与雇员间也是这样。例如，在一些常规的、流水线作业的任务中，高感觉寻求的人可能会唤醒不足；而在具有高度挑战性和变化的工作中，低感觉寻求的人可能会唤醒过度和焦虑不安。

高感觉寻求？ 你喜欢跳伞吗？如果不喜欢，在朱克曼量表上你的感觉寻求可能处于低或是中等程度。

认知理论——向自己解释事情

如果你在心理学课程中获得了高分，你可能有许多途径来解释它。你得到了高分是因为你真正地学习了，或是你的"运气极好"，或者课本对你而言非常有趣并且有帮助。（我希望是这样！）依据认知理论，动机会受到归因的直接影响，也就是说，我们如何解释我们自己和他人的行为将会影响我们的动机。研究者发现，比起那些将成功归为运气的人，那些把成功归为个人能力和效率的人为实现目标付出了更多的努力（Cheung & Rudowicz，2003；Meltzer，2004；Weiner，1972，1982）。

同样地，期望对动机也有很大的影响（Haugen，Ommundsen & Lund，2004；Sirin & Rogers-Sirin，2004）。对考试成绩的预期会影响你的学习意愿——"如果我可以在课程中得 A，那么我会努力学习"。相似地，你对日后薪水或是升职的期望越高，你就更愿意不带薪地加班。

生物心理社会学理论——再一次交互作用

正像我们在本文中所看到的，心理学研究通常强调生物学的原因或者是心理社会学的原因（先天或后天）。然而，生物心理社会因素（或者说交互作用）几乎总是可以为行为提供最好的解释，动机理论也不例外。有一位研究者认识到这种交互作用，并且建立了一套生物、心理和社会学因素并重的理论，他就是亚伯拉罕·马斯洛（1954，1970，1999）。马斯洛相信我们每个人都有许多需要等待满足，这些需要彼此相互竞争，但有一些需要比起其他的而言更加重要。例如，你对心理学中好成绩的需求与你对其他课程中好成绩的需求会产生竞争，而你对食物和住处的需求可能比你在学校中的成绩更重要。

如图 12—4 所示，马斯洛的**需要层次**（hierarchy of needs）理论将不同需要之间的优先性进行了排列。他把生存需要置于底层，而自我实现需要置于顶层。马斯洛的理论描绘了需要的金字塔，认为人们为了生存，必须首先满足基本的生理需要，在这一基础上才能追求更高层次需要的满足。作为人本主义心理学家，马斯洛同样相信我们都有进取的需要——自我成长、自我改善，并且最后达到"自我实现"（在第 13 章中，我们还会接触到马斯洛以及其他的人本主义观点）。

需要层次 马斯洛的理论认为，在考虑更高层次的需要（如归属感、自我实现）之前，有些需要（如生理和安全需要）必须首先得到满足。

需要的层次。马斯洛如何描述这些人的需要？

428

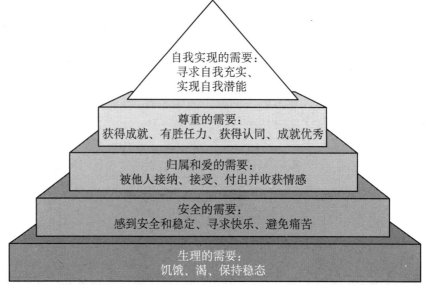

图 12—4 马斯洛的需要层次理论。根据马斯洛的理论，在追求高层次需要之前，基本的生理需要必须首先得到满足。

从直观上看，马斯洛的需要层次理论是正确的。饥饿的人首先会去寻求食物，之后才会去寻求爱与友谊，然后是自尊，最后是自我实现。这种优先性排列，以及自我实现的概念对动机的研究有重要的贡献（Frick，2000；Harper，Harper & Stills，2003）。

另一方面，有批评者认为，马斯洛的部分理论建立在西方个人主义文化的基础上，且缺乏研究证据。并且，有时人们会在低层次需要还没有得到满足的情况下，首先追求高层次的需要（Cullen & Gotell，2002；Hanley & Abell，2002；Neher，1991）。在一些工业化程度低的国家，人们可能住在战区，只有非常少的食物，遭受着伤痛和疾病的折磨。尽管他们并没有满足马斯洛所谓最低层次的两种基本需要，他们仍会追求那些高层次的需要，如较强的社会联结、自尊等。在索马里的饥荒和战争地区，许多父母甚至牺牲自己的生命，穿越好几百里，把他们饥饿的孩子送到食品发放中心。而在这个中心里的父母们通常联合在一起，分享十分有限的食物。由于马斯洛主张每个人的行为受到较高层次的需要影响之前，必须首先满足，至少是部分满足自身较低层次的需要，这些例子"超出了马斯洛需要层次可以解释的范围"（Neher，1991，p. 97）。总而言之，我们通常需要首先满足基本的需要，但是在某些情境中，我们可以绕过低层次需要而追求高层次需要。

评　估

检查与回顾

动机的理论与概念

动机是行为的"原因"。情绪是感受。因为动机行为常常与情绪密切相关，这两个话题通常会被同时研究。动机理论可以划分为三大类：生物的、心理社会的以及生物心理社会的。

在生物学的研究取向中，本能理论强调动机中先天的遗传成分。驱力减少理论认为，内部的紧张状态（有机体为了维持稳态而产生的需求）"推"动有机体去满足基本需要。唤醒理论则认为，有机体会选择最合适的唤醒水平，使得其行为最优化。

在心理社会的研究取向中，诱因理论强调外在环境刺激对机体行为的"拉"动作用。认知理论则关注归因与期望。

马斯洛的需要层次理论是生物心理社会取向的典型理论，这一理论认为，人们必须首先满足基本的生存需要，之后才能尝试去满足高层次的需要，进而达成自我实现。

问题

1. 名词解释：本能　稳态

2. 将下列实例与能恰当解释它们的动机理论相匹配：

　　(a) 本能理论　(b) 驱力减少理论
　　(c) 唤醒理论　(d) 诱因理论
　　(e) 认知理论　(f) 马斯洛的需要层次理论

　　____ⅰ. 你希望被其他人所接纳，所以你加入了俱乐部。

　　____ⅱ. 两只动物为了生存的遗传和演化需要而争斗。

　　____ⅲ. 为减少饥饿感而进食。

　　____ⅳ. 你认为努力学习可以获得好成绩，所以你在考试前努力学习。

　　____ⅴ. 因为喜欢刺激，所以你参加高空跳伞。

3. ____理论主张我们需要环境提供一定量的新奇感和复杂性。

　　(a) 感觉　(b) 社会
　　(c) 驱力减少　(d) 唤醒

4. ____理论强调归因和预期在动机行为中的作用。

　　(a) 归因　(b) 动机
　　(c) 成就　(d) 认知

5. 根据____理论，基本的生存和安全需要必须首先被满足，之后个体才能去追求类似自我实现等更高层次的需要。

　　(a) 进化　(b) 本能
　　(c) 马斯洛的理论　(d) 韦纳的理论

答案请参考附录 B

更多的评估资源：

www.wiley.com/college/huffman

429 动机与行为

你为什么会花好几个小时玩一个新的电脑游戏，而不是为一个重要的考试去学习？为什么大马哈鱼要洄游产卵？心理学家们所关注的多种动机共同导致了行为。例如，第 5 章所讲的睡眠动机，第 11 章所讲的性动机，以及第 16 章即将讲述的攻击、利他、人际吸引等。在此我们将讨论饥饿、摄食和成就行为背后的动机。

饥饿与摄食：多种生物心理社会学因素的共同作用

什么使我们饥饿？是你咕咕作响的胃吗？还是因为看见了果酱汉堡或闻到了刚刚烤好的肉桂卷？饥饿是我们最强的动机之一。许多生物因素（胃、生物化学因素、脑）以及心理社会力量（视觉线索、文化条件）共同影响了我们的摄食行为。

胃

坎农（Waler B. Cannon）和沃什伯恩（A. L. Washburn）（1912）最早探讨了饥饿的内部原因。在这一研究中，沃什伯恩把一个气球吞到了胃里，然后给气球打气，同时记录了胃的收缩反应以及饥饿感受的主观报告。因为每当沃什伯恩报告胃阵痛（或者"轰鸣"）时，气球也同时收缩，所以研究者们认为胃的运动"造成"了饥饿感。

你可以指出这项研究的问题出在哪儿吗？如同在第 1 章中所学的，相关并不能说明因果关系；并且研究者必须严格控制无关变量，防止无关数据的产生对结果造成混淆。在此例中，后来有研究者发现空胃是不活跃的。沃什伯恩所经历的胃收缩是实验造成的假象——由于气球的存在而引起的反应。沃什伯恩的胃认为里面是充满的，继而做出反应，尝试着去消化一个气球。

总而言之，来自胃部的感觉输入并不是饥饿感产生的必备条件。节食的人很少意识到这一点，他们总尝试着用大量的胡萝卜、芹菜和大量饮水来"欺骗"自己的胃。没有了胃的人和其他动物同样也可以体验饥饿感。

这是否意味着胃与饥饿无关呢？并非如此。胃和肠内的感受器可以感受营养素的水平，胃壁内特化的压力感受器可以产生胃空或胃满的信号。研究显示，胃肠道释放的一些化学物质也在饥饿感的产生中起了作用（Donini, Savina & Cannella, 2003；Woods, Schwarts, Baskin & Seeley, 2000）。我们将在下一部分讨论这些（以及其他的）化学信号。

生物化学因素

如同我们在第 2 章中所讨论的那样，脑与身体的其他部分（包括胃以及胃肠道的其他部分）产生无数神经递质、激素、酶，以及影响行为的其他化学物质。这部分研究极其复杂，因为有机体产生的化学物质（已知的和未知的）以及各种化学物质之间的交互作用在数量上极其庞大。饥饿与摄食也不例外。例如，研究者已证实，葡萄糖、胰岛素、胆囊收缩素、脂联素、胰高血糖素、生长激素抑制素、促生长激素、神经肽 Y、瘦素、组织胺、PPY3‑36，以及体内其他一些化学物质，都会影响机体的饥饿和饱腹感（例如，Chapelot et al.，2004；Hirosumi et al.，2002；Monteleone et al.，2003；Sawaya et al.，2001；Schwartz & Morton，2002；Shimizu-Albergine, Ippolito & Beavo，2001）。

430

　　单一的化学物质无法实现对饥饿和进食的调节。其他的一些内部因素，如生热作用（由于消化食物而产生的热量）同样也参与了这一调节过程（Subramanian & Vollmer，2002）。同时，我们大脑中的一些结构也会影响饥饿和进食。

大脑

　　回顾一下第 2 章中的内容——下丘脑帮助调节摄食、饮水以及维持体温。早期研究认为，刺激下丘脑的外侧区（lateral hypothalamus，LH）引起动物的摄食；相反地，刺激下丘脑的腹内侧（ventromedial hypothalamus，VMH）则引起饱腹感，并使动物停止进食。早期研究者还发现，下丘脑外侧区被破坏的小鼠如果不被逼进食的话，将会饿死；而如果下丘脑腹内侧区被破坏，它们则会过量摄食，极度肥胖（见图 12—5）。

　　然而后来的研究发现，下丘脑的外侧区和下丘脑的腹内侧区并不是摄食行为的简单开关。例如，损伤下丘脑腹内侧区会使得动物变得挑食——它们会拒绝味道不好的食物，还会增加胰岛素的释放，这也可能是动物过度进食的原因（Challem, Berkson, Smith & Berkson，2000）。现在，研究者们了解到，尽管下丘脑在调节饥饿和摄食行为中起重要作用，但并不是大脑的"摄食中心"。事实上，饥饿与摄食和其他所有的行为一样，受大脑内外无数神经通路的影响（Berthoud，2002）。

　　总而言之，一些内部因素，包括大脑中的一些结构，大量的化学物质，以及来自胃肠道的信息，都在饥饿和摄食行为中起着重要作用，但是即使将所有的内部因素加起来，也无法完全解释我们吃巧克力奶昔的动机。

心理社会因素

　　如你（还有我）所知，我们常常会因为很多与内部需要无关的原因而进食。譬如，你是否曾经在饱食一顿大餐之后，仅仅因为看见邻桌上一道诱人的菜肴而点甜点呢？食物以及其他刺激线索的视觉（如进餐时间、食物广告），是引起饥饿感和进食行为的外部刺激。

　　除了这些线索以外，文化条件作为最重要的社会因素之一也对我们何时、何地、为何进食以及吃什么，有着很大的影响。例如，北美人通常在晚上 6 点左右吃晚饭，西班牙人和南美人的晚饭时间则常在晚上 10 点左右。而对于吃什么这个问题，你吃过老鼠肉、狗肉或者马肉吗？如果你是

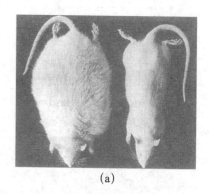

(a)

外侧下丘脑

垂体　　腹内侧下丘脑

(b)

图 12—5　大脑如何影响进食？
(a) 注意这两只老鼠的体形差异。右边的老鼠具有正常的体形和体重。(b) 图示的是鼠脑冠切面前观。请注意腹内侧下丘脑（VMH）和外侧下丘脑（LH）的位置。左侧老鼠的下丘脑腹内侧区域被损毁，导致其体重是正常老鼠体重的 3 倍。

控制份额？看到这样的对比，你就不难知道为什么有些人"早餐仅仅吃了一个摩芬蛋糕"却仍然很难减肥或者保持减肥成果了吧，那块摩芬蛋糕正是右边的那块。

431

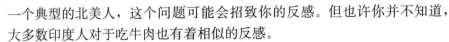

一个典型的北美人，这个问题可能会招致你的反感。但也许你并不知道，大多数印度人对于吃牛肉也有着相似的反感。

如你所见，饥饿与进食行为是由生物、心理和社会的许多因素共同控制的复杂现象。这些生物心理社会因素在最严重的三种进食障碍——肥胖、神经性厌食症和神经性贪食症——中也起着重要作用。

肥胖

我们清楚地知道，西方文化对苗条的身材有着强烈的偏好，而对于肥胖则有着公开的偏见。然而在美国以及其他很多发达国家，肥胖人口的比例已经达到了流行病的水平——在美国，一半以上的成年人都已经达到了当前肥胖的临床标准（超过该年龄该身高理想体重的15%或以上）。肥胖是一个严重并且日趋恶化的问题，它会增加患病的风险，包括心脏病、癌症、关节炎、糖尿病、高血压、中风以及死亡（美国心脏协会，2003；Friedman，2002；Kuritzky & Weaver，2003；Mokdad et al.，2004）。每年治疗这些疾病的费用都会花费数百万美元，而消费者们在那些大多无效的减肥产品和服务上花费更多。

环境能否影响人们的体重？对于那些居住在美国的比马印第安人而言，肥胖是件司空见惯的事情；但是他们那些居住在墨西哥的亲戚，也吃传统的饭菜，却普遍苗条。

为什么有如此多的人超重？一个简单的答案是进食过量并且运动不足。然而肥胖绝不仅仅是能量摄入与能量开销间的不均衡这么简单。我们都知道，有些人他们想吃什么就吃什么，并丝毫不受体重增加的困扰。正如我们之前所见的，很可能是因为他们能更有效地消耗热量（生热作用），有较高的代谢速度，或其他因素。收养与双生子研究也表明，基因可能是这一问题的罪魁祸首。各种体重的收养儿童（从十分消瘦到过分肥胖），他们的体重受亲生父母的影响要比养父母多得多。据估计，肥胖的遗传率在30%～70%之间（Hewitt，1977；Schmidt，2004）。不幸的是，确定肥胖基因是一项艰难的工作，研究者们已经分离出2 000多种与体重正常或异常相关的基因（Camarena et al. 2004；Costa, Brennen & Hochgeschwender，2002；Devlin et al.，2000）。

有没有成功减重的方法呢？对肥胖生物原因的寻找（药物研究，甚至是基因水平的操作）是一项开销巨大的工程。然而到目前为止，节食和运动仍然是最安全的途径。对美国人来说，减肥尤其困难，因为他们是所有国家的居民中最久坐的一群，也常常放纵自己去吃双份（甚至三份）奶酪面包、"大杯"饮料以及大份甜点（Lawrence，2002；Smith, Orleans & Jenkins，2004）。在欧洲人看来，美国人的日常饮食分量简直不可思议。除此以外，无论饥饿与否他们每天都至少吃三餐，"美味"的食物意味着含有大量的盐、糖和脂肪。对于任何集会或庆典来说，美食也是必不可少的环节。为了成功减肥（并且保持减肥成果），必须改变持久的生活方式，考虑进食的数量和种类，以及进食时间。

聚焦研究

肥胖——斟酌各方证据（由 Thomas Frangicetto 提供）

"我们不应当采信那些建立在一个实验误差上的发现，更无法承担对肥胖的流行采取掩耳盗铃的无视态度而带来的后果。"

——Dr. JoAnn Mandon, Brigham & Women's Hospital in Boston（《今日美国》，2005）。

"有一些人十分固执地认为，肥胖、超重是我们所需要面临的最重要的公共健康问题。而这些数据显示，这个问题可能并没有那么严重。"

——Dr. Steven Blair, president, Cooper Instiude（NYT，2005）。

以上两位权威专家之间的分歧源于一篇引起争议的研究报告。来自疾病控制和预防中心（Centers for Disease Control and Prevention, CDC）、国家癌症中心的研究者共同参与了对肥胖问题的研究，并且将其研究结果于 2005 年发表在《美国医学联合会会刊》（Journal of the American Medical Association，JAMA）上。令人惊叹的是，他们的研究显示，那些稍稍超重的人活得更长（Flegal et al.，2005）。这一研究结果与先前的许多报告截然相反，它不仅在医学界引起了轰动，更引发了公众的迷惑。

在它出版一个月之后，哈佛大学公共卫生学院以及美国癌症学会的研究者就提出了质疑。这些研究者引用他们自己的研究，并引证了一些其他的研究，报告说从体重正常者到体重超重者再到肥胖者，由过重而引起的死亡率随着体重的增加而增加。他们宣称 Flegal 的实验出现了"严重的偏差"，并介绍了他们自己的护士健康调查：该调查收集了超过 12 万名女性的数据，结果显示"随着体重指数（BMI）的增加，死亡率出现了显著的增长"（Kolata，2005）。

Katherine Flegal 博士作为引起争议的研究的负责人反驳说，她与同事们仔细地核查并重新分析了数据，仍然获得了与之前相同的结果："超重和轻微肥胖并不会带来死亡的威胁，当然，那些过度肥胖者除外"（Flegal，2005，p. 21）。

Flegal 所领导的这项研究的作者也纷纷指出，哈佛大学小组的研究仅仅局限在护士的范围内。与之相比，Flegal 的研究对象是志愿者，在取样上更能代表美国人口的情况。

然而更令人迷惑的是，Flegal 研究团队的另外一半——来自疾病预防和控制中心（CDC）的研究者，之后又发布了一则新闻通告，声明撤销他们最初对该实验结果的支持。他们指出："在美国肥胖仍然是引起死亡的重要原因之一，在那些 70 岁以下的死亡人口中，有 75% 是因为肥胖所致。"并且疾病预防和控制中心的负责人 Julie Gerberding 博士认为："超重并不是一件无关紧要的事情。人们需要健康的生活，需要健康的饮食，需要去锻炼身体。我对这一科研探讨所引发的迷惑感到抱歉……超重并不健康。"（Gerberding，2005）很多科学家包括之前批评疾病预防和控制中心的一些人，都对疾病预防和控制中心通过发表肥胖会增加健康问题而回归集体智慧的行为表示欣慰。

应用

1. 你如何看待这一争论？

你可以登录疾病预防和控制中心的主页 http：//www.cdc.gov/，在搜索栏输入"body mass index"来搜索更多关于健康危机的信息。在这个页面上，你将会发现一个与下面相类似的表格。你可以点击网页的链接或是登录 http：//www.cdc.gov/nccd-php/dnpa/bmi/index.htm 来计算自己的体重指数。

体重范围	体重指数	等级
124 磅及其以下	低于 18.5	体重过轻
125～168 磅	18.5 到 24.9	正常体重
169～202 磅	25.0 到 29.9	超重
203 磅及其以上	高于 30	肥胖

2. 仅仅依靠上文所提供的有限信息，你认为这两项研究中哪项做得更好？Flegal 小组对志愿者的研究，哈佛大学对护士的研究，我们应该相信谁？相信什么？为了更好地解开这一谜团，你可以采取一些批判性思维的技巧，如允许不确定性的存在、收集数据、在获得足够数据之前不做判断（参见序言，pp. xxx‑xxxiv）。

你也可以考虑他们所采用线索的可信度。在陷入这一最近的激烈争论之前，向自己提问："哪一方的研究者做过更多的研究，并且有着更长的支持史？"就像你在本章中所看到的，长期的研究积累显示，肥胖是一项严重的健康问题。面对 Flegal 研究所提出的挑战性结果，大多数科学家们都抱有一种开放的心态以及"等待时间来决定"最后结果的态度。

神经性厌食症和神经性贪食症

神经性厌食症 由于强迫自己禁食以及对肥胖的过度恐惧而引起的体重严重下降。

神经性贪食症 大量进食之后又采用呕吐、激烈运动、使用泻药等方式将其消耗。

有趣的是，不仅仅是肥胖的发病率已使其步入了流行病的行列，与之类似地，还有两种进食障碍的比率也在不断攀升——**神经性厌食症**（anorexia nervosa）（自控挨饿以及极度的体重减轻）和**神经性贪食症**（bulimia nerrosa）（反复出现的暴食后剧烈的呕吐、服用泻药等）。这些疾病并不像人们通常所认为的那样仅仅存在于高社会地位的女性中。研究显示，在西方的工业国家中有超过一半的女性表现出某些进食障碍症状，其中约有2%已经达到了官方制定的关于神经性厌食症或神经性贪食症的诊断标准（Porzelius et al.，2001）。在各个社会经济水平的人群中都发现了这类进食障碍的患者。偶尔也会发现有些男性存在进食障碍，但是与女性相比，男性患进食障碍的比例极低（Barry，Grilo & Masheb，2002；Coombs，2004；Jacobi e al.，2004）。

神经性厌食症的主要特征包括：极度的恐惧肥胖、身体意象扭曲、对控制体重的心理需要以及使用危险手段控制体重。他们对肥胖的恐惧即使在体重急剧而明显的下降之后也并不减退；他们的身体形象是如此的扭曲，以至于即使是皮包骨头的瘦弱身体在他们看来也依然肥胖。很多神经性厌食症的患者不仅拒绝进食，并且剧烈运动——长时间骑自行车、跑步或持续步行。极度的营养不良常常导致骨质疏松症和脆骨病。女性常常停经，脑电图扫描显示出脑室的增大以及沟裂变宽——这些变化表示脑组织的丢失。很大一部分神经性厌食症的患者最终由于这种疾病而死亡

"咦，没想到你娶了一位超级名模。"

433

媒体在进食障碍中的作用。 你看到了吗，为什么名模与电视明星极度消瘦的体形会对神经性厌食症和神经性贪食症造成潜在影响？

（Gordon，2000；Werth et al.，2003）。从中你不难看出，这是一种危险的慢性疾病，它需要给予及时而持续的干预治疗。

有时，有些遭受着厌食症状的个体对食物有一种渴望，于是大快朵颐；随后，又呕吐出来，或服用泻药。这种行为表现是神经性贪食症较典型的特征。神经性贪食症的症状包括反复出现的无控制饮食，以及进食之后伴随的采用烈性手段（如呕吐、服用泻药、高强度运动）消耗掉多余的热量。进食障碍患者的这种强迫行为并不仅仅发生在进食方面，也表现在其他方面，如过度购物、酒精滥用、偷窃癖（Bulik，Sullivan & Kendler，2002；Kane et al.，2004；Steiger et al.，2003）。与神经性厌食症和神经性贪食症相关的呕吐会侵蚀牙齿的珐琅质，造成牙齿的脱落；也会严重地损害咽喉和胃，造成心率不齐、代谢紊乱，以及严重的消化障碍。

究竟是什么原因引起了神经性厌食症与神经性贪食症？对于这个问题，恐怕每个患者的原因都不尽相同。有些理论从生理方面来解释，如下丘脑功能障碍、神经递质水平低、遗传或内分泌失调等。还有一些理论强调心理与社会因素，如对完美的需求、失控感、破坏性的思维方式、抑郁、家庭功能失调、身体形象扭曲以及性虐待（例如，Coombs，2004；Jacobi et al.，2004；McCabe & Ricciardelli，2003；NeumarkSztainer，Wall，Story & Perry，2003）。

文化与进食障碍

文化也在进食障碍中起着重要的作用（Davis，Dionne & Shuster，2001；Dorian & Garfinkel，2002）。许多跨文化的研究都发现，不同文化中对进食、消瘦、肥胖等的知觉与刻板印象很不一样。例如，与欧裔美国人相比，亚裔和非洲裔美国人报告出更少的进食障碍和节食障碍，并且身体形象满意度更高（Akan & Grilo，1995）。与白人学生相比，墨西哥学生对自己的体重关注较少，对肥胖人群的接受度更高（Crandall & Martinez，1996）。

虽然追求苗条身材的社会压力对进食障碍的发展有所影响，但值得我们注意的是，在一些非工业化的国家，如加勒比海的库拉索群岛上，也发现了神经性厌食症患者（Hoek et al.，2005）。在这一岛国，超重是社会所接受的，实际上在主要由黑人组成的国家里神经性厌食症是不存在的。但岛上由混血或白人妇女组成的少数群体却依然受到神经性厌食症的困扰。这一研究表明，文化和生物因素共同解释了进食障碍的产生原因。然而无论产生原因是什么，你们都需要学会识别神经性厌食症和神经性贪食症的症状（见表 12—2），并且为这些可能会发生在你身上的疾病寻找治疗方法。显然这两种障碍都会严重地危害健康，并需要治疗。

表 12—2	DSM‐Ⅳ‐TR 对神经性厌食症/贪食症的描述
神经性厌食症症状	神经性贪食症症状
1. 体重低于该年龄段该身高所对应体重的 85％。 2. 即使体重过轻，也依然对体重增加有着强烈恐惧。 3. 扭曲的身体形象和体重知觉。 4. 自我评价受到体重因素的过度影响。 5. 否认体重过低的严重危险。 6. 停经。 7. 导吐行为（呕吐、滥用泻药或利尿剂）。	1. 体重正常或超重。 2. 反复暴食。 3. 进食量远远大于大多数人的消耗量。 4. 对过量进食有失控感。 5. 导吐行为（呕吐、滥用泻药或利尿剂）。 6. 为防止体重增加而过度锻炼。 7. 禁食以防止体重增加。 8. 自我评价受到体重因素的过度影响。

注：DSM‐Ⅳ‐TR 即《精神障碍诊断和统计手册》（第四版，修订版）（*Diagnostic and Statistical Manual of Mental Disorders*，fourth edition，revised）。

成就：对成功的需要

你是否曾经想过，是什么激发了奥林匹克运动员仅仅为了获得金牌的微小可能性而付出多年的艰苦努力？你又是否曾想过托马斯·爱迪生那样的人——对任何人来说，电灯泡的发明就已经是一项足够大的成就了，然而爱迪生还拥有麦克风、留声机以及 1 000 多项其他发明的专利。甚至在他还是个孩子时，他就把时间用在实验上，探询物体的工作机制。是什么驱使着他这样做呢？

亨利·莫里在 1938 年提出的"高成就需要"这一概念是理解这些高成就者行为动机的关键所在。在广义上**成就动机**（achievement motivation）

成就动机　对超越的追求，尤其体现在与他人的竞争中。

可以被定义为追求超越，尤其是在与他人的竞争之中。对成就动机的测试最早由克里斯汀娜·摩根（Christina Morgan）和亨利·莫里（1935）提出，即主题统觉测验。在该测验中，研究者使用一系列意义模糊的图片（见图12—6），要求被试根据每幅图片的内容编故事，从不同动机角度（包括成就动机）分别对被试的表现予以评分。在此以后，其他研究者也发展了测量成就动机的一些问卷。

在继续阅读之前，请先完成下面的"你自己试试"以及"批判性思维/主动学习"的部分。这些部分提供了丰富的测试，帮助你了解自己的成就需要。

是什么使得一些人具有更高的成就取向？看上去有很大一部分成就取向是在童年时通过与父母的交互作用习得的。高成就取向的儿童通常有这样的父母：他们鼓励独立，并且常常对成功进行奖励（Maehr & Urdan，2000）。我们出生和成长的文化环境也影响着我们的成就取向（Lubinski & Benbow，2000）。例如，儿童读物中的事件与主题常常反映了我们所处文化的价值观。在北美和西欧地区的文化中，很多儿童读物都与坚忍不拔、努力工作的价值相关。Richard de Charms 和 Gerald Moeller（1962）所进行的一项研究显示，儿童读物中与成就相关的主题和国家的实际工业化成就显著正相关。

你自己试试

使用 TAT 测验成就需要

主题统觉测验（TAT）使用了一系列类似图12—6那样含义模糊的图片来测量成就动机。仔细看看图中的两个女性，然后写下一个小故事，回答下面的问题。

图12—6　测量成就需要。这张卡片是主题统觉测验（TAT）所使用的图片之一。个体的成就需要可以通过他/她根据 TAT 图片讲述的故事反映出来。

1. 图片中发生了什么？是什么导致了它的发生？

2. 图中的人是谁？她们的感受如何？

3. 接下来将会发生什么？以后几周中又会发生什么？

记分

你的故事中每提到以下其中一点，就记1分：

(1) 定义一个问题。

(2) 解决一个问题。

(3) 解决问题的障碍。

(4) 帮助解决问题的技术/手段。

(5) 对成功解决问题的预期。

在测试中的得分越高，你的整体成就需要就越高。

批判性思维

高成就者的个人特征（由 Thomas Frangicetto 提供）

你的成就需要高吗？高成就倾向者通常能够在生活中获得更多成功，并且对他们所取得的成就有更高的满意度。下面请你：

1. 回顾高成就者的六项个人特征；

2. 在这些特征上对你自己进行评分；

3. 使用批评性思维提高你在成就动机上的得分。

第一部分：研究者们指出，成就需要得分高者具有一些成就需要得分低者所不具备的人格特质（McClellan，1958，1987，1993；Mueller & Dweck，1998；Wigfield & Eccles，2000）。为了得到你的成就需要得分，阅读下面的六项个人特征，并对它们在多大程度上符合你的情况进行评分。

评分

（完全不符合）0 1 2 3 4 5 6 7 8 9 10（完全符合）

1. 偏好难度适中的任务。我倾向于避免过于简单的问题，因为它们没有任何挑战；我也尽量避免过于困难的任务，因为成功的机会太低。

2. 偏好清晰的目标以及有能力者提供的反馈。我偏好具有清晰结果的任务，以及提供表现反馈的情境。在严厉而有能力的批评者与友善但能力欠缺的评价者之间，我更偏好前者。

3. 竞争性。我更加喜爱有竞争和超越机会的任务与工作。我喜爱通过挑战来证明自己的能力。

4. 责任感。我希望自己对一个项目负责，并且当我直接负责时，我对工作的顺利完成更加满意。

5. 持久性。我十分喜欢坚持一项任务，哪怕它越来越困难，我也在逐渐解决问题的过程中获得满足。

6. 拥有更多的成就。与他人相比，我在总体上获得更多成就（比如，我在考试中总是考得更好，获得更好的成绩，在体育、俱乐部和其他活动中获得更高的荣誉）。

主动学习

在各项上的得分相加所得到的总分就是你的成就动机分数。55～60 分：非常高；49～54 分：高；43～48 分：较高；37～42 分：平均水平；31～36 分：低于平均水平；低于 30 分：低。

第二部分：参照你的得分，运用一个你认为可以帮助你提高每项得分的批判性思维成分（序言，pp. xxx～xxxiv）。这是一个重要的练习。你对成就的需要越高，越说明你具有高成就者的特征，你也就更可能获得成就。下面是对项目 1 的一个示例：

偏好难度适中的任务。高成就者知道，在简单任务上获得成功只能带来较低的满足感，另一方面，如果任务的难度过高，就会带来不必要的挫败感，因此批判性思维技巧中"认识个人偏差"是十分重要的。诚实地面对我们的知识和能力，这将会帮助我们认识到自己的不足，同样也可以防止我们为自己辩护，将自己的失败归结于他人。实际地看待自己的能力，避免过度的自我批评，获得良好的平衡。

检查与回顾

动机与行为

饥饿是最强烈的动机之一，生物因素（胃、生物化学、脑）与心理社会因素（刺激线索、文化条件）影响我们的摄食行为。很多人有摄食障碍。肥胖是由生物因素（如个体的遗传、生活方式）和各种心理因素所共同引起的。

神经性厌食症（由自我强迫的禁食引起的体重的严重减轻）以及神经性贪食症（过量摄食之后又进行导吐）都与过度恐惧肥胖有关。

成就动机指追求卓越的愿望，尤其是与他人的竞争中。具有高成就动机的人偏好难度适中的任务、清晰的目标、有能力者提供的反馈。他们也更多地表现为有竞争性、责任感、坚忍不拔，并且获得成就。

问题

1. 研究发现摄食动机_____。
（a）由胃控制
（b）由下丘脑腹内侧区控制
（c）由整个大脑控制
（d）由全身控制

2. 由自我强迫禁食所引起的体重严重减轻称为_____。

3. Juan 拥有对成功的需要，偏好难度适中的任务，尤其是在与他人竞争中。Juan 可能具有高的_____。
（a）获得称许的需要
（b）权利驱动
（c）成就需要

4. 高成就者所具有的主要个人特征是什么？

答案请参考附录 B。

更多的评估资源：

www.wiley.com/college/huffman

情绪的理论与概念

学习目标

　　为了理解情绪，我需要了解哪些主要的概念和理论？

　　我们已经对动机的主要理论解释和特殊动机如摄食和成就进行了回顾。然而正如我们在本章开始就提到的，动机与情绪密不可分。在这部分，开篇我们将探讨情绪的三个基本成分（生理、认知和行为），之后将研究帮助我们理解情绪的四大主要理论（詹姆斯—兰格理论、坎农—巴德理论、面部反馈假设和斯卡特的两因素理论）。

情绪的三成分：生理、认知与行为

　　情绪在我们的生活中起着十分重要的作用。情绪给我们的梦境、记忆和知觉添上了色彩。当情绪出现障碍时，常常会导致心理问题。但是当我们提到"情绪"时，我们所指的是什么呢？在日常生活中，我们用感受来描述情绪——当我们党派的候选人赢得大选时我们感到"激动"，他们的失利让我们觉得"挫败"；当我们所爱的人拒绝我们时，我们觉得"糟糕透了"。显然，我们用这些词汇所描述的感受和我们在经历各种各样情绪时的切身体会，都会因人而异的。为了让情绪的研究更可信、更科学，心理学家们用情绪的三个基本成分（生理、认知和行为）来定义和研究情绪。

生理（唤醒）成分

　　当我们经历某种情绪体验时，躯体内部也发生着生理变化。想象一下，你一个人行走在城镇危险地带的黑暗街道上，突然看见一个人从一堆箱子后跳出来，向你跑来。你会如何反应？和大多数人一样，你也会将该情境解释为可怕的，并准备采取行动保护自己，或者逃跑。你占主导地位的情绪——恐惧，将会引发一系列的生理反应，包括心跳加快、血压升高、瞳孔放大、出汗、口干舌燥、快速而不规律的呼吸、血糖增加、战栗、胃肠活动降低和汗毛竖起等。你身体的不同部分分别控制着这些生理反应，但部分脑区以及自主神经系统（ANS）在其中起着重要作用。

　　脑　我们的情绪体验似乎来源于一些脑区的交互活动，尤其是大脑皮层和边缘系统（Langenecker et al.，2005；LeDoux，2002；Panksepp，2005）。大脑皮质是大脑最外面的部分，是我们身体最根本的控制和信息处理中枢，与情绪再认、情绪管理有关。回忆第 1 章的内容，当 13 磅的铁棍穿过菲尼亚斯·盖奇的大脑皮层后，他再也无法控制自己的情绪。

　　除了大脑皮层，边缘系统也对情绪起着重要作用（见图 12—7）。对边缘系统特定区域的电刺激可以自动产生"假怒"，使听话的小猫变成具有攻击性的动物（Morris et al.，1996）。刺激临近区域则可以使猫发出咕咕的叫声，并舔你的手指头（愤怒称为"假怒"是因为这种情绪在没有刺激对象的情况下产生，并且在电刺激移除后立刻消失）。一些研究也表明，边缘系统中的**杏仁核**（amygdala）在情绪——尤其是恐惧反应中——起着

437

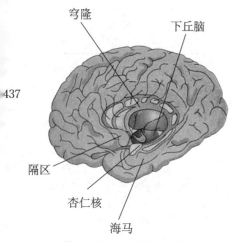

图 12—7　边缘系统与情绪。 边缘系统不仅与驱力调节、记忆以及其他功能有关，对我们的情绪也有重要作用。它由一些皮层下结构组成，在脑干周围形成边界。

杏仁核　脑中边缘系统的一部分，与情绪反应有关。

关键性作用。它向脑的其他区域发送信号，使我们心跳加快，并且诱发其他与恐惧相关的所有生理反应。

有趣的是，一些情绪唤起可以在没有意识参与的情况下产生。你是否曾经有过这样的经历？——在远足途中突然跳起来，因为你以为在小路上有一条蛇，稍后却意识到那不过是一根棍子而已。为什么会出现这种情况？依据心理学家约瑟夫·勒杜克斯（Joseph LeDoux）（1996, 2002）的解释，当可以引发情绪的感觉刺激（看见一根棍子）到达丘脑（大脑的感觉开关）时，丘脑通过两条独立的通路传递信号——一条上行至大脑皮层，另一条则直接通向附近的杏仁核。如果杏仁核觉察到威胁，那么它将立刻激发身体的警报系统，这一行为要远先于大脑皮层"解析"信号。

虽然该双通道系统偶尔会导致"虚报"，如上文中错把棍子当做蛇，但勒杜克斯认为这是一个具有适应性的警报系统，它对我们的生存有着重要意义。他认为"由杏仁核直接对丘脑输入的刺激进行解释并引发行为，而非等待来自大脑皮层的信号输入，节省的时间对于我们人来说可能就是生死之别"。

自主神经系统（ANS） 上文主要介绍了大脑对情绪的重要作用，而自主神经系统则产生情绪唤醒的明显信号（如心跳加快、快速无规律的呼吸、战栗等）。这些自主反应主要是自主神经系统与各个腺体、肌肉之间交互作用的结果（见图 12—8）。

438

交感神经系统		副交感神经系统
瞳孔扩大	眼	瞳孔收缩
干	口	分泌唾液
起鸡皮疙瘩，淌汗	皮肤	无鸡皮疙瘩
呼吸增强	肺	正常呼吸
心跳加快	心脏	心跳减慢
肾上腺素，去甲肾上腺素分泌增加	肾上腺	肾上腺素、去甲肾上腺素分泌减少
活动减弱	消化系统	活动增强

图 12—8 情绪与自主神经系统。在情绪唤起的过程中，交感神经（与大脑相连）使躯体准备战斗或者逃跑，而副交感神经系统则负责让躯体恢复到唤醒前的状态。

回忆第 2 章的内容，自主神经系统又可以分为交感神经系统和副交感神经系统。当情绪唤起时，交感神经引起心跳和呼吸的加速（战斗或逃跑反应）；当你放松休息时，副交感神经系统会使你镇静下来，维持内稳态。交感与副交感神经系统的共同作用使你对情绪唤起进行反应，并随后恢复到更加放松的状态。

肾上腺素在这里起了什么作用？肾上腺素是由下丘脑支配下的肾上腺分泌的激素。交感神经系统几乎立刻被边缘系统和额叶"启动"，然而肾上腺素和去甲肾上腺素则使得机体保持在交感神经系统的控制之下，直到紧急情况结束。由压力导致的交感神经系统的长时间过度唤醒将对机体产生破坏作用，这部分内容在第 3 章中曾进行过探讨。

认知（思维）成分

> 没有什么东西是好的或者是坏的，只不过是我们的想法让他们如此。
>
> ——莎士比亚：《哈姆雷特》

我们的观点、价值观和期望也对情绪反应的形式和程度有重要影响。因此，情绪反应因人而异，对你而言非常愉快的事情，对别人来说可能是无聊的，甚至令人厌恶。

心理学家们常常使用自我报告法，如纸笔测验、调查、访谈等来研究情感的认知成分。但是，我们对自己或他人情绪的认知（或想法）通常很难进行科学的描述和测量。不同的个体在监控和报告情绪状态方面的能力也不尽相同。而且有些人会由于社会期待或取悦主试的原因，欺骗和隐瞒他们的感受。

不仅如此，在实验室中创设一个诱发情绪的情境往往是难以实现的，或者不符合伦理要求——显然，我们不能仅仅为了实验的目的而激起被试愤怒等强烈情绪。最后，对于情绪的记忆并不可靠。当你回忆起黄石公园旅游时，可能会觉得那是"最快乐的一次野营"，然而你的兄弟姐妹可能认为那是最糟糕的一次。个人的需要、经验以及解释都会影响记忆的准确性（见第 7 章）。

行为（表达）成分

在探讨了认知和生理成分之后，现在我们将注意转向情绪的表达——也就是行为成分。情绪表达是非常重要的交流形式。婴儿的微笑可以迅速地建立起情感联系，大声叫喊"着火啦"可以引起周围人的恐慌，朋友的哭泣可以引起心痛和怜惜。虽然我们也可以直接说出自己的情绪，但是更多时候，我们采用非言语的形式，如面部表情、手势、体态，或触摸、眼神、语调，来表达我们的情感。

面部表情可能是我们情绪交流中最重要的方式。研究者们已经建立了十分敏感的测量技术，从而可以探测到表情的细微变化，区分真诚的表情和虚假的表情。其中最吸引人的可能是对"社会性微笑"与"真正微笑"（杜尼微笑）的研究。后者由法国解剖学家杜尼（Duchenne de Boulogne）于 1862 年首次描述并得名。

仔细对比图 12—9 中的两张照片，你觉得哪一张看起来更加真诚和自然？在虚假的社会性微笑中，我们的自主颊肌往回拉，但是我们的眼睛并不微笑。而发自内心的笑容则不仅仅有脸颊肌肉的运动，也有眼睛周围肌肉的运动。根据杜尼的研究，眼肌的运动是"不随意"的，并且"只被心中甜蜜的情绪所激活"（转引自 Goode, Schrof & Burke, 1991, p.56）。研究发现，展示出杜尼微笑（真诚的微笑）的人更容易获得陌生人的积极回应，有着更好的人际关系和个人适应能力（Keltner, Kring & Bonanno, 1999；Prkachin & Silverman, 2002）。

评　估

439

形象化的小测试

图 12—9　杜尼微笑。对于大多数人而言，左图中的微笑比右图中的更加真诚。你觉得呢？知道为什么吗？

左图所示是真诚的微笑，即杜尼微笑，注意在这样的微笑中，眼睛周围肌肉也会运动。而在右图所示的社会性微笑中，则只有嘴周围肌肉的运动。

四种主要情绪理论：詹姆斯—兰格理论、坎农—巴德理论、面部反馈假设、斯卡特的两因素理论

大部分研究者都赞成情绪由三个成分（生理、认知和行为）构成，但是在情绪的产生机制上则很难达成一致。目前四种主要的情绪理论是詹姆斯—兰格理论、坎农—巴德理论、面部反馈假设和斯卡特的两因素理论。每种理论都强调了三个基本成分的不同顺序和方面。在你阅读这些理论时，图 12—10 可能会对你有所帮助。

詹姆斯—兰格理论

这一理论最初由心理学家威廉·詹姆斯提出，稍后由生理学家卡尔·兰格（Carl Lange）发展。该理论认为是生理唤醒和行为表达的反馈引发了情绪反应。例如，与人们普遍接受的"人们因悲伤而哭泣"的观点不同，詹姆斯写道，"我们感到悲伤是因为我们哭泣，生气是因为我们发怒，害怕是因为我们战栗。"（James，1890）

如果不害怕的话，那么我为什么要战栗？依据**詹姆斯—兰格理论**（James‐Lange theory），你身体的战栗是对某个特定刺激的反应，如在野外看见一条巨蛇。也就是说，你知觉到一个事物，随后你的身体产生反应，最后你将身体的反应解释为某种情绪的结果（见图 12—10）。你对自身唤醒（心脏的悸动、胃的衰弱、涨红的脸）、行为表现（跑开、叫喊），以及面部表情的变化（哭泣、微笑、皱眉）的知觉产生了所谓的情绪。简单地说，唤醒与表达导致了情绪。依照詹姆斯—兰格理论，没有唤醒或表达，就不能产生情绪。

詹姆斯—兰格理论　情绪是生理唤醒和行为表达的结果（"我感到悲伤，因为我正在哭泣"），该理论认为，每种情绪都是一种心理本能。

440

坎农—巴德理论

詹姆斯—兰格理论认为，唤醒和表达产生了情绪，并且每种情绪都有其独特的生理特征。相反地，**坎农—巴德理论**（Cannon-Bard theory）则

坎农—巴德理论　唤醒、行为和情绪同时产生。该理论认为，所有的情绪都诱发相似的生理反应。

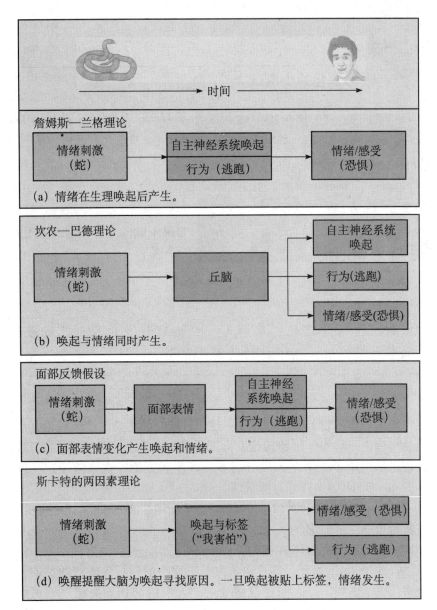

图 12—10 四种主要的情绪理论。（a）詹姆斯—兰格理论认为，情绪是在生理唤起后产生的；（b）坎农—巴德理论认为，唤起和情绪同时产生；（c）面部反馈假设认为，面部表情的变化产生唤起和情绪；（d）斯卡特的两因素理论认为，唤醒提醒我们去为它寻找原因，一旦唤醒被贴上标签，情绪就产生了。

认为，所有的情绪在生理上都是相似的，并且情绪、唤起和行为表现是同时出现的。沃尔特·坎农（Walter Cannon）（1927）以及菲利普·巴德（Philip Bard）（1934）提出，在知觉到诱发情绪的刺激（如一条蛇）后，脑中一个小的部分，即丘脑，同时向大脑皮层和身体发送神经信号，这些信号随后会引发自主神经系统的唤醒、行为反应以及情绪［图 12—10（b）］。

坎农—巴德理论的主要观点是所有刺激引发的生理反应都是相似的。事实上，唤起在情绪产生的过程中并不是必需的，甚至不是主要的因素。坎农使用动物实验证实了他的论点。在实验中动物被预先进行了手术，从而使它们不能产生生理唤起。然而即使是这些做过手术的动物仍然表现出了可观察的行为（如咆哮、抵抗姿势）。坎农认为这些行为可以作为情绪反应的证据（Cannon, Lewis & Britton, 1927）。

面部反馈假设

第三个主要的情绪理论——面部反馈假设，关注情绪的表达成分。根据**面部反馈假设**（facial-feedback hypothesis），面部表情的改变与情绪的强度有关，它们甚至可以激发情绪（Ceschi & Scherer, 2001；Keillor et al., 2002；Soussignan, 2002）。面部许多肌肉的共同收缩将会向大脑传递特殊的信息，这些信息能够帮助我们识别这些基本情绪。与詹姆斯一样，这些研究者们相信，我们并不是因为高兴而微笑，而是我们因为微笑而高兴［见图 12—10（c）］。

面部反馈理论也支持达尔文（1872）的演化论（CU2）——对情绪的自由表达使情绪加强，而对情绪表达的压抑最后将抑制情绪本身。有趣的是，研究表明，仅仅观察到他人的面部表情就可以使我们自己的面部表情自动发生相应的变化（Dimberg & Thunberg, 1998）。如当给人们呈现画有愤怒表情的图片时，人们的眉部与皱眉相关的肌肉就活动起来；相反地，给人们呈现笑脸，人们与笑容相关的肌肉活动显著增加。一些采用无意识知觉（见第 4 章）技术的后续实验中，研究者发现匹配的自发反应甚至在被试没有注意或没有觉察时就可以发生（Dimberg, Thunberg & Elmehed, 2000）。

这种对他人面部表情自发的、天生的、基本不需要意识参与的模仿有一些重要的应用价值。你是否曾在聆听朋友的抱怨之后陷入郁闷之中？你对朋友悲伤表情的无意识模仿可能在你的身体内部也引发了相似的生理反应，从而导致了相似的悲伤感。这个理论似乎也给那些天天与抑郁病人打交道的治疗师，以及那些以模仿、刻画情绪为生的演员们带来一些个人领悟。研究还发现，"快乐的工人比那些不快乐的要更高产"（Wright et al., 2002）。这是否意味着，不快乐的同事或常常发怒的老板将会影响我们在工作场所的快乐（和生产效率）？如果达尔文是正确的，情绪的表达可以加强情绪本身，又如果我们对他人表情的观察会导致我们产生相匹配的反应，我们是否应该重新考虑一下那个鼓励人们"发泄愤怒"的传统建议呢？

面部反馈假设 面部肌肉的运动诱发或者加强了情绪反应。

评 估

形象化的小测试

像左图所示的那样，用牙齿咬住一支铅笔或钢笔，把嘴巴闭上。保持这个动作 15～30 秒。你感觉如何？然后像右图那样咬住笔，但是把嘴咧开，保持 15～30 秒，注意你的感受。研究发现，当你把牙齿露出来时，你会觉得更高兴。为什么呢？

资料来源：改自 Strack, Martin & Stepper, 1988。

442

斯卡特的两因素理论

心理学家斯坦尼·斯卡特（Stanley Schachter）同意詹姆斯—兰格理论的部分内容，认为情绪体验来自我们对生理唤醒的觉知。但他也赞成坎农—巴德的部分理论，认为不同的情绪带来相似的生理反应。他整合了这两个理论并提出我们根据外部而不是内部线索来区别我们的情绪，并贴上标签。根据**斯卡特的两因素理论**（Schachter's two-fachor theory），情绪的产生依赖于两个因素：（1）生理唤醒和（2）对生理唤醒的标签。如果我们在婚礼上哭泣，我们会把我们的情绪解释为喜悦和高兴；而如果我们在葬礼上哭泣，我们则会将自己的情绪解释为悲伤。

在斯卡特与辛格 Singer 的经典研究（1962）中，给被试注射肾上腺素，但告诉他们注射的是维生素，之后观察他们的唤醒情况以及他们对唤醒的解释（见图 12—11）。一组被试被正确告知了有关期望的效应（手颤、兴奋以及心悸），另一组被误导说注射之后可能会有痒、昏迷和头疼等反应，还有一组则没有被告知可能会出现结果的任何信息。

在注射之后，每个被试都与一名实验助手（实验助手假装是参加实验的志愿者）单独待在一间屋子里。在其中一个条件下，助手被要求表现出高兴和鼓舞（在屋子里扔纸飞机，往垃圾桶里扔纸团），在另外一个条件下，助手被要求表现出不高兴和愤怒（抱怨、表达对整个实验的不满）。

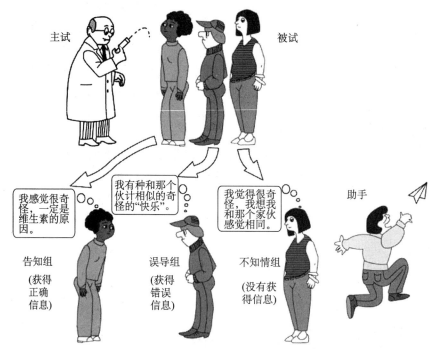

图 12—11 斯卡特的两因素理论。 在斯卡特和辛格的经典实验中，通过对正确告知、误导和不告知组被试之间的比较，说明认知标签在情绪中的重要性。

实验的结果证实了实验者的假设。那些没有接受正确信息的被试（被误导的被试，以及没有获得信息的被试）倾向于从情境中为生理唤醒寻找解释——那些与快乐的助手在一起的被试表现得很快乐，与抱怨的助手在一起的被试表现出不满，而那些被正确告知生理唤醒是由注射引起的被试，基本不受助手情绪的影响。

哪个理论是正确的？你应该可以想到，每个理论都有它的局限性。例如，詹姆斯—兰格理论就没有认识到生理唤醒可以在没有情绪体验的情况下发生（如我们锻炼时）。该理论成立的前提是，不同的情绪都分别对应着不同的生理反应。不然的话，我们如何分辨我们是悲伤、高兴，还是疯狂？然而尽管正电子放射扫描（PET）显示，我们的大脑活动在基本情绪（如高兴、悲伤、愤怒）唤醒的情况下有着细微的差别（Lane, Reiman, Ahern & Schwartz, 1997；Levenson, 1992），但是大多数人并不能察觉到这些细微的变化。

坎农—巴德理论（皮层和自主神经系统同时从丘脑获得信息）得到了一些经验上的支持。例如脊髓损伤的病人仍然可以有情绪反应，并且这种情绪通常比损伤之前更强烈（Bermond, Fasotti, Nieuwenhuyse & Schuerman, 1991）。但也有其他研究认为，并不是丘脑，而是边缘系统、下丘脑、前额叶皮层在情绪体验中起到更加重要的作用（Langenecker et al., 2005；Panksepp, 2005）。

依据面部反馈假设所进行的研究发现了基本情绪有着不同的生理唤醒，如恐惧、悲伤和愤怒（Dimberg, Thunberg & Elmehed, 2000；Wehrle, Kaiser, Schmidt & Scherer, 2000），也在某种程度上支持了詹姆斯—兰格理论的基本假设。面部反馈看上去确实对主观情绪体验的强度以及总体情绪状态有所影响。那么，如果你想改变坏心情或者强化某种好心情，就采用合适的表情吧——在伤心的时候微笑，在开心的时候笑得更开心。

最后，斯卡特的两因素理论正确地强调了认知过程在情绪体验中的重要性，但是，他的研究成果也受到一些批评。例如，研究发现，一些与情绪有关的神经通路绕过了大脑皮层，直接到达边缘系统。不妨回忆一下我们曾经举过的那个被黑暗中的声音吓得跳起来的例子，解释行为原因应该是行为之后的事情。还有很多这样的情况，说明在意识和认知发生之前，我们就已经产生了情绪，也就是说，情绪并不仅仅是给生理唤醒贴标签而已（Dimberg, Thunberg & Elmehed, 2000；LeDoux, 1996, 2002；Mineka & Oehman, 2002）。

总而言之，一些基本情绪与生理唤醒上的细微差异有关，这些差别可能是面部表情的改变或者自主神经系统控制下的内部器官的反馈产生的。另外，"简单"的情绪（喜欢、不喜欢、恐惧、愤怒）并不需要首先进行意识参与的认知加工。这样就可以有快速自动化的情绪反应，随后再由意识过程加以修饰。而"复杂"的情绪，如忌妒、郁闷、抑郁、尴尬和爱等则需要认知成分。

443

🌐 **评估**

形象化的小测试

"我并不是因为高兴才唱歌，而是因为唱歌所以我高兴。"

你能够指出，四种情绪理论中哪一种能够最好地解释鸟的行为吗？

答案：詹姆斯—兰格理论。

评　估

检查与回顾

情绪的理论与概念

所有的情绪都由三种基本成分构成：生理唤醒（如心跳、呼吸速度加快等）、认知（想法、信念和期望），以及行为表达（如微笑、皱眉、跑）。对情绪生理成分的研究发现，大多数情绪都涉及了神经系统的整体的、非特异性的唤起。自我报告的技术，如纸笔测验、调查和访谈用于研究情绪的认知成分。情绪的行为成分指我们如何表达情绪，包括面部表情。

四种主要情绪理论解释了情绪产生的原因。詹姆斯—兰格理论认为，我们首先产生生理唤醒和行为表达，如微笑、心跳加快、战栗等，之后对自己的生理感觉进行解释。坎农—巴德理论认为，情绪的唤醒、认知和行为表达同时发生。面部反馈假设声称，面部的运动引发了特定的情绪。斯卡特的两因素理论则认为情绪依赖于两个因素——生理唤醒以及对唤醒的认知标签。换句话说，就是人们注意到他们周围所进行的事情，同时也注意到他们身体内部的反应，从而相应地对情绪贴上标签。

问题

1. 指出下面的例子分别属于情绪的哪个成分：

(a) 认知的　　(b) 生理的

(c) 行为的

____ i. 心跳加快

____ ii. 看悲伤的电影时哭泣

____ iii. 认为哭泣对男人来说是不合适的举动

____ iv. 在足球比赛时喊叫

2. 当人们的情绪唤起时，_____神经系统的_____部分活动，使得心跳加速、血压升高，并激活其他应激反应。

3. 我们在灌木丛里看见了一只熊。当我们感觉到害怕，开始逃跑时，我们的心跳加快。下列哪个理论最恰当地解释了这一反应？

(a) 詹姆斯—兰格理论

(b) 坎农—巴德理论

(c) 面部反馈假设

(d) 斯卡特的两因素理论

4. 根据_____，生理唤醒需要解释和给予标签以产生情绪体验。

(a) 詹姆斯—兰格理论

(b) 坎农—巴德理论

(c) 面部反馈假设

(d) 斯卡特的两因素理论

5. 坎农—巴德情绪理论认为，唤醒、认知和情绪表达是_____发生的。

答案请参考附录 B。

更多的评估资源：

www. wiley. com/college/huffman

对动机和情绪的批判性思考

444

 学习目标

在动机和情绪中，我们如何应用批判性思维？

从第 1 章中我们就知道，批判性思考是科学心理学的核心内容，也是本书的主要目标。在这一部分，我们将运用批判性思维技巧来考察四个特殊（也十分有争议）的主题：内部动机与外部动机、多导测谎仪、情绪智力，以及文化、演化和情绪。

内部动机与外部动机：哪个最好？

童年时，你的父母是否因为你在学校里获得了好成绩而给你钱或奖励？如果是的话，这是个好主意吗？奖励那些出勤率高的学生呢？许多心理学家十分关注为了促进行为广泛使用的外部奖赏（如 Deci et al, 1999；Henderlong & Lepper, 2002；Reeve, 2005）。他们十分担心，外部奖赏将会严重地影响个体的内部动机。**内部动机**（intrinsic motivation）产生于个体内部，个体由于行为本身和行为所带来的内部满足感而参与活动，不以效用为目标，与外部奖赏无关。**外部动机**（extrinsic motivation）则产生于外部奖赏或对惩罚的规避，在与环境互动中习得。参与运动和业余爱好，如游泳和弹吉他，通常是内部动机所激发的，而工作主要是外部动机的作用。

作为批判性思考者，你知道为什么外部奖赏会带来问题吗？如果你突然因为原本因内在满足而"进行"的行为，如看电视、玩纸牌，甚至是性行为，而给你钱、赞扬或者其他奖励，会发生些什么呢？你也许会惊讶地

内部动机　由于个体对活动或任务的喜欢引发的动机。

外部动机　由于外部奖赏或是规避惩罚而引发的动机。

发现，在该情境下人们往往会失去原有的兴趣，甚至可能会减少花在这些行为上的时间（Hennessey & Amabile，1998；Kohn，2000；Moneta & Siu，2002）。

445

一项早期的研究在喜欢绘画的儿童中发现了这一效应（Lepper，Greene & Nisbett，1973）。将绘图纸和软尖笔分发给儿童。一组儿童被许诺其作品将获得"优秀绘画者"的金色图章和绶带。第二组儿童被要求绘画，当他们画完时出乎意料地收到一份礼物。第三组儿童没有得到许诺，也没有收到意外的礼物。几周后，这些儿童被置于如果他们想作画就可以绘画的实验情景下，并记录了他们用于绘画的时间。

你认为会发生什么？如图 12—12 所示，"优秀绘画者"的许诺显著地降低了儿童之后对绘画的兴趣。我们如何解释这一研究的结果？显然，决定对一项任务喜爱程度的关键因素在于我们如何向自我解释行为的动机。当我们没有明显的理由来做一件事情时，我们就使用内在的个人原因（"我喜欢"，"这很有趣"）；而当加入外部奖赏时，解释就变成了外部的和非个人化的（"我为了钱而做"，"我为了取悦老板而做"）。这一改变从总体上降低了我们的兴趣并且对行为表现有着消极的影响。

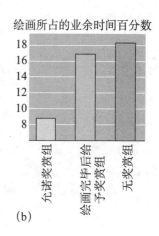

绘画所占的业余时间百分数

(b)

图 12—12　内部动机与外部动机。（a）这些孩子正在享受着手指画的乐趣。为什么我们成年人不再玩手指画了呢？是因为我们太忙没有时间了，还是因为我们的作品被评分、得到表扬或其他外部奖赏，从而降低了我们原有的内部动机？（b）从图中我们可以看出，那些没有得到奖赏的儿童花更多的时间绘画。图片来自 Lepper, Greene & Nisbett. Understanding children's intrinsic interest in extrinsic rewards. Journal of Personality and Social Psychology. 28, pp. 129 - 137。

但是，难道获得提升或是获得金牌不会提高兴趣和生产效率吗？并不是所有的外部动机都不好（Covington & Mueller，2001；Moneta & Siu，2002），问题的关键在于如何使用外部刺激。当它们用于肯定某一行为或作为鼓励时，是有激励作用的。而正如图 12—13 所示，为了控制行为或作为压力的外部奖赏则不能起到激励的作用。研究发现，基于能力给予的外部奖赏不会降低内动机（Deci，1995）。事实上，它们可以强化我们再一次行动的动机。因而，获得提升和金牌可以肯定我们，对我们的表现给予有价值的反馈，从而增加行为本身的乐趣。相反，如果奖赏用于控制，例如因为好成绩而给孩子钱和特权，将会降低内部动机（Eisenberger & Armeli，1997；Eisenberger & Rhoades，2002）。

评估
形象化的小测试

梵高一生中仅卖出了一幅画，但他仍是 19 世纪最多产的画家之一。我们应该如何解释他的动机？

答案：显然，梵高是为他的个人满足感或内部动机而作画。

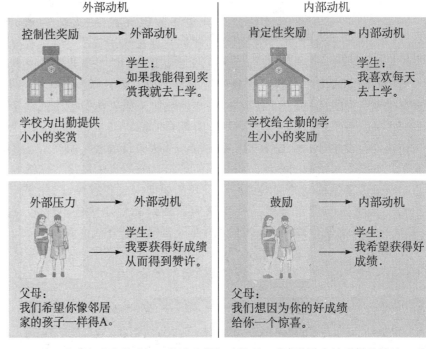

图 12—13　旁观者眼中的动机。奖励会增加动机吗，或者奖励会被看做是强迫，对行为的收买？视情况而定。值得注意的是，控制性的奖赏和外部压力都将会导致外部动机，而鼓励性和无附带条件的对待将会产生内动机。

你自己试试

提高动机

内部动机—外部动机的研究对养育孩子、经营商业，甚至是学习本书都很有启示。考虑以下几点：

（1）减少具体的外部奖赏。总体上，尽量减少使用外部奖赏的次数和时间。从儿童第一次学习演奏乐器到他们掌握一定的演奏技巧阶段，给予小的奖赏也许有用。但是一旦他们开始快乐地演奏或因为快乐而练习时，最好的方法就是不要干预。同样地，如果你试图增加学习时间，从奖赏自己的每一个显著进步开始，但是一旦你可以轻易完成复杂的任务后，停止奖赏，把它们留到你真正需要的时候。我们应当强调，这种谨慎仅限于具体奖赏。与之相反，赞扬和积极反馈可以增强内部动机（Carton，1996；Henderlong & Lepper，2002）。

（2）基于能力进行奖赏。用外部奖赏来作为对能力或表现的反馈，而不仅仅是参与了任务。学校可以通过表扬全勤者和给予他们特权来提高内在动机，而不仅仅是对出席者给予奖励。相似地，当你在规定时间内刻苦学习或在考试中获得理想成绩后，奖励自己看电影或给朋友打电话，而不要仅仅因为三心二意地参与就奖励自己。

（3）强调内部行为原因。与其羡慕有好成绩的人或者想象毕业后你可能会从事的好工作，不如关注使自己得到满足的行为原因，想想学习新事物是件多么令人兴奋的事情，或者成为有教养的人和批判性思考者的价值。

显然，并非所有的课程和我们生活中所有的事情都有它的内在趣味。在很多时候，我们必须做很多有价值的，但靠外部动机来维持的行为，如看医生、清理房间、为考试而学习等。因而把外部奖赏留给那些你并不想做却必须做的事情是个不错的主意。请避免在已经具有良好内部趣味的事情上"浪费"奖赏。

447

✓ 将多导记录仪作为测谎仪：可行吗？

如果你怀疑你的朋友骗了你，或者你的另一半有什么事情瞒着你，你觉得多导测验能够帮助你说服自己吗？很多人相信，**多导仪**（polygraph）可以准确地识别谎言。然而它真的可以吗？多导仪的原理是，当人们撒谎时，他们会感到内疚和焦虑，从而推测感受可以被测谎仪探测到。

多导仪 通过测量心率、呼吸速度、血压和皮肤电来测量情绪唤起的仪器，可以大概反映出说谎还是讲真话。

事实上，多导仪监测的是交感神经系统和副交感神经系统的活动改变，主要包括心率、呼吸和皮肤电的改变（见图 12—14）。但这些仪器并不必然可以识别谎言。研究发现，撒谎和内疚与焦虑只有轻微的相关性，有些人在说真话时同样会紧张。同样，多导仪也不能说明产生的到底是哪种情绪（紧张、兴奋、性唤起等）。它甚至也不能说明反应因何产生，是情绪唤起，还是其他的，如体育锻炼、药物使用、肌肉紧张，或者先前测谎测试的经验。一项研究表明，仅仅通过用力踩地或咬自己的舌头，人们就可以操纵 50% 的结果（Honts & Kircher，1994）。

因此，大部分法官、心理学家和其他科学家们对测谎仪的使用十分谨慎（DeClue，2003）。虽然支持者们声称测谎测验的准确率在 90% 甚至以上，然而检验发现它的错误率在 25%～75% 之间浮动。因而，虽然人们认为无辜者无须害怕测谎测验，但是研究结果却表明，事实并非如此（De-Clue，2003；Faigman，Kaye，Saks & Sanders，1997；Iacono & Lykken，1997）。

如何可以提高测谎仪的可靠性？一种方法是使用"犯罪知识"问题，即那些问题是关于只有罪犯才会知道的细节（比如抢劫发生的时间）。研究者认为，罪犯将会辨识出这些特异线索，从而和无辜者的反应有所不同（Lykken，1984，1988；MacLaren，2001；Verschuere et al.，2004）。作为"犯罪知识"测试的延伸，心理学家们建议使用电脑和统计分析来改进测谎仪的信效度（Saxe & Ben-Shakhar，1999；Spence，2003）。

尽管有所改进，许多心理学家仍然强烈反对使用测谎技术来鉴别罪犯和无辜者。国家研究委员会最近总结说，测谎仪对谎言的探测力缺乏证据支持，谎言探测需要开发新的手段（National Research Council，2002）。持续的科学论战和公众关注使美国国会通过了一项法案，严格地限制了在法庭上、政府中，以及私人产业中对测谎仪的使用。

然而，其他的替代办法又怎么样呢？为什么测谎技术仅仅关注交感神经系统与副交感神经系统的活动呢？为什么不考虑所有神经活动的源头——大脑本身呢？针对这些问题，科学家们最近通过功能磁共振成像（fMRI）研究比较撒谎与讲真话，确认了五个不同的激活脑区（Kozel，

448

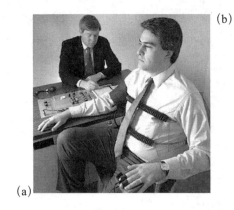

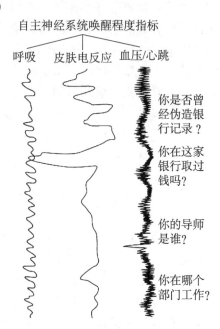

图12—14　多导仪测量。（a）在测谎过程中，一条带子围住被试的胸部测量他的呼吸频率，臂上的袖套用于测量被试的血压，手指电极测量出汗或皮肤电反应（galvanic skin response，GSR）。（b）有时用多导仪测量员工和嫌疑犯是否说谎。在这幅图中，在回答"你曾在这家银行取过钱吗？"这个问题时，被试的GSR突然上升。在你确定将该反应作为证实个体说谎之前，请记住多导仪的错误率在25%～75%之间。

Padgett & George，2004）。但是，研究者谨慎地指出他们的研究并不是为了检验将功能磁共技术振成像作为测谎的手段。这也是基础研究与应用研究的经典例子。当我们理解谎言的脑机制（基础研究）之后，可能会开发出更好的探测谎言的工具（应用研究）。

情绪智力（EI）：你在"情绪上聪明"吗？

你听说过IQ，也就是智力商数（智商），但是你知道EI（情绪智力）吗？丹尼尔·戈尔曼（Daniel Goleman）（1995）认为，**情绪智力**（emotional intelligence，EI）包括了解和控制个人情绪、与他人的共情，以及维持令人满意的人际关系。换句话说，情绪智力良好者可以成功地将情绪的三个成分结合（认知、生理以及行为）。

戈尔曼认为，高的情绪智力解释了为什么智商平平者往往比高智商者更加成功。他认为传统的智力测验忽略了许多在真实生活中起关键性作用的能力，如自我觉察、冲动控制、毅力、渴望与自励动机、共情能力，以及社交灵活性。

同时戈尔曼也认为，许多社会问题，如家庭暴力、青少年犯罪等，都可能由缺乏情绪智力而引起。因此，人人都应该培养情绪智力。支持者建议法律学校和其他的专业培训项目应该将情绪智力的训练作为主要的课程。另外，他们还建议父母和教育者应该帮助孩子培养情绪智力，包括鼓励孩子们去确认自己的情绪，理解可以如何改变这些感受及感受与自身行

情绪智力　根据戈尔曼的学说，指了解和管理个人情绪、与他人共情，以及维持令人满意的人际关系的能力。

发展情绪智力。成人可以帮助孩子识别、理解以及如何改变他们自己的情绪。

为之间的联系（Reilly，2005；Shriver & Weissberg，2005）。采用戈尔曼方法的学校也表示，学生不仅表现出"与他人相处时的积极态度"，而且在批判性思维技巧上也有所提高（Mitchell，Sachs & Tu，1997，p. 62）。

批评者认为，"情绪智力"的成分难以确认和测量（Gannon & Ranzijn，2005；Springer，2005），也有人害怕情绪智力这样的说法可能会被误用。约翰·霍普金斯大学精神病学家 Paul McHugh 就认为，戈尔曼"假设某个人了解什么样的情绪适合教给孩子们。但是我们甚至不知道什么样的情绪应当教给成人"（引自 Gibbs，1995，p. 68）。

情绪智力是一个引发争议的概念，但是至少大部分研究者都表示，他们很高兴看到情绪被认真地看待。将来的研究将会增加我们对情绪的理解，甚至可能会揭示戈尔曼理论的最终价值。

应 用　个案研究/个人故事

亚旧拉罕·林肯的情绪智力 ［改自古德温（Goodwin），2005］

一个出身卑微、一切通过自学的农家男孩是如何成长为美国总统的？威廉·谢尔曼（William T. Sherman）将军提供了答案："在我遇见的所有人中，他似乎比任何其他人都具有更多杰出的品质和优点"（《传奇背后的生活》，2005，第 44 页）。

Alan Schein Photography/CorbisImages

现代心理学家可能将这些杰出的品质和优点称做高的情绪智力。思考以下几点：

（1）共情。林肯以他杰出的共情能力以及设身处地为他人着想而著名，他拒绝像其他的反奴隶制演说者一样批判和谴责南方奴隶主。他认为："假使我们处在他们的情境中，我们也会像他们那样做。如果现在在他们中不存在奴隶制度，他们也不会采用这一制度。如果它确实在我们中间存在，我们不应该立刻放弃"（Goodwin，2005，p. 49）。

（2）不计前嫌。林肯拥有高尚的心灵和慷慨的精神，他不怀恨记仇。他的反对者艾德文·斯坦顿（Edwin Stanton）曾称他"长臂猿"，并且故意地贬低和羞辱他。然而，当林肯需要一位新的军事大臣时，他的高尚使得他不计前嫌地任命了斯坦顿，因为后者是这一位置的最佳人选。

（3）慷慨的精神。林肯常常代人受过，与人分享成功，并且乐于承认错误。在格兰特（Grant）将军拿下著名的维克斯堡战役之后，林肯写道："现在我希望向你承认你是对的，而我错了"（Goodwin，2005，p. 53）。

（4）自我控制。林肯从不在生气的时候指责他人，而总是先让自己的情绪稳定下来。他常常给别人写些情绪言辞激烈的信件，之后把信件束之高阁而绝少寄出。

（5）幽默。除了他沉郁的气质之外，林肯也拥有谦卑的幽默和讲故事的天赋。他的笑话和故事不但好笑，而且也蕴涵着有价值的深意。在南北战争末期，许多人争论南方反叛者的命运。林肯希望他们可以"逃离这个国家"，但是他不能公开表达。于是他对谢尔曼将军讲了一个故事："一个人一直发誓节欲。当他看望朋友时，他被邀请喝酒，但是他拒绝了，因为誓言的缘故。于是他的朋友建议以柠檬水代之，并且说如果在柠檬水里加入一点白兰地的话味道会更好。客人答复说，如果他可以'不被告知'的话，他不反对这样做。"谢尔曼很快理解了他的意思："林肯先生希望杰弗逊·戴维斯（Jefferson Davis）逃跑，但是别让他知道。"（Goodwin，2005，p.50）

目 标 **性别与文化多样性** 📈

文化、演化与情绪

情绪从何而来？它们是演化的产物吗？它们因文化而异吗？它们因性别而异吗？正如你所猜测的，研究者找到一些答案。

文化相似性

不同文化下的所有人都有情绪和感受，所有人也都需要学会去处理情绪（Markus & Kitayama，2003；Matsumoto，2000）。但是这些情绪在不同的文化中一样吗？考虑到我们的文化中有着各种各样的情绪后，你也许会对一些研究者认为我们所有的感受可以划分为7～10种文化普遍性的情绪而感到惊讶。请注意表12—3中的相似性。

情绪表达的文化差异。 一些中东国家的男人常常以亲吻来表达问候。你可以想象，如果这发生在北美，一个人们通常以握手或拍肩膀来问候的地方会如何？

表 12—3		人类的基本情绪	
伊扎德 （Carroll Izard）	保罗·艾克曼 （Paul Ekman）和 华莱士·法尔森 （Wallace Friesen）	罗伯特·普拉奇克 （Robert Plutchik）	西尔文·汤姆金斯 （Silven Tomkins）
恐惧	恐惧	恐惧	恐惧
愤怒	愤怒	愤怒	愤怒
厌恶	厌恶	厌恶	厌恶
惊讶	惊讶	惊讶	惊讶
快乐	快乐	快乐	快乐
羞耻	—	—	羞耻
轻蔑	轻蔑	—	轻蔑
悲伤	悲伤	悲伤	—
感兴趣	—	预期	感兴趣
内疚	—	—	—
—	—	接受	—
—	—	—	悲痛

理论家们是如何解释表中没有列出的情绪，如爱？他们可能会说，像其他的情绪一样，爱是不同强度基本情绪的结合。罗伯特·普拉奇克（Robert Plutchik）（1984，1994，2000）认为，基本情绪，如恐惧、接受和快乐，就像色盘上的色彩一样，可以相互组合，成为二级情绪，如爱、妥协、敬畏和乐观（见图12—15）。

不仅所有的文化有着相同的基本情绪，一些研究者还认为这些情绪在所有的文化中都以几乎同样的方式表达和辨别出来。他们指出，研究发现不同国家的人们经历基本情绪时表现出相似的面部表情（Biehl et al.，

1997；Ekman，1993，2004；Matsumoto &
Kupperbusch，2001）。而且无论被试是来自西
方社会还是非西方社会，他们至少可以可靠地
确认出六种基本情绪：快乐、惊讶、愤怒、悲
伤、恐惧和厌恶（Buck，1984；Matsumoto，
1992，2000）。换言之，在所有的文化下，皱眉
都被认为是不高兴的表现，微笑都被认为是快
乐的表现（见图 12—16）。

演化的作用

查尔斯·达尔文在 1872 年首次提出情绪
的演化理论。在他的经典著作《人与动物的表
情》中达尔文提出，由于在物种的生存和自然
选择中的重要价值，情绪得以演化。例如，恐
惧可以帮助有机体躲避危险，从而具有生存价
值。另一方面，愤怒与攻击使机体准备好为争
夺配偶或有限的资源而打斗。现代演化论进一
步指出，基本情绪（如恐惧和愤怒）产生于边缘系统。由于大脑高级区域
（皮层）的发展顺序在皮层下的边缘系统之后，演化理论认为基本情绪产
生于思维之前。

情绪表达的跨文化研究支持先天和演化的观点。共同的面部表情具
有适应意义，因为它们向他人表明了我们目前的情绪状态（Ekman &
Keltner，1997）。对婴儿的研究也指出了情绪的演化基础。例如，你是否
知道，刚出生几小时的婴儿就有与成人面部表情相似的不同情绪表现
（Field，Woodson，Greenberg & Cohen，1982）？所有的婴儿，哪怕是生来
就失聪和失明，在相似情境下也有相似的情绪表达（Eibl-Eibesfeldt，
1980b；Feldman，1982）。这些证据共同说明情绪表达和解码有着生物和
演化基础。

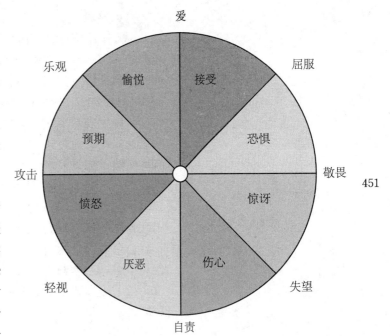

图 12—15　普拉奇克的情绪色
盘。内圈代表了在所有文化中都
存在的八种初级情绪。内圈的情
绪相互组合形成二级情绪。例
如，快乐和接受结合成爱。罗伯
特·普拉奇克还发现，相邻的情
绪比相隔较远的情绪更加相似。

图 12—16　你可以辨认这些情绪吗？大多数人可以指出六种基本情绪：快乐、惊讶、愤怒、悲伤、恐惧和厌恶。但有时
候，我们的面部表情与我们的情绪状态并不符合，如最后一张图所示，这位女性刚获得了大奖，但是她看上去很悲伤，而
不是高兴。

452

文化差异

我们如何解释情绪的文化差异？尽管我们对某些情绪似乎分享了不少相似的面部表情，但每种文化都有它独特的表达规则，规定了人们应当在何时、何地以及如何表达情绪（Ekman，1993，2004；Matsumoto & Kupperbusch，2001；Scherer & Wallbott，1994）。例如，父母通过对孩子的一些情绪爆发表示生气，对另外一些表示同情或偶尔的忽略，来教给孩子这些表达规范。通过这种方式，孩子渐渐学会哪些情绪他们可以自由表达，哪些情绪需要被控制。表达规则在每个国家都不尽相同。例如，在日本的文化中，儿童学习隐藏负性情绪，代之以隐忍和礼貌的微笑（Dresser，1996）。类似地，马萨伊（Masai）文化下的年轻男子也被期望在公众场合隐藏自己的情绪，表现出坚定、无表情的面孔（Keating，1994）。

公众场合中的身体接触也受到表达规则的约束。北美人和亚洲人通常避免接触，通常只有亲密的家人和朋友才会在打招呼或告别时拥抱。相反，拉丁美洲和中东的人们常常拥抱、牵手来表示一般性的友好（Axtell，1998）。

检查与回顾

对动机和情绪的批判性思维

内部动机源于个体内部，而外部动机则由外在奖赏或对惩罚的规避引起。研究认为，外部奖赏如果不建立在能力的基础上，会降低动机和兴趣。

多导仪探测情绪唤起的变化（心率加速、血压升高等），但研究表明，多导仪作为"测谎者"却不尽如人意。情绪智力包括管理情绪、共情，以及保持令人满意的人际关系。

研究已经确认了7~10种基本情绪，在几乎所有的文化中都以相似的方式来表达和体验。情绪表达规则在文化间是不同的。大多数心理学家相信，情绪由演化与文化间的一系列复杂交互作用而产生。

问题

1. 下列哪一项是外部动机的实例？

(a) 钱

(b) 表扬

(c) 炒鱿鱼的威胁

(d) 以上都是

2. 一所小学规定，学生每天只要到校即可获得5美元的奖励，总体出勤率经历了最初几周的上升之后就开始下降，降到了最初水平以下。这是因为_____。

(a) 学生认为上学不值5美元

(b) 钱是二级强化物而非一级强化物

(c) 外部动机降低了上学的内部

价值

(d) 为了适应情境，学生的期望发生了变化

3. 测谎仪主要测量情绪的_____成分。

(a) 生理　(b) 解释

(c) 认知　(d) 主观

4. 了解与控制个人的情绪，与他人共情，维持令人满意的人际关系是_____的关键因素。

(a) 自我实现　　(b) 情绪智力

(c) 情绪元认知　(d) 共情 IQ

答案请参考附录 B。

更多的评估资源：

www.wiley.com/college/huffman

453　**评 估**　**关键词**

为了评估你对12章关键词的理解，首先用自己的话解释下面的关键词，然后与课本中给出的定义进行比较。

情绪
动机

动机的理论与概念
唤醒理论
驱力减少理论
需要层次
稳态
诱因理论
本能

动机与行为
成就动机
神经性厌食症
神经性贪食症

情绪的理论与概念
杏仁核
坎农—巴德理论
面部反馈假设

詹姆斯—兰格理论
斯卡特的两因素理论

对动机和情绪的批判性思维
情绪智力（EI）
内部动机
外部动机
多导仪

 目　标　网络资源

Huffman 教材的配套网址

http：//www. wiley. com/college/huffman

　　这个网址提供免费的交互式自我测验、网络练习、关键词的术语表和抽认卡、网络链接、英语非母语阅读者的手册，还有其他用来帮助你掌握本章知识的活动和材料。

希望得到关于进食障碍的更多信息？

http：//www. mentalhealth. com/p20-grp. html

　　网上精神健康进食障碍的主页提供了重要信息、诊断标准，以及进食障碍的治疗方案。

解释高低成就需要的区别

http：//mentalhelp. net/psyhelp/chap4/chap4j. htm

　　这个网址提供了对过去和现在成就需要相关理论的回顾。这方面工作最先由 McClelland 和 Atkinson 展开。它也解释了我们习得个体成就需要的过程，以及高成就者的家庭背景。

想了解更多关于测谎测试的争论？

http：//antipolygraph. org/

　　这是非盈利组织 AntiPoligraph 的主页。在"我们需要什么"的链接中他们明确指出，他们的组织致力于"在美国完全废除测谎测试"。它提供了许多有趣的关于测谎测试争议的阅读材料。

想了解更多的多导仪的工作机制？

http：//science. howstuffworks. com/question123. htm

　　这个有趣的网址提供了"多导仪如何工作"、"测谎工作者规则和规范"、"如何欺骗多导仪"等方面的背景信息。

对情绪智力感兴趣？

http：//www. eiconsortium. org

　　这是情绪智力研究组织协会的主页。它提供了很多该方面的研究报告，如"情绪智力：它是什么，为什么重要"、"情绪智力项目的经济价值"、"情绪智力项目是否有用"等。

第 12 章　形 象 化 总 结

□ 动机的理论与概念

生物学理论

■**本能**：强调动机中先天的遗传成分。

■**唤醒**：有机体追求可以使其表现最佳的最适唤醒水平。

■**驱力减少**：内部的紧张状态（产生于有机体对稳态的需求）"推动"有机体去满足最基本的需求。

心理社会理论

■**诱因**：强调由外界环境刺激产生的"拉力"。

■**认知**：强调归因和预期。

生物心理社会理论

■**马斯洛的需要层次**：只有在基本的生理和生存需要被满足之后，个体才试图去满足更高层次的需要，如爱和自我实现。

◇ 动机与行为

饥饿与摄食
■生物因素（胃、生物化学、脑）和心理社会因素（刺激线索和文化条件）都会影响饥饿和摄食。
■肥胖、神经性厌食症和神经性贪食症产生于生物和心理社会因素的共同作用。

(1) **肥胖**：体重严重地超过了建议水平。

(2) **神经性厌食症**：由自我强迫的饥饿而导致体重的急剧降低。

(3) **神经性贪食症**：过度摄入食物后伴随着导吐。

成就
■**成就动机**：对成功的需求，对超过他人的需求，对掌控挑战性工作的需求。

情绪的理论与概念

455

情绪的三个基本成分
- 生理的（唤醒）：心率加快、呼吸加速；
- 认知的（思维）：想法、价值和预期；
- 行为的（表达）：微笑、皱眉、逃跑。

情绪的四种主要理论

詹姆斯—兰格：	坎农—巴德：	面部反馈假设：	斯卡特的两因素理论：
情绪感受来自对生理唤起和行为表达（微笑、心率的加快）的解释。	情绪的唤起、认知和行为表达同时发生。	面部肌肉的运动诱发了特定的情绪。	情绪依赖于两因素——生理唤醒以及对唤醒的认知标签。

 对动机和情绪的批判性思考

- 内部和外部动机：研究表明外部奖励可能会降低兴趣和成就动机。

- 多导仪：测量情绪唤起的变化，但对内疚和无辜进行测量并不有效。

- 情绪智力（EI）：了解和管理情绪、共情，并维持令人满意的人际关系。

- 文化、演化和情绪：7～10 种基本的普遍的情绪表明情绪可能是天生的，但是表达规则因文化而异。

第13章

人格

457

学习目标

　　在阅读第13章的过程中，关注以下问题，并用自己的话来回答：

▶ 什么是人格特质理论？

▶ 什么是弗洛伊德的精神分析理论？他的追随者对他的理论进行了何种建构？

▶ 人本主义理论家认为人格是什么？

▶ 人格的社会认知观点是什么？

▶ 生物学对人格有何贡献？

▶ 心理学家如何测量人格？

▶ 性、性别和文化如何影响人格？

评估社会认知理论

生物学理论

三个重要贡献
生物心理社会模型

人格测量

我们如何测量人格？
人格测量准确吗？

- 批判性思维/主动学习
  伪人格测量为何如此流行？
- 性别与文化多样性
  个体主义与集体主义文化如何影响人格？

458

为什么学习心理学？

第 13 章将会帮助解释……

▶ 西格蒙德·弗洛伊德相信 3～6 岁的小男孩会发展出对母亲的性渴望以及对父亲的嫉妒和憎恨。

▶ 卡尔·罗杰斯相信，条件性枳极关注下成长的孩子长大成人后可能心理健康较差。

▶ 在 19 世纪初骨相学家相信可以通过研究颅骨上的隆起来测量人格。

▶ 一些人格测量要求回答问题的人解释墨迹。

▶ 我们倾向于注意和记住符合我们预期的事情，而那些不符合我们预期的事情则被忽略。

▶ 欧美文化与亚非文化下的人的人格是有差异的，并且这种差异可以得到测量。

想想下面的人格描述在多大程度上适合你？

> 你强烈希望他人喜欢并且欣赏你。你会对自己很挑剔。你还有很多潜力尚未发挥并转化为你的优势。尽管你人格上有些缺点，但总体上你能够弥补这些缺点。你独立思考，除非有令人信服的证据，否则不会轻易接受别人的观点，并且你为此而骄傲。尽管表面上有自制力和自我控制，你内心却会处于担忧和不安的状态。有时，你会严重怀疑你做出的决定或所做的事情是否正确。
>
> ——改编自 Ulrich, Stachnik & Stainton, 1963

你觉得如何？你是这样的人吗？将与此相同的人格描述给予不同研究

的被试，告诉他们这是基于之前的心理测验专门为他们写的。尽管所有被试得到的人格描述都是相同的，他们中的大多数人都报告这些描述"非常准确"。令人惊讶的是，即使当被试知道了这是一个基于普遍信息而制作的评估时，大多数人仍相信这些描述比从科学设计的人格测验得出的模式更加适合他们自己（Hyman，1981）。

那么报纸上常见的占星术呢？研究表明，大约 78% 的男性和 70% 的女性阅读有关他们自己星座的信息，并且许多人相信这些信息是正确的，就好像特别为他们而写的一样（Halpern，1998）。也许最令人惊讶的是，在一项对心理学与非心理学专业人士和心理健康专家的研究中，研究者发现，人们更容易接受模糊和普遍适用的陈述并将其作为自己人格的有效描述（Pulido & Marco，2000）。

为什么这些伪人格测量如此流行？可能是我们以为这些描述在某种程度上与我们独特的自我类似。然而事实上是因为这些特质显示出了几乎所有人的共性。此外，这些特质基本上是正性或奉承的——至少是中性的。（想想我们会相信或接受这样的评价吗："易怒的、自私的、情绪不稳定的"？）在本章中，我们会关注心理学家用来测量人格的科学方法，而非以往使用的非科学方法。

459

在正式开始之前，我们首先定义人格（personality）。就像在"他有着伟大的人格"这句话中一样，"人格"对大多数人来说是一个相对简单常用的概念。但是对于心理学家而言，人格一直以来就是一个复杂的概念，其定义数不胜数。一个最广为接受的定义是：**人格**（personality）是一个个体独特且相对稳定的思维、情感和行为模式。人格描述你作为一个人与他人有哪些不同并且你有哪些典型的行为模式。举例来说，如果你大多数时候都很爱说话并且行为外向，你可能将自己描述为"外向的"；或如果你大多数时候是负责任的并且自律，你也有可能被描述为"严谨的"（注意人格不同于性格，性格指你的道德标准、行为准则、价值观和品质）。

人格 独特并且相对稳定的思维、情感和行为模式。

与超市小报和报纸星座专栏的伪心理学不同，人格研究者基于实证研究——人格科学——进行描述。与第 1 章所列的心理学基本目标一致，人格研究者试图（1）描述人格的个体差异，（2）解释这些差异是如何发生的并且（3）基于人格研究结果预测个体行为。本章主要内容是人格研究领域五个著名的理论及其研究成果：特质、精神分析/心理动力、人本主义、社会认知和生物学的。本章最后一部分是"人格测量"，讨论心理学家测量人格时所用的测验和测量技术。

特质理论

你会如何描述你两三个最好的朋友？你会说他们是有趣、忠实并且温厚的吗？**特质**（trait）就是你用来描述他人（和你自己）的词，是相对稳定的个人性格。特质理论家们的兴趣最初在于描述个体间的差异（哪些重要特质可以最准确地描述他们），之后他们想测量个体间的差异（一个个体内或不同个体间特质变异的程度）。

特质 相对稳定的个人特点，可以用来对一个人进行描述。

460

评　估

形象化的小测试

你可以很好地判断性格与人格吗?

左边的三个人中,哪个是恶毒的系列杀人狂、哪个是死于注射死刑的杀人犯、哪个又是本书的作者?

答案:照片 1:Ken Bianchi,强奸犯和系列杀人狂;照片 2:Karla Faye Tucker,被执行死刑的谋杀犯;照片 3:卡伦·霍夫曼,本书作者。

 学习目标:

什么是人格的特质理论?

早期特质理论:阿尔波特、卡特尔和艾森克

我们生命的大部分时间都用于试图理解他人以及希望他们可以更好地理解我们。

——高尔顿·阿尔波特 (Gordon Allport)

识别并测量那些能够区分人格的基本特质是一件听起来容易做起来难的事。每个个体都与其他个体非常不同。一项对字典词汇的早期研究发现,用于描述人格的词大约有 18 000 个。这其中大约有 4 500 个词符合研究者对人格特质的定义 (Allport & Odbert,1936)。

面对这大量潜在的特质词,高尔顿·阿尔波特认为,对个体进行研究并按层级组织其独特的人格特质是最好的理解人格的方法——将最重要且普遍的特质置于最顶端,最不重要的放在最底端。

因素分析　在一系列数据中决定最基本单元或因素的统计过程。

其后的心理学家用**因素分析** (factor analysis) 这种统计技术将一系列潜在的人格特质进行缩减。雷蒙德·卡特尔 (Raymond Cattell) (1950,1965,1990) 将特质词表精简到 30～35 个基本特点。汉斯·艾森克 (Hans Eysenck) (1967,1982,1990) 进一步精简了词表。他用基本特质类型之间的关系来描述人格:外向—内向 (extroversion-introversion)、神经质 (neuroticism) (容易感到不安全、焦虑、内疚和情绪化的倾向)、精神质 (psychoticism) (精神病患者中普遍表现出的一些特质)。这些维度可以用艾森克人格问卷 (Eysenck Personality Questionnaire) 来评估。

五因素模型:五个基本人格特质

五因素模型(FFM)　人格的特质理论,包括开放性、尽责性、外向性、宜人性和神经质。

五因素模型 (five-factor model,FFM) 是最常提到 (也是最被看好) 的特质理论,它是用因素分析方法得出的 (McCrae & Costa,1990,1999;McCrae et al.,2004)。结合前人研究结果和大量潜在的人格特质词,研究者发现,即使用不同的测验方法,一些特质也一直重复出现。这五个主要的人格维度被称为"大五"(Big Five),具体如下。

（1）开放性（openness，O）。那些在这一因素上高分的人有独创性、有想象力、好奇、乐于接受新想法、有艺术气质并且对文化事业感兴趣。低分者倾向于传统、朴实、兴趣有限、缺乏艺术气质［有趣的是，具有批判性思维的人在这一因素上的得分通常比其他人要高（Clifford，Boufal & Kurtz，2004）］。

（2）尽责性（conscientiousness，C）。在这一因素上高分代表负责、自律、有条理，而低分表明不负责、不认真、冲动、懒惰并且不可靠。

（3）外向性（extroversion，E）。这一因素代表两种截然不同的人：高分的人是爱交际、外向、爱说话、爱讲笑话并且温柔亲切的；而低分的人则退缩、安静、被动并且内向。

（4）宜人性（agreeableness，A）。这一因素上得分高的个体是善良、温暖、温柔、合作、可信并且乐于助人的。低分者是易怒、爱争论、残酷无情、怀疑、不合作且有报复心的。

（5）神经质（neuroticism，N）或情绪稳定性（emotional stability）。神经质这一维度的高分个体情绪不稳定、易体验到不安全感、焦虑、内疚、担心和忧郁。处于该维度另一端的个体是情绪稳定、平静、性情温和、容易相处并且放松的。

 学习提示：
五因素维度的首字母可以拼成一个单词"ocean"（海洋），这样你可以很容易就记住这五个因素了。

461

你自己试试

建构你自己的人格模式

学习图 13—1，这是在雷蒙德·卡特尔的因素分析基础上发现的结果。注意卡特尔的 16 个特质是如何存在于一个连续体的。每一端都代表一个极端，例如保守和缺乏智慧在最左端，外向和富有智慧在最右端。一般人都落在中间的某一点上。

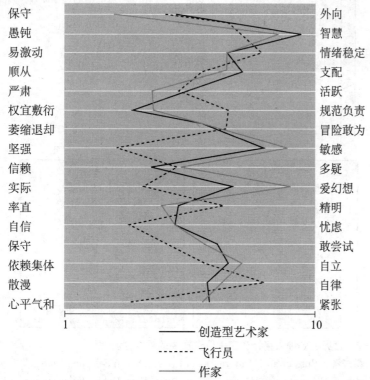

图 13—1　卡特尔 16 个本源特质连续体。

拿出笔在线上标记一个点（从 1 到 10），代表你自己从保守到外向的程度。然后对另外 15 个特质也标记出符合你自己程度的点。现在把这些点连起来。你的人格模式与创造型艺术家、飞行员和作家相比是怎样的呢？

462 **你自己试试**

确定你自己的"大五"分数

用下面的图来绘出你自己的人格模式。首先在每条线上画一个点来表明你自己开放性、责任心等特质的程度。然后为你现在或过去的伴侣做出同样的判断。现在看图 13—2，哪个报告出的特质是在潜在的配偶当中最被看重的？你的分数

与你伴侣的分数相比是怎样的？David Buss 和他的同事（1990，1999，2003）调查了 37 个国家超过 10 000 名男性和女性，发现结果惊人的一致。此外，大多数五因素的人格特质都出现在这个表上。男性和女性都偏爱尽责性、情绪稳定性（低神经质）、性情宜人（宜人性）和社会性（外向性），而不是相反的。

大五特质	低分	高分
1 开放性	朴实的 缺乏创造力 传统 不好奇	富有想象力 创造力丰富 创新 好奇
2 尽责性	粗心的 懒惰的 无条理的 迟到的	有责任心的 勤奋的 条理清晰的 守时的
3 外向性	不合群的 安静的 被动的 矜持的	合群的 爱说话的 主动的 温柔亲切的
4 宜人性	怀疑的 批评的 残忍的 易怒的	信任的 宽容的 心肠软的 温厚的
5 神经质	平静 脾气平和 无忧无虑 情绪稳定	担忧 性情中人 局促不安 情绪化的

♂ 男性希望配偶拥有的特质	♀ 女性希望配偶拥有的特质
1.共同吸引——爱情	1.共同吸引——爱情
2.性格可靠	2.性格可靠
3.情绪稳定、成熟	3.情绪稳定、成熟
4.性情宜人	4.性情宜人
5.健康状况好	5.教育与智慧
6.教育与智慧	6.社会性
7.社会性	7.健康状况好
8.爱家和孩子	8.爱家和孩子
9.高雅整洁	9.志向远大、勤劳肯干
10.相貌端正	10.高雅整洁

图 13—2 世界上各种人格特质在配偶选择中的重要性。

资料来源：Buss et al.，"International Preferences in Selecting Mates." *Journal of CrossCultural Psychology*，21，pp. 5 - 47，1990. Sage Publications，Inc.

评价特质理论：赞成与反对

正如你会在"你自己试试"的练习中看到的，David Buss 和同事（1990，1999，2003）发现他们的调查结果和五因素模型之间有着很强的相关。这可能反映出那些更加开放、尽责、外向、使人愉悦并且较低神经质的个体具有演化上的优势。跨文化研究（Chuang，2002；McCrae et al.，2004）和对狗、黑猩猩和其他物种进行的比较研究（Fouts，2000；Gosling & John，1999；Wahlgren & lester，2003）也证实了这种演化观点。

总体而言，这些研究表明五因素模型可能在人类中具有普遍的生物基础。这一模型最初用来实现特质理论最重要的目标，即用最少量的特质来描述和组织人格特征。然而，批评者认为，人格上最大的变异不是仅由五个因素就能解释的，而且"大五"模型不能提供对这些特质的因果解释（Friedman & Schustack，2006；Funder，2000；Monte & Sollod，2003）。一般来说，特质理论主要受到三方面的批评。

（1）缺乏解释。特质理论在人格描述方面颇有建树，但是却很难解释人们为什么发展出这些特质以及为什么人格有跨文化的差异。例如，跨文化的研究发现所有文化下的人都可以可靠地用五因素模型来分类。然而，特质理论不能解释为什么地理上接近的文化中的人们倾向具有相似的人格，也不能解释为什么欧美人比亚非人更加外向和开放，而宜人性较低（Allik & McCrae，2003）。

（2）不够具体。特质理论已证明 30 岁以后个体的人格具有高度的稳定性，但是没有确认哪些特质一生都保持稳定，而哪些更容易改变。一个对五因素模型的跨文化研究的确发现，从青春期到成年期，神经质、外向性和开放性水平会下降，而愉悦性和尽责性会增加（McCrae et al.，2004）。（作为一个具有批判性思维的人，你如何解释这些改变？你认为这些改变是好还是坏呢？）

（3）忽视情境的作用。特质理论一直因其忽视情境或环境的重要性而受到批评。一个令人悲伤的环境影响人格的例子是一个以一组年幼儿童为被试的五因素模型的纵向研究。心理学家 Fred Rogosch 和 Dante Cicchetti（2004）发现一些曾受虐待或被忽视的六岁儿童在开放性、尽责性、宜人性上的得分明显低于没有受过虐待的儿童，而神经质的得分则显著偏高。在他们七岁、八岁和九岁时分别进行重测，不幸的是，这些特质仍然存在。而且，这些适应不良的特质导致严重的麻烦，这会使这些儿童一生都为之困扰。要帮助这些被虐待的儿童显然需要更多研究，而防止虐待再次发生也是非常重要的。

正如这些例子所示的，情境和环境有时对人格有着巨大的作用。一直以来"特质—情境"或者"人—情境争论"都是心理学中争论的热点。经过了 20 年持续的争论与研究，貌似双方都胜利了。就像先天与教养是不可分割并且相互作用的两股力量一样（见第 9 章），情境或环境与相对稳定的人格特质也有交互作用（Caspi，Roberts & Shiner，2005；Cervone，2005；

人格与婚姻稳定性。 根据对人格的长期研究，人格改变大都发生在童年期、青春期和成年早期（McCrae et al.，2000）。在 30 岁以后，大多数特质都相对稳定了，在那之后的改变很少很微小。因此，在 30 岁之后结婚的人们婚姻更加成功，因为他们的人格更加稳定。

463

Segerstrom，2003)。在本章和之后的其他章里，我们会回到这种交互作用的立场上来看待问题。

应　用

聚焦研究

非人类动物有人格吗?

"第一次见到与我相处最久的我最亲爱的朋友正是 33 年以前。直到现在，她人格中最杰出的方面仍然是我第一眼看到她时所发现的品质：她是我知道的最体贴最有同情心的。另外，她 是 一 只 黑 猩 猩。"（fouts，2000，p. 68）这些话出于著名并且备受尊重的灵长类学家罗格·福茨（Roger Fouts）博士之口。你怎么看？非人类动物有人格吗？罗格·福茨指出："黑猩猩像我们一样是富有智慧、高度合作的，有时也会充满激情，它们会培养家庭关系，收养孤儿，哀悼死去的母亲，为自己治疗，为权力和利益而斗争。并且这只有在共同的基础上才讲得通，黑猩猩和人类的大脑都是从我们共同的祖先——大猿的大脑演化而来的。"（Fouts，2000，p. 68）尽管经常引用的统计数据表明人类有 98.4% 的 DNA 与黑猩猩是一样的，其他科学家仍然不愿意赋予动物以人格特质、情绪和认知。

两位研究者塞缪尔·戈斯林（Samuel Gosling）和奥利弗·约翰（Olive John）注意到了前人关于动物个性的研究分散于不同领域不同期刊中，他们试图整合并概括这一不成体系的领域。他们仔细地综述了 19 篇对 12 个物种进行因素分析的研究：孔雀鱼、章鱼、大鼠、狗、猫、猪、驴、鬣狗、黑脸长尾猴、恒河猴、大猩猩和黑猩猩。戈斯林和约翰用前面提到的人类的"大五"模型来整合这

复杂的多物种的信息。有趣的是，人类五因素模型的三个维度外向性、神经质、宜人性，表现出了最强的跨物种的普遍性。然而，这些人格特质的表现形式是有物种差异的。一个低外向性的人会"在周六晚上待在家里，在大的聚会中缩在角落里。（同样低外向性的）章鱼会在喂食时躲在自己的穴中并且试图通过改变颜色或向水中放墨汁而掩藏自己"（Gosling & John，1999，p.70)。

支配性是一个重要的描述动物人格的维度。在成年人中，支配性是外向性维度中的一部分。但是，支配性

在非人类动物中有广泛的含义。戈斯林和约翰对此的解释是，人类的支配性有多种表现。学校里面主要是班级中的欺负，学业上有成就的学生在班级里占据支配地位，而艺术家会因其创造性而受到赞赏等。

另一个为跨物种研究提供重要信息的领域是性别差异。例如，人类五因素模型的研究一致表明女性比男性神经质得分更高（即女性更加情绪化，更容易焦虑）（Hrebickva，Cermak & Osecka，2000；McCrae et al.，1999)。然而，戈斯林和约翰发现鬣狗中的性别差异是相反的。雄性的神

非人类动物有人格吗? 宠物主人一直都相信他们的狗和猫有独特的人格特点，并且最近的研究倾向于认同这种观点（Fouts，2000；Gosling et al.，2004；Gosling & John，1999)。例如，当主人和陌生人对 78 条不同外形与体格的狗进行评价时，发现了情感与攻击、焦虑与平静、智慧与愚钝之间的强相关。他们发现，即使同一品种的狗，人格特质也有很大差异，这意味着并不是所有的斗牛都有攻击性，不是所有的拉布拉多犬都有爱心（Gosling et al.，2004)。

经质水平较高——比雌性更加容易兴奋、恐惧、紧张（见图 13—3）。他们解释说，在鬣狗中，雌性比雄性支配性更强。此外，鬣狗是母系氏族的，母亲是家族的首领。因此，人格上的性别差异可能与该物种内两性所占据的生态小生境（ecological）有关（生态系统内的地位或功能）。

按照戈斯林和约翰的观点，比较研究为非人类动物人格的存在提供了证据，同时也为研究人类人格中社会与生物学影响的相互作用提供了新鲜的角度。正如罗格·福茨所说："在过去的

几十年里，关于黑猩猩和其他非人灵长类的科学证据大量涌现，支持了一个基本的事实：我们与其他大猿的共同之处比大多数人愿意相信的要多。"（Fouts, 2000, p. 68）

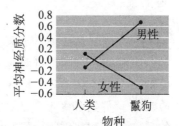

图 13—3　人类与鬣狗神经质标准分数的性别差异。鬣狗的评分选自戈斯林（1998）。人类由同伴用与鬣狗同样的量表进行评分。

检查与回顾

特质理论

特质理论家认为人格由一些相对稳定的特点组成。高尔顿·阿尔波特用特质层次来描述个体。雷蒙德·卡特尔和汉斯·艾森克用因素分析得出最少数量的潜在特质。之后，研究者发现了五因素模型（five-factor model, FFM），可以用来描述大多数个体。这五个特质分别是开放性、尽责性、外向性、宜人性和神经质。

一般特质理论主要受到三方面的批评：缺乏解释（没有解释为什么人们发展出特定的特质以及为什么这些特质有时会改变）、不够具体（没有具体描述哪些早期特质是持续不变的，哪些容易改变），以及忽视情境的作用。

问题

1. 可以用来描述一个人相对稳定并且一致的特点是＿＿＿。

（a）性格　（b）特质　（c）气质　（d）人格

2. 将下列人格描述与五因素模型（FFM）相匹配：

（a）开放性　（b）尽责性
（c）内向性　（d）宜人性
（e）神经质

i ＿＿＿会常感到不安全、焦虑、内疚、担心和情绪化。

ii ＿＿＿有想象力、好奇、易于接受新的思想、对文化追求有兴趣。

iii ＿＿＿负责、自律、有条理的、高成就的。

iv ＿＿＿退缩、安静、被动、矜持。

v ＿＿＿温厚、温暖、温柔、合作、信任、乐于助人的。

3. 人格的特质理论受到批评是因为＿＿＿。

（a）不能解释人们发展出其特质的原因

（b）没有包括大量的核心人格特质

（c）没有指出哪些特质是持续不变的，哪些容易改变

（d）没有考虑到情境对人格的决定作用

（e）除了其中之一外其他所有的选项

答案请参考附录 B。

更多的评估资源：

www.wiley.com/college/huffman

465

学习目标：

什么是弗洛伊德的精神分析理论？他的追随者们如何建构他的理论？

特质理论描述人格的存在，与此相对，人格的精神分析（心理动力）理论试图通过考察无意识的心理能量与思想、情感、行动的相互作用来解释个体差异。精神分析理论的奠基者是西格蒙德·弗洛伊德。我们将首先仔细考察弗洛伊德的理论，然后简要探讨其他三位最有影响的继任者——阿尔弗雷德·阿德勒、卡尔·荣格和卡伦·霍妮。

弗洛伊德的精神分析理论：四个关键概念

谁是心理学界最知名的人物？大多数人立即想到的是西格蒙德·弗洛伊德。在你学习心理学之前，你很可能已经在其他课程中遇到了他的名字。弗洛伊德的理论广泛应用于人类学、社会学、宗教、医学、艺术和文学等领域。从 1890 年开始工作直至 1939 年去世，弗洛伊德发展了一套人格理论，这是目前为止所有科学中最有影响、也是最有争议的理论（Allen，2006；Domhoff，2004；Gay，1999）。

弗洛伊德和他著名的沙发。 西格蒙德·弗洛伊德（1856—1939）是一个最有影响力的人格理论家。他也发展了一种主要的治疗形式（精神分析）并且在如图所示的办公室内治疗了许多患者。

在讨论弗洛伊德的理论时，我们会关注四个主要的概念：意识层次、人格结构、防御机制和心理性发展阶段。

意识层次

弗洛伊德将心灵（mind）称为心理（psyche），并且相信其功能有三个层次，从觉知到意识（见图 13—4）。用冰山类比，第一层次是觉知，**意识**（conscious），可以与冰山水上的部分类比。心理的这部分由所有能意识到或能记住的思维或动机组成。

紧挨着意识王国的下面，即水面之下，是稍微大一点的**前意识**（preconscious）。前意识包括能够立刻进入心灵的思维或动机，但其不在当前意识中。例如，午餐时炸鸡的香味可能令你感到不可思议的开心。你能意识到

意识 用弗洛伊德的话说，一个人目前觉知到或当前记忆中的思维或动机。

前意识 弗洛伊德对自发进入心理的思维、动机或记忆的称呼。

开心的状态。但是如果不细想你不会意识到，香味在前意识里使你想到你敬仰的祖母。

第三个层次是**无意识**（unconscious）。无意识在前意识下面，组成心理的最大部分。根据弗洛伊德的理论，无意识存储着我们原始、本能的动机，以及从正常觉知中阻断的令人焦虑的思维和记忆。

当你听到一个空姐说"为您服务真是个真正的工作……我是说真愉悦"时，你会怎样想呢？从弗洛伊德的观点来看，这个小口误［常被称为弗洛伊德口误（Freudian slip）］反映了空姐真正的无意识的想法。弗洛伊德相信无意识是个体无法觉知到的，但仍对我们的行为有巨大影响，而且无论我们有意的意图是什么，无意识都会通过某种方式而自我表达。正如巨大的海面下的冰山可以摧毁海洋游轮"泰坦尼克号"一样，无意识也会以同样的方式摧毁我们的心理生活。弗洛伊德相信大部分心理障碍都是由无意识中记忆和本能（性和攻击）的压抑（隐藏）引起的。

为治疗这些障碍，弗洛伊德发展了精神分析（psychoanalysis）——一种用来辨别和重新解决存在于无意识中问题的疗法（见第15章）。正如你所想象的，弗洛伊德关于意识、前意识和无意识的概念，以及他对于揭示隐藏的无意识思维、动机和记忆的技术是很难用科学方法来研究的，因此他的体系一直饱受争议。

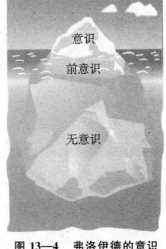

无意识　弗洛伊德对被正常觉知所阻断的思维、动机和记忆的称呼。

图 13—4　弗洛伊德的意识三层次。常将冰山的顶端比做心理的意识，这是在水面上并且容易觉察到的部分。前意识（刚刚没入水中的部分）包含的信息需要一些额外的努力才能意识到。冰山大块的底端可以比做无意识的心理过程，这部分在个人觉察中完全被掩盖。按弗洛伊德所说，此时你的意识心理也许正集中于本文，但是你的前意识也许包括饥饿的感觉和想去哪里吃饭的想法。而据说，被压抑的性冲动、攻击冲动、不理智的想法和情感则储存于你的无意识中。

467

人格结构

除了提出心理功能有三个意识层次外，弗洛伊德相信人格有三个相互作用的心理结构：**本我**（id）、**自我**（ego）和**超我**（superego）。每一个结

早安，挨千刀的（beheaded）啊，我的意思是亲爱的（beloved）。

构都至少部分或全部存在于无意识的心理过程中（见图13—5）（记住，本我、自我和超我都是心理概念——或是说假定的建构，而非生理结构，你不能通过解剖人类大脑而看见）。

图13—5 弗洛伊德的人格结构。 根据弗洛伊德的理论，人格由三个结构组成——自我、本我和超我。本我按快乐原则行事，自我按现实原则行事，而超我由道德原则指导。注意理解自我主要是在意识和前意识中，而本我完全处于无意识。

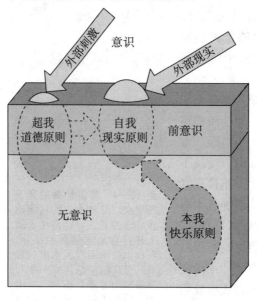

本我 按照弗洛伊德的理论，是本能的能量来源，按照快乐原则行事，寻求即刻的满足。

快乐原则 在弗洛伊德的理论中，这一原则是本我行事的原则，寻求即刻的满足。

自我（ego） 在弗洛伊德的理论中，自我是心理的理性部分，它通过控制本我、满足超我来应对现实世界。源自拉丁字母ego，含义是主格我。

现实原则 按照弗洛伊德的理论，自我有意识按现实原则行事，试图同时满足本我、超我和现实环境的需要。

本我 根据弗洛伊德的理论，本我是由先天的、生物本能和冲动构成的。它是不成熟、冲动、非理性并且完全无意识的。当其原始驱力增大时，本我寻求立即满足以减轻紧张。因此，**本我按快乐原则**（pleasure principle）行事，毫无抑制地寻求即时满足并且避免不舒服的感觉。换句话说，本我就像一个新生婴儿，想要就要！

如果我们的本我没有受到现实的束缚，我们可能会（通过欺骗配偶）寻求满足并且（通过为自己的行为说谎）避免痛苦，因为这通常是本我要求促使去做的。然而，弗洛伊德相信心理的另外两个部分——自我和超我的发展可以控制或限制本我潜在的破坏性能量。

自我 随着婴儿逐渐长大，自我逐渐发展出来。自我是心理的第二部分，负责计划、问题解决及推理和控制本我。与完全处于无意识的本我不同，自我主要处于意识和前意识中。在弗洛伊德的体系中，自我对应自己（self）——我们将我们自己看做人意识的主体。

自我的任务之一是以一种与外界环境相适应的方式限制并且释放本我的能量。与本我的快乐原则不同，自我按**现实原则**（reality principle）行事，即自我负责在实际或适当的时刻延迟满足。

弗洛伊德用一个骑手及其马的例子来阐明自我和本我之间的关系：

> 在与本我的关系中，（自我）正如马背上的人，他必须控制来自马的强大力量……通常一个骑手，如果他不想与马分开，就必须按照马想去的方向引导它。因此，自我以一种同样的方式习惯于将本我的愿望转化为行动，就像这愿望是自我的愿望一样。
>
> ——弗洛伊德（1923/1961，p.25）

超我（superego） 按弗洛伊德的理论，超我是人格内化了父母和社会道德标准的部分。

道德原则（morality principle）超我可能执行的原则，违反其原则会导致内疚感。

超我 最后发展出的心理部分是超我。超我在心理中起着责任的作用，由一系列存在于前意识和无意识中的伦理标准和行为准则组成。超我是由内化了的父母或社会的标准发展而来。一些弗洛伊德的追随者认为超我按**道德原则**（mortality principle）行事，因为违反规则会导致内疚感。你在考试时有没有感受到想抄袭别人论文的冲动呢？按照弗洛伊德的理论，想要作弊和很有可能因此而得高分的欲望来自你的本我，而内疚和阻止你作弊的意识来自你的超我。

超我不断努力追求完美。因此，它与本我一样都是不现实的。自我发现的事物不仅要满足本我的需求，也不得违反超我的标准。因此，自我也常被称为人格的仲裁者，对行为进行管理、组织和指导。

防御机制

当自我不能同时满足本我和超我时怎么办呢？这时焦虑就会通过口误进入到意识觉知。焦虑是令人不安的，人们就会用**防御机制**（defense mechanisms）来避免这种不安的感觉，通过扭曲事实来同时满足本我和超我。一个酗酒者用其薪水的支票来买酒（来自本我的信息）时会感到非常内疚（超我的反应）。他会告诉自己如此努力工作，还是值得喝瓶酒的，借此来降低冲突。这是合理化（rationalization）防御机制的一个例子。

弗洛伊德认为，在所有他所描述的防御机制中，压抑是最主要的一种。**压抑**（repression）是自我防止最易引起焦虑或最不可接受的想法以及感受进入意识的一种机制。这是减轻焦虑的最初也是最基本的方式。

近几年来，压抑已成为一个有争议的热点话题，因为许多提起诉讼案的成人声称，在被压抑的记忆中，其童年受过性虐待。然而，正如我们在第 7 章所讨论的，很难判断这些记忆的真实性。表 13—1 呈现的是压抑和其他一些弗洛伊德防御机制，它们都是在无意识状态下才能报告出来的。

防御机制　在弗洛伊德的理论中，自我通过扭曲事实来降低焦虑的保护方法。
压抑　弗洛伊德第一个和最基础的防御机制，即会阻断不可接受的冲动进入。

行为中的弗洛伊德理论？ 在这次调情中，本我、自我和超我分别可能会说什么？

"对不起，我今晚不想和任何人说话，我的防御机制好像不管用了。"

表 13—1	心理防御机制举例	
防御机制	描述	例子
压抑	防止痛苦或不可接受的想法进入意识。	忘记令人痛苦的父母死亡的细节。
升华	重新引导未满足的愿望或不可接受的冲动，使这种能量用于进行可接受的活动。	将性欲的能量用于建构性的活动，如学业、工作、艺术、体育、爱好等。
否认	通过拒绝知觉那些令人不快的现实来保护自己。	酗酒者拒绝承认自己成瘾。
合理化	为不可接受的理由寻找一些可以被社会接受的理由。	将考试作弊说成"每个人都这样做"。
理智化	忽视痛苦经历的情感方面，关注抽象的思维、言语和思想。	不带情绪地来讨论你的离婚，忽略内在的痛苦。
投射	将不可接受的想法、动机或冲动转化到别的上面。	变得莫名地嫉妒你的伴侣，同时否认你自己对他人的吸引力。
反向作用	拒绝承认不可接受的冲动、想法或感情，反而夸张另一面。	为抵制成人书店而发起请愿，即使私下对色情书刊很上瘾。

续前表

防御机制	描述	例子
退行	以适合于较小年龄或发展的上一阶段的方式来对有威胁的情境进行反应。	如果朋友不按你想的做就会大发脾气。
转移	将冲动指向有较小威胁的人或客体。	在被老板批评后对同事大吼。

469

生活中的升华?

心理性阶段 在弗洛伊德的理论中,如果人格得以正常发展,那么五个发展阶段(口唇期、肛门期、性器期、潜伏期和生殖器期)中的特定形式的快感必须得以满足。

470

口唇期? 这是弗洛伊德早期心理性发展的例子,还是婴儿正常吸吮行为的一部分?

我总能发现人们使用防御机制。这不好吗?防御机制确实扭曲事实、歪曲现实。但从另一方面讲,研究者们支持弗洛伊德的观念。他们认为一些错误的表征对我们主观幸福感是必要的(Newman, Duff & Baumeister, 1997; Taylor & Armor, 1996)。比如,在一场可怕的手术中,外科医生和护士可能会理智化手术过程,通过高度关注情境的客观技术层面,将其变成一种无意识的过程来应对他们的个人焦虑,这样他们就不会沉浸于所遭遇的悲惨情境引发的情感中。只要不是很极端,偶尔使用防御机制可以是健康的。

心理性发展阶段

防御机制的概念基本上经得起时间的考验,并且成为被现代心理学所接受的一部分(如第3章)。然而对弗洛伊德的心理性发展阶段理论来说,事情就不是这样了。

按照弗洛伊德的观点,存在于本我内的强烈的生理冲动应该驱动所有儿童在生命最初的12年左右经历五个共同的**心理性阶段**(psychosexual stages)——口唇期、肛门期、性器期、潜伏期和生殖器期(见图13—6)。"心理性"一词反映了弗洛伊德对婴儿性欲(infantile sexuality)的强调——他相信儿童从出生就开始体验到性的感觉(尽管与青少年或成年人所体验的形式不同)。

在每一个心理性阶段,本我的冲动和社会要求都会发生冲突。因此,如果儿童在某一阶段的需求没有得到满足,或被过度满足,儿童就会固着(fixate)在这个阶段,人格的一部分也会停滞在这个阶段。大多数个体都成功地经历了这五个阶段中的一个或多个。但是在应激状态下,他们会回到(退行,regress)一个早期需求没有被满足或被过度满足的阶段。

在口唇期(oral stage)(从出生到12~18个月),敏感区(或性唤起区)是口。婴儿通过吸吮、吃、咬等获得满足。婴儿的口腔满足是高度依赖父母和其他照顾者的,这个阶段的固着是很容易发生的。如果母亲过度满足婴儿的口腔需求,那么儿童可能会固着于这个阶段,成年后他会变得轻信(吞下,引申为轻信任何事情)、依赖并且被动。然而,未被满足的孩子会发展成攻击、暴虐的人,他们会剥削别人。根据弗洛伊德的理论,口唇期固着的成年人可能会将满足口唇欲望作为他们生命的目标——过度饮食、酗酒、吸烟、多言多语等。

在肛门期(anal stage)(从12~18个月到3岁),敏感区转移到了肛门。儿童通过对肠蠕动的控制来获得满足。但这也是大多数父母开始对孩子进行如厕训练的阶段,这与孩子控制他或她自己肠蠕动的愿望形成了强烈的冲突。在弗洛伊德看来,固着在这个阶段的成年人可能表现出肛门滞留型(anal-retentive)人格——要求高度控制和强迫的整洁;或者发展出肛门排泄

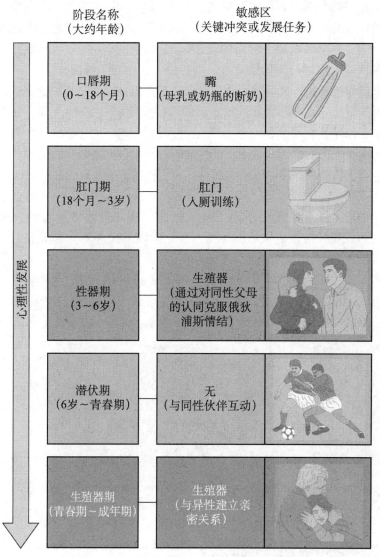

阶段名称
（大约年龄）

敏感区
（关键冲突或发展任务）

心理性发展

口唇期
（0~18个月）

嘴
（母乳或奶瓶的断奶）

肛门期
（18个月~3岁）

肛门
（入厕训练）

性器期
（3~6岁）

生殖器
（通过对同性父母
的认同克服俄狄
浦斯情结）

潜伏期
（6岁~青春期）

无
（与同性伙伴互动）

生殖器期
（青春期~成年期）

生殖器
（与异性建立亲
密关系）

图 13—6　弗洛伊德的五个心理性发展阶段

型（anal-expulsive）人格——非常混乱、无序、叛逆以及有破坏性。

在性器期（从 3 岁到 6 岁），快感的主要来源是生殖器。在这个年龄段，自慰和与其他孩子进行互相探索身体的"假装医生"游戏是很常见的。根据弗洛伊德的理论，一个 3~6 岁的男孩也会发展出对母亲无意识性渴望及将父亲作为竞争对手的嫉妒和敌意。这一吸引产生了一个被弗洛伊德称为**俄狄浦斯情结**（Oedipus complex）的冲突，该情结得名于俄狄浦斯，他是一位传奇的希腊国王，在不知情的情况下弑父娶母。小男孩最终体验到了内疚而且可能因为害怕父亲阉割的惩罚。

据说，当男孩压抑对他母亲的性感情、放弃将父亲看做竞争对手、开始认同（identify）父亲时，这种阉割焦虑（castration anxiety）和俄狄浦斯情结的冲突得到解决。如果这个阶段没有完全或积极地解决，男孩会带着憎恨成长，并将泛化为对所有权威形象的憎恨。

那么小女孩的心理性发展是什么样的呢？弗洛伊德承认他不确定，但是他相当确信女孩对她们的父亲有一种特殊的依恋。然而，小女孩没有发

俄狄浦斯情结　在性器期这一阶段的典型冲突，儿童会被异性父母所吸引，并且对同性父母有敌意。

展出男孩的阉割焦虑,她们发现自己没有阴茎。这可能导致她们发展出阴茎嫉妒(penis envy)并且对母亲抱有一种敌意的态度,因为她把这种解剖学上的"缺陷"归罪于她们的母亲。当女孩压抑了对父亲的欲望,用对母亲的认同取代对母亲的敌意时,这种冲突就得到了解决。

弗洛伊德相信,大多数小女孩从来没有真正克服阴茎嫉妒或完全认同她们的母亲。这导致大多数女性报告出的道德感低于男性。(无疑,读到这里时你会很惊异甚至很愤怒,但是要记得弗洛伊德的理论是他那个时代的产物。男性至上在那个历史时期是很平常的。然而,大多数现代心理动力理论家拒绝弗洛伊德关于阴茎嫉妒的观点,我们将在下一节看到这些观点。)

性器期结束后就迎来了潜伏期(latency stage)(从 6 岁到青春期)。在这一阶段,据称孩子们压抑了关于性的想法并且致力于与性无关的活动,例如发展社会技能和知识技能。这一阶段的任务是为了发展与同性伙伴的互动并精细化适当的性别角色。

青春期的开始意味着生殖器期(genital stage)的到来。生殖器再一次成为敏感区。青少年试图通过与异性成员的情感依恋而满足他们的性欲。这一阶段发展的失败会导致只是基于欲望的性关系,而不是基于尊重和认同。

艺术是对生活的模仿吗? 或者艺术是对弗洛伊德的模仿?按照弗洛伊德的解释,莎士比亚的《哈姆雷特》刻画了无意识的俄狄浦斯情结,即一个小男孩想要弑父娶母。《惊魂记》(*psycho*)电影中的精神病学家也解释说"俄狄浦斯问题"会导致荧幕上的血腥暴力与谋杀场景。小美人鱼也许说明小女孩渴望父亲并与母亲竞争。在迪士尼影片中,母亲几乎总是已经逝去或者没有,小女孩全身心地拥有父亲。

新弗洛伊德/心理动力学理论:修正弗洛伊德的观点

一些弗洛伊德最初的支持者后来都背叛了他并且提出了自己的理论,形成所谓的新弗洛伊德学派,其中三个最有影响的人物是阿尔弗雷德·阿德勒、卡尔·荣格以及卡伦·霍妮。

阿德勒的个体心理学

阿尔弗雷德·阿德勒（1870—1937）是第一个离开弗洛伊德核心集团的人。他认为行为是有意图并且是目标指向的，而非由无意识力量驱使。他相信我们每一个人都有能力进行选择和创造。根据阿德勒个体心理学（individual psychology）的理论，我们生活的目标提供了我们动机的来源——特别是那些旨在获得安全感并且克服自卑感的目标。阿德勒相信，几乎每个人都有**自卑情结**（inferiority complex），这是一种内心深处的情感，源于儿童期的不足。

为什么自卑感如此寻常？在阿德勒看来，我们有自卑感是因为我们在生命之初是完全无助的婴儿。当与有能力的成年人交往时，每个小孩都感到自己幼小、无力并且无助。这种儿童期的不足感会导致权力意志（will-to-power），这会使儿童努力发展超越他人的优越感，或更积极地说，发展他们自己所有的潜能并且获得对自己生活的掌握和控制。因此，儿童期的自卑情结可能导致成年期一些消极的特质，如支配性、攻击性和嫉妒，但也可以导致积极的特质，如自我掌控和创造性（Adler, 1964, 1998）。

阿德勒同时认为，权力意志可以通过社会兴趣（social interest）以一种积极的方式得到表达——对他人的认同，并且与他人合作从而获得社会利益。在强调社会兴趣和自卑感的积极结果方面，阿德勒的理论比弗洛伊德理论更加乐观。

荣格的分析心理学

另一个弗洛伊德早期的跟随者后来变成他的反对者的是卡尔·荣格（1875—1961），他提出了分析心理学（analytical psychology）。与弗洛伊德一样，荣格强调无意识过程，但是他相信，除了性和攻击驱力外，无意识还包含积极的和精神的动机。

荣格也认为我们有两种无意识，个人无意识（personal unconscious）和**集体无意识**（collective unconscious）。个人无意识来源于我们个人的经历。相反地，集体无意识是遗传而来的全人类共享的普遍经验的总汇。集体无意识包括原始意象、思维、情感和行为模式，荣格称之为**原型**（archetypes）。换句话说，集体无意识是人类祖先的记忆，这解释了宗教、艺术、象征和梦境跨文化的相似性（见图13—7）

自卑情结　是阿德勒的观点，他认为自我感源于儿童早期无助和无力的体验。

472

集体无意识　遗传而来的全人类共享的普遍经验总汇。
原型　存在于集体无意识中的意象、思维、情感和行为。

图 13—7　集体无意识？ 根据荣格的说法，纵观历史，全世界的人类都共享集体无意识中的基本意象。注意早期澳大利亚土著的树皮绘画和古埃及坟墓绘画中不断重复的蛇的象征。

因为原型模式存在于集体无意识中，我们以一种特定可预测的方式知觉和反应。有一系列原型都与性别角色（gender role）有关（第 11 章）。荣格声称男性与女性都有人格的女性方面（阿妮玛，anima）和男性方面（阿尼玛斯，animus）。内在的阿妮玛和阿尼玛斯使我们可以表达男性化和女性化的人格特质，理解另一性别的人，并与之建立联系。

霍妮、弗洛伊德和阴茎嫉妒

卡伦·霍妮接受了弗洛伊德理论中的一部分，但是她也补充了一些她自己的概念。比如，她没有接受"生物即命运"的说法，而是强烈反对弗洛伊德基于生物基础解释男女两性差异的论述，主张男性与女性的差异很大部分是由社会和文化因素造成的。以弗洛伊德关于阴茎嫉妒的概念为例，霍妮认为这反映了女性的文化自卑感，而不是生理的自卑。按照霍妮所说，正确的用词应该是权力嫉妒（power envy）。

> 这种成为一个男人的愿望……也许是一种对所有我们文化中被视为男性化的特点或特权的愿望，如力量、勇气、独立、成功、性自由和选择伴侣的权力。
>
> ——霍妮（1926/1967，p. 108）

霍妮也以她的人格发展理论而闻名。如果当你是个孩子时，你在敌意的环境中感到孤独并且被孤立，并且你的父母，作为你的抚养者，没有满足你的需求，霍妮相信你会体验到极端的无助和不安全感。**基本焦虑**（basic anxiety）是霍妮理论中的核心概念，人们对基本焦虑进行反应的方式在很大程度上决定了他们的情绪健康。

根据霍妮的理论，我们都以三种基本而独特的方式之一来寻求安全感。我们可以与人接近（通过寻求她人的爱与接受）、远离他人（通过努力获得独立、隐私和自立）或者反对他人（通过获得对他人的权力或控制）。情绪健康要求在这三种方式中寻求平衡。对其中一种方式夸张或过度的使用都会导致神经质或情绪不健康的反应。

卡伦·霍妮（1885—1952）。霍妮是弗洛伊德为数不多的几个女弟子之一，她不同意弗洛伊德对人格生物决定论的强调。她认为阴茎嫉妒因其导致女性较低社会地位而被称为权力嫉妒。

基本焦虑　根据霍妮的说法，一个成人，如果他或她在儿童期成长于敌意的环境中，并且感到孤独与孤立，那么当他或她长大后，作为一个成人仍会体验到源于儿童期的那种无助与不安全，这种感觉就是基本焦虑。

评价精神分析理论：批评与一直的影响

弗洛伊德和他的精神分析理论已有了巨大的影响。但是正如我们最初所说，他的理论也一直饱受争议。这里列出五个主要的批评观点。

（1）难以验证。从科学的角度来看，精神分析理论的主要问题在于其概念大部分是无法用实证检验的（Domhoff，2004；Esterson，2002；Friedman & Schustack，2006）。你如何对本我或无意识冲突进行实验研究呢？科学的标准要求可验证的假设和操作性定义。

（2）对生物和无意识力量的过分强调。就像许多新弗洛伊德学派人物一样，现代心理学家认为弗洛伊德过分强调生物决定论，并且没有对学习和文化对行为的塑造给予足够的重视。

（3）缺乏实证支持。弗洛伊德理论几乎仅仅基于他的成年来访者的个案史，因此，他的数据全部是主观的。这使当今的批评家怀疑弗洛伊德是否只看见了他想要看见的，而忽视了其他的。此外，弗洛伊德的来访者几乎都是维也纳上流社会的女性，她们来寻求他的帮助是因为她们有严重的适应困难问题。如此小而有选择性的样本可能意味着他的理论仅描述了 19 世纪晚期维也纳上流社会女性的异常人格发展。

（4）性别歧视。许多心理学家拒绝弗洛伊德的理论，是因为其理论排斥、贬损女性。例如，像你刚才所读到的，卡伦·霍妮及其之后的人都拒绝弗洛伊德关于阴茎嫉妒的理论。

（5）缺乏跨文化的支持。弗洛伊德概念中那些最容易被实证支持的部分——人格的生物决定论——总体上讲没有得到跨文化研究的支持（Crews，1997）。

现在几乎没有纯粹的弗洛伊德学家了。现代心理动力理论家和精神分析师只借用弗洛伊德理论或技术中的一部分。取而代之的是，他们使用实证方法和研究结果来重塑和细化传统的弗洛伊德理论及其评估方法（Shaver & Mikulincer，2005；Westen，1998）。

474

许多对弗洛伊德的批评都相当正确。尽管如此，许多心理学家都认为，虽然弗洛伊德在许多方面的论述是错误的，但他仍然位于伟大的心理学家之列（Allen，2006；Monte & Sollod，2003；Weinberger & Westen，2001）。至少有下列五个原因让他值得被赞颂和纪念：第一，对无意识及其对行为影响的强调；第二，本我、自我和超我之间的冲突及其导致的防御机制；第三，在维多利亚时代公开谈论性；第四，发展了一个有影响力的治疗形式：精神分析；第五，他的理论的绝对重要性。

就最后一点而言，弗洛伊德对知识史的影响是巨大的。他试图解释梦、宗教、社会群体、家庭动力、神经症、精神病、幽默、艺术和文学。如果你没有意识到弗洛伊德是在 20 世纪初叶开始工作的话，那么弗洛伊德的理论是很容易受到批判的。如果在不考虑历史背景的情况下批判弗洛伊德的理论，就像批判怀特兄弟粗糙的飞机设计一样。我们只能想象现在的理论百年之后会是什么样子。

如今，弗洛伊德的传奇依然存在于我们的想象和艺术创造力之中。我们经常谈论无意识动机、口唇期固着和压抑，而没有意识到其来源。我们因挑剔细节或极端狂妄自大而指责一个人。不管对错与否，弗洛伊德在心理学先驱中无疑都会占有一席之地。

评　估

检查与回顾

精神分析/心理动力学理论

西格蒙德·弗洛伊德创立了人格的精神分析学派，人格的精神分析学派强调无意识的力量。该学派认为心理按意识的三个水平（意识、前意识和无意识）来工作。与之类似的是，人格有三个独特的结构（本我、自我和超我）。自我努力同时满足本我和超我的需求。当这些不同的需求彼此冲突时，自我可能诉诸防御机制来减轻焦虑。根据弗洛伊德的理论，所有人类都经历了五个心理性阶段：口唇期、肛门期、性器期、潜伏期和生殖器期。每一阶段冲突的解决方式都对人格发展非常重要。阿尔弗雷德·阿德勒、卡尔·荣格和卡伦·霍妮是弗洛伊德的追随者中最有影响力的三位，但他们后来都与弗洛伊德决裂。他们强调

475

的方面不同，被称为新弗洛伊德学派。阿德勒强调自卑情结和权力意志的补偿。荣格引入了集体无意识和原型的概念。霍妮强调基本焦虑的重要性，并且拒绝弗洛伊德关于阴茎嫉妒的思想，将阴茎嫉妒称为权力嫉妒。

批评精神分析学派（特别是弗洛伊德理论）的人认为这一理论很难验证，过于强调生物及无意识力量，缺乏实证支持，性别歧视并缺少跨文化的支持。尽管有这些批评，弗洛伊德在心理学领域仍是一位声名卓著的先驱。

问题

1. 用冰山的类比来解释弗洛伊德意识的三个层次。

2. ＿＿＿＿＿按照快乐原则行事，寻求立即满足。＿＿＿＿＿按照现实原则行事，＿＿＿＿＿包含良知并按道德原则行事。

(a) 心灵、自我、本我

(b) 本我、自我、超我

(c) 意识、前意识、无意识

(d) 口唇期、肛门期、性器期

3. 请简要描述弗洛伊德五个心理性阶段。

4. 请将下列的概念与相应的理论家匹配：阿德勒　荣格　霍妮

(a) 自卑情结：＿＿＿＿＿

(b) 权力嫉妒：＿＿＿＿＿

(c) 集体无意识：＿＿＿＿＿

(d) 基本焦虑：＿＿＿＿＿

答案请参考附录 B

更多的评估资源：

www. wiley. com/college/huffman

人本主义理论

学习目标：

人本主义理论如何看待人格？

人格的人本主义理论强调内部经验（感觉和思维）和个体对基本价值的感受。与弗洛伊德对人性整体消极的看法不同，人本主义学家们相信人类天性是善的（或者，最差也是中性的），并且他们有自我实现的积极驱力。

按照这种观点，每个个体的人格都是根据其对世界的知觉与解释的独特方式来发展的。行为是由个体对现实的知觉而决定的，而非由特质、无意识冲动或赏罚而控制。为了完全理解另一个个体，你得知道他或她以何种方式知觉这个世界。人本主义心理学在很大程度上是在卡尔·罗杰斯（Carl Rogers，1902—1987）和亚伯拉罕·马斯洛著作的基础上发展起来的。

罗杰斯的理论：自我的重要性

对于人本主义心理学家卡尔·罗杰斯来说，人格最重要的成分就是自我（self）。在生命早期，个体逐渐认同主体我（I）和客体我（me）的经

验，这构成自我的一部分。如今，罗杰斯学者（指罗杰斯的追随者）使用**自我概念**（self-concept）一词来指代一个个体看待自己本性、独特的特质和典型行为的全部信息和信念。罗杰斯非常关注一个人的自我概念与其实际生活经验之间的匹配度。他认为自我概念与实际生活经验之间的不一致或分离会导致较差的心理健康状况和适应不良（见图 13—8）。

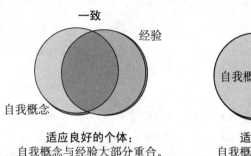

自我概念　这是罗杰斯提出的概念，指个体关于自己本性、品质和行为的全部信息和信念。

卡尔·罗杰斯。罗杰斯是一位人本主义心理学家，他强调自我概念的重要性。他认为我们的人格和个体自尊受早期经验影响很大，如我们是否受到成人照顾者的无条件积极关注。

476

适应良好的个体：
自我概念与经验大部分重合。

适应不好的个体：
自我概念与经验重合很少。

图 13—8　自我概念与适应。按照卡尔·罗杰斯的理论，心理健康与自我概念和生活经验之间的一致（或匹配程度）有关。如果自我概念与生活经验的一致程度很合适，我们就说说自我是一致的并且我们是适应良好的。当两者之间不一致并很少重叠时，适应就会出现问题。

心理健康、一致性和自尊

按照罗杰斯所说，心理健康、一致性和自尊（self-esteem）之间是紧密联系的。自尊就是我们自我感觉如何。如果我们的自我概念与生活经验一致（或匹配），那么一般来说，我们会有高自尊以及良好的心理健康状况。比如，一个生活在重视运动的家庭中的有运动天赋的孩子很可能有高自尊和良好的心理健康状况，而一个生活在不重视艺术的家庭中的有艺术天赋的孩子有高自尊和良好心理健康的可能性会小一些。

人本主义理论认为，心理健康状况、一致性和自尊是我们先天生物能力（biological capacities）的一部分。对于我们所有人来说，生存、成长和提升自我的能力都是与生俱来的。我们本能地趋向并重视那些促使我们成长和实现的人或经验，而回避那些不能促进我们的人或经验。因此，罗杰斯相信我们能并且应该相信我们自己的内在感觉，并让其引导我们走向心理健康和幸福。

如果每个人都具有自我实现的先天的积极驱力，那么为什么有些人会低自尊并且心理健康状况不好呢？罗杰斯认为，这是由于儿童在早期与父母或其他成年人的互动经验中得到的父母或其他成人的爱是条件化的（conditionel）。这就是说，儿童习得了只有当自己以一种特定方式表现并且只表达一些特定的情感时，他们才会一致地被接受。当感觉到感情与爱是条件化的时候，儿童阻断了负性冲动和情感的存在（因为他人将之称为"坏的"），而且他们的自我概念和自尊变得扭曲。比如，如果一个孩子愤怒之下打了他的弟弟，父母会惩罚这个孩子并否认他的愤怒。他们可能会说："好孩子不会打弟弟的。他爱他！"为了获得父母的肯定，这个孩子可能会否认自己愤怒的真实情感，但是他内心深处隐隐地怀疑他不是一个"好孩子"，因为他确实打了他的弟弟，并且不爱他（至少那一刻如此）。

speech bubble in cartoon — part of image

亲爱的日记，真不好意思又来打扰你了……

低　自　尊

你能看到这些不断发生的小事可能会对一个人的自尊有怎样持续的影响吗？如果一个孩子习得了他的负性情感和行为（我们所有人都会有这样的负性情感和行为）是完全不被接受并且不被爱的，他可能会经常怀疑他人对他的爱和肯定，因为他们不了解他"内心深处真正的那个人"。

无条件积极关注

为了帮助一个孩子完全实现潜能，成人得创造一种**无条件积极关注**（unconditional positive regard）的氛围。这就是说，在这种环境里，孩子会意识到他得到的爱和接受是无条件无限制的。

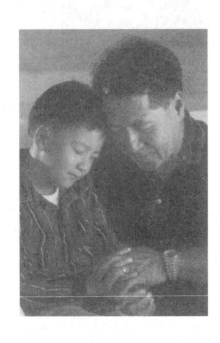

> 接受就像肥沃的土壤，能让一粒小种子开出它所能开出的美丽的花朵。土壤仅帮助种子变成花，它释放了种子成长的能力，但是这种能力完全是种子固有的。正如种子一样，孩子发展的能力完全蕴藏在其机体内部。接受就像土壤一样，它只是使孩子实现自己的潜能。
>
> ——高尔顿（1975，p. 31）

对于一些人来说，无条件积极关注意味着我们应该允许他人做一切他想做的。这是一种常见的误解。人本主义学家将一个人的价值与其行为分开来看。他们在接受一个人的积极本性及其基本价值的同时，制止破坏性或敌意的行为。与对他人的冒犯一样，打玩伴或对售货员大吼是与孩子或成人的积极本性相对立的。

人本主义心理学家喜欢孩子和成人控制他们的行为，这样他们可以发展出健康的自我概念和与他人的关系。在前面的例子中，他们会鼓励父母对孩子说："我知道你对你的弟弟很愤怒，但是我们不用打来表达。如果你不能控制你的愤怒的话，那么你暂时不许和他玩。"

◢ 马斯洛的理论：探索自我实现

与罗杰斯一样，亚伯拉罕·马斯洛认为人类本性中有基本的善以及自我实现的自然倾向。他认为人格是一种追求，先满足基本生理需求，然后继续向上寻求更高层次的自我实现（见图13—9）。

自我实现（self-actualization）到底是什么？按马斯洛所说，自我实现是个体与生俱来发展所有天赋和能力的驱力。这包括理解自己的潜能、接受自己和他人是独特的个体、对生活境遇采取问题指向的解决方式（Maslow，1970）。自我实现是成长中正在进行的过程，而非完成的最终产物——是一条正在走的路而非最终的目的地。

马斯洛认为，只有很少的个别的个体能够完全自我实现，如阿尔伯特·爱因斯坦、莫罕达斯·甘地和埃莉诺·罗斯福。然而，他认为自我实现是每个人基本需要层次的一部分（关于马斯洛理论的更多信息参见第12章）。

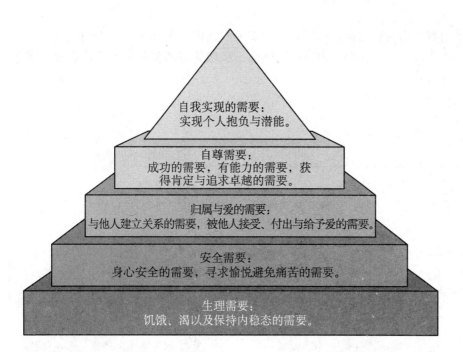

图 13—9　马斯洛的需要层次。根据马斯洛的理论，在个体投身较高级的成长需求前，基本生理需求必须得到满足。

评价人本主义理论：三个主要质疑

人本主义心理学在 20 世纪六七十年代非常流行。在对人格的假设方面，在精神分析学派的负性决定论和学习理论的机械本质之后，人本主义心理学的新视角令人为之一振。尽管已不如以前那样流行，许多人本主义思想已经渗入咨询和心理治疗的方法中（Kir-schenbaum & Jourdan，2005）。

具有讽刺意味的是，人本主义的优势，即他们对积极主义和主观自我经验的关注，同样也是人本主义理论被尖锐攻击之处（例如，Funder，2000）。其中有三个最主要的质疑：

（1）幼稚的假设。批评者认为，人本主义对人性的假设是非现实的、浪漫的甚至幼稚的。所有人都如他们所言生性本善吗？人类历史上持续不断的谋杀、战争和其他攻击行为提示我们，事实可能并非如此。

（2）可验证性差并且证据不足。与许多精神分析的用语和概念一样，人本主义理论的概念（如无条件积极关注和自我实现）都很难进行操作性定义并且用科学的方法验证。

（3）有限性。与特质理论一样，人本主义理论因其仅描述人格，而非

478

解释人格而被质疑。例如，自我实现的动机从何而来？认为自我现实的动机来源于"内在的驱力"并不能满足那些偏好实验研究和可靠数据来了解人格的人。

检查与回顾

人本主义理论

人本主义理论关注内部经验（思维和情感）和个体的自我概念。卡尔·罗杰斯强调心理健康、一致、自尊和无条件积极关注。亚伯拉罕·马斯洛强调自我实现的潜能。质疑人本主义学派的学者认为这些理论是基于幼稚的假设，不具有科学的可验证性或很好的实证支持。除此之外，他们的理论因关注于描述而非解释而显得狭隘。

问题

1. 如果你采取人格的_____观点，你会强调内部经验，如情感和思维，以及个体的基本价值。

(a) 人本主义　　(b) 心理动力

(c) 人性化　　(d) 动机

2. 罗杰斯认为_____对儿童天生的独特性和积极自我概念是必要的。

(a) 溺爱的教养方式

(b) 具有挑战性的环境

(c) 无条件积极关注

(d) 友好的邻居

3. 亚伯拉罕·马斯洛关于所有人都驱向于自我成长和发展的信念是_____。

4. 对人本主义理论三个主要的质疑是什么？

答案请参考附录 B。

更多的评估资源：

www.wiley.com/college/huffman

 社会认知理论

 学习目标

社会认知理论如何看待人格？

按照社会认知理论的观点，我们每个人的人格都是独特的，这是因为我们与环境互动的经验是属于我们个人的，而且我们思考这个世界并解释发生在自己身上的事件（Cervone & Shoda，1999）。两个最有影响力的社会认知理论家是阿尔伯特·班杜拉和朱丽安·罗特。

班杜拉和罗特的观点：社会学习与认知过程

班杜拉的自我效能和互动决定论

尽管班杜拉可能是以其观察学习或社会学习（见第 6 章）的理论而闻名，但他在将认知过程重新引入人格理论方面也发挥了重要作用。认知在其**自我效能**（Self-efficacy）感中的作用是非常重要的。自我效能感是指一个人习得的对成功的预期（Bandura，1997，2000，2003）。

一般来说，你如何知觉你自己选择、影响以及控制生活环境的能力呢？根据班杜拉的理论，如果你有很强的自我效能感，你会相信自己总体上是会成功的，无论过去经历了哪些失败并且现在面临着何种障碍。更重要的是，你的自我效能感会反过来影响你所接受的挑战以及你在达成目标

自我效能　班杜拉认为，这一概念指一个人习得的对成功的预期。

过程中所付出的努力。

　　这样的信念难道不会影响他人对你的反应从而影响你成功的机会吗？绝对会的！这种互动和影响是班杜拉另一个重要概念**交互决定论**（recipro-cal determinism）的核心部分。按照班杜拉所说，我们的认知或（思维）、行为以及环境都是互相依赖并且相互作用的（见图 13—10）。因此，"我能成功"的认知会影响"我会努力工作并获得提升"的行为，接下来会影响环境（"我的老板意识到了我的努力并且我得到了晋升"）。

罗特的控制源

　　朱丽安·罗特的理论与班杜拉的类似。他认为先前习得的经验创造了认知预期（cognitive expectancies）。认知预期会引导行为并影响环境。按照罗特的理论，你的行为或人格是由以下因素所决定的：（1）你对特定行为之后会发生什么的预期（expect）和（2）这一特定结果的强化价值（reinforcement value），即相对于另一结果，你对这一强化结果的偏好程度。

　　为理解你的人格与行为，罗特可能会希望了解你的预期以及你将什么视为生活奖赏或惩罚的来源。为了使这一信息可靠，罗特可能使用人格测试来测量你的控制源（locus of control）是内控的还是外控的（第 3 章）。这些测量要求人们对一系列陈述进行"是"或"否"的反应，如"人们在这个世界处于优势地位是靠运气和关系而非坚持不懈地努力工作"，或"当一个人不喜欢你时，你几乎不能做什么（来改变这种状况）"。

　　正如你所猜想的，外控（external locus of control）的人认为他们的生活主要由环境和外部力量所控制。与之不同的是，内控的人会认为他们可以通过自己的努力来控制生活中的事件。大量研究都发现内控与较高成就和较好的心理健康有正相关（Cheung & Rudowicz，2003；Silvester et al.，2002；Sirin & Rogers-Sirin，2004）。

▍评价社会认知理论：优点与缺点

　　社会认知理论有一些吸引人之处。首先，社会认知理论强调环境是如何作用以及是如何受到个体影响的。其次，它满足了大部分科学研究的标准。它提供了可验证、客观的假设和对概念的操作性定义并依实证数据建构其基本原则。然而，对社会认知理论的质疑在于其过于局限。除此之外，它也因忽视人格的无意识和情绪方面而被批评（Carducci，1998；Westen，1998）。比如，某些早期经验可能促使一个人发展为外控型的个体。

　　班杜拉和罗特的理论强调认知和社会学习，但却与只强调环境力量控制行为的严格的行为主义理论相去甚远，与认为先天内在特质决定行为和人格的生物学理论也有很大差别。生物学理论将是下一节的主题。

交互决定论　班杜拉认为，认知、行为和与环境的交互作用共同产生人格。　479

生活中的自我效能。研究表明，自卫训练可以显著增加女性逃脱潜在攻击者或强暴者控制的信念（Weitlauf et al.，2001）。但是班杜拉强调自我效能感是情境各异的。例如，参加这一课程的女性有较高的自卫效能，但增加的效能感没有泛化到其他生活领域。

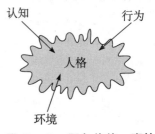

图 13—10　阿尔伯特·班杜拉的交互决定论。按照班杜拉的理论，思维（或认知）、行为与环境三者的共同作用产生人格。

检查与回顾

社会认知理论

社会认知理论家强调与环境互动的重要性，以及我们如何解释外部事件并对其进行反应。阿尔伯特·班杜拉的社会认知学派关注自我效能感和交互决定论。朱丽安·罗特强调认知预期和内部或外部控制源。

社会认知理论因其对环境影响的关注及其科学标准而受到赞扬。然而，批评者认为其关注面狭窄并且没有关注人格的无意识和情绪成分。

问题

1. 人格的社会认知学派最可能去分析_____。

2. 根据_____，人格产生于思维（或认知）、行为和环境三者的互动。
   (a) 交互决定论
   (b) 互动主义
   (c) 集合理论
   (d) 反射环路理论

3. 根据班杜拉的理论，_____包含对自己是否会成功地从事个人目标相关行为的信念。
   (a) 自我实现   (b) 自尊
   (c) 自我效能   (d) 自我一致

4. _____控的人预期环境与外部力量控制事件，而_____控的人相信个人控制。

答案请参考附录 B。

更多的评估资源：
www.wiley.com/college/huffman

480

生物学理论

学习目标

生物学对人格有何贡献？

随着你渐渐长大，你很可能听到一些评价，比如"你和你爸爸真像"或"你可真像你妈妈"。这是否意味着你从父母那里遗传来的生物因素对你的人格贡献最大呢？这是我们这部分首先要探讨的问题。最后，我们讨论所有人格理论在生物心理社会模型下的互动。

 ### 三个重要贡献：脑、神经化学和基因

人格的生物学理论关注脑、神经化学和基因。我们从脑开始学习。

脑

你记得第 2 章对菲尼亚斯·盖奇的个案研究吗？他是一名铁路监工，在一场恐怖的爆炸事故中幸存。在这场事故中，13 磅的金属棒戳穿了他的前额叶。正如盖吉的例子所表明的，脑损伤可以严重影响人格（Fukutake et al.，2002；Moretti et al.，2001）。现代生物学研究也发现，特定脑区的活动对一些人格特质有影响。例如，Tellegen（1985）提出外向性和内向性与特定脑区的活动有关，并且其研究支持这一观点。例如，社会性（外向性）与大脑左侧额叶脑电（EEG）活动增加有关，而害羞（内向性）表明右侧额叶脑电活动较大（Schmidt，1999）。

关于脑结构与人格研究的一大限制是很难确定哪些特定的脑结构是与特定的人格特质相联系的。一个结构的损伤会有弥散的效应。目前看来，神经化学可以为人格的生物学基础提供更多的数据。一位重要的人格研究

者 Jerome Kagan (1998) 认为，大多数人格差异的生物基础在于"神经化学上的差异而非解剖学上的差异"。

神经化学

一般来说，你享受特技跳伞并且爱冒险吗？神经化学可能解释你这样做的原因。研究已经发现，感觉寻求与单胺氧化酶（monoamine oxidase, MAO）之间有一致的联系。单胺氧化酶是一种可以调节多巴胺等神经递质水平的酶 (Ibanez, Blanco & Saiz-Ruiz, 2002; Zuckerman, 1994, 2004)。多巴胺似乎也与新异寻求和外向性有关 (Depue & Collins, 1999; Laine et al., 2001)。

一些特质，如感觉寻求、新异寻求和外向性，是怎样与神经化学联系的呢？研究指出，与内向性的人相比，高水平的感觉寻求和外向性的人倾向于有较低水平的生理唤醒 (Lissek & Powers, 2003)。他们较低的唤醒水平显然会激发他们寻求那些提高唤醒水平的情境。而且，这种低水平的阈限是遗传的。换句话说，诸如感觉寻求和外向性之类的人格特质可能是会遗传的（见第 12 章关于唤醒和感觉寻求的阐述）。

481

评 估

形象化的小测试

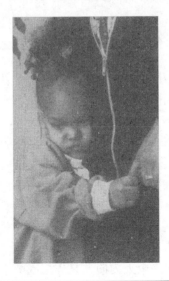

人天生就害羞吗？

答案：研究者发现，害羞可能是天生的，也是终生最稳定的人格特质之一。

遗传

> 遗传是十几岁孩子的父母们互相猜测的东西。
> ——劳伦斯·彼得 (Laurence J. Peter)

心理学家最近才意识到遗传因素对人格的影响 (Johnson et al., 2004;

Murakami & Hayashi, 2002；Plomin & Crabbe, 2000；Sequeira et al., 2004）。这一较新的领域称为行为遗传学（behavioral genetics）。行为遗传学试图确定不同个体之间的行为差异在多大程度上是由遗传而非环境决定的（见第 2 章）。

为测量基因的影响，研究者在很大程度上依赖两种数据。第一，他们比较同卵双生子和异卵双生子之间的相似性。人格五因素模型的双生子研究发现，特质遗传力在 0.35～0.70 之间（Bouchard, 1997；Eysenck, 1967, 1991；Lensvelt-Mulders & Hettema, 2001）。这些相关系数表明遗传因素对人格的贡献大约为 40%～50%。

第二，研究者们比较父母的人格、他们亲生子女的人格和领养子女的人格。对人格五因素模型中的特质外向性和神经质的研究表明，父母的特质与他们亲生子女的特质有中等程度的相关，而与他们领养孩子的这些特质相关很小（Bouchard, 1997；McCrae et al., 2004）。

总体而言，很多研究都表明遗传因素对人格影响很大。与此同时，研究者也小心翼翼地不去过于强调遗传因素的影响（Deckers, 2005；Funder, 2001；Maccoby, 2000）。一些人认为非共享环境（即便同一家庭内部环境的许多方面对每一个体而言都不同）的重要性被忽视了（Saudino, 1997）。另一些人担心"基因决定论"的一些研究会被误用"证实"一个种族或民族群体是低下的，或男性主导是自然的，或社会进步是不可能的。毫无疑问，遗传研究产生了令人振奋却饱受争议的结果。然而，仍然很清晰的是，要产生一个具有聚合力的人格生物学理论还需要更多的研究。

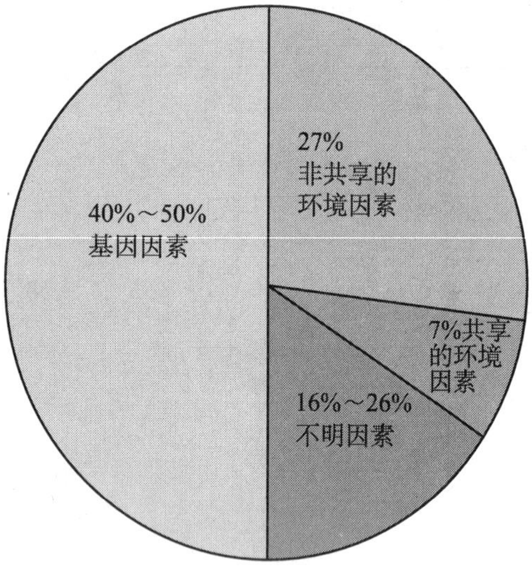

生物心理社会模型：整合的观点

提到人格，不同理论之间在其正确性上并无差别。每个理论都提供了不同的视角，并且每个理论都提供了知识，以洞察一个人如何发展出一系列独特的性格，我们将其称为"人格"。如你在图 13—11 所见，许多心理学家采取生物心理社会（biopsychosocial）的途径。人格的生物心理社会观点认为不同因素共同作用于人格（Higgins, 2004；McCrae, 2004）。一位最主要的人格理论家汉斯·艾森克（Hans Eysenck, 1990）认为特定的人格特质（如内向性和外向性）可能反映了可遗传的皮层唤醒模式、社会学习、认知过程和环境选择。你能想象一个人内向并且皮层唤醒水平较高，会怎样试图通过回避由交友、求职带来的过度刺激，以获得较低的刺激水平吗？

艾森克的工作表明了特质的、生物学的和社会认知理论可以结合在一起，以更好地洞察人格问题。相关的书籍和文章的数量都在不断增长，反映了走向整合和生物心理社会模型的趋势。

图 13—11 多种因素对人格的影响。研究者们已经总结出人格可以分解为四个主要因素：（1）基因，遗传的特质（40%～50%）；（2）非共享的环境因素，或个体遗传因素对个体独特环境的反应与适应（27%）；（3）共享的环境因素，包括父母教养模式和共同的家庭经验（7%）；（4）误差，不明因素或测验问题（16%～26%）。

资料来源：Bouchard, 1997；Plomin, 1997；Talbot, Duberstein, King, Cox & Giles, 2000；Wright, 1998.

饼图内文字：
27% 非共享的环境因素
40%～50% 基因因素
7% 共享的环境因素
16%～26% 不明因素

评　估

检查与回顾

生物学理论

生物学理论强调人格的脑结构、神经化学和可遗传的基因成分。对特定特质（如外向性和感觉寻求）的研究支持了生物观点。生物心理社会模型表明人格的主要理论彼此交叉重叠，并且每一理论都对理解人格有所贡献。

问题

1. ＿＿＿理论强调人格发展中遗传的重要性。

(a) 演化　　(b) 现象学
(c) 发生学　　(d) 生物学

2. 关于人格的遗传解释，人们关注的是什么？

3. 什么因素对人格有巨大的影响（40%～50%）？

(a) 环境　　(b) 基因
(c) 学习　　(d) 未知因素

4. ＿＿＿学派代表了人格领域一些理论的结合。

(a) 一致　　(b) 联合
(c) 生物心理社会　　(d) 现象学

答案请参考附录 B。

更多的评估资源：
www.wiley.com/college/huffman

人格测量

纵观历史，人们一直在寻找关于他们自己以及他人人格的信息。回到19世纪，如果你想评估自己的人格，你会去找颅相学家。这种备受尊重的人会仔细度量你的头骨，观察头上的隆起，并给出一个你独有品质和性格的心理学模式。颅相学家用颅相学图表来确定哪些人格特质与头骨上不同区域的隆起相联系（见图 13—12）。

如今，一些人求助于报纸上的占卜者、星相学专栏和塔罗牌，甚至是中餐馆的占卜饼。但是科学研究已能够提供可靠并更加有效的方法来测量人格。临床与咨询心理学家、精神病学家和其他助人专业人员都使用这些现代方法，以协助对来访者的诊断和治疗过程中病程变化的评估。人格评估也用于教育和职业咨询，以协助公司做出是否录用的决定。

学习目标

心理学家如何测量人格？

 我们如何测量人格：你看见的是我看见的吗？

就像侦探解谜一样，现代心理学家一般使用许多方法和一套完整的测试来全面评估人格。可以将这些测量方法分成几类：访谈法（interviews）、观察法（observations）、客观测验（objective tests）和投射测验（projective tests）。

访谈法

所有人都使用访谈法来了解他人。当初次见某个人的时候，我们会问及他的职业、大学时代的专业、家庭情况以及兴趣爱好。心理学家使用的是一种更加正式的访谈——结构化访谈和非结构化访谈。非结构化访谈经常用于职业和学业选择及心理问题诊断。访谈者从非结构化访谈中得出印

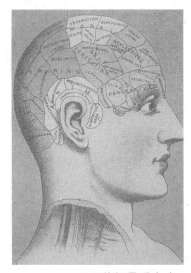

图13—12 **可以从颅骨看出我们的人格吗？**是的。至少按照高尔（Franz Gall）的理论是这样的。高尔是颅相学的奠基人。他认为颅骨的形状与大脑的形状有关。因此，"科学家"们可以通过头或颅骨的形状或不均匀性来发现与不同心理特质对应的脑部。例如，在右耳上部一块大的隆起与崇高有关，这意味着此人负责压抑自然冲动、特别是性冲动的脑区得到了充分发展。如果我们仍坚信颅相学，你能想象哪些特质可能得到测量吗？你会发现隆起并创造出技术性（适应迅速变化的科技）和暴力美学（享受暴力和恐怖电影）一类的词吗？[马丁·西克塞斯（Martin Scorcese）被称为暴力美学导演。——译者注]

484

明尼苏达多相人格测验 研究上及临床上应用最广泛的自陈人格测验（MMPI-2是其修订版）。

象并且遵循直觉。同时，他们扩展访谈以包括那些会得出访谈对象独特人格特质的信息。在结构化访谈中，访谈者所问的问题是特定的，并且遵循一系列预定程序以便更加准确地评估访谈对象。结构化访谈的结果通常可以绘制在一个评分量表上，以便与他人的结果进行比较。

观察法

除了结构化和非结构化访谈，心理学家也用直接的行为观察法来测量人格。大多数人都享受偶尔"偷窥"的经历。但是，第1章中讲过，科学观察是控制上更加严格更有条理的过程。心理学家寻找特定行为的例子并且遵循一系列制定周密的评估指导原则。例如，心理学家可能安排观察一位被困扰的来访者与其家人的互动。这位来访者会被特定家庭成员而非其他人的出现而激怒吗？在被问及一个直截了当的问题时，他或她会变得被动退缩吗？通过仔细观察，心理学家会得出关于来访者人格及其家庭动力关系的宝贵信息。

客观测验

客观的自我报告人格测验或评估都是标准化的问卷，要求被试用纸笔进行反应。一般来说，答案是多项选择或是非判断，这可以帮助人们描述自己，并用这种方式进行"自我报告"。人们认为这些测验是客观的，因为他们对每一条目可能做出的回应是有限的。建构测验的条目以及评分也有经验标准。另一个重要的进步是测验可以用于短时间内的大样本施测，并且用标准化的方式进行评估。这些优势可以帮助我们解释为什么到目前为止客观测验是人格测量中应用最为广泛的方法。

在本书中，你已经了解到一些客观自我报告的人格测验。我们在第12章中描述了感觉寻求量表，在本章前面的部分我们也讨论了罗特的控制源量表。这些测验的完整版都是测量某一特定人格特质并且主要用于研究。然而，在一般情况下，临床、咨询和工业心理学家对一次评估所有的人格特质感兴趣。为此，他们一般使用多特质（multitrait）或多相（multiphasic）问卷。

研究和临床上应用最广泛的客观多特质测试是**明尼苏达多相人格测验**（Minnesota Multiphasic Personality Inventory，MMPI）或其修订版——MMPI-2（Butcher，2000；Butcher & Rouse，1996）。该测验有500项陈述，要求被试以"是"（true）、"否"（false）或"不好说"（cannot say）进行反应。下面举例说明MMPI一些类型的陈述：

> 我的胃经常使我困扰。
> 我有一些敌人，他们真的想要伤害我。
> 我有时候听到的一些事情是别人听不到的。
> 我想要成为一名机械师。
> 我绝不会放纵于任何不寻常的性行为。

为什么量表中的一些问题与真实存在的异常行为有关呢？虽然整个

MMPI 量表中有一些"正常"问题，但其他部分都是为临床和咨询心理学家诊断心理障碍而设计的。表 13—2 显示 MMPI 测验条目可以分为 10 个临床量表（clinical scales），每个量表测量一种不同的障碍。比如抑郁的人，他们倾向于在一组问题上得分较高，而精神分裂症的人则在另一组条目上得分较高。每一组条目称为一个量表（scale）。有四个效度量表用来反映回答者歪曲他们的答案、不理解条目或者不合作的程度。研究还发现效度量表有效地探测了那些可能假装心理异常或试图表现得心理正常的人（Bagby，Rogers & Buis，1994）。

表 13—2	MMPI-2 的分量表
分量表名称	高分解释
临床量表	
1. 疑病症	经常抱怨躯体问题。
2. 抑郁症	严重抑郁及悲观。
3. 癔症	易受暗示、不成熟、自我中心、苛求的。
4. 心理病态	叛逆、不遵守社会规范。
5. 男性化—女性化	与异性的兴趣类似。
6. 妄想症	怀疑并憎恨他人。
7. 精神衰弱	恐惧、易激惹、沉默。
8. 精神分裂症	退缩、离群索居、想法古怪。
9. 轻躁狂	易分心、冲动、戏剧性的。
10. 社会性内向	害羞、内向、不出风头。
效度量表	
1. L（说谎）	否认常见问题，投射出一个"圣洁"或虚假的形象。
2. F（困惑）	回答自相矛盾。
3. K（防御）	最小化社会与情感主诉。
4. ?（不好说）	许多条目没有回答。

　　这些测试与职业量表一样吗？MMPI 之类的人格测验经常与职业评估（career inventories）和职业兴趣测验（vocational interest test）之类的其他客观自我报告混为一谈。例如，斯特朗职业兴趣量表（Strong vocational interest inventory）测量你是否愿意写、画图、打印还是卖书，或你是否愿意做销售员或教师。你对这些类型问题的回答帮助确认与你的特质、价值观和兴趣匹配的职业。

　　得到你的职业兴趣测验模式，以及你的性向测验（aptitude test）（测量你潜在的能力）和成就测验（achievement test）（测量你已经获得的能力）的得分，咨询师可以帮助你确认可能最适合你的几种工作。

投射技术

　　与客观测验不同，**投射测验**（projective tests）使用的刺激容许以多种模糊、非结构化方式进行知觉，如墨迹等。如其名字所示，投射测验可以使每个人将其个人的无意识冲突、心理防御、动机和人格特质投射到这些测试材料上。内心备受困扰的应答者在直接的询问下会无法表达其真实感受，因此，模糊刺激可以得到无意识心理过程的间接心理 X 光片（Ho-

投射测验　使用如墨迹或绘画等模糊刺激进行的心理测验，允许测验参加者将其无意识投射于测验材料中。

gan，2003）。

两个使用最广泛的投射测验是罗夏墨迹测验（Rorschach Inkblot Test）和主题统觉测验（Thematic Apperception Test）。

罗夏墨迹测验由瑞士精神病学家赫曼·罗夏（Hermann Rorschach）于 1921 年开发。该测验包含 10 个墨迹图。最初通过将墨水溅到纸上然后将纸对折开发而成（见图 13—13）。该测验要求你报告在每张卡片上看到什么，然后咨询师观察你的手势和反应，同时记录你的口头作答，稍后咨询师将你的回答解释为你的无意识感受和冲突。

由人格研究者亨利·莫里（Henry Murray）1938 年创造的**主题统觉测验**（Thematic Apperception Test，TAT）是另一个最常用的投射测验。它包含一系列黑白两可图，如图 13—14 所示。像第 12 章提到的，主题统觉测验常用来测量成就动机。它也用来进行人格评估。如果你做这个测验的话，题目会要求你根据图片来编个故事，故事要包含图片主角的感受和故事的结局。与罗夏测验类似，你的反应会反映你的无意识需要和冲突。一个人看见图片中小女孩看着商店橱窗中的模特可能编造出一个故事，其中包含图片中小女孩对父母愤怒的投射。听到此，咨询师会推论这个做测验的人对他或她自己的父母有潜在的愤怒。

罗夏墨迹测验 一个投射测验，呈现 10 张抽象对称模式的墨迹卡片，要求反应者描述他们在图像中"看"到了什么。他们的反应被认为是无意识过程的投射。

主题统觉测验 一个投射测验，展示一系列模糊的黑白图片并且要求测试参加者按照每张图片编一个故事，他们的反应被认为是无意识过程的投射。

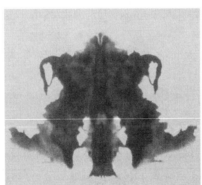

图 13—13 你看到了什么？ 如果对你进行罗夏测验，你会看到 10 个与这个图类似的墨迹，要求报告你看到了什么形象或物体。这被称为投射测验。这是因为精神分析师认为，人们会将其人格隐藏的无意识投射于模糊的测验材料中（APA 准许复制）。

图 13—14 主题统觉测验。 与罗夏测验一样，主题统觉测验是为反应人格的无意识而设计的。它要求被试讲是什么导致了图片中的情境、当前在发生什么，以及故事怎样结束（APA 准许复制）。

人格测量准确吗？评价这些方法

你怎样看待这些差异巨大的人格测量方法？他们准确测量了真正的人

格吗？让我们对四种主要方法——访谈法、观察法、客观测验和投射法进行逐一评估。

（1）访谈和观察。访谈和观察可以提供关于人格的宝贵信息。但是这两种方法很费时并因此也很昂贵。而且，就像不同的橄榄球迷可以对同一个四分卫的优点分歧很大，人格测验的评分者经常对同一个体的评估结果意见不同。访谈和观察也会涉及非自然情境。并且，就像你在第1章看到的那样，仅仅观察者在场就可以改变所要研究的行为。

（2）客观测验。如MMPI-2之类的测验可以在相对较短的时间内提供对多种人格特质具体而客观的信息。然而，它们也受到至少三种批评：

486

罗夏，你要干什么？

1）故意欺骗和社会赞许性偏差。一些自陈量表的条目很容易"看穿"。因此，回答者可能故意、也可能是无意地伪造特定人格特质。除此之外，一些回答者想要看起来善良并且愿意以一种他们知觉为社会赞许的特定方式来回答问题（MMPI-2的效度量表可以帮助防止这些问题）。

2）诊断困难。当自陈量表用于诊断时，不同条目所涉及的内容是有重合的，这会使得出确定诊断变得困难（Graham，1991）。除此之外，有时有严重障碍的来访者的得分在正常范围之内，而正常的来访者得分则可能高于正常范围（Cronbach，1990）。

3）可能的文化偏差及使用不当。一些批评者认为，客观自陈量表"正常"的标准不能发现文化的影响。例如，拉丁美洲人（如墨西哥人、秘鲁人和阿根廷人）在MMPI-2男性化—女性化量表总体上得分高于北美和西欧文化下的被试（Lucio-Gomez, Ampudia-Rueda, Duran-Patino, Gallegos-Mejia & Leon-Guzman, 1999）。事实上是，这些群体的高分反映了他们更遵从传统的性别角色，并且文化训练的影响大于任何个体人格特质的影响。

（3）投射测验。投射测验的实施与解释是极端耗时的。然而，其支持者提出，因投射测验答案无对错之分，回答者不大可能故意伪造他们的反应。除此之外，因为这些测试是非结构化的，回答者可能更愿意谈论敏感而充满焦虑的话题。

另外，批评者指出投射测验的信度和效度是所有人格测验中最低的（Grove et al.，2002；Wood，Lilienfeld，Nezworski & Garb，2001）。正如你从第8章关于智力测验的讨论中看到的，评价一个好的测验的两个最重要的标准就是信度（这些结果一致吗？）和效度（这些测验测量了其想要测量的内容吗？）。罗夏测验的一个问题尤其是对来访者反应的解释在很大程度上依赖于施测者的主观判断。而一些施测者则更有经验或更加熟练。除此之外，还有评分者一致性的问题：两个施测者可能以迥异的方式来解释同样的反应。

总体上讲，以上四种方法中的任一种都有其局限性。然而，心理学家一般结合多种方法的结果以获得对个体人格完整的理解。

批判性思维   主动学习

伪人格测量为何如此流行？

纵观全文，我们一直强调批判性思维的价值。具有批判性思维的人会仔细评估证据及其来源的可信性，意识到逻辑的不完善和对情绪的吸引。将这些标准应用于引言中提到的那种伪人格测验，我们可以发现至少三种重要的逻辑上的谬误：巴奴姆效应（Barnum effect）、正向例证谬误（the fallacy of positive instances）和自我服务偏差（the self-serving bias）。

巴奴姆效应

伪人格描述和占星术预测常被接受是因为我们认为其是准确的。我们倾向于相信这些测试在某种程度上适应我们独特的自我。事实上，它们是模糊而宽泛的陈述并且几乎适合所有人。乐于接受这些概括的陈述被称为巴奴姆效应。这一名称来源于 P. T. Barnum——一名传奇的马戏促销员，他的经典之句为："总有一些适合你。"

重读本章开头引言中伪人格模式。你可以发现这些描述是怎样的："你强烈希望他人喜欢并且欣赏你"，适合几乎所有人吧？你知道有人不会在"有时你会严重怀疑你做出的决定或所做的事情是否正确？"巴奴姆也说："到处都是轻信的人。"

正向例证谬误

回顾引言部分的人格模式，数一数人格特质的两个极端同时出现的次数（"你强烈希望别人喜欢你"和"你为自己是一个独立思考者而骄傲"）。根据正向例证谬误，我们倾向于关注和记住证实我们预期的事件并忽视那些违背预期的事件。举例来说，如果我们认为自己是独立思考的人，我们就会忽略"需要被他人喜欢"那部分。与之类似的，占星术的读者很容易在射手座星相谱中发现"射手座特质"。然而，同样是这些读者，他们一般会忽视那些错误的或者与天蝎座或狮子座一样的特质。

自我服务偏差

现在检查一下人格描述的基调。你发现了吗？这些特质基本上是积极并且奉承的，至少是中性的。根据自利性偏差，我们倾向于偏爱那些维持我们积极自我概念的信息（Brown & Rogers, 1991; Gifford & Hine, 1997）。事实上，研究表明，较受偏爱的人格特质描述是这样的，即越多的人相信这些特质描述，这些描述越有可能被认为对他们来说是独特的（Guastello, Guastello & Craft, 1989）。（自我服务偏差可以解释为什么人们偏爱伪人格测验而非真实可靠的人格测验——因为伪人格测验比较谄媚！）

总体上而言，这三种逻辑谬误帮助解释"通俗心理学"中人格测验和报纸上占星专栏的信念。它们提供了"一些适用于所有人的东西"（巴奴姆效应）。我们只注意到证实了我们预期的描述（正向例证谬误），并且喜欢奉承的描述（自我服务偏差）。

形象化的小测试

你能发现这副漫画中的两个谬误吗？

答案：自我服务偏差和巴奴姆效应。

目　标　性别与文化多样性

个体主义与集体主义文化如何影响人格？

至此，我们已探讨了西方的人格理论。在西方文化下，人格被看做个体的组成部分（特质与动机），并且自我是一个有边界的个体——与他人分离并且是自治的（Markus & Kitayama，2003；Matsumoto，2000）。像意识、前意识、无意识、本我、自我、超我、自卑情结、基本焦虑、自我概念、自尊和自我实现一类的概念都假设有一个由互不重合的特质、动机和能力组成的一个独特的自我。

这种对自我的关注同样也反映了一种个体主义文化。在**个体主义文化**（individualistic culture）中，个体的需求和目标被置于集体的需求和目标之上。如果被问及"我是谁"以及填充陈述"我是……"，个体主义文化下的人们倾向于报告个人特质，如"我是害羞的"，"我是外向的"，或他们的职业："我是一位老师"，"我是一名学生"。

而在**集体主义文化**（collectivistic cultures）中则是相反的，人主要通过他或她在社会单元中的位置而得到定义和理解（McCrae，2004；Montuori & Fahim，2004；Tseng，2004）。关系、联系和互依是最重要的，而非个性、独立和个体主义。当被要求完成陈述"我是……"，集体主义文化下的人们会提及他们的家庭或国家，如"我是女儿"，"我是中国人"。

你是个体主义还是集体主义文化下的成员呢？正如你在表13—3中所见，如果你是北美人或西欧人，你更可能是个体主义的。并且你会发现自我的概念与他人的定义几乎是冲突的。一个核心的自我对你来说好像是显而易见的。然而，如果意识到这个世界上超过70%的人生活于集体主义文化中，可以增加你的文化敏感性，并且防止误解（Singelis et al.，1995）。例如，北美人一般将真诚（sincerity）定义为一种与个体内部感受一致的行为；而在日本，则将与个体的角色预期一致的行为视为真诚（执行个体的责任）（Yamada，1997）。你发现对于北美人来说，日本人的行为是如何表现为不真诚的吗？对于日本人来说，美国人的行为呢？理解个体主义与集体主义文化视角的差异可以帮助我们理解文化对人格的影响。同时，文化差异的研究也指出了目前西方人格理论的局限和偏差以及继续进行跨文化研究的必要。

个体主义文化　个体的需求和 488
目标被置于集体的需求和目标
之上。

集体主义文化　集体的需求和
目标被置于个体的需求和目标
之上。

自我与他人。当置身于锻炼与娱乐中时，集体主义文化的人们会更强调集体的对称与联系，而个体主义文化的人们会关注于独立的活动和"做自己的事情"的自由。

表 13—3	世界文化排列	
个体主义文化	中间型文化	集体主义文化
美国	以色列	中国香港地区
澳大利亚	西班牙	智利
英国	印度	新加坡
加拿大	阿根廷	泰国
荷兰	日本	西非地区
新西兰	伊朗	萨尔瓦多
意大利	牙买加	中国台湾地区
比利时	阿拉伯地区	韩国
丹麦	巴西	秘鲁
法国	土耳其	哥斯达黎加
瑞典	乌拉圭	印度尼西亚
爱尔兰	希腊	巴基斯坦
挪威	菲律宾	哥伦比亚
瑞士	墨西哥	委内瑞拉

489

你自己试试

文化对人格的影响

如果要你画个圆，你自己在中心，你生命中的其他人是你周围独立的圈，图 13—5 中哪个图形与你个人的看法最接近？如果你选择（a），你可能是个体主义取向的，将自己看做一个独立、与他人不同的个体。然而，如果你选择（b），你更可能与集体主义文化一致，将自己看成一个与他人相互依赖并且相互联系的个体。

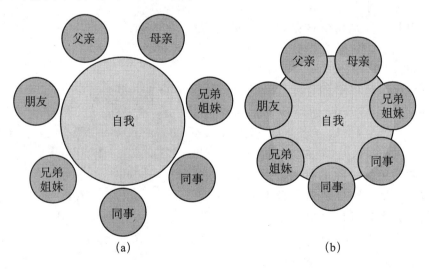

图 13—15　个体文化与集体文化下的自我。

检查与回顾

人格测量

心理学家们用四种基本的方法来测量和评估人格：访谈法、观察法、客观测验和投射测验。访谈和观察可以提供洞见人格的信息。但是这两种方法耗时且昂贵。

客观测验，如明尼苏达多相人格测验（MMPI-2），使用自陈问卷或量表。这种测验提供大量人格特质标准化的信息。然而，这种方法受到被试故意欺骗、社会赞许性偏差、诊断困难和可能的文化偏差及不当使用的限制。

投射测验，如罗夏墨迹测验和主题统觉测验，要求测验参加者对模糊刺激进行反应。尽管这些测验可以提供关于人格无意识成分的信息，但这些方法的信度和效度仍然很低。

大多数西方的人格理论强调自我的概念，这与个体主义文化一致，即强调个人需求与目标高于群体。而在集体主义文化下，情况是相反的。人们主要通过一个人在社会单元中的位置来定义和理解他或她。人们重视关系、联系与互依性，而非个性、独立和个体主义。

问题

1. 将每一人格测验与其描述相匹配：

（a）墨迹的投射测验

（b）客观的自陈人格量表

（c）采用模糊人类情景的模糊绘画的投射测验

＿ⅰ. MMPI-2

＿ⅱ. 罗夏

＿ⅲ. 主题统觉测验

2. 评估测验有效性的两个重要标准是＿＿＿＿。

（a）一致与预测

（b）信度和效度

（c）一致性与相关性

（d）诊断和预后

3. 描述使人们接受伪人格测验和占星术的三个逻辑谬误。

4. 解释西方概念中的自我是如何反映了个体主义文化而非集体主义文化的。

答案请参考附录 B。

更多的评估资源：

www.wiley.com/college/huffman

490

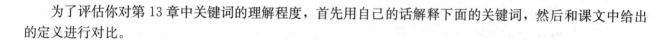

评估 关键词

为了评估你对第 13 章中关键词的理解程度，首先用自己的话解释下面的关键词，然后和课文中给出的定义进行对比。

人格

特质理论

因素分析

五因素模型（FFM）

特质

精神分析/心理动力理论

原型

基本焦虑

集体无意识

意识

防御机制

自我

本我

自卑情结

道德原则

俄狄浦斯情结

快乐原则

前意识

心理性阶段

现实原则

压抑

超我

无意识

人本主义理论

自我实现

自我概念

无条件积极关注

自我效能

社会认知理论

交互决定论

自我效能

人格测量

集体主义文化

个体主义文化

明尼苏达多相人格测验（MMPI-2）

投射测验

罗夏墨迹测验

主题统觉测验（TAT）

491 ▌目　标▐ 网络资源

卡伦·霍夫曼著作的网址：

http：//www. wiley. com/college/huffman

　　这个网址提供免费的交互式自我测验、网络练习、关键词的术语表和抽认卡、网络链接、英语非母语阅读者的手册，还有其他用来帮助你掌握本章知识的活动和材料。

想了解更多人格理论的信息吗？

http：//www. wynja. com/personality/theorists. html

　　该网址提供了大多数本章讨论到的理论和理论家的背景材料，包括弗洛伊德、马斯洛和罗杰斯。也提供一些不那么著名的理论家的信息，如凯利（Kelley）、勒温（Lewin）和塔特（Tart）。弗洛伊德理论的更多信息参见 http：//psychoa-nalysis. org。这个网站由纽约的精神分析研究所和协会主办，包含大量与精神分析理论和实践有关的资源。如果你想了解关于马斯洛的详细信息，试试 http：//web. utk. edu/%7Egwynne/maslow. html。这个网站提供了马斯洛需求层次理论及其对动机和人格发展论述的细节信息。

你极度害羞吗？

http：//www. shyness. com/encyclopedia. html

　　位于加利福尼亚州帕多拉谷的帕洛阿尔托市害羞诊所，该网站的特色是上面有林恩·汉德森（Lynne Henderson）和菲利普·津巴多（Philip Zimbardo）两位领域内著名专家编写的长文章。文章详述了害羞的流行程度和诊断、研究简介、遗传与环境的影响以及治疗的建议。

你想做些测验吗？

http：//www. 2h. com/personality-tests. html

　　这一商业网站提供各种测验，包括凯尔西气质分类、职业价值观问卷和 VALS（一个测验你的价值观、态度和生活方式的量表）。正如其之前所宣称的目标中所说的，网站的主办方"不给出心理学的建议并且没有在该领域受过训练。测试仅供娱乐"。

想要进行免费的"大五"人格测验？

http：//www. outofservice. com/bigfive/

　　本章前面提到过，大五模型是目前最广受重视并且得到研究最多的人格理论。该网址提供对你自己人格进行的免费"大五"人格测验，并且鼓励你也描述一下你很了解的人，如一个密友、同事、配偶或其他家庭成员。

想要探索人格领域伟大的思想？

http：//www. personalityresearch. org/

　　这个网站提供对过去和现有人格理论出色的回顾，如行为主义、大五模型、认知社会理论和精神分析。它也提供一些不那么著名的理论的链接，包括人际理论和 PEN 模型。

想要下载人格领域免费的电子教科书？

http：//www. ship. edu/～cgboeree/perscontents. html

　　宾夕法尼亚州西盆斯贝格大学的 C. George Boeree 博士已创作了一个拥有版权的课本，但你不用征求允许可以直接下载或打印该课本，只要材料是用于个人或教育目的的。

想要成为人格研究者？

http：//www. rap. ucr. edu/overview. htm

　　这是一个对备受尊敬的人格研究者的实验项目进行概览的主页，包括 David Funder 和 Law-rence Wright。这会让你知道人格研究者都在进行哪些研究。

第 13 章　形　象　化　总　结

主要人格理论和评估技术

理论与关键概念

大五特质

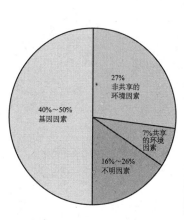

1	开放性
2	尽责性
3	外向性
4	宜人性
5	神经质

特质的
早期理论家
■阿尔波特：按层次排列特质。
■卡特尔（16PF）和艾森克（人格问卷）：用因素分析来减少特质数目。
现代理论
■五因素模型：开放性、尽责性、外向性、宜人性和神经质。

人格的决定因素
遗传和环境的结合共同影响人格特质。

测量方法
客观的自陈问卷（如MMPI）、观察法。

精神分析/心理动力学的
弗洛伊德
■意识的水平——意识、前意识和无意识。
■人格结构——本我（快乐原则）、自我（现实原则）、超我（道德原则）。
■防御机制——压抑等。
■心理性阶段——口唇期、肛门期、性器期、潜伏期和生殖器期。
新弗洛伊德学家
■阿德勒——个体心理学、自卑情结和权力意志。
■荣格——分析心理学家，集体无意识和原型。
■霍妮——权力嫉妒而非阴茎嫉妒与基本焦虑。

人格的决定因素
本我、自我和超我间的无意识冲突以及超我导致的防御机制。

测量方法
访谈与投射测验：罗夏墨迹测验、主题统觉测验。

意识
前意识

无意识

人本主义的
■罗杰斯——自我概念、自尊和无条件积极关注。
■马斯洛——自我实现。

人格的决定因素
个体对现实的主观体验。

测量方法
访谈、客观（自陈）量表。

社会/认知的
■班杜拉——自我效能和交互决定论。
■罗特——认知预期和控制源。

人格的决定因素
认知与环境之间的交互作用。

测量方法
观察法、客观（自陈）量表。

27%
非共享的
环境因素

40%～50%
基因因素

7%共享
的环境
因素

16%～26%
不明因素

生物学的
■前额叶等脑结构可以起一定作用。
■神经化学（多巴胺、单胺氧化酶等）可能起到了一定作用。
■遗传因素也对人格有贡献。

人格的决定因素
脑、神经化学和遗传。

测量方法
动物研究和生物技术。

493 **人格测量**

心理学家用四种方法来测量人格：

访谈法：结构化访谈或非结构化访谈。

观察法：心理学家遵循一定评估指导原则来使用直接行为观察。

客观测验：（如MMPI-2）测试参加者对纸笔问卷进行自陈报告。这些测验提供大量人格特质客观标准的信息，但是这些客观测验也有局限性，包括故意欺骗、社会赞许性偏差、诊断困难和使用不当。

投射测验：（如罗夏墨迹或主题统觉）要求测试参加者对模糊刺激进行反应。尽管这些测验可以提供洞察人格无意识成分的信息，但这些测验不是非常可靠和有效。

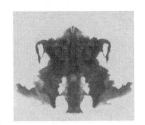

 文化对人格的贡献

大多数人格理论强调自我的概念，并且西方个体主义文化强调个人需求和目标高于群体。在集体主义文化下，个人是按照在社会单元中的位置而被定义的。

第14章

心理障碍

495

学习目标

　　在阅读第14章的过程中,关注以下问题,并用自己的话来回答:

▶ 心理学家如何对异常行为进行诊断、解释和分类?

▶ 什么是焦虑障碍,以及如何解释它们?

▶ 心境障碍在何时成为异常?

▶ 精神分裂症的症状和解释分别是什么?

▶ 如何诊断与物质有关的障碍、分离性障碍和人格障碍?

- 批判性思维/主动学习
  你的想法是如何使你抑郁的?

精神分裂症

精神分裂症的症状
精神分裂症的类型
精神分裂症的解释
- 性别与文化多样性
  世界各地的精神分裂症

其他障碍

与物质有关的障碍
分离性障碍
人格障碍
- 将心理学应用于学生生活
  测测你对异常行为了解多少

496

为什么学习心理学?

Scott Peterson 有心理疾病吗? 拍摄这张带有准父母微笑的相片后仅仅几天,Scott Peterson 就残忍地杀害了妻子和未出世的儿子。

第 14 章会帮助我们澄清以下误区……

▶ 误区 1:心理障碍患者以异常的方式行为处世,并且十分不同于正常人。

事实:只有少数的人以及他们在生活中一小部分时间会出现上述情况。实际上,没有经过正式诊断,心理健康专家有时也不能很好地区分正常与异常个体。

▶ 误区 2:心理障碍是个人缺点的表现。

事实:心理障碍是由很多因素构成的,比如处于压力状态、遗传倾向和家庭背景等。就像对待老年痴呆和其他生理疾病患者一样,心理异常个体也不应因其疾病而受到更多的责备。

▶ 误区 3:患心理疾病的人通常很危险并且不可预测。

事实:只有几种障碍,像精神病和反社会人格,与暴力有关。偏见和媒体的选择性关注,使得人们产生了心理疾病和暴力相连的刻板印象。

▶ 误区 4:心理疾病的患者不可能完全康复。

事实:大多数被诊断为心理障碍的患者经过治疗最终都可以好转,并过上正常生活。再者,心理障碍一般都只是暂时的,这种经历可能只会持续几天、几个星期或几个月。之后的几年甚至一生,他们都可能不再存在这方面的困难。

▶ 误区 5:大多数心理疾病患者只能从事低水平的工作。

事实:心理障碍的患者也是人。因此,他们的职业潜力取决于他们特殊的天赋、能力、经验和动机,以及他们目前的身心健康状况。很多富有创造力的成功人士都患有严重的心理障碍,约翰·福布斯·纳什(John Forbes Nash),一位诺贝尔奖获得者,终生患有精神分裂症,但是他现在做得很好,他的经历被写成一本书并拍成了同名电影《美丽心灵》

（Famous People and Schizophrenia, 2004）。英国首相温斯顿·丘吉尔（Winston Churchill），苏格兰足球运动员安迪·格拉姆（Andy Goram），作家、诗人爱德格·艾伦·坡（Edgar Allan Poe），平克·弗洛伊德乐队成员希德·巴瑞特（Syd Barrett），美国的橄榄球队绿湾包装工球星莱昂内尔·奥尔德里奇（Lionel Aldiridge），女演员帕蒂·杜克（Patty Duke），画家文森特·梵高（Vincent Van Gogh），亿万富翁霍华德·休斯（Howard Hughes）都患有严重的心理障碍。

资料来源：Brown & Bradley, 2002; Famous people and schizophrenia, 2004; Famous people with mental illness, 2004; Hansell & Damour, 2005; O'Flynn, 2001; Volavka, 2002.

Mary 的问题最初出现于青春期。她开始违反宵禁，总是旷课，成绩迅速下滑。在进行家庭心理咨询时，发现 Mary 有乱交行为，并且为了赚钱买毒品而多次卖淫。她透露了自己的物质滥用史，包括"任何可以获得的东西"。Mary 在同伴关系上也一直存在问题。她很快地就爱上他人，对待新朋友过度地理想化，一旦他们很快地（也是不可避免地）使她失望后，她就会生气地把他们扔在一边。在高中、两年大学和一系列的文书工作期间，她都持续着成绩差、旷课和人际关系不稳定的状况。Mary 的这些问题，加上沉迷于自残（通过割伤和烧伤）和持续的自杀念头，最终让她在 26 岁时去了精神病医院。

——Davison, Neale & Kring, 2004, pp. 408–409

497

Jim 是一名医科大学三年级的学生。在过去的几个星期里，当他在街上遇到年长的男人时，他注意到这些人都会害怕自己。最近，他开始确信自己是美国中央情报局局长，那些人是敌国的机密间谍。Jim 已经找到了确凿的证据，就是每天上午 8 点和下午 4 点 30 分都有一架直升机飞过他的房子。这些监控无疑是暗杀他计划的一部分。

——Bernheim & Lewine, 1979, p. 4

Ken Bianchi，"山坡扼死者"，恐吓洛杉矶地区一年多了。Bianchi 利用伪造的警徽引诱受害者到他车上或家里，然后和他的堂兄一起强奸并有计划地折磨她们，最后将其杀害。Bianchi 及其堂兄共杀害了 10 名 12～28 岁的女性。在搬到华盛顿后，Bianchi 又杀害了 2 名女性。

2004 年 11 月 12 日，在陪审团宣布裁决之前，Scott Peterson 自信地微笑着。当听到因谋杀自己的妻子和未出世的儿子而被判有罪时，他并没有表现出明显的情绪。四个月后，Scott Peterson 再一次微笑着走入法庭。他的笑并没有因为维持原判即注射死刑而丝毫地减弱。在听到受害者令人心痛经历的长篇陈述时，他仍然无动于衷。

——Dornin, 2004，on-line; Montaldo, 2005, on-line

上面这些人都有严重的心理问题，每一个病例也都提出了一些令人感兴趣的疑问。是什么导致了 Mary 不稳定的人际关系和自杀念头、Jim 的妄想症以及 Ken 和 Scott 惨无人道的谋杀？早期的背景是否可以解释他们随后的行为？从医学角度上来看，他们是否异常？不那么严重的异常行为是怎么回事？梦到飞机失事就拒绝坐飞机的人患病了吗？如何看待那些有洁癖、分类整理所有讲义但从不在课本上写字的学生？异常和障碍有什么不同？在这一章节我们将探讨其中的一些话题。

本章从心理障碍的诊断、解释和分类开始讨论。核心内容是探讨六种主要的心理障碍（焦虑障碍、心境障碍、精神分裂症、与物质有关的障碍、分离性障碍和人格障碍），有关心理障碍的治疗将在第15章进行全面探讨。

了解心理障碍

前面的病例表明，心理障碍的类型和严重性是因人而异的。与人格、意识和智力一样，异常行为也是很难定义的。在这一部分，我们将探讨心理学家如何试图诊断、解释和划分异常行为。

学习目标

心理学家如何对异常行为进行诊断、解释和分类？

在心理健康专业中，我们尽量避免负性标签，像"一个小时150元——简直疯了！"或者"一个星期3小时50分钟的课程——太愚蠢了！"

异常行为　根据统计上的罕见性、残疾或机能障碍、个人痛苦和违背规范等四个原因中的一个或多个，被认为是病态的（不健全或有障碍的）情感、思维和行为模式。

异常行为的诊断：四大基本标准

Mary、Jim、Ken和Scott的行为显然是异常的。然而，很多病例中的异常行为并不能清晰地判定。大部分人并不是处于"疯狂"或"正常"的两个极端点。从前面的章节我们看到，像智力、创造力，或是现在所说的异常行为，都是处于一个连续体上。大部分人群都处于两个极端之间的某个位置上。

在连续体中，我们如何确定何时行为是异常的？最广为接受的对**异常行为**（abnormal behavior）的定义是，由于下列的一个或多个原因：统计上的罕见性、残疾或机能障碍、个人痛苦和违背规范，个体的情感、思维和行为模式被认为是病态的（不健全或有障碍的）(Davison, Neale & Kring, 2004)。

从图14—1可知，这四个标准各自处于一个独立的连续体中（Hansell & Damour, 2005）。要知道每一个标准都有其优势和局限性，没有适用于界定所有异常行为的单一标准。心理学家和其他心理健康专家都认识到了这一点。除非满足多个标准，他们很少认定一个行为是异常的。

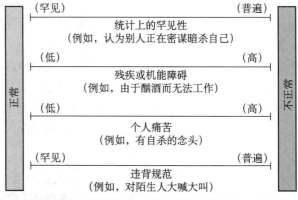

图14—1　异常行为的连续体和四大标准。判定异常行为有四个主要标准：统计上的罕见性、残疾或机能障碍、个人痛苦和违背规范。正常与异常行为不是固定的分类，而存在于从低到高、从罕见到普遍的连续体中。

（1）统计上的罕见性（该行为有多罕见?）。在特定人群中，如果一个行为很少发生，那么就可能被认为是异常的。例如，认为别人正在密谋暗杀自己，在统计上就是异常的。这可能是严重心理问题迫害妄想的标志。然而，超常的智力（阿尔波特·爱因斯坦）、优越的体力（兰斯·阿姆斯特朗）和非凡的艺术造诣（弗里达·卡罗），并不被公众（或心理学家）归类为异常。因此，我们不能用统计上的罕见性作为划分正常与异常的唯一标准。

（2）残疾或机能障碍（是否存在正常功能的缺失?）。患有心理障碍的人可能不能与他人相处、维持工作、适当饮食或保持自身清洁，他们进行清晰思考和做理性决策的能力也可能受损。因此，当一个人过度酗酒（或使用其他药物）以致妨碍了正常的社交和工作，就可能被诊断为有与物质有关的障碍。

（3）个人痛苦（一个人是否快乐?）。该标准关注个体对自我功能水平的判断。例如，有些每天酗酒的人可能会认为这样不健康并希望戒掉。不幸的是，很多真正有酒精依赖障碍的人否定自己是有问题的。有些严重的心理障碍很少或者几乎从来不会导致情感上的不适。例如，一个连环杀手在折磨他人时，可以没有丝毫的自责和愧疚。另外，就自身而言，个人痛苦这一标准也不是诊断所有异常行为的充分条件。

（4）违背规范（该行为在文化上是否异常?）。第四个诊断异常行为的观点是违背或不适应社会规范。社会规范是在特定情境中引导行为的文化法则。处于高水平的兴奋状态以致忘了付租金，但却分给陌生人 20 元钱，这就是违背规范的。这类行为普遍存在于双相型障碍（bipolar disorder）的患者中。

该标准的主要问题是，人们把什么事情看做违背规范的受到了文化差异的影响（Lopez & Guarnaccia，2000）。异常行为通常是与文化相关的，只有根据它所处的文化背景才能被认识。例如，在一些文化中，相信灵魂的入侵是非常普遍的。在这种文化下，不应该将该信仰看做心理疾病的标志。另外，还有一些只有在特定文化下才有的文化特异的障碍（Flaskerud，2000；Green，1999；Lopez & Guarnaccia，2000），也有在所有文化中都可见的文化普遍的障碍。在这一节的后面部分，我们将详细地讨论这些术语。

499

评估

形象化的小测试

该行为异常吗?

答案：这个女人过度穿环的行为符合标准 1 和标准 4，但异常行为通常特指病态的（不健全或有障碍的）行为。

精神错乱 法律术语，表明个人由于精神疾病可以不对自己的行为负责，或没有能力管理自己的事情。

精神错乱的辩护。 Yates 承认溺死了自己的 5 个孩子，尽管有利的辩护说明她精神错乱，但仍然被终身监禁。2005 年上诉法院推翻了原判，主要是由于原告方证人的错误。他坚持认为 Yates 是在模仿电视《法律与秩序》（Law and Order）中的情节，女主角由于精神错乱而被释放。问题是根本就没有这样的情节（注意：要记住，精神错乱的判决通常是被告长期在精神病院接受治疗，有时候甚至长于相同犯罪事实所需要的服刑时间）。

精神错乱是什么样的？它适用于何处？**精神错乱**（insanity）是一个法律术语，表明一个人由于精神疾病可以不对自己的行为负责，或者没有能力控制自己的事情。在法律上，精神疾病的定义主要关注个体是否具有分辨是非的能力。一些批评者认为精神错乱被滥用为"出狱"的免死金牌。但事实上，使用精神错乱作为辩护的案例不到所有提交审判案例的 1%。此外，即便使用，也很难成功（Kirschner, Litwack & Galperin, 2004；Steadman, 1993）。

就我们的学习目的而言，重要的是记住精神错乱是法律术语，并不能等同于异常行为。考虑一下 Andrea Yates 的案例，一位杀害了自己 5 个孩子的母亲，辩护和原告都同意 Yates 在谋杀发生时有心理疾病，但陪审团仍判她有罪并终身监禁。陪审团为什么没有考虑她的错乱呢？她的行为在统计上是罕见的，也明显地存在机能障碍和个人的痛苦（医生诊断她患有产后抑郁），并且在任何文化下该行为都被看做异常的。根据法律条文，Yates 的定罪随后被推翻，但她仍然需要在狱中接受医疗监管。

目标 性别与文化多样性

避免种族中心主义

在这一章中你将发现，即使在生物学上有严重的心理障碍，如精神分裂症，在不同文化中其表现也可能不同。不幸的是，大多数研究起始于西方文化，并由它主导。通过批判性思维你能发现，样本的局限性是如何限制了我们理解障碍的普遍性？或者它是如何导致了心理障碍的种族主义观点？怎样可以避免？显然，你不能随机地把心理疾病患者分配到不同的文化中，再看他们的障碍变化和发展的情况。

幸运的是，跨文化的研究者设计出了克服该困难的方法，而且在不断扩充丰富（Draguns & Tanaka-Matsumi, 2003）。例如，Robert Nishimoto（1998）就已经发现了若干文化普遍的症状，用于诊断跨文化的障碍。他采用兰格（Langer）（1962）的精神病症状指数，收集了三种不同人群的数据：居住在内布拉斯加州的英裔美国人、中国香港的越裔中国人，以及居住在得克萨斯州和墨西哥的墨西哥人（兰格指数是一种使用广泛的筛查工具，用于诊断影响日常机能的心理障碍，但又不需要相应的机构来辅助进行）。当回想自己的生活时，需要专业帮助的回答者通常会有 12 种症状中的一种或几种（见表 14—1）。

表 14—1	心理健康问题的 12 种文化普遍的症状	
紧张	睡眠障碍	意志消沉
浑身虚弱	个人苦恼	不安宁
感到孤立、孤单	不能相处	浑身燥热
时时刻刻担心	不能做任何有价值的事情	所有的事情都不对

资料来源：*Understanding Culture's influence on behavior*，2nd edition by BRISLIN. © 2000. Reprinted with permission of Wadsworth, a division of Thompson learning. www. thompsonrights. com. Fax 800－730－2215.

除了文化普遍症状（如精神紧张或睡眠障碍），Nishimoto 也发现了一些文化特异的症状。例如，越裔中国人会报告"头脑肿胀"，墨西哥人会说"记忆力有问题"，英裔美国人会有"呼吸急促"和"头痛"。显然，人们知道使用相同文化下他人能够接受的方式，来表达自己的问题（Brislin，1997，2000；Widiger & Sankis，2000）。换言之，大部分美国人知道头痛一般是压力的表现；相反，很多墨西哥人知道他人能够理解他们对记忆力的抱怨。

　　文化普遍和文化特异症状的区分，可以帮助我们理解抑郁。研究表明，某些抑郁症状在所有文化中都存在：（1）频繁而强烈的悲伤情绪，（2）愉快感的减少，（3）焦虑，（4）注意力的集中出现困难，（5）缺乏精力（Green，1999；World Health Organization，2000）；另一方面，也有证据表明存在文化特异的症状。例如，在北美和欧洲羞耻感更常见；相对于世界其他地区，在中国出现躯体化（somatization，将抑郁转化为身体上的疾病）的频率更高（Helms & Cook，1999）。

　　正如存在文化特异和文化普遍的症状，研究者们发现有时心理障碍本身也是如此。例如，精神分裂症被广泛认为是文化普遍的障碍。然而，巨神温第高综合征精神病就是一个文化特异障碍的例子，患者认为他们被温第高灵魂所控制，从而导致错觉和食人肉的冲动。这一现象仅出现在一小部分加拿大的印第安群体中（"Windigo"巨神温第高，爱斯基摩人和某些美国印第安人神话中的食人巨神，巨神温第高综合征指一种带有特定文化特点的精神疾病。——译者注）。

　　为什么文化可以产生这些独特、文化特异的障碍呢？对于巨神温第高综合征病例，其中的一种解释来自该障碍产生的原因，即毛皮的贸易竞争耗尽了加拿大部落的食用猎物，并带来了大范围的饥荒（Bishop，1974）。面临着饥饿可能导致同类相食，随后产生了出现温第高灵魂的需要。灵魂入侵是很多文化中的普遍特征，在这种情况下，人们可能用它来解释在社会和心理上令人憎恶的行为，如同类相食（Faddiman，1997）。

　　一些研究者对巨神温第高综合征的饥荒解释，甚至是文化特异障碍的观念产生了质疑（Dana，1998；Hoek，Van Harten，Van Hoeken & Susser，1998）。然而，某些心理障碍至少在某种程度上是文化特异的，也是毋庸置疑的（Guarnaccia & Rogler，1999；Helms & Cook，1999；Lopez & Guarnaccia，2000）（见图 14—2）。

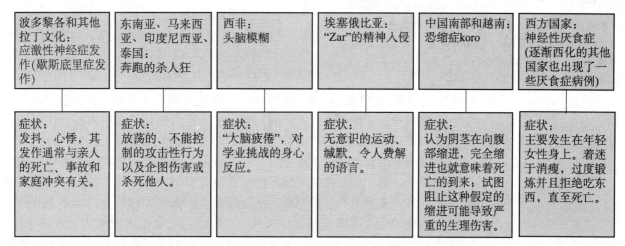

图 14—2　**文化特异的障碍。**需要记住的是，由于偏远地区的逐渐西化，一些障碍正在消失；然而，当其他国家在接受西方的价值观时，有一些障碍也正在传播开来，如神经性厌食症。

　　资料来源：Carmaciu，Anderson & Marker，2001；Davison，Neale & Kring，2004；Durand & Barlow，2006；Guarnaccia & Rogler，1999；Matsumoto，2000.

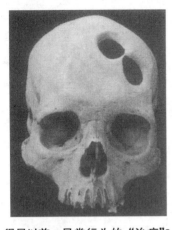

很早以前，异常行为的"治疗"？
在石器时代，很多人相信恶魔的入侵是心理障碍的主要原因，一种治疗方法就是在头盖骨上钻洞，使邪恶的灵魂离开人的头脑。

501

正如你所看到的，文化对心理障碍有很大的影响。研究跨文化的相同和不同，有助于更好地诊断和理解，也可以帮助那些与不同文化人群打交道的心理健康专家了解文化普遍与文化特异的症状存在，以及它们在各种人群中的具体表现。

异常的解释：从迷信到科学

在探讨了诊断异常行为的标准后，下一个逻辑问题是，"我们如何解释它？"从历史上看，邪恶的灵魂和巫术是主要的怀疑对象（Millon, 2005）。比如说，在石器时代，很多人认为恶魔的入侵导致了异常行为。因此，推荐的"疗法"是在头盖骨上钻洞，减缓压力或释放邪恶的灵魂，这一过程被称为"头盖骨钻洞术"。

在中世纪欧洲（5～15世纪），精神上受困扰的人有时会采用宗教的"驱魔"法进行治疗。祈祷、斋禁、制造噪音、殴打和喝非常难闻的东西，让身体感到不舒服，也就不再适合魔鬼的居住了。

巫术还是精神疾病？ 在15世纪，一些可能患有精神障碍的人被控告有巫术，他们因此受尽折磨或者被绞死。

早期令人左右为难的规定。 在中世纪，人们使用"浸水测验"来判定行为异常的人是否被魔鬼入侵。如果在这个测验中没有被淹死，那么这个人就被认为是有罪的，然后受到惩罚（一般是绞刑）。那些淹死的人则被认为是清白的。

这种鬼神附体模型一直持续到15世纪。很多人相信异常行为是由于超自然的力量居住在（或入侵到）身体里。他们也相信有些人心甘情愿地选择与魔鬼相伴，这些"心甘情愿的人"（通常是那些由于触犯女性化行为社会规则的女性）通常被称做女巫，并且很多人经受折磨、终身监禁或者被处死。他们如何检测这种入侵呢？最有"创造性"的方法之一是浸在水里，或是在水中漂浮的测验。众所周知，在熔炼的过程中，杂质上升到表面而纯的金属下沉到底部。因此，可以通过把她们绑起来沉浸在深水中，来检验那些可疑的女巫。如果被称做女巫的人下沉并且淹死，则宣布她是"清白的"。然而，如果以某种方法使自己浮到水面，那么她就是"不纯洁的"，将会被移交法律而处死。这是最终无法摆脱或取胜无望的两难情境。

502

收容所

随着中世纪的结束，心理障碍治疗取得了很大的进步。直到十五六世纪，欧洲出现了称为收容所的特殊精神医院。最初的设想是给病人提供一个安静的休养环境，并且"保护"社会远离他们的异常行为（Millon，2005），但后来这些收容所变成了过度拥挤和不人道的监狱。

法国生理学家菲利普·派诺（Philippe Pinel）在 1792 年接管巴黎收容所后，这一现象得到了改进。原先，患者被束缚在没有光亮和温暖的单人牢房中，但是菲利普·派诺使他们走出这些牢房，并且坚持认为他们应当得到人道的治疗。很多患者都很快地康复了，并可以获释。根据派诺的观点，"精神疾病"和"有病的"心灵是导致异常行为的原因，人们很快接受了看待先前因其异常而被畏惧和惩罚个体的这一方式。

近现代

派诺所持有的心理不正常个体有潜在的身体疾病的观点，早于现代的**医学模型**（medical model），后者认为心理疾病可以像其他疾病一样由生物学因素引起，这种医学模型最终导致更多的科学治疗和近代的**精神病学**（psychiatry）专业。不幸的是，当我们假定心理"疾病"存在，并给患者贴上"心理疾病"的标签时，我们可能创造了新的问题。对医学模型最坦白的批评者之一是精神病学家汤姆斯·萨斯（Thomas Szasz）（1960，2000，2004），他认为医学模型鼓励人们相信无须对自己的行为负责，而且通过药物、住院治疗和外科手术可以找到解决问题的途径。他认为用心理疾病来标定那些特殊或冒犯他人的个体是一个"误区"（Wyatt，2004）。此外，标签可能会自我保持，即个体会根据被诊断的障碍来行事。

斯坦福大学的大卫·罗森汉（David Rosenhan）在一个著名的研究中，证明了诊断标签所存在的问题（Rosenhan，1973）。罗森汉及其同事到当地精神病院抱怨有幻听（精神分裂症的典型症状）。尽管他们没有抱怨其他症状，但依然被医院诊断为精神分裂症。被医院收治后，他们停止声称有幻听，并以正常的方式行事。他们的目的是什么呢？罗森汉想知道医生和医务工作人员多久才能看出，他们其实没有精神疾病。奇怪的是，没有一个假患者被看出是冒充的。一旦他们在精神病院被标定为"精神分裂症"，医务工作人员仅仅看到了他们所期望看到的。有趣的是，真正的患者却并不那么容易受骗，是他们首先发现这些假装的病人实际上没有心理疾病。

罗森汉的研究为认识在标定心理疾病中所存在的问题提供了重要启示（Hock，2001）。但正如第 1 章所提到的，科学方法需要操作性定义、控制组、单盲或双盲程序和可重复性。不幸的是，罗森汉的研究没有符合以上标准中的任何一条。尽管存在局限性，但这一研究确实提高了我们对心理疾病诊断标签危险性的意识。

今天，医学模型仍是精神病学的基础原则，心理障碍的诊断和治疗依然是基于心理疾病的概念。相比之下，心理学为异常行为的解释提供了多个维度的观点。七种主要心理学理论（精神分析、行为主义、人本主义、认知的、生物学的、演化的和社会文化的）分别提出了不同的解释，图14—3 对这些流派进行了总结。

医学模型　该观点假定疾病（包括心理疾病）都存在生理原因，是可以被诊断和治疗的，并且可能治愈。

精神病学　涉及心理障碍的诊断、治疗和预防的医学分支。

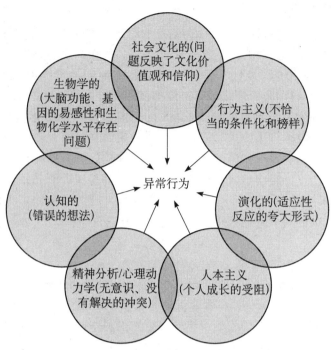

图14—3 七种主要学派对异常行为的解释。每一种观点强调影响异常行为的不同因素，但在实际应用中，又有不同程度的重叠。

503

异常行为的分类：《心理障碍诊断和统计手册》第四版修订版

现在我们已经对异常行为进行了诊断和解释，还需要一个可信的系统来对范围宽泛的障碍进行分类。内科医生显然需要用特定的术语，分别总结出一套用来描述癌症和心脏病的标志和症状；同样地，心理学家和精神病医师也需要使用特定的术语来诊断和区分异常行为。前面短文关于Mary分裂行为和破裂人际关系的描述，非常不适用于Jim的妄想症。如果没有一个统一的系统来分类和清晰地描述心理障碍，也就几乎不可能对它们进行科学研究，并且也将严重地影响心理健康专家彼此之间的交流。

庆幸的是，心理健康专家共享统一的分类系统，这就是**《心理障碍诊断和统计手册》**（*Diagnostic and statistical Manual of Mental Disorders*），第四版修订版（DSM-Ⅳ-TR）（American Psychiatric Association，2000）。"Ⅳ"指的是第四次修订，"TR"表示对第四版的再次修订。

为什么DSM有这么多修订版？每一个修订版都扩充了障碍类型，并且根据最新科学研究对描述和分类做了进一步改进。修订版也反映了在社会背景下人们对异常行为看法的改变（First & Tasman，2004；Smart & Smart，1997）。例如，**神经官能症**（neurosis）和**精神病**（psychosis）在DSM-Ⅳ中就进行了有效修订。在以往的版本中，神经官能症反映了弗洛伊德关于焦虑障碍的理论，他认为焦虑可以是直接被体验到的（通过恐惧、困扰和强迫），或者无意识地将焦虑转为对身体的抱怨（躯体形式障碍）。

这些年来，心理健康专家认为弗洛伊德强调无意识的理论过于局限，对于神经官能症的分类也过于笼统，不适合广泛应用。在DSM-Ⅳ中，原

《心理障碍诊断和统计手册》（DSM-Ⅳ-TR） 由美国精神病学会制定的分类系统，用来描述异常行为。"Ⅳ-TR"表示该手册是第四版的再次修订。

神经官能症 过去用于描述不切实际的焦虑和其他相关问题的术语。

精神病 一种严重的心理障碍，表现为极度的精神分裂以及丧失与现实的接触。

先属于神经官能症的症状被重新分化为焦虑障碍、躯体形式障碍和分离性
障碍。尽管存在一些变化，但在我们日常生活的语言中，依旧会使用"神
经官能症"这一词汇。临床咨询师也会偶尔使用这个词来描述被推测受潜
在焦虑影响的障碍行为。

　　与神经官能症不同，精神病依旧被列入 DSM-Ⅳ-TR 中，因为其可以有
效地区别出最严重的心理障碍。患有精神病的个体遭受极度的精神分裂，并
丧失与现实的接触。他们常常难以达到基本的生活要求，需要住院治疗。精
神分裂症、一些心境障碍和由躯体状况引起的障碍，都被描述为精神病。

了解 DSM

　　DSM-Ⅳ-TR 由五个主要维度（被称为轴）构成症状诊断的准则（见
图 14—4）。轴Ⅰ描述了状态障碍，反映了患者的目前情况，即"状态"，
抑郁和焦虑障碍是轴Ⅰ障碍的代表。轴Ⅱ描述了特质障碍，即长期的人格
困扰（像反社会人格障碍）和心理迟滞。

504

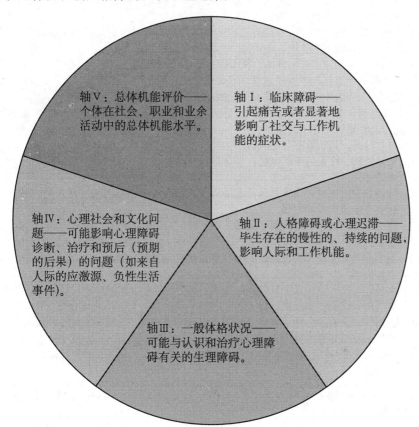

图 14—4　DSM-Ⅳ-TR 的五轴。五轴中的每一个轴都是一个大的类别，用于组织大量
不同的心理障碍与行为，并为诊断提供了指导。经许可转载于《心理障碍诊断和统计
手册》（American Psychiatric Association, 2000）。

　　由此可见，心理障碍是根据轴Ⅰ和轴Ⅱ共同诊断的。其余的三个轴用
于记录重要的补充信息。轴Ⅲ涵盖了可能对精神病理学很重要的健康状况
（像糖尿病和甲状腺功能减退都可能影响情绪）。轴Ⅳ用于描述来自心理和
环境的应激源，它们也可能导致情绪问题（像工作与住房问题，亲人的去

世）。轴 V 评价了个体机能的综合水平，用 1（严重的自杀意倾向或完全不
能自理）至 100（快乐、富有成效、有很多兴趣）来衡量。

总之，DSM 为诊断和划分心理障碍提供了全面而明确界定的系统，但
并没有治疗的建议。当前的 DSM-Ⅳ-TR 包括了 200 多个诊断分类，划分
为 17 种主要类别（见表 14—2）。鉴于篇幅有限，我们只讨论其中的六种。
我们从三种最普遍的类型——焦虑障碍、心境障碍和精神分裂症出发，然
后探讨与物质有关的障碍、分离性障碍和人格障碍。

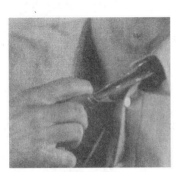

505

焦虑障碍

心境障碍

与物质有关的障碍

表 14—2 心理障碍的主要分类汇总及其在 DSM-Ⅳ-TR 中的描述（本章将讨论前六种）

(1) 焦虑障碍：与严重焦虑有关的障碍，例如恐惧、强迫症和创伤后应激障碍。
(2) 心境障碍：与严重情绪失调有关的障碍，例如抑郁、躁狂或是两者交替（双相
    型障碍）。
(3) 精神分裂症及其他精神病性障碍：知觉、语言及思维、情绪和行为方面失调的
    一组障碍。
(4) 分离性障碍：意识、记忆或认同的正常整合之间突然和短暂地发生改变的障碍，
    如遗忘症和分离性身份障碍。
(5) 人格障碍：与毕生适应不良的人格特质有关的障碍，包括反社会人格障碍（侵
    害他人权益而不觉愧疚）和边缘人格障碍（冲动、情绪和人际关系不稳定）。
(6) 与物质有关的障碍：由酒精、可卡因、烟草和其他药物引起的障碍。
(7) 躯体形式障碍：和对生理健康与生理症状异常关注相关的障碍，非器质性病变。
(8) 癔症：个体为了满足经济或心理上的需求而表现出的障碍。
(9) 性及性别认同障碍：与不符合要求的性活动有关的、寻求异常物体与情境来唤
    起以及性别认同有关的障碍。
(10) 进食障碍：与饮食有关的障碍，如神经性厌食症和神经性贪食症。
(11) 睡眠障碍：严重的睡眠困扰，如失眠症（睡得很少）、夜惊症和睡眠过度（睡
    得太多）。
(12) 冲动控制障碍（未纳入其他分类中）：与盗窃癖（偷窃冲动）、纵火癖（纵火）
    和病态赌博有关的障碍。
(13) 适应障碍：对特定应激源有过度情绪反应的障碍，如离婚、家庭不和以及经济
    事务等。
(14) 通常在儿童和少年期首次诊断的障碍：在成年之前出现，包括心理迟滞和语言
    发展障碍。
(15) 妄想、痴呆、遗忘以及其他认知障碍：由大脑损伤导致的障碍，包括老年痴呆
    症、中风以及脑部创伤。
(16) 由躯体情况引起的精神障碍（未纳入其他分类中）：因疾病、药物等使脑部器
    质性恶化而导致的障碍。
(17) 可能成为临床关注的其他情况：与躯体、性虐待、人际关系和工作问题等有关
    的障碍。

注：《心理障碍诊断和统计手册》（DSM-Ⅳ-TR）经《心理障碍诊断和统计手册》允许而再印，
© 2000，美国精神病学会。

在开始之前需要特别注意的是，DSM-Ⅳ-TR 只是对人们所患障碍进
行了分类，而并不是对人本身进行了分类。为了反映出这一重要区别，本
书（像 DSM-Ⅳ-TR 一样）避免使用像"精神分裂症者"（schizophrenic）
这样的词语，而是用"精神分裂症患者"（a person with schizophrenia）。

对 DSM-Ⅳ-TR 的评价

在专家和病人中，DSM-Ⅳ 已经因其全面而谨慎的症状描述、诊断治
疗的标准化以及便于专家交流而受到好评，也被誉为有价值的教学工具。

另一方面，一些批评者认为 DSM-Ⅳ 过于依赖医学模型，并且不公正地给人们贴标签（Cooper，2004；Mitchell，2003；Roelcke，1997）。也有批评者提出 DSM-Ⅳ 可能存在文化偏差，它虽然提供了文化特异的内容和障碍，但对大多数障碍的分类，仍然仅反映了欧洲和美国的观点（Dana，1998；Matsumoto，2000；Smart & Smart，1997）。另外，一些人倾向于用特质和行为的维度以及其程度来描述障碍，而不是按照类别（例如，焦虑障碍）。

尽管存在这些批评，但大多数人认为 DSM 第四版是目前基于科学的最先进分类系统（Durand & Barlow，2006；First & Tasman，2004）。就像丘吉尔对民主的描述："除了所有其他的系统之外，民主是人们智慧所创造的最糟糕的系统。"

506

检查与回顾

了解心理障碍

异常行为是指根据统计上的罕见性、残疾或机能障碍、个人痛苦和违背规范等四个原因中的一个或多个，而认为是病态的（不健全的或者有障碍的）情感、思维和行为模式。精神错乱是一个法律术语。

在古代，人们普遍相信恶魔导致了异常行为，随后强调疾病的医学模型取代了鬼神附体模型。《心理障碍诊断和统计手册》（DSM-Ⅳ-TR）分类系统提供了症状的详细描述，使诊断标准化，并且改善了专家之间以及专家与病人之间的交流。

过度地依赖医学模型、不公正的对人们贴标签和缺乏对文化因素的关注是 DSM 受到批评的原因。

问题

1. 诊断异常行为的四大标准是什么？

2. 在早期对异常行为的治疗中，使用_____使邪恶的灵魂离开，通过_____使身体不舒服，从而使身体不再适合魔鬼居住。

　(a) 净化，斋禁

　(b) 头盖骨钻洞术，驱魔

　(c) 鬼神学，水治疗法

　(d) 医疗模型，浸水测验

3. 简要定义神经官能症、精神病和精神错乱。

4. DSM 分类系统的利弊是什么？

答案请参考附录 B。

更多的评估资源：

www.wiley.com/college/huffman

焦虑障碍

9 岁那年，当出租车驶过纽约 59 号街大桥时，我独自坐在后座上。我注意到司机奇怪地看着我；我的脚开始轻轻敲击，然后开始抖动，渐渐地胸口发紧，呼吸困难；我努力地掩饰着清嗓子所发出的轻微的刺耳声，但还是惊动了司机。我知道恐怖的攻击即将来临，但不得不继续，到达录影棚，并且通过试演。然而，如果继续留在车上，我确定我会死的。黑色的水就在几百英尺下面。"停车！"我对司机喊道。"求求你停在这里，我一定要下车！""小姑娘，我不能停在这里。""停车！"我看起来一定很认真，因为车子急刹后停在了车流中间。我下了车开始跑，跑过了整座桥后继续跑。只要我使劲地跑，死亡就不会抓到我了。

——改编自 Pearce & Scanlon，2002，p. 69

 学习目标

什么是焦虑障碍，如何解释它们？

焦虑障碍 异常行为的一种，其特征是具有不真实和荒谬的恐惧。

《奇迹的缔造者》剧照。年幼的 Patty Duke 凭借海伦·凯勒这一角色获得了奥斯卡金像奖。但也正是在这一时期她患有严重的焦虑障碍。

507

广泛性焦虑障碍 持续、无法控制和非定向的焦虑。

惊恐焦虑 突然莫名其妙地惊恐发作，症状包括呼吸困难、心悸、头晕目眩、战抖、恐惧和感到即将死亡。

这是帕蒂·杜克（Patty Duke）在扮演海伦·凯勒——《奇迹的缔造者》中的盲聋儿童时所描述的一件事情。飞奔出出租车的帕蒂·杜克和其他**焦虑障碍**的病例都有定义性的核心特征——不可理喻、常常出现瘫痪症状、焦虑或者恐惧。这种人会觉得受到威胁、无法应对、不开心、所处的世界充满危险和敌意、自己是不安全的。焦虑障碍是人群中最普遍发生的一种心理障碍，确诊的女性人数是男性的两倍（National Institute of Mental Health, 1999；Swartz & Margolis, 2004）。庆幸的是，这也是最容易治疗的障碍，并且康复的几率很大（见第 15 章）。

✔ 四种主要的焦虑障碍：恐惧的困扰

在期末考试和重要的工作面试中；呼吸加快和心率加速等焦虑症状总是困扰着大多数人，但有些人却经历着过度的焦虑，这种焦虑强烈而长期地存在以至于严重困扰了个体的生活。我们将讨论四种主要的焦虑障碍类型：广泛性焦虑障碍、惊恐障碍、恐怖症和强迫症（另一种焦虑障碍——创伤后应激障碍已经在第 3 章有所学习）。尽管我们分别来讨论这些障碍，但要记住一点，其中一种障碍的发生往往会伴随着其他几种（Barlow, Esler & Vitali, 1998）。

广泛性焦虑障碍
广泛性焦虑障碍（generalized anxiety disorder）以长期无法控制的过度恐惧和担心为特征，它并非针对任何特定的客体或情境，并至少持续六个月。这种慢性病在人群中普遍存在，女性患者的人数是男性的两倍，并且会对个体产生很大的伤害（Brawman-Mintzer & Lydiard, 1996，1997）。如它的名字所示，这种焦虑是非特定的或者说非定向的。患者会觉得害怕某物但又无法确定具体害怕什么。他们会经常烦躁，很难控制自己的担忧。由于持续的肌肉紧张和自主的恐惧反应，可能出现头痛、心悸、头晕目眩和失眠，这些与长期而强烈的焦虑有关的躯体抱怨，使得患者很难妥善地处理正常的日常活动。

惊恐障碍
广泛性焦虑障碍是指长期无定向的担忧，而**惊恐障碍**（panic disorder）的特征是强烈的恐惧突然莫名其妙地袭击个体，使其出现发抖、心绪不定、头晕目眩和呼吸困难的症状。帕蒂·杜克感到窒息以及如果不立刻下车就会死亡的想法，都属于惊恐发作的特征。美国精神病学会所定义的惊恐障碍是指在不到 10 分钟的时间里突然达到顶峰的恐惧和不适。惊恐发作可以是无中生有，但普遍发生在惊吓体验、持续压力，甚至是锻炼之后。

很多人偶尔会惊恐发作，但他们可以做出正确解释——由于短暂的危机或压力。不幸的是，有些人开始过度担心，其中的部分人为了避免将来的发作甚至会放弃工作或不敢出门。当大量自主的惊恐发作明显地导致了对将来发作的持续性担忧时，就将其定义为惊恐障碍。惊恐障碍常见的并发症是随之发展而来的广场焦虑障碍——因处于一个难以逃脱或尴尬的情境而感到被包围和无助，从而产生了焦虑（Craske，2000；Gorman，2000），它是恐怖症中的一种，接下来将具体说明。

恐怖症

恐怖症（phobias）　恐怖症是一种强烈而荒谬的恐惧，并逃避特定客体或情境。与广泛性焦虑障碍和惊恐障碍不同，恐怖症有导致强烈害怕反应的特定刺激和情境。通常来说，危险的客体都很小或不存在，人们认为由此导致的恐惧是很荒谬的。但是，这种体验仍旧是一种无法抵抗的焦虑，并伴随着严重的惊恐发作。想象一下当你对蜘蛛非常地惊恐，为了躲避它甚至会跳出疾驰的汽车，是一种怎样的感觉，这就是恐怖症患者可能有的感受。

广场焦虑障碍（Agoraphobia）　前面提到过，广场焦虑障碍通常会伴随着惊恐障碍而出现。"agoraphobia"一词来源于希腊语"对交流场所的恐惧"。广场焦虑障碍的患者会限制自己的正常活动，因为他们害怕处于繁忙拥挤的地方和公交车、电梯等封闭场所，或者是独自处于像荒漠那样的广阔空间。你能发现这些地方的共同之处吗？这些人害怕陷入他们难以逃脱或在紧急情况时不能获得帮助的处境。他们最害怕的紧急情况是其他的惊恐发作。在很多病例中，广场焦虑障碍的患者因为过度恐惧而拒绝离开家，只有家才是他们觉得真正安全的地方。

单纯恐怖症（Simple phobias）　单纯恐怖症是对特定客体或情境的恐惧，如针、高度、老鼠或蜘蛛。幽闭恐怖症（Claustrophobias）（对封闭空间的害怕）和恐高症（acrophobias）（对高度的害怕）是单纯恐怖症中最常见的。患者有极丰富的想象力，当遇到所害怕的客体或情境时，会非常生动地预期糟糕的后果。

在所有恐怖症中，单纯恐怖症的患者通常会认识到自己的害怕是过度且不合理的，但他们无法控制自己的焦虑，并且会尽一切力量来避免所恐惧的刺激。很多年前，一名上过作者儿童心理学课的学生想要上作者的普通心理学课程。但因为课本或录像中可能会出现老鼠的照片，她感到非常焦虑，于是放弃了选课。最终，她接受了治疗并顺利地完成了这门课程。

社交恐怖症（Social Phobias）　罹患社交恐怖症的个体在社交场合中会感到极度不安全，对自身陷入尴尬有着不理智的害怕。害怕在公共场合讲话，害怕在公共场合吃饭，这都是最常见的社交恐怖症。通常每个人在对着一群人讲话或表演的时候，都会有"怯场"的体验，但对于社交恐怖症患者来说，他们会极度焦虑以至于行为表现都可能成为问题。事实上，他们对于公共审视、潜在蒙羞的害怕，可能无处不在，以致不能正常生活（Den Boer，2000；Swartz & Margolis 2004）。

强迫症

你还记得电影《飞行员》吗？主角霍华德·休斯总是不停地计算、检查，并且以一种近乎无意识的习惯模式重复洗手。是什么导致了这种行为？是**强迫症**（obsessive-compulsive disorder，OSD）。这种障碍包含了持续不必要的想法〔**强迫观念**（obsessions）〕和/或难以抑制地进行某种行为或重复某种习惯〔**强制性冲动**（compulsions）〕。这种冲动可以减缓由强迫观念造成的

恐怖症　强烈而荒谬的恐惧，并且逃避特定的客体和情境。

508

你有对蛇的恐怖症吗？ 如果有，你可能不会看到这段文字，因为你已经闭上眼睛翻页了。恐怖症是指强烈而荒谬的恐惧。

强迫症　入侵的、重复的可怕想法（强迫观念），被驱动而重复进行的习惯性行为（强制性冲动）或两者都有。

飞行员。 在影片中，蒂昂纳多·迪卡普里奥（Leonardo DiCaprio）演绎了亿万富翁霍华德·休斯的强迫行为。

焦虑。在成人中，男性和女性的患病率基本相同。但在童年期，男孩更为普遍（American Psychiatric Association，2002）。

考虑亿万富翁霍华德·休斯的病例：

> 由于过分地害怕病菌，他要求一起工作的人在接触他即将要用的文件时必须戴上白手套，有时甚至要戴好几付。在递给他报纸时需要叠成三摞，这样他就可以垫着纸巾将中间那张抽出。为了防止灰尘污染，他要求在他的车和房子的窗户周围都贴上遮蔽胶带。
>
> Fowler，1986

我有时会担心病菌和其他被碰过的东西，这是强迫症吗？很多人都有强迫观念或偶尔出现过度检查火炉、数步数以及打扫房间和办公室的现象。人们甚至随意地就将这种现象认为是"强迫"或"类似强迫"。其实，强迫症与轻微的强迫观念和冲动有明显的不同。在强迫症中，重复想法和习惯举动是无法控制的，并且会严重地影响个体的生活。

509

例如，一个过分担心病菌的女患者，可能一天要洗上百次手，直到双手掉皮出血。一个男患者可能每天晚上要例行检查10遍灯、锁、烤箱和火炉才能安心睡觉。很多强迫症患者并不喜欢这些习惯，而且认识到自己的行为是无意识的，但当他们想停止自己的行为时，就会体验到急剧上升的焦虑感，只有通过服从于这种驱力才能得到缓解。

作为家属和朋友，他们知道患者无法停止这些行为，但他们也会感到荒谬、混乱和不满。如同其他心理障碍一样，除了个体治疗外，咨询师也会给家属一些治疗建议（见第15章）。

焦虑障碍的解释：多种根源

焦虑障碍的发病原因是一个值得考虑的问题，研究者主要关注心理的、生物的和社会文化的作用（生物社会心理模型）。

心理的

错误的认知和不良适应的学习是促成焦虑障碍的两个主要的心理因素。

错误的认知　焦虑障碍患者存在一些想法、认知和习惯，使得他们容易感到害怕。他们倾向于过度警觉，一再审查环境中的危险迹象，而忽视安全迹象，也倾向于夸大正常的威胁和失败。例如，很多人在公共场合讲话会感到焦虑，但患有社交恐怖症的人会过度地关注他人的评价，对批评十分敏感，并且过分地担心潜在的错误。这种强烈的自我关注加剧了社会焦虑，并且使人们感到自己是失败的——甚至当他们在已经成功时。在第15章将讲到，改变思考方式可以有效地降低焦虑个体的害怕程度（Alden，Mellings & Laposa，2004；Craske & Waters，2005；Swartz & Margolis，2004）。

510

不良适应的学习　根据学习理论，恐怖症和其他焦虑障碍是条件反射

（经典和操作条件反射）和社会学习（榜样和模仿）的结果（Bouton, Mineka & Barlow, 2001; King, Clowes-Hollins & Ollendick, 1997; Thomas & Ayres, 2004）（见第 6 章的相关内容）。

　　例如，在经典条件反射中，最初的中性刺激，如一只无害的蜘蛛，与一个恐怖事件相联结（如突然的惊恐发作），就使得蜘蛛成为导致焦虑的条件刺激。之后，便可以用操作条件反射来解释蜘蛛恐怖症。人们开始躲避造成焦虑的刺激（蜘蛛）来减少焦虑带来的不愉快（负强化的过程）。

　　然而，大多数恐怖症患者并不明确导致焦虑的特定事件。此外，在面临相同经历时，有些人患了恐怖症而有些人却没有（Craske, 1999）。这表明条件反射可能并不是唯一（或最好）的解释。

　　社会学习理论认为一些恐怖症源于榜样和模仿。你能想象父母的过度保护和担忧是如何使他们的孩子更容易出现恐怖症和其他焦虑障碍吗？比如 Howard Hughes 的母亲就过度地保护和持续地担心他的身体健康问题。

　　恐怖症也可以被间接学习。在一个研究中，给四组恒河猴看特制的录像带，这些录像带通过特殊的方式剪辑，内容分别为一只猴子对玩具蛇、玩具兔子、玩具鳄鱼和花表现出极度的害怕（Cook & Mineka, 1989）。结果显示，猴子随后对玩具蛇和玩具鳄鱼表现出了害怕，有趣的是，他们并不会害怕玩具兔子和花。这说明恐怖症既有学习成分又有生物成分。

生物的

　　恒河猴选择性地学习恐怖症，只对玩具蛇和玩具鳄鱼感到害怕的事实可能说明，我们有一种演化倾向，即易于害怕我们祖先所认为的危险事物（Mineka & Oehman, 2002; Rossano, 2003）。研究表明，产生焦虑障碍的原因也可能是基因易感性、紊乱的生化反应和异常的大脑活动（Albert, Maina, Ravizza & Bogetto, 2002; Camarena et al., 2004; Craske & Waters, 2005）。例如，双生子和家庭研究表明，有些惊恐障碍患者可能是受

间接的恐怖症。 当猴子们看到录像中的其他猴子害怕玩具蛇、玩具兔子、玩具鳄鱼和花时，形成了自己的恐怖症。结果显示，随后猴子对玩具蛇和玩具鳄鱼表现出害怕，有趣的是，他们并不会害怕玩具兔子和花。这证明了恐怖症既有学习成分又有生物成分。

遗传影响，倾向于植物性神经系统的过度反应。这些人对压力刺激的反应比其他人明显要迅速和强烈。压力和唤起状态也会引起惊恐发作，像咖啡因、尼古丁这些药物，甚至强力呼吸（呼吸比平常快和深）都可能导致发作，这同时也暗示着生化上的紊乱。

社会文化的

你听说过我们正生活在"焦虑的时代"这一说法吗？在过去的 50 年中，焦虑障碍急剧地增加，特别是在西方工业国家。社会文化对焦虑的影响可能包括我们工作保障降低、流动性增高、缺乏稳定的家庭支持下的快节奏的生活。在第 3 章中曾经讲到，我们演化上的祖先对有害刺激会预先做出自主反应。然而，今天我们所面临的威胁很少是可确认的和即时的——它总是伴随着我们，这可能导致我们中的一些人过度警觉和容易患焦虑障碍。

支持社会文化影响焦虑障碍的证据来自在其他一些文化中焦虑障碍的表现极其不同。例如，在日本有一种社交恐怖症，叫做对人恐怖症（TSK），不严格的翻译就是"怕人"。但是它不是像在西方的社交恐怖症中害怕受到别人的责备，而是日本人的这种障碍是病态担心，认为自己将会做出让别人感到尴尬的事，这在西方文化中是十分罕见的（Dinnel，Kleinknecht & Tanaka-Matsumi，2002）。在美国，"我们不会想到害怕让别人感到为难会成为一种心理综合病症"（Goleman，1995，p. C-3），但在日本却十分普遍，对人恐怖症治疗中心就像美国的减肥诊所一样随处可见。从西方社交恐怖症和对人恐怖症的差异中，你能够看到个人主义文化（像美国）强调个人，而集体主义文化（像日本）关注于他人吗？

评 估

检查与回顾

焦虑障碍

焦虑障碍患者体验着不合理的、常常让人不能正常活动的焦虑与害怕。广泛性焦虑障碍是一种持续、无法控制和非定向的焦虑。惊恐焦虑是突然莫名其妙地惊恐发作，症状包括呼吸困难、心悸、头晕目眩、战抖、恐惧和感到即将死亡。恐怖症是强烈而荒谬的恐惧，并且逃避特定的客体或情境。强迫症包含持续唤醒焦虑的想法（强迫观念）和/或习惯性行为（强制性冲动）。

焦虑障碍受到心理、生物和社会文化因素的影响（生物社会心理模型）。心理学理论从条件反射和社会学习角度关注了错误的想法（过度警觉）和不良适应的学习。生物学途径强调基因易感性、大脑的差异和生化反应。社会文化观点集中于环境中所增加的焦虑应激源以及文化社会化所导致的像对人恐怖症等这种文化特异的障碍。

问题

1. 将下列描述与焦虑障碍类型进行匹配。

(a) 广泛性焦虑障碍

(b) 惊恐障碍

(c) 恐怖症

(d) 强迫症（OCD）

_____ i. 极度焦虑的严重发作。

_____ ii. 不针对任何特定客体或情境的长期焦虑。

_____ iii. 对某一客体或情境的荒谬恐惧。

_____ iv. 入侵的想法和被驱动而重复进行的习惯性行为。

2. 研究者认为焦虑障碍可能是由于_____的结合。

3. 学习理论和社会学习理论是如何解释焦虑障碍的？

答案请参考附录 B。

更多的评估资源：

www.wiley.com/college/huffman

511

心境障碍

当 Ann 给心理医生打电话要求紧急会面时，她已经离婚 8 个月了。尽管她的丈夫曾经对她有过很多年的言语和身体虐待，但她对婚姻还是百感交集。她期望在离婚后有所好转，但却发现越来越抑郁。她出现了睡眠问题，食欲不振，疲惫，对日常活动不感兴趣。她请假在家待了两天，因为她"感到不能投入工作"。一天黄昏，她径直走向床，让她的两个孩子自己照料自己。然后，就在她打电话预约紧急治疗的前一个晚上，吃了 5 片安眠药并喝了些烈酒。就像她说的："我不想自杀，只是想忘记所有的事情。"

——Meyer & Salmon，1988，p. 312

Ann 的经历是心境障碍（也就是情感障碍）的典型病例，这类障碍不仅包括和 Ann 一样的过度悲伤，也包括不合理的欣喜和过分的活跃。

学习目标
　　心境障碍在何时就成为异常？

512

了解心境障碍：抑郁症和双相型障碍

如其名所示，心境障碍是情绪状态的极度失调，主要有两种类型——抑郁症（major depressive disorder）和双相型障碍（bipolar disorder）。

抑郁症

抑郁早在古埃及时就有所记载，当时被称做忧郁症（melancholia），由牧师来治疗。我们都会偶尔地"忧郁"，尤其是在失业、亲密关系结束和亲人死亡之后。然而，即使在没有明确刺激和突发事件的情况下，**抑郁症**患者也会体验到长期而持续的抑郁情绪。另外，他们有极其严重的悲痛感，影响了基本功能以及保持快乐感和生活乐趣的能力。

临床上的抑郁患者会感到强烈的悲伤和沮丧，以致他们总是存在睡眠问题，可能会出现体重的下降（或升高），还可能感到疲惫至极，不想工作，不想上学，甚至不想梳头刷牙。他们可能一睡就是一整天，同时遇到各种问题，感到十分地悲伤和羞愧，以至于想自杀。这些感觉没有明显的原因，严重时个体可能会丧失与现实的接触。就像 Ann 的病例，抑郁症患者一般很难清楚地思考或认识自己的问题，通常是家人和朋友认识到这些症状，并鼓励患者去接受专业帮助。

双相型障碍

当抑郁是单相时，抑郁发作最终会结束，人们会回到"正常的"情绪水平。然而，有些人会回到相反的状态，即躁狂。在**双相型障碍**中，个体既经历前面所说的抑郁，又有躁狂的体验（不合理的过度兴奋以及冲动）

你看起来抑郁了？

精神病学的起始

Non Sequiter by Wiley 7，环球新闻集团发行。版权所有。

抑郁症　长期而持续的抑郁情绪，影响了基本的功能以及保持快乐感和生活乐趣的能力。

双相型障碍　躁狂（不切实际的兴奋和过度活跃）和抑郁的发作交替重复进行。

（见图14—5）。

在躁狂期，个体将会过度兴奋，极其活跃，并容易精神错乱，也会表现出不合理的高自尊、膨胀的价值感或夸大妄想。他（她）会制定出详细的致富和成名计划，过度活跃到连续几天不睡觉也不会感到疲惫，思维加速并且会突然转换到新的话题，表现出"闪念"，说话也很快（说话急促），让别人很难听清楚。低判断力也非常常见：患者可能会送掉自己值钱的财产，或者疯狂地花天酒地。

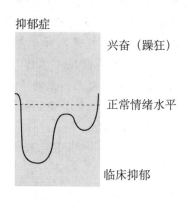

抑郁症

兴奋（躁狂）

正常情绪水平

临床抑郁

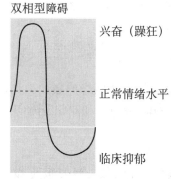

双相型障碍

兴奋（躁狂）

正常情绪水平

临床抑郁

图14—5　心境障碍。如果严重抑郁和双相型障碍可以用一个图来说明的话，也许看起来像图中示意的情况。

躁狂发作可能持续几天到几个月且一般会突然结束，先前躁狂的情绪、快速的思维和说话方式以及过度活跃被储藏起来。随后的抑郁期持续时间通常是躁狂期的 3 倍。双相型障碍的终身发病率很低，一般在 0.5%～1.6%之间，遗憾的是，它是最令人虚弱和致命的障碍之一，由它导致的自杀率在 10%～20%之间（Goodwin et al.，2004；MacKinnon，Jamison & DePaulo，1997）。

513

目　标　性别与文化多样性

性别和文化如何影响抑郁？

研究表明某些抑郁症状是跨文化的：（1）频繁而强烈的悲伤情绪，（2）快乐减少，（3）焦虑，（4）注意力集中困难，（5）缺乏精力（Green，1999；World Health Organization，2000）；另一方面，也有证据表明存在文化特异的症状。例如，内疚感在北美和欧洲更普遍，躯体化（somatization)（将抑郁转化为身体上的疾病）在中国比世界上其他地区更为频繁（Helms & Cook, 1999）。

不仅是文化，性别也影响了抑郁。一般而言，女性比男性更容易出现抑郁症状。在北美，女性临床（或严重）抑郁症的患病率是男性的 2～3 倍，在其他国家也存在类似的性别差异（Angst et al. , 2002; Nolen-Hoeksema, Larson & Grayson, 2000; Ohayon & Schatzberg, 2002; Parker & Brotchie, 2004）。

为什么女性更容易抑郁？可以从生物影响（激素、生物化学和遗传易感性）、心理过程（沉思默想过程）和社会因素（更加地贫穷、工作生活竞争、婚姻不幸、性虐待或身体虐待）来进行解释（Cheung, Gilbert & Irons, 2004; Garnefski et al. , 2004; Kornstein, 2002; Parker & Brotchie, 2004）。

也许最好的解释是生物社会心理模型，它结合了生物、心理和社会因素。根据这个模型，一些女性可能继承了基因或激素对抑郁的易感性。生物易感性随即与来自社会的社会化过程相结合，使某些行为得到强化而增加了患抑郁的几率（Alloy et al. , 1999; Nolen-Hoeksema, Larson & Grayson, 2000）。例如，在我们的文化中，更多地鼓励女性性别角色去表达情绪，表现出被动和依赖；与之相反，男性则被社会化为压抑情绪、活跃和独立。

这种解释也提示我们可能低估了男性的抑郁。你能看出来吗？如果我们要求男性压抑情感，成为"更强壮的性别"以适应社会需要，那么他们就可能忽略或低估了自己的悲伤感和无望感，也可能更不愿意承认抑郁情绪的存在。此外，识别抑郁症的传统标准（悲伤、精力缺乏和无助感）也可能让我们忽视了很多抑郁的男性。有趣的是，西方社会对男性表达生气的接纳程度要高于女性。因此，男性如何处理自己的抑郁？通常是通过发泄（攻击）、冲动（鲁莽驾驶和轻度犯罪）和物质滥用。事实上可能很多男性都处于抑郁中，只是我们没有意识到。近几年，"哥特兰男性抑郁症量表"的使用帮助我们诊断了这种男性的抑郁症状（Walinder & Rutz, 2002）。

心境障碍的解释：生物因素与心理因素

上述心境障碍的严重性（发生频率和破坏正常机能的程度）和持续时间都有所不同。本部分将考察生物因素和心理因素的最新见解，试图用这些因素来解释心境障碍。

生物因素

生物因素在抑郁症和双相型障碍中都起着重要作用。最新的研究表明，一些双相型或抑郁障碍患者的灰质减少，前额叶整体机能衰退。这说明脑结构的改变可能会引发心境障碍（Almeida et al. , 2003; Lyoo et al. , 2004; Steffens et al. , 2003）。其他研究也指出少数神经递质出现不平衡现象，包括血清素、去甲肾上腺素和多巴胺（Delgado, 2004; Owens, 2004;

Southwick，Vythilingam & Charney，2005）。

由于上述这些神经递质影响唤醒水平，并控制着受抑郁影响的其他机能，如睡眠周期和饥饿。能够改变这些神经递质活性的药物，也可以缓解抑郁的症状（因此被称为"抗抑郁剂"）。类似地，锂离子可以通过阻止对去甲肾上腺素和血清素敏感的神经细胞受到过度刺激，从而缓解和预防躁狂的发作（Chuang，1998）。

也有证据表明，抑郁症和双相型障碍可能是遗传的（Baldessarini & Hennen，2004；Horiuchi et al.，2004；Sequeira et al.，2004）。例如，双生子中若有一人患有心境障碍，那么另一人患病的可能性大约为50%（Swartz & Margolis，2004）。但需要注意的是，这些拥有相似基因的亲属通常也分享相同的成长环境。

最后，演化的观点认为适度的抑郁可能是对丧失的适应性反应，它可以帮助我们退一步重新审视自己的目标（Neese，2000）。对该理论的支持来自对灵长类动物的观察结果：当遭受重大丧失时，灵长类动物也会表现出抑郁症状（Suomi，1991）。临床上严重的抑郁可能只是一般适应性反应的极端形式。

心理学观点

抑郁的心理学观点关注环境中的应激源，以及来自人际关系、思维过程、自我概念和学习经历中的失调（Cheung，Gilbert & Irons，2004；Hammen，2005；Matthews & Macleod，2005）。精神分析学派认为，抑郁就是当结束一段重要关系或依恋丧失时，将愤怒转向自我；愤怒来自于情感拒绝和丧失感，尤其是当挚爱的人死亡时。人本主义学派则认为，抑郁是由于对自我的要求过于苛刻和积极的成长受阻。

习得性无助 塞利格曼提出的概念，用来描述无助与屈服的状态。在这种状态下，人类或非人类动物知道自己没有能力逃脱带来疼痛的处境，从而产生了抑郁。

另一个重要的贡献者是马丁·塞利格曼（Martin Seligman）（1975，1994），他提出了**习得性无助**（learned helplessness）理论。塞利格曼已证实，当人或非人类动物不断地遭受疼痛而又无法逃脱时，就会产生强烈的无助感和屈服，不再为逃脱疼痛做出任何努力。换句话说，当人们（或动物）知道自己没有能力改变现状时，就更可能放弃。你能用这一理论解释接受暴政压迫的百姓，或处于虐待关系的人吗？塞利格曼还指出，社会对个人主义的强调和很少与他人建立联系，使得人们更容易感到抑郁。

习得性无助理论也涉及了认知因素，也就是归因，即人们对自己和他人行为的解释。一旦个体认识到自己的行为与结果不相干时（习得性无助），抑郁就可能发生，特别是当个体将失败归为内在的（自己的弱点）、稳定的（长期不能改变的弱点）和普遍的（在很多情况下都存在的弱点）原因时，更容易产生抑郁（Chaney et al.，2004；Gotlieb & Abramson，1999；Peterson & Vaidya，2001）。

应用

聚焦研究

自杀及其预防

自杀与严重的抑郁有关。由于羞耻和秘密围绕着自杀者，所以存在很多错误的概念和刻板印象。你能正确判断以下观点的正误吗？

（1）谈论自杀的人不可能自杀。

（2）自杀通常很少或者没有前兆。

（3）自杀者是抱定了死亡的念头。

（4）父母尝试过自杀，那么他们的孩子自杀的风险就更高。

（5）想自杀的人会永远保持这种念头。

（6）男性比女性更可能真正地行使自杀行为。

（7）一个曾经极度抑郁并想自杀的人，看起来"振作起来了"，他自杀的风险也就大大地减少了。

（8）只有抑郁的人才会自杀。

（9）自杀的念头是很少见的。

（10）询问抑郁者有关自杀的内容会促使他/她精神错乱，从而导致了本不该发生的自杀行为。

对比一下你和专家的答案和解释（Baldessarini & Hennen，2004；Besancon，2004；Hansell & Damour，2005；Joiner，Brown & Wingate，2005；Sequeira et al.，2004）：

（1）和（2）错误。有90％的自杀者提到过自己的自杀意向，他们可能会说："如果我发生了什么事，我希望你……"或"生命没有意义"。也会有一些行为上的线索，例如，送掉自己值钱的东西，远离家人朋友，对最喜爱的活动失去了兴趣。

（3）错误。只有3％～5％的自杀者是真的想要自杀，大多数人只是不知道该怎么活下去。他们不能客观地看待自己的问题，不能认识到他们有很多其他的选择。他们常以死亡作为赌注，安排自杀，从而让命运和他人来拯救自己。而且，一旦度过了自杀的危险期，他们通常会对活着心怀感激。

（4）正确。父母企图或实施自杀，他们的孩子有更高的风险步其后尘。如 Schneidman（1969）所提出的，"自杀者是将其心理骸骨放入了幸存者的感情壁橱里"（p. 22）。

（5）错误。只在一段有限的时期内，才有自杀的念头。

（6）正确。尽管在企图自杀的人中女性居多，但在实际自杀的人中男性更多。男性还更可能使用强硬的方式，比如选择手枪而不是服药。

（7）错误。即使患者从抑郁中走出来，他们仍然处于很大的风险中，这是因为现在才是他们有精力来实施自杀的阶段。

（8）错误。抑郁症患者的自杀率是最高的，但自杀也是精神分裂症患者过早死亡的主要原因。另外，自杀还是焦虑障碍、酒精和其他与物质有关障碍患者的主要死亡原因。抑郁不仅限于抑郁患者，身体不健康、严重的疾病、物质滥用（特别是酒精）、孤独感、失业，甚至自然灾害，都可能将人们推向自杀的边缘。

（9）错误。据众多研究估计，整个人群中40％～80％的人在一生中至少有一次想到过自杀。

（10）错误。由于社会认为自杀是糟糕而耻辱的行为，直接地询问反而给予患者倾诉的机会。事实上，不询问可能会导致更深的孤立和抑郁。

如何知道一个人是否想自杀？

如果你确信一个人企图自杀，那么按照你所相信的去行动。如果存在任何直接的危险，就寸步不离地守着他，鼓励他与你交谈，让他感到你在关心他，而不是退缩。但不要说一些"一切都会好的"之类的虚伪安慰，这会让想自杀的人觉得更疏远；相反，你可以坦白地询问他是不是觉得没有希望，想要自杀。与感到抑郁、无望和害怕的人讨论自杀时，不用担心是你让他们想到自杀的。事实上，被单独留下或被告知不可以自杀的患者往往更会去尝试。

如果你怀疑一个人想自杀，那么最重要的一点就是，你要帮助他获得心理咨询。很多城市都有24小时热线的自杀预防中心，或是提供紧急咨询服务无须预约的中心。你也可以将自己的怀疑告诉父母、朋友和其他人，即可以在自杀危险期提供帮助的人。为了挽救生命，你可能不得不泄露他人的秘密，背叛他人对你的信任。

批判性思维

主动学习

你的想法是如何使你抑郁的？

假设以下情境真的发生在你身上，那么你认为最可能的原因是什么？这个原因将来能否改变？它是特殊的？请以画圈的方式回答相应的问题，选择在相同情境中最能代表你感受的数字。谨慎如实地回答可以提高你在元认知上的批判性思维能力，也会帮助你了解想法如何使你有不同程度的抑郁。

情境1

在一个聚会上，你被介绍给一个陌生人，并单独留下来与其交谈，几分钟后，你发现他显得很厌烦。

1. 是由于你的缘故吗？还是由于其他人或环境？

1   2   3   4   5   6   7
其他人   我
或环境

2. 这个原因带来的后果在将来也会出现吗？

1   2   3   4   5   6   7
会   不会

3. 这个原因是只针对这一种情境，还是会影响到生活的其他方面？

1   2   3   4   5   6   7
只影响   影响我生活中
该情境   的所有情境

情境2

4. 你因为一个被高度评价的项目而获得奖励，是由于你的缘故，还是由于环境？

1   2   3   4   5   6   7
环境   我

5. 这个原因在将来也会出现吗？

1   2   3   4   5   6   7
环境   我

6. 这个原因是只针对这一情境，还是会影响到生活的其他方面？

1   2   3   4   5   6   7
只影响   影响我生活中
该情境   的所有情境

你刚才完成的是"归因风格调查问卷"的修改版本，它测量了人们如何解释好事和坏事。如果你是抑郁型解释风格，可能将坏事解释为内在（这是我的错）、稳定（总是这样的）和普遍的因素（在很多情境中都会这样）；

与之相反，如果是乐观型解释风格，你可能做出外在（这是别人的错）、不稳定（不会再发生了）和特殊的（只在这一方面）解释。

当发生好事时，情况正好相反，抑郁型解释风格的人倾向于做外在、不稳定和特殊的解释，而乐观型解释方式倾向于做内在、稳定和普遍的解释。

	抑郁型解释风格	乐观型解释风格
坏事	外在的、不稳定的、特殊的	内在的、稳定的、普遍的
好事	内在的、稳定的、普遍的	外在的、不稳定的、特殊的

如果你在1～3题上的得分高（5～7分），在4～6题上的得分低（1～3分），那么你可能是抑郁型解释风格。如果反过来（前三题得分低而后三题得分高），那么你倾向于使用乐观型解释风格。你知道可以如何利用个人信息来增加或避免抑郁吗？当坏事发生时，提醒自己想更多可以解释事件的外在因素。研究表明，将坏结果归因于自己而将好结果归因于其他人的人比做法相反的人更容易抑郁（Abramson, Seligman & Teasdale, 1978; Seligman, 1991, 1994）。如果你在遭遇挫折后，怪罪于个人的不足，并认为这是不可改变的（稳定的），并得出广泛的（普遍的）结论，就更可能感到抑郁。这种自责、悲观和过度概括化的解释风格会产生无望感（Abramson, Metalsky & Alloy, 1989; Metalsky et al., 1993）

正如所料，以归因方式来解释抑郁的观点同样也受到了批评，它的主要问题在于如何分离原因和结果。抑郁型解释风格导致了抑郁，还是抑郁导致了抑郁型解释风格？或者存在其他变量，比如神经递质或其他生物因素，导致了上述两者？证据表明，思维模式和生物因素相互作用并影响着抑郁。生物学解释毫无疑问地在严重抑郁症中起重要作用，这时寻求专业帮助也是必要的。然而，只需改变一下解释风格便可以帮助你驱逐轻微或中度的抑郁。

517

检查与回顾

心境障碍

心境障碍是感情（情绪）上的障碍。在抑郁症中，个体体验到长期而持续的抑郁情绪，并影响基本功能以及保持快乐感和生活乐趣的能力。这种感觉没有明确的原因，可能会让个体丧失与现实的接触（精神错乱）。在双相型障碍中，躁狂期、抑郁期和正常阶段交替出现。在躁狂期，个体会过度活跃，说话和思维速度很快，普遍存在判断力降低的现象。个体还可能体验到夸大妄想和行为冲动。

心境障碍的生物学理论强调大脑结构的异常和神经递质（特别是血清素、去甲肾上腺素和多巴胺）的紊乱，基因易感性在两种心境障碍中也起着重要作用。

心境障碍的心理学理论强调人际关系的失调、错误的思维、低自尊和不良适应的学习。根据习得性无助理论，抑郁是产生于逃脱惩罚情境的反复失败。自杀是与抑郁有关的严重问题，你可以通过介入其中和表示关心来帮助想要自杀的人。

问题

1. 心境障碍的两种主要类型分别是_____。

(a) 抑郁症、双相型障碍

(b) 躁狂、抑郁

(c) 季节性情感障碍（SAD）、神经错乱（MAD）

(d) 习得性无助、自杀

2. 抑郁症和双相型障碍的主要区别是只有在双相型障碍中，人们会有_____。

(a) 幻觉和错觉

(b) 抑郁

(c) 躁狂发作

(d) 生化不平衡

3. 马丁·塞利格曼提出的用于解释抑郁的习得性无助理论是什么？

4. 根据归因理论，当个体将失败归为_____原因时，更容易发生抑郁。

(a) 外在、不稳定和特殊的

(b) 内在、稳定和普遍的

(c) 内在、不稳定和普遍的

(d) 外在、稳定和普遍的

答案请参考附录 B。

更多的评估资源：

www.wiley.com/college/huffman

 ## 精神分裂症

想象一下，你的女儿只是离家去学校，一个声音就在你的脑海中叫喊："你再也见不到她了！你是一个坏母亲！她会死的！"或者假如你在街上看到恐龙，在冰箱里看到活着的动物又将会怎样呢？这些就是折磨了 T 女士近 30 年的真实体验（Gershion & Rieder，1993）。

T 女士患有**精神分裂症**（schizophrenia），主要表现为知觉、语言、思维、情感和行为上的障碍。迄今为止，我们讨论的所有障碍都带来了极度的痛苦，但大多数患者仍能完成日常生活中的功能。然而，精神分裂症通常非常严重，是一种个体与现实相脱离的精神错乱。精神分裂症患者在生活自理、与他人的关系和工作上都存在严重的问题。在极端的病例中，个体可能会远离他人或现实，总处于幻觉和妄想的幻想生活中。如此以来，他们就需要机构的或监管式的护理。随后我们将在本章中看到，很多精神分裂症患者由于严重的物质滥用而使问题恶化，这可能反映了患者进行自我药物治疗的尝试（Bates & Rutherford，2003；Green et al.，2004；Teesson，Hodder & Buhrich，2004）。

研究者在对精神分裂症的认识上存在分歧：是独立的障碍还是很多障碍的结合（精神分裂症）。但普遍的共识是，它是所有心理障碍中最广泛

 ### 学习目标

精神分裂症的症状和解释分别是什么？

精神分裂症（skit-so-FREE-nee-uh） 一组主要包括知觉、语言、思维、情感和行为等方面障碍的精神病障碍。患者会脱离他人和现实，总处于幻觉和妄想的幻想生活中。

和最有破坏性的障碍之一。接近 1% 的人在一生中会患有精神分裂症，在精神病院中有近一半的人被诊断为该障碍（事实报道，2004；Gottesman，1991；Kendler, Gallagher, Abelson & Kessler, 1996；Regier et al.，1993）。精神分裂症通常发病于青少年晚期到 35 岁之间，青春期以前或 45 岁以后比较罕见，男性和女性的发病率大体相同。由于一些尚不清楚的原因，男性患者通常比女性更严重，更早发作（Salyers & Mueser, 2001）。

精神分裂症就是"分裂或多重型人格"吗？不是的。精神分裂是指"分裂的心灵"。尤金·布洛伊斯（Eugen Bleuler）在 1911 年杜撰出这个词时，指的是精神分裂症患者在思维过程和情绪上存在的分裂。不幸的是，公众通常将"分裂的心灵"与"分裂的人格"相混淆。对大学新生的调查发现，有 64% 的人认为多重人格是精神分裂症的常见症状（Torrey, 1998）。但你随后会看到，多重人格障碍（目前命名为分离性身份障碍）是拥有多于一种独立人格的罕见情况。精神分裂症是一类更普遍的、完全不同的心理障碍，那么它的症状是什么？原因又是什么？跨文化差异如何？

518

精神分裂症的症状？ 思维、情感和知觉上的紊乱有时会通过精神分裂症患者的艺术作品表现出来。

精神分裂症的症状：五方面的障碍

我们刚刚探讨过的两类障碍都有各自标志性的特征：所有的焦虑障碍患者都会感到焦虑，所有的心境障碍患者都会有抑郁和/或躁狂。但精神分裂症有所不同，患者的症状可能存在很大差异，但都被给予了大体相同的标签。这是由于精神分裂症是一组或一类障碍，每个病例都是根据以下一个或几个方面的基本障碍来诊断的：知觉、语言和思维、情感（情绪）和行为。

知觉

精神分裂症患者的知觉可能会夸大（像 T 女士的病例），也可能会迟钝。让大部分人对其所选的关注的过滤和选择过程都是受损的，因此感觉刺激是混乱而扭曲的。一个病人报告说：

> 当人们谈话时，我只能获得其中一些片段，如果只是一个人在说话，情况还不是很糟糕，但如果再有人加进来，我就完全跟不上了。我无法依次获取对话信息，这让我觉得自己是完全开放的——好像所有的东西包围着我，但我对它们已经失去了控制。
>
> ——McGhie & Chapman, 1961, p. 106

幻觉 在没有外界刺激的条件下所产生的假想知觉。

由于知觉障碍，精神分裂症患者可能会体验到**幻觉**（hallucinations）——在没有外界刺激的条件下所产生的假想知觉。任何感官都可以产生幻觉（视觉、触觉、嗅觉），但在精神分裂症中最常见的是幻听。像 T 女士一样，精神分裂症患者常听到大声表达想法的声音，这些声音评论着他们的行为，或在告诉他们该做什么，它们似乎来自自己的头脑里面，或者来自外部，如动物、电话线或电视机。

精神分裂症患者较少会以伤害别人来回应扭曲的内在体验或听到的声音。不幸的是，媒体会过分地关注那些病例，从而夸大了社会对"精神病人"

的恐慌。事实上，相对于攻击他人来说，精神分裂症患者更可能自残和自杀。

语言和思维

519

常言道："家居玻璃房，切忌乱扔石。"当要求某个精神分裂症患者解释这句话时，他会说："住在玻璃房里的人不应该忘记住在石头屋的人，并且不应该扔玻璃。"

从这个简单的例子中，我们可以看到精神分裂症患者的逻辑有时会受损以及思维混乱怪诞。当语言和思维有轻度障碍时，患者表现出主题的漂移；在更严重的障碍中，短语和句子混淆不清（即词汇"沙拉"）或自己胡乱造词（语词新作），比如把"splinters"和"blisters"说成"splisters"，或是把"smart"和"clever"说成"smever"。

精神分裂症患者最普遍的思维障碍是脱离现实（精神错乱）。还记得本章开始时提到的认为别人要策划谋杀自己的医科学生 Jim 吗？你能想象脱离现实，不能从现实中分离出幻觉和妄想有多么可怕吗？

除了脱离现实，精神分裂症的另一种常见的思维障碍是**妄想**（delusions），即基于扭曲现实的错误信念。我们都经历过夸大的想法，比如朋友在试图躲避我们，或是父母的离婚是我们的错，但精神分裂症中的妄想要比这严重得多，比如 Jim 十分肯定有人正在试图暗杀他（迫害妄想），没有人可以打消他的疑虑，或者用其他的方式说服他。在夸大妄想中，人们会认为自己是非常重要的人，可能是耶稣和英国女王。在关系妄想中，没有联系的事件被赋予了特殊的意义，比如说一个人相信电台节目或报刊文章会给他/她带来特殊消息。

妄想 基于歪曲现实的错误信念。

情感

> 如果我因为某事发笑，而这件事与我正在说的内容没有任何关系，人们一定会觉得很奇怪。但是他们并不知道有多少东西在我的头脑中出现以及它们之间发生了什么。你知道，我可能在十分认真地和你说些什么，但同时又有其他有趣的东西闯入我的头脑而令我发笑。如果我能够只集中在一件事上，就不会有现在一半的愚昧了。
>
> ——McGhie & Chapman，1961，p. 104

从这段引用中可以看到，精神分裂症患者有时会夸大他们的情感，并且以不恰当的方式快速地转换。在某些病例中，情感也可能变得迟钝或者强度减弱，一些精神分裂症患者表现出情感平淡——几乎没有任何形式的情绪反应。

行为

行为障碍是指表现出有特殊含义的异常行为。某个患者为了将过多的想法甩出头脑而有节奏地左右摇头，另一患者则不停地按摩头部来"帮助它清理"多余的想法。在其他病例中，患者还可能会作怪相或表现出异常的行为举止。但是，这些动作也可能是药物治疗带来的副作用（见第15章）。

精神分裂症患者也可能出现全身僵化，在很长一段时间里保持一种不舒服的、几乎一动不动的状态。少数患者会出现蜡样屈曲的症状，倾向于保持强加给他的任何姿势。

这些异常行为通常与知觉、思维和情感等方面的障碍有关。例如，体验到大量的感觉刺激或极度混乱，可能会使精神分裂症患者产生幻觉、妄想、远离社会接触以及拒绝交流。

520

精神分裂症的类型：最近的分类方法

很多年来，研究者们将精神分裂症分为偏执型、紧张型、瓦解型、未分化型和残留型（见表14—3）。这些术语也被列入 DSM-Ⅳ-TR，有时也会被公众所使用，但批评者认为它们对临床应用和研究没有太大价值。这种亚分类在预后（对康复的预测）、病因学（原因）和对治疗的反应等方面不能做出区分。此外，未分化型是难以诊断案例的大杂烩（American Psychiattric Association，2000）。

表 14—3	精神分裂症的亚类型
偏执型	主要特征为妄想（迫害妄想和夸大妄想）和幻觉（幻听）。
紧张型	主要特征为运动障碍（不动或过度活跃）和言语模仿（重复他人的语言）。
瓦解型	主要特征为语无伦次、情绪的平淡或夸大和社会退缩。
未分化型	符合精神分裂症的标准但不属于上述任何亚类型。
残留型	不完全符合精神分裂症的标准但仍有部分症状。

"这就是给我治疗妄想的医生。我不信任他。"

由于以上原因，研究者们提出了划分为两组而非四组症状的二选一的分类系统。

（1）阳性症状，涉及正常思维过程和行为的增加或夸大，如妄想和幻觉。在精神分裂症发展迅速的情况下（即急性或反应性精神分裂症），阳性症状更常见，发作前的调整和康复的预后也更好一些。

（2）阴性症状，涉及正常思维过程和行为的降低和缺乏，如注意力受损、说话贫乏和单调、情感（或情绪）平淡以及社会退缩。阴性症状通常出现在发展缓慢的精神分裂症中（慢性或过程性精神分裂症）。

除了将症状分为阴阳两性外，最新的 DSM-Ⅳ-TR 认为应该增加其他的维度来反映行为紊乱，这类症状包括讲话不连贯、行为古怪和情感（或感觉）不恰当。无论是二维还是三维模式，共同的优势就是承认精神分裂症是多种障碍和多种原因的。

精神分裂症的解释：先天与后天

人们为什么会患精神分裂症？因为有很多不同形态，所以大部分研究者认为它是由多重的生物和心理社会因素所引起的——生物社会心理模型（Walker et al.，2004）。

💡学习提示

如果你难以区分阳性和阴性症状，那么回想一下第 6 章所学的正负强化和惩罚。阳性可以视为"增加"，而阴性指的是"移除或丧失"。

521

生物学理论

大量的科学研究关注精神分裂症可能的生物学因素。一些研究者认为病毒性感染、出生并发症、免疫反应、先天营养不良和父亲的年龄过大都影响了精神分裂症的发展（Beraki et al. , 2005；Cannon et al. , 2002；Dalman & Allebeck, 2002；Sawa & Kamiya, 2003；Zuckerman & Weiner, 2005）。但是，关于精神分裂症的大部分生物学理论集中在三个主要因素：遗传、神经递质和大脑异常。

（1）遗传。无疑，基因对精神分裂症的发生起着重要作用。尽管一些学者开始分离与精神分裂症有关的特殊基因，甚至确定了某些基因的染色体位置，但大部分遗传学研究还是集中在对双生子和寄养子的研究上（Crow, 2004；Davalos et al. , 2004；Elkin, Kalidindi & McGuffin, 2004；Hulshoff Pol et al. , 2004；Lindholm et al. , 2004；Petronis, 2000）。

据估计，对于同卵双生子精神分裂症的遗传可能性大概为 48%。图 14—6 显示了与精神分裂症患者有不同程度关系的人患精神分裂症的风险。正如所料，风险随遗传相似性而增加。换句话说，具有的共同基因越多，越有可能患病。例如，如果同卵双生子之一患精神分裂症，那么另一人患病可能性为 48%~83%（Berrettini, 2002；Cannon, Kaprio, Lonnqvist, Huttunen & Koskenvuo, 1998）。但如果兄弟姐妹中一人患病，其余人患病的几率仅为 9%。如果你对比一下普遍人群中的发病率（约为 1%），就可以看到遗传在精神分裂症中的作用了。

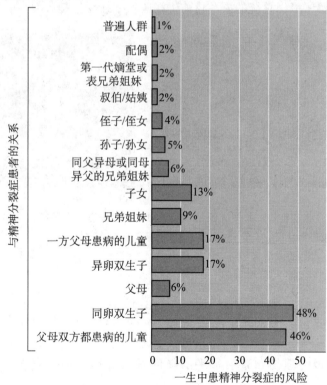

图 14—6　遗传与精神分裂症。 你一生中患精神分裂症的风险部分依赖于你遗传上与精神分裂症患者关系的密切程度。当你评价统计结果时，请记住普遍人群中的患病率为 1%（图中第 1 行）。风险随遗传相关程度而提高。

资料来源：Gottesman, "Schizophrenia Genesis", 1991. W. H. Freeman and Company/worth Publishers.

多巴胺假说 多巴胺神经元的过度兴奋可能会导致某些类型的精神分裂症。

（2）神经递质。神经递质究竟是如何影响精神分裂症的，目前还不是很清楚。广泛持有的观点认为是因为对多巴胺不平衡的易感性所引起的（Ikemoto，2004；Paquet et al.，2004）。根据**多巴胺假说**（dopamine hypothesis），大脑中特定的多巴胺神经元的过度兴奋可能引起了某些类型的精神分裂症。该假设基于两个重要的观察。

首先，大剂量的安非他明可以增加大脑中多巴胺的总量（见第5章），而过度分泌的多巴胺随后可以导致精神分裂症的阳性症状（如迫害妄想）。更重要的是，安非他明会诱发无心理障碍史的人也出现这些症状。另外，低剂量的安非他明会使已患病者的症状恶化。此外，安非他明所诱发的精神错乱更可能发生在具有基因易感性但还没出现精神分裂症征兆的个体中。

其次，治疗精神分裂症的有效药物，像氟哌丁苯或氯丙嗪，可以阻碍或降低大脑中多巴胺的活动。正如多巴胺假说所预期的那样，这种阻碍或降低导致随后的精神分裂症阳性症状（如幻觉和妄想）的降低或消除。

（3）大脑异常。精神分裂症的第三个主要的生物学理论关注大脑功能和结构的异常。研究者已发现，部分精神分裂症患者的脑室（大脑中充满液体的正常空间）更大（Delisi et al.，2004；Gaser et al.，2004），从图14—7（a）和图14—7（b）中的核磁共振成像（MRI）扫描可以看到这一结果。在John Hinckley Jr的大脑中也发现了扩大的脑室，他就是企图谋杀罗纳德·里根总统的人，目前仍在监狱中接受精神分裂症的治疗。

522

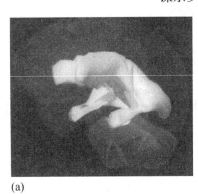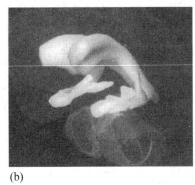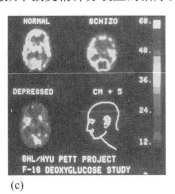

(a)　　　　　(b)　　　　　(c)

图14—7　精神分裂症患者的大脑扫描图。（a）这张三维核磁共振成像显示了精神分裂症患者在大脑结构上的变化：海马的萎缩和脑室的扩大。（b）与正常人的相同区域进行比较。（c）这张正电子发射断层扫描图（PET）显示了正常人、抑郁症患者和精神分裂症患者在大脑激活上的差异。大脑的激活水平对应于最右边图片的颜色和数字，数字越高，颜色越偏近暖色，表明激活水平越高。

通过正电子发射断层扫描（PET）揭示了另一种与精神分裂症有关的大脑异常。图14—7（c）表明，一些慢性精神分裂症患者顶叶和颞叶的激活水平较低。因为顶叶、颞叶与语言、注意和记忆有关，所以这些部位的损伤和激活水平的降低可以解释精神分裂症中的思维和语言障碍。

大脑较低的激活水平以及精神分裂症本身，可能都是因为大脑中灰质总量的减少所引起的（Gogtay et al.，2004；Hulshoff Pol et al.，2004）（第2章提到过，灰质是大脑皮层和脊髓中略带浅灰色的神经元）。

在每个大脑异常的病例中，都要时刻记住相关不等于因果。大脑的异常可能确实导致或恶化了精神分裂症，但也可能是疾病本身引起了这些异常。此外，一些精神分裂症患者并未表现出大脑异常，而同样的异常也存在于其他心理障碍中。

心理社会理论

我们可以通过同卵双生子的遗传统计资料来了解心理社会因素对精神分裂症的影响程度。由于同卵双生子有同样的基因，因此，如果精神分裂症完全是遗传的，并且其中之一患病，那么另一个也患病的几率是多少？如果你说是 100％，那么你是正确的。但是因为实际的比率为 48％，所以非遗传因素在剩下的比率中起了作用。其他的生物学因素（像神经递质和大脑异常）构成了"剩余"比率中的部分，但大多数心理学家认为至少有两种非生物学因素应激和家庭交流也可能是有影响的。

（1）应激。很多关于精神分裂症的理论都认为，应激是引发精神分裂症的主要因素（Corcoran et al. , 2003；Schwartz & Smith, 2004；Walker et al. , 2004）。根据精神分裂症的应激特质模型，人们遗传了精神分裂症的易感性（或者特质），如果随后体验到的应激超过可承受的范围，便引发精神分裂症。

（2）家庭交流。部分研究者认为，父母及家庭成员之间的交流障碍可能是精神分裂症的诱发因素之一，包括晦涩难懂的语言、片段式的交流以及父母带给孩子的矛盾信息。在这种环境中，孩子可能会退缩到个人世界里，从而为随后的精神分裂症发作创造了条件。

家庭的交流形式也会给精神分裂症患者的康复带来负面影响。在很多研究中，研究者测量了家庭成员对精神分裂症患者的批评和敌视程度，以及在患者生活中的过度情感参与水平。根据对这些情感表达（expressed emotion，EE）的测量，当家属为高情感表达者时，患者从医院回家后，疾病的复发率更高，也更容易出现病情恶化（Hooley & Hiller, 2001；Lefley, 2000）。

对上述理论的评价

对多巴胺假说和大脑异常理论的批评者认为，它们只符合某些精神分裂症病例；此外，这两种理论都很难确定因果关系。换句话说，是多巴胺神经元的过度兴奋导致了精神分裂症，还是后者导致了前者？类似地，是大脑损伤导致了精神分裂症，还是精神分裂症导致了大脑损伤？或者还存在第三个未知因素？一些研究者认为，基因易感性在精神分裂症中起着决定作用，但如前所述，二者之间的最高相关，即在同卵双生子中，也只有50％左右。

精神分裂症的心理学理论受到了与生物学理论同样的批评，研究同样无法令人信服。这些不确定性指向一个事实，精神分裂症可能是很多已知和未知因素相互作用的结果（Beck & Rector, 2005；Gottesman & Hanson, 2005）（见图14—8）。

523

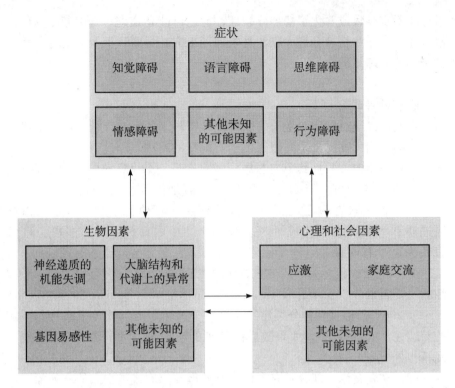

图14—8　生物社会心理模型与精神分裂症。 研究表明，生物因素和心理与社会因素共同作用，从而导致了精神分裂症。

资料来源：Reprinted from Biological Psychiatry, Meltzer, G. "Genetics and Etiology of Schizophrenia and Bipolar Disorder", 2000, pp. 171-178, with permission from Society of Biological Psychiatry.

524

目　标　性别与文化多样性

世界各地的精神分裂症

因为人们以各种各样的方式体验着心理障碍，所以难以直接进行文化间的比较。然而，精神分裂症似乎有很大的生物学成分，因此它提供了我们了解文化影响异常行为的最好途径。

（1）患病率。迄今为止所研究的所有国家和所有文化中，都存在精神分裂症。但在不同的文化之间也存在着一些有趣的差异。在挪威，男性的患病时间通常比女性早3~4年，更可能住院治疗，而且住院时间也更长，社会机能更差（Raesaenen, Pakaslahti, Syvaelahti, Jones & Isohanni, 2000）。目前还不清楚产生这种差异是由于不同地区的实际患病率不同，还是由于定义、诊断和报告不同（Kleinman & Cohen, 1997；Lefley, 2000）。

（2）形式。精神分裂症的表达形式和症状也存在文化差异（Stompe et al., 2003）。例如，在尼日利亚，精神分裂症的主要症状为过度怀疑他人，伴随着人身安全受到威胁的古怪想法（Katz et al., 1998）。在西方国家，其主要症状是幻听。有趣的是，幻听的"来源"伴随着科技进步而发生变化。20世纪20年代，人们听到的声音来自收音机，50年代来自电视，60年代来自太空中的人造卫星，到了70年代和80年代来自微波炉（Brislin, 2000）。

（3）发作。如前所述，一些理论认为应激会诱发精神分裂症，来自阿尔及利亚、亚洲、欧洲、南美和美国的跨文化系（Al-Issa，2000；Browne，2001；Neria et al.，2002；Torrey & Yolken，1998）。有些应激源是很多文化所共有的，如配偶的突然死亡或失业，但还有一些是文化特异的，如被邪恶的力量所入侵或成为巫术的受害者。

（4）预后。对精神分裂症康复状态的预后（预测）在不同文化中也不同。工业化国家可以采取先进的治疗设备，拥有训练有素的专家和治疗药物。如果实际上却是非工业化国家精神分裂症患者的预后更好，你感到奇怪吗？这可能是因为精神分裂症的核心症状（待人冷漠、说话语无伦次等）使得在高度工业化的国家中行使功能更加困难。另外，大多数工业化国家倡导个人主义，因此，家人和其他支持团体对患病的亲人和朋友的责任感更少（Brislin，2000；Lefley，2000）。

你能看出这四种文化特异的因素（患病率、形式、发作和预后）支持了精神分裂症的社会文化的或心理学的解释吗？另外，大量文化普遍的症状和精神分裂症几乎存在于所有社会的事实也支持了生物学解释。我们再一次找到了生物社会心理模型中各因素相互作用的例证。

文化对精神分裂症的影响。患病率、形式、发作和预后在不同文化中有所不同。令人惊讶的是，非工业化国家的精神分裂症患者的康复预后或预期要好于工业化国家。你能解释这是为什么吗？

525

检查与回顾

精神分裂症

精神分裂症是一种严重的精神病心理障碍，人群中大约有 1% 的人受此折磨，其主要症状为知觉（幻觉）、语言（言语"沙拉"和语词新作症）、思维（逻辑受损和妄想）、情感（夸大、不可预测或迟钝）和行为（社会退缩、古怪、全身僵硬、蜡样屈曲）五方面的障碍。

精神分裂症的症状可分为阳性和阴性症状。阳性症状包括正常思维过程和行为的增加和夸大（例如妄想和幻觉）。阴性症状包括正常思维过程和行为的降低和缺乏（例如说话的贫乏与单调、情感平淡）。

精神分裂症的生物学理论强调基因的作用（人们的基因易感性）、神经递质的紊乱（多巴胺假说），以及大脑结构和功能的异常（例如脑室扩大，顶叶、额叶的激活水平低）。精神分裂症的心理社会理论关注应激和交流障碍。

问题

1. ＿＿＿＿指的是"分裂的心灵"，而＿＿＿＿指的是"分裂的人格"。

(a) 精神病，神经官能症

(b) 精神错乱，多重人格

(c) 精神分裂症，分离性身份障碍

(d) 妄想症，边缘化

2. 精神分裂症也是＿＿＿＿的一种形式，描述缺乏与现实接触的专有名词。

3. 在无外界刺激的条件下产生假想的感觉称为＿＿＿＿，在精神分裂症患者中最常见的是＿＿＿＿

(a) 幻觉，听觉

(b) 幻觉；视觉

(c) 错觉，听觉

(d) 错觉，视觉

4. 列出影响精神分裂症的三种生物因素和两种心理社会因素。

答案请参考附录 B。

更多的评估资源：

www. wiley. com/college/huffman

其他障碍

现在我们已经探讨了焦虑障碍、心境障碍和精神分裂症。在这一部分我们将简要地描述其他三种障碍——与物质有关的障碍、分离性障碍和人格障碍。

与物质有关的障碍：药物使用异常

由于晚饭时喝了些葡萄酒或是聚会时喝了些啤酒，从而导致了情绪和行为上的变化，你认为这种改变可以接受吗？在 DSM-Ⅳ-TR 中，当个体在生理和心理上产生依赖时，物质使用就成为障碍。从表 14—4 中可以看到，**与物质有关的障碍**（substance-related diserders）可以被细分为两种常见类型——物质滥用和物质依赖，每一类都有其特殊的症状。当物质使用妨碍了个体的社会机能或职业机能时，就被称做物质滥用。当药物使用还导致了生理反应，包括耐受性（需要更多药物来满足所希望的结果）和戒断状态（移除药物后出现的消极身体影响）时，就变成了物质依赖。

> ## 学习目标
>
> 如何诊断与物质有关的障碍、分离性障碍和人格障碍？

与物质有关的障碍 滥用或依赖于那些改变情绪和行为的物质。

526

共病性 同一个人在同一时间存在两种或以上的障碍，例如一个人同时患有抑郁和酗酒。

表 14—4	DSM-Ⅳ-TR 物质滥用和物质依赖
物质滥用的标准（酒精或其他物质）	物质依赖的标准（酒精或其他物质）
物质的不适应性使用表现为以下状况中的一点：	表现出下列现象中的三点或三点以上：
（1）不能履行义务。	（1）耐受性。
（2）在对身体造成危害的情况下重复使用。	（2）戒断状态。
（3）尽管使用该物质带来了很多问题，但仍继续使用。	（3）物质使用时间和剂量超过了预期范围。
（4）多次发生与物质使用有关的法律问题。	（4）缺乏减少和控制使用物质的愿望与努力。
	（5）放弃或减少社会、娱乐或工作上的活动。
	（6）花费大量时间来努力获取该物质。
	（7）尽管知道心理或身体上的问题因物质使用而恶化，但仍继续使用。

人们能否使用物质但不出现与物质有关的障碍？当然可以。很多人饮酒但并没有给自己的社会关系和工作带来麻烦。不幸的是，研究者们并不能提前识别出谁可以安全地使用物质以及谁可能成为滥用者。与物质有关的障碍也常与其他心理障碍共存，其中包括焦虑障碍、心境障碍、精神分裂症和人格障碍（Goodwin，Fergusson & Horwood，2004；Green et al.，2004；Grilly，2006），这种障碍一同出现的情况被称做**共病性**（comorbidity），它会带来更严重的问题。

如果我们想解决多重障碍，那么应该如何来确定恰当的原因和治疗方法呢？是什么导致了多重障碍？最有影响力的假设可能是自我药物治疗——个体通过使用物质来缓解自己的症状（Batel，2000；Goswami et al.，2004；Green，2000）。最常见的共病性表现之一就是酒精使用障碍（AUD），研究发现它与其他状态，如抑郁和人格障碍，有高度的遗传相关（Heath et al.，2003）。另外，很多环境变量也可以预期青少年的物质滥用障碍和共病性情况，包括父母监护的减少、与老师疏远、选择性地与另类同龄人社会化，以及远离同伴（Fisher & Harrison，2005；Sher，Grekin & Williams，2005）。

尽管同时存在遗传和环境的解释似乎很矛盾，但我们再一次看到遗传和环境的相互作用。研究者认为，这种相互作用可能是酒精滥用的年轻人倾向于寻找另类的同伴。此外，使得父母放任管教的基因也可能导致孩子在早期尝试酒精（Sher，2000）。

不管酒精滥用障碍和共病性的因果或相关如何，如果希望达到理想的治疗效果，患者、家庭成员和咨询师对共病性的认识和处理是十分关键的。酒精滥用障碍常伴随着严重的抑郁，仅仅停止酗酒并不能完全解决问题（尽管这是最重要的一步）。类似地，同时患有酒精滥用障碍的精神分裂症患者极可能精神病复发，需要住院治疗，从而忽视他们的物质滥用、暴力行为，甚至自杀（Batel，2000；BesanCon，2004；Goswami et al.，2004）。由于认识到这种模式和潜在危险，现在很多治疗精神分裂症中采用的个体和团体治疗计划也包括治疗药物滥用的方法。

酒精滥用的沉重代价。 父母酗酒的儿童有较高的酒精滥用以及出现相关障碍的风险。这是因为基因易感性，父母的榜样作用，还是因为父母酗酒给儿童带来的情感破坏？

分离性障碍 由于与记忆或意识体验的分离，而导致的遗忘、漫游或多重人格。

527

分离性障碍：人格分裂

你看过电影《三面夏娃》或《心魔劫》吗？这两部电影戏剧化地展现和普及了**分离性障碍**（dissociative disorders）的病例。分离性障碍包括几种不同的类型，但都涉及将重要的经历从记忆或意识中分离开来的症状。个体无法回忆或识别过去的经历（分离性遗忘），或离家出走（分离性漫游），或丧失现实感和自我存在感（人格解体障碍），或出现完全分离的人格（分离性身份障碍，以往称之为多重人格障碍），从而表现出与他们核心人格的分离。

为什么有人会这样反应？我们都有这样的经历：去某地旅行，到达目的地，然后发现我们并没有记住行程中的任何细节，这是极其轻度的分离。若想了解分离性障碍是什么样，请想象一下你目睹了爱人在一场可怕的车祸中丧生，你的心通过封闭和事故有关的所有记忆来应对情感上的伤痛。Putnam（1992）描述了一个令人心痛的分离性障碍病例——一个目睹双亲在雷区被炸成碎片的小女孩如何小心翼翼地把他们的尸体一片一片地拼起来。

逃脱焦虑的需要是存在于所有分离性障碍中的主要问题。通过遗忘、逃避和出现分离的人格来避免可能要压倒他/她的焦虑和应激。不同于大部分心理障碍，环境变量被认为是致病的主要原因，而遗传因素影响很小或者没有（Waller & Ross，1997）。

分离性身份障碍

最严重的分离性障碍是**分离性身份障碍**（dissociative identity disorders），以往称之为多重人格障碍，就是在不同时间，同一个人身上存在两种或两种以上截然不同的人格，每一种人格都有独特的记忆、行为和社会关系。从一种人格转换到另一种，非常突然，通常由心理压力引起。主人格通常不知道或不能意识到存在着替代性的子人格，但这些不同的人格都可能意识到过去某段时期的丧失。通常来说，这些子人格与原始人格有很大的不同，可能是其他性别、不同种族、其他年龄，甚至是另一个物种的（比如说狗和狮子）。患有分离性身份障碍的女性多于男性，并且女性有更多的身份，平均有 15 种以及更多，而男性平均只有 8 种（American Psychiatric Association，2000）。

《心魔劫》一书（与电影）中描述了一个著名的分离性身份障碍的病例。Sybil Dorsett 是一名中西部地区的学校老师，16 种人格轮流控制着她的身体。Sybil 在成为"另一个人"时会丧失记忆，并且不认为自己有时候行为异常。当她是 Peggy Lou 时，她富有攻击性并容易生气；当她是 Vickie 时，她是一个自信成熟的女人，并知道其他人格的存在。

分离性身份障碍是一个颇受争议的诊断，一些研究者和心理健康专家认为很多病例是伪装的，或者来自于错误记忆以及取悦咨询师的无意识需求（Kihlstrom，2005；Loftus，1997；McNally，2004；Stafford & Lynn，2002）。这些怀疑论者还认为咨询师可能无意中鼓励了分离性身份障碍，从而过多地报告了该障碍的发生。

"Sybil"的可靠性也受到了质疑（Miller & Kantrowitz，1999）。现实生活中的一位患者 Shirley Ardell Mason，死于 1998 年，最近一些专家也开始怀疑对她的最初诊断。他们认为 Shirley 可催眠性很高，容易受暗示的影响，是她的医生 Cornelia Wilbur 无意中"暗示"她存在多重人格。

站在辩论另一面的心理学家们接受分离性身份障碍的有效性，并且认为这种状况是在诊断标准以内的（Brown，2001；Lipsanen et al.，2004；Spiegel & Maldonado，1999）。与之一致的观点是，已有证据表明分离性身份障碍存在于世界各地的很多文化中，并且报告的病例数一直以来都在增加（APA，2000）（批评家认为这也可能反映了对该障碍公众意识的提高）。

人格障碍：反社会和边缘型人格障碍

在第 13 章中，人格被定义为思维、感觉和行为相对稳定的独特状态。如果这种稳定的人格状态十分顽固、适应不良，给个体的社会机能与工作机能带来了严重的损害，那会怎么样？这就是**人格障碍**（personality disorders）。虽然焦虑和心境障碍也会涉及功能适应不良，但与它们不同的是，人格障碍的患者对他们的行为一般不会感到心烦或焦虑，并且没有想要改变的动机。在 DSM-Ⅳ-TR 中包含了多种人格障碍，在此我们只关注

分离性身份障碍（DID） 在不同的时间，同一个人身上同时存在着两种或两种以上截然不同的人格，以往称之为多重人格障碍。

分离性身份障碍（DID）。 女演员 Sally Field 因为在电视剧《心魔劫》中生动地刻画了一个分离性身份障碍的女患者而获得艾美奖，Joanne Woodward 则扮演了引导她回到健康状态的心理医生。尽管这一电视剧是根据现实生活中的一位患者创作，但最近专家对这一病例以及分离性身份障碍诊断的可靠性产生了质疑。

资料来源：Miller & Kantrowitz，1999.

528

人格障碍 顽固且适应不良的人格特质，导致社会机能和工作机能的严重受损。

最有名的反社会型人格障碍和最普遍的边缘性人格障碍。

反社会型人格障碍

反社会型人格（antisocial personality）描述的是行为举止严重地违背了社会伦理和法律标准，很多人认为它是所有心理障碍中最严重的障碍。与前面所讨论的障碍不同，被诊断为反社会型人格障碍的人只关注自己的兴趣，完全漠视他人的权利，并且很少体验到自责。不幸的是，适应不良的人格特质总是给他人带来很大的伤害和痛苦（Hervé et al.，2004；Kirkman，2002；Nathan et al.，2003）。看来这些人最后必然会死于监狱，但很多患者以不太明显的方式伤害他人，比如骗子、无情的商人以及"不诚实的"政治家和 CEO，从而避免了法律上的麻烦。

症状　Scott Peterson，本章最开始所描述的杀人犯，展现了反社会型人格障碍的四大核心特质：自我中心、缺乏良心、冲动性行为和表面上的吸引力。自我中心指的是只关注自己的利害关系而无视他人的需要。Robert Hare 博士将反社会型人格障碍的患者描述为"社会的掠夺者，他们控制、操纵、无情地开拓着生命的道路，留下破碎的心、破灭的希望和空空的行囊所带来的无限痛苦。完全缺乏良心和同情，他们自私地拿走自己想要的，开心地做着违反社会标准和期望的事，却没有一丝愧疚和后悔"（Hare，1993，p. xi）。

与学会为了长期目标而牺牲眼前利益的大部分成年人不同，这些个体不计后果地冲动行事。面对自己的破坏性行为，他们通常泰然自若，并蔑视任何自己可以操纵的人。他们会突然地改变工作和人际关系，通常都有逃学和由于破坏性行为被开除的经历，甚至在多次受罚后，仍然缺乏对行为和结果之间联系的认识。

有趣的是，反社会型人格障碍的患者很有魅力并善于说服，他们对他人的需要和弱点有非凡的洞察力。甚至当剥削他人时，他们也能使其产生信任感。杀人恶魔 Ken Bianchi 就非常有吸引力，他可以说服偶然相识的女性为他的谋杀做辩解，当 Bianchi 说服那名女性帮助自己时，他已经因几起谋杀案而被控诉并已在监狱中（Magid & McKelvey，1987）。

目前还没有完全弄清楚反社会型人格障碍的患病原因（Lynam & Gudonis，2005）。来自双生子和寄养子研究的生物学因素证据认为是基因的易感性（Bock & Goode，1996；Jang et al.，2003）。其他研究也发现在压力状态下，这些个体会出现异常低的自主激活水平、右半球异常，以及额叶灰质的减少（Kiehl et al.，2004；Raine，Lencz，Bihrle，LaCasse & Colletti，2000）。

有证据表明环境和心理因素也产生了影响。研究者发现反社会型人格和虐待的养育方式、不恰当的榜样有很强的相关（Farrington，2000；Pickering，Farmer & McGuffin，2004）。反社会型人格障碍患者通常来自具有以下特征的家庭：情感剥夺、苛刻而矛盾的惩戒措施以及来自父母的反社会行为。还有研究表明，遗传和环境之间高度相关（Paris，2000；Rutler，1997）。

反社会型人格障碍　极度忽视他人权利和侵害他人权利。

最近的一个反社会型人格障碍病例。 你还记得听到的 Scott Peterson 的录音磁带吗？当他人疯狂地寻找着他"失踪"的妻子时，他正在玩弄和欺骗自己的女友。这是关于反社会型人格障碍特质和行为的一个很好的例子。

边缘型人格障碍

边缘型人格障碍（BPD） 在情绪、人际关系和自我形象上的冲动性和不稳定性。

所诊断的人格障碍中，最常见的是**边缘型人格障碍**（Borderline personality disorder，BPD）（Markovitz，2004），它的核心特征是冲动和不稳定的情绪、人际关系与自我形象。尽管边缘听起来好像是不太严重，但实际上并不是这样的。最开始这个名词指的是个体处于神经官能症和精神分裂症的边界线上（Davison，Neale & Kring，2004），而现在的概念不再有这层含义，但它仍然是最复杂和最使人脆弱的人格障碍之一。

本章开篇提到的 Mary 患有终身的慢性功能紊乱，这个病例展示了和边缘型人格障碍有关的严重问题。该障碍的患者在人际关系上会体验到极大困难，并做出具有破坏性的冲动行为，如 Mary 的乱交和自残行为，有些人还会有酗酒、赌博和无节制的饮食等问题，这些都是自我伤害和潜在的致命因素（Chabrol et al.，2004；Trull，Sher，Minks-Brown，Durbin & Burr，2000）。遭受慢性的抑郁、空虚和对被抛弃的强烈恐惧，边缘型人格障碍的患者可能会试图自杀，有时会做出自残行为，如把刀片切入手臂或腿上（Bohus et al.，2004；McKay，Gavigan & Kulchycky，2004；Paris，2004）。

你认识与对 Mary 的描述相符的人吗？如果有的话，你一定知道作为这种人的朋友、爱人或父母是多么的困难。在某一时刻，他们会令人兴奋、友好并极其迷人，但在下一时刻又会变得生气、好辩、易激惹和尖刻。他们还倾向于绝对化地看待自己和他人——完美或者毫无价值（Mason & Kreger，1998）。其中部分原因是因为脆弱的自我认同，他们不停地需要从他人那里寻找安慰，可能因为遭受一点点被反对和拒绝的迹象就突然愤怒爆发。一个简单的手势、失约或说错话都会引起盛怒，甚至在公众场合也是如此，这会让很多人感到尴尬。边缘型人格障碍的患者通常会有长期的友谊破裂、离婚和失业史。

解释 研究发现边缘型人格障碍普遍与童年期的忽视、情感剥夺以及身体、性和情感虐待史有关（Goodman & Yehuda，2002；Helgeland & Torgersen，2004；Schmahl et al.，2004），它也有遗传倾向。另外，一些研究者发现，大脑中控制冲动行为的额叶与边缘系统的功能受损与之有一定关系（Schmahl et al.，2004；Tebartz et al.，2003）。

我们能为这些人做些什么？一些咨询师已经在药物治疗和行为治疗方面取得了成功（Bohus et al.，Markovitz，2004）。令人遗憾的是，大部分病例的预后并不好。在一项研究中，在治疗后的第七年仍有 50% 的患者未能康复（Links，Heslegrave & Van Reekum，1998）。边缘型人格障碍的患者会有强烈的孤独感和对被弃的慢性恐惧，他们行走于不同的朋友、爱人和咨询师之间，寻找"完善"自己的人。不幸的是，由于他们令人讨厌的人格特质，朋友、爱人和咨询师通常会"抛弃"他们——从而产生了悲剧性的自我实现预言，并终身陷入边缘型人格障碍的困境中。

应　用　**将心理学应用于学生生活**

测测你对异常行为了解多少

应用抽象的术语是批判性思维的重要组成部分。请通过匹配以下障碍和可能的诊断，来测试你对六种主要心理障碍的理解。答案见附录 B。

1. 障碍描述

（1）Julie 错误地认为自己有很多钱，并计划带所有的朋友环游世界。她已经几天没睡了。但在上个月，她卧床不起并谈到自杀。

（2）Steve 极有魅力、冲动，当给他人带来极大伤害时，他很少感到自责和内疚。

（3）Chris 认为自己是美国的总统，并且听到一个声音在说世界末日就要到了。

（4）Kelly 每天不停地重复检查房间里所有的火炉和锁，并且洗几百次手。

（5）Lee 反反复复无节制地狂饮，在大学期间常常错过周一早上的课程，最近又因酗酒而被炒鱿鱼。

（6）Susan 离家出走，随后发现她以新名字生活，并且对先前的生活没有任何记忆。

2. 可能的诊断

a. 焦虑障碍

b. 精神分裂症

c. 心境障碍

d. 分离性障碍

e. 人格障碍

f. 与物质有关的障碍

评　估

检查与回顾

其他障碍

与物质有关的障碍包括对物质的滥用和依赖，并改变了情绪和行为。与物质有关的障碍的患者一般还会患有其他的心理障碍，这种情况被称做共病性。

在分离性障碍中，人格的重要组成成分出现了分裂。这种分裂表现为将重要的经历从记忆或意识中分离出来，形成完全独立的人格。分离性身份障碍（DID）是最严重的分离性障碍。

人格障碍是指顽固且适应不良的人格特质，其中最有名的是反社会型人格障碍，主要特征为极度地忽视和侵害他人的权利。研究认为这种障碍与基因遗传、大脑活动的缺陷以及混乱的家庭关系有关。边缘型人格障碍（BPD）是最常被诊断的人格障碍，主要特征为在情绪、人际关系和自我形象等方面的冲动性和不稳定性。

问题

1. 存在于所有的分离性障碍中的主要问题是逃脱_____的需要。

2. 分离型身份障碍（DID）是什么？

3. 根据 DSM-Ⅳ-TR，一个杀人恶魔可能被诊断为_____人格。

4. 导致边缘型人格障碍（BPD）的生物学因素可能是_____。

（a）童年期的忽视

（b）情感剥夺

（c）大脑额叶功能的受损

（d）以上皆是。

答案请参考附录 B。

更多的评估资源：

www. wiley. com/college/huffman

531 关键词

为了评估你对第 14 章中关键词的理解程度，首先用自己的话解释下面的关键词，然后和课文中给出的定义进行对比。

心理障碍的学习
异常行为
精神障碍和统计手册
（DSM-Ⅳ-TR）
精神错乱
医学模型
神经官能症
精神病学
精神病

焦虑障碍
焦虑障碍

广泛性焦虑障碍
强迫症（OCD）
惊恐障碍
恐怖症

心境障碍
双相型障碍
习得性无助
抑郁症

精神分裂症
妄想

多巴胺假说
幻觉
精神分裂症（skit-so-FREE-nee-uh）

其他障碍
反社会型人格障碍
边缘型人格障碍（BPD）
共病性
分离性障碍
分离性身份障碍（DID）
人格障碍
与物质有关的障碍

目 标 网络资源

Huffman 教材的配套网址

www. wiley. com/college/huffman

这个网址提供免费的交互式自我测验、网络练习、关键词的术语表和抽认卡、网络链接、母语非英语阅读者的手册，还有其他用来帮助你掌握本章知识的活动和材料。

你想了解本章所涉及障碍的更多细节以及其他的障碍吗？

http：//www. apa. org/science/lib. html

该网站由 APA 建立，提供了列入 DSM-Ⅳ-TR 的所有障碍的相关论文、书籍、图书馆查询和链接。如果你还需要其他信息，请点击 http：//www. mentalhealth. com/p20-grp. html，该网站由 Mental health Group 主办，提供了关于所有主要障碍的丰富资源和信息，包括描述、诊断、治疗、研究和被推荐的小册子。也可以点击 http：//www. mhsource. com/，主要由心理健康专家所设计，提供了针对特殊障碍及其原因、诊断和治疗的有价值的资源与链接。

你想看看完整的 DSM-Ⅳ 心理障碍列表吗？

http：//www. behavenet. com/capsules/disorders/dsm 4classification. htm.

尽管这个列表有点陈旧，因为它是基于 DSM-Ⅳ 而不是最新的 DSM-Ⅳ-TR，但这个网站确实提供了一个关于心理障碍及其分类的详尽列表的样本。

你抑郁吗？

http：//www. medicinenet. com/Depression/article. htm

由 MedicineNet. com 主办，提供了 80 多篇有关抑郁的论文，均由医学作家和编辑撰写。这些论文探讨了抑郁的诊断、病因、自助和专业治疗。如果你还想了解更多的信息，请点击 http：//www. blarg. net/_ ～ charlatn/Depression. html，该网站提供了很多有关抑郁及其治疗的资源。

你或者你认识的人想自杀吗？

http：//www. spanusa. org

由 Suicide Prevention Action Network（SPAN-USA）主办，该网站是"致力于国际自杀预防战略的建立和执行"，它提供了预防自杀的信息和工具。

但就像它在首页所说的，"这个网站不是危机专线或热线。当地的危机热线请见当地电话簿的前几页，或拨打 911"。

你需要精神分裂症的其他信息吗？

http：//www. mhsource. com/schizophrenia/index. htm

"精神病学时代"（Psychiatric Times）的主页，精神病学出版物第一名。尽管该网站的对象是心理健康专家，但它提供了有价值而且全面的与精神分裂症的诊断、治疗有关的信息与资源。

532

第 14 章   形 象 化 总 结

心理障碍的学习

异常行为的诊断
异常行为。根据四个原因（统计上的罕见性、残疾或机能障碍、个人痛苦和违背规范）中的一个或多个，被认为是病态的情感、思维和行为模式。

异常的解释

石器时代——鬼神附体模型，治疗方式为"头盖骨钻洞术"。	中世纪——鬼神附体模型，治疗方式为驱魔、拷打、监禁和绞死。	18世纪——派诺改良了不人性的收容所，用于治疗心理疾病。	近代——医学模型占主导地位(例如，精神病学)。

异常行为的分类
《心理障碍诊断和统计手册》第四版修订版（DSM-Ⅳ-TR）根据主要的相似和不同对障碍进行分类，并提供了症状的详细描述。

- 好处：诊断标准化，改善了专家之间以及专家与病人之间的交流。
- 问题：缺乏对文化因素的关注，过度地依赖医学模型，标签可能会自我保持。

焦虑障碍

在面对日常问题时持续的威胁感

广泛性焦虑障碍：持续的、无法控制的和非定向的焦虑。	惊恐障碍：关注于短暂或长期的惊恐发作而产生的焦虑。	恐怖症：对特定客体或情境的夸大恐惧。	强迫症：通过习惯性行为(强制性冲动)，例如洗手，来减缓持续的焦虑唤醒观念(强迫观念)。

心境障碍

心境障碍是情感（情绪）障碍，可能包含对现实的精神病性扭曲，有两种类型：

- 抑郁症：长期持续的抑郁心境，无价值感，对大部分活动丧失兴趣，这种感觉没有明确的原因，并且个体可能会丧失与现实的接触。
- 双相型障碍：躁狂、抑郁期和正常阶段交替出现。在躁狂期，快速地说话和思维，个体可能会体验到夸大妄想，并且行为冲动。

精神分裂症

533

精神分裂症：严重的精神病性心理障碍，折磨着将近 1% 的人。

五大主要的症状：障碍发生于
(1) 知觉（过滤和选择过程的受损，幻觉）
(2) 语言（言语"沙拉"，语词新作症）
(3) 思维（逻辑受损，妄想）
(4) 情感（情绪夸大或迟钝）
(5) 行为（社会退缩，古怪，全身僵硬，蜡样屈曲）

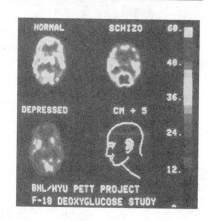

二维分类系统

阳性症状——扭曲或过度的精神活动（如妄想和幻觉）。

阴性症状——行为缺乏（如讲话单调、情感平淡）。

其他障碍

与物质有关的障碍

分离性障碍

分离性身份障碍

人格障碍

反社会型人格

边缘型人格障碍(BPD)

第15章

治疗

535

学习目标

在阅读第 15 章的过程中，关注以下问题，并用自己的话来回答：

▶ 领悟疗法中有哪些核心治疗技术？

▶ 学习理论是如何应用于行为疗法中的？

▶ 有哪些主要的生物医学疗法？

▶ 如何用批判性思维来改善自己对治疗的理解？

治疗与批判性思维

治疗的要义
- 将心理学应用于工作
  与心理健康相关的职业
- 聚焦研究
  电子时代的疗法
- 性别与文化多样性
  相似性和不同点

机构化

评估和寻找治疗
- 将心理学应用于日常生活
  电影中关于心理治疗的误区

536

为什么学习心理学?

第 15 章会帮你解决下列迷思……

▶ 迷思：存在一种最好的心理疗法。
  现实：很多心理问题都可以采用不同形式的疗法得到同样的治疗。

▶ 迷思：心理医生可以看穿人心。
  现实：好的心理医生常常看似具有了解来访者感觉的离奇能力，并且总能知道来访者刻意回避的话题。这并不是因为他们具有所谓的读心术，而是由于他们接受了特殊的训练以及日常与病人接触的经验。

▶ 迷思：去看心理医生的人或是疯子或只是脆弱。

现实：大多数人寻求咨询都是因为生活中的压力，并且觉得心理治疗可以改善他们的心理能力。我们很难对自己的问题保持客观的态度。寻找心理治疗不仅只是智慧而且是具有个人力量的表现。

▶ 迷思：只有富裕的人才可能承担得起心理治疗的费用。
  现实：心理治疗可能很贵，但是很多诊所和治疗师是根据来访者的收入而依据变化的标准来收费的。某些保险也会覆盖有关心理治疗服务的费用。

你看过最新版本的《鬼屋魅影》吗？"一个恐怖的疗养院，被一位发疯的外科医生管理"，那些所谓的新闻是如此描述报道电影中的场景的。与此类似的有《飞越疯人院》和《终结者 2：审判日》中容纳过多患者的精神病院和貌似用于临床心理治疗的工具。

试想一下，电影是怎样描绘精神病患者的。他们或是残忍的、反社会的罪犯（影片《沉默的羔羊》中的汉尼拔·莱克特，由安东尼·霍普金斯饰演）或是无助的受害者，一旦被标记为精神病就再也无法被信任（《终结者 2》中的莎拉·康纳、《飞越疯人院》中的杰克·尼科尔森，以及《断了线的女孩》中的薇诺娜·莱德）。

自电影时代的开端以来，从《卡里加里博士的小屋》到《终结者2》，从《沉默的羔羊》到《美丽心灵》，精神病患者和心理治疗一直都是一些好莱坞主流电影中的主题。疯狂无情的医生护士，"疯癫"奇怪的病人以及对精神病患者残酷的治疗方式都极佳地符合好莱坞导演希望提高票房的需要。

这些电影怎么了？它们只是"无害的娱乐"，还是制造了一个永久的不良刻板印象？根据卫生部的心理健康报告，由诊断为有心理疾病而引起羞耻和窘迫的污名效应是"未来改善心理健康最可怕的障碍"。关于电影工业对精神病及其治疗的负面描绘和歪曲，卫生部也发出声明："我们想帮助消除这样的刻板印象，并且让人们了解不仅仅是肺和肾会出现问题，人脑也可能，并不用为此而感到羞耻"（Adams，2000）。

537

好莱坞电影中心理治疗题材的流行。

卫生部的报告还指出，由于经济困难、途径有限、缺乏意识等原因，将近2/3的精神病患者拒绝治疗。至少有部分原因是好莱坞对心理治疗负面的描述。这是很不幸的。正如你将在此章阅读到的，现代疗法是十分高效的，并且可以避免那些不必要的痛苦（Blanco et al.，2003；Ellis，2004；Nordhus & Pallesen，2003；Shadish & Baldwin，2003；Swanson，Swartz & Elbogen，2004）。

在关于心理疗法现代形式的新闻报道里，我希望通过对最新研究结果的展示，更正你们从好莱坞电影中所"学习"到的。并不是所有寻求专业帮助的人都是神经病，强调这一点是十分重要的。心理失调比大家认为的要普遍得多（第 14 章）。但对绝大多数人来说，心理治疗的主要目的是解决日常生活中遇到的问题，例如父母子女之间的摩擦、不愉快的婚姻、爱人的逝世以及退休后的调试等。还有些人从心理治疗中获得了自我认识和自我满足。

人们常常谈论向家人或朋友（甚至理发师或发型师）寻求"治疗"。严格来说，**心理治疗**（psychotherapy）只是指专业人士使用的治疗技术（如精神分析、行为矫正、当事人中心疗法）。心理治疗中的心理学家分为临床和咨询两类治疗师。心理学之外，精神病学家、精神病护士、社工、咨询者以及受过特别训练的牧师也能提供专业的治疗服务。

心理治疗　用于改善人们心理机能以及提升人们生活质量的技术。

本章主要介绍心理学家提供的心理治疗。唯一例外的是关于生物医学疗法［药物治疗、电痉挛疗法（ECT）和精神外科疗法］的讨论。虽然神经病学家和其他医学专业人士是应用生物医学技术的人，但是他们常常与心理学家一起来研究给来访者治疗的最佳方案。心理治疗和生物医学技术结合使用的治疗效果也越来越明显。比如说，来访者常常需要药物来平复他们的焦虑、释放他们的压抑，同时他们也需要心理治疗来改善他们紊乱的思绪和行为。有趣的是，成功的生物医学和心理治疗都倾向于改变大脑的机能。

你会发现，本章会介绍大量心理治疗的方法。根据一位专家的观点（Kazdin，1994），治疗途径也许超过 400 种。图 15—1 将最具代表性以及应用最广泛的疗法整理为三类。本章由领悟疗法开始，它强调个人理解和自我知觉。第二类，行为疗法，关注适应不良行为。第三类，生物医学疗法，研究异常行为，因此强调医学治疗，比如药物。本章还总结了一些与

538

心理治疗相关的话题，包括治疗效力与如何寻找好的疗法。

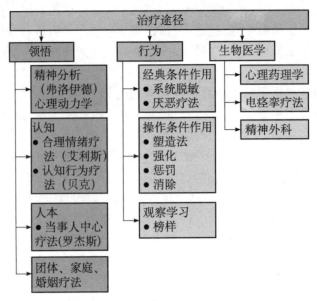

图 15—1　三类主要的治疗途径。

领悟疗法

正在进行的治疗。

精神分析　弗洛伊德的疗法致力于将由于儿童时期的经历而引起的无意识冲突带入意识中；同时，弗洛伊德关于思维的研究也强调无意识的作用。

当你听到"心理治疗"这个词时想到的是什么？每当我问我的学生这个问题时，他们通常会描述，在一个小而凌乱的房间里，来访者躺在沙发上，将自己的秘密告诉长着胡子的男性治疗师。这样的描述与你脑海中的印象一致吗？如果是，这可能还是由于好莱坞电影。在大多数电影中，"心理治疗"不是生物医学（药物治疗、电痉挛疗法和精神外科疗法）就是长着胡子的治疗师聆听躺椅上来访者的"谈话性治疗"。但是这种刻板印象与现代心理治疗的现实相差甚远。

我们的讨论从领悟疗法开始，包括传统的精神分析（这种疗法确实常常用到躺椅），以及精神分析的现代版本：心理动力学疗法。然后我们会讨论认知、人本、团体和家庭疗法。每种疗法都不尽相同，但它们都被归类为"领悟疗法"，因为它们都寻求自我知觉的增加以及对来访者困难的理解（自知力）。他们相信一旦人们认识到了自己的动机，就可以增加控制感并改善他们的思维、感觉和行为。

精神分析/心理动力学疗法：打开神秘的潜意识之门

精神分析（psychoanalysis），就是分析人的心理（或思想）。在心理分析的过程中，治疗师（或心理分析师）努力地将潜意识的冲动带入意识当中，这种潜意识冲动可追溯到来访者儿时的经历。来访者从而意识到自己行为的原因，并且了解引起冲动的儿时情景已不再存在。一旦出现了这样的领悟（或自知力），冲突就会被解决，而且病人就可以自由地去发展更加适合的行为方式。在本节中，我们将会讨论五个主要的弗洛伊德心理分析的方法：**自由联想**（free association）、**释梦**（dream analysis）、**抵制**（resistance）、**转移**（transference）和**解释**（interpretation）。

（1）自由联想。你尝试过让自己的思维不受束缚的漫游吗？根据弗洛伊德的理论，当你除去意识中的检察机制——一个叫做自由联想的过程——有趣甚至奇怪的联系跳入意识。弗洛伊德相信第一件进入病人思想的事情往往是揭开无意识隐藏事件的重要线索。

（2）释梦。根据弗洛伊德的观点，梦是"通往潜意识的捷径"。这是因为据说防御机制在睡眠时会比较薄弱，因此被禁止的欲望和无意识冲动可以自由地表达。尽管是在梦中，这些冲动也被认为是不可接受的，因此它们必须被伪装成梦的符号（想象它们具有更深层的象征意义）。弗洛伊德认为治疗师应该揭开这些符号和表象（表面的内容），去了解梦真实、潜在的意义（潜在的内容）。因此，根据弗洛伊德的"释梦"，治疗师应将一个骑马或开车（表面的内容）的梦解释为对性的渴望和关注（潜在的内容）。

（3）抵制。在帮助病人自由联想和释梦的过程中，弗洛伊德发现病人常常产生防御——不能或不愿意去讨论或透露某些记忆、想法、动机和经历。当谈及一个不愉快的童年记忆时，个体常常会突然"忘记"他或她在说什么，甚至完全转换话题。发现这样的防御、帮助病人面对困难并且学习用现实的方法去处理困难，正是治疗师的职责所在。

为什么人们花钱去看心理医生却又不愿意倾诉呢？人们常常希望通过治疗来了解自身的问题，同时他们又不愿意暴露他们最伤痛、最尴尬的感受。当病人和医生越是接近引起焦虑的原因时，病人越想逃离。一个有关心理分析的笑话也许能帮助你理解（并且记忆）抵制这个概念："如果一个病人准时赴约，说明他强迫；如果他早到，说明他依赖；如果他迟到，说明他抵制。"

（4）转移。在心理分析的过程中，病人表露出他最隐私的感受和记忆，这些可能是他们从来没有与任何人分享过的。于是，治疗师与病人的关系可能会变得十分复杂，并且受到情绪的控制。病人可能会把治疗师当做某个曾经对他们有重要意义的某人，可能是父母或者爱人。然后他们就会将一些无意识的态度和情感转移到治疗师的身上。这个情感转移的过程被认为是精神分析中十分重要的部分。治疗师运用它使得病人在安全、治疗的情况下"重新体验"过去痛苦的关系。一旦病人"度过了"他或她先前压抑的情感和无意识冲突，他或她就可以开始更健康的交往。

（5）解释。所有精神分析疗法的核心就是解释。在自由联想、释梦、抵制和转移的过程中，分析师仔细倾听，发现隐蔽的冲突。在恰当的时候，治疗师给病人解释（或翻译）真正、潜在的含义。比如说，一个对亲昵行为有障碍的人，在治疗中每当聊到与亲密有关的话题时，他就会望向窗外或是转换话题。分析师就会解释这种防卫性的举动并且帮助病人了解他自己是如何避开这个话题的（Davison, Neale & Kring, 2004）。其目标是自知。这帮助病人揭开和解决之前压抑的记忆、想法和无意识冲突。

自由联想　在精神分析的过程中，来访者报告所有进入他们思维中的东西，无论其内容是什么。

释梦　在精神分析的过程中，治疗师通过解释来访者梦的内在含义来揭示其无意识过程。

抵制　精神分析过程中，来访者不能或不愿意讨论、透露某些经历、记忆、想法和动机。

"我梦见我有一个后宫，但他们都想要谈论关系。"

539

转移　在精神分析的过程中，病人可能会将一些关于某个重要人物的无意识态度和情感转移到治疗师的身上。

解释　在自由联想、释梦、抵制和转移的过程中，分析师仔细倾听，发现隐蔽的冲突。在恰当的时候，治疗师给病人解释（或翻译）真正、潜在的含义。

评价

你们可能发现了，大部分的精神分析都假定压抑的记忆和无意识冲突是存在的。不过就像你在第 7 章和第 13 章中所了解的，这个假定被许多现代科学家质疑，并且成为现在正热烈争论的话题。除了这个可疑的假设，批评家还指出了两个问题。

（1）有限的实用性。弗洛伊德的理论是 20 世纪早期针对特殊的客户群，即维也纳上流社会（主要是女性）发展起来的。虽然精神分析师经过了多年的改进，但批评家认为精神分析仍然只适合一部分特殊人群，对于那些病情不是那么严重的病人尤其成功，比如焦虑的或者那些有高治疗动机、能清楚说明病情的病人。批评家开玩笑似的提出了缩写词雅斐士（YAVIS）来描述最佳精神分析病人：年轻（young）、迷人（attractive）、能说会道（verbal）、聪明（intelligent）和成功（successful）（Schofield，1964）。

另外，精神分析十分耗费时间（常常每周四五次，持续几年之久），也十分昂贵，而且这种疗法对精神严重紊乱病人的疗效并不明显，比如，精神分裂症患者。这是十分符合逻辑的，因为精神分析是建立在理性和言语表达基础上的，而这些正是严重紊乱所破坏的功能。批评家认为花费大量的时间躺在躺椅上寻找过去的无意识冲突，可以让病人逃离成人生活的责任和问题——最后，病人就变成了"躺椅人"。

540

（2）缺少科学的可信性。精神分析的目的在于将无意识冲突带入意识可知觉的范围。但是你如何知道这个目标达到了没有呢？如果病人接受了分析师对他们冲突的解释，那么他们的"自知力"很可能只是变成了对治疗师信念系统的妥协合作。

另一方面，如果病人拒绝接受治疗师的解释，治疗师可以说他们正在展示抵制。此外，治疗师永远都可以把失败解释过去。如果一个病人好转了，就是因为他们的自知力；如果没有好转，那么他们就没有真正的自知力，只是在知性上接受了。这样的推理并不能达到科学的标准。可证伪性是科学的基础。

精神分析师知道科学地证明他们疗法的某些方面是不可能的。然而，他们坚持大部分病人从中受益（Gabbard，Gunderson & Fonagy，2002；Ward，2000）。许多病人都同意这一点。

现代心理动力学疗法

在一定程度上，为了回应对传统精神分析的批评，许多经过改进的精神分析形式发展了起来。在现代精神分析疗法［又被称为**心理动力学疗法**（psychodynamic therapy）］中，治疗更加简短。相对于原来的一周好几次，治疗师和病人通常一周只见一到两次面，疗程也从好几年缩短为几周。病人仍旧面对面与咨询师交谈（相对于躺在躺椅上）。另外，咨询师用一种更加直接的方式（相对于等待病人逐渐揭开无意识的面纱）。

心理动力学疗法 精神分析疗法用更加简短、直接、现代的形式，关注来访者的意识过程和当前的问题。

541

尽管当代的心理动力学治疗师仍尝试帮助客户领悟他们儿时的经历和问题的无意识根源，但是他们会将更多的注意力放在意识层面，以及当前的问题上。这样的改善让精神分析更加简短、有用，而且适合更多的人群

（Guthrie et al.，2004；Hilsenroth et al.，2003；Siqueland et al.，2002）。

形象化的小测试

来访者：有时候会觉得失去了继续生活的意义。

咨询师：你有过自杀的念头吗？

来访者：没有。

咨询师：你想过要做什么吗？

来访者：没有什么值得提起的。

咨询师：你想过过度服用药物吗？

来访者：没有，没想过。

咨询师：那割腕或者是跳河呢？

来访者：没有，那些都不是好的选择，可能死不了。

咨询师：那你考虑过一些更确定的方法吗，比如说用枪？

来访者：（长时间停顿）我想过用枪自杀。

治疗的片段往往无法取代整个的真实治疗过程，然而，这个截取的短短的用心理动力学方法进行咨询的片段在一定程度上展示了一些精神分析、心理动力学的咨询技术。尝试从中发现我们讨论过的运用自由联想、释梦、抵制、转移的例子。

答案：James Randi（"神奇的 Randi"）是一位著名的魔术师，他倾力一生来教育大众识别欺骗性的伪心理学。同享有声望的 MacArthur 基金会一起，Randi 提供了 100 万美金的悬赏给"任何能证明在合适的观察条件下存在真正的灵性力量的人"（About James Randi，2002；Randi，1997）。虽然一些人尝试了，但是这笔钱始终未能被领取。这个悬赏至今仍存在着！如果你想知道关于 James Randi 的更多信息（以及他的百万美金悬赏）你可以访问以下这个网站：http://www.randi.org。

　　人际疗法（interpersonal therapy，IPT）是心理动力学中十分基础并且常用的一个疗法。正如其名，人际疗法将焦点放在客户当前的人际交往情况上。人际疗法的目标在于减轻直接的症状，并且帮助病人学习解决未来人际问题的更好方法。基于的假设是情感问题和精神紊乱必定与人际关系问题有关。一旦病人确定并改善了他们的交往技巧，他们的心理问题就可以同时得到改善。人际疗法最初是为了严重抑郁而设计出来的，但是它对许多心理问题，如婚姻冲突、饮食紊乱、父母冲突、药物成瘾，都同样的有效（Gurthrie et al.，2004；Markowitz，2003；Weissman，Markowitz & Klerman，2003；Wilfley et al.，2002）。

检查与回顾

精神分析/心理动力学疗法

弗洛伊德发展出精神分析的治疗方法来揭示人们的无意识冲突，并将这些冲突带入有意识的层面。精神分析疗法的五个主要治疗技术是：自由联想、释梦、分析抵制、分析转移和解释。就像精神分析的人格理论一样，精神分析疗法也颇具争议。对其主要的批评在于它的适用性（需要大量的时间和金钱，而且只适合小部分的人群）以及它的科学性。现代心理动力学疗法在一定程度上解决了这些问题。

问题

1. 弗洛伊德所发展的致力于将无意识冲突带入意识层面的心理治疗系统是_____。

（a）转移　　（b）认知重构

（c）精神分析　　（d）"电椅"技术

2. 哪个精神分析概念可以最好地解释下述情境？

（1）玛丽对她的治疗师十分生气，因为他对她的个人需求十分不关心。

（2）尽管约翰平时都表现得十分守时，却常常在咨询时迟到。

3. 对精神分析疗法的两个主要批评是什么？

4. 现代的心理动力学疗法与传统的精神分析疗法有什么区别？

答案请参考附录 B。

更多的评估资源：

www.wiley.com/college/huffman

认知疗法：关注错误的思维和信念

> 心灵是自己做主的地方，它能把地狱变成天堂，也能把天堂变成地狱。
>
> ——约翰·弥尔顿（John Milton）：《失乐园》（*Paradise Lost*），247 行

认知疗法 通过对来访者错误的思维过程和信念的关注来改变其问题行为。

认知疗法（cognitive therapy）假定错误的思维过程和信念导致了问题行为和情感的产生。例如，一个认知治疗师会说抑郁的感觉是由错误信念引起的，例如，"如果我不将所有事都做得完美，那么我就是无价值的"，或者"我没有改变我生活的能力，所以我永远都不可能开心"。当人们被不理性的信念占据时，这些信念与现实不符，他们过分苛刻地要求自己，使得他们的行为和情感受到扰乱（Dowd，2004；Ellis，1996，2003，2004；Luecken et al.，2004）。

认知治疗师就像精神分析治疗师一样，分析人的思维过程，相信改变破坏性的想法可以使个体生活得更好。与精神分析一致，认知治疗师假定那些引起问题行为的信念是在一个无法测知的层面上（不过不是"无意识"）工作的。

自我交谈 个体内在的对话，人们在解释现象时对自己所说的话。

与精神分析一样，认知治疗师同意，探求无法测知的信念系统可以帮助病人产生对扰乱的行为原因的自知力。然而，与精神分析不同的是，认知治疗师认为自知过程中的**自我交谈**（self-talk）（一个人告诉自己不现实的东西）是最重要的，而不是自知力本身。

认知重建 认知疗法中改变来访者破坏性的想法和不恰当解释的过程。

这样的自知让个体去挑战自己的思维，去直接改变对事件的解释，最后改变不利于适应的行为。例如，这个不合理的陈述"如果我不将所有事都做得完美，那么我就是无价值的"可以被改变为一个更好的想法，像"我可以接受我的局限"，或者"我可以对我的行为做改变"。**认知重建**

(cognitive restructuring) 就是改变破坏性思维或不恰当解释的过程。

阿尔伯特·艾利斯与合理情绪疗法

阿尔伯特·艾利斯是最知名的认知治疗师之一，他曾经是一个精神分析治疗师，并且发展了自己的治疗方法——**合理情绪疗法**（rational-emotive behavior therapy，REBT）（1961，2003，2004）。艾利斯称合理情绪疗法为一种 A-B-C-D 方法，指涉及创设和处理不良思维的四个步骤：（A）激活事件，就是一些刺激，如来自上司的批评或者一个不及格的成绩；（B）信念系统，就是个体对激活事件的解释；（C）个体体验到的情感和行为结果；（D）对错误信念的怀疑或挑战（见图 15—2）。

艾利斯宣称，除非我们停止思考我们对事件的解释，否则就会自动地从 A（激活事件）跳到 C（情感和行为结果），从而无法看到实际上是 B（信念系统）产生了随后的情感和行为。例如，在一次考试中得到一个不及格的成绩不会引起抑郁的情绪，这时步骤 B（"我永远不能从大学毕业"的信念）才是真正的起因。

合理情绪疗法（REBT） 艾利斯的认知疗法，通过理性检查来消除来访者自我挫败的信念。

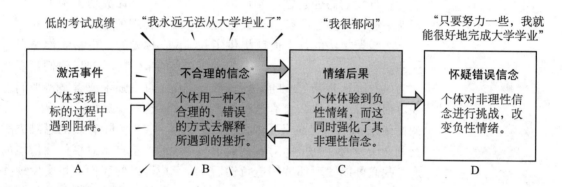

图 15—2 非理性错误想法的产生和治疗。我们的想法和信念是如何使我们不开心的？根据阿尔伯特·艾利斯的观点，我们的情绪反应来自于我们对某事件的解释，而非事件本身。比如说，如果你有一次考试考差了，你可能会对自己和别人说你心情不好是得了低分的直接结果。但阿尔伯特·艾利斯认为，在事件和感受之间的"自我对话"（"我永远无法从大学毕业了"）才是引起你负性情绪的原因。而且，负性的情绪还会引起你生活中其他的不好的事件，最后使你长期处于负性的情绪中。阿尔伯特·艾利斯的疗法强调对这些不合理错误想法的怀疑或者挑战，从而达到改变这种负性情绪的目的——打破恶性循环。

当艾利斯最初阐明他的理论时，艾利斯特别强调了一些由 A-B-C-D 模型产生的不合理信念，比如"我要所有人爱我"和"我要彻底胜任"。然而，近年来他将其转化为一个一般概念——"过分苛求"（David, Schnur & Belloiu, 2002；Ellis, 1997, 2003, 2004）。当人们对自己和他人苛求某些"必须"和"应该"时，他们产生了负性的情绪和机能紊乱的行为，这些常常需要治疗师的干预。例如，一个妻子离他而去的离婚男士可能会有这样的自我交谈："我必须被所有人喜爱，她不应该也不能够拒绝我"；"我要求她回到我身边，不然我就会报复"。

艾利斯相信这些不现实的、徒然的自我交谈、"苛求"和那些"必须"（"他必须爱我"，"我必须进入研究所"）通常都是未经审视的，除非病人直接面对它们。在治疗中，艾利斯常常与病人争论，哄骗和戏弄他们，有时用很生硬的语言。许多来访者被他的直言不讳所震惊——也因为他们自己的不理性信念。

有一次，一个病人意识到自己适得其反的想法，艾利斯开始教他们如何能不同地行为——试验我们的新信念以及学习新的应对技巧。为了反映这种对行为改变的注意，艾利斯将他的合理情绪疗法（RET）重新命名为合理情绪行为疗法（REBT）（Crosby，2003）。根据艾利斯（2003）的观点，我们使自己成为过去的囚徒，这是因为我们仍然在向自己宣传不合理的废话。通过控制我们现在的想法，我们可以将自己从过去的"创伤"中解放。

你自己试试

克服不合理的错误想法

阿尔伯特·艾利斯相信大部分人都需要治疗师帮助他们了解这些错误想法的存在，并且帮助他们挑战这些自我妨碍的想法。然而，我们在一定程度上是能够自己去改善自己的错误想法的，下面就提供了一些建议。

（1）确认你自己的信念系统。通过询问自己为什么会有这种特殊的情绪来识别自己的不合理信念。艾利斯认为通过直接面对我们的信念，我们可以发现那些制造负性后果的不合理假设。

（2）评估结果。像生气、焦虑和抑郁这样的情绪似乎对我们来说很"自然"，但它们不是必然会产生的。所以与其假定这些负性情绪是必须经历的，不如将注意力集中在自己是否采取了有效的措施来解决问题。

（3）怀疑、挑战自我妨碍的信念。一旦你成功识别了过高要求的或不合理的信念，则反对它。比如说，你爱的人也喜欢你是很令人高兴的事，但是如果他们不喜欢你，你还一直去强求或者坚持他们也要爱你，这就是自我妨碍了。

（4）实际有效的思维方式。持续地检验自己对事件和情境的情绪反应可以使我们有机会发现并改变我们的非理性错误想法。并且通过练习和结果设想，我们可以使方法变得更为实际有效。

行为认知疗法　贝克的面对并改变与错误认知相关行为的方法系统。

544

"我希望你不要再这么悲观了。"
Cartoon Stock

阿伦·贝克和认知行为疗法

阿伦·贝克（Aaron Beck）是另一个十分著名的认知治疗师（1976，2000）。与艾利斯一样，阿伦·贝克相信心理问题来自于不合逻辑的想法和破坏性的自我交谈。艾利斯和精神分析师都鼓励病人通过表达他们的想法和感受来获得对不适应行为的自知力。相反，贝克用一种更为积极的方法。无论在治疗中还是治疗外，他给病人提供经验，这是一种改变负性谈话的好方法。最终目标是直接面对并改变与错误认知相关的行为——即**认知行为疗法**（cognitive-behavior therapy）（本章接下来的部分详细地介绍了行为疗法）。

应用于抑郁症的治疗是贝克最有效的疗法之一。贝克确定了几种他认为与抑郁有关的思维模式。下面是最重要的部分：

（1）选择性知觉。具有抑郁倾向的人会选择性地将注意集中在负面的事件上，而忽略积极的事件。

（2）过分概括。在有限的信息下，抑郁的人常常过分概括地得出有关自我价值的负性评价。仅仅因为失去一次晋升或考试不及格就认为自己毫无价值，这是一个很好的过分概括的例子。

（3）放大。抑郁的人倾向于放大不愉快事件和自身缺点的重要性。他们也常觉得自己十分悲惨、不可改变。

（4）全或无思维。抑郁的人倾向于认为事物是非黑即白的。任何事情不是好的就是坏的，不是对的就是错的，不是成功便是失败。

贝克的认知行为疗法是这样运用的：一开始，要求病人承认并记录他们的想法。例如，"为什么我是派对中唯一孤独的人"（选择性知觉）和"如果我没有拿到全 A，我以后就找不到好的工作"（全或无思维）。接下来，治疗师训练病人去将这些自动产生的想法用现实验证。如果来访者相信全 A 是找到一份工作的必要条件，治疗师只需要找到一个反例来驳倒这种观点。很明显的是，治疗师需要很小心地寻找反例，以得出正性的结果而非加固病人的错误观念。

这种方法，即在确定不良想法后主动检验，帮助抑郁的病人意识到他们的负性态度大多是由不现实的错误思维过程引起的。在这个时候，贝克引入了治疗的第二阶段，说服来访者自己积极地去寻找快乐的活动。抑郁的个体常常失去做事的动机，即使是快乐的经历。主动而非被动地重温快乐的经历有助于抑郁的痊愈。

评价认知疗法

许多证据表明，认知疗法对抑郁、焦虑、神经性贪食、愤怒管理、成瘾甚至一些精神分裂症和失眠症的症状有显著疗效（Beck & Rector，2005；Ellis，2003，2004；Reeder et al.，2004；Secker et al.，2004；Turkington et al.，2004）。

因为忽视病人的无意识动机、过分强调理智并且弱化病人过去经历的作用，贝克和艾利斯都受到了批评（Butler，2000；Hammack，2003）。另外，艾利斯还被批评为"说教的道德体系"（Davison，Neale & Kring，2004，p.579）。艾利斯将自己的标准强加给他人，将病人的想法标记为"不合理的"，而坚持要用"合理"的想法所替换。其他的评论家认为认知疗法是成功的，因为他们运用了行为的技术，而并不是因为他们改变了根本的认知结构（Bandura，1969，1997；Wright & Beck，1999）。

545

人本疗法：阻滞的个人成长

当你一开始阅读这一章的时候，可能想象心理治疗是专门提供给那些有很严重心理障碍的人的。但是人本主义的疗法，像大多数心理疗法一样，也适用于那些只有"轻微"的人际交往和自我形象问题的人。人本主义者相信人的潜能包括成为他们想成为的人的自由和做选择的责任。

人本疗法（humanistic therapy）假定有心理问题的人都是由于在正常成长过程中经历了阻滞和困难。这样的阻滞使得他们的自我概念缺失，而这些阻滞的移除可以令个体像所有普通人一样成为一个自我接纳的、真实的人。想象一下，你被认为是善良、有无限潜力、独特而宝贵的个体，当你和对你有这种评价的人在一起时，你的感受是什么，这就是人本疗法将

人本疗法　该疗法通过情感重建来将个人的成长最佳化。

会给你的感受。

卡尔·罗杰斯和当事人中心疗法

著名的人本主义心理学家卡尔·罗杰斯（1961，1980）发展了一种疗法，这种疗法鼓励人们实现他们的潜质，并且用真实的自己面对他人。这种疗法称为**当事人中心疗法**（client-centered therapy）。用当事人替代病人是罗杰斯理论十分重要的部分。他认为"病人"暗示着病态和精神问题，而不是负责任的和有能力的。将来访者称为当事人表明他们是治疗过程中的主导者。这一疗法还强调治疗师与来访者关系的平等。

与心理动力学和认知疗法一样，当事人中心疗法通过对思维与行为的研究来领悟行为的原因，但是需要来访者自己来发现并解决自身的问题。治疗师的责任就是提供一个舒服的氛围，让来访者可以自由地探索重要的想法和感受。

治疗师如何创设这样一种氛围？罗杰斯派的治疗师常通过四种方法来创设这样一种氛围：共情、无条件积极关注、真挚和积极倾听。

（1）**共情**（empathy）是理解并且能体会他人的内心感受的能力。当我们设身处地地为他人着想时，我们就能感受到他们内心的体验。治疗师通过对肢体语言和细微线索的观察来帮助自己理解来访者的情感体验。当来访者用言语表述他们的感受时，治疗师可以进一步探究他们。治疗师通常会问开放式答案的问题，例如"你认为这让人很不愉快"或者"你还没有决定怎么解决这件事"，而非一些封闭式的问题。

（2）**无条件积极关注**（unconditional positive regard）是指在肯定个体的价值的基础上对人真诚地关心。人本主义者相信人的天性是善良、正面的，并且每个个体都是独特的，来访者无须证明自己的价值，就可以得到治疗师的尊敬。无条件积极关注让治疗师假定来访者知道什么对于自己是最好的。

在无条件积极关注中，治疗师应避免评价性的语言，如"这很好"或"你这样做很正确"。这些语言会让来访者感觉是治疗师在评价他们，而来访者应该努力获得赞扬。人本主义者认为，当人们在接受他人的无条件积极关注时，应能够更好地评价自己。

（3）**真挚**（genuineness），或者真实性，是指了解自己的真实的内心感受并且能够诚实地与人分享它们。当人是真挚的时候，他不伪装、不做作、十分坦诚。一位罗杰斯派的治疗师无论喜欢还是讨厌某位来访者，他都不会对别人掩饰。当治疗师十分真挚地对待他的来访者时，他相信来访者也能产生自信并且同样诚实地表达自我。

（4）**积极倾听**（active listening），包括反映、解释、澄清来访者的话语和意思。反映是指在来访者面前放一块镜子，让他能够看到自己。解释是用不同的话总结来访者所说的。澄清是检查说话者与倾听者的理解是否一致。

医生在来访者描述自己的婚姻问题的时候看到了他皱起的眉头和紧握的双手，可能就会回应说："你好像很生你妻子的气，并且此刻感觉很悲伤。"这样的一句话，医生就反映了来访者的愤怒，解释了他的抱怨，并且用回应澄清了他们的交流。治疗师通过当一个积极倾听者来告诉来访者，他们十分愿意倾听来访者的话。

当事人中心疗法 罗杰斯的疗法强调来访者天生就是健康的；治疗技术包括共情、无条件积极关注、真挚和积极倾听。

共情 是理解并且能体会他人内心感受的能力。

无条件积极关注 指在肯定个体价值的基础上对人真诚地关心。

真挚 真实性或一致性；是指了解自己真实的内心感受并且能够诚实地与人分享它们。

积极倾听 全神贯注地倾听另一个人所说的；包括反映、解释、澄清来访者的话语和意思。

546

"儿子，记住，输赢都没有关系——爸爸都会爱你。"

评价人本疗法

支持者表示有许多经验证明当事人中心疗法是十分有效的（如 Kirschenbaum & Jourdan，2005；Teusch et al.，2001）。但是批评者认为人本主义疗法的基础，如自我实现和自我觉知，都很难进行科学的检验。绝大多数关于人本主义疗法的研究都基于来访者的自我报告，而无论接受什么治疗的人都会去证明他们花费的金钱和时间是有价值的。还有研究结果表明，对于某一治疗技术，如"共情"和"积极倾听"，它们之间有交互作用（Gottman，Coan，Carrere & Swanson，1998）。

当事人中心疗法的实际应用

你自己试试

你想测试一下自己对共情、无条件积极关注、真诚和积极倾听的理解程度吗？尝试确定下列情境中所使用的技术（Shea，1988，pp. 32 - 33）。将你的答案与附录 B 对照。

咨询师：今天来诊室的感受是怎样的？

来访者：不安。我觉得很尴尬，有一种不安全的感觉。老实说，我有一些很恐怖的与医生相关的经历，我不喜欢他们。

咨询师：我了解了。他们也常常把我吓死了（微笑，表明他言语中的幽默）。

来访者：（笑）我以为你就是一名医生。

咨询师：我是（停顿，微笑）。——这就是吓人的地方。

来访者：（微笑然后大笑）

咨询师：能多告诉我一些你和医生之间的不快经历吗？因为我想确保我不会对你做同样的事，我不希望这些事情发生在我们之间。

来访者：很高兴听到你这样说。我的上一个医生完全不在乎我说的话和我的感受，而且他只说一些大而空、没有实际意义的话。

这段对话摘自真实的咨询过程——幽默和轻松在治疗过程中是十分重要的。

547

评 估

检查与回顾

认知和人本疗法

认知疗法强调错误想法、信念以及负性的自我对话对问题行为产生的重要性。阿尔伯特·艾利斯的合理情绪疗法（REBT）致力于将病人的不合理信念置换为合理的信念和对世界的准确知觉。贝克的认知行为疗法采取了一个更加主动的方法，强调对病人的改变不仅在于思想还在于行为。

对认知疗法的评定发现贝克的治疗方法对减轻抑郁尤其有效。艾利斯的方法也对很多病症有效。然而，艾利斯和贝克都被批评为忽视了无意识过程和病人背景的重要性。有些批评家甚至把认知疗法取得的成功归功于行为技术的应用。

人本疗法所基于的假设是问题产生于人们正常成长的潜能受到阻碍。卡尔·罗杰斯的当事人中心疗法认为，治疗师可以通过共情、无条件积极关注、真挚以及积极倾听这些方法来促进个人的成长。很难对人本疗法进行科学的评定，对其所用的治疗技术的研究也得到了混合性的结果。

问题

1. 认知治疗师假定问题行为和情绪是由_____引起的。

(a) 错误的想法和信念
(b) 不良的自我形象
(c) 矛盾的信念系统
(d) 自我约束的缺乏

2. 艾利斯合理情绪疗法的四个步骤是什么（A-B-C-D）？

3. 贝克确认了四个与抑郁相关的思维模式（选择性知觉、过分概括、放大以及全或无思维）。使用这些术语标记下述的思维：

_____（1）Mary 离开了我，我再也不会爱上其他人了，我会永远孤独。

_____（2）我的前夫/妻是一个邪恶的怪物，我们的婚姻根本就是一场骗局。

4. 给下列罗杰斯治疗技术命名：
_____（1）理解并且体会他人

的内在感受。
_____（2）诚实地分享自己内在的想法和感受。
_____（3）用一种非评价性的、关心的态度去对待他人。

答案请参考附录 B。
更多的评估资源：
www.wiley.com/college/huffman

团体、家庭以及婚姻疗法：治愈人与人之间的关系

到目前为止，治疗都把个体作为分析治疗的单位。而团体、家庭以及婚姻疗法则同时治疗多个个体。

团体治疗

团体治疗 许多人聚集在一起共同为治疗目标努力。

由于更多治疗师和更经济的疗法的需要，团体治疗产生了，并且由刚开始的只是实用、经济变成如今的首选疗法之一。在**团体治疗**（group therapy）中，许多人聚集在一起共同为治疗目标努力。一般是8～10个人与一个治疗师，一次两个小时，每周一次。治疗师可以用任何本章提到的心理治疗方法。像其他的疗法一样，团体中的成员也要说说自己生活中遇到的问题。

自助小组 没有专业的治疗师来引导小组成员，只是一些有类似问题的人聚在一起，并且相互提供支持和帮助，如嗜酒者自助小组。

自助小组（self-help group）就是从团体治疗中衍生出来的。与其他团体疗法不同的是，自助小组中没有专业的治疗师来引导小组成员，只是一些有类似问题的人聚在一起，并且相互提供支持和帮助。例如，正在学习如何面对生活危机的人可以向受虐自助小组（AMAC）、失业者自助小组（formerly employed）和丧失子女的父母自助小组（parents of murdered children）等机构寻求帮助。希望改善自己糟糕生活方式的人可以去嗜酒者自助小组（alcoholics anonymous）、债务自助小组（debtors anonymous）和赌博成瘾自助小组（gamblers anonymous）。一些支持群体也将他们分享的痛苦用于公共服务，如反对酒后驾车的母亲互助小组（MADD）。甚至有为快乐情境中的人们提供的小组，如新父母小组（new parents）、双胞胎父母小组（parents of twins），这里所提供的帮助更多是指导性的而非情感上的。

尽管小组成员获得关注的程度与一对一的治疗不同，但是团体和自助小组疗法使每个个体获得独特的益处（Davison, Neale & Kring, 2004; Porter, Spates & Smitham, 2004; White & Freeman, 2000）。

（1）较少的花销。在一个八人以上的典型小组里，传统一对一治疗的费用可以每个组员分摊。自助小组由于没有专业治疗师，就更加省钱了。

（2）小组支持。当我们正在经历压力或情感问题的时候，常常会觉得自己是孤独的，没有人能体会我们的感受。因此，知道有其他人和自己正经历类似的问题是可以令人安心并且更加坚强的。而且目睹他人的好转可以给自己提供希望和动机。

（3）自知力和咨询。因为小组成员大多有类似的问题，所以他们可以

互相吸取对方的教训和分享自知力。此外，来自许多组员的相似意见远比来自一位治疗师的意见更具说服力。

（4）情景剧。组员可以角色扮演其他人的上司、配偶、父母、孩子或约会对象。通过角色扮演来观察人际关系中的不同角色，从实践中学习新的社交技巧。他们还将获得有关自身问题行为的宝贵反馈和自知力。

治疗师常推荐他们的来访者参加互助或自助小组来作为他治疗的补充。例如，一个有酗酒问题的人可以从"曾经经历过这一切"的人那里获得安慰和帮助。他们交换有用的信息，分享应对的策略，并且从他人的成功中获得希望。关于酗酒、成瘾以及其他病症的自助小组的研究表明，不论是单独进行还是作为个体心理治疗的补充，这都是十分有效的（Bailer et al.，2004；Davidson et al.；2001；Magura et al.，2003）。

家庭和婚姻治疗

> 心理健康问题不会只影响五个人中的三个或四个，而是有一个算一个。
>
> ——威廉·门宁格（William Menninger）

治疗师长久以来都知道仅仅处理某个人的问题是不够的。因为家庭和婚姻是一个彼此相互依靠的系统，某个人的问题都会不可避免地影响这个系统的其他人。家庭和婚姻治疗可以帮助系统中每个相关的人（Becvar & Becvar，2006；Cavacuiti，2004；Shadish & Baldwin，2003）。一个青少年的行为不良或者配偶的药物成瘾会影响夫妻双方和这个家庭的所有成员。

有时父母与子女的冲突来自有问题的父母，有时则是子女的行为引起了原本幸福夫妇的苦恼。婚姻疗法与家庭疗法之间的界限常常是模糊的。因为大部分已婚夫妻都有孩子，我们的讨论将主要集中于**家庭疗法**（family therapy），它的主要目标是改变家庭成员中不良的相互作用。家庭中的所有成员都将参加治疗，有时治疗师也会两个或三个一组地单独访谈他们（治疗师也会使用各种疗法——行为、认知等）。

家庭疗法 主要目标是改变家庭成员中不良的相互作用。

大多参与治疗的家庭都认为某个家庭成员是他们所有问题的起因（如"Johnny的不良行为"或"母亲的酗酒"）。然而，家庭治疗师通常会认为这个"被鉴定出的病人"是更深问题的替罪羊（一个人由于别人的问题而被怪罪）。例如，一对彼此关系出现问题的夫妻会将注意力放在行为不良的小孩身上，而不是去面对他们之间的问题（Hanna & Brown，1999）。通常改变家庭系统中的互动方式是十分必要的，无论对家庭中的个体还是整个家庭。

家庭疗法对其他许多临床病症都十分有效。正如我们在第14章中所提及的，如果精神分裂症病人的家人常常用批评、敌对的态度和行为对待他们，他们将更加容易发病（Hooley & Hiller，2001；Lefley，2000；Quinn et al.，2003）。家庭疗法可以帮助家庭成员调整对病人的态度。

549

家庭治疗和婚姻治疗是如何进行的？ 家庭治疗通常是全家人一起接受治疗来改善彼此之间的沟通，解决矛盾，而非一对一的咨询。

家庭疗法还被认为是治疗青少年滥用药物问题的最佳疗法（Kumfer, Alvarado & Whiteside, 2003; Stanton, 2004）。

批判性思维   主动学习

寻找好的治疗电影

本章开始于好莱坞电影对心理治疗不真实的描述，但这之中也有例外，比如说《心灵捕手》。不过这部影片中也有一些过分地戏剧化和不够专业的部分。比如说，在第一个 Will Hunting（马特·达蒙饰演）和他的咨询师 Sean（罗宾·威廉姆斯饰演）的治疗过程中，Sean 掐住 Will 的喉咙并且警告他不许侮辱他过世的妻子。

尽管如此，《心灵捕手》仍然为我们较准确地描述了许多心理治疗的技术，同时为我们提供了回顾领悟疗法相关术语的机会，并且可以增强我们批判性思维的能力。如果你没看过这部影片，下面是一个概述：

Will Hunting 是一个麻省理工学院的清洁工，同时也是一个高智商的天才，但是却有着很低的情绪智力（EI）（第 12 章）。为了报仇，Will 卷入了一场打斗，随后被法庭要求强制接受心理治疗。许多为他提供服务的治疗师都以失败告终，而 Sean 最后胜任了这份工作，因为他"说 Will 的话"——街头语言。

关键术语回顾

读下列描述并确定所描述的是哪一种领悟疗法技术。

1. 当 Will 一走进 Sean 的办公室，他就表现出高度的对自身相关话题的回避，尽管咨询师努力地让他谈谈自己。这是_____的例子。

2. 尽管 Will 不断用言语侮辱和攻击，Sean 仍然表现出一个无评价性的态度，并且很真诚地对待 Will。Sean 展现的是_____。

3. 在咨询的过程中，Sean 常常与 Will 分享他自己内心的想法和感受。这种诚实的交流叫做_____。

4. Will 认为自己是不可爱的，并且因为自己儿时受到的虐待而责备自己。Will 较低的情绪智力和反社会行为正是这些事件的结果。艾利斯的合理情绪行为疗法会如何根据 A-B-C-D 的方法来解释这个现象？激活事件（A）是_____。不合理信念（B）是_____。情绪结果（C）是_____。你能够想到

一种对不合理信念的怀疑（D）使得 Will 能够用其来挑战他的不合理信念吗？

5. 当 Sean 发现 Will 将他所有的注意力都集中在生命中负性事件上而忽略了所有发生在他身上的好事情时，Sean 说："你所看到的都是生活中的负面。"通过这句话，Sean 希望 Will 意识到他自己使用了贝克的四种与抑郁相关的思维模式中的_____。

批判性思维的应用

Sean 是一个本身就需要心理治疗的治疗师——他仍然因为他妻子的逝世而悲恸不已。一名合格的咨询师在特定的场合下是不会有像 Sean 这样的表现的。然而，他的确描绘出了一些专业咨询师所具有的特质。另外，他还表现出许多序言中提及的批判性思维成分（CTCs）。共情和积极倾听是两个 Sean（也是所有治疗师）所采取的最明显的成分。你可以确认一名优秀的咨询师可能会采用的其他批判性思维成分吗？

检查与回顾

团体、家庭和婚姻疗法

在团体治疗中，许多人（一般是 8～10 个）聚集到一起共同为治疗目标努力。团体治疗的一个变体是自助小组（比如说嗜酒者自助小组），这样的小组没有专业的指导者。尽管团体治疗的组员并不能像个别咨询那样

获得相同程度的关注，但团体治疗有其自身的优势。首先，它的收费没有那么高昂。同时，它还可提供团体的支持、自知力和信息，以及行为复述的机会。

婚姻和家庭治疗的主要目的在于

改善不良的家庭相互作用模式。由于家庭是一个由相互关联依赖的部分组成的系统，因此任何一个家庭成员的问题都可能会影响其他成员。

问题

1. 在_____之中，各式各样的

人聚在一起，为了共同的治疗目标努力。

　　(a) 交友小组　　(b) 行为疗法
　　(c) 团体疗法　　(d) 联结疗法。
　　2. 团体疗法的四个主要优点是

什么？

　　3. 为什么个别治疗的咨询师时常推荐他的病人去参加自助小组？

　　4. ＿＿＿＿将家庭看做一个整体，每个家庭成员共同解决问题。

　　(a) 厌恶疗法　　(b) 自助小组
　　(c) 交友小组　　(d) 家庭疗法。
　　答案请参考附录 B。
　　更多的评估资源：
　　www.wiley.com/college/huffman

行为疗法

你知道为什么你常常一直在做某件事，尽管你并不想去做吗？有时对某件事的自知力并不能真正地解决问题。比如说有广场恐惧症的 D 太太，她已经三年半没有离开家了，除非是和她的先生一起。她接受了一年半的领悟疗法治疗，对自己的问题的原因已经十分了解了，但是无法改变她的行为。最后她只好寻求其他疗法的帮助。与领悟疗法不同的是，D 太太的行为治疗师直接系统地帮助她改变她的行为。不到两个月，D 太太就可以独自出去赴约了（Lazarus，1971）。

行为疗法（behavior therapy）利用学习理论去改变人的行为。行为主义者并不认为对自身问题的自知力和情感的重新建构是行为改变的前提。他们将注意力集中在问题行为本身，而不是引起问题行为的潜在原因。这并不是说忽视人的感受，只是没有强调而已。

在行为疗法中，治疗师对病人的诊断是根据他们出现的不正常行为和消失的正常行为。然后治疗师就努力减少病人不正常行为的出现频率，而增加正常行为的出现频率。

为了达到这种改变，行为治疗师运用了经典条件作用、操作条件作用和观察学习技术。

经典条件技术：联结的力量

行为治疗师运用了经典条件作用的原理。这些原理来自于巴甫洛夫将两个刺激事件联结起来的模型。他们通过不断建立新的刺激联结来减少不正常的行为，并且用得到的行为反应来替代之前错误的行为。系统脱敏和厌恶疗法就是基于这种原理的两个技术。

（1）系统脱敏。D 太太的行为治疗师就是用由约瑟夫·沃尔普（Joseph Wolpe）（Wolpe & Plaud，1997）发明的系统脱敏技术来治疗她的广场恐惧症的。**系统脱敏**（systematic desensitization）从放松训练开始，接着在个体处于一种高度放松的状态时，想象或者直接地感受各种各样的恐怖物体和情境。

这个技术的目标是当面对恐怖的刺激时，病人可以用放松的反应来替代焦虑的反应（Heriot & Pritchard，

学习目标
　　学习理论是怎样应用于行为疗法中的？

行为疗法　通过基于学习理论的技术来改变人的不良行为。

系统脱敏　是一个消除习得恐惧（或恐怖症）的渐进过程，在个体处于一种高度放松的状态时，经历一系列引起不同程度恐惧的刺激。

551

问题的本质是什么，什么时候开始的？

我们开一下，看看会发生什么？

弗洛伊德学派

行为治疗师

虚拟现实治疗。与之前要求来访者想象或直接地感受各种各样的恐怖物体和情境不同，现代的治疗往往使用电脑技术——用耳机或手套制造虚拟现实。例如，一个患有恐高症的来访者可以在治疗师的办公室内体验到从上楼梯到站在高楼边缘的全过程。

厌恶疗法 将令人厌恶（不快）的刺激与不良行为建立联结。

2004）。回忆一下在第 2 章中提到的，当我们处于放松状态时是副交感神经系统控制我们的自主功能的。因为与紧张时交感神经的控制相反，所以从生理上来说，人是不可能同时处于放松和紧张状态的。

系统脱敏的过程可分为三步。首先，治疗师教会来访者如何将自己维持在一个极度放松的状态，在这个状态中是不存在生理上的焦虑反应的。其次，治疗师与来访者一起建立一个层级（hierarchy），即列出 10 个左右逐步引起焦虑的图像（见图 15—3）。最后，已放松了的来访者想象或者直接感受处于层级最底端的刺激，然后逐步接近处于最高层级的会引起最大恐惧的图片。如果某一图片或情境开始引起来访者的焦虑，那么应立即停止并且让来访者回到完全放松的状态。最终，恐惧的反应将会消失。

（2）厌恶疗法。与系统脱敏形成鲜明对比的是，**厌恶疗法**（aversion therapy）使用经典条件技术去创造而非消除焦虑。比如说，一些酗酒患者往往与酒精之间建立了许多愉快、正性的联结，而这些联结是很难消除的。厌恶疗法是通过建立一些负性联结来与这些正性联结竞争。如果某人希望自己可以戒酒，那么他可以服用一种名为戒酒硫的药物，这种药物一旦碰到酒精就会导致人呕吐。一旦酒精与呕吐之间的新联结通过经典条件作用建立起来了，那么个体一喝酒就会自然引起呕吐这一负性反应（见图 15—4）。

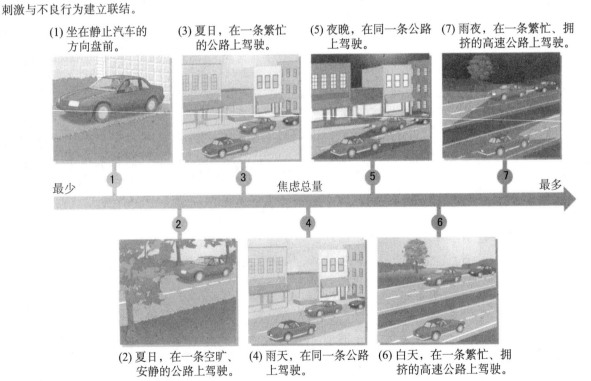

图 15—3 **驾驶恐惧的系统脱敏。**在系统脱敏的过程中，来访者从层级的建立开始，列出 10 个左右逐步引起焦虑的图像或情境（从只引起极少焦虑的开始，逐渐增强到会引起极度焦虑的刺激）。消除驾驶恐惧，患者应从观看坐在静止汽车方向盘前的图像开始，最后在拥挤的高速公路上驾驶。

你有考试焦虑吗？

几乎所有人都会在考试之前感受到一定程度的焦虑。如果你觉得这种焦虑是有帮助的或是鼓舞人心的，那么可以直接跳过到下一部分。然而，如果你在考试前的日日夜夜受到考试焦虑的困扰，或者你在考试时仿佛脑子突然"冻住"，你也许能从这种非正式的系统脱敏方法中受益。

步骤 1：回顾并且练习第 3 章中介绍的放松技术。

步骤 2：创造一个 10 步参加考试的阶段——从焦虑唤起程度最低的开始（可能是你的导师提及一个即将来临的考试的那一日），最后以实际参加那个考试结束。

步骤 3：由焦虑唤起程度最低的开始——接到那个考试的消息——想象你自己经历每一个阶段。当你处于一个平静、放松的状态，继续完成下面的 10 步骤。若在任何阶段你变得焦虑了，则停留在那一阶段，重复放松技术直到焦虑消失。

步骤 4：如果你在考前一夜或者考试当时才感觉到焦虑，记得提醒自己要放松。可以花几分钟轻轻闭上眼睛，回想一下自己经过各个阶段的过程。

图 15—4　酗酒的厌恶治疗。使用经典条件技术，将会引起呕吐的药物（酒精硫）和酒精建立联结，从而建立对酒精的厌恶。

553

厌恶疗法的确取得了一些成功，但仍具争议。对病人身体的伤害是道德的吗（尽管得到了病人的许可）？还有学者批评它给患者带来的疗效并不长久（Seligman, 1994）。你还记得第 6 章中提及的味觉厌恶吗？实验结果发现，当羊肉被会引起呕吐的药物污染后，土狼很快就不再吃羊肉了。但为什么这对人类就不起作用呢？这是因为人类知道呕吐的反应是由酒中的酒精硫引起的，而并非酒精本身。所以当治疗一结束，他们很快就会重新喝酒（而且不再服用酒精硫）。

操作条件技术：增加"好的"减少"坏的"

操作条件技术用塑造和强化的方法来增加适当的行为，用惩罚和消退的方法来减少不适当的行为。正如著名的电视节目"保姆"（*The Nanny*）中所使用的技术一样，行为疗法会训练家长对孩子适当的行为进行奖励，还会训练家长运用撤销关心（消退）和暂停过程（惩罚）技术来减弱和消

克服旷野恐怖症。 行为治疗师会使用塑造和强化的技术来治疗这位女性的旷野恐怖症。

554

榜样疗法 要求病人去观察并且模仿某个具有目标行为的榜样。

除孩子的不适当行为。

在行为疗法中，我们称希望获得的行为为目标行为，塑造（对不断接近目标行为进行奖励）就是一种可以让我们最终获得目标行为的技术。对塑造和强化最成功的应用在于对孤独症儿童的治疗。孤独症儿童往往不能正常地与他人交往，塑造技术可以用于建立他们的对话能力：首先对他们所发出的任何声音进行奖励，之后对词和句子进行奖励。

塑造技术还可以用于社交技能的建立。如果你十分害羞，行为主义治疗师会先训练你进行角色扮演，比如练习如何向一个你觉得很有魅力的人打招呼，然后，你可以渐渐练习怎样去进行邀约或表白。在这种角色扮演或行为预演的过程中，治疗师会给病人以反馈和强化。

行为预演也是一种自我肯定训练技术，它教会人们独立支撑，让病人从简单的场景和情况开始，训练适当有效的言语以及行为的反应。比如说，在对D太太旷野恐怖症的治疗过程中，治疗师可以使用角色扮演的技术来塑造她自信的行为，例如勇敢地面对专横的父亲。

行为治疗技术还可以采用代币（tokens）来进行强化以塑造和增加患者适当的行为（Sarafino，2000）。代币是二级（条件）强化物，比如说扑克筹码、"点数"卡或者其他可以用来换取食物、看电视、旅行、一个独立的房间这类一级强化物的东西。在医院的住院部，医院常常会使用代币来奖励那些按要求完成任务的病人，比如按时吃药、准时出席小组治疗或者参加活动小组。同时，病人也会因为一些不适当的行为而受到收回代币的惩罚。

这个方法是否会因为太依赖于代币而无法获得持续性的疗效呢？该理论的支持者指出代币可以帮助病人获得有益的行为，最终作为对他们自身的奖励。一个成熟的行为治疗过程分为若干个阶段，每个阶段所要求的行为复杂度逐渐增强。例如，在开始阶段病人只需参加疗程就可以获得代币；一旦建立起参加疗程这一行为，他们只有在真正参与到治疗之中才有机会获得代币；最后，当病人可以从治疗组同伴的帮助中获得强化时，代币的强化就不再需要，可以不再继续。代币被广泛地应用于各个治疗领域，包括医院、行为不良者训练项目、课堂和各个家庭（Field et al.，2004；Filcheck et al.，2004）。

观察学习技术：榜样的力量

作为对经典条件技术和操作条件技术的补充，行为疗法还使用观察学习技术进行治疗。第6章中我们讲过，我们通过观察他人学习很多东西。我们可以直接观察他人做什么，也可以从书中读到或者通过电视和电影来看他们怎么做。这种通过观察他人行为的治疗方法叫做**榜样疗法**（modeling therapy），它要求病人去观察并且模仿某个具有目标行为的榜样。

这种榜样疗法十分有效。例如，班杜拉和他的同事（1969）让具有蛇恐惧症的病人去观察没有该恐惧症的人把弄蛇，观察了两个小时后，就有多于92%的恐惧症病人同意让蛇在他们的手、手臂和脖子上爬行。患者将现实的榜样和自己亲身的练习联合起来，这个过程叫做参与式塑造。

榜样疗法也可用于社交技能和自信心的训练中。病人可以通过观察治疗师如何扮演被面试者来学习如何面对面试。治疗师示范应该如何谈吐（自信地要求一个工作）、身体姿势等，随后病人可通过对治疗师行为的模仿来自己表演。经过几个疗程后，病人对面试的焦虑逐渐脱敏，并且可以从中学会重要的面试技巧。

评价行为疗法：它们的效果如何？

研究结果表明，基于经典条件作用、操作条件作用和观察学习的行为疗法对很多问题都十分有效，包括恐惧症、强迫症、厌食症、孤独症、智力迟钝和行为不良个体（Heriot & Pritchard，2004；Herrera，Johnston & Steele，2004；Sarafino，2000；Wilson，2005）。甚至有病人在几年住院治疗后又成功地重新回到社区和家中。

对于行为疗法的批评主要分为以下两类：

（1）推广性。当治疗结束后情况会怎样？结果可以推广吗？批评家认为，由于病人在"现实世界"中常常无法获得那些强化，所以他们新建立的行为很可能会在离开疗程后消失。针对这些批评，行为治疗师尽量逐渐用现实生活中的典型奖励来作为强化物，塑造患者的恰当行为。

（2）伦理性。由一个人来控制另一人的行为这种做法是道德的吗？有没有一些情况是不适合使用行为疗法的呢？在经典电影《发条橙》（*A Clockwork Orange*）中，少数有权势的危险人群用行为修正来控制大部分人群。行为主义者认为奖赏和惩罚本身就控制着我们的行为，而行为疗法只是将这种控制变为外显的。此外，他们认为行为疗法可以通过教会他们如何改变自己的行为以及如何在疗程结束后保持这些改变，增加病人的自我控制。

评　估

检查与回顾

行为疗法

行为疗法运用学习理论来改变不恰当的行为。经典条件理论用于改变错误的联结。在系统脱敏中，病人用放松替代焦虑，然而在厌恶疗法中，将可引起厌恶的刺激与不适当的行为相联结。塑造和强化是基于操作条件理论的行为疗法技术。榜样疗法的基础是通过对他人的观察来获得技能和行为。

行为疗法在许多心理疾病的治疗方面都取得了成功。但也有批评家质疑行为疗法的推广性，并且认为行为控制是不符合伦理的。

问题

1. 基于学习理论并用于改变不恰当行为的一组技术称为_____。

2. 在行为疗法中，_____技术用于塑造和强化恰当的行为。

（a）经典条件　（b）榜样

（c）操作条件　（d）社会学习

3. 描述塑造技术是如何用于发展想要的行为的。

4. 对行为疗法的两个批评是什么？

答案请参考附录 B。

更多的评估资源：

www.wiley.com/college/huffman

生物医学疗法

 学习目标

　　生物医学疗法主要有哪些？

生物医学疗法 使用生理干涉（药物、电痉挛疗法和精神外科疗法）来减轻精神问题的症状。

心理药理学 关于药物对心理和行为的影响及作用的研究。

　　生物医学疗法（biomedical therapy）所基于的前提是由心理问题或者至少部分由神经系统机能的紊乱或化学物质的失衡所引起的。在多数情况下，精神病学家而不是心理学家，应该给病人进行生物医学方面的治疗。心理学家通常只是对接受生物医学治疗的病人进行心理治疗，并且对疗法的有效性进行研究。

　　尽管好莱坞电影题材常常与医院和精神病院的病人相关，但在现实中只是患有严重心理疾病的病人才会进入这些机构。那些电影中所描述的严重的药物滥用在现实中也是几乎不存在的。大多数具有心理问题的患者可以通过药物和心理咨询或两者的结合来得到治疗。本部分将介绍生物医学治疗的三种形式：心理药理学、电痉挛疗法（ECT）和精神外科疗法。

心理药理学：用药物治疗心理疾病

　　自20世纪50年代以来，医药公司生产了大量治疗异常行为的药物。一些**心理药理学**（psychopharmacology）（研究药物对于心理和行为的作用）被发现有助于矫正身体内化学物质的失衡，对本身无法产生足够化学物质的心理疾病患者使用药物就像对糖尿病患者使用胰岛素一样。在其他的一些研究中，药物被用于缓解或抑制一些心理疾病的症状，尽管有些心理疾病的内在原因并非是生物的。精神病学药物分为四个主要类别：抗焦虑药、安定药、情绪稳定剂和抗抑郁药。表15—1对每个类别中的常用处方药物分别进行了概括。

表 15—1　　　　　　　　　　　　　　　　心理疾病的药物治疗

药物类型	心理疾病	化学族	通用名	商标名
抗焦虑药	焦虑症	苯二氮 甘油衍生物	阿普唑仑 安定 甲丙氨酯	赞安诺 安定 眠尔通 甲丁双脲
安定药	精神分裂症	吩噻嗪 丁酰苯 二苯并二氮卓 非典型性安定药	氯丙嗪 氟非那嗪 硫醚嗪 氟哌丁苯 氯氮平 利培酮	氯丙嗪 氟奋乃静 硫醚嗪 氟哌啶醇 氯氮平片剂 维思通
情绪稳定剂	双相型障碍	抗躁狂	碳酸锂 酰胺咪嗪	碳酸锂 碳酸钽制剂 卡马西平

续前表

药物类型	心理疾病	化学族	通用名	商标名
抗抑郁药	抑郁症	三环抗抑郁药 单胺氧化酶抑制剂 选择性 5-羟色胺重吸收抑 制剂 非典型性抗抑郁药	丙咪嗪 阿密曲替林 苯乙肼 帕罗西汀 氟西汀 丁螺环酮 文拉法辛	盐酸丙咪嗪 盐酸阿密曲替林 苯乙肼 帕罗西汀 百忧解 丁螺环酮 郁复伸

抗焦虑药

抗焦虑药（antianxiety drugs，也被称为轻镇静剂）可产生放松感，减少焦虑，并且缓解肌肉的紧张。这是最为广泛应用的药物之一。正如第 14 章所提及的，焦虑症是最为常见的心理疾病之一，抗焦虑药，如安定（Valium）和阿普唑仑（三唑安定，Xanax），可以减少脑中交感神经系统的活动（危机时的运作模式），从而减少甚至消除焦虑感（Blanco et al.，2003；Swartz & Margolis，2004）。这些药物是通过增加 γ-氨基丁酸（GABA）这种神经递质的效力起到作用的，这种神经递质对神经元有着抑制（或镇静）的作用。

抗焦虑药　用于治疗焦虑症的药物。

安定药

安定药（antipsychotic drugs），也可称做神经阻滞剂，是用以治疗精神分裂症和一些严重精神疾病的药物。它们通常被称做强镇静剂，所以往往会给人一种错觉，就是安定药都是具有安定和镇静作用的。一些安定药的确具有减轻幻觉和错觉的效用，比如说氟哌啶醇（Haldol）。然而，其他一些像氯氮平片剂（Clozaril）这类的安定药则具有赋予病人能量和活力的作用。使用安定药物的主要目的是减轻或是消除精神疾病的症状，包括幻觉、错觉、情感淡漠、退缩，并不是单纯用来镇定病人的。不幸的是，安定药并不能从本质上治愈精神分裂症，也不能确保其病情不再恶化。然而，还是有很大一部分病人在接受了这类药物的治疗后病情产生了明显的好转。

这类药物是如何工作的？传统的安定药是通过减少多巴胺神经突触的活动来减轻精神分裂症症状（如幻觉）的，这也支持了过多的多巴胺会加重精神分裂症的观点（第 14 章）。新近生产的安定药如氯氮平（Clozaril）更为有效。因为不同的脑区有不同类别的多巴胺受体，而这些新药作用于特定的多巴胺受体（以及复合胺受体），并且避免了其他受体的干扰妨碍作用（Kapur，Sridhar & Remington，2004）。

安定药　用于减轻或消除幻觉、错觉、情感淡漠、退缩和其他精神症状的药物，也可称做神经阻滞剂或强镇静剂。

"服用百忧解前，她讨厌公司。"
资料来源：New Yorker Collection 1993. Lee Lorenz from cartoonbank. com. All rights Reserved.

情绪稳定剂和抗抑郁药

对于患有双相型障碍的病人，像锂（Lithium）这样的情绪稳定剂可以帮助减轻躁狂和抑郁的症状。但是锂的疗效相对来说比较慢，通常需要三至四个星期。这种药物主要用于预防和打破躁狂—抑郁的恶性循环。

对于抑郁症患者常使用的**抗抑郁药**（antidepressant drugs）共有四种

（例如，Gomez-Gil et al.，2004；Harmer et al.，2004；Wada et al.，2004）。

（1）三环抗抑郁药（tricyclics，根据其具有三个环的化学结构来命名的），比如说盐酸丙咪嗪（Tofranil），作用于脑中多个神经化学物质的通路上，增加复合胺和儿茶酚胺的水平。

557

（2）单胺氧化酶抑制剂（monoamine oxidase inhibitors，MAOIs），例如苯乙肼（Nardil），妨碍单胺氧化酶的产生。由于这种酶会使复合胺和儿茶酚胺失活，所以对它的抑制可以增加这些有用的神经化学物质的可用性。

（3）选择性5-羟色胺重吸收抑制剂（selective serotonin reuptake inhibitors，SSRIs），比如百忧解（Prozac），其工作原理和三环抗抑郁药一致，但只选择性地对复合胺产生影响（见图15—5）。到目前为止，SSRIs是最普遍使用的抗抑郁处方药物。

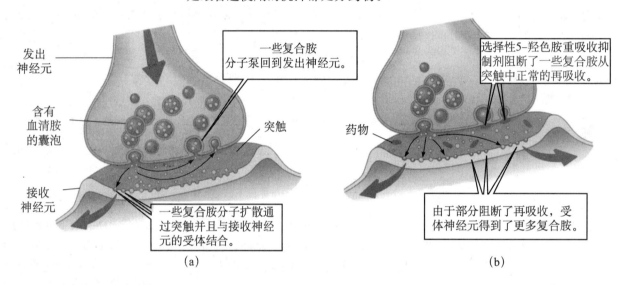

发出
神经元

含有
血清胺
的囊泡

接收
神经元

一些复合胺
分子泵回到发出神经元。

突触

一些复合胺分子扩散通过突触并且与接收神经元的受体结合。

（a）

选择性5-羟色胺重吸收抑制剂阻断了一些复合胺从突触中正常的再吸收。

药物

由于部分阻断了再吸收，受体神经元得到了更多复合胺。

（b）

图15—5　百忧解和其他选择5-羟色胺重吸收抑制剂是如何工作的。（a）在正常情况下，一个神经冲动（或动作电位）从传导至发出神经元（sending neuron）的轴突终末。如果这种神经元的囊泡中含有神经递质复合胺，则动作电位会引起其释放。部分复合胺会穿过突触并且被锁入接收神经元（receiving neuron）上的受体中。多余的复合胺会被重新泵回到发出神经元，作为储备（"复合胺的重吸收"）。（b）当我们使用复合胺重吸收选择性抑制剂（如百忧解）来治疗抑郁症或其他精神疾病时，它们阻断对多余复合胺正常的重吸收，从而使得这些多余的复合胺留在突触间隙，这样就有了更多的自由复合胺分子去刺激接收神经元，从而增强其提高情绪的功能。

（4）非典型性抗抑郁药（Atypical antidepressants），比如丁螺环酮和郁复伸。当其他的药物对患者的疗效不理想或者产生了一些副作用（如性功能下降）时，就会使用这类非典型性的药物。

电痉挛和精神外科疗法：希望还是危险

电痉挛疗法（ECT） 是使电流穿过脑部的生物医学疗法，主要用于治疗那些对抗抑郁药物和心理治疗都无法产生疗效的严重抑郁症患者。

　　电痉挛疗法（electroconvulsive therapy，ECT），也被称做电休克疗法（electroshock therapy，EST），是将两个电极摆放在头部的两边（见图15—6），从而产生中等强度的电流，穿过脑部。这个电流对脑部的作用虽然不到一秒钟，但它能够引起神经元的普遍放电，也称做痉挛。这些痉挛可以引起中枢神经系统和外周神经系统的一系列变化，包括自主神经系统的激活、增加各种激素和神经递质的分泌以及血脑屏障的改变。

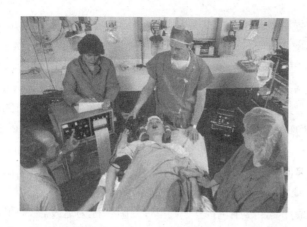

图 15—6 电痉挛疗法（ECT）。 在电痉挛治疗的过程中，位于前额的电极产生中等强度的电流穿过脑部，引起皮层的放电。尽管对电痉挛疗法仍存在争议而且看起来十分残忍，但是它对某些严重抑郁症患者来说是唯一的希望，而且它对解除抑郁症可能是有效的。

　　早期的电痉挛疗法，病人常常要接受上百个疗程的治疗（Fink，1999），如今只需 12 个或更少的疗程。有时电流只用于脑部的右半球，这样可以减少对文字记忆和其他左半球机能的影响。现代电痉挛疗法主要用于治疗那些对抗抑郁药物和心理治疗都无法产生疗效的严重抑郁症患者，也用于对有自杀史和自杀倾向患者的治疗，因为这种疗法较抗抑郁药物来说疗效更快。（Birkenhäger，Renes & Pluijms，2004；Sylvester et al.，2000）。

　　对电痉挛疗法的临床研究表明该疗法对严重的抑郁症具有很好的疗效（Carney et al.，2003；Prudic et al.，2004）。但对于电痉挛疗法的应用仍存在争议，因为这种疗法会引起脑部机能的（甚至是结构上的）大量的变化。这种疗法存在争议还因为我们并不了解其工作的原理，有可能是它促使了控制情绪的神经递质水平的重建。

　　精神外科疗法（psychosurgery）是一种最极端、也最少使用的生物医学疗法，是通过脑部手术来治疗严重的心理疾病（注意，精神外科疗法不同于那种治疗身体疾病的脑部手术，如脑瘤、肿块）。试图通过对脑部的改变来治疗混乱的思维与行为有很长的历史。在罗马时期，人们常认为头部的箭伤可以减轻精神错乱。1936 年，葡萄牙的神经科医师 Egas Moniz 就是通过切断额叶（监控和计划行为的相关脑区）和脑低级中枢之间的神经纤维来治疗无法控制的精神病人（Pressman，1998；Valenstein，1998）。许多病人都接受了这种治疗，称为**脑叶切除术**（lobotomy），但由于会引起严重的并发症，这种疗法现在已几乎不再使用。相对来说，精神药物是一个更加安全、有效的方法。

精神外科疗法 通过脑部手术来治疗严重的心理疾病。

脑叶切除术 已过时的心理疾病的治疗方法，包括切断额叶和丘脑、下丘脑之间的神经通路。

评价生物医学疗法

　　和其他治疗方法一样，对生物医学治疗的评价也是有正有负，接下来将总结对该疗法的一些相关研究。

　　（1）心理药理学。药理学疗法存在若干个问题。首先，药物虽然能够暂时地缓解症状，但并不能在真正意义上"治疗"疾病，从长期来看并不

558

是理想的解决方法。其次，这种疗法并不是对所有病人都有效，有些病人只表现出轻微的好转，而有些病人甚至对这些药物产生耐受性，最后成为药物依赖，一旦他们突然停止用药，就可能产生一些退隐症状（如痉挛和幻觉）。而对精神治疗药物的过量使用，无论是有意（为了有更好的疗效）或是无意（与其他药物同时使用），带来的危险都可能是致命的。

使用药物疗法的另一个重要的注意事项是对其副作用的控制。比如说，安定药产生的副作用就有变得迟钝、呆滞以及一些类似帕金森症的症状，包括肌肉僵化、震颤以及无法正常走路（Parrott, Morinan, Moss & Scholey, 2004；Tarsy, Baldessarini & Tarazi, 2002）。

安定药最严重的副作用是一种运动失调，称为迟发性运动障碍（tardive dyskinesia），它在15%～20%服用安定药的病患身上都产生了。这种症状通常在长期服用药物后产生［因此称为tardive（迟发性），来源于拉丁语中表示"slow（缓慢）"的词根］，包括舌头、面部和其他肌肉的不自主运动，甚至导致残废。当我的学生观看有关精神分裂症的电影时，常常分不清病人嘴部和下颚的吸吮、咂嘴等动作究竟是分裂症的特征还是迟发性运动障碍的症状。

和安定药一样，抗抑郁药和情绪稳定剂也有或多或少的副作用。抗抑郁药可能导致口干、疲乏、性功能衰退、增重和记忆力衰减；情绪稳定剂，如锂（Lithium），也可能对记忆造成损害，导致增重，一旦使用过量，甚至可能会危及生命。因此，在药物疗法的使用过程中，对于用药量和病人反应的监控是十分重要且必要的。

尽管药物疗法存在很多问题，但它给人们的心理健康带来了巨大的变化。在药物疗法使用之前，很多病人只能一生都在精神病院中度过。而今，绝大多数病人都在接受治疗后成功地回到家中正常生活，同时继续服药以防复发。

（2）电痉挛疗法和精神外科疗法。虽然对电痉挛疗法的使用已将近半个世纪，但我们依然无法了解为什么由电痉挛疗法引起的痉挛可以减轻病人的抑郁。电痉挛疗法目前仍是一种存在争议的疗法，部分原因可能是我们无法解释它的工作原理是什么，还有就是因为它看起来十分残酷（Baldwin & Oxlad, 2000；Cloud, 2001；Pearlman, 2002）。不像电影《飞越疯人院》和《毒龙潭》中所描绘的那样，在现实生活的电痉挛疗法过程中病人很少会表现出明显可见的反应。这是因为新型的肌肉迟缓药可以显著地减少癫痫发作时肌肉的收缩。为了消除他们对治疗过程的记忆，大多数接受电痉挛疗法治疗的病人同时也会接受麻醉，然而仍有病人觉得治疗过程是十分痛苦的，但绝大多数病人觉得这救了他们的命。

由于重复性穿颅磁刺激（repetitive transcranial magnetic stimulation, rTMS）的诞生，电痉挛疗法的问题不复存在了。重复性穿颅磁刺激通过一卷放置于头部的电线圈释放短而强的电流，与电痉挛疗法直接将强电流穿过脑部不同，重复性穿颅磁刺激线圈是通过产生出一个可以作用于特定脑区的强烈磁场来进行治疗。当用于治疗抑郁症时，线圈通常被放置于左侧前额叶部位，这部分与控制情绪的深层脑区相连。许多研究表明，重复性穿颅磁刺激对严重的抑郁症有很好的疗效，而且它的副作用也少于电痉挛疗法，比如

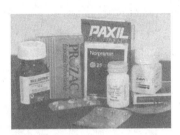

对药物疗法的评价。 精神药物（如百忧解）常常可以减轻精神疾病的痛苦和症状。然而，这些药物也具有大大小小的副作用，因此医生和病人应仔细衡量其收益和代价。

《飞越疯人院》。 在这部电影中，主角McMurphy（由Jack Nicholson饰演）一直是医院的一个麻烦。为了惩罚和控制他，医务人员首先使用药物，然后是电痉挛疗法，最后使用了精神外科疗法——前额叶切除。尽管这是一部十分受欢迎的电影，但它同时也加深了公众对生物医学疗法的恐惧和误解。

说记忆力下降（Fitzgerald et al.，2003；Jorge et al.，2004；Kauffmann，Cheema & Miller，2004）。然而，也有其他研究表明重复性穿颅磁刺激并没有很好的疗效（Aarre et al.，2003；Martin et al.，2003）。

由于所有精神外科疗法都存在潜在的严重或致命的副作用或并发症，一些评论家认为应该将它们全部取缔。而且这些疗法造成的负面后果往往是无法逆转的，因此精神外科疗法常被认为是实验性的、存在争议的疗法。

检查与回顾

生物医学疗法

生物医学疗法运用生物技术来减轻精神障碍。到目前为止，药物治疗是最常用的治疗方式。抗焦虑药（Valium，Xanax）是用于治疗焦虑症的，安定药（Haldol，Navane）是用于治疗精神分裂症的，抗抑郁药（Prozac，Effexor）是用于治疗抑郁症的，而情绪稳定剂（Lithium）可以帮助患有双相障碍的患者。药物疗法对许多心理疾病都有很好的疗效，然而，它也存在用药量、副作用、病患合作度等问题。

电痉挛疗法（ECT）主要用于严重抑郁症的治疗，往往药物疗法对这些病例已经不起作用了。但是电痉挛疗法具有一定的危险性，常被看做最后的选择。精神外科疗法，例如脑叶切除术，在过去常常使用，但在今天已几乎不再使用。

问题

1. 当前住院病人人数较过去几十年的急剧下降是由于_____。
(a) 生物医学疗法
(b) 精神分析
(c) 精神外科疗法
(d) 药物疗法。
2. 精神治疗药物的四个主要类别是什么？
3. 安定药物的工作原理主要是它抑制了_____受体。
(a) 复合胺　(b) 多巴胺
(c) 乙酰胆碱　(d) 肾上腺素
答案请参考附录 B。
更多的评估资源：
www.wiley.com/college/huffman

560

 ## 治疗与批判性思维

你是否已经从本章以及之前的章节中发现，批判性思维能力是学习心理学一个非常重要的能力？这一能力在本章中体现得更加重要。例如，我们在开头已经说到，治疗方法有 400 多种，你怎样为你认识的人选择方法呢？

在本章的第一部分，我们已经讨论了心理治疗的五种常规目标。现在我们来探讨一下世界上主要文化的相似点和差异。最后我们会做出寻找最佳治疗方法的建议。这些讨论是否能够帮助你更好地形成概念的大体框架？没有批判性思维的读者常常不能分析信息的大体框架。在面对各种各样的治疗方法时，他们会"只见树木，不见森林"，无法找到有效的方法。

 学习目标
怎样利用批判性思维改进对治疗的理解？

治疗的要义：五种常规目标

所有的治疗都是从五个方面来帮助病人（见图 15—7）。根据治疗师接受的培训以及病人的特点，需要强调五个方面中的一个或几个。

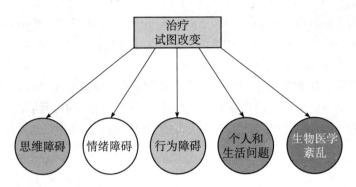

图 15—7 治疗的五种常规目标。大部分治疗关注一个或几个目标。在阅读每一个治疗后，你是否能说出精神分析学家、认知治疗师、行为主义者以及精神病学家关注的问题？这种思考可以帮助你区分不同治疗的理论——甚至帮助你在本章的考试中拿到一个好的成绩。

（1）思维障碍。有问题的个体通常受到一定程度的混乱、破坏性思维方式或理解障碍的困扰。治疗师的工作就是改变这些有问题的思维，提供新观念或信息，并引导个体找到解决途径。

（2）情绪障碍。寻找治疗帮助的个体通常有强烈的情绪困扰。治疗师帮助个体认识并解决这一问题，解除情绪困扰。

（3）行为障碍。治疗师帮助个体减少问题行为，并引导他们过更有效的生活。

（4）个人和生活问题。治疗师帮助个体改善他们和家人、朋友、同事的关系，也帮助他们减少压力源，如工作压力或家庭冲突。

（5）生物医学紊乱。有问题的个体通常受到生理问题的困扰，这些生理问题经常直接导致心理问题（如化学物质不平衡导致抑郁）。治疗师帮助病人解决这些问题，通常也会使用药物。

虽然多数治疗师会涉及来访者的几个上述方面，但他们的着重点会依据其训练经验有所不同。正如你在前面学到的，精神分析或心理动力学治疗师通常强调无意识和情绪，认知治疗师专注于病人的思维和信念模式，人本治疗师尝试改变病人的负面情绪反应，行为治疗师则主要改变不良适应行为，而使用药物技术的治疗师尝试解决生理问题。

记住，术语"精神分析和认知治疗师"只是指导治疗师思维的理论背景和框架。正如共和党和民主党的政治立场不同，行为和认知治疗师的治疗方式也是不同的。也正如共和党和民主党相互借鉴一样，不同流派的医师也共有一些观念和技术。使用各种流派理论被认为是一种**折中方法**（eclectic approach）。

561

折中方法 结合各种理论流派的技术，从中找到最适合的治疗方法。

应 用 将心理学应用于工作

与心理健康相关的职业

你是否想做一个治疗师来帮助他人？你是否想过需要多久的学习才能成为一个治疗师？大多数大学中的咨询中心或职业中心人员会帮助你回答这些问题。我在表 15—2 中总结了一些主要职业，以及它们需要的学历、教育时间、训练种类，希望可以对你有所帮助。

表 15—2		与心理健康相关的主要职业类型
职业种类	学历	需要的教育时间和训练本质
临床心理学家 (clinical psychologist)	Ph. D.（哲学博士） Psy. D.（心理学博士）	（5～7 年） 这一职业的大多数人有博士学历，在研究和临床治疗方面接受训练，在精神病院或心理健康机构实习一年，但大多数人还需要在大学中任教或进行研究。
咨询心理学家 (counseling psychologist)	M. A.（文学硕士） Ph. D.（哲学博士） Psy. D.（心理学博士） Ed. D.（教育学博士）	（3～7 年） 和临床心理学家的培训相似，但是咨询心理学家通常是硕士学历，更多强调实践，更少强调研究。他们通常在学校或机构工作，重点解决生活中的问题而不是心理障碍。
精神病学家 (psychiatrist)	M. D.（医学博士）	（7～10 年） 在四年医学院学习后，需要实习，包括有督导的心理治疗技术实习和生物医学治疗实习。医学博士是唯一可以开处方药的心理健康专家。
精神科社会工作者 (psychiatric social worker)	M. S. W.（社会工作硕士） D. S. W.（社会工作博士） Ph. D.（哲学博士）	（2～5 年） 通常有社会工作硕士学位，随后在医院或门诊进行培训和工作。
精神科护士 (psychiatric nurse)	R. N.（注册护士） M. A.（文学硕士） Ph. D.（哲学博士）	（0～5 年） 通常有学士或硕士护理学位，随后需要在医院和心理健康机构接受护理心理病人的培训。
学校心理学家 (school psychologist)	M. A.（文学硕士） Ph. D.（哲学博士） Psy. D.（心理学博士） Ed. D.（教育学博士）	（3～7 年） 通常需要心理学学士学位，随后研究生训练涉及学校相关问题的心理评估和咨询。

562

应用

聚焦研究

电子时代的疗法

　　我从来不考虑未来，未来总是来得太快。

　　——阿尔伯特·爱因斯坦

　　你是否愿意在电话或互联网上和治疗师交谈？这是否太不私人化或过于高科技？不管你是否喜欢，电子时代的治疗已经来到了。

　　现在，成百上千的人通过电台节目、电话服务和互联网的在线咨询寻求建议和"治疗"。最新的心理健康治疗叫做远程医疗（tele-health），已经涉及将近 200 个网站，350～1 000

个在线咨询师提供咨询、团队支持、邮件反馈、私人短信和视频治疗的服务（Davison, Pennebaker & Dickerson, 2000；Kicklighter, 2000；Newman, 2001）。这些在线咨询师是心理学家、精神病学家、社会工作者、有执照的咨询师、无执照的"热心人"或者是江湖郎中。他们每周大约要治疗 10 000 名客户（Kicklighter, 2000）。

　　正如你所预期的，许多有资格的治疗师和学术机构都在关注这种崭新

的治疗形式。他们担心，由于缺乏官方机构的管理和规范，接受这种新形式治疗的客户可能会受到不符合伦理或不正规的对待。最近出台的《远程治疗中专业操作的十项跨学科规范》关注了这一问题。根据这些规范，心理学家必须遵守 APA（美国心理协会）伦理准则的基本条例，包括保密性、知会同意和诚信。但是不同地区的治疗师标准不同，消费者也缺少相关的保护，因此问题仍然存在。

　　为什么人们愿意使用在线咨询？

网络咨询和其他电子手段比常规咨询的效率更高。例如，Enid M. Hunkeler 和她的同事们（2000）发现，接受一周职业电话治疗的抑郁症病人比没有接受这种治疗的病人的病情有明显的改善。在另一项研究中，Andrew Winzelberg（2000）与其同行发现，一项基于网络、针对大学生进食障碍的项目可以显著地改善体相、减少想更瘦的驱力。

研究表明，增加病人和治疗师的接触可提高心理、生理治疗的成功

率。电子形式可能是增加接触最方便、最经济的方法（Schopp, Johnstone & Merrell, 2000）。在线用户喜欢增加和治疗师接触的机会，特别是在处于危机的阶段。在家中谈论私人话题，客户会倾向于感觉更加安全。

另一方面，对在线咨询的批评认为，它是一种矛盾的说法。心理咨询是基于言语和非言语的交流，没有面对面的接触，心理咨询师无法给出合适的建议。另外一些人担心，发送私

人和需要保密的想法进入不安全的虚拟空间，给了那些可能没有资质的咨询师（例如，Bloom, 1998）。David Nickerson 是美国心理协会的技术政策和项目的负责人，他建议人们首先应当寻求面对面的咨询。"我们仍然需要研究"，Nickerson 说，"我们可能会发现，在网络上，咨询师和他的病人是无法做到一些事情的。"（http://www.apa.org/practice/pf/aug97/teleheal.html）

目标　性别与文化多样性

相似性和不同点

我们这一章讨论的所有治疗方法都基于西欧和北美文化。但是其他非传统的治疗方法是怎样的呢？我们的心理咨询师和本土的治病者、巫医是一样的吗？或者说，不同文化的治疗方法间是否有一些基本的差异呢？女人呢？在治疗中是否有一些不同的话题呢？正如先前提到的，考虑这些问题需要批判性思维。让我们仔细考虑它们。

文化相似性

仔细考察所有文化中的治疗，我们发现了一些基本共同点（Corey, 2001b；Jennings & Skovholt, 1999；Lee, 2002；Matsumoto, 2000）。Richard Brislin（1993）总结了如下一些特征。

（1）问题的命名。改善心理功能的重要一步就是标记问题。通常，如果人们知道别人有相似的问题，治疗师在这一方面非常有经验，他们就会感觉好些。

（2）治疗师的能力。病人需要感到治疗师体贴、有能力、可接近，并且在努力寻找解决他们问题的方法。

（3）建立信誉。口碑和地位象征（例如墙上悬挂的学位证书）可以建立治疗师信誉。本土治疗者通常不是通过文凭，而是通过师从受尊敬的治疗者建立信誉。

（4）将问题置于熟悉的框架中。如果来访者相信是魔鬼引起了心理问题，治疗师会通过这些精神信仰解决问题。同样地，如果来访者相信是早年经历和无意识导致心理问题，治疗师通常会选择精神分析作为治疗方法。

（5）应用技术带来缓解。在所有文化中，治疗都包括行动。不论是来访者还是治疗师都需要采取行动。除此之外，他们的行为还应符合来访者的预期。例如，如果人们相信魔鬼控制了他们，就会期待萨满（shaman）进行一个仪式来驱魔。在西欧和美国文化中，来访者期待治疗师解释他们的思维和情绪，并提供背景信息。这种"谈话治疗"也可能包括生物或行

563

为成分。但一般来说，参与这种治疗的病人都期待通过谈话来解决问题。

（6）特定的时间和地点。所有治疗的一个重要特点是，治疗发生在来访者日常的经历之外。很明显地，人们会腾出一个特定的时间，去一个特定的地点，集中注意去解决他们的问题。

文化差异

尽管不同文化的治疗方法有很多共同点，但各种方法之间同样存在差异。在传统西欧和北美的模式中，治疗师鼓励客户进行自我觉知、自我满足、自我实现，并规范自我行为。在这一过程中，强调的是自我、独立以及对自我生活的控制——这些都是个人主义文化看重的。但集体主义文化下的治疗方法则强调互依、接受现实（Sue & Sue，2002）。

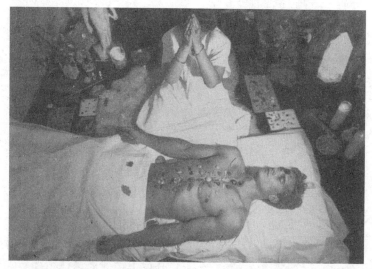

日本的治疗方法——内观（Naikan），是集体主义文化对心理障碍的一种治疗方法。使用这种方法，病人需要从早上 5 点30 分静坐至晚上 9 点，每 90 分钟接受一次访问，一共持续 7 天。在这段时间中，病人需要从以下三个方面思考他或她和别人的关系：受到的关心（回想反省接受到他人的关注）、回报（考虑你是如何回报他人的）以及给他人带来的麻烦（回想自己给别人带来的麻烦和焦虑）（Berry，Poortinga，Segall & Dasen，1992；Ryback，Ikemi & Miki，2001）。

不同形式的治疗。 在所有文化中，治疗包括特定的行为或治疗。在这张照片中，治疗师正在使用水晶、躺在石头上以及冥想为病人治疗。

内观的目标是发现自己为别人制造的麻烦，因此产生内疚感，并对曾经帮助过自己的人产生感激之情。达到这些目标后，个体会有更好的自我概念和人际态度。

你可以看到，内观和我们这一章讲的方法有很明显的差异。文化影响了治疗方法，还会影响治疗师的知觉。认识到文化间的差异是建立治疗师和病人间信任的基础。同时，治疗师也应当了解不同文化背景病人的文化习俗。他们还应当了解自己的文化及其价值观和信念以及不同文化间的差异（Snowden & Yamada，2005；Tseng，2004）。

女性和治疗

治疗师除了应当对来访者的文化背景敏感，还应当注意性别差异。在西方个人主义文化中，不同性别有不同的需要和问题。例如，和男性相比，女性对谈论情绪更加熟悉、舒适，对治疗的负性态度更少，更可能寻求心理帮助（Komiya，Good & Sherrod，2000）。研究已经发现了和女性、治疗相关的五个独特关注点（Chaikin & Prout，2004；Holtzworth-Munroe，2000；Whitney，Kusznir & Dixie，2002）。

（1）确诊率和心理障碍治疗。研究已经发现，女性被确诊有心理疾病并进行治疗的比率显著高于男性。这是否因为女性群体更容易"生病"呢？或者只是因为她们更愿意承认自己的问题？也可能是因为疾病的分类对女性有偏差。不管怎样，这一问题都还需要进一步的研究。

（2）贫穷的压力。贫穷是产生心理障碍的一个重要原因。因此，低收入阶层的妇女比例过高带给治疗师一个特殊的挑战。

（3）多重角色的压力。当今社会的女性是母亲、妻子、家庭支撑者、家庭收入来源、学生等。不同角色的各种要求常常会产生矛盾，造成特殊的压力。

（4）年龄压力。女性对年龄的关注是非比寻常的。她们比男性的寿命长，但通常更贫穷，受到的教育更少，有更多健康问题。美国疗养院患有慢性心理疾病的人中，有70%是年纪较大的妇女，其中主要是与年龄相关患痴呆的女性。

（5）暴力问题。强奸、暴力、乱伦和性骚扰，对女性的心理健康都有威胁。暴力问题更常发生在女性身上。这些问题可能导致抑郁、失忆症、创伤后应激综合征、进食障碍等。

机构化：治疗慢性和严重的心理疾病

我们都信仰自由，那么我们是否可以剥夺那些心理障碍病人的自由呢？那些试图自杀的人呢？或者有潜在暴力威胁的人呢？虽然好莱坞电影中讲述了体制化带来伦理问题，但一般来说，这只是针对最严重和威胁生命的情况。

565

强制拘禁

在美国，不同州的法律对强制拘禁的要求不同。但一般来说，人们可以在以下情况被送往精神病院：

（1）他们被认为威胁到自己（通常是自杀性的）或他人（有暴力威胁）的生命。

（2）他们被认为急需治疗（举止奇异、脱离现实）。

（3）没有更加合理的或其他的选择。

在紧急情况下，心理学家和其他专业人员有权利暂时拘禁病人24~72小时。在这段观察期间，可以采用实验室检验来排除生理疾病造成症状的可能。病人也可以接受心理测验、药物治疗和短期的心理治疗。

去机构化

虽然有严格的法律规定来管理强制拘禁，但仍然会发生滥用的情况。长期慢性的机构化也有很多问题。而合适的家庭看护又非常昂贵。为了解决这些问题，许多州都有去机构化的政策，即将病人尽快从精神病院中释放出来。

对许多人来说，去机构化是一种人性化、积极的进步（Lariviere et al.，2002；Priebe et al.，2002）。但一些病人被释放后没有继续得到保护。许多人在破旧的酒店、疗养院、监狱甚至大街上结束了生命。我们应当注意到流浪人群中有许多心理问题，而流浪人口的增加是因为失业率的增加、低价房的短缺等（Becker & Kunstmann，2001；Seager，1998；Torrey，1998）。

我们还能做什么？大部分治疗师建议扩大并提高社区看护，而不是让病人返回州立医院（Duckworth & Borus，1999；Lamb，2000）。他们认为，一般医院应该准备特殊的精神治疗单元，急性病人可以接受个人看护。对于病情较轻的病人和慢性病人来说，他们推荐"随访"门诊、危机干预服务、改善家庭治疗设备以及心理社会和职业康复。州立医院可以留出资源和人力治疗病情较重的病人。

去机构化。 把人们关在大型心理机构中会产生许多问题。但是去机构化也造成了许多问题。因为这一政策迫使许多病人流浪街头，不能得到房屋遮风避雨以及医疗看护。

社区心理健康中心

566

这些机构是去机构化的另一种选择。社区心理健康中心（CMH）提供门诊病人服务，如个人和小组治疗、预防方案。他们还会协调短期住院病人的看护和对出院精神病人的照顾，如过渡和善后服务。社区中的精神病学家、社会工作者、护士和志愿者一般是社区心理健康中心的工作人员。

正如你可以想象的，社区心理健康中心和其支持方案也非常昂贵。投资初级预防方案是减少花费的一种方法。和坐等某人失去工作、房子和家庭相比，我们可以为高危个体提供预防方案，并提供短期危机救助。

评估和寻找治疗：这是否有效？怎样选择？

你是否考虑过寻找治疗师？如果你已经去了，是否有效呢？在这一部分中，我们会讨论治疗的有效问题以及怎样选择治疗师。

判断有效性

科学地评价治疗的有效性很微妙。你怎样才能相信治疗师或来访者的个人报告和知觉呢？这两者都有偏差，需要检验治疗的时间、努力和花费。

为了避免这样的问题，心理学家采用了对照的研究报告：随机分配来访者到不同形式的治疗中，而控制组不接受任何治疗。在治疗结束后，独立地评估来访者，并收集了亲友的报告。直到最近，这些研究仍然是简单的比较。但是随着一项结合许多研究数据的新的统计技术——元分析的发展，可以将多年的研究收集到一起，产生一个综合的报告。

在多年对照研究和元分析的帮助下，我们可以证明，治疗的确是有效的。这对消费者和治疗师来说，都是一个好消息。40%～80%接受治疗的人比没有接受治疗的人状态更好。另外，短期治疗可以和长期治疗一样有效（Blanco et al.，2003；Ellis，2004；Nordhus & Pallesen，2003；Shadish & Baldwin，2003；Storosum et al.，2004；Swanson，Swartz & Elbogen，2004）。而某些治疗方法对特殊的问题更加有效。例如，去敏化对恐惧症似乎更加有效，认知行为治疗加以药物辅佐可以在很大程度上减轻强迫症症状。

寻找治疗师

我们怎样应自己的特殊要求找到适合的治疗师呢？如果你有时间（和金钱）寻找不同选择，那么不断去尝试和寻找是一个好方法。向心理指导机构或学校的咨询系统咨询是重要的第一步。然而，如果你处于危机之中（你有自杀倾向、考试不及格或是药物滥用），那么要快速地得到帮助（Besançon，2004；Beutler，Shurkin，Bongar & Gray，2000；First，Pincus & Frances，1999）。大部分社区有热线电话提供 24 小时咨询服务。大部分大学有咨询中心提供即时、短期免费咨询治疗。

如果你在鼓励他人接受治疗，你可能需要提供一个治疗师并和他人一同前往。如果对方拒绝帮助并且他的问题影响到了你，你同样需要接受治疗。你可以得到一些指导和技能来帮助你更有效地解决问题。

567

应 用 将心理学应用于日常生活

电影中关于心理治疗的误区

在电影《浪潮王子》中，芭芭拉·史翠珊（Barbra Streisand）出演了一个精神分析师，她爱上了她的病人 Nick Nolte，并与他发生了关系。这一剧情有什么错误呢？你是否能用批判性思维简要地描述一下，这种性关系会对治疗师、病人和观众产生什么严重并持久的问题呢？

治疗师：＿＿＿＿＿＿＿＿＿＿＿＿＿＿＿＿＿＿＿＿＿

来访者：＿＿＿＿＿＿＿＿＿＿＿＿＿＿＿＿＿＿＿＿＿

观众：＿＿＿＿＿＿＿＿＿＿＿＿＿＿＿＿＿＿＿＿＿＿

现在，比较一下你的回答和以下的讨论。

正如我们先前讨论的，这种对治疗和违反伦理治疗师的描述是有害的，会形成危险的刻板印象和持久的错误概念。影片中将治疗师和来访者之间的性关系处理为一种浪漫的相遇。但电影中并没有说明，治疗师严重地违背了职业伦理，这可能会使她失去执照，也可能面临起诉。浪漫也许可以让电影鲜活，但在现实生活中，治疗师应当坚持最高的伦理行为标准。在一些州内，病人和治疗师之间发生性关系不仅是不道德的，而且是违法的（Dalenberg，2000；Sloan，Edmond，Rubin & Doughty，1998）。

除了忽视治疗师的专业问题，电影对其性关系的描述也忽略了这样一个事实，就是病人在寻求帮助，处于较弱的位置，这增加了他们的脆弱

这张图片有什么错误？治疗师和病人的爱情或性关系是好莱坞电影中一个常见的主题，正如电影《浪潮王子》中芭芭拉·史翠珊（治疗师）和 Nick Nolte（病人）一样。

性。亲密关系可能会破坏治疗师和病人之间的专业关系。可能最容易被忽视的受害者是观众。因为电影弱化（并浪漫化）了这一对专业伦理的严重破坏，它们可能会使观众产生错误的（并可能是持久的）坏印象，妨碍观众去寻求有效的治疗。

检查与回顾

治疗和批判性思维

治疗有多种形式。但它们都关注五个基本方面：思维、情感、行为、人际和生活情境，以及生物医学问题。许多治疗师选择折中方法并结合不同理论的技术。

所有文化下的治疗有六个相同点：命名问题、治疗师的能力、建立信誉、将问题置于熟悉的框架中、应用技术带来缓解以及特定的时间和地点。治疗中也存在着显著的文化差异。例如，个人主义文化强调自我和对个人人生的控制，而集体主义文化强调人际依赖。日本的内观治疗方法就是集体主义文化治疗的一个例子。

在对女病人进行治疗时，治疗师必须考虑五个问题：高确诊率和治疗率、经济压力、多重角色的压力、年龄的压力和暴力问题。

被认为有心理问题、对自己或他人的生命有威胁的个体可以由精神病院强制监禁进行确诊或治疗。滥用强制监禁和州立精神病院的相关问题让许多州开始实行去机构化——尽可能多地劝阻病人入院，并不允许监禁许可。社区心理健康中心（CMH）之类的社区服务试图解决去机构化带来的问题。对心理治疗有效性的研究发现接受治疗的人中 40%～80% 是有效的。

问题

1. 将下面的治疗师和其基本重心进行匹配：

_____ i. 精神分析师

_____ ii. 人本主义治疗师

_____ iii. 生物医学治疗

_____ iv. 认知流派治疗师

_____ v. 行为主义治疗师

(a) 错误思维和信念

(b) 无意识想法

(c) 生理疾病

(d) 负性情绪

(e) 不良行为

2. 说出各种文化都适用的治疗的六个特点。

3. 一种日本治疗方法，目的在于帮助来访者发现对他人不好或麻烦的行为，使其感到内疚，并感激曾经帮助过他的人。这种治疗叫做_____。

(a) Kyoto 治疗

(b) Okado 治疗

(c) 内观治疗

(d) Nissan 治疗

4. 女性治疗中五个关注焦点是什么？

5. 尽可能多地让州立精神病院中的病人出院并劝阻入院的政策叫做_____。

(a) 解脱

(b) 重新收容

(c) 适应不良的转化

(d) 去机构化

答案请参考附录 B。

更多的评估资源：

www.wiley.com/college/huffman

568

评 估　关键词

为了评估你对第 15 章中关键词的理解程度，首先用自己的话解释下面的关键词，然后和课文中给出的定义进行对比。

心理治疗

领悟疗法

积极倾听

当事人中心疗法

认知行为疗法

认知重构

认知疗法

释梦

共情

家庭疗法

自由联想

真挚

小组疗法

人本主义疗法

解释	**行为疗法**	安定药物
精神分析	厌恶疗法	心理药理学
心理动力学疗法	行为疗法	电痉挛治疗（ECT）
合理情绪认知疗法（REBT）	榜样疗法	脑叶切除术
抵制	系统脱敏	精神药物
自助小组		精神外科疗法
自我交谈	**生物医学疗法**	
转移	抗焦虑药物	**治疗和批判性思维**
无条件积极关注	抗抑郁药物	折中方法

 目标 网络资源

Huffman 教材的配套网址

http：//www.wiley.com/college/huffman

这个网址提供免费的交互式自我测验、网络练习、关键词的术语表和抽认卡、网络链接、英语非母语阅读者的手册，还有其他用来帮助你掌握本章知识的活动和材料。

想要了解治疗方法的更多信息？

http：//www.grohol.com/therapy.htm

提供四种主要治疗方法的简介：心理动力学/精神分析、认知—行为/行为主义、人本主义/存在主义以及折中的方法。

需要帮助寻找治疗师？

http：//www.helping.apa.org/brochure/index.html

美国心理学会主办，这一网站提供心理治疗的基本信息，以及怎样选择心理治疗师的建议。如果你想要得到更多的相关信息，尝试点击 www.psychologytoday.com。这是杂志《今日心理学》的主页，这一网站有选择治疗师一般问题的答案，

帮助你找到治疗师，并且有在线专家帮助。

想要得到某一问题的详细信息和治疗信息？

http：//www.apa.org/science/lib.html

这一网址由美国心理学会创建，提供文献、书籍、图书馆搜索以及所有在 DSM-Ⅳ-TR 中所列障碍的相关链接。如果你想得到详细信息，尝试 http：//www.mentalhealth.com/p20-grp. html。这一网站由网络心理健康团体主办，提供所有有关心理障碍的丰富资源和详细信息，包括描述、确诊、治疗、研究和推荐书目。另外，可尝试 http：//www.mhsource.com/，它主要为心理健康专业人士建立，提供特殊障碍以及病因、确诊和治疗的有效资源和链接。

需要帮助解决药物滥用问题？

http：//www.health.org/

国家酒精和药物信息资源共享机构负责这一网站，提供药物滥用的预防和治疗链接。如果想要更多的信息，尝试 http：//www.drugnet.net/metaview.htm。这一网站提供全球的信息和链接。

第 15 章　形象化总结

领悟疗法

描述/主要目标	技术/方法
■ 精神分析/心理动力学疗法:将无意识冲突带入意识之中。	五种主要技术: ■ 自由联想　■ 释梦 ■ 抵制　　　■ 转移 ■ 解释
■ 认知疗法:分析错误的思维、信念以及负性的自我谈话(self-talk),用认知重构的方法改变这些破坏性的思维。	艾利斯的合理情绪疗法(REBT)用合理的信念和对世界的准确认知来替换不合理的信念。 贝克的认知行为疗法即强调思维过程的转变,也强调行为的转变。
■ 人本疗法:致力于巩固个人成长过程。	罗杰斯的当事人中心疗法通过提供共情、无条件积极关注、真挚和积极倾听来巩固其个人的成长发展。
■ 团体、家庭和婚姻疗法:若干个来访者同时见一个或更多治疗师来解决他们的问题。	提供小组支持、反馈、信息和表演情景剧的机会。 ■ 自助小组(如嗜酒者自助小组)也常被认为是团体治疗的一种,但这类小组中并没有专业治疗师的参与和引导。 ■ 家庭疗法:致力于改善不良的家庭关系。

行为疗法

描述/主要目标	技术/方法
■ 行为疗法:利用学习理论来消除不恰当的行为并且将其替换为健康的行为。	■ 经典条件技术,包括系统脱敏(患者用放松替换焦虑)和厌恶疗法(将令人厌恶的刺激与不恰当的行为建立联结)。 ■ 操作条件技术,包括塑造和强化。 ■ 观察学习技术,包括榜样疗法(患者观察并且模仿好的榜样的行为)。

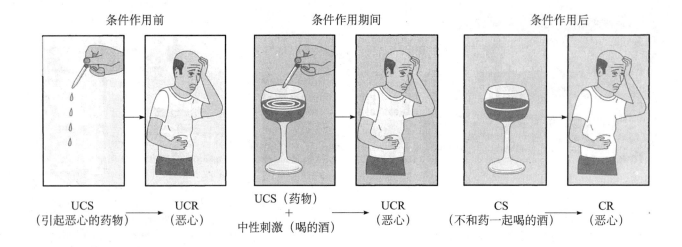

条件作用前   条件作用期间   条件作用后

| UCS
(引起恶心的药物) → UCR
(恶心) | UCS（药物）
+
中性刺激（喝的酒） → UCR
（恶心） | CS
（不和药一起喝的酒） → CR
（恶心） |

571   ◁▢ **生物医学疗法**

描述/主要目标
■ 生物医学疗法：用生物技术来治疗
心理问题。

→

技术/方法
药物疗法是最常用的生物医学疗法。
■ 抗焦虑药用于治疗焦虑症。
■ 安定药用于减缓精神障碍的症状。
■ 情绪稳定剂用于稳定双相型障碍患者。
■ 抗抑郁药用于治疗抑郁症。
电痉挛疗法（ECT）主要用于药物疗法无效的严重抑郁
的治疗。
精神外科疗法，例如脑叶切除术，如今已很少使用。

▢◯ **治疗与批判性思维**

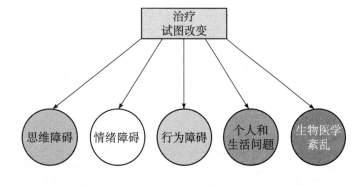

治疗中的女性
高确诊率和治疗率、经济压力、
多重角色的压力、年龄的压力以
及暴力问题。

文化问题

■ 所有文化中治疗方法的普遍特征：命名问题、治疗师的能力、建立信誉、将问题置于熟悉的框架中、应用技术带来缓解以及特定的时间和地点。

■ 不同文化中治疗方法的差异：个人主义文化强调自我和对个人人生的控制，而集体主义文化，如日本的内观，强调人际依赖。

机构化

■ 被认为有心理问题、对自己或他人的生命有威胁的个体可以由精神病院强制监禁进行确诊或治疗。

■ 滥用强制监禁和州立精神病院的相关问题让许多州开始实行去机构化：让尽可能多的病人出院，并劝阻病人入院。

■ 社区心理健康中心（CMH）之类的社区服务试图解决去机构化带来的问题。

寻找治疗

■ 对心理治疗有效性的研究发现接受治疗的人中 40%～80% 是有效的。

■ 慢慢尝试寻找治疗师，但在危急时刻需要立即的帮助。

■ 如果别人的问题影响到了你，你自己也需要帮助。

第 16 章

社会心理学

归因
态度

我们对他人的感觉

偏见和歧视
人际吸引
- 性别与文化多样性
  情人眼里出西施吗？
- 将心理学应用于人际关系
  调情的艺术和科学

我们对他人的行为

社会影响
- 批判性思维/主动学习
  我们什么时候应该服从？
团体过程
攻击性

在阅读 16 章的过程中，关注以下问题，并用自己的话来回答：

▶ 我们的思维如何影响我们对他人的解释和判断？

▶ 在我们的社会交往中什么感觉是最重要的？

▶ 我们对他人的行为如何影响他人和我们自己的生活？

▶ 我们如何利用社会心理学来解决社会问题？

● 聚焦研究
  在美国"愤怒/粗鲁的流行"
利他主义

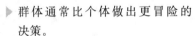

将社会心理学应用于社会问题

减少偏见和歧视
克服破坏性的服从

574

应用

为什么学习心理学?

第 16 章将为我们解释为什么以及如何……

▷ 群体通常比个体做出更冒险的   超过一年或者两年。
  决策。   ▷ 引发认知失调是改变态度的一个
▷ 大多数人评价他人时比评价自己   重要的方法。
  更苛刻。   ▷ 偏见既有正性的又有负性的形式。
▷ 外貌是人际吸引、喜欢和浪漫爱   ▷ 观看激烈的运动比赛或者殴打枕
  情的最初感觉中的主要因素。   头并不是很好地发泄情绪和减少
▷ 相反的事物并不能真正地相互   攻击行为的方法。
  吸引。   ▷ 当人们是单独一个人时比他们在
▷ 浪漫爱情的持续时间几乎不可能   一个群体中更有可能帮助他人。

实践中的社会心理学? 阿布格莱布监狱中囚犯的痛苦是一些"野兽般的美国士兵"造成的吗?还是可预测的(和可预防的)?

社会心理学 研究他人如何影响个体的思想、情感和行为。

你们还记得 2004 年在伊拉克阿布格莱布监狱发生的虐囚丑闻吗?照片中裸体的囚犯们被迫用自己的身体堆积成一座人体金字塔,美国士兵面带笑容摆出姿势站在囚犯们旁边。这些可耻的照片让全世界的人们感到震撼和无比愤怒。政治家们和军事官员们声称这些罪恶是"一些坏士兵们做出的卑鄙行为","对于美国军人来说是令人恶心的越轨行为"(Ripley,2004;Warner,2004)。社会心理学家们却不这样认为。你们以后将在这个章节里面学到,研究者们已经发现,平凡的人在适当的环境下也会做出恐怖的、不可思议的事情来,包括虐待囚犯和服从那些会给他人造成严重伤害甚至置自己于死地的命令。社会心理学家们也研究其他方面的东西包括人类社会行为中更加积极的部分,比如人际吸引和帮助行为。

对社会行为的困惑和迷恋交织的情感是许多学生和研究者进入**社会心理学**(social psychology)(研究他人如何影响个体的思想、情感和行为)这个领域的原因。但是不同于心理学其他领域集中关注内部人格动力或者个体病理,社会心理学家们更重视外部社会压力和环境影响,他们力求理解群体、态度、社会角色和行为准则怎样促使我们表现得残忍或攻击性强,以及怎样去爱和帮助他人。社会心理学家们运用科学的工具(实验、调查、个案分析、自我报告等)寻找对社会问题的科学回答——因此这门学科的专业术语就是社会心理学。

几乎我们所做的每一件事情都是社会性的。因此，社会心理学的主要问题是非常庞大而纷繁复杂的。为此，我们将通过考察定义中的每一个成分（思想、情感和行为）来组织这一章的学习。这章开始的标题是与"我们对他人的看法"（态度和归因）相关的，然后我们通过观察偏见、歧视和人际吸引来检视"我们对他人的感觉"（偏见和歧视也可以在思想和行为中讨论，但是这里把它们包括在对他人的情感中是因为负性情绪是定义偏见的核心特征）。下一部分是探索"我们对他人的行为"（社会影响、群体作用、攻击和利他行为）。这一章最后讨论的是如何帮助减少偏见、歧视和服从的破坏性影响。

575

我们对他人的看法

一个母亲怎么能够如此残酷无情地折磨她的孩子呢？为什么会有人冲进燃烧着熊熊大火的建筑里救助陌生人？为什么我们会爱上某些人而不是其他人？尝试去理解这个社会经常意味着尝试如何去理解他人的行为。我们为他人的行为寻找理由和解释〔归因（attribution）的过程〕，我们也可以对他人产生一些想法和信念（态度）。

 学习目标

我们的思维如何影响我们解释和评价他人？

归因：解释他人的行为

当我们观察周围的世界时，我们需要理解和解释为什么人们要这样思考、这样感觉、这样行动，为什么事件在他们做的时候发生了。我们开始这样问问题："为什么美国士兵虐待阿布格莱布监狱的囚犯？""为什么我的朋友没有邀请我参加晚会？""为什么我的大学学费去年涨了这么多？"然后我们通过将这些行为和事件归咎为各种各样的原因来回答自己的问题："这些士兵们也是无能为力的，或者是残忍成性的。""我的朋友正在生我的气。""学费上涨是因为国家的税收在下降。"

我们为什么对归因这么感兴趣？弗里茨·海德（Fritz Heider）（1958）花了很多年的时间来研究这个问题。他的结论是人们需要将这个世界看成一致且可控制的。当我们对事情的发生形成了逻辑解释时，就能感觉到更多的安全感和掌控感。海德也提出了一个人们进行归因的模式。大多数人开始都会问一个基本问题：这种行为主要是源于人们的内部特质（disposition）还是外部情境（situation）？如果你认为美国士兵在阿布格莱布的行为是由于他们本身的人格特质、动机和意图造成的，你就是在做一个特质归因（disposition attribution）；另一方面，如果你认为他们这么做是为了服从情境

归因 对行为或事件发生原因的解释。

归因。 你怎样解释这些人为什么这么愿意挤在一台电视机前？

的要求和环境的压力，那么你就可能是在做一个情境归因（situational at-
tribution）。

错误的归因

特质和情境两种归因方式的选择对于正确评价人们为什么那么做很重
要。不幸的是，我们的归因经常被两种主要的错误即基本归因错误和自利
偏差破坏了。

（1）基本归因错误——评价他人的行为。当我们认识并且考虑到环境
对行为的影响时，我们大体做了正确的归因。然而，对于那些拥有持久不
变的人格特质和采取认知捷径趋向的人们，我们更经常选择特质归因。简
而言之，我们责备他们。这种偏差关注个体的内在特质的因素而不是环境
因素，在个体主义文化中非常普遍，所以我们将其命名为**基本归因错误**
（fundamental attribution error，FAE）（Fernández-Dols，Carrera & Rus-
sell，2002；Gawronski，2003；O'Sullivan，2003）。

例如，你注意到你的教授在课堂上看起来放松健谈，可能认为他
或者她是一个开朗外向的人——特质归因。然而，在课堂外你可能惊
讶地发现他或她在一对一的情境下是很害羞且局促不安的。类似地，
很多美国人认为那些在阿布格莱布监狱丑闻中虐待他人的士兵是"极
其残忍的"、"堕落的"、"意志薄弱的"、盲目遵从指挥官命令的人。他
们责备这些士兵们（特质归因）。他们忽视并低估了环境的力量（情境
归因）。

为什么我们倾向于从个体内部方面来做解释呢？这有多个解释，其中
最重要的可能是人类特质和行为比情境因素更惹人注目。这种**显著性偏差**
（saliency bias）帮助我们解释为什么我们将注意力集中于阿布格莱布因犯
被虐事件中的士兵身上而不是更大、更模糊不清的情境因素上。它也可以
解释为什么有人责备被强奸的妇女，责备无家可归的人们为何无家可归。
因为"责备受害者"更容易。

（2）自利偏差——评价我们自己的行为。当我们评价别人的行为时，
我们倾向于强调他人的内部人格特质高过外部情境原因。但是当我们解释
自己的行为时，我们喜欢将成功归因于内部特质，而将失败归因于外部环
境。这种**自利偏差**（self-serving bias）是被一种想要维护自尊和在别人面
前良好印象的欲望推动的（Goerke et al.，2004；Higgins & Bhatt，2001；
Ross et al.，2004）。

学生们在考试中取得好成绩时通常归因为个人（"我学习确实很努
力"，"我很聪明"）。然而如果他们考试失败了，就会倾向于责备他们的教
授、课本，或者"狡猾的需要技巧的问题"。相似地，研究发现，年幼的
儿童在发生冲突时总是责备他们的兄弟姐妹。离异的夫妻也都更有可能认
为自己是受害者，对于关系的破裂所负的责任要少一些，也是更愿意和解
的一方（Gray & Silver，1990；Wilson et al.，2004）。

基本归因错误（FAE） 错误地
认为产生他人的行为是内部（气
质）而不是外部（情境）引起
的。

576

显著性偏差 在解释行为发生的
原因的时候专注于最显著的因
素。

自利偏差 将成功归因于内部特
质，而将失败归因于外部环境。

形象化的小测试

你可以用本章的术语解释这则卡通画吗？

答案：Lucy 对 Linus 的批评也许是基本归因错误。她对自己缺点的忽视也许是自利偏差。

文化和归因偏差

　　基本归因错误和自利偏差都可能部分依赖于文化因素（Kudo & Numazaki，2003；Matsumoto，2000）。正如我们在前面的章节所述，有些文化倾向于个体主义（individualistic），另一些倾向于集体主义（collectivistic）。在高度个体主义的文化里，比如美国，人们被定义和理解为独特的个体——在很大程度上要对他们自己的成功和失败负责。但是在高度集体主义的文化里，比如中国，人们被定义和理解为社会网络中的成员，他们在很大程度上对别人期望他们所做的事情负责。运用你的批判性思维技能，你能够预测这两种文化中的人们的归因风格可能有怎样的不同吗？

577

　　你可能已经猜到了，许多研究表明，基本归因错误在个体主义文化中比在集体主义文化中更普遍（Gilovich，Griffin & Kahneman，2002；Norenzayan & Nisbett，2000；Triandis，2001）。为什么集体主义文化更少受这种归因错误的影响呢？与那些倾向于相信个体要对他们自己的行为负责的西方人相比，东方人更加集体导向，并且更加意识到情境对行为的限制。如果你在中国观看一场棒球比赛，裁判员做了一个糟糕的判定，若你是西方人你可能做一个特质归因（"他是一个令人讨厌的裁判员"）；相反，中国的观众可能倾向于做一个情境归因（"他处于压力之下"）。

　　像基本归因错误一样，自利偏差在东方国家也要少见一些。例如，日本文化中的理想人物是那些能意识到自己的不足之处并且持之以恒地去克服的人，而不是那些自我评价高的人（Heine & Renshaw，2002）。在东方，人们定义自己并不是依据他们的个人成就，即自尊不是和比别人做得更好相关联，相反，合群还是离群才是所强调的。就如日本的一句谚语所说："突出来的钉子会被猛敲下去。"

　　亚洲文化中对集体关系的这种强调在许多土著美国人中也是真实存在的。例如，云顿土著美国人最初描述和一个近亲或者亲密朋友在一起时，他们不会说"Linda 和我"诸如此类的话，而是"Linda 我们"（Lee，1950）。这种对共同关系而不是个别自我的依附对于当代西方个人主义社会的人来说似乎很奇怪，但是在集体主义文化中依然很常见（Markus &

Kitayama，2003）。

态度：我们后天习得的对他人的倾向

态度　对一特殊物体用特殊的方式做出认知、情感、行为的后天习得的反应倾向。

态度（attitudes）是对一种特殊物体以特殊的方式做出认知、情感、行为的后天习得的反应倾向。这个物体可以是任何东西，从比萨饼到人，从疾病到药物，从流产到心理。

态度的成分

社会心理学大都同意多数的态度有三种成分（见图16—1）：认知、情感和行为。认知成分（cognitive component）包括思想和信念，如"大麻是一种相对安全的药物"或者"大麻的危害性被大大低估了"。情感或情绪成分（affective or emotional component）包括感觉，比如，对于我们的法制系统没有使大麻合法化感到受挫，或者相反地，对于有些人想让大麻合法化感到沮丧。行为成分（behavioral component）包括用一种特定的方式对所持态度的对象采取行为的倾向（predisposition）。一些对大麻持肯定态度的人可能写信给教科书作者和出版社，抱怨我们在第5章关于药物的讨论太苛刻了。而一些对大麻持否定态度的人可能写信抱怨即便将使用大麻作为一个例子举出来也会促进它的使用。

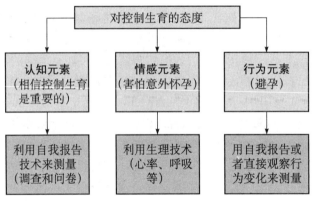

图16—1　态度的三成分。 社会心理学家研究态度时，他们测量态度中的三种成分——认知、情感和行为。

通过认知失调形成的态度转变

我们不是一出生就有了态度——它们是通过学习得到的。从儿童时代起，我们就通过一些直接的经验形成了态度（我们吃比萨并且喜欢它的味道），也可以通过间接经验形成（我们听到别人表示喜欢比萨或者看到别人快乐地吃比萨）。尽管态度在儿童时代就开始形成，但它们并不是持久不变的。广告商和政治家花费数十亿美元来竞选就是因为他们知道态度在整个人生中都是可以塑造和改变的。

态度改变通常来自具有说服力的吸引（比如电视广告，"朋友不会让朋友喝醉"）。更有效的方法是创造**认知失调**（cognitive dissonance），一种由于态度和行为的不一致，或者两种相抵触的态度造成的不舒服的感觉

认知失调　一种由于态度和行为的不一致，或者两种相抵触的态度造成的不舒服的感觉。

578

（Prinstein & Aikins，2004；Thorgersen，2004；Van Overwalle & Jordens，2002）。认知失调来自不一致或者冲突。根据莱昂·弗斯廷格（Leon Festinger）（1957）的理论，当我们注意到我们的态度和行为或者两种态度之间有冲突时，这种矛盾会让我们觉得很不舒服。这种不舒服（认知失调）迫使我们想要改变态度来令态度和行为一致或者同另一种态度相匹配（见图 16—2）。

认知失调行为

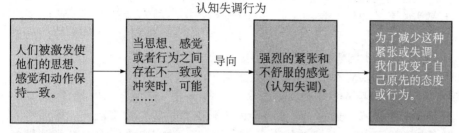

| 人们被激发使他们的思想、感觉和动作保持一致。 | 当思想、感觉或者行为之间存在不一致或冲突时，可能…… | 导向 | 强烈的紧张和不舒服的感觉（认知失调）。 | 为了减少这种紧张或失调，我们改变了自己原先的态度或行为。 |

图 16—2 认知失调理论。当我们原先坚定的态度之间出现不同之处时，或者当我们的态度和行为之间存在较大的不一致时，我们经历了不舒服（认知失调），并且需要要么改变态度，要么改变行为。

评 估

形象化的小测试

把 Nimoy 当成 Spock。Leonardo Nimoy 抱怨说人们一直把他当成 Spock（电视系列剧《星际旅行》中的角色）。他甚至将自传的题目就叫"我不是 Spock"。错把 Nimoy 当成 Spock 是态度哪种成分的一个好例子？

答案：认知成分。

毫无疑问地，吸烟者知道烟草和心脏病、肺癌以及其他严重的疾病相关。他们的行为和态度是不一致的。他们如何处理由此导致的认知失调呢？他们可以放弃吸烟（改变他们的行为）。但是这样做很困难。像大多数人一样，他们可能选择另一种容易的方式——改变态度。他们使自己相信吸烟并不那么危险，并通过一些个别的例子如查理叔叔、博西奶奶即使抽烟也活到了 100 岁来确信这一点。或者他们简单地忽视或不考虑所有的矛盾信息。显然，这是一种适应不良的、不理

生活中的认知失调。使用这部分的信息，你能想象这名医生会如何解释她的吸烟行为吗？

性的思考方式，是对健康和生命的一种威胁。但是这可以减少痛楚和认知失调导致的不快。

认知失调的理论已经在许多实验中被广泛地证实。最为著名的研究之一是由莱昂·弗斯廷格和 莫雷尔·卡尔史密斯（J. Merrill Carlsmith）（1959）完成的。被选的学生作为实验的参与者要做一件极其无聊的工作达 1 小时之久。做完这项工作后，实验者走向参与者并请求他们的帮助。实验者询问他们是否愿意作为研究助手告诉下一位"参与者"（此人实际上是实验者的同伙）这项工作"很有趣"。在一种实验条件下，帮助了实验者的人得到 1 美元；在第二种实验条件下，他/她得到了 20 美元。如果他/她向即将到来的参与者撒谎并且得到了一定的报酬，就会被带到另一间房子且被问及对实验任务的真实感受。

579

实验参与者显然是被哄骗去做了一些事情（撒谎），这和他们真实的经历和态度是不一致的。你认为会发生什么事情呢？大多数人期待那些因为撒谎而拿了 20 美元报酬的人会比拿了 1 美元的人对这项任务感觉到更多的正性情绪。具有讽刺意味的是，相反的情况发生了。

你能够对此做出解释吗？认知失调理论本质上是一种驱力——减少理论（drive-reduction theory）（第 12 章）。就像处于饥饿状态的不适会促使我们寻找食物一样，认知失调的不快或紧张促使我们寻找方法消除行为和态度之间的矛盾和由此导致的紧张。人们力求在他们的认知和行为之间找到一致。在那个枯燥的任务完成实验中，参与者面临的是他们对实验的态度（"那很无聊"）和行为（"我告诉另一个参与者那很有趣"）之间的不匹配。为了减轻由此而来的紧张，所有的参与者都改变了他们先前的态度，从枯燥无味到"我喜欢这项任务"。

有趣的是，那些得到了 20 美元的参与者比那些得到 1 美元的参与者态度改变小，因为他们很容易将他们的行为解释为了得到更多的报酬（20 美元在 19 世纪 50 年代后期是一笔可观的数目）。依靠他们的行为得到一笔好的报酬减轻了逻辑的不一致（认知失调），这种不一致存在于他们真正认为任务很枯燥以及他们告诉别人的话之中。相反地，那些得到 1 美元报酬的参与者对另一参与者撒谎，理由是很不充分的（insufficient justification）。因此，他们有更多的认知失调和更强的动机去改变他们的态度。

评 估

形象化的小测试

认知失调与买房

这一家刚刚买了这套新房子，采用认知失调理论，你可以预测在他们搬进来以后是更喜欢这房子还是不太喜欢了。

答案：搬进新房子会耗费大量的努力和金钱。因而，这一家需要证明他们的决定是正确的。通过只关注好的方面，会减少认知失调（更喜欢新房子）。

文化和失调

认知失调的经验在不同的文化中可能是不一样的。假定用一种独具西方特色的特殊方法来思考和评价自身。就如我们在前面的章节中所说，北美人是高度个体主义和独立的。对他们而言，做一个糟糕的选择和决定对自身会产生强烈的、负面的影响并导致更强烈的动机去改变态度，因为他们相信这个糟糕的选择不知为何反映了他们作为一个个体的价值。

你能想象认知失调会怎样影响这两支来自不同文化的运动队吗？

580

另一方面，亚洲人倾向于更加集体主义和相互依赖。因而，可能失去和他人的联系比对他们个人自尊的威胁使他们感受到更强烈的紧张。比较日本人及其他亚洲被试和加拿大人及美国被试的实验支持了这个观点（Choi & Nisbett，2000；Markus & Kitayama，1998，2003）。

检查与回顾

我们对他人的看法

我们通过决定他们的行为是来自内部特质因素（他们本身的特质和动机）还是外部情境因素（他人或环境）来解释人们的行为（做一个归因）。归因有几种形式的错误和偏差。基本归因错误是当我们评价他人的行为时倾向于高估内部人格的影响；然而，当我们解释我们自己的行为时，倾向于将正性的结果归因于内部因素，而将负性的结果归因于外部原因（自利偏差）。

态度是习得的对某一特定物体的心理倾向。态度的三个成分是认知反应（思维和信念）、情感反应（感觉）和行为倾向（行为的心理倾向）。我们有时会因为认知失调——一种由于态度和行为不一致或两种矛盾的态度而产生的不舒服的感觉——而改变态度。这种不相匹配和由此带来的紧张会促使我们改变自己的态度或行为以维持平衡。

问题

1. 人们评价事件发生的原因、他人的行为和他们自己的行为时所遵循的原则被认为是_____。

(a) 印象管理　(b) 立体决定　(c) 归因　(d) 个体觉知

2. 什么是基本归因错误？

3. 听到阿布格莱布监狱里的士兵们令人震惊的行为后，大多数人坚信他们本来可以做出不一样的行为。他们也可以轻松回忆起拒绝服从他人的场合。这是一个_____的例子。

(a) 认知幻觉　(b) 群体决策　(c) 不受伤害的幻想　(d) 自利偏差

4. 根据_____理论，人们由于认知和行为不匹配或两种及两种以上的矛盾态度引起的紧张而改变态度。

答案请参考附录 B。
更多的评估资源：www. wiley. com/college/huffman

我们对他人的感觉

探讨了对于他人的看法以后（归因和态度），我们现在将注意转移到我们对他人的感觉。我们从检查与偏见（prejudice）和歧视（discrimina-

偏见　一种学习到的、对于一个群体成员的普遍负面态度,它包括思维(模型)、感觉和行为倾向(可能的歧视)。

刻板印象　一种定式的信念,认为群体中某个成员的特点可以泛化到所有的群体成员;同时,它也是偏见的认知成分。

歧视　对某个群体成员的负性行为。

tion)相关的负性感觉(以及思维和行动)开始,然后探讨人际吸引(interpersonal attraction)这种普遍的积极情感。

偏见和歧视:有害的感觉

　　偏见(prejudice),字面的意思是"预先判断",是通过学习得到的,一般是负性的(negative)指向某个具体人的态度,只是由于他们是某一可识别的群体中的成员。偏见不是与生俱来的,而是通过学习得到的。它对受害者们造成了巨大的困难,也限制了肇事者正确评价他人和获取信息的能力。

　　正性的偏见形式确实存在,比如"所有的妇女都爱宝宝"或者"非洲裔美国人是天生的运动员"。然而,大多数的研究和对偏见的定义都聚焦于其负性形式(有趣的是,即便正性形式的偏见也可能是有害的。例如,妇女可能会认为如果她们不喜欢待在孩子身边,那么就是自己有问题。类似地,非洲裔美国人可能认为运动或娱乐是他们唯一通向成功的道路)。

　　像所有的态度一样,偏见也是由三种成分组成的:(1)认知成分或**刻板印象**(stereotype),由于他们是某一群体中的成员而形成的对他们的看法和信念;(2)情感成分,包括与偏见形成的对象相联系的感觉和情绪;(3)行为成分,包括对群体中的成员用某一特定方式去行动的心理倾向(歧视)。

　　虽然偏见和歧视在使用时经常可以替换,他们之间还是存在很重要的区别的。偏见是一种态度,**歧视**(discrimination)是一种行为(Fiske,1998)。歧视经常来源于偏见,但不总是这样(见图16—3)。人们并不总是依靠偏见来行动。

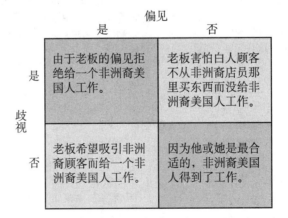

图16—3　**偏见和歧视。**注意偏见可以在没有歧视的情况下存在;反之亦然。这个例子中,没有偏见或歧视的唯一条件是给他或她这个工作只是因为他或她是最好的候选人。

偏见和歧视的主要来源

　　偏见和歧视是怎样形成的呢?为什么它们能够存在呢?当我们探索这些问题时,你可能发现你的价值观和信念受到了挑战。利用这个机会应用你最高标准的批判性思维来评价你的态度。我们将看到四个最普遍的偏见的来源：学习、心理捷径、经济和政治竞争以及替代性攻击。

（1）偏见作为习得的反应。就像形成对流产、离婚或比萨的态度一样，人们以同样的方式通过经典条件反射和操作条件反射以及社会学习（第 6 章）来习得偏见。儿童经常看关于歧视少数人种和描绘被贬低的妇女角色的电视或阅读诸如此类的书籍。通过这些刻板印象的描绘他们学习到了这样的印象是可以被接受的。类似地，当儿童听到他们的父母、朋友和老师表达偏见时，他们会模仿这些行为。经常接触这类事物会引发和加强对偏见的学习（Anderson & Hamilton，2005；Bennett et al.，2004；Blaine & McElroy，2002；Neto & Furnham，2005）。

人们也通过直接的经验学习偏见。他们贬损他人来提高自尊（Fein & Spencer，1997；Plumer，2001）。此外，他们因为表达了种族和性别歧视而受到关注，有时是认可。最后，他们可能从群体的某一特定成员那里得到一次负性经验，然后把它泛化并应用到群体中的所有成员（Vidmar，1997）。

（2）偏见作为一个心理捷径。根据一些研究，偏见是从一些刻板印象、正常思维过程和日常生活中试图解释复杂的社会世界而发展起来的（Kulik，2005；Philipsen，2003）。刻板印象（偏见的认知成分）是我们通过分类认知简化世界的副产品。刻板印象使我们能够快速评价他人，因而将心理资源分给其他的心理活动。

生物学家将所有有生命的东西进行分类，心理健康教授也在 DSM-Ⅳ-TR 中将心理失调进行了分类（见第 14 章）。同样地，人们利用刻板印象将一个具体群体中的成员分类（"大学运动员们"、"墨西哥人"、"年轻妇女"等）。因为人们大致将他们自己归类到所选择的特殊群体中，由此产生了群内人和群外人。群内人（ingroup）是指人们认为自己所属的分类范畴。群外人（outgroup）包括所有其他的情况。人们倾向于认为群内成员更具吸引力，具有更好的人格特质。换句话说，他们表现的是**群内偏爱**（ingroup favoritism）（Aboud，2003；Bennett et al.，2004）。除了群内偏爱之外，人们也倾向于认为他们自己的群体内部成员比群外人更多元化（Carpenter & Radhakrisknan，2002；Guinote & Fiske，2003）。这种"对我来说他们看起来都一样"的倾向被称为**群外同质效应**（outgroup homogeneity effect）。

群内偏爱 认为群内成员比群外成员具有更多的正性特征。

群外同质效应 评价群外成员比群内成员更相像且更少多样性。

群外同质偏差有时会比较危险。当少数群体中的成员不被认为是多样而复杂的个体，且没有被人意识到他们与处于优势地位群体的成员具有相同的需要和感觉时，就更易被看做没有个性的物体而受到歧视。例如，在越内战争中，亚洲人被贴上"亚洲佬"的标签，且被认为是"廉价的生命"。"面孔无区分性"使得杀害大量越南人更加容易（Johnson，1999）。

（3）偏见作为经济和政治竞争的产物。另有些理论学家认为偏见是从有限的资源竞争中发展而来的。它之所以得到保留是因为能够为处于优势地位的群体提供显著的经济和政治利益（Esses et al.，2001；Pettigrew，

THE FAMILY CIRCUS By Bil Keane

爸爸，那是娃娃的过道，也许有人在看我们！

偏见和战争。 这个群体正在支持奥萨玛·本拉登并示威反对美国。你会怎么解释他们对本拉登的忠诚和对美国的偏见？

583

1998）。在美国，低阶层的白人比高阶层的白人具有更强硬的种族歧视态度。这项研究支持了资源竞争的观点。高阶层的人偏见少可能是因为少数人种对他们的工作、地位和收入的威胁要少一些。除此以外，偏见得以保留的原因是它具有的作用——保护处于优势地位阶层的利益。例如，黑人不如白人的陈词滥调有利于证明美国社会秩序是正确的，即便在那里白人掌握着不成比例的权利（Conyers，2002）。

（4）偏见作为攻击的替代形式。你是否曾想过为什么社会较低阶层的人群比上流社会或工薪阶层倾向于互相批判？你将在攻击行为这部分看到，挫败感经常是导致人们去攻击的源头。但是，当这个源头很大而不能进行报复时，或者当这个导致挫败的原因模糊不清时，人们常常将其攻击转移到另一没有威胁的目标上。被替代攻击的无辜受害者称为替罪羊（scapegoat）（Dervin，2002；Poppe，2001）。有很强的历史证据说明替罪羊的力量。20世纪30年代经济大萧条时，陷入经济危机后，希特勒用犹太人作为德国人可以责怪的替罪羊，如果说一张照片胜过千言万语的话，那么图16—4说明了替代性攻击、偏见和歧视等导致的暴行。

(a) 　　(b) 　　(c)

图16—4　偏见的代价。 这里是一些与偏见有关的暴行的例子：（a）大屠杀，上百万犹太人和其他少数族群被纳粹灭绝；（b）美国的奴隶制，把非洲人作为奴隶买卖；（c）最近在苏丹的集体屠杀事件，几千人被残杀。

了解偏见的根源只是克服它的第一步，在接近这一章的尾声时，我们会考虑一些心理学家已经制订的、有趣和有效地减少偏见（一种后天习得的对人类有害的态度）的途径。

人际吸引：为什么我们会喜欢而且爱他人

停下来一会儿，想想你非常喜欢的某些人。现在想象一下你真的不喜欢的人。你能解释你的感觉吗？社会心理学家用**人际吸引**（interpersonal attraction）来解释对他人正性的感觉的程度。这种吸引包括很多种社会情感——爱慕、喜欢、友谊、亲密、欲望和爱。在这部分，我们将讨论一些解释人际吸引的因素。

吸引的三个关键因素：生理吸引、接近性和相似性

人际吸引　对他人的正性感觉。

社会心理学家已经辨别出了人际吸引的三个很重要的因素：生理吸

引（physical attractiveness）、接近性（ proximity）和 相似性（similarity）。生理的吸引和接近性在这种关系的开始阶段是最具影响的，但是，相似性在维持长期的关系中更重要。

生理吸引　你还记得你最好朋友或人生伴侣一开始吸引你的是什么东西吗？是他或她热情的性格、敏锐的智慧，或是强烈的幽默感？还是他或她的外表？研究不断表明生理吸引（身高、体形、面部特征和穿着方式）是我们一开始喜欢或爱他人的最重要的因素之一（Buss，2003，2005；Buunk et al.，2002；Li at al.，2002；Sprecher & Regan，2002；Waynforth，2001）。

不管你是否愿意，有吸引力的人会被男人和女人认为是更稳重、更有趣、更有合作精神、更有成就、更合群、更独立、更聪明、更健康和更性感（Fink & Penton-Voak，2002；Langlois et al.，2000；Watkins & Johnston，2000；Zebrowitz et al.，2002）。也许，甚至更令人沮丧的是，被照顾他们的护士评定为生理上更具有吸引力的早产婴儿，在医院的受看护期间成长得更好。他们比受关注少的婴儿生长得更快而且较早出院，这可能是因为他们得到更多的看护照顾（Badr & Abdallah，2001）。在另一个研究中，通过比较实际的案例，研究者发现法官给不具有吸引力的犯人比有吸引力的犯人判决更长的监禁，即使他们所犯的罪是同等的。

584

目 标　**性别与文化多样性**

情人眼里出西施吗？

如果你对前面所列的生理吸引的优点没感觉的话，你会更加惊奇地发现，一些研究也表明了那种有关吸引力的判断在各种文化中一致地出现。例如，在世界 37 种文化下，如果妇女年轻的话，她们被认为更漂亮（Buss，1989，1999，2003，2005；Cunningham，Roberts，Barbee，Druen & Wu，1995；Langlois et al.，2000；Rossano，2003）。在同样的研究中，男性的魅力更多由成熟和经济实力来决定。

为什么这种现象如此普遍？演化心理学家认为男人和女人都更喜欢有魅力的人，因为好的外表一般表明了健康、良好的基因、良好的成长环境。例如，面部和身体的对称是魅力的关键元素（ Fink et al.，2004；Gangestad & Thornhill，2003），而且对称似乎是与基因的健康有关。事实上，纵观各种文化，男人更喜欢年轻漂亮的女性，据研究报告这是因为年轻漂亮是她们有良好繁殖能力的一个标志。同样地，女性更喜欢成熟有经济能力的男

文化和吸引力。这些女性中你能找到哪个最有吸引力吗？你能看到你的文化背景也许让你更喜欢其中的一个吗？

性，是因为生育和照顾孩子的责任更多落在妇女身上，因此，她们更喜欢那些总围绕在身边的成熟男性以及能够在孩子的身上投入更多资源的男性。

与这一被广泛认同关于魅力的标准相反的是，也有证据表明美丽是存在于"旁观者的眼中"。我们认为的美丽随着地域的变化而变化，随着文化的不同而不同。例如，中国人曾经裹脚，因为小脚被认为是女性的美。这种生理上的扭曲使得妇女几乎无法走路（Dworkin，1974）。即使在现代社会，有关魅力的文化标准鼓励越来越多的女性（和男性）去忍受昂贵且通常很痛苦的手术来使眼睛、乳房、嘴唇、胸部、阴茎的尺寸变大。他们也通过手术去让鼻子、耳朵、下巴、胃、屁股和大腿显得小一些（Atkins，2000；Etcoff，1999）。

鉴于只有一小部分人像卡梅隆·迪亚茨（Cameron Diaz）或丹泽尔·华盛顿（Denzel Washington）一样有魅力，或有钱（或倾向）去做高昂的整容手术，我们其余的人该怎么办？一个好消息是名人（相对于不出名的人）的魅力，会强烈地受到非生理特征的影响（Kniffin & Wilson，2004）。这意味着像敬重和熟悉感等特征增加了我们对朋友和家人的美丽的判断。同时，人们认为的理想的吸引力与他们最终选择的伴侣可能很不一样。根据匹配理论（matching hypothesis），具有大致相同生理吸引力的男人和女人倾向于选择彼此为自己的伴侣（Reagan，1998；Sprecher & Regan，2002）。而且正如你可以在下面的应用部分所看到的，更好的消息是调情（flirting）提供了一种"简单"的方法来增加吸引力。

应 用　将心理学应用于人际关系

调情的艺术和科学

想象一下在一间单身酒吧里面，你看见一个男人 Tom 和一个女人 Kaleesha。

当 Tom 接近桌子时候，Kaleesha 坐起来挺直了腰，微笑着抚摸她的头发。Tom 邀请她跳舞，kaleesha 很快就点头答应了，并站起来抚平她的裙子。跳舞期间，她对他微笑，有时从睫毛底下偷偷凝视他。舞蹈结束后，她等待他护送自己回到座位。她示意他坐到她身边的椅子上，然后他们开始愉快地谈话。Kaleesha 让她的腿碰到他的腿。当 Tom 从篮子里拿出爆米花放到 Kaleesha 面前时，她开玩笑地把爆米花推开了。这令 Tom 非常吃惊，他对 Kaleesha 皱眉头。她就很快转身离开去和其他朋友聊天。尽管 Tom 不断尝试和她说话，但是她却忽视他的存在。

究竟发生了什么事？你看出 Kaleesha 的性信号了吗？你能理解为什么她最后转身离开吗？如果你的答案是肯定的，那么说明你熟悉调情的艺术和科学。如果不是，那么你可能对密苏里大学的 Monica Moore 的著作（1998）感兴趣。Moore 是一个对描述和理解调情以及调情在人类求爱阶段的作用感兴趣的科学家。她已经观察并记录了许多场景——单身酒吧、购物广场——就像 Tom 和

Kaleesha，尽管她更喜欢非言语求爱信号（nonverbal courtship signaling）这个术语，但她和她的同事们花费了很多时间进行秘密观察的就是调情。

从这些自然的观察中，我们可以了解很多关于在求爱阶段什么起作用，什么不起作用的信息。首先，男人和女人都会调情，但是一般女性先开始调情。女性用简单而深情或直接而持续的眼神暗示她们的兴趣和好感。风趣的女性经常一边微笑一边做手势——张开或伸出手掌。精心地打扮（挑衣服或做头发）也很常见。一个调情的女性也会通过坐得更直、挺胸收腹使自己受到更多关注。

一旦互相有了接触并且这一对男女跳舞或坐同一张桌子时，Moore 注意到女性会进一步调情。她将自己的身体向他靠拢，对着他的耳朵说悄悄话，对他的话语频繁地点头微笑。更重要的是，她会主动触碰男方或者允许对方触碰自己。比如像 Kaleesha 那样让自己的腿触碰 Tom 的腿，这是她的情趣的一种有力的暗示。

女性也会用玩闹的行为去调情：捉弄、嘲笑、讲笑话来表现幽默，同时看男性对幽默的接受程度。正如在这个案例中 Tom 对爆米花戏弄的反应。当男性并不欣赏诸如此类的玩笑时，女性经常利用拒绝信号来冷却或结束这场交谈。其他的研究证实了 Moore 的关于女性的非言语性信号的描述（Lott，2000）。

既然你知道了什么是你所要寻找的，观察他人或出现在你自己生活中的调情行为。根据 Moore 和其他研究者的研究成果，调情可能是女性能够做的来增加她们吸引力的最重要的事情。因为迈出第一步的重担通常在男性身上，他们小心谨慎并不自在。一般地，他们欢迎女性清楚地表明她们的兴趣。

这两种谨慎是有顺序的。首先，表明兴趣并不意味着女性准备好了跟男性发生性关系。她调情只是因为她想更多地了解男性，然后决定她是否想要发展关系（Allgeier & Allgeier，2002）。其次，Moore 提醒她们，只有当真正对对方感兴趣时才用进一步的调情技巧（1997，p. 69）。当你想真正地吸引并且维持特殊伴侣的注意力时，你应该适当保留你的调情。

接近性（proximity） 吸引也依赖于人们同时在同一个地方，因此，接近性或地理位置的临近，也是吸引力中的另一个主要因素。在大学宿舍一项有关友谊的研究发现，住隔壁宿舍的人比隔了两个宿舍的人更讨人喜欢，隔了两个宿舍的人比隔着三个以上宿舍的人更像，以此类推（Priest & Sawyer 1967）。

为什么亲近如此重要？最主要的原因可能仅仅是曝光（mere exposure）。就像熟悉的人随着时间的推移会变得越来越有吸引力，重复性的曝光也能增加全面的好感（Monin，2003；Rhodes，Halberstadt & Brajkovich，2001；Rossanom，2003）。这从演化的观点来看是很合理的。我们先前看过的东西比新奇的刺激更不具有威胁性。这也可以解释为什么现代广告人倾向于兴起采用熟悉的面孔和歌曲的非常冗长的广告活动（Zajonc，1968，1998）。反复的曝光能增加我们的好感和购买商品的可能性。

586

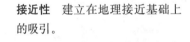

接近性 建立在地理接近基础上的吸引。

曝光和喜欢。 按照"仅仅是曝光效应"，这个模特会喜欢左边的这张翻转照片，因为这是她在镜子中看到的样子。然而，多数人喜欢右边的这张"正常"照片，因为这是他们最熟悉的。

当我们用一种熟悉的方式来看待自己时，我们甚至更喜欢自己。当研究者们展示给大学生他们自己的照片或者翻转的照片（镜像）时，学生们强烈偏好镜像，即他们更喜欢那些他们经常在镜子里面看到的自己！这些学生的亲密朋友更喜欢他们的普通照片。他们已经习惯了看这些形象（Mita，Dermer & Knight，1997）（这也可以解释为什么人们抱怨他们自己的照片总是不像自己）。

有一点需要小心：反复地暴露一个负性的刺激会降低它的吸引力，就像大量的负面政治广告所显示的那样。政治家们已经学会了反复使用带有负面信息（比如增加税收）的攻击性广告与他们的竞争对手相联系。另一方面，他们不停地播放显示他们自己处于光明一面的广告（亲吻婴儿、帮助水灾的受害者等）来帮助提高百姓对自己的好感，建立起正性的联系。

相似性　一旦我们拥有了重复的机会通过物理上的接近去了解某个人，并且假设我们找到了他或者她吸引我们的地方，接着我们需要一些东西来维持关系。巩固长期关系（无论是喜欢还是爱）的主要因素是相似性（similarity）。我们倾向于选择和那些与自己最相似、有共同的伦理背景、社会阶层、兴趣爱好和态度的人们（或组织）相处（Chen & Kenrick，2002；Peretti & Abplanalp，2004；Wakimoto & Fujihara，2004）。换句话说，就是"物以类聚，人以群分"。

怎样看待老话"对立吸引"？这个民间经验看起来和我们的理论有一些矛盾。但是术语"对立"（opposite）在这里更可能指的是人格特质而不是社会背景或价值观念。被一个看起来与己对立的人吸引经常地建立在这样的认知上：在一个或两个重要的方面，这个人提供了我们自己所缺少的（Dryer & Horowitz，1997）。如果你是一个健谈而外向的人，与一个安静且有所保留的个体之间的友谊更能持久，因为你们互相提供了对方所缺少的重要资源。心理学家们将这称之为**"需要互补"**（need complementarity），相对于代表相似的**"需要兼容"**（need compatibility）。总而言之，恋人能够享受差别，但是越相像的人之间的爱越能够长久（Byrne，1971）。

需要互补　被那些拥有我们喜欢但个人缺少的品质的人所吸引。

需要兼容（need compatibility）　建立在共有的相同需要基础上的吸引。

587

评估

形象化的小测试

基于你在这一部分读到的，你能解释Kvack对假鸟的爱有什么问题吗？

答案：研究表明，相似性是长期关系的最好预测。然而就像我们在这里看到的，许多人会忽视不相似性，希望他们选择的配偶会随着时间而有所改变。

爱别人

为了使我们关于人际吸引的讨论更加完整，我们将要继续探讨以下关于爱的秘密的三个方面：喜欢与爱、浪漫爱情和伴侣之爱。

喜欢与爱　因为爱侣关系通常是由友谊和对另一个人的喜欢的感情引发而来的，鲁宾（Zick Rubin）（1970，1992）发展了两套纸笔测验来探索喜欢和爱之间的关系（见表 16—1）。

表 16—1	从鲁宾的喜欢和爱的量表中选取的项目样本

爱的量表
1. 我感觉几乎每一件事情都可以信赖（　　）。
2. 我愿意为（　　）做任何事情。
3. 如果我再也不能和（　　）在一起了，我会感觉非常痛苦。

喜欢量表
1. 我认为（　　）是很能适应的。
2. 我会强烈推荐（　　）做一项要负责任的工作。
3. 我认为，（　　）是一个非常成熟的人。

资料来源：〔美〕鲁宾：《浪漫爱情的测量》，载《人格与社会心理学期刊》，1970（16），265～273 页。

尽管鲁宾的量表很简单明了，然而它们被证明是喜欢和爱的有用的指标。例如，鲁宾假设有"强烈的爱情"的夫妻比"微弱爱情"的夫妻会花更多的时间凝视彼此的眼睛。为了检验这个假设，当那些夫妻在等候实验开始的时候，鲁宾和他的助手秘密记录了所有夫妻间实际的眼神接触的数量。像所预测的一样，在爱情量表上得分高的夫妻也花更多的时间看彼此的眼睛。除此以外，鲁宾发现伴侣们倾向于在他们的爱情量表上得分匹配。但是女性对她们约会对象的喜欢显著地多于她们所得到的，即被喜欢的程度。

在鲁宾的量表里，爱是如何区别于喜欢的呢？鲁宾发现，喜欢包含了对别人的赞同，反映为比钦佩和尊重更强烈的感情。他发现，爱比喜欢更强烈，且由以下三个基本元素组成：

（1）关心（caring），一种想要帮助别人的愿望，尤其是对方需要帮助的时候。

（2）依恋（attachment），想和对方在一起的需要。

（3）亲密（intimacy），一种来自于亲密的交流和互相之间的自我暴露的共情和信任的感觉。

浪漫爱情　当你思考浪漫爱情时，你是否想到的是堕入爱河之中——那种仿佛遨游于九天之外的神奇美妙的经历？**浪漫爱情**（romantic love）也被称做充满激情的爱（passionate love）或者深恋感，其定义是："一种强烈的吸引，包括理想化他人，处于性欲的情境中，带着对未来持之以恒的期望"（Jankowiak，1997，p. 8）。

浪漫爱情在历史上激励了很多人。它的强烈的欢愉和痛苦也激发了世界各地数不清的诗篇、小说、电影和歌曲的产生。人类学家威廉·扬科维尔克（William Jankowiak）和爱德华·费彻尔（Edward Fischer）的一项跨文化研究结果发现，他们研究的 166 个社会中的 147 个都存在浪漫爱情。研究专家们得出结论："浪漫爱情是全人类的普遍现象，或者至少是接近普遍的"（1992，p. 154）。

588

浪漫爱情　一种强烈的吸引，包括理想化他人、处于性欲的情境中、带着对未来持之以恒的期望。

浪漫爱情的标志？你认为这是一个浪漫爱情的姿势吗？其他文化怎样表示他们彼此的吸引和爱？

浪漫爱情的问题 浪漫爱情可能是非常普遍的，但是它并非没有任何问题。首先，浪漫爱情的特色之一是存在时间非常短暂。即使是在最为深爱的夫妻之间，那种强烈的吸引和兴奋也大多在6～30个月以后消失（Hatfield & Rapson，1996；Livingston，1999）。虽然这项研究结果可能令你很失望，但是作为一个批判性思考者，你真的认为这种强烈的感情能永远持续吗？如果另外一些强烈的情绪，比如生气或喜悦也是永久不变的，将会发生什么事情呢？此外，如果浪漫爱情的天性是如此耗时，对我们生活中的另外一些部分，如学业、职业和家庭，又将会造成什么样的影响呢？

浪漫爱情的另外一个问题是它主要建立在神秘和幻想之上。人们并不是必须要爱上别人，而是他们自己想要这样去做（Fletcher & Simpson，2000；Levine，2001）。当我们要面对每天的相互作用和长时间的暴露时，这些假象将发生什么样的变化呢？我们并没有想到"美丽的公主"会打鼾，"穿着发光铠甲的骑士"缠着牙线的时候看起来一点也不骑士。当然，如果没有公主或骑士会注意到我们的短处，更不用说发表意见了。

是否有办法使得爱情永驻呢？如果你指的是浪漫爱情，一种最好的锦上添花的方法就是通过某种形式使你无法完全满足表现爱意的欲望。研究家们发现，这种干预（比如，莎士比亚的《罗密欧与朱丽叶》中的父母）经常提高爱情的感觉（Driscoll，Davis & Lipetz，1972）。

因为浪漫爱情的基础是不确定且虚幻的，在我们永远也无法了解另一个人的情境下它也能得以保存下来。这也可以解释为什么电脑聊天室的浪漫和以前的学校里面的情人能如此拖动我们的情绪。因为我们永远也不能真正地检验这些关系，我们经常迷恋那些可能成功但实际上并没有成功的东西。

还有一种建设性的能保持爱情鲜活的方法是认识到它脆弱的本性，然后用计划好的惊喜、调情、恭维、特别的舞会和庆祝来小心翼翼地培育它。然而，在这种长期的方法中，浪漫爱情最重要的功能可能是使我们保持长久的依恋并将这份感情转化为伴侣式的爱情。

589 **伴侣之爱** 一种强烈的持久的吸引，其特征是信任、关怀、忍让和友谊。

伴侣之爱 伴侣之爱（companionate love）是建立在爱慕和尊敬的基础上，及对这个特定的人深切的关心的感情和对这份关系的承诺。对亲密关系的研究表明，当我们认识到拥有伴侣和一份确定的亲密关系的价值时，满意度随着时间的延续而增长（Kim & Hatfield，2004）。和短暂存在的浪漫爱情不同的是，伴侣之爱看起来随时间的流逝而变得更强烈并且经常能持续终生（见图16—5）。

伴侣之爱是我们对最好的朋友的那种感觉。这也是对一种强烈持久婚姻的最好赌注。但是找到并且保持一份长久的伴侣之爱并不容易。许多我们对爱情的期望都来自于神话故事和电视节目（在那里，所有人都永远快乐地生活下去）的浪漫幻想和不理性的计划。因

伴侣之爱的益处。这对夫妇刚刚庆祝了他们的第60个结婚纪念日。不像很少长过6～30个月的浪漫爱情，伴侣之爱可以持续一生。

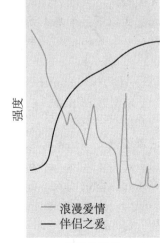

强度

—— 浪漫爱情
—— 伴侣之爱

关系的年份

图16—5 爱上一生。在关系的开始浪漫爱情是强烈的，但随着时间倾向于降低，伴随有一些周期性的复苏或"高峰"，伴侣之爱通常随时间而增加。

此，我们经常无力去处理长期关系带来的烦扰和枯燥无聊。

对保持伴侣之爱的一个建议是忽略彼此的缺点和错误。对约会和已经结婚的情人的研究发现，人们报告更强烈的满意度（且延续最久）的关系是他们对伴侣有一种理想化的或不真实的正性的知觉（Campbell et al,. 2001；Fletcher & Simpson，2000）。用认知失调理论（我们在前面讨论过）来解释这个也很有道理。理想化我们的配偶容许我们相信我们有一个好的交易，因此避免了当我们看到另一个有吸引力的选择对象时产生的认知失调。就像本杰明·富兰克林（Benjamin Franklin）明智地指出的："在结婚前把眼睛睁得大大的，在结婚后睁一只眼闭一只眼。"

检查与回顾

我们对他人的感情

偏见（prejudice）一般是负性的（negative）指向某个具体人的态度，只是由于他们是某一可识别的群体中的成员。它包括了态度的三个主要成分——认知的、情感的和行为的［认知成分也被称为刻板印象（stereotypes）］。

歧视（discrimination）和偏见是不一样的。它指的是对群体成员表现出来的实际的负性行为。人们并不总是由于偏见才产生歧视行为。

偏见的四个主要的来源是学习（经典条件作用和操作条件作用以及社会学习）、心理捷径（分类）、经济和政治竞争以及替代性攻击（替罪羊）。当人们使用心理捷径时，会认为群体内部人员比群体外部人员表现更正面（群内偏爱），并且群外的多样性要少一些（群外同质效应）。

外表上的吸引力在人际吸引中有着重要的作用。外表引人注目的通常被认为比外表不那么具有吸引力的人更聪明、更平易近人、也更有趣。物理上的接近性也可以增加一个人的吸引力。如果你住在某人附近或和某人在一起工作，你会更容易喜欢上这个人。虽然人们普遍相信"对立吸引"（各取所需），研究表明相似性（需要兼容性）在保持长期关系中起着更重要的作用。

爱可以被定义为关心、依恋和亲密。浪漫爱情在我们的社会中被高度珍惜。然而，因为它是建立在神秘和幻想的基础之上，所以很难维持长久。伴侣之爱依靠相互信任、尊敬和友谊，因而似乎能随着时间的流逝而增强。

问题

1. 解释偏见和歧视有何不同。

2. "另一个种族的成员在我看来都是一样的"，这种说法可能是____的例子。

(a) 群内偏爱
(b) 群外同质性
(c) 群外负面性
(d) 群内偏差

3. 对外表吸引力的跨文化研究没有发现以下哪种说法？

(1) 中国人曾经裹脚，因为他们认为女人小脚很有吸引力。(2) 在大多数文化中，男人选择年轻貌美的女人。(3) 在大多数的东方文化中，男人选择那些有权力和有经济地位而不是漂亮的女人。(4) 对男人而言，吸引配偶的能力中成熟和经济来源是比外貌更重要的。

4. 比较浪漫爱情的危险性和伴侣式爱情的好处。

答案请参考附录 B。

更多的评估资源：
www. wily. com/college/huffman

 ## 我们对他人的行为

快速完成了有关我们的思想和情绪怎样影响到他人（反之亦然）的测验以后，我们转向另一个主题——我们对他人的行为。我们首先看看社会影响（从众和服从），然后学习群体过程（成员关系和决策），最后探索两种相反的行为：攻击与利他。

 学习目标

我们对待他人的行为怎样影响他们和我们自己的生活？

✔ 社会影响：从众和服从

　　我们出生时所处的社会及其文化一直影响着我们，从出生的第一秒钟到死的最后一刻。我们的文化教会我们相信一些特定的事情，用特定的方式感觉，并且根据这些信念和感觉行动。这些影响是如此强烈，如此之多，以至于我们几乎认识不到它们了。就像一条鱼不知道自己是在水中一样，我们在大多情况下也几乎意识不到文化和社会因素对我们的行为产生了如此重大的影响。在这一部分，我们将会讨论两种社会影响（social influence）：从众和服从。

从众——和别人一样

　　想象你志愿参加一项关于知觉的心理实验。你发现自己和另外 6 个学生坐在一张桌子旁边。展现给你们一张画着三根线段的图，分别标记为 A、B、C，如图 16—6 所示。要求你们选出一条与第四根线 X 长度最接近的线。要求你们按围着桌子的顺序，每一个人都大声报出你自己的选择。刚开始，所有的人都同意正确的线段，于是实验变得很枯燥无聊。然而，在第三个试次时，第一个参与者给了一个显然是错误的答案。你知道 B 线段是正确的，但是他说是 A，你感到疑惑："怎么回事？他们瞎眼了吗？难道是我看错了？"

　　你认为在这个时候你将会怎样完成这个实验呢？你是否会坚持自己的信念说线段 B，而不管别人如何回答呢？或者你将和群体中的其他人选择一样的答案？在这个最初由所罗门·阿希（Solomon Asch）（1951）设计的实验里，六个参与者实际上是实验者的助手。座位是特意安排的，真正的被试总是坐在最后一个报答案的位置。这六个助手在事前就被指示在第三个试次以及后面的试验都选择错误的答案。这种设计是检查被试从众（conformity）的程度，或者由于真实的或想象的群体压力而改变行为的程度。

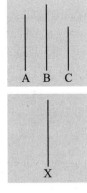

图 16—6　所罗门·阿希的从众研究。给被试呈现上述四条线段，然后问哪条线段（A、B 或 C）与下边的 X 最接近。

从众　由于真实的或想象的群体压力而改变行为。

生活中的从众？ 最新时尚潮流会随着时代戏剧性地发生变化，变化的是什么呢？但是注意不同时代的两个群体会与其群体的总体"着装"保持一致。

　　阿希的实验参与者是怎样做出反应的呢？超过 1/3 的人顺从且同意了群体明显错误的答案。当把这个从众的水平与控制组的反应相比较时结果变得更加有趣。控制组的参与者没有群体压力，所以每次实验都做了 100％ 正确的选择。阿希的实验被重复了许多遍，在至少 17 个国家中得到了类似的结果。

为什么这么多人顺从他人？对旁观者而言，从众是一件很难理解的事情。甚至发生了从众行为的人有时候也很难解释自己的行为。如果我们考虑到以下三个因素，可能会更好地理解阿希的实验参与者和我们某种形式的从众行为：（1）规范性社会影响，（2）信息性社会影响，（3）参照群体（reference group）的作用。

规范性的社会影响　第一个因素，**规范性的社会影响**（normative social influence），指的是由于需要被群体赞赏和接纳而顺从于群体压力。**规范**（norm）是一个文化的尺度，以此来衡量在一个特定的情境下什么样的行为是被接纳的。规范是社会对我们应该怎么做的定义和规范。规范有时候很清楚明白，但是大多数时候它们是很复杂难懂的。你是否曾经询问过别人穿什么来参加晚会，或者观察你旁边的人在餐桌上的表现来确定你拿对了叉子？这些行为反应了你想要和别人一致以及规范化社会影响的力量。

在每个文化中都需要从众的另一个重要规范是个人空间（personal space）（Axtell，1998；Hall，1966，1983；Sommer，1969）。如果有人侵犯了我们希望环绕在身体周围的、看不见的"个人空间"，我们通常会感到很不舒服。想象你自己是一个典型的来往于若干个中东国家的美国人。当当地居民回答你的问题时站得离你很近以致你可以感觉到他（她）的呼吸，你会怎么做？大多数美国人、加拿大人和北欧人在这个距离都会感觉到非常不舒服（除非是恋人之间）。但是大多数中东人喜欢站得很近以便可以读对方的眼睛。如果你在谈话中"自然地"倒退，那么中东人可能认为你很冷淡无情。说来遗憾，这个时候你可能认为他或她很粗鲁无礼。

为什么有些人比别人更喜欢站得很近？有很多种解释。首先，文化和社会化与个人空间有很大的关系。例如，来自于地中海和拉丁美洲的人比北美和北欧人倾向于维持较小的人际距离（Axtell，1998；Steinhart，1986）。儿童也倾向于站得离人很近，直到他们社会化后认识到需要保持一个更大的人际距离。除此以外，特定的人际关系、情境和人格特质也影响人际距离。朋友们站得比陌生人更近，女人站得比男人近，暴力囚犯的个人空间是非暴力囚犯的 3 倍（Axtell，1998；Gilmour & Walkey，1981；Roques，Lambin，Jeunier & Strayer，1997）。

规范性的社会影响　由于需要被群体赞赏和接纳而顺从于群体压力。

规范　是一个文化的尺度，以此来衡量在一个特定的情境下什么样的行为是被接纳的。

592

测试个人空间

如果你想要亲身体验社会规范的力量，向校园里的一个学生走过去，并且询问怎样去书店、图书馆或者其他地方。你一边走一边向这个人靠近，直到你侵犯了他的或她的个人空间。你可能靠得很近以至于几乎碰到他或她的脚指头。这个人会有怎样的反应呢？你有什么样的感觉呢？然后对另一个学生重复同样的过程。这一次试一试问路的时候站在 5 到 6 英尺远的地方。哪一个过程对你而言更难完成？大多数人认为这是一个有趣的课外作业。然而，他们经常发现想要打破对个人空间未成文的文化规范极其困难。

你自己试试

信息性社会影响 因为需要信息和选择的方向而使自己和别人一致。

参照群体 我们要与之保持一致的，或愿意附和的人们，因为我们喜欢和钦佩他们，并希望像他们一样。

服从 听从通常来自权威人物的直接指挥。

信息性社会影响 你是否曾经仅仅因为你一个朋友的建议买过一个特殊商标的滑雪设备或者汽车？你可能做过，因为你希望得到朋友的肯定（规范性社会影响）。但是在这个特殊的例子中，更有可能是由于你认为你的朋友在这方面的信息比你多。想想阿希的实验里的那些参与者，他们观察到其他的实验参与者就线段的长度给出了不一致的答案，他们也可能要使自己的行为与他人相一致，因为他们相信别人比自己有更多的信息。因为需要信息和选择的方向而使自己和别人一致被称为**信息性社会影响**（in-formational social influence）。

参照群体 你是否曾经疑惑为什么厂家付给电影或体育明星上百万美元让他们为产品代言？广告设计者知道消费者更有可能买那些代言的产品，因为人们倾向于使自己的行为和我们的**参照群体**（reference group）（我们喜欢的、钦佩的，想要像他们一样的人们）相一致。许多人都想像兰斯·阿姆斯特朗（Lance Armstrong）那样受人喜爱，像韦斯利·斯奈普斯（Wesley Snipes）那样酷，像詹妮弗·洛佩兹（Jennifer Lopez）那样美丽。我们也拥有其他的参照群体，包括家人、朋友、父母、配偶、老师、宗教领袖等。

服从——跟随命令

另一种形式的社会影响是**服从**（obedience），包括听从一些来自权威人物的直接指挥。在一个实验者的命令下，你是否会在心里很清楚的情况下电击一个尖叫并且请求得到释放的人？你马上就可以看到，大多数人都认为很少有人会这么做，然而实验却显示了相反的情况。

停下来想象你是一群回应本地报纸上一个为记忆实验招收志愿者的广告者之一。你来到了耶鲁大学的实验室，被介绍给一个实验者和另一个实验的参与者。这个实验者解释他正在研究惩罚对学习和记忆的作用。你们中的一个将要扮演学生，而另一个将扮演教师。你们通过抓阄来决定。最后你的纸上写的是"教师"。实验者将你带到一个房间，在那里他将另一个被试——那个"学生"——绑在一个防逃脱的电动椅子上。然后实验者将电极粘贴在学习者的手腕上"以防起水泡或烧伤"，再绑上另一个连到电击发生器上的电极。

593

斯坦利·米尔格兰姆（1965）。截自影片《服从》，纽约大学电影资料馆。

你，作为"教师"，被带到毗邻的屋子，要求坐到一个相同的电机发生器面前。这个发生器和学习者的椅子通过一根穿过墙壁的电线相连。就如你在图16—7中看到的一样，电击器上有30个开关。每一个开关都代表着以15伏特递增的电击水平。每一组横杆上都挂着标签，显示从轻微的电击到危险电击（很严重的电击），标记为×××。实验者解释说你的工作就是教会学生一系列单词对。如果他犯了错误，你必须用电击惩罚他。每给出一个错误答案，你可以按照电击仪器上标志的电击水平给他更高的电击。例如，一开始出错，你给的电击是15伏特；第二次错的时候，给他30伏特电击，以此类推。

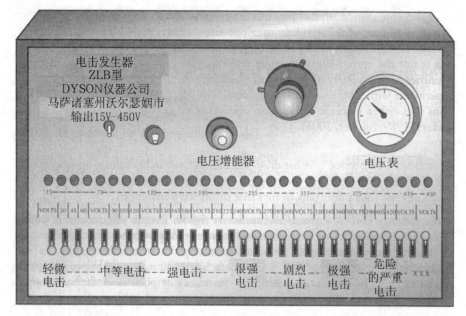

图 16—7 米尔格兰姆的电击发生器。 研究的参与者被告知给予他们已经看到的与这台机器相连的一个"学生"电击，电击水平要不断增加。注意，电击水平是怎样清晰地标记出来的，从轻微电击到很强的电击，一直到危险程度的严重电击和最终的×××。你会怎么反应？你是从一开始就拒绝，还是给一些电击，接受者开始抱怨以后再停止？你会到最终的 450 伏吗？

实验一开始，学生对这个任务感觉到很困难，回应常常是错误的。不久，你就必须给予一个应该会非常痛苦的电击。实际上，当你给予 150 伏特电击以后，学习者就开始抗议和恳求："让我出去……我不想再继续了。"

你开始犹豫并且疑惑应该怎么做。实验者要求你继续下去，他坚持即使学生拒绝，你也应该增加你的电击水平。但是另一个人显然在痛苦中。你将怎么做呢？

事实上参与者在这一系列的实验中遇到这类问题时感受到了真正的冲突和沮丧，下面的对话发生在实验者和其中一个"教师"之间：

教师：我不能忍受了。我会把那个人杀了的。你难道没有听到他大声叫喊吗？

实验者：就如我先前跟你说的一样，这个电击可能是痛苦的，但是没有皮肤组织上的永久伤害。

学生（叫喊）：让我离开这里，你没有权力把我留在这里。让我出去，让我出去，我的心跳加速，让我出去！

（教师摇摇头，紧张地拍桌子）

教师：你看，他在大声叫喊。听到了没有？呃，我不知道怎么办了。

实验者：这个实验要求……

教师（打断）：我知道它要求怎样，但是我的意思是——哼！他不知道他得到了多少。他的电击水平已经达到了 195 伏特！

（在接下来的交流中，教师还是将电击提高到了 210、225、240、255、270 伏特。到这儿，老师明显地松了口气，词对问题终于完成了。）

实验者：你必须回到那一页的开始然后从头到尾再来一遍直到他完全正确地学会了为止。

教师：哦，不，我会把那个人杀了的。你的意思是我要继续这个实验？不，先生。他在这里大声叫喊。我不会再给他 450 伏特的。

——米尔格兰姆，1974，pp. 73-74

你认为发生了什么呢？这个人会继续下去吗？结果，这个特殊的"教师"继续给予电击，即使学习者大声抗议。他甚至在学生拒绝给出任何答案的时候还在继续给予电击。

你可能已经猜到了，这个实验并不是关于惩罚和学习的。设计这个实验的心理学家斯坦利·米尔格兰姆（Stanley Milgram）事实上是在考察服从权威（obedience to authority）的问题。实验参与者是否会将实验者看做一个权威并且服从他的命令去电击另一个人？在米尔格兰姆的公开调查中，不到 25% 的人认为他们会超过 150 伏特，没有回应者说他们会超过 300 伏特。奇怪的是，足足有 65% 的被试在这一系列的实验里完全服从了——从一开始到实验结束。

甚至米尔格兰姆对自己的实验结果也感到很惊讶。当他在实验开始前调查一群心理学家时，他们预测大多数人在超过 150 伏特的时候会拒绝实验。他们还预测将实验进行到底的被试应该不到 1%。只有一些他们认为"精神失常"的人才会服从所有的命令。但是就如米尔格兰姆发现的那样，大多数他的实验参与者，不管是男是女，从生活的各个阶层来的所有年龄阶段，都达到了最高的电击水平。

就像阿布格莱布虐待囚犯的丑闻一样，许多人认为米尔格兰姆的发现只是一个由许多"虐待成性"的个体完成的意外。不幸的是，就如我们从阿布格莱布和米尔格兰姆的研究里学到的一样，这并不是真正的解释。米尔格兰姆的研究被重复了很多次，在许多其他国家里也得到了类似的高水平的服从。米尔格兰姆也重复了他原始的研究，并且设计了一系列接下来的实验来验证在特殊条件下服从的增加或降低（Blass，1991，2000；Meeus & Raaijmakers，1989；Snyder，2003）。

服从的因素　米尔格兰姆在接下来的实验里发现了什么呢？利用和原先的实验基本一样的设置，他改变了若干个变量，发现了至少四个重要的因素会影响服从。

（1）合法性和与权威人物的近距离。处于权威地位的人拥有非凡的但经常被低估的引发服从的权力。但是这个权威人物必须被认为是合法的且就在身边。如图 16—8 所示，当一个普通的人（一个助手）发出命令或者当实验者离开房间后通过电话发出命令，那么服从就降低到了 20%。

（2）受害者远离。如图 16—8（c）、（d）所示，注意当学习者离实验参与者半米左右时，只有 40% 完全服从。当作为教师的参与者被要求强迫把学习者的手放在一个模拟的"电击盘"上时，只有 30% 的人服从了命令。你看到这个实验结果与现代战争的一些方面有联系了吗？想想要服从一个军事命令直接刺伤并杀死一个人会是多么困难，相比之下，从高空飞行的飞机上扔下炸弹杀死上千个人要"容易"得多。或者想想如果施虐者仅仅需要一个接一个按按钮而不是直接的身体接触，又会多出多少阿布格莱布的囚犯受到虐待。

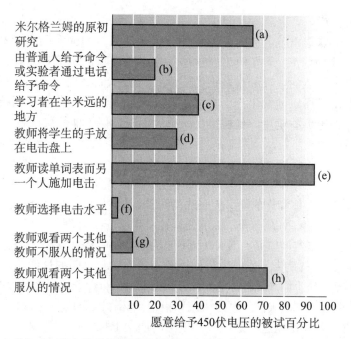

图 16—8 参与者对米尔格兰姆所设计的不同实验条件的反应。米尔格兰姆设计了一系列的实验去探讨不同的情景是否能够增加或者减少被试对权威的服从。我们从图中可以看到，柱形条（a）表示，在米尔格兰姆最先的实验中，有 65％的被试最终选择了最高挡 450 伏的电压；第二个柱形条（b）显示了如果施加电击的命令尽管来自同一个权威人物，但却是通过电话、而不是现场命令的话，只有 20％的被试最终使用到最高挡的电压。现在我们看看第三和第四个柱形条（c 和 d）。从图中我们可以看到，与受害者的实际距离也会影响到被试的反应。当"学习者"与"教师"之间只有半米左右的距离时，被试服从的比例下降到 40％；当"教师"把学习者的手放在一个模拟的"电击盘"上时，服从命令的被试的比例进一步下降到 30％。（e）和（f）则反映了被试在承担不同责任水平的条件下表现出的显著差异，责任水平不同时，服从命令的被试从 90％下降到 3％！（g）和（h）反映了榜样和模仿的巨大威力。当"教师"看到另外两名教师拒绝服从的时候，他们愿意服从的比例只有 10％；但当另外两名教师都愿意服从的情况下，被试愿意服从的比例跃升到 70％以上（Milgram，1963，1974）。

　　（3）责任分担。研究还发现，当提醒参与者要对受害者所受伤害负责时，服从就会大幅度减少（Hamilton，1978）。注意图 16—8，（e）是参与者只需要读单词表而另一个教师实施电击。现在比较这个结果和（f）条件下的结果，即如果参与者需要对所选择的电击水平负责，完全服从的人就很少了。

　　（4）模仿。观看别人合作或者反抗也会对参与者的服从产生重大的影响。再回到图 16—8（g）、（h）。当两个助手（装做教师）被指示要么完全反抗并且拒绝继续实验，要么完全服从时，实际的参与者也会模仿那个或者服从或者反抗的示范者。

　　重要的提示　像学校里我班上的学生一样，你可能对这些结果感到很惊讶，或许，会对研究的参与者感到担忧。请记住欺骗是某些研究的一个必需的部分。然而，米尔格兰姆的研究里欺骗和实验参与者所感受的不适程度在今天的科学标准来看是高度违反伦理的。他的研究在今天是不能再做了。另外，米尔格兰姆谨慎地听取了他人的建议，在实验结束后对参与者进行了详细解释并跟踪了几个月。大多数参与者报告这个经历对个人来

从众与服从的好处。 这些人充满希望地排成一条长长的队伍。他们都意识到他们的需求可以在一个有序、公平的背景下得到满足。想象一下，如果大多数人都不与团体一致、不遵守秩序，我们的社会将会变成什么样子？

596

说是增长见识的，并且很有价值。

还有一点很重要，需要强调一下。在米尔格兰姆的实验里没有任何扮演学生的被试真正受到了电击。这些学生也是实验者的同谋，他们仅仅是假装被电击。然而，教师是真正的实验参与者。他们相信学生是被给予了真正的电击，所以他们出汗、发抖、口吃、紧张地笑，并且不断抗议说他们并不想伤害那些学生。他们确实是感到不安，但是他们服从了权威。

最后一个提示：从众和服从并不都是糟糕的。实际上，大多数人在大多数时候都从众和服从，因为这对他们（还有别人）来说是最有利的。像大多数北美人一样，你在电影院前排队而不是冲到别人前面，这样保证了有秩序购票。类似地，你和你的同事们服从消防员，他们命令你撤出大楼，于是救下了很多条人命。从众和服从能够使得社会生活安全有序并且可预见性地前进。然而，在某些情境下，不从众和不服从也是很重要的。我们不希望青少年（或者成年人）只是为了能成为某群体的一员而参与危险的性活动或者吸毒。我们也不希望战士们（或者其他人）愚昧无知地执行命令仅仅是因为他们被某个权威人物要求这么去做。因为认识和拒绝破坏性的服从对我们的社会来说非常重要，我们将在这章结尾处在更深的层次上探索这个问题。

批判性思维

我们什么时候应该服从？

一个常见的阻碍对服从的批判性思维的知识错觉是这样的信念：只有坏人才会做坏事或者坏人会宣告他们自己是邪恶的。例如，在米尔格兰姆的研究里，实验者外貌和行为看起来都像是一个理性的只是在执行研究计划的人。因为他看起来不太像个性堕落且邪恶的样子，那些参与者就放松了对道德规范的警惕，服从达到了最大限度。

这种放松的道德警惕也可以解释对一个受到高度尊敬的军事长官或邪教领袖的服从。其中一个最有名的邪教领袖，吉姆·琼斯（Jim Jones），因为他的友好善良和"慈善事业"而广为人知——至少一开始是这样。可能因为放松的道德警惕（与前面提到的四个因素联合一起），1978年900多名圭亚那人民圣殿教的成员在琼斯的命令下集体自杀，违抗者被杀害。但是绝大多数的人是在自助冷餐时自愿喝下加了氢化物的酒而送了性命。

除了放松的道德警惕之外，许多服从情境下的渐进性也可以解释为什么米尔格兰姆的实验里这么多人愿意给予最大量的电击。最初的轻微电击可能产生了"踏进门槛技术"（foot-in-the-door technique）的作用，即开始时的一个小的请求作为后来更大的请求的基础，一旦米尔格兰姆实验里的参与者完成了一开始的要求，他们会感觉有责任将实验进行下去（Chartrand, Pinckert & Burger, 1999; Sabini & Silver, 1993）。

利用这个机会批判性地思考一下你生活中的破坏性服从的极端形式。然后将它们与日常生活中的例子相比较，按照下面所说的方法，给每一种情境打分，1表示你认为最符合道德规范的，3表示最不符合道德规范的。

（   ）Jane 19岁了，想成为一个商业艺术家。有一个很好的艺术学校给她提供了奖学金，但是她父母强烈反对她选择这个职业。在压力下，她放弃了，并且到她父亲曾经学习过的机械学校上学了。

（   ）Tom 45岁了，强烈怀疑他的雇主有秘密商业行为，比如说对客户双重计费。他认为他的老板不诚实且违反伦理道德，但是他保持沉默和合作，因为他确实很需要这份工作。

（   ）Mary 20岁了，是大学的一名高年级学生。她非常想加入一所享有很好声誉的学校的毕业项目，但是有一门很重要的课程她没有通过。任课教师告诉她如果她愿意"性合作"就可以得到A，她同意了。

你的打分没有对错之分。然而，探究你对其他答案的思考可以帮助你利用你在这一章里学到的关于服从和从众的知识，阐明你过去那些被不合伦理地说服的情境，也许可以预防将来的问题。

主动学习

踏进门槛技术　在向别人寻求一个很大的帮助时，先提出一个较小的、容易实现的请求。

评估

检查与回顾

597

社会影响

社会影响的过程教会我们一些对成功的社会生活极其重要的文化价值观和行为。两种最为重要的社会影响的形式是从众和服从。

从众是指对于真实或想象的来自他人的压力回应而发生的行为改变。人们因为认可并且接受而从众（规范性社会影响），或者由于需要更多的信息（信息性社会影响），与那些他们喜欢并想保持一致的人的行为相匹配（他们的参照群体）。服从包括屈服于别人的命令。米尔格兰姆的研究表明，即使另一个人的身体因此受到威胁，会服从命令

的人数之多也令人惊讶。

从众和服从可能会具有不适应性和破坏性，但是人们还是会跟随这个团体或服从命令，因为这样做常常是适应的。

问题

1. 解释顺从和服从有怎样的不同。

2. 经典地表现权威对人们行为的作用是由（　　）进行的。

(a) 津巴多　　(b) 班杜拉

(c) 阿希　　(d) 米尔格兰姆

3. 米尔格兰姆实验的参与者认为他们参与的实验是为了研究（　　）的

作用?

(a) 服从权威

(b) 记忆唤起

(c) 学习中的惩罚

(d) 电击对脑电波活动的影响

4. 米尔格兰姆的实验中有百分之多少的人愿意给予最高水平的电击（450 伏特）?

(a) 45%　　　(b) 90%

(c) 65%　　　(d) 10%

答案请参考附录 B。

更多的评估资源：

www.wiley.com/college/hufman

团体过程：成员身份和决策

你是否注意到你和你的朋友说话、做事与和你的父母、雇主或者室友说话做事的风格有很多不同的地方？或者你是否曾经和你的朋友做一些像万圣节恶作剧的事情，而你独自一个人是不会这么做的？在每一种情境下，你的行为在很大程度上是团体过程的结果。我们很少认识到团体成员身份的力量，但是社会心理学家找出了群体影响我们的若干个重要的方式。

团体成员身份

在简单的群体中，比如一对夫妻或家庭，还有更复杂的群体，比如班级或体育团队，每一个人基本都扮演着一个或多个角色。这些角色（或者与特定的社会地位相联系的行为固定方式）在一些群体中明确地表现出来并且调整为某些团体（例如，老师和学生的不同角色）。另外一些角色，比如做父母，是通过一些非正式的学习和推断取得的。

角色　这些角色怎样影响行为？为了探索这个问题，社会心理学家菲利普·津巴多（Philip Zimbardo）仔细筛选了斯坦福大学 20 个完全适应环境的男生。每个学生每天得到 15 美元参与一个模拟的监狱生活实验（Haney, Banks & Zimbardo, 1978；Zimbardo, 1993）。

为了评价津巴多的监狱研究，假设你自己是 20 个自愿参加实验的大学生之一。在初步的评价中，随机分配你去扮演"囚犯"角色。然后，你在

家里看电视，忽然听到一阵意料之外的敲门声。当你打开门的时候，若干个身着制服的警察将你带到外面，架着你往警车上走，搜你的身，并且告诉你你被逮捕了。在警察局，你被拍照，录指纹，记录在案。然后你被蒙上双眼，带去目的地——"斯坦福监狱"。在这里你得到一个 ID 号码（代替了你的名字）并且被驱除虱子！接着发给你一件不成形的睡袍和一个紧紧的尼龙帽子遮住头发，但是没有内衣。所有的囚犯都穿着相似的衣服。相反的是，扮演"看守"的学生将得到看起来很官方的看守制服、警棍和口哨。你和另一些囚犯被关在小房子里。那些看守被授予完全掌控你和你的那些囚犯伙伴们的权利。你认为接下来会发生什么事情呢？

权力腐败。津巴多的监狱研究展示了个体角色和具体情景的要求是怎样给人们的行为带来戏剧性的变化的。你能从津巴多的研究和伊拉克的阿布格莱布监狱在2004年发生的事件中找到一些共同点吗？

甚至津巴多也没有预见到事实上会发生什么。有一些看守成为给囚犯点小利的"好家伙"，另一些却"粗暴但很公平"。但是所有的看守都利用权力参与了某些虐待。他们坚持囚犯必须很快服从所有的监狱条款，愿意接受看守专横的惩罚。稍微一不服从就会招来不光彩的任务（比如光着手擦洗厕所），或者失去一些"基本人权"（例如吃饭、睡觉、洗澡）。

大多数的囚犯刚开始对这些指挥和惩罚的回应是温顺地迎合接受。但是随着命令的增加和虐待的开始，他们变得被动和沮丧。只有一个囚犯通过绝食来表示反抗。他独自的不服从行为以看守们强迫其进食而告终。压力是如此严峻以至于四个囚犯在前四天里就不得不出来了，因为他们无法控制地哭泣，因愤怒而痉挛，严重抑郁，其中还有一个囚犯全身起满了由于心身因素导致的皮疹。

原本研究计划持续两周，但是 6 天以后因为所有被试所发生的令人担忧的心理变化使得实验不得不中止。看守开始严重滥用职权，而受到创伤的囚犯们却变得更加沮丧和去人性化。

注意，这并不是一个真正的实验。它缺少对照组和一个明确的对因变量的测量。然而，这个模拟的监狱确实提供了一些方法观察潜在的角色对个体行为的影响力量。根据随后的访谈，被试们显然太沉迷于他们的角色而忘记了他们是一个大学研究的志愿者（Zimbardo, Ebbeson & Maslach, 1977）。对他们来说，这些模拟的囚犯和看守的角色变得真实——太真实了。

虽然许多人批评津巴多研究的伦理问题，但这提醒我们要警惕角色和团体成员身份所固有的潜在的严重危险。考虑下面的问题：如果这种人格分裂和权力滥用仅仅在六天时间里就由完全被告知的志愿者在模拟的监狱里表现出来，那么对于终身监禁、6 年徒刑，或者只在牢里过了一夜，会发生什么呢？相似地，当处于巨大压力之下的军事人员被任命看守势不两立的敌人，什么事情会发生呢？

去个体化　津巴多的监狱研究表明，我们所扮演的团体成员的角色会对行为产生有力的影响。他的研究也证明了一个有趣的现象，叫做**去个体化**（deindividuation）。去个体化意味着你感觉少了一些自我觉知，少了一些羞怯内向，作为一个团体成员比当你独自一个人时感到更少的个人责任。这和匿名的情况非常相似。为了增加忠诚和顺从，团体有时会主动地

去个体化　自我意识、抑制力以及个体责任感的下降。这种情况有时会在团体中发生，特别是当团体中的成员感觉到自己是匿名的时候。

鼓励去个体化，比如说要求穿制服或戴面具。不幸的是，去个体化有时导致滥用权力、群众暴动、聚众闹事和悲惨的结果如轮奸、处以私刑，以及因对群体中的某个人的敌意而导致的各种犯罪等等（Silke，2003）。

去个体化也有积极的一面。我们都喜欢在新年除夕和大家一起欢度，或者在一场激烈的运动竞赛中欢呼叫喊到嗓子沙哑。去个体化也会鼓励增加助人行为甚至英雄主义，就像我们接下来将要看到的那样。

什么导致了去个体化？有一些可能的解释。但是其中一种最令人信服的事实是仅仅因为他人的在场就可能增加或降低我们的责任感。去个体化在群体成员感觉到是匿名的时候更极端和普遍。例如，在一个实验中，穿着像 3K 党、把她们全身和脸都遮盖住的女性给予受害者的电击水平是那些没有伪装并且戴着大大名字标签的女性的两倍（Zimbardo，1970）。看起来似乎匿名是一个有效的去压抑剂，它也可以用来解释为什么万圣节的面具会增加破坏行为，以及为什么大多数的犯罪和暴动都发生在晚上——在黑暗的掩护下。然而，需要强调，并不是每一个人在群体中都会去个体化的。有些人确实可以抵抗这种影响并且坚守自己的个人价值观与信念（同时也要记住，就像在所有的实验里一样，"受害者"只是实验助手，并没有接受真正的电击）。

599

去个体化。在一个经典的电影《杀死一只知更鸟》中，一个年轻的女孩（名字叫 Scout）问了一个愤怒的私刑组织的成员关于他儿子的问题。她简单的问题摧毁了这群人的匿名和去个体化的感觉。之后他们的愤怒逐渐减弱并且渐渐地消失了。

团体决策

是不是两个领导者就一定比一个领导者好呢？在他人在场的情况下，个体是不是能做出更好的决策？陪审团的决策会不会比法官单独的决策要好？这些问题，都没有一个简单的答案。要对这些问题进行解答，我们需要先了解团体决策怎么影响个体的观念（团体极化），我们同样要知道团体成员如何使用准确的信息（团体思维）。

团体极化　很多人都认为，团体的决策更趋向保守、谨慎，并且比个体的决策更为中立。究竟是不是这样呢？早期的调查发现，对一个问题进行集体讨论以后，相比于讨论前每个个体独立的决策，实际上团体支持了更冒风险的决定（Stoner，1961）。

由于这个调查的结果与平常人们所认为的团体决策更趋温和、适中的观点相矛盾，风险转移的概念引起了大量学者的研究。后来的研究发现风险转移的现象只是团体在决策中出现的其中一种表现。有的团体确实做出了更冒风险的决策，但也有不少团体做出的决策是极其保守的（Liu & Latané，1998）。最终的决策究竟是趋向温和还是冒险，主要取决于团体先前的决策趋向。也就是说，团体成员们讨论和交换了他们的意见以后，他们最初的立场会被夸大。这种决策趋向一个极端或另一个极端的倾向就称为**团体极化**（group polarization）。

这种现象为什么会出现？这种趋向团体极化的倾向主要是由于个体在

陪审团和团体极化。陪审团会导致团体极化的现象出现吗？会，又不会。在一个理想的世界里，双方的律师都提供了案件的真相。接着，经过一番深思熟虑的商议，陪审团从他们最初的中立的立场转移到对某一方的支持上，或者判为有罪，或者当庭释放。但是在一个并不是那么完美和理想的世界里，陪审团从原被告双方律师中得到的案件有关信息可能并不平等，陪审团中成员的初始立场不一定中立而是已经偏向某一方，这些情况下其他陪审员就可能会受到影响。

团体极化　由于成员最初的主导倾向，团体的行为变得更冒险或更保守的倾向。

团体思维 当有高度凝聚力的团体努力保持一致而回避不一致的信息时发生的错误决策。

600

讨论中更多地接触了说服性论点（Liu & Latané，1998）的影响。人们在争论中能听取到更多方面的意见和想法。由于大量非正式的、政治性的或者商业性质的团体都是由态度观念较为一致的人组成，他们通过讨论所获得的"新的"信息其实只是加强了他们团体本来的观念。这样一来，这个团体先前存在的决策趋向在讨论后得到了加强和巩固。

团体思维 团体所做决策往往受到团体极化的影响，但是另一个相关的且同等重要的危险趋势是**团体思维**（groupthink）。艾尔芬·詹尼斯（Irving Janis）（1972，1989）将团体思维定义为：在一个有团队精神的团体中，成员为维护团体的凝聚力、追求团体和谐和共识，忽略了最初的决策目的，因而不能现实地评估备选方案的思考模式。这就是说，当一个团体中的成员具有高度凝聚力（家庭内部、军事顾问小组、体操队等）时，他们都有着强烈的求同倾向（将他们视为一个整体）。这个求同的要求可能导致他们忽略由局外人或者批评者所提出的重要信息或观点。

正如图16—9所描述的，当团体成员感觉到强烈的凝聚力并相对脱离了

先行条件
(1) 一个凝聚力强的决策者团体。
(2) 几乎完全隔离外界的影响。
(3) 一个强势的领导者。
(4) 缺乏确保仔细衡量对备选行为正反两方面意见的程序。
(5) 巨大压力来自外界和不太可能找到比领导者所赞成的解决方案更好的方法。

↓

强烈的达成团体共识的要求——团体思维的趋势

↓

团体思维的症状
(1) 无懈可击的错觉。
(2) 对团体的道德信念。
(3) 集体合理化。
(4) 对外部团体的刻板印象。
(5) 对怀疑和不同意见的自我审查。
(6) 能达成全体一致的错觉。
(7) 对反对者的直接施压。

↓

做出不理智决策的表现
(1) 对可供选择备选行为方案的不充分的调查。
(2) 对团体目标的考虑不周。
(3) 对偏向的决策缺乏足够的风险评估。
(4) 对被拒绝的选择缺乏评估。
(5) 缺乏相关信息的搜寻。
(6) 加工信息中的选择偏差。
(7) 缺乏应对突发事件的计划。

↓

达到预期成果的可能性较低。

图16—9 一个团体思维的例子？ 很少有人意识到决定结婚这件事就是团体思维的一种形式（要知道"团体"的成员个数可以少至两个）。在约会的时候，"准夫妻"双方已经相互共享了一些先行条件（见顶框），并且他们包含了强烈的求同要求（"我们几乎在任何事情上都意见一致"），排除外界的影响（"我们几乎一起做任何事情"），同时却又不能仔细全面地考虑一件事情的正反面。当开始计划结婚时，他们同样表现出团体思维的症状（见中框）。这些症状包括不可战胜的错觉（"我们和其他人不一样，我们永远也不可能离婚"）、集体合理化（"两个人一起生活要比单独各自生活来得便宜"）、共享的刻板印象（"那些出现问题的夫妻只是他们不懂得如何交流"），以及对反对者施加压力（"如果你不支持我们的婚姻，我们就不会邀请你参加我们的婚礼"）。

有资格的局外人的判断时，团体思维的过程就开始了。加上一个强势的领导者和基本不能出现的争辩，这也就埋下了做出危险决策的隐患。在实际讨论的过程中，团体成员也坚信他们是不可战胜的，倾向于形成共同的合理化作用和对外团体的刻板印象，并对团队内部胆敢提出不同意见的成员施加相当大的压力。一些成员在团体内部担任着心理卫兵（mindguard）的角色，他们像日常的守卫一样将不同的观点隔离、防护于团体之外。当团体成员感受到威胁，开始保卫他们所一致认可的观点而不是寻求最好的解决方案时，团体思维的趋势最为强烈。

如同富兰克林·罗斯福总统没有预料到珍珠港事件的发生、约翰·肯尼迪总统错误地在古巴制造的猪湾事件、约翰逊总统发动的越南战争、理查德·尼克松的"水门"事件、里根的"伊朗门"丑闻等等，总统所犯的错误都可以归结到团体思维的影响下。而且，

团体思维另一个可能的例子？
2003 年"哥伦比亚号"航天飞机发生事故的前两天，美国宇航局的一个工程师曾经提醒他的主管，航天器返回大气层的时候可能会发生事故。但是他的意见没有被传达到指挥中心，结果航天器出现事故，7 名航天员全部罹难（Schwartz & Broder, 2003）。

601

1986 年的"挑战者号"航天飞机爆炸、2003 年的"哥伦比亚号"航天飞机失事、"9·11"恐怖袭击，以及伊拉克战争等都受到团体思维的影响（Ehrenreich, 2004; Janis, 1972, 1989; Landay & Kuhnehenn, 2004; Schwartz & Broder, 2003）。在 2001 年 9 月 11 日世贸大楼遭袭之前，大部分美国人及其领导者都坚信美国是不可侵犯的（无懈可击的错觉）。作为一个有着批判性思维的人，你能找出其他的群体思维的特征来帮助解释为什么我们对"9·11"袭击如此惊讶吗？

评　估

检查与回顾

团体过程

团体成员身份通过我们扮演的角色对我们施加影响。津巴多的斯坦福监狱实验引人注目地说明了社会角色在决定和控制我们行为中所起的作用。

团体成员身份有可能导致去个体化，它是一种自我意识、自我责任感逐渐降低的现象。

团体极化研究发现，如果大部分的团队成员在集体讨论前预先有着做出极端决策的倾向，那么整个团队将会向着那个方向倾斜，这是因为团队成员求同的要求强化了团体做出极端决策的趋势。团体思维是指一个高度凝聚力的团体努力寻求统一并避免不一致信息的错误的思维模式。

问题

1. 津巴多在他的监狱实验中，比预期的两周提前终止了他的实验，是因为＿＿＿＿＿。

2. 去个体化的关键因素是＿＿＿。

(a) 自尊的缺失　　(b) 匿名

(c) 同一性扩散　　(d) 团体凝聚力

3. 团体思维的主要表现有哪些？

4. 在一个团体思维的情形下，一个成员负责禁止外界那些反对团体某些观点的信息进入，这个成员的职责称为＿＿＿。

(a) 检察员　　(b) 心理卫兵

(c) 监控者　　(d) 执鞭者

答案请参考附录 B。

更多的评估资源：

www.wiley.com/college/huffman

攻击性：解释和控制

攻击性 任何伤害别人的行为倾向。

任何一种有可能威胁或伤害到另种生物的行为倾向都可以称为**攻击性**（aggression）。为什么人们要表现出攻击性呢？我们可以提出很多可能的解释——生理上和心理上的。然后，我们将会看到如何控制和减少攻击性的方法。

攻击性的生物学因素

（1）本能说。由于攻击行为有着悠久的历史，并且几乎能在所有的文化中看到，有的学者就认为，人生来有着攻击的本能。目击了第一次世界大战所造成的大量人员伤亡，弗洛伊德提出攻击冲动是与生俱来的。他指出，暴力行为来自于人们的一种基本的本能，因此人类的攻击性不可能被消除（Gay，1999，2000；Goodwin，2005）。

602

先天的还是后天的？ Andrew Golden 从很小的时候就开始接受枪支射击训练。当他 11 岁的时候，他和他的一个朋友 Mitchell Johnson 在阿肯色州琼斯伯勒市的一所小学里杀死了 4 名同班同学和 1 位老师。这究竟是先天的，还是后天导致的悲剧？

演化心理学家和习性学家（研究动物行为的科学家）提出了另一种本能理论。他们认为攻击性能够得到进化遵循了达尔文所提出的适者生存法则。弗洛伊德将攻击性看成一种破坏性的表现，而习性学家认为攻击性使得生物界避免了过度繁殖造成的资源紧张，只使那些更强壮的个体赢得配偶和繁殖（Dabbs & Dabbs，2000；Lorenz，1981；Rossano，2003）。不过很多社会心理学家都既不赞同弗洛伊德的观点也不赞同演化习性学的观点，即认为本能是攻击性的主要原因的观点。

（2）基因说。双胞胎的研究发现，有些个体在基因上预先决定了他们具有敌意的、易激惹的气质并表现出攻击性行为的倾向（Miles & Carey，1997；Segal & Bouchard，2000；Wasserman & Wachbroit，2000）。让我们回想第 1 章的内容，里面说到，这并不就意味着他们注定要表现得更具有攻击性。攻击行为最终决定于生物、社会压力以及心理等多方面因素对个体的综合作用。

（3）脑和神经系统。切断动物大脑的某个部位或者对某个部位实施电刺激，可以直接影响到动物的攻击性行为（Delgado，1960；Delville，Mansour & Ferris，1996；Roberts & Nagel，1996）。某些脑损伤和机能紊乱的研究，同样发现了某些在大脑中控制攻击性的环路，特别是下丘脑、杏仁核以及其他脑结构（Davidson，Putnam & Larson，2000；Raine et al.，1998）。

（4）物质滥用以及其他心理障碍。物质滥用（特别是酒精滥用）是引起众多攻击行为（如虐待儿童、家庭暴力、抢劫、凶杀等）的主要因素（Badawy，2003；Gerra et al.，2004；Levinthal，2006）。在精神分裂和有反社会型人格障碍的人群中，特别是当他们也有酗酒的恶习时，凶杀案的比例更高（Raesaenen et al.，1998；Tiihonen，Isohanni，Rasanen，Koiranen & Moring，1997）。

（5）激素和神经递质说。一些研究将攻击性行为和雄性激素睾酮联系起来（Mong & Pfaff，2003；O'Connor，Archer，Hair & Wu，2002；Trainer，Bird & Marler，2004）。然而，人类的攻击行为和激素之间的关系非常复杂。睾酮可以增加攻击性和支配性，但是支配性本身又能促进睾酮的分泌（Mazur & Booth，1998）。暴力行为也与低水平的神经递质5-羟色胺及 γ-氨基丁酸（GABA）有关系（Goveas，Csernansky & Coccaro，2004；Halperin et al.，2003）。

攻击性的心理学因素

（1）厌恶刺激。研究发现诸如噪音、高温、疼痛、侮辱以及混浊的气味都能使人的攻击性增加（Anderson，2001；Anderson，Dorr，DeNeve & Flanagan，2000；Twenge et al.，2001）。交通堵塞（道路愤怒）、航班延误（飞机愤怒）以及过度的工作要求（办公室愤怒）都反映了另一种使人厌恶的刺激——挫折感。在达到目标的过程中受到阻碍会增加攻击性倾向。

半个多世纪以前，约翰·多拉德（John Dollard）和他的同事们（1939）提出挫折感和攻击性之间的关系。按照**挫折—攻击假说**（frustration—Aggression），挫折感引起愤怒，愤怒则导致某些人的攻击行为。当然这并不意味着如果你对你的上司愤怒了就会给他鼻子来一拳，你可能会将你的愤怒转移到其他人的身上，比如说朋友或者家人，还可能将愤怒转嫁到自己身上，比如说自残行为，或者消极放弃、变得情绪低落等。

挫折—攻击假说 不能达到预期的目的（挫折）会引起愤怒，进而导致攻击行为的发生。

（2）文化和学习。正如第6章所讨论的，观察和社会学习理论认为我们通过观察别人的行为来学习。这样，在某种具有攻击性的文化中成长起来的个体，将会表现出更强烈的攻击性（Matsumoto，2000）；反之亦然。比如，日本的儿童很早就被教育要重视社会和谐，因而日本社会的暴力发生率是工业化国家中最低的（Nisbett，Peng，Choi & Norenzayan，2000；Zahn-Waxler，Friedman，Cole，Mizuta & Himura，1996）。相反，美国是最暴力的国家之一，我们的孩子们在成长的过程中有大量的攻击性榜样可以模仿。

603

（3）暴力媒体和游戏。有人认为电影、电视和电子游戏中出现的暴力仅仅是一种无关痛痒的娱乐活动，但是有明显的证据表明，渲染暴力的媒体直接影响着小孩和成人的攻击性倾向与行为（Anderson，2004；Bartholow & Anderson，2002；Kronenberger et al.，2005；Uhlmann & Swanson，2004）。比如，"侠盗猎车手"（Grand Theft Auto）、"格斗之王"（Mortal Kombat）、"半条命"（Half-Life）等电子游戏都逼真地展示了血淋淋的暴力场景。研究表明这些游戏使得儿童认为这些暴力是很刺激的并且可以被接受。当然，绝大部分暴力游戏的玩家或者观看暴力片的观众们都不会成为危险的杀手，但是儿童们确实会尝试去模仿电视中、游戏中的暴力行为，并且内化了一种价值观，即这些暴力行为是可以被接受的。

文化和学习。不同的人对于攻击性存在着不同的实践和接受程度。攻击性的行为极少出现在图中所示的爱菲（Efe）部落。

是不是因为有的孩子本来就具有攻击性，所以他们才爱看暴力片或者玩暴力游戏？研究发现这是一种双向的现象。通过对五个国家的儿童（澳大利亚、芬兰、以色列、波兰和美国）进行的实验研究、相关研究和跨文化研究都发现看暴力片过多的孩子具有更高的攻击性，并且具有更高攻击性的孩子更喜欢选择暴力节目（Aluja-Fabregat & Torrubia-Beltri，1998；Singer，Slovak，Frierson & York，1998）。

控制和消除攻击性

一些治疗学家建议人们通过参与一些无害的攻击行为来释放自身的攻击冲动，例如精力旺盛地去锻炼身体，把枕头当成沙包来打，或者观看竞赛性的体育运动。但是有研究发现这种形式的宣泄并不是真的有效（Bushman，2002；Bushman，Baumeister & Stack，1999）。事实上，正如我们在第12章所指出的，人们应该去表达自己的情感、愤怒，否则将会加强这些不良情绪而不会使之减少。

第二种看来能比较有效地降低或者控制攻击性的方法是引进一种不相容反应。某些情感反应，比如同情、幽默这些情绪是和攻击性格格不入的。这样，对别人的态度和观点施以适当的幽默或者同情，将会有效地降低愤怒和挫折感（Harvey & Miceli，1999；Kaukiainen et al.，1999；Oshima，2000）。

第三个控制攻击性的途径是提升自己的社会和交往技能。有研究显示社会暴力的群体中有很大一部分人缺乏一般的社会技能。不幸的是，我们的学校和家庭很少教授基本的交往技能或技术来解决冲突。

"It's a guy thing."
"那些是男人们干的事情。"
The New Yorker Collection 1995 from Donald Reilly from cartoarbank.com. All Rights Reserved.

应用

聚焦研究

在美国"愤怒/粗鲁的流行"

两个购物者为了争抢谁先使用刚开通的收银台而打起来。

一个乘客涉嫌向乘务员扔牛肉罐头并咬伤一名机组人员，美国大陆航空公司的班机被迫回到原来的机场降落。

由于儿子在冰球比赛练习中的粗鲁行为，一个父亲在与另一个父亲的争吵中失手将其杀死。

因为一名正在使用手提电话的地铁乘客聊天声音太大，另一位乘客在大声抱怨。

你是怎么看待这些媒体的报道的呢？在"9·11"恐怖袭击事件之后一个短暂的时间里，美国人的礼貌水平有所上升，但今天的学者们认为，从超市争吵到因孩子冰球游戏而大打出手以致出人命这些事件来看，整个

民族已经回到先前的"愤怒和粗鲁的流行"之中了（Carson，2002；Gilligan，2000；Peterson，2000）。

青少年暴力的增多可能是最令人头疼的一件事情（Zanigel & Ressner，2001）。一个生动的青少年暴力事件的例子发生在美国科罗拉多州的Littelton县。1999年4月20日，Eric Harris和Dylan Klebold开枪射杀了他们的12名高中同学和1位老师，并射伤了另外一些人，然后他们把枪口指向自己并开枪自杀。装备了半自动步枪、短筒散弹枪、手枪和土制手榴弹的这两名年轻人，就这样进入了美国最近越来越多的校园枪击事件的名单上。

少年凶杀还只是一种反常行为。

但是上述的残杀"引起一场令人悲哀的全国性讨论，探究是什么使得青少年的心灵变得如此黑暗"（Gibbs，1999，p.25）。是什么使得孩子们忍心射杀自己的同学？我们能否在早期区分出哪些青少年比较危险？攻击性是不是一种可塑的人格特质，或者它是高度稳定不易改变的？

以上这些是匹兹堡大学的研究者Rolf Loeber和Magda Stouthamer-Loeber（1998）提出的系列问题中的一部分。在过去的10年里，青少年暴力事件以及受害者人数都在不断上升。研究者们也发现，表现出更强攻击性的儿童，其成年后面临着更大的犯罪、酗酒、药物滥用、失业、离婚以及精神疾病等风险。

大量研究者致力于对青少年反社会行为的研究。Loeber 和 Stouthamer-Loeber 提出了该研究领域现存问题和未来发展方向的 5 个主要的误解及争议。

误区 1：儿童成长时期的攻击性相对稳定。相关研究给出了个体的攻击性从儿童到成年都相当稳定的假象（一篇综述总结了儿童到成年的攻击性相关系数在 0.63～0.92——相当高的一个水平）。换句话说，个体在儿童时期表现出很高攻击性的话，他到了成年也很可能具有强烈的攻击性。但是 Loeber 和 Stouthamer-Loeber 认为，我们之所以会停滞在这个观点上是由于缺少现实的质疑。我们应该去研究为什么有的儿童不会在成年后表现出儿童时期的那种攻击性。他们的研究发现，学前的男孩普遍表现出攻击性行为；随着年龄的增长，到小学、青少年时期，一直到成人，这种攻击性倾向逐渐下降。如果能了解为什么有的个体能逐渐减少攻击性，将会对心理健康专家干预高风险的个体有很大帮助。

误区 2：攻击的开始。所有严重的攻击性都始于儿童早期。Loeber 和 Stouthamer-Loeber 认为，我们应该深入地去地研究没有早期攻击性历史的暴力个体。他们进一步提出个体攻击性的发展可以分为三个类型：（a）毕生类型（发生于儿童时期并随着年龄的增长维持甚至加强）；（b）有限时间内类型（到了成年逐渐消退的攻击性）；（c）后期出现类型（无早期攻击历史的个体）。这三种类型的划分可能对临床、司法鉴定以及其他儿童研究有更大的帮助。

误区 3：在单一路径和多重路径上面观点的争论。Loeber 和 Stouthamer-Loeber 认为，研究者们不再争论是否单一路径引起反社会行为或者暴力行为。（说到"路径"，指的是这一部分开始时讨论的基因、文化、学习或者其他可能的因素）。相反，研究者们应该探究复合的成因，因为"撒开大网"综合考究总比单独缕一条线更能得到成果。

误区 4：攻击的简单原因与复杂原因。Loeber 和 Stouthamer-Loeber 考虑了三个可能在儿童时期引起攻击性的原因——家庭因素、生理因素和遗传因素。他们报告说还存在一个比以往想象更复杂的关系。

以家庭因素为例，研究表明，如果在充满冲突的家庭中和攻击性父母生活在一起的话，个体将来人身伤害等暴力犯罪的比率更高，而很少会在诸如经济等其他领域出现犯罪。此外，一些生理学研究将某些激素（比如说睾酮）或者神经递质（比如 5 - 羟色胺）和青少年攻击有联系，但与财产犯罪没有关联。遗传学研究有一些彼此矛盾的结果。

误区 5：攻击性的性别差异。Loeber 和 Stouthamer-Loeber 认为，男女暴力行为以大体相同的方式发展这种说法是不正确的。幼儿期的行为数据显示这个时期里攻击性行为没有性别差异，但从学前期开始一直到成人，男性表现出了更多的身体性攻击。基于这些原因，Loeber 和 Stouthamer-Loeber 认为攻击性存在着较大的性别差异。同时，他们强调这些差异只是研究中的冰山一角，还有很多问题需要通过以后的研究来说明。

✔ 利他主义：为什么我们会帮助（或者不帮助）他人

看过了有关偏见、歧视以及攻击性的相关内容，你无疑会宽慰地发现人类还有一些积极的行为。人们通过献血、为慈善事业花费时间和金钱、帮助无助的乘汽车者等行为支持和帮助别人。同样地，有时候人们并不会帮助其他人，比如说下面的例子：

1964 年，凌晨约 3 点钟的纽约皇后区，一位名叫 Kitty Genovese 的妇女在她回家的路上遭到歹徒袭击，袭击持续了半个多小时。该妇女大声呼喊救命："上帝啊，有人抢劫！帮帮我！帮帮我！"其间有 38 个邻居在自己家的阳台或花园里目睹整个事件或听到喊叫声，但没有人出手施救。最后等到一个邻居打电话报警，但为时已晚，这名妇女因为伤势过重而不治身亡。

这样的事情怎么会发生？为什么没有邻居出手帮助？更一般地说，在什么情况下人们会帮助别人，而在什么情况下不会去帮助？

605

利他主义　帮助他人并且没有明显的要求利益回报的行为。

我们为何施以援手？

利他主义（altruism）（即亲社会行为）是指没有明显为求回报而对别人施加帮助的行为。演化理论认为利他主义是一种本能的行为，得以发展是因为它有利于个体基因的生存（Bower，2000；Ozinga，2000；2002；Rossano，2003）。这些理论家引用了低等动物的本能行为（比如工蜂协同工作，并且只为它们的母亲蜂王而存活）作为证据，他们同时指出，在家族中利他主义特别明显，比如对自己的儿女或者亲戚。在这个意义上说，利他主义不是保护个体而是保护其基因。通过帮助自己的儿女或同胞甚至以死相救，增加了共享的基因流传下去的机会。

利己模型　基于预期回报所发生的帮助行为——寻求将来的互惠、增加自尊，或者避免烦恼和内疚感。

也有研究认为，帮助他人的行为可能实际上是利己主义的一种表现形式或者变相的自我利益。从这种**"利己模型"**（egoistic model）来看，受某种程度上预期收益的动机所驱使，人们才去帮助别人。我们帮助别人，是因为我们期望在随后得到相应的回报，这样一方面可以使我们提升良好的自我感觉，另一方面也能使我们避免因不施援手而带来的内疚和烦恼（Cialdini，2001；Williams，Haber，Weaver & Freeman，1998）。

共情—利他主义假设　帮助他人是因为对他人的困境感同身受

不同于"利己模型"的解释，巴特森（C. D. Batson）和他的同事提出了**共情—利他主义假设**（empathy-altruism）（Batson，1991，1998；Batson & Ahmad，2001）。如图16—10所示，巴特森认为某些利他主义的行为是由某些简单、自私的目的所驱动（图的上半部分），而在另外一些情形中，利他行为不是出于获取私利的目的而是出于对他人的关心所做出的行为（图的下半部分）。

606

根据共情—利他主义的假设，仅仅看到别人需要帮助或者听到别人的求助能激发共情，即个体感受到别人正在遭受的痛苦。当我们对别人产生共情时，会将注意力集中到别人的痛楚上，这样就更有可能去帮助别人。这种共情的能力甚至可能是天生的。有研究表示，当刚出生几个小时的婴儿听到其他婴儿的哭声时，他会表现得很痛苦甚至也会跟着哭起来（Hay，1994；Hoffman，1993）。

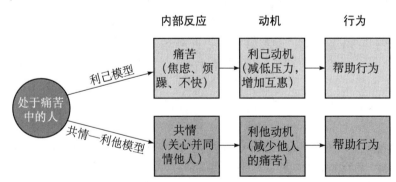

图16—10　**对助人行为的两个主要的解释。**你认为利己模型和共情—利他模型哪个能够在图中得到更好的体现？这个小男孩会不会帮助他的宠物？为什么？根据巴特森以及他的同事的理论，两个模型都可以驱动帮助行为的发生。你能够做出解释吗？

为什么我们不去帮助别人？

很多理论都设法解释了为什么人们会去帮助别人，但是少有解释人们为什么会在某些情况下不去帮助别人。我们如何去解释 Kitty Genovese 的邻居们没有去帮助她？在关于为何帮助和为何不帮助的研究中，较为全面的解释来自比伯·拉坦纳（Bibb Latané）和约翰·达利（John Darley）（1970）的研究。他们发现，人们是否去帮助别人取决于一系列相互联结的事件和决定：潜在的帮助者首先要注意到正在发生的事情，必须把这起突发的事件解释为危机事件，必须意识到个人责任感，然后决定以何种方式施助，最后才施行帮助行为。

在 Kitty Genovese 事件中，哪个环节出了问题？很明显，Kitty 的邻居们已经了解到这件突发事件并且已经肯定了这是一起危机事件。问题出在第三个环节——个人责任感。有报纸记者采访了附近的每一个邻居，他们都表现出极大的痛苦。人们没有去介入这一事件是因为他们都以为已经有人去报警了。拉坦纳和达利将这种现象称为**责任分散**（diffusion of responsibility）——个人做出行动的责任感分散到每个旁观者的身上，结果是个体的责任感随着群体人数的增加而削弱。如果你看到有人在海滩上遇溺，而你是附近唯一一个目击者，救人的责任感就完全落到你一个人的身上。但是如果附近还有其他人在场，责任感就很可能在你们之间分散并在每个人身上受到削弱。讽刺的是，如果当时只有一个邻居目击暴行现场，并且他认为没有其他目击者在场，很可能 Kitty 就能活下来了。

责任分散　促使做出行动的个人责任弱化（或分散）到群体中其他成员身上。

我们怎么才能促进帮助行为？

增加利他行为最有效的一种方法是去明晰什么时候需要施以援手，并指定责任。例如，如果你遇到一个并不很明确对方是否需要帮助的情形时，应该直接地去询问他是否遇到困难。换一个角度来说，如果你正是需要帮助的那个人，直接向某一个旁观的人求助，比如向着其中某一个人喊："快帮我报警，我正在遭受袭击！"

通过社会给予奖励的方式同样能促进帮助行为。一些研究建议，美国的某些州应该制定相关的法律来保护那些未来可能对别人施与帮助的人。现存的一些治安方法，如"犯罪行为终结计划"，鼓励人们积极地举报他们所了解的犯罪事件，对举报者给予金钱上的回报，并为其保密。诸如此类的计划卓有成效地减少了犯罪行为的发生。

检查与回顾

攻击性和利他主义

攻击性是任何意图伤害别人的行为。某些研究者认为攻击性是由生物因素决定的，例如本能、基因、大脑和神经系统、物质滥用和其他心理障碍以及激素和神经递质等。另外一些研究者强调心理因素的作用，如厌恶刺激、文化和学习以及暴力媒体和暴力游戏。通过暴力行为或者观看暴力场景（宣泄法）不是一个有效降低攻击性的方式。而引入不相容反应（如幽默）并教授社会和交往技能等将会更加有效。

利他主义是指没有明显回报而对别人施加帮助的行为。演化理论认为利他主义是先天的并且具有生存价值。

607

利他主义的心理学解释强调利己模型，即人们为了预期的回报而去帮助别人。共情—利他主义假设：人们因为感受到别人的痛苦即引起共情，从而去帮助别人。人们是否去帮助别人由一系列相互关联的因素决定，开始要注意到问题，最后才是决定施救。有的人没有出手援助，是因为许多危机事件的模糊性或者旁观者的责任分散（假定别人会有所反应）。要减少类似的情形发生，我们应该减少模糊性，增加对施助者的奖励，同时减少施助的代价。

问题

1. 解释攻击性的五个主要的生物学因素和三个重要的心理学因素分别是什么？

2. 根据研究，降低攻击性最有效的方法是什么？

3. 演化理论、利己模型和共情—利他主义假设是怎么解释利他主义的？

4. Kitty Genoveses 的邻居没有及时回应她的求救，是因为_____现象。

(a) 共情—利他主义

(b) 利己模型

(c) 城市暴力

(d) 责任分散

答案请参考附录 B。

更多的评估资源：

www.wiley.com/college/huffman

将社会心理学应用于社会问题

学习目标

我们如何利用社会心理学去帮助解决社会问题？

我们每时每刻都会与社会问题不期而遇。驾车或骑车去工作的路上，你留意到高速公路每年都变得越来越拥挤；当你兴致勃勃地到郊外野营的时候，你发现最喜爱的一个驻扎地已经被其他人捷足先登，并留下大量的垃圾；打开电视，你第一时间关注最近的恐怖主义势力有没有提升，并担心哪一天恐怖分子会卷土重来；看着手中的报纸，你一遍又一遍地询问自己，究竟是什么使得一个人甘心成为自杀式袭击者。

不幸的是，社会心理学在描述、解释和预测社会问题上比解决这些问题更成功。不过研究者们还是发展了一些行之有效的技术方案。在这一部分，我们会先介绍研究者们在减少偏见上的发现，然后我们讨论应对服从的破坏性影响的有效方法。

减少偏见和歧视

让我们手牵手一起走，而不是一个跟着另一个。

——莎士比亚

我们怎么去对付偏见？下面有五种途径：合作、追求更高目标、增加联系、认知再训练和认知失调。

（1）合作与追求更高目标。研究表明，消除偏见最好的方式之一不是竞争，而是鼓励合作（Brewer，1996；Walker & Crogan，1998）。穆萨夫·谢里夫（Muzafer Sherif）及其同事们（1966，1998）通过一个巧妙的实验研究显示了竞争引起偏见的现象。实验被试为一组参加夏令营的学生，学生的年龄在 11～12 岁。该研究通过将学生分成几个团体，分住到营地的不同位置，为每个群体分予不同的任务如制造滑板、在树林里野炊等，人为地促进了一种小团体的"圈内"和"圈外"的强烈观念。

"我希望我们在另外的情境中还能遇到……"

当每个团体里的成员开始形成对团体的自我认同并产生忠诚感后，研究者设立了一系列的竞争游戏，如拔河（tug-of-war）以及触身式橄榄球，并对胜出的队伍给予丰厚的奖励。经过这样的处理，这些队伍开始出现争执，不仅相互辱骂，甚至相互攻击对方的营地。研究者将这种行为解释为由实验触发的偏见行为。

608

　　在前面的竞争引起团队的偏见后，研究者开始论证如何通过合作消除偏见。他们创造了一个"突发的危机事件"并设计了一个需要各个团体提供技术、劳动力以及精诚合作才能完成的任务，当任务完成时，每个团队都能得到同样丰厚的奖励。渐渐地，团队之间的敌意与偏见消除了。在夏令营的最后一天，孩子们一致通过要在回家时乘坐同一辆汽车，在车上，孩子们可以自己选择座位，但并没有表现出原先人为划分的小团体现象。谢里夫的研究揭示了合作的重要性。他们同样展示了共同追求更高目标（解决突发的危机事件）也可以消除偏见（Der-Karabetian, Stephenson & Poggi, 1996）。

　　（2）增加联系。第三种消除偏见的方法是增加团体之间的相互交往和联系（Brown et al., 2003; London et al., 2002; Philipsen, 2003）。但正如你从上面那群参加夏令营的孩子中看到的，交往有时候反而会增加偏见。因而在这里需要强调，增加交往的方式必须在以下条件中才能真正有效：第一，密切的相互作用（如果在少数民族学生学习假期课程的同时白人学生参加大学的预习课程，他们基本上不会有什么密切的相互作用，还可能会增加偏见）；第二，互相依赖（团体之间必须有共同追求的、需要通过合作完成的更高目标）；第三，平等状态（团体之间必须相互平等）。当个体对一个团体有了积极的体验时，他们倾向于推广到其他团体中（Pettigrew, 1998）。

(a)

　　　　让我们成为朋友的先决条件是我们相互平等。

　　　　　　　　　　　　　　　　　　　　——埃塞俄比亚谚语

　　（3）认知再训练。最近提出的消除偏见的一个策略提倡站在别人的角度思考，解除与负性刻板印象特质之间的联系（Galinsky & Ku, 2004; Galinsky & Moskowitz, 2000; Phillipsen, 2003）。例如，在一个电脑训练的实验里，主试要求北美被试，当他们看到老年人的照片时，不要去想和自己民族相关的文化。然后，主试要求他们在看到关于老年人的刻板印象的描述时（如行动缓慢、体弱），按下标示着"否"的按键；而当他们看到没有加插相关的刻板印象描述的照片时，按下"是"的按键。经过几轮练习，他们的反应速度越来越快，预示着他们正在消除自己关于老年人的偏见，增加着积极的想法。在实验后的另一项活动中，被试对老年人的印象较没有做过类似实验的人而言表现更趋积极（Kawakami et al., 2000）。

(b)

　　通过更多地关注相互的相同点而不是不同点，人们同样能消除对别人的偏见（Phillips & Ziller, 1997）。当我们关注"黑人选民如何考虑'支持行为'"或者犹太人对"参选美国副总统的犹太人"的想法时，我们也就间接地助长了刻板印象和团体内外的区分。你觉得这个观点能不能推广到性别上呢？如果一直强调性别差异（《男人来自火星，女人来自金星》），我们将会对性别建立起顽固的刻板印象（Powlishta, 1999）。

媒体在偏见中所起的作用。2005年的"卡特里娜"飓风肆虐新奥尔良后，新闻报纸大量地刊登人们在当地杂货店争抢食物和供给的照片。当媒体将一张照片描述为"一个黑人在'抢夺'食物"[图(a)]，而将另一张照片描述为"一对白人夫妇在'寻找'面包和苏打"[图(b)]时，强烈的主观倾向引起了各方的批评。如果这是一个媒体的偏见和记者的歧视，你怎么通过本章的相关知识来帮助减少媒体偏见和阻断可能会对大众的顺延影响？

　　　　你不能去对其他人作评价，除非你与他一路同行。

　　　　　　　　　　　　　　　　　　　　——美印第安谚语

（4）认知失调。正如前面所提及的，偏见是一种由三种基本成分——情感（感觉）、行为倾向以及认知（想法）组成的态度。其中改变态度最有效的方式之一就是通过认知失调的原理，即人们在态度和行为之间，或态度和接收到的新的信息之间产生的认知矛盾（Cook，2000；D'Alessio & Allen，2002）。每当我们发现一些人与我们原来的想法不一致时，我们就在经受着认知的冲突——"我本来以为所有男性同性恋都很柔弱，这个人却是一个有着低沉嗓音的职业运动员，这使我觉得很困惑"。想要解决这个矛盾，我们可以仍然保持着我们的刻板印象来自我解释："这个人肯定只是一个特例。"但是，如果我们不止一次地看到类似的"特例"，原来的想法就不得不做出相应的调整了。

作为一个批判性思考者，你能明晰社会条件的变化（如学校大巴、集成房屋以及增加公民权利的立法）是如何最初可能会造成认知失调而最终又导向偏见的减少的？进一步说，读者有没有发现我们前面提及的五种减少偏见的方法中同样包含了认知失调？合作、共同追求的更高目标、增加交往，以及认知训练都给人对所歧视的对象产生认知上的冲突，而这种带来不适的失调感最终使得人们不经意地改变了原来的态度，从而减少了偏见。

609

认知失调？ 在这张图片中，一个充满活力的、健康的老年人是否与你普遍对老年人的虚弱、多病的刻板印象相冲突？你能否解释这样一种认知上的冲突，或称认知失调？如何减弱你的偏见？

克服破坏性的服从：我们在什么时候应该说"不"

对权威的服从成为我们生活中的一个重要组成部分。通常，如果人们拒绝服从警察、消防员以及其他公务人员，我们的个人安全和社会秩序将可能得不到保证。然而，有时候盲目服从是不必要的甚至是具有危险性的——并且应该减少这种类型的服从。

例如，你还记得 Jim Jones 事件吗？1978 年，在他的唆使下，900 多名人民圣殿教的成员在圭亚那集体自杀。抵抗这一命令的成员被杀死，但大多数成员都是自愿服毒而死。另一个相对轻松的集体服从的事例发生在 1983 年，2 075 对新婚夫妇统一着装在麦迪逊广场花园共同完成他们的婚礼。尽管大部分夫妇相互间是完全陌生的，他们结婚是因为 Reverend Sun Myung Moon 教主要求他们这么做。

我们怎么去解释（并希望去降低）这种有破坏性的集体服从事件的发生呢？除了前面提及的米尔格兰姆的研究所讨论到的方面，社会心理学家另外提出了一些解释服从现象的理论和概念。

（1）社会化。正如前面所提及的，我们的社会和文化对我们的思想、感觉和行为都有着巨大的影响，服从现象也不例外。从很小的时候起，我们就被教导尊敬和服从父母、老师以及其他权威人物。没有这种服从，社会将会一片混乱。但不幸的是，这种早期（甚至一生）的社会化在我们成长的过程中深深地根植在我们心里，以至于我们长大后都不能察觉它的存在。这帮助我们解释了许多人们无头脑地服从权威的不道德要求的例子。例如，米尔格兰姆实验中的被试，社会化的内容是科学研究的价值以及对实验者权威的尊重。实验发现被试难以突然找回自我并批评实验者的命令。在伊拉克监狱里，被指控为有暴行的美军士兵也体现了这种社会化现象，因为他们在军队中被命令必须迅速、毫无疑问地服从上级。不幸的是，历史充斥着类似的暴力事件，而这仅仅是因为人们"只是为了服从命令"。

（2）情境的力量。情境因素同样对服从现象有着显著的影响。例如，每个社会角色如警察与市民、教师与学生、父母和孩子等都有着各自特定的行为规范，最终表现为一个人"掌控"着全局，其他人都是跟随者。正因每个角色都是如此的社会化，我们每天都在无意识地扮演着自己的角色中，并不觉得有任何的不适应。正如我们前面在津巴多实验中所看到的，经过变换角色的大学生，无论是扮演看守还是囚犯，他们完全沉浸于各自的角色中，这个简单的角色扮演实验——或是越南战争、伊拉克战争、阿富汗战争中的美军士兵——都解释了某些有破坏性的服从现象。

（3）团体思维。当我们在讨论米尔格兰姆的实验以及其他破坏性的服从现象时，肯定很多读者都会认为自己和自己的朋友们都不可能做如此愚蠢的事情。你有没有发现这可能是团体思维的一种形式，即团体成员为求取得一致意见避免矛盾信息而出现的错误思维方式？当我们骄矜地声明美国人在任何时候也不会像德国人在第二次世界大战中那样盲从命令时，我们其实也就体现出了某种程度的团体思维：对外界团体的刻板印象，对自己团体内部一致性的错觉，对本团体道德性的信赖等。

（4）踏进门槛。服从的某些渐进性的本质也可以用来解释为什么在米尔格兰姆的研究中如此多的人愿意给出最大的电击。最初的温和水平的电击也许起到了踏进门槛技术的作用。这个技术指的是在提出一个大的要求之前先提出一个较小的要求。当米尔格兰姆的实验被试们在服从了起初的要求后，他们很可能就不得不继续服从下去（Chartrand, Pinckert, & Burger, 1999; Sabini & Silver, 1993）。

（5）放松的道德戒备。一个常见的阻碍对服从的批判性思维的知识错觉是这样的信念：只有邪恶的人才会做出邪恶的事情。例如，在米尔格兰姆实验中，他的实验者无论从外貌还是行为上都表现得像是在进行着很严格的实验过程。因为他没有表现得堕落或是邪恶，被试的道德戒备放松了，从而在最大限度上表现出服从。放松的道德戒备能够很简单地解释为何当年大量德国人追随希特勒的命令屠杀了数百万犹太人。尽管很多人都觉得只有"魔鬼"才会服从这样的命令，米尔格兰姆的研究对此提出了不同的意见。他认为，人们在每天的生活中都会不自觉地服从权威。正如哲学家汉娜·阿伦特（Hannah Arendt）所说的，纳粹的恐怖之处不在于有多反常，而是它"恐怖得如此正常"。

克服破坏性的服从。军队里的新兵能够理解，高效的军事行动中需要对命令迅速和立即的服从。但社会心理学的一些原理，如社会化、情境的力量，以及团体思维等同样鼓励这些新兵心甘情愿地服从他们军官下达的做仰卧起坐的命令。你能解释这是为什么吗？

610

踏进门槛技术。如果这个主人愿意接受这个推销员馈赠的一个小礼物（踏进门槛技术），他将会更有可能在推销员这儿买一些东西。你能解释这是为什么吗？

 **结语**

在了解和认识到上述这些因素威力的同时，同样重要的是记住我们每个人都要警惕不道德的服从现象。有时候我们也需要有勇气站出来说"不"。最具有历史意义的事件之一发生在 1955 年的亚拉巴马。一位名为罗莎·帕

一个人的力量! 2005 年 10 月下旬，美国人沉痛悼念罗莎·帕克斯（Posa）——"民权运动之母"——的离世。历史教材高度评价了她在 1955 年宁可被逮捕入狱也不肯给白人让座的行为。但是他们并没有提及这个"简单"的拒绝威胁到了她的工作甚至她的整个人生（她的母亲和丈夫都警告她可能会因此而处以私刑）。他们同样忽略了这样一个事实：早在这个拒绝让座的事件之前，帕克斯在反对公车上设立种族隔离的座位以及争取黑人选举权上就已经一直进行着艰苦卓绝的抗争。

克斯（Rosa Parks）的妇女登上一辆公共汽车，循例坐到标记着"黑人就座区"的座位。当上车的人越来越多时，司机要求她将自己的座位让给后面上车的白人。在那个时期来看很让人吃惊的是，帕克斯拒绝给白人让座，并最终被赶来的警察带走。这么一个不服从的举动成为星火燎原的民权运动的催化剂，并进而促成种族隔离法律在南方的废除。她的勇气同样鼓舞了我们去思考什么时候该去服从命令，而在什么时候应该不去服从权威的不道德命令。

检查与回顾

将心理学应用于社会问题

社会心理学研究可以帮助人们减少甚至消除社会问题。合作、共同追求更高的目标、增加联系、认知再训练以及认知失调的减少是消除偏见和歧视的五种主要方法。

要了解怎么消除具有破坏性的服从现象，我们需要去分析社会化、情境的力量、团体思维、踏进门槛技术以及放松的道德警惕。

问题

1. 如果你就读的大学和家乡突然受到猛烈的野生火灾的威胁，你们肯定会共同努力把大火扑灭，并参与以后的重建工作，在这个过程中你们的偏见逐渐消除，这是_____对消除偏见具有重要作用的一个例子。

(a) 外部一致性
(b) 替罪羊
(c) 转移竞争
(d) 共同追求更高的目标

2. 合作、共同追求目标、增加交往以及认知再训练都对偏见对象产生_____。

3. 在提出一个大的要求之前先提出一个较小的要求的社会影响技术被称为_____。

(a) 低发球技术
(b) 踏进门槛技术
(c) 渗透技术
(d) 逢迎技术

4. 解释为何罗莎·帕克斯在降低盲目的服从上是一个很好的范例。

答案请参考附录 B。
更多的评估资源：
www.wiley.com/college/huffman

评估 关键词

为了评估你对第 16 章中关键词的理解程度，首先用自己的话解释下面的每个词，然后和课文中给出的定义进行对比。

社会心理学

我们对他人的看法
态度
归因

认知失调
基本归因错误
显著性偏差
自利偏差

我们对他人的感觉
伴侣之爱
歧视
群内偏爱
人际吸引

需要兼容	攻击性	挫折—侵犯假设
需要互补	利他主义	团体极化
群外同质效应	从众	团体思维
偏见	去个体化	信息性社会影响
接近性	责任分散	规范
浪漫爱情	利己模型	规范性社会影响
刻板印象	共情—利他主义假设	服从
我们对他人的行为	踏进门槛技术	参照群体

 目　标　网络资源

Huffman 教材的配套网址

http：//www. wiley. com/college/huffman

　　这个网址提供免费的交互式自我测验、网络练习、关键词的术语表和抽认卡、网络链接、英语非母语阅读者的手册，还有其他用来帮助你掌握本章知识的活动和材料。

想知道更多的关于社会心理学的一般信息吗？

http：//www. socialpsychology. org/

　　由社会心理学网络发起，这个网址是最好的关于这个领域的信息发起处。就如首页上所说，这是"社会心理学网上最大的数据库。在这个网页上，你将找到超过 5 000 个关于社会心理学的链接"。

对爱情和吸引感兴趣？

http：//www. socialpsychology. org/social. htm

　　作为社会心理学网络的一部分，这个链接提供对于网上恋爱、害羞、女人和男人列举的前 10 个拒绝对象等其他有趣话题的建议。

想学习更多有关偏见及其减少？

http：//www. tolerance. org/

　　这个网址提供关于隐藏的偏见的自我测试，101 种容忍的工具、10 种对抗仇恨的方法和一系列重要的主题。

对社会影响和说服技巧感兴趣？

http：//www. influenceatwork. com/

　　这是一个影响提供工作咨询服务团体而建的商业网站。Robert Cialdini，一个研究影响的著名专家，是这个组织的主席。你会发现描述其训练和服务的有趣链接。

需要关于邪教和心理操纵的信息

http：//www. csj. org/

　　一个交叉学科的网站，研究心理操纵、邪教群体、宗派和新宗教运动。通过出版物、论坛、培训计划和服务，它为家庭、以前的团体成员、专家和教育者提供了实用的教育资源。

第 16 章　形象化总结

612

 我们对他人的看法

归因
归因: 通过判断他人的行为是由于内部(气质)因素(他们自己的特质和动机)或者外部(情境)因素来解释他人的行为。问题:基本归因错误和自利偏差。

态度
态度: 习得的对特定客体的倾向。态度的三种成分:认知、情感和行为倾向。

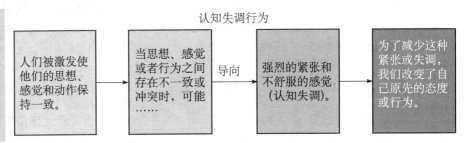

认知失调行为

| 人们被激发使他们的思想、感觉和动作保持一致。 | 当思想、感觉或者行为之间存在不一致或冲突时,可能…… | →导向 | 强烈的紧张和不舒服的感觉(认知失调)。 | 为了减少这种紧张或失调,我们改变了自己原先的态度或行为。 |

 我们对他人的感觉

偏见和歧视
偏见: 一般的仅仅因为某些人是某个特殊群体的成员而产生的对他们的负性态度,包括了态度的三个主要成分——认知(刻板印象)、情感和行为(歧视)。
歧视: 指针对群体成员的实际的负性行为,人们不总是按照他们的偏见来行动。

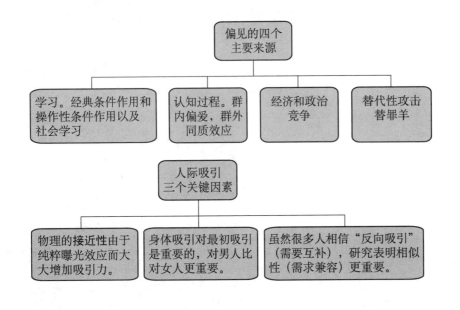

偏见的四个主要来源

- 学习。经典条件作用和操作性条件作用以及社会学习
- 认知过程。群内偏爱,群外同质效应
- 经济和政治竞争
- 替代性攻击替罪羊

人际吸引三个关键因素

- 物理的**接近性**由于纯粹曝光效应而大大增加吸引力。
- 身体吸引对最初吸引是重要的,对男人比对女人更重要。
- 虽然很多人相信"反向吸引"(需要互补),研究表明相似性(需求兼容)更重要。

- 爱情。鲁宾将其定义为关心、依恋和亲密。
- 浪漫爱情。在我们的社会被高度重视，但是它是建立在神秘和幻想的基础之上的，因此，很难维持。
- 伴侣之爱。依赖相互信任，尊重和友谊，并且随时间而增强。

我们对他人的行为

613

社会影响

从众：由于真实的或想象的他人压力而改变自己的行为来保持一致。

我们从众的四个理由：

- 为了认可和接纳（规范性社会影响）。
- 需要更多的信息（信息性社会影响）。
- 为了与那些我们欣赏并感到与之相似的人的行为相匹配（参照群体）。
- 我们也经常由于这样做是适应的而从众。

服从：按照直接的命令去做。

米尔格兰姆的研究表明了高度的服从。

攻击性

攻击：故意试图去伤害另一有机体，使之逃避这样的待遇。

- 生物学因素。本能、基因、大脑和神经系统、物质滥用和其他心理障碍、激素以及神经递质。
- 心理社会因素：令人厌恶的刺激、学习、暴力媒体和游戏。
- 处理：不相容的反应（比如幽默），社会技能，提高沟通水平帮助减少攻击，但是表达攻击性并不能减少攻击。

团体过程

- 团体成员身份通过我们扮演的角色或通过去个体化来影响我们。
- 团体决策被两个关键因素影响：

团体极化：当大多数团体成员首先倾向于某个极端的想法的时候，整个团体都会向这个极端靠近。

团体思维：一种危险的决策类型，团体达成一致的愿望超越了批判性的评价。

利他主义

利他主义：表现帮助他人而自己没有明显好处的行为。

为什么我们要帮助他人？

■ 演化理论家们认为利他是天生的，并且具有生存价值。

■ 心理学家的解释认为帮助行为是由预期的收益（利己模型）或帮助者感到与受害者共情（共情—利他假设）激发的。

为什么我们不帮助他人？

■ 帮助行为依赖一系列彼此联系的事件，开始要注意到这个问题，最后才是决定帮助。

■ 许多危急情境都是模糊的。

■ 我们假设他人会有所反应（责任分散）。

我们如何增加利他行为？

■ 通过给予观察者明确的指示来减少模糊性。

■ 增加奖励，同时减少代价。

将社会心理学应用于社会问题

社会心理学的研究应用于社会问题

■ 合作、共同追求的更高目标、增加联系、认知再训练，以及认知失调的减少能够帮助消除偏见和歧视。

■ 理解社会化、情境的力量、团体思维、踏进门槛技术以及放松的道德戒备可以帮助减少破坏性服从。

附录 A　统计和心理学

A1

我们常常受到数字的连番轰炸："打七折"，"降水概率 70%"，"九成的医生建议"……总统使用数字让我们相信国家的经济正健康发展；广告商使用数字让我们相信产品有效；心理学家使用数字来支持或反驳心理学理论，证明特定的行为的确是某一因素的结果。

如果人们以这种方式使用数字，他们就在使用统计。统计是使用数字来描述或解释事物信息的应用数学分支。

心理学家使用统计对实验获得的信息进行量化，从而准确地分析评价实验结果。研究者想描述、预测或解释行为，统计分析是必不可少的。例如，阿尔伯特·班杜拉（1973）提出，观看暴力节目会导致儿童产生攻击性行为。在严格控制的实验条件下，他收集了数据并根据专门的统计方法对数据进行分析。分析结果证实，被试的攻击行为和暴力节目相关，并且这种相关不是一种巧合。

虽然统计是应用数学的一个分支，但并不是只有数学天才才能使用它。大部分的计算只需要简单的算术。如果要进行更复杂的统计，计算机会帮你完成这一任务。比学习数学运算更重要的是掌握并理解每种统计方法的适用范围。本附录正是要帮助你理解最常见的统计方法。

统计之家

 ## 数据的收集和整理

心理学家设计实验的时候，需要考虑到对研究对象的信息收集是否方便。得到的信息叫做数据。通常数据的形式是数字；如果不是，需要将其转化为数字。收集数据后，需要整理数据，以方便统计。下面我们来看看收集、整理数据的方法。

变量

在研究行为时，心理学家通常关注一个特定的因素，检验其是否影响行为，这个因素被称为变量。变量有一个以上的取值范围（见第 1 章）。

高度、重量、性别、眼睛的颜色以及智力测验或电子游戏的结果，都可以取到一个以上的值，因此都可以作为变量。一些变量因人而异，如性别（你或者是男性，或者是女性，但不可能两者都是）。一些变量则在同一个人身上也会发生变化，如电子游戏的得分（同一个人可能一次得 10 000 分，另一次只得了 800 分）。和变量相反，总是保持不变的因素叫做常量。如果实验被试都是女性，那么性别就是一个常量，而不是变量。

在非实验设计中，变量可以是自然观察、案例分析或问卷调查得到的因素。在实验设计中，两种主要的变量是自变量和因变量。

自变量是由实验者操纵的变量。例如，假设我们要研究辩手的性别对辩论结果的影响。在这一研究中，一组被试观看辩论录像，正方均为男性，反方均为女性；另一组被试观看同样的录像，不同的是正方均为女性，反方均为男性。在这一研究中，每组观看的录像形式（正方是男性还是女性）就是自变量，因为每组观看的录像形式由实验者控制。再举一个例子，我们想知道某一药物是否会影响熟练的技能。为了研究这一问题，我们让一组被试服用药物，另一组不服用，自变量是药物的剂量（有或没有）。后面我们会讲到，自变量对推论统计非常重要。

A2   因变量是自变量引起的或依赖于自变量的因素。它表示结果，或经常表示对被试行为的度量。在辩论的实验中，被试选择的胜方就是因变量。在药物作用的实验中，被试在熟练技能上的得分就是因变量。

频率分布

在实验设计、收集数据后，心理学家需要以有意义的方式整理数据。表 A—1 是 50 个大学生在一项能力测试中的得分。这种没有顺序的信息叫做原始数据。它们是数据收集时的本来面貌，因此是"原始"的。

表 A—1　　50 名大学生性向测验分数统计

73	57	63	59	50
72	66	50	67	51
63	59	65	62	65
62	72	64	73	66
61	68	62	68	63
59	61	72	63	52
59	58	57	68	57
64	56	65	59	60
50	62	68	54	63
52	62	70	60	68

原始数据没有顺序，所以难以研究。因此，理解实验结果的第一步就是将原始数据排序。排序的方法很多，最简单的一种是次数分布，它表示某一个分数或时间出现的次数。次数分布在很多方面都有用，但主要的优势是它使数据按一定

的顺序呈现，更容易用图表示。

次数分布最简单的方法是列出所有可能的测验分数，然后计算得到那些分数的人数（N）。表 A—2 是表 A—1 的原始数据按次数分布排列而成。你可以看到，数据更容易阅读了。从次数分布表中可以看出，大部分数据处于中间位置，只有一小部分在最高或最低处。这一点是不可能从原始数据中看出的。

表 A—2　　50 名学生性向测验分数统计的频率分布

分数	频次
73	2
72	3
71	0
70	1
69	0
68	5
67	1
66	2
65	3
64	2
63	5
62	5
61	2
60	2
59	5
58	1
57	3
56	1
55	0
54	1
53	0
52	2
51	1
50	3
总计	50

这种方法在得分的可能取值数小于或等于 20 时有效。然而，当可能取值的个数大于 20 时，按次数分布排列的数据会比原始数据更加不清晰。表 A—3 表示 50 个学生在学习能力测验中的得分。虽然被试只有 50 个，但测验的得分分布在 400 到 1 390 之间，范围非常大。如果我们将 400 到 1 390 的所有分数都列出来，次数分布表上会有 100 个条目，这比原始数据更难理解。如果得分可能取值

的个数大于 20，我们常常使用分组次数分布表。

表 A—3 50 名大学生的学习能力测验分数

1 350	750	530	540	750
1 120	410	780	1 020	430
720	1 080	1 110	770	610
1 130	620	510	1 160	630
640	1220	920	650	870
930	660	480	940	670
1 070	950	680	450	990
690	1 010	800	660	500
860	520	540	880	1 090
580	730	570	560	740

在一个分组次数分布表中，个人的分数被表示为一组或一个范围得分的一部分（见表 A—4）。这些范围叫做组距。你可以看到，表 A—4 比表 A—3 更加容易理解，将得分分组使得分布更加有意义。分组次数分布更容易用图来表示。

表 A—4 50 名大学生学习能力测验分数的分组次数分布

组距	频次
1 300～1 390	1
1 200～1 290	1
1 100～1 190	4
1 000～1 090	5
900～990	5
800～890	4
700～790	7
600～690	10
500～590	9
400～490	4
总计	50

画次数分布图时，组距在横坐标上表示（横轴或 x 轴），次数在纵坐标上表示（纵轴或 y 轴）。信息可以用条状图来表示，叫做直方图，或者用线形图来表示，叫做折线图。图 A—1 是表 A—4 的直方图。注意组距在图下方的横线（x 轴）上表示，每个直方条的高度表示每个组的次数。现在看图 A—2。这张折线图的信息和直方图是完全一样的，只是用折线而不是直方条来表示。你可以看出两张图是如何表示数据的信息吗？即使读图非常简单，我们还是发现很多学生总是学不会。下面我们就来解释如何读图。

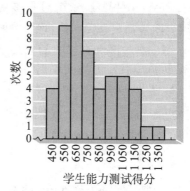

A3

图 A—1 表 A—4 中信息的直方图

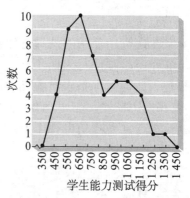

图 A—2 表 A—4 中信息的折线图

怎样读图

每张图都有几个重点部分。最重要的是标注、坐标轴（横坐标和纵坐标）以及点、线或直方条。在图 A—1 中找到这些部分。

读图时最先注意的应该是标注部分，因为它们会告诉你这张图描绘的是什么数据。一般来说，数据是描述性统计或因变量的度量。例如，在图 A—1 中，横坐标的标注是"学业能力测试得分"，它是因变量的度量；纵坐标的标注是"次数"，它是发生的次数。如果一张图没有标注，它就是没有用的，可以忽略不计。这种图常常在广告或电视中出现。即使一张图有了标注，标注也有可能是误导性的。例如，如果绘图者想要歪曲图表的信息，他可以拉长某一个坐标的长度。因此，我们不但要注意标注，还要关注坐标上的数字。

下面，你应该将注意力放在直方条、点或线上。例如图 A—1 中的直方条，每一个都表示一个组。直方条的宽度代表组距，高度代表该组的次数。看图 A—1 中左数第三个直方条，它表示"600～

690 分"组，次数为 10。你也可以直接从表 A—4 中看到，因为图表都只是说明信息的一种方式。

读散点图、折线图和直方图的方法是一样的。在散点图中，每一个点表示两个数字，一个数字可以从横坐标上读出，另一个从纵坐标上读出。折线图和散点图一样，只是折线图中的点都用直线连了起来。图 A—2 是一个折线图，每个点表示

一个组，位于该组中间，点的高度表示组的次数。为了让图更加清楚，相邻的点用直线相连。

用频数分布表或者图表示数据比原始数据更加有用，特别是研究者想要研究因素间关系的时候。然而，正如我们前面所说，如果心理学家想要预测或解释行为，需要对数据进行数学运算。

不同统计方法的使用

A4

心理学家在研究中使用的统计方法依据其目的是描述、解释还是预测行为而不同。当他们使用统计来描述行为时（如报告学业能力测试的平均成绩），就在使用描述性统计。当他们解释行为时（如班杜拉关于儿童模仿电视上看到的暴力行为的研究），就在使用推论性统计。

描述性统计

描述性统计是用来描述因变量的数字。它们可以用来描述总体（一类事物的全体，如美国的所有居民）或样本（全体的一个部分，如康奈尔大学 25 个随机选择的学生）的特征。描述性统计主要包括集中量数（平均数、中数和众数）、差异量数（方差、标准差）和相关。

集中量数

体现数据分布中心的统计量叫做集中量数，包括平均数、中数和众数。它们是集中量数的三种最常见形式。平均数是和我们平时所说的"平均"是一样的。中数是位于所有数据正中间的数据。众数是出现次数最多的数据。

平均数　你的高尔夫平均得分是多少？你所在的地区年平均降水量是多少？你所在城市的平均阅读得分是多少？这些问题中的平均就是指"平均数"。数学中的平均数是所有原始数据的加权平均。把所有原始数据相加，然后除以数据的个数，就得到了平均数。在统计计算中，平均数用 "X" 上加一个横线表示（$\overline{X}$，叫做 X 拔），单独的原始得分用 "X" 表示，数据的个数用 "N"

表示。例如，如果要计算表 A—1 中的原始数据，我们要把所有的 X 相加（$\sum X$，$\sum$ 表示总和），然后除以 N（数据的个数）。在表 A—1 中，所有得分的总和是 3 100，一共有 50 个数据，因此平均数是

$$\overline{X} = 3\ 100/50 = 62$$

表 A—5 表示怎样计算 10 个 IQ 成绩的平均数。

表 A—5　10 个 IQ 分数的平均值计算
IQ 分数 X 平均值
143
127
116
98
85
107
106
98
104
116
$\sum X = 1\ 110$

$$均值 = \overline{X} = \frac{\sum X}{N} = \frac{1\ 100}{10} = 110$$

中数　将所有的原始数据按大小顺序排列，中数是正中间的那个数。如果 N（数据的个数）是奇数，那么正中间的数就是中数。如果 N 是偶数，那么正中间两个数的平均数就是中数。表 A—6 表示两组数据（一个有 15 个数据，一个有 10 个数据）中数的计算方法。

表 A—6	对奇数和偶数个 IQ 分数的中数计算

IQ	IQ
139	137
130	135
121	121
116	116
107	108←中数
101	106←中数
98	105
96←中数	101
84	98
83	97
82	N=10
75	N 是偶数
75	
68	
65	中数 = $\dfrac{106+108}{2}$ = 107
N=15	
N 是奇数	

众数　所有的集中量数中，众数是计算最简单的。出现次数最多的数据就是众数。一组数据只能有一个平均数和一个中数，但可以有多个众数。表 A—7 表示怎样找到众数，其中的一组数据有一个众数（单峰），另一组有两个众数（双峰）。

表 A—7	找到两个不同分布的众数

IQ	IQ
139	139
138	138
125	125
116←	116←
116←	116←
116←	116←
107	107
100	98←
98	98←
98	98←
众数是出现次数最多	众数是 116 和 98
众数=116	

三种集中量数各有优点，但是在心理学研究中，平均数是最常用的。关于心理统计的书会详细解释这三种量数的优势。

差异量数

在描述一个分布时，仅仅给出集中量数是不够的，还需要给出差异量数，它是对分布的分散

程度的度量。通过检验分散程度，我们可以确定数据是聚集在中间，还是向外扩散的。图 A—3 表示了三种不同的分布，它们的平均数相同，但分布完全不同。你可以从这张图上看出，要精确地描述分布，必须要找到描述不同分散程度的量。最常见的是标准差，用小写字母 s 表示。标准差是分布中的得分和平均值的差异的度量。计算标准差的公式如下：

$$s = \sqrt{\frac{\sum (X-\overline{X})^2}{N}}$$

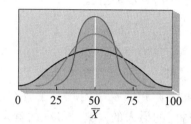

A—3　具有同样平均数不同变异性的三个分布

表 A—8 说明了怎样计算标准差。

表 A—8	10 个 IQ 分数标准差的计算	

IQ 分数 X	$X-\overline{X}$	$(X-\overline{X})^2$
143	33	1 080
127	17	289
116	6	36
98	−12	144
85	−25	625
107	−3	9
106	−4	16
98	−12	144
104	−6	36
116	6	36
$\sum X = 1\,100$		$\sum (X-\overline{X})^2 = 2\,424$

标准差 = s

$$= \sqrt{\frac{\sum (X-\overline{X})^2}{N}} = \sqrt{\frac{2\,424}{10}}$$

$$= \sqrt{242.4} = 15.569$$

大部分心理学数据的分布都是钟形分布。就是说，大部分的数据在平均数周围，离平均数越远，得分的次数就越少，见图 A—4 的钟形分布。这种分布叫做正态分布。如图 A—4 的正态分布，大约 2/3 的分数在距离平均值一个标准差的范围内。例如，韦克斯勒 IQ 测试（见第 7 章）的平均

值是 100，标准差是 15。也就是说，大约有 2/3 的人的智商在 85 和 115 之间。

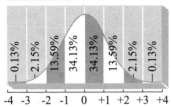

图 A—4 正态分布形成钟形曲线。正态分布中，2/3 的分数位于上下一个标准差之间。

相关

假设你和一个朋友在学生会坐了一会儿。为了消磨时间，你和朋友决定玩一个游戏，试着猜出下一个进门的男人的身高，最准的就是胜利者，输家要请赢家吃一块派。现在到你猜了，你会猜多少呢？如果你和大多数人一样，就会试着估计学生会所有男生的平均身高，把这个平均身高作为你的猜测。如果你没有其他信息，这种方法永远是最好的。

现在让我们对这个游戏稍作修改，加入一个朋友站在学生会外面，负责测量下一个进门的男生的体重。在这个男生进门之前，你的朋友说"125 磅"。有了这一新信息，你还是会猜平均身高吗？很可能不会——你的猜测很可能会低于平均身高。为什么呢？因为你凭直觉认为，身高和体重之间有相关，个子高的常常比个子低的重。125 磅低于男性的平均体重，所以很可能会猜一个低于男性平均水平的身高。测量两个变量之间关系的统计量叫做相关系数。

相关系数 相关系数测量两个变量之间的关系，就像身高和体重或智商和学术能力测验之间的关系。任意两个变量之间有三种可能的关系：正相关、负相关和零相关（不相关）。当两个变量在相同的方向上变化时（例如，身高增加，体重一般会增加），它们就是正相关。当两个变量在相反的方向上变化时（例如，当温度升高时，热巧克力的销量下降），它们就是负相关。当一个变量的变化完全独立于另一个变量时（例如，人们的身高和牙刷的颜色没有关系），它们就是零相关。

图 A—5 表示的就是这三种关系。

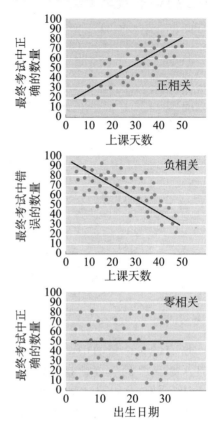

图 A—5 三类相关。正相关（上）：随着上课天数的增加，考试时答对题的数目也增加；负相关（中）：随着上课天数的增加，错误的数目减少；零相关（下）：出生日期与考试答对的数目没有关系。

相关系数（用"r"表示）的计算和公式在表 A—9 中。相关系数 r 总是在 −1 和 +1 之间取值（从不大于 +1 或小于 −1）。当 r 接近 +1 时，它表示两个变量之间有很高的正相关（一个变量变大时，另一个变量也变大）。当 r 接近 −1 时，它表示两个变量之间有很高的负相关（一个变量变大时，另一个变小）。当 r 是 0 时，两个变量之间没有关系。

表 A—9		10 名男性身高和体重相关系数的计算		
身高 （英寸）		体重 （磅）		
X	X^2	Y	Y^2	XY
73	5 329	210	44 100	15 330
64	4 096	133	17 689	8 512
65	4 225	128	16 384	8 320
70	4 900	156	24 336	10 920

A6

续前表

身高 （英寸）		体重 （磅）		
X	X^2	Y	Y^2	XY
74	5 476	189	35 721	13 986
68	4 624	145	21 025	9 860
67	4 489	145	21 025	9 715
72	5 184	166	27 556	11 952
76	5 776	199	37 601	15 124
71	5 041	159	25 281	11 289
700	49 140	1 630	272 718	115 008

$$r = \frac{N \cdot \sum XY - \sum X \cdot \sum Y}{\sqrt{[N \cdot \sum X^2 - (\sum X)^2]} \sqrt{[N \cdot \sum Y^2 - (\sum Y)^2]}}$$

$$r = \frac{10 \cdot 115\,008 - 700 \cdot 1\,630}{\sqrt{[10 \cdot 49\,140 - 700^2]} \sqrt{[10 \cdot 272\,718 - 1\,630^2]}}$$

$$r = 0.92$$

相关系数在作预测时非常重要。但要记住，预测仅仅是预测。由于 r 总不是完全等于 +1 或 −1，所以预测总会有误差。而且，相关不能说明因果关系。仅仅因为两个变量相关，并不意味着一个变量是另一个变量的原因。例如，考虑冰淇淋销量和游泳池使用率之间的关系。这两个变量是正相关，冰淇淋销量增加，游泳池使用率也在增加。但是没有人能说冰淇淋引起了人们去游泳，或者反过来也一样。同样，仅仅因为迈克尔·乔丹吃 Wheaties 可以灌篮，并不意味着如果你吃同样的早餐也可以像他一样灌篮。要确定行为原因的唯一途径就是设计实验并使用推论性统计解释实验结果。

推论性统计

知道了不同分布的描述性统计，如平均数、标准差，可以帮助我们比较不同的分布。通过这样的比较，我们可以观察出一个变量是否和另一个相关，或者一个变量和另一个有因果关系。当我们想要两个或更多变量间的因果关系时，我们使用推论性统计分析数据。虽然推论性统计方法很多，但我们只讨论最简单的 t 检验。

t 检验　假设我们认为饮酒会使反应变慢。为了检验这一假设，我们挑选了 20 名被试，把他们分到两组中。我们要求一组中的被试喝一大杯橙汁，体重每够 100 磅就喝 1 盎司酒（例如，一个人重 150 磅，那么他应该喝 1.5 盎司的酒）。控制组的被试喝

相同量的橙汁，但不喝酒。15 分钟后，我们要求每一个被试完成反应时测试，灯一亮就按按钮（反应时是灯亮到按按钮的时间）。表 A—10 是这次实验的数据。从数据中可以很清楚地看到，两组反应时有差异：平均值不同。然而，很可能这种不同只是一种巧合。为了确定不同是真实的还是巧合，我们要做一个 t 检验。具体计算过程见表 A—10。

A7

表 A—10　有酒精和无酒精条件下被试的反应时（ms）和 t 值的计算

有酒精被试 的反应时 X_1	无酒精被试的反应时 X_2
200	143
210	137
140	179
160	184
180	156
187	132
196	176
198	148
140	125
159	120
$SX_1 = 1\,770$	$SX_2 = 1\,500$
$N_1 = 10$	$N_2 = 10$
$\overline{X}_1 = 177$	$\overline{X}_2 = 150$
$s_1 = 24.25$	$s_2 = 21.86$

$$\sum_{\overline{X}_1} = \frac{s}{\sqrt{N_1 - 1}} = 8.08 \qquad \sum_{\overline{X}_2} = \frac{s}{\sqrt{N_2 - 1}} = 7.29$$

$$S_{\overline{X}_1 - \overline{X}_2} = \sqrt{S_{\overline{X}_1}^2 + S_{\overline{X}_2}^2} = \sqrt{8.08^2 + 7.29^2} = 10.88$$

$$t = \frac{X_1 - \overline{X}_2}{S_{\overline{X}_1 - \overline{X}_2}} = \frac{177 - 150}{10.88} = 2.48$$

$$t = 2.48, p < 0.05$$

t 检验的逻辑非常简单。在我们的实验中有两个样本。如果两个样本的总体相同（例如，人的总体，不论是清醒还是喝了酒），那么它们之间的不同来自于巧合。另一方面，如果两个样本来自不同的总体（例如，总体是喝了酒的人和清醒的人），那么两组的差异显著，并不是因为巧合。

在我们的样本中，酒精组和非酒精组的差异显著，因为 p（t 是巧合的概率）小于 0.05。为了得到 p 值，我们需要在统计表中寻找。统计表在任意一本统计书中都可以找到。因为我们的两个样本差异显著，我们就可以合理地得出结论，酒精的确使人们的反应变慢了。

附录 B

（所注页码为英文原书页码，即本书边码）

第 1 章

心理学简介　9 页　1. 科学；行为；心理过程。2. 客观评价、比较、分析和整合信息的过程。3.（a）描述指发生了"什么"。（b）解释指一种行为"为什么"发生。（c）预测指一种行为或一个事件在什么条件下可能发生。（d）改变指应用心理学知识避免不好的结果出现或实现想要的目标。4.（a）生物心理学或神经科学。（b）发展心理学。（c）认知心理学。（d）临床和/或咨询心理学。（e）工业/组织心理学。

心理学的源起　17 页　1. 结构主义者。2. 机能主义者。3. 弗洛伊德的理论备受争议，因为他的研究方法不科学，强调性和攻击冲动，而且在他的著作和理论中可能存在性别偏见。4.（a）。

科学心理学　23～24 页　1.（c）。2.（a）。3.（d）。4.（c）。5. 应当取得研究参与者的知情同意，并在研究结束后对其进行解释和说明，这有助于确保被试的福祉，也有助于维持较高的伦理标准。在心理学研究中，欺骗有时是必要的。因为如果参与者了解研究的真实目的，那么他们的反应可能就不自然了。

实验研究　31 页　1. 在实验中实验者操纵并控制变量，这使得他们可以分离出单一变量，并只检验该变量对某一行为的影响。2.（d）。3.（c）。4. 对研究者而言，最主要的两个问题是实验者偏差和本族中心主义。对参与者而言，最主要的两个问题是样本偏差和实验者偏差。为了避免实验者偏差，研究者使用不知情的观察者、单盲和双盲实验以及安慰剂。为了控制本族中心主义，他们进行跨文化取样。为了抵消样本偏差所带来的问题，研究者使用随机/代表性取样的方法，并且随机分配参与者。为了控制参与者偏差，他们依靠与防止实验者偏差相同的很多控制，如双盲研究。他们还试图保证匿

名性和保密性，有时也使用欺骗。

描述性、相关性和生物学研究　40 页　1.（c）。2.（d）。3.（c）。4. CT、PET、MRI、fMRI。

第 2 章

行为的神经基础　62～63 页　1. 将你的图示与图 2—1 对照。2.（c）。3.（b）。4. 神经递质是在突触中制造和释放的，相邻的神经元从突触里接受并传递信息。激素则是从内分泌系统中的腺体直接分泌到血液里去。

神经系统的组织　67～68 页　1. 中枢；周围。2.（d）。3.（d）。4. 交感神经系统唤醒躯体并调动能量储备去应对紧急情况。副交感神经系统平复躯体并保存能量。

较低层次的大脑结构　72 页　1. 延髓、脑桥和小脑。2. 小脑。3.（b）。4. 杏仁核之所以重要是因为它在情绪的产生与调控上起作用，特别是对攻击和恐惧。

两个大脑半球实际上是一体？　83～84 页　1. 大脑皮层。2. 枕叶；颞叶；额叶；顶叶。3.（a）。4.（c）。

我们的遗传基因　90 页　1.（d）。2. 行为遗传学运用双生子研究、收养研究、家庭研究和基因疾病研究。3.（c）。4. 因为自然选择青睐于那些对亲属的关心程度与它们跟自己生物相关度成比例的动物，大多数的人会向近亲投入更多的资源、保护、爱和关心，从而有助于确保他们的基因保存下来。

第 3 章

压力的来源　103 页　1.（a）。2.（a）。3. 受阻的目标；冲突。4. 在苹果和南瓜派中必须做出

选择，是双趋冲突的一个例子。你想去一所你非常喜欢的学校，但你的前男友（女友）也将去那里，因此你又想回避，这就是趋避冲突的一个例子。期末考试你复习得很糟糕，而不参加考试将直接挂掉那门课，这就是双避冲突的一个例子。

压力的影响 106 页 1. 在有压力的情况下，激活自主神经的交感神经系统，心率增加，血压升高等；与之相反，在放松的情况下，激活自主神经的副交感神经系统，心率和血压都将降低，同时消化道和胃部肌肉的运动增加。2. HPA轴增加了皮质醇的含量，而皮质醇则会降低免疫系统的抵御力。3. 警报反应、抵御阶段和枯竭阶段。4.（b）。

压力和疾病 111 页 1. 肾上腺素；皮质醇。2.（b）。3. 坚韧的人格特征建立在三个品质之上：责任感、对生活的控制感以及将变化视为挑战而不是威胁。拥有这些品质的人能够更好地应对压力，因为他们在面临压力时更加主动，并能够承担责任。4. 严重的焦虑。

健康心理学实践 119 页 1. 一方面社会压力鼓励吸烟，再者尼古丁是强有力的成瘾物质，最后吸烟者容易将吸烟与愉快的事情相联系。2.（d）。3. 酒精。4.（a）。

健康和压力管理 124 页 1.（a）情绪指向的。（b）问题指向的。2. 防御机制可以帮助我们缓解焦虑和应对压力，但应该避免过度地使用它们，因为它们扭曲了事实。3. 内控。4. 七大主要的资源包括健康和锻炼、乐观的信念、社会技巧、社会支持、物质资源、控制和放松。对你帮助的大小取决于自身的人格特征和个人生活风格。

第 4 章

理解感觉 135 页 1.（d）。2. 绝对阈限。3. 你的嗅觉感觉接收器适应了，从而传递给大脑的信号变少。4.（b）。

我们如何看见和听见 142 页 1. 将你所做的图示和图4—4进行对比。2. 变薄和变平；聚焦。3. 将你所做的图示和图4—6进行对比。4. 定位理论通过基底膜上毛细胞弯曲的位置来解释高音。频率理论认为低音是因为毛细胞摆动并激活了相同频率的动作电位。

我们其他的感觉 146 页 1. 外激素。

2.（d）。3. 运动觉。4.（d）。

筛选 149 页 1. 错觉是对物理世界错误或误导性的知觉，是实际的物理扭曲而产生的。幻觉是在缺乏外部刺激时所产生的想象性知觉。妄想是虚假的信念。2. 特征觉察器。3. 生活在只有横条纹环境中的"水平猫"没能发展出针对竖线条或客体的潜在特征觉察器。4.（c）。

组织—形状与恒常性 154 页 1. 接近，相似，闭合。2. 大小恒常性。3. 亮度恒常性。4.（c）。

组织——深度与颜色——和解释 161 页 1.（c）。2.（b）。3. 颜色后像，绿色的矩形。4. 三原色系统是在视网膜水平上工作的，但拮抗过程发生在大脑水平。5.（a）。

阈下知觉和第六感 164～165 页 1.（b）。2.（a）。3. 传心术；千里眼；预知术；念力。4. 通常不能重复。

第 5 章

理解意识 172～173 页 1.（b）。2. 他们认为意识这一概念不科学，不应当是心理学研究的重点。3. 集中的；很少的。4.（d）。

昼夜节律和睡眠阶段 180 页 1.（d）。2.（b）。3. 脑电图（EEG）。4.（a）。

睡眠和梦的理论 184 页 1. 休整/恢复理论认为睡眠可以从生理上恢复我们的心理和身体。演化/生理节律理论认为睡眠帮助我们保存能量，并保护我们不受天敌的威胁。2.（d）。3.（c）。4. REM。

睡眠障碍 188 页 1. 失眠症。2. 睡眠窒息。3. 噩梦。4. 嗜眠症。

精神活性药物 198～199 页 1.（c）。2.（d）。3. 生理依赖是指生理过程变化要求持续使用药物以防止戒断症状。心理依赖是指对获得药物所产生效果的心理欲望和渴求。4. 神经活性药物可以改变神经递质的产生和合成、存储和释放、接受以及阻止它的失活。

改变意识的健康方法 202 页 1.（d）。2. 有限的，高度集中的注意；想象和幻觉的增加；被动且接受的态度；对疼痛感受性的降低；高度的暗示性。3. 催眠需要参与者自愿放弃对自己部分意识的控制权。4. 放松/角色扮演理论认为，催眠只是一种深度放松的正常状态，暗示人们允许催眠师来引导自己的想象和行为。状态改变理论认为，催眠的确是因为所改变的特定意识状态引起了各种催眠效果。

第 6 章

巴甫洛夫和华生的贡献　213 页　1.（b）。2. 条件刺激，条件反应。3.（d）。4.（c）。

经典条件作用的基本原理　215～216 页
1. 你不会再对火灾警报反应了,因为你的反应已经消退了，当 UCS 不断被阻止时，CS 和 UCS 之间的联结就会被打破。2.（d）。3. 高阶条件作用。4.（c）。

操作性条件作用　227 页　1. 操作性条件作用发生于个体通过他们反应的结果进行学习的时候，经典条件作用则是通过配对联结来学习的，操作性条件作用是随意的，经典条件作用是非随意的。2.（c）。3. 对抗。4. 回答可以包括惩罚常常不是即时或一致的，受到惩罚的人只学到了不能做什么，增加攻击，被动攻击，回避行为，榜样示范，暂时抑制和习得无助等。

认知—社会学习　232 页　1.（c）。2. 潜在学习。3. 认知地图。4.（b）。

学习的生物学　235 页　1. 演化。2. 加西亚和他的同事把刚杀掉的羊藏入能引起土狼恶心和呕吐的化学品，土狼吃了这样的肉便会难受，这样它们就不再吃羊了。3. 生物准备性是指个体先天倾向于形成某些特定刺激和反应之间的联结。4. 本能漂移。

运用条件作用和学习原理　242 页　1.（d）。2.（c）。3.（c）。4. 电子游戏有可能增加攻击倾向，这是因为它们是交互的、引人入胜的，并且还需要玩家认同攻击者。

第 7 章

记忆的本质　262 页　1. 编码；存储。2. 根据平行加工理论（PDP），也叫联结主义模型，记忆系统通过网络状的、相互关联的信息处理单元对信息同时进行加工。加工水平理论则认为记忆取决于最初阶段对材料加工的程度或深度。3. 感觉记忆，短时记忆，长时记忆。4. 语义记忆存储一般知识；情节记忆则存储关于事件的信息。5. 再认，回忆。

遗忘　268 页　1. 提取失败理论；衰退理论；主动遗忘理论。2.（d）。3. 分散练习，把你的学习时间划分成许多个时间段，每段之间留有休息时间作为间隔；集中练习，把你的所有学习时间挤在一起进行学习。4. 答案可以多样化。

记忆的生物学基础　273 页　1. 反复刺激突触可以促进树突长出更多的刺，以增强突触间的联系，同时还能增强或抑制特定神经元释放神经递质的能力。2.（d）。3. 遗忘症。4.（d）。

记忆与刑事司法系统　276 页　1.（d）。2.（d）。3. 容易。4. 错误记忆是在大脑中重新构建一些想象性的事件。被压抑的记忆则是指那些创伤性事件，个体会努力遗忘以避免痛苦。

运用心理学来改善我们的记忆　280～281 页
1. 短时记忆的保持时间只有 30 秒，使用机械复述，即持续不断地复述信息，可以使短时记忆变得更长。精细复述涉及仔细思考和学习该信息或者把信息和旧有的信息联系在一起，这可以使进入长时记忆的信息得到更好的编码加工。2. 由于对最前面和最后面的信息要比中间的信息记忆效果要好一些，所以我们得花额外的时间来复习中间部分的内容。3. 组织法。4. 字钩法，地点法，联词法，替字法。

第 8 章

你自己试试　288 页　（b）中的图形是不同的。解决这种问题得在脑海里将其中一个物体旋转，然后将旋转后的图像与另一个物体比较看它们是否符合。（b）中的图形更难解决，因为他们需要在脑海里进行更大程度的旋转。这对物理空间中的真实物体也是一样的。把一个杯子往右旋转 20 度会比把它转 150 度需要更多的时间和能量。

认知构建组块　290 页　1.（c）。2. 至少有三种方法——人工概念、自然概念和启发法。3. 原型。4.（b）。

问题解决　296 页　1. 准备阶段，我们识别事实、确定相关的事实并定义目标；产生阶段，我们提出可能的方法或假说；评价阶段，确定解法是否符合目标。2.（b）。3.（d）。4. 心理定式，功能固着，确认偏见，可用性启发和代表性启发。

创造力　299 页　1.（c）。2. 发散，会聚，发散。3. 智力能力，知识，思维风格，人格，动机和环境。

语言　305 页　1. 音素，词素。2. 过度泛化。3. (b)。4. (a)。

什么是智力?　309 页　1. (b)。2. 流体智力指的是推理能力、记忆以及信息加工的速度。晶体智力指的是通过经验和教育获得的知识和技能。3. (d)。4. 斯腾伯格认为智力由三方面组成——分析性的、创造性的和实践的。

我们怎样测量智力?　312 页　1. 斯坦福—比内测验是一个单一测验，不同年龄段的条目组成不同的子测验集。韦氏测验是由三个独立测验组成。2. 90。3. 信度，效度，标准化。

有关智力的争论　319～320 页　1. (d)。2. (d)。3. (d)。4. 遗传和环境都很重要，它们交互影响。

第 9 章
学习发展　331 页　1. 发展心理学是在从受精到死亡的整个过程中，对随着年龄变化的行为和心理过程的研究。2. 先天或教养，连续或阶段，稳定或改变。3. (d)。4. (c)。

身体发展　340 页　1. 出生前的三个主要阶段是：胚芽阶段、胚胎阶段和胎儿阶段。2. (b)。3. (c)。4. 初级老化（即生物性老化。——译者注）。

认知发展　349 页　1. (c)。2. (1) — (b)；(2) — (a)；(3) — (d)；(4) — (c)；(5) — (d)。3. 皮亚杰被批评为低估了儿童的能力以及基因和环境的影响，然而他对理解儿童认知发展所做出的贡献足以抵消这些批评。

社会—情绪发展　355 页　1. (b)。2. 安全型、回避型和焦虑/矛盾型依恋。3. (1) — (a)；(2)—(c)；(3)—(b)。4. 放任型父母可以分为两种类型：放任—忽视型（permissive-indifferent）的父母很少对儿童进行限制，也很少提供注意、关心和情感支持；放任—溺爱型（permissive-indulgent）的父母高度投入，但是很少对儿童进行要求和限制。专制型（authoritarian）的父母强调儿童必须不容置疑地服从并且做出成熟的反应。权威型（authoritative）的父母温柔体贴，并且对儿童很细心敏感，但是他们也会对儿童设定限制并且执行。

第 10 章
道德发展　367 页　1. 前习俗，后习俗，习俗；2. (c)。3. (d)。4. 柯尔伯格的理论可能具有文化的偏向性，它更适用于个人主义的文化，而不是集体主义或关注人际间关系的文化。他的理论还可能具有性别上的偏见，恐怕它更支持男性的价值观。

人格发展　371～372 页　1. (c)。2. 托马斯和翟斯阐述了三种类型的气质——随和型、困难型和慢热型，这三种气质类型似乎与稳定的人格差异存在相关。3. ①信任对不信任；②自我同一性对角色混乱；③主动性对内疚；④自我整合对失望。4. 研究表明，所谓的遽变而充满压力的青春期、中年危机以及空巢综合征这些观念可能并不能代表大多数人的情况，而是对部分人体验的放大。

面对成年期的各种挑战　380～381 页
1. (c)。2. 活动，分离。3. (c)。4. 社会支持可能有助于减少随着年龄增长而导致的损失。

悲痛与死亡　385 页　1. 学龄前的儿童只能理解死亡的永久性，但还不能理解死亡的普遍性和无机能性。2. (d)。3. (a) 讨价还价；(b) 否认；(c) 接受；(d) 愤怒；(e) 抑郁。4. (d)。

第 11 章
性和性别　399～400 页　1. (b) 染色体性；(d) 性别认同；(a) 性腺性；(i) 性别角色；(c) 激素性；(e) 第二性征；(g) 外生殖器；(h) 性取向；(f) 内部附属器官。2. (d)。3. 社会学习理论强调通过奖赏、惩罚和模仿的学习。认知—发展理论关注个体主动的思考过程。4. (d)。

对人类性的研究　403 页　1. (b)。2. 霭理士基于个人日记进行了他的研究，马斯特斯和约翰逊是直接观察和测量性活动中身体反应的研究先驱。金塞推广了调查方法。3. 文化比较将性放在更广阔的视野中进行考察，有助于克服民族中心主义。4. (d)。

性行为　407 页　1. 马斯特斯和约翰逊提出了四阶段的性反应循环（兴奋期、平台期、高潮期以及消退期），指出了两性的相似和不同。但是大多数研究的关注点都是不同点。2. 根据演化的观点，男性和更多伴侣有性行为有助于种族延续。社会角色观点认为这种差异反映了双重标准，潜在地鼓励男性性行为而不鼓励女性的性行为。

3.（c）。4.（d）。

主动学习练习 416 页 性别角色条件化——传统性别角色条件化的主要部分是相信女性应当是性活动的"防守"一方，而男性则是"进攻"一方。这种信念加强了如下误解：男性的性需要过于强烈，而女性有责任控制情况。双重标准——女性性别角色鼓励被动，女性不被教导如何主动保护自己。相信女性不会在非自愿的情况下被强暴的人们忽视了女性性别角色鼓励被动，因而女性不知如何主动保护自己。媒体描绘——小说和电影一般将女性描绘为一开始反抗攻击者，后来就转变为热情的回应——强化了一种误解，认为女性秘密地希望被强暴并且她可能也会"放松并且享受"。缺乏信息——一种误解，认为女性不能在非自愿的情况下被强暴，这种看法忽视了大多数男性比女性更强壮和敏捷，并且女性的服装和鞋子妨碍了逃跑的能力。认为女性不能强暴男性的误解忽视了男性可能在被强暴时有违背情感的勃起。进一步地，勃起不是必要的，因为许多强奸犯（不论男女）经常使用外部器具强暴受害者。认为所有女性都秘密地希望被强暴的误解忽视了一个事实，即关于幻想被强暴时女性能够完全掌控情况，而在实际的强暴中她们是完全无力的。并且幻想不包含任何对身体的伤害，而真实的强暴却有。

预防强暴的诀窍 性教育者和研究者建议以下列方式减少陌生人强暴（被不认识的人强暴），以及熟人（或者约会）强暴（被害人认识的人所进行的强暴）（Allgeier & Allgeier，2005；Crooka & Baur，2005）。为了避免陌生人强暴：（1）遵从日常的避免各种犯罪事件的建议：锁好你的车，在有灯光的地方停车，在门上安装保险锁，不要给陌生人开门，不要搭车等。（2）将自己锻炼得越强壮越好。学习自卫和防身术，随身带一个警报器，用肢体语言表达出自信。研究者表明强奸犯倾向于选择表现得柔弱和被动的受害人（Richards et al.，1991）。有人攻击时，如果可能的话，跑开，和攻击者对话时尽量拖延，或者用尖叫警告他人（"救命！强暴！叫警察！"）（Shotland &

Stebbims，1980）。当所有方式都失败时，现有研究表明女性应当主动抵抗攻击（Fischhoff，1992；Furby & Fischhoff，1992）。依据现有研究，大声喊叫、回击，以及造成吵闹都可以推延攻击。为了避免熟人强暴：（1）第一次约会时要注意——和他人同往，选择公共场所，避免饮酒以及使用药物（Gross & Billingham，1998）。（2）交流时表现得清晰和肯定——说出你想要什么和不想要什么。接受同伴的拒绝。如果性要求升级，用你自己的方式应对——以清晰的拒绝开始，增大音量，威胁报警，开始吼叫和身体反抗。不要害怕争吵。

性问题 416 页 1. 自主神经系统的副交感在性唤起中占据主要作用，而交感在射精和高潮时占主导。2.（c）。3. 关系中心，整合生理和心理因素，注重认知因素，注重具体行为技巧。4. 禁欲或者和彼此忠实、健康的伴侣发生关系。不要使用静脉注射药物或和使用者发生性关系。如果你使用静脉注射药物，消毒或不要共用针头。避免和血液、阴道分泌物及精液接触。避免肛交。如果你或者伴侣受到药物损伤，不要进行性行为。

第 12 章
动机的理论与概念 428 页 1. 本能是在同一物种中广泛存在的、在表达上具有一致性、无须学习的行为模式。稳态是机体内部环境的平衡和稳定。2.（a）ii；（b）iii；（c）v；（d）iv；（e）i。3.（d）。4.（d）。5.（c）。

动机与行为 436 页 1.（d）。2. 神经性厌食症。3.（d）。4. 偏好难度适中的任务，竞争性，偏好清晰目标以及有能力者提供的反馈，责任感，毅力，更多的成就。

情绪的理论与概念 443～444 页 1.（a）iii；（b）i；（c）ii和iv。2. 有同情心的，自律的。3.（a）。4.（d）。5. 同时地。

对动机和情绪的批判性思维 452 页 1.（d）。2.（c）。3.（a）。4.（b）。

第 13 章
特质理论 464～465 页 1.（b）。2.（a）ii；（b）iii；（c）iv；（d）v；（e）i。3.（e）。
精神分析/心理动力学理论 474～475 页
1. 意识是冰山的顶尖部分，是觉知的最高层次；

前意识刚好在冰山的表面下，但随时可以进入觉知水平；无意识是冰山下面最大的基础部分，它在觉知水平以下运作。2.（b）。3. 弗洛伊德相信个体成年后的人格反映了他/她对每一个心理性发展阶段（口唇期、肛门期、性器期、潜伏期、生殖器期）的冲突解决情况。4.（a）阿德勒；（b）霍妮；（c）荣格；（d）霍妮。

人本主义理论 478 页 1.（a）。2.（c）。3. 自我实现。4. 人本主义理论被批评为，他们的假设过于幼稚、难以验证并且缺乏证据，同时仅限于对行为的描述，缺少对行为的解释。

社会认知理论 479～480 页 1. 每一个个体如何思考周围世界以及如何解释他们的经历。2.（a）。3.（c）。4. 外控，内控。

生物学理论 482 页 1.（d）。2. 一些研究者强调不能共享的环境因素的重要性，另一些则担心基因决定论可能会被误用，从而导致"证明"出如某些种族是劣等的，男性主导是正常的，或者社会进步的不可能性等结论。3.（b）。4.（c）。

人格测量 489～490 页 1.（a）Ⅱ；（b）Ⅰ；（c）Ⅲ。2.（b）。3. 人们接受伪人格测验是因为它们提供了一种几乎适用于每一个人的普遍陈述（巴奴姆效应），人们只关注与自己期望相符的信息而忽略其他信息所产生的知觉错误（正例谬误效应），并且他们更喜欢那些对个人形象有利的信息（自利性偏差）。4. 西方个体主义文化的国家强调"自我"独立于他人并且具有自主性，而在集体主义文化下，人们认为自我与他人具有内在联系。

第 14 章

了解心理障碍 506 页 1. 统计学上的罕见性、残疾或机能障碍、个人痛苦、违背规范。2.（b）。3.DSM 的早期版本使用神经官能症表示与焦虑有关的心理障碍；与之相反，精神病目前用于描述与现实脱节和严重精神分裂的障碍。精神错乱是一个法律术语，用于描述缺乏行为责任和没有能力控制自己事情的心理障碍。4.DSM 的其主要优点是提供了对精神症状的清晰描述，有利于标准化的诊断以及专家之间或专家与病人之间的交流。其主要缺点是"心理疾病"的标签会导致社会和经济歧视。

焦虑障碍 511 页 1.（a）ii；（b）i；（c）iii；（d）iv。2. 心理学的、生物学的和社会文化的因素。3. 学习理论主要认为焦虑障碍是由于经典条件反射和操作性条件反射。社会学习理论则认为模仿和榜样是主要原因。

心境障碍 517 页 1.（a）。2.（c）。3. 塞利格曼认为个体屈从于疼痛和悲伤并感到没有能力改变现状，从而导致了抑郁。4.（b）。

精神分裂症 525 页 1.（c）。2. 精神病。3.（a）。4. 三种生物学因素：失常的神经递质，大脑异常，遗传易感体质。精神分裂症的两种可能的社会心理学因素是压力和家庭交流。

将心理学应用于学生生活 530 页 1.（c）。2.（e）。3.（b）。4.（a）。5.（f）。6.（d）。

其他障碍 530 页 1. 焦虑。2. 分裂性身份障碍（DID）指的是两种或更多的不同人格系统存在于同一人身上。3. 反社会型人格。4.（d）。

第 15 章

精神分析/心理动力学疗法 541 页 1.（c）。2. 玛丽表现出的是转移，她对治疗师的反应与对之前某些出现在她生活中的人一样。约翰表现出的是抵制，迟到可能是因为他存在无意识的害怕。3. 有限的实用性和缺乏科学可信性。4. 现代心理动力学疗法更加简洁、直接，是面对面的治疗方式，而且更加强调来访者当前的问题和意识过程。

你自己试试 546 页 四种技术在例子中都有所体现：共情（"他们也常常把我吓死。"）、无条件积极关注（治疗师对来访者的接纳，客观的态度以及对会引起来访者不愉快的事件的关心）、真挚（治疗师能够自嘲、开自己的玩笑）以及积极倾听（治疗师表示自己真心地愿意倾听来访者所说的话）。

认知和人本疗法 547 页 1.（a）。2. 激活事件、不合理信念、情绪后果、怀疑错误信念。3.（a）放大；（b）全或无思维。4.（a）共情；（b）真诚；（c）无条件积极关注。

团体、家庭和婚姻疗法 550 页 1.（c）。2. 较少的花销，小组支持，自知力和咨询，情景剧。3. 自助小组可作为个别治疗的一个补充、辅助。4.（d）。

行为疗法 554～555 页 1. 行为治疗。2.（c）。3. 对不断接近目标行为进行奖励，从而

"塑造"病人最终获得的目标行为。4. 行为疗法被批评缺乏推广性，且其伦理问题仍存在争议。

生物医学疗法　559 页　1. d。2. 抗焦虑，安定，抗抑郁和情绪稳定剂。3.（a）。4.（c）。

治疗和批判性思维　567～568 页　1.（a）认知治疗师；（b）精神分析师；（c）生物医学治疗师；（d）人本主义治疗师；（e）行为主义治疗师。2. 问题的命名、治疗师的能力、建立信誉、将问题置于熟悉的框架、应用技术带来缓解、特定的时间和地点。3.（c）。4. 确诊率和心理障碍治疗，贫穷的压力、多重角色压力、年龄压力、暴力问题。5.（d）。

第 16 章

我们对他人的看法　580 页　1.（c）。2. 基本归因错误，当人们评价他人的行为时，错误地认为导致他人行为的原因是内部的（气质）而不是外部的（情境）。3.（d）。4. 认知失调。

我们对他人的感情　589～590 页　1. 偏见是带有一定行为倾向的态度。它可能被激发，也可能不被激发。歧视是一种实际的针对群外人员的负性行为。2.（b）。3.（c）。4. 浪漫爱情是短暂存在的（6～30 个月），并且建立在神秘和虚幻的基础之上，这将导致不可避免的失望。伴侣式的爱情是长时间存在的，并且随着时间增强。

社会影响　597 页　1. 从众是指由于真实的或想象的群体压力而改变行为。服从包括对他人命令的屈服。2.（d）。3.（c）。4.（c）。

团体过程　601 页　1. 守卫们滥用权力，囚犯们变得去人性化和抑郁。2.（b）。3. 不可侵犯的错觉，对团体的道德信念，集体合理化，对外部团体的刻板印象，对怀疑和不同意见的自我审查，能达成全体一致的错觉，对反对者的直接施压。4.（b）。

攻击性和利他主义　606～607 页　1. 五个生物学因素是本能、基因、大脑和神经系统、物质滥用和其他心理障碍、激素和神经递质。三个重要的心理学因素是厌恶刺激、文化和学习、暴力媒体和游戏。2. 引入不兼容的反应和提高社会交往技能。3. 根据演化理论，利他主义的发展是由于它有利于基因的生存。利己模式认为帮助是由预期的收益驱动的。共情—利他假设认为帮助是当帮助者对受害者产生同情时所激发的行为。4.（d）。

将心理学应用于社会问题　610～611 页　1.（d）。2. 认知失调。3.（b）。4. 罗莎·帕克斯的不服从行为是星火燎原的民权运动的催化剂，并进而促成后来种族隔离法律在南方的废除。

索 引

(所注页码为英文原书页码，即本书边码)

参考文献

Aarons, L. (1976). Evoked sleep-talking. *Perceptual and Motor Skills, 31*, 27–40.

Aarre, T. F., Dahl, A. A., Johansen, J. B., Kjonniksen, I., & Neckelmann, D. (2003). Efficacy of repetitive transcranial magnetic stimulation in depression: A review of the evidence. *Nordic Journal of Psychiatry, 57(3)*, 227–232.

Abadinsky, H. (2001). *Drugs: An introduction* (4th ed.). Stamford, CT: Thomson Learning.

Abbey, C., & Dallos, R. (2004). The experience of the impact of divorce on sibling relationships: A qualitative study. *Clinical Child Psychology & Psychiatry, 9(2)*, 241–259.

Abbott, A. (2004). Striking back. *Nature, 429(6990)*, 338–339.

Abel, S., Park, J., Tipene-Leach, D., Finau, S., & Lennan, M. (2001). Infant care practices in New Zealand: A cross-cultural qualitative study. *Social Science & Medicine, 53(9)*, 1135–1148.

Aboud, F. E. (2003). The formation of in-group favoritism and out-group prejudice in young children: Are they distinct attitudes? *Developmental Psychology, 39(1)*, 48–60.

About James Randi. (2002). Detail biography. www.randi.org/jr/bio.html.

Abrams, L., White, K. K., & Eitel, S. L. (2003). Isolating phonological components that increase tip-of-the-tongue resolution. *Memory & Cognition, 31(8)*, 1153–1162.

Abusharaf, R. (1998, March/April). Unmasking tradition. *The Sciences*, 22–27.

Achenbaum, W. A., & Bengtson, V. L. (1994). Re-engaging the disengagement theory of aging: On the history and assessment of theory development in gerontology. *Gerontologist, 34*, 756–763.

Acierno, R., Brady, K., Gray, M., Kilpatrick, D. G., Resnick, H., & Best, C. L. (2002). Psychopathology following interpersonal violence: A comparison of risk factors in older and younger adults. *Journal of Clinical Geropsychology, 8(1)*, 13–23.

Acierno, R., Gray, M., Best, C., Resnick, H., Kilpatrick, D., Saunders, B., & Brady, K. (2001). Rape and physical violence: Comparison of assault characteristics in older and younger adults in the National Women's Study. *Journal of Traumatic Stress, 14(4)*, 685–695.

Acklin, M. W. (1999). Behavioral science foundations of the Rorschach Test: Research and clinical applications. *Assessment, 6(4)*, 319–326.

Adamopoulos, J., & Kashima, Y. (1999). *Social psychology and cultural context.* Thousand Oaks, CA: Sage.

Adelman, P. K., & Zajonc, R. B. (1989). Facial efference and the experience of emotion. In M. R. Rosenzweig & L. W. Porter (Eds.), *Annual review of psychology* (pp. 249–280). Palo Alto, CA: Annual Reviews Inc.

Adinoff, B. (2004). Neurobiologic processes in drug reward and addiction. *Harvard Review of Psychiatry, 12(6)*, 305–320.

Adler, A. (1964). The individual psychology of Alfred Adler. In H. L. Ansbacher & R. R. Ansbacher (Eds.), *The individual psychology of Alfred Adler.* New York: Harper & Row.

Adler, A. (1998). *Understanding human nature.* Center City: MN: Hazelden Information Education.

Agar, M., & Reisinger, H. S. (2004). Ecstasy: Commodity or disease? *Journal of Psychoactive Drugs. 36(2)*, 253–264.

Ahijevych, K., Yerardi, R., & Nedilsky, N. (2000). Descriptive outcomes of the American Lung Association of Ohio hypnotherapy smoking cessation program. *International Journal of Clinical & Experimental Hypnosis,48(4)*, 374–387.

Ainsworth, M. D. S. (1967). *Infancy in Uganda: Infant care and the growth of love.* Baltimore: Johns Hopkins University Press.

Ainsworth, M. D. S., Blehar, M., Waters, E., & Wall, S. (1978). *Patterns of attachment: Observations in the strange situation and at home.* Hillsdale, NJ: Erlbaum.

Akan, G. E., & Grilo, C. M. (1995). Sociocultural influences on eating attitudes and behaviors, body image, and psychological functioning: A comparison of African American, Asian American, and Caucasian college women. *International Journal of Eating Disorders, 18*, 181–187.

Akirav, I., & Richter-Levin, G. (1999). Biphasic modulation of hippocampal plasticity by behavioral stress and basolateral amygdala stimulation in the rat. *Journal of Neuroscience, 19*, 10530–10535.

Al'absi, M., Hugdahl, K., & Lovallo, W. R. (2002). Adrenocortical stress responses and altered working memory performance. *Psychophysiology, 39(1)*, 95–99.

Alan Guttmacher Institute. (2004). *U.S. teenage pregnancy statistics.* New York: Alan Guttmacher Institute.

Albadalejo, M. F., Arissó, P. N., R., De La Torre F. R., R. Jürschik, S. P., León, S. A.,

Peiró, A. M., Peiró, G. Y. A., Lozano, N. P., Agulló, M. S., & Morell, J. C. (2003). Estudios controlados en humanos de éxtasis. / Controlled trials of ecstasy administration in humans. *Adicciones, 15(Suppl2)*, 121–154.

Albert, U., Maina, G., Ravizza, L., & Bogetto, F. (2002). An exploratory study on obsessive-compulsive disorder with and without a familial component: Are there any phenomenological differences? *Psychopathology, 35(1)*, 8–16.

Alberti, R., & Emmons, M. (2001). *Your perfect right: Assertiveness and equality in your life and relationships* (8th ed.). Atascadero, CA, US: Impact Publishers Inc.

Alden, L. E., Mellings, T. M. B., & Laposa, J. M. (2004). Framing social information and generalized social phobia. *Behaviour Research & Therapy, 42(5)*, 585–600.

Alden, L. E., & Wallace, S. T. (1995). Social phobia and social appraisal in successful and unsuccessful social interactions. *Behaviour Research and Therapy, 33(5)*, 497–505.

Al-Issa, I. (2000). Culture and mental illness in Algeria. In I. Al-Issa (Ed.), *Al-Junun: Mental illness in the Islamic world* (pp. 101–119). Madison, CT: International Universities Press, Inc.

Allen, B. (2006). *Personality theories: Development, growth, and diversity* (5th ed.). Boston, MA: Allyn & Bacon/Longman.

Allen, P. L. (2000). *The wages of sin: Sex and disease, past and present.* Chicago: University of Chicago Press.

Allgeier, A. R., & Allgeier, E. R. (2000). *Sexual interactions* (6th ed.). Boston, MA: Houghton Mifflin.

Allik, J., & McCrae, R. R. (2004). Toward a geography of personality traits: Patterns of profiles across 36 cultures. *Journal of Cross-Cultural Psychology, 35(1)*, 13–28.

Allison, D. B., Fontaine, K. R., Manson, J. E., Stevens, J., & Van Itallie, T. B. (1999). Annual deaths attributable to obesity in the United States. *Journal of the American Medical Association, 282*, 1530–1538.

Alloy, L. B., Abramson, L. Y., Whitehouse, W. G., Hogan, M. E., Tashman, N. A., Steinberg, D. L., Rose, D. T., & Donovan, P. (1999). Depressogenic cognitive styles: Predictive validity, information processing and personality characteristics, and developmental origins. *Behaviour Research and Therapy, 37*, 503–531.

更多参考文献请到中国人民大学出版社人文分社网站下载：www.crup.com.cn/rw/。

图书在版编目（CIP）数据

行动中的心理学（第八版）/（美）霍夫曼著；苏彦捷等译 . —北京：中国人民大学出版社，2010
（心理学译丛·教材系列）
ISBN 978-7-300-12644-9

Ⅰ. ①行… Ⅱ. ①霍… ②苏… Ⅲ. ①应用心理学-教材 Ⅳ. ①B849

中国版本图书馆 CIP 数据核字（2010）第 169435 号

心理学译丛·教材系列

行动中的心理学（第八版）

［美］卡伦·霍夫曼 著

苏彦捷 等译

Xingdongzhong de Xinlixue

出版发行	中国人民大学出版社		
社 址	北京中关村大街 31 号	**邮政编码**	100080
电 话	010 - 62511242（总编室）		010 - 62511398（质管部）
	010 - 82501766（邮购部）		010 - 62514148（门市部）
	010 - 62515195（发行公司）		010 - 62515275（盗版举报）
网 址	http://www.crup.com.cn		
	http://www.ttrnet.com（人大教研网）		
经 销	新华书店		
印 刷	涿州星河印刷有限公司		
规 格	215 mm×275 mm 16 开本	**版 次**	2011 年 2 月第 1 版
印 张	45.75 插页 2	**印 次**	2011 年 2 月第 1 次印刷
字 数	1 086 000	**定 价**	89.00 元

 **WILEY** *publishers Since 1807*

John Wiley 教学支持信息反馈表
www. wiley. com

老师您好，若您需要与 John Wiley 教材配套的教辅（免费），烦请填写本表并传真给我们。也可联络 John Wiley 北京代表处索取本表的电子文件，填好后 e—mail 给我们。

原书信息

原版 ISBN：
英文书名（Title）：
版次（Edition）：
作者（Author）：

配套教辅可能包含下列一项或多项

教师用书（或指导手册）	习题解答	习题库	PPT 讲义	学生指导手册（非免费）	其他

教师信息

学校名称：
院/系名称：
课程名称（Course Name）：
年级/程度（Year/Level）：□大专 □本科 Grade：1 2 3 4 □硕士 □博士 □MBA
　　　　　　　　　　　　□EMBA
课程性质（多选项）：□必修课 □选修课 □国外合作办学项目 □指定的双语课程学年（学期）：□春季 □秋季 □整学年使用 □其他（起止月份_____）
使用的教材版本：□中文版 □英文影印（改编）版 □进口英文原版（购买价格为_____元）
学生：_____个班共_____人

授课教师姓名：
电话：
传真：
E-mail：
联系地址：
邮编：

约翰威立股份有限公司北京代表处
John Wiley & Sons (Asia) Pte Ltd
北京市海淀区北太平庄路 18 号，城建大厦 A 座 506—509 室（邮政编码　100088）
TEL：86-10-82093615　　　　　FAX：86-10-82255877
Email：iwang@wiley.com